U0895892

中国测绘地理信息年鉴

China Surveying, Mapping and Geoinformation Yearbook

2012

国家测绘地理信息局

中国地理位置图

中国地图出版社多圆锥投影（1983年）

格陵兰岛
巴芬湾
巴芬岛
北
美
洲
南
美
洲
大西洋
太平洋
北太平洋海盆
拉布拉多半岛
拉布拉多高原
阿拉斯加湾
阿留申群岛
温哥华岛
渥太华
华盛顿
圣弗朗西斯科(旧金山)
墨西哥湾
墨西哥城
古巴岛
巴哈马群岛
大安的列斯群岛
加勒比海
夏威夷群岛
夏威夷岛
瓦胡岛
中途岛
马绍尔群岛
吉尔伯特群岛
菲尼克斯群岛
托克劳群岛
图瓦卢群岛
萨摩亚群岛
瓦利斯群岛
斐济群岛
汤加群岛
库克群岛
社会群岛
土阿莫土群岛
南库克群岛
甘比尔群岛
土布艾群岛
复活节岛
科隆群岛(加拉帕戈斯群岛)
基多
利马
巴西利亚
布宜诺斯艾利斯
亚马孙平原
巴西高原
巴拉那高原
潘帕斯草原
巴塔哥尼亚高原
火地岛
合恩角
马尔维纳斯群岛(福克兰群岛)
南乔治亚岛
南设得兰群岛
长城站(中国)
乔治王岛
南极半岛
南极洲
罗斯海
阿蒙森海
威德尔海
罗斯冰架
北岛
南岛
惠灵顿
查塔姆群岛
诺福克岛
巴勒尼群岛
阿代尔角
埃里伯斯火山
罗斯岛
罗斯福岛
伯克纳岛
亚历山大岛
瑟斯顿岛
德雷克海峡
斯科舍海
阿根廷海盆
东南太平洋海盆
南极-太平洋海岭
西南太平洋海盆
东太平洋海丘
秘鲁海盆
智利海盆
亚速尔群岛
百慕大群岛
纽芬兰岛
法韦尔角
哈得孙湾
北亚美利加海盆
马尾藻海
中美洲海沟
阿留申海沟
汤加海沟
克马德克海沟
首都 首府
主要城市
洲界
海深
4786
比例尺 1：116 000 000
0 1160 2320 3480 4640千米

中国政区图

图例
首都
外国首都、首府
省级行政中心
地级市行政中心(外国重要城市同)
县级行政中心(外国一般城市同)
国界
未定国界
省、自治区、直辖市界
特别行政区界
地区界
军事分界线
山峰、关隘
珊瑚礁
长城
沙漠
常年河、时令河
运河、渠道
时令湖
淡水湖、咸水湖
井、泉
铁路
公路
双标准纬线等积圆锥投影标准纬线25°、47°

比例尺　1∶18 000 000

0　180　360　540　720 千米

▲ 2011 年 5 月 23 日，中共中央政治局常委、国务院副总理李克强视察中国测绘创新基地。

▲ 2011 年 8 月 11 日，中共中央政治局常委、中央政法委书记周永康视察深圳第 26 届世界大学生运动会安保工作，接见执行水下扫测任务的海军测绘部队官兵。

▲ 2011 年 12 月 27 日，国土资源部副部长、国家测绘地理信息局局长徐德明（左），上海市文明办主任陈振民（右）共同为上海市测绘院“全国文明单位”揭牌。

▲ 2011 年 8 月 4 日，总参测绘局局长薛贵江慰问在桂林休养的全军测绘导航技术能手，并进行座谈交流。

▲ 2011 年 12 月 31 日，总参测绘导航局局长薛贵江（前排中）、副局长翟跃欢（前排右一）到总参驻京某测绘大队检查指导工作。

▲ 2011 年 9 月 15 日，国家测绘地理信息局副局长王春峰（左五）出席西北五省（区）测绘地理信息工作交流会。

▲ 2011年11月8日，国家测绘地理信息局副局长王春峰和黑龙江省副省长于莎燕共同为黑龙江测绘地理信息局揭牌。

▲ 2011年9月1日，国家测绘地理信息局副局长李维森（左）代表国家测绘地理信息局授予广西壮族自治区北海市“全国数字城市建设示范市”牌匾。

▲ 2011 年 9 月 6 日，国家测绘地理信息局副局长李维森（左）出席国家测绘地理信息局与四川省政府合作开展四川汶川地震灾区发展振兴与防灾减灾测绘保障协议书签字仪式。

▲ 2011 年 8 月 26 日～27 日，国家测绘地理信息局副局长宋超智（右三）在黑龙江调研国家测绘地理信息局重点工作开展情况。

▲ 2011 年 11 月 2 日，国家测绘地理信息局副局长宋超智（左）在南宁会见广西壮族自治区副主席林念修（右）。

▲ 2011 年 8 月 29 日 ~30 日，国家测绘地理信息局副局长闵宜仁到福建调研。

▲ 2011 年 10 月 21 日，国家测绘地理信息局副局长闵宜仁出席“天地图”开通一周年暨新产品发布会。

▲ 2011 年 3 月 30 日～31 日，国家测绘局党组成员、纪检组组长张荣久（右三）到海南测绘局调研。

▲ 2011 年 6 月 24 日～7 月 3 日，国家测绘地理信息局党组成员、纪检组组长张荣久（左）率团访问英国、瑞士。

▲ 2011 年 4 月 18 日，国家测绘局副局长李朋德（左四）会见荷兰国际地理信息科学与对地观测学院院长威尔德坎普。

▲ 2011 年 5 月 18 日 ~ 22 日，国家测绘局副局长李朋德（右前二）出席在摩洛哥举行的国际测量师联合会（FIG）2011 年工作周会议。

▲ 2011 年 10 月 25 日，国家测绘地理信息局党组成员、办公室主任吴兆琪出席首届中国地理信息产业大会暨中国地理信息产业协会成立大会。

▲ 2011年6月23日，国家测绘地理信息局总工程师胥燕婴在第11届东南亚测量大会（SEASC）中国测绘与地理信息论坛作报告。

▲ 2011年8月21日，总参测绘局副局长范艺华（前排右二）在某集团军测绘导航信息系统建设联试联调现场检查指导工作。

▲ 2011 年 6 月 16 日，兰州军区司令部某部和陕西测绘局在西安召开军地测绘融合发展陕西工作会议，签署了军地测绘融合发展合作意向书。总参测绘局副局长孙刚（左四）出席签约仪式。

▲ 2011 年 7 月 19 日，江苏省副省长徐鸣（右四）到江苏省测绘局视察数字化生产基地。

《中国测绘地理信息年鉴》编纂委员会

《中国测绘地理信息年鉴》协调员

编辑说明

《中国测绘地理信息年鉴》由国家测绘地理信息局组织编纂。本卷年鉴主要记述测绘行业2011年内对国家经济建设和社会发展有重大影响的事件、活动、成果和重要统计资料等内容，设有特载、测绘地理信息管理工作、测绘地理信息业务工作、国家测绘地理信息局直属单位工作、地方测绘地理信息工作、行业单位测绘地理信息工作、测绘地理信息社团工作、法律法规、公告、大事记、统计资料、附录等12个栏目。

年鉴稿件由国家测绘地理信息局机关各司局，局属各单位，总参测绘导航局编研室，各省、自治区、直辖市、计划单列市测绘地理信息行政主管部门，新疆生产建设兵团测绘地理信息主管部门，省级主要测绘地理信息单位，部分甲级测绘资质单位，有关测绘地理信息社团，设有测绘类专业的部分院校等提供。部首彩页和领导批示由国家测绘地理信息局办公室、总参测绘导航局编研室、中国测绘宣传中心和有关测绘地理信息单位等提供。中国地理位置图和中国政区图由中国地图出版集团提供。根据国家有关规定，年鉴各栏目未收录我国香港、澳门特别行政区和台湾省的资料。

二〇一二年八月

Remarks

China Surveying, Mapping and Geoinformation Yearbook, compiled by the National Administration of Surveying, Mapping and Geoinformation (NASG), contains major events, activities, achievements and statistical materials of surveying and mapping sector which were significant to the national economic development and social progress in 2011. It comprised 12 parts including highlights, surveying, mapping and geoinformation administration, surveying, mapping and geoinformation work, work of NASG sub institutions, local surveying, mapping and geoinformation work, work of entities of surveying, mapping and geoinformation sector, work of surveying, mapping and geoinformation associations, laws and regulations, announcements, memorabilia, statistics and appendixes.

Materials of the Yearbook were provided by NASG departments and its sub institutions, the Military Surveying, Mapping and Navigation Bureau, surveying, mapping and geoinformation administrative departments of provinces, municipalities, cities specially designated in the state plan, and Xinjiang Production and Construction Corps, major surveying, mapping and geoinformation organizations at provincial level, organizations with Class A surveying and mapping qualification and digital navigation maps qualification, surveying, mapping and geoinformation associations, and universities with surveying, mapping and geoinformation majors. The colored front pages and leaders' instructions were provided by the General Office of NASG, the Editing and Research Office of the Military Surveying, Mapping and Navigation Bureau, China Surveying and Mapping Publicity Center, and other surveying, mapping and geoinformation organizations. China Geographic Location Map and China Administrative Map were provided by China Map Publishing Group. Statistics of Hong Kong, Macao and Taiwan are not included in the yearbook in accordance with relevant regulations of the State.

August 2012

目　录

特　载

测绘地理信息管理工作

测绘地理信息业务工作

国家测绘地理信息局直属单位工作

地方测绘地理信息工作

行业单位测绘地理信息工作

测绘地理信息社团工作

法律法规

公　告

大 事 记

统 计 资 料

附　　录

Contents

Highlights

Administration of Surveying, Mapping and Geoinformation

Surveying, Mapping and Geoinformation Work

Work of the Sub Institutions of the National Administration of Surveying, Mapping and Geoinformation

Local Surveying, Mapping and Geoinformation Work

Work of Entities of Surveying, Mapping and Geoinformation Sector

Work of Surveying, Mapping and Geoinformation Associations

Laws and Regulations

Announcements

Memorabilia

Statistics

Appendixes

《中国测绘地理信息年鉴》（2012 年卷）综述

2011 年是测绘地理信息事业站在新的历史起点、翻开崭新篇章的一年。3 月，中共中央政治局常委、国务院总理温家宝在《政府工作报告》中明确提出，要积极发展地理信息新型服务业态。发展地理信息产业、建设数字城市等多项测绘地理信息工作被列入《国民经济和社会发展第十二个五年规划纲要》。5 月，中共中央政治局常委、国务院副总理李克强视察中国测绘创新基地时指出，测绘地理信息是战略性新兴产业和生产型服务业的重要结合点，开发利用潜力很大，要围绕加快转变经济发展方式和实施"十二五"规划，积极开发利用测绘地理信息，提高服务大局、服务社会的能力，抢占未来发展制高点。6 月，国土资源部部长、党组书记、国家土地总督察徐绍史，中央机构编制委员会办公室副主任王峰共同为国家测绘地理信息局揭牌。12 月，中共中央政治局常委、国务院副总理李克强对测绘地理信息工作作出重要批示："2011 年，广大测绘地理信息系统干部职工解放思想、求真务实、开拓创新，测绘地理信息事业取得重要进展。在新的一年里，望继续围绕'十二五'主题主线，坚持服务大局、服务社会、服务民生的宗旨，着力强化测绘地理信息服务，加强数字中国、天地图、监测地理国情三大平台建设，大力促进地理信息产业发展，全力推动测绘地理信息事业再上新台阶。"12 月，中共中央书记处书记、中央纪委副书记何勇到国家测绘地理信息局调研并作重要讲话，强调要紧紧围绕测绘地理信息事业的中心任务，切实加强党风廉政建设和反腐败工作，积极构建符合行业特点的惩治和预防腐败体系，为测绘地理信息事业的发展提供坚强保障。中央领导对测绘地理信息的亲切关怀和重要论述，进一步明确了新时期测绘地理信息发展的新地位、新使命、新目标和新要求。12 月，测绘地理信息界的李建成当选为中国工程院院士，龚健雅、郭华东当选为中国科学院院士。

各地认真贯彻落实中央领导的重要指示精神，统一思想、真抓实干。截至 2011 年底，河北、山西、内蒙古等 20 多个省（区、市）召开了测绘地理信息工作会议。河北、内蒙古、吉林等 16 个省（区、市）党政领导到测绘地理信息部门视察，湖南、四川省委省政府召开专题会议研究测绘地理信息工作。中编办、国务院办公厅、发改委、科技部、财政部、国土资源部等部门加大了对测绘地理信息事业的支持力度。

体制机制建设取得重大成效

5 月 23 日，经国务院批准，国家测绘局更名为国家测绘地理信息局。更名不仅仅是名称的改变，更是职能的强化、责任的强化，明确国家对地理信息重要资源的监管要求，从根本上提升全社会对地理信息资源重要性的认识，进一步强化国家测绘地理信息局对地理信息资源的监管责任，有利于国家测绘地理信息局全面和有效履行职责，统筹地理信息资源建设与应用服务，进一步规范地理信息交换和共享活动，并将提升国家测绘地理信息局作为地理信息活动主管部门的权威性，促进相关工作的开展。

在国家局更名的带动下，各省级测绘地理信息行政主管部门相继更名。截至 2011 年底，辽宁、黑龙江、山西、山东、江西、浙江、福建、海南、广西、四川、陕西、青海、宁夏、新疆 14 个省（区）和部分市、县测绘地理信息主管部门更名，海南对所辖市县统一更名，辽宁的沈阳和抚顺、山东的滨州、四川的温江成立了地理信息局。浙江省级机构提升了规格，强化充实了职能，部分地方在增加内设机构和领导干部职数上取得突破。

"三大平台"建设成效显著

数字城市建设。全年新启动 100 多个数字城市建设工作。截至2011年底，已有230多个城市开展了数字城市建设，其中地级以上城市200个，省会城市17个。建成数字城市110个，80多个城市出台了数字城市管理办法。吉林、湖南、宁夏等9个省（区）将数字城市建设列入省（区）“十二五”规划。河北、江苏、广西等省（区）政府领导亲自抓数字城市建设。成功举办第四期由分管测绘地理信息工作的副市（县）长、相应省级测绘地理信息行政主管部门的负责同志共60多人参加的数字城市建设专题研究班。对西部10多个省、区及其市州测绘管理部门的100多人进行重点集中培训，河北、浙江、甘肃、新疆开展专题培训，3000多人次参加培训。组织召开了全国数字城市建设工作会议。

“天地图”服务。召开“天地图”建设工作会议，成立“天地图”建设领导小组，推出“天地图”正式版。开展“天地图”顶层设计和关键技术研发，持续更新数据资源，服务内容不断丰富，省市级节点建设加快。截至2011年底，全球216个国家和地区近2亿人次访问“天地图”，单日访问峰值超过665万人次。“天地图”在“国家减灾中心灾情地理信息系统”、“武汉江夏区行政管理系统”等诸多应用系统中发挥了重要作用。

地理国情监测。国务院批准同意由国家测绘地理信息局牵头开展地理国情监测工作。项目立项得到了财政部支持，总体设计、经费预算和实施方案编制完成。科技部通过国家科技支撑计划批准了“地理国情监测应用系统”研究项目。《地理国情监测标准化研究》项目通过国家标准委审查、科技部与财政部审批。陕西、浙江、重庆等省（市）地理国情监测试点工作扎实有效推进。福建、山西、陕西等7个省已将地理国情监测工作列入省“十二五”专项规划内容。国家基础地理信息中心、中国测绘科学研究院、国家测绘地理信息局卫星测绘应用中心、陕西省、浙江省、齐齐哈尔市、四川汶川地震核心灾区、抚顺市等单位或地区，开展了国家、省、市（区域）三级地理国情监测试点工作。各省级测绘地理信息行政主管部门也根据本区域特点不同程度地开展地理省（区、市）情试点工作，并取得了一批重要的试点成果。

地理信息产业蓬勃发展

产业规模。2011年，地理信息产业产值1500亿元。地理信息产业延伸到各行业、各层面，支撑着电子商务、现代物流、网络服务等新的经济增长点。各地鼓励企业进行增值开发，形成了一大批大众化地理信息产品。截至2011年底，北斗星通、中信安、北大千方、北京超图、合众思壮、数字政通、四维图新、高德软件、国腾电子、中海达10家地理信息企业在国内外资本市场上市，约20多家企业正在筹备上市。

园区建设。国家地理信息科技产业园规划占地面积1500亩、建筑面积180万平方米、总投资150亿元，年内已完成一期工程80万平方米，20多家地理信息及相关企业签订入园协议。各地积极组建地理信息产业园区和测绘地理信息科技创新基地，除北京、黑龙江、陕西、湖北等地外，浙江、山东、福建、江苏、广东、四川、云南等地均在积极筹划或建设地理信息产业园区。

发展环境。研究起草了《国务院关于促进地理信息产业发展的指导意见（代拟稿）》，广泛征求地理信息企业、省级测绘地理信息行政主管部门、中央有关部门和专家的意见和建议。中国地理信息系统协会更名为中国地理信息产业协会。陆续出台国家战略性新兴产业发展规划和促进新型服务业态相关政策，进一步完善产业发展的政策环境。

基础测绘稳步推进

规划编制与投入。开展《促进地理信息产业发展“十二五”规划》编制工作。印发《测绘地理信息发展“十二五”总体规划纲要》。完成《全国基础测绘“十二五”规划》编制工作。山东、湖北、山西等10多个省和青岛、宁波、厦门等市陆续出台了“十二五”测绘地理信息事业规划或基础测绘规划。2011年，国家基础测绘经费2亿元，国家基础航空摄影经费8000万元，边远少数民族地区基础测绘专项补助经费5000万元。地方基础测绘投入呈大幅度增长，黑龙江由500万增加到5000万，新疆由1000万增加到8000万，内蒙古保持了上亿元的水平。

基础测绘建设。2011年，测绘地理信息系统完成卫星定位连续运行基准站354座，平面控制网22998点，高程控制网25503点、水准观测10.67万千米，重力基本网64点，精化似大地水准面333.21万平方千米；完成基础航空摄影128.16万平方千米，获取卫星影像358.61万平方千米，其中国家级航空航天遥感影像获取47.8万平方千米。截至2011年底，1:1万基础地理信息已完成462万平方千米，覆盖约48%的陆地国土，20个省区市实现了全域覆盖；各省（区、市）全部启动省级1:1万数据库建设，其中11个已经建成；1:2000或更大比例尺基础地理信息数据覆盖了大多数市县城市规划区，市级1:2000或更大比例尺的基础地理信息数据库建设陆续启动；经济发达的省、直辖市开展了1:1万数据库的快速更新，其中北京、天津、上海、江苏、浙江等省（市）实现了按需适时更新。开展了国家现代测绘基准体系基础设施建设项目启动前的准备工作。省级基础测绘成效显著。

成果质量监督检查。国家局组织各省级测绘地理信息行政主管部门开展成果质量监督检查工作，在此基础上进行国家级监督检查。开展国家1:5万数据库数据更新工程、西部测图工程质量监督检查，合格率达到100%。举办全国测绘质量工作会议。增补了50名质检专家，质检专家库规模达到100人；开展测绘计量检定人员资格认证审批工作。

重大测绘项目。西部测图工程实现工程主体建设目标，测制完成5032幅1:5万地形图，实现我国西部地区200万平方千米、约占陆地国土面积20%的1:5万地形图的“从无到有”，建立了基础地理信息数据库和专题信息数据库。西部6省（区）的7个基础地理信息公共平台全部通过验收并服务于相关部门和社会大众。1:5万数据库更新工程全面更新了约80%陆地国土面积的19150幅1:5万基础地理信息数据，要素由原来的101类增加到437类，数据内容详尽程度提高了1.2倍，数据现势性由20～30年提升到5年以内，实现了1:5万地形图数据的“从有到优、从旧到新”，我国基础地理信息数据库建设水平步入国际先进行列。全面完成汶川地震灾后恢复重建测绘专项，在川、陕、甘三省地震灾区恢复了测绘基准，测制了系列比例尺地形图，建设了基础地理信息数据库，建立了灾情监测与评估地理信息系统。积极推动实施海岛（礁）测绘等重要工程并取得初步成果，航空航天影像获取全面完成，海岛（礁）测绘基准基本完成，海岛测图工作全面展开。稳步推进2000国家大地坐标系推广应用、新农村建设测绘保障示范工程等重大项目。

行业管理显著加强

法制建设。启动《测绘法》修订工作，已列入国务院2012年立法工作计划。推进《地图管理条例》制定工作。完成测绘地理信息法规规章和规范性文件清理工作。编印了《测绘地理信息法规文件汇编》。配合国务院法制办修订《外国的组织或者个人来华测绘管理暂行办法》，于年内批准实施。

市场监管。实施互联网地图服务的资质管理，实现对互联网地图服务网站的实时监控，全年共审查批准255家互联网地图服务资质单位，约谈了100多家未取得资质的互联网地图服务网站，曝光65家无资质网站。会同国家七部门开展全国地理信息市场专项整治“回头看”行动，排查全国互联网地图服务网站和网页计13000多个，对无资质或登载“问题地图”的网站进行了清理、约谈、曝光和依法查处，关闭或暂停地图服务网站186家。研究制定地理信息市场信用信息管理办法和信用标准，开展测绘资质审查认证工作，全国复审换证单位11427家，通过10425家。截至2011年底，全国测绘资质单位共12512家。其中甲级691家、乙级2072家、丙级4037家、丁级5712家。全国国家版图意识宣传教育和地图市场监管协调指导小组积极开展工作。2011年，全国各地举办相关培训班200多期，参加培训人数1.5万人次，开展宣传教育活动840多次。举办4期互联网地图安全审校人员培训班和1期地图审核人员培训班，1221人取得“互联网地图安全审校人员上岗证”。2011年，全国测绘地理信息系统受理审核地图5052件，通过审核4626件；其中，国家测绘地理信息局受理审核地图2381件，通过审核1954件。

依法行政。召开全国测绘系统法治工作会议。印发了《关于加强测绘地理信息法治建设的意见》。研究制定了《关于加强测绘地理信息行政执法工作的意见》。印发了《2010年测绘行政执法情况通报》和《2010年十大测绘违法典型案件通报》。修订《全国测绘地理信息行政执法依据》和《全国测绘地理信息行政执法职权分解》，制定《测绘地理信息行政处罚案卷评查暂行办法》和《全国测绘地理信息优秀行政执法案件评选办法》。印发《全国测绘地理信息法制宣传教育第六个五年规划（2011－2015年）》。举办测绘法宣传日主场活动。举办全国测绘地理信息法律知识网络竞赛，9万多人次参与答题。

成果应用与管理卓有成效

地理信息应用服务。2011年，测绘地理信息系统先后向全国第一次水利普查、林地调查和保护利用规划、国家电视事业应用、援疆援藏、应急救灾及灾后重建、国防建设等提供各类测绘成果，共提供地形图45.2万张，航摄成果51.4万片，基准成果17.8万点，“4D”成果127.83万幅、数据量37.25TB，专题地图61590万张，地图集9279册，电子地图154.79GB。组织各地编制“红色地图”，集中展示“红色地图”集6种、红色专题图70多种和“红色地图”互联网系统10多个。为中央办公厅、国务院办公厅、外交部、国家发展和改革委、军队等20多个部门提供工作用图100多幅。推进英文版南海诸岛地图编制工作。

成果与地图管理。印发了《遥感影像公开使用管理规定》。组织开展测绘成果保密检查工作。组织“问题地图”专项治理行动。对全国百余家出版社出版的数千种涉及地图的图书进行检查，印发《关于进一步强化教材教辅中地图送审工作的通知》。对政府类网站和商业类地理信息服务网站进行了重点检查。举办了测量标志保护工作会议、测绘档案业务培训暨研讨会。2011年，全国测绘地理信息系统出版地图、图书3912种，总印数18356万幅/册，总定价230803万元。

应急保障能力。不断提高应急保障服务水平，在云南盈江地震、长江中下游地区抗旱救灾、日本大地震、利比亚撤侨等应急服务中，迅速启动应急测绘保障预案，及时向有关部门和单位提供测绘地理信息成果，为决策指挥和抢险救灾提供有力保障。积极争取国务院应急办支持，在《国家突发事件应急体系建设规划》中强化了测绘地理信息主管部门在第一时间获取第一信息中的统筹协调职能，在《航空遥感应急体系建设规划》中明确把测绘航空体系作为五支专业队伍之一予以支持。印发《关于做好当前防汛抗旱减灾应急测绘保障服务工作的通知》，要求各地全力做好应急测绘保障服务工作。实时向公众发布灾情信息，2011年，全国灾情地理信息系统共发布灾害信息1270次。

科技装备创新步伐加快

科技工作。编制完成了《测绘地理信息科技发展“十二五”规划》。研制成功国内首套具有自主知识产权的机载多波段多极化干涉SAR测图系统，获得6项自主知识产权专利。“测绘基准和空间信息快速获取关键技术及其在灾害应急测绘中的应用”项目通过国家奖励办评审（国家科技进步奖二等奖）。2011年，测绘地理信息系统完成成果159项，成果登记67项，已应用成果117项；发表论文1513篇，出版科技著作6部，专利申请受理23项，授权18项，成果获奖235项。地理国情监测应用系统、测绘装备国产化及应用示范等7项国家级重点科技项目在科技部立项。2011年，全国测绘地理信息系统参与科研项目717项，其中新开项目431项；完成科研项目360项，其中新开项目205项；参与科研项目人员3495人，其中客座人员275人。成立了“卫星测绘技术国家测绘地理信息局重点实验室”，设立“地理信息基础软件与应用国家测绘地理信息局工程技术研究中心”；国家测绘地理信息局卫星测绘应用中心纳入国家遥感中心业务部门体系。

技术装备。积极推广无人飞机航摄系统，全国测绘地理信息系统完成56套低空无人驾驶摄影飞机的配备，在云南盈江地震、广西桂林泥石流灾害应急保障以及江西、贵州、湖南、湖北等省的防汛抗旱指挥决策中发挥重要作用。研制成功地理信息应急监测车，截至2011年底，已有广西、陕西、四川、福建、河北等5家省级单位配备。河北省、山东省购置了航摄直升飞机。

卫星研制。资源三号立体测图卫星于2012年1月发射升空，实现我国在民用高分辨率测绘卫星领域零的突破。配合国土资源部编制《2011－2020陆海观测业务卫星发展规划》，将重力卫星、雷达卫星和资源三号后续卫星列入规划中。

标准化工作。组织编制《测绘地理信息标准化“十二五”规划》，召开测绘标委会全体会议和全国地理信息标准化技术委员会会议，完成了两个委员会的换届调整工作。推进标准制修订工作，组织完成10项国家标准、15项行业标准编制。完成了对《地理信息公共服务平台　电子地图数据规范》和《地理信息公共服务平台　地理实体与地名地址数据规范》2项行业标准的审查。完成了2011年新增国家级基础地理信息标准数据认定与发布工作。

对外交流与合作不断扩大

“走出去”战略。印发了《国家测绘局关于加快实施测绘“走出去”战略的若干意见》。向国务院上报了《国土资源部关于实施测绘“走出去”战略情况的报告》。组织测绘地理信息企事业单位负责人到国外参加产业研讨，举办了“中国－菲律宾”、“中国－印尼”地理信息企业家座谈会，多家国内企业与外方达成产品和工程项目合作意向。在摩洛哥、马来西亚举办了中国测绘地理信息发展论坛。组织高层次科技和管理人才到国外接受培训。

国际交流与合作。加强与美国、西班牙、芬兰、日本、韩国、委内瑞拉、玻利维亚等国测绘地理信息相关部门的交流。出席联合国全球地理信息管理（GGIM）协调委员会筹备会议和第一届全球地理信息管理高层论坛，确立了我国在联合国全球地理信息管理协调委员会的创始国地位。邀请联合国副秘书长和联合国统计司司长来访，启动了在联合国设立中国测绘地理信息能力建设信托基金的争取工作。多位中国测绘地理信息界代表在国际地理信息相关组织中担任职务。

干部职工队伍活力显著提升

人才培养。选拔国家测绘地理信息局首批科技领军人才7人。组织开展2011年青年学术和技术带头人考评增选工作，增选带头人31人，增至88人。选拔推荐国家公派留学人员6人、青年千人计划人选3人、人社部和教育部等部委评审专家14人、第十二届中国青年科技奖候选人推荐人选4人；申请留学回国人员科技活动择优资助5项。组织测绘地理信息界多名院士和知名专家赴新疆开展测绘地理信息专家西部行活动。2011年末，全国测绘地理信息系统共有院士2人、享受政府特殊津贴专家197人、有突出贡献专家17人、百千万人才工程专家14人、省部级专家96人。

人事管理。深入推进干部人事制度改革，创新干部交流机制，干部竞争上岗、轮岗交流力度明显加大。组织开展局属事业单位清理规范工作和局属非时政类报刊改革工作。深化事业单位收入分配制度改革。印发了《测绘地理信息“十二五”人才发展规划》。组织召开了全国测绘地理信息科技和人才工作会议，启动实施测绘地理信息领域卓越工程师培养计划。继续开展全国省级测绘地理信息行政主管部门贯彻落实科学发展观年度测绘地理信息工作考评。2011年末，全国测绘地理信息系统从业人员26069人。其中，专业技术人员15710人。测绘资质单位从业人员29.06万人，其中，专业技术人员19.03万人。

教育培训。组织完成全国首次注册测绘师考试，全国共有24190人参加，3147人通过并获得注册测绘师资格证书。举办第二届全国测绘地理信息行业职业技能工程测量和摄影测量竞赛，共有近2000名技能人才参加了各省组织的选拔赛，最终经选拔产生124名选手参加决赛。2011年，各级测绘地理信息行政主管部门共组织各类教育培训6058次。测绘地理信息系统从业人员参加各类培训50296人次。

党的建设。扎实推进创建学习型党组织建设工作，开展了12个专题的学习。举办“测绘学习大讲堂”9期，发布专题讲座视频34期。推荐优秀书目21本，配发优秀书籍4000多册。完成了“阅读·思考·进步”读书征文活动评选。深入开展创先争优活动，组织领导干部点评和党员公开承诺活动。开展纪念建党90周年党史知识网上有奖竞答活动，22158人参与答题。举行“两优一先”评选表彰活动。召开了全国测绘系统党风廉政建设工作会议，举办了直属单位纪检监察审计业务培训班。

文化建设。组织开展2010年度思想政治工作优秀研究成果评选表彰。开展2011年度重点课题调研工作，征集优秀研究成果165篇。积极参与中央国家机关党建研究会重点课题调研，提交了《创先争优如何为测绘地理信息“十二五”发展提供动力与保证》调研报告。举办了纪念建党90周年爱国歌曲演唱会，全国测绘职工文化、体育比赛和图片展等活动。开通了“信念·责任·青年力量”测绘青年论坛主题微博。创办网上中国测绘科技馆，被中国科协评为全国特色科普活动，在中国政府网站绩效评估暨中国特色政府网站评选中被评为品牌栏目。国家局门户网站综合绩效排名在48家非国务院组成部门中位列第4名。中国测绘创新基地被选为中共中央党校教学基地。

特　载

重要批示

国务院副总理李克强关于测绘地理信息工作的重要批示

2011 年 5 月 10 日

地理信息技术应用广泛、市场潜力巨大。国土资源部、测绘局要商有关方面完善相关规划和政策，促进产业发展。

国务院副总理李克强关于国家版图意识宣传教育工作的重要批示

2011 年 5 月 21 日

加强此项工作对提高全民国家版图意识、维护我国家安全有积极意义，要继续商有关方面做好下一步工作。

国务院副总理李克强在中国测绘创新基地座谈会上的讲话

2011 年 5 月 23 日

今天，我和国务院有关部门负责同志到国家测绘地理信息局和中国测绘创新基地来，主要是就测绘地理信息工作进行考察。最近，中央决定将国家测绘局更名为国家测绘地理信息局，这准确反映了测绘事业向测绘地理信息事业发展的要求，说明了测绘地理信息的重要性更加凸显，也体现了国家对测绘地理信息工作的支持和期望。我们这次来，参观了测绘科技展览，观看了测绘成果展示，在测绘科学研究院与研究人员进行了交谈，看望了一线职工。刚才，徐德明同志作了汇报，几位院士专家发了言。从中可以感受到测绘地理信息工作者的眼光、激情和智慧，感受到大家建设测绘地理信息强国的信心和力量。借此机会，我谈几点意见。

一、充分肯定我国测绘地理信息事业取得的显著成绩

近些年来，测绘工作坚持深入贯彻落实科学发展观，紧密围绕党和国家中心工作，服务大局、服务社会、服务民生，为经济社会发展提供了有力保障。“十一五”时期测绘战线广大干部职工同心同德、奋力拼搏，推动测绘地理信息事业发展取得新的成就，已经站在一个新的起点上。尤其是在抗击汶川特大地震、玉树强烈地震、舟曲特大山洪泥石流等重大自然灾害和灾后重建中，测绘部门冲锋在前，第一时间获取和制作灾区影像图，第一时间提供给应急工作使用，为了解灾情、指挥决策、抢险救灾及恢复重建，发挥了不可替代的特殊作用。数字城市建设有些方面已迈入了世界先进行列，有力地提高了城市管理工作的科学化、精细化水平，提升了政府形象。推出“天地图”服务网站，推动了地理信息资源共享，方便了人们的工作和生活。积极实施国家重大测绘项目，西部测图 1:5 万数据库更新已基本完成，海岛（礁）测绘工程扎实推进。出台了一系列政策措施，促进了地理信息产业发展。建设了中国测绘创新基地，显著改善了测绘科研、生产、服务条件。这些工作有力地增强了我国测绘地理信息保障能力，提高了服务水平，为全面建设小康社会作出了积极贡献。

二、深刻认识做好测绘地理信息工作的重要性

测绘地理信息是经济社会活动的重要基础，事关国家的主权、安全和利益。测绘的水平反映了人类文明进步的水平。人类对地理信息掌握的程度，决定了自身的视野和活动范围。随着经济社会的快速发展和科学技术的不断进步，测绘地理信息应用越来越广、作用越来越大。

测绘地理信息是全面提高信息化水平的重要条件。当今世界，信息化带来了人类生产生活方式的深刻变化。全面提高信息化水平对于改善经济运行和社会管理、提高政府行政能力、推进城镇化进程、提升人民群众生活质量，都具有重要的作用。而这些领域的信息化，都需要地理信息服务。可以说，离开了准确、丰富的地理信息，就不可能实现经济社会各领域的信息化。

测绘地理信息是加快转变经济发展方式的重要支撑。现代测绘技术和地理信息资源是研究和解决资源、环境、人口、灾害等经济社会可持续发展重大问题的重要手段。利用测绘地理信息，可以准确把握自然环境的现状和变化趋势，优化国土空间布局，有利于以最低的资源消耗和环境代价达到最好的效益。加强测绘地理信息工作，对于转变经济发展方式、调整经济结构具有支撑和推动作用。

测绘地理信息是战略性新兴产业的重要内容。经历了国际金融危机的冲击，各主要发达国家都在抢占未来发展的制高点。我国“十二五”规划纲要提出，要培育发展战略性新兴产业。地理信息产业具有科技含量高、环境污染少、市场前景广阔、吸纳就业能力较强的特点，是战略性新兴产业和生产型服务业的重要结合点，开发利用潜力很大。地理信息的不断丰富和广泛应用，将促进物联网、数字城市等领域及关联服务业的发展，完善“网格化”社会管理，支撑重大项目科学决策，带动劳动就业，方便生产生活，对经济起到“助推器”的作用。

测绘地理信息是维护国家安全利益的重要保障。地图是国家版图的主要表现形式，直观反映国家的主权范围，体现国家的政治主张，具有严肃的政治性、严密的科学性和严格的法定性。测绘地理信息是国家边界管理和勘界的重要手段，也是边界谈判的重要依据。我国版图在地图上的表示准确与否，直接涉及我国的领土主权完整和民族利益。在现代高技术战争条件下，测绘地理信息也是赢得胜利的重要因素。

需要强调的是，这次将国家测绘局更名为国家测绘地理信息局，不仅仅是名称的改变，更是责任的强化。要抓住这个重要契机，紧密围绕我国经济社会发展的需要，从更高的层次、更宽广的视野，考虑和谋划测绘地理信息工作，按照“构建数字中国、监测地理国情、发展壮大产业、建设测绘强国”的总体战略，密切跟踪国际相关领域最新发展，统筹规划，加大投入，完善体制，加快发展基础测绘事业和地理信息产业，增强自主创新能力，提升测绘地理信息产品和服务水平。

三、不断增强基础测绘保障服务能力

基础测绘是为经济社会发展和国防建设提供基础地理信息的基础性、公益性事业，是实现经济社会可持续发展的基础条件和重要保障，其保障服务能力需要进一步增强。

要丰富基础地理信息资源。基础地理信息是综合自然、人文、社会信息资源的公共平台，具有很强的公益性，是全社会的宝贵财富。要随着国家财力的增长和需求的增加，逐步加大对基础测绘的投入，加快现代测绘基准体系建设，加强海岛（礁）

测绘、边疆测绘、极地测绘等重要工程的实施，推进各级基础地理信息资源建设与更新，不断丰富信息内容。尤其要强化高分辨率遥感影像、大比例尺地图数据、真实三维数据等信息资源建设。对边远地区、少数民族地区基础测绘给予支持。加强全国基础测绘的统筹协调和军地合作，推进全国基础地理信息资源的优化整合和协调一致。此外，还要积极获取全球地理信息数据，为实施“走出去”战略提供保障服务。

要加强地理国情监测。地理国情是重要的基本国情，是搞好宏观调控、促进可持续发展的重要决策依据，也是建设责任政府、服务政府的重要支撑。我国正处在工业化、城镇化快速发展时期，也是地表自然和人文地理信息快速变化的时期。如何科学布局工业化、城镇化，如何统筹规划、合理利用国土发展空间，如何有效推进重大工程建设，地理国情监测至关重要。要充分利用测绘的先进技术、数据资源和人才优势，积极开展地理国情变化监测与统计分析，对重要地理要素进行动态监测，及时发布监测成果和分析报告，为科学发展提供依据。同时，要继续做好应急测绘保障服务工作。

要推进数字城市建设。今后20年，我国城市化率将逐步提高到60%以上，城市将成为大多数居民的生活空间。未来的城市管理将逐步实现数字化、“网格化”，城市规划、基础设施建设、项目设计以及审批核准等，都需要数字城市的支撑。要加大数字城市推进力度，推动相关成果在政府管理和居民工作生活中广泛应用，提高城市管理和服务水平。

四、加快发展地理信息产业

地理信息技术应用广泛，市场潜力巨大，地理信息产业不仅能直接产生较大的经济效益，还可以带动智能交通、手机通信、现代物流、网络服务等现代服务业发展；不仅有利于扩大居民消费，而且有利于调整和优化经济结构。

要积极发展地理信息新型服务业态，加强政府引导，抓紧研究制定地理信息产业发展规划，完善财政、税收、政府采购、市场准入等方面的政策措施，为地理信息产业发展创造有利条件、营造良好环境。加快推进地理信息公共服务平台建设。“天地图”既是政府服务的公益性平台、产业发展的基础平台，又是方便群众的服务平台、国家安全的保障平台，是抢占国际竞争制高点的重要方面，甚至是突破口。要加快推进“天地图”建设，进一步丰富数据资源，完善服务功能，扩大应用范围，打造我国互联网地理信息服务知名品牌。

测绘地理信息部门和其他有关部门要采取有效措施，积极引导和扶持地理信息产业发展。测绘地理信息是一个技术密集型行业，仪器装备更新换代快，而我国在测绘地理信息仪器装备方面与发达国家相比还有很大差距，必须加大支持力度，进一步增强自主创新能力，提高高端测绘地理信息装备自主化水平。目前，国际上数字地球、智慧地球、物联网快速发展，竞争非常激烈，打造数字中国、智慧中国，也要加快科技攻关、攻坚步伐。要增加测绘高新装备的投入，特别是要搞好测绘应急装备能力建设。要完善投融资机制，不断扩大投入规模，提高地理信息产业发展后劲。要采取优惠政策，鼓励企业开展增值服务，开发多样化、大众化、具有自主知识产权的地理信息产品。要积极扩大对外开放，力争在国际市场上占据一定位置。

五、推进完善测绘地理信息体制机制

目前，测绘地理信息体制机制还不能适应发展的要求，甚至在一些地方还存在管理机构的空白、“短腿”。要以这次更名为契机，逐步推进测绘地理信息机构的改革。要加快健全体制、完善机制、强化职责，更好地发挥测绘地理信息主管部门的作用。要顺应测绘地理信息发展趋势，逐步形成有利于测绘地理信息事业健康发展的体制机制。要统筹国家测绘和区域测绘、基础测绘事业和地理信息产业协调发展，积极推进测绘与相关部门间公益性信息的共享，完善军地测绘融合发展机制。要进一步加强地理信息市场监管，强化国家版图意识宣传教育和地理信息安全管理，维护公平竞争有序的市场秩序。

关于汇报和发言中提出的几个问题，如加大基础测绘投入力度、加强地理国情监测、设立科技专项、提高测绘装备水平及测绘卫星更替、健全测绘地理信息体制机制、加强测绘地理信息人才培养等，请有关部门认真研究、给予支持。

世界经济格局正在发生大变革、大调整，我国经济社会发展站在一个新的起点上，加快转变经济发展方式任务紧迫；测绘地理信息事业需求巨大、市场广阔、前景光明，广大测绘地理信息工作者肩负着重大责任。希望国土资源部党组进一步加强指导，也希望国家测绘地理信息局党组和广大干部职工更加努力工作，完成好党中央、国务院交给的各项任务，为实现全面建设小康社会目标作出应有的贡献。

国务院副总理李克强关于测绘地理信息工作的重要批示

2011 年 7 月 20 日

测绘系统开展全程全方位高质量的测绘保障工作，为灾区人民重建家园作出了特有贡献。谨向同志们表示感谢和慰问。

国务院副总理李克强关于测绘地理信息工作的重要批示

2011 年 12 月 17 日

2011 年，广大测绘地理信息系统干部职工解放思想、求真务实、开拓创新，测绘地理信息事业取得重要进展。在新的一年里，望继续围绕“十二五”主题主线，坚持服务大局、服务社会、服务民生的宗旨，着力强化测绘地理信息服务，加强数字中国、天地图、监测地理国情三大平台建设，大力促进地理信息产业发展，全力推动测绘地理信息事业再上新台阶。

重要文献

国家测绘局关于加强测绘系统网站建设的指导意见

国测办发〔2011〕4 号 2011 年 3 月 9 日

各省、自治区、直辖市、计划单列市测绘行政主管部门，新疆生产建设兵团测绘主管部门，局所属各单位，机关各司（室）：

近年来，测绘系统网站建设取得长足进步，在发布行业动态、推动政务公开、宣传测绘工作、建设服务型政府等方面发挥了不可替代的作用，已成为测绘部门电子政务建设的重要组成部分，成为测绘部门与公众交流的门户、展示测绘部门良好形象的窗口。但同时，测绘系统网站总体情况与社会公众的需求和期待还有较大差距，网站管理体制机制不健全、网上办事服务水平不高、信息发布比较滞后、互动交流不够充分、网站安全防护系统脆弱等问题还较为突出。为切实把测绘系统网站建设好、利用好、管理好，现提出以下意见。

一、提高思想认识，加强测绘系统网站体系建设

（一）充分认识加强测绘系统网站建设的重要意义。测绘系统网站是推进测绘部门信息公开的重要载体，有利于保障人民群众的知情权、参与权、表达权、监督权，有利于促进测绘行政许可规范化、高效化，提高测绘依法行政效能，有利于营造关心测绘、支持测绘的社会舆论氛围。各级测绘主管部门要充分认识加强测绘系统网站建设的重要性和紧迫性，把网站建设和管理工作列入重要议事日程，采取有效措施，积极推进测绘系统网站建设，提高网站服务水平。

（二）不断健全完善测绘系统网站体系。各省级测绘主管部门和相关单位要加快测绘网站建设步伐，没有开通网站的要尽快开通，已经开通的要努力提升建设、维护、更新与管理水平，并逐步向地市级测绘主管部门延伸，逐步建成以国家测绘局政府网站为龙头，以省级、计划单列市测绘主管部门和局属有关单位网站为主体，辐射地市级、分级负责、上下联动、服务便捷高效的测绘网站群，形成与测绘管理体制相适应的测绘系统网站体系。

二、强化信息公开，增强测绘主管部门工作透明度

（三）加大信息公开力度。各级测绘主管部门要坚持以公开为原则、不公开为例外，通过网站及时、准确地公开相关信息。编制政府信息公开目录，明确责任部门、公开范围及公开时限，组织开发政府信息公开发布系统。建立健全网站信息发布管理机制，规范信息采集范围、发布流程、排版规范、发布时限以及存档要求等，明确相关部门和人员职责。注重公开信息的准确性，上网信息要严格审核程序，转载非本单位制作和非本单位工作渠道收集的信息要确保真实可靠并注明出处。建立健全网站信息发布保密审查机制，强化信息安全保密意识，确保上网信息不涉密。

（四）强化宣传功能和内容保障。各级测绘主管部门要充分利用网络的优势，通过文字、图片、音视频等丰富多样的形式大力宣传测绘工作。要精心策划、广泛宣传，强化舆情监测引导，为测绘事业发展营造良好的舆论氛围。要以本级网站和下级网站为支撑站点，建立健全网站内容保障工作机制，分解任务，明晰责任，协同共建，确保内容丰富充实。组织开发网站信息报送系统，畅通信息报送渠道，认真做好上级网站栏目内容的保障工作，加强所属子网站管理。各子网站栏目、域名调整与修改、网页地址链接变更等，要及时告知上级网站，确保共建栏目内容及时完整、关联信息同时发布和更新。

三、完善网站功能，提高在线办事服务能力

（五）建立完善在线办事服务内容体系。按照企事业单位及公众等服务对象的需求，以行政服务事项为重点、社会服务资源为补充，梳理和整合服务项目，逐步建立测绘部门的公共服务分类目录体系，逐步充实和完善在线办事服务内容，深化和拓展在线服务事项。各级测绘部门网站要整合各类资源，设计办事服务框架，针对不同服务对象设立办事栏目和便民窗口，提供个性化、场景式的主题服务。

（六）不断提高在线办事服务水平。加强测绘系统网站办事服务后台支撑系统建设，加快建立测绘部门网上办事大厅，通过办事指引和页面链接提供“一站式”服务入口，为公众提供便捷有效的服务。深化和拓展行政许可审批通用平台软件等业务系统的应用，确保“十二五”期间全部行政许可审批事项实现在线办理。要加强地理信息公共服务平台、标准地图服务、电子地图网、测绘成果目录查询等地理信息服务类网站建设，持续提升测绘部门公共服务水平。

四、深化公众参与，广泛倾听社情民意

（七）加强互动交流栏目建设。按照“总体规划，分步实施，严格审理，确保安全”的原则，合理设置公众参与类栏目，通过领导信箱、留言咨询、公众监督信箱等接受公众建言献策和情况反映。围绕测绘工作重点和公众关注热点，积极开设在线访谈、热点解答、网上咨询等互动栏目，做好政策宣传和舆论引导。围绕测绘部门重要决策和与公众利益密切相关的事项，开展网上调查、网上意见征集、网上评议等工作，征集公众的意见和建议，为决策提供参考。调查类栏目要公开调查结果及运用情况。访谈类栏目要提前公开工作计划，做好预告，引导公众积极参与。

（八）切实做好互动交流类栏目答复工作。建立健全互动交流类栏目办理工作机制，明确信件受理、办理、答复等环节的运转流程、工作责任，落实专人负责来信的日常处理工作。反映重大问题的信件要及时送本单位领导阅批，其他社情民意和建言献策类来信要适时采用摘要、简报等形式及时报领导参阅。对政策咨询类来信，在认真答复的同时，进行归纳整理，选择公众关注度高的问题在网站相关栏目集中解惑答疑。对反映问题的来信，要认真调查研究，实事求是处理和回复。属于相关部门职责范围的信件，要及时转办，并跟踪做好催办、督办、答复工作。对涉及多个部门办理的疑难事项，要综合协调，及时研究，定期通报办理、答复情况。

五、强化网站管理，提高技术保障能力

（九）加强网站信息安全保障。实施重要信息系统等级保护制度，加强网站安全基础设施建设，适时进行安全防护产品升级换代。定期做好网站系统安全测评和安全检查工作，制订完备的安全策略和应急预案，不断提高网站防篡改、防攻击、防瘫痪的安全防范和应急处置能力。建立信息发布登记制度，在网站发布政府信息，信息提供单位应向网站管理部门提供本单位或部门负责同志的审批意见，网站管理部门要做好相应记录备查。落实专人值守论坛、留言类栏目，避免出现不良信息损害网站形象。建立健全网站保密审查制度，加强对网站涉密信息的日常检查。

（十）增强技术保障能力。网站设计要美观大方、简洁庄重，网站页面布局要科学规范、重点突出，实现政府网站共性与特色地域、测绘特色的统一。根据网站运行维护和内容建设需要，加强网络技术平台和重要业务应用系统建设，逐步实现相关网站之间技术平台的对接和业务系统的兼容。采用网站运行监测技术手段，做好日常巡检和实时监测，确保网站全天候工作、信息页面正常浏览、办事和互动平台畅通有效。建设人工防范和智能扫描相结合的网站纠错平台，防止网站被非法链接。

六、加强组织领导，建立长效发展机制

（十一）加强组织建设与运行管理。各级测绘主管部门要加强对网站建设工作的领导，明确分管部门和负责人，落实具体建设、管理工作机构，配备政治素质高、业务能力强的专职人员。网站建设、管理责任部门要建立健全网站运行、管理工作制度。要通过多种形式开展业务培训和技术交流，提高网站工作人员能力和水平。国家测绘局组织开展测绘系统网站年度绩效评估工作，对网站建设先进集体、优秀供稿单位和优秀网站信息员给予奖励。

（十二）加大网站经费投入力度。将网站建设纳入基本建设计划，根据网站功能扩展和建设规模的需要，统筹解决网站建设和管理经费，加大网站建设运行的资金投入，不断强化网站硬件环境、软件平台、安全设施、采编设备等基础装备支撑。积极探索委托管理、服务外包等多元化的技术保障机制，促进网站建设规范有效开展。

国家测绘地理信息局关于认真学习贯彻李克强副总理在中国测绘创新基地考察调研时重要讲话精神的意见

国测办发〔2011〕1号 2011年6月17日

各省、自治区、直辖市、计划单列市测绘地理信息行政主管部门，新疆生产建设兵团测绘地理信息主管部门，局所属各单位，机关各司局：

2011年5月23日，中共中央政治局常委、国务院副总理李克强同志专程到中国测绘创新基地考察调研，参观了测绘科技馆的展览，看望了一线职工，听取了测绘地理信息工作汇报，与院士专家进行了座谈，并发表了重要讲话。

认真学习、深刻领会、全面贯彻落实李克强副总理重要讲话精神，是全国测绘地理信息行业当前的一项重要政治任务。为进一步抓好学习贯彻落实工作，提出如下意见。

一、充分认识李克强副总理考察测绘地理信息工作的重要意义

李克强副总理在百忙之中专程视察测绘地理信息工作，充分体现了党中央国务院对测绘地理信息工作的高度重视。李克强副总理的重要讲话，高屋建瓴，思想性强，针对性强，指导性强，进一步明确了测绘地理信息事业的新地位、新方向、新任务，标志着我国测绘地理信息事业已经站在新的起点上。

（一）李克强副总理的视察指导是我国测绘地理信息事业发展的重要里程碑。2011年是“十二五”开局之年，李克强副总理专程视察指导，对于明确“十二五”测绘地理信息事业发展的方向、目

标和任务具有重要意义。尤其是2011年《政府工作报告》首次提出，要积极发展地理信息新型服务业态；《国民经济和社会发展第十二个五年规划纲要》对测绘地理信息工作提出四个方面的明确要求。李克强副总理在这样一个重要时刻考察指导测绘地理信息工作，亲身感受了测绘悠久的历史和先进的科技，也感受到建设测绘地理信息大国、强国的目标是能够实现的，同时对测绘地理信息干部职工的眼光、激情和智慧给予高度赞誉，并宣布了国务院关于国家测绘局更名为国家测绘地理信息局的决定，对于营造测绘地理信息事业更好的发展环境、提升测绘地理信息工作的社会影响力，推动“十二五”测绘地理信息事业科学发展具有极其重大的现实意义。

（二）李克强副总理的视察指导是对测绘地理信息职工的亲切关怀和对测绘地理信息工作的高度肯定。李克强副总理视察期间，同中国测绘创新基地的干部职工亲切握手和交谈，充分体现了党中央国务院对全国测绘地理信息工作者的亲切关怀。李克强副总理在讲话中充分肯定了测绘地理信息工作围绕中心、服务大局，在抢险救灾和灾后重建测绘保障以及数字城市建设、“天地图”建设、地理信息产业发展、中国测绘创新基地建设等方面取得的重要成就，高度赞扬了广大测绘地理信息工作者同心同德、奋力拼搏、开拓进取、无私奉献的精神品质，对于全国测绘地理信息工作者是巨大的鼓舞和鞭策，必将极大地激发广大干部职工的积极性和创造性，极大地增强广大干部职工推动测绘地理信息事业实现历史性新跨越的信心和决心。

（三）李克强副总理的视察指导开启了我国测绘地理信息事业发展的新篇章。李克强副总理从四个方面深刻阐述了新形势下加强测绘地理信息工作的重要意义，站在国家战略的高度进一步明确了测绘地理信息事业发展的目标任务。李克强副总理强调，国家测绘局更名为国家测绘地理信息局，不仅仅是名称的改变，更是责任的强化，体现了国家对测绘地理信息工作的支持和期望。要抓住这个重要契机，从更高层次、更宽视野，考虑和谋划测绘地理信息工作，按照“构建数字中国，监测地理国情，发展壮大产业，建设测绘强国”的总体战略，统筹规划，加大投入，完善体制，加快推动基础测绘事业和地理信息产业发展。李克强副总理的重要讲话对于进一步增强测绘地理信息干部职工的使命感和责任感具有重要作用，必将引领广大测绘地理信息工作者更好地履行职责、勇挑重担，在新的历史起点迈入测绘地理信息事业发展新的纪元、创造新的辉煌。

二、准确把握重要讲话精神，加快推动测绘地理信息事业科学发展

贯彻落实李克强副总理的重要讲话精神，必须继续发扬测绘地理信息工作者“快、干、好”的作风，以更大的干劲、更高的效率、更好的服务，进一步增强基础测绘保障服务能力，大力发展地理信息产业，完善测绘地理信息体制机制，加快推动测绘地理信息事业全面协调发展。当前尤其要着力抓好以下几方面重点工作。

（一）加快“天地图”建设与应用。要着眼于打造我国互联网地理信息服务知名品牌、维护国家地理信息安全、提升国际竞争力，进一步加大“天地图”建设的人力、财力投入，大力推进国家主节点和省、市分节点建设，不断丰富数据资源、完善服务功能、扩大应用范围，着力把“天地图”建设成为政府服务的公益平台、产业发展的基础平台、方便群众的服务平台、国家安全的保障平台，切实形成全国统一、共享的“一个平台”。

（二）加快推进地理国情监测工作。要着眼于提高政府决策科学化水平、维护国家生态安全、有效履行测绘地理信息管理职责，加快开展地理国情监测，对事关经济社会发展大局的重要地理要素进行动态监测和统计分析，及时发布监测成果和分析报告，为科学发展提供依据。在充分利用已有成果的基础上，加快实施全要素、全领域、全覆盖的地理国情、省情、市情信息普查工作，形成全国地理国情“一张图”。

（三）加快数字城市建设步伐。要着眼于建设责任政府、服务政府、提高城市管理服务水平，进一步加大数字城市建设推进力度，逐步实现对城市的数字化、网格化管理，推动相关成果在城市政府、有关部门以及人们生活中的广泛应用，为城市规划、设施管理、政府审批以及经济社会活动等提供有力支持。

（四）加快推动地理信息产业发展。要着眼于扩内需、调结构、转变经济发展方式、占领国际地理信息产业制高点，抓紧制定地理信息产业规划和产业政策，大力推进地理信息新型服务业态发展。进一步加快技术创新步伐，加强高端仪器装备制造，提高先进技术装备自主化水平。大力支持企业开发多样化、大众化地理信息产品，有效保障经济社会发展对地理信息的需求。在科学规划布局的基础上，积极推进地理信息产业基地或园区建设。

（五）加快完善测绘地理信息体制机制。要着眼于建设高效服务政府、切实履行测绘地理信息管理职能，抓住国家测绘局更名国家测绘地理信息局的大好机遇，按照名称统一、协调有效的原则，加快推动测绘地理信息机构更名，没有独立管理机构的要加大工作力度，推进独立的测绘地理信息机构建设，切实健全管理体制，强化监管职责，完善运行机制，为建立一张图、一个平台、一个网络提供组织管理保障。进一步加强市场监管，强化国家版图意识宣传教育和地理信息安全管理。

三、抓好动员部署，确保重要讲话精神贯彻落实到各项工作中

要将学习贯彻李克强副总理重要讲话精神与贯彻落实《政府工作报告》和《国民经济和社会发展第十二个五年规划纲要》中对测绘地理信息工作的要求结合起来，与贯彻落实李克强副总理近期对测绘地理信息工作的重要批示精神结合起来，与深入开展创先争优活动结合起来，确保认识有高度，贯彻有成效。

（一）要高度重视、深入学习。各单位各部门务必要把学习、宣传和贯彻落实李克强副总理重要讲话精神作为一项重要的政治任务，列入首要议事日程，加强领导，周密部署，精心组织。要制定工作方案，明确任务，落实责任，加强督促检查。要通过党委（党组）中心组理论学习、支部学习、座谈研讨、专家解读等多种形式，组织广大干部职工迅速掀起学习贯彻李克强副总理重要讲话精神的热潮。要把学习贯彻讲话精神的成效纳入本单位本部门创先争优活动的重要内容和工作目标考核。要把李克强副总理重要讲话精神传达到当地主要测绘地理信息单位和企业。

（二）要统一思想、提高认识。各单位各部门要在认真学习的基础上，充分认识李克强副总理考察测绘地理信息工作并发表重要讲话的重大意义，迅速把思想和行动统一到讲话精神上来，切实把智慧和力量凝聚到党和国家重要决策部署上来。要紧紧抓住李克强副总理视察调研测绘地理信息工作以及国家测绘局更名为国家测绘地理信息局这一难得的历史机遇，把学习贯彻李克强副总理的讲话精神转化为推动测绘地理信息事业又好又快发展的强大动力和实际行动，快干巧干、真抓实干，切实完成好党中央国务院交给的各项任务，切实履行好各项职责，为全面建设小康社会作出更大贡献。

（三）要抓好项目、推动发展。一切发展都必须依靠项目带动。各单位各部门要把学习贯彻李克强副总理重要讲话精神与落实重大项目结合起来，围绕“构建数字中国、监测地理国情，发展壮大产业、建设测绘强国”的总体战略和建设全国“一网一图一平台”的总体部署，加快完善相关规划，系统谋划“十二五”期间测绘地理信息重大项目。要成立专门班子，加强与财政、发展改革、科技等部门的沟通联系，加快重大项目的研究论证，努力争取更多的项目列入国家和地方“十二五”规划立项实施，依靠大项目推动大发展。

（四）要加强宣传、扩大影响。要通过报刊、网站等宣传载体，全面准确、深入浅出地宣传李克强副总理的重要讲话精神，及时报道各单位各部门学习贯彻重要讲话精神的情况，进一步营造重视、关心和支持测绘地理信息发展的良好氛围。各级测绘主管部门要及时向本地区党委、政府汇报李克强副总理的重要讲话精神，争取本地区党委、政府更大的支持，为推进测绘地理信息的各项工作提供强有力的保证。

各单位各部门要进一步解放思想，坚持改革创新，以新的姿态、新的视野，站在全新的高度来谋划测绘地理信息事业发展的新思路；以新的形象、新的干劲，站在新的起点上迈出测绘地理信息事业发展的新步伐；以新的使命，新的作为，在新的历史征程中不断创造新业绩、铸就新辉煌，为推动经济社会科学发展、实现全面建设小康社会宏伟目标做出新的贡献，不辜负党中央、国务院的重托和人民群众的殷切希望。

各单位各部门要将学习贯彻情况及时报国家测绘地理信息局。

关于认真学习贯彻李克强副总理对测绘地理信息工作重要批示的通知

国测办发〔2011〕9号　2011年12月23日

各省、自治区、直辖市、计划单列市测绘地理信息行政主管部门，新疆生产建设兵团测绘地理信息主管部门，局所属各单位，机关各司局：

2011年12月17日，中共中央政治局常委、国务院副总理李克强同志对测绘地理信息工作作出重要批示："2011年，广大测绘地理信息系统干部职工解放思想、求真务实、开拓创新，测绘地理信息事业取得重要进展。在新的一年里，望继续围绕'十二五'主题主线，坚持服务大局、服务社会、服务民生的宗旨，着力强化测绘地理信息服务，加强数字中国、天地图、监测地理国情三大平台建设，大力促进地理信息产业发展，全力推动测绘地理信息事业再上新台阶。"为认真学习、深刻领会、坚决贯彻落实李克强副总理的重要批示精神，现就有关要求通知如下。

一、高度重视，充分认识重要批示的重大意义

在李克强副总理继2011年5月23日视察中国测绘创新基地发表重要讲话之后又对测绘地理信息工作作出重要批示，对2011年测绘地理信息工作取得的成绩给予充分肯定和高度评价，并对2012年的测绘地理信息事业发展、特别是进一步加快三大平台建设、强化测绘地理信息服务提出了更新更高的要求。李克强副总理的重要批示充分体现了党中央、国务院对测绘地理信息工作的高度重视和殷切期望，对广大测绘地理信息干部职工是极大鼓舞和巨大鞭策。李克强副总理的重要批示高屋建瓴、立意深远，为测绘地理信息事业发展进一步指明了前进方向，明确了工作任务，是关键时期的再次鼓劲和有力指导，具有极强的针对性和指导性，是明年乃至今后一段时期测绘地理信息工作的行动指南。

二、凝心聚力，把重要批示转化为强大动力

各单位、各部门要把学习贯彻李克强副总理重要批示精神作为当前的一项重要任务，把重要批示精神传达到每一个测绘地理信息企事业单位，传达到每一位测绘地理信息干部职工，深刻领会和准确把握重要批示的精神实质，把思想和行动统一到中央的部署和要求上来。要把学习贯彻李克强副总理重要批示与贯彻落实党的十七届六中全会和中央经济工作会议精神紧密结合起来，与深入贯彻落实科学发展观、扎实开展创先争优活动紧密结合起来，与学习全国测绘地理信息局长会议精神和研究部署2012年测绘地理信息工作紧密结合起来，把重要批示精神转化为推动测绘地理信息事业又好又快发展的强大动力，切实增强做好测绘地理信息工作的紧迫感、责任感和使命感，坚定信心、鼓足干劲，抓住机遇、乘势而上，鼓励面前找差距，倍加努力干工作，更加扎实有效地推进测绘地理信息事业加快发展。

三、认真贯彻，将重要批示精神坚决落实到位

各单位、各部门要继续坚持以科学发展观为指导，围绕服务大局、服务社会、服务民生的宗旨，按照李克强副总理重要批示的要求和全国测绘地理信息局长会议确定的强平台、扩服务、推监测、优结构、壮企业、建强国的总体思路，着力推进扩大数字城市成果应用、完善天地图的服务功能、强化监测地理国情工作、加快地理信息产业发展、加强基础测绘建设力度、加大科技创新成果转化、健全完善管理体制机制、提升测绘地理信息文化、建设高水平高效率队伍等九大任务的落实。要联系实际制定内容详实、切实可行的年度工作计划，在深化、细化上下功夫，务求取得实效，全力推动测绘地理信息事业再上新台阶。重点要做好以下几方面工作。

一是要坚持围绕"十二五"主题主线，着力强化测绘地理信息服务。服务经济社会发展是测绘地理信息系统的职责所系、价值所在。要以科学发展为主题，以加快转变经济发展方式为主线，坚持服务大局、服务社会、服务民生的宗旨，一切要着眼于服务，不断强化服务意识、创新服务手段、完善服务体系、提高服务质量，满足经济社会和人民群众对测绘地理信息的多样化、个性化需求。要不断拓宽服务领域，推动导航定位与通信网、互联网、物联网的融合发展，支持测绘地理信息企业大力发展增值服务，深化测绘地理信息技术创新和产品创新，开发具有自主知识产权的大众化、社会化新产品，不断提高测绘地理信息服务的质量和水平，实现测绘地理信息在全社会的广泛应用。

二是要加大基础测绘投入力度，加快推进数字城市建设、天地图建设和地理国情监测工作。要认真实施国家和地方基础测绘发展“十二五”规划，整合全国基础测绘力量，切实加大投入力度，振奋精神、攻坚克难，激发斗志、焕发活力，做全做优基础地理信息资源。要把数字城市、天地图和地理国情监测作为提升测绘地理信息服务水平、彰显测绘地理信息工作地位作用的重要载体和重要途径，作为一切工作的重中之重，举全局之力、全社会之力予以推进。要进一步加快数字城市建设，做活做新做出影响，使之成为城市科学发展、精细管理、高效服务的有力支撑；要把天地图建设作为抢占国际竞争制高点的重要方面，以刻不容缓、时不我待的紧迫感加快完善天地图功能、丰富天地图数据，做广做精做出品牌，更好地服务大众百姓生活；要把监测地理国情作为促进资源节约型和环境友好型社会建设、推动测绘地理信息事业转型升级的重要突破口，做高做严做出权威，更好地为建设责任政府、提高领导决策水平提供高效的地理国情信息服务。

三是要加快完善测绘地理信息管理体制机制，大力促进地理信息产业发展。要充分认识健全体制、完善机制在加快测绘地理信息事业发展、特别是加快推动地理信息产业发展中的极端重要性，按照打造一张图、一个网、一个平台，完善体制机制、强化统一监管的要求，加快推动省、市、县三级测绘地理信息管理机构建设和职能强化，省级测绘地理信息管理机构要朝着“独立、行政、垂直、恢复正厅”的目标迈进，市、县级主管部门要尽快实现更名挂牌，形成体系健全、政令畅通的良好局面。有为才有位，有位才更有为。要进一步强化服务企业的意识，通过测绘地理信息管理体制机制的健全完善，相关政策的扶持引导，地理信息产业园的统筹建设等有效举措，促进地理信息产业做大做强做优，更好地满足经济社会发展的需求。

四、精心组织，大力宣传贯彻落实重要批示的成效

各级测绘地理信息行政主管部门要主动向本地党委政府汇报李克强副总理重要批示精神，汇报本地测绘地理信息工作所取得的成效，积极争取对测绘地理信息工作更大的重视和支持，努力开辟测绘地理信息事业更广阔的发展空间，发挥出更大的作用。要精心组织，周密部署，充分利用测绘地理信息报刊、网站和社会媒体，采取多种形式，广泛宣传李克强副总理的重要批示精神，宣传各单位、各部门学习贯彻重要批示的做法和成效，努力营造良好舆论氛围。

各单位、各部门要以学习贯彻李克强副总理重要批示为契机，以提高领导执行力、激发职工创造力、统筹凝聚配合力、增强发展推动力、扩大社会影响力、加强督促落实力为抓手，进一步解放思想、开拓创新，加强领导、明确责任，切实做好各项工作，努力在推动测绘地理信息科学发展上取得新成效，在服务经济社会上做出新贡献，不辜负党中央、国务院和广大人民群众对测绘地理信息工作的殷切期待。贯彻落实情况及时报告国家测绘地理信息局。

中共国家测绘局党组关于2011年党风廉政建设和反腐败工作的实施意见

国测党发〔2011〕12号　2011年4月15日

各省、自治区、直辖市、计划单列市测绘行政主管部门，新疆生产建设兵团测绘主管部门，局属各单位，机关各司（室）：

2011年测绘系统党风廉政建设和反腐败工作要全面贯彻党的十七大和十七届三中、四中、五中全会精神，按照中央纪委十七届六次全会和国务院第四次廉政工作会议的部署，深入贯彻落实科学发展观，坚持以人为本、执政为民的理念，坚持标本兼治、综合治理、惩防并举、注重预防的方针，强化治本抓源头工作，着重加强廉政风险防控管理工作，严格执行党风廉政建设责任制，进一步加强以完善惩治和预防腐败体系为重点的制度建设，突出重点、整体推进，开拓创新、狠抓落实，努力开创党风廉政建设和反腐败工作新局面，为测绘“十二五”起好步奠定坚实基础，为促进测绘事业又好又快发展提供有力保障。

一、认真贯彻落实十七届五中全会精神，保证中央重大方针政策和决策部署的贯彻执行

（一）坚决维护党的政治纪律。深入开展政治纪律教育，引导广大党员干部坚定政治立场，增强政治敏锐性和政治鉴别力，毫不动摇地坚持中国共产党的领导，坚持中国特色社会主义道路，坚持党的基本路线，在重大政治原则问题上始终与党中央保持高度一致。坚决执行中纪委六次全会强调的“严禁散布违背党的理论和路线方针政策的意见，严禁公开发表同中央精神相违背的言论，严禁编造、传播政治谣言，严禁以任何形式泄露党和国家秘密，严禁参与各种非法组织和非法活动”等“五个严禁”规定。切实把维护党的政治纪律作为首要政治任务来抓，坚决纠正有令不行、有禁不止的现象，确保测绘系统政令畅通。

（二）加强对贯彻中央关于测绘工作的指示和落实国家测绘局重大部署情况的监督检查。深入学习贯彻党的十七届五中全会和“十二五”规划纲要精神，深刻领会中央领导同志对测绘工作的重要指示精神，按照“构建数字中国、监测地理国情，发展壮大产业、建设测绘强国”的总体战略，继续推进《国务院关于加强测绘工作的意见》的贯彻落实，围绕谋篇布局、转型优化、强化应用、科学发展的新要求，扎实做好全年各项工作。进一步整合监督资源，突出工作重点，加强对各地区各单位贯彻落实国家局关于加强基础测绘和地理国情监测、着力开发利用地理信息资源、丰富测绘产品和服务、提高测绘生产力水平的决策部署落实情况的监督检查，及时发现问题、督促整改，健全监督检查工作的长效机制，促进全国测绘局长会议确定的各项工作目标和任务的顺利完成，确保测绘“十二五”规划开好局。

二、大力开展党风廉政教育，促进领导干部廉洁自律

（三）做好党风廉政教育工作。继续加强对党纪国法和中央反腐倡廉精神的宣传和教育工作，结合纪念建党90周年活动和创先争优活动，坚持以党性党风党纪教育为重点，深入开展示范教育、警示教育和岗位廉政教育，特别是利用身边发生的廉政案例开展警示教育，切实通过内容丰富、主题鲜明、形式多样的教育活动，引导党员干部讲党性、重品行、作表率，促进党员干部树立正确的世界观、人生观、价值观，不断提高党员干部遵纪守法和拒腐防变的意识，增强党员干部廉洁从政的自觉性。认真贯彻落实中纪委等六部门《关于加强廉政文化建设的意见》，将廉政文化建设融入到测绘文化建设和学习型党组织建设中，充分发挥廉政文化在廉政教育中的引领作用，增强廉政教育的吸引力和感染力。

（四）加强领导干部廉洁自律工作。在继续抓好《廉政准则》贯彻实施的同时，做好《〈廉政准则〉实施办法》的学习贯彻工作，全面执行《关于领导干部报告个人有关事项的规定》和《关于对配偶子女均已移居国（境）外的国家工作人员加强管理的暂行规定》。领导干部要按规定主动、如实报告个人在住房、投资、配偶子女从业等方面的情况，带头执行因公出国（境）管理制度、公务接待管理等规定，不利用职务之便接受可能影响公正执行公务的宴请及旅游、健身、娱乐等活动安排。坚决整治收送礼金问题，严肃查处领导干部以各种名义收送礼金、有价证券、支付凭证、商业预付卡的行为。

三、强化治本抓源头工作，注重加强廉政风险防控管理

（五）推进职能转变和工作机制创新。加快建立决策、执行、监督相互协调又相互制约的运行机制，大力推进政府职能转变和管理创新。继续推进测绘行政审批制度改革，减少测绘行政审批事项。积极加强对测绘资质的监督管理，促进测绘行业发展，进一步激发地理信息产业活力。积极促进地方测绘行政管理机构建设，加快推进地方测绘政策法规的颁布实施。大力推进测绘执业资格制度建设，深化测绘事业单位人事制度和收入分配制度改革。加快测绘市场信用体系建设，加强财务、审计监督管理。推进现代科技手段在政务公开、行政审批、政府采购、项目招投标等工作中的应用，推动行政权力高效便民和公开透明。

（六）加强风险防控机制建设。重视廉政风险防控管理工作，积极推进廉政风险防控机制建设，重点排查“三重一大”决策风险、领导干部廉洁从政风险、选拔任用干部风险以及因党风廉政建设工作失职或不到位而产生的风险。对于权力运行的关键点、内部管理的薄弱点、问题易发的风险点，要建立有针对性的管理制度，完善程序，落实责任，防范风险，使权力运行的关键环节得到重点关注和有效防控，提高科学决策、民主决策、依法决策水平。结合落实党务公开、政务公开等制度，加大社会监督力度，通过网络、报纸、电视、广播等媒体，及时公布干部选拔任用、专项资金使用、政府采购等重要事项，确保权力在阳光下运行。

四、坚持以人为本、执政为民，加强和改进作风建设

（七）牢固树立以人为本、执政为民的理念。坚持和发扬党的优良传统，大力弘扬理论联系实际、密切联系群众、批评与自我批评的优良作风，树立和强化群众观点，维护群众利益，密切干群关系，牢固树立以人为本、执政为民的理念。把践行以人为本、执政为民理念作为进一步提高反腐倡廉建设科学化水平的重要途径，并深入落实到党风廉政建设和反腐败斗争的各项具体工作当中去，通过改进为基层、为群众服务的作风，把维护群众权益摆在突出的位置，深入基层了解党员干部的实际困难，着力解决损害群众利益的突出问题，以党风廉政建设和反腐败的实际行动取信于民。

（八）扎实推进作风建设。继续推进“五型机关”创建活动，大力加强机关作风建设，进一步发挥领导机关和领导干部对测绘系统党风、政风转变的促进和带动作用。坚持领导干部定期接访、定期下访，及时妥善解决群众反映的突出问题，坚决纠正脱离群众的不良风气。严格控制发文数量和范围，凡是不涉密的文件，要通过政府门户网站公开发布，可不再另行发文。严格控制会议数量、经费和规模，清理压缩各类庆典、会议。减少因公出国（境）团组数和人数，严格控制公务出差、公务接待经费，加强公务用车使用管理，严格执行标准，严禁赠送礼品，坚决遏制奢侈浪费和形式主义。加强思想道德建设，培养健康生活情趣，及时提醒、批评、制止党员干部社会交往、休闲娱乐、生活作风方面的不良现象。

五、加强对权力的监督和制约，严肃查处违纪违法行为

（九）强化对权力运行的制约和监督。认真贯彻党内监督条例，加强对主要领导干部的监督，完善“三重一大”事项监督方面的规章制度，明确“三重一大”事项的具体内容、决策主体、决策程序、决策执行和决策责任追究等内容，增强制度的针对性和可操作性。加强对政府采购、招投标活动的监督管理，政府机关干部、领导干部家属及其身边工作人员不许以任何形式干预、操纵招投标活动，防止领导干部以权谋私和渎职侵权。认真执行党政领导干部问责制，建立健全配套制度。严格执行领导干部述职述廉、诫勉谈话、函询、质询、罢免或撤换等制度。加强对民主集中制执行情况的监督检查，提高民主生活会质量。进一步加强和改进巡视工作，加大对巡视发现线索的调查。加强对来信来访反映问题的检查和督办工作，对重要线索及时核查。进一步健全纪检监察、财务监督、审计配合协调机制。

（十）加大查办违纪违法案件工作力度。贯彻落实《关于加大惩治和预防渎职侵权违法犯罪工作力度的若干意见》，突出办案重点，拓宽案源渠道，加大查办案件的力度。严肃查处发生在领导机关和党员领导干部中以权谋私、贪污受贿、腐化堕落、失职渎职案件和发生在重点领域和关键环节中的案件，违反政治纪律和组织人事纪律的案件，重大责任事故和群体性事件涉及的失职渎职及背后的腐败案件，测绘领域商业贿赂案件，违反财经纪律私设“小金库”等案件。拓宽群众参与反腐倡廉工作渠道，完善举报督办机制，坚决纠正瞒案不报、压案不查的现象。

六、严格落实党风廉政建设责任制，扎实推进惩防体系建设

（十一）认真贯彻《关于实行党风廉政建设责任制的规定》。根据《关于实行党风廉政建设责任制的规定》，结合实际组织修订《中共国家测绘局党组关于贯彻落实党风廉政建设责任制的实施办法》，进一步明确党政领导班子和领导干部对党风廉政建设应负的责任。坚持把党风廉政建设和反腐败工作纳入单位或部门的总体工作，按照一级抓一级、层层抓落实的原则，通过签订党风廉政建设责任书或承诺书等方式，抓好责任分解、责任考核、责任追究等环节。领导干部特别是“一把手”，要切实履行好第一责任人的政治责任，以有效落实责任制推动党风廉政建设工作深入开展。

（十二）进一步完善惩防体系。按照中央《建立健全教育、制度、监督并重的惩治和预防腐败体系实施纲要》的部署，把加强惩防体系建设同单位或部门的中心任务和工作实际结合起来，抓紧落实《建立健全惩治和预防腐败体系 2008－2012 年工作规划》确定的各项任务，扎实推进教育、制度、监督、改革、纠风、惩治等工作。及时修订完善已执行的制度，以适应不断发展变化的测绘事业形势任务的需要，及时把工作中好的经验、成熟的做法加以提炼，用制度的方式固化下来，成为推动工作、促进发展的制度保障。完善依法、科学、民主决策机制，加大决策过程和结果公开力度，加强对“一把手”权力行使的监督制约，防止个人独断专行。不断提高制度执行力，做到用制度管权、管人、管事，构建科学有效的惩防体系。

国家测绘地理信息局党组关于转发《李克强副总理在中国测绘创新基地座谈会上的讲话》的通知

国测党发〔2011〕8 号 2011 年 6 月 24 日

各省、自治区、直辖市、计划单列市测绘地理信息行政主管部门，新疆生产建设兵团测绘地理信息主管部门，局所属各单位，机关各司局：

现将国务院办公厅印发的《李克强副总理在中国测绘创新基地座谈会上的讲话》（国务院办公厅内部情况通报第 266 期）转发给你们，请按照《国家测绘地理信息局关于认真学习贯彻李克强副总理在中国测绘创新基地考察调研时重要讲话精神的意见》（国测办发〔2011〕1 号）要求，认真组织学习，深刻领会精神，切实抓好贯彻落实。现就进一步深入学习贯彻李克强副总理重要讲话精神提出如下要求：

一、进一步充分认识学习贯彻李克强副总理重要讲话的极端重要性

（一）李克强副总理视察指导测绘地理信息工作开创了测绘地理信息事业发展的新纪元。中共中央政治局常委、国务院副总理李克强同志在“十二五”开局之年、在测绘地理信息事业加快转型发展的重要时刻，来到中国测绘创新基地，视察指导测绘地理信息工作，看望一线职工，听取测绘地理信息工作汇报，召开座谈会，并宣布国家测绘局更名为国家测绘地理信息局，同时特别强调国家测绘局更名说明了测绘地理信息的重要性更加凸显，不仅仅是名称的变化，更是责任的强化，要从更高的层次、更宽广的视野，考虑和谋划测绘地理信息工作。这是彪炳测绘地理信息史册的重大事件，是测绘地理信息事业发展新的重要里程碑，具有重大的现实意义和深远的历史意义，标志着测绘地理信息事业已经站在了新的起点上，为加快建设测绘地理信息强国提供了强大的政治保障。

（二）李克强副总理重要讲话是指导测绘地理信息事业科学发展的重要纲领性文献。李克强副总理的重要讲话，高屋建瓴，内涵深刻，具有很强的思想性、针对性和指导性。讲话要求测绘地理信息部门要紧紧围绕加快转变经济发展方式和实施“十二五”规划，深刻认识做好测绘地理信息工作的重要性，不断增强基础测绘保障服务能力，加快发展地理信息产业，推进完善测绘地理信息体制机制。讲话是在测绘地理信息事业进入发展黄金机遇期的重要时刻，党中央、国务院对测绘地理信息事业更好更快发展提出的殷切期望和给予的有力指导，为我们指明了方向、明确了目标、确立了任务，为推动测绘地理信息事业加快转型、科学发展奠定了坚实的理论基础。

（三）李克强副总理重要讲话是推动测绘地理信息事业又好又快发展的强大动力。李克强副总理从战略和全局的高度，深刻阐述了测绘地理信息工作的极端重要性，充分肯定测绘地理信息发展取得的显著成绩，高度评价测绘地理信息工作者的眼光、激情和智慧，明确要求有关部门关心支持测绘地理信息发展，体现了党中央、国务院对测绘地理信息工作的高度重视和极度关心，彰显了测绘地理信息工作在国家信息化建设、经济发展、国家安全和人民生活中的重要作用。李克强副总理的重要讲话，是对全国测绘地理信息工作者的巨大鼓舞，必将极大地激发广大干部职工的工作热情和创造激情，为开辟测绘地理信息事业更加灿烂辉煌的美好前景提

供了不竭的力量源泉。

二、进一步把学习贯彻落实李克强副总理重要讲话精神推向深入

（一）切实把思想和认识统一到李克强副总理重要讲话精神上来。各单位、各部门务必要进一步深刻认识李克强副总理重要讲话的重要意义，把学习宣传贯彻讲话精神作为一项重要的政治任务，进一步认真组织学习，进一步深刻领会讲话的精神实质和深刻内涵，切实把思想和认识统一到李克强副总理的重要讲话精神上来，统一到党和国家对测绘地理信息工作的要求上来，以时不我待、只争朝夕的精神，以更加饱满的热情和更加良好的状态投身测绘地理信息事业。

（二）切实把智慧和力量凝聚到贯彻落实李克强副总理重要讲话精神上来。各单位、各部门务必要广泛宣传、积极动员，进一步增强干部职工的责任感、使命感、荣誉感，把智慧和力量凝聚到贯彻落实李克强副总理重要讲话精神上来，把学习贯彻讲话精神转化为推动发展的强大动力，准确把握新形势下经济社会发展对测绘地理信息工作的新要求、新期待，进一步优化发展思路，及时调整规划布局，显著提升测绘地理信息保障能力，更好地服务大局、服务社会、服务民生。

（三）切实把举措和重点落实到贯彻李克强副总理重要讲话精神上来。各单位、各部门务必要紧紧抓住当前的有利时机，着眼于服务经济社会科学发展全局，着眼于建设测绘地理信息强国宏伟目标，按照李克强副总理重要讲话要求，创新思路、真抓实干、突出重点、突破难点，行动要快、出拳要重、措施要准、工作要实，切实把讲话精神转化为推进测绘地理信息事业科学发展的有力举措，用实实在在的业绩、实实在在的成效回报李克强副总理的关怀和期待，完成好党中央、国务院交给的各项任务。

各单位、各部门务必要顺应新形势、牢记新期望、按照新要求，以新的姿态、新的视野、新的干劲，从更高的层次、更宽广的视野来谋划和推动测绘地理信息事业发展，用新的思路、新的举措、新的作为，推动“十二五”测绘地理信息工作开好局、起好步，推进测绘地理信息事业大发展、大跨越，为全面建设小康社会作出新的更大贡献。

中共国家测绘地理信息局党组
关于加强学习贯彻党的十七届六中全会精神的意见

国测党发〔2011〕30号 2011年11月16日

各省、自治区、直辖市、计划单列市测绘地理信息行政主管部门，新疆生产建设兵团测绘地理信息主管部门，局所属各单位，机关各司局：

党的十七届六中全会是在中国共产党成立90周年之际、在全面建设小康社会关键时期和文化改革发展重要阶段召开的一次十分重要的会议。全会审议通过的《中共中央关于深化文化体制改革、推动社会主义文化大发展大繁荣若干重大问题的决定》（以下简称《决定》），充分体现了党对肩负历史使命的深刻把握、对国内外形势的科学判断、对文化建设的高度自觉，充分反映了全国各族人民的共同愿望，是当前和今后一个时期指导我国文化改革发展的纲领性文件。为深入学习宣传贯彻党的十七届六中全会精神，切实把测绘地理信息干部职工的思想和行动统一到全会重大决策部署上来，推动测绘地理信息工作更好地服务经济社会科学发展，根据《中共中央办公厅关于认真学习宣传贯彻党的十七届六中全会精神的通知》，提出如下意见：

一、深入学习领会党的十七届六中全会精神

1. 充分认识党的十七届六中全会的重要意义。文化是民族的血脉，是人民的精神家园。当今世界，文化在综合国力竞争中的地位和作用更加凸显，维护国家文化安全任务更加艰巨，增强国家文化软实力、中华文化国际影响力要求更加紧迫。文化越来越成为民族凝聚力和创造力的重要源泉、越来越成为综合国力竞争的重要因素、越来越成为经济社会发展的重要支撑，丰富精神文化生活越来越成为我国人民的热切愿望。党的十七届六中全会站在国家

战略高度对文化改革发展进行了战略部署，对于在新的起点上深化文化体制改革、推动社会主义文化大发展大繁荣，对于推进全面小康社会建设、坚持和发展中国特色社会主义、实现中华民族伟大复兴具有非常重要的意义。

2. 准确把握党的十七届六中全会的精神内涵。全会通过的《决定》，全面总结我们党领导文化建设的成就和经验，深刻分析文化改革发展面临的形势和任务，在集中全党智慧的基础上，阐述了中国特色社会主义文化发展道路，确立了建设社会主义文化强国的战略目标，提出了新形势下推进文化改革发展的指导思想、重要方针、目标任务和政策举措。贯彻落实好全会精神，必须准确把握我国文化改革发展面临的形势和任务，准确把握推进文化改革发展的指导思想和重要方针，准确把握坚持中国特色社会主义文化发展道路的深刻内涵和总体要求、主要任务和重大举措，切实把测绘地理信息干部职工的思想和行动统一到党中央的决策部署上来。

3. 加强对测绘地理信息文化建设重要性的认识。地理信息和地图是重要的文化产品，承载着人类文明发展的历史，对于弘扬和传播中华民族优秀传统文化，增强文化自信有着特殊的作用。测绘地理信息文化作为测绘地理信息行业文明的重要内容，是社会主义先进文化的重要组成部分，已经渗透到测绘地理信息行政管理、科研生产、应用服务、经营管理等各个方面。推动测绘地理信息事业科学发展，提高测绘地理信息创新能力和保障服务水平，提升行业凝聚力和核心竞争力，建设高素质测绘地理信息人才队伍，迫切需要测绘地理信息文化提供坚强的思想保证、强大的精神动力、有力的舆论支持和良好的文化条件。

二、准确把握测绘地理信息文化建设的总体要求

4. 指导思想。深入学习领会和全面贯彻落实党的十七届六中全会精神，高举中国特色社会主义伟大旗帜，坚持以马列主义、毛泽东思想、邓小平理论和“三个代表”重要思想为指导，深入贯彻落实科学发展观，坚持社会主义先进文化前进方向，以科学发展为主题，以改革创新为动力，以满足全社会对测绘地理信息的需求为出发点和落脚点，发扬“热爱祖国、忠诚事业、艰苦奋斗、无私奉献”的测绘精神和“快、干、好”的工作作风，深入实施“构建数字中国、监测地理国情，发展壮大产业、建设测绘强国”的总体战略，促进测绘地理信息事业大发展、文化大繁荣，为经济社会又好又快发展提供强有力测绘地理信息保障服务。

5. 基本原则。坚持围绕中心、服务大局，把测绘地理信息文化建设融入到社会主义文化大发展大繁荣大局、融入到测绘地理信息事业发展全过程，融入到服务党和国家中心工作中，用先进文化引领前进方向，凝聚发展力量；坚持以人为本、广泛参与，把握文化发展为了人民、依靠人民，发展成果由人民共享，促进人的全面发展的基本要求，保障测绘地理信息干部职工的文化权益，促进干部职工的社会文化更加丰富多彩，精神风貌更加昂扬向上，工作生活更加幸福尊严；坚持与时俱进，创新发展，继承与发扬中华民族优秀文化传统和测绘地理信息行业积淀的宝贵精神财富，不断丰富测绘地理信息文化的内涵与外延，不断拓展测绘地理信息文化建设的途径和方法，大力激发文化创造活力，在继承中创新，在创新中发展；坚持突出特色、打造品牌，紧密结合地域环境、发展水平、职工素质、文化资源的实际情况，开展多层次、多样化的测绘地理信息文化建设，打造具有测绘地理信息特色和时代特征的文化品牌，增强测绘地理信息文化自信自强。

三、以文化建设引领测绘地理信息事业科学发展

6. 发挥先进文化在推动事业发展中的重要作用。坚持文化兴业、文化立业，充分发挥先进文化在引领前进方向、凝聚奋斗力量、推动事业发展中的重要作用，使文化的精神和力量渗透到测绘地理信息工作的各个领域、各个环节、各个方面、各个岗位，变成广大测绘地理信息职工的共同意愿和自觉行动，以测绘地理信息文化的发展繁荣来推动测绘地理信息事业的蓬勃发展。通过文化创新带动思想解放、观念转变和制度创新、管理创新，充分利用哲学智慧指导测绘地理信息工作实践，切实把文化渗透到测绘地理信息事业发展过程中，融入到每一个干部职工的理念和方法中，体现在测绘地理信息产品和服务上，以思想文化新觉醒、理论创造新成果、文化建设新成就，凝聚全行业的智慧和力量，加快推进测绘地理信息强国建设。

7. 大力弘扬和创新地图文化。充分发挥地图作为文化承载和表现形式的重要作用，不断创新地图表现形式，创造多层次、个性化、群众喜闻乐见的优秀地图作品，丰富地图品种类型，增强地图的文

学性、艺术性，推进地图出版事业繁荣。深入挖掘地图的历史价值和文化价值，加强古旧地图的收集、整理、保护和开发利用。着力加强地图文化研究，坚持贴近实际、贴近生活、贴近群众，运用高新技术手段，融入现代元素、中国元素和时代特色，不断丰富地图的文化特性和文化内涵。充分认识天地图不仅是重要的公共文化产品和网络信息服务产品，也是开展国家版图意识宣传教育、激发爱国主义热情和弘扬测绘精神的重要文化载体，要从文化自觉、文化自信、文化自强的高度加快天地图建设，把社会主义核心价值体系融入天地图、指导天地图建设，切实把天地图打造成为认识世界、传承文明、服务社会的精品地图网站和国际一流的测绘地理信息文化品牌。

8. 增强测绘地理信息服务的文化内涵。加快推进测绘地理信息发展方式转变，调整生产组织结构和服务模式，强化信息更新和知识挖掘，增加测绘地理信息服务的文化含量，提升测绘地理信息服务的文化品位。进一步增强数字城市的时代感、吸引力和艺术性，更好体现城市特色和城市文化，切实把数字城市打造成为测绘地理信息工作的知名文化品牌。把监测地理国情当作测绘地理信息部门推进阳光政府、责任政府建设的文化追求，及时提供客观、准确的地理国情信息，服务经济社会科学发展。加快促进地理信息产业与文化产业的融合，大力发展基于地理信息的文化创意、数字出版、移动多媒体、动漫游戏等新兴文化产品以及基于地理位置的社区服务、网购服务，不断开拓智能交通、现代物流、手机定位、互联网、物联网等领域的地理信息应用，打造一批地理信息文化品牌，更好满足社会大众对高品质地理信息服务的需求。

9. 营造健康向上的测绘地理信息文化发展环境。强化测绘地理信息工作的统一监督管理，维护公平公正的测绘地理信息市场秩序。采用群众喜闻乐见的艺术形式和宣传方式，坚持不懈地把国家版图意识宣传教育作为爱国主义教育的重要内容积极推进。加强测绘地理信息法治建设，推进测绘地理信息部门依法行政，强化测绘地理信息企事业单位的依法经营意识以及公民的测绘地理信息安全保密意识。不断创新监管方式和技术手段，进一步加强对地理信息市场、地图市场和互联网地理信息服务的监督管理，加强对利用互联网、即时通信工具等传播地理信息的引导和管理，弘扬健康向上的地理信息网络文化，把维护测绘地理信息安全当作一种文化自觉。

四、大幅提升测绘地理信息文化软实力

10. 践行社会主义核心价值体系，大力弘扬测绘精神。坚持不懈地开展社会主义核心价值体系教育，广泛开展民族精神和时代精神、社会主义荣辱观宣传教育，进一步坚定测绘地理信息干部职工对中国特色社会主义的信心和信念，形成统一指导思想、共同理想信念、强大精神力量和基本道德规范。组织开展测绘地理信息文化研究和讨论，凝练提升对测绘地理信息工作价值取向、发展理念、行为规范、管理制度和物质成果等文化特质的新表达，不断赋予测绘地理信息文化新的特点和丰富内涵。大力弘扬“热爱祖国、忠诚事业、艰苦奋斗、无私奉献”的测绘精神和“快、干、好”的工作作风，用测绘精神熏陶人、感染人、塑造人，让“快、干、好”的工作作风启迪思维、凝聚力量、推动发展。

11. 贴近测绘地理信息工作生活，打造测绘地理信息文化精品。充分发挥文艺作品陶冶情操、愉悦身心的作用，根据测绘地理信息工作者以四海为家、为山河作注的工作性质，创作出贴近测绘地理信息工作实际、贴近测绘地理信息职工生活、贴近人民群众文化需要的文化产品，宣扬测绘地理信息工作者严谨求实、尊重科学的气质情怀以及锐意进取、开拓创新的意志品质。以满足多层次、多方面、多样化的精神文化需求为目标，创作以测绘地理信息工作为题材的诗歌、散文、小说、报告文学、歌曲、广播影视等文艺作品，加快实施测绘地理信息文化建设“五个一”工程，拍摄一部好影视作品、创作一组好歌曲、出版一批好图书、组织一批好理论文章、建设一批好网站，讴歌时代精神，激发奋进信心。

12. 大力加强宣传和科普工作，展示中国测绘地理信息行业新形象。着力加强测绘地理信息宣传工作，充分发挥测绘地理信息宣传中心等文化单位在测绘地理信息文化建设中的窗口、平台、枢纽等作用。办好中国测绘报等报刊杂志以及测绘地理信息部门政府网站等宣传载体，利用好博客、微博等新型媒介，做好测绘地理信息史志和年鉴编纂工作，强化典型宣传、舆论引导、文化熏陶和历史传承。积极开展科普宣传教育活动，发挥测绘科技馆、博物馆、大地原点、高程原点、重要地理信息标志以及地理信息产业园的科普宣传作用，把定向越野比赛、职业技能竞赛、位置应用大赛、测绘夏（冬）令营等活动办出品牌、办出特色。建立具有测绘地理信息特色的视觉标识体系，打造辐射全系统、全行业办公场所、技术装备、基础设施、成果产品、衣着制服、办公用具等的统一标识，树立良好的行业整体形象。

13. 加强职业道德培养，推动测绘地理信息行业文明单位建设。加强职业道德教育，坚持爱岗敬业、奉献测绘，维护版图、保守秘密，严谨求实、质量第一，崇尚科学、开拓创新，服务用户、诚信为本，遵纪守法、团结协作的行为准则，引导测绘地理信息干部职工养成良好的职业道德规范、日常行为规范和文明服务规范。加强测绘地理信息企事业单位文化建设，完善测绘地理信息市场信用体系，强化企事业单位的社会责任。进一步深化创先争优活动、学习型组织创建活动、文明单位和“五型机关”创建活动。坚持尊重劳动、尊重知识、尊重人才、尊重创造，形成鼓励创新、崇尚创新的良好氛围。切实尊重职工的知情权、参与权、表达权、监督权，畅通职工的利益诉求渠道，建立和谐融洽的干群关系。加强人文关怀和心理疏导，培育干部职工自尊自信、理性平和的社会心态。坚持开展形式活泼多样、职工喜闻乐见的文化活动，营造健康向上、和谐文明的文化氛围。

五、加强对测绘地理信息文化建设的组织领导

14. 高度重视、加强领导。要把学习宣传贯彻党的十七届六中全会精神作为一项重大而紧迫的政治任务，摆在党组织工作的重要位置，采取理论中心组学习、集中学习培训、举办报告会等多种形式，组织广大党员干部学习、交流和研讨。党委（组）中心组要把全会精神作为重要学习内容，发挥示范带头作用。要以高度的政治责任感担当推进文化改革发展的倡导者、策划者、推动者和实践者，把测绘地理信息文化建设放在全局工作的重要位置，纳入重要议事日程。要把测绘地理信息文化建设成效纳入科学发展观考核评价体系，作为衡量领导班子和领导干部工作绩效的重要依据。

15. 精心组织、广泛动员。要按照全会的部署和要求，制定科学合理的实施方案，明确目标，提出要求，广泛动员，有计划分步骤地抓好组织落实和督促检查。要充分发挥测绘报刊、网站等宣传阵地的作用，加大宣传力度，把握正确舆论导向，努力营造学习贯彻的浓厚氛围。要及时总结推广好的经验和做法，认真解决存在的问题，确保各项部署落到实处。要自觉贯彻党的群众路线，充分调动干部职工参与测绘地理信息文化建设的积极性和主动性，充分发挥干部职工的文化创造活力。要积极搭建文化活动的平台，推广大众文化优秀成果，提高本单位本部门文化建设水平。

16. 健全机制、强化保障。各级党组织要充分发挥总揽全局、协调各方的作用，工青妇等群众团体要充分发挥各自优势，形成党委统一领导、党政齐抓共管，共同推进文化建设的良好局面，形成测绘地理信息文化建设强大合力。要重视培养和使用测绘地理信息文化建设人才，提高干部职工的测绘地理信息文化素养。要根据实际情况增加对文化建设的智力、物力、财力投入，进一步加大对事关群众切身利益的公益性测绘地理信息文化建设项目的支持力度，满足广大人民群众日益增长的测绘地理信息文化需求。

关于认真学习贯彻何勇同志视察国家测绘地理信息局时重要讲话精神的通知

国测党发〔2011〕34号　2011年12月30日

各省、自治区、直辖市、计划单列市测绘地理信息行政主管部门、新疆生产建设兵团测绘地理信息主管部门，局所属各单位，机关各司局：

2011年12月22日，中共中央书记处书记、中央纪委副书记何勇同志到国家测绘地理信息局视察指导工作，考察了中国测绘科技馆、测绘地理信息成果展示和党建工作基本情况，看望了测绘地理信息一线职工，听取了国家测绘地理信息局工作汇报，并发表了重要讲话。为了认真学习贯彻何勇同志的重要讲话精神，进一步推进测绘地理信息系统的党

建和反腐倡廉工作，现就有关事项通知如下：

一、充分认识何勇同志视察国家测绘地理信息局的重大意义

何勇同志带领中央纪委监察部理论学习中心组到国家测绘地理信息局调研并召开座谈会，是继李克强副总理考察中国测绘创新基地之后的又一件政治大事，是国家测绘局更名后的又一件具有里程碑意义的重大事件，这充分体现了党中央对测绘地理信息事业的高度重视，对测绘地理信息系统反腐倡廉工作的殷切期待，对测绘地理信息系统广大干部职工的亲切关怀。何勇同志对国家测绘地理信息局在推动测绘地理信息事业发展以及加强党风廉政建设和反腐败工作方面取得的成绩给予了充分肯定，对进一步做好测绘地理信息系统反腐倡廉工作提出了明确要求。各单位各部门要充分认识何勇同志视察国家测绘地理信息局工作的重大意义，把贯彻落实何勇同志重要讲话精神作为当前和今后一段时间的重要政治任务，把思想和行动统一到中央的决策部署和何勇同志的重要讲话精神上来。

二、认真学习领会，深刻把握何勇同志重要讲话的精神实质

学习何勇同志重要讲话精神，贵在准确把握主要内容，深刻领会精神实质。何勇同志强调，要扎实做好地理信息行业党风廉政建设和反腐败工作，更好地服务、保障和促进测绘地理信息事业发展。要以社会主义核心价值体系为重点，加强对党员干部的理想信念教育、思想道德教育和党性党风党纪教育，促使测绘地理信息行业党员干部自觉加强党性修养，弘扬良好作风，切实做到为民、务实、清廉。认真抓好重点工程建设项目和科研项目实施情况的监督检查，确保中央对测绘地理信息工作的财政资金投入安全有效使用。认真贯彻廉政准则，加强对党员领导干部的廉洁从政教育，不断提高他们的廉洁自律意识和拒腐防变能力。加强对重点工作和重点环节权力运行的制约和监督，确保权力正确行使。加强反腐倡廉制度建设，从权力运行的重点环节入手，排查廉政风险，构筑制度防线，形成以积极防范为核心、以强化管理为手段的科学防控机制。国家测绘地理信息局党组纪检组要进一步树立政治意识、大局意识、责任意识，认真履行职责，在局党组领导下抓好反腐倡廉工作，为测绘地理信息事业的发展提供有力保障。纪检监察干部要加强学习、提高素质，严于律己、秉公执纪，带头执行廉洁从政各项规定。何勇同志的讲话高屋建瓴，主题鲜明，思想深刻，内涵丰富，政治性、指导性、针对性强，为做好新形势下测绘地理信息系统党风廉政建设和反腐败工作指明了方向，是谋划和推动明年和今后一个时期反腐倡廉建设的重要指针。

三、全面贯彻落实，加快推进党风廉政建设工作

何勇同志的重要讲话，对测绘地理信息系统加快推进党风廉政建设和反腐败工作提出了新的更高的要求。各单位各部门要在深入学习领会的基础上，结合实际，重点要做好以下几方面工作：

（一）坚定理想信念，弘扬良好作风。要以社会主义核心价值体系为重点，加强对党员干部的理想信念教育、思想道德教育和党性党风党纪教育，促使测绘地理信息系统党员干部自觉加强党性修养，牢固树立“以人为本、执政为民”的理念，弘扬良好作风，切实做到为民、务实、清廉，着力解决好损害群众利益的突出矛盾和问题，以党风廉政建设和反腐败的实际行动取信于民。

（二）贯彻《廉政准则》，促进廉洁从政。要认真贯彻《廉政准则》，坚持对党员干部开展廉洁从政教育，不断提高党员干部的廉洁自律意识和拒腐防变能力。要认真对照8个方面的“禁止”和52个“不准”，认真查找存在的突出问题，有效防范廉政风险，切实做到廉洁从政。要求党员干部始终做到自重、自省、自警、自励，在职工群众中树立廉洁从政、勤政为民的良好形象。

（三）突出“三重一大”，强化制约监督。要加强对重点工作和重点环节权力运行的制约和监督，特别是重大决策、重要人事任免、重大项目安排和大额度资金运作事项要由领导班子集体做出决定，确保权力正确行使。要认真抓好重点工程建设项目和科研项目实施情况的监督检查，确保对测绘地理信息工作的财政资金投入得到安全有效使用。要进一步深化行政审批制度改革，大力推进行政审批事项集中受理和网上审批。

（四）加强制度建设，完善惩防体系。要在2011年深入开展廉政风险点排查工作的基础上，坚持标本兼治、综合治理、惩防并举、注重预防，从权力运行的重点环节入手，针对内部管理的薄弱点和问题易发的风险点，构筑制度防线，形成以积极防范为核心、以强化管理为手段的科学防控机制，建立健全符合测绘地理信息工作实际的惩治和预防腐败体系。

（五）加强队伍建设，提高履职能力。要把加强纪检监察队伍建设作为一项基础工程抓好，建立与测绘地理信息事业迅猛发展相适应的纪检监察组织机构，配齐配强干部队伍，抓住能力建设这个重点，提高履职能力，努力建设一支政治坚定、公正清廉、纪律严明、业务精通、作风优良的纪检监察干部队伍。同时，对纪检监察干部要做到政治上关心、工作上支持、生活上照顾、精神上鼓励，为他们开展工作创造良好条件。

四、加强组织领导，确保贯彻落实工作取得实效

做好新形势下的测绘地理信息系统的党风廉政建设和反腐败工作，任务艰巨，责任重大。各单位各部门要切实加强领导，精心组织，以何勇同志的重要讲话精神为指导，紧紧围绕测绘地理信息事业的中心任务，抓好贯彻落实工作。

（一）加强组织。各单位各部门要增强责任感、使命感，把学习贯彻落实何勇同志重要讲话精神列入当前重要议事日程，与学习贯彻党的十七届六中全会精神、即将召开的十七届中央纪委七次全会精神紧密结合，与深入开展“创先争优”活动紧密结合，加强领导，周密部署，精心组织，充分发挥各级党组织的主动性、积极性，组织广大干部职工掀起学习何勇同志重要讲话精神的热潮。

（二）狠抓落实。要在测绘地理信息系统召开党风廉政建设工作会议，学习贯彻何勇同志重要讲话精神，对测绘地理信息系统党风廉政建设做出部署，提出要求。各单位各部门要按照何勇同志重要讲话精神要求，认真贯彻落实中央关于反腐倡廉建设的决策部署，严格执行党风廉政建设责任制，把反腐倡廉建设融入测绘地理信息事业发展的大局，与业务工作同部署、同落实、同检查。以学习贯彻落实何勇同志重要讲话精神为契机，认真总结反腐倡廉建设情况，分析形势，查找不足，大力推进测绘地理信息系统的思想建设、组织建设、作风建设、制度建设和反腐倡廉建设。

（三）加强宣传。各单位各部门要充分利用测绘地理信息报刊、网站和社会媒体，深入宣传本单位本部门贯彻落实何勇同志重要讲话精神情况，大力宣传党风廉政建设和反腐败各项工作进展，广泛宣传反腐倡廉建设的成功做法和经验，不断增强广大测绘地理信息系统干部职工参与反腐倡廉建设的积极性、主动性，努力为测绘地理信息事业营造风清气正的发展环境和氛围。

各单位各部门要将学习贯彻落实情况及时报国家测绘地理信息局党组。

关于加强测绘地理信息法治建设的若干意见

国测法发〔2011〕2号　2011年7月20日

各省、自治区、直辖市、计划单列市测绘地理信息行政主管部门，新疆生产建设兵团测绘地理信息主管部门，局所属各单位，机关各司局：

为深入贯彻落实依法治国基本方略，全面推进测绘地理信息依法行政工作，进一步加强测绘地理信息法治建设，根据国务院《全面推进依法行政实施纲要》和《国务院关于加强法治政府建设的意见》（国发〔2010〕33号）精神，提出以下意见。

一、进一步提高依法行政的意识和能力

（一）测绘地理信息法治建设取得的成绩。《全面推进依法行政实施纲要》发布以来，各级测绘地理信息行政主管部门认真贯彻落实纲要要求，深入推进依法行政，各项工作取得了重要进展。一是测绘法律法规体系逐步完善。国务院颁布了《中华人民共和国测绘成果管理条例》、《基础测绘条例》、《国务院关于加强测绘工作的意见》，国土资源部出台了地图管理、涉外测绘管理方面的部门规章；各地积极推进测绘法配套法规规章的制修订工作，以测绘法为核心的测绘法律法规体系进一步健全。二是民主决策和政务公开不断深化。国家测绘地理信息局坚持重大问题集体决策制度，修订和规范了行政决策程序；制定、公布了政务公开规定、目录和指南，搭建了网络公开平台。各省、自治区、直辖市测绘地理信息行政主管部门均出台了规范行政决策的规定，并切实推行政务公开。三是市场监管得到加强。国家测绘地理信息局修订发布了《测绘资

质管理规定》及分级标准，将互联网地图服务纳入资质管理；组织开展了地理信息和地图市场专项治理工作，维护了国家安全和利益。各级测绘地理信息行政主管部门积极探索、创新市场监管方式，加大执法力度，使市场秩序得到有效规范。四是行政许可更加规范。国家测绘地理信息局制定了一系列行政审批程序规定，设立了行政许可集中受理厅，积极推进测绘行政审批在线办理。各级测绘地理信息行政主管部门也建立了行政审批管理制度，规范了审批行为。

（二）加强测绘地理信息法治建设的重要性和紧迫性。测绘地理信息是经济社会活动的重要基础，事关国家主权、安全和利益。当前，我国测绘地理信息事业快速发展，服务领域拓展到各行业、各部门，已成为全面提高信息化水平的重要条件、加快转变经济发展方式的重要支撑、战略性新兴产业的重要内容和维护国家安全利益的重要保障。但是，我国测绘地理信息工作还存在着社会化应用程度不高、共享机制不健全、危害国家利益和安全的隐患没有根除等问题。这些问题表现在依法行政方面，就是保障新型服务业态发展的法律制度仍需进一步健全，行政管理体制机制必须进一步完善，统一监管的力度还需进一步加强。各级测绘地理信息行政主管部门要充分认识测绘地理信息法治建设的重要性和紧迫性，准确把握形势，保持清醒头脑，采取有效措施，大力开拓创新，全面推进测绘地理信息依法行政工作。

（三）加强测绘地理信息法治建设的指导思想。以邓小平理论和“三个代表”重要思想为指导，深入贯彻落实科学发展观，坚持依法治国基本方略，进一步加大《全面推进依法行政实施纲要》实施力度，围绕测绘地理信息事业发展，以完善法律法规体系为基础，以事关依法行政全局的体制机制创新为突破口，进一步增强领导干部依法行政的意识和能力，提高制度建设质量，规范行政权力运行，保证法律法规严格执行，充分发挥测绘地理信息服务对经济又好又快发展和社会和谐稳定的保障作用。

（四）树立牢固的测绘地理信息法治理念。测绘地理信息管理人员树立牢固的法治理念是提高依法行政能力的重要思想基础。各级测绘地理信息行政主管部门要按照《国务院关于加强法治政府建设的意见》部署，把推进依法行政、建设法治政府作为一项基础性和全局性工作，持之以恒、常抓不懈。测绘地理信息行政主管部门工作人员要牢固树立以依法治国、执法为民、公平正义、服务大局、党的领导为基本内容的社会主义法治理念，自觉养成依法办事的习惯，切实提高运用法治思维和法律手段解决测绘地理信息事业发展中突出矛盾和问题的能力和水平。

（五）健全符合依法行政要求的管理体制。以国家测绘局更名为国家测绘地理信息局为契机，以“模式基本统一、上下基本一致，力量不能削弱，职能必须加强”为目标，健全省级测绘地理信息行政管理机构，完善市级测绘地理信息行政管理机构，加强县级测绘地理信息行政管理机构建设，尽快在全国范围建立起主体合法、权责清晰、运行顺畅，有利于构建“一图一网一平台”，有利于开展地理国情监测的测绘地理信息行政管理体系。进一步梳理各级测绘地理信息行政主管部门的职权，理顺层级关系，落实管理职责，确保人员到位、职责到位、监管有力、服务高效。

（六）建立法律法规学习培训制度。提高各级测绘地理信息行政主管部门工作人员特别是领导干部的依法行政能力，必须加强法律法规的学习培训。各级测绘地理信息行政主管部门每年至少要举办一次法律法规学习活动，并将学法用法情况作为工作人员年度考核、职级晋升的重要依据。国家测绘地理信息局定期组织行政执法人员法律知识培训班，适时举办全系统领导干部依法行政专题研讨班。要加大普法宣传教育经费投入，认真组织好年度测绘法宣传日活动；积极创新法治宣传教育方式，扩大宣传阵地，为测绘地理信息法律法规的贯彻实施创造良好的环境。

二、加快测绘地理信息立法

（七）突出重点，统筹安排测绘地理信息立法工作。紧密结合测绘地理信息事业发展，进一步完善测绘地理信息管理制度建设。要把测绘地理信息事业发展中重要程度、紧迫程度、成熟程度高的问题作为立法重点，集中立法资源，加快立法步伐。推进《中华人民共和国测绘法》的修订，强化职能、完善体制，增加地理国情监测、遥感影像统筹管理、互联网地理信息服务监管、地理信息资源开发利用等内容；加快推进地图管理条例的出台，完善地图编制、审核管理的各项制度，建立互联网地图管理的有关制度；积极开展测绘地理信息资质资格、质量标准、信息安全、基础设施管理、市场监管与诚信体系的制度建设；探索建立地理信息资源交换共享、项目招标投标与工程监理等方面的法规制度。地方测绘地理信息行政主管部门要结合本地实际，加快制修订与测绘法律法规配套的法规制度；同时积极探索加强测绘地理信息监管的新方式，并将成功的监管经验上升为法规制度。

（八）改进立法工作机制，提高制度建设质量。鉴于当前测绘地理信息立法的艰巨性、复杂性进一步加大，各级测绘地理信息行政主管部门要改进立法工作机制，着力提高制度建设质量。一是进一步规范立法程序，严格遵守法定权限和程序，充分发挥部门法制机构的主导和协调作用，加强调研和论证，确保法律制度符合测绘地理信息发展规律，能够解决问题并有较强的可操作性。二是推行开门立法，除依法需要保密的以外，测绘地理信息规章、重要规范性文件等都要向社会公开征求意见，并以适当方式说明意见采纳情况。三是做好立法基础性工作，深入开展测绘地理信息立法前期研究，合理制定立法计划；做好测绘地理信息立法过程中的统计、调查、分析等工作，摸清和掌握管理对象的基本情况，确保制度设计的科学性、合理性。四是推行立法后评估，定期检查评估测绘地理信息法规规章的执行情况，研究分析存在的问题和原因，促进立法质量的提高。

（九）认真开展法规规章及规范性文件的清理。建立法规文件实时清理和定期清理相结合的制度。起草新的法规、规章和规范性文件时，要对已经发布的相关文件进行梳理，研究新文件与以往文件的关系，提出对以往文件的处理意见，实现相关法律文件的实时清理。要定期组织开展规范性文件的清理工作，对不符合上位法规定和客观形势变化的规范性文件及时修改或废止，并向社会公布清理结果。加快建设测绘地理信息法律法规数据库，将全国的有关法律法规规章和规范性文件纳入数据库，并适时更新。

三、规范测绘地理信息行政管理行为

（十）健全科学民主的决策程序。把行政决策纳入规范化、制度化轨道，健全决策程序，完善决策机制。对涉及测绘地理信息行业整体利益或者从业人员切身利益的重大决策事项，应当把公众参与、专家咨询、公开听证、风险评估、合法性审查和集体讨论决定作为决策的必经程序，在决策前要进行综合评判、多方权衡。逐步推行测绘地理信息决策风险评估机制，通过舆情反映、问卷调查、重点走访、调研座谈等方式，对可能引发的各种风险加以研判论证，确保决策出台后能够平稳顺利实施。

（十一）加强决策跟踪和责任追究。注重对重大决策执行情况的跟踪问效，根据收集到的意见和建议适时对决策进行评估，并根据评估结果决定是否予以调整或者停止执行。进一步健全重大决策责任追究制度，对违反重大事项决策程序规则导致决策失误造成严重后果的，要按照“谁决策、谁负责”的原则追究责任。

（十二）进一步规范行政审批程序。继续推进行政审批改革，进一步优化行政许可的审批环节，每一项行政许可项目都要制定明确的审批程序规定，落实审批各个环节的责任人，最大限度地减少审批的随意性。大力推广行政许可的网上办理，力争测绘地理信息行政许可项目除涉密外都实现网上办理。推进行政审批权力公开透明运行，接受社会监督，建立行政审批违纪违法案件倒查机制，深入排查审批过程中容易发生问题的廉政风险点，制定有效的监管措施。

（十三）继续大力推进政务公开。加大政府信息主动公开的力度，及时、准确地向社会公开政府信息，尤其是公众关注的热点信息。进一步加强电子政务建设，为公众提供方便快捷的政府信息查询渠道。健全政府信息公开的监督和保障机制，定期对政府信息公开工作进行评议考核。积极推进财政预算公开，建立健全规范的预算公开机制，畅通公开渠道。

（十四）强化对行政权力运行的监督。自觉接受人大、政协的监督和人民法院依法实施的监督；拓宽群众监督渠道，完善群众举报投诉制度；高度重视舆论监督，支持新闻媒体对违法或者不当的行政行为进行曝光。上级测绘地理信息行政主管部门要切实加强对下级部门的监督，及时纠正违法或者不当的测绘地理信息行政行为。发生重大责任事故、事件或者严重违法行政案件的，要依法依纪严肃追究有关领导的责任。着力加强重大项目及领导干部经济责任审计工作，积极推进行政问责和政府绩效管理，促进廉政勤政建设。

四、强化测绘地理信息行政执法

（十五）强化执法机制和能力建设。大力推进行政执法体制建设，建立健全基层测绘地理信息执法机构，下移执法重心，构建权责明确、行为规范、监督有效、保障有力的测绘地理信息行政执法体制。创新执法方式，在联合多部门开展地理信息市场专项整治活动的基础上，总结经验，探索规律，巩固和完善部门联合执法长效机制。依托信息化手段，积极推进执法规范化建设，促进执法信息交流和资源共享。定期组织执法人员的培训，开展执法工作经验交流，不断提高测绘地理信息行政执法人员的业务素质和执法能力。切实加大执法经费投入，改善执法装备条件，确保测绘地理信息行政执法工作取得新的成效。

（十六）提高行政执法工作质量。继续落实行政执法责任制，进一步明确执法主体和责任主体，严格执行执法主体资格认证制度和持证上岗制度。认真梳理执法依据和职权，细化执法流程，明确执法环节和步骤，保障程序公正。要规范行政处罚自由裁量权，制定自由裁量权适用范围和规则，合理细化、科学量化自由裁量权，提高执法效率和规范化水平。深化和完善行政执法评议考核、案卷评查、责任追究等制度，积极探索行政执法绩效评估和奖惩办法，实现权力与责任相统一。

五、加强测绘地理信息监管

（十七）进一步规范测绘地理信息市场秩序。加强对测绘地理信息市场监管政策的研究，积极探索适应新型服务业态发展的市场监管新方式、新方法，提升监管效能。适应测绘地理信息新型服务要求，不断完善测绘地理信息资质资格制度，建立和完善资质巡查制度。尽快建立起全国测绘地理信息市场信用体系，实行市场活动主体信用分类管理。强化对测绘地理信息项目招标投标管理，规范市场交易行为。加强对互联网地图服务的监管，完善网上安全监管系统，杜绝上传、标注涉密地理信息的行为。继续加强国家版图意识宣传教育和地图市场监管，针对社会热点问题和涉及国计民生的测绘活动适时开展专项执法检查。

（十八）提升测绘地理信息公共服务水平。继续做好基础测绘规划和年度计划编制工作，强化年度计划对基础测绘项目安排的指导和约束作用。加强现代测绘基准体系管理，落实基础地理信息更新制度。加强测量标志管理，研究建立新形势下测量标志保护的制度措施。强化测绘地理信息数据保密和共享管理，落实测绘成果汇交制度，完善成果提供使用和重要地理信息数据审核发布制度。加强地理国情监测，统筹数字区域地理空间框架建设，推进基础地理信息公共服务平台建设，切实履行好法定的测绘地理信息公共服务保障职责。继续完善航空航天遥感影像资料政府采购方式，建立应急获取机制，大力提高测绘地理信息的应急保障能力。

（十九）做好测绘地理信息质量的监管。进一步完善测绘地理信息标准体系，加强对强制性标准执行情况的监督检查。强化对测绘地理信息从业单位质量管理体系的监督考核和对产品质量的监督检查，规范质量检测行为，适度扩大质量监督检查范围，缩短监督检查周期。特别要加大对财政投入和重点建设工程中的测绘地理信息项目、重大测绘地理信息专项工程，以及与人民群众生活、国家安全利益密切相关的测绘地理信息项目成果质量的监督检查力度，确保成果质量。

六、加强领导和组织保障

（二十）健全依法行政的组织领导机构。切实加强对法治政府建设工作的领导，建立健全由主要负责人牵头的依法行政领导协调机制。要把全面推进依法行政列入本部门重点工作，研究部署各阶段工作任务，明确任务内容、具体措施、完成时限和责任主体，扎实推进依法行政工作。各级测绘地理信息行政主管部门的领导班子每年要专门听取依法行政工作汇报，及时掌握和解决存在的突出问题；要把依法行政和测绘地理信息法治建设工作列入部门预算，明确所需经费，切实予以保障。各级测绘地理信息行政主管部门每年都要对本部门依法行政情况进行专门总结；下级测绘地理信息行政主管部门每年要向上一级主管部门报送专门的依法行政工作总结。

（二十一）建立依法行政考核制度。各级测绘地理信息行政主管部门要切实推行依法行政工作的监督考核，科学设定考核指标体系，督促依法行政各项工作任务的落实。要把本部门工作人员的依法行政情况作为一项重要的考核内容，将考核结果与其评比奖惩、岗位调整和职级升降挂钩。依法行政情况的考核结果，要作为领导班子和领导干部综合考核评价的重要内容。对依法行政工作成绩突出的单位和个人，要按照规定给予表彰和奖励，对工作不力的要予以通报批评。

（二十二）加强依法行政的机构和队伍建设。各级测绘地理信息行政主管部门要充分发挥法制机构在推进依法行政方面的组织协调和督促指导作用。要进一步加强法制机构建设，使法制机构的规格、编制与其承担的职责和任务相适应；要加大对法制干部的培养、使用和交流力度。法制机构及工作人员要努力提高新形势下做好政府法制工作的能力和水平，在依法行政工作中起到参谋、助手和顾问作用，在决策合法性审查和法律法规规章的起草中起主导作用。

各级测绘地理信息行政主管部门要按照《国务院关于加强法治政府建设的意见》要求，以本意见为基本依据，结合本地实际制定本部门今后一个时期加强测绘地理信息法治建设的工作计划，明确工作任务、措施、完成时限和责任主体，并将制定的工作计划报国家测绘地理信息局备案。

本意见从发文之日起施行，有效期为5年。

关于进一步加强互联网地图服务资质管理工作的通知

国测管发〔2011〕60号　2011年12月23日

各省、自治区、直辖市测绘地理信息行政主管部门：

为了进一步加强互联网地图服务资质管理，规范互联网地图服务市场秩序，促进互联网地图服务健康有序发展，现就有关事项通知如下：

一、互联网地图服务资质单位应当使用经省级以上测绘地理信息行政主管部门审核批准的地图提供服务，并将地图审图号、测绘资质证书编号、互联网信息服务增值电信业务经营许可证编号共同标注在网站显著位置。

二、测绘资质年度注册时，互联网地图服务资质单位应当依据有关规定，提供省级以上测绘地理信息主管部门认可的互联网地图新增内容备案的证明材料。

三、有外资进入的互联网地图服务资质单位，应当及时向测绘地理信息行政主管部门报告，并按照《外国的组织或者个人来华测绘管理暂行办法》重新申请资质审查。

四、互联网地图服务资质单位不得提供境外互联网地图服务的链接。

五、互联网地图服务资质单位在互联网上登载实景影像地图，应当按照地图审核相关规定送审。未经审核批准的实景影像地图，一律不得在互联网上公开登载。

六、省级测绘地理信息行政主管部门要利用技术手段开展互联网网站的日常筛查，每季度末向国家测绘地理信息局报送互联网地图服务单位筛查情况。要完善互联网地图服务投诉举报渠道，公布举报电话，并及时处理公众对互联网地图服务的投诉举报。

七、自2012年2月1日起，未申请互联网地图服务资质的单位一律不得从事互联网地图服务；已提出申请、在审批过程中的单位，在取得互联网地图服务资质前，不得提供新的互联网地图服务。对于无资质继续从事互联网地图服务的，测绘地理信息行政主管部门要予以约谈、曝光，并依法给予限期整改直至停止互联网地图服务等处罚。

国家测绘局关于加快实施测绘“走出去”战略的若干意见

国测外发〔2011〕1号　2011年2月12日

各省、自治区、直辖市、计划单列市测绘行政主管部门，新疆生产建设兵团测绘主管部门，局所属各单位，机关各司（室），相关测绘企业：

实施“走出去”战略是党中央、国务院根据经济全球化新形势和国民经济发展的内在需要做出的重大决策，是发展开放型经济、全面提高对外开放水平的重大举措。近年来，各行业、各领域“走出去”的步伐不断加快，逐渐形成全方位、宽领域和多层次的“走出去”格局。加快测绘“走出去”战略实施，对于增强我国自主创新能力，提高我国测绘的国际竞争力，获取全球地理信息资源，服务全球发展、服务国际社会、服务人类进步，推动我国由测绘大国向测绘强国转变等具有重要意义。为此，提出以下意见。

一、充分认识实施测绘“走出去”战略的重要意义

（一）实施测绘“走出去”战略是服务于国家“走出去”战略的迫切要求。测绘“走出去”战略是国家“走出去”战略的重要组成部分，同时也为国家“走出去”战略的实施提供重要的服务。近年来，随着国家“走出去”战略的实施，测绘“走出去”步伐不断加快，在地理信息数据加工外包服务、国产测绘仪器出口等方面取得初步进展。但是，受政策环境不完善、产业竞争能力不强等多方面影响，相对于其他领域和行业而言，测绘“走出去”步伐相对不够快。必须按照党中央、国务院的统一部署，准确把握国内外测绘发展的新趋势、新特点，坚持互利共赢、共同发展的原则，不断完善有关管理制度，充分发挥自身优势，提高我国测绘国际竞争力，推动测绘“走出去”向更宽领域、更深层次、更高水平发展，为我国“走出去”战略的全面推进做出应有贡献。

（二）实施测绘“走出去”战略是提升测绘保障服务能力的现实需要。当前，资本、技术、信息、劳动力等生产要素趋于在全球范围内流动和配置，国家与国家相互依存关系达到了前所未有的广度和深度。不断提高我国对外开放水平，维护我国的海外权益，在解决资源枯竭、能源紧张、环境恶化、粮食安全、气候变化、灾害救援、疾病防治等日益突出的全球性问题中发挥我国的重要作用，测绘工作任重而道远。必须加快测绘“走出去”步伐，以国际视野和全球眼光，不断完善自主对地观测体系，推进全球地理信息资源建设进程，快速提升全球地理信息服务能力，为我国的“走出去”战略实施提供有力保障。

（三）实施测绘“走出去”战略是推动我国迈向测绘强国的客观要求。近几年，我国测绘发展迅速，在规模上已成为测绘大国。但是在测绘科技创新能力、产业发展成熟度和国际化程度、测绘产品和服务国际竞争力、测绘国际地位等方面，我国与发达国家尚有较大差距。特别是近几年，西方发达国家几乎垄断全球测绘软、硬件装备高端市场，以及测绘工程和数据服务等服务外包市场，对我国地理信息产业发展形成持续压力。必须通过实施测绘“走出去”战略，充分利用国内和国外两种资源、两个市场，拓展我国测绘发展空间，加快测绘科技进步，开拓国际地理信息市场，全面提升我国测绘的国际竞争力，推动我国由测绘大国向测绘强国迈进。

二、准确把握实施测绘“走出去”战略的总体思路

（四）指导思想。以邓小平理论和“三个代表”重要思想为指导，深入贯彻科学发展观，认真落实党中央、国务院关于“走出去”战略的部署和要求，准确把握“构建数字中国、监测地理国情，发展壮大产业、建设测绘强国”的测绘发展方向，以提升我国测绘的国际竞争力和影响力为出发点，以完善政策环境、创新合作方式为支撑，以推进政府间和民间测绘交流、深化测绘科技国际合作、推动测绘产品和服务的出口和加强全球地理信息资源建设等为重点，切实加快测绘“走出去”步伐，不断提升我国测绘科技自主创新能力、测绘产品的国际竞争力和市场占有率，不断提高我国测绘的国际影响力和话语权。

（五）基本原则。坚持“政府主导、广泛参与，统筹规划、体现特色，市场拓展、效益优先，互利共赢、共同发展”的原则。各级测绘行政主管部门要充分发挥主导作用，搭建平台、完善政策、健全机制，充分调动各方面的积极性，形成政府和企事业单位广泛参与的测绘“走出去”新格局。要根据国际测绘发展态势、国家“走出去”战略对测绘保障服务的实际需求，以及本地测绘发展需要，统筹规划测绘“走出去”各项工作，强化测绘“走出去”的分工协作、强强联合和优势互补，避免恶性竞争，务求测绘“走出去”取得实效。要注重质量和效益的同步提高，不断提升自主创新能力，提高产品和服务的附加值，抢占国际高端市场，推动我国地理信息产业结构升级。要注重国际合作规则的研究，在不断促进自身发展的同时，营造良好的测绘国际合作氛围和机制。

（六）主要目标。到2015年，形成有效服务于测绘“走出去”战略的政策环境和配套机制。参与国际测绘市场竞争的国内单位数量显著增多，测绘仪器装备出口额及国际地理信息服务产值大幅增加，国际市场份额稳步扩大，并进一步向高端市场迈进。测绘科技自主创新水平明显提高，部分测绘国家标准成为国际标准。建成较为先进的对地观测体系，实现全球任何区域高精度地理信息的快速获取，全

球地理信息资源建设取得重要进展，为地理信息产业的国际化发展提供基础保障。

三、加快实施测绘“走出去”战略的重点工作

（七）继续学习引进先进测绘科技。根据我国测绘科技发展进步的实际需要，引进、消化、吸收国际先进技术，强化自主创新和集成创新，提升我国测绘科技的国际竞争力。加强测绘引智工作，邀请世界知名测绘专家来华开展合作研究。进一步开拓测绘管理与技术人员赴国（境）外培训的渠道，有针对性的选派有发展潜力的测绘管理及科技人员赴国（境）外接受培训，学习发达国家测绘发展新理念、新技术、新知识、新方法。加快培养懂测绘技术、具备外语沟通能力和熟知国际商务规则的复合型人才。做好国际摄影测量与遥感学会（ISPRS）秘书长国和亚太地理信息系统基础设施常设委员会（PCGIAP）主席国的工作，充分利用担任国际测绘组织领导职务的有利条件，吸引测绘科技人才和科技创新最新成果向我国聚集，提升我国测绘科技整体水平，提高我国在国际测绘事务中的参与程度。

（八）大力开拓国际测绘市场。通过资源、技术、政策等方面的支持，扶持规模大、效益好、管理规范的测绘企业加快“走出去”，形成一批自主创新能力强、在国际上具有比较优势和国际竞争力的龙头企业、跨国企业和著名品牌，提高我国测绘单位国际竞争力。要充分利用我国人力资源优势和地理信息产业优势，以地理信息产业园区为依托，积极接纳发达国家的地理信息产业外包业务，努力打造国际地理信息数据加工等信息服务外包特色品牌。要积极开拓非洲、南美、东南亚等新兴经济体的地理信息市场，扩大地理信息产品出口，输出具有自主知识产权和高附加值的地理信息产品、服务、技术装备等，提高产品的国际市场占有率。要强化品牌建设和宣传推介，逐步向测绘国际高端市场迈进。支持有条件的企业适时到境外开展并购、合资、参股等投资业务，收购技术和品牌，带动产品和服务出口。

（九）深化测绘科技及人才国际交流。在巩固现有测绘科技合作渠道的基础上，进一步扩大国际测绘科技合作与交流，积极争取各种国际科技交流项目以及高层次测绘科技人才培养和培训项目，争取多边资金支持在华实施合作项目。积极支持测绘科研机构、高等院校和科技企业承担、参与全球及区域性测绘科技合作计划，以及与世界知名测绘科研机构、大学和跨国公司成立联合研究机构或进行其他形式的科技合作。积极承担国际测绘标准制定工作，推动自主测绘技术标准的国际化，实现自主测绘标准升级为国际标准零的突破。鼓励测绘科技人员、特别是青年科技人员参与国际科技合作与交流，培养更多具有国际视野的优秀科技人才。支持测绘专家学者在国际测绘组织和机构中任职，提高我国测绘的国际地位和话语权。

（十）加强政府间和非政府间国际合作。按照“大国是关键、周边是首要、发展中国家是基础、多边是重要舞台”的原则，构建层次合理、重点突出、目标明确的测绘国际合作格局，深化双边和多边合作，提高测绘科技国际合作水平。加强与各国政府测绘管理机构和测绘学术团体的联系，建立定期和不定期的互访机制，为在测绘科技创新、人才培养、项目实施等方面的合作搭建平台。加强与联合国、欧盟、世界银行、国际货币基金组织、亚洲开发银行等有关国际组织和机构的联系，为我国测绘单位“走出去”承担测绘国际合作项目和工程搭桥铺路。积极举办国际性测绘展览和会议，组织我国测绘企业到国外参展参会，为企业参与国际竞争、建立稳定的国际营销渠道创造条件。促进非政府间的测绘交流合作，引导、鼓励测绘单位和企业与国外测绘机构建立长期稳定的合作关系。

（十一）加大测绘援外工作力度。加强与援外工作主管部门的联系沟通，将测绘援外工作列入国家援外规划。根据国家对援外工作的统一部署，科学确立测绘对外援助国别布局，重点援助最不发达国家和小岛屿发展中国家的测绘发展。积极推进测绘援外工作创新，密切同相关国家测绘管理机构的联系沟通，深入了解援助需求，因地制宜地向相关国家提供测绘项目、资金、技术、装备、人才等方面的援助，提高受援国测绘事业持续发展能力。加强测绘援外项目管理，确保测绘援外工作质量和实际效果，维护我国测绘良好形象。充分调动企业和社会力量参与测绘援外工作的积极性，加强规范和引导，努力造就一支高素质测绘援外队伍。

（十二）整合和利用全球地理信息资源。根据国家“走出去”战略实施的迫切需要，根据多源卫星遥感影像资料，采取购买、合作、交换等多种方式，整合和利用全球范围多种分辨率的地理信息数据，满足各行业、各领域“走出去”对全球基础地理信息资源的迫切需求。建立并持续精化极地测绘基准框架，获取极地航空、航天遥感影像，开展极

地地理信息数据库建设，为和平利用极地资源提供基础支持。

四、加快完善测绘“走出去”战略的政策措施

（十三）加强统筹协调。各级测绘部门要切实加强对测绘“走出去”工作的组织领导，成立相关领导机构，统筹规划、指导和协调实施测绘“走出去”战略的各项工作。强化同相关部门的联系沟通，明确各部门“走出去”工作对测绘的需求，并争取加入本级政府“走出去”部门间协调机制，更好的为各级政府“走出去”战略服务。充分发挥学会协会等组织的作用，引导和支持外向型测绘企业建立产业联盟，逐步完善“走出去”行业协调发展机制，凝聚测绘单位合力，促进强强联合、优势互补、团结协作，提高我国测绘单位的整体国际竞争力，避免我国测绘企事业单位在国际市场上各自为战、恶性竞争。强化同我国驻外使领馆等机构的联系，提高风险预警和应对突发事件的能力，保护“走出去”测绘企业合法权益，避免不必要损失，维护我国测绘企业良好形象和共同利益。

（十四）优化政策环境。充分利用国家和地方有关促进软件企业、中小企业、高新技术企业、装备制造业加快发展的政策以及支持企业“走出去”的相关政策，制定鼓励测绘单位积极走出去的保障措施，形成从金融、税收、用工到测绘资质、成果保密、科技支撑、资金支持等良好的测绘“走出去”政策环境。通过技术、项目等方面的支持，以及产品认证、成果鉴定、软件测评等方式，积极推出和扶持自主创新产品。加强与商务、科技、外交等部门的沟通，争取在我国对外援助项目中的大型工程项目中，优先采用国产测绘产品和服务。加大相关推广宣传力度，为测绘单位“走出去”提供信息咨询支持。定期举办各类培训班、研讨班等，加强对测绘企业“走出去”的税费优惠、政策支持、国际商务规则等方面的培训。

（十五）强化资金支持。各级测绘部门要积极同相关部门沟通，争取设立“走出去”专项促进资金，用于支持测绘单位争取国际测绘合作项目、开拓国际测绘市场、开展测绘科技创新和成果转化、参与测绘援外工作以及其他“走出去”工作的开展。加强同发展改革、商务、科技、工业与信息化等部门的联系，为测绘企业申请出口型企业发展基金、外贸发展基金、中小企业开拓市场专项基金、科技型中小企业技术创新基金、发展高新技术产业基金、服务外包产业发展专项资金等的支持创造便利条件。加强同商务部门的联系，加大对测绘援外资金的支持力度，将达成一致、需求迫切的测绘援外项目列入政府间援助合作项目给予支持。

实施测绘“走出去”战略是一项长期而艰巨的工作，各级测绘行政主管部门要高度重视，切实加强组织领导，特别是要充分发挥测绘企业在“走出去”工作中的重要作用，力求测绘“走出去”取得实效。

领导讲话

国土资源部部长徐绍史在全国测绘地理信息局长会议上的讲话

（根据录音整理）

2011 年 12 月 19 日

尊敬的各位与会代表，各位来宾，大家上午好！

非常高兴参加今年的全国测绘地理信息局长会议，这是国家测绘局更名为国家测绘地理信息局之后召开的第一次年度工作会议。首先，我代表国土资源部党组，向会议的召开表示热烈的祝贺！向受到表彰的贯彻落实科学发展观年度工作考评优秀单位，“十一五”科技杰出贡献奖以及测绘地理信息技术能手表示热烈的祝贺！同时也向全体与会代表

并通过你们向全国测绘系统广大干部职工表示亲切的问候!

刚才，徐德明同志宣读了李克强副总理的重要批示。批示对2011年测绘地理信息工作给予了充分肯定，对于明年的工作提出新的更高要求，为进一步做好测绘地理信息工作指明了方向。会后，测绘地理信息系统要认真学习，深刻领会，把克强副总理重要批示精神落实到具体工作中去。德明同志一会儿还要作工作报告，这个报告我事先已经看过了，总结今年工作非常全面，部署明年工作非常周密，措施很具体，我都赞同。下面，我谈两点看法，供同志们参考。

一、测绘地理信息工作开局良好，成效显著

2011年，在党中央、国务院领导下，测绘地理信息系统全体干部职工努力开拓、扎实工作，“十二五”开局良好，成效显著。具体体现在以下三个方面:

（一）测绘地理信息事业发展的环境、条件越来越好，迎来了难得的重大发展机遇。2011年，测绘地理信息系统好事多、亮点多，社会影响面越来越广。一是中央领导同志关心测绘地理信息事业发展，提出了新的更高要求。李克强副总理今年以来多次对测绘地理信息工作作出重要批示和指示，特别是5月23日，李克强副总理到中国测绘创新基地视察工作，对测绘地理信息在经济社会发展各领域发挥的重要作用给予了高度评价，并对当前及今后一个时期工作提出了更新更高的要求，指明了发展方向。二是原国家测绘局更名为国家测绘地理信息局，为地理信息产业发展带来了难得的发展机遇。这个更名并不是简单的增加了四个字，它赋予测绘地理信息事业更重大的历史使命，赋予国家测绘地理信息局更重大的职能和责任，大大拓展了测绘地理信息事业发展空间，可以说使命光荣，发展空间巨大。三是地方党委政府更加重视、社会各界更加关注测绘地理信息工作。就这一点，地方同志感受可能更深一些。现在湖南、吉林、湖北、宁夏四个省已经把数字城市建设纳入本地区“十二五”发展规划中，并且正在制定测绘地理信息发展规划。今年，全国有220多个城市开展数字城市建设，其中100多个城市已经基本建成数字城市，并向社会提供各种各样服务。总体上看，测绘地理信息事业外部环境和发展条件越来越好，迎来了难得的发展机遇。

（二）地理信息产业蓬勃发展，空间非常广阔。2011年，测绘地理信息系统以地理信息产业园建设为重要抓手，在全国经济增长放缓的背景下，地理信息产业逆势增长，势头很好。一是地理信息产业强劲增长。地理信息产业已经延伸到各行业、各层面，支撑着电子商务、现代物流、网络服务等新的经济增长点。2011年全国地理信息产业产值预计达到1500亿元，同比增长近50%。二是地理信息产业园规模迅速扩大。目前，北京、黑龙江、陕西三个园区已初步建成并吸纳企业入驻；浙江、山东、云南等地园区已经开工建设；广西、湖北正在谋划设计当中，还有一些省把地理信息企业作为高科技园区招商重点。地理信息产业园呈现出快速增长势头。三是地理信息产品越来越广泛。地理信息产品在城市规划、旅游导向、交通导航、社会管理等方面得到了广泛应用，效果显现，社会评价看好。天地图功能越来越强，内容更加丰富，服务领域更广，速度更快，2011年已有来自216个国家和地区超过1.5亿人次访问天地图，影响越来越大。

（三）科技研发应用成效明显，基础工作更加扎实。2011年科技研发攻关力度进一步加大，技术装备更新、人才培养、重大项目建设等基础工作越来越扎实。一是研发应用成果突出。研发了机载干涉雷达测图系统、车载激光建模测量系统、地理信息公共平台软件等具有自主知识产权的一些新成果，配备了地理信息应急监测车、低空无人飞行器、航摄直升机等新装备，成为一大亮点。二是高端人才集中涌现。今年两院院士选举中，测绘地理信息系统成果丰硕，龚健雅、郭华东当选为中科院院士，李建成当选为工程院院士。三位专家脱颖而出，是测绘地理信息系统高端人才成长的重大突破，值得自豪，也值得整个国土资源系统学习。希望测绘地理信息局总结三位专家当选院士的经验，更好地启示我们搞好人才队伍建设。三是重大测绘工程顺利实施。完成了西部地区近200万平方公里1:5万地形图测绘任务，更新了全国80%陆地国土面积的1:5万基础地理信息数据，实现了1:5万地形图陆域全覆盖。海岛（礁）测绘工程、现代测绘基准建设、测绘地理信息市场监管等也都有新的进展。现在，随着经济社会快速发展，国家安全、经济安全问题越来越突出，境外的一些不法分子，以及一些另有企图的组织经常在我国境内进行非法测绘，测绘地理信息市场监管任务越来越繁重，这项工作在2011年也取得了新的进展。

总体上看，2011年测绘地理信息工作可圈可点，测绘地理信息事业开局良好、成效显著。我为此感到高兴、受到鼓舞。借此机会，我代表国土资源部党组，向测绘地理信息系统全体干部、职工表示衷心的祝贺！

二、测绘地理信息工作要乘势而上，再攀高峰

12月12日至14日上午，中央召开经济工作会议，提出明年是实施“十二五”规划承上启下的重要一年，经济社会发展总基调是“稳中求进”。从国际上看，经济复苏乏力，美国经济低迷，欧债危机蔓延，新兴经济体经济增长放缓通胀压力加大，世界经济很难在短时间内真正得到复苏。国内的情况总体上还不错，在世界经济环境当中能够保持平稳较快增长，但不平衡、不协调、不可持续的问题依然突出，我们现在面临经济下行、物价上涨及部分企业困难加重等问题和压力。概括起来说，2012年世界经济发展的不确定性、国内经济发展的不稳定性、宏观经济的复杂和微观经济的困难，都会影响到经济社会的发展。为此，我们要牢牢地把握住稳中求进的总基调，把稳增长、控物价、调结构、惠民生、抓改革、促稳定有机地结合起来，保持经济平稳增长，保持社会和谐稳定。

2012年，测绘地理信息事业面临重大发展机遇，我们要准确地把握中央经济工作会议精神，按照李克强副总理的批示和指示要求，把思想统一到中央部署上来，更好地服务经济社会发展，更快地推动测绘地理信息事业发展。具体有三方面建议。

（一）持续提升测绘地理信息服务经济社会发展水平。服务经济社会发展是测绘地理信息系统的职责和价值所在。一是要强化服务意识。要按照李克强副总理批示中提出的“服务大局、服务社会、服务民生”的要求，不断创新服务手段，完善服务体系，提高服务质量，满足社会和公众多样化、个性化需求。二是要拓宽服务领域。推动导航定位系统与通信网、互联网、物联网的融合发展，推动数字城市建设和数字化应用，提升地理信息服务层次和水平。三是深化产品开发应用。要鼓励地理信息企业开展增值服务，开发多样化、大众化、具有自主知识产权的新产品。明年天地图建设要着力完成丰富数据、强化功能两项任务，要切实打造依托于互联网的国内地理信息服务品牌，引导和支持政府充分利用数字城市和天地图支持管理和决策。

（二）加快推进测绘地理信息产业发展。一方面，地理信息产业属于战略性新兴产业范畴，要抓住更名有利契机，加快发展；另一方面，今年的中央经济工作会议突出强调发展实体经济，要抓住这个形势，加快发展。一是加强政策引导。抓紧制定地理信息产业发展规划，完善政策措施，大力支持智能交通、手机通信、现代物流、网络服务等现代服务业发展。二是鼓励扩大投资。要配合有关部门，完善测绘地理信息产业投、融资体制，加大投入力度，增强研发能力，提升产业后劲。三是规范推进产业园区建设。要综合考虑企业布局、投资环境、市场发展，加强园区开发建设。同时要引导和支持地理信息企业入驻园区，推动地理信息企业集聚化、规模化发展。

（三）增强测绘地理信息基础支持能力。地理信息和基础测绘是国家安全的基础和保障，要坚持不懈地加强基础保障服务能力建设。一是加快重大项目实施。加快国防测绘、海岛（礁）测绘、边疆测绘、极地测绘等重要基础性测绘工作，同时要加强各级基础地理信息资源建设特别是集成化建设，丰富现有数据库，提高测绘地理信息服务能力。二是加强地理国情监测。要充分利用测绘地理信息数据资源、先进技术和人才优势，积极开展地理信息国情统计分析，为经济社会发展提供更多的服务。三是加大测绘地理信息科技创新。要完善科技创新激励机制，加强科技创新人才培养，增强测绘地理信息事业发展的后劲。加大科技自主创新和成果转化，争取突破一批重大关键技术和核心技术，提高地理信息快速获取、处理、服务能力。

测绘地理信息是国土资源工作的重要组成部分，国土资源部将一如既往地支持测绘地理信息局履行职能、开展工作，也希望测绘地理信息系统继续发挥优势，为国土资源管理工作提供支撑和支持，共同推进事业健康、快速发展。

同志们，测绘地理信息工作使命神圣，责任重大，在新的一年里，测绘地理信息工作者要振奋精神，扎实工作，用新的优异成绩来迎接党的十八大胜利召开。

元旦和春节将至，我代表部党组，向全国广大测绘地理信息干部职工和家属表示最良好的祝愿和最衷心的祝福！谢谢大家！

国家测绘局局长徐德明在全国测绘系统党风廉政建设工作会议上的讲话

2011年4月8日

同志们：

今年是“十二五”开局之年，也是中国共产党成立90周年，我们在这里召开全国测绘系统党风廉政建设工作会议，就是要认真学习贯彻胡锦涛总书记在中纪委六次全会上的重要讲话精神，学习贯彻温家宝总理在国务院第四次廉政工作会议上的重要讲话精神，全面总结测绘系统2010年党风廉政建设工作情况，部署2011年党风廉政建设工作任务，举行国家测绘局机关司（室）、所属单位主要负责人党风廉政建设责任承诺宣誓，递交党风廉政建设责任承诺书，同时对做好2011年测绘系统党风廉政建设工作做全面动员，会议具有非常重要的意义。刚才，荣久同志代表局党组从五个方面全面总结了去年测绘系统党风廉政建设情况，从六个方面部署了今年的工作任务，并强调提出了三点要求，我完全同意。下面，我讲几点意见：

一、把握形势要求，提高思想认识，切实增强抓好反腐倡廉建设的责任感和使命感

（一）认真学习和深刻领会中纪委六次全会精神。胡锦涛总书记在中纪委六次全会上的重要讲话，全面总结了党风廉政建设和反腐败斗争取得的成效和经验，科学分析了当前反腐倡廉形势，明确提出了今年党风廉政建设和反腐败工作的主要任务。胡锦涛总书记的重要讲话，是指导当前和今后一个时期党风廉政建设和反腐败斗争的纲领性文献。各级党组织和广大党员干部要认真学习，深刻理解和全面把握胡锦涛总书记关于以人为本、执政为民思想的精神实质。一要深刻领会以人为本、执政为民是马克思主义政党的生命根基和本质要求，是我们党的性质和宗旨的集中体现，也是我们适应新形势、顺应新期待、迎接新挑战、完成新使命的现实需要。二要深刻领会把以人为本、执政为民贯彻落实到党风廉政建设和反腐败斗争之中的总原则，坚持权为民所用、情为民所系、利为民所谋，认真解决损害群众利益的突出问题和反腐倡廉建设中群众反映强烈的突出问题，切实维护社会公平正义；大力加强干部队伍作风建设，保持党同人民群众的血肉联系；紧紧依靠人民群众支持和参与，充分发挥人民群众在党风廉政建设和反腐败斗争中的积极作用；坚决反对腐败、严惩腐败分子，以党风廉政建设和反腐败斗争的实际成效取信于民。三要深刻领会纪检监察机关认真贯彻以人为本、执政为民的总体要求，更加自觉地把实现好、维护好、发展好最广大人民根本利益作为纪检监察工作的根本出发点和落脚点，贯彻落实到纪检监察工作的各方面各环节。

（二）认真学习和深刻领会国务院第四次廉政工作会议精神。温家宝总理在国务院第四次廉政工作会议上强调指出，要全面贯彻落实中央关于反腐倡廉建设的决策和部署，重点抓好三方面工作：一要认真治理领导干部以权谋私和渎职侵权问题，包括着力解决招投标方面的突出问题，依法治理土地和房屋征收征用中侵害群众权益问题，深化行政体制改革、推进政府职能转变和管理创新。二要切实加强领导干部廉洁自律，包括认真落实领导干部个人事项报告制度，坚决整治收送礼金问题，加强国有企业负责人廉洁自律。三要坚决遏制奢侈浪费和形式主义，继续严格控制和压缩行政经费，减少会议和文件，深化行政经费管理改革，大力推进财政预算决算公开。测绘系统各部门各单位要认真学习领会和深入贯彻落实国务院第四次廉政工作会议精神，切实把思想和行动统一到党中央、国务院关于反腐倡廉的决策部署上来，把认真治理领导干部以权谋私和渎职侵权问题、切实加强领导干部廉洁自律、坚决遏制奢侈浪费和形式主义等工作抓实抓好。

（三）深刻认识和全面把握测绘系统党风廉政建设面临的新形势。“十二五”期间，国家测绘局确立了“构建数字中国、监测地理国情，发展壮大产业、建设测绘强国”的总体战略。要实现好这些目标任务，必须有坚强的思想保证、作风保证和组织保证。国家测绘局党组对党风廉政建设和反腐败工作始终高度重视，紧抓不放，对党员、干部坚持做到常教育、常监督、常提醒。综合各单位各部门关于去年党风廉政建设和反腐败工作情况，局党组认为测绘系统各部门各单位在反腐倡廉建设上，能够做到思想上高度重视，组织上提供保障，措施上坚决有力，使党中央、国务院关于反腐倡廉的决策部署得到贯彻落实。各级领导干部以身作则，率先垂范，严格要求，廉洁从政，表现出了良好的思想品质和党性修养。从近三年的干部年度考核结果看，直属单位领导班子及成员、局机关全体干部优秀称职率普遍提升，在选人用人方面局党组没有收到举报信，没有接到过举报电话，说明我们的干部队伍是过硬的。去年，审计署在我局开展了预算执行和其他财政收支情况以及决算的审计。通过审计暴露了一些问题，譬如，有的单位存在利用虚假发票套取资金、在项目资金使用中虚列支出等问题；个别领导干部放松了对自己的要求，走上了违纪违法的道路；有的单位财务内部控制制度缺失，会计核算不规范等，这些问题有的是多年积累造成的，有的是机制造成的，有的还很严重和突出，必须引起我们进一步的重视和反思。要站在党要管党、从严治党、巩固党的执政基础和执政地位的战略高度，从管理干部、爱护干部角度出发，切实增强责任感和使命感，进一步加强测绘系统的党风政风行风建设，为推动测绘事业发展营造风清气正的良好氛围。

二、突出工作重点，抓好风险防控，不断推动测绘系统反腐倡廉建设取得新成效

党风廉政建设和反腐败工作任务重，头绪多。今天我着重围绕廉政风险防控谈些意见。随着项目和资金的增多，廉政风险越来越突出，党风廉政建设和反腐败工作任务也越来越艰巨。廉政风险防控，就是通过梳理在履行职责过程中一些容易发生问题的关键环节，采取措施加以防范，最大限度地减少和预防腐败现象和责任事故的发生，使干部不犯或少犯错误，达到保护干部、爱护干部和维护国家各项制度有效贯彻落实的目的。

（一）查风险，找漏洞。加强廉政风险防控管理，查风险、找漏洞是前提。各单位各部门要围绕关键岗位和重点环节，认真查找在岗位职责、业务流程、制度机制和外部环境等方面可能发生的不廉洁行为和不作为、乱作为，以及可能导致各类事故发生的廉政风险点。

一要围绕决策程序、关键环节排查风险。凡属重大决策、重要人事任免、重大项目安排和大额度资金运作事项，必须由领导班子集体作出决定。各单位各部门要围绕“三重一大”事项的主要范围和基本程序，对照查找容易产生腐败行为的风险点，不断提高科学决策、民主决策、依法决策的水平。

二要围绕岗位职责、权力行使排查风险。围绕行政审批权、行政执法权、干部人事权、财物管理权的行使，对每个部门、每个岗位、每个人员的工作职责、法定权限和运行流程进行梳理和规范，逐一排查廉政风险点，努力使权力配置科学、界限明确、行使依法、运行公开，实现有效防控。

三要围绕重大项目、办会办展排查风险。围绕测绘重大项目、重要会议和重大展览的筹备、组织和实施，针对项目资金的拨付、使用、结算等环节和办会办展经费的预算、筹集、管理和使用等环节，认真排查廉政风险点，确保项目资金正确使用，办会办展高效廉洁。

（二）建制度，抓防控。要使廉政风险得到有效防控，构建内容科学、程序严密、配套完备、有效管用的制度体系是根本。局党组始终强调规范管理，规范管理就是要民主科学、就是要程序合法、就是要堵塞漏洞。各单位各部门要高度重视制度建设，用制度规范管理，用制度堵住漏洞，用制度防控风险，努力形成用制度管权、按制度办事、靠制度管人的良好格局。

一要完善“三重一大”事项科学决策有关制度。要从决策的原则、主体、形式、程序，决策的事项、资金额度标准，到决策执行的责任机构、责任人员、监督考核等，全方位、全过程地纳入制度规定，形成具体明晰的制度支撑，使“三重一大”的决策范围和决策权力由模糊变得明确清晰，由原则变得具体实在，防止个人决策、无序决策等现象发生。凡是涉及群众切身利益的重要改革方案、重大政策措施、重点工程项目，要特别注重事前的调查研究、专家论证、技术咨询、决策评估和听证、公示等环节，广泛征求群众意见，自觉接受群众监督。党员领导干部要遵守组织原则，对于已经形成的决策，领导班子成员个人不得擅自改变集体决策，在没有作出新的决策之前，应当无条件执行。

二要完善财政资金管理和使用有关制度。要按照公共财政体制改革的要求，进一步加强规划、计

划和预算的有效衔接，切实提高预算编制的前瞻性、科学性和合理性。要严格计划和预算管理程序，强化部门预算责任，加快预算支出进度。为此，国家测绘局建立了预算执行责任制度和预算执行奖罚机制，定期对各单位预算执行进度情况进行考评和通报，并在安排下一年度预算时，对预算执行好的单位，予以优先考虑、重点保障；对预算执行不好的单位，结合执行进度核减下一年度项目预算。各单位在加快预算支出进度的工作中，要注意遵守国家法律和各项财务规章制度，在合法、合规的前提下推进预算执行，同时要避免出现违规开支和不讲效益的“突击花钱”行为。要继续开展“小金库”治理工作，深化国库集中收付制度改革，严格执行“收支两条线”制度，健全财政资金监管制度，强化账目和现金管理，坚决切断“小金库”的资金来源，并形成长效机制。

三要完善依法行政有关制度。要加快测绘法规制度建设，完善测绘立法和决策程序，把公众参与、专家咨询、合法性审查、集体讨论决定作为必经程序，确保测绘立法科学民主。要认真实施《行政许可法》和《政府信息公开条例》，坚持公开、透明、规范的原则，积极促进依法行政。对于测绘行政审批事项，要明确实施条件、审批程序和时限要求，完善各环节工作流程和管理规范，不得随意扩大或缩小审批权限。要进一步明确行政执法监督的方式、程序和范围，防止和纠正违法或不当的行政行为。机关公务员特别是领导干部，必须树立程序意识，严格按程序办事。

四要完善干部选拔任用有关制度。要坚持正确用人导向，把政治上靠得住、工作上有本事、作风上过得硬、群众信得过的干部选拔上来。要进一步完善党政领导干部选拔任用工作制度，进一步健全干部的推荐提名、考察考核、讨论决定等制度，不断提高选人用人的公信度。要加大竞争性选拔干部力度，完善年轻干部、后备干部、女干部、无党派和民主党派干部的培养选拔制度。要进一步加大干部交流力度，特别要加大重要岗位领导干部的交流力度。

五要完善内部管理有关制度。要建立健全经费使用、车辆管理、公务接待、日常采购、办会办展、后勤管理等相关制度，做到有章可循、照章办事。要贯彻落实好《国家测绘局所属单位党政主要领导干部经济责任审计管理办法》，充分发挥审计监督对于预防、遏制和发现腐败与违纪违规现象方面的作用，不断创新工作机制，强化审计监督职能。要将审计监督与纪检监察相结合，在查办案件中加强审计手段的应用。

（三）常教育，强监督。加强廉政风险防范管理，教育是基础，监督是手段。各单位各部门要高度重视党员干部的思想教育，切实筑牢党员干部的思想道德防线与党纪国法防线。要加强对权力运行的制约和监督，把监督检查贯穿于测绘业务工作之中，贯穿于项目和资金管理之中，贯穿于领导班子和干部队伍建设之中，确保权力在阳光下行使。

一要加强理想信念教育。今年是纪念建党90周年，各级党组织要以此为契机，结合创先争优活动，大力开展党史教育、革命传统教育、爱国主义教育，开展向杨善洲同志学习活动，引导党员干部牢固树立正确的世界观、人生观和价值观，坚定理想信念，增强宗旨意识，坚持思想上尊重群众、感情上紧贴群众、工作上依靠群众，多干一些打基础、利长远、惠民生的好事实事。自觉把广大人民群众的利益放在至高无上的位置，真正做到以人为本，执政为民。

二要加强党纪条规学习。要组织广大党员、干部认真学习《中国共产党章程》、《中国共产党纪律处分条例》、《中国共产党党内监督条例（试行）》、《中国共产党党员权利保障条例》、《行政机关公务员处分条例》，要特别抓好《廉政准则》的学习和贯彻，着重落实好领导干部报告个人有关事项和对配偶子女均已移居国（境）外的国家工作人员加强管理两项制度，对领导干部廉洁自律方面出现的一些苗头性问题，要早发现、早提醒、早纠正，防止小错酿成大错，避免走上违纪违法的道路。

三要加强监督检查。要按照党的十七届五中全会的部署要求，紧紧围绕科学发展这个主题和加快转变经济发展方式这条主线，对“三重一大”事项决策、执行民主集中制、落实党风廉政建设责任制、领导干部廉政勤政、项目管理、资金管理、政府采购、招标投标、干部选拔任用、办展办会等领域和环节开展监督检查，确保测绘系统风清气正。

四要加强巡视工作。要认真落实《中共国家测绘局党组巡视工作暂行办法》，进一步明确巡视工作的主要任务，突出重点、抓住关键，增强巡视监督的针对性和实效性。要把依纪依法履行职责的要求贯穿于巡视前、巡视期间和巡视结束后的各个环节，紧紧依靠被巡视单位党组织开展工作，严格执行重大事项请示报告制度。要坚持走群众路线，综合运用行之有效的好经验好做法，大胆探索运用新的方式方法，不断拓宽信息来源，努力提高掌握真实情况、发现突出问题的能力。要不断加大巡视成果运用力度，增强巡视监督的透明度和权威性。

三、增强责任意识，狠抓任务落实，进一步提高纪检监察工作的能力和水平

（一）认真落实党风廉政建设责任制。去年，党中央、国务院印发了重新修订的《关于实行党风廉政建设责任制的规定》。各级党组织要认真学习领会，全面贯彻落实。今天，机关各司（室）、所属各单位主要负责人向党组递交党风廉政建设责任承诺书，就是一个具体举措。各部门各单位领导班子要对职责范围内的党风廉政建设负全面领导责任，主要负责人要率先垂范、严格自律，同时要管好班子、带好队伍，认真履行第一责任人的职责，做到重要工作亲自部署、重大问题亲自过问、重点环节亲自协调、重要案件亲自督办；其他成员也要根据分工，对职责范围内的党风廉政建设负主要领导责任。纪检监察工作部门要认真履行组织协调职责，积极协助党委（党组）搞好责任分解和检查考核，并把检查考核结果作为对领导班子总体评价和领导干部业绩评定、奖励惩处、选拔任用的重要依据。

（二）全面贯彻以人为本、执政为民的要求。胡锦涛总书记在中纪委六次全会上深刻阐述了切实把以人为本、执政为民贯彻落实到党风廉政建设和反腐败斗争之中的重要性、紧迫性以及总体要求、工作重点。要更加自觉地把实现好、维护好、发展好最广大人民根本利益作为纪检监察工作的根本出发点和落脚点，贯彻落实到分析问题、谋划思路、制定政策、出台举措、推动工作全过程和纪检监察工作涉及的各方面各环节。要大力弘扬求真务实、真抓实干的优良作风，紧紧围绕干部职工最关心、反映最强烈的问题，加大监督检查力度，采取有效整治措施，力求在实际工作中更好地体现时代性、把握规律性、富于创造性。

（三）切实加强纪检监察和审计部门自身建设。各部门各单位党委（党组）要高度重视纪检监察和审计工作，对纪检监察和审计工作人员要做到政治上关心、工作上支持、生活上照顾、精神上鼓励。要结合深入开展创先争优活动，努力建设一支政治坚定、公正清廉、纪律严明、业务精通、作风优良的纪检监察和审计干部队伍。要加强对纪检监察和审计干部的教育培训，组织广大纪检监察和审计干部认真学习中国特色社会主义理论体系，深入钻研专业知识、市场经济知识、现代科技知识、财会审计知识和法律法规知识，不断提高案件查办能力、宏观指导能力和组织协调能力。要督促纪检监察和审计干部严格遵守政治纪律、工作纪律、办案纪律、保密纪律和廉政纪律。

同志们，今年是全面实施测绘发展“十二五”规划的开局之年，是承上启下、继往开来的关键时期。让我们紧密团结在以胡锦涛同志为总书记的党中央周围，围绕中心、服务大局，突出重点、狠抓落实，不断提高反腐倡廉建设科学化水平，为推动测绘事业实现新跨越提供有力保证，以党风廉政建设和反腐败工作的新成效迎接中国共产党成立90周年！

国家测绘局局长徐德明在全国测绘系统法治工作会议上的讲话

2011年5月10日

同志们：

这次会议的主要任务，一是全面总结“十一五”测绘依法行政和“五五”普法工作，二是贯彻落实《国务院关于加强法治政府建设的意见》和全国依法行政工作会议精神，全面部署和推动“十二五”测绘法治建设，促进测绘事业持续健康发展。首先，我代表国家测绘局，向长期关心支持测绘法治工作并莅临今天会议的全国人大常委会法工委经济法室、国务院法制办农林城建资源环保法制司、国土资源部政策法规司、司法部法制宣传司的领导同志表示热情的欢迎和衷心的感谢！向即将受到表彰的全国测绘系统依法行政先进单位、“五五”普法先进单位和先进个人表示热烈的祝贺！向从事测绘法治工作的同志们表示诚挚的问候！

下面，我讲三点意见。

一、加强测绘法治建设是测绘依法行政的立身之本，是推动测绘事业科学发展的必然要求

依法治国是我国的基本方略，法治建设是依法治国方略的重要内容，也是测绘依法行政的立身之本。2004年以来，国务院先后印发了《全面推进依法行政实施纲要》和《关于加强法治政府建设的意见》，对加强法治建设、建立法治政府提出了明确要求。《中华人民共和国测绘法》实施以来，我国测绘事业沿着法治的轨道阔步前进，各项工作取得了可喜成就。特别是近年来，《测绘成果管理条例》、《基础测绘条例》等一批测绘法规规章相继颁布实施，地方测绘法规也日趋完善，测绘工作统一监管不断加强，为测绘事业发展营造了良好的法治环境。与此同时，测绘法治建设也还存在着一些不容忽视的问题，主要表现在：法规制度还不够健全、监管执法力量薄弱、法制宣传力度还不够大、个别地方领导不重视测绘依法行政工作等。这些问题的产生，有测绘管理体制的制约，有外部不利因素的影响，但究其深层次原因，还在于法治精神在一些地方和单位没有得到真正重视和落实。

当前，我国测绘事业正处于重要的战略机遇期。温家宝总理在今年的《政府工作报告》中明确提出，要积极发展地理信息新型服务业态；李克强副总理对测绘工作提出要求，要加强基础测绘和地理国情监测。《国民经济和社会发展第十二个五年规划纲要》明确提出，要“完善地理、人口、金融、税收、统计等基础信息资源体系，强化信息资源社会化综合开发利用”、“发展地理信息产业”、“加强海洋综合调查和测绘工作”、“推动数字城市建设，提高信息化和精细化管理服务水平”。这些充分体现了党中央、国务院对测绘工作的高度重视，也对测绘事业发展提出了新的任务，对新形势下加强测绘法治建设提出了更高要求。

强化地理信息资源开发利用，推动数字城市建设，需要加快测绘成果质量管理、地理信息资源共建共享、地理信息保密与应用等方面的立法步伐。加强地理国情监测，需要制定相关法规规章，将地理国情的动态监测、统计分析和成果发布等纳入测绘法治轨道。推动地理信息产业发展，要求加强地理信息市场的监管和服务，规范市场秩序，引导地理信息企业守法诚信经营。树立法治意识、加强法治建设，应成为各级测绘行政主管部门贯彻依法治国基本方略、推动测绘事业科学发展的自觉行动。

二、加强测绘法治建设，必须做到“四个坚持”、处理好“四个关系”，努力提高测绘依法行政水平

（一）必须做到“四个坚持”

一是坚持依法决策的科学性。测绘行政管理工作关系到企业和个人的切身利益，各级测绘行政主管部门要努力确保行政决策的公正、民主和科学。公正，就是不偏私、不歧视，严格按照法律法规办事，杜绝擅权、专权和滥用权力现象，减少决策的盲目性、随意性。民主，就是充分发挥公众参与和专家咨询的作用，广泛吸纳民意民智。科学，就是要把握测绘发展规律，确保所立之法具有前瞻性和可操作性，具有旺盛的生命力。

二是坚持依法管理的规范性。在行政许可、市场检查、行政执法中，要明确工作依据，规范工作流程，做到既不失职、也不越位。越是矛盾突出，越是情况复杂，越要坚持依法管理。同时，要把握好原则性和灵活性的统一，慎用强制和处罚手段，善用法律、政策、经济、行政等手段和教育、协商、疏导等办法，维护行业整体利益。

三是坚持依法办事的高效性。要及时、准确地向社会公开政府信息，要利用报刊、网络等方式，推进行政许可办事公开，便于社会公众和测绘从业人员知晓、遵循和监督。要进一步加强电子政务建设，加快行政许可集中受理和在线办理，对应急测绘保障等特殊项目的审批，实行特事特办、即理即办。要依法下放行政许可，优化审批流程，缩短审批时间，提高审批效率。

四是坚持依法监督的严肃性。要加强测绘法律法规执行情况的内部层级监督，确保有法可依、有法必依。要强化测绘行政执法监督，杜绝执法不严、违法不究甚至执法犯法等现象。高度重视舆论监督，及时纠正测绘行政管理工作中的问题和不足。对行政不作为乱作为、失职渎职、贪污贿赂等问题，要依法依纪追究有关领导和当事人的责任。

（二）妥善处理“四个关系”

一是妥善处理好依法行政与改革创新的关系。要善于在法治的框架下创新管理方式和管理内容，坚持以改革创新的精神推动测绘依法行政。测绘事业的辉煌成就得益于改革创新，测绘事业的美好未来更离不开改革创新。我们要在全面推进测绘依法行政的基础上，大力推动测绘体制创新、制度创新、科技创新、管理创新，促进测绘事业跨越式发展。

二是妥善处理好依法行政与实事求是的关系。要自觉按照法规政策办事，努力维护测绘法制统一和市场统一，避免一管就死、一放就乱。要认真研究测绘领域的新兴业务和新生事物，不断总结正反两方面的经验和教训，及时发现现行测绘法律体系中不完备和不适应测绘发展的地方，推动测绘法规建设不断完善。

三是妥善处理好依法行政与加快发展的关系。要把推动测绘与地理信息产业又好又快发展作为依法行政的出发点和落脚点，进一步加强测绘与地理信息市场监管，完善市场准入制度，规范测绘行政执法工作。要积极转变政府职能，强化政府有效服务，充分发挥市场在资源配置中的基础性作用，推动测绘发展转方式、增活力、上水平。

四是妥善处理好依法行政与提高效率的关系。加强测绘行政管理，要注重察实情、讲实话、办实事、求实效，对待基层、对待管理相对人，要做到多帮忙、少干预，多设路标、少设障碍，努力形成求真务实、真抓实干的良好风气。要进一步端正思想观念、改进工作作风、提高工作效率，使执政为民成为全体机关干部的自觉行动。

三、加强测绘法治建设，重在领导、普法、宣传教育，努力营造测绘依法行政的良好法治环境

加强测绘法治建设，推进测绘依法行政，关键在于落实。在此，我提三点希望：

一是加强领导，大力提升法治工作水平。各级测绘行政主管部门领导要高度重视测绘法治建设，法治水平决定我们的工作水平。要坚决克服“说起来重要、干起来次要、忙起来不要”的消极思想，树立法治意识，切实把测绘依法行政工作与本部门其他中心工作同部署、同检查、同考核。

二是加强培训，大力提高法治队伍素质。要组织开展制度化、经常化的教育培训和学法用法活动，使机关干部职工切实做到学法、懂法、守法、用法和护法，大力提高机关工作人员的法律素养，推进合法行政、合理行政、廉洁从政。

三是加强宣传，大力营造测绘法治环境。要把加强测绘法制宣传作为传播测绘法律知识、弘扬测绘法治精神的重要途径，大力提高测绘法制宣传的层次、广度和深度，努力营造依法测绘、诚信测绘、有序竞争的良好市场环境。

同志们，加强测绘法治建设、推动测绘科学发展，使命光荣，任务艰巨，责任重大。让我们共同努力，开拓进取，锐意创新，着力营造充满活力、和谐有序的测绘法治环境，为推动测绘和地理信息产业科学发展作出新的更大的贡献！

国家测绘地理信息局局长徐德明
在庆祝中国共产党成立90周年“红色地图”发布会上的讲话

2011年6月22日

尊敬的各位来宾，记者朋友们，同志们，大家上午好：

今年是中国共产党成立90周年。今天我们在这里举行“红色地图”发布仪式，就是要用“红色地图”承载中国共产党90年的光辉历程和丰功伟绩，以形象、直观、生动、真实的画面，展示党的辉煌历史、国家的巨大变化和取得的伟大成就，其意义重大，将为开展爱党爱国爱社会主义教育、社会主义核心价值体系教育和改革开放伟大实践教育提供丰富的素材、营造良好的氛围，以更好地激励全国人民牢记党史、不辱使命、奋勇前进。在此，我首先代表国家测绘地理信息局党组，向出席发布会的朋友们和同志们表示热烈的欢迎。

90年前，中国共产党从上海风云和南湖烟雨中起航，团结和带领全国各族人民经过艰苦卓绝的奋斗，取得了新民主主义革命、社会主义建设和改革开放的伟大胜利，谱写了中华民族自强不息、实现伟大复兴的光辉篇章。隆重纪念建党90周年，是今年党和国家政治生活中的一件大事。“编红图”、“唱红歌”是年初我局确定的两件重要活动。根据

《中共中央关于中国共产党成立90周年纪念活动的通知》精神以及全国国家版图意识宣传教育和地图市场监管协调指导小组2011年工作要点，我局于今年3月启动了“红色地图”的编制和服务工作。该项工作得到了全国国家版图意识宣传教育和地图市场监管协调指导小组成员单位的大力支持，得到了党史、文献、文化、旅游等部门的鼎力相助，得到了各级测绘地理信息主管部门的积极响应。

截至目前，全国测绘地理信息部门共有30余家单位开展了“红色地图”编制和服务工作，出版和发行百余种红色地图产品。“红色地图”从全新视角展现了中国共产党建党90周年的光辉历程，形式多样、精品纷呈，应用广泛、成效突出。在此，我代表国家测绘地理信息局党组，向关注和支持“红色地图”编制和服务工作的各部门、各单位表示衷心的感谢！向参与“红色地图”编制和服务的所有工作人员表示诚挚的慰问！下面，我讲二个方面的意见。

一、“红色地图”是庆祝中国共产党成立90周年的壮美画卷

（一）编制“红色地图”是落实中央领导同志重要指示的新举措。今年，中共中央政治局常委、国务院副总理李克强同志，中共中央政治局委员、国务委员刘延东同志分别在《全国国家版图意识宣传教育和地图市场监管2011年工作要点》上作出重要批示，对开展“红色地图”编制与服务工作给予肯定。5月23日，李克强副总理专程视察中国测绘创新基地，强调要积极开发利用测绘地理信息，提高服务大局、服务社会、服务民生的能力。开展“红色地图”编制与服务工作，是贯彻落中央领导同志重要指示精神，进一步拓展测绘地理信息成果应用领域、加强国家版图意识宣传教育的重要举措。

（二）“红色地图”是进行爱国主义教育的重要载体。“红色地图”以立体化、空间化、动态化、影像化、网络化方式，集成表达了红色教育基地、重大革命事件、重大战役、革命领导人活动路线、红色精品旅游路线等主要内容，是全面反映中国共产党成立90周年伟大历程、光辉成就的精品佳作，是爱国主义教育方式的拓展和创新，对于引导全国人民高举中国特色社会主义伟大旗帜，唱响共产党好、社会主义好、改革开放好、伟大祖国好、各族人民好的时代主旋律具有重要意义。

（三）“红色地图”是拓展“天地图”应用领域的重要内容。李克强副总理指出，“天地图”既是政府服务的公益平台、产业发展的基础平台，也是方便群众的服务平台、国家安全的保障平台。“红色地图”以“天地图”等国家基础地理信息数据资源为基础，采用生动形象的地图表达方式，运用网络地理信息系统、虚拟三维等现代测绘技术手段，并以“天地图”为重要发布平台，向公众展示全国的各类红色资源，在进一步拓展“天地图”的应用领域、提升“天地图”的服务能力方面发挥了重要作用。

二、继续扎实做好“红色地图”的服务工作

“红色地图”是弘扬红色文化、传承红色传统、发扬红色精神的重要载体。要进一步发挥测绘地理信息部门的资源和技术优势，为庆祝中国共产党成立90周年、为经济社会发展作出新的更大贡献。在此我提几点希望：

（一）要进一步提升“红色地图”的服务能力。要把“红色地图”打造成为测绘地理信息部门开展创先争优活动的重要抓手、推进测绘地理信息成果应用的重要载体、进行党员群众爱国主义教育的重要平台。一是要把“红色地图”打造成为精品地图。各地、各单位要把“红色地图”列为“教育工程”、“亮点工程”，组织精干力量，运用现代测绘地理信息技术，深化红色地图的编制和服务工作。二是及时有效地在“天地图”上发布红色地图。充分利用“天地图”这个民族品牌，加强“红色地图”系统的开发和应用，创新产品，拓展应用，建立“红色地图”开发、应用、维护的长效机制，保证“红色地图”的鲜活性和新颖性。

（二）要进一步发挥“红色地图”的重要作用。“红色地图”表达语言形象直观，表现方式生动活泼，将其应用于宣传党的历史和功绩，进行爱党爱国教育等活动中，容易被普通大众所理解和接受。一是在庆祝建党90周年活动中发挥作用。要主动将“红色地图”提供给领导机关和宣传部门，供相关部门在庆祝建党90周年活动中使用。二是在爱国主义教育中发挥作用。要将“红色地图”赠送中小学、大专院校等教育机构，开展和普及红色宣传教育。三是在新闻宣传中发挥作用。要将“红色地图”融入到新闻媒体的宣传活动中，创新红色宣传方式，扩大红色宣传感染力。四是在红色旅游中发挥作用。要加强与文化、旅游等部门的合作，进一步挖掘红色资源，提升红色产业发展水平。

希望新闻媒体的记者朋友们，大力宣传“红色地图”，进一步提高“红色地图”的社会影响力，更好地发挥其重要作用。测绘地理信息部门要进一步改进服务手段，提升服务水平，丰富服务产品，更好地服务大局、服务社会、服务民生，努力为全面建设小康社会作出新的更大的贡献。

最后，衷心祝愿我们伟大的中国共产党更加光荣伟大，祝愿我们的祖国更加繁荣富强。

谢谢大家！

提高认识 精心组织 务求实效 深入开展测绘成果保密检查工作

国家测绘地理信息局局长徐德明在全国测绘成果保密检查工作部署电视电话会议上的讲话

2011 年 7 月 7 日

同志们：

大家上午好！按照中央领导同志重要指示精神，为进一步加强涉密测绘成果保密管理，维护国家安全和利益，促进地理信息产业健康发展，国家测绘地理信息局、国家保密局决定于今年 7 月至 11 月在全国范围内开展一次测绘成果保密检查。今天会议的主要任务就是认真贯彻落实中央书记处书记、中央办公厅主任、中央保密委员会主任令计划同志针对地理信息泄密案件做出的“国家保密局要会同国家测绘局等主管部门，抓住这起严重泄密事件，集中力量对生产、使用和管理涉密地理信息数据的部门和单位开展一次专项保密检查，针对检查中发现的问题，完善制度、强化措施，整饬纪律、堵塞漏洞，防止类似事件再次发生”的重要批示，进一步加大测绘成果保密工作力度，采取有效措施，切实维护国家安全和利益。刚才，全国测绘成果保密检查工作领导小组办公室介绍了保密检查工作方案，国家保密局副局长、全国测绘成果保密检查工作领导小组副组长周晖国同志作了重要讲话，请大家认真贯彻落实。下面，我讲三点意见。

一、提高认识，增强做好测绘成果保密检查工作的紧迫感和责任感

近年来，各地各部门认真贯彻落实中央要求，组织开展涉密测绘成果保密宣传教育和检查，不断完善有关规章制度，涉密测绘成果保密管理工作不断取得新的成效。但是，一些涉密测绘成果使用单位和测绘地理信息单位在涉密测绘成果存储处理、使用保管等方面仍然存在突出问题，测绘成果失泄密案件时有发生。同时，境外敌对势力窃取我涉密地理信息的现象依然存在，给国家安全和利益造成严重威胁。

开展测绘成果保密检查是贯彻落实中央要求的重要举措。测绘成果尤其是基础测绘成果大多属于国家秘密，其涉及范围广、数量大、保密期限长，直接关系国家战略安全，是现代战争实施远程精确打击的基础信息，成为境外敌对势力窃密活动的重要领域。党中央、国务院高度重视新形势下的保密工作，胡锦涛、温家宝、李克强、周永康、令计划等中央领导同志多次就地理信息安全工作做出重要批示，要求加强管理、督促检查，堵塞漏洞、消除隐患，防止失泄密案件发生。今年 5 月 23 日，李克强同志视察中国测绘创新基地时强调，测绘地理信息事关经济社会发展，事关国家主权、安全和利益。对我们做好测绘地理信息保密工作提出了更高要求。

开展测绘成果保密检查是推进地理信息产业发展的迫切需要。推进测绘成果或地理信息资源的社会化综合开发利用，是信息化建设的迫切要求和地理信息产业发展的重要基础。管好、用好测绘成果，是我们的重要责任。近年来我国地理信息产业快速发展，已经成为经济增长的助推器、信息社会的重要支撑、创业就业的前沿阵地。但是，在产业快速发展的同时，地理信息保密管理工作中也还存在诸多问题：从业单位性质多样，从业人员流动性大，涉密测绘成果的保密管理措施难以落实，形成安全隐患；一些地理信息企业非法获取和使用涉密测绘成果、违法买卖涉密地理信息，造成安全隐患；一些地理信息从业人员保密意识淡簿，保密知识和技能缺乏，对涉密测绘成果重视不够、保管不严、使用不当，存在大量失泄密隐患。开展测绘成果保密检查，确保地理信息安全，有利于推动地理信息产业健康有序发展。

开展测绘成果保密检查是应对新形势完成新任务的客观要求。随着经济社会的快速发展和科学技术的不断进步，测绘地理信息手段现代化、产品形式数字化、信息服务网络化、信息应用社会化加快推进，测绘成果保密工作的对象、领域和环境发生了深刻变化，测绘成果的安全保密问题越来越突出。在连接互联网的计算机上存储、处理涉密信息，或利用电子邮件传递涉密地理信息，或违法上传标注涉密信息等现象屡见不鲜，并呈现主体多元、领域宽泛、手段隐蔽、危害长远等特点。开展测绘成果保密检查，对于有效打击涉密地理信息违法行为，全面实施“构建数字中国、监测地理国情，发展壮大产业、建设测绘强国”的总体战略目标具有重要意义。

二、明确任务，认真落实全国测绘成果保密检查工作部署

为做好这次测绘成果保密检查工作，国家测绘地理信息局、国家保密局专门成立了全国测绘成果保密检查领导小组，制订了工作方案，研发了保密检查管理工作软件，对测绘成果保密检查工作做了总体部署。各地各单位要围绕测绘成果存储、保管、使用等重点环节开展检查，严肃查处测绘成果失泄密案件。

一要做好动员部署。各级测绘地理信息部门要积极与保密行政管理部门配合，做好组织协调工作，及时制订工作方案，成立工作机构，明确分工，落实责任。要充分认识保密检查的重要意义，认真做好动员部署，调集精兵强将组成检查队伍，明确阶段任务。要开展相关专题培训，组织检查人员深入学习有关法律法规，提高执法能力和水平。

二要布置全面自查。各级测绘成果保密检查领导小组要切实组织好本地区涉密测绘成果使用单位、测绘资质单位开展自查，要横向到边、纵向到底，不留死角，确保不少查、不漏查，摸清本地区涉密测绘成果的总体情况，掌握主要问题和薄弱环节。要组织各单位对本单位涉密测绘成果的存储、保管、使用等方面查找问题，及时完善相关制度，强化保密措施，堵塞漏洞，消除隐患。

三要组织重点抽查。各级测绘成果保密检查领导小组办公室要按步骤、分阶段组织做好抽查和督查工作。在全面掌握本地区自查情况的基础上进行系统全面分析，对存在问题和隐患的单位要进行重点检查。抽查要确保质量，不走过场，并及时汇总上报抽查情况。

四要严肃查处案件。依法查处失泄密案件是测绘成果保密检查的一项重要任务。各单位在检查中发现的问题，要依照有关法律法规及时处理，重大问题要及时报告。对检查中发现的重大隐患，要认真分析原因，采取有效措施，限期整改。对严重违规行为或发生重大失泄密案件的，要严肃处理，一查到底，对有关责任人员，要依法给予处分，构成犯罪的，要依法追究刑事责任。

五要认真总结提高。各地各部门要及时报道保密检查工作进展情况，要结合统计数据，客观分析存在的问题及根源，实事求是地总结测绘成果保密检查工作经验，做好典型事例的整理收集上报工作。通过建立健全保密管理制度、完善保密防护措施、开展多层次保密宣传教育，全面提高测绘成果保密管理水平，消除失泄密隐患，防止失泄密事件发生，切实维护国家安全和利益。

三、落实责任，务求全国测绘成果保密检查工作取得实效

这次保密检查时间紧，任务重，各地、各部门要加强组织领导，密切协调配合，把检查方案落到实处，确保检查工作有序有力有效开展。下面，我代表全国测绘成果保密检查领导小组提四点要求：

一是要高度重视，加强领导。要认真学习、深刻领会中央领导同志关于加强新形势下保密工作的重要指示精神，切实增强政治意识、大局意识、责任意识。加强领导、精心组织、周密部署，深入细致地做好这次保密检查工作，保证工作有布置、有要求、有检查、有问责。省级主管部门要加强对市、县检查工作的指导。

二是要齐心协力，确保质量。各地要根据实际情况、按照职责分工，充分发挥测绘地理信息、保密部门执法优势，共同制定针对性强、切实可行的措施。认真执行信息通报制度，及时通报重大案件查处情况和保密检查进展情况。要健全联合查办案件的协作机制，形成执法合力，提高执法办案质量和效率。

三是要加强宣传，完善机制。要及时曝光典型案例，充分发挥查办案件的警示教育作用，通过“以案说法”，增强广大涉密人员的安全保密意识，提升各方面自觉维护地理信息安全的共识。要不断完善涉密测绘成果存储、保管、使用全过程动态监测与预警机制，健全失泄密案件的调查、处理、备案制度和人防、物防、技防的长效机制，筑牢保密防线。

四是要立足安全，促进发展。要妥善处理好测绘成果保密与应用的关系，按照有利于地理信息企业做大做强、有利于地理信息产品做精做细、有利于地理信息产业快速发展的目标要求，进一步完善地理信息提供使用和安全管理的有关政策措施，在维护国家安全和利益的前提下，不断优化地理信息市场环境，推动地理信息资源广泛共享，促进地理信息产业加快发展。

同志们，测绘成果保密检查工作，直接关系着国家安全和利益，关系到地理信息产业的健康发展，大家务必要认真贯彻落实中央领导同志的指示精神，扎实工作，稳步推进，确保全国测绘成果保密检查工作各项任务圆满完成，为维护国家安全和利益、促进地理信息产业健康快速发展做出应有的贡献！

谢谢大家！

国家测绘地理信息局党组书记、局长徐德明在国家测绘地理信息局党组中心组（扩大）学习胡锦涛总书记“七一”重要讲话专题学习会上的讲话

2011 年 7 月 12 日

今天我们在这里开会，应该说是一次非常重要的会议。在举国上下热烈庆祝建党 90 周年的大喜日子里，在全党全国各族人民正在掀起学习胡锦涛“七一”讲话的热潮之中，在国家测绘局更名为国家测绘地理信息局之后不久，在“十二五”开局之年的重要时刻，我们在革命圣地延安召开国家测绘地理信息局党组中心组（扩大）专题学习会，学习胡锦涛总书记“七一”重要讲话精神，学习李克强副总理视察中国测绘创新基地时的重要讲话精神，共同总结、研究、分析测绘地理信息工作和面临的形势，意义重大。通过重温延安精神，学习延安精神，弘扬延安精神，牢记历史，不辱使命，进一步推动测绘地理信息工作在新的起点上迈出新的步伐，实现新的发展，必将对测绘地理信息事业产生深远的影响。

昨天我们参观了延安革命圣地纪念馆，参观了老一辈无产阶级革命家驻地，深刻感受到了他们为革命事业呕心沥血、坚韧不拔、奋力进取、勇于担当的革命精神。在延安，凝聚了中国革命的力量、智慧，凝聚了中华民族美好的发展前景。参观之后我们深受教育，深受鼓舞，倍感振奋，深切感到了有这样的党在艰苦卓绝、浴血奋战、生生不息、不怕牺牲地把中国人民从黑暗中解救出来，使人民翻身得解放，建立了社会主义新中国，为中国革命建立了不朽的功勋。在这里，我感受最深的有以下“五种精神”值得我们深入学习、永远继承和弘扬。

一是善于学习、勇于探索的开拓精神。勇于探索革命道路，勇于寻找革命方向。在这里毛主席等老一辈无产阶级革命家创作了大量诗篇和著作，在这里确立了毛泽东思想的指导地位，也确立了毛主席的领导地位。正是由于我们党善于学习、勤于思考，勇于探索、敢于开拓，中国革命的曙光在这里显现，中国从这里走向了光明的未来。

二是心系百姓、造福人民的奉献精神。这种精神在共产党人的血脉里生生不息，奔腾涌流。从一开始，我们的党就是为人民解放而牺牲、为百姓福祉而奋斗，全心全意为人民服务。就像《东方红》中唱道：“东方红，太阳升，中国出了个毛泽东，他为人民谋幸福，他是人民的大救星”，“共产党像太阳，照到哪里哪里亮，哪里有了共产党，哪里人民得解放”，真实反映了人民的心声。正因为如此，我们的党得到了人民拥护，党的生命力更加坚强，对解放全中国就更加充满必胜信心。

三是自力更生、艰苦奋斗的创业精神。我们党将这种精神力量转化为物质力量，自己动手，丰衣足食，开展大生产运动，为我们党、为人民事业、

为中国革命，始终保持艰苦奋斗的作风，密切了群众关系，建立了鱼水深情，产生了重大的示范作用。人民看到这个党是值得信赖的，这个党是为人民服务的，只有这样的党才能领导人民走向幸福。

四是解放思想、实事求是的创新精神。受共产国际的一些错误思想影响，我们走过不少弯路，受到很多挫折，照搬苏联十月革命的道路，按照共产国际的指令，我们险些断送革命。在生死存亡的关键时刻，我们党坚持解放思想、实事求是，结合中国实际，创造性地发展了马克思主义，在毛泽东思想的指引下，开辟了中国革命的康庄大道。所以，实事求是是延安最光辉、最耀眼的精神，用今天的话说就是尊重国情，根据我们事业和单位的实际情况来研究我们的发展思路，才能找到正确的道路。

五是坚持真理，修正错误的实践精神。自我纠正错误，自我改正错误，使我们党从失败中成功，从挫折中崛起，从实践中成熟。党的历史也是不断修正错误的历史，不断改正错误的历史。“七大”会场上就有八个字：坚持真理，修正错误。今天我们也需要始终贯彻坚持真理，修正错误的精神，不断寻求正确的方向，保证我们测绘地理信息事业不断按照党的要求、按照人民的期望推向前进。

我们到革命圣地延安学习，是一次心灵的净化、一次思想的升华、一次认识上的提高，也更加感到延安精神的宝贵。延安精神将永放光芒。

刚才几位同志做了很精彩、很深刻的学习体会发言，我认为讲得很全面、很深刻，也说明我们学习很深入、很认真。也只有通过认真学习好胡锦涛总书记“七一”重要讲话的精神，才能进一步增强我们坚定跟党走的决心不动摇，坚定走中国特色社会主义道路不动摇，坚持高举毛泽东思想和中国特色社会主义理论体系不动摇，才能始终如一沿着正确的道路不断前进，不断创造新的辉煌。我们要结合实际来研究测绘地理信息工作，紧紧围绕党和国家的发展战略和中心工作来思考、来谋划，把我们的工作做得更好、更有效，更有利于践行服务大局，服务社会，服务民生的宗旨，为经济社会发展、为全面建设小康社会作出应有的贡献。

国家局党组也是事先作了部署。7 月 1 日上午，党组、机关各支部都认真组织收听收看了“七一”讲话。当天下午，党组中心组、各支部都组织了集中学习讨论，谈认识、谈体会，结合工作实际谈发展，讨论是热烈的、认真的，体会是深刻的。国家局党组已经下发了《中共国家测绘地理信息局党组关于学习贯彻胡锦涛总书记在庆祝中国共产党成立 90 周年大会上的重要讲话精神的通知》，提出了明确要求。下面，我谈几点学习体会。

一、学习胡锦涛总书记“七一”重要讲话，贵在准确把握精神实质

胡锦涛总书记“七一”重要讲话，站在历史高度和时代高度，回顾了我们党 90 年的光辉历程和取得的伟大成就，总结了党和人民创造的宝贵经验，提出了新的历史条件下提高党的建设科学化水平的目标任务，阐述了在新的历史起点上把中国特色社会主义伟大事业全面推向前进的大政方针。讲话高屋建瓴、总揽全局，内涵丰富、思想深刻，具有很强的思想性、理论性、战略性、指导性，通篇闪耀着马克思主义真理的光辉，是新形势下指导我们党继往开来的纲领性文献。

学习胡锦涛总书记“七一”重要讲话，关键是深刻认识我们党 90 年来紧紧依靠人民完成和推进的“三件大事”，深刻认识我们党带领人民不断推进革命、建设、改革取得的“三大成就”，深刻认识我们党坚持和发展马克思主义政党先进性“四个坚持”的根本要求，深刻认识新形势下我们党面临的“四个考验”和“四个危险”，深刻认识在新的历史条件下提高党的建设科学化水平“五个必须”的基本要求，深刻认识在新的历史条件下全面推进中国特色社会主义事业“五个坚定不移”的大政方针。测绘地理信息部门各级党组织和广大党员，要把认真学习贯彻胡锦涛总书记“七一”重要讲话精神作为首要政治任务，通过多种形式，组织集中学习，领会讲话精神实质，理解讲话提出的重大理论观点，切实把思想统一到“七一”重要讲话提出的各项要求上来，把我们对讲话的理解和认识转化为推动测绘地理信息事业发展的实际行动，为全面建设小康社会、实现中华民族伟大复兴做出新的贡献。

二、学习胡锦涛总书记“七一”重要讲话，贵在坚定跟党走的理想信念

在近代以来中国社会发展进步的壮阔进程中，是历史和人民选择了中国共产党，选择了马克思主义，选择了社会主义道路，选择了改革开放。中国共产党不愧为伟大、光荣、正确的马克思主义政党，不愧为领导中国人民不断开创事业发展新局面的核心力量。学习胡锦涛总书记“七一”重要讲话，就是要坚持党的基本理论、基本路线、基本纲领、基本经验不动摇，增强在中国共产党领导下、走中国特色社会主义道路、实现中华民族伟大复兴的信心和决心。

中国共产党是始终富有政治勇气的马克思主义政党。总书记用新民主主义革命、社会主义革命和改革开放新的伟大革命这“三件大事”，全面回顾了我们党90年的光辉历程，用“开辟了中国特色社会主义道路，形成了中国特色社会主义理论体系，确立了中国特色社会主义制度”这“三大成就”，对我们党90年的奋斗进行了高度概括，在此基础上得出一个结论：办好中国的事情，关键在党。这充分体现了我们党解放思想、实事求是、与时俱进，用发展的马克思主义指导中国人民进行革命、建设和改革开放的政治勇气。学习胡锦涛总书记“七一”重要讲话，就是要坚定马克思主义政治信仰，高举中国特色社会主义伟大旗帜，砥砺勇气，改革创新，为推进中国特色社会主义事业注入强大动力。

中国共产党是始终保持政治清醒的马克思主义政党。一部中国共产党的历史，就是一部总结经验、汲取教训的历史，就是一部坚持真理、修正错误的历史。总书记在回顾历史、概括成就、总结经验的基础上，深刻分析了世情、国情和党情的变化，提出我们党面临的执政考验、改革开放考验、市场经济考验、外部环境考验，指出存在的精神懈怠的危险、能力不足的危险、脱离群众的危险、消极腐败的危险。这充分体现了以胡锦涛同志为总书记的党中央在胜利面前不自满、在成绩面前不骄傲的政治清醒。学习胡锦涛总书记“七一”重要讲话，就是要居安思危，增强忧患意识、大局意识和责任意识，不断提高驾驭复杂局面、解决复杂问题、应对各种风险和挑战的能力和水平；就是要拜人民为师，把人民群众当作自己的亲人，永远保持与人民的血肉联系。

中国共产党是始终富有政治智慧的马克思主义政党。在新的历史条件下提高党的建设科学化水平，是一个重大的命题。总书记在讲话中进行了系统论述和全面部署，提出必须坚持解放思想、实事求是、与时俱进，必须坚持五湖四海、任人唯贤，必须坚持以人为本、执政为民的理念，必须坚持标本兼治、综合治理、惩防并举、注重预防的方针，必须坚持用制度管权管事管人等要求，涵盖了党的思想建设、组织建设、作风建设、反腐倡廉建设和制度建设五个方面。这充分体现了以胡锦涛同志为总书记的党中央解决党的建设面临的重大理论和实际问题、提高党的建设科学化水平的政治智慧。学习胡锦涛总书记“七一”重要讲话，就是要全面认识和自觉运用马克思主义执政党建设规律，坚定不移地推进党的建设新的伟大工程；就是要坚信我们党会永葆政治本色，始终走在时代前列，不负民族先锋、时代先锋的历史使命。

中国共产党是始终充满政治自信的马克思主义政党。总书记在部署推进中国特色社会主义伟大事业时，提出必须坚定不移依靠改革开放，坚定不移走科学发展道路，坚定不移走中国特色社会主义政治发展道路，坚定不移发展社会主义先进文化，坚定不移推进社会主义和谐社会建设，并庄严宣布：在本世纪上半叶，我们党要团结带领人民完成两个宏伟目标，这就是到中国共产党成立100年时建成惠及十几亿人口的更高水平的小康社会，到新中国成立100年时建成富强民主文明和谐的社会主义现代化国家。这充分体现了以胡锦涛同志为总书记的党中央在新的历史起点上，把中国特色社会主义伟大事业全面推向前进、团结带领人民实现中华民族伟大复兴的政治自信。学习胡锦涛总书记重要讲话，就是要提高贯彻落实继续解放思想、坚持改革开放、推动科学发展、促进社会和谐总体要求的自觉性和坚定性，就是要坚信中国特色社会主义道路必将在党和人民的创造性实践中越走越宽广、越走越光明。

三、学习胡锦涛总书记“七一”重要讲话，贵在坚持理论联系实际

学习贯彻胡锦涛总书记“七一”重要讲话，必须大力弘扬理论联系实际的马克思主义学风。各单位各部门要将学习贯彻胡锦涛总书记的重要讲话与测绘地理信息事业发展大局紧密结合，与本部门本单位工作实际紧密结合，与干部队伍的思想实际紧密结合，引导广大党员、干部以饱满的政治热情、崭新的精神风貌和一流的工作业绩，推动测绘地理信息事业再上新台阶，再创新辉煌。

一要把学习成果转化为谋划和推动测绘地理信息事业科学发展的思路和举措。李克强副总理亲临中国测绘创新基地考察调研并发表重要讲话，国务院办公厅以内部情况通报的形式全文印发，这是测绘发展历程中前所未有、彪炳史册的重大事件，在系统上下、行业内外引起了强烈反响，为测绘地理信息事业实现跨越式发展指明了前进方向，注入了精神动力。各单位各部门要将学习胡锦涛总书记重要讲话精神与学习李克强副总理重要讲话精神紧密结合起来，抓住机遇，大胆作为，全面实施《测绘地理信息发展“十二五”总体规划纲要》，围绕“构建数字中国、监测地理国情，发展壮大产业、建设测绘强国”的总体战略和建设全国“一网一图一平台”的总体部署，加快“天地图”建设与应用，加快推进地理国情监测工作，加快数字城市建设步伐，加快推动地理信息产业发展，加快完善测绘地理信息体制机制。要抓住国家局更名的有利时机，争取更多的项目列入国家和地方“十二五”规划立项实施，积极推动测绘地理信息事业在“十二五”期间立大项目，上大台阶，有大作为。

二要把学习成果转化为培养造就年轻干部和优秀人才的思路和举措。各单位各部门要坚持德才兼备、以德为先的用人标准，不断完善干部选拔任用制度，以更宽的视野、更高的境界、更大的气魄，把各方面优秀干部及时发现出来、合理使用起来，形成以德修身、以德服众、以德领才、以德润才、德才兼备的用人导向。要拓宽年轻干部的培养渠道，完善年轻干部的选拔机制，引导年轻干部到艰苦地区、复杂环境、关键岗位砥砺品质、锤炼作风、增长才干。要认真落实《测绘地理信息“十二五”人才发展规划》，按照“服务发展、人才优先、以用为本、创新机制、高端引领”的指导方针，大力实施科技领军人才、青年学术和技术带头人、卓越工程师、高技能人才和经营管理人才五大人才工程，进一步完善培养、使用、评价、激励等机制，竭力为各类优秀人才脱颖而出、干事创业和实现价值创造条件，提供保障，优化环境，真正形成尊重劳动、尊重知识、尊重人才、尊重创造的浓厚氛围。要更加关注青年、关心青年、关爱青年，为广大青年充分发挥聪明才智、尽情展现人生价值提供更加广阔的舞台。

三要把学习成果转化为加强和改进测绘地理信息系统党的建设的思路和举措。要继续深入开展建设学习型党组织活动，引导广大党员、干部深入学习和掌握马克思列宁主义、毛泽东思想，深入学习和掌握中国特色社会主义理论体系，真正做到学以立德、学以增智、学以创业。要进一步贯彻落实中央关于深入开展创先争优活动的部署和要求，引导各级基层党组织和广大党员履职尽责当先进，立足本职争优秀。要引导广大党员、干部向本单位、本系统的先进典型学习，用身边的先进典型激发内在动力，推进创先争优，大力营造崇尚先进、学习先进、争当先进的浓厚氛围。广大党员、干部要大力弘扬党的优良作风，特别是机关干部要坚持工作重心下移，不断增强服务基层、服务群众的本领。要认真落实党风廉政建设责任制，着重加强廉政风险防控管理工作，完善相关制度，加强监督检查。要加强党风党纪党性教育，认真贯彻落实《廉政准则》及《〈廉政准则〉实施办法》，引导广大党员、干部筑牢思想道德和党纪国法两条防线，守得住清贫，耐得住寂寞，稳得住心神，经得住考验。要把制度建设贯穿到思想建设、组织建设、作风建设和反腐倡廉建设之中，坚持用制度管权管事管人，不断推进党的建设制度化、规划化、程序化。

国家测绘地理信息局局长徐德明在数字城市建设工作会议上的讲话

（根据录音整理）

2011 年 10 月 11 日

同志们：

大家下午好！很高兴参加今天的会议，感谢徐鸣副省长热情洋溢的致辞。

今年 5 月 23 日，李克强副总理在考察中国测绘创新基地时指出：“目前我国的数字城市建设有些方面已迈入了世界先进行列，有力地提高了城市管理工作的科学化、精细化水平，提升了政府形象”，“今后 20 年，我国城市化率将逐步提高到 60% 以上，城市将成为大多数居民的生活空间。未来的城市管理将逐步实现数字化、网格化，城市规划、基础设施建设、项目设计以及审批核准等，都需要数字城市的支撑”。李克强副总理对数字城市建设给予了高度评价，提出了新的要求，为测绘地理信息工作指明了方向，也为我们加速推进数字城市建设增强了信心力量。今天在这里召开会议，就是要认真贯彻落实李克强副总理的重要讲话精神，总结交流数字城市建设工作的经验，明确下一步工作思路和目标，进一步推动数字城市建设跨越式发展。

今天的会议是我们开展数字城市建设工作以来，召开的层次最高、规模最大、参会人员范围最广的一次会议，是汇集各地成功经验、展示建设成果的会议，是一次里程碑式的会议，是一次继往开来的会议。这次会议意义重大，对我们进一步全面推动、加快构建数字中国地理空间框架，推进智能中国建设将产生深远而重要的影响。希望同志们珍惜这次机会，认真吸取各单位、各地区数字城市建设的经验，认真研究本地区、本部门、本单位如何推动、加快、实施好数字城市建设工作的方法、措施，为数字城市建设工作取得更多更好的成绩做出贡献！

下面我讲几点意见，供大家参考。

一、数字城市建设的深刻背景

数字城市建设具有深刻的国际、国内历史背景。1998 年美国首次提出数字地球概念后，江泽民同志战略性地提出要构建数字中国，并将其作为信息化的重要标志。构建数字中国的基础是构建数字中国地理空间框架，没有地理信息，数字中国就难以实现，数字中国建设需要测绘地理信息部门的强力支撑。胡锦涛总书记、温家宝总理多次要求推动数字中国地理空间框架建设工作。李克强副总理特别强调，测绘地理信息是经济社会活动的重要基础，是全面提高信息化水平的重要条件，是加快转变经济发展方式的重要支撑，是战略性新兴产业的重要内容，是维护国家安全利益的重要保障。《国务院关于加强测绘工作的意见》中，明确提出了构建数字中国地理空间框架的目标及要求。这是对测绘地理信息工作在经济社会发展中所处地位、所起作用的最科学、最准确的评价，也是对测绘地理信息工作的更高期望和要求。

今天我们可以自豪的说，党中央、国务院赋予我们构建数字中国地理空间框架的任务目标已基本实现，其标志就是我们发布了在线地图——天地图。天地图是中国的互联网地理信息综合服务平台，点击速度越来越快，点击率越来越高，应用服务领域越来越广，在国内外的影响越来越大，正在成为我国的民族品牌。天地图的成功运行是数字中国建设取得的阶段性胜利，也是令人骄傲的成果。

作为数字中国的重要组成部分和优先发展内容，数字城市建设成果为天地图提供了强有力的支撑，没有数字城市建设就没有数字中国的实现。数字城市建设取得的成绩得益于各级党委、政府的高度重视，我们要坚定信心，把数字城市建设、数字中国建设再推进一步。通过这次会议，我们将站在一个新的起点上，在已有业绩的基础上进一步大发展、大提高、大进步。

中央组织部对我局推进数字城市工作极为重视与支持，每年都安排我局组织一期数字城市建设市长、县长专题研究班，目的就是为了加快数字城市建设，推进城市信息化进程，进而提高全国信息化水平，推动数字中国的建设。在此对中央组织部的大力支持表示衷心的感谢。

二、数字城市在国家现代化建设中具有举足轻重的作用

当前，数字城市已在推进城市精细管理、高效服务和低碳运营，优化调整城市产业结构等方面发挥了重要作用，成为转变城市发展方式、促进城市经济社会科学发展的重要保障和依托。

（一）数字城市是领导科学决策的重要工具。从中国共产党胜利的历史，到当前国际斗争形势，测绘地理信息一直是正确决策、科学决策的基础，是取得胜利的重要保障。数字城市建设以测绘地理信息为基础，使城市管理和服务空间化、精细化、动态化、可视化、真实化。决策者可以准确掌握城市资源环境状况，科学合理配置资源，优化城市发展空间和功能布局 。决策者可以利用数字城市建设成果，足不出户就能做出科学决策。

（二）数字城市是城市综合管理的基础平台。数字城市建设的地理信息公共平台，为其他专题信息的空间定位、有机集成和综合分析奠定了基础，实现了对经济、社会和人文信息的空间统计分析和决策支持。在数字城市的支持下，城市管理工作能够在每个地方、每个时段准确覆盖，实现由部件管理到事件管理、由粗放管理到精确管理、由多头管理到统一管理、由被动管理到主动管理的转变，从而精确、快速、高效地开展城市管理，大大提高管理效率和水平。

（三）数字城市是城市信息化建设的基础设施。数字城市搭建了统一、权威的地理信息公共平台。在数字城市统一的地理空间基底的基础上，各部门、各单位的资源能够有效共享、整合，避免了重复投入、重复建设，有助于破除“信息孤岛”，促进政务等信息资源的高效利用。网络化的城市管理信息系统，打破了城市管理的条块分割，建立了城市管理联动新机制，有效提升了城市信息化水平。

（四）数字城市是提高人们生活质量的得力帮手。数字城市建设直接服务民生，方便群众生活。人们通过数字城市这个平台，足不出户就可以详细了解各个城市的风土人情、餐饮食宿、购物娱乐、旅游景点等信息，也可以对旅行行程进行合理规划；通过登录各部门网站，可以从不同角度、全方位地了解城市经济社会发展和城市建设的情况，分享数字城市带来的便捷与高效、时尚与快乐。

（五）数字城市是企业推介宣传的重要窗口。企业依托地理信息公共平台，便捷、实惠、直观地推介商品和服务，提高知名度和影响力，增加销售收入；借助数字地图和地理信息技术，企业还能进行新店选址，日常经营和管理分析、消费行为分析，物流跟踪和规划等，从而拓展商业发展空间，提高经营活动效率，促进企业良性发展。

（六）数字城市是展示城市形象的靓丽名片。数字城市的出现，将客观世界中的物质城市转化为数字世界中的虚拟城市，立体的、三维的、直观的显示效果改变了人们认知城市的视角和方式。人们可以从空中俯瞰整座城市，楼宇、建筑、道路、绿地等等一览无遗；还可以漫步在虚拟的街道上、公园中，感受信息化生活的新体验。徐州市通过数字城市这个平台，展示了徐州优美、靓丽的新形象和现代、开放的新理念，吸引了大批知名企业的进驻、投资，收到了传统招商方式难以达到的效果。数字城市已成为城市对外宣传和展示风貌的有效窗口。

三、数字城市建设成效显著

数字城市建设开展以来，特别是2009年大力推进以来，在国家测绘地理信息局统一部署下，各省级测绘地理信息主管部门、各相关城市采取了一系列强有力的措施，加快建设速度，加大推广力度，应用效果逐步凸显。目前，全国已有29个省、自治区、直辖市的220余个城市开展了数字城市建设。其中，山西太原、山东临沂、浙江嘉兴等近70个城市的数字城市已经建成并投入全面应用，在强决策、精管理、惠民生、促发展等方面发挥了重要作用，也充分彰显了测绘地理信息工作的重要作用。

（一）丰富信息资源，促进了城市信息化。在数字城市建设过程中，经过国家和省级测绘地理信息部门以及城市人民政府的共同努力，获取了200余个城市20多万平方公里的高分辨率航空航天影像，采集处理了多种比例尺、各种类型、各种时相的海量基础地理信息数据，形成了一大批城市三维、实景、全景、地名地址等新型地理信息成果，完善了城市多尺度地理信息数据库，建立了面向政府、面向公众的地理信息公共服务平台，极大丰富了城市地理信息数据资源，从根本上扭转了城市建设管理与信息化发展中地理信息资源匮乏的局面。

（二）转变服务方式，有力支撑科学决策。数字城市搭建了城市地理信息公共服务平台，为政府和各专业部门提供了信息空间定位、集成交换和互联互通的基础，全面展示了基于空间位置的城市经济、社会、民生各方面信息，使市委市政府领导对城市的总体经济运行、发展状况了然于胸，大大提升了城市科学管理的水平。数字城市建设成果已在规划、国土、城管、公安、工商、税务、环保、房产、卫生、药监等30多个领域得到广泛应用，显著提高了政府公共服务、社会管理和应急抢险的科学性与准确性，已成为科学决策的重要手段和有力支撑。

（三）改善与服务民生，让生活更加美好。数字城市正在悄悄改变人们的生活，不断提高人们的生活质量。数字社区、数字医疗等系统，便利了人们日常生活；数字公交系统实现了智能化调度，为广大市民提供了安全、便捷的公交出行服务；网上房地产信息系统，方便了人们购房置业；旅游地理信息系统使游客直观方便地了解城市风土人情，最大限度挖掘旅游资源的潜力。正如社会评价的那样——“数字城市让生活更美好！”

（四）带动多方投入，推动了产业发展。数字城市建设已成为促进地理信息产业发展的有力推手。目前国家、省、市财政投入的数字城市建设资金已达到30亿元以上，同时带动影像获取、软件开发、系统集成、软硬件设备等领域的众多企业积极参与，吸引了世界银行贷款、战略投资基金等不同形式资金的进入，极大地提高了地理信息产业市场规模，推动了产业加快发展。

（五）创新建设机制，全力推进成果共享。数字城市建设创新了国家测绘地理信息局、省级测绘地理信息主管部门和城市人民政府合作共建机制、成果共享模式。实践充分证明，这种机制和模式有利于调动各方的积极性，有利于发挥各方的技术优势、资源优势和管理优势，有利于促进地理信息资源的共建共享。同时，这种机制和模式进一步拉近了测绘地理信息工作服务政府、服务经济建设的距离，使其基础性作用得到了更直接、更充分的体现。

（六）统一建设标准，突出科技自主创新。研制了《数字城市地理空间框架建设技术大纲》、《数字城市地理信息公共平台建设规范》、《数字城市地理信息公共平台服务规范》等近30项国家标准、10余项行业标准，确保了各个数字城市能够纵向上与数字中国、数字省区、数字县域贯通，横向上可与相邻地区在空间上相连，专业上可与各种专题信息集成叠加。攻克了一系列技术难关，率先在国际上实现了“分布式存储、多节点协同、一站式服务”，形成了以NewMap、MapGIS、SuperMAP为代表的一批具有我国自主知识产权的软件产品，部分功能和性能指标优于国外同类产品，多项创新成果获得国家奖励。

（七）健全长效机制，有效带动机构建设。在数字城市建设中，城市人民政府主导、相关部门共同参与，建立健全更新维护与应用推广的长效机制，以地方法规或政府文件的方式确立公共平台的权威性、唯一性和通用性地位，有效带动了地方测绘地理信息管理机构建设和职责落实。截至目前，临沂、郑州、潜江、太原、嘉兴、温州、鄂州、聊城等50多个城市成立了市测绘地理信息局，130多个城市建立了地理信息中心，80多个城市出台了数字城市建设应用管理办法。

（八）开展广泛培训，培养造就专业人才。在中组部大力支持下，国家测绘地理信息局已连续3年举办“数字城市建设专题研究班”，累计培训了近百名城市领导，得到广泛的认同，这些城市都积极开展数字城市建设工作。举办了学制3年的数字城市研究生班，已为各省、地市测绘地理信息部门培养研究生层次的高级技术人员30多名，他们已经成长为数字城市建设的中流砥柱。在政策、标准、技术、软件等方面陆续开展有针对性的短期技术培训50余次，累计为省、市培训技术骨干3000多人次。目前，在全国范围内已形成了以青年骨干为主的上万人的技术队伍。

另外，在数字城市建设取得显著成效的基础上，数字省区建设正在逐步展开。湖南省委书记周强专门主持召开省委常委会，研究数字湖南建设及规划，把数字湖南作为省委的重要工作予以推进。湖北省在深入学习实践科学发展观的过程中，把数字城市建设与数字湖北建设作为整改内容之一列入日程。宁夏、海南等省区都纷纷提出建设数字宁夏、数字国际旅游岛的迫切需求。数字城市建设的不断深化和成果的广泛应用，为我们构建数字省区、数字区域，推进数字中国建设奠定了坚实的基础，积累了丰富的经验。

四、加大力度进一步推动数字城市建设

第一，统一思想，提高认识，增强紧迫感、责任感、使命感。我们已进入信息化时代，必须把信息放在首要位置，才能争得世界，赢得未来。认识信息化，测绘地理信息首当其冲。今年全国“两会”期间，温家宝总理要求大力发展地理信息新型服务业态。国家“十二五”规划纲要明确提出，要大力发展地理信息产业。国务院发展研究中心的专家撰文指出，地理信息产业是朝阳产业、战略性新兴产业，正在成为新的经济增长点，十年内将达到万亿元的年产值。测绘地理信息界的院士说，一个新的地理信息时代即将到来，测绘地理信息正走进千家万户。国家测绘局更名为国家测绘地理信息局，不仅是名称的改变，更是地理信息职能的强化。目前，部分省已开始行动，山东将投入两亿元建设地理信息产业园区，浙江专门召开地理信息产业推介会，山东省滨州市成立市地理信息局，成为第一个成立地理信息局的地级市。

西方国家在经济危机调整结构过程中，高度重视地理信息业的推进与发展，加大了支持与投入力度，信息获取能力日益增强，应用领域不断拓展，应用水平快速提升。一些发展中国家也不甘落后，印度尼西亚今年4月正式颁布国家地理空间信息法，原测绘局正式更名为国家地理空间信息局，由总统直接管理，并专门成立了国家地理空间信息协调委员会，十几个部委参加，实施了国家地理空间信息设施工程建设，印度尼西亚的政府门户网由国家地理空间信息局组织建设，很好地处理了保密与应用的关系，地理信息应用范围更加广泛。

为此，我们一定要提高认识，增强做好数字城市建设的紧迫感、使命感，各级领导要高度重视，切实把这项工作列入议事日程，尤其是测绘地理信息部门要敢于担当、勇于负责，解放思想、开阔思路，积聚力量、想尽办法，说服领导、说服各方，把数字城市建设推上去，再用两至三年，完成全国330余个地市级的数字城市建设，进而带动数字省区的建设。要加快推进，时不我待。

第二，要加大投入。国务院颁布的《基础测绘条例》，明确要求国家、省、市、县要加大基础测绘投入力度，要将基础测绘列入各级国民经济发展规划，列入当地财政预算，以保证能够提供满足国民经济发展需要的测绘地理信息数据。目前，国家基础测绘投入逐年稳步增长。李克强副总理视察中国测绘创新基地后，地理国情监测专项获得批准，天地图建设国家投入5000万元，科研经费也大大超出往年，成为投入最多的一年，这些都体现党中央、国务院对测绘地理信息工作的高度重视，测绘地理信息工作正处于很难得的机遇期。

各地一定要抓住大好时机，落实基础测绘列入当地国民经济计划事宜，大力宣传测绘地理信息工作对促进科学发展的重要作用，努力争取加大投入，按照国家测绘地理信息局的整体工作计划，积极推进数字城市建设，促进广泛应用。

第三，加快平台的维护更新，保证持续有效运行。数据的现势性决定平台的生命力，平台的有效有序运行决定应用的广度和深度。当前要举全测绘地理信息之力来建设好我们的“3+1”工程，“3”是指3个平台：第一是数字城市，我们称牛鼻子工程；第二是天地图，称测绘的天字号工程；第三是地理国情监测，称政府的责任工程。“1”就是国家地理信息科技产业园。3个平台都需要维护更新，尤其是数字城市这个平台，需要加大维护力度，实时、准实时地更新数据内容，不断完善系统功能，加大应用推广力度，实现数字城市公众服务系统与天地图的互联互通，保持平台持续、有效运行，不断提高平台的生命力。

第四，加强体制机制建设。通过建设数字城市，许多市、县成立了测绘地理信息管理及维护服务机构，有效保证了平台的正常运行。太原、郑州、徐州等完成数字城市建设的城市都以政府文件形式，明确数字城市平台的权威性、统一性，建立数据更新维护、信息共享、平台应用推广等机制。浙江省专门出台文件，解决重复建设、重复投资、资金浪费问题。在今后的数字城市建设工作中，要进一步重视并加强体制机制建设，为平台运行提供组织、机构、人员保障。只有这个保障做好了，才能保证投入少、运转快、效率高。

第五，要加大宣传，扩大知名度，推动有效应用。考察数字城市建设成功与否的标准是应用，只有得到广泛应用并解决现实问题、提高工作效率，才能说明数字城市建设发挥了效用、财政资金得到了有效利用。为此，我们要加大数字城市宣传力度，努力拓展应用领域和服务范围，深化应用层次，不断提高应用水平，主动服务，保证数字城市建得起、用得上、效益好，让政府满意、让部门满意、让人民满意。

总而言之，我们今天的会议非常重要。加强数字城市建设，事关经济社会发展，概括起来就是李克强副总理提出的“五个重要”：重要基础，重要支撑，重要条件，重要内容，重要保障。让我们共同努力，团结协作，全面推进数字城市建设和应用，努力提升测绘地理信息保障服务能力和水平，为城市经济社会发展和信息化建设做出新的更大贡献！

谢谢大家！

国家测绘地理信息局局长徐德明在全国测绘地理信息局长会议上的讲话

2011年12月19日

同志们：

这次会议是在国家测绘局更名为国家测绘地理信息局之后召开的第一次全国测绘地理信息局长会议，主要任务是：认真学习领会党的十七届六中全会和中央经济工作会议精神，深入贯彻落实科学发展观，以李克强副总理视察中国测绘创新基地时的重要讲话精神为指导，全面总结2011年的测绘地理信息工作，部署2012年的工作任务，进一步统一思想、提高认识，凝聚力量、加快发展，推动测绘地理信息事业再上新台阶。会前，中共中央政治局常委、国务院副总理李克强同志审阅了会议工作报告，并对测绘地理信息工作作出重要批示："2011年，广大测绘地理信息系统干部职工解放思想、求真务实、开拓创新，测绘地理信息事业取得重要进展。在新的一年里，望继续围绕'十二五'主题主线，坚持服务大局、服务社会、服务民生的宗旨，着力强化测绘地理信息服务，加强数字中国、天地图、监测地理国情三大平台建设，大力促进地理信息产业发展，全力推动测绘地理信息事业再上新台阶。"克强副总理对2011年测绘地理信息工作取得的成绩给予高度评价，为2012年测绘地理信息事业发展指明方向、提出要求，充分体现了党和国家对测绘地理信息工作的高度重视，体现了克强副总理对测绘地理信息工作者的亲切关怀以及对测绘地理信息事业发展寄予的深情厚望，对我们是巨大的鼓舞和鞭策，我们一定要认真学习，深刻领会，坚决贯彻落实。刚才，国土资源部党组书记、部长、国家土地总督察徐绍史同志作了重要讲话，充分肯定了一年来测绘地理信息工作的成绩，对推动测绘地理信息事业发展提出了明确要求，具有很强的针对性和指导性，我们一定要把讲话精神落实到位。

下面，我重点讲四个方面的意见，供大家讨论。

一、关于2011年的重大事项和工作成效

2011年，测绘地理信息工作大事、喜事连连，好事、实事不断，实现了"十二五"的开门红。在党中央国务院的坚强领导下，在国土资源部党组和徐绍史部长的直接指导下，在中央、国务院有关部门的大力支持下，广大测绘地理信息干部职工以科学发展观为指导，认真学习贯彻李克强副总理视察中国测绘创新基地时的重要讲话精神，解放思想、锐意进取，上下一心、团结奋斗，科学谋划、创新发展，测绘地理信息工作在2009年取得重大变化、2010年再创新的佳绩的基础上，又实现了新的重大突破，不断刷新了历史新高，开创了测绘地理信息事业发展的新纪元，主要标志可以概括为三件大事和七个方面成就。

第一，三件大事

（一）李克强副总理专程视察测绘地理信息工作

今年5月23日，李克强副总理专程视察中国测绘创新基地，充分体现了党和国家领导人对测绘地理信息事业的高度重视和亲切关怀。克强副总理在讲话中对测绘地理信息工作者的眼光、激情、智慧给予高度评价，以"五个重要"从理论层面、战略高度强调了测绘地理信息在经济社会发展中的地位和作用，从国家高度、全局视野肯定了"构建数字中国、监测地理国情，发展壮大产业、建设测绘强国"的测绘地理信息事业总体战略，并对当前及今后一个时期需要着力推进的重点工作进行了全面阐述和具体部署。克强副总理的重要讲话是一篇理论性强、思想性强、指导性强、操作性强的重要纲领性文件。中央政治局常委、国务院副总理专程视察测绘地理信息工作并作系统讲话，前所未有，非常给力，不仅统一了我们的思想认识，凝聚了各方面的智慧和力量，而且有力推动了各项重点工作，对于测绘地理信息事业科学发展意义十分重大。

（二）国家测绘局更名为国家测绘地理信息局

经中央、国务院批准、李克强副总理宣布，国家测绘局正式更名为国家测绘地理信息局。这不仅凸显了地理信息在国民经济和社会发展中的重要作用，也标志着适应新的形势和要求、测绘行政体制建设和管理职能转变实现了历史性突破，同时标志着测绘事业向测绘地理信息事业转型发展、从生产型向服务型、应用型转变实现了重大跨越。国家测绘地理信息行政管理机构的更名，提升了我们对地理信息资源的管理职能，强化了对地理信息产业发展的指导作用，对于完善全国测绘地理信息管理体制和运行机制、促进地理信息产业加快发展具有非常重要的意义。

（三）测绘地理信息科技队伍新增三位院士

在今年的两院院士增选中，测绘地理信息界的李建成当选为中国工程院院士，而且是今年中国工程院新增54位院士中最年轻的一位，同时，龚健雅、郭华东当选为中国科学院院士，实现了多年来这方面的重大突破。其中，李建成和龚健雅是国家测绘地理信息局首批科技领军人才，他们的当选既是国家测绘地理信息局实施科技兴测、人才强测战略的一项重要成就，也是测绘地理信息事业蓬勃发展、地位作用提高、社会影响扩大的重要体现；既是对个人献身测绘地理信息科技事业的最高褒奖，更是全国测绘地理信息行业的荣耀和骄傲；不仅为广大测绘地理信息科技工作者树立了榜样，而且对于形成执着追求、开拓创新、勇攀高峰、奋发成才的良好风尚、促进测绘地理信息科技创新具有巨大推动作用。

第二，七个方面成就

（一）三大平台建设成效显著

一是数字城市建设全面铺开。全国已有230个城市开展了数字城市建设，110个数字城市已经建成并提供服务，形成了纵深发展、遍地开花的大好局面，在扩内需、促就业等方面发挥了重要作用。吉林、湖南、宁夏等9个省已将数字城市建设列入了省“十二五”规划内容。河北、江苏、广西等省政府领导亲自出面抓数字城市建设。在中组部的大力支持下，成功举办了第四期分管测绘地理信息工作的副市长参加的数字城市建设专题研究班，市长们纷纷表态，数字城市要尽快开展、尽快建成、尽快见效。此外，通过国家、省、市合作共建数字城市，推动各级党委政府加大了对测绘地理信息工作的重视程度和对基础测绘的投入力度，促进了市县测绘地理信息管理机构建设和职责落实，培养了一大批市县测绘地理信息技术与管理人才，对于推动全国测绘地理信息事业发展作用巨大。

二是天地图的服务逐步提升。及时推出了天地图的“2011版”及“手机版”，并增加了红色天地、伟业宏图、中华舆图等专题地图服务，新增了大量地理信息，服务功能更加完善，应用范围不断扩大。财政部对天地图建设给予了5000万元专项支持。各省级平台加快建设，并已有近一半的省级节点实现与主节点的聚合服务。目前，已有来自全球216个国家和地区近2亿人次访问天地图，单日访问峰值超过665万人次。基于天地图地理信息服务的各类公益性及商业化应用和增值服务不断涌现，国家减灾中心灾情地理信息系统等诸多应用系统发挥重要作用。天地图已成为中国互联网地理信息服务的重要品牌，应用效果已经显现，社会评价逐步看好，发展前景十分光明。

三是地理国情监测积极起步。地理国情监测得到国务院的充分肯定，受到测绘地理信息领域院士们的高度赞同。在有关部门的积极配合下，国务院已经批准开展地理国情监测工作，项目立项得到了财政部支持，总体设计和实施方案已初步编制完成。科技部通过科技支撑计划批准了地理国情监测应用系统研究项目。陕西、浙江、重庆等省、市地理国情监测试点工作扎实有效推进。福建、山西、陕西等7个省已将地理国情监测工作列入省“十二五”专项规划内容，正在加快立项和组织实施。各地积极开展新农村建设、森林资源以及汶川地震重灾区等重点领域的监测或普查工作，并已在天津、河北、江西、贵州等地取得重要成果，形成了点面结合、全面起步的良好局面。

以上三个平台中，数字城市主要面向城市管理，是提高城市综合管理水平的服务平台；天地图主要面向社会大众，是提高百姓生活质量的服务平台；监测地理国情主要面向领导群体，是提高领导决策水平的服务平台。三个平台三位一体，形成了一个提供综合、宏观、有效测绘地理信息服务的数字中国大平台。随着平台建设的不断升级完善，在经济社会发展和百姓生活各个领域产生了极为深刻的影响，更加彰显了测绘地理信息的地位和作用。

（二）发展壮大产业如火如荼

一是地理信息产业园建设势头强劲。规划占地面积1500亩、建筑面积180万平方米、总投资150亿元的国家地理信息科技产业园，一期工程80万平方米实现了当年设计、当年施工、当年竣工，并已有20多家地理信息及相关企业签订了入园协议，发挥了园区的引领和聚集作用。浙江、山东、云南等地也在积极筹划或已在建设地理信息产业园区，着力推动企业向园区汇集，抱团发展，延伸产业链。预计今年的地理信息产业总产值可以达到1500亿元以上，实现产业规模的大幅增长。

二是企业兼并重组上市规模化发展。在股市行情徘徊不定的情况下，地理信息企业上市势头依然看好。目前已有10家地理信息企业在国内外资本市场上市，约50家企业正在通过整合资源和规范管理筹备上市。有些房地产企业转行做地理信息服务，有些贸易企业拓展了地理信息服务业务，在中国地理信息产业大会召开的第二天，上市地理信息企业的股价马上飙升，这些都充分体现了地理信息产业具有的广阔发展前景。

三是测绘地理信息“走出去”战略初显成效。组织测绘地理信息企事业单位负责人到国外参加产业研讨和培训，在菲律宾、印度尼西亚举办了中菲、中印尼地理信息企业家座谈会，在摩洛哥、马来西亚举办了中国测绘地理信息发展论坛，我国地理信息产品和服务逐步得到国外认可，一些企业已经在国际市场上崭露头角，成为引领“走出去”战略的旗舰。

四是地理信息应用服务进一步拓展。积极向国防建设、环境保护、水利普查、地质调查、援疆援藏等提供测绘地理信息服务，发挥了基础先行作用。在云南盈江地震、长江中下游地区抗旱救灾等应急服务中，快速测绘，快速出图，及时向有关部门和单位提供测绘地理信息成果，为决策指挥和抢险救灾提供了有力保障。组织编制大量红色地图、新闻地图以及领导工作用图，为庆祝建党90周年、新闻热点事件解读、政府公共管理等提供了有效服务。

五是促进产业发展的政策环境逐步改善。研究起草了《国务院关于促进地理信息产业发展的指导意见（代拟稿）》，即将上报国务院。中国地理信息系统协会正式更名中国地理信息产业协会。随着国家战略性新兴产业发展规划和促进新型服务业态相关政策的陆续出台，地理信息产业发展的政策环境将进一步完善。

（三）科技装备创新步伐加快

一是科研立项和成果突出。地理国情监测应用系统、测绘装备国产化及应用示范等7项国家级重点科技项目在科技部立项，创历史之最。测绘地理信息科研攻关和技术创新取得重要突破，机载干涉雷达测图系统、车载激光建模测量系统、地理信息公共平台软件等具有自主知识产权的科技创新成果不断涌现，一项科技成果获得国家科技进步二等奖，科技对事业发展的支撑不断增强。此外，组织完成了10项国家标准、15项行业标准编制，有力推进了测绘地理信息标准化建设。

二是测绘技术装备不断完善。各地装备建设受重视程度明显提高，投入力度不断加大，先进设备配置进一步加强，低空无人飞行器航测遥感系统在全国推广，地理信息应急监测车已经有6家单位配备，河北省、山东省还购置了航摄直升飞机，实时监测和应对自然灾害与环境变化、快速获取与处理测绘地理信息的整体能力进一步提升。

三是测绘卫星研制圆满完成。资源三号立体测图卫星研制历时近4年，即将于明年1月发射升空，实现我国在民用高分辨率测绘卫星领域零的突破。重力卫星、雷达卫星和资源三号后续卫星也已列入《2011－2020陆海观测业务卫星发展规划》，以实现各种气候条件下的地理信息获取，为国家基础测绘提供稳定可靠的卫星数据源保障。

（四）测绘重大项目完美收官

一是西部1∶5万地形图空白区测图工程胜利竣工。通过五年的努力，全面完成了我国西部地区近200万平方公里1∶5万地形图测绘任务，实现了1∶5万地形图对我国全部陆地国土的覆盖，结束了西部部分国土无国家基本图的历史，取得了一批世界一流水平的自主创新成果，开发了一系列适用好用的地理信息产品，同时也积累了很多好经验，创造了许多新奇迹。

二是1∶5万基础地理信息数据库更新工程圆满验收。全面更新了全国80%陆地国土面积的1∶5万基础地理信息数据，更新后的数据库内容更加丰富、信息更加翔实，要素由原来的101类增加到437类，数据现势性由20～30年提升到5年以内，我国基础地理信息数据库建设水平步入国际先进行列。西部测图工程和1∶5万数据库更新工程的竣工，标志着数字中国地理空间框架已经初步建成，将为更好地服务经济社会发展提供有力支撑。

三是汶川地震灾后恢复重建测绘专项全面完成。在四川、陕西、甘肃三省汶川地震灾区恢复重建了测绘基准，测制了系列比例尺地形图，建设了基础地理信息数据库，建立了灾情监测与评估地理信息系统，成果已在灾区恢复重建工作中发挥了巨大作用，产生了很好的经济和社会效益。

四是海岛（礁）测绘等重要工程进展顺利。积极推动实施海岛（礁）测绘工程并取得初步成果，航空航天影像获取全面完成，海岛（礁）测绘基准基本完成，海岛测图工作全面展开。2000国家大地坐标系推广应用、新农村建设测绘保障示范工程等重大项目稳步推进。

（五）基础测绘投入普遍加大

一是“十二五”规划颁布实施。印发了《全国基础测绘“十二五”规划》和《测绘地理信息发展“十二五”总体规划纲要》，描绘了“十二五”测绘地理信息事业发展的美好蓝图。山东、湖北、山西等9个省和青岛、宁波、厦门等市陆续出台了“十二五”测绘地理信息事业规划或基础测绘规划，为“十二五”期间各项工作有序推进奠定了坚实的基础。

二是各级基础测绘投入显著增加。在财政部的大力支持下，国家基础测绘经费从2011年2亿元增加到2012年2.5亿元，国家基础航空摄影经费从8000万元增加到1亿元。边远少数民族地区基础测绘专项补助经费由5000万元增加到8000万元。在各地党委政府的重视和支持下，地方基础测绘投入也呈爆发式增长，一些地方由几百万增加到几千万，辽宁省由700万增加到5000万，黑龙江省从“十一五”的每年500万增加到“十二五”的每年5000万，内蒙古的基础测绘投入保持了上亿元的水平。与此同时，企业参与基础数据生产的积极性增加，建设形成了大量的城市三维、影像、矢量等信息资源，为地区经济社会和民生需求提供了有力保障。

（六）测绘行业管理明显加强

一是测绘地理信息体制机制逐步健全。国家测绘局正式更名为国家测绘地理信息局，局所属陕西、黑龙江、四川、海南测绘局也相应更名，局所属事业单位的名称变更也正在积极推进中。在国家局更名的带动下，辽宁、黑龙江、山西、山东、江西、浙江、福建、海南、广西、四川、陕西、青海、新疆等13个省和部分市、县测绘地理信息主管部门相继更名，辽宁的沈阳和抚顺、山东的滨州、四川的温江成立了地理信息局，强化了地理信息资源管理职能，提升了测绘地理信息部门的地位。

二是测绘地理信息市场监管不断加强。实施了互联网地图服务的资质管理，实现了对互联网地图服务网站的实时监控，截止目前共审查批准了255家互联网地图服务资质单位。与有关部门建立了测绘地理信息监管协作机制，通过开展全国地理信息市场专项整治“回头看”、测绘地理信息产品质量检查等工作，有效维护了测绘地理信息市场秩序，为企业发展营造了公平竞争的良好环境。

三是测绘成果与地图管理进一步强化。印发《遥感影像公开使用管理规定》，实现了测绘成果保密与应用政策的重大突破。组织开展了测绘成果保密检查工作，联合有关部门严厉查处泄密违法违规行为，维护测绘地理信息成果安全。组织开展了针对互联网地图上传标注敏感和涉密地理信息以及“不按规定送审、不按审查意见修改、不按要求备案”地图等违法违规行为的“问题地图”专项治理行动，“问题地图”得到有效控制。

四是军地测绘融合发展机制基本建立。军地测绘部门联合印发了《关于推进军地测绘融合发展的意见》，共同开展了“十二五”统筹经济建设和国防建设规划测绘重大项目论证，深化了天地图建设等方面的合作。各大军区与当地的测绘地理信息主管部门签署了共建共享协议，军民结合、优势互补，相互促进、共同发展的格局基本形成，为加强全球地理信息资源建设、促进卫星影像资源共享、推进重大项目合作和军民标准融合等提供了重要保障。

五是对外交流与合作不断扩大。一大批高层次科技和管理人才到国外接受培训和参加国际交流合作，向印尼、菲律宾等发展中国家提供了高新测绘仪器和软件产品援助，为亚太地区国家提供了应急测绘技术培训，加强了与美国、西班牙、芬兰、日本、韩国、委内瑞拉等国测绘地理信息相关部门在测绘地理信息科技创新、卫星测绘应用等方面的交流。确立了我国在联合国全球地理信息管理协调委员会的创始国地位，多位测绘地理信息界代表在国际地理信息相关组织中担任重要职务。

六是学会及协会工作非常活跃。今年，学会和两个协会都顺利圆满完成了换届调整，配齐配强了班子。中国测绘学会积极组织开展学术活动，推动测绘科技创新与地理国情监测等领域的学术思想交流和测绘地理信息科技创新进步；中国测绘地理信息产业协会组织举办了首届中国地理信息产业大会，为测绘地理信息企业交流经验、谋划发展创造了很好的平台；中国全球定位系统技术应用协会积极开展行业调查研究，引导卫星导航与位置服务产业发展，发挥了社会组织应有的作用。学会及协会热心服务企业、真诚维护企业合法权益，发挥了桥梁纽带作用，成为行政管理不可替代的重要帮手。

七是服务企业发展积极主动。机关干部服务基层、服务企业的意识明显加强，积极推动测绘地理信息事业做强做大的理念逐步建立。国家局首次安排了5名年轻处级干部到地理信息企业挂职，强化机关服务企业的意识，了解企业发展面临的问题和困难，为制定政策掌握第一手资料，更好地服务地理信息产业发展。结合五型机关建设，在推动企业发展、助力企业发展、扶持企业发展等方面热情高涨，服务水平、服务质量不断提高。积极为企业开拓国际市场搭建平台，在帮助企业推广技术和产品方面发挥了重要作用。

（七）干部职工队伍士气高昂

一是创先争优活动深入开展。在全系统开展了领导干部点评和党员公开承诺活动，“七一”前夕开展了“两优一先”评选表彰活动，通过测绘报、网络、简报等，搭建创先争优活动宣传平台，及时传达上级精神，通报活动动态，宣传典型事迹。通过这些活动，带动和促进了各项工作有力、有序、有效推进，也涌现了一批先进集体和先进个人，发挥了引领示范作用。

二是班子建设及廉政建设得到加强。国家局党组组织完成了陕西局等14家单位及局机关部分司局级岗位的调整补充工作，对11名司局级干部进行了岗位交流、推荐选拔了20名同志到司局级岗位任职，进一步优化了领导班子和干部队伍结构、增强了整体功能。领导班子的廉政建设得到加强，按照中央纪委《廉政准则》要求，全面落实各项廉洁自律制度和相关措施，维护了测绘地理信息队伍的良好形象。

三是贯彻落实科学发展观工作考核富有成效。开展全国省级测绘地理信息主管部门贯彻落实科学发展观年度工作考评，得到各省级部门高度重视，有的省还将考评工作推广到了市一级，充分调动了各地的工作积极性，有效激发了大家的工作热情，大家以考核标准为依据，以考核内容为重点，以争创一流为目的，积极推进各项工作，普遍实现了业务大进步、管理大提升，焕发了青春活力，带动了全局工作，效果非常明显，本年度整体考核评分较去年有很大程度的提高。考评工作逐渐成为重点工作推进的“指向标”、提高执行力的“推进器”。

四是队伍文化建设精彩纷呈。加强工青妇组织建设，选拔善于协调、热心服务、热爱职工的干部，充实并强化工会组织领导，工会主席享受同级副职待遇，极大地调动了工作积极性，为队伍稳定和谐、维护职工权益、强化民主管理、提高决策水平发挥了重要作用。组织举办了纪念建党90周年爱国歌曲演唱会、全国测绘职工书法绘画比赛、全国测绘职工乒乓球比赛、巾帼风采图片展等活动，开通了测绘青年论坛主题微博，活跃了测绘地理信息职工队伍的文化，凝聚了事业发展的力量。创办了网上中国测绘科技馆，被中国科协评为全国特色科普活动，在国家机关政府网站绩效评估中被评为品牌栏目。近日，中共中央党校决定，把中国测绘创新基地作为党校学员的教学基地。这些都极大地提升了测绘地理信息科技、文化的影响力。

五是人才培养和教育培训成效显著。继续实施了青年学术和技术带头人培养工程等一系列人才培养工程，搭建高层次人才培养平台。在国家局确定和资助的首批7位科技领军人才中，有2位分别当选为中国科学院院士和中国工程院院士。成功组织完成全国首次注册测绘师考试，3万多名专业技术人员报名参加、3147人通过考试取得资格。全年共组织举办各类培训班50余个，培训各类人员约7000人次。成功举办第二届全国测绘地理信息行业工程测量员和摄影测量员职业技能竞赛，不断激发大家学习技术、钻研技术的热情，也提高了广大科技人员和测绘地理信息干部职工的素质和工作水平。

2011年测绘地理信息工作取得重要成绩，要归功于党中央国务院的坚强领导，归功于国土资源部党组的正确指导，归功于有关部门的大力支持，归功于测绘地理信息干部职工的辛勤劳动。在此，我代表国家测绘地理信息局党组表示衷心的感谢!

二、关于当前面临的形势和机遇

近年来，随着经济的快速发展和社会的全面进步，测绘地理信息工作不仅取得了前所未有的辉煌成就，而且迎来了千载难逢的发展机遇；不仅呈现出前所未有的蓬勃发展态势，而且形成了人心最齐、士气最高、干劲最足和需求最广、基础最实、实力最强、环境最优的历史最好局面，测绘地理信息事业进入到了全面、快速发展的新时代。

（一）测绘地理信息工作得到的高度重视和大力支持前所未有

温家宝总理在今年的《政府工作报告》中明确提出，要积极发展地理信息新型服务业态。发展地理信息产业、建设数字城市等多项测绘地理信息工作被列入《国民经济和社会发展第十二个五年规划纲要》。李克强副总理专程视察指导测绘地理信息工作、发表重要讲话、并宣布国家测绘局更名为国家测绘地理信息局。中央组织部、中央编办、国务院办公厅、国家发展改革委、科技部、财政部、国土资源部、法制办等部门加大了对测绘地理信息事业的支持力度。与此同时，各地党委政府对测绘地理信息工作的重视程度和支持力度也显著提高。这些都为测绘地理信息事业发展提供了有力保障。

（二）经济社会科学发展对测绘地理信息的旺盛需求前所未有

“十二五”期间，我国将加快培育和发展战略性新兴产业和新型服务业，推动社会主义文化大发展大繁荣。测绘地理信息不仅是战略性新兴产业的重要内容，也是文化发展的重要内容。推动新一代互联网、物联网、云计算等新兴信息技术产业的发展，建设智慧地球、智慧中国、智慧城市，必须有赖于地理信息技术和地理信息资源的支持。加快转变经济发展方式、提高国家信息化水平、维护国家安全利益以及提升文化软实力等，都需要准确、丰富的地理信息服务。

（三）近年来测绘地理信息事业发展奠定的坚实基础前所未有

经过近几年的加快发展，我国测绘地理信息事业已经站在一个新的高度上，测绘地理信息人才结构不断优化、队伍不断壮大、素质明显提升。测绘地理信息技术创新捷报频传，专利技术层出不穷，在一些关键技术领域达到甚至超过国外水平，一些自主创新的民族品牌已具有一定的国际知名度。地理信息企业管理更加科学规范，企业自主创新能力进一步增强，规模效应逐步显现，竞争力不断提升。在2009年建成7.5万平方米的中国测绘创新基地之后，今年又通过项目运作，在国家地理信息科技产业园获得了6.3万平方米的3栋大楼，拟建成为国家局地理信息数据研发服务基地，这不仅进一步树立了测绘地理信息的良好形象，也极大地增强了测绘地理信息发展的实力。广大测绘地理信息干部职工的自豪感和自信心显著增强，为战胜艰难险阻、取得事业成功提供了强有力的基础保障。

（四）深入贯彻落实科学发展观激发的活力和干劲前所未有

全系统、全行业坚持以科学发展观为指导，认真学习贯彻李克强副总理视察中国测绘创新基地时的重要讲话精神，解放思想、转变观念，极大地激发了广大测绘地理信息工作者的活力和创造力，形成了一支具有凝聚力、富于战斗力和敢于担当、能够成事的队伍，形成了聚精会神搞建设、一心一意谋发展，集中力量谋大事、干大事的合力。切实发扬“快、干、好”的作风，以快赢得机遇，以干取得实效，以好作为目标，确保各项重点工作及时落地。正是由于全系统、全行业上下一条心，齐心协力、抱团发展，才形成了全国一盘棋、认识和步调高度一致这样一个前所未有的大好局面。

在测绘地理信息事业面临大好机遇的同时，也还面临一些问题和压力。一是基础测绘的投入还不适应经济社会快速发展的需要，特别是不能满足三大平台建设的要求，全面落实“十二五”规划确定的目标任务尚需付出艰苦努力；二是测绘地理信息技术装备水平还跟不上建设的需要，特别是核心技术、新技术开发应用不够，高、精、尖测绘仪器装备建设和测绘卫星发展严重滞后。三是测绘地理信息行政管理体制还不适应市场监管的需要，特别是地方测绘地理信息管理机构不健全、模式不统一的现象依然比较突出。四是地理信息产品和服务与社会旺盛需求还有较大差距，地理信息产业集聚程度和规模效应不高，产业链不长，整体竞争力不强。五是地理信息市场监管、政策法规支撑等有待加强，维护地理信息安全面临着巨大的压力和挑战。面对这些问题和压力，我们必须牢牢抓住测绘地理信息事业的黄金发展机遇期，集中智慧、凝聚力量，攻坚克难、加快发展。

三、关于2012年的主要任务和重点工作

展望2012年，我们要继续高举科学发展观的大旗，坚持以党的十七届六中全会和中央经济工作会议精神为指导，认真学习贯彻李克强副总理的重要指示精神，紧密围绕党和国家的中心工作，坚持服务大局、服务社会、服务民生的宗旨，深入实施“构建数字中国、监测地理国情，发展壮大产业、建设测绘强国”的总体战略，以做大做强测绘地理信息事业为核心，突出重点强平台，完善功能扩服务，提升能力推监测，健全体制优结构，服务发展壮企业，增强实力建强国，推动测绘地理信息事业再上新台阶、再创新辉煌。着重要做好以下九个方面的工作。

（一）着力扩大数字城市成果应用，做活做新做出影响，以便更好地适用城市综合管理

数字城市不仅要建得好，还要维护好、利用好，发挥最大的效益。要充分利用各类对地观测数据，实时更新地理信息内容，加强技术创新，不断完善系统功能，把数字城市做活做新。要进一步推动数字城市与天地图的互联互通，保持天地图持续、旺盛的活力。要强化对边远少数民族地区数字城市建设的技术指导，进一步提高本地化建设能力，提升整体建设水平，使数字城市成果真正成为城市科学发展、精细管理、高效服务的有力支撑。要引导政府及有关部门充分利用数字城市成果进行管理和决策，推动地理信息资源的开发利用。要选择2－3个基础设施条件较好、政府积极性较高的城市开展智慧城市试点攻关，推动数字城市向智慧城市发展，更好地适应智能化城市管理的需要。

（二）着力完善天地图的服务功能，做广做精做出品牌，以便更好地服务百姓大众需要

要充分发挥天地图在服务管理决策、带动产业发展、提高百姓生活、维护国家安全等方面的重要作用，切实把天地图建设作为抢占国际竞争制高点的重要方面，以时不我待、刻不容缓的紧迫感和责任感，加快天地图国家主节点和省市分节点建设步伐，进一步丰富数据资源、完善服务功能、扩大应用范围，把天地图的内容做广、功能做精、服务做好，加快树立国家权威品牌形象。要适时推出天地图的英文版和2012版，积极开发天地图的有线电视版，支撑基于各类终端的地理信息服务。加强天地图的基础设施建设，重点建设天地图南方数据中心

和北方灾备中心，形成规模化装备支撑能力。加大天地图推广应用力度，着力推动天地图在专业部门的深入应用，鼓励和支持企业在天地图平台上进行地理信息增值开发。坚持产业化发展道路，推进天地图的商业化运营，扩展天地图的社会化应用。

（三）着力强化监测地理国情工作，做高做严做出权威，以便更好地推动责任政府建设

地理国情监测是新时期测绘地理信息部门适应经济社会科学发展、促进资源节约型和环境友好型社会建设、推动测绘地理信息事业转型升级的重要突破口，同时也是为领导提供决策依据并发挥部门监督作用的一项责任工程。明年是全面实施地理国情监测工作的关键之年，要把全国第一次地理国情普查作为重中之重，加快和有关部门的沟通协调，尽快立项并组织实施。要加强需求调研，把握好各级领导、政府和有关部门对地理国情信息的需求，明确普查和监测内容，进一步做好地理国情监测项目总体设计，完善实施方案，强化组织、技术、装备、人员等方面的支撑。要高起点、严要求，尽快组织实施全国第一次地理国情普查工作，尽快形成准确性和权威性的普查、监测成果。要加强灾害监测和应急测绘保障服务能力建设，提高队伍素质，提升应对突发公共事件的快速反应和保障能力。

（四）着力加快地理信息产业发展，做大做强做出特色，以便更好地满足社会和市场需求

要认真贯彻实施将要出台的《国务院关于促进地理信息产业发展的意见》精神，大力支持拥有原始创新技术和地理信息产品的企业发展，为地理信息龙头企业发展壮大创造条件，鼓励企业进行兼并重组上市，推动企业由弱变强、由散变聚、由小变大，增强企业和产业的实力与竞争力。积极开展地理信息技术与无线网、互联网、物联网等新技术的融合应用，不断培育地理信息新兴市场，拓展地理信息的社会化应用，丰富地理信息服务新业态。通过天地图、数字城市等应用示范，不断提升应用地理信息解决实际问题的能力，提升地理信息服务的层次和水平，彰显地理信息的价值。加快地理信息产业园建设，推动地理信息企业集聚发展，充分发挥国家和区域地理信息产业园区的集聚效应和孵化器作用。进一步加强对外交流与合作，促进企业“走出去”参与国际竞争。

（五）着力加强基础测绘建设力度，做全做实做出合力，以便更好地打造一网一图一平台

进一步加大基础测绘投入力度，认真实施国家和地方“十二五”基础测绘发展规划，整合全国基础测绘力量，做全做优基础地理信息资源，为建设一个网、一张图和一个平台打下更加牢固的基础。要加快现代测绘基准体系建设和资源整合，形成覆盖全国的高精度卫星导航定位服务网。加快各级基础地理信息更新步伐，推动1:5万、1:1万基础地理信息数据动态联动更新，加快实施海岛（礁）测绘等重要测绘工程，进一步加强数字省区建设，形成信息有效覆盖、内容丰富齐全的全国一张图。要做好资源3号测绘卫星发射后的地面应用系统建设工作，使数据的接收、处理及时到位、发挥作用。要努力推进建立航空摄影和卫星遥感影像统筹协调机制和国家、地方和部门之间的地理信息资源共享机制，不断丰富完善“天地图”这个大平台。

（六）着力加大科技创新成果转化，做先做尖做出效应，以便更好地发挥科技成果的效用

充分认识先进技术与装备在提升地理信息服务水平和监测地理国情工作中的核心作用，进一步增强自主创新能力，加大科技自主创新和成果转化，以测绘装备国产化及应用示范等项目为依托，研发先进和尖端测绘地理信息技术装备。鼓励产、学、研、商联合开展地理信息获取、处理、分析、服务等方面的关键技术攻关，以科技创新引领重大工程立项，以科技创新成果支撑重大工程的顺利实施。认真组织实施好地理国情监测应用系统、国产卫星立体测图关键技术和应用示范等项目研究及成果推广，加强与相关重大工程的对接。加快无人机航摄系统升级应用，做好地理信息应急监测车、车载激光建模测量系统和合成孔径雷达数据处理系统等优秀科技成果的推广应用。采取切实有效途径支持国产高端测绘仪器研发与制造，提升测绘地理信息装备的自主化水平。

（七）着力健全完善管理体制机制，做优做深做出体系，以便更好地履行行业管理职责

继续抓住国家局更名的契机，加快推动省、市、县三级测绘地理信息管理机构建设，着力实现全国测绘地理信息主管部门名称一致和职能强化，尽快形成体系健全、政令畅通的良好局面。省级测绘地理信息管理机构要朝着“独立、行政、垂直、恢复正厅”的目标迈进，市、县级主管部门要尽快实现更名挂牌。切实加强法规建设，积极推进《测绘

法》修订工作，配合国务院法制办做好《地图管理条例》修订出台，加强依法行政、执法监督与普法工作，为测绘地理信息事业的发展营造良好法制环境。建立地理信息市场诚信制度和常态化监管机制，深化“问题地图”治理和涉密测绘成果检查等行动，深入开展国家版图意识宣传教育活动，组织开展测绘资质巡查活动，依法查处各类违法违规行为，促进市场规范有序发展，切实维护国家地理信息安全。

（八）着力提升测绘地理信息文化，做美做鲜做出生机，以便更好地弘扬测绘人的时代精神

要乘着推动社会主义文化大发展大繁荣的东风，深入贯彻落实《中共国家测绘地理信息局党组关于加强学习贯彻十七届六中全会精神的意见》，加强测绘地理信息文化建设，提升测绘地理信息文化软实力。深入挖掘测绘地理信息工作的文化内涵和文化特征，创新地图文化，发展基于地理信息的文化产品，提升测绘地理信息服务的文化品位。要坚持以“快、干、好”为核心的测绘文化，继续弘扬“热爱祖国、忠诚事业、艰苦奋斗、无私奉献”的测绘精神，为测绘地理信息事业发展提供强大的精神动力。广泛开展时代精神教育和丰富多彩、形式新颖的群众性文化活动，引导测绘地理信息干部群众始终保持与时俱进、开拓创新的精神状态，以思想不断解放推动测绘地理信息事业持续发展。要发挥中国测绘创新基地和中国测绘科技馆的全国科普教育基地和中央党校教育基地的作用，加大对测绘地理信息科技、文化的宣传、发挥阵地作用，大力弘扬测绘创新精神。实施测绘地理信息文化建设“五个一”工程，打造文化精品，营造健康向上、和谐文明的文化氛围。

（九）着力建设高水平高效率队伍，做稳做齐做出活力，以便更好地服务经济社会发展大局

进一步完善人才管理制度和人才激励机制，加强人才资源开发，不断激发人才活力和创造力，促进各类人才施展才干。积极推进事业单位分类改革，建设一支适应新时期、新任务要求的结构完整、布局合理、职责分明、稳定有力的事业单位队伍。深化事业单位收入分配制度改革，不断激发干部职工的工作热情和创造活力。深化干部人事制度改革，健全完善干部选拔任用制度，统筹抓好领导班子建设，加大领导干部交流轮岗力度，加强优秀年轻干部选拔培养。继续组织实施科技领军人才培养等系列人才培养工程，推进注册测绘师制度建设，强化高层次人才支撑。继续加大人才培训力度，扩大培训规模，培养造就一大批适应事业发展要求的各类人才。继续实施贯彻落实科学发展观年度测绘地理信息工作考评，有效促进各项工作开展。

四、做好明年工作的希望和要求

测绘地理信息工作的大政方针已定、目标任务明确，全系统、全行业的思想认识高度一致，全国一盘棋、上下一条心、政通人和的大好局面已经形成，关键在于抓好落实。要把2012年作为测绘地理信息工作的落实年、执行年、实干年，把党和国家对测绘地理信息工作的殷切期望，把广大测绘地理信息干部职工的共同意愿，转化为推动落实各项任务的具体行动。为此，我提几点希望和要求。

一是要强化组织领导，努力提高执行力。各级测绘地理信息部门的领导干部，要以高度的责任感、使命感和紧迫感，切实加强对测绘地理信息工作的组织领导，细化工作任务，明确工作责任，狠抓工作落实。各单位各部门要按照测绘地理信息事业发展的总体思路和任务部署，紧密结合各地实际，加快重点项目的论证争取工作，加强对重大工程、重点工作的统筹协调。坚持科学谋划、科学设计、科学管理，认真研究制定推动重点工作的政策措施和实施方案，努力提高重要部署的贯彻执行力度，保障各项任务的顺利实施。

二是要持续解放思想，不断激发创造力。要干事业，就不可能没有困难。攻艰克难，就不能墨守成规。因此，要继续解放思想，打破既定的思维模式，勇于创新思路、创新方法、创新管理。思想一解放，就会有新思路新方法，就能找到推动发展的新举措新途径。我们可以把问题想得复杂一点、想得难一点，但是我们不能面对困难束手无策、裹足不前，而是要更充分地思考问题、更快速地解决问题。要以贯彻落实李克强副总理重要讲话精神为契机，进一步解放思想，坚定信心，释放每个人的工作热情，激发大家无限的创造力。

三是要加大统筹协调，凝聚各方配合力。加强统筹协调不仅是重要的思想方法，也是重要的工作方法。贯彻落实科学发展观，就要着眼时代发展，立足全局，统筹兼顾，协调各方，整体推进，全面提高。测绘地理信息是一个牵及面广、服务面宽的事业，必须把各方面工作统筹起来，把各方面力量整合起来，把各方面的作用发挥出来。要进一步强

化全国一盘棋的整体发展理念，加强上下联动配合和部门统筹协调，充分调动和发挥市县测绘地理信息部门的积极性，统筹政府与社会、系统内外以及各项不同业务、各个工作环节的协调发展，形成推动全国测绘地理信息工作的整体合力。

四是要深入基层调研，增强发展推动力。调研是决策的基础，是发现问题、解决问题的重要前提。要有针对性地深入基层开展调查研究，调研工作要突出重点、着力发展，要体现实事求是、求真务实的作风，凝聚推动事业加快发展的力量。各级测绘地理信息部门要进一步加强对基层工作的指导，要大兴调查研究之风，牢固树立管理就是服务的理念，及时了解基层工作中的突出问题，尽力帮助职工解决工作、学习和生活中的实际困难。对基层工作多指导、多支持，少指责、少挑剔，以真心实意为基层服务、真心实意为群众办事，来激发和增强推动事业发展的动力。

五是要搞好舆论宣传，扩大社会影响力。各级测绘地理信息主管部门的领导必须树立宣传工作也是生产力、宣传出效益的观念。这几年在国家层面测绘地理信息宣传工作做得比较好，但是在各省市的宣传还不够，这使社会各界对我们的工作认识还没有到位，从而关心程度和支持力度也没有到位。因此，在宣传上还要加大力度，要整合宣传资源，加大财力物力投入，加强宣传队伍建设。既要抓新闻宣传，也要抓科普宣传和版图意识教育。既要充分利用广播、电视、报刊、网站、博客、微博等多种媒体渠道，也要积极利用高层次的培训、讲座等工作平台。要着力营造良好的社会舆论环境，使全社会进一步了解和支持测绘地理信息工作。

六是要加强督促检查，确保任务落实力。加强督促检查，是推动测绘地理信息部门全面落实党和政府重大决策部署的关键环节，是促进依法行政和提高政府执行力的有力手段，也是推动作风转变、保证政令畅通的必然要求。要进一步明确和落实督查责任，切实避免重决策轻落实、重布置轻检查等问题，确保我们的执行力和公信力。要通过督促检查，确保落实党组和党委的决策部署不走样。机遇千载难逢、机会稍纵即逝，要集中精力、突出重点、趁热打铁，切实抓好各项工作落实，确保各项任务按时保质顺利完成。

同志们，2012 年是进入“十二五”承前启后的关键时期，机遇好、方向明，任务重、责任大。让我们一起勇敢担当，扬帆起航，奋勇前行，坚持不懈地推动测绘地理信息事业再上新台阶、再创新辉煌，以优异成绩向党的十八大献礼。

谢谢大家！

国家测绘局副局长王春峰在测绘系统劳模班开学典礼上的讲话

2011 年 3 月 25 日

尊敬的李斐副校长、李德仁院士，各位老师、各位学员、同志们：

大家上午好。测绘系统首届劳模班今天正式开学了。受国家测绘局党组书记、局长徐德明同志的委托，我代表国家测绘局党组，向来自全国测绘系统的 65 名劳动模范、先进工作者和生产管理骨干表示衷心的祝贺。

让劳动模范、先进工作者和生产管理骨干走进优秀的大学，是贯彻实施人才强测战略，营造尊重劳动、尊重知识、尊重人才的重要举措，是对劳动模范、先进工作者和生产管理骨干的最大关心、支持，也是国家测绘局党组作出的重要决策。国家测绘局党组书记、局长徐德明同志对此项工作高度重视，专门作出重要批示，要求为测绘系统劳动模范、先进工作者和生产管理骨干提升学历、更新知识创造条件。

举办测绘系统劳模班得到了武汉大学的高度重视和大力支持。武汉大学李斐副校长、李德仁院士和有关学院的领导在百忙之中出席今天的开学典礼。一会儿，武汉大学李斐副校长，李德仁院士还将做重要讲话，在此，我代表国家测绘局党组向武汉大学表示衷心的感谢！

劳动模范是测绘队伍的优秀群体，是我国测绘事业科学发展的中坚力量。国家测绘局党组历来高度重视劳动模范，把劳模工作列入局党组工作的重要议事日程，采取多种措施不断加强和改进。自1986年以来，国家测绘局每五年评选表彰一次测绘系统先进集体和先进个人，在全国测绘系统引起强烈反响，对于激发广大干部职工的积极性和创造性，不断开创测绘工作新局面起到巨大的促进作用。测绘系统各单位不断加强劳模队伍自身建设，采取多种方式加强劳模思想教育，积极为劳模学习业务知识、提高岗位技能创造有利条件，鼓励和支持劳模搞好“传帮带”。近年来，国家测绘局切实加强对劳模的服务工作，督促各级组织定期走访慰问劳模，了解他们的工作和生活情况，倾听他们的意见和建议，及时为劳模提供帮助和服务，做到真情关爱劳模，真心帮助劳模，做劳模的贴心人。

为办好测绘系统劳模班，国家测绘局党组成员、纪检组长张荣久和武汉大学副校长李斐亲自挂帅，国家测绘局人事司和武汉大学有关部门密切合作，克服时间紧、任务重、涉及面广、情况复杂等不利因素，创造性开展工作。在整个工作过程中，充分考虑劳动模范、先进工作者和生产管理骨干的实际情况，积极争取政策倾斜，简化报名程序，最大限度地减少对劳模日常工作的影响，并得到有关教育主管部门的大力支持。为了支持学员学习，国家测绘局专门拿出资金为学员支付40%的学费，同时，要求学员所在单位同样支付40%的学费并承担学员学习期间差旅费，最大限度地减少学员的经济负担。针对各位学员不能长期离开工作岗位的情况，特别制定了分散与集中相结合的学习方式，武汉大学在充分调研和论证的基础上制定了科学的教学计划，并尽最大努力为大家的学习创造便利条件。

劳模班能够在这么短的时间内完成报名、考试、录取等工作并于今天顺利开学，非常不容易，这是国家测绘局和武汉大学共同努力的结果，也是有关教育主管部门大力支持的结果。希望大家利用好这个难得的学习机会，进一步提高自己、完善自己。在此，我代表国家测绘局党组提几点希望：

第一，珍惜机会，端正态度。大家能够抽出一段时间参加集中学习，机会非常难得。武汉大学有知识渊博、学问精深的老师可供请教，有分门别类、各取所需的学习资料可供查询，有百无禁忌、畅所欲言的学术环境可供探究，有时间充裕、心无旁骛的环境可供系统学习。希望大家抓住难得的学习机会，充分利用良好的学习条件，静下心来排除干扰，刻苦研读，好好“加油充电”，千万不可有应付学习、被动学习、走走过场的思想，浪费了宝贵的学习时间。为了保证学习任务的圆满完成，希望大家自觉遵守学校的学习纪律，正确处理好学习和工作的关系，把主要精力集中投入到学习中去。各位学员要提前做好工作安排，保证按时参加集中学习。

第二，联系实际，学以致用。学习的根本目的在于解决实践中的困难和问题，更好的履行工作职责。各位学员要把测绘生产和管理中遇到的实际问题带到课堂上来，通过学习和交流寻找解决的办法；要把学到的新理论、新知识、新技能充分运用到工作中，转变为推进工作、解决问题的办法。学员的毕业设计一定要结合本职工作，真正切实解决实际问题。我们也希望武汉大学根据学员的特点，在课程设置和教学方法上更加贴近测绘生产和管理的实际，不断提高学习的针对性。

第三，加强沟通，促进工作。各位学员是来自全国测绘系统的生产、科研和管理骨干，有着丰富的工作经验，大家要充分利用在一起共同学习、生活的时间，加强沟通交流，加深友谊，增进感情，在工作上取长补短、资源互补，共同促进各自工作的开展。同时，我们也希望武汉大学能够加强师资配备，合理安排教学，严格学员管理。

第四，持之以恒，不断提高。劳模班的学习时间是有限的，但学习是终身大事，长期需求。许多学员长期离开学校和书本，希望大家通过参加劳模班，培养浓厚的学习兴趣，养成良好的学习习惯，找到科学的学习方法，切实增强学习的积极性、主动性，时刻保持学习的紧迫感。希望各位学员进一步发扬劳模精神和测绘精神，真正把学习作为一种境界、一种职责、一种追求，日积月累，永不懈怠，努力成为适应测绘高新技术快速发展的知识型、技术型、创新型排头兵。

同志们！测绘事业正处在重要的战略发展机遇期，希望各位学员继续弘扬“热爱祖国、忠诚事业、艰苦奋斗、无私奉献”的测绘精神，抓住机遇，努力学习，为测绘事业更好更快发展做出更大的贡献。

最后，预祝测绘系统劳模班圆满成功！祝所有学员学习期间身体健康，生活愉快，学有所成，学有所得！

谢谢大家。

推动测绘地理信息事业新发展

国家测绘地理信息局副局长王春峰谈“十二五”测绘地理信息事业发展

2011年6月28日

记者：如何理解“十二五”测绘地理信息发展“构建数字中国、监测地理国情，发展壮大产业、建设测绘强国”的24字总体战略？

王春峰：当前，我国测绘地理信息事业正处于转型发展的重要时期。这个24字战略是国家测绘地理信息局着眼国内经济社会发展的大环境、国际测绘地理信息技术发展大趋势，在梳理我国测绘地理信息工作发展基础、存在问题、阶段性特征和现实需求的基础上，经过缜密研究、反复论证提出的。

“构建数字中国”就是要大力发展基础测绘，推动地理信息资源建设和集成整合，通过中央和地方各级政府的共同努力，加快实施国家重大测绘工程，加快建设“数字省区”“数字城市”“数字乡镇”，形成全国测绘地理信息部门内部纵向互联互通、协同服务的基础地理信息资源体系。我们提出，“十二五”期间要实现测绘基准现代化初步完成，基础地理信息资源覆盖范围大大拓展、现势性明显增强，实现全国范围内的基础地理信息资源标准统一、互联共享和协同服务，建成数字中国地理空间框架的目标。

“监测地理国情”集中体现了国家战略重点和现代技术发展趋势对测绘转型发展的要求，体现了新时期测绘发展理念、工作重点、服务方式、产品形式、生产工艺等方面的深刻变化，是未来20年测绘地理信息工作的重要主题。我们提出，“十二五”期间要综合应用现代测绘技术和测绘成果，获取、处理、分析及应用自然和人文地理要素信息并提供服务，服务政府科学管理和决策，推进测绘实现由静态向动态、由时间点向时间段、由测绘地表形态向监测地表变化、由提供测绘成果向报告监测信息的转变。

“发展壮大产业”就是充分发挥市场机制作用，优化配置和高效利用测绘地理信息资源，更好地为经济社会发展和人民生活提供测绘地理信息服务。我们提出，“十二五”期间要积极促进地理信息应用社会化，大力发展卫星导航、位置服务、现代测绘装备制造、网上地图服务以及经营性测绘等产业，形成新的经济增长点。

“建设测绘强国”是测绘地理信息发展的长远目标。我们提出，“十二五”期间要实现国际一流的测绘技术水平，国际一流的测绘基准体系和地理信息资源储备，国际一流的测绘公共服务和地理信息产业，国际一流的测绘人才以及测绘管理水平等目标。

记者：您刚才提到，当前我国测绘地理信息事业正处于转型发展的重要时期。请问如何理解？

王春峰：从国际上看，对测绘保障与地理信息服务的需求无论是在数量上，还是在具体内容上较过去有显著变化。发达国家测绘地理信息服务随之加快转型，监测自然和人文地理要素动态变化，分析自然和人文地理要素空间分布，为宏观经济管理以及国土空间管理、解决全球性问题等提供动态信息服务成为测绘地理信息服务的重要内容。以大众通过网络上传、下载和编辑地理信息为主要特征的测绘地理信息新时代已经来临。

从国内看，我国工业化、信息化、城镇化、市场化、国际化深入发展，推进经济发展方式转变，实现经济社会科学发展成为我国“十二五”主要任务，对测绘地理信息服务提出了新的更高要求。云计算、物联网等高新技术应用不断深化，其与现代测绘地理信息技术的融合日趋紧密，推动不断产生新的测绘地理信息服务，适应传统测绘生产服务需要的测绘生产事业机构面临越来越大的改革压力。市场在测绘地理信息领域资源配置中的作用越来越突出，地理信息产业进入快速发展时期，促进产业持续、健康、规范发展需要进一步加大测绘行政管理力度。

可以说，我国测绘在实现数字化转型后，正在向信息化方向发展，地理信息综合服务正在成为现代测绘地理信息工作的主要内容，测绘地理信息事业正处于加快发展的黄金战略机遇期。但是与国际发展趋势以及与我国经济社会发展的需求相比，我国测绘地理信息事业还存在一些突出问题，必须加快转型发展。

记者：国家测绘地理信息局将通过哪些重大工程的实施推动“十二五”规划目标的实现呢？

王春峰：我们的总体目标是，到2015年，建成数字中国地理空间框架和信息化测绘体系，实现基础地理信息在线服务，地理国情监测基本形成业务能力，测绘应急保障及时有效，地理信息产业实现跨越式发展，测绘体制机制、法规政策和人才队伍进一步优化，测绘地理信息保障服务能力显著增强。

为了实现上述目标，在更好地组织实施基础测绘等经常性项目的同时，我们规划实施若干重大测绘地理信息工程，主要包括：地理国情监测工程、现代化测绘基准体系基础设施建设二期工程、边疆建设测绘保障工程、海岛（礁）测绘二期工程、全球测图和极地测绘工程、地理信息网络化服务系统建设工程、测绘成果保密及安全工程、现代化测绘技术装备及应急测绘保障能力建设工程、海洋测绘保障服务基地建设工程、测绘仪器检定和测绘成果质量检验能力建设工程等。

记者：“天地图”是我国权威地理信息服务网站，社会各界也比较关注“天地图”的建设。请问下一步将如何在转变测绘服务方式、提升测绘服务能力、推进地理信息产业发展等方面做大做强“天地图”？

王春峰：我们的目标是打造一个数据覆盖全球、内容丰富翔实、应用方便快捷、服务优质高效的互联网服务知名品牌。一是要进一步丰富数据资源，把包括“数字省区”“数字城市”在内的全国各地测绘地理信息部门的资源整合起来，把全国地理信息企业的相关成果进一步盘活，形成一个大的“天地图”数据资源供给体系。二是要夯实运行基础，显著改善“天地图”的软硬件和网络环境，提高反应速度，增强网站运行稳定性。三是要充实完善功能，尽快推出手机版系统，改善便民服务功能，提升应用操作便捷度，逐步向其他网络服务融合和拓展。四是要做好推介推广，加大推广应用宣传力度，真正发挥其“政府服务公益平台、地理信息产业发展基础平台、方便群众服务平台、国家安全保障平台”的作用。

记者：请简要介绍怎样推进地理信息产业蓬勃发展？

王春峰：今后我们将以地理信息资源开发利用为核心，以自主创新为动力，着力培养地理信息产业新的经济增长点，积极发展地理信息新型服务业态，大力加强地理信息核心技术和产品的应用，大力培育地理信息企业和知名品牌，不断提高产业整体水平和国际竞争力。当前重点做好四项工作。一是尽快起草出台《关于促进地理信息产业发展的若干意见》，从国家战略的高度研究制定扶持和推动产业发展的具体政策措施。二是加快制定《地理信息产业发展“十二五”规划》，统筹部署地理信息产业发展优先领域，明确产业发展方向、合理布局及重点任务，强化宏观指导。三是加快建设国家地理信息科技产业园，形成相关产业聚集发展的高新技术产业园区，充分发挥园区的示范、引领、推动效应。四是加强对地理信息获取、加工、传播、应用的监管，营造公平、竞争、有序的市场环境，在大力推进应用的同时，保障国家地理信息安全。

记者：如何理解“数字城市，让生活更美好”的说法，请简要介绍下一步如何加快数字城市建设步伐？

王春峰：近年来，我局把数字城市建设作为“牛鼻子”工程全力推进，目前已在150多个城市开展了数字城市建设试点和推广，在促进城市科学决策、精细管理、高效服务、低碳运行等方面发挥了积极作用。数字城市已经成为展示城市形象的靓丽名片、领导科学决策的重要工具、提高百姓生活质量的得力帮手、社会综合管理的有效载体、企业产品推介宣传的平台和城市信息化的重要标志。因此可以说，“数字城市，让生活更美好”。

“十二五”期间，我们将在全国全面推进数字城市建设，力争完成全部333个地级市和部分有条件的县级市的数字城市建设。已完成数字城市建设的城市，一方面要加快数字城市数据更新速度，逐步实现数字城市的横向互联以及与省、国家的上下贯通，另一方面要进一步强化应用推广，广泛建立业务应用系统，使数字城市在服务政府管理决策和百姓生活等方面发挥更大作用。

记者：地理国情监测是一个比较新的概念，国家测绘地理信息局打算如何加强地理国情监测?

王春峰:监测地理国情并不是我们另外开辟了新的工作领域。因为测绘转型发展的过程中,测绘的基本要素没变、测绘的技术手段没变、测绘的法律法规不用变、测绘的职责定位不必变、测绘的组织结构不需变;而变化了的仅仅是由静态变为动态、由时间点变为时间段、由测绘地表形态变为监测地表变化、由提供测绘成果变为报告监测信息。这一过程增加了测绘工作的难度、加大了测绘工作的责任、提高了测绘工作的效益、提升了测绘工作的作用,从而必将树立测绘工作的全新形象!如此重要而且成效明显的工作之所以到“十二五”才提出来,一是技术条件成熟了,二是国家财力具备了,三是社会需求明晰了。因此说,做好这项工作是测绘科学发展的要求,也是与时俱进的结果。

地理国情监测是一项系统工程,必须全盘谋划、系统设计、精心安排、加快推进。一是要加强对基础地理信息数据库的数据挖掘、统计分析和知识发现。二是以为国家重大战略、重大工程提供监测评估服务为切入点。根据国民经济和社会发展“十二五”规划,将首先选择区域发展总体战略、主体功能区战略、城镇化战略等涉及国土空间管理、区域协调发展等战略或工程开展地理国情监测。三是以对自然和人文地理要素的空间位置和空间分布关系的表达作为推进地理国情监测的主要抓手。基于“天地图”系统,加强与国家有关部门的合作,在统计数据基础上开展相关数据空间统计、分析及信息发布等工作。四是做好地理国情监测试点工作,逐渐形成地理国情监测相关政策和工作机制,制定地理国情信息分类和编码、技术规程、成果模式等标准规范。

国家测绘地理信息局副局长王春峰在全国测绘地理信息财务工作会议上的讲话

2011 年 10 月 13 日

同志们:

大家上午好!我们这次会议的主要任务是:深入学习实践科学发展观,认真贯彻李克强副总理视察中国测绘创新基地时的重要讲话精神,落实全国局长会议精神和全国财政工作会议精神,总结、交流“十一五”以来测绘地理信息财务工作管理经验,开创“十二五”全国测绘地理信息财务工作的新局面。下面我围绕会议主题,着重讲两点意见。

一、“十一五”以来测绘地理信息财务工作回顾

“十一五”期间,测绘地理信息财务工作以科学发展观为指导,努力践行党中央国务院关于测绘地理信息发展的工作方针,在各级测绘地理信息主管部门的领导下,为保障测绘地理信息事业持续、健康、较快发展发挥了重要作用。五年来,广大测绘地理信息系统的财务工作者围绕测绘地理信息事业发展大局,以改革促发展,以制度作保障,锐意进取,真抓实干,取得了显著的成效。主要体现在以下五个方面:

(一)财力保障能力大幅度提高

“十一五”期间,由于受金融危机的影响、在中央财政实行从严从紧安排预算、经常性项目支出实行“零增长”的情况下,经过广大财务工作者的共同努力,中央财政和省级财政大力支持,测绘地理信息系统财政投入水平依然大幅度提高,为测绘地理信息事业的持续健康快速发展提供了强有力的财力保障。据统计,各级财政总投入从“十五”期间的 52.95 亿元增长到“十一五”期间的 130.53 亿元,增长了 146.52%,其中:中央财政总投入从“十五”期间的 19.80 亿元增长到“十一五”期间的 54.64 亿元,增长率为 176%。中央财政的总投入中,基础测绘、航空摄影等经常性投入取得明显增长,测绘重大项目投入也实现了突破。“十一五”期间,国家测绘地理信息局已落实的重大项目资金达 31.48 亿元,其中国家西部 1:5 万地形图空白区测图工程 11.7 亿元,927 一期工程 16.08 亿元,汶川地震抗震救灾和灾后恢复重建项目 3.7 亿元。在财政的大力支持下,测绘地理信息重大工程项目有

序展开，成效显著。

——“十一五”期间，国家西部1:5万地形图空白区测图工程组织实施完成，测制了5032幅1:5万数字地形图，建立了西部无图区1:5万基础地理信息数据库，实现了约占中国陆地国土面积20%的1:5万地形图的“从无到有”，首次实现了我国陆地国土1:5万地形图的全覆盖。

——由全国31个省（自治区、直辖市）测绘地理信息部门以及军队测绘部门参与建设的国家1:5万基础地理信息数据库更新工程，实现了覆盖全国80%陆地国土面积的1:5万基础地理信息的全面更新，标志着我国国家级的“地理信息高速公路”全面建成，继“天地图”成功上线之后，测绘地理信息部门在建设全国“一个网、一张图、一个平台”的目标上又向前迈出了坚实的一大步。

——面对重大自然灾害的严峻挑战，不断强化应急救急测绘保障能力，在汶川特大地震等自然灾害的应急救灾和灾后重建工作中，测绘地理信息部门迅速行动，超前服务，快速获取灾区遥感影像，第一时间现场测绘，第一时间拿出成果，第一时间提供使用，为了解灾情、指挥决策、抢险救灾等提供了及时可靠的测绘地理信息资料，为各类突发事件的应急处置提供了强有力的测绘地理信息服务。

——2006年，中央财政设立的边远地区、少数民族地区基础测绘专项补助经费开始实施，“十一五”期间中央财政共投入经费1.9亿元，共支持23个边远地区、少数民族地区和新疆生产建设兵团91个基础测绘项目，缓解了边远地区、少数民族地区经济社会发展对基础测绘的迫切需求，经济效益和社会效益不断显现。

总体来说，在各级财政的大力支持下，全国测绘地理信息服务保障能力不断提高。不同分辨率卫星遥感影像实现了对全部陆地国土的覆盖；各种基础地理信息覆盖区域持续扩大；卫星定位连续运行参考站建设、国家大地控制网完善等不断取得新的进展。结构完整的数字中国地理空间框架数据体系初步形成，基础测绘公共产品更加丰富，满足经济建设、社会发展、人民生活等方面迫切需求的能力进一步提高。

（二）基础设施和技术装备水平明显提高

“十一五”以来，在各级测绘地理信息部门的共同努力下，中央和地方财政对测绘地理信息基础设施和技术装备给予了积极的支持，在投入力度上实现了历史性的突破。据统计，测绘地理信息部门固定资产原值2005年年末为24.83亿元，2010年年末增加到37.16亿元，增长率近50%。“十一五”期间测绘地理信息部门中央和地方基本建设总投资达15亿元，比“十五”期间翻了一番多。中央财政还通过经常性业务费项目在五年间共安排近2亿元专项资金用于支持测绘地理信息生产单位修缮和生产技术装备购置。随着各项经费的投入，测绘地理信息系统的内、外业技术装备水平明显提高，科研、生产、服务、管理条件得到了显著改善，整体实力得到显著提高。

——2009年，中国测绘创新基地落成使用，实现了测绘地理信息干部职工53年的夙愿，极大增强了测绘地理信息干部职工的荣誉感和自豪感。

——测绘技术装备水平不断提高，一是自主创新能力不断加强，数字航空摄影仪、地理信息公共平台软件等多项成果获得国家和省部级科技进步奖励；二是具有国内外先进水平的测绘内、外业技术装备已大量配备到各测绘地理信息生产单位，极大地提高了各单位竞争实力。国家局大力发展和推广无人飞机航摄系统，在全国各省级测绘地理信息单位配备了60余架；一些省区配备了先进的数字航空摄影测量系统、激光雷达扫描系统、像素工厂影像处理系统等高新技术装备，有力地增强了地理信息快速获取与处理能力，从而提高了测绘地理信息应急保障服务能力。

测绘地理信息基础设施和技术装备实力的增强为加速推进数字中国地理空间框架建设，推动测绘地理信息业务从单纯的地理信息数据采集、建库和地图制作向实时快速更新和提供地理信息综合服务转变，为实现基础地理信息获取实时化、处理自动化、服务网络化和应用社会化奠定了坚实的基础。

（三）制度建设取得明显成效

随着财政体制改革的不断深化，测绘地理信息系统各单位内外经济环境都发生了较大变化，为提高财务管理制度化、规范化水平，各级测绘地理信息主管部门在财务制度建设上都做了大量工作，取得了很大成效。“十一五”期间，财务制度进一步完善。为了加强测绘地理信息成本费用定额管理，我局组织力量对1999年《测绘生产成本费用定额》进行了修订，于2009年与财政部联合印发了新的《测绘生产成本费用定额》。新《定额》的颁布，对于加强基础测绘项目定额管理，提高资金使用效益具有十分重要的意义。为了规范和加强项目支出预算编制和评审工作管理，我局修订并印发了《国家测绘局项目支出预算编制指南》和《国家测绘局项目支出预算评审指南》；为促进内部审计工作管理科学化、制度化，我局制定并印发了《国家测绘局内部审计工作管理（暂行）办法》，为指导和加强内部审计工作起到了积极作用。同时，针对重大项目增多，项目实施过程中的财务管理亟待加强这一现状，我局及时研究提出了有关管理办法。目前，财政部已印发了《国家西部1∶5万地形图空白区测图工程专项经费管理办法》、《国家海岛（礁）测绘工程专项资金管理办法》，和我局联合印发了《边远地区、少数民族地区基础测绘专项补助经费管理办法》等。

各级测绘地理信息主管部门都高度重视财务制度建设工作，根据实际工作不断建立健全财务管理的各种制度办法，在预算管理、政府采购管理、国有资产管理、会计核算等方方面面出台了一系列制度办法，对于规范本部门本单位的财务管理工作发挥了重要作用。特别值得一提的是，有些单位还结合本部门本单位具体经济事项特点制定了有针对性的管理办法，如国家测绘地理信息局第一大地测量队为适应国家财经制度的变化，满足单位管理需要，规范生产经费使用行为，制定出台了《经费开支审核审批管理规定》、《国家测绘专项经费管理暂行办法》、《自制会计凭证填写规定》、《备用金管理暂行办法》、《津贴补贴管理办法》等一系列制度规定，形成了既符合国家现行财经法规制度规定又与单位其他相关管理制度相互衔接的较为规范的生产经费管理制度体系，为单位生产经费管理工作提供了有力的制度保障。

（四）财务监管力度不断加大

近年来，随着测绘地理信息系统财政资金投入量的加大，在保障资金安全与效益方面对财务管理工作提出了更高的要求。同时，国家财经法律法规也越来越完善，对财政资金的合法合规使用方面的要求也更加严格。为了保证各项财政资金的安全和有效使用，“十一五”期间，我局加大财务监管力度，开展了一系列财务监管工作，包括单位主要领导离任经济责任审计、预算执行审计、重大项目专项审计、财务决算稽核、绩效考评、资产清查等，并且已经形成业务化、常态化的工作机制。在西部测图项目实施过程中，我局高度重视财务监管工作，项目部先后组织了5次财务培训，项目承担单位负责人、生产和业务部门负责人以及财务会计人员等300余人次参加了培训，提高了相关人员对规范专项资金管理使用的思想认识和坚定执行各项政策规定的自觉性。西部测图工程的财务监督检查工作始终贯穿于项目实施的全过程。为及时发现问题、解决问题，多次组织开展专项资金内部监督检查工作，将事前、事中和事后检查相结合，注重整改落实，对促进西部项目资金规范管理起到了重要作用，为加强大项目组织实施中的财务管理积累了一定的经验。

结合近年来的各项内部审计、专项检查特别是审计署对我局进行的审计工作所发现的问题，我们进行了认真的调查研究，有针对性地采取了一系列切实有效的措施。一是成立了局财务结算中心，对国家局所属在京单位的资金进行集中核算，规范管理。二是为进一步提高我局整体财务管理水平，研究印发了《国家测绘局关于进一步加强财务管理工作的若干意见》，从加强财经法规学习、强化责任意识、树立依法理财观念、完善财务管理和内部控制制度、加强财会队伍建设等11个方面提出了要求，指导局所属单位全面加强财务管理。三是为了加强测绘地理信息外业生产单位备用金的监督管理，有效控制资金风险，规范备用金的使用，国家局制定印发了《外业生产单位备用金管理办法》。四是为加强对事业单位对外投资办企业的管理，印发了《国家测绘局关于清理整顿事业单位所办企业的通知》，在局所属单位范围内，全面开展了清理事业单位所办企业工作。五是为找准进一步改进和规范财务管理工作切入点，组织有关人员赴多个基层生产单位就生产组织管理方式、财政与市场项目管理方式等，进行了实地调研，并深刻分析了测绘地理信息生产承包制的利弊及由此带来的虚列支出和二次分配等违规问题。在此基础上，我们着手开展了规范基层生产单位测绘地理信息生产组织管理方式的工作，并起草印发了《测绘生产经费支出管理暂行规定》，以进一步加强对测绘地理信息生产经费支出的财务管理。此规定不仅在我局直属单位执行，一些地方省局也参照此文件精神，结合本单位实际，制定了制度办法，以加强财务管理工作。上述制度措施的出台，强化了财务监督力度，既保证财政资金的安全和有效使用，又有利于发挥财务工作在测绘地理信息事业发展中的保障支持作用。

（五）适应公共财政体制框架的财务管理体系更加完善

“十一五”以来，公共财政体制改革进一步深化，各级测绘地理信息财务管理部门根据中央和地方财政体制改革的总体部署，积极探索，扎实工作，逐步建立健全了与公共财政体制相适应的测绘地理信息财务管理体制。

一是预算管理水平进一步提高。预算编制紧紧围绕测绘地理信息中心工作，与部门职能和业务工作紧密结合，预算编制的细化水平进一步提高，科学性、准确性、精细化程度不断增强。测绘地理信息部门预算透明度进一步增强，及时公开了测绘部门预、决算和“三公”经费预、决算，接受全国人大和社会各界的监督。部门预、决算管理水平不断提高，测绘地理信息系统多个单位的预决算编报工作连续多年受到各级财政部门的表彰。

二是国库集中支付制度改革稳步推进，国库单一账户体系运行平稳，资金收付方式日益规范，收付效率明显提高。为了进一步提高预算执行管理水平，一些单位还研究建立了国库集中支付动态监控管理系统，对预算执行进度和财政资金使用的合法合规情况进行动态监控，为促进财政资金的安全有效使用发挥了重要作用。

三是测绘地理信息系统政府采购管理水平进一步提高，政府采购行为逐步规范，公开招标、集中采购已成为各单位政府采购的主要方式。政府采购规模和范围进一步扩大，“十一五”期间，仅国家局就完成了政府采购金额10.29亿元，其中公开招标方式完成采购金额6.5亿元。

四是国有资产管理得到进一步加强，全国测绘地理信息系统行政事业单位资产清查工作圆满完成，摸清了“家底”，盘实了资产，为进一步管好、用好国有资产，提高资产使用效益打下了坚实的基础。一些单位积极探索创新国有资产监管手段、改进资产管理模式和方法，建设完成了资产管理信息系统，实现了资产管理动态化，促进了国有资产的优化配置，提高了资产使用效益。

“十一五”测绘地理信息财务工作的成绩来之不易，积累的经验弥足珍贵。归结起来，有以下几方面的经验值得认真总结研究：

一是注重围绕中心、服务大局。财务工作者牢固树立科学发展理念，从服务事业发展大局出发，着力提高测绘地理信息财力保障能力，努力发挥财务工作的保障作用，促进测绘地理信息事业又好又快发展。

二是注重财务监管、提高管理水平。将内部审计与外部监督相结合，日常监督与重点监控相结合，建立健全管理制度，建立事前预防、事中监督和事后检查相结合的财务监管机制，是促进资金使用的安全性效益性、提高整体管理水平的有效手段。

三是注重制度建设、提升财务服务水平。财务管理顺利运行的保障是系统性、专业性相统一的制度建设。建立起国家与地方、综合与专项相结合的财务管理制度体系，是提升资金使用效益、强化财务管理科学化和制度化的坚实保障。

同志们，过去5年取得的成绩，与各级财政部门大力支持密切相关，也是全体财务人员勤勤恳恳工作的结果。

在肯定成绩的同时，我们也要清醒地认识到，目前财务管理工作中仍存在一些不足之处：一是基础测绘的投入机制尚不完善，有的地方未按照《测绘法》、《基础测绘条例》要求将基础测绘投入纳入同级财政预算；投入总量与经济快速增长对地理信息的需要不相协调；二是一些单位负责人、相关管理人员及财务人员遵守国家财经法律法规的观念还很薄弱，财务管理仍存在一些比较严重的问题，如审计署审计发现，有些单位通过截留项目收入、虚假发票报销等方式套取巨额资金账外存放；部分外业生产单位虚列、挤占、挪用财政资金；事业单位与所办企业事企不分，导致企业利用事业单位资源（包括无形资产）、侵害事业单位利益和国有资本权益；部分单位政府采购程序不规范，甚至搞先实施后补办招标手续的虚假招标；一些单位资产管理基础薄弱，固定资产核算不实等。三是财会队伍力量不足，一些单位领导对财务工作重视不够，忽视财会机构和队伍建设，以至于有些单位会计机构不健全，会计人员配备不足，会计基础工作薄弱，无法满足提高单位财务管理水平的需要，制约了测绘地理信息事业的发展。

二、下一阶段测绘地理信息财务工作基本思路

“十二五”是国家全面建设小康社会的关键时期，是深化改革开放、加快转变经济发展方式的攻坚时期。测绘地理信息工作正处在可以大有作为、也能够大有作为的重要黄金战略机遇期。财务工作

面临着测绘地理信息事业发展对财务保障的急迫需求，面临着国家财政管理体制不断改革完善的形势，要不断提高能力和水平以更好的发挥自身的重要作用。今后一段时期，测绘地理信息财务工作的总体思路是：按照“构建数字中国、监测地理国情，发展壮大产业、建设测绘强国”的总体战略，紧紧围绕测绘地理信息中心工作，以增强测绘地理信息资金保障能力为核心，以确保资金安全和提高资金使用效益为重点，以科学化精细化管理为手段，以创新体制机制为动力，坚持依法理财、科学理财，坚持统筹兼顾、突出重点，全面加强测绘地理信息财务工作，为推进测绘地理信息事业新发展、实现新跨越提供有力支撑。

（一）着力提升财力保障服务水平

要进一步建立健全稳定的基础测绘投入机制，提升测绘地理信息财力保障能力。各级测绘地理信息主管部门要根据《测绘法》以及测绘地理信息工作的需要，积极与有关部门沟通协调，争取建立满足测绘地理信息发展需要的、稳定的公共财政经费投入渠道。同时要把学习贯彻李克强副总理重要讲话精神与落实重大项目结合起来，围绕测绘地理信息发展总体战略和建设全国“一个网、一张图、一个平台”的总体部署，系统谋划“十二五”期间测绘地理信息重大项目。“十二五”期间，我局将通过加快推进重大项目的落实和实施来提升测绘地理信息服务保障能力，重点开展“地理国情监测”、“现代化测绘技术装备及应急测绘保障能力建设”等十大工程建设。目前，各项工程按照既定工作方案在有序推进，部分项目已经上报国务院、国家发展改革委或者财政部。在这里，我要重点谈谈地理国情监测项目的进展情况。从去年11月起，根据我局确定的总体战略和李克强副总理关于“加强基础测绘和地理国情监测”的指示精神，规划财务司组织编写了《地理国情监测项目建议书》，并起草了报送国务院的《关于国家测绘地理信息局开展地理国情监测的请示》，经财政部、国家发展改革委、科技部等部门会签后，上报国务院。近日，地理国情监测项目已经获国务院批准。该项目是推动测绘地理信息转型发展的重要项目，对测绘地理信息事业的长远发展具有深远意义，随着这一重大项目的实施，各级各地测绘地理信息部门必将全面参与其中。目前，部分省区已经开展了地理省情监测试点示范工作。希望各地测绘地理信息部门要以时不我待的危机感、重任在肩的使命感，加快推进地理国情监测工作。根据国务院的批示精神，地理国情监测项目“所需经费由中央财政和地方财政按承担的工作任务共同分担，并按现行渠道和程序办理。”各地要结合本地区实际，积极向省发展改革委和财政厅沟通汇报，争取省级财政的支持，为全面推进地理国情监测工作打下坚实的基础。

同时，要高度重视重大项目实施中的财务管理工作。“十二五”测绘地理信息重大项目将陆续进入实施阶段，会有越来越多的部门参与进来。进一步加强对测绘地理信息重大项目的财务管理工作是各级测绘地理信息财务管理部门的重要任务。各单位要按照国家财经法规的规定和项目资金管理要求，积极探索，总结经验，建立健全项目资金监管的长效机制和内部约束制度，不断提高项目资金的财务管理水平。随着重大工程的开展，我局将进一步加大对重大项目资金使用的监督检查力度，重点开展对927工程，边远地区、少数民族地区基础测绘专项补助经费，地理国情监测等重大项目的专项财务检查工作。近期，边远地区、少数民族地区基础测绘专项补助经费的财务检查工作已经展开；目前西部测图项目已完成竣工验收，各相关单位要做好迎接国家审计和绩效考评相关准备工作。希望各部门各单位高度重视，积极配合，共同做好相关工作。

（二）着力加强财务内部控制和制度建设

健全的财务内部控制和制度建设是确保国家法律法规和单位相关财务会计制度规定有效贯彻落实的关键。各部门各单位要高度重视建立健全财务内部控制和制度建设工作，从体制机制建设上确保资金使用的安全性和效益性。一要进一步完善财务内部控制体系，各单位要根据实际情况，针对财务会计工作中的薄弱环节，制定有针对性的、切实有效的内控制度，从岗位责任、授权审批、预算管理、业务流程等方面进行规范，构建全方位、多层次的内部控制机制，对单位经济事项的各个环节加以有效控制，弥补财务管理方面的漏洞，从体制机制设置方面规避财务风险。二要进一步加强制度建设，按照依法理财的要求，建立科学合理、层次清晰、职责明确、覆盖全面的测绘地理信息财务管理制度体系。建立健全财务制度是一项长期的重要工作，随着财政体制改革不断深化，事业单位改革逐步推进，以及单位内部外部经济环境不断变化，各单位的财务制度建设工作也要与时俱进。要依据国家现行财经法规，不断对本单位现有的财务管理制度进行梳理，对与国家财经制度相悖的，要坚决纠正；对现有制度不能满足管理需要的，要予以修订和完善；对应建立但尚未建立的，要抓紧制定。要积极研究制定既有利于单位发展又符合财经法规的管理制度，既要改革创新，又要规范管理，为单位的长远发展提供有力的财务支持。三要加强"小金库"治理长效机制建设。按照中央的部署，按照综合治理、纠建并举、注重预防的原则，继续深入推进党政机关、事业单位、社会团体和国有及国有控股企业"小金库"治理工作。目前，为期三年的"小金库"专项治理工作已接近尾声，下一步要进一步巩固专项治理成果，通过完善的财务内部控制和制度建设，构建和完善防治"小金库"长效工作机制，将"小金库"治理作为一项长期的日常重点工作抓好抓实。

（三）着力提升财务管理工作的质量和水平

在公共财政对测绘地理信息部门投入逐年加大、资金总量上了一个台阶的同时，我们用钱、管钱的能力和水平也要上一个新台阶。各级测绘地理信息部门和单位的领导，要按照公共财政体制改革的要求，结合本单位业务特点和财务工作实际，不断提高财务管理水平。一要提高预算管理水平，进一步加强规划、计划和预算的有效衔接，严格计划、预算管理程序，提高预算编制的前瞻性、科学性和合理性。狠抓预算执行管理，进一步强化预算的计划性和严肃性，同时认真贯彻落实财政部的要求，切实采取措施解决预算执行进度慢的问题。二要按照财政国库管理制度改革的有关要求，继续做好国库集中收付改革实施工作，严格执行"收支两条线"管理，充分利用现代信息化手段加强对财政国库资金的动态监控，进一步提高财政资金的安全性和效益性。三要进一步加强政府采购管理，提高认识，规范政府采购程序，负责政府采购工作的管理人员要坚持原则，对于不按程序办理的要勇于提出自己的意见和建议。强化政府采购监督，要坚持"集中采购资金达到一定的规模，达到限额标准的采购项目必须进行公开招标"的原则，同时加强对非公开招标政府采购的监督。四要切实提高国有资产的管理水平，完善测绘地理信息国有资产管理规章制度，加强制度执行情况的监督检查，加强事业单位对外投资管理，规范出租、出借等资产处置和对外投资行为的审核审批流程，加强资产收益管理，防止国有资产流失。

在此要特别提醒各位要重视学习现代管理的理念，探索和完善财务信息系统的建设，进而逐步实现全面业务管理的规范化。

（四）着力推进财会队伍建设

建设一支思想素质好、业务能力强的财会人员队伍，是做好测绘地理信息财务工作的智力支持和组织保障。各单位要提高认识，高度重视财会队伍建设。第一，要依据《会计法》和财务会计相关制度规定，建立健全财会机构，明确岗位职责，强化财务内部控制体系建设，形成权责分明、相互监督、相互制约的工作机制，防范和控制财务风险。第二，要配备具有专业知识的高素质的财务管理人员。建设一支业务精通、作风优良、有创新精神的财会干部队伍，是测绘地理信息财务工作实现又好又快发展的重要保障。要有计划、有步骤地选拔和培养一批政治素质高、业务能力强、有责任心的业务骨干，充实到财务管理队伍中。第三，要高度重视培训工作。各单位有关领导和财会人员要通过形式多样的培训提高政治素质、理论水平和业务能力，准确掌握国家经济政策、财政政策，更新业务知识，进一步提升执行政策、推动工作的能力。今后国家测绘地理信息局将进一步加强财务管理方面的培训工作，增加办班次数，扩大参加人员的范围，满足财务人员知识更新的需要。第四，各单位的主要领导和分管领导要支持财会人员的工作，帮助他们克服困难，帮助他们排除障碍，帮助他们把住关口。

同志们，全面建设小康社会宏伟目标需要测绘地理信息提供及时、有效的保障服务，测绘地理信息事业健康发展对财务工作提出了新的要求，做好测绘地理信息财务工作，任务繁重、责任重大。我们必须积极进取，扎实工作，努力开创测绘地理信息财务工作新局面，为全面推进测绘地理信息事业发展做出新的贡献！

当质量的坚守者、做消费的保护者
开创测绘地理信息质量工作新局面

国家测绘地理信息局副局长李维森在全国测绘地理信息质量管理工作会议上的讲话

2011 年 10 月 13 日

同志们：

大家好！

今天我们在古都南京召开全国测绘地理信息质量管理工作会议。这次会议是在李克强副总理视察中国测绘创新基地，国家测绘局更名为国家测绘地理信息局，测绘地理信息事业发展站在了一个新起点上，又恰逢“十二五”开端之年的形势下召开的。“十一五”期间，全国测绘地理信息质量管理工作紧密围绕国家局的中心任务，取得了显著成绩，质量水平稳步提高。在此我代表国家测绘地理信息局，向参加会议的代表，并通过你们向奋战在全国测绘地理信息质量检验、仪器检定战线上的全体职工表示衷心的感谢！

这次会议的主要任务是深入贯彻李克强副总理在视察中国测绘创新基地时的重要讲话精神，落实徐德明局长在国家测绘产品质量检验测试中心成立一周年时提出的“当质量的坚守者、做消费的保护者”的要求，分析新形势，总结交流测绘地理信息质检仪检工作和经验，研究存在的问题，明确今后测绘地理信息质量管理工作的任务。

下面，我讲三点意见，供大家讨论：

一、质量管理工作成效显著

自 2007 年全国测绘质量管理工作会以来，全国测绘地理信息质检、仪检战线全体职工兢兢业业、扎实工作，取得了显著成绩。

（一）质量管理制度进一步完善

颁布和出台了《国家测绘局关于加强测绘质量管理的若干意见》及《测绘成果质量监督抽查管理办法》。开展了《测绘地理信息质量管理条例》立法调研和《基础测绘地理信息质量管理规定》制订工作；北京、浙江、辽宁、湖南、湖北、江西等省、市先后发布了地方测绘地理信息质量监督管理办法或暂行规定；1:5 万数据库更新工程、西部 1:5 万地形图空白区测图工程、927 工程、四川汶川地震灾后恢复重建等国家重大测绘专项建设工程均制定了质量管理办法；研究制定了一批测绘地理信息产品检查验收及仪器检定等方面的标准。

（二）质量管理体系进一步健全

测绘地理信息质量监管是《测绘法》赋予测绘地理信息行政主管部门的重要职责。各级测绘地理信息质量监督检验机构是测绘地理信息行政主管部门履行测绘地理信息质量统一监管职责的技术保障单位和业务执行机构，也是测绘地理信息行政主管部门强化质量监管、提高质量水平的主要依靠。在国家层面，重新组建了国家测绘产品质量检验测试中心，成为全国测绘地理信息质量管理的重要力量和有力工具，并逐渐成为全国测绘地理信息监督质量体系的排头兵和领头羊，代表国家测绘地理信息局做国家重大项目的质量把关者。在地方层面，29 个省级测绘地理信息行政主管部门建立了省级测绘地理信息质量检验站以及一批测绘仪器检测机构，基本形成了层次分明、职责明确的全国性的质量监督检验体系，在国家和省级测绘地理信息质量监管中发挥着越来越重要的作用。

（三）质量监督检查成效显著

一是 2006 年以来，国家测绘地理信息局每年都组织全国各省、自治区、直辖市测绘地理信息行政主管部门开展重点测绘工程成果质量监督检查。监督检查内容涵盖建设、国土、水利、石油、铁路、交通、电力等多个行业的重大测绘工程项目。通过监督检查，促进了测绘生产单位对技术标准的引用，推动了测绘单位的技术进步，促进了测绘质量水平的逐步提高，统一监管职能得到充分体现。

二是国家基础测绘成果质量监督检查工作成效显著。为加大基础测绘项目质量管理力度，创建国家测绘优质工程，国家测绘地理信息局组织开展了西部测图工程、1∶5 万数据库更新工程质量监督检查工作，为国家基础测绘项目和重大测绘工程起到了质量把关作用。

三是地方质检工作成绩突出。全国地方测绘地理信息质检机构在本级测绘地理信息行政主管部门领导下，为地方基础测绘及重大工程的测绘地理信息项目等开展了质量监督检查、委托检验以及测绘监理工作，有力保障和提高了测绘地理信息成果质量，取得了良好的社会效益，扩大了社会影响，提高了测绘地理信息工作地位，同时还取得了良好的经济效益。

（四）测绘计量检定工作稳步推进

目前，全国测绘地理信息部门的计量检定单位覆盖了全国29个省、自治区、直辖市，计量检定管理工作逐步规范化。经过多年发展，仪检站的检定业务范围覆盖了国家法定计量器具管理目录的全部测绘仪器。测绘计量检定业务量快速增加，以2009年为例，检定仪器总量比2006年增长了1.7倍。国家光电测距仪检测中心已完成了100多个系列（型号）型式评价，为国家基础测绘和各类测绘工程起到了质量保障作用，赢得了国家质检总局等政府主管部门的高度评价。2010年，经国家质检总局批复，成立了全国几何量长度计量技术委员会测绘仪器分技术委员会，秘书处设在国家光电测距仪检测中心，为我局所属的各仪检站在测绘计量领域发挥主体作用提供了平台。

（五）检验人才队伍进一步加强

按照《测绘计量检定人员资格认证办法》，国家测绘地理信息局组织开展了全国测绘计量检定人员资格认证审批工作。建立了全国测绘地理信息质量监督检验专家库，目前已有100多名同志成为专家库成员。部分省已建立或正在建立省级测绘地理信息质量监督检验专家库。质检专家库的建立，有利于提高质量检验、认定等工作的科学性、公正性。

（六）质检和仪检能力不断提升

一是加强了质检软件的开发。为适应信息化条件下测绘地理信息质量检验的需要，各测绘地理信息质检机构积极探索，研究各类新型数字测绘地理信息成果的质量检验方法，开发了大量的质检软件，提高了质检自动化水平。

二是加强了基础设施建设。近年来先后完成了科技部仪器设备升级改造项目“大长度实验室检测平套平台自动化改造”、国家基础测绘项目“数字水准仪及条码标尺检测实验室建立”等项目，填补国内计量检定工作的空白，并荣获国家测绘科技进步奖。“航摄仪检定”项目，已完成了检测实验室和野外检测场的建设，首次将航摄仪质量评价纳入测绘计量检定范畴，实现了我国航摄仪计量检定工作零的突破。

在看到成绩的同时，我们也要清醒地看到，测绘地理信息质检工作仍然存在一些亟待解决的问题。一是测绘地理信息质量管理制度及标准仍不完善。《测绘地理信息质量管理条例》和新的质检收费标准尚未出台，全国测绘地理信息质量统一监管缺乏更强的法律支撑；新的测绘地理信息产品和检验标准滞后于生产，造成对新产品的检验缺少依据等。二是全国性的成果质量监督检查的强度和广度不高。成果质量抽检比例不足、覆盖范围不够、频度较低。三是质检基础设施、质检站的能力有待进一步提高。测绘计量基础设施环境条件、精度水平不能完全满足需要，新的技术计量检定基础设施尚属空白，质检的装备落后于生产装备，信息化程度不高。

二、提高认识，抢抓机遇

测绘地理信息质量管理工作要继续深入贯彻落实李克强副总理的重要讲话精神，按照《测绘地理信息发展“十二五”总体规划纲要》的部署，以坚持服务大局、服务社会、服务民生为宗旨，推进信息化质量体系的建设，提高质量管理水平，努力开创测绘地理信息质量工作新局面。

（一）提高认识，增强责任感。测绘地理信息质量是测绘地理信息事业发展的生命线，不仅关系到工程建设的质量，还关系到国家主权、安全和民族尊严。测绘地理信息保障服务的安全性、基础性和先行性，决定了测绘地理信息必须为经济社会的发展提供质量可靠的成果。测绘地理信息质量出了问题，必然会给国家和社会造成不可估量的损失。通过完善的监督机制，加强质量管理，确保把成果质量问题消灭在萌芽状态，以促进测绘地理信息成果质量的提高，为“构建数字中国、监测地理国情，发展壮大产业、建设测绘强国”提供基础保证，这是测绘地理信息事业实现可持续发展的必然要求。《测绘法》明确了质量管理是测绘统一监管不可或缺的重要内容，是测绘地理信息行政主管部门的重要职责，大家要切实增强责任感和使命感，认真履行职责，勇于承担责任，提高质量管理水平。

（二）认清形势，抢抓机遇。现在测绘地理信息工作面临的形势、发展的态势、未来的趋势都很好。党和国家领导人多次对测绘地理信息工作作出重要指示，国家“十二五”规划纲要明确提出要强化地理、人口等基础信息资源开发利用。地理信息资源建设是整个信息化建设最基础的一项工作，需求旺盛，测绘地理信息应用服务已渗透到经济社会的方方面面，发展势头强劲。各级测绘地理信息行政主管部门要深刻理解“从测绘事业到地理信息产业、从生产型到服务型、从公益型到产品型”等三个转变为测绘地理信息质检仪检工作带来的机遇，立足当前，谋划长远，理清思路，明确任务，真抓实干，推动测绘地理信息质量工作上水平、上台阶。

三、明确目标，狠抓落实

“十二五”测绘地理信息质量管理工作的目标是：建立与测绘地理信息事业和地理信息产业发展相适应的质量监督体系，进一步完善质量管理制度体系和标准体系，进一步健全管理机构和质检仪检机构，进一步加强国家、省、市三级质量监督协调配合机制，基本建成测绘地理信息质量控制体系，技术和装备水平达到国际先进水平，大幅提升测绘地理信息成果质量，成果合格率达到100%。

（一）加大全国质量监督检查力度。各级测绘地理信息行政主管部门要进一步加强质量监管工作，加大力度，加强对“两级检查、一级验收”生产质量管理制度执行情况的监督检查，在验收环节要充分发挥各质检站的作用，严格执行依据验收报告开展验收的工作程序，强化测绘地理信息成果生产过程的质量管理，进一步落实成果质量责任制，实行质量问责制，从源头上控制成果质量。要加强对与人民生活密切相关、社会关注热点的地理信息产品的质量监督检查工作。在条件具备的情况下，积极探索测绘工程监理模式，通过创新质量管理理念、丰富质量监督检查手段，加大监督检查的力度、广度与频度，营造有利于质量管理工作的良好态势和社会氛围，以进一步提高全行业测绘地理信息成果的质量。

（二）加强重大测绘工程项目的质检。各级测绘地理信息行政主管部门要加强国家重大测绘工程、省级重点测绘工程以及基础测绘成果的质量检验工作，开展好基础测绘成果的强制检验工作。对国家层面的基础测绘和重大工程项目质检，由国家测绘地理信息局主导，主要依靠国家测绘产品质量检验测试中心、各省质检站、质检专家库专家共同开展工作，切实把好国家基础测绘和重大工程的质量关。对地方层面的基础测绘和重大工程项目质检，省级的测绘地理信息行政主管部门要加强组织领导，充分发挥地方质检机构的作用，强化验收检验环节，确保成果质量。

（三）健全法律法规和标准。国家测绘地理信息局将进一步加强测绘地理信息质量统一监管的法制建设，加快《测绘地理信息质量管理条例》立法调研，完善《测绘地理信息质量监督管理办法》，开展《测绘计量管理暂行办法》修订，推进适应测绘地理信息工作的质量检验收费标准出台，指导各地出台地方测绘地理信息质量监督管理办法。加快建立与信息化测绘体系相适应的质量标准体系，制修订一批急需的产品和质检标准，解决测绘地理信息标准建设相对滞后的问题。各省级测绘地理信息行政主管部门要根据当地实际情况，建立健全地方测绘地理信息质量管理制度。共同建立和健全质量管理制度和标准体系，为质量监督营造良好的政策法规环境。

（四）完善质量管理体制机制。各级测绘地理信息行政主管部门是质量管理的主体，各级质检机构是成果质量统一监管的支撑和抓手。各省级测绘地理信息行政主管部门要抓住时机，结合当地实际情况，加快开展市县级测绘地理信息质量管理机构的建设工作，按照分级分类的测绘地理信息质量监督管理体制，自上而下地逐步健全测绘地理信息质量管理机构，积极推进市级质检机构建设。国家测绘产品质量检验测试中心要充分发挥好在测绘地理信息质量保障和质检科技创新方面的表率、引领和带头作用，密切与地方质检机构的关系，加强指导，形成合力。各地质检机构要积极配合国家测绘产品质量检验测试中心组织开展的全国测绘地理信息成果监督检查等专项行动，及时反映问题，提出对策建议，共同推进各项质检工作的顺利实施。各级测绘地理信息行政主管部门的行业管理部门要把成果质量与测绘资质年审挂钩，将测绘资质年度注册、资质跟踪监管等工作与质检工作相结合，质检结果直接用于测绘资质升降级、业务范围增减、信用状况考核等，将成果质量管理工作落到实处。各级测绘地理信息行政主管部门的科技管理部门、学会和协会要把成果质量与评奖评优挂钩，申报测绘项目成果评优的项目必须是经过测绘地理信息质检专业机构检验合格的项目。通过质检工作与管理工作的有机结合，达到强化测绘地理信息质量统一监管、增强测绘地理信息质量意识和提高测绘管理水平的目的。

（五）加强质量控制体系基础设施建设，提高检查能力。各级测绘地理信息行政主管部门要加强本地区质量控制体系基础设施建设和管理，对本地区基线场、仪检设备的开展检查，对环境条件、精度水平不达标的要制定改造建设计划，增加投入，进一步充实高精度质量检验仪器设施以及软硬件系统，切实提高测绘计量基础设施建设水平。要加强与本级质量监督管理部门的沟通和协调，解决当地仪检站计量授权和检定资质问题，依法开展仪器检定工作。要加强质检技术开发经费支持力度，配合国家测绘产品质量检验测试中心开展测绘地理信息质检体系建设，提高质检技术水平。要充分发挥测绘地理信息成果在质检工作中的作用，支持本地质检站建立包括地名、行政区划、影像和影像特征点数据库建设，提升其信息化水平。要积极推进“测绘质量控制体系基础设施建设”专项立项工作，力争“十二五”期间对现有质检站、仪检站开展技术、环境改造，完善质量检验基础设施和测绘计量检定设施，填补测绘计量检定空白，全面提高仪检、质检能力和水平。

（六）加强人才培养，进一步提高质检人员业务水平。各级测绘地理信息行政主管部门要制定人才培养计划，全方位、分层次地组织开展测绘管理法律法规和政策、标准、质量管理、质检新技术等培训与交流，着力提升质量管理人员和质检人员的整体素质、技术水平和管理水平。国家测绘产品质量检验测试中心要充分利用公司、科研机构和大学等各方面的优势，定期举办质检仪检新技术培训班，加强对地方质检机构人员的业务培训。地方质检机构要定期对当地测绘地理信息从业单位的质检人员进行业务培训。通过全方位、多层次的人才培养，全面提高质检人员的业务水平，全流程把好成果质量关。

同志们，今年是“十二五”的开局之年，召开此次会议对于全面规划和部署“十二五”期间全国测绘地理信息质检和仪检工作具有重要意义。希望大家在会上畅所欲言、充分交流，为推动测绘地理信息质检和仪检工作再上一个大台阶献计献策。会议结束后，大家要及时向当地测绘地理信息行政主管部门汇报会议情况，认真落实会议精神。我相信，在大家的共同努力下，全国测绘地理信息质量工作必将取得新的、更大成绩，为推动测绘地理信息事业和地理信息产业又好又快发展做出新的更大贡献。

构建数字中国、监测地理国情
加快推进基础测绘地理信息事业跨越式发展

国家测绘地理信息局副局长李维森在全国基础测绘地理信息建设工作会议上的报告

2011 年 12 月 15 日

同志们：

上午好！

很高兴在这个寒冬时节，来到美丽温暖的椰树之城海口，召开全国基础测绘地理信息建设工作会议，与大家共商基础测绘地理信息发展大计。这次会议的主要任务是深入落实李克强副总理讲话精神，总结“十一五”全国基础测绘地理信息建设工作取得的成绩，贯彻《全国基础测绘“十二五”规划》，部署“十二五”全国基础测绘地理信息建设的主要任务，推动基础测绘地理信息实现新跨越、再上新台阶，全面提升测绘地理信息保障能力和服务水平。

我讲三个方面的意见，供大家讨论。

一、“十一五”工作成绩和经验

“十一五”期间，广大干部职工大力弘扬“热爱祖国、忠诚事业、艰苦奋斗、无私奉献”的测绘精神，紧紧把握构建数字中国、丰富地理信息资源这根主线，解放思想、开拓创新，推动基础测绘地理信息事业取得重大突破，基础地理信息资源建设实现历史性跨越，1∶5 万基础地理信息全国“一张图”全面建成，可以说数字中国地理空间框架已初步实现。紧密围绕党和国家工作大局，富有成效地

开展了测绘地理信息保障服务，树立了形象，提升了地位，扩大了影响，取得了新跨越、新突破、新成就。

（一）1:5 万更新工程内容丰富现势性提高

为大幅缩小 1:5 万数据库内容与现势性同经济社会发展实际需求间的差距，自 2006 年起，以国家测绘地理信息局为主、军地测绘部门共建、全国 31 个省（区、市）测绘地理信息部门参加，实施了国家 1:5 万数据库更新工程，完成了 19150 幅 1:5 万基础地理信息数据的全面更新，要素由原来的 101 类增加到 437 类，极大丰富了数据内容，现势性整体达到 2006 年以后。通过实施国家 1:5 万数据库更新工程，实现了 1:5 万地形图数据的“从有到优、从旧到新”，探索了基础地理信息优势互补、资源共享、协同更新的新模式，大大提升了信息的适用程度。

（二）西部测图工程突破历史填补空白

为满足西部大开发战略实施的要求，自 2006 年起，在国家测绘地理信息局的精心组织下，在有关部门和地方政府的鼎力支持下，测绘地理信息建设者顽强拼搏、共同努力，野外行程约 1800 万公里，战胜了高原缺氧、生命禁区等诸多恶劣条件的挑战，完成了 5032 幅 1:5 万地形图的测绘任务，建立了西部 1:5 万基础地理信息数据库，建成了服务西部 6 省区的 7 个基础地理信息公共平台及相应的图集图件，形成一批自主创新成果，实现了“四创新，一创优”的工程建设目标。通过实施国家西部测图工程，填补了西部 1:5 万地形图空白区，历史上首次实现了 1:5 万地形图对我国陆地国土的全面覆盖，是中国测绘地理信息发展史上的重要里程碑。

（三）海岛礁测绘工程攻坚克难积极推进

海岛礁是划分领海的重要依据，是实施国家海洋战略的重要基础。“十一五”期间，国家测绘地理信息局会同有关部门，实施了海岛礁测绘工程，克服了外业环境复杂、工程任务量大、技术难度高等困难，取得了显著的进展。目前，大地控制网的选建、观测基本完成，航摄工作、跨海高程传递等任务大部分已经结束，海岛礁测图正在加快实施。海岛礁测绘工程的实施，标志着基础测绘地理信息工作实现了由陆地向海洋的战略拓展。

（四）省级基础测绘加快发展成效显著

现代测绘基准体系建设取得长足进展，全国已有 22 个省（区、市）开展了实时定位精度达厘米级的卫星导航定位连续运行基准站网建设，其中 19 个省（区、市）已完成此项工作并提供服务，此项工作走到了国家局前面；有 26 个省（区、市）开展了似大地水准面精化工作，其中 25 个已经完成精化工作，23 个精度达到厘米级；结合似大地水准面精化，大部分省份开展了 GPS C 级网建设和三等水准联测工作；各省份正陆续启动 2000 国家大地坐标系推广使用工作，甘肃、浙江、山东等省份已经基本完成省级基础测绘成果向 2000 坐标系转换。

基础地理信息资源不断丰富，1:1 万基础地理信息已覆盖约 462 万平方千米陆地国土，20 个省（区、市）实现了全域覆盖。各省（区、市）全部启动省级 1:1 万数据库建设，其中 11 个已经建成。1:2000 或更大比例尺基础地理信息数据覆盖了大多数市县城市规划区，市级 1:2000 或更大比例尺的基础地理信息数据库建设陆续启动。经济发达的省、直辖市开展了 1:1 万数据库的快速更新，其中北京、天津、上海、江苏、浙江等省市实现了按需适时更新。

（五）数字城市建设全面推广精彩纷呈

“十一五”期间，国家测绘地理信息局将数字城市作为“牛鼻子”工程大力推进。目前全国已有 29 个省（区、市）的 230 多个城市开展了数字城市建设，110 多个城市已经建成，成果已在 30 多个领域、众多专业部门以及人民群众生活中得到广泛应用，不仅在推进城市信息化，提高管理决策效率、提升城市管理水平、提升人民生活质量、展示城市靓丽形象等方面发挥了重要作用，同时也通过国家和地方合作共建数字城市，密切了各级基础测绘地理信息之间的联系，实现了市县基础测绘地理信息投入快速增加、管理机构和职责进一步充实、技术力量不断进步，带动了市县基础测绘地理信息的跨越式发展。

（六）新农村测绘保障服务成效显著

国家测绘地理信息局根据中央关于推进社会主义新农村建设的战略部署和要求，统筹规划、统一部署，从 2007－2011 年，连续开展了新农村建设测绘保障服务，累计测绘各类地形图和影像地图 10 万余幅、编制专题地图 400 余种、建设县域基础地理信息平台、开发涉农地理信息服务系统等，带动了各省区“一县一图”、“一乡一图”、“一村一图”工作的开展，缓解了全国农村地区测绘成果短缺与更新缓慢的问题，为新农村建设规划、生态环境治理、基本农田保护、农村信息化建设、防灾减灾、农村旅游开发、涉农重大工程建设以及丰富农民的物质文化生活等提供了快捷、经济、实用的测绘地理信息保障服务。

（七）应急救灾测绘行动迅速保障有力

在汶川特大地震、玉树强烈地震、舟曲特大山洪泥石流、西南旱灾、南方水灾等一系列重大自然灾害的抢险救灾及灾后重建中，广大测绘地理信息工作者讲政治、讲大局、讲奉献，以对党、对人民、对事业高度负责的精神冲锋在前，第一时间获取和制作遥感影像，第一时间提供给应急工作使用，为了解灾情、指挥决策、抢险救灾、灾后重建等，发挥了不可替代的特殊作用，彰显了基础测绘地理信息工作的重要性，在社会上引起强烈反响。各级测绘地理信息主管部门还不断加强应急保障能力建设，全国有30个省级测绘地理信息行政主管部门配备了无人飞机航摄系统，有7个省区配备了应急监测车，极大的提升了实时监测和应对自然灾害和环境变化的能力。

（八）落实重大决策积极高效成果丰富

根据党中央、国务院对推进西藏、新疆跨越式发展的战略部署，国家测绘地理信息局集全测绘之智、尽全测绘之责、举全测绘之力，通过资金补助、项目倾斜、人才支援、技术支持、成果提供等多种手段，支持西藏、新疆测绘地理信息工作，为当地经济社会发展、人民生活和信息化建设提供了重要支撑，充实了地理信息资源战略储备，西藏、新疆测绘地理信息工作有了长足发展。经过与国家发改委、财政部积极协调，明确将基础测绘建设内容纳入中央关于推进西藏、新疆跨越式发展的有关文件中，为“十二五”西藏基础测绘地理信息建设争取到中央财政资金1亿元。与新疆自治区政府联合立项加快新疆基础测绘步伐，目前项目正在协调之中。配合国家西部大开发、振兴东北、中部崛起等一系列区域发展战略的实施，与海南、湖北、福建、江西、四川、江苏等地方政府开展战略合作，因地制宜的提供技术、设备、经费、人员培训等方面支持，为区域协调发展提供保障服务，取得了显著成效。

（九）“老、少、边”基础测绘专项支持效益凸显

从2006年开始，国家测绘地理信息局在有关部门的大力支持下，中央财政设立“边远地区、少数民族地区基础测绘专项补助经费”，专门用于支持边远地区、少数民族地区基础测绘地理信息工作。在财政部的大力支持下和各级测绘地理信息部门的共同努力下，经费不断增加、支持范围不断扩大。六年来，中央财政累计安排资金2.4亿，共支持107个基础测绘地理信息项目，初步满足了边远少数民族地区经济社会发展的迫切需求，有效调动了地方建立基础测绘稳定投入机制的积极性，为开拓基础测绘地理信息服务保障领域和范围进行了有益探索，经济效益和社会效益不断显现。

（十）地理国情监测试点扎实起步成效初显

地理国情监测是新时期经济社会发展对测绘地理信息工作提出的新要求，是测绘地理信息部门主动服务科学发展的重要途径。为使地理国情监测工作能够全面、有序、顺利的开展，国家测绘地理信息局早谋划、早准备，选取了国家基础地理信息中心、中国测绘科学研究院、陕西省、浙江省、齐齐哈尔市、抚顺市、四川汶川地震核心灾区等具有较好基础的地区，开展了国家、省、市（区域）三级地理国情监测试点工作。结合试点区域特点、需求情况，因地制宜的确定监测内容及分类指标，研究地理国情监测信息获取、统计、分析的技术方法和工艺流程，探讨地理国情监测信息会商审核、报批发布的工作机制。通过试点试验，不断积累经验、完善机制、优化方法，为全面开展地理国情监测工作探索了可遵循的示范和借鉴模式。

回顾“十一五”基础测绘地理信息发展，我们有以下几点体会：

一是抓好重大工程实施是实现基础测绘地理信息跨越式发展的重要途径。“十一五”期间，国家测绘地理信息局组织实施了西部测图工程、1∶5万数据库更新工程、海岛礁测绘工程等一大批重大项目。重大项目的实施，对于丰富地理信息资源、提升建设能力、带动事业跨越发展、满足经济社会发展的保障服务需求发挥了重要作用。

二是抓好试点示范项目是探索基础测绘地理信息发展新渠道的重要方法。通过开展数字城市建设、新农村建设测绘保障示范项目建设，我们用有限的资金极大地拉动了地方政府对基础测绘地理信息建设的投资，促进管理机构的健全、管理职责的落实、技术队伍的壮大，总结出了可以在全国推广的新模式，推动了市县基础测绘地理信息的快速发展。

三是服务发展大局是赢得基础测绘地理信息发展良好环境的坚实基础。我们始终把基础测绘地理

信息放在党和国家工作大局中来谋划和推动，针对区域发展战略、援藏援疆、应急救灾等重大任务开展工作，彰显了基础测绘地理信息工作的价值，得到了党和国家的重视、相关部门的认可、人民群众的好评。实践证明，只有围绕中心、服务大局，才能不断开拓基础测绘地理信息更加广阔的发展空间。

“十一五”基础测绘地理信息能够实现历史性的飞跃，得益于党中央、国务院的高度重视，得益于国家测绘地理信息局党组的正确领导，得益于各级测绘地理信息部门坚强有力的组织协调，得益于广大干部职工的艰苦努力和无私奉献。在此，我代表国家测绘地理信息局向全国广大测绘地理信息干部职工表示衷心的感谢!

与此同时，我们必须清醒的意识到，由于受经费投入、装备条件和技术水平等方面的制约和影响，与国际发展态势以及与我国经济社会发展的需求相比，我国基础测绘地理信息发展还存在一些问题亟待解决，主要表现在基础测绘地理信息发展区域不平衡，覆盖范围、内容丰富程度和更新速度与实际需求仍有较大差距，全国卫星定位连续运行参考站网建设统筹规划和统一协调力度不够，航空航天卫星影像获取处理能力仍是瓶颈。这些问题需要我们在今后的工作中深入研究、统筹谋划、系统设计、尽快解决。

二、“十二五”工作目标和主要任务

站在新的历史起点，面对难得的发展机遇，“十二五”基础测绘地理信息建设必须以邓小平理论和“三个代表”重要思想为指导，以科学发展观为统领，深入贯彻落实李克强副总理的讲话精神，按照《国务院关于加强测绘工作的意见》、《全国基础测绘中长期规划纲要》和《全国基础测绘“十二五”规划》的要求，准确把握“构建数字中国、监测地理国情，发展壮大产业、建设测绘强国”的发展方向，坚持“需求牵引、统筹规划，科学安排、协调发展，共建共享、上下联动，重点突破、示范带动”的原则，强力推进基础测绘地理信息建设，力争到2015年实现以下目标：

在现代测绘基准体系建设方面，建成覆盖全国、陆海统一的新一代高精度、三维、动态、多功能现代测绘基准体系，形成相应的社会化服务能力；在基础地理信息资源建设方面，国家、省和地级市三级的基础地理信息数据库建设全面完成，实现标准统一、互联互通、资源共享、覆盖全国的基础地理信息数据，实现对不同尺度的基础地理信息数据动态更新与定期发布；在地理国情监测方面，通过开展地理国情普查和典型、重要地理国情监测，逐步实现地理国情监测业务化、规范化、常态化。

按照以上总体要求，“十二五”期间应着力做好以下重点工作：

（一）加快实施1:5万数据库动态更新

“十二五”期间，1:5万数据库更新要以最大限度满足经济社会发展对高现势性地理信息资源的需求为出发点，充分利用国家与地方测绘地理信息部门、专业部门的数据与技术资源，纵向协同，横向共享，建立适于我国国情、应需适时更新的业务模式和技术体系。从明年开始，结合地理国情普查工作，以直属局分片负责、地方局配合，采用内业航空航天影像信息判读、整合专业现势资料辅以外业调绘的更新方式，分区分片对水系、居民地、交通、地名、行政区划等重点要素进行动态更新，数据现势性保持1年以内，每年推出1:5万数据库更新版。“十二五”后两年，在重点要素动态更新成果的基础上，以省级1:1万更新成果缩编更新国家1:5万数据为主，实现1:5万数据库全面更新1次。加快建设高现势性、多分辨率、多时相的国家基础遥感影像数据库和高精度影像控制点数据库，2.5米或5米分辨率数字正射影像数据2年覆盖全部陆地国土1遍，1米分辨率数字正射影像数据4年覆盖陆地国土约660万平方千米。此外，“十二五”期间还将利用1:5万更新成果，联动更新1:25万、1:100万数据库二次，1:25万、1:100万数据库重点要素现势性保持在2年以内。

（二）大力推动1:1万数据库改造与联动更新

1:1万数据库是数字省区的核心，是国家1:5万数据库更新的重要信息源。目前，省级1:1万数据库建设与更新在数据和要素内容、数据库结构、现势性、技术方法和实施进度等方面存在较大的差异，对于实现全国1:1万或多尺度基础地理信息的整合与充分利用，以及相互之间的联动更新尚有一定难度，不能很好地满足全国经济建设和社会发展的迫切需求。“十二五”要加快1:1万数据库的改造与更新，全面完成数据库建设。1:1万数据库的成果形式和指标要求，应充分考虑纵向（国家级－省级－市级）和横向（省级之间）的统一和关联，从数据结构、要素表达、属性定义等方面要保持规范一致，数据库建设应以数字正射影像数据、地形要素数据、数字高程模型数据、地形图制图数据等基础4D成果为主，兼顾其他应用需求，对成果内容进行扩充扩展。1:1万数据库的更新应在继承中创新发展，逐步建立适用于1:1万数据库更新的组织结构、业务模式、技术方法、作业流程、生产工艺等，形成快速、高效的更新生产体系，建立国、省、地市联动更新的机制，实现基础地理信息的动态持续更新。

（三）扎实推进地理国情监测

“十二五”期间，通过中央和地方协作，开展重要地理国情信息普查，重要、典型地理国情监测等工作，使地理国情监测成为一项经常性业务。

一是开展重要地理国情信息普查。用两年左右的时间，以现有国家1:5万、1:1万数据成果为基础，利用多源高分辨率航空航天遥感数据，对地形地貌、植被覆盖、水域与湿地、冰川与永久积雪、荒漠与裸露地、交通网络、居民地与设施、地理界线等地理国情要素现状进行普查。结合相关的经济社会数据，调查我国自然和人文地理要素信息现状，获取准确、客观、翔实的地理国情普查数据，最终形成统一时点、内容全面、权威准确的重要地理国情普查成果。

二是开展重要地理国情信息监测。以重要地理国情信息普查成果为基础，利用多源高分辨率遥感数据，充分结合外业调查数据、相关历史数据、专业部门的成果资料，开展重要地理国情信息的定量化、空间化监测。基于多种地理单元，统计重要地理国情信息的动态变化量、分布变化等信息，分析其变化趋势、变化规律等，生成内容丰富、形式多样、准确权威的系列重要地理国情监测图、监测报告等。

三是开展典型地理国情信息监测。以重要地理国情信息普查成果为基底，依据国家发展的总体部署和战略规划，特别是针对《我国国民经济和社会发展十二五规划纲要》、《全国主体功能区规划》等对主体功能区、城镇化发展、生态环境保护、重大战略和重大工程实施的要求，选择主体功能区规划实施效果、城市发展变化、重点区域地表形变、主要农业大宗产品优势产区作物种植等典型的地理国情信息开展监测，准确掌握典型地理国情的变化信息，实现从宏观到精细、从静态到动态的定量化、空间化监测，形成科学客观、内容丰富、形式多样的地理国情监测成果。

（四）加快构建现代化测绘基准体系

现代化测绘基准体系建设是测绘地理信息事业发展和产业繁荣壮大不可或缺的基础条件。“十二五”，要以现代测绘基准体系基础设施建设项目为抓手，加快构建现代化测绘基准体系。

一是要加快现代测绘基准体系基础设施建设。通过实施现代测绘基准建设项目和海岛礁测绘工程，形成国家卫星导航定位连续运行基准站网、国家高精度大地控制网、新一代国家高程控制网和新一代国家高分辨率重力控制网，各省（区、市）要积极配合两个重大测绘工程的实施，在征地、建设、维护、安全等方面给予支持。各省（区、市）要积极推进覆盖辖区、实时定位精度达厘米级的省级卫星导航定位连续运行基准站网建设，未开展此项工作的，要积极与有关部门沟通协调，尽快启动建设工作，已开展的，要根据实际需要，加密和完善建设规模，不断改善设备和通讯条件，确保稳定运行和功能提升；要在国家一等水准路线基础上，根据本地区需要，加密二、三、四等高程控制网；完成空白区域的似大地水准面精化工作，对已开展的地区要进一步优化提升精度。通过共同努力，到“十二五”末期基本建成覆盖全国、陆海统一、高精度、三维、动态的新一代测绘基准体系。

二是要统筹构建全国卫星导航定位连续运行基准站服务网络。以国家级卫星导航定位连续运行基准站网为基础，统筹省级卫星导航定位连续运行基准站网，构建由2500个基准站点构成的全国卫星导航定位连续运行基准站网服务网络。建立健全体制机制，积极探索国家与省级、省级之间的相互协作、共同服务的模式，在全国绝大部分地区实现全天候、无缝、厘米级精度的实时定位服务，为基础测绘地理信息、重大工程、应急救灾等提供跨区域的导航定位服务和事后精密数据处理服务。要切实履行测绘地理信息监督管理职责，建立监督机制，制定具体措施，加强对辖区内各行业卫星导航定位连续运行基准站网建设和服务的监管。

（五）切实加强2000国家大地坐标系推广应用

按照国务院批准的计划，要在2016年基本完成原有国家大地坐标系向2000坐标系的转换工作，过渡期后将全面采用2000坐标系。“十二五”期间是2000坐标系推广使用的关键时期，各省（区、市）要加强对本地区此项工作的领导和组织实施。此项工作进展缓慢的省区，要成立相应的组织领导和实施机构，制定实施细则，落实责任，加快2000坐标系的推广应用工作，确保按照国务院的统一时间完成此项工作；要尽快组织实施2000坐标系下本级1:1万地形图生产、控制点成果与基础地理信息系统转换等工作，向社会提供基于新坐标系的测绘成果服务；要积极指导市县级测绘地理信息部门，结合2000坐标系的推广使用，进一步加强对独立坐标系的清理和管理，促进测绘基准建设的统一化、标准化和科学化；要加强宣传，主动服务，为行业部门使用2000坐标系提供技术支持，确保2000坐标系在行业部门推得动、用得好。

（六）全面推广数字城市和数字省区建设

“十二五”期间要继续把数字城市作为牛鼻子工程加快推进，力争用两至三年的时间，完成全国330余个地级市和有条件的县级市的数字城市建设。数字城市不仅要建起来，还要维护好、用得住、效益好。要通过各种对地观测平台和数据来源，实时、准实时地更新数据内容，不断完善系统功能，加大应用推广力度，实现数字城市公众服务系统与天地图的互联互通，保持数字城市持续、有效运行，不断提高数字城市的生命力。要加大数字城市宣传力度，努力拓展应用领域和服务范围，深化应用层次，不断提高应用水平，让政府满意、让部门满意、让人民满意。

数字省区建设在构建数字中国工作中起着承上启下的关键作用，是省级基础测绘地理信息建设工作的核心。先期开展数字省区建设的海南、湖北、黑龙江等省区，在政策、任务、资金、队伍、技术等方面得到了国家局和地方政府的大力支持，全面带动了省区基础测绘地理信息事业的快速发展。“十二五”国家测绘地理信息局将总结经验，继续加大数字省区示范工程建设的推广力度，鼓励条件成熟的省区通过省部合作共建的方式开展数字省区建设，力争到“十二五”末期全国数字省区建设工作能够全面展开，建成一批数字省区，为构建结构完整、功能完善的数字中国夯实基础。

（七）加快完成海岛礁测绘工程

“十二五”期间，要加快海岛礁测绘一期工程的实施进度，尽快完成卫星定位连续运行站的建设和观测工作，构建完整的海岛（礁）测绘基准体系，推进我国海岛测图与海岛（礁）系列地图的编制工作，完成1:2000和1:5000海岛测图任务，综合利用现代地理信息集成处理技术，建立我国海岛（礁）基础地理信息服务系统。

在一期工程加快实施的基础上，要加大二期工程的申报力度，对二期工程的建设目标、工程规模和内容、技术路线和方案、经费概算等要尽可能细化。要积极主动地同国家发展改革委和财政部的沟通，按照主管部门的要求，做好申报材料的编制工作，使二期工程能够尽早审批，争取早日建成与陆地一致、覆盖我国海洋国土的海岛（礁）测绘基准，完成我国主张管辖海域范围内海岛（礁）识别定位和海岛测图任务。

（八）加大航空航天遥感影像获取力度

“十二五”期间，基础航空摄影计划新增覆盖国土面积834万平方千米。充分利用“天绘一号”、“资源三号”等国产卫星资源，获取高分辨率卫星遥感影像（分辨率优于2米）覆盖全国陆地及海洋1167万平方千米，中分辨率卫星遥感影像（分辨率2－10米）实现覆盖全国陆地及海洋3440万平方千米，低分辨率卫星遥感影像（分辨率低于10米）实现覆盖全国陆地及海洋13377万平方千米，高分辨率遥感影像的自给率达到30%。加强国家基础航空摄影计划执行监督和过程质量控制，开展项目实施及其成果应用的追踪问效工作，提高项目资金和成果资料使用效益。凡成果使用率小于60%的行政区域，原则上不接受新的项目申请计划。加强基础航空摄影项目实施管理，完善约束机制，探索基础航空摄影项目实施“代建制”，解决基础航空摄影项目实施过程中的超投资、超期限等问题。

三、措施与要求

基础测绘地理信息是事业发展的基石，事关发展全局。各地、各单位要高度重视，不断完善保障措施，强化支撑条件，为基础测绘地理信息更好更快发展奠定坚实基础。

（一）加强组织领导

各地、各单位要以科学发展观为统领，树立全国一盘棋的思想，着眼大局，认清形势，把握方向，结合实际，进一步明确本地区基础测绘地理信息建设的总体思路和工作重点，精心组织，强化措施，努力开创新局面。要深入基层，加强调查研究，强化对基础测绘地理信息建设的统筹协调和具体指导，强化政策支持，形成基础测绘地理信息建设合力。坚持按需测绘，建立有效的需求会商协调机制，优先安排需求量大而且迫切的基础测绘项目。加强基础测绘项目管理，完善项目管理办法，健全项目实施监督管理和绩效评估机制。结合本地实际，探索建立具有地方特色的基础地理信息更新机制。加强同本级政府应急管理部门的联系和沟通，建立健全基础测绘应急保障机制。

（二）加强统筹协调

加强国家与地方间的统筹，汇聚力量，做大做强基础测绘地理信息工作。要进一步强化规划计划管理，强化各级基础测绘地理信息发展“十二五”规划的衔接，建立起规划、年度计划、工程项目和预算相互有机衔接的定期协调机制，强化规划、计划执行情况的绩效评估。“十二五”期间，国家基础地理信息数据的更新、地理国情监测、现代测绘基准体系基础设施建设等一列项目的实施，都需要在国家与地方测绘部门的共同协作下完成。要紧紧围绕构建数字中国、监测地理国情这条主线，在队伍、装备、资金等资源的统筹配置和合理利用方面，通过不断的摸索和深入的研究，形成既不违背分级管理体制、又能使生产力得到最充分释放的常态化的工作机制。协调全国遥感影像资源的共享交流，实施遥感影像产品的统一分发，实现“一摄多用”和“一购多用”。要大力加强基础地理信息建设部门间沟通协调，切实推进与其他部门之间的信息共享机制的建立，充分高效利用各部门的地理信息资源。深入推进军地测绘地理信息部门在项目建设、成果共享、应急测绘、资源建设、卫星应用等方面的合作和共享。

（三）加强质量监管

要根据新时期测绘地理信息生产的特点，科学有效地确定质量控制关键环节，制定过程质量、成果质量控制方法和评价体系，并通过实践予以逐步完善。进一步加强对“两级检查、一级验收”生产质量管理制度执行情况的监督检查，进一步落实成果质量责任制，从源头上控制成果质量。要加强对与人民生活密切相关、社会关注热点的地理信息产品的质量监督检查工作。在条件具备的情况下，积极探索测绘工程监理模式，通过创新质量管理理念、丰富质量监督检查手段，加大监督检查的力度、广度与频度，营造有利于质量管理工作的良好态势和社会氛围，以进一步提高全行业测绘地理信息成果的质量。要加强国家、省级重点测绘地理信息工程以及基础测绘地理信息成果的质量检验工作，开展好基础测绘地理信息成果的强制检验工作。

（四）加强应急装备建设

技术决定水平，装备决定能力，服务决定地位。针对测绘地理信息应急保障服务任务越来越繁重的现实，要进一步加强应急装备能力建设，不断拓展测绘地理信息服务保障的深度和广度。要认真总结无人飞机航摄系统推广经验，科学谋划下一阶段推广应用工作，进一步加大无人飞机航摄系统推广覆盖面，使无人飞机航摄系统推广应用继续深入。加快地理信息应急监测车的装配工作步伐，进一步丰富应急测绘数据获取手段。要加强无人飞机航摄系统应用人员和应急监测车等装备应用人员的技术培训，既要保障装备到位，又要保证熟练操作。无人飞机航摄系统和应急监测车配备后，要善于使用，平战结合，不断熟练技术、发现问题、积累经验，建成一支专业的应急测绘数据获取服务队伍，关键时刻能够做到召之即来、来之能战、战之能胜。

（五）加强人才队伍建设

当前，基础测绘地理信息的工作任务较以前发生较大变化，迫切需要根据新的形势和新的要求，加快进行队伍优化布局和调整。要结合新时期基础测绘地理信息产品更新快、任务新、范围广的特点，以国家推进事业单位改革调整为契机，加快完成队伍的调整，借鉴现代测绘企业成功的管理模式，创新管理方式，加快调整生产的组织方式、队伍结构、技术手段，提升基础测绘地理信息的生产能力。针对基础测绘地理信息项目建设呈现复杂程度高、规模大、参建单位多、涉及部门广、管理难度大、成本控制严等特点，应加大高层次、经验丰富的项目管理人才的培养。最终形成一支组织管理科学、人才结构合理、生产服务高效、适应能力强的高素质基础测绘地理信息队伍。

（六）加强安全生产

安全生产事关测绘职工生命财产安全，事关测绘地理信息事业健康稳定发展。当前海岛礁测绘工程正在全面实施，现代测绘基准建设项目、1:5 万动态更新、地理国情监测等重大项目即将启动，各项工作对安全生产提出了更高的要求。各级领导务必高度重视安全生产工作，牢固树立“安全生产责任重于泰山”的思想，以对事业负责、对职工负责的高度责任感，强化组织管理，落实安全生产责任制。各单位执行测绘生产任务时，要针对具体环境，结合已有的管理制度、规程，制定切合实际的安全规定和应急预案，要重点加强外业出测前的交通工具、通讯设施、生活用品的检查维修，强化安全生产教育培训，开展应急演练，切实提高安全防范和自我保护能力，确保测绘地理信息各项工作的顺利开展。

同志们，基础测绘地理信息建设责任重大、使命光荣、任务艰巨。我们要以科学发展观为统领，以更加创新的精神、更加昂扬的斗志、更加振奋的精神、更加扎实的工作，加快全国基础测绘地理信息建设步伐，为尽快全面实现“构建数字中国、监测地理国情，发展壮大产业、建设测绘强国”的战略目标而努力奋斗！

谢谢大家！

国家测绘局副局长宋超智
在全国地理信息市场专项整治工作“回头看”行动培训班上的讲话

2011 年 3 月 30 日

同志们：

今天，国家测绘局在这里举办全国地理信息市场专项整治工作“回头看”行动培训班，进一步统一思想、明确任务、落实责任，确保“回头看”行动取得实效。国家测绘局对举办这次培训班十分重视，徐德明局长会前专门作了批示。为确保培训效果，我们邀请到有关部委的领导和专家出席并作专题辅导，国家测绘局有关司（室）和所属单位的同志将为大家解读“回头看”行动工作要点、涉外测绘和地图管理法规政策以及相关地图知识。这次培训班的报名和参加情况都十分踊跃，充分说明了大家对“回头看”行动的大力支持。借此机会，我讲三点意见，供大家参考。

一、充分认识“回头看”行动的重要意义

近年来，我国地理信息市场发展十分迅猛，产业规模不断扩大，从业人员迅速增加，服务形式日益丰富，较好地满足了经济社会发展和人民生活的需求。与此同时，地理信息安全问题也凸现出来，“涉证、涉网、涉密、涉外、涉军”等违法违规行为屡有发生，特别是互联网载体具有的传播无界、即时互动、隐蔽难控等特点，成为地理信息泄密和问题地图的频发领域。2009－2010 年，国家测绘局等七部委联合开展了全国地理信息市场秩序专项整治工作，遏制了地理信息市场违法行为，有效维护了国家安全和利益，有效维护了合法经营者的权益，集中整治工作取得了阶段性成果。但我们也清醒地看到，由于法制观念的淡薄和受经济利益的驱使，一些地方“涉外、涉密、涉军”等违法测绘行为仍时有发生，未取得资质或超越资质许可范围从事测绘活动的行为仍经常出现，特别是互联网问题地图还比较多见，这些问题扰乱了地理信息市场秩序，损害了国家安全和公众利益，阻碍了地理信息产业健康发展。为此，全国地理信息市场专项整治工作领导小组于去年底召开专门会议，决定于 2011 年 1 月至 7 月，在全国开展地理信息市场专项整治工作“回头看”行动，目的就是全面清查地理信息市场违法违规行为，完善部门联合监管机制，巩固专项整治工作成果，促进我国地理信息产业健康发展。

这次“回头看”行动的工作重点，是对网上地理信息和地图服务、涉外科学研究和工程建设中的测绘项目进行清查，对存在的问题进行处理。由于这项工作时间紧、任务重、范围广、政策强、要求高，对各级测绘行政管理队伍而言，是一次作风和能力的全面考验。各级测绘行政主管部门要站在讲政治、讲大局的高度，充分认识到这项工作是净化地理信息市场、优化测绘发展环境的重要举措，把思想和行动统一到国家测绘局的部署和要求上来，增强责任感和紧迫感，树立必胜信念，打好“回头看”行动这场硬仗。

二、“回头看”行动开局良好和进展顺利

2010 年 11 月，全国地理信息市场专项整治工作领导小组印发开展“回头看”行动的通知以来，国家测绘局主要做了以下四个方面的工作：一是及时动员部署。2011 年 1 月，全国整治办召开了第十次会议，研究部署“回头看”行动和今后一个时期的地理信息市场监管工作。3 月，全国整治办印发了“回头看”行动工作要点，目前，11 个省级测绘行政主管部门已经部署开展“回头看”行动。二是抓紧资质认证。国家测绘局采用技术手段，初步摸清了从事互联网地图服务的网站底数，本着边发展、边规范的思路，要求各地抓紧开展互联网地图服务测绘资质审查，最大化地将从业单位纳入法制化管理轨道。目前，共已批准近200家单位取得互联网地图服务测绘资质。三是加快立法步伐。国家测绘局主动与国务院有关部门加强沟通协商，多次与国务院法制办商谈工作，加速《地图管理条例》立法进程，力争将互联网地图服务纳入该条例，由部门规章上升为行政法规。四是开展警示教育。2011年1月，国家测绘局联合中央电视台，结合3起涉外测绘违法案件，策划制作了一期焦点访谈节目——《警惕身边的泄密》，社会反响热烈，起到了警示教育的效果。今年4月份，将联合新闻媒体，通报2010年度测绘违法典型案件。

三、对开展“回头看”行动的几点要求

（一）加强组织领导。各地要把“回头看”行动摆到突出位置，尚未部署“回头看”行动的地方，要抓紧制定工作方案，尽快组织实施。要将“回头看”目标任务细化到每个部门、每个环节。要抽调精兵强将组成工作班子，明确分管领导、工作机构和承办人员，保障工作经费、执法装备和工作条件。“回头看”行动的重点在大中型城市、难点在市县，各省级测绘行政主管部门要切实抓住重点和难点，克服“不好管、不想管、不敢管”的思想，增强做好“回头看”行动的信心。

（二）突出检查重点。“回头看”行动的清查治理重点，是网上地理信息和地图服务、涉外科学研究和工程建设中的测绘项目。各地要按照《全国地理信息市场专项整治“回头看”行动工作要点》确定的范围，按照“谁清查，谁负责”的属地管理原则，全面进行排查，找准突出问题，确保不留死角、不走过场。对于检查中发现的问题，要完整、准确地填写检查记录表，及时上报和处理。对清查中出现“零问题”的地方，省级测绘行政主管部门要组织力量进行抽查。对组织领导缺位、方法措施乏力、工作敷衍塞责的地方，省级测绘行政主管部门要加大督促检查力度，确保“回头看”行动落到实处。国家测绘局将把“回头看”行动开展情况，纳入2011年度全国省级测绘行政主管部门贯彻落实科学发展观考评指标体系。

（三）深化部门协作。地理信息市场专项治理是一项系统工程，涉及多个部门、多个领域，只有相关部门协同作战，才能形成监管合力，任何一个环节出现问题，都会影响全局。各级测绘行政主管部门要主动牵头协调，积极配合地方安全、保密、工商、通信管理、新闻出版、军队等部门，开展各类专项检查和监管活动，建立健全分兵把口、无缝衔接的监管工作机制。要加快研究和完善地理信息市场的法规政策，加强信息共享，监管关口前移，使违法问题“早发现、早预防、早整治、早解决”，将地理信息市场监管由专项行动过渡到日常监管。

（四）依法处理案件。各地对清查出的问题，要根据事实、情节、后果和认识态度等，依法作出处理。要坚持“依法依纪、宽严相济”的原则，对主动改正错误，违法问题较轻的，要督促有关单位及时整改合格，把问题解决在清查处理阶段；对拒不改正错误、违法问题严重的，要从严处理，不手软，不姑息；对符合立案条件的，要坚决立案查处，特别是对那些案值较大、影响面广、情节恶劣的案件，要集中力量查处，一查到底；对跨地区、跨部门的案件，要加强地区和部门间的协作，开展联合办案；对涉嫌犯罪的，要及时移送司法机关处理。

（五）强化舆论宣传。“回头看”行动要抓好正反两个方面的典型，一方面，国家测绘局将公开曝光违法从事互联网地图服务的网站名单和涉外测绘违法典型案件；另一方面，将遴选各地开展“回头看”行动的好做法和好经验，广泛宣传，弘扬正气，典型引路，真正让守法诚信者安心，让违法乱纪者忧心。各地也要把“回头看”行动中查处的违法典型案件，适时向社会公布。各级测绘行政主管部门要善于应用报刊、网站、音视频等媒体，跟踪报道“回头看”行动。要通过设立专栏、公布举报电话和电子邮箱等形式，发挥社会监督力量，加强测绘法制宣传，营造“回头看”行动的宣传声势，扩大社会影响。

同志们，这次培训班安排紧凑、信息量大、针对性强，对于各地顺利开展“回头看”行动，具有重要指导意义。参加培训的各位同志，长期奋战在测绘行政管理工作的第一线，是开展“回头看”行动的骨干力量。希望大家珍惜学习机会，认真思考问题，准确把握政策，努力争做测绘行政管理工作的“政策通、活字典、多面手”，以饱满的态度、扎实的作风，推动“回头看”行动取得成效，为营造良好的地理信息市场环境，促进地理信息产业健康发展，做出应有的贡献！

国家测绘局副局长宋超智在中国测绘年鉴编制工作会议上的讲话

2011 年 4 月 19 日

同志们：

大家上午好!

在年鉴编制工作开展五年之际，今天，我们在湖南召开中国测绘年鉴编制工作暨业务培训会，总结五年来年鉴编制工作情况，交流经验，分析形势，明确任务，研究部署当前和今后一个时期的年鉴编制工作，在编委和通讯编辑的共同努力下，使年鉴编制工作在新的历史时期上一个新的台阶。在此，我代表国家测绘局、代表年鉴编委会主任徐德明局长，向参加会议的各位代表表示热烈的欢迎！下面，我谈三个方面的意见，供大家在讨论中参考。

一、中国测绘年鉴编制工作走过了不平凡的历程

年鉴是全面、系统、准确地记述事物运动、发展的资料性工具书，具有很强的客观性、知识性、严肃性、规范性和权威性。《中国测绘年鉴》是国家测绘局主管的行业年鉴，至今已连续出版五卷，记载了中国测绘事业发展五年来的历史。五年来，在国家测绘局党组的高度重视和正确领导以及各单位的大力支持下，通过全体年鉴编制工作者的共同努力，《中国测绘年鉴》编制工作取得了明显成效，在辅助决策、政务参阅、宣传测绘等方面发挥了不可替代的作用，成为了测绘部门与社会公众沟通的桥梁和纽带，展示了测绘部门良好形象的一个重要的窗口，为测绘事业的发展发挥了年鉴自身独特的作用。

年鉴编制工作启动之初，国家测绘局就对年鉴给出了三个明确的定位：第一，要把年鉴要办成一个查阅资料、法律法规等方面的工具书；第二，要把年鉴作为真实记录测绘发展轨迹的史料；第三，要把年鉴作为一个重要的宣传平台。五年来，在年鉴编纂委员会的指导支持、协调员和年鉴编辑部的组织协调以及通讯编辑的共同努力下，五部年鉴基本达到预期定位，编制工作取得了比较明显的成绩。突出体现在六个方面：

一是组织机构和规章制度进一步完善。国家测绘局党组在启动年鉴编纂工作伊始，就组建了年鉴编纂委员会和年鉴编辑部，年鉴编辑部设在国家测绘局管理信息中心，同时建立了覆盖全国测绘系统、测绘行业单位的通讯编辑队伍，为年鉴编制工作提供了必要的组织保障。为了加大对年鉴的宣传，扩大年鉴的社会影响力，2009 年又组建了年鉴协调员队伍。可以说年鉴编制工作有三支队伍，第一支队伍是决策层的年鉴编纂委员会，第二支队伍是通讯编辑队伍，第三支队伍是协调员队伍。一部年鉴从供稿到编辑到印刷、发行，是一个闭合过程，通过前几年情况来看，年鉴质量不错，但是发行上还存在一些不足，通过成立协调员队伍，发挥了很好作用，年鉴发行有了小幅增长。同时，还制定了《年鉴编委会章程》、《年鉴编辑管理暂行办法》等一系列规章制度，并根据工作需要不断完善，为年鉴编制工作提供了有力的制度保障，促进年鉴编制工作的有序开展。

二是各项工作纳入规范化轨道。经过五年多的实践探索和总结完善，目前已形成了从组稿、编辑、审稿、校对、印刷到出版发行相互衔接、环环相扣的年鉴编制工作机制，基本达到了工作流程清晰、管理规范有序、责任明确具体、标准严格统一的目标，各项工作逐步实现了制度化、程序化和规范化。

三是入鉴内容不断丰富。近几年来，年鉴内容在基础测绘、重大工程测绘、海洋测绘、界线测绘、地图生产等内容的基础上，结合当前测绘事业发展形势，及时纳入地理信息产业、数字城市建设、卫星导航定位科技、测绘应急保障服务等最新测绘工作或者保障服务项目，不断丰富年鉴内容。供稿单位涵盖军事测绘部门、全部省级测绘行政主管部门和主要测绘单位、国家测绘局各直属单位，以及超过 30% 的甲级测绘资质单位和部分乙级测绘资质单位。内容日趋全面，布局逐步合理，文字更加严谨，出版五年来，未出现政治错误，未出现明显的文字和印刷错误，受到了各级测绘行政主管部门和读者一致好评。

四是成书水平不断提高。围绕测绘事业的中长

期规划和“十一五”、“十二五”规划，年鉴的框架结构不断修订完善，扩展供稿范围，拓宽供稿渠道，丰富年鉴内容；年鉴编辑部针对供稿中存在的突出问题，定期对责任编辑、通讯编辑进行培训，严格写作要求，规范入鉴内容；不断提高年鉴编辑的政策理论水平和文字编辑水平；同时，严把印刷关、装帧关，对印刷流程进行严格监督，成书水平不断提高。

五是测绘宣传和决策辅助作用进一步彰显。五年来，年鉴围绕测绘中心工作，认真筹划，精心组织，大力宣传测绘工作取得的成绩，充分展示了测绘在服务科学管理决策、重大战略实施、重大工程建设中的重要作用，有力提升了测绘工作的社会影响力。年鉴秉持如实记录年度大事要事，全面收录具有重大指导意义资料的原则，已经成为了各级领导决策时不可或缺的工具书，成为广大测绘工作者查阅重要文献、开展研究工作的资料库。

六是发行量和社会影响力逐步扩大。编书的目的在于教化，而教化功用唯有通过读者阅读才能实现。年鉴编制始终坚持发行与编辑并重的做法，根据地市级测绘行政管理和测绘资质单位的特点，2009年增加了省级测绘行政主管部门行业管理处的负责人为协调员，进一步加大了资料收集和年鉴发行的沟通协调力度。通过几年的实践，已经逐步形成了编委指导支持、协调员主抓地市级测绘行政管理和测绘资质单位、通讯编辑侧重本单位和直属单位的发行工作机制，发行量逐年增加。2008卷、2009卷发行量均在1200册，2010卷达1500册。年鉴在测绘系统内的影响力越来越大，在行业单位中的普及率逐年提高，社会认知度有较大幅度提升。

经过五年的不懈努力，《中国测绘年鉴》已形成较为成熟的管理模式，较为完善的组稿供稿机制，发行和插页征集工作逐渐步入正轨，历年来因工作成绩突出，受到表彰的单位和个人也越来越多。这些成绩的取得，是各单位领导高度重视的结果，是参与年鉴编制工作者共同努力的结果。借此机会，我代表年鉴编委会、代表徐德明局长向全体年鉴编制工作人员表示衷心的感谢！

五年来，广大年鉴编制工作者在实践中积极探索和总结行之有效的做法，不断丰富开展工作的基本经验。概括起来，主要有以下五个方面。

（一）领导重视、部门支持，是做好年鉴编制的前提条件。国家测绘局高度重视年鉴编制工作，徐德明局长亲自担任年鉴编委会主任委员，多次关心、指导年鉴编制工作。各省级测绘行政主管部门的分管领导，有些单位还是一把手亲自任委员。大部分单位的编委会成员工作责任心强，认真部署、全程指导、跟踪检查本单位年鉴编制工作，有力保证了年鉴编制工作顺利完成。

（二）加强编审、重视质量，是打造精品年鉴的必要条件。质量是年鉴的生命所在。年鉴副主编和年鉴编辑部都是由文字水平高，具备丰富编辑经验的同志组成，对年鉴编审工作起到了良好的规范指导作用。此外，要求各省遴选熟悉业务、文笔好的同志担任通讯编辑，负责具体组稿，严把文字关；邀请业务能力和文字水平优秀的老同志担任特邀编辑，多方面加强编审力量，较好地实现了办成精品年鉴的目标。

（三）统筹规划、合理安排，是年鉴编制顺利进行的基础。每卷年鉴都事先进行统筹规划，提前布置组稿工作，使组稿时间与各单位的年终总结基本保持一致，便于相互参照、查漏补缺；合理安排各个流程的时间，保证在较短的工作时间内高质量、高效率地完成年鉴的编制、印刷任务。

（四）树立典型、激励先进，是年鉴编制工作整体提高的有效手段。五年来，综合各单位的组稿水平、报稿时间、发行情况、插页情况以及工作配合度，定期开展评优工作，综合五年的工作情况我们对近六分之一的单位和五分之一的个人进行表彰，以良好带动一般，促进共同进步。

（五）加强推广、注重发行，是扩大年鉴影响力的重要途径。五年来，积极利用报纸、网络、会议等机会宣传年鉴，推介年鉴。充分调动协调员、通讯编辑的积极性，进一步充实推介力量。大部分编委、协调员和通讯编辑都能肩负使命，认真组稿，积极协调，及时督促，年鉴供稿质量、插页制作数量和发行量均有较大幅度提高。河北省测绘局、山西省测绘局、陕西测绘局等单位都是一把手亲自担任编委，亲自部署抓好年鉴征订及彩色插页征集工作；江苏省测绘局、广东省国土资源厅、四川测绘局等单位协调员和通讯编辑工作积极主动，年鉴发行量取得了较大突破。北京市规划委员会、海南测绘局、陕西测绘局等单位插页征集工作取得了良好成效，为丰富年鉴内容做出了应有的贡献。

在回顾工作、肯定成绩的同时，我们也要看到年鉴编制工作仍然面临着许多困难和挑战。一是责任意识不够，存在拖稿现象。每年都有超过三分之一的单位不能在规定截稿日期前提交稿件，个别单位甚至延迟一个月以上，严重影响编审工作进度。规定的组稿时间有三个多月，两次编辑、三次审稿、三次校对的时间加起来才四个月，比较编审过程，组稿时间相当充裕，应当杜绝拖稿现象。二是人员更换频繁，队伍建设困难。通讯编辑都是兼职，不少人只能利用休息时间写稿，积极性受到影响。一些单位不能保证通讯编辑按时参加培训，写作水平得不到提高。部分单位协调员和通讯编辑变动频繁，以往积累的经验不容易累计应用。不少单位没有长期固定协调员和通讯编辑，年鉴队伍建设任务十分艰巨。三是插页数量不多，积极性不够。彩色宣传插页是年鉴框架结构不可或缺的一部分，保证了年鉴结构的完整性，彩色插页宣传事业发展也是各单位的良好平台。目前各单位普遍对插页的重视不够，数量较少，地区征集不平衡，不能很好地展现全国范围内优秀测绘单位的风采。个别单位对插页的认识存在偏差，工作配合度不高，在这里我呼吁各省测绘行政主管部门及测绘资质单位在年鉴插页征集上给予一定的支持，我们共同把年鉴办好。四是渠道不够顺畅，发行较为薄弱。较编纂工作而言，年鉴发行工作起步较晚，一直是中国测绘年鉴的薄弱环节，存在基础较为薄弱、渠道不够顺畅、发行手段比较单一、地区发展不够均衡等问题。近两年，国家测绘局办公室有关征订年鉴的通知印发到各省级测绘部门后，仍存在重视程度不够、落实不到位，有的省局一年才订一两本。目前，年鉴在测绘行业单位中覆盖率仍然较低，甲级资质单位 633 个，乙级 1650 个，丙丁级近 9000 个，全国资质单位近 12000 个，加之全国各省级测绘主管部门和直属单位 52 个，五年来的发行最好的年份 2010 年也只有 1500 本，说明了各级测绘主管部门的统筹协调作用还没有充分发挥起来，各测绘资质单位对充分利用好年鉴的认识还不到位。一定要进一步提高思想认识，本着对年鉴编制工作负责、对测绘事业负责的态度，加大工作力度，切实把中国测绘年鉴打造成承载和见证测绘事业发展史册的样本，同时要进一步加大力度，扩大发行量和受众面。

二、进一步提升中国测绘年鉴编制工作水平

“十二五”期间，国家测绘局确立了“构建数字中国、监测地理国情，发展壮大产业、建设测绘强国”的总体战略。这是测绘事业发展的战略方向和工作任务，也为年鉴编制工作提供了广阔空间，同时，这也是年鉴编制工作面临的新要求和新挑战。必须深刻认识测绘事业的新形势、新变化，准确把握年鉴编制的新趋势、新任务，站在记载测绘伟业、宣传测绘事业、服务科学决策的高度，推动中国测绘年鉴编制工作迈上新台阶。

第一，要增强责任意识。做好年鉴工作，一把手重视是关键。年鉴是记载测绘事业发展的重要轨迹资料，是社会各界了解测绘的窗口，是宣传测绘的平台，从一定意义上讲是对一个单位一个班子乃至一把手带队伍促发展的总结及成绩的记载，很多部委的年鉴编制工作，都是一把手亲自担任编委会主任，只有一把手亲自抓亲自过问，才能做好年鉴编制工作。办好年鉴也是讲政治讲大局的体现，希望来参会的主管领导一定把意见传达回去。另外，各位编委是各单位年鉴编制的第一责任人，也是确保年鉴在本地区增加发行量和扩大影响力的重要推手，一定要本着对事业负责、对单位负责的态度，认真履行编委统筹协调、监督审查的工作职责，加强对本单位协调员和通讯编辑的支持和指导，督促协调员和通讯编辑开展相关工作，为他们提供必要的工作条件。协调员和通讯编辑要切实担负起责任，组好稿件，做好宣传，抓好发行，协助编委更好地完成年鉴各项工作，为提高年鉴编制工作水平发挥作用。

第二，要完善工作机制。建立健全各负其职、分工协作、合力推进的工作机制是确保年鉴编制质量、扩大年鉴社会影响的重要保证。编委会成员要亲自做好本单位组织协调工作，将责任落实到具体处（室）、具体人。协调员和通讯编辑要积极配合编委，共同完成本地区、本单位的年鉴编制任务。本单位及直属单位的组稿工作、发行和插页工作由通讯编辑负责，行业单位组稿工作、发行和插页工作由协调员负责，但编委都要亲自过问。

第三，要提高编制质量。中国测绘年鉴要做到“大事不漏、小事不凑”。要提高有关信息资料收集整理的系统化、条目设置的科学化、年鉴体例的规范化，力求年鉴编纂体现时代特征、地方特色、年度特点，做到政治观点正确、内容全面具体、资料翔实可靠、语言朴实简洁、文字流畅精炼，真正经得起时代和历史的检验。要注意收集测绘在国家重大战略实施、重大工程建设中保障服务成效的实例，地理信息产业发展、地理国情监测等方面的相关材料，确保年鉴内容紧跟时代步伐，符合测绘发展要求。要认真对原始稿件进行梳理编辑，避免单纯累加各部门年终总结。要紧扣年鉴框架，做好彩页宣传工作，力争各地区每年都有一版彩页。

第四，要强化推广应用。中国测绘年鉴的价值在于应用服务。要明确读者定位，倾听读者意见，强化服务功能，增强年鉴的针对性和实用性。在内容和形式上要让读者满意，做到内容实用、查阅方便、装帧精美。年鉴编辑部要主动与通讯编辑加强沟通和联系，征求意见，了解情况。通讯编辑也要增强工作主动性，及时向编辑部报送资料，提供信息，反馈情况。要充分利用网络、报纸、会议等机会，尤其是利用好行业会议的机会宣传年鉴，让测绘系统、测绘行业和社会各界知晓、熟悉并充分运用年鉴。要发挥年鉴的史料价值和工具书作用，辅助领导科学决策，提供史志基本素材，形成编纂与应用的良性循环。

第五，要加强队伍建设。要适应年鉴编制要求，下大力气建设业务能力强、工作作风实的年鉴编制工作队伍。年鉴编辑部首先要提高自身素质，适时安排现有人员参加专业培训，提高他们的业务水平。要制定切实可行的培训计划，利用互联网、培训班等平台，有针对性地对通讯编辑开展业务培训，提高他们的编辑能力和文字水平，培养一支政策理论水平高、文字功底强、专业素质好的通讯编辑队伍，造就一支面向行业、面向社会、积极宣传、善于协调的行业推广队伍，保证年鉴编制每年都有新进步。各单位可探索和尝试把测绘宣传、年鉴编辑有机地整合在一起，既避免了各自为政零敲碎打，还有利于建立一支专兼职相结合的宣传编辑骨干队伍。

三、抓紧做好 2011 卷年鉴编制工作

按时保质出书是年鉴的生命力所在。年鉴 2011 卷在去年 12 月已经布置了组稿工作，截至 3 月 31 日，在应供稿的近 70 家单位中，有 37 家单位报送了稿件。由于年鉴的编辑出版时间要求紧，前期的组稿直接影响后期的编辑出版。年鉴的编纂工作有很强的实效性，今天的年鉴已经取代了过去的测绘统计年报和测绘大事记，如果不能在第二年的 8、9 月份出版，它的参考价值和工具书的价值就不大了。如果极个别省份不能按时交稿影响了年鉴整个工作进程，可以取消其入鉴资格。所以，希望还没有报稿的单位抓紧时间，尽快报稿。目前，编辑部已投入稿件编辑工作，争取 8 月中旬出书。借此机会，我对做好 2011 卷年鉴编制工作提四点要求。

（一）编委会成员要把好审稿关。各单位编委会成员，尤其是还没有向年鉴编辑部供稿的单位编委会成员，一定要切实负担起本单位、本地区稿件审核的责任，根据本单位、本地区年度工作重点，妥善处理提高稿件质量和把握供稿时间的关系，对本单位报送稿件和本地区行业单位稿件进行认真审核，特别是对于涉及测绘保密和政治观点的内容要严格把关，确保无遗漏、无错误。

（二）编辑部要把好编辑关。编辑部人员要严格按照组稿要求，根据框架结构组稿细则对各单位报送稿件进行编辑整理和初审工作。要做好稿件登记工作，对于质量不高的稿件、出现严重错误的稿件、未按组稿要求组稿的稿件，要及时退稿并给出修改意见，同时予以通报；对于组稿规范、文字流畅、内容全面、报送及时的单位要及时记录。今后国家局将会把年鉴编制工作纳入到全国测绘行政主管部门年度贯彻科学发展观的考核体系之中。

（三）进一步提高年鉴整体质量。衡量一部年鉴的质量，主要有四个方面：一是稿件质量，二是编审质量，三是校对质量，四是印刷质量。年鉴校对质量和印刷质量也是保证年鉴全书质量的重要环节，在保证入鉴内容完整准确的同时，年鉴编辑部要做好印前校对工作，进一步把好年鉴封面及插页设计关、印刷关、装帧关，确保按时保质地完成印制任务。同时要结合测绘事业发展，不断修订年鉴框架结构，使年鉴框架结构既要科学规范，又要与时俱进。可考虑在年鉴编委中要把一些有影响力的地理信息企业负责人纳入进来，从而把产业的发展情况纳入到年鉴内容当中，不断丰富年鉴内容，提高年鉴的可读性。确保年鉴能够反映测绘行业整体概况，努力打造精品年鉴。

（四）进一步加强宣传抓好发行。这次会议后，各单位要提前布置，提前筹划，将宣传推广任务分解到具体处室，落实到具体人，尤其要让各测绘资质单位认识到年鉴本身就是一个重要的宣传载体，让有工作亮点的城市、有突出成就的单位或者近期由乙级晋升为甲级资质的单位等通过插页的形式在年鉴上进行宣传，进一步扩大年鉴影响力。今天中国 GPS、GIS 协会的两位秘书长也亲临会议，今后年鉴工作从编制到发行应充分发挥协会、学会的作用，扩大组稿单位和范围，扩大年鉴发行量，把年鉴办成反映行业发展、政策法律法规指导、宣传测绘成就的工具书。

今天下午，编委会成员还将就年鉴相关工作进行研讨，协调员也将就如何做好行业组稿和发行工作进行座谈讨论，希望大家结合工作实践，畅所欲言，集思广益，交流经验，相互取长补短，共谋创新之策，不断提高年鉴的编纂水平。

同志们，做好测绘年鉴编制工作，使命光荣，责任重大，任务艰巨。我们一定要团结协作，以高度的政治责任感、精湛的业务能力和扎实的工作作风，全力做好测绘年鉴编制和发行工作，努力开创测绘年鉴编制和发行工作新局面，为测绘事业又好又快发展做出应有的贡献！

谢谢大家！

国家测绘局副局长闵宜仁
在“问题地图”专项治理工作座谈会上的讲话

2011 年 4 月 15 日

为深入贯彻《国务院办公厅转发测绘局等部门关于加强国家版图意识宣传教育和地图市场监管意见的通知》（国办发〔2005〕5 号）精神，维护国家主权、安全和利益，进一步净化地图市场环境，促进地理信息产业繁荣发展，由国家测绘局、中共中央宣传部、外交部、教育部、工业与信息化部、公安部、民政部、商务部、海关总署、国家工商总局、新闻出版总署、国务院新闻办、国家保密局等 13 部门组成的全国国家版图意识宣传教育和地图市场监管协调指导小组研究决定，今年在全国范围内开展针对互联网上传标注敏感和涉密信息以及“不按规定送审、不按审查意见修改、不按要求备案”地图等违法违规行为的专项治理（以下简称专项治理）行动。

专项治理在社会上引起了强烈的反响，新华社、中央人民政府网站、新华网、人民网、手机报以及新浪、搜狐等商业网站纷纷进行报道。专项治理也得到了在座各单位的大力支持，许多单位在内部认真进行宣传、积极开展自查。刚才地理信息与地图司介绍了专项治理工作方案等有关情况，大家对专项治理进行了交流讨论，进一步统一了思想，为做好专项治理工作奠定了坚实的基础，会议开得很有成效。

下面我讲三点意见。

一、充分认识专项治理工作的重要性

地图作为国家版图的重要表现形式，体现着一个国家在主权方面的意志。地理信息作为国家重要的战略性信息资源，关系到国家在经济、国防等方面的安全。地图上出现错误尤其出现政治性问题和泄密问题，将损害国家利益、民族尊严和国家安全，造成不可弥补的严重后果，开展“问题地图”专项治理势在必行。

（一）开展专项治理是围绕国家发展大局的需要。党中央、国务院历来高度重视地理信息安全和国家版图宣传教育工作。温家宝总理在十一届全国人大四次会议上所作的《政府工作报告》明确要求，要积极发展地理信息新型服务业态，这是历年来首次在《政府工作报告》中对地理信息产业发展提出要求。李克强、周永康、孟建柱等中央领导同志多次就地理信息安全问题做出重要批示。刘延东国务委员今年 3 月对加强国家版图宣传教育工作提出了新的更高的要求。《国民经济和社会发展第十二个五年规划纲要》明确提出，要强化地理信息资源建设和社会化综合开发利用，发展地理信息产业，加快数字城市建设，加强海洋测绘工作。开展“问题地图”专项治理工作是新的发展形势下贯彻落实党和国家新要求、进一步促进地理信息产业健康发展的重要举措。

（二）开展专项治理是维护国家主权和安全的需要。测绘成果和地理信息是国家重要的战略性信息资源，直接关系到国家战略安全。利用涉密测绘成果生产的地理信息是现代战争实施远程精确打击、赢得战争主动权的基础条件，是境外敌对势力窃密活动的重要领域。2005 年和 2009 年国务院相继转发了国家测绘局等部门关于加强地图与地理信息市场监管的文件，2008 年经国务院同意、国家测绘局等部门联合印发了《关于加强互联网地图和地理信息服务网站监管的意见》，为互联网地图的迅猛发展提供了政策保证。但是，“问题地图”仍不断出现，通过互联网地图泄密时有发生。开展“问题地图”专项治理，就是要在新形势下切实维护国家主权和领土完整，保障国家利益和安全。

（三）开展专项治理是保障地图市场繁荣发展的需求。随着地图品种的不断增多、地图技术的不断发展、地图应用的不断扩大，“问题地图”屡见不鲜，教辅、旅游等地图未依法送审的现象屡屡发生，地图备案率低于20%，互联网上敏感和涉密地理信息频频出现。这些问题不仅严重损害国家主权、安全和利益，也严重损害了有关企业和社会大众的利益。专项治理工作就是要针对地图市场存在的问题进行检查和处理，及时消除“问题地图”带来的不良影响。通过规范地图市场秩序，营造良好的发展环境，确保治理和发展相互促进，促进地图市场繁荣，保护各方合法权益。

二、积极履职依法开展专项治理工作

近年来，在有关部门的大力支持和配合下，国家测绘局多管齐下，进一步完善地图政策法规，不断提高地理信息公共服务能力，日益强化地图管理能力。开展专项治理工作是我们依法行政、履行政府职能的重要内容。各地、各单位要切实履行职责，最大限度减少互联网上传标注敏感和涉密信息，进一步规范互联网地图和网上地理信息服务行为，杜绝“问题地图”的出现。

（一）治教并重。专项治理要重点做到“改、建、打”。“改”就是改正错误，整改有关“问题地图”违法违规行为；“建”就是建立完善适应新形势的地图管理政策和机制，通过“问题地图”的专项治理健全地图审查制度和管理体系，更好的发展地理信息产业；“打”就是坚决打击非法编制、出版、展示、登载、销售地图以及非法提供互联网地图增值服务活动，保护合法权益，并认真开展有关警示教育，进一步净化地图市场环境。

（二）依法检查。严格按照《地图编制出版管理条例》、《公开地图内容表示补充规定（试行）》、《测绘管理工作国家秘密范围的规定》、《基础地理信息公开表示内容的规定（试行）》、《关于加强互联网地图管理工作的通知》、《关于加强地图备案工作的通知》有关要求，组织对互联网地图网站以及地图市场进行全面检查，认真查找相关问题，及时进行整改。

（三）突出重点。针对“问题地图”专项治理的重点内容、重点环节，有步骤、有节奏开展工作，组织对相应互联网地图服务网站和地图编制、出版和销售单位，以及新华书店、文化用品批发市场、电子产品市场、旅游景区、车站码头等重点位置认真进行检查。中央、国家机关所属地图编制出版单位要认真进行自查，并将自查结果和整改情况及时报国家测绘局。

（四）及时处理。要畅通举报投诉案件线索渠道，对在排查和群众投诉举报中发现的问题进行梳理。对情节轻微的问题，以批评教育和自我纠正为主；对拒不自查、拒不纠正等严重问题，依法严肃查处。对问题严重的互联网地图服务网站要予以关闭，对未依法取得审图号的地图出版物要坚决下架，对问题严重的地图产品要全部销毁。

三、密切配合扎扎实实推动专项治理工作

全国国家版图意识宣传教育和地图市场监管协调指导小组制定了工作方案，并经联席会议审议通过，对专项治理工作做出了总体部署，明确了专项治理的工作目标。各地、各单位要密切配合，认真做好专项治理工作。

（一）高度重视。地图工作事关国家主权安全和利益。各地要结合实际情况，制定实施方案，采取有效措施、组织精干力量认真开展专项治理工作。各部门、单位要及时开展自查，各省级测绘行政主管部门要认真进行检查、抽查，并对本地的地图违法违规行为进行梳理，及时进行总结，上报有关典型案例，确保专项治理取得实效。

（二）加强协作。专项治理工作量大、任务重，各地各单位要按照职责分工加强协调、密切配合，充分发挥优势和行业特点，使中央和地方测绘行政主管部门之间、地图管理部门和地图编制、出版、服务单位之间各项措施相互衔接。强化部门间协作机制，协同开展“问题地图”特别是市场上应下架地图产品以及应关闭互联网地图服务网站的执法。

（三）创新管理。各地、各单位要根据新形势，按照新要求，结合新技术，针对新问题，进一步创新技术手段、创新管理方法，创新工作机制。加快完善互联网地图监管系统，尽快在全国进行推广应用，研发企业版敏感、涉密地理信息安全过滤工具，有效减少“问题地图”的出现。

（四）加强宣传。充分发挥舆论的宣传引导作用，加强对公众特别是中小学生、新闻从业人员的国家版图意识宣传教育，对查处的典型违法案件深刻剖析并予以曝光，通过案例开展警示教育，进一步增强全民的国家版图意识和地理信息保密安全意识，积极营造良好的法制环境和社会环境，促进地理信息产业的健康发展。

同志们，专项治理是一项涉及面广、政策性强、难度大的工作，各地各单位要以科学发展观为指导，坚持从大局出发，各司其职、各负其责，确保专项治理工作圆满完成，为维护国主权、安全和利益以及促进地理信息产业健康发展做出应有的贡献。

国家测绘地理信息局副局长闵宜仁在2011年测绘地理信息档案业务培训暨研讨会上的讲话

2011年11月22日

今天，我们在这里召开2011年测绘地理信息档案业务培训暨研讨会，主要任务是深入贯彻落实李克强副总理今年5月23日在视察中国测绘创新基地时的重要讲话精神，推动全国档案事业“十二五”发展规划在测绘地理信息系统实施，统一思想、交流经验、明确任务，共同研究和加快推进新形势下的测绘地理信息档案工作。这次会议还特别邀请了国家档案局的领导和专家对“十二五”档案事业规划、重点项目档案以及电子文件管理有关政策和标准进行讲解，这对加快测绘地理信息档案发展极具指导意义。借此机会，我代表国家测绘地理信息局，向国家档案部门的领导和专家莅临指导表示感谢！向默默无闻、辛勤工作在测绘地理信息档案岗位上的干部职工表示诚挚的问候！下面我就测绘地理信息档案工作讲几点体会和意见：

一、测绘地理信息档案工作成效明显

近几年来，测绘地理信息档案部门认真执行国家档案法，认真开展档案管理，持续推进档案开发应用，特别是积极推进档案现代化建设，取得重要进展。

（一）测绘地理信息档案基础工作得到加强。在制度建设方面，测绘地理信息档案管理制度和技术规范标准体系设计工作业已启动，档案整理工作规范正在完善和修订，国家局和部分省局在电子档案、存储环境的建设上，率先开展了一些探索性的工作，实现了一定的突破，取得明显成效。在国家级和省级档案馆的基础设施建设方面，总投资已达上亿元，为建立现代化测绘地理信息档案馆奠定了基础。

（二）馆藏测绘地理信息档案资源更加丰富。随着国家重大项目如西部测图、海岛（礁）测绘等项目的实施以及国家和地方基础测绘建设的加快，测绘地理信息档案案卷数量逐年增多，馆藏量达到历史最高值。目前仅国家基础地理信息中心馆藏地形图已达12万余张、地形图扫描数据15056幅，国内外地图集1509本、专题地图2752张，同时对馆藏的古旧地图档案进行了抢救性修复，馆藏内容更加丰富。各地测绘地理信息档案资料管理部门也紧密围绕基础测绘项目的不断实施，积累了丰富的档案资源。

（三）测绘地理信息档案信息化水平逐步提升。为了更好地保存测绘地理信息档案和更好地提供档案服务，各地都加快了档案信息化建设的速度。国家基础地理信息中心建立了国家级档案目录查询系统；对馆藏有珍贵价值的档案进行了数字化扫描，并且建立了相应的管理系统；完成了馆藏近2万幅地形图的数字化扫描工作、采集档案目录信息86万条。近20个省局已陆续开展了馆藏档案的数字化扫描工作，四川、浙江、江苏、广东等省局建立了集测绘地理信息档案目录查询、检索、浏览、分发、维护、更新一体的测绘地理信息资料档案管理服务系统。所有这些，为新形势下测绘地理信息档案的深度开发和利用奠定了良好的基础。

但同时，我们也应该清醒地看到，对测绘地理信息档案管理工作，还存在对其重要性认识不足、经费投入不到位、信息化水平不高等问题，与测绘地理信息档案现代化建设要求、与提升测绘地理信息服务保障力度要求还有相当大的差距。

二、测绘地理信息档案工作面临的新机遇与新挑战

（一）党中央国务院高度重视测绘地理信息工作。温家宝总理在2011年《政府工作报告》中强调，要积极发展地理信息新型服务业态。《国民经济和社会发展第十二个五年计划纲要》也明确提出，要强化地理信息资源建设和社会化综合开发利用。李克强副总理到中国测绘创新基地视察时为测绘地理信息工作指出了新方向、提出了新要求。党中央国务院对测绘地理信息事业的高度重视，为测绘地理信息档案工作发展带来了新机遇。近日国家档案局编制印发的《国家基本专业档案目录（第一批）》通知中，将测绘地理信息档案列为国家档案资源体系的重要组成部分，确立了测绘地理信息档案在国家档案体系中的定位，彰显了测绘地理信息档案的重要性，对于促进测绘地理信息事业发展具有重要意义。

（二）经济社会发展对测绘地理信息档案开发利用提出了新需求。当前，经济社会发展与社会公众对测绘地理信息档案利用服务，从内容到形式都发生了前所未有的变化，从政府需求转到社会需求，从管理需求转到民生需求，从纸图需求转到数据与服务需求，从信息需求转到技术信息一体化需求，从一般性需求转到个性化需求。面对这些新需求，我们只有不断加强测绘地理信息档案开发利用，才能满足社会各层面对档案的需求。

（三）测绘地理信息事业发展对档案工作提出新要求。随着科学技术的进步，信息化、网络化、数字化向纵深发展，互联网与空间地理信息系统相互交织，数字地球、智慧地球等理念日益转为应用。测绘地理信息工作也实现了从传统模拟测绘技术体系向数字化测绘技术体系的历史性跨越，正向信息化智能化方向加快发展。这势必对测绘地理信息档案的收集、整理、保管、利用、服务等提出更高要求，我们必须适应技术的发展进步和时代的新需求，从整体上改善档案管理工作，不断提高档案服务保障能力。

三、扎实做好下一步测绘地理信息档案工作

我们要认真贯彻落实党中央国务院对测绘地理信息事业和测绘地理信息档案工作的新要求，要按照“收得全，管得住、用得好”的工作思路，扎实做好新形势下的测绘地理信息档案管理工作，重点抓好以下三项工作：

（一）科学合理界定测绘地理信息档案的内涵。当前，测绘生产的组织方式、技术手段、工作流程等都与传统的测绘生产有很大的区别，所形成的测绘地理信息档案在内容、载体等方面均有新的变化，传统测绘档案的归档已不能适应新型测绘地理信息档案归档要求，因此要科学严密合理确定测绘地理信息档案的内涵，对档案所涵盖的内容、范围等进行研究界定。同时，要站在维护国家档案安全和促进测绘地理信息行业发展的高度，指导好行业测绘地理信息档案的归档工作，逐步实现测绘地理信息档案“收得全”的工作目标。

（二）抓紧制定测绘地理信息档案管理制度。要在测绘地理信息档案顶层设计和档案管理制度与技术标准设计调研工作的基础上，紧密结合新形势发展对测绘地理信息档案工作的新要求，尽快建立一个涵盖档案收集整理、保管利用、安全防护为内容的制度标准体系，有计划、有步骤的做好相关工作。当前要抓紧制定《测绘档案归档范围》，特别是数字化和信息化测绘地理信息体系下形成的测绘地理信息档案归档范围，做到应归尽归，不致失散，规范测绘地理信息档案管理与归档行为。

（三）继续推进测绘地理信息档案信息化工作。要进一步加快测绘地理信息档案数字化和管理系统建设。一是建设各类数字化与非数字化测绘地理信息档案的目录数据库和基本信息数据库。二是利用网络平台提供网络化档案信息查询和检索服务，实现档案信息资源共享，提高档案利用效率。三是要对古旧地图、历史航片等历史档案进行数字化处理，并建设相应的档案数据库，丰富测绘地理信息档案馆藏内容。四是开发测绘地理信息档案利用服务系统，逐步形成档案“管得住，用得好”的工作格局。

四、对今后测绘地理信息档案工作的几点要求

一要加强组织领导。测绘地理信息档案是测绘地理信息工作者辛勤劳动的结晶，是测绘地理信息和国家档案资源体系的重要组成部分。测绘地理信息档案沉淀的不仅仅是测绘地理信息的技术、管理、应用，更是测绘地理信息的发展进程，展现了测绘地理信息发展的辉煌历史。我们要站在对历史负责和对未来负责的高度，重视档案工作。要将测绘地理信息档案工作列入本单位发展规划，列入领导议

事日程，为开展测绘地理信息档案工作提供必要的经费支撑，保障档案工作健康、持续发展。

二要加强队伍建设。要从政治上、工作上、生活上关心爱护测绘地理信息档案工作人员。要采取有效措施和多种方式，有计划、有步骤地选派档案人员参加国家或地方档案部门组织的教育培训，优化知识结构，提高档案人员的综合素质。要适时配备配足适应档案信息化建设需要的人才，加快建设一支政治强、业务精的测绘地理信息档案干部队伍。

三要加大档案利用。利用是测绘地理信息档案工作永恒的主题，没有档案的利用服务，测绘地理信息工作的价值就不能体现出来。要对珍贵的历史档案进行修复，挖掘测绘地理信息历史档案的潜在价值。要通过对测绘地理信息档案系统整理和编研，利用网络平台，发布测绘地理信息档案信息目录，提高利用效率，提升档案工作的显示度。

四要加大宣传力度。要进一步重视和加强测绘地理信息档案的宣传，营造良好舆论氛围。要采取多种有效方式，宣传测绘地理信息档案人默默奉献的敬业精神，宣传测绘地理信息档案在历史进程和信息化建设中的重要作用，引起领导重视、同行了解和认可，促进测绘地理信息档案工作健康、有序发展。

强化源头治理 注重风险防控 深入推进测绘系统党风廉政建设工作

国家测绘局党组成员、纪检组组长张荣久在全国测绘系统党风廉政建设工作会议上的讲话

2011 年 4 月 8 日

同志们：

根据国家测绘局2011年重点工作安排，经局党组研究决定，今天我们在这里召开全国测绘系统党风廉政建设工作会议。国家测绘局党组书记、局长徐德明同志出席会议并将作重要讲话，充分表明了国家测绘局党组对党风廉政建设工作的高度重视。今天会议的主要任务是：贯彻落实党的十七届五中全会、第十七届中央纪委第六次全会和国务院第四次廉政工作会议精神，回顾2010年测绘系统反腐倡廉工作，部署2011年工作。

下面，我向会议做工作报告。

一、2010年工作回顾

2010年是我国测绘工作作用大彰显、地位大提升、影响大提高的一年。随着测绘事业的蒸蒸日上，测绘系统反腐倡廉工作也不断取得新进展。一年来，测绘系统各单位各部门深入贯彻党的十七届四中、五中全会和十七届中央纪委第五次全会和国务院第三次廉政工作会议精神，紧密围绕测绘中心工作，以保证贯彻落实中央重大决策和推动测绘重大部署的落实为主线，把教育的说服力、制度的约束力、监督的制衡力、改革的推动力、惩治的威慑力有机结合起来，不断完善惩治和预防腐败体系建设，为测绘事业科学发展提供了有力保障。

（一）加大监督检查力度，有效促进测绘事业快速健康发展

各单位各部门按照2010年全国测绘系统纪检监察工作会议的部署要求，进一步整合监督资源，健全监督机制，突出工作重点，大力推进《国务院关于加强测绘工作的意见》及《全国基础测绘中长期规划纲要》的贯彻落实；深入学习领会中央领导同志对测绘工作的重要指示精神，按照全国测绘局长会议的部署，紧密围绕“五个更加注重”的总体要求，加强对各地区各单位贯彻落实国家局关于构建数字中国、搭建地理信息公共服务平台、改善测绘技术装备、推动地理信息产业发展、提高测绘保障服务水平等政策措施情况的监督检查；重点加强对测绘重大工程项目财政资金使用进行有效跟踪管理和过程监控，确保了资金资产安全；按照党建工作责任制的要求，加强对贯彻落实《中共中央关于加强和改进新形势下党的建设若干重大问题的决定》的监督检查，推进国家局党组《关于学习贯彻党的十七届四中全会精神的意见》各项任务的执行和落实，有效促进了2010年全国测绘局长会议确定的工作目标任务的顺利完成。

（二）加强党风廉政教育，领导干部廉洁从政意识普遍增强

各单位各部门广泛开展了以学习贯彻落实新修订的《中国共产党党员领导干部廉洁从政若干准则》为重点的党风廉政教育活动，认真组织党员干部深入学习贺国强同志在贯彻落实《廉政准则》电视电话会议上的重要讲话精神和《廉政准则》读本，“以廉为荣，以贪为耻”的价值观更加深入人心。特别是通过普遍开展以贯彻落实《廉政准则》加强领导干部作风建设为主题的领导干部民主生活会，对照8个“禁止”、52个“不准”，查不足、找差距、明方向，党员领导干部对人生观、权力观和事业观有了新的理解和认识，增强了践行《廉政准则》的自觉性和主动性。同时，通过组织学习中央重要会议或文件精神，观看廉政教育电影、录像、展览，邀请专家作廉政教育或法律辅导报告，参观廉政教育基地、革命传统教育基地，举办理论学习培训班等多种形式，大力开展法制教育、理想信念和廉洁从政教育，广大党员干部遵纪守法的意识和拒腐防变的自觉性明显增强。

（三）深入推进惩防体系建设，权力运行得到有效监督和制约

各单位各部门认真贯彻落实《建立健全惩治和预防腐败体系2008－2012年工作规划》，注重建立健全反腐倡廉制度建设，完善权力运行监控机制建立，累计新制（修）订反腐倡廉规章制度88个，从源头上预防腐败的各项改革不断深化，惩防体系建设不断推进。认真贯彻《党政领导干部选拔任用工作责任追究办法（试行）》等四项监督制度，严格执行干部选拔任用工作各项规定。累计开展任前廉政谈话444人次、诫勉谈话78人次、纪委负责人同下级党政主要负责人谈话648人次、领导干部述职述廉2305人次、函询13人次，对权力运行的监督和制约作用得到有效发挥。国家局高度审计工作，将纪检监察室更名为纪检监察审计室，强化了审计职能，组织制定了《国家测绘局经济责任审计工作管理办法》，开展了中国测绘宣传中心、陕西测绘局、重庆测绘院等单位主要负责同志的离任审计；对海南测绘局、重庆测绘院领导班子进行了巡视；加强对《国家测绘局政务公开规定》落实情况的监督检查，向社会公布了《国家测绘局2009年政府信息公开工作年度报告》；印发了《测绘系统依法行政考核工作方案》，运用科学的考评方式和标准，引导、推动和规范测绘系统推进依法行政工作；根据新的“三定”规定，对行政审批项目及程序进行梳理，继续推进行政审批事项的集中受理和网上审批，有效加强了对权力运行的监督。

（四）严肃查处违纪案件，作风建设取得新的成效

各单位重视群众来信来访工作，按照“分级负责、归口管理”和“谁主管、谁负责”的原则，主动对群众的信访举报进行核查，重视信访案件的交办、督办工作，妥善处理群众来信来访反映的问题。坚持依纪依法办案，善于从专项治理、项目稽查、财政监督、项目审计、执法监察、工程质量问题和安全事故中排查案件线索，坚持实事求是，严肃查处各类违法违纪行为。按照中央的统一要求，继续开展制止公款出国（境）旅游专项工作，深入开展“小金库”清理专项工作。认真配合国家有关部门，严肃查处违纪案件，对有关责任人进行处理，很好地发挥了查办案件的治本功能和警示作用。

国家局党组高度重视作风建设工作，严格执行中央有关党政机关厉行节约、坚决制止公款出国（境）旅游、改进公务接待的各项规定，认真组织开展庆典、研讨会、论坛活动清理摸底工作，坚持勤俭节约，反对铺张浪费。党组成员带队深入到基层单位或地理信息企业调研，密切联系群众，掌握动态、了解需求、倾听呼声、处理问题。认真开好“贯彻落实《廉政准则》加强领导干部作风建设”的年度局党组民主生活会，认真开展批评和自我批评，增强党内生活的原则性和实效性，得到了中纪委中组部有关领导的充分肯定。大力推进“五型机关”创建活动，引导机关作风建设不断深化，公务员的工作主动性、自觉性、配合意识、协作意识不断提高，责任感、事业心极大增强，以领导机关和领导干部作风的改进，促进党风、政风和行风的好转。各单位认真贯彻落实中央关于加强作风建设的各项要求，把创先争优活动与加强作风建设结合起来，通过专题学习教育、主题实践活动、主题党日活动和专题组织生活会等多种方式，有效促进了党员干部优良作风的树立和养成。

（五）认真落实党风廉政建设责任制，纪检监察能力建设不断加强

各单位各部门把抓好职责范围内的党风廉政建设和反腐败工作作为党风廉政责任制的基本要求，把落实党风廉政责任制作为各级党政领导干部的政

治责任，按照年初测绘系统纪检监察工作会议的部署和国家局党组2010年党风廉政建设和反腐败工作实施意见的要求，将党风廉政建设与业务工作紧密结合，与业务工作同部署、同落实、同检查。党政主要负责人认真履行“一岗双责”，十分重视并认真抓好职责范围内的党风廉政建设各项工作，一级抓一级，层层抓落实。不断完善“一把手”负总责、班子成员分工负责、纪检监察机构组织协调、有关职能机构密切配合、广大群众积极参与的党风廉政建设工作机制和责任分解体系，确保了责任分解合理，任务分工明确，监督执行有力，各项工作落到实处、取得实效。

各单位各部门按照中央关于加强纪检监察能力建设和提高纪检监察干部队伍素质的要求，结合开展创先争优活动，重视加强自身建设。国家局调整充实了纪检监察部门职责，加强了纪检监察干部配备，重视培养和提高纪检监察干部队伍素质，积极创造增长才干的条件和机会。各单位纪检监察部门深入开展以“做党的忠诚卫士，当群众的贴心人”主题实践活动，纪检监察干部的政治意识和责任意识进一步增强。各单位自行组织举办纪检监察业务培训班共计48班次，共选派了38名纪检监察干部参加中纪委培训中心纪检监察综合业务培训班，纪检监察干部的理论素质和业务技能得到了有效提升。

回顾2010年工作所取得的成效，有以下四点体会：一是只有坚持以科学发展观为统领，用中国特色社会主义理论武装头脑，紧密联系测绘实际，才能做好测绘系统党风廉政建设和反腐败各项工作。二是只有坚持党组（党委）统一领导，党政齐抓共管，纪检监察机构组织协调，部门各负其责，依靠群众支持和参与，多方形成合力，才能把国家局党组和各地党委的要求落到实处。三是只有坚持围绕中心、服务大局，把纪检监察工作放在测绘工作大局中谋划，才能充分发挥纪检监察的服务和保障功能。四是只有以发展的眼光看问题，不断创新工作思路、方式方法，才能适应时代发展的新形势，推动测绘系统反腐倡廉工作取得新成效。

我们在肯定成绩的同时，也要清醒地看到，当前测绘系统反腐倡廉工作还存在一些薄弱环节：各单位在推进反腐倡廉建设过程中发展还不够平衡；一些监督制约机制还要进一步完善；对新形势下反腐倡廉工作出现的新情况新问题的研究还有待进一步加强；少数基层单位党风廉政建设责任制落实不够，对基层单位的监督管理仍要加强；个别领导干部廉洁从政意识有待进一步强化，等等。对于这些问题，我们要高度重视并认真研究改进。

二、2011年主要工作

2011年是全面实施测绘发展“十二五”规划的开局之年，也是贯彻落实惩治和预防腐败体系2008－2012年工作规划的关键一年。测绘系统反腐倡廉建设的总体要求是：全面贯彻党的十七届五中全会、中央纪委六次全会和国务院第四次廉政工作会议精神，以科学发展观为统领，坚持标本兼治、综合治理、惩防并举、注重预防的方针，强化治本抓源头工作，着重加强廉政风险防控管理工作，深入贯彻落实党风廉政建设责任制，突出重点、整体推进，开拓创新、狠抓落实，努力开创测绘系统党风廉政建设和反腐败工作新局面，为测绘“十二五”起好步奠定坚实基础，为促进测绘事业又好又快发展提供有力保证。

（一）严明政治纪律，保证中央重大方针政策和决策部署的贯彻执行

坚决维护党的政治纪律。要深入开展政治纪律教育，引导广大党员干部坚定政治立场，增强政治敏锐性和政治鉴别力，毫不动摇地坚持中国共产党的领导，坚持中国特色社会主义道路，坚持党的基本路线，在重大政治原则问题上始终与党中央保持高度一致。坚决执行中纪委六次全会强调的“严禁散布违背党的理论和路线方针政策的意见，严禁公开发表同中央精神相违背的言论，严禁编造、传播政治谣言，严禁以任何形式泄露党和国家秘密，严禁参与各种非法组织和非法活动”等“五个严禁”规定。各级党组织要切实把维护党的政治纪律作为首要政治任务来抓，坚决纠正有令不行、有禁不止的现象，确保测绘系统政令畅通。纪检监察部门要加强监督检查，发现违反政治纪律的行为及时进行批评教育或组织处理，对造成严重后果的要依纪依法严肃惩处，坚决维护党的集中统一。

加强对贯彻中央关于测绘工作的指示和落实国家局重大部署情况的监督检查。要深入学习贯彻党的十七届五中全会和“十二五”规划纲要精神，深刻领会中央领导同志对测绘工作的重要指示精神，按照“构建数字中国、监测地理国情，发展壮大产业、建设测绘强国”的总体战略，继续推进《国务院关于加强测绘工作的意见》的贯彻落实，围绕谋篇布局、转型优化、强化应用、科学发展的新要求，

扎实做好全年各项工作。进一步整合监督资源，突出工作重点，加强对各地区各单位贯彻落实国家局关于加强基础测绘和地理国情监测，着力开发利用地理信息资源，丰富测绘产品和服务，提高测绘生产力水平的决策部署落实情况的监督检查，及时发现问题、督促整改，健全监督检查工作的长效机制，促进全国测绘局长会议确定的各项工作目标和任务的顺利完成，确保测绘“十二五”规划开好局。

（二）大力开展党风廉政教育，促进领导干部廉洁自律

做好党风廉政教育工作。要继续加强对党纪国法和中央反腐倡廉精神的宣传和教育工作，结合纪念建党90周年活动和创先争优活动，坚持以党性党风党纪教育为重点，深入开展示范教育、警示教育和岗位廉政教育，特别是利用身边发生的廉政案例开展警示教育，切实通过内容丰富、主题鲜明、形式多样的教育活动，引导党员干部讲党性、重品行、作表率，促进党员干部树立正确的世界观、人生观、价值观，提高党员干部遵纪守法和拒腐防变的意识，增强党员干部廉洁从政的自觉性。认真贯彻落实中纪委等六部门《关于加强廉政文化建设的意见》，广泛开展廉政文化教育活动，突出先进思想和廉政文化内涵，将廉政文化建设融入到测绘文化建设和学习型党组织建设中，充分发挥廉政文化在廉政教育中的引领作用，增强廉政教育的吸引力和感染力，使干部职工在廉政文化的熏陶中不断增强自律意识。

加强领导干部廉洁自律工作。要在继续抓好《廉政准则》学习实施的基础上，做好3月底刚刚发布的《〈廉政准则〉实施办法》的学习贯彻工作，全面执行《关于领导干部报告个人有关事项的规定》和《关于对配偶子女均已移居国（境）外的国家工作人员加强管理的暂行规定》，要求领导干部必须按规定如实报告本人收入、住房、投资、配偶子女从业等事项和配偶子女移居国（境）外的情况，加强对制度执行情况的督促检查，真正使这项制度发挥作用。要坚决整治收送礼金问题，严肃查处领导干部以各种名义收送礼金、有价证券、支付凭证、商业预付卡的行为，对收送有价证券、支付凭证和商业预付卡的，以收送同等数额现金查处。各级领导干部要带头执行因公出国（境）管理制度、公务接待管理等规定，不能利用职务之便接受可能影响公正执行公务的宴请及旅游、健身、娱乐等活动安排。

（三）强化治本抓源头工作，注重加强廉政风险防控管理

推进职能转变和工作机制创新。要加快建立决策、执行、监督相互协调又相互制约的运行机制，大力推进政府职能转变和管理创新。继续推进测绘行政审批制度改革，减少测绘行政审批事项。积极加强对测绘资质的监督管理，促进测绘行业发展，进一步激发地理信息产业活力。积极促进地方测绘行政管理机构建设，加快推进地方测绘政策法规的颁布实施。大力推进测绘执业资格制度建设，深化测绘事业单位人事制度和收入分配制度改革。加快测绘市场信用体系建设，加强财务、审计监督管理。大力推进现代科技手段在政务公开、行政审批、政府采购、项目招投标等工作中的应用，使行政权力运行过程固化为标准化的计算机程序，推动行政权力高效便民和公开透明。

加强风险防控机制建设。要高度重视廉政风险防控管理工作，积极推进廉政风险防控机制建设，从重点领域、重点部门、重点环节入手，重点排查“三重一大”决策风险、领导干部廉洁从政风险、选拔任用干部风险，以及因党风廉政建设工作失职或不到位而产生的风险。要对照查找每个环节容易产生腐败行为的风险点，特别是针对权力运行的关键点、内部管理的薄弱点、问题易发的风险点，有针对性地建立防控机制，完善程序、落实责任、防范风险，使权力运行的关键环节得到重点关注和有效防控，不断提高科学决策、民主决策、依法决策水平。要结合落实党务公开、政务公开等制度，加大社会监督力度，通过网络、报纸、电视、广播等媒体，及时公布干部选拔任用、专项资金使用、政府采购等重要事项，确保权力在阳光下运行。

（四）坚持以人为本、执政为民，加强和改进作风建设

牢固树立以人为本、执政为民的理念。要认真落实胡锦涛总书记在党的十七届五中全会和中央纪委第六次全会上关于加强作风建设的要求，坚持和发扬党的优良传统，大力弘扬理论联系实际、密切联系群众、批评与自我批评的优良作风，树立和强化群众观点，维护群众利益，密切干群关系，牢固树立以人为本、执政为民的理念。要把践行以人为本、执政为民理念作为进一步提高反腐倡廉建设科学化水平的重要途径，并深入落实到党风廉政建设和反腐败斗争的各项具体工作当中去，通过改进为

基层、为群众服务的作风，把维护群众权益摆在突出的位置，深入基层了解党员干部的实际困难，着力解决损害群众利益的突出问题，以党风廉政建设和反腐败的实际行动取信于民。

扎实推进作风建设。要进一步深刻领会和充分认识加强作风建设的重要现实意义，努力使领导干部在思想作风、学风、工作作风、领导作风、生活作风建设方面有新的提高。继续推进“五型机关”创建活动，大力加强机关作风建设，进一步发挥领导机关和领导干部对测绘系统党风、政风转变的促进和带动作用。坚持领导干部定期接访、定期下访，及时妥善解决群众反映的突出问题，坚决纠正脱离群众的不良风气。严格控制发文数量和范围，凡是不涉密的文件，要通过政府门户网站公开发布，可不再另行发文。严格控制会议数量、经费和规模，清理压缩各类庆典、会议。要减少因公出国（境）团组数和人数，严格控制公务出差、公务接待经费，加强公务用车使用管理，严格执行标准，严禁赠送礼品，坚决遏制奢侈浪费和形式主义。加强思想道德建设，培养健康生活情趣，及时提醒、批评、制止党员干部社会交往、休闲娱乐、生活作风方面的不良现象。

（五）加强对权力的监督和制约，严肃查处违纪违法行为

强化对权力运行的制约和监督。认真贯彻党内监督条例，加强对主要领导干部的监督，完善“三重一大”事项监督方面的规章制度，明确“三重一大”事项的具体内容、决策主体、决策程序、决策执行和决策责任追究等内容，增强制度的针对性和可操作性。加强对政府采购、招投标活动的监督管理，政府机关干部、领导干部家属及其身边工作人员不许以任何形式干预、操纵招投标活动，防止领导干部以权谋私和渎职侵权。认真执行党政领导干部问责制，建立健全配套制度。严格执行领导干部述职述廉、诫勉谈话、函询、质询、罢免或撤换等制度。加强对民主集中制执行情况的监督检查，提高民主生活会质量。进一步加强和改进巡视工作，加大对巡视发现线索的调查。加强对来信来访反映问题的检查和督办工作，对重要线索及时核查。进一步健全纪检监察、财务监督、审计配合协调机制。

加大查办违纪违法案件工作力度。认真贯彻党要管党、从严治党的方针，贯彻落实《关于加大惩治和预防渎职侵权违法犯罪工作力度的若干意见》，突出办案重点，拓宽案源渠道，加大查办案件的力度。严肃查处发生在领导机关和党员领导干部中以权谋私、贪污受贿、腐化堕落、失职渎职案件和发生在重点领域和关键环节中的案件，违反政治纪律和组织人事纪律的案件，重大责任事故和群体性事件涉及的失职渎职及背后的腐败案件，测绘领域商业贿赂案件，违反财经纪律私设“小金库”等案件。坚持法律和纪律面前人人平等和惩前毖后、治病救人的原则，依纪依法安全文明办案，综合运用组织处理和纪律处分手段，不断提高办案工作水平。要拓宽群众参与反腐倡廉工作渠道，完善举报督办机制，坚决纠正瞒案不报、压案不查的现象。要加强对重大典型案件的剖析研究，做到查处一起案件，教育一批干部，完善一套制度，更好地发挥查办案件的治本功能和警示作用。

（六）严格落实党风廉政建设责任制，扎实推进惩防体系建设

认真贯彻《关于实行党风廉政建设责任制的规定》。要抓好新修订的《关于实行党风廉政建设责任制的规定》的贯彻落实，组织修订《中共国家测绘局党组关于贯彻落实党风廉政建设责任制的实施办法》，注重以建立实施廉政责任书或廉政承诺书制度为抓手，进一步明确党政领导班子和领导干部对党风廉政建设应负的责任。各级党组织要坚持把党风廉政建设和反腐败工作纳入本单位本部门的总体工作，按照一级抓一级、层层抓落实的原则，通过签订党风廉政建设责任书或承诺书等方式，抓好责任分解、责任考核、责任追究等环节。各级领导干部特别是“一把手”，要切实履行好第一责任人的政治责任，以有效落实责任制，推动党风廉政建设工作深入开展。

进一步完善惩防体系。要按照中央《建立健全教育、制度、监督并重的惩治和预防腐败体系实施纲要》的部署，把加强惩防体系建设同贯彻落实党的方针政策和决策部署结合起来，同本单位本部门的中心任务和工作实际结合起来，抓紧落实《建立健全惩治和预防腐败体系 2008 - 2012 年工作规划》确定的各项任务，扎实推进教育、制度、监督、改革、纠风、惩治等工作。要及时修订完善已执行的制度，以适应不断发展变化的测绘事业发展形势的需要，及时把工作中好的经验、成熟的做法加以提炼，用制度的方式固化下来，成为推动工作、促进发展的制度保障。要完善依法、科学、民主决策机

制，加大决策过程和结果公开力度，加强对“一把手”权力行使的监督制约，防止个人独断专行。要不断提高制度执行力，做到用制度管权、管人、管事，构建一个科学有效的惩防体系。

三、对做好工作提三点要求

（一）充分认识发展过程中面临的新情况新问题，增强抓好反腐倡廉建设工作的责任感和紧迫感

胡锦涛总书记在中纪委六次全会上指出，党风廉政建设和反腐败斗争在不断取得新成效、积累新经验的同时，仍然面临着一些突出的问题，反腐败斗争形势依然严峻、任务依然艰巨。温家宝总理在今年“两会”结束答记者问时指出，当前最大的危险在于腐败。近年来，随着我国测绘事业取得大发展、大提升的同时，测绘系统在公款出国（境）、失（泄）密、重大活动经费管理等方面的违法违纪现象时有发生。我们既要看到反腐倡廉建设取得的明显成效，又要看到反腐败斗争的长期性、复杂性、艰巨性。要认真学习贯彻胡锦涛总书记在十七届中央纪委六次全会上的重要讲话精神，正确理解讲话的精神实质，准确把握当前反腐倡廉建设面临的形势，充分认识到做好测绘系统反腐倡廉工作的重要性，切实增强做好工作的责任感和紧迫感，以改革创新的精神应对新挑战、解决新困难，周密部署、精心组织，求真务实、真抓实干，努力把2011年测绘系统反腐倡廉建设各项任务一项一项完成好。

（二）深入贯彻落实党风廉政建设责任制，着重做好廉政风险防控管理工作

新修订的《关于实行党风廉政建设责任制的规定》是深入推进党风廉政建设和反腐败工作的一项重要的基础性规定。各级党组织要切实担负起领导党风廉政建设的政治责任，坚持党委统一领导，党政齐抓共管，纪委组织协调，部门各负其责，依靠群众的支持和参与的反腐倡廉工作机制，以贯彻落实《规定》为契机，大力推进惩防体系建设。各单位各部门要把廉政风险点排查工作作为今年贯彻落实《规定》的重要内容加以推进。首先，要广泛开展调研，认真学习借鉴廉政风险防控做得好的单位的先进经验，结合本单位本部门实际研究制订廉政风险排查工作实施方案，全面深入进行风险点排查；第二，要把握查找廉政风险点的关键环节，管项目、管审批、管人事、管资金分配的单位、部门特别要突出做好风险排查工作，对查找出的风险点要按照个人岗位廉政风险点、处室廉政风险点、单位廉政风险点等进行分类、分级，明确风险等级和防控措施及责任主体；第三，要有针对性地制定廉政风险防控措施，切实加强事前、事中控制，建立廉政风险预警机制。各单位各部门要在今年10月底前把开展廉政风险防控工作情况，包括查找出的主要廉政风险点、风险等级、预防措施等内容报送国家局；国家局纪检监察部门要对各单位各部门报送情况进行汇总分析，梳理出测绘领域廉政风险点的主要分布、存在形式、风险等级，针对测绘工作廉政风险特点研究制定和完善有关管理制度，逐步建立健全测绘廉政风险防控体系。

（三）切实加强纪检监察自身建设，提高做好反腐倡廉工作的能力和水平

要按照中纪委六次全会“加强纪检监察机关自身建设，为落实反腐倡廉各项任务提供组织保证”的要求，把加强纪检监察机关自身建设作为一项基础工程抓紧抓好。要把以人为本、执政为民的理念贯彻落实到测绘纪检监察队伍建设工作中，促进纪检监察干部以更高的标准、更严的要求切实履行党章和行政监察法赋予的职责，努力在实践根本宗旨、坚持群众路线、做好群众工作上作表率。要抓住作风建设和廉政建设这个关键，加强内部管理和制度建设，严守政治纪律、工作纪律、办案纪律、保密纪律和廉政纪律，牢固树立纪检监察干部自身要带头接受监督的意识。要抓住能力建设这个重点，结合创先争优活动，努力建设一支学习型纪检监察干部队伍，强化纪检监察业务，广泛涉猎多方面知识，注重提高综合素质，不断提高工作能力和水平。

同志们，今年是“十二五”开局之年，是测绘事业发展关键的一年，做好当前形势下的党风廉政建设和反腐败工作，任务艰巨，责任重大。让我们紧密团结在以胡锦涛同志为总书记的党中央周围，在国家测绘局党组的坚强领导下，坚定信心，团结奋进，扎实工作，深入推进测绘系统反腐倡廉建设，为测绘事业更好更快发展做出新的贡献。

国家测绘地理信息局党组成员、纪检组组长张荣久在直属单位离退休干部工作会上的讲话

2011 年 10 月 12 日

同志们：

刚才，涂军同志全面总结了过去一年我局离退休干部工作，对下一步工作进行了部署。我完全同意。下午，我们还将传达学习习近平同志在全国老干部工作先进集体和先进工作者表彰大会上的讲话，并进行大会交流。习近平同志的重要讲话为我们下一步开展好离退休干部工作指明了方向。希望各单位认真学习贯彻习近平同志的重要讲话精神，积极贯彻落实好会议各项要求，推动我局老干部工作不断迈上新台阶。

过去的一年，在中组部老干部局的关心指导和局党组的领导下，我局离退休干部工作以邓小平理论和“三个代表”重要思想为指导，以学习实践科学发展观为动力，深入推进创先争优活动，加强“两项建设”，落实“两项待遇”，深化亲情服务，丰富老干部精神文化生活，离退休干部工作取得明显成绩。借此机会，我代表局党组向各位领导对我局离退休干部工作的关心和支持表示衷心感谢，向辛勤工作在离退休干部工作一线的同志们表示亲切慰问！下面，我就做好新形势下离退休干部工作谈几点意见，供大家参考。

一、再接再厉，用心用情做好离退休干部工作

长期以来，局党组高度重视并积极支持老干部工作，对涉及老干部利益的现实问题和实际困难，始终坚持特事特办的原则，为我局老干部工作的顺利开展创造了有利的条件。

在国家局党组的坚强领导下，2011 年，各单位以庆祝建党 90 周年为主线，围绕中心、服务大局，在贯彻落实老同志政治和生活待遇，为老同志办实事、做好事、解难事方面，做了大量深入细致、卓有成效的工作。2011 年上半年，落实了离退休人员津补贴；七一前夕，根据中组部文件，为符合条件的两名离休干部提高享受副省（部）级医疗待遇；全体离休干部都增加了一个月基本离休费的生活补贴，离退休干部的津补贴全部落实到位，离退休干部的生活待遇得到有效保障；各单位积极开展庆祝建党 90 周年走访慰问老同志的活动，为离休干部送去慰问信和慰问金；认真做好老同志“两费”的发放、困难补助等工作。此外，还积极开展庆祝建党 90 周年系列活动，组织老同志座谈，参加征文活动，各单位还分别举办了党史学习班和开展各种有益于老同志身心健康的趣味游艺、文艺演出、参观游览等活动，得到老同志们的好评。

各单位离退休干部工作人员兢兢业业、任劳任怨、默默无闻、无私奉献，亲情服务，得到了老同志认可。今年中国测绘创新基地桃子熟了，局离退休干部办公室的同志给部分老领导家里送去三四个，老同志激动不已。说，这不是桃子，是情谊啊，礼轻情意重，感谢局党组、感谢局领导，局领导心中有我们老同志呀。

可以说，在过去一年中，我局离退休干部工作有声有色、稳步推进，化解矛盾和老干部信访工作进一步加强，切实起到了保稳定、促和谐的作用，真正做到了让党组放心，让老同志满意。

希望各单位负责老干部工作的部门和同志们，在已有的基础上，再接再厉，认真总结和继续发扬好经验、好做法，围绕中心、服务大局，坚持以人为本，对老同志深怀感情、主动服务，不断开创新时期老干部工作的新局面。

二、加强离退休干部思想政治建设和党支部建设

“两项建设”是老干部工作的重中之重，习近平同志在讲话中作了专门强调。习近平同志、李源潮同志对在离退休干部党组织和党员中开展创先争优活动十分重视，还多次作出重要批示，提出了很高的要求。离退休干部是我们党重要的执政基础和执政之源，离退休干部队伍是一支有着丰富革命经历、重要社会地位和较强政治影响的特殊队伍，是

维护社会稳定、构建和谐社会的一支重要力量。我们要认真学习领会习近平同志在全国老干部工作“双先”表彰大会上的讲话精神，要坚持不懈地用中国特色社会主义理论武装离退休干部，教育离退休干部坚定政治立场，保持清醒头脑，始终与党和国家同心同德。继续推进离退休党组织和党员创先争优活动，引导离退休党员在“离岗不离党”的理念下继续发挥先进性。老干部工作部门一是要发挥好职能作用。要在党组（委）和创先争优活动领导小组的领导下，切实承担起责任，履行好职责。要贴近实际，突出老同志的特点。二是要高度重视离退休干部党支部建设，切实选好配强支部书记，充分发挥党支部在离退休干部自我学习、自我教育、自我管理的核心作用，更好地起到团结凝聚、促进和谐、维护稳定的作用。三是及时总结推广好的做法和经验。四是抓好典型引路工作。通过学习宣传云南省原保山地委书记杨善洲这一重大典型，在老干部中掀起学习先进模范、争当“四好老干部”的热潮。各部门要注意发掘和宣传本部门离退休干部先进典型，使老同志学有榜样，赶有目标，形成学习先进、争当先进的良好风尚。

三、深入分析离退休干部队伍的发展趋势，认真研究解决老干部工作面临的新课题

随着经济、社会的不断发展，老干部工作出现了很多新情况和新问题。比如，当前离休干部已经整体进入高龄、高发病、高药费期，老有所养、老有所医及服务管理任务加重。国家局机关为离休干部和80岁以上的退休干部就医制定了专门的帮扶政策。在新形势下，老干部工作要适应形势发展的需要，就必须不断改革创新、拓宽工作渠道、改进工作方法。各单位要努力研究新情况、解决新问题，探索新方法、总结新经验、提出新举措。

一要深入研究加强新形势下离退休干部思想政治建设的有效途径和方法。加强新形势下离退休干部思想政治工作，要进一步落实好离退休干部的政治待遇，针对离退休干部关注的重点热点问题，开展政策宣讲。要创新思想政治工作的手段和方法，创新工作载体，坚持寓教于乐，提高政治思想教育的影响力、感染力、说服力。增强老干部面对党内腐败现象、行业不正之风、社会秩序不稳、思想道德败坏等一些暂时不良现象的能力和信心。

二要深入研究进一步加强退休干部服务管理的问题。与离休干部相比，退休干部队伍面宽、量大、情况复杂，对他们服务管理的体制、机制、手段和方式方法都需要认真研究探索。各部门要结合新的形势，通过走家里、转作风、改方法，努力探索做好退休干部服务管理工作的有效途径和方法。

四、齐抓共管，加强离退休干部部门队伍的自身建设

老干部工作是政治性、政策性很强的工作，需要相关人员具有较高的理论素养、政策水平和丰富的工作经验与知识储备。因此，各单位要从实际出发，把加强老干部工作队伍建设与“讲党性、重品行、作表率”活动和深入推进创先争优活动紧密结合起来，努力在建设模范部门和过硬队伍上取得新的成效。为此：

一要加强对老干部工作方针政策的学习。老干部工作人员要加强学习，熟练掌握老干部工作的方针政策和业务技能。去年中组部在全国老干部工作系统中开展了老干部工作政策业务知识竞赛活动，我局也在老干部工作人员中掀起了学习老干部工作政策业务知识的热潮。希望各单位在继续学习老干部工作政策业务知识的同时，加强老干部工作人员的培训，拓宽知识面、完善知识结构，学会运用各方面的知识为老干部服务，提高老干部工作人员的创新能力和综合素质。

二是要加强调研。各单位要认真听取老同志的意见反映，及时了解老同志的现实需求，积极利用各方资源，主动为老同志提供更好更全面的服务，用我们的诚心、热心、耐心换来老干部的舒心，赢得老干部的信任。

三是要进一步加强老干部工作的领导。2009年，国家局成立了以徐德明局长为组长的离退休干部工作领导小组，今年将离退休干部处更名为离退休干部办公室，这充分体现了局党组对离退休干部工作的关心、重视，也是对老干部的关爱和尊重，为我们做好离退休干部工作提供了有利条件。做好老干部工作，关键在领导。希望各单位进一步提高对老干部工作重要性的认识，把“讲党性、重品行、作表率”活动与创先争优活动结合起来，切实增强责任感和使命感，多关心从事老干部工作的同志们的工作情况和实际困难，从实际出发，加强工作机构、充实工作人员、增加工作经费，为老干部工作的开展创造有利条件、提供有力保障，形成各部门通力合作、积极支持、大力配合、齐抓共管的良好局面，推动老干部工作不断上台阶、上水平。

同志们，全面做好新形势下离退休干部工作，责任重大，使命光荣。让我们在国家局党组的坚强领导下，在各单位领导的关心、支持下，以全力做好离退休干部工作为己任，以让领导放心、让老干部满意为目标，开拓创新，真抓实干，为实现我局离退休干部工作的新发展做出新的更大的贡献！

谢谢大家！

创新合作模式　整合行业资源　推进测绘科技　创新平台建设

国家测绘局副局长李朋德在2011年度国家测绘局重点实验室及工程技术研究中心主任工作会上的讲话

2011年4月15日

各位专家、各位代表：

大家下午好，今天的会议开得很务实、很有成效，上午15个重点实验室及工程中心分别进行了2011年度申报项目可行性汇报，每个重点实验室和工程中心都经过认真准备，都根据测绘科技的发展提出了很好的思路。在实验室和工程中心建设发展过程中，大家要多交流，通过交流，互相了解，促进合作。这些项目本身不是重点，重点是各实验室和工程中心之间怎样联合，形成测绘科技创新体系，通过这个体系，来争取更大的项目，带动整个产业和技术的发展。下面我讲三方面意见，供大家参考：

一、总结经验，找出不足，完善管理机制

长期以来，国家测绘局非常重视重点实验室和工程中心的建设与发展。在科技经费并不充裕的情况下，每年都划拨专门的资金支持实验室和工程中心开展研究工作，并在“十一五”期间取得了显著的成效。在科技创新体系的发展规模方面，由“十五”末的8个，发展到现在的17个，取得了较大的成绩，国家测绘局专门出台了一系列规章制度与管理措施，不断完善测绘科技创新体系建设和管理的政策保障，科技与国际合作司编制了2010年度重点实验室及工程中心科学研究综述，辐射的地区和覆盖的技术领域不断拓展，每个实验室及工程中心都结合科研需要、生产需要和社会需求，开展了一系列创新活动，取得了突出的业绩，通过科技创新形成了很多的科技成果，并获得了包括国家科技进步奖、测绘科技进步奖等在内的科技创新表彰。通过创新机制，培养了一批人才，为我国测绘科技水平提升、人才培养等方面做出了突出贡献，为测绘事业发展提供了很好的人才保障。

在测绘创新体系的建设与管理方面，也取得了很多宝贵的经验，比如目前实验室及工程中心依托一线生产单位、大学、科研院所和高新技术企业等单位，实践证明这种合作模式效果明显，今后要进一步推广和鼓励。测绘科技创新体系的不断完善和发展，对于测绘科技发展、对于国家未来创新体系的建立及实现跨越布局起到了积极的推动作用。

但从目前实验室及工程中心的建设与发展来看，还存在一些不足：一是实验室及工程中心发展不均衡，主要表现在地域发展的不平衡，中西部地区发展明显慢于东部。创新体系内部发展不平衡，有的实验室成绩比较突出，但有个别实验室的发展不理想；二是大成果不多，实验室之间还需要进一步开展更深入的合作，只有实验室之间、不同专业之间加强合作和交叉融合，才能培育大项目，才能纳入国家科技计划中；三是竞争机制和激励机制不完善，要加强实验室及工程中心建设与运行管理，进一步完善评估、考核和激励机制，对实验室及工程中心进行排名，实行末位淘汰制，业绩突出的要受到表彰并给予更大的投入。

二、分析需求，摸清现状，找准发展目标

测绘地理信息作为一项基础性、公益性和服务性工作，首要的任务是找准各方面的需求，做到有的放矢。

一是要准确把握国家的需求。“十二五”期间，国家提出了经济结构转型，大力发展战略性新兴产业，经济结构转型需要科技创新做支撑。国家“十二五”规划纲要中提出的任务都需要测绘保障服务，如精细农业、数字水利、智能电网、节能减排等都对测绘科技有旺盛需求，这其中有很大的发展空间，关键看我们如何与这些国家需求相结合，把我们的技术特长和国家需求结合起来。

二是要明确测绘地理信息行业及产业发展的需求。国家测绘局提出了“构建数字中国、监测地理国情，发展壮大产业、建设测绘强国”的24字战略方针，站位很高，确定了“十二五”甚至今后10－15年的目标，能否实现24字目标，关键在于测绘科技发展水平，而这同样要依靠测绘科技创新体系的发展。同时，当前我国地理信息产业发展非常快，目前已经有7－8家企业上市，而且大部分上市公司表现非常好，这些企业能否更好地发展，关键在于创新，中国的地理信息产业要面向全球，要走出去，这也对测绘科技创新提出了新的、更高的要求。

三是要围绕国家重大测绘工程的需求。天地图、资源三号卫星、927工程以及数字城市乃至智慧城市建设、南北极及青藏高原监测、地理信息快速更新、全球测图等已经上马或将启动，这些工程需要先进的测绘科学技术作为支撑和保障，无论测绘系统还是行业的发展需求，对测绘科技发展来说都是难得的机遇，同时也是很大的挑战。可以说，如何结合好这些需求，是测绘科技创新体系下一阶段发展的关键所在。

四要围绕科技发展大势。测绘科技创新要发展，除了紧密结合需求，还要清楚地了解发展的现状。科技创新是带动产业结构升级调整的源动力，国家科技重大专项，包括对地观测、核高基、战略性新兴产业等，都对测绘提出了新的要求和挑战，科技部的“十二五”规划，也在地球观测与导航技术领域为我们提出具体的发展方向。当前，科技发展的趋势是学科间的交叉与融合，航天技术、半导体技术、第四代高速无线通讯网络、新一代互联网和Web3.0等技术都在飞速发展，取得了很多先进成果，在很大程度上改变了我们的工作和生活方式，我们要积极学习和利用这些先进技术，将传统的测绘技术与其融合，为我所用，形成测绘地理信息科技发展的新领域和制高点，从而推动测绘科技又好又快发展。

三、发挥优势，强强联合，明确发展方式

测绘科技创新体系要健康发展，必须有清晰的发展思路，对于测绘科技创新体系构架和发展思路方面，我们要从投入机制、人才培养，运行方式等方面入手，加快、加强创新体系建设。

首先，要发挥优势，办出特色。目前，我们的测绘创新体系除了各科研院所和高校，已经拥有17个重点实验室和工程中心，这些实验室及工程中心依托着国内优秀的科研院所、高校、生产单位和企业，这些依托单位都具有自身的特色和显著优势，有些在测绘遥感领域是领跑者，有些单位擅长国土信息，有些在海洋测绘方面颇有建树，这些都是测绘科技创新体系发展的宝贵资源和优势。重点实验室和工程中心如何利用好这些资源，如何结合自身优势，办出特色，形成独立的、具有优势的发展领域和方向，使测绘科技创新体系所涵盖的领域和服务范围不断扩展，科研水平不断提高，是每一个重点实验室和工程中心必须要认真思考的问题。

其次，创新体系的建设与发展要以项目为中心，以项目带水平，以项目促发展。今后国家测绘局所投入的经费主要用来培育产生项目，用于支持科研创新、联合和谋划大项目，实验室和工程中心的运行经费由依托单位承担。实验室及工程中心之间要进行深层次的合作，吸纳各方优势力量，共同联合，争取国家级重点科技项目，承担大项目，才能培养大人才，出大成果。如何产生能够带动整个测绘行业人才培养、全球性的、战略性的大项目，关键要紧密结合国家需求、技术前沿等，如蓝色海洋经济、高铁安全系统、水资源、土地资源、林业、生态等方面，我们要与其他领域的实验室和工程中心联合，不要只限于行业内部，那样我们的测绘将大有作为，将有更大的发展空间和地位。同时，在建设与发展的方式上，实验室和工程中心是各有侧重点的，实验室以基础研究为主，要注重开展公益性研究，发表高质量论文，培养高素质科研人才，争取做到领域内科研的翘楚，为整个测绘科技发展提供推进力；工程中心在发展中要注重对现有成果的应用转化、推广和产业化。

第三，要进一步完善和平衡测绘科技创新体系构架。目前国家测绘局所属重点实验室及工程中心有17个，工程中心偏少，下一步重点在企业打造更多的工程中心，企业要和高校、生产单位、研究院所合作。要在现有体系上结合测绘事业发展确定新的领域和方向，要采用联合共建的方式建立实验室或工程中心，将地理及地理信息领域纳入到测绘创新体系，这是我们今后的一个重点工作。工程中心将以企业为主体，打造从数据获取、加工、处理、管理、分发服务到产品消费等方面的工程技术研发中心。形成国家级科研院所为核心，高校、生产单位、企业等相结合的测绘科技创新体系。

“十二五”是测绘事业快速发展的一个重要战略机遇期，测绘科技工作面临着难得的机遇。我们要进一步发挥实验室、工程中心“项目、基地、人才”结合的优势，扎实工作，勇于创新，准确把握“构建数字中国、监测地理国情，发展壮大产业、建设测绘强国”的测绘发展方向，坚持“自主创新、重点跨越、支撑发展、引领未来”的发展方针和“着力加快科技自主创新，提高测绘生产力水平，推动测绘发展方式转变”的测绘科技发展方向，以服务科学发展为主题，以支撑加快经济发展方式转变为主线，以提高自主创新能力为核心，攻占测绘科技制高点，培育经济增长点，围绕社会民生关注点，突破测绘发展关键点，不断完善测绘科技创新体系，加快完善制定测绘科技创新的规章制度，推动我国由测绘大国向测绘强国迈进。

谢谢大家！

重要会议

第十五次全军测绘导航工作会议

主办单位：总参测绘局

时间：2011 年 2 月 24 日 ~25 日

地点：北京

参加人员：总参谋长陈炳德，副总参谋长章沁生、魏凤和，总参某部部长白建军，副部长王津、阚立奎，总参测绘局局长袁树友，总部、军区、军兵种有关部门，有关院校和全军团以上测绘导航部队领导共 190 多人。

议题（主要内容）：总结“十一五”军队测绘导航工作，听取各单位测绘导航建设“十一五”计划执行情况和“十二五”计划主要设想的汇报，审议通过《军队测绘导航建设“十二五”规划》，表彰先进单位和个人。

全国测绘系统党风廉政建设工作会议

主办单位：国家测绘局

时间：2011 年 4 月 8 日

地点：北京

参加人员：国土资源部副部长、国家测绘局党组书记、局长徐德明，审计署资源环保审计局局长李树廷，国家测绘局党组副书记、副局长王春峰，国家测绘局党组成员、纪检组组长张荣久。各省、自治区、直辖市、计划单列市测绘行政主管部门、新疆生产建设兵团主管党风廉政建设工作的负责人和国家测绘局所属各单位、国家测绘局机关各司（室）主要负责人。

议题（主要内容）：深入学习贯彻第十七届中央纪委第六次全会和国务院第四次廉政工作会议精神，总结 2010 年测绘系统党风廉政建设和反腐败工作，研究部署 2011 年测绘系统反腐倡廉工作。

全国测绘系统法治工作会议

主办单位：国家测绘局

时间：2011 年 5 月 10 日

地点：北京

参加人员：国土资源部副部长、国家测绘局局长徐德明，国家测绘局副局长宋超智，全国人大常委会法制工作委员会经济法室副主任袁杰，国务院法制办公室农业资源环保法制司副司长左力，司法部法制宣传司副司长李涛，国土资源部政策法规司副司长姚义川。各省、自治区、直辖市、计划单列市测绘行政主管部门和新疆生产建设兵团测绘主管部门分管法制工作的领导和有关职能部门负责人，受表彰的先进集体和先进个人代表。

议题（主要内容）：深入贯彻落实《国务院关于加强法治政府建设的意见》和全国依法行政工作会议精神，总结“十一五”测绘依法行政暨“五五”普法工作经验，表彰先进，研究部署新形势下全面推进测绘法治政府建设的主要任务，提高测绘系统依法行政水平。

国家地理信息公共服务平台“天地图”建设工作会议

主办单位：国家测绘地理信息局

时间：2011 年 5 月 24 日

地点：北京

参加人员：国土资源部副部长、国家测绘地理信息局局长徐德明，国家测绘地理信息局副局长王春峰、李维森、宋超智、闵宜仁，局党组成员、纪检组组长张荣久，局党组成员、办公室主任吴兆琪，局总工程师胥燕婴，各省、自治区、直辖市测绘地理信息行政主管部门、国家测绘地理信息局机关各司局、所属在京单位主要负责人。

议题（主要内容）：介绍“天地图”建设及运行情况，演示各省级公众版平台情况，通报各地贯彻落实《国家地理信息公共服务平台共建工作目标责任书》情况，交流平台建设及应用工作经验，部署下一步工作。

庆祝中国共产党成立 90 周年“红色地图”发布会

主办单位：国家测绘地理信息局

时间：2011 年 6 月 22 日

地点：北京

参加人员：国土资源部副部长、国家测绘地理信息局局长徐德明，国家测绘地理信息局副局长宋超智、闵宜仁，外交部、教育部、工业和信息化部、公安部、民政部、商务部、海关总署、国家工商行政管理总局、新闻出版总署、国务院新闻办公室有关人员，国家基础地理信息中心、国家测绘地理信息局卫星测绘应用中心有关负责人，新华网、人民网、科技日报等媒体记者 20 多人。

议题（主要内容）：向公众和媒体展示发布全国测绘地理信息部门 30 多家单位编制的 10 多个互联网红色地图系统、6 种红色地图集、70 多种红色专题地图，介绍红色地图的编制过程、特点、应用情况以及重要意义。

全国测绘成果保密检查工作部署电视电话会议

主办单位：国家测绘地理信息局、国家保密局

时间：2011 年 7 月 7 日

地点：北京

参加人员：全国测绘成果保密检查领导小组组长、国土资源部副部长、国家测绘地理信息局局长徐德明，全国测绘成果保密检查领导小组副组长、国家保密局副局长周晖国出席会议并讲话。全国测绘成果保密检查领导小组副组长、国家测绘地理信息局副局长闵宜仁出席会议。全国测绘成果保密检查领导小组及办公室全体人员，国家测绘地理信息局各司局主要负责人、保密委员会全体成员、在京所属单位主要领导和分管领导及相关工作人员，国家保密局有关司局领导及工作人员；国务院有关部委办公厅分管保密工作的负责人和业务司局分管测绘成果使用工作的负责人；有关中央企业单位办公厅分管保密工作的负责人和业务部门分管测绘成果使用工作的负责人；北京市测绘行政主管部门、保密行政主管部门的领导及有关人员；在京甲级测绘资质单位负责人代表在北京主会场参会。各省、自治区、直辖市测绘地理信息行政主管部门、保密行政管理部门领导及有关人员，测绘成果用户单位和测绘资质单位代表在各地分会场参会。

议题（主要内容）：启动全国测绘成果保密检查工作，并进行动员和部署。

中共国家测绘地理信息局党组中心组（扩大）学习胡锦涛总书记“七一”重要讲话专题学习会与全国测绘地理信息局长座谈会、全国测绘地理信息科技和人才工作会议

主办单位：国家测绘地理信息局

时间：2011 年 7 月 12 日 ~13 日

地点：延安

参加人员：国土资源部副部长、党组成员，国家测绘地理信息局党组书记、局长徐德明，国家测绘地理信息局党组副书记、副局长王春峰，局党组成员、副局长李维森、宋超智、闵宜仁，局党组成员、纪检组组长张荣久，局党组成员、办公室主任吴兆琪，副局长李朋德、总工程师胥燕婴。各省、自治区、直辖市、计划单列市测绘地理信息行政主管部门、新疆生产建设兵团测绘地理信息主管部门、局所属各单位、机关各司局、测绘地理信息相关学会和协会党政主要负责人，以及各单位各部门分管科技和人才工作的相关处（室）负责人。

议题（主要内容）：深入学习贯彻胡锦涛总书记在纪念中国共产党成立 90 周年大会上的讲话精神，深入贯彻落实中共中央政治局常委、国务院副总理李克强同志考察中国测绘创新基地时的讲话精神，分析新形势和新要求，研究部署贯彻落实李克强副总理讲话精神的具体举措，统一思想、提高认识，推动《测绘地理信息发展“十二五”总体规划纲要》顺利实施，推进 2011 年各项重点工作圆满完成。回顾总结“十一五”期间测绘地理信息科技和人才工作取得的主要成绩，学习贯彻《测绘地理信息“十二五”人才发展规划》，交流各单位在测绘地理信息科技创新与人才培养、引进和使用等方面的经验，研究部署“十二五”期间测绘地理信息科技和人才工作。

全国数字城市建设工作会议

主办单位：国家测绘地理信息局

时间：2011 年 10 月 11 日

地点：南京

参加人员：国土资源部副部长、国家测绘地理信息局局长徐德明出席会议并讲话。各省级测绘地理信息行政主管部门主要负责人或分管负责人、主管处（室）负责人，有关市政府领导、主管部门负责人，国家测绘地理信息局相关司局、相关所属单位负责人、部分企业主要负责人。

议题（主要内容）：贯彻落实李克强副总理考察中国测绘创新基地时的讲话精神，加快推进数字城市地理空间框架建设。

全国测绘地理信息质量工作会议

主办单位：国家测绘地理信息局

时间：2011 年 10 月 13 日

地点：南京

参加人员：国家测绘地理信息局副局长李维森、总工程师胥燕婴，各省、自治区、直辖市测绘地理信息行政主管部门分管质量监督工作的负责人和承办处（室）负责人，计划单列市测绘地理信息行政主管部门、国家测绘产品质量检验测试中心有关人员。

议题（主要内容）：总结交流测绘地理信息质量工作经验，分析新形势，布置下一阶段工作任务。

全国测绘地理信息财务工作会议

主办单位：国家测绘地理信息局

时间：2011 年 10 月 13 日～14 日

地点：重庆

参加人员：国家测绘地理信息局副局长王春峰，财政部经济建设司有关负责人，审计署资源环保审计局局长李树廷。各省、自治区、直辖市、计划单列市测绘地理信息行政主管部门、新疆生产建设兵团测绘地理信息主管部门及国家测绘地理信息局所属各单位分管财务工作的负责人及财务部门负责人。

议题（主要内容）：按照“构建数字中国、监测地理国情，发展壮大产业、建设测绘强国”的总体战略要求，总结交流“十一五”时期财务管理经验，部署“十二五”时期财务工作。

民用海图工作会议

主办单位：海军司令部

时间：2011 年 10 月 28 日

地点：北京

参加人员：海军副司令员丁一平、副参谋长冷振庆、政治部副主任李斌，军委法制局、总参测绘局，中央机构编制办公室、外交部、国土资源部、交通运输部、新闻出版总署、国务院法制办、国家海洋局、国家测绘地理信息局、中国地质调查局、农业部渔业局和渔船检验局等军地有关部门及沿海各省、自治区、直辖市代表共100多人。

议题（主要内容）：总结中国官方民用海图出版、发行情况，介绍海军代表国家出版民用海图的工作体系和成就，提出为用户免费提供电子海图安装服务、格式转换技术支持，为国内电子海图产业提供符合国际标准的电子海图显示控件、标准试验用图等新措施。

全国测绘地理信息应急保障管理人员培训班

主办单位：国家测绘地理信息局

时间：2011年11月16日

地点：北京

参加人员：国家测绘地理信息局副局长闵宜仁出席并讲话，国务院应急办、国家行政学院领导和专家应邀授课。各省、自治区、直辖市测绘地理信息行政主管部门分管领导、相关业务处室负责人及业务骨干共110多人参加会议。

议题（主要内容）：总结交流测绘地理信息应急保障工作经验，学习测绘地理信息应急保障新知识，进一步增强测绘地理信息应急保障管理能力。

中共国家测绘地理信息局党组务虚会

主办单位：国家测绘地理信息局

时间：2011年12月1日~2日

地点：北京

参加人员：国土资源部副部长、党组成员，国家测绘地理信息局党组书记、局长徐德明，国家测绘地理信息局党组副书记、副局长王春峰，局党组成员、副局长李维森、宋超智、闵宜仁，局党组成员、纪检组组长张荣久，局党组成员、办公室主任吴兆琪，副局长李朋德，总工程师胥燕婴。局机关各司局、局属各单位党政主要负责人，部分省级测绘地理信息行政主管部门和测绘地理信息企业的主要负责人。

议题（主要内容）：学习贯彻党的十七届六中全会精神和李克强副总理视察中国测绘创新基地时的讲话精神，分析当前测绘地理信息事业发展面临的形势，研究制约事业发展的重大问题及其解决对策，谋划2012年及今后一段时间的重点任务，进一步统一思想、统一认识、明确方向，为全国测绘地理信息局长会议召开作好准备。

全国基础测绘地理信息建设工作会议

主办单位：国家测绘地理信息局

时间：2011年12月15日~16日

地点：海口

参加人员：国家测绘地理信息局副局长李维森，海南省人民政府副省长李秀领，国家测绘地理信息局总工程师胥燕婴。各省、自治区、直辖市、计划单列市测绘地理信息行政主管部门负责人，国家测绘地理信息局直属单位和有关司局负责人。

议题（主要内容）：总结“十一五”全国基础测绘地理信息建设取得的成绩及存在的问题，研究部署“十二五”时期全国基础测绘地理信息创新发展的主要任务与措施

全国测绘地理信息局长会议

主办单位：国家测绘地理信息局

时间：2011 年 12 月 19 日 ~20 日

地点：北京

参加人员：国土资源部部长、国家土地总督察徐绍史，国土资源部副部长、国家测绘地理信息局局长徐德明，国家测绘地理信息局副局长王春峰、李维森、宋超智、闵宜仁，国家测绘地理信息局党组成员、纪检组组长张荣久，局党组成员、办公室主任吴兆琪，副局长李朋德，局总工程师胥燕婴。中共中央办公厅、中共中央纪律检查委员会、中共中央组织部、中央机构编制委员会办公室、中央国家机关工委，国务院办公厅、国务院应急管理办公室、国家发展和改革委、科技部、工业与信息化部、民政部、财政部、人力资源和社会保障部、国土资源部、交通运输部、审计署，国家广播电影电视总局、国务院机关事务管理局、国务院法制办公室、国务院新闻办公室、国家国防科技工业局、国家保密局、总参测绘导航局、国家标准化管理委员会等中央国务院部委、军队测绘部门有关负责人；各省、自治区、直辖市和计划单列市测绘地理信息行政主管部门主要负责人，新疆生产建设兵团测绘地理信息主管部门主要负责人；局所属各单位、机关各司局主要负责人；测绘地理信息相关学会和协会负责人；全国地理信息标准化技术委员会、国际摄影测量与遥感协会秘书处主要负责人；“十一五”测绘地理信息科技杰出贡献奖获得者；全国测绘地理信息技术能手获奖代表；部分地方测绘地理信息单位主要负责人；武汉大学、郑州测绘学校负责人；国家地理信息科技产业园入园企业代表。

议题（主要内容）：深入学习贯彻党的十七届六中全会精神和中央经济工作会议精神，进一步贯彻落实李克强副总理在视察中国测绘创新基地时的重要讲话精神，总结交流 2011 年全国测绘地理信息发展各项工作，研究部署 2012 年和今后一个时期测绘地理信息工作主要任务。

重大事件

“天地图”建设

2011 年 1 月 18 日，国务院新闻办举行新闻发布会，宣布中国互联网地图服务网站“天地图”正式上线运行。国家测绘地理信息局陆续推出“天地图”2011 版及手机版，增加了红色天地、伟业宏图、中华舆图等专题地图服务和大量地理信息，服务功能更加完善，应用范围不断扩大。各省级平台加快建设，近一半的省级节点实现与主节点的聚合服务。至年底，已有来自全球 216 个国家和地区近 2 亿人次访问天地图，单日访问峰值超过 665 万人次。基于“天地图”地理信息服务的各类公益性及商业化应用和增值服务不断涌现，国家减灾中心灾情地理信息系统等诸多应用系统发挥重要作用。

全国首次注册测绘师考试

2011年4月16日~17日，由国家测绘局、人力资源与社会保障部共同组织的全国首次注册测绘师资格考试在全国30个省、区、市以及新疆生产建设兵团同时举行，3万多名测绘专业技术人员参加考试。6月28日，考试合格标准正式公布，全国共3147人通过考试。考试合格人员由各省级人事部门颁发《中华人民共和国注册测绘师资格证书》。

北斗二号系列卫星成功发射

2011年4月~12月，北斗二号工程第3、4、5颗倾斜地球同步轨道卫星相继成功发射。12月8日，卫星有效载荷按计划全部开通，星地对接工作一次成功。

测绘科技创新

2011年5月14日，国内首套具有自主知识产权的机载多波段多极化干涉SAR测图系统通过验收。该系统突破了多项核心技术，获得6项自主知识产权的专利，填补了国内在该领域的空白，整体技术指标达到国际先进水平。此外，我国测绘地理信息部门还研发了车载激光建模测量系统、地理信息公共平台软件等一批具有自主知识产权的新成果，配备了地理信息应急监测车、低空无人飞行器、航摄直升机等新装备。

中共中央政治局常委、国务院副总理李克强视察中国测绘创新基地

2011年5月23日，中共中央政治局常委、国务院副总理李克强视察中国测绘创新基地，看望测绘工作者并召开座谈会。李克强强调了测绘地理信息在经济社会发展中的地位和作用，肯定了“构建数字中国、监测地理国情，发展壮大产业、建设测绘强国”的测绘地理信息事业总体战略，对当前及今后一个时期需要着力推进的重点工作进行了全面阐述和具体部署。

国家测绘局更名为国家测绘地理信息局

2011年5月23日，经国务院批准，国家测绘局更名为国家测绘地理信息局。更名后，主要职责、内设机构和人员编制不变。2011年5月31日，中共中央组织部经研究，同意徐德明任国家测绘地理信息局党组书记，王春峰任国家测绘地理信息局党组副书记，李维森、宋超智、闵宜仁任国家测绘地理信息局党组成员，张荣久任国家测绘地理信息局党组纪检组组长、党组成员，吴兆琪任国家测绘地理信息局党组成员，原国家测绘局党组书记、副书记、成员、纪检组组长职务自然免除。2011年6月5日，国务院决定，任命徐德明为国家测绘地理信息局局长，王春峰、李维森、宋超智、闵宜仁、李朋德为国家测绘地理信息局副局长，原国家测绘局局长、副局长职务自然免除。

“英雄测绘大队”先进事迹报告会在北京举行

2011年11月8日，总参谋部在北京举行总参驻津某测绘大队“英雄测绘大队”先进事迹报告会。副总参谋长章沁生上将、侯树森上将、魏凤和中将及总参谋长助理戚建国中将出席报告会并接见报告团全体成员。总参机关和直属部队、代表共235人参加报告会。

总参测绘局更名为总参测绘导航局

2011年11月22日，经中央军委批准，总参测绘局更名为总参测绘导航局。

中共中央书记处书记、中央纪委副书记何勇到国家测绘地理信息局调研

2011年12月22日，中共中央书记处书记、中央纪委副书记何勇率中央纪委监察部理论学习中心组到国家测绘地理信息局调研并讲话。何勇对国家测绘地理信息局在推动测绘地理信息事业发展以及加强党风廉政建设和反腐败工作方面取得的成绩给予充分肯定，强调要紧紧围绕测绘地理信息事业的中心任务，切实加强党风廉政建设和反腐败工作，积极构建符合行业特点的惩治和预防腐败体系，为测绘地理信息事业的发展提供坚强保障。

地方测绘地理信息管理机构建设

地方测绘地理信息管理机构建设取得重大进展。截至2011年底，辽宁、黑龙江、山西、山东、江西、浙江、福建、海南、广西、四川、陕西、青海、宁夏、新疆等14个省（区）和部分市、县测绘地理信息主管部门相继更名，辽宁的沈阳和抚顺、山东的滨州、四川的温江成立了地理信息局，强化了地理信息资源管理职能。

测绘地理信息界3名专家当选院士

2011年，测绘地理信息界3名专家当选院士。其中，李建成当选为中国工程院院士，龚健雅、郭华东当选为中国科学院院士。李建成和龚健雅是国家测绘地理信息局首批科技领军人才。

数字城市建设

截至2011年底，全国已有230多个城市开展了数字城市建设，110个数字城市已建成并提供服务。其中，吉林、湖南、宁夏等9个省（区）将数字城市建设列入省（区）“十二五”规划内容。

地理国情监测

2011年，陕西、浙江、重庆等省（市）地理国情监测试点工作有效推进，福建、山西、陕西等7个省将地理国情监测工作列入省“十二五”专项规划内容。各地积极开展新农村建设、森林资源以及汶川地震重灾区等重点领域的监测或普查工作，并已在天津、河北、江西、贵州等地取得重要成果。

地理信息产业发展

国家地理信息科技产业园规划占地面积1500亩、建筑面积180万平方米、总投资150亿元，一期工程80万平方米实现了当年设计、当年施工、当年竣工，并已有20多家地理信息及相关企业签订了入园协议。此外，浙江、山东、云南等地已筹划或启动地理信息产业园区建设。国家测绘地理信息局研究起草了《国务院关于促进地理信息产业发展的指导意见（代拟稿）》。中国地理信息系统协会正式更名中国地理信息产业协会。2011 年，全国地理信息产业总产值达 1500 亿元以上。

测绘重大项目

2011 年，国家西部 1:5 万地形图空白区测图工程全面完成，实现了 1:5 万地形图对我国全部陆地国土的覆盖，结束了西部部分国土无国家基本图的历史。全面更新了全国 80% 陆地国土面积的 1:5 万基础地理信息数据，数据现势性由 20 年～30 年提升到 5 年以内，我国基础地理信息数据库建设水平步入国际先进行列。汶川地震灾后恢复重建测绘专项全面完成，在四川、陕西、甘肃三省汶川地震灾区恢复重建了测绘基准，测制了系列比例尺地形图，建设了基础地理信息数据库，建立了灾情监测与评估地理信息系统。海岛（礁）测绘基准基本完成，海岛测图工作全面展开。2000 国家大地坐标系推广应用、新农村建设测绘保障示范工程等重大项目稳步推进。

测绘地理信息管理工作

政策研究

调查研究

2011年，国家测绘地理信息局领导分别带队，赴各省（区、市）调研。调研的主要内容包括“天地图”地方分节点建设、数字城市建设、地理国情监测3项重点工作开展情况，以及省级测绘地理信息管理机构更名情况、地方测绘地理信息管理体制建设、在事业发展中存在的问题、地方的成功经验和先进思路。各调研组在广泛深入调研的基础上，形成了高质量的调研报告。

重点政策研究

【中国地理信息产业发展报告（2011）】

为全面反映近年来我国地理信息产业发展状况，国家测绘地理信息局组织召开发展壮大地理信息产业暨测绘地理信息蓝皮书研讨会，编辑出版《中国地理信息产业发展报告（2011）》，对近年来我国地理信息产业发展现状进行深入研究分析，介绍国际地理信息产业发展状况。

【军地测绘战略合作研究】

国家测绘地理信息局和总参测绘导航局联合印发《关于推进军地测绘融合发展的意见》，并召开首次军地测绘融合发展工作会议。

【“十二五”测绘地理信息发展规划编制研究】

国家测绘地理信息局对测绘地理信息事业“十二五”面临的形势进行深入分析，研究提出发展目标、主要任务和重大项目，印发了《全国基础测绘“十二五”规划》和《测绘地理信息发展“十二五”总体规划纲要》。

【地理国情监测理论战略研究】

国家测绘地理信息局收集整理地理国情监测服务于经济社会发展的实例，明确地理国情监测的需求，研究地理国情监测同传统测绘、构建数字中国、发展壮大产业、建设测绘强国的关系，分析地理国情监测工作中测绘地理信息部门同其他部门的关系，并多次召开研讨会研讨。

【“智慧中国”研究】

国家测绘地理信息局组织研究测绘地理信息在“智慧中国”建设中的地位及作用，赴部分地区就“智慧中国”相关领域内容开展调研；召开专家座谈会，就测绘地理信息在“智慧中国”建设中的作用和主要任务进行交流，并征求专家对《推进智慧中国建设（提纲）》的意见。

测绘地理信息发展研究

国家测绘地理信息局开展测绘地理信息发展战略研究成果宣传工作，编写《测绘发展战略研究成果宣传计划》并在《中国测绘报》刊登10篇专题宣传材料；推进战略研究后续研究工作，编制《测绘发展战略研究实施纲要》，就测绘地理信息工作的转型发展进行深入研究；开展海洋经济发展测绘地理信息保障研究，为实施海洋测绘进行了先期探索。

法制建设

测绘地理信息立法

【测绘法修订】

国家测绘地理信息局配合全国人大环境与资源保护委员会和国务院法制办公室开展《中华人民共和国测绘法》（以下简称《测绘法》）修订的有关工作。书面调研并汇总分析《测绘法》执行中存在的问题及需要修订完善的内容。逐条梳理《测绘法》的30多项制度并形成执行情况报告。召开《测绘法》修订座谈会，拟订《测绘法》修订工作预案。经积极协调，《测绘法》修订已列入国务院2012年立法工作计划。

【地图管理条例立法】

《中华人民共和国地图管理条例》列入2011年国务院立法计划，国家测绘地理信息局配合国务院法制办公室开展条例的立法工作。3月、4月、8月，国家测绘地理信息局邀请国务院法制办公室副主任郜风涛一行分别到中国测绘创新基地、陕西、山西，以及百度和高德两公司开展立法调研；9月，配合国务院法制办公室召开立法座谈会；年内，起草大量立法背景和论证材料，修改审议条例草案4次，召开专家论证会1次。此外，国家测绘地理信息局与外交部、海关总署、商务部、新闻出版总署等部门进行多次沟通协调。

【局内立法工作】

国家测绘地理信息局印发《国家测绘局2011年立法工作计划》，提出14项立法工作项目，要求各承办部门严格立法程序，提高立法质量。年内，起草并印发《关于加强测绘地理信息法治建设的若干意见》、《测绘地理信息市场信用信息管理暂行办法》、《遥感影像公开使用管理规定（试行）》、《全国测绘地理信息行政执法依据》、《全国测绘地理信息行政执法职权分解》、《测绘地理信息行政处罚案卷评查暂行办法》、《测绘地理信息行政处罚案卷评查标准》、《全国测绘地理信息优秀行政执法案件评选办法》等重要规范性文件。

【《外国的组织或者个人来华测绘管理暂行办法》修订工作】

国家测绘地理信息局对《外国的组织或者个人来华测绘管理暂行办法》进行修订，重点调整资质准入方面对从事互联网地图服务的外资比例份额的规定。修订后的《外国的组织或者个人来华测绘管理暂行办法》由国土资源部以第52号令发布，引起境内外媒体的广泛关注。

依法行政

【关于加强测绘地理信息法治建设的若干意见】

国家测绘地理信息局印发《关于加强测绘地理信息行政执法工作的意见》，从进一步提高依法行政的意识和能力、加快测绘地理信息立法、规范测绘地理信息行政管理行为、强化测绘地理信息行政执法、加强测绘地理信息监管、加强领导和组织保障等方面提出“十二五”期间行政执法的重点任务和保障措施。

【行政审批清理工作】

国家测绘地理信息局按照国务院行政审批制度改革工作部际联席会议办公室（以下简称国务院审改办）的要求，对原有的12项行政审批项目和1项非许可的行政审批项目进行审核论证，同意取消“编制中小学教学地图审批”和“设立测绘行业特有工种职业技能鉴定站审批”2项行政许可，同意将“测绘计量检定人员资格认定”审批权限下放至省级测绘地理信息行政主管部门，建议保留其他由国家测绘地理信息局实施的行政审批项目。国家测绘地理信息局将上述处理意见函复国务院审改办，并与国务院审改办签订《行政审批项目处理意见确认书》。

【行政强制措施清理】

《中华人民共和国行政强制法》颁布后，国家测绘地理信息局按照国务院的部署，完成测绘地理信息法规、规章和规范性文件中行政强制措施的清理工作并上报清理结果。

【《关于外国的组织或者个人来华测绘有关审批工作的通知》废止】

7 月，废止《关于外国的组织或者个人来华测绘有关审批工作的通知》。

行政执法

【测绘地理信息行政执法】

国家测绘地理信息局加强行政执法监督和指导，印发《关于 2010 年十大测绘违法典型案件的通报》和《2010 年测绘行政执法情况通报》，通过新闻媒体对典型案例进行广泛宣传，引起社会广泛关注。2010 年，各级测绘地理信息行政主管部门共开展专项执法检查 2200 多次，出动执法人员近 1.5 万人次，建立部门间联合工作机制 196 项，测绘地理信息市场监管长效机制初步形成。

【违法案件查处】

国家测绘地理信息局加大测绘地理信息违法案件查处力度，会同工业和信息化部、国家安全部、国家保密局等部门，对某企业涉嫌有组织大规模非法采集我国地理信息数据案进行调查。认真贯彻中央领导的批示精神，完成涉外涉军非法测绘问题的报告。

【指导地方执法】

国家测绘地理信息局指导有关省级测绘地理信息行政主管部门对重庆巨貌广告传媒有限公司违法编制地图案、江苏省姜堰市城建建设工程质量检测有限公司无测绘资质开展沉降观测活动案等案件进行查处，并受理天津环境地质研究所在申请测绘资质过程中涉嫌伪造材料、浙江省测绘大队涉嫌违法从事测绘活动等投诉举报。

【部门协作工作机制】

国家测绘地理信息局按照七部门《关于加强地理信息市场监管工作的意见》要求，与国家安全部继续深化测绘地理信息领域反间谍反窃密协作工作机制，与工业和信息化部研究建立互联网地图服务联合监管机制，与国家工商行政管理总局研究建立市场监管协作机制，均取得初步成果。

【地方行政管理干部培训】

3 月、7 月和 9 月，国家测绘地理信息局分别在珠海、牡丹江和北戴河举办 3 期地方测绘地理信息行政管理干部培训班，培训来自全国各地的学员 400 多名。

法制宣传

【“五五”普法总结表彰】

中宣部、司法部联合表彰国家测绘地理信息局法规与行业管理司为全国法制宣传教育先进单位，全国测绘地理信息系统 3 人为先进个人。国家测绘地理信息局组织评选并表彰测绘系统“五五”普法先进单位 63 家和先进个人 130 名。

【“六五”普法规划】

国家测绘地理信息局印发《全国测绘地理信息法制宣传教育第六个五年规划（2011－2015 年）》。该规划从 2011 年开始实施，到 2015 年结束，分为宣传发动、组织实施、中期评估、检查验收 4 个阶段。

【普法依法治理工作要点】

国家测绘地理信息局印发《2011 年测绘系统普法依法治理工作要点》，明确年度普法工作重点和主要内容，提出明确要求，对全国测绘系统的法制宣传教育工作做出具体部署。

【“8·29”全国测绘法宣传日活动】

国家测绘地理信息局围绕“监测地理国情，服务科学发展”宣传主题，开展 2011 年全国测绘法宣传日主题口号、公益短信、主题宣传画有奖征集活动。活动共收到应征稿件 600 多份，经组委会评议，评选出 2011 年全国测绘法宣传日主题口号 10 条，公益短信 1 条，主题宣传画 1 幅。

8 月 29 日，国家测绘地理信息局联合辽宁省人民政府在沈阳举办主题为“监测地理国情，服务科学发展”的测绘法宣传日主场活动，国家测绘地理信息局局长徐德明和辽宁省委有关领导出席。

【“易图通杯”2011 年全国测绘地理信息法律知识网络竞赛】

7 月 8 日～8 月 22 日，国家测绘地理信息局举办“易图通杯”2011 年全国测绘地理信息法律知识网络竞赛，9 万多人次参与网上答题，其中 9000 多人答题成功，抽取获奖 135 人，评选出优秀组织奖 30 家单位。

【参与 2011 年百家网站法律知识竞赛】

国家测绘地理信息局门户网站作为百家支持网站之一参与由司法部、国家互联网信息办公室、全国普法办公室联合主办的全国百家网站中国特色社会主义法律体系知识竞赛活动，在网站首页设置浮动窗口、竞赛标识及链接，充分发挥了互联网在法制宣传教育中的独特优势，提高了测绘地理信息行业广大干部职工的法律意识。

规划与计划

国家测绘地理信息局积极推进“十二五”规划编制工作。召开由国家发展和改革委、民政部、财政部、国土资源部、交通部、水利部、国防科技工业局、总参测绘导航局等8部门参加的第二次全国基础测绘“十二五”规划编制工作部门联席会议，形成《全国基础测绘“十二五”规划》（征求意见稿），并分别送国家发展和改革委、民政部、财政部等8部门征求意见，根据各部门反馈意见形成《相关部门对〈全国基础测绘“十二五”规划〉的意见建议采纳情况汇总表》，并将规划送8部门会签。组织开展《促进地理信息产业发展“十二五”规划》编制工作。6月，国家测绘地理信息局印发《测绘地理信息发展“十二五”总体规划纲要》。10月，国家测绘地理信息局、国家发展和改革委、民政部等9部门联合印发《全国基础测绘“十二五”规划》。

基础测绘管理

基础测绘项目管理

【基础测绘计划】

国家测绘地理信息局编制并印发2011年国家基础测绘项目计划，提出2012年国家基础测绘生产性项目“一上”和“二上”计划。每月汇总编制各单位基础测绘项目和重大专项进度表，对执行较慢的单位和项目加强督促。

【基础测绘实施检查】

国家测绘地理信息局向中国测绘学会下发《关于委托开展国家1:50000基础地理信息数据库更新工程终期评估及数据库测试工作的函》和《关于委托开展西部测图工程终期评估及数据库测试工作的函》。中国测绘学会按照文件要求完成工程组织管理、质量管理、质量控制管理、工程监理、安全生产管理、产品质量检查等方面的终期评估工作。

重大测绘项目管理

【数字城市建设】

国家测绘地理信息局进一步加大数字城市建设工作力度，新启动100个数字城市建设工作，数字城市总体立项数达到210个；为各试点、推广城市建设工作提供支撑服务，有效提升了建设速度，至2011年底，完成建设的数字城市110多个。指导各市（县）开展城市节点与“天地图”国家节点、省级节点衔接工作，使城市公众服务系统在技术上满足与“天地图”互联互通的要求。开展数字城市建设培训工作，举办数字城市建设专题研究班，对30多位市领导进行培训；对西部10多个省、区及其市（州）测绘管理部门1000多人进行重点集中培训；支持河北、浙江、甘肃、新疆开展专题培训，累计培训技术骨干1000多人。完善《地理空间框架基本规定》和《地理信息公共平台基本规定》，并推动其由行业标准升级为国家标准；编制《数字城市地理信息公共平台建设规范》、《数字城市地理信息公共平台服务规范》、《三维城市基础地理信息数据生产规范》、《三维城市基础地理信息模型产品规范》、《三维城市基础地理信息数据库建设规范》5项行业标准。

组织召开全国数字城市建设工作会议，交流工作经验，介绍取得的成绩，展示应用成果；编制2011年“两会”数字城市建设特刊；配合开展“走基层，看测绘”大型宣传报道活动，广泛宣传数字城市建设工作取得的成绩、应用的亮点和发挥的作用，取得良好宣传效果。

测绘基准管理

国家测绘地理信息局开展国家现代测绘基准项目启动前的各项准备工作，编制完成《国家GNSS连续运行基准站建设技术规程》、《国家卫星大地控制网建设技术规程》、《国家高程控制网建设技术规程》3个技术规程并通过审查，编制完成国家现代测绘基准体系基础设施建设二期工程建议书。组织开展GNSS连续运行基准站标准样图设计工作，分批分期进行技术培训，完成华东、华中、华北15省市一等水准路线踏勘及标石补埋工作。

基础航空摄影与卫星影像获取

【国家基础航空摄影】

国家测绘地理信息局尝试在签署省部地理信息数据共建共享协议的省区采用国家、省、航摄单位共同投入的国家基础航空摄影新模式，即航摄招标价格按照国家测绘地理信息局政府采购平均价格的50%设定。国家测绘地理信息局按设定价格的约68%投资，拥有航摄成果（影像成果及所有航摄资料）所有权；省局按照设定价格的约32%配套资金，拥有影像成果及相关航摄资料使用权；航摄单位在遵守测绘成果保密、成果提供相关法律法规的前提下拥有影像成果及相关航摄资料销售使用权。年内，在福建、江西、湖北、黑龙江4个省进行招标试验，取得较好效果。

年内，国家测绘地理信息局下达2期国家基础航空摄影计划，涉及国家与省级基础航空摄影、数字省区、数字城市地理空间框架建设等项目的影像数据保障。其中，一期安排国家与省级基础航摄项目13项225295平方千米，数字城市航摄项目27项15168平方千米；二期安排国家与省级基础航摄项目11项181516平方千米，福建、江西、湖北、黑龙江4个数字省区，航摄面积529763平方千米，数字城市航摄项目60项35794平方千米。截至2011年底，两期计划已基本完成。按照国家基础航空摄影管理规定，组织完成2次航空影像获取政府采购工作，中标航摄单位30家。

【无人机低空遥感技术】

国家测绘地理信息局大力推广无人机低空遥感技术，完成全国测绘地理信息系统30个省级测绘地理信息行政主管部门和国家测绘地理信息局重庆测绘院近40套无人飞机航摄系统的配备工作。航摄系统在云南盈江地震、广西桂林泥石流灾害应急保障和江西、贵州、湖南、湖北等省的防汛抗旱指挥决策中发挥了重要作用。国家测绘地理信息局指导中国测绘科学研究院研制出首台国家地理信息应急监测车，实现数据动态采集和生产。

安全生产管理

国家测绘地理信息局召开局安全生产委员会工作会议，传达国务院安全生产委员会全体会议、全国安全生产电视电话会议、全国安全生产工作会议精神，部署全年安全生产工作，审查通过国家测绘地理信息局2011年测绘安全生产工作要点和2010年工作总结。印发《关于加强暑期测绘安全生产工作的紧急通知》、《关于做好2011年安全生产工作总结和两节安全生产检查的通知》，要求各单位强化监督力度，及时整治隐患，提前防范。组织春节、暑期、“十一”安全生产检查，保证了全年安全生产工作目标的顺利完成。全年未发生安全生产责任事故。

质量监督与计量管理

测绘成果质量监督管理

【全国测绘地理信息成果质量监督检查】

国家测绘地理信息局组织开展全国测绘地理信息成果质量监督检查。各省、自治区、直辖市测绘地理信息行政主管部门成立监督检查小组，对辖区内的2009年~2010年完成的1:500~1:5000地形图和测绘地理信息成果进行质量监督检查，在此基础上国家测绘地理信息局监督抽查。全国29个省、自治区、直辖市（除港澳台、西藏、贵州）共检查947个测绘项目，类型涵盖地形图、“4D”产品、工程测量、房产测量等，检查出不合格项目67个。国家监督抽查35个，涉及21个省、自治区、直辖市，检查出不合格项目2个。

【重大测绘地理信息项目成果质量监督检查】

国家测绘地理信息局指导国家测绘产品质量检验测试中心和四川省测绘产品质量监督检查站联合开展国家1:5万基础地理信息数据库更新工程、西部1:5万地形图空白区测图工程质量监督检查，检查样本涵盖2项工程2006年~2010年完成的全部成果。召开工程领导小组和专家指导组会议，审查监督检查技术方案，听取工作汇报，审查监督检查结果，监督检查合格率达100%。

【车载导航电子地图的测评】

国家测绘地理信息局指导中国全球定位系统技术应用协会和国家测绘产品质量检验测试中心开展2011年车载导航电子地图测评。采用内业普查、外业抽查和用户调查方式对取得导航电子地图生产资质并开展导航电子地图生产的8家企业进行测评。经测评，8家企业提供的导航电子地图产品均达到合格标准。国家测绘地理信息局通报了测评结果存在问题和整改建议。

【地图出版印刷质量检查评比】

8月10日~12日，总参测绘导航局在兰州开展全军地图印刷质量检查评比活动。活动检查了全军2009年~2010年地图印刷任务完成和黑图成果上交情况，对地图、图集印刷质量进行检查评比，并组织地图、图集印刷成果观摩和地图出版印刷工作经验交流。

测绘计量管理

国家测绘地理信息局组织展2011年测绘计量检定人员资格认证及复审换证工作。河北、江苏、浙江等11个省（区、市）的76人参加资格认证考试，26人通过资格认证，被授予《测绘计量检定员证》。北京、天津等18个省（区、市）的123人提交复审申请，经各省级测绘地理信息行政主管部门初审及国家测绘地理信息局审查，123人通过复审，《测绘计量检定员证》有效期延长5年。

市场监管

测绘资质管理

【互联网地图服务测绘资质管理】

5月~6月，国家测绘地理信息局组织各省、自治区、直辖市测绘地理信息行政主管部门对从事互联网地图服务的网站展开排查，共查出无资质从事互联网地图服务的网站65家。12月，国家测绘地理信息局印发《关于进一步加强互联网地图服务资质管理工作的通知》，进一步强化互联网地图服务资质监管措施，建立对无资质从事互联网地图服务单位的约谈、曝光、查处机制，促进互联网地图服务规范发展。

【全国测绘资质复审换证工作】

4月，国家测绘地理信息局召开全国测绘资质复审换证工作总结会，全面总结第三次测绘资质复审换证工作。据统计，全国参加复审换证单位共11427家。通过复审换证10425家，未通过复审换证531家，注销资质673家，吊销资质53家。

【无人飞行器测绘航空摄影资质审查】

国家测绘地理信息局集中开展无人飞行器航空摄影资质审查，按照《关于进一步贯彻执行〈测绘资质管理规定〉和〈测绘资质分级标准〉的通知》规定的无人飞行器航摄资质考核条件，基本完成对已从事无人飞行器航摄单位的资质审查发证工作。

测绘地理信息市场监管

【测绘地理信息市场信用体系建设】

国家测绘地理信息局完成《测绘地理信息市场信用信息管理暂行办法（草案）》的征求意见、修改完善工作，并起草配套的《测绘地理信息市场信用评价标准》，测绘地理信息市场信用信息管理平台建设稳步推进。

【甲级测绘单位负责人培训班】

6月和8月，国家测绘地理信息局分别在兰州和西宁举办全国甲级测绘单位负责人培训班，近300人参加培训。国家测绘地理信息局副局长宋超智出席开班式并作专题辅导报告。培训班邀请武汉大学、国家基础地理信息中心、中国测绘科学研究院等单位的有关专家和测绘企业负责人授课。

整顿和规范地理信息市场秩序

国家测绘地理信息局会同有关部门开展地理信息市场专项整治“回头看”行动，印发工作方案和工作要点，开展专项培训。组织实施互联网地图服务网站全面排查和清理整顿工作。各级测绘地理信息部门共排查全国互联网地图服务网站和网页共1.3万多个，对无资质或登载问题地图的网站进行清理、约谈、曝光和依法查处，其中关闭或暂停地图服务的网站186家。组织开展涉外测绘项目梳理排查和房产测绘市场调研工作，提出整治工作方案。

地图管理

地图市场监管

2011年，国家测绘地理信息局、外交部、教育部、工业和信息化部、公安部、民政部、商务部、海关总署、工商行政管理总局、新闻出版总署、国务院新闻办公室等13部门组成的全国国家版图意识宣传教育和地图市场监管协调指导小组在全国开展针对互联网地图上传标注敏感和涉密地理信息以及“不按规定送审、不按审查意见修改、不按要求备案地图”等违法违规行为的“问题地图”专项治理行动，研究制定《2011年地图市场专项治理工作方案》、《“问题地图”专项治理手册》，召开座谈会，设立“问题地图”专项治理举报电话。各地积极开展地图市场执法检查共840多次，查处地图违法案件370多起，发现未依法送审的常规地图产品130多件，未依法履行备案的地图产品1095件，查封、收缴违法违规地图产品共10万多件，涉及生产及销售单位160多家，涉及展示单位150多家。发出“问题地图”查处函180多份，发出“问题地图”整改通知书270多份，发出《没收问题地图产品》通知书220多份。对全国近百家出版社出版的数千种涉及地图的图书进行了检查，针对检查中发现的问题，向60多家出版社发出《关于进一步强化教材教辅中地图送审工作的通知》。

10月28日～30日，国家测绘地理信息局、教育部、公安部、民政部、商务部、海关总署、工商总局、新闻出版总署等部门组成联合检查组对海南省国家版图意识宣传教育和地图市场监管工作进行检查，并同该省宣传、外事、教育、商务、海关、工商、文体等参会代表座谈交流，针对存在的问题提出整改意见。

互联网地图监管

2月26日，国家测绘地理信息局召开网上地理信息安全监管工作协调组成员会议，总结2010年网上地理信息安全监管和防范工作，明确2011年工作要点，并形成报告上报国务院，同时印发给各成员单位。5月28日，国家测绘地理信息局在武汉召开“问题地图”专项治理实施方案交流会暨互联网地图监管系统推广会议，免费向全国各省推广互联网地图监管系统软件，并对负责互联网地图监管工作的技术人员进行培训，40多人参加培训。会上，试点单位交流了互联网地图监管系统实际使用情况。10月30日，国家测绘地理信息局与公安、安全、军队等有关部门赴广东、海南等地检查网上地理信息安全监管有关工作。

全年，国家测绘地理信息局组织检查政府类网站和商业类地理信息服务网站338个，发现存在“问题地图”的网站139个，并依法对登载“问题地图”的网站进行查处。

地图编制管理

为庆祝中国共产党成立90周年，国家测绘地理信息局印发《国家测绘局关于组织开展“庆祝中国共产党成立90周年”等专题地图编制和服务工作的通知》，组织各地开展“红色地图”的编制和服务工作。5月26日，在武汉召开“红色地图”编制与服务情况交流会，推进红色地图编制服务工作。6月22日，在北京召开“红色地图”新闻发布会，集中展示全国30多家单位的“红色地图”成果，包括红色地图集6种、红色专题图70多种和红色地图互联网系统10多个，并通过国家测绘地理信息局门户网站和“天地图”网站在线发布。“红色地图”部分成果提供给宣传、文化、旅游等有关部门以及新闻媒体、中小学、大专院校使用。

为满足外交工作的需要，国家测绘地理信息局会同外交部共同推进英文版南海诸岛地图编制工作，组织有关单位参加内部协调会，指导中国地图出版集团开展英文版南海诸岛地图编制出版工作。

国家测绘地理信息局指导开展新闻地图的试研制工作，制作《南海新闻地图》纸质版和网络版。召开新闻地图专题讨论会，就新闻地图的工作机制、运行机制、发布方式进行研讨。会同外交部召开中国国界线标准画法研讨会，加快推进我国1:100万、1:400万中国国界线标准样图的修编工作。

地图审核管理

为加强对省级测绘地理信息行政主管部门地图审核委托工作的监管，11月，国家测绘地理信息局赴浙江检查地图委托审核工作。

2011年，国家测绘地理信息局共受理地图审核申请2381件，批准2053件，不予批准328件，并在网上公布审核结果。对陕西、湖南、福建、山东等地6家出版单位70多种地图的选题申请进行了审核。

国家版图意识宣传教育

1月、3月、5月、10月，国家测绘地理信息局在广州、南京、北京和沈阳共举办4期全国互联网地图安全审校人员培训班和1期地图审核人员培训班，全国有关互联网地图服务网站的地图安全审校人员和地图审核人员共1600多人参加培训，并对参训人员分别进行地图内容审核和互联网地图安全考试，考试成绩合格者获得地图内容审查上岗证和互联网地图安全审校人员上岗证。

2月25日，国家测绘地理信息局召开全国国家版图意识宣传教育和地图市场监管协调指导小组联席会议，总结2010年全国国家版图意识宣传教育和地图市场监管的工作情况，明确2011年工作要点，并形成报告上报国务院，同时将《国家版图意识宣传教育和地图市场监管2011年工作要点》印发各地。

2011年，全国各地开展国家版图意识宣传教育培训班共200多期，参训1.5万人次；开展宣传教育活动840多次，悬挂横幅2.3万多条，发放宣传品120多万份，发放地图40多万张，发送相关短信360多万条。

测绘成果与档案管理

成果提供使用管理

国家测绘地理信息局积极提供各类测绘成果，为全国第一次水利普查、林地调查和保护利用规划、国家电视事业应用、对口支援新疆西藏建设、玉树及舟曲灾后恢复重建、国防建设等国家重大项目实施提供系列比例尺地形图7591幅、10401张；数字成果314877幅、14964GB。向中共中央办公厅、国务院办公厅、外交部、国家发展和改革委、总参测绘导航局、武装警察部队等20多个部门提供工作用图200多幅。

截至2011年11月23日，共收到涉密测绘成果行政许可申请962件，受理734件，批准723件。

涉密测绘成果管理

国家测绘地理信息局成立全国测绘成果保密检查领导小组，召开全国测绘成果保密检查工作部署电视电话会议，组织编写《测绘成果保密检查手册》，指导国家基础地理信息中心研发保密检查软件，编发《测绘成果保密检查》简报4期，组织有关专家到天津、吉林、海南等地讲授涉密测绘成果保密知识，实地指导各地开展测绘成果保密检查工作。9月~10月，国家测绘地理信息局联合国土资源部、国家保密局、北京市规划委员会等部门组成检查组，现场抽查39家涉密测绘成果使用单位、测绘资质单位的涉密测绘成果使用保管情况，抽查非涉密计算机122台、涉密计算机91台；对广东、海南、北京、浙江、山东、河北、四川、云南等地开展督促检查，查封多台严重违规使用的计算机。针对涉密测绘成果使用保管存在的问题，向国务院副总理李克强、中央政法委书记周永康报送了加强涉密测绘成果管理有关情况的报告。

年内，国家测绘地理信息局举办2期涉密测绘成果管理人员岗位培训班，培训涉密测绘成果用户单位、资质单位相关人员400多人。印发《关于进一步贯彻落实测绘成果核心涉密人员保密管理制度的通知》，明确测绘成果核心涉密人员岗位培训和持证上岗制度。指导各地开展失泄密案件查处工作，维护国家信息安全。应保密、国家安全、检察等部门要求，做好测绘成果保密审查和密级鉴定工作，配合办案。

测绘地理信息档案管理

10月14日，国家档案局印发《国家基本专业档案目录（第一批）》（档函〔2011〕261号），测绘档案被列入目录。通知明确，凡列入该目录的专业档案，中央和国家机关各专业主管部门应根据目录会同国家档案局编制相应种类的专业档案归档范围和管理办法。国家测绘地理信息局副局长闵宜仁对此做出批示，要求有关部门和单位尽快提出工作方案并抓紧制定有关制度。

10月~11月，国家测绘地理信息局就测绘档案管理和有关业务标准设计开展专题调研，先后走访国家档案局专业档案管理部门、国家海洋档案馆、测绘地理信息系统测绘档案管理部门和档案形成单位。12月，调研组提交《测绘档案管理工作情况的调研报告》。12月31日，国土资源部副部长、国家测绘地理局局长徐德明在报告上批示："测绘档案十分重要，是研究国土变迁的重要依据，必须高度重视，只能加强，不能削弱，否则，将是对历史的犯罪。"

国家测绘地理信息局组织开展测绘档案管理制度和有关技术标准设计调研工作，举办2011年测绘档案业务培训暨研讨会，提出了"收得全、管得住、用得好"的档案工作思路，积极推进测绘档案科学界定与制度建设。

测量标志管理

国家测绘地理信息局组织开展全国测量标志保护调研，进一步理清测量标志保护管理思路。组织召开测量标志保护工作会议，研讨《测量标志保护条例》修订草案、《全国测量标志普查与信息管理系统建设研究》项目成果，评审《全国测量标志保护管理数据库建库方案》。全年审批国家二级以上永久性测量标志拆迁8件。

标准化管理

测绘地理信息标准化管理

【标准化规划与组织机构建设】

国家测绘地理信息局印发《测绘地理信息标准化"十二五"规划》，部署"十二五"时期测绘地理信息标准化重点工作，确定"十二五"时期测绘地理信息标准化发展的基本思路和方向，为未来几年测绘地理信息标准化发展指明了方向和目标。

2月26日，国家测绘地理信息局召开测绘标准化工作委员会全体会议，完成测绘标准化工作委员会的换届工作，调整和新增了一批委员。3月17日，召开全国地理信息标准化技术委员会（以下简称地标委）三届三次全会，调整地标委委员，向国家标准化管理委员会申请增加副主任委员1名，发展3个地理信息企业为地标委通讯成员单位。

【标准宣传贯彻活动】

国家测绘地理信息局进一步加大标准宣传贯彻力度，围绕2011年世界标准日主题，国土资源部副部长、国家测绘地理信息局局长徐德明在《中国测绘报》发表署名文章《发挥标准的基础导向作用 推进测绘地理信息事业科学发展》，并接受中国经济网记者专访。围绕大比例尺地理信息数据资源建设开展调研，摸清测绘地理信息行政主管部门和测绘地理信息企业测绘地理信息标准化工作的现状、存在问题及需求。培训各省（区、市）测绘地理信息主管部门及有关科研院所、企事业单位有关人员近1200人次。编发《测绘地理信息标准化工作动态》4期，并利用报纸、网站等平台广泛宣传测绘地理信息标准化工作取得的成就与发展规划，营造良好的发展环境。

标准制修订管理

国家测绘地理信息局通过中国测绘标准网与地标委网站，面向行业征集标准制修订项目提案，共收到省级测绘地理信息行政主管部门、有关企业、科研院所、测绘院士反馈的提案143项。经立项审查、测绘标准化工作委员会与地标委全体会议审定，形成了行业标准提案13项和国家标准提案14项，确定了2011年测绘地理信息标准项目计划。

国际标准跟踪分析

国家测绘地理信息局大力推进测绘地理信息标准的国际化工作，根据影像国际测绘地理信息标准的制定现状，初步拟订测绘地理信息标准国际化的突破方向；组织翻译《地理信息国际标准译文集(2011)》，编制出版《国际测绘地理信息标准化动态》12期。

科技管理

科技创新体系建设

国家测绘地理信息局组织编制《国家测绘局重点实验室及工程技术研究中心2010年度科学研究综述》。4月，在海南召开2011年度国家测绘局重点实验室及工程技术研究中心主任工作会议，对2011

年各实验室及工程中心申报项目进行可行性论证，总结各实验室及工程中心2010年工作进展与建设情况以及“十二五”期间的发展规划与思路。

组织完成导航与位置服务、现代城市测绘2个国家测绘地理信息局重点实验室的组建。依托北京超图软件股份有限公司和北京大学联合组建首个以企业为主体的国家测绘地理信息局工程技术研究中心——地理信息基础软件与应用国家测绘地理信息局工程技术研究中心。依托国家测绘地理信息局卫星测绘应用中心、南京大学和江苏省测绘地理信息局，组建卫星测绘技术与应用国家测绘地理信息局重点实验室。

国家测绘地理信息局领导带队就国家测绘工程技术研究中心组建以来的工作进展情况、存在的问题及如何发挥成果转化基地作用等进行调研；召开国家测绘工程技术研究中心建设工作会议、管理委员会会议和技术委员会会议，研究讨论该中心建设中存在的问题，部署下一阶段重点工作。

推动国家测绘地理信息局卫星测绘应用中心纳入国家遥感中心业务部门体系，以发挥测绘地理信息行业和卫星影像资源两大优势，促进我国地球观测与导航技术领域的快速发展。

科技计划

国家测绘地理信息局围绕地理国情监测、信息化测绘关键技术生产试验和国产化仪器装备研制等关键技术问题，组织各直属单位和其他技术优势单位申报新项目，并组织有关专家对30万元以上的项目进行评审，设立2011年新增项目20多项（含实验室和工程中心）。同时，结合预算申报工作，完成2012年各直属单位新上科技项目建议的征集工作。

科技项目

【国家级科技项目申报】

国家测绘地理信息局组织各直属单位、局属重点实验室、工程中心及有关高校和高新技术企业开展科技部重点项目选题立项和材料准备工作。项目征集工作历时一个月，共收到9家单位24个项目建议。经专家讨论、修改、完善和整合，并经局党组会讨论决定后向科技部推荐项目20个，经科技部评审，入库项目17项，累计支持资金（含重点实验室、工程中心及企业报出项目）超过1亿元。其中，局属单位牵头的项目包括“地理国情监测应用系统”、“测绘装备国产化及应用示范”、“海岛礁地理信息监测与生态保护关键技术研究与示范”等7项，均为优先启动项目。截至2011年底，优先启动的“地理国情监测应用系统”、“测绘装备国产化及应用示范”等重点项目已通过科技部组织的项目及课题可行性研究报告的论证，并正式提交项目及课题预算。

国家测绘地理信息局根据财政部、工信部《关于做好2011年物联网发展专项资金项目申报工作的通知》要求，组织相关企业及单位围绕测绘地理信息工作与物联网的结合，开展项目选题及申报材料编写工作，组织专家对拟申报项目进行论证并正式上报财政部与工信部。组织武汉大学、中国测绘科学研究院向国防科工局申报高分辨率卫星重大专项2011年数据应用基础关键技术项目，并通过科工局组织的评审。指导中国测绘科学研究院和国家测绘地理信息局卫星测绘应用中心参加高分辨率卫星重大专项前期关键技术研究第三批指南申报工作，完成《大面阵CCD航空摄影测量数码相机研制》项目建议书的编写，并正式报送国防科工局。组织局属有关单位开展国防科工局民用航天专业技术预先研究项目申报工作，“国产高光学卫星地物信息定量获取关键技术研究”、“基于在轨成像物理机理的国产卫星测绘精度分析模拟系统”和“重力卫星载荷与重力场测量数据处理关键技术”3个项目获国防科工局批准。

【国家级重点科技项目管理】

国家测绘地理信息局组织召开“927”测绘关键技术与示范应用“863”重点项目与“927”专项工程成果对接会，论证通过海上试验方案，开通了“863”项目科研单位与生产单位成果应用转化的渠道。组织完成“863”项目5个课题的年度中期检查，协调解决课题开展中遇到的问题；指导项目单位在我国南部岛屿开展现场示范工作，对项目前期取得的成果进行实地检验，并邀请科技部有关专家在文昌对示范工作进行现场检查。不断推进“‘927’测绘关键技术研究与示范应用”项目成果转化对接工作。针对项目前期执行中相关事项与科技部沟通协调。指导国家基础地理信息中心召开全球地表覆盖遥感制图与关键技术研究项目中期工作会议，总结项目进展，部署下阶段工作。配合科技部完成该项目中期专家检查工作。组织召开“资源三号卫星立体测图技术和应用示范”支撑项目及“面向对象的高可信SAR地物解译系统”“863”重点项目启动会。

【国际科技合作项目】

“资源三号卫星应用系统”项目列入国家外国专家局2011年引进国外技术、管理人才项目计划，获得聘请专家项目经费资助。“洪水溃坝动态演进分析与灾难评估”和“中国全球地表覆盖遥感制图数据质量评价与分析”2个国际科技合作项目获得科技部立项批准和资助。

科技成果管理

【科技成果转化】

国家测绘地理信息局加大“‘927’测绘关键技术研究与示范应用”、“基于资源三号等国产卫星立体测图关键技术和应用示范”项目成果与相关重大工程的对接及推广力度，争取更多成果在工程中得到应用。宣传推广“高精度轻小型航空遥感系统核心技术及产品”、“面向对象的高可信SAR地物解译系统”项目中研发的各类升级版无人飞行器遥感系统及新型SAR数据处理系统，全面升级原有各类无人机及SAR数据处理系统，提升测绘地理信息装备水平。努力做好“车载激光建模测量系统”等成果的推广与展示，提升测绘科技保障服务能力。

“测绘基准和空间信息快速获取关键技术及其在灾害应急测绘中的应用”项目在国内首次建立了不依赖地面控制点的高精度快速摄影测量生产体系、应急测绘集成技术体系和测绘信息应急服务系统2项成果已在全国多个城市、省级现代测绘基准建设中得到广泛应用，并推广用于“西部测图”、“全国二次土地调查”等国家重大专项工程。

【项目鉴定与验收】

国家测绘地理信息局组织对陕西测绘地理信息局完成的“高精度绝对重力仪关键技术的误差研究”、中国测绘科学研究院完成的“面向多种卫星系统的空间定位数据处理与分析软件平台”、四川测绘地理信息局完成的“信息化测绘服务的专题图制作系统的研究”等多个基础测绘科技项目的验收。对中国测绘科学研究院牵头完成的“机载多波段多极化干涉SAR测图系统”、北京四维远见信息技术有限公司等完成的“SSW车载激光建模测量系统”、中铁十五局集团有限公司完成的“高速铁路板式无渣轨道精密测量系统研究”等科技成果进行了鉴定。

科技奖励工作

2011年，国家测绘地理信息局推荐的科技项目“测绘基准和空间信息快速获取关键技术及其在灾害应急测绘中的应用”获2011年国家科学技术进步奖二等奖。经国家测绘地理信息局科技委评审，推荐“国家低空应急测绘技术装备与保障体系建设及应用”等4个项目为2012年度国家科学技术奖申奖项目。

国家测绘地理信息局指导中国测绘学会完成2011年测绘科技进步奖评选工作，评选出获奖项目75项。其中，一等奖8项、二等奖22项、三等奖45项。指导中国地理信息产业协会完成2011年地理信息科学技术进步奖评选工作，评选出获奖项目65项。其中，一等奖8项、二等奖16项、三等奖41项。指导中国全球定位系统技术应用协会完成2011年卫星导航定位科学技术进步奖评选工作，评选出获奖项目21项。其中，一等奖2项、二等奖8项、三等奖11项。

财务管理

财务制度建设

国家测绘地理信息局制定《政府采购代理机构管理使用（暂行）规定》，对政府采购代理机构的使用提出具体要求。制定《测绘生产经费支出管理规定（试行）》，对测绘生产经费预算编制和支出管理等做出具体规定，明确了测绘生产单位财务、生产、人事等部门在生产经费支出管理过程中的职责。

预算管理

国家测绘地理信息局按照财政部的统一部署和要求，及时完成对所属单位2011年度各项经费的预算批复工作，共批复财政经费99983.92万元。根据《财政部关于编制2012年中央部门预算的通知》（财预〔2011〕370号）精神，及时下发《关于编制2012年中央部门预算的通知》，明确了预算编制的原则和要求。7月，组织召开预算编制工作会，对2012年预算编制工作进行培训和部署。国家测绘地理信息局结合履行部门职能和事业发展的需要，汇总编制测绘地理信息部门2012年度“一上”预算。11月~12月，根据财政部下达的2012年部门预算控制数，将“一下”指标及时下达各预算单位，并组织完成“二上”细化预算编报工作。12月底，对2011年财政资金的追加调减情况进行预算核定，核定预算经费120317.06万元。

决算管理

国家测绘地理信息局根据财政部对各项决算编审的总体要求，组织审核、汇总，报送了2010年度行政事业单位部门决算、测绘新闻出版企业决算、基本建设决算、住房改革支出决算、政府采购统计报表等。完成非贸易外汇人民币限额2011年预算申报与2010年决算报告。根据财政部批复，对各单位2010年的总收入支出情况和财政拨款收入支出等情况进行批复。组织开展2010年决算稽核工作。完成2010年度部门决算公开相关工作。在财政部2010年部门决算考核评比中，国家测绘地理信息局获决算编审先进工作单位二等奖。

财务监管

国家测绘地理信息局为加强“927”工程专项资金使用情况的监督管理，委托中介机构对“927”专项工程各实施单位2009年~2010年项目资金情况开展专项检查，重点检查专项资金预算管理及会计核算情况、项目计划执行进度与专项资金执行进度情况以及专项资金使用的合法、合规性。根据专项检查报告督促相关单位进行整改，进一步规范“927”工程专项资金的使用。

继续深化“小金库”专项治理工作，制定印发《国家测绘局2011年“小金库”专项治理工作实施方案》，组织召开国家测绘地理信息局“小金库”治理工作会议，部署2011年“小金库”专项治理工作。成立“小金库”督导抽查小组，对局所属部分单位进行“小金库”专项治理督导抽查。督促局所属单位完成2011年全面复查和督导抽查中发现的“小金库”问题的整改落实工作。完成局2009年~2011年“小金库”专项治理工作全面总结和评价验收工作。

加大对边远地区、少数民族地区基础测绘专项补助经费的管理工作。组织召开专项补助经费覆盖地区测绘地理信息行政主管部门主要领导参加的工作座谈会，明确2012年边少项目申报围绕“天地图”省级节点和数字城市建设展开。联合财政部开展专项补助经费项目检查工作，组织审计单位先后对云南、贵州、新疆、青海、甘肃、辽宁、吉林等省（区）专项补助经费项目的实施情况进行检查。与中国测绘宣传中心合作，在《中国测绘报》开辟专栏宣传专项补助经费项目工作成绩。

政府采购

国家测绘地理信息局开展政府采购代理工作中介机构遴选工作，向拥有四甲资质的10多家中央级政府采购代理机构发出遴选邀请，按照“机会均等、择优使用、严格考核、优胜劣汰”的原则，经专家评审，遴选5家中介机构参与局属在京单位政府采购代理工作。组织完成2011年常规测绘生产技术装备、“927”工程装备、卫星应用项目等部门集中采购相关工作，组织完成政府采购计划编制、招标文件编制、委托及监督中介机构发布招标公告、开标、评标等工作。

加强对局属单位政府采购工作的指导和管理，指导所属预算单位组织单一来源采购和进口设备采购的专家论证、申报和批复，保证全局政府采购计划的顺利实施。组织局属单位完成2010年政府采购统计报表、2011年分季度政府采购计划和执行情况报表，强化政府采购预算、计划和执行各环节的衔接。

国有资产管理

国家测绘地理信息局按照国务院机关事务管理

局要求，汇总编制了测绘部门2010年行政事业单位国有资产年度决算报告；根据国资委要求，完成局所属企业资产年度统计报表工作；按照财政部要求，开展2010年行政事业单位资产管理信息系统统计报表编报工作；继续开展国家测绘地理信息局资产管理办法的修订工作。国家测绘地理信息局2009年行政事业资产决算编报工作受到国务院机关事务管理局通报表扬，并被选为交流发言单位。

人事人才管理

机构编制

经协调争取，国务院批准国家测绘局更名为国家测绘地理信息局，主要职责、内设机构和人员编制保持不变。各地深入贯彻落实国务院副总理李克强视察中国测绘创新基地时关于“健全完善测绘行政管理体制”的指示精神，按照名称统一、协调有效的原则，推动辖区各级测绘地理信息管理机构更名、挂牌和体制健全、完善，辽宁、黑龙江、山西等14个省和部分市、县测绘地理信息主管部门相继更名，增加了地理信息监管等相关职能。国家测绘地理信息局重新确定国家测绘地理信息局重庆测绘院为正局级直属事业单位，核定了领导班子干部职数；批复调整了8家直属单位内设机构和处级领导职数。

干部管理

【干部队伍建设】

国家测绘地理信息局组织完成14家直属单位和局机关部分司局级岗位的调整补充工作。2011年，共对12名司局级干部进行了岗位交流，推荐选拔20人到司局级岗位任职。积极推进干部交流工作，与贵州省双向交流任职1名副局级干部，从地方相关部门选调2名局级干部到局直属单位任职。加大从具有基层工作经历人员中录用公务员力度，国家测绘地理信息局和海南测绘地理信息局分别从基层录用10名和5名公务员。

【年轻干部培养选拔】

国家测绘地理信息局推行竞争性选拔干部方式，组织开展局机关部分空缺处级领导岗位的竞争上岗工作，共有7人通过竞争走上领导岗位。其中，80后3人、破格提拔4人。组织开展局直属单位领导班子后备干部集中调整工作，推荐选拔一批以70后为主体，80后占有一定比例的副局级后备干部。创新年轻干部培养机制，首次选派机关5名年轻处级干部到在京测绘地理信息企业挂职锻炼；通过选派年轻干部参加中央国家机关青年干部培训班，举办新录用公务员培训班等途经，提高局机关年轻干部素质。

【干部考核监督】

国家测绘地理信息局组织完成局直属单位领导班子、领导干部以及局机关公务员年度考核工作，对局机关17人给予奖励。其中，1人记三等功1次、16人嘉奖1次。认真执行领导干部报告个人有关事项和配偶子女移居国（境）外管理2项规定，集中开展局管干部和机关处级以上干部个人有关事项初次报告工作。加强局直属单位干部选拔任用工作监督，组织完成局直属单位干部选拔任用“一报告两评议”工作，经民主评议，局直属单位干部选拔任用工作和60名2010年新选拔任用处级干部的总体满意度均较高。组织完成全国省级测绘地理信息行政主管部门贯彻落实科学发展观2011年度考评工作，评定全国31个省级测绘地理信息行政主管部门的考评等次，其中20个部门被评定为优秀，并在全国测绘地理信息局长会议上予以表彰。

事业单位改革

【事业单位分类改革】

国家测绘地理信息局深入贯彻中央分类推进事业单位改革工作要求，成立分类推进事业单位改革工作领导小组，组织开展局直属事业单位清理规范工作，形成涉及机构更名、加挂牌子、编制调整、优化布局等方面的清理规范意见并上报中编办。继续推进地图出版体制改革工作，全面推进中国地图出版集团组建审批、工商注册等后续工作落实；组织西安、哈尔滨、成都3家地图出版社上报转制方案，并积极争取中央各部门各单位出版社体制改革领导小组批复同意；积极争取中编办支持，仅核销西安、哈尔滨、成都3家出版社原有事业编制921名的68名，充分保留国家基础测绘队伍人员编制资源。贯彻落实中央深化非时政类报刊出版单位体制改革工作要求，积极争取将局直属非时政类报刊纳入第二批改革任务，组织中国测绘报社等报刊出版单位按时上报了改革方案。

【人事制度改革】

国家测绘地理信息局组织对局直属事业单位岗位设置总体进展情况进行全面检查，深入分析各单位实施岗位设置管理的主要做法、经验和存在的突出问题等，并向人力资源和社会保障部上报有关情况。规范事业单位进人行为，落实事业单位公开招聘制度，组织局直属事业单位编制完成2011年度公开招聘计划，并在局门户网站及公开发行的报刊上发布招聘信息，确保招聘的公开公正公平。

【收入分配制度改革】

国家测绘地理信息局继续深化收入分配制度改革，贯彻落实《国家测绘局直属事业单位职工工资性收入管理暂行办法（试行）》，组织完成局直属单位工资总额2010年实际执行情况审核及2011年工资总额计划分解下达工作，进一步规范和加强对局直属单位工资总额和领导班子成员工资性收入的管理。

人才队伍建设

【人才发展规划】

国家测绘地理信息局制定印发《测绘地理信息“十二五”人才发展规划》，组织召开全国测绘地理信息科技和人才工作会议。该规划明确“十二五”测绘地理信息人才发展的指导方针、发展目标、主要任务、保障措施等，提出科技领军人才工程、青年学术和技术带头人培养工程、卓越工程师培养计划、高技能人才发展计划、经营管理人才培养工程等5项重点人才培养工程。

【专家工作】

国家测绘地理信息局实施科技领军人才培养工程，加大科技领军人才科技资助、资金投入力度。测绘地理信息领域郭华东、龚健雅、李建成3名知名专家分别当选中国科学院和中国工程院院士，其中2名为国家测绘地理信息局首批科技领军人才。继续实施青年学术和技术带头人培养工程，增选国家测绘地理信息局青年学术和技术带头人31人，使带头人队伍增至89人；给予21个科研课题总金额70万元的科研资助。积极开展各类人才的推荐选拔工作，组织完成第十二届中国青年科技奖、青年千人计划、青年拔尖人才支持计划、测绘地理信息系统公派留学和留学回国人员科技活动择优资助、教育部中小学教材评审专家、百千万工程国家级人选评审专家、博士后服务团等人选的申报推荐工作。

【西部人才援助】

国家测绘地理信息局选派1名干部作为第七批对口支援新疆干部进疆工作，支持新疆维吾尔自治区测绘局选派2名处级干部、7名专业技术人员分别到国家测绘地理信息局机关挂职锻炼和所属事业单位学习培训，选派11名专业技术人员赴新疆维吾尔自治区测绘局开展专业技术援助。组织开展第五次测绘地理信息专家西部行活动，邀请院士和知名专家赴新疆送教上门。继续举办面向西部地区的高层次专业技术人员培训班，接收中组部“西部之光”访问学者2人到国家测绘地理信息局所属事业单位学习交流，进一步促进西部地区测绘地理信息人才的培养。

教育培训

国家测绘地理信息局组织开展培训需求调研，制定2011年专项教育培训计划和机关公务员教育培训计划，下达2011年教育培训经费。全年共组织举办干部调训、重点工作培训、专业技术培训和岗位培训4类培训班50多个，培训党政干部、专业技术人员、经营管理人员和技能人员约7500人次。为保证教育培训计划得到落实，组织对教育培训计划执行情况进行检查，对进度较慢的项目及时督促，对个别项目予以调整，确保培训任务如期完成。

国家测绘地理信息局制定2011年领导干部脱产进修选派方案，对局机关及在京直属单位处级及以上领导干部、京外直属单位局级领导干部、处级干部中的后备干部及重点培养干部的脱产培训做出具体安排。全年共选派干部36人次赴中央党校、中央国家机关分校、国家行政学院及井冈山和延安干部学院脱产学习。组织16名司局级干部参加中央和国家机关选学。

国家测绘地理信息局受中组部委托，举办第四期数字城市建设专题研究班，全国部分省（区、市）分管测绘地理信息工作的副市长、副县长，以及相关省级测绘地理信息行政主管部门负责人共50人参加研究班。深化与武汉大学的人才培训合作机制，联合开办首届测绘系统劳模培训班，近70名测绘系统劳模、生产科研管理骨干参加工程硕士班和专升本学历班的学习。继续抓好测绘地理信息系统领导干部培训工作，举办测绘地理信息系统局长培训班，组织部分测绘地理信息行政主管部门的领导干部赴澳大利亚新南威尔士大学短期培训。经协调将地理国情监测技术培训班列入人力资源和社会保障部高研班计划。

离退休干部管理

截止到2011年底，国家测绘地理信息局管理的离退休干部共2614人。其中，离休干部174人，退休干部2440人，局机关离退休人员83人。

【落实老干部政治待遇】

国家测绘地理信息局认真组织老干部政治学习，传达党的路线方针政策和重大决策部署；组织老干部按规定阅读文件，参加形势报告会，向老干部通报近期工作，为老干部订阅报刊杂志，印发学习材料，帮助老干部及时了解党和国家的大事、测绘地理信息事业的发展情况；组织老干部学习杨善洲同志先进事迹，引导离退休党员继续实践共产党人的人生价值和精神追求；组织开展离退休党支部和党员创先争优活动，制定争创“五好”党支部和优秀党员的目标及创先争优活动的具体措施。

【纪念中国共产党建党90周年活动】

国家测绘地理信息局组织局机关和直属单位离退休干部开展“与党同呼吸、共命运、心连心”征文活动，召开“党在我心中”座谈会。开展在京直属单位老干部乒乓球、象棋比赛，与国土资源部、国家海洋局共同举办纪念中国共产党建党90周年老干部书画摄影展等文体活动。印发中组部致全国老干部、老党员的慰问信。组织老干部瞻仰李大钊烈士陵园，参观抗日战争纪念馆。局机关离休干部在《中国测绘报》发表题为《感恩之旅》的报道，在老干部中产生较大反响。

【落实老干部生活待遇】

国家测绘地理信息局根据中组部有关规定，及时规范和兑现老干部津补贴，局机关和各直属单位离退休干部的“两费”全部得到了落实。

制定《国家测绘地理信息局机关特殊困难离退休人员帮扶救助实施细则》，加强走访慰问工作，及时发现和解决存在的问题。

组织老干部春、秋游，外出健康疗养等。组织陕西测绘地理信息局、黑龙江测绘地理信息局部分老干部参观中国测绘创新基地和中国测绘科技馆。协助老干部整理文稿、投送稿件。尊重已逝老干部的遗愿，协助家属办理后事，让家属感受到组织的关怀。

【离退休干部工作部门建设】

10月，国家测绘地理信息局召开局直属单位离退休干部工作会，总结一年来离退休干部工作取得的进展和成效，传达国家副主席习近平在全国老干部“双先”表彰会上的讲话精神，并对2012年离退休干部工作进行部署。

在直属单位离退休干部工作部门中广泛开展调查研究，为指导工作和加强制度建设等提供参考依据。

职业资格建设与管理

【执业资格与职称制度】

国家测绘地理信息局继续推进注册测绘师制度贯彻实施，配合人力资源和社会保障部组织首次全国注册测绘师资格考试。全国共有3万多名专业技术人员报名，24190人参加考试，3147人通过考试并获得注册测绘师资格证书。组织开展“注册测绘师作用发挥”课题调研，梳理出实施注册测绘师制度存在的主要问题和困难。履行职称改革领导小组职责，批准部分直属单位调整测绘工程中级职务评审委员会，审核批准直属单位测绘高级专业技术职务任职资格138人，为直属单位及相关部委35人进行了委托评审。

【职业技能鉴定管理】

国家测绘地理信息局牵头组织“中测新图杯”第二届全国测绘地理信息行业职业技能竞赛。该竞赛经人力资源和社会保障部批准列为国家级职业技能竞赛，由国家测绘地理信息局职业技能鉴定指导中心、中国就业培训技术指导中心、中国能源化学工会全国委员会、共青团中央城市青年工作部联合主办，设置工程测量和摄影测量2个职业竞赛项目，近2000名技术人员参加各省（区、市）组织的选拔赛，31支代表队共124名选手参加决赛。开展国家职业分类大典测绘地理信息类修订工作，成立职业分类修订专家委员会，形成职业分类修订意见及信息采集工作指南。推进测绘行业特有工种职业技能鉴定工作，全年申请鉴定的测绘行业从业人员近2.5万人，通过考核并获得国家职业资格证书约2.2万人，单年获证人数创历史新高。推进测绘地理信息行业技师评审工作，全年共有234人通过评审获得技师资格。

对外合作与交流

2011年，国家测绘地理信息局共审批、派出出访团组67个354人次，出访地涉及34个国家和地区；共接待来访团组21个129人次，涉及28个国家地区。

“走出去”战略实施

国家测绘地理信息局印发《国家测绘局关于加快实施测绘“走出去”战略的若干意见》，向国务院上报《国土资源部关于实施测绘“走出去”战略情况的报告》。通过“中国测绘走出去”专题网站和《国际测绘与地理信息简讯》等媒体向测绘地理信息从业单位提供国内外有关政策和项目信息。

局长徐德明率团赴菲律宾和印度尼西亚访问，与两国测绘地理信息政府主管部门共同举办中国－菲律宾和中国－印度尼西亚测绘地理信息企业家座谈会，举行中外测绘地理信息企业签约仪式，数家国内企业与外方达成产品和工程项目合作意向。派团赴摩洛哥参加国际测量师联合会大会暨测绘技术与产品展览会，赴马来西亚参加第11届东南亚测绘大会及技术展览会，在会上举办中国测绘与地理信息论坛，组织中国测绘地理信息企业参加展览，宣传和推广中国测绘与地理信息技术和产品。

在澳大利亚举办测绘地理信息系统局级领导干部培训班，在英国举办第三届中欧测绘技术与产业高级研讨班，在荷兰举办防灾减灾中的地理信息应用与项目管理专题培训班。与英国诺丁汉大学联合在宁波举办提高测绘地理信息单位国际竞争力培训班，聘请英国、德国和香港的专家和企业高管为国内单位对外合作、海外营销等部门的负责人介绍国际市场和有关招投标实务。

双边合作

国家测绘地理信息局继续巩固并发展已有的双边合作关系。派团访问美国地质调查局，交流双方发展情况，商讨两国测绘科技合作事宜，签署中美测绘科技合作议定书有效期延长协议，就新的合作领域达成共识。派团访问西班牙国家地理院，正式建立双方合作关系，并就在地理国情监测和测绘卫星数据接收、处理及应用方面开展合作达成一致。派团访问英国皇家测量师学会和瑞士联邦测绘局，考察两国注册测量师制度。

接待芬兰大地测量研究所所长来访，以及芬兰国家测绘局专家、日本地理信息局、韩国国家地理信息院、委内瑞拉国家航天局、玻利维亚国家航天局等代表团来访。

多边合作

2011年，国家测绘地理信息局参与相关国际组织事务的力度不断加强。参与联合国全球地理信息管理（UNGGIM）专家委员会的筹备进程，参加在韩国举行的首届联合国全球地理信息管理高层论坛及联合国全球地理信息管理专家委员会第一次会议和在奥地利举行的联合国地名专家组会议，接待联合国主管经济社会事务的副秘书长沙祖康和主管测绘事务的统计司司长张保罗来访。

履行亚太地理信息基础设施常设委员会（PC-GIAP）主席国职责，组织召开在蒙古举行的PC-

GIAP 第 17 次全会和在韩国举行的 PCGIAP 特别会议，牵头开展亚太地区空间数据基础设施建设情况调查活动，在无锡举办地理空间信息与技术在灾害管理中的应用国际培训班。

履行国际摄影测量与遥感学会（ISPRS）秘书长国职责，组织筹备了在土耳其举行的执行局会议和在澳大利亚举行的执行局与技术委员会主席联席会议，审批工作组会议，持续更新学会网站和数据库，编印散发学会各类出版物。

国家测绘地理信息局组团赴法国参加国际制图协会（ICA）第 25 届国际制图大会，武汉大学教授刘耀林当选 ICA 副主席，武汉大学教授杜清运和东华理工大学教授陈晓勇当选 ICA 相关专业委员会主席。派团参加在荷兰和南非举行的国际标准化组织地理信息技术标准化委员会（ISO/TC211）第 32 和 33 次会议、在澳大利亚举行的国际大地测量与地球物理联合会（IUGG）第 25 届大会和国际数字地球学会（ISDE）第 7 届数字地球国际研讨会、在土耳其举行的地球观测组织（GEO）第 8 次会议等。

港澳台工作

国家测绘地理信息局接待香港地政总署副署长黄仲衡一行来访，局长徐德明会见代表团，并安排代表团考察内地相关单位测绘生产和装备情况。接待香港测量师学会代表团来访，就内地和香港的专业人员资格认证、内地注册测绘师考试和培训等情况进行交流。派团赴澳门和香港参加第 7 届京港澳测绘交流会。

外事管理

国家测绘地理信息局向所属单位转发财政部、外交部《关于严格控制在华举办国际会议的通知》和财政部、科技部《关于印发国家国际科技合作专项管理办法的通知》，印发《关于参与国际组织事务有关问题的通知》，保障对外合作与交流健康有序开展。

政务与信息

建议提案办理

2011 年，交由国家测绘地理信息局承办的十一届全国人大四次会议代表建议 11 件，其中主办的 8 件，会办的 2 件，参阅的 1 件；交由国家测绘地理信息局承办的全国政协十一届四次会议提案 10 件，其中主办的 6 件，会同办理的 4 件。内容涉及基础测绘、测绘统一监管、测绘基础设施和能力建设、测绘援疆援藏、数字城市建设、测绘保障服务等多个方面。

国家测绘地理信息局确定由局办公室牵头负责代表建议、委员提案的分配转办及办理工作的协调督办，并要求各承办司领导亲自过问、办理，坚持把办理建议、提案工作与开展业务工作结合起来，广泛吸收代表、委员的意见和建议，通过办理工作推动测绘地理信息事业发展战略研究工作。将国家测绘局更名为国家测绘地理信息局的建议已采纳并得到落实，5 月 23 日，国务院办公厅印发《关于国家测绘局更名为国家测绘局地理信息局的通知》（国办发〔2011〕24 号）。推进地理国情监测工作方面，国家测绘地理信息局已与陕西省政府签订试点协议，在浙江等省也开展了相关工作，为全面开展地理国情监测积累了经验。

文秘档案管理

国家测绘地理信息局印发《国家测绘地理信息局机关档案工作管理制度》，明确机关档案工作的职责、任务、归档范围和整理要求。组织开展年度机关档案归档工作，2011 年归档 1178 件。编辑出版《国家测绘局文件汇编》（2010 年 1 月 –2011 年 5 月）；组织完成 2010 年在京局直属单位档案统计年报工作。2011 年局办公网上档案利用 694 人次，1434 件次；人工查阅档案近 120 人次。国家测绘地理信息局被国家档案局授予“2001－2010年中央和国家机关档案移交工作优秀单位”、“中央和国家机关文书档案保管期限表编制工作优秀单位”称号。

政务信息

国家测绘地理信息局全年共编发《内部情况通报》65期，主要收录国家测绘地理信息局领导在重要会议和重要活动上的讲话、测绘地理信息重点工作进展情况通报等。通过政务信息报送渠道、局门户网站和测绘报刊等途径，收集地方测绘地理信息单位和部门工作信息，以每月一期简报的方式编发地方测绘地理信息工作动态。围绕国家测绘地理信息局年度工作要点和局重点工作，每季度就局机关和在京所属单位工作进展情况进行通报。

进一步发挥《测绘专报》报送测绘地理信息重大工作情况的作用。全年编发5期，报送中央和国务院等有关部门。选取测绘地理信息工作与党和国家中心工作的结合点，反映测绘地理信息工作对经济社会发展的保障服务作用，展示测绘地理信息工作的最新进展。

全年编发《局内要情》50期。主要收录国家测绘地理信息局领导重要批示和参加的重要会议活动、国家测绘地理信息局所发重要文件和测绘地理信息系统重要信息。

保密工作

2011年，国家测绘地理信息局对局机关210台非涉密计算机、25台涉密计算机进行日常巡检和网络保密检查。协助国家保密局开展保密监测平台建设工作。抓好计算机网络保密管理，规范局机关涉密计算机和涉密存储介质的统一管理。组织编写《国家地理信息保密与安全工程》项目建议书，并召开专家论证会。与总参测绘导航局联合组织召开《遥感影像公开使用管理规定》制订工作的专家论证会。做好测绘成果保密审查和密级鉴定工作，组织涉密人员参观全国窃密泄密案例警示教育展。组织干部职工学习《中华人民共和国保守国家秘密法释义》、《保密技术防范常识（图文本）》等保密知识读物。开展机要文书档案和计算机系统的专题保密检查。

政务信息化建设

国家测绘地理信息局全年主动公开政务信息3847条，局门户网站页面浏览量总计近8500万次，共收载社会公众各类有效留言1589条。政策法规、事业单位招聘、测绘监管、注册测绘师、干部任免、测绘资质和“天地图”等体现测绘地理信息特色服务的栏目受关注程度较高。局门户网站共回复网民留言733条，处理领导信箱、网上投诉121件，收集有关意见、建议37条，审核通过网友对有关文章的评论654条，审核通过网友的论坛发帖44条。

以“天地图”、数字城市和地理国情监测为载体，推动测绘地理信息服务政府部门、服务企业单位、服务社会公众。截至2011年底，已有来自全球216个国家和地区近2亿人次访问“天地图”，单日访问峰值超过665万人次；已有230多个城市开展数字城市建设，110个城市已经建成并提供服务；针对森林资源、汶川地震等重点领域的地理国情监测工作已取得重要成果。借助局门户网站、《中国测绘报》，对甲级测绘资质审批、地图审核等10项行政许可进行行政审批前的公示或者征求意见、行政决定后的公告。建成网上中国测绘科技馆，实现中国测绘科技馆实体馆在互联网上的虚拟游览功能。对外公布测绘与地理信息国家标准、行业标准、测绘与地理信息技术规定、测绘地理信息事业发展规划计划等测绘行业普遍关注的信息。在局门户网站公布2010年“三公经费”财政拨款决算情况和2011年“三公经费”财政拨款预算情况。完善中国测绘创新基地行政许可集中受理大厅工作流程，推进行政许可受理大厅的标准化建设。2011年实现了测绘资质管理系统在线办理，启动地理信息市场信用平台建设。加强局门户网站建设，整合省级网站建设资源，充分发挥政府网站在政务公开、在线服务和公众互动等方面的作用。2011年，收到政府信息公开申请1件，该申请不属于局政府信息公开范畴，已答复申请人。

维护稳定工作

2011年，国家测绘地理信息局指导局机关和在京直属单位做好“两会”、国庆等敏感时期的安全保卫和应急管理工作。认真做好信访工作，全年共处置信访来信34件，接待来访群众4批9人次，信访量比2010年降低21%。做好安全保卫工作，开展直属单位节日安全保卫大检查，在“11·9”消防日开展消防安全宣传教育，组织中国测绘创新基地各单位消防演练，营造安全和谐的工作环境。

测绘地理信息宣传

宣传综述

国家测绘地理信息局认真实施《2011年测绘宣传工作要点》，紧密围绕测绘地理信息重点工作，充分利用中央和地方新闻媒体、局所属报刊网站等宣传平台，对局重点工作成果成效进行宣传报道。通过拨亮点，彰显了测绘地理信息事业发展进步和辉煌成就。2011年，人民日报、新华社、光明日报、经济日报、中央电视台等中央主要媒体累计刊（播）发有关测绘地理信息新闻近1000条；中国政府网、人民网、新华网、新浪网、搜狐网等网络媒体刊发有关测绘地理信息消息近1万条。

宣传专题

【李克强视察中国测绘创新基地及国家测绘地理信息局更名挂牌】

5月23日，中共中央政治局常委、国务院副总理李克强视察中国测绘创新基地，并宣布国家测绘局更名为国家测绘地理信息局。6月9日，国家测绘地理信息局举行更名挂牌仪式。中央媒体共刊（播）发新闻报道27篇，各大网站、地方媒体转发转载240多条。新华社刊发消息《李克强：积极开发利用测绘地理信息 抢占未来发展制高点》，人民日报在头版显要位置刊登了这条消息，光明日报、经济日报等各大中央新闻媒体进行转载；中央电视台在新闻联播节目中长时间报道，在国内简讯中播发《国家测绘地理信息局挂牌 将加快研发民用产品》；新华社刊发国土资源部副部长、国家测绘地理信息局局长徐德明署名文章《用更宽阔的视野谋划我国测绘地理信息事业发展》；中央人民广播电台、中国新闻社、人民网、新华网、凤凰网等媒体进行了相应报道。

【“天地图”建设成果宣传报道】

1月18日，“天地图”正式上线，国务院新闻办公室举行新闻发布会，中央和地方新闻媒体积极宣传。中国网、中国政府网同步播出新闻发布会的全部内容。人民日报刊发《“天地图”正式上线 公众可免费使用》。中央电视台《新闻联播》播发《中国互联网地图服务网站“天地图”正式上线》的消息，《新闻30分》播发《分辨率0.6米“天地图”1月18日上线》、《国家测绘局天地图上线 房屋树木清晰可见》的消息。新华社、光明日报、经济日报、中央人民广播电台、人民网、中国新闻社等媒体刊（播）发相关新闻。中央新闻媒体共刊（播）发新闻40多条，转载量达600多条。

10月21日，“天地图”正式推出2011版和手机版。新华社刊发《我国自主地图服务网站“天地图”正式推出手机版》的文章，中央电视台《新闻直播间》、《朝闻天下》进行了报道，中央人民广播电台在《全国新闻联播》以及《新闻和报纸摘要》进行了播报，经济日报、科技日报在一版要闻刊发消息。

【重大工程宣传报道】

8月，国家测绘地理信息局与国务院新闻办公室共同组织西部1:5万地形图空白区测图工程、国家1:5万基础地理信息数据库更新工程系列报道活动。《人民日报》在显要位置刊发长篇通讯《中国国家基本图不再有空白》，《人民日报》（海外版）在头版刊登报道《全国国土实现“一张图”》。新华社发表《国家西部1:5万地形图空白区测图工程纪实》等多篇报道，其中《我国基础地理信息数据库完成更新，数字中国地理空间框架初步建成》的报道被中外多家媒体转载。《经济日报》刊发通讯《西部出行 有图可查》及消息《数字地理空间框架初步建成》，并用整版篇幅刊发有关内容。新华网制作“两大工程”专栏，刊发消息、通讯、图片、专访、视频等50多篇，被新浪、搜狐、网易等网站大量转载。中央电视台在《新闻联播》、《新闻30

分》、《新闻直播间》、《整点新闻》等节目中连续播发新闻7条，其中《新闻联播》播报了《数字中国地理空间框架初步建成》的消息。中央电视台英文频道《中国24小时》采访国家1:5万基础地理信息数据库更新工程验收现场，通过现场连线的形式进行解读。《中华英才》杂志策划《聚焦西部测图》栏目，宣传“两大工程”成果。

【地理国情监测宣传报道】

《人民日报》刊登国土资源部副部长、国家测绘地理信息局局长徐德明的署名文章《监测地理国情 服务科学发展》，新华网等进行转载。各大媒体对国家测绘地理信息局和陕西省政府共同签订地理国情监测试点协议书，以及各地开展试点的进展与成效进行报道。

【数字城市建设宣传报道】

我国数字城市建设发展迅速，《人民日报》刊发《数字城市建设研讨博览会将举行》、人民网刊发《测绘速描：三年内完成数字湖南地理空间框架建设》、新华网刊发《“数字西宁”通过验收并开通》、中央政府网刊发《广西“十二五”将完成14个“数字城市”建设任务》等文章对数字城市建设的进展、应用成效进行报道。中国网、《北京日报》、新浪网、腾讯网等刊发文章对数字城市建设情况进行报道。

【地理信息产业发展和国家地理信息科技产业园建设宣传报道】

《经济日报》刊发长篇通讯《地理信息产业转型升级步伐加快》、《中国国土资源报》刊登《冉冉升起的朝阳——我国地理信息产业发展综述》，对我国地理信息产业发展现状进行详细解读。

3月6日，国家地理信息科技产业园开工建设。中央人民广播电台《中国之声》节目以记者现场连线的方式实时报道开工仪式；法制日报、光明网、新华网、中国新闻社等各大媒体进行详细报道。11月28日，国家测绘地理信息局与北京市顺义区政府举行国家地理信息科技产业园奠基一周年暨首批企业入园签约仪式。人民日报、新华社、中央人民广播电台、中国国际广播电台、香港大公报等40多家中央及地方新闻媒体进行报道，共刊（播）发新闻14条，各地方媒体、网站转播转载量达120多条。

【“红色地图”宣传报道】

6月22日，国家测绘地理信息局向社会发布系列“红色地图”。各大中央新闻媒体及时报道，共刊（播）发新闻15条，转载量达210多条。《人民日报》对“红色地图”系统的社会应用情况进行详细介绍。中央电视台《新闻联播》以国内简讯的形式播报“红色地图”发布的消息，《焦点新闻播报》节目进行详细解读。《科技日报》在头版显著位置刊发报道《足不出户游览革命圣地》。《法制日报》刊发《“红色地图”系列昨天发布》的文章。《中国日报》在《庆祝建党90周年》专版报道了这一消息。此外，中国新闻社、人民网、新华网、光明网、中工网、搜狐网、新浪网、新京报等各大主流媒体和网站对“红色地图”进行了报道。

【测绘地理信息科技自主创新成果及装备建设情况宣传报道】

5月13日，国家测绘地理信息局正式对外发布我国首套自主产权机载多波段多极化SAR测图系统研制取得全面成功的消息。中央及地方各级媒体广泛关注，各大新闻媒体共刊（播）发新闻10多条，转载量达180多条。中央电视台《朝闻天下》栏目、中央人民广播电台《新闻和报纸摘要》节目均报道了该消息，《人民日报》在头版显要位置进行报道，新浪、网易、凤凰网等各大门户网站转载60多条。新华社刊发消息《我全天候测图系统研制成功》。科技日报、经济日报、新华网、人民网、光明网等各大中央、地方媒体和门户网站相继刊（播）发。9月28日，国家地理信息应急监测车交付仪式及无人机应用现场会在南宁举行。新华社、人民网、光明网、中央政府门户网等纷纷刊（播）发文章对应急监测车的有关情况进行报道。人民网《无人机助力信息采集 2012年3D地图将覆盖天津市》、经济日报《迈向新的地理信息时代》、中新网《李维森：提升航空摄影测量水平 推广倾斜摄影测量》等文章报道了有关测绘地理信息装备建设和应用的情况。

【测绘地理信息保障服务成效宣传报道】

测绘地理信息服务云南盈江地震抗震救灾工作引起媒体和社会广泛关注。中央媒体刊（播）发新闻30多条，各地方媒体转载量达500多条。中央电视台新闻直播车首次开进中国测绘创新基地，及时跟踪报道国家测绘地理信息局利用无人机获取和制作震后高清影像图的有关情况，并就震前震后有关图的对比情况做了详细解读，相关报道在中央电视台《东方时空》、《共同关注》、《晚间新闻》、《午夜新闻》和《朝闻天下》等栏目多次播出。新华社发布《国家测绘局无人飞机获取盈江灾区首批震后航空影像》、《为了灾区人民，各地各部门驰援盈江》等长篇报道。中央人民广播电台通过记者连线等形式多次报道测绘地理信息服务盈江抗震救灾消息。国家测绘地理信息局门户网站及时发布盈江震前震后高清影像对比图，3月15日网站点击量接近123万次，数据流量接近103GB，网站有关报道被人民网、新华网、中国广播网、中国新闻网、中国日报、新浪网、搜狐网等多家媒体转载，取得较好的宣传效果。

5月5日~8日，国家测绘地理信息局组织中央媒体采访团实地采访汶川地震灾后重建测绘保障工作。各大主要新闻媒体对汶川地震灾后恢复重建测绘保障进行集中宣传报道，在全社会引起强烈反响。各大中央媒体共刊（播）发长篇通讯、消息、深度报道、图片报道等30多篇，各大地方媒体、网站等转发转载近200条。中央办公厅信息刊物刊登了测绘服务汶川地震灾后重建的信息。新华社刊发长篇通讯《从瓦砾中绘出“希望图景”——汶川地震灾区恢复重建测绘保障纪实》。《经济日报》用整版刊登多篇报道。中央人民广播电台在《全国新闻联播》、《新闻和报纸摘要》、《政务直通》等栏目中，全景式展现测绘服务灾后重建的过程。此外，各大中央与地方媒体、网站对国家测绘地理信息局和水利部举行的第一次全国水利普查工作底图交接仪式、国家测绘地理信息局与西藏自治区政府共同对西藏自治区突发事件应急处置地理信息平台进行验收并正式发布等活动给予报道。

【测绘地理信息法制建设与市场监管宣传报道】

4月27日，《关于修改〈外国的组织或者个人来华测绘管理暂行办法〉的决定》发布。《人民日报》刊发深度报道《从事互联网地图服务须合资》，被新华网、人民网、搜狐、新浪等各大门户网站转发转载20多条。中央电视台《焦点新闻播报》栏目播出《测绘局新规：外国组织不得从事互联网地图服务》。新华社对外国组织或个人来华从事互联网地图服务的最新规定进行详细解读。《法制日报》对此进行深入报道。

5月10日，全国测绘系统法治工作会议在北京举行，会上通报“十一五”期间全国测绘依法行政工作进展情况。《人民日报》刊发消息《非法测绘屡现 问题地图不绝》。新华社连续发表《国家测绘局公布2010年十大测绘违法典型案件》、《国家测绘局公布去年典型案件 海南一例上榜》、《十一五期间我国立案调查测绘违法案件3000余件》等多篇报道。法制日报、科技日报、南方周末等媒体刊发消息，对我国测绘系统法治工作基本情况、非法测绘案件查处情况及成因等进行解读。

国家测绘地理信息局加紧推进“问题地图”专项治理行动，设立“问题地图”专项治理举报电话和电子信箱，鼓励公众对“问题地图”进行举报。新华社刊发消息《国家测绘局设立举报电话打击“问题地图”》，法制日报、中国新闻社、新华网、光明网等各大中央及地方新闻媒体刊发相关报道，并被搜狐、新浪等网站大量转载。《人民日报》刊发消息《国家测绘局：公众可电话举报“问题地图”》，诠释了“问题地图”的社会危害和打击“问题地图”的必要性与紧迫性。

5月31日和6月29日，国家测绘地理信息局分别通报46家和19家无资质提供地图服务的网站名单。针对境内外媒体非常关注互联网地图服务资质申领的情况，国家测绘地理信息局适时公布动态，主动引导舆论，回应社会关切，产生良好效果。中央电视台播出消息《国家测绘地理信息局：46家无资质地图网站遭通报》、《国家测绘地理信息局曝光19家无资质互联网地图网站》、《国家测绘地理信息局证实谷歌地图递交在华地图服务申请》，人民网、中国日报、北京晚报等报道国家测绘地理信息局对谷歌和微软递交的申请进行审核的消息，凤凰网、腾讯网、网易等转载相关报道。

【北京市新闻媒体“走基层看测绘”宣传活动】

11月，国家测绘地理信息局与北京市委宣传部共同组织开展北京市新闻媒体“走基层看测绘”宣传活动，北京日报、北京人民广播电台、北京电视台等12家北京市属新闻媒体进行了为期3天的集中采访，共刊播报道34篇。《北京日报》在重要版面刊发3篇报道，北京电视台连续3天在《北京新闻》栏目播发相关新闻，北京电台、京华时报、北京商报、千龙网等媒体刊（播）发相关报道，为国家和北京市测绘地理信息事业发展营造良好的舆论氛围。

报刊宣传

2011年，《中国测绘报》围绕国家测绘地理信息局重点工作开展测绘地理信息新闻宣传工作，多条消息被人民日报、新华社、中央电视台等中央媒体刊（播）发。抓好“独家言论”，开设《理论与实践》、

《人才时代》、《科技时空》、《地图世界》、《读书》、《经纬副刊》、《经纬画页》等版面及栏目，扩展报纸的外延，丰富报纸的内涵。推出《学习贯彻李克强副总理重要讲话精神》、《学习全国测绘地理信息局长会议精神》、《监测地理国情大家谈》、《地理信息产业在中国》和《抢占制高点——测绘发展战略研究》等专栏，宣传和研究重大问题。《中国测绘》杂志设立"深度报道"、"理论研究"、"测绘文化"和"海外动态"等栏目组织专题文章，突出重点工作进展报道，强化热点问题报道，深化专题报道。

网站宣传

国家测绘地理信息局门户网站及时报道数字城市建设、"天地图"建设、地理国情监测、地理信息产业、测绘地理信息体制机制、测绘科技创新、测绘地理信息应急保障、测绘文化等方面的发展态势，彰显测绘地理信息在国民经济建设、社会发展、抢险救灾等方面的作用。制作"2011 年全国测绘地理信息局长会议"、"加强地理国情监测，提升测绘服务水平"、"互联网地图服务资质管理"、"首次注册测绘师资格考试"、"学习贯彻李克强副总理考察测绘创新基地时重要讲话精神"、"数字中国地理空间框架初步建成"等 26 个专题栏目，丰富网站内容，增强网站的可读性。全年共编辑、制作新闻类稿件 5186 篇，转载媒体报道 1044 篇，编发《互联网测绘信息简报》6 期，网站的社会影响力进一步增强。

统计工作

统计信息化

【完善统计网络直报系统】

国家测绘地理信息局根据用户在使用中出现的问题和反馈的意见建议，不断完善统计网络直报系统的各项功能。按照修订后的《测绘统计报表制度》修改系统中的统计报表，调整部分功能和操作流程，针对用户类型编写了相应的操作指南。启动统计网络直报系统省级（广东省）部署项目，编写系统建设方案，经批准后正式立项实施。

【《测绘统计》栏目建设】

国家测绘地理信息局制作测绘系统 2011 年度统计工作会议专题并在局门户网站发布。在日常工作中，不断丰富局门户网站《测绘统计》栏目信息内容，加强信息的更新维护。

统计培训

3 月，国家测绘地理信息局组织召开测绘系统 2011 年度统计工作会议，总结经验，分析问题，部署 2011 年重点工作。组织编写统计报表制度培训教材，在对各单位综合统计人员进行测绘统计报表制度集中培训的基础上，印发《关于做好测绘统计报表制度培训工作的通知》，要求各单位自行组织对其他专业统计人员进行培训，对培训任务较重的单位派员予以指导。全年协助安徽、福建、重庆、新疆等 12 家单位开展报表制度培训工作，直接培训 1600 多人；广东、广西等 8 家单位自行组织培训，培训 1000 多人。

统计信息服务

【常规统计报表工作】

国家测绘地理信息局组织完成 2010 年测绘统计年报、快报和 2011 年测绘统计季报的编印工作。

【统计分析】

国家测绘地理信息局通过对 2010 年测绘统计年报数据的分析，从测绘行业发展情况、测绘系统经济运行情况、测绘成果提供与应用情况、测绘系统人员和收入情况等不同角度编发统计分析报告。积极推动、指导各单位开展统计分析工作，共有 30 多家单位编写了 2010 年测绘统计分析报告，质量明显提高。积极开展"十一五"测绘发展统计分析工作，对"十五"、"十一五"时期测绘统计年报数据进行梳理和筛选，选定部分统计指标对测绘资质单位、测绘地理信息系统单位在“十一五”的发展情况进行分析，编写了《“十一五”测绘发展统计分析报告》。

【对外提供测绘统计资料】

国家测绘地理信息局继续向国家统计局（《中国统计摘要》、《中国统计年鉴》、《中国科技统计年鉴》、劳动统计年报、测绘服务财务状况统计表）报送有关测绘统计资料，向国土资源部等有关部门提供测绘统计资料。

【专项统计调查】

国家测绘地理信息局组织开展甲乙级测绘资质企业专项统计调查，按照调查工作整体要求及时制定调查表，并在统计网络直报系统中定制开发了专项统计调查项目收集基础数据。专项调查涉及统计表1张、指标50多项，填报单位2000多个。

统计调查研究

国家测绘地理信息局组织人员到江苏、安徽、辽宁、吉林、黑龙江、新疆、陕西等地开展测绘统计调研。通过召开座谈会、实地走访等形式，了解各单位测绘统计工作组织管理、原始数据采集、统计服务等方面的工作开展情况以及存在的困难和对统计工作的意见、建议。

党的建设与测绘地理信息文化建设

党建工作

【创建学习型党组织】

国家测绘地理信息局党组中心组带头理论学习，坚持每月必学，全年进行了“学习贯彻党的十七届五中全会精神，进一步完善测绘发展‘十二五’规划”、“认真贯彻中纪委六次全会精神，推动测绘系统党风廉政建设上台阶”、“学习测绘事业发展‘十二五’规划，为测绘工作开好局、展新篇凝心聚力”、“加快数字城市建设，提升测绘工作影响力”等12个专题的学习，集体学习研讨的时间为17天。

进一步推进学习型党组织建设，举办“测绘学习大讲堂”9期，围绕时事政策、理论热点和局重点工作，邀请有关领导和专家学者作专题辅导报告。利用网络平台进行理论宣讲，共发布专题讲座视频34期，为党员、干部学习理论知识和时政热点提供新途径。每季度印发直属支部理论学习指导意见，及时为各支部提供学习资料和学习指导。开展荐书读书活动，每季度向党员、干部推荐优秀书目并赠阅书籍，全年共推荐书目21本，配发优秀书籍4000多册。完成了“阅读·思考·进步”读书征文活动评选，共评出一等奖5篇、二等奖7篇、三等奖10篇，鼓励奖56篇，组织奖3名。国家测绘地理信息局直属机关团委开通“信念·责任·青年力量”测绘青年论坛主题微博，引导测绘地理信息系统广大青年为测绘和地理信息产业发展建言献策。

【创先争优活动】

国家测绘地理信息局根据中央要求印发《关于普遍开展领导干部点评创先争优工作的通知》，局党组成员和局所属各单位各部门党组织主要负责人认真履行点评职责，完成点评工作。印发《关于在创先争优活动中深入开展党组织和党员公开承诺的通知》，各级党组织和广大党员做出承诺并在一定范围内公示，接受群众监督。

印发《关于以纪念建党90周年为契机深入推进创先争优活动的通知》，继续深化创先争优活动。开展纪念建党90周年党史知识有奖竞答活动，累计参与答题22158人，共评出组织奖12名，纪念奖200名。“七一”前夕，在全系统和局直属机关开展“两优一先”评选表彰活动，全系统共评出31个先进基层党组织、68名优秀共产党员和44名优秀党务工作者，并组织召开了表彰大会。积极参加中央国家机关“两优一先”评选推荐工作，国家基础地理信息中心第四党支部和中国测绘科学研究院李成名分别被授予“中央国家机关先进基层党组织”、“中央国家机关优秀共产党员”称号。

充分利用报纸、网络、简报等媒介，搭建创先争优活动宣传平台，为创先争优活动的深入开展营造良好的舆论氛围。全年共印发创先争优活动专题简报160期。《中央创先争优活动简报》第768期和第891期及创先争优网专题刊发了国家测绘地理信息局开展活动的有关情况。整理印发《国家测绘局机关和在京所属单位党组织开展创先争优活动情况报告汇编》，为各部门、各单位交流体会、借鉴经验提供方便。在局门户网站推出“两优一先”先进事迹宣传专栏，营造崇尚先进、学习先进、争当先进的氛围。

【基层党组织建设】

国家测绘地理信息局印发《关于贯彻落实〈中国共产党党和国家机关基层组织工作条例〉的意见》，组织党员干部认真学习贯彻，明确新要求，把握新规定。根据机构和人员调整，指导中国测绘科学研究院党委、国家测绘地理信息局北戴河休养院党总支、国家测绘地理信息局职业技能鉴定指导中心和局机关有关党支部进行换届选举或增补委员工作，为基层党组织正常开展活动奠定组织基础。完成出席国土资源部直属机关第二次党代会代表和“两委”委员候选人的推荐选举工作。按照党员发展程序，做好组织发展工作，全年共发展预备党员8名，30名预备党员如期转正。认真完成2011年党内统计和党费收缴工作，做到应统尽统，应收尽收。

【统战工作和稳定工作】

1月25日，国家测绘地理信息局召开党外人士代表新春座谈会，来自农工、民盟、民建、致公党、“九三”学社的民主党派人士以及无党派高级知识分子代表参加座谈。及时向局属有关单位传达中央有关维稳工作的文件精神并组织做好相关维稳工作。

党风廉政建设

【贯彻落实中央决策部署】

国家测绘地理信息局认真贯彻落实十七届中纪委六次全会和国务院第四次廉政工作会议精神，深入学习胡锦涛总书记、温家宝总理的重要讲话精神。4月7日~8日，在中国测绘创新基地召开了全国测绘系统党风廉政建设工作会议，对2011年党风廉政建设和反腐败工作做出部署。印发《中共国家测绘局党组关于2011年党风廉政建设和反腐败工作的实施意见》，对反腐倡廉建设工作任务进行分工。修订印发《中共国家测绘地理信息局党组关于贯彻落实党风廉政建设责任制的实施办法》，组织所属各单位和机关各司局党风廉政建设第一责任人向局党组递交党风廉政建设责任承诺书。

9月15日~17日，国家测绘地理信息局在海口举办局直属单位纪检监察审计业务培训班，重点培训财政预算和财务管理风险与防范、党风廉政建设责任制考核监督、廉政风险防控管理、廉政文化建设等内容。积极争取中央纪委的支持，在系统单位中选派13名纪检干部参加赴中央纪委监察部北戴河培训中心培训，有效提升了纪检监察干部的理论素质和业务技能。

【党性党风党纪教育】

国家测绘地理信息局深入开展示范教育、警示教育和岗位廉政教育，集中学习传达中纪委关于广东省新广国际集团有限公司重大经济案件的情况通报。根据中央纪委《关于开展〈中国共产党党员领导干部廉洁从政若干准则〉贯彻执行情况专项检查工作的通知》要求，认真组织开展廉政准则贯彻执行情况检查。

【党员领导干部监督工作】

国家测绘地理信息局严格执行党员领导干部报告个人有关事项、任前廉政谈话、民主生活会、述职述廉、诫勉谈话、函询等制度，切实加大对领导班子和领导干部的监督力度。对14名处级领导干部进行了廉政谈话。局机关和直属单位175名领导干部进行了述职述廉。加强对政府采购、招投标、行政审批等重点领域和关键环节的监督力度，对四川测绘地理信息局、国家测绘地理信息局职业技能鉴定指导中心领导班子进行集中巡视。组织测绘地理信息系统各单位开展廉政风险点排查工作。

【“五型机关”创建活动】

国家测绘地理信息局起草印发《2011年“五型机关”创建活动工作要点》，明确2011年“五型机关”创建活动的总体思路和重点工作。组织开展2011年度“五型机关”创建活动先进司局、先进处（室）和先进个人评选表彰工作，3个司（局）、6个处（室）、26名公务员受到表彰。

【信访举报和案件查处】

国家测绘地理信息局高度重视群众来信来访，妥善处理了收到的10件群众来信，对重要线索进行及时核查，加大信访案件的交办、督办力度。健全网络举报和受理机制，发挥群众在惩治和预防腐败中的监督作用。根据审计署移送国家测绘地理信息局处理的问题和要求，督促有关单位对相关责任人进行处理。对局所属单位“小金库”问题相关责任人处理情况进行督促检查，有效防止相关单位重处理事、轻处理人的倾向。

【内部审计】

国家测绘地理信息局起草印发《国家测绘局所属单位党政主要领导干部经济责任审计管理办法》，对海南测绘地理信息局、国家测绘地理信息局卫星测绘应用中心等单位财政财务收支情况进行审计，完成了国家测绘地理信息局重庆测绘院、四川测绘地理信息局、中国测绘学会等单位主要领导离任经济责任审计和局管理信息中心、地图技术审查中心、职业技能鉴定指导中心、测绘发展研究中心的预算执行情况及财政财务收支审计以及无锡培训中心的资产清查审计。积极配合审计署完成“科技支撑计划”专项资金和“927”项目资金使用情况的审计调查和《国家测绘地理信息局局长经济责任审计的主要内容和重要指标评价》的意见征求工作。

思想政治工作

中国测绘职工思想政治工作研究会组织开展重点课题调研和优秀研究成果评选表彰，并编辑出版《中国测绘职工政研会2010年度优秀调研成果集》。积极参与中央国家机关党建研究会重点课题调研，提交《创先争优如何为测绘地理信息“十二五”发展提供动力与保证》调研报告并获三等奖。组织召开中国测绘职工政研会第五届常务理事会议，完成了理事会更换替补。

测绘地理信息文化建设

国家测绘地理信息局积极开展测绘地理信息文化建设活动，组织召开春节团拜会，举办丰富多彩的职工迎新春文娱活动。完成“南方测绘杯”首届全国测绘职工书法绘画比赛评选，共评出个人奖61名，优秀组织奖5名。举办第二届“东方道迩”杯全国测绘职工乒乓球比赛，来自全国的39支代表队、300多名教练员、运动员参赛，共评出团体奖3名、个人单项奖9名、道德风尚奖4名、优秀组织奖4名。举办“经天纬地抒豪情，歌唱祖国心向党”纪念建党90周年爱国歌曲演唱会，局机关和在京直属单位500多名干部职工参加演出。直属机关妇委会举办了巾帼风采图片展和女性礼仪讲座等活动，充分展示了测绘地理信息系统女干部、女职工的精神风貌和时代风采。

测绘地理信息业务工作

基础测绘

【国家西部1:5万地形图空白区测图工程】

2011年，国家测绘地理信息局实现国家西部1:5万地形图空白区测图工程（以下简称西部测图工程）主体建设目标：测制完1:5万地形图5032幅，实现了约占中国陆地国土面积20%的1:5万地形图的“从无到有”；建立了基础地理信息数据库和专题信息数据库；西部6省（区）的7个基础地理信息公共平台包括“中国（云南）-东盟自由贸易区-南亚区域合作联盟空间信息公共平台”、“新疆维吾尔自治区应急平台体系基础地理信息平台”、“甘肃省政务地理信息平台”、“西藏自治区突发事件应急处置地理信息平台”、“青海柴达木循环经济试验区基础地理信息平台”、“三江源区生态环境遥感动态监测及预警基础地理信息平台”、“四川省地理空间信息公共平台”全部通过验收并服务于相关部门和社会公众。8月24日，西部测图工程通过验收并向社会发布使用；建设成果已在援藏援疆工作、西部基础设施规划建设、第二次全国土地调查、第一次全国水利普查、三江源生态建设、玉树地震和舟曲泥石流应急救灾等方面发挥了重要作用。

【国家1:5万基础地理信息数据库更新工程】

国家测绘地理信息局实现国家1:5万基础地理信息数据库更新工程建设目标，完成全国80%陆地国土面积的19150幅1:5万地形图的全面更新，信息要素由原来的101类增加到437类，数据内容详实程度提高1.2倍，数据现势性达到2006年以后，实现了1:5万地形图数据的“从有到优、从旧到新”，探索基础地理信息优势互补、资源共享、协同更新的新模式，提升了信息的适用程度。8月11日，该工程通过验收，并向社会发布成果。成果已提供水利部用作第一次全国水利普查工作底图，资源勘查、交通运输、能源利用、环境保护、应急救灾、基础设施建设、国防建设等部门也大量使用了该工程更新成果。

【2000国家大地坐标系推广应用】

国家测绘地理信息局完成5期中国地壳运动观测网络区域网观测数据处理，区域网与全球IGS站/周边IGS站联合处理平差及分析工作；完成我国速度场模型和板块运动模型计算，为我国实现动态的地心坐标系奠定了基础。

【汶川地震灾后恢复重建专项】

国家测绘地理信息局推进汶川地震灾后恢复重建专项工作，四川、陕西、甘肃3个受灾省份全部完成汶川地震灾后恢复重建测绘专项建设工作，成果已经在灾区恢复重建、社会信息化、重大工程建设、突发事件处置和防灾减灾等方面发挥作用。

【新农村建设】

国家测绘地理信息局持续推进测绘地理信息保障服务新农村建设工作。召开新农村建设测绘保障服务示范项目验收会，完成宁夏中卫市塞上农民新居建设测绘保障服务试点项目等10个项目的验收；完成了2011年示范项目遴选工作。

【测绘基准基础设施建设】

国家测绘地理信息局组织开展地心坐标系转换有关技术方法研究与试验，完成了1999年~2010年全国CORS站每天数据的处理；1999年、2001年、2004年、2007年、2009年共5期“中国地壳运动观测网络”区域网观测数据的处理；1998年、2000

年、2002 年、2003 年、2005 年、2006 年共 6 期“中国地壳运动观测网络”基本网观测数据的处理；完成国际 IGS 站数据、国内 CORS 站网和高精度 GPS 网的联合平差和分析；初步建立起我国大陆板块运动模型速度场。

国家测绘地理信息局对重点省份测量标志现状、重点测量标志保护范围、维护方式以及测量标志保护情况进行了调研。

【全国新一代 1:5 万地形图建库出版工程】

总参测绘导航局组织制定全国新一代 1:5 万地形图建库出版工程作业细则、监理细则、验收规定等技术标准，修订了 1:5 万军用地形图图式，组织了 3 期面向全军作业部队的生产技术培训，组织各军区、空军、第二炮兵和总参直属测绘部队完成建库任务 4853 幅、出版编辑 4758 幅。

【全国三级 GNSS 大地控制网建设】

总参测绘导航局组织沈阳、北京、兰州、济南、南京、广州等军区测绘大队和总参某测绘信息技术总站，完成辽宁、山西、甘肃、新疆、河南、江西、广西等地区三级 GNSS 大地控制网选点埋石、观测 962 点，高程联测 1 万千米。

此外，总参测绘导航局组织对 2010 年三级 GNSS 大地测量外业成果进行验收。验收组依据大地测量标准和有关技术规定，共验收各等级 GPS 控制点 1368 点，高程联测 2722.8 千米；大地、水准、重力点新选点埋石 385 个；航空重力测量测线 381 条、交叉点 5505 个；常规重力测量二等重力点 35 个、加密重力点 847 个；天文测量二等经纬度点 20 个、二等方位角边 18 条。

【中国大陆构造环境监测网络建设】

总参测绘导航局组织全军测绘部队完成“中国大陆构造环境监测网络”项目 39 个 GNSS 基准站、5 个重力站、西安 SLR 基准站、昆明 VLBI 基准站和西安数据共享子系统的运行维护和技术管理工作；完成 494 个区域站第二次 GNSS 联测和一、二级技术监理；完成 28 个 GNSS 基准站绝对重力测量，以及 143 个区域站、156 条测线相对重力联测任务。6 月，总参测绘导航局承担的陆态网络建设任务基本完成，工程转入运行阶段。

【中国与蒙古国边境实景地图试生产任务】

7 月 ~8 月，南京军区某测绘大队完成中国与蒙古国边境实景地图试生产任务，采集测区内 700 千米重要道路可量测影像数据和重要目标影像数据共约 230GB，采集地物要素目标 1000 个，修测地形图 13 幅。

海洋测绘

【民用航海图编制】

2011 年，中国航海图书出版社编制完成民用海图 279 幅。其中，新编海图 165 幅（全球 1:100 万海图 159 幅、国内海域海图 6 幅），维护改版国内海区航海图 114 幅。

【民用 S－57 标准数字海图编制】

中国航海图书出版社完成 S－57 标准格式数字海图编制任务。其中，新编全球海图 526 幅，改版中国沿海军民用数字航海图（ENC）共 146 幅。

【民用航海图书目录编制】

1 月，中国航海图书出版社编制并公开出版 2011 年度《航海图书目录》（K102 号）。该书主要刊载中国沿海及附近海区总图、航行图、港湾图和渔业图等专题图 500 多幅，《中国航路指南》、《中国港口指南》、《潮汐表》、《航标表》、《国际信号规则》等各类航海书表 40 多册。

【潮汐表编算出版】

9 月，中国航海图书出版社编制出版 2012 年潮汐表 7 册。潮汐表刊载了所在海区主要港站的每日逐时潮高和高低潮的潮时与潮高，主要供舰船进出港时查询使用。其中，民用潮汐表 4 册，均为 16 开简装本。

【航海通告编制与发布】

中国航海图书出版社全年共编制军用、民用、英文版《航海通告》及《海图改正透明纸》各 52 期，确保了中国海军可及时得到通告维护。其中，《航海通告》发布范围扩展至全球海域。《航海通告有效临时通告汇编》出版周期由 1 年改为半年，并确定以后每年的 1 月和 7 月各出版 1 期。

【民用航海图书、电子海图发行】

中国航海图书出版社全年共入库民用航海图71万多张、民用航海书表14万多册、民用海图改正透明样纸2.6万多份。发放民用海图99万多张、民用书表16万多册、电子海图光盘416件、电子海图2.4万多幅，范围覆盖中国全部海区。发放航海通告43万册、英文版航海通告1.2万册、民用海图改正透明样纸2.6万多份。

界线测绘

【陆地边界情况图集编印任务部署会】

6月29日，总参测绘导航局、总参某部边防局在北京联合召开陆地边界情况图集编印任务部署会。会议决定，用3年时间完成中国14条陆地边界的边界情况图集编制和修编。

【中国与老挝边界第一次联检测绘】

1月16日~20日、3月1日~5日，中老边界第一次联合检查测图专家组第七、第八次会议分别在中国成都和老挝万象举行。双方签署了《地形图室内作业成果检查修改意见表》，验收并交换了中老边界全线共20幅1:5万地形图成果，讨论签署了《中老边界第一次联合检查联合测图工作总结》。两国边界联检联合测图工作已按计划全部完成。

2011年，总参测绘导航局组织成都军区某测绘大队完成中老边界1:5万地形图20幅，制作界桩点1:2.5万正射影像图98幅，成果全部交付外交部。4月~11月，该大队执行中老边界实地联合检查测绘任务，共完成界桩更换44棵、界桩增设位置勘定及详细位置测设59棵；精确测定界桩63棵，抽检老方负责精测界桩7棵；完成并签署界桩登记表格104张，界标坐标高程一览表16张；完成界标坐标检测一览表8张，标绘联检工作用图20幅，修改、修测52处，起草国界线边界走向和界标位置叙述草案105段。

【中国与缅甸边界综合测绘保障】

1月24日~28日，总参测绘导航局会同外交部边海司，组织成都军区某测绘大队完成中缅边界S52号界桩附近地段联合勘察。通过测量，中方在S52号界桩附近地段拟建的护岸工程完全在中方境内，为当地政府实施护岸工程建设提供了依据。

10月22日~28日，总参测绘导航局派员参加由中缅两国外交部组成的联合工作组，赴云南德宏实地考查辨认中缅两国边界线走向。经实地放样测量，测定S83号界桩至瑞丽江边界线走向、S97（1）号界桩附近中方拟建护岸工程走向。

【中国与印度、中国与不丹边境测绘】

4月~11月，成都军区某测绘大队完成中印边境东段、中不边境测区288幅1:5万地形图野外判调任务；6月~7月，完成中印边境东段、中不边境测区47幅1:5万地形图地名补调任务，补调地名1700个。

【中国与俄罗斯边界第一次联检测绘】

3月7日~9日、5月30日~6月2日，总参测绘导航局分别派员参加中俄边界第一次联合检查筹备组第八、第九次筹备工作会议。双方就《中俄边界第一次联检界标位置测定细则》和《中俄边界第一次联合检查水文测量细则》等法律文件达成共识，对《中俄边界第一次联合检查委员会条例》和《中俄边界第一次联合检查过境细则》部分内容进行了协商修改，初步交换了联检工作计划意见，商定2012年~2015年完成联检工作。

12月19日~25日，中俄边界第一次联合检查联合测图工作组第一次会议在北京举行。会议讨论并签署联合测图组工作计划和航空摄影、大地联测等技术文件，协商了航空摄影飞行和协同工作的具体安排，并就利用卫星影像更新中俄边界西段地形图有关事宜交换了意见。

【中国陆地国界信息管理系统】

4月27日，总参测绘局参与承建的中国陆地国界信息管理系统在外交部内网正式开通运行。该系统集成了中国2200多千米陆地边界的历史、法律文件和多媒体资料，为我国边界管理工作和外交军事工作提供了有力的支撑。

【中国与印度边境西中段1:5万地形图国界线与地名工作会议】

5月12日~15日，中印边境西中段1:5万地形图国界线与地名工作会议在兰州召开。会议审查了兰州军区驻甘肃某测绘大队承担制作的中印西段第一批成果，重点研究了后期制图工作中的界线标绘和地名问题，并形成一致意见。总参测绘导航局、总参某部边防局，外交部边海司，兰州军区司令部某部、驻甘肃某测绘大队，成都军区某测绘大队等单位代表共 14 人参加会议。

【国界线审核】

总参测绘导航局全年共审核军队和地方上报的各种含有国界线的地图 200 多批次、5000 多幅，参加了我国西部 1:5 万地形图空白区测图国界线画法协调会。

地图出版

【出版总量】

中国地图出版集团全年出版地图、图书共 2488 种。其中，新出版 826 种，重印 1662 种。

【实用参考图】

2011 年，中国地图出版集团出版了《新编中国分省系列地图》、《中国精品线路旅游地图集》、《地铁达人逛北京》、《澳门特别行政区地图册》等地图产品，获得较好的市场反馈。《嫦娥一号全月球影像图集》和《南北极地图集》获 2011 年新闻出版总署“三个一百”原创出版工程奖。

【电子地图】

中国地图出版集团全年出版导航地图 46 种。其中，新版 11 种、重版 35 种。出版电子光盘 22 种。教学产品在保障各学科教材（配套）光盘生产的基础上，加大创新开发力度，在教学用世界地图投影变换技术方面取得突破性进展。

【教学地图】

中国地图出版集团通过多种方法提高教材和图册的选用率，部分产品在内容、表现形式和整体设计等方面均有所提升。推进教学参考图的生产，先后完成《图解孔家故事》、《毛泽东光辉历程地图集》的修订改版，以及《中国历史疆域的变迁》系列展图的改编等工作。其中，新版《辛亥革命历史地图》是纪念辛亥革命一百年献礼产品。

【中国官方电子海图发布】

8 月 25 日，海军司令部航海保证部在北京召开中国官方电子海图发布会，宣布正式在全球范围内提供中国官方电子海图。这是中国首次对外正式发布中国海区国际标准电子海图。电子海图除保障船舶航行外，还广泛应用于海洋工程建设、渔业、海洋勘探等领域。

【军事交通图编制】

总参测绘导航局组织各军区测绘大队、解放军信息工程大学测绘学院编制印刷新版《中国军事交通图》、《战区军事交通图》共 8 幅纸图和绸图，组织空军某测绘大队编制印刷了 1:380 万《中华人民共和国航空军事运输图》4 幅。

测绘地理信息档案建设

国家测绘档案资料馆馆藏

截至 2011 年底，国家测绘资料档案馆库房面积共 4500 平方米，从宋代的执掌图开始，系统收藏有元、明、清、民国及现代的地图与测绘资料。馆藏档案 59984 卷（盒、袋）、1317805 件。其中，地图类档案约占 63%，测图档案约占 22%，航空航天影像覆盖全国，数字化成果馆藏 750TB。国家测绘资料档案馆平均每年为2000个单位部门提供服务，取得了显著的社会经济效益。

测绘档案资料管理

【测绘档案资料收集】

2011年，国家测绘资料档案馆共收集我国周边5个国家地形图1154幅，以及53个国家地图集、12个国家专题地图；收集我国国内1∶5万地形图629幅（1887张），南沙岛屿1∶2000地图8幅（24张），国内专题地图320张（册）。接收国家林业局移交的上世纪60年代至80年代林业资源调查工作中积累的航摄底片、卫星底片及各类像片资料，其中，各类底片80188片、像片101010片、纸质资料274件。

【测绘档案成果归档管理】

国家测绘资料档案馆完成塔里木西部等区域大地控制、青藏高原西部等测区地形图测绘项目、中越勘界、甘肃省政务地理信息平台建设及应用、中国（云南）－东盟自由贸易区－南亚区域合作联盟空间信息公共平台建设、国家测绘地理信息局地图技术审查中心2010年审查备案地图等专题项目的归档，共92批次，组卷2797卷（62086件），刻录磁带148盘、光盘10盘，采集各类归档目录信息6500多条。接收庙岛群岛、渤海湾北部及梧州、济源、伊春、百色、黄冈、汕头等79个摄区的基础航摄档案，入库底片68筒（27706片），像片484340片，文档组卷79卷（2294件）。同时催促未归档的“十一五”基础测绘项目尽快归档。完成全部航摄纸质文档规范化整理，催还历年未按期归还底片63筒。截至年底，生产类基础测绘项目归档率达到90%以上。

【测绘档案信息化建设】

“十一五”的“测绘档案信息化管理运行模式设计与重要档案数字化”项目通过国家测绘地理信息局组织验收，“十二五”的“测绘成果档案的管理、服务与维护”项目在国家测绘地理信息局指导下进展顺利。测绘档案信息化建设正在稳步推进，向更高层次迈进。

测绘地理信息合作共建

国家测绘地理信息局组织开展省级地理信息资源共建共享专题调研。向各省级测绘地理信息行政主管部门下发调研提纲和统计表格，并赴广东开展实地调研；根据各地反馈的调研材料和所掌握的情况，组织起草了《省级地理信息资源共建共享调研报告》，梳理出各地省级地理信息资源共建共享的现状和存在的问题，提出了下一步工作思路和措施。

测绘地理信息服务与应用

【“天地图”建设】

国家测绘地理信息局认真贯彻落实李克强副总理关于“天地图”建设的重要讲话精神，组织召开“天地图”建设工作会议，成立“天地图”建设领导小组，部署“天地图”建设工作。不断完善“天地图”测试版，推出“天地图”正式版，国务院新闻办举行新闻发布会，宣布“天地图”正式版上线运行。国家测绘地理信息局组织开展“天地图”顶层设计，《“天地图”一期工程建设总体设计方案》通过论证。进一步丰富“天地图”数据资源，增强数据现势性，完善服务功能，推出了“天地图”2011版和手机版，地名地址数据达1780万条。“天地图”省市级节点建设成效明显，山西、黑龙江、抚顺、伊春等省市级节点已接入主节点。2011 年，基于“天地图”地理信息服务资源，各类公益性及商业化应用系统不断涌现，“天地图”的影响面进一步扩大。

【测绘成果推广应用】

国家测绘地理信息局加强与旅游、民政、教育、质检等部门的合作力度，建立了基于“天地图”的共享机制。组织各地开展庆祝建党 90 周年“红色地图”的编制和服务工作，并通过新闻发布会集中展示红色地图集 6 种、红色专题图 70 多种和红色地图互联网系统 10 多个，在社会上引起较大反响。积极为领导机关和有关部门提供指挥决策用图，为中央办公厅、国务院办公厅、外交部、国家发展和改革委、军队等 20 多个部门提供工作用图共 200 多幅。

【测绘保障服务】

国家测绘地理信息局在应急制图技术和现有各类测绘地理信息数据的基础上，开展测绘地理信息数据应需制图服务。该服务改变提供模拟印刷图的模式，客户可根据行政许可的数据范围及类型，选择指定区域的多比例尺、多类型、跨图幅的测绘地理信息制图服务；可根据实际工作需要，选取适当图层或添加适当专题内容；可根据需要选择喷绘在不同介质上。该服务自 9 月 26 日推出后，共为 18 个客户提供 1221 幅应需制图产品。

【测绘行政许可集中受理】

2011 年，国家测绘地理信息局行政许可受理大厅共收到涉密测绘成果使用申请 1057 件，发出受理通知书 807 件。其中，不准予使用决定书 6 件，准予使用决定书 801 件。收到送审地图 2545 件，受理 2381 件，不符合地图审查规定不予受理 164 件；已受理的申请中，经国家测绘地理信息局审核批准，开具地图审核批准书 2053 件、不予批准书 328 件。

【新疆哈密风电基地建设测绘】

7 月 ~9 月，兰州军区驻甘肃某测绘信息中心完成支援新疆哈密千万千瓦级风电基地 3 个区域约 1335 平方千米的航空摄影测量任务，以及哈密苦水区域 891 平方千米 1:2000 地形图 950 幅和 245 平方千米间隔区域 1:2000 地形图（不分幅）的测制任务，为哈密风电基地建设提供了技术支持和基础数据。

【中俄输气管道测量】

8 月 14 日 ~10 月 10 日，受中国石油天然气管道工程有限公司委托，兰州军区驻甘肃某测绘大队完成约 150 千米中俄输气管线（西气东输四线工程）首级控制、航外控制、地面调绘及航飞地面校准场测量任务，并于 11 月底提交“3D”数字成果。

测绘地理信息应急保障管理服务

应急保障管理

针对云南盈江地震、长江中下游地区旱灾、日本大地震、利比亚撤侨等应急事件，国家测绘地理信息局迅速启动应急测绘保障预案，及时向有关部门和单位提供测绘成果，为决策指挥和抢险救灾提供测绘保障服务。印发《关于做好当前防汛抗旱减灾应急测绘保障服务工作的通知》，要求各地全力做好防汛抗旱减灾、山洪地质灾害、台风防御等应急测绘保障服务工作，积极开展灾情数据采集和灾情监测，主动向有关部门提供服务。举办测绘地理信息应急保障管理人员培训班，进一步提高各地测绘地理信息应急保障服务能力。积极争取国务院应急办支持，在航空遥感应急体系建设规划中明确测绘应急服务能力建设。组织中国测绘科学研究院与民政部减灾中心合作，通过民政部和国家测绘地理信息局门户网站每天实时向公众发布灾情信息。2011 年，全国灾情地理信息系统共发布灾害信息 1270 次。

应急保障服务

【云南盈江地震测绘保障】

“3 · 10”云南盈江地震发生后，国家测绘地理信息局组织有关单位紧急制作灾区地形图、盈江县行政区划图、震前影像地图等，及时提供给国务院应急办、国家减灾委、国土资源部、国家地震局等部门，用于指挥决策和抢险救灾。3月11日，组织相关单位利用无人机获取盈江灾区震后20平方千米0.1米高分辨率航空影像，组织国家基础地理信息中心紧急制作局部区域震前和震后高分辨率影像对比图，并及时在中央电视台和国家测绘地理信息局网上公布。3月12日~13日，组织国家基础地理信息中心制作盈江县城震后影像地图、云南盈江地震灾情影像解译图和受损较严重的局部影像专题图，并对外提供。

【为水利普查提供测绘保障】

国家测绘地理信息局组织国家基础地理信息中心等单位为全国第一次水利普查工作提供测绘保障，全面负责普查工作底图的编制和技术支持。承担任务单位累计预检73批次的正射影像数据6.7万多幅，编辑工作底图数据4.8万多幅，坐标转换各类数据7.2万多幅，打印工作底图5万多幅。利用国家1:5万基础地理信息数据库更新工程、西部测图工程、灾后重建测绘工程等国家重点测绘项目形成的最新数据对普查工作底图实时更新，为水利普查工作开展奠定了基础。

【为中国侨胞撤离利比亚提供测绘保障服务】

国家测绘地理信息局组织相关单位紧急制作利比亚3个重点城市的多分辨率影像专题图，并送交国务院应急办等相关部门，为我国政府撤离在利比亚中方人员的领导决策、指挥和工作部署等提供了及时的测绘保障服务。

测绘地理信息标准化

【测绘地理信息标准制修订】

国家测绘地理信息局完成了《全球导航卫星系统连续运行基准站网技术规范》等8项国家标准的报批工作；申请报批的《地理信息基于位置服务参考模型》等3项地理信息国家标准经国家标准化管理委员会批准发布；组织完成《城市独立坐标与高程系统建设规范》等15项国家标准、《机载LiDAR数据后处理技术规范》等16项行业标准送审稿的审查。国家测绘地理信息局发布实施14项行业标准，重点安排《地理信息公共服务平台电子地图数据规范》和《地理信息公共服务平台地理实体与地名地址数据规范》2项行业标准的审查，满足了“天地图”建设工作的迫切需要；组织《数字航空摄影规范第2部分：推扫式数字航空摄影技术规定》、《地理空间框架基本规定》等标准的技术协调，重点分析战略转型期技术手段多样化带来的标准化问题，确保标准的一致性与科学性。组织开展国家标准制修订项目的申报工作，完成12项国家标准制修订的立项申报。组织完成2010年公益性科研专项数字城市标准研究项目实施方案的评审，下达2011年公益性科研专项地理信息导航标准研究项目的计划。

【标准数据认定与发布工作】

国家测绘地理信息局继续开展国家级基础地理信息数据认定与发布工作，组织编制《2011年国家级基础地理信息标准数据认定工作方案》和《2011年国家级基础地理信息标准数据认定技术方案》，完成2011年新增国家级基础地理信息标准数据认定工作。

【标准培训与宣传贯彻】

年内，国家测绘地理信息局指导全国地理信息标准化技术委员会举办2期地理信息国家标准培训班，面向全国测绘地理信息行政主管部门、企事业单位，围绕地理信息服务以及地理信息公共服务平台建设进行相关标准培训。

5月，组织全国地理信息标准化技术委员会、武汉大学联合在北京举办地理信息标准化国际动态与我国对策专题报告会，邀请美国标准化组织、中国标准化研究院的有关专家作专题报告。6月，测绘标准化工作委员会在西安举办全国测绘地理信息标准化基础培训班，全国测绘地理信息标准化工作人员参加培训。8月，全国地理信息标准化技术委员会在北戴河举办2011年测绘地理信息服务标准培训班，全面培训从 ISO/TC211 采标的测绘地理信息服务系列国家标准。10 月，全国地理信息标准技术委员会在北京举办地理信息企业座谈会暨世界标准日活动。11 月，全国地理信息标准技术委员会举办 2011 年地理信息服务建设标准培训班，系统培训了地理信息服务建设方面的标准。

【标准执行情况监督检查】

国家测绘地理信息局组织开展测绘地理信息标准项目执行情况检查，摸清标准制修订单位在标准制修订方面存在的问题及原因，推进标准化制修订项目的顺利开展。

【全国地理信息标准化技术委员会建设】

全国地理信息标准化技术委员会组织编制了《国家地理信息标准化“十二五”规划》。组织召开了第三次全体会议及地标委常委会议。组织申报测绘地理信息标准提案 17 项。其中，国家标准提案 7 项，行业标准提案 10 项。组织对 8 项标准送审稿进行审查。组织有关专家对全国地理信息标准化技术委员会归口管理的标龄已满 5 年的《国家一、二等水准测量规范》等 10 项国家标准进行复审。

【国际标准化组织地理信息技术委员会全体会议及工作组会议】

国际标准化组织地理信息技术委员会（ISO/TC211）国内技术归口办公室组织中国代表团先后参加在荷兰和南非分别召开的第 32 次和第 33 次全体会议及工作组会议；组织完成对 ISO/TC211 有关标准项目的意见反馈并提供地理信息国际标准信息服务；组织有关专家翻译了《地理信息国际标准译文集（2011）》（内部资料）。

【颁发《军事测绘成果上报移交规定（试行）》】

1 月 20 日，总参测绘导航局颁发《军事测绘成果上报移交规定（试行）》。该规定对测绘成果上报移交的原则、各级机关的责任、成果验收上报、成果移交、奖励与处罚等内容作出了明确要求。

【修订颁发《军事测绘作业工天定额标准》】

8 月 1 日，新版《军事测绘作业工天定额标准》在全军测绘系统正式颁布执行。该标准包括 7 个专业 57 类 525 项测绘工作项目，涵盖军事测绘全部作业内容。

【《军事测绘重大工程建设奖评选规定》和《全军测绘技术能手评选规定》】

10 月 24 日，总参测绘导航局修订颁发《军事测绘重大工程建设奖评选规定》和《全军测绘技术能手评选规定》。修订后的规定增加了测绘部（分）队申报程序、参评人员、参评项目有关标准，设计了新的综合评价表，明确了推荐、审批、审查、材料提供等具体要求。

【军事测绘产品质量评定系列标准】

11 月 14 日～12 月 16 日，总参测绘导航局召开军事测绘产品质量评定系列标准审查会，对大地测量、摄影测量与遥感、地图制图与印刷等军事测绘 3 大专业的 29 个产品质量评定标准进行了审查，认定全部标准均符合军事测绘作业生产实际。

测绘地理信息科技

【自然资源和地理空间基础信息库（测绘数据分中心）】

“国家自然资源和地理空间基础信息库”项目由国家发展和改革委牵头，国家测绘地理信息局等部门参加。项目任务分为 1 个中心建设和 11 个分中心建设，国家测绘地理信息局承担测绘数据分中心建设任务。国家测绘地理信息局派国家基础地理信息中心作为项目初步设计和实施的承担单位，并由陕西、黑龙江、四川、海南测绘地理信息局和浙江省测绘与地理信息局等单位协助完成项目的实施。2011 年，国家基础地理信息中心编制完成 11 个地理框架数据类标准、6 个管理办法，以及标准的一致性测试，4 月，11 个标准通过国家发展和改革委项目办验收，年内开展了对各分中心有关技术人员的标准培训，并在整体项目中使用。按照项目规定的内容和进度，国家基础地理信息中心完成“测绘数据分中心”数据库建设与数据整合改造任务，包括基础地理信息专题库、基础地理信息产品库、基础地理信息综合子库、测绘成果元数据库建设。8月，通过国家发展和改革委项目办组织的检查；9月，数据整合成果通过验收。完成了测绘分中心网络、安全保障、土建及配套工程建设。协助国家发展和改革委项目办完成了数据在线汇集试验，并将分批整合完成的数据成果按需提供给主中心及分中心。截至年底，共向14个单位提供6000多幅的基础地理信息数据，数据量超过30GB，保证了相关分中心数据整合工作的顺利开展。国家测绘地理信息局组织有关单位配合国家发展和改革委编制出版《2010年中国重大自然灾害图集》。

测绘地理信息教育

教育机制建设

2011年，国家测绘地理信息局继续发挥行业主管部门作用，重视测绘地理信息教育工作，启动多项加强人才教育的政策措施，进一步完善测绘地理信息教育机制。联合教育部启动测绘地理信息类工程教育专业认证，组织成立专业认证试点工作组，完成测绘工程专业认证标准起草；联合教育部成立领导组和专家组，启动测绘地理信息领域卓越工程师培养计划，审核通过6所高校7个专业的培养方案，将测绘地理信息院校和用人单位纳入以国家测绘地理信息局为中心的人才培养体系，使测绘地理信息教学与生产、科研实践有机结合；加强测绘地理信息应用型人才队伍培养，组织部分测绘地理信息学校和企业共建应用型人才培养基地；调动测绘地理信息教育工作者教学研究和改革的积极性，设立测绘地理信息教学成果奖并制定奖励办法，启动首届测绘地理信息教学成果奖评审工作。

教育指导

国家测绘地理信息局积极服务各类测绘地理信息院校建设，年内与河南省政府就共建郑州测绘学校及提升郑州测绘学校办学层次等事宜进行多次沟通。经教育部批准，国家测绘地理信息局牵头成立全国测绘职业教育教学指导委员会，组织召开第一次全体委员会会议，加强对测绘地理信息行业中等职业教育教学工作的研究、咨询、指导、服务和质量控制。加强测绘地理信息优秀青年教师培养，组织举办全国高等学校测绘专业青年教师讲课竞赛，来自37所院校的70多名从事测绘地理信息教育的青年教师参赛。

武汉大学

【概况】

武汉大学测绘类本科教育由测绘学院、遥感信息工程学院、资源与环境科学学院以及印刷与包装系承担，研究生学位教育由测绘学院、遥感信息工程学院、资源与环境科学学院、测绘遥感信息工程国家重点实验室、国家卫星导航定位工程研究中心、中国南极测绘研究中心承担。2011年，测绘类本科专业共招生935名、硕士研究生招生767名、博士研究生167名、进站博士后研究人员24人。测绘类本科毕业生考研录取率和出国深造率达50%，一次性就业率为98%，硕士、博士生一次性就业率为95%以上。

【院士当选】

2011年，武汉大学测绘遥感信息工程国家重点实验室主任龚健雅教授、武汉大学测绘学院院长李建成教授分别当选中国科学院和中国工程院院士。

【学科专业工作】

一、测绘类本科专业建设

根据教育部公布的2011年度高等学校本科专业设置备案或审批结果，测绘类新增导航工程和地理国情监测两个本科专业，空间信息与数字技术专业由测绘类调整为计算机类，至此，武汉大学测绘学院的测绘类本科专业变为4个，即测绘工程、遥感科学与技术、导航工程、地理国情监测。导航工程、地理国情监测2个专业属于在少数高校试点的目录外专业，为国家确定的战略性新兴产业相关本科专业。

二、测绘工程专业学位研究生实习实践基地授牌仪式

9月20日，武汉大学测绘工程专业学位研究生实习实践基地授牌仪式在武汉举行。武汉大学与中冶集团武汉勘察研究院有限公司、重庆市勘测院、江苏省测绘地理信息局、河南省地质测绘总院、上海岩土工程勘察设计研究院有限公司、长江水利委员会长江空间信息技术工程有限公司6家合作单位签订了合作协议并授牌。

【重要事件活动】

一、胡锦涛总书记视察武汉大学成果转化企业成果

6月1日，中共中央总书记、国家主席、中央军委主席胡锦涛到武汉东湖高新技术开发区视察工作。武汉大学测绘遥感信息工程国家重点实验室科技成果转化企业——武大吉奥信息技术有限公司和武大卓越科技发展有限公司作为武汉东湖高新区的优秀企业代表，向胡锦涛演示并汇报了相关技术成果。

二、李德仁院士当选联合国教科文组织国际自然与文化遗产空间技术中心（WHIST）科学委员会副主任

6月20日，李德仁院士和朱宜萱教授应邀出席在北京召开的联合国教科文组织国际自然与文化遗产空间技术中心（WHIST）科学委员会一届一次会议暨世界遗产空间观测学术报告会。李德仁院士当选该委员会副主任。

【获奖情况】

李建成等承担完成的“测绘基准和空间信息快速获取关键技术及其在灾害应急测绘中的应用”获2011年国家科技进步奖二等奖；施闯等承担完成的“全球卫星导航系统精密定轨定位数据处理理论、方法和软件系统”获2011年国家科技进步奖二等奖；张良培等承担完成的“高分辨率遥感影像信息提取与智能化解译”获2011年湖北省自然科学一等奖；王密等承担完成的某项目获2011年高等学校科技进步奖一等奖；郭际明等承担完成的“创新型测绘工程专业人才培养模式与课程体系的构建及实践”，张小红等承担完成的“卫星导航定位系列课程建设”，花向红等承担完成的“基于信息化测绘的测绘工程本科专业实验教学新模式”分别获测绘地理信息教学成果奖一等奖；张双喜等承担完成的“大地测量与地球物理专业交叉学科创新性人才培养的改革与实践，罗志才等承担完成的“物理大地测量学系列课程与教学团队建设”分别获测绘地理信息教学成果奖二等奖。

【国家重大科学工程】

2011年，武汉大学卫星导航定位技术研究中心承担的“中国大陆构造环境监测网络”项目取得重大进展，完成5个GNSS基准站的野外建站、设备安装、通信调试、档案验收，成果全部评为优秀；完成太原重力站室内工程施工、仪器设备安装与调试；完成教育部数据子系统设备招标采购工作，该系统已投入试运行；完成移动GNSS基准站的设备采购与调试工作，整体系统通过验收；承担的教育部数据子系统的整体建设资料通过验收；完成的陆态工程软件通过验收，开展了陆态工程数据整体结算分析工作，完成总体指标测试分析。

三、国际摄影测量与遥感学会三维城市建模与应用暨第六届三维地理信息国际研讨会

6月26日~28日，三维城市建模与应用暨第六届三维地理信息国际研讨会在武汉举行。会议由武汉大学测绘遥感信息工程国家重点实验室、武汉市国土资源和规划信息中心、国际摄影测量与遥感学会（ISPRS）联合举办。来自德国、英国、荷兰等13个国家和地区的120多名专家学者参加会议。会议的主题包括三维模型的重建、更新，三维模型的语义建模，三维空间数据管理，三维模型可视化探索，三维地理空间分析等内容。

四、武汉大学卫星遥感大气监测国际研究中心成立

6月28日，武汉大学卫星遥感大气监测国际研究中心在测绘遥感信息工程国家重点实验室举行成立大会。该中心由武汉大学批准成立，依托测绘遥感信息工程国家重点实验室，联合美国纽约州立大学、美国北达科塔大学和美国汉普顿大学等国际知名大气研究大学的相关机构，合作开展卫星遥感与大气研究。

五、武大与中国航天科技集团签署战略合作协议

7月13日，武汉大学与中国航天科技集团公司在北京签署战略合作协议，双方将本着“平等协商、共谋发展”原则建立更加紧密合作关系，创新产学研合作的模式和机制，联合建设创新平台。校

长李晓红与该公司总经理马兴瑞代表双方签字，李德仁院士、中国航天科技集团公司副总经理袁家军及双方相关部门负责人出席签约仪式。

六、2011 中国极地科学学术年会

9 月 22 日 ~25 日，2011 中国极地科学学术年会在武汉大学举行。极地科学学术年会名誉主席、国家海洋局副局长陈连增，国家测绘地理信息局副局长李朋德，湖北省人大常委会副主任周洪宇、省科技厅副厅长郑春白，武汉大学校长李晓红以及副校长蒋昌忠、李斐等领导出席开幕式。此年会由中国极地研究中心和武汉大学共同举办，是历届年会中规模最大的一次，52 家科研机构和大学的 300 多名专家学者参会。大会包括 4 个特邀报告和 13 个大会报告，以及 7 个分会场的数百个学术报告，充分展示了我国极地科学考察所取得的最新成果。

七、2011 三维数字文化遗产建模国际研讨会

9 月 25 日 ~29 日，三维数字文化遗产建模国际研讨会（International Workshop on 3D Digital Culture Heritage Modeling）在敦煌举行。会议由武汉大学、瑞士 ETH、敦煌研究院、甘肃省测绘局等单位联合举办，来自中国、美国、德国等 10 个国家的 70 多人参加会议。

大会共设 6 个报告专题，20 人作口头报告，参会人员就世界各地的文化遗产保护项目进行交流。

八、2011 年国际地理信息科学学生夏季研讨会

10 月 9 日 ~15 日，由李德仁院士倡议召集，国际摄影测量与遥感学会（ISPRS）主办，武汉大学测绘遥感信息工程国家重点实验室、遥感信息工程学院、测绘学院和资源与环境科学学院共同承办的 2011 年国际地理信息科学学生夏季研讨会在武汉大学举办。此次研讨会的来访外宾包括 ISPRS 第二副主席 AmmatziaPeled 教授以及来自俄罗斯新西伯利亚大学、德国宇航中心、蒙古科学技术大学、维也纳大学等机构和高校的国外学者和师生共 19 人，中方代表由武汉大学测绘地理信息学科的相关负责人和 23 名推选出的优秀博士、硕士研究生组成。

中国矿业大学（北京）

【概况】

中国矿业大学（北京）“大地测量学与测量工程”是国家重点培育学科和北京市重点学科。测绘类本科和研究生专业教育由地球科学与测绘工程学院承担，设有测绘工程、地理信息系统和土地资源管理 3 个本科专业，大地测量学与测量工程、摄影测量与遥感、地图制图学与地理信息工程、矿山空间信息学与沉陷控制工程 4 个研究生专业。2011 届本科生考研录取率 35%，一次性就业率为 100%，一次性签约率为 91%。截至 2011 年底，测绘地理信息专业博士生导师 9 人，硕士生导师 8 人；在校全日制本科生（测绘工程、地理信息系统专业）186 名，硕士研究生 156 名，博士研究生 57 名；2011 年，毕业本科生 41 名，硕士研究生 39 名，博士研究生 9 名。承担省部级以上科研项目 4 项，年内到位科研经费 1017.07 万元。其中，纵向项目经费 615.77 万元，横向项目经费 401.30 万元。

【重要活动】

一、大地测量学与测量工程北京市重点学科学科建设研讨会

9 月 10 日，中国矿业大学（北京）大地测量学与测量工程北京市重点学科学科建设研讨会在北京举行。学科创始人、离退休老教授、在职教师近 40 人参加会议。会议就该校重点学科建设的情况和存在的情况进行研讨。

二、第三届北京普通高等学校大学生测绘实践创新能力大赛

7 月 2 日 ~3 日，北京测绘学会主办、北京建筑工程学院承办的第三届北京市普通高等学校大学生测绘实践创新能力大赛在河北省易县举行。中国矿业大学（北京）派出的 4 支代表队分别获得大赛综合一等奖 1 项、二等奖 3 项，袁德宝被评为大赛优秀指导教师。

三、北京市测绘学科青年教师讲课比赛

5 月 7 日，北京市测绘学会主办、北京建筑工程学院承办的 2011 年北京市测绘学科青年教师讲课比赛在北京举行，中国矿业大学（北京）派出的 3 名教师获二等奖 2 名、三等奖 1 名。

【科研与获奖情况】

2011 年，中国矿业大学（北京）测绘地理信息学科 4 项科研成果获省部级奖项。其中，“酸性自燃煤矸石山原位治理与生态修复一体化技术研究”获教育部高等学校科学研究优秀成果奖二等奖；“煤矿损陷土地复垦与生态重建技术及其应用”获国土资源科学技术奖二等奖；“陕渑煤田石壕矿区地表移动规律及三下开采研究”、“淮南矿区矸石山生物

覆绿技术研究”获中国煤炭工业科学技术奖三等奖。1人获第二十届孙越崎青年科学技术奖。此外，授权专利5项，出版学术著作3部，SCI收录论文6篇，EI收录论文29篇，ISTP收录论文1篇。

内蒙古农业大学

【概况】

内蒙古农业大学的测绘教学任务由水利与土木建筑工程学院测绘工程系承担。全校开设测量学课程的有6个学院20个本科专业，年修课学生达1887人。2011年，测绘工程本科专业毕业学生59人。其中，考取硕士研究生7人，占12%；一次性就业率达95%。2011年，测绘工程本科专业招收新生37人，至此，内蒙古农业大学测绘工程本科生达到274人。

【教学团队】

11月，由测绘工程系教师组成的测量学教学团队被内蒙古自治区评为自治区级教学团队。

【社会活动】

6月，内蒙古农业大学测绘工程专业学生代表队参加由内蒙古测绘学会主办的内蒙古大中专院校学生测量技能竞赛，取得团体总分第一名的成绩。7月，内蒙古农业大学派出2名教师参加由教育部高等学校测绘学科教学指导委员会、中国测绘学会测绘教育委员会、中国全球定位系统技术应用学会教育与发展专业委员会联合举办的2011全国高等学校测绘学科青年教师教学技能竞赛，获得二、三等奖。

郑州测绘学校

【日常教学与科研工作】

2011年，郑州测绘学校完成全日制在校生41398学时的课堂教学任务；分4批组织学生赴登封外业实习基地进行地形测量实习；分12批次组织武汉大学函授班函授课程的面授与成绩考核，3340人次参加。推行“以学校为主体，企业和学校共同教育、管理和训练学生”的教学模式，成立实训管理办公室，配备专职人员，进一步规范顶岗实习工作。全年该校对1500多名学生进行测绘职业技能鉴定。

2011年，郑州测绘学校组织的“信息技术在航测教学中的应用与研究”、“中等职业学校测绘类技能竞赛规范化研究”、“中等职业学校工程测量专业建设与职业标准衔接研究”、“国土资源调查的遥感方法实践”共4项河南省职业教育教学改革立项项目和“测量工程专业中等职业教育人才培养模式改革研究”1项河南省教育科学“十二五”规划立项课题通过立项审核；“三维可视化数字校园信息工程研究”、“便携式PDA数码调绘技术的教学研究与实践”共2项河南省职业教育教学改革项目结项。在河南省教育厅组织的优秀教学成果、优秀教学论文、优秀教学课件评比等活动中，该校共获一等奖6个、二等奖8个、三等奖2个。

【专业课程改革与教材建设】

郑州测绘学校针对新生文化基础差异较大的情况，实行语、数、外三科A、B班授课，增强了教学的针对性；加强课间实习的辅导力量，每节实习课都配备辅导教师进行实习辅导；同4家企事业单位签订协议设立实践性教学基地；成立郑州测绘学校学术委员会，半数以上的委员由河南省主要测绘单位的教授和高级工程师担任；4月，全国中等测绘职业教育教学指导委员会成立，该校承担委员会的日常事务办理工作。

该校积极推进教材建设，先后组织编写《专题地图编制》、《地图印刷及印前处理技术》、《CORS网络技术及操作实训》、《SDL1X数字水准仪操作实训》、《航空摄影测量学》、《航空摄影测量外业》、《数字摄影测量》等教材。

【师资队伍建设】

郑州测绘学校在见习教师培养方面施行1对1的辅导制度，指定专门指导教师，由指导教师制定培养计划，组织新进教师到登封外业实习基地参加教学实践。该校全年新增教学实践基地4个，派遣10名青年教师参加测绘生产实践；组织30多名教师到20多家单位进行考察、调研；组织教师参加技师培训考核，2人获得高级技师资格，4人取得技师资格；全年派出教师参加各种培训班12人次。在中国地理信息产业协会教育与科普专业委员会举办的第一届全国高校GIS专业青年教师讲课竞赛中该校获得一等奖1个。

【招生与毕业生就业】

2011年，郑州测绘学校共招收全日制学生1510名，超额完成招生计划。录取2012级函授生1394人。

5月，举办2012届毕业生顶岗实习洽谈会，310

多家企事业单位共提供3150个实习岗位，保证2012届毕业生人人都有顶岗实习岗位。6月，该校2011届毕业生已完成顶岗实习。组织人员赴9个省市33家单位开展顶岗实习工作回访调研，及时了解学生和用人单位的需求。

下半年组织1678名2012届毕业生到测绘生产单位进行为期1年的顶岗实习。

【设备建设、产教结合及实用人才培训】

郑州测绘学校加强专业实验室建设、图书资料建设和仪器设备维护建设，新建GPS连续运行参考站系统。全年投入252万元，购置全站仪、水准仪、计算机等教学仪器设备，为专业机房配备了移动投影设备，完成外业实习基地水井打造工程。

该校组织师生完成郑州市高新技术产业开发区房产管理数据库与市局衔接及升级工作；承担中牟县建制镇地籍测量工程的数据库建库项目，鹿邑县5个乡镇的土地整理和洛阳市洛阳新区拓展区撤村并城建设工程建筑物沉降观测工作。国家测绘地理信息局测绘职业技术教育培训基地（郑州测绘学校）面向社会举办2期测绘实用人才培训班；开办南阳测绘院测量技术培训班，收到良好的社会效果。

【教学质量评估】

河南省教育厅在全省开展中等职业学校教学质量评估工作，郑州测绘学校2011年度教学质量被评定为优秀等级。

【党建、思想政治工作及精神文明建设】

郑州测绘学校党委被河南省委省直工委表彰为“先进基层党组织”、“五好”基层党组织，2人被省委省直工委表彰为优秀共产党员，1人被省委省直工委表彰为优秀党务工作者，8人被教育厅机关党委表彰为优秀共产党员，2人被表彰为省教育厅优秀党务工作者，2个党支部获省教育厅“五好”党支部称号。组织学生参加省教育厅、省文明办、共青团河南省委举办的第六届全省中等职业学校“文明风采”竞赛，获一等奖7个、二等奖9个。

【学生管理及德育工作】

在学生管理方面，郑州测绘学校通过邀请公安干警到校举办法制报告会、召开主题班会、开展专题讨论等形式，增强学生的遵纪守法意识；修订《兼职班主任条例》、《学生手册》、《先进班主任的评选办法》等规章；加强班主任和辅导员工作，做好后进生的教育与转化工作；加强学生学籍管理，严格成绩考核办法和升留级制度，规范各类评先评优办法。

在德育工作方面，该校组织“雄鹰杯”篮球赛、“经纬杯”足球赛、书画比赛、朗诵比赛、班级辩论赛、校园歌手大赛活动，促进学生全面发展。

【民主建设及行风评议】

3月，郑州测绘学校组织召开七届一次教代会，完成了换届任务，审议通过了《学校工作报告》、《学校财务工作报告》、《学校工会工作报告》及学校建设和发展“十二五”规划纲要。

按照河南省纠风办及河南省教育厅有关民主评议学校行风的工作部署，自5月上旬至9月下旬，开展了民主评议学校行风工作。经过测评，教职工、学生、学生家长、用人单位、周边单位对该校2011年民主评议行风工作的总体满意率为98.3%。

军事测绘培训

2011年，总参测绘导航局先后组织了“新一代1:5万地形图建库与出版工程”生产技术培训、港澳测绘实景导航数据发布和成果应用培训、第七期全军测绘部队领导干部培训等多个培训班，取得良好效果。

地理信息产业

国家测绘地理信息局印发《遥感影像公开使用管理规定》（试行），将遥感影像公开使用地面分辨率放宽到0.5米，对涉密地区的遥感影像提出不标注涉密信息，不处理建筑物、构筑物等固定设施的要求，为遥感影像广泛应用提供了政策保障。在广泛征求地理信息企业、省级测绘地理信息行政主管部门、中央有关部门以及专家意见的基础上，组织起草《国务院关于促进地理信息产业发展的意见（代拟稿）》，并送国家发展和改革委、工业和信息化部、科技部、财政部、税务总局、新闻出版总署、总参测绘导航局等部门会签。

地理国情监测

国家测绘地理信息局组织开展地理国情监测的前期研究和调研工作，编制《地理国情监测项目建议书》，并征求财政部、发展和改革委等有关部门意见。编制《地理国情监测总体设计》、《地理国情监测经费预算》和《地理国情监测实施方案》，做好项目启动的前期准备工作。选取陕西省、浙江省、齐齐哈尔市、四川汶川地震核心灾区、抚顺市等具有较好基础的地区或单位，在国家、省、市（区域）三级开展地理国情监测试点工作。结合试点区域特点、需求情况，确定各试点监测内容及分类指标，研究地理国情监测信息获取、统计、分析的技术方法和工艺流程，探索与各业务部门已有成果或与地理国情相关专业信息的衔接和整合，探讨地理国情监测信息获取、处理、统计分析、会商审核、报批发布的工作机制。年内，各试点工作进展顺利，各项工作按计划进行，部分试点已形成首批地理国情监测成果。

卫星测绘应用

2011 年，我国卫星测绘技术已经进入业务化应用阶段，测绘卫星成为我国已开展业务化运行且相对其他类型卫星更可能做好产业化发展的卫星系列。

在卫星应用系统建设方面，资源三号卫星应用系统建设项目完成所有立项程序，并开始实施。该卫星应用系统由国家发展和改革委投资近 3 亿元，由国家测绘地理信息局承建，包括资源三号卫星业务运行管理、影像分析与地面检校、影像处理与应用、立体测图产品、产品质量监督与服务、数据管理和数据分发服务、国土资源应用等八个分系统，项目于 2011 年完成基本系统建设，我国的卫星测绘应用技术水平和设施得到明显改善。

卫星测绘应用推广工作走向深入，突出表现为影像控制点数据库得到进一步应用。民政部国家减灾中心运用该数据库系统在 36 小时内完成江西、福建、广西、四川、贵州等 5 省特大洪水受灾地区约合 150 万平方千米国土面积的遥感影像数据处理任务，为应急处置灾害工作提供了第一手遥感资料。黑龙江测绘地理信息局利用该数据库系统开展了以东北三江平原为示范区的水利普查和土地调查底图生产应用示范。江苏省测绘地理信息局利用该数据库系统开展苏南地区主体功能区示范应用，为有效引导苏南地区不同功能区形成合理高效开发格局提供科技支持。

国家测绘地理信息局直属单位工作

陕西测绘地理信息局

国家基础测绘

【概况】

2011年，陕西测绘地理信息局承担国家1:5万基础地理信息数据库更新二期工程、陕西省地理国（省）情监测试点项目一期工程、社会主义新农村建设测绘保障服务示范、数字区域地理空间框架建设示范、地心坐标系推广应用、基础地理信息系统网络运行维护系统建设等10多项国家基础测绘项目，各项目均按计划推进，预算执行情况良好。

【国家1:5万基础地理信息数据库更新二期工程】

陕西测绘地理信息局承担国家1:5万基础地理信息数据库更新二期主体工程，涉及新疆、青海等12个省区。共完成1:5万DLG更新4260幅（其中：综合判调更新3950幅、缩编更新229幅、数字化更新81幅），1:5万制图数据生产、DOM生产、总参测绘导航局数据转换2700幅以及全国1:5万单要素（交通、管线）快速更新试验。6月，工程成果通过验收。

【陕西省地理国（省）情监测】

3月7日，国家测绘地理信息局和陕西省人民政府在北京签订地理国情监测试点协议书，陕西成为全国首个地理国情监测试点省份。国家测绘地理信息局和陕西省人民政府成立以国家测绘地理信息局副局长李维森、陕西省副省长郑小明为组长，陕西省14个厅局主要领导为成员的领导小组。陕西测绘地理信息局与陕西省发展和改革委、水利厅、公路局、西咸新区管委会、省安监部门签订地理国（省）情监测协议或意向书。4月~10月，陕西测绘地理信息局利用地理国情监测飞艇对2011西安世界园艺博览会园区进行航摄，制作发布园区高分辨率影像图和园区地表变化影像图。5月，召开《陕西省地理国（省）情监测试点总体实施方案》专家评审会。7月，下达陕西省地理国（省）情监测试点项目（一期）任务，正式启动陕西省地理国（省）情监测试点项目。年内，完成陕西省基本地理省情、神府部分矿区地表形变、陕西北六县地表覆盖变化、陕西境内秦岭北麓开发活动、已知和疑似尾矿库、陕西省城镇化进程、渭河流域综合治理等地理国（省）情监测试点项目。12月，编制完成《陕西基本地理省情白皮书（2011）》和《陕西基本地理省情蓝皮书（2011）》，向社会发布首批陕西省地理国（省）情信息。

【数字城市地理空间框架建设示范】

完成数字西安项目建设，初步完成数字榆林项目建设。陕西省委常委、延安市委书记姚引良主持召开专题会议部署数字延安项目建设工作。完成数字延安、数字咸阳、数字安康、数字宝鸡地理空间框架建设立项，以及数字延安、数字咸阳项目设计书编写。铜川、汉中、西咸新区将数字城市建设立项计划列入陕西测绘地理信息局2012年重点工作。建成陕西省首个县域数字城市平台——数字安塞基础地理信息系统。数字城市建设成果在环保、地震、公安、消防、120急救、食品药监、城管、质监、应急等部门得到推广应用。

【社会主义新农村建设测绘保障服务示范】

陕西测绘地理信息局作为社会主义新农村建设

测绘保障服务示范项目牵头单位，协助国家测绘地理信息局批复江西、山东、湖北3个示范项目，组织完成山东、宁夏、湖北等10个新农村建设测绘保障服务示范项目成果验收。组织汇总各地新农村建设测绘保障服务示范项目相关进展情况、成绩和经验，定期更新全国新农村建设测绘保障服务网站内容，为各地新农村建设测绘保障服务示范项目提供管理和技术支持。陕西测绘地理信息局先后开展西安市临潼区、凤翔县、商洛市、汉中市新农村建设测绘保障服务项目，凤翔县新农村建设测绘保障服务示范项目通过验收。

国家重大专项测绘

【概况】

2011年，陕西测绘地理信息局承担的国家专项测绘项目主要有：国家西部1:5万地形图空白区测图工程、汶川地震灾后恢复重建测绘专项工程、“927”一期工程等，各项目进展顺利。其中，国家西部1:5万地形图空白区测图工程、汶川地震陕西灾后恢复重建测绘专项工作全面完成并通过验收。

【国家西部1:5万地形图空白区测图工程】

陕西测绘地理信息局完成青藏高原西部区域543幅地形图印刷、入库数据制作、影像地形图制作，312幅晕渲地形图制作及成果归档工作。完成塔里木西部区域226幅地形图印刷、入库数据制作、影像地形图制作，4幅晕渲地形图制作及成果归档工作。完成横断山脉区域93幅雷达影像解译和雷达正射影像图制作，104幅DEM、DOM、DLG、LC、制图数据生产、入库数据制作、地形图印刷及成果归档工作。完成嘉黎、边坝、波密区域共138幅地表覆盖调绘成果制作。

【“927”工程】

陕西测绘地理信息局承担“927”工程测绘基础建设与精确定位、海岛测图与海岛（礁）系列地图编制、数据处理与基础地理空间数据库建设、工程技术支撑与工程管理4个单项目中的部分工作。完成海岛（礁）大地控制测量选埋、海岛（礁）大地控制测量观测等8个分项目设计书编写。完成山东、江苏、上海、浙江、福建、广东、广西、海南等测区海岛（礁）大地控制点卫星定位观测48点；陆地卫星定位连续运行站二等水准联测463千米，二等水准路线结点联测161千米；沿岸陆地大地控制点相对重力联测70条边，海岛（礁）大地控制点相对重力联测109条边；陆地卫星定位连续运行站水准联测水准点重力测定117点，沿岸陆地大地控制点二等水准联测水准点重力测定1055点；海岛（礁）跨海高程传递4处；海岛航空航天遥感测图山东省庙岛群岛测区、浙江省平湖－海盐测区的1:2000和1:5000像控测量及调绘工作；0.2米大地水准面模型建设。

【汶川地震灾后恢复重建测绘保障项目】

完成汶川地震陕南灾区523幅1:1万DLG、DOM、DEM数据生产，更新40幅1:5万地形图。完成受汶川地震影响的陕西南部地区大地基准维护工作。完成灾区地理信息数据库搭建，建成灾情监测与评估基础地理信息系统。12月，组织召开汶川地震陕西灾后恢复重建测绘专项验收会，项目通过验收。

黑龙江测绘地理信息局

国家基础测绘

【概况】

2011年，黑龙江测绘地理信息局如期完成国家1:5万基础地理信息数据库更新二期工程、数字区域地理空间框架建设示范与推广、地理国情监测、基础地理信息系统运行与维护、信息化测绘数据处理关键技术试验、极地测绘等国家基础测绘任务。

【国家1:5万基础地理信息数据库更新二期工程】

国家1:5万基础地理信息数据库更新二期工程由哈尔滨地图出版社，黑龙江第二、三测绘工程院，黑龙江地理信息工程院承担，已完成综合判调更新481幅、缩编更新111幅、总参测绘导航局数据转换191幅、地形图设计和数据生产3683幅、DLG和DOM整合建库等任务。

【数字区域地理空间框架建设示范】

黑龙江省13个市地及农垦系统中，齐齐哈尔、佳木斯、伊春、哈尔滨、黑河、鹤岗、鸡西、牡丹江等8个城市和农垦系统已开展数字城市建设，占全省市地的70%。1月18日，数字佳木斯通过黑龙江测绘地信局组织的竣工验收；11月28日，数字伊春通过黑龙江测绘地信局组织的竣工验收；11月29日，黑龙江测绘地信局与牡丹江、鹤岗、黑河、鸡西、七星农场签订工作协议，开展立项前对接、工程设计编写工作。

【地理国情监测】

黑龙江测绘地理信息局以齐齐哈尔市被列为全国首批地理国情监测试点城市为契机，启动了地理国情监测城市试点工作。结合黑龙江省经济社会发展需要，编制上报了齐齐哈尔市地理国情监测试点城市项目实施方案，10月，国家测绘地理信息局批复该实施方案。年内完成城市地表覆盖监测信息数据提取工作，并根据信息统计需求对数据进行补充和整理。

【基础地理信息系统（网络）运行与维护】

该项目主要包括国家基础地理信息系统网络运行与维护、哈尔滨GPS跟踪站运行与维护等。在国家基础地理信息系统网络运行与维护方面，黑龙江测绘地理信息局与IBM盘阵服务商、UPS厂商、网络服务商签订维保服务合同，与中国联通签订了网络租用合同；在哈尔滨GPS跟踪站的运行与维护方面，按照计划进度，完成每日GPS数据采集下传、整理和汇交上传以及跟踪站的日常维护与管理，数据有效率100%。

【极地基础测绘】

2010年10月~2011年4月，黑龙江测绘地理信息局派出4名科考队员参加中国第27次南极科考，完成长城站和中山站“建立数字南极站区管理系统”项目现场数据采集工作，获取了站区建筑物表面、建筑物内部近距离影像数据和室外大型仪器设备、近距离多角度影像数据；收集了地表建筑、相关设备的图纸及说明等资料，拍摄影像2.54万多张，数据量约131GB；在埃默里冰架布设GPS控制点2个。2011年10月，黑龙江测绘地理信息局派出3名科考队员参与中国第28次南极科考，完成中山站区协和半岛GPS网改造10个点、长城站菲尔德斯半岛GPS网改造6个点、内陆车队导航及中山站－冰穹A沿线冰流速点加密及监测、冰穹A地区冰流速网（中国墙）加密及监测等现场数据采集任务；完成长城站及周边地区约200平方千米1:5000DLG、DEM、DOM制作，开发了长城、中山两站站区管理系统。

【信息化测绘数据处理关键技术试验】

完成多元地理信息数据获取、处理及集成应用技术研究。该项目重点突出各类地理信息数据的多元化表现特征，利用现有地面控制数据，采用低空无人机航摄、TRIMBLE三维激光扫描仪扫描、移动道路测量系统实景采集、360度全景采集以及三维建模等先进技术，制作试验区的地形图与正射影像图，搭建集实景影像、全景影像和三维模型于一体的管理系统，形成数据应用的技术标准，进而完成集二、三维地图，街景和全景影像展示的多元地理信息集成应用系统示范。

完成基于雷达影像的DLG、DEM、DOM生产试验研究。该项目通过雷达影像进行1:5万DLG、DEM、DOM试生产，研究总结雷达影像的数据特点、生产流程、精度指标和生产效率，为基于雷达影像的地理信息产品批量化生产提供生产技术流程及质量控制方法。

完成基于物联网的地理信息公共服务应用研究。该项目通过研究物联网与地理信息技术的集成与整合，探讨基于物联网的地理信息公共服务的具体形式，以地理信息及其技术为承载平台，以物联网为网络传输媒介，联接和集成CCD、GPS手机、车载GPS、GPS对讲机、北斗定位终端、PDA、便捷式笔记本等终端设备，初步形成物联网运行环境，为政府应急、行业应用及公众用户提供基于物联网的服务平台。

国家重大专项测绘

【国家西部1:5万地形图空白区测图工程】

2011年，黑龙江测绘地理信息局承担344幅总参测绘导航局后续任务的地表覆盖数据制作、地图制图、地图印刷任务；塔西、横断山脉区域的地图印刷任务，横断山脉A2区域雷达影像测图任务；三江源、青东、塔东、青西、塔西、横断山脉区域

1427 幅影像地形图的查改，三江源、青西、塔西区域 288 幅晕渲地形图的查改，青西、塔西、横断山脉区域入库数据修改工作等。至年底已完成塔西、横断山脉区域的地图印刷任务，横断山脉 A2 区域雷达影像测图任务，三江源、青东、塔东、青西、塔西、横断山脉区域 1427 幅影像地形图的查改，三江源、青西、塔西区域 288 幅晕渲地形图的查改，青西、塔西、横断山脉区域入库数据修改、生产和归档。

【“927”一期工程】

黑龙江测绘地理信息局承担完成的“927”一期工程任务主要包括：陆地卫星定位连续运行站水准连测标石选埋 44 座；陆地卫星定位连续运行站二等水准连测 600 千米；陆地二等水准路线结点连测 60 千米；沿岸陆地大地控制点水准连测标石埋设 217 座；海岛（礁）大地控制点埋石 70 座；沿岸陆地大地控制点卫星定位观测 54 点；沿岸陆地大地控制点二等水准连测 1284 千米；沿岸大地控制网二等水准结点连测 214 千米；海岛（礁）大地控制点 B 级观测 48 点；海岛（礁）大地控制点 C 级点观测 17 点；海岛（礁）控制点跨海高程传递 8 处；全海域海岛（礁）识别定位渤海 1、2 测区像控测量 370 点；1:1 万海岛航空航天遥感影像测图试验 3 幅；海岛 1:5000外业像控测量 437 幅、调绘 374 幅，内业数字线划图生产 69 幅、数字正射影像图生产 126 幅；海岛 1:2000 外业像控测量 550 幅、调绘 222 幅，内业数字线划图生产 167 幅、数字正射影像图生产 285 幅。

【国家边少地区基础测绘专项补助经费项目】

2011 年，中央财政共补助黑龙江省 250 万元，用于开展抚远县基础测绘项目（乌苏新城建设区域 10 平方千米 1:1000 全野外数据采集数字线划图）和东宁县基础测绘项目（东宁镇及周边地区 47 平方千米 1:1000 航测数字线划图）。抚远县基础测绘项目已经完成，成果通过黑龙江测绘产品质量监督检验站检验，现已交付抚远县政府使用。东宁县基础测绘项目外业控制测量工作已完成。

【汶川地震灾后恢复重建测绘专项建设工程】

年内，黑龙江测绘地理信息局完成四川汶川地震灾后恢复重建测绘专项建设工程任务，包括乐山、眉山测区 1:1 万 199 幅 DLG、DEM 生产；通江、平昌测区 1:1 万 334 幅 DLG、DEM 生产，184 幅 DOM 生产。

四川测绘地理信息局

2011 年，四川测绘地理信息局承担完成国家 1:5 万基础地理信息数据库更新二期工程、数字区域地理空间框架建设示范、信息化测绘前沿技术试验等 8 个基础测绘项目，成果质量整体优良，全年无重大安全事故。

国家基础测绘

【国家 1:5 万基础地理信息数据库更新二期工程】

2011 年，该项目建设内容包括 2010 年收尾工作和 2011 年生产任务两部分，测区涉及四川、陕西两省，主要覆盖 2008 年汶川地震灾区。

2010 年收尾工作已全面完成，包括 1:5 万 DLG 更新 119 幅，总参测绘导航局生产的 1:5 万 DLG 数据格式转换 754 幅，1:5万地形图制图数据生产 669 幅。2011 年任务因地形图制图数据资料未及时到位，完成约 95%，包括总参测绘导航局数据转换 233 幅，综合判调更新外业检验 39 幅，地形图制图数据生产 1876 幅。

【数字区域地理空间框架建设示范】

四川省自 2006 年开始启动该项目建设，截至 2011 年底完成了德阳、攀枝花 2 个试点市和宜宾、绵阳、广元、甘孜、阿坝、凉山 6 个推广城市的数字城市建设工作，开展了成都、雅安、南充、广安、达州、巴中、内江等 7 个市级数字城市的建设工作。

2011 年完成宜宾、绵阳、广元的项目竣工验收工作；积极向国家测绘地理信息局申请将甘孜、阿坝、凉山 3 州列入全国部分地区统一组织开展数字城市地理信息公共平台建设中，并免费为 3 州搭建了数字城市地理信息公共平台；启动成都、雅安、南充、广安、达州、巴中、内江等7个市级城市地理空间框架建设，其中成都列为全国试点城市；展开地市级地理信息公共平台与省级平台、“天地图”互联互通的技术研究。

国家重大专项测绘

【国家西部1:5万地形图空白区测图工程】

2011年，四川测绘地理信息局承担该项目的工作内容主要包括青藏高原西部区域地形图印刷386幅；塔里木西部区域制图数据生产、地形图印刷151幅；横断山脉区域雷达测图生产、地形图印刷60幅；喀喇昆仑山区域LC、制图、入库数据生产216幅。

截至年底，已全面完成青藏高原西部区域、塔里木西部区域、横断山脉区域3个测区的测图及印刷任务。

【“927”一期工程】

2011年，四川测绘地理信息局承担该项目4个单项工作：海岛大地测量，包括沿岸陆地大地控制点卫星定位观测21点、海岛（礁）大地控制点B级观测40点、海岛（礁）跨海高程传递7处；海岛测图与海岛（礁）系列地图编制，包括海岛1:2000测图333幅，1:5000测图325幅、海岛（礁）识别与定位；数据处理与基础地理空间数据库建设，协助国家基础地理信息中心完成海岛（礁）基础地理空间数据库建设和多媒体数据库建设工作；工程技术支撑与工程管理，主要是配合项目部开展过程技术及质量管理工作。截至年底，4个单项工程共约完成50%工作量。

【四川汶川地震灾后恢复重建测绘专项建设工程】

四川测绘地理信息局于2009年6月启动四川汶川地震灾后恢复重建测绘专项建设工程。该专项包括获取航空航天遥感影像，恢复重建空间定位基准，开展地图测制，开展灾区地理信息数据库建设，开展灾情监测与评估基础地理信息系统建设，开展测绘应急保障服务体系建设，在灾区开展2个数字城市地理空间框架建设，建立原北川县三维景观模型共8个子项目建设。

该专项由陕西、黑龙江、四川测绘地理信息局，重庆测绘院及四川省内3家甲级测绘单位共同承担，四川测绘地理信息局负责项目的组织实施，项目预算25510万元。截至2011年9月，已全面完成8个子项目的建设任务并通过国家测绘地理信息局组织的专家验收。

该项目累计获取44146平方千米航空摄影资料和34.2万平方千米航天遥感影像资料。全面完成全省空间定位基准恢复重建任务，完成覆盖全省的56个GNSS连续运行基准站建设以及覆盖全省的B、C级点GPS布设、观测，构建了全省平面控制网；完成全省一、二等水准点全面检理和观测，构建了全省高程控制网；综合利用地面重力数据、GPS、水准数据、数字地面高程模型数据，完成了全省区域似大地水准面建设。累计完成灾区1:1万地形图生产3926幅、1:5万地形图更新165幅、1:2000地形图测制760.2平方千米，将灾区地理信息数据整体现势性提高到2009年以后。完成灾区地理信息数据库建设，包括原始影像数据库、大地控制网数据库、1:2000、1:1万、1:5万的数字线划地图数据库、数字正射影像地图数据库、数字高程模型数据库、专题数据库和元数据库建设。完成灾情监测与评估基础地理信息系统建设计划任务，制定了灵活、松耦合的社会经济数据与灾情专题数据的存储与交换标准规则；建成社会经济与灾情专题数据管理子系统，将各类灾情主管部门的数据集成到系统数据库中；建成灾情分析与评估子系统，并以大气污染扩散灾情和洪水淹没灾情为例建成了示范应用子系统。以国家测绘地理信息局配备的2台固定翼轻型无人机航摄系统（ZC-1）为基础，四川测绘地理信息局组建了一支无人机飞行小组；编写制订了《四川省应对突发事件测绘与地理信息保障预案》；开发集成了“地图数据快速更新系统”、“测绘应急遥感影像快速纠正及影像专题图件快速制图系统”和“测绘应急基础图件快速出图系统”的软件平台；装备了全数字摄影测量系统、企业级/部门级交换机、直接制版机等软硬件设备；编制出版了中英文版《汶川地震灾害地图集》。完成四川省绵阳市、广元市2个灾区城市的地理空间框架建设。通过无人机航空摄影技术、三维建模技术，完成老北川县城区域及老北川中学共约2.6平方千米、新北川县城约5.5平方千米的三维景观模型建设。

海南测绘地理信息局

国家基础测绘

【概况】

2011 年，海南测绘地理信息局承担的国家基础测绘项目主要包括国家 1:5 万基础地理信息数据库更新二期工程、信息化测绘前沿技术试验、基础地理信息系统运行与维护等，各项目进展顺利。

【国家 1:5 万基础地理信息数据库更新二期工程】

海南测绘地理信息局完成国家 1:5 万基础地理信息数据库更新二期工程综合判调更新生产 58 幅，总参数据转换 125 幅，制图数据生产 772 幅。

【信息化测绘前沿技术试验】

该项目以实际生产为依托，应用无人机航测技术装备，获取 1:2000 航摄成果，通过对不同像控点布设方案的试验，得出不同精度的正射影像成果，编制出符合大比例尺成图要求的像控点布设方案。年内完成项目技术设计书、工作报告、精度评估报告的编写任务。

【成果档案管理与信息化建设】

年内，海南测绘地理信息局完成馆藏测绘成果档案资料目录的整理工作，制定出档案资料整理组卷技术方案；对馆藏的模拟档案进行扫描数字化处理，已完成各种基本比例尺地形图、专题地图、海图和黑图的扫描数字化。

国家重大专项测绘

【“927” 一期工程】

海南测绘地理信息局组织实施海岛（礁）测绘基准建设与精确定位工作，完成 44 座海岛（礁）沿岸陆地大地控制网踏勘与埋石、14 座海岛（礁）大地控制点踏勘与埋石（80 海里以内）、13 点沿岸陆地大地控制点卫星定位观测、102 千米沿岸陆地大地控制点二等水准联测、62 千米的沿岸陆地大地二等水准结点联测以及 14 座海岛（礁）大地控制网控制测量（80 海里以内）。

完成沿岸陆地卫星定位连续运行站观测技术设计书的编写；开展海岛测图与海岛（礁）系列地图编制工作，完成东海岛测区广东和海南测区像控点测量和调绘任务。

中国地图出版集团

主要业务进展

【实用参考图出版】

2011 年，中国地图出版集团共完成 933 种实用参考图的出版工作（新版 530 种，重印 403 种），推出多种精品实用参考图产品，主要包括《新编中国分省系列地图》、《中国区域系列交通旅游详图》、《中国精品线路旅游地图集》、《中国高速公路及路网详查地图册》（便携版）、《地铁达人逛北京》、《北京城市地图》、《澳门特别行政区地图册》等。与有关单位合作出版《浙江古旧地图集》、《深圳·香港地图集》、《中国耕地质量等别图》、《环境一号卫星环境遥感影像图集》、《大美新疆》（中国－亚欧博览会地图册）、《北京手绘旅游地图之北京动物园》等省市图集、专题图集和以《西安世界园艺博览会导览图》为代表的热点地图，提升了新编地图产品的市场竞争力，获得较好的社会反响。

【数字出版】

中国地图出版集团开展的“电子课本及教学应用平台”开发和试点工作进展顺利，逐步进入各地电子书包等教育信息化工程；在网络地图方面，积极探索数字出版、网络出版的发展方向，构建数字资源管理平台，网络地图平台第一阶段系统功能研发和网站制作工作已基本完成；在平台建设方面，自主开发设计了基于数据库和XML技术的数字资源管理平台，该平台将内容不同、结构复杂的数字资源进行高效统一管理，为面向互联网的信息发布提供了有效的数据服务。

此外，该集团结合市场需求动向，积极研究基于苹果电子设备的数字地图产品的开发技术、市场应用和推广模式，为进一步寻求新的经济增长点打下基础。

【教材、教学地图和教辅图书出版】

中国地图出版集团全年共出版测绘地理信息、地理、历史、信息技术、生物、历史与社会、品德与社会、科学等多学科教材共1302种（新版158种，重印1144种）。

在教材出版方面，面对教育部新课程标准的推行，该集团通过新增配套产品、开拓发行渠道、强化地方化合作模式、打造服务品牌和加强推广宣传等方式，使教材和图册的选用率增加，为教材产品的立体化发展打下基础。在教辅出版方面，该集团继续发挥学科优势，在完善和延伸考试类、同步类、助学类三大产品线的同时，加大地方定制产品、中图版教材配套教辅图书、少儿幼教类图书以及图书馆馆配图书等产品的研发力度，全年立项126个品种，重版修订176个品种。

【特型地图出版】

2011年，中国地图出版集团继续加强特型地图生产制度建设和技术改进，完善PVC版全开立体地形图配套产品，首次研发并完成直径10厘米的政区地球仪，并与中国科学院空间应用中心达成火星仪研制生产协议，已于10月份完成批量生产，该产品填补了国内相关领域的空白。此外，开展语音地球仪的研发工作，该项目已基本定型，产品质量达到国内同类产品领先水平。在第25届国际地图制图大会上，该集团参评的“嫦娥一号月球仪”（直径20厘米）获优秀地图作品金奖，是中国唯一的获奖作品。

【测绘地理信息教材书刊出版】

中国地图出版集团加强测绘地理信息图书调研论证，图书选题质量有所提升，先后出版了《遥感精解》（修订版）、《测地机器人》、《测绘地理信息常用行业标准汇编》、《ArcGIS制图和空间分析基础实验教程》等一批市场反映良好的测绘地理信息类图书。年内，测绘地理信息类图书出版总量为242种。其中，新品132种，重印品110种。

在测绘地理信息教材出版方面，该集团继续推进“十一五”国家级规划教材的编辑工作，完成19种规划教材的出版任务。扩大高职高专教材的使用范围，加强与相关高等专科学校（国家示范院校）合作，完成了6册国家示范性高职院校建设项目成果教材的出版。加强新品种的开发，策划了高等学校统编教材，为“十二五”国家级规划教材的申报工作奠定基础。

《测绘通报》新吸收38家甲级测绘单位作为协办单位，协办单位总数达71家。《测绘学报》举办的学术支持单位活动进展良好，先后与18家科研单位和有关院校签订学术支持协议，为解决办刊经费问题开辟了新的渠道。两刊的发行量与去年同比均有所增加。

《地图》杂志以“地图引领生活”为理念，加大选题策划力度，加强营销宣传推广，建立读者俱乐部，丰富了产品种类，提升了产品质量和市场美誉度。

【市场营销】

中国地图出版集团在巩固传统销售渠道的基础上，积极开拓新渠道，精细划分图书市场，建立、健全信息反馈机制，采用营销培训、媒体宣传、到各大卖场举办地图文化体验以及开通官方微博等方式，创新了营销模式，市场占有率和销售码洋较2010年均有明显增加。

【测绘地理信息服务】

中国地图出版集团充分发挥技术、人才和资源优势，组织力量完成了《利比亚中资企业和人员分布情况图》、《也门局势地图》、《日本海啸及核辐射分布图》等应急保障地图，为国务院办公厅、外交部、国资委等提供了及时有力的应急保障服务，得到国务院应急办的充分肯定。

根据国家测绘地理信息局要求，该集团编制了《中央领导用图》（世界分国地图系列）布质喷绘版、IPAD版，全面完成了包括34个分省系列图和

315 幅地级市图在内的《领导机关专用图》项目。完成了中国测绘科技馆《中国历史疆域的变迁》系列展示地图以及《红色地图》系列宣传用图等任务。

科技创新与人才培养

【地图数据库建设】

中国地图出版集团继续加大基础数据库建设项目的推进力度。制定了中国地图数据库《更新维护数据库流程规范》(试行),推进了数据库 1:100 万向 1:30 万迈进工作。继续加强世界地图数据库建库工作,已完成亚洲地区共 31 个国家的数据处理工作。启动教学地图数据库建设,初步确定了地理教学地图数据库的建库框架。申报的“全球地图数据库建设和数字地图出版应用”、“电子课本及教学应用平台开发”2 个项目已被批准为新闻出版改革发展项目库项目。

【人才培养】

中国地图出版集团组织约 400 人次参加社长总编培训、编辑室主任培训、编辑人员继续教育、人力资源管理人员继续教育等方面的培训,并举办了 2011 年度编校知识竞赛和青年职工研读外国地图网站活动;为使新职工更快融入工作团队,制定新职工培训计划,组织新职工参加新闻出版总署和中国版协科技委员会举办的新编辑培训班,开展拓展训练、市场调研等活动;完成了 2010 年度编辑继续教育网络学习的统计工作,摸清了 2011 年度编辑人员参加继续教育需求,满足了 154 人的网络远程继续教育要求。

对外合作与交流

【出访情况】

中国地图出版集团全年共完成 12 个团组(36 人次)出国(境)参展、访问和考察任务。主要有组团参加 2011 年开罗国际书展、第 48 届意大利波洛尼亚少儿书展、2011 年美国书展、2011 年香港书展、第 63 届法兰克福国际图书博览会、测绘技术与产业发展高级研讨班、第 25 届国际制图大会、国际数字地球学会第七届数字地球国际研讨会、“防灾减灾中的地理信息技术应用与项目管理”培训班、“中日 3S 集成技术与应用”研讨会、第七届京港澳测绘技术交流会等。

【版权引进及对外合作】

中国地图出版集团共完成 29 项版权引进工作。其中,中国地图出版集团(中国地图出版社)分别与德国和俄罗斯完成 2 项版权引进;中国地图出版集团(测绘出版社)分别与韩国、美国和日本完成 27 项版权引进。

管理制度建设

【规章制度建设】

中国地图出版集团制定了《中国地图出版集团全员竞岗实施办法》、《中国地图出版集团职工提前离岗及安置办法》、《中国地图出版集团预算管理办法》、《中国地图出版集团公文字号管理规定》、《中国地图出版集团内部会议制度》等规章制度,行政、业务管理、转企改制等工作得到进一步规范。

【转企改制】

2011 年 5 月,中国地图出版集团组建方案经国家测绘地理信息局同意,获财政部批准。根据组建方案,该集团广泛听取各方面意见,明确了发展战略并重新布局,规划了组织机构和业务板块,制定并实施了一系列公司章程和改制方案。

该集团将组织结构划分为 5 个子公司,3 个管理中心,6 个职能部门,5 个分社以及 4 个控股公司,建立了以分社和子公司为利润中心的经营体制。该集团以业务板块为基础划小核算单位,形成集团内相对独立的利润中心,并实行公司化的运营管理,使责、权、利下移,进一步激发了部门及职工的积极性。

该集团建立了按需设岗、按岗定责,以职位为核心的考核机制,实现了按岗定酬、高职低聘的全新用人和考核体制,并据此完成了全员竞岗工作。在职工提前离岗工作中,集团采取了较为人性化的安置,兑现了转企改制中不下岗、不分流的承诺,顺利地完成了新老体制的交替。

经董事会研究,该集团决定与民营的天域北斗公司变竞争为合作,优势互补,共同发展实用参考地图板块,充分挖掘市场潜力,更好地服务社会。

【工会建设】

中国地图出版集团工会在文化体制改革的社会大背景下,以积极的态度对待转企改制工作。2 次召开工会委员会会议,研究工会在转企改制中的作用与责任，组织工会干部到全国总工会调研，咨询转企改制中的工会工作问题，与上级工会探讨企业工会组建方式。同时，要求工会委员认清形势，服务大局，正确面对改革，积极投身改革。召开第二届七次职工代表大会暨工会会员代表大会，审议并表决通过了工会工作报告、提案工作报告、工会经费审查报告和中国地图出版集团企业年金方案。

该集团工会注重自身建设，定期召开工会委员会会议，研究分析工会组织建设，传达贯彻上级工会精神，部署各项活动。2011 年，该集团工会被国土资源部直属机关工会评为先进基层工会组织，工会主席被国土资源部直属机关工会评为优秀工会工作者。该集团 28 人被评为国家测绘地理信息局直属机关工会积极分子，2 名工会专职干部被评为国家测绘地理信息局直属机关工会优秀工会工作者，该集团党委书记被评为国家测绘地理信息局直属机关工会优秀职工之友。

党的建设与测绘地理信息文化建设

【创先争优活动】

中国地图出版集团全面落实《中共中国地图出版社党委关于深入推进创先争优活动实施方案》，制定《关于普遍开展领导干部点评创先争优工作的通知》和《关于在创先争优活动中深入开展党员公开承诺的通知》。全集团 13 个党支部、197 名在职党员在总结 2010 年公开承诺经验、兑现承诺事项的基础上，完成了 2011 年度公开承诺。

【党建工作】

中国地图出版集团党委组织完成改制后新的党支部组建工作。完成了国家测绘地理信息局直属机关评选先进党支部、优秀共产党员、优秀党务工作者的推荐工作，评选出集团 2009 年～2010 年先进党支部、优秀共产党员、优秀党务工作者。组织召开了“七一”表彰暨纪念建党 90 周年报告会，对取得优异成绩的党支部、共产党员和党务工作者进行表彰。

【党风廉政建设】

中国地图出版集团认真贯彻中纪委六次全会精神。按照国家测绘地理信息局党组部署和全国测绘系统纪检监察工作会议精神，制定印发了《中国地图出版集团 2011 年党风廉政建设和反腐败工作要点》和《中共中国地图出版集团党委关于 2011 年党风廉政建设和反腐败工作的实施意见》。组织党员干部列席全国测绘系统党风廉政建设工作会议，并在会后制定了《中共中国地图出版集团党委关于开展廉政风险点排查工作的实施方案》，围绕决策程序、关键环节、岗位职责、权力行使、重大项目、工程建设、办会办展等事项排查廉政风险点，对廉政风险点进行了等级分类。

【思想政治工作】

中国地图出版集团党委按照《中共中国地图出版集团党委中心组 2011 年理论学习计划》，认真组织每个专题的集体学习研讨。先后 9 次组织党员干部参加国家测绘地理信息局党组中心组理论学习专题辅导报告会——“测绘大讲堂”活动。组织党员干部重点学习李克强副总理对测绘工作的重要批示和党的十七届五中、六中全会精神，印发相关学习文件，运用《情况摘编》和办公平台等载体对学习活动进行指导，营造了浓厚的学习氛围。制定印发《关于组织开展庆祝建党 90 周年系列活动的通知》，开展了中国地图出版集团庆祝中国共产党成立 90 周年知识竞赛活动、“唱支红歌给党听”红歌比赛活动。

【企业宣传工作】

中国地图出版集团先后与新闻出版报、图书商报、全国新书目、出版年鉴、出版参考等业内知名报刊、杂志签订宣传合同，委派专人负责图书宣传事宜。年内在《中国新闻出版报》刊登董事长专访一篇；在《图书商报》刊登中国地图出版集团庆祝建党 90 周年宣传报道、集团转企改制纪实、发行团队介绍各 1 篇；在国家测绘地理信息局门户网站刊登稿件 36 篇。

【群众性文体活动】

中国地图出版集团注重开展群众性文体活动，组织了“同一个团队，同一个梦想”定向拓展春游活动，“军营一日”国防教育秋游活动。在第二届“东方道迩杯”全国测绘系统乒乓球比赛中，该集团获团体第五名。

【福利保障工作】

中国地图出版集团在集团大病救助工作体系下共为 20 名困难职工给予补助。组织慰问集团的全国和省部级劳模并发放慰问金。

【各项荣誉】

2011 年，中国地图出版集团被评为中国地理信息产业公益服务特殊贡献单位、2010 年度财务决算工作先进单位，获测绘地理信息系统网站建设特色服务奖。

中国测绘科学研究院

主要业务进展

【科技立项工作】

2011年，中国测绘科学研究院共新立各类项目90多项。其中，国家级项目10项，到院经费1377万元；省部级项目11项，到院经费366万元；基础测绘项目（含“927”工程）30项，到院经费2360万元。全年累计经费超过7800万元。

一、国家科技计划项目

推荐申报的2012年国家科技计划项目7项，在科技部组织的科技项目立项评审中全部进入2012年科技项目备选库，并全部通过科技部的出库评审，其中部分项目已通过可行性研究报告或实施方案的论证、评审。主持或参与的项目（课题）12项，预算经费4080万元（国拨）。

完成“面向对象的高可信SAR处理系统”的立项工作，其中“SAR影像高性能处理解译系统与总体设计”、“高精度三维信息提取技术”2项“863”课题国拨经费970万元，已到院经费679万元；参与的“GNSS脆弱性分析及信号传输环境研究”已通过立项评审，合同经费100万元。

二、国家自然科学基金项目

中国测绘科学研究院共获得国家自然科学基金项目5项。其中，“光学与雷达遥感协同反演地表土壤水分的方法研究”、“机载倾斜摄影相机数据处理关键技术研究”、“基于重力地形数据的月表形态成因机制研究”、“定位方程非线性平差与（动态）定位构型研究”等4项为青年科学基金项目，“内视场拼接相机的数字基高比模型与精度评价机理”为面上项目，到院经费共136万元。

三、地理国情监测

中国测绘科学研究院作为地理国情监测总体设计的责任单位，成立了地理国情监测跨学科研究团队，编制完《地理国情信息全国性普查总体方案（代拟稿）》、《我国西部地区地理国情监测综合试验总体实施方案》以及地理国情监测国内外发展现状、内容指标体系、技术体系等报告；组织开展了地理国情监测数据处理、遥感解译与变化检测、统计分析、产品模式与信息服务等技术研究和试验，编制了地理国情监测总体方案；完成了地理国情监测总体设计和经费预算，并通过评审。

四、基础测绘项目

完成“数字区域地理空间框架建设”、“信息化测绘数据处理关键技术”、“国家基础地理信息公共服务平台业务系统建设与应用示范”、“面向政府的基础地理信息成果保障与服务”、“面向公众的基础地理信息成果保障与服务”、“测绘仪器与成果质量检测能力建设”等19项基础测绘项目的立项工作，经费1000万元。

五、基本科研业务费项目

完成《院“十二五”科技发展规划》、《院“十二五”人才发展规划》、“地理国情监测关键技术预研”、“海洋测绘关键技术预研”、“全球测图关键技术预研”、“地理信息安全监管关键技术预研”、“智慧城市关键技术预研”、“森林生物量遥感估测方法研究”、“中华人民共和国测绘点字设计研究”、“无人机航测遥感系统优化集成技术研究”等基本科研业务费项目的立项工作，立项经费710万元。

【项目实施】

一、数字城市建设

完成《地理空间框架基本规定》等3项国家标准、《数字城市地理信息公共平台建设规范》等5项行业标准的制定与修订；开展了NewMap平台软件的升级工作，加强了多节点协同、运维管理和大范围三维的支持能力，并推出NewMap4.0版本；为全国20多个省、近100个城市提供技术咨询与支持，培训300多人次；协助国家测绘地理信息局完成4个数字城市的验收和60多个数字城市的增选工作。

二、“927”工程

参加国家发展和改革委项目初步设计评审工作并完成方案优化；提出项目共建方案、年度项目启动与招标方案，完成工程装备采购招标文件技术条款的编制工作，提出国家测绘地理信息局单一来源装备采购论证方案；完成2个单项工程、15项分项设计与3项技术规程的编制和评审工作；开展3次技术培训，培训120人次；编制完成二期工程立项建议书，并组织有关专家对“927”二期工程立项建议书论证；启动二期工程可行性研究与总体方案、工程概算等的编制工作。“927”工程到院经费800万元。

三、地心坐标系推广应用

在2000国家坐标系框架维护方面，完成我国28个CORS站10年观测数据和5期基本网观测数据的处理工作；完成5期区域网与全球IGS站联合平差处理，获得我国CGCS2000框架在ITRF2005框架下精确的站址坐标和速度值，完成板块运动模型与速度场模型建立工作，开展不同历元、不同框架下的GPS成果与CGCS2000相互转换的软件研制、测试与成果相互转换工作，并已提供用户使用，深入开展了CGCS2000推广应用调研工作。

四、无人机航测系统推广应用

积极推进无人机系统的自主创新，突破系列核心技术，对无人机航测系统和GPS导航控制进行了升级改造，构建了完备的无人机航测技术和生产体系，建立了我国无人机测绘标准体系和工程化的工艺流程，形成了我国无人飞机测绘技术体系，并在全国27家省、自治区、直辖市测绘单位推广应用。

五、“天地图”公共平台应用

向全国29个省级测绘部门提供了安全监管软件，实现了“天地图”公共平台在民政部、教育部、国家质量监督检验检疫总局等政府部门宏观决策领域的快速应用。

【项目验收】

中国测绘科学研究院参与承担的国家“863”课题“车载多传感器集成关键技术研究”课题通过科技部验收，承担的国家科技支撑计划课题“丹参生态适应性分析技术研究及系统平台建立”通过科技部验收。中国测绘科学研究院参与完成的西部6省区7个基础地理信息平台：“新疆维吾尔自治区应急平台体系基础地理信息平台”、“三江源区生态环境遥感动态监测及预警基础地理信息系统”、“柴达木循环经济试验区地理信息系统”、“甘肃省政务地理信息系统平台建设及应用”、“四川省地理空间信息公共平台建设（一期工程）”、“中国（云南）－东盟自由贸易区－南亚区域合作联盟空间信息公共平台”、“西藏自治区突发事件应急处置基础地理信息平台”均通过验收。该院承担的“电子政务空间辅助决策测绘保障示范”基础测绘项目通过国家测绘地理信息局组织的验收，与澳大利亚合作的“三江源环境遥感监测与跨坝模拟、预测系统”项目通过验收。

【测绘地理信息科技期刊】

2011年，《影像与数据融合国际期刊》（IJIDF）出版8期，接收国际投稿数量大幅提升。《测绘科学》紧密结合国家测绘地理信息局的重点工作，开辟了“地理国情监测”栏目，发表相关文章约40篇。《测绘科学》采用CNKI电子版优先出版系统，将2012年全年稿件在中国知网上优先发表，审稿使用CNKI的网上学术不端文献检测系统。《测绘文摘》完成预定出版任务，并在对测绘期刊调研的基础上，积极进行改刊工作。

科技创新与人才培养

【测绘地理信息科技成果】

一、科技成果鉴定

由中国测绘科学研究院牵头研制的国内首个具有自主知识产权的“机载多波段多极化干涉SAR测图系统”被鉴定为重大创新研究成果。该系统实现了SAR测图核心技术的突破，填补了国内空白，整体技术指标达到国际先进水平，其中干涉测量与立体测量相结合的测图技术、基于距离共面的几何成像模型、多源DEM融合技术等达到国际领先水平。

由中国测绘科学研究院与首都师范大学等单位联合研制的“SSW车载激光建模测量系统”通过国家测绘地理信息局组织的鉴定。

二、获奖科技成果

2011年，中国测绘科学研究院共获得省部级以上科技进步奖16项，其中一等奖8项。

中国测绘科学研究院作为第一单位完成的“WJ－II地图工作站及1∶25万公众版地图”、“公共应急服务地理信息平台建设”、“低空应急测绘技术装备与服务保障体系建设”项目获2011年中国测绘学会测绘科技进步奖一等奖；中国测绘科学研究院作为第三单位完成的“三峡库区综合信息空间集成平台”项目获2011年中国测绘学会测绘科技进步奖一等奖。中国测绘科学研究院作为第一单位完成的“海岛礁精确测量关键技术”、“SAR 1∶10000和1∶50000

地形图测图试验”项目获2011年中国测绘学会测绘科技进步奖二等奖。

中国测绘科学研究院作为第一单位完成的“基于影像特征的三维地理信息管理与服务技术体系研究及应用”项目获2011年度地理信息科技进步奖一等奖；中国测绘科学研究院作为第二单位完成的“地理信息标准体系研究”、“多节点协同地理信息公共平台及临沂示范”项目获2011年度地理信息科技进步奖一等奖。

中国测绘科学研究院作为第一单位完成的“轻小型组合宽角航空相机研制及低空UAV航测应用”项目和“国家级无人机航测遥感系统研制及产业化”项目分别获2011年度北京市科学技术奖一、二等奖。

中国测绘科学研究院作为第一单位完成的“长距离单历元网络RTK关键技术”项目获2011年度卫星导航定位科技进步奖二等奖。

三、发表著作和论文

中国测绘科学研究院出版《光学遥感影像压缩质量评价研究》专著1部，参加编写中英文著作4部。编制的地理信息国家标准《地理信息数据产品规范》经国家标准化管理委员会批准发布。“高分辨率遥感影像数据处理方法及其系统”等7项成果获国家发明专利；“一种机载GPS航摄导航控制系统”等6项成果获国家实用新型专利；“GPS实时通讯平台软件V1.0”等19个软件登记了软件著作权。全年共发表学术论文200多篇。其中，《Semi－automatic road tracking by template matching and distance transformation in urban areas》等10篇论文为SCI论文；《一种本体驱动的地理空间事件相关信息自动检索方法》等49篇论文为EI论文；《集成GIS及信息化新技术的农家书屋工程信息管理系统建设》等53篇论文为核心期刊及会议论文。

【测绘技术应用与科技成果推广】

一、机载多波段多极化干涉SAR测图系统

由中国测绘科学研究院牵头、联合国内有关单位研制成功国内首个具有自主知识产权的“机载多波段多极化干涉SAR测图系统”，在玉树抗震救灾工作中发挥积极作用。在西部测图工程横断山脉区域的测图生产中，累积飞行109架次，获取近11万平方千米的2.5米分辨率的影像。利用机载SAR影像数据结合光学影像完成240幅图的SAR影像解译和内业测图工作，同时利用星载SAR影像数据结合光学影像完成239幅图的SAR影像解译和内业测图工作，总覆盖面积近20万平方千米。

二、国家测绘地理信息应急监测车

国家测绘地理信息应急监测车是国家测绘地理信息局指导，由中国测绘科学研究院所属中测新图（北京）遥感技术责任有限公司组织实施的。该监测车利用遥感技术、地理信息系统技术、全球定位技术和网络通信技术，基于车载平台，集成应急三维地理信息与任务规划系统、无人机遥感影像获取系统等多种系统，形成了具备灾情信息的快速获取、现场处理、数据远程传输、应急测绘成果输出等功能的全流程移动式应急测绘解决方案。首部地理信息应急监测车已正式装备到广西壮族自治区测绘地理信息相关部门使用。

三、西部地理信息服务平台

中国测绘科学研究院依托西部测图工程，研发的西部6省区的“新疆维吾尔自治区应急平台体系基础地理信息平台”、“西藏自治区突发事件应急处置地理信息平台”、“柴达木循环经济试验区地理信息系统”等7个基础地理信息平台均通过验收，并在我国西部地理信息资源共享、区域规划、应急管理、重大工程实施、生态环境保护、政府信息化管理等方面得到广泛应用。

四、SSW车载激光建模测量系统

中国测绘科学研究院所属北京四维远见信息技术有限公司研制的SSW车载激光建模测量系统通过国家测绘地理信息局组织的鉴定。该系统已经应用于三亚测图，内蒙古自治区、河北石家庄的高速公路改扩建，数字政通公司的城市部件普查，北京市测绘设计研究院承担的地图修测、首钢遗址三维建模以及与纽约州立大学合作的五大湖生态调查、与纽约高速公路管理局合作的道路资产调查，北京四维图新科技股份有限公司的高级驾驶辅助系统（ADAS）路面信息采集等。

五、科技成果推广

11月2日～5日，中国测绘科学研究院与中国测绘学会科技信息网分会在北京联合举办“首届测绘科技成果全国推介会——中国测绘科学研究院创新成果推介”。此外，该院举办多期无人机航摄系统培训班，参与中关村科学城的相关成果推广活动，利用中国高科技产业化研究会等平台，宣传和推广科技创新成果的转化与应用。

【人才培养】

一、人才队伍建设

中国测绘科学研究院制定《中国测绘科学研究院2007年至2011年聘期考核工作方案》，明确了考核人员范围、考核程序、考核时间以及各岗位考核测评内容。全院160人参加聘期考核，考核称职以上100%，其中优秀率达39.4%。

以轮岗、竞聘上岗等方式完成中层领导岗位聘任工作。在院党委会议决定聘任中首次采取票决制。经过竞聘，中层领导干部的年龄、学历等结构进一步优化，平均年龄由46.9岁下降到43.2岁，博士学历的比例由26%提高到36%。

二、人才培养机制

中国测绘科学研究院开展“十二五”人才发展规划的研究和编制，明确了“十二五”期间人才发展的指导方针、目标任务、人才工程和政策措施。

完成国家测绘地理信息局青年学术和技术带头人和中国测绘科学研究院青年学术和技术骨干的推荐、考评、增选等工作，3人增选为国家测绘地理信息局青年学术和技术带头人，10人增选为院青年学术和技术骨干。开展年度职称评审工作，4人通过研究员任职资格评审，1人通过研究员任职资格转评，8人通过副研究员（高级工程师）任职资格评审。

【管理制度建设】

中国测绘科学研究院编制修订了科技项目管理制度、科技成果转化制度，其中科技成果转化制度已发布执行。确定了院基本科研业务费项目管理办法和总体规划，发布了2012年院基本科研业务费项目申报指南。制定了《中国测绘科学研究院编制外合同制女职工计划生育费用报销暂行规定》、《中国测绘科学研究院离退休老同志患急重病用车暂行办法》、《中国测绘科学研究院离退休人员困难救助暂行办法》、《中国测绘科学研究院聘期考核暂行办法》和《中国测绘科学研究院科技项目资助与成果奖励办法》。

对外合作与交流

【国际合作协议与项目】

“中英地理空间信息联合研究中心”作为国家测绘地理信息局首个国际联合研究中心在中国测绘科学研究院正式成立。该中心的成立标志着中英两国就共同开展测绘地理信息前沿科技创新和成果转化进入实质阶段。中国测绘科学研究院完成了与英国合作项目“高灵敏低成本GPS接收机实时高精度定位原型开发”的执行汇报、与澳大利亚合作项目“三江源环境遥感监测与跨坝模拟、预测系统”的验收；与英国诺丁汉大学、山东省农业科学院、山东农业大学等4家单位签署了合作备忘录；编制完中英合作项目“3S支持下的精细农业优化作业关键技术研究和示范应用”和中芬合作项目“增强现实的移动平台无缝三维导航及位置服务”项目意见书，并进入国际合作项目备选库；编制完中巴合作项目“巴基斯坦水灾信息服务系统建设”建议1项。

【出访和接待来访】

8月9日~11日，中国测绘科学研究院与ISPRS第七委员会第六工作组在云南联合举办“2011影像和数据融合国际研讨会（ISIDF 2011）”，来自中国、美国、英国等7个国家的100多名专家、学者参加会议。此外，组织相关人员参加国际测量师联合会（FIG）大会、联合国地名专家组会议、第17届国际激光测距工作会议等大型会议。全年共出访27批次、67人次，接待来访27批次、80人次。

党的建设与测绘地理信息文化建设

【党建工作】

5月31日，中国测绘科学研究院在中国测绘创新基地召开第一次党员代表大会，选举产生新一届党委和纪委。党委成员由上届的7名扩充为9名，进一步增强了党委班子的领导力量。会前，按组织程序和选举要求，在院属16个党支部356名党员中选出了87名党员代表。

该院开展了“七个一”系列活动，即组织一次纪念建党90周年爱国歌曲大家唱、观看一场革命影视片、开展一次走访慰问、进行一次中心组学习、组织一场先进集体和优秀共产党员先进事迹报告会、参加一场局纪念建党90周年党史知识竞答、召开一次纪念建党90周年专题生活会等。

该院深入推进创先争优活动全面争创阶段的各项工作。开展创先争优领导干部点评，组织开展评先推优活动。推荐的3个党支部、14名党员、6名党务工作者分别获国家测绘地理信息局直属机关党委先进党支部、优秀共产党员和优秀党务工作者称号。李成名获“中央国家机关优秀共产党员”称号。

【党风廉政建设】

中国测绘科学研究院开展“小金库”专项治理和科研项目验收审计、工程竣工决算审计；开展警示教育和干部任前廉政谈话，全年廉政谈话近20人次；开展《廉政准则》贯彻执行情况对照检查，院领导和中层领导共40人按规定填报了对照检查表；开展廉政风险点排查工作，围绕决策程序、关键环节、重大决策、重要人事任免、重大项目安排和大额资金运作等方面排查风险点7个，围绕岗位职责、权力行使方面排查风险点10个。

【文化建设】

中国测绘科学研究院组织职工学习贯彻党的十七届五中、六中全会精神和胡锦涛总书记“七一”重要讲话精神，坚定共产主义理想信念；围绕纪念建党90周年进行党史教育和革命传统教育，牢固树立无产阶级人生观；开展向杨善洲同志学习活动，营造争当先进的良好风气。

加强创建文明单位宣传，全年在中央电视台新闻栏目、新华社、科技日报、中国测绘报、局网站、院网站等新闻媒体和各大网站发表稿件200多篇；加强工会工作，多次开展群众性文体活动；加强离退休人员的服务和管理工作，引导离退休人员关心院所发展；加强团员工作，组织团员青年代表座谈、交流和参观学习，鼓励团员青年立足岗位，创先争优。

国家基础地理信息中心

主要业务进展

【基础测绘项目】

2011年，国家基础地理信息中心承担13项国家基础测绘项目包括“地心坐标系推广”、“国家1:5万基础地理信息数据库更新二期工程”、“基础地理信息系统运行与维护”、“信息化测绘创新体系构建”、“信息化前沿技术试验”、“基础测绘重大专项工程研究”、“测绘与地理信息标准制修订”、“基础地理信息公共服务平台建设”、“面向政府的地图服务系统建设”、“国家基础地理信息公共服务平台业务系统建设与应用示范”、“面向公众的基础地理信息成果保障与服务”、“地理信息安全监控与产业发展”、“测绘成果档案的管理、服务与维护”。各项目的年度计划目标和任务均按期完成。

完成的“基础地理信息系统维护与示范系统建设”、“测绘高新技术成果推广、应用示范及产业化”、“测绘成果保密研究与公众版地图设计开发”、“基础地理信息公共应用平台建设”、“测绘成果、档案的管理与维护”等7个国家基础测绘项目通过验收。

承担的基础测绘专项共2项：“西部测图工程”已通过验收，“927”工程已完成当年任务的60%。

【国家科技计划项目】

国家基础地理信息中心2011年承担的科技项目共8项，包括国家科技支撑计划课题3项：“多尺度基础地理信息与综合灾情信息集成分析技术研究”、“中国重大自然灾害孕险环境分析技术”、“主体功能区规划可视化表达与优化整合技术研究”；国家“863”项目：“全球地表覆盖遥感制图与关键技术研究”中的3个子课题“全球地表覆盖遥感制图总体技术研究”、“全球地表覆盖遥感数据产品研究”、“全球遥感影像处理与数据集成研究”；国家自然科学基金面上项目“基于空间言语行为的意见冲突协调过程建模”；科技部中加合作项目“面向城区环境检测和地图更新的自动地物提取”。2011年，成功申请2012年国家科技项目共6项。

【国家1:5万数据库更新工程】

国家1:5万基础地理信息数据库更新工程是国家测绘地理信息局“十一五”重大基础测绘工程。该工程由国家基础地理信息中心牵头，全国31个省（市、区）测绘局（院）和总参测绘导航局参与，150家单位6000多名测绘工作者历时5年，完成我国陆地面积80%、共19150幅1:5万基础地理信息数据库的更新，与西部测图工程共同实现了全国“一张图”的预定目标。2011年8月11日，该工程通过国家测绘地理信息局组织的验收，成果得到评审专家的一致好评。

该工程实现了760多万平方千米的高分辨率影像最佳覆盖与精化处理，为后续的持续更新、应急服务、地理国情监测奠定了良好基础；建成了我国新一代基础地理信息更新的工程技术体系，形成了规模化的生产能力，在世界同类国土规模的大国中居于先进之列；构建了我国重大测绘工程建设管理新模式，实现了1:5万基础地理数据库更新工程建设组织体系的重大创新。按照“边建设、边应用”的原则，1:5万数据库更新成果在国家重大项目、地方经济发展、应急救急保障等方面发挥了重要作用。

【1:1万基础地理信息数据库更新】

2011年，1:1万基础地理信息数据库更新项目组在2010年的需求分析调研、产品指标设计、技术研究实验、软件系统开发等工作基础上，进一步从全国层面上进行一体化总体技术设计，研究确定了全国1:1万数据库更新覆盖范围，编写了1:1万数据库更新总体技术指南、系列生产技术方案（规定）等，并通过国家测绘地理信息局组织的2次检查和中期评估。

该项目的实施，取得了一系列技术成果，包括调研分析报告2项、数据产品规范和质量规范10项、生产技术规定11项、生产软件系统9套、合理覆盖范围研究成果1套、编制总体设计指南1册。该项目为加快省级1:1万数据库更新，建立交换共享、协同更新和快速服务机制奠定了基础。

【国家基础航空摄影】

国家基础地理信息中心编制完成2011年国家基础航空摄影计划，提出项目实施方案，完成2011年国家基础航空摄影（1、2期）政府采购任务和西部测图全部影像获取工作。

2011年国家基础航空摄影项目（包括应急项目）共125个摄区。其中，2010年度结转项目23个，面积58.7万平方千米；2011年（1、2期）政府采购项目102个，面积82.2万平方千米。截至2011年底，42个摄区全部完成，47个摄区获取了部分成果，完成面积47万平方千米。年内，结转2010年遥感影像订购4个项目，面积约4.8万平方千米。其中，1个项目已全部完成，面积1.48万平方千米；1个项目按计划进行；2个项目终止合同。

年内该中心共接收79个摄区的航摄资料，包括底片68筒（27706片）、像片48万多张（2套）、航摄影像数据（包括底片扫描数据和数码航摄影像数据）219TB。完成航摄底片、像片、扫描数据、文档资料的组卷建档工作和航片扫描数据的管理、备份工作。获取SPOT5卫星影像48景（18GB），ALOS卫星影像5景（1.4GB），网络下载资源卫星影像3景（0.3GB），IKNOS、QUICKBIRD、Worldview等高分辨率遥感卫星影像数据1.5万平方千米（70GB）。完成资料分发服务工作，为各相关部门单位提供底片102筒、影像数据34.8万多片（数据量达114.5TB）、像片17.8万多片，为用户扫描底片694片；提供SPOT5卫星影像1175景（394GB），P5卫星影像189景（101GB），ALOS卫星影像280景（68GB），资源卫星影像3景（0.3GB），高分辨率影像4.3万平方千米（1040GB），TM卫星影像1572景（453GB）。

【“927”工程项目】

国家基础地理信息中心完成该项目办公室计划质量组、财务监督组和国家测绘地理信息局工程建设部的各项管理工作和有关任务，包括计划方案编制、质量抽查、进度统计、安全生产培训、安全监控系统维护、资金管理办法培训及专项资金检查等。为保障后续作业，加大了航摄管理力度，在沿海航摄条件极为困难、技术要求高的情况下，尽力协调各方并赴实地监督执行，截至年底，航摄飞行任务完成82%。为及时提供使用，该中心打破常规，安排专家分区验收，并将合格的航摄成果资料提供给生产单位。此外，在数据库设计、资料管理、质量控制和项目计划管理等方面，开展了相关试验和系统开发，保障了项目的有序开展。

【地理国情监测】

国家基础地理信息中心配合国家测绘地理信息局规划财务司完成《地理国情监测项目建议书》编写，经过多次征求院士、专家和相关管理部门意见，9月21日，国务院同意立项建议。之后，该中心配合国家测绘地理信息局国土测绘司完成实施方案的编写工作。经国家测绘地理信息局批准，该中心成立“地理国情监测部”，明确了部门工作职责。

【测绘档案资料管理】

一、成果库迁移

国家基础地理信息中心完成地形图成果库由紫竹院百胜村1号院迁至中国测绘创新基地的工作。共搬迁1:5万、1:10万、1:20万、1:25万、

1:50 万、1:100 万 6 种基本比例尺地形图 29089 幅，3284758 张。

二、运行管理

该中心加强测绘档案资料管理制度建设，2011 年编制了测绘档案资料入馆流程、移交清单编制方法、测绘档案文件的一般要求等规定，进一步规范了测绘档案资料业务流程。

完成馆藏 978 盘（包括异地备份）100% 数据磁带读检；完成全部航摄底片逐摄区筒数清点及摄区目录信息采集，完成全部航摄纸质文档规范化整理，催还历年未按期归还底片 63 筒。

【大地测量】

一、国家现代测绘基准体系基础设施建设

2011 年，国家基础地理信息中心按照“国家现代测绘基准体系基础设施建设一期工程”计划要求，组织完成中东部 15 省水准路线 99 条、验潮站水准路线 24 条，共 7730 个水准点和 2.9 万多千米水准路线的踏勘和补埋工作，编制了《现代测绘基准体系基础设施建设二期工程建议书》。

二、国家 GPS 跟踪站运行与维护管理

该中心完成国家测绘地理信息局建设管理的 8 个 GPS 跟踪站的日常运行、维护管理，以及全年 GPS 数据的采集、传输、质量检查和入库工作；完成国内和国际 IGS 站每天数据处理和分析。

三、中国大陆构造环境监测网络工程

国家测绘地理信息局作为承担中国大陆构造环境监测网络工程部分项目牵头单位，2011 年主要完成项目分项验收和总体验收工作；完成 GNSS 基准站建设工作，包括 30 个基准站视频和网络电话等监控设备的安装和集成；完成可移动基准站技术设计以及车辆的改装和野外卫星通讯系统的集成与测试；完成相对重力联测和绝对重力测定及联测资料的整理；完成北京房山 SLR 站系统改造和测试；编写了 30 个基准站及基准网可移动基准站、水准联测、重力联测、SLR 站验收报告；完成区域网建设工作，编写了 2011 年度区域网联测实施方案；组织国家测绘地理信息局第一、二、三大地测量队完成 552 个区域站的联测工作；组织编写了各实施单位的验收报告，并完成了各实施单位的项目验收工作；完成数据系统建设分项工程验收材料编制并通过专家验收；完成陆态网数据子系统网络系统调试及试运行工作；完成 GNSS 基准站和区域网一年运行数据的处理工作。

【测绘地理信息保障与服务】

一、“天地图”建设与维护

为加强“天地图”建设与管理，国家基础地理信息中心成立了“天地图工作部”，编写了相关规程，更新了部分数据，研发了相关功能，做好日常运行的监管和维护工作，“天地图”网站和手机版运行良好。各项工作进展顺利。

二、为政府提供服务保障

该中心以基础地理空间数据为框架，开发基于 IOS 操作系统在移动终端环境下使用的“领导工作用图－多媒体电子地图系统（iPad 版）”，并为国务院各部委提供安装近百套。同时，该系统还推广到海南、湖北、四川、湖南、福建、山西、山东等多个省的测绘部门，并针对不同省的需求进行了系统开发和数据处理工作。为中央机构编制委员会办公室、国家发展和改革委、国家保密局等部门制作并装裱、制版、安装领导办公专用挂图，累计 560 多幅。

三、国界测绘保障

4 月，该中心根据外交部要求精神，组织成都地图出版社将中越勘界成果图件专程运抵北京，并向外交部、总参测绘导航局、公安部和国家测绘档案资料馆进行了成果分发与存档；对编制的《陆地国界测绘标准规范》组织研讨和后续审稿；7 月，应邀携带国界应急会商系统平台装备参加山西省军区在吕梁地区进行的军事演习并获好评；开展了《中国明代长城图集》的总体编制设计方案制定与合同签署工作。

四、中华人民共和国陆地国界信息管理系统

该中心为“中华人民共和国陆地国界信息管理系统”正常运行提供相应的技术支持，对系统软件进行局部完善和升级，并对数据库进行持续更新，整合添加了中朝边界第二次联检的各种数据。

五、自然资源和地理空间基础信息库项目（测绘数据分中心）

国家基础地理信息中心承担国家发展和改革委的“自然资源和地理空间基础信息库”项目中测绘数据分中心建设的相关任务。2011 年，该中心编制完 11 个地理框架数据类标准、6 个管理办法，完成了标准的一致性测试，4 月，11 个标准通过国家发展和改革委项目办验收并在项目中使用。完成了“测绘数据分中心”的专题信息库、综合信息子库、专题信息产品库数据库部署与集成建库，8 月，通过国家发展和改革委项目办组织的检查。9月，完成5个省测绘局承担的数据整合成果的验收。完成相关数据的离线提交、在线汇集工作并在项目政务外网中试运行。配合国家发展和改革委编制并出版《2010年中国重大自然灾害图集》。完成数据存储管理系统设计、开发、部署使用工作，以及测绘分中心网络、安全保障、土建及配套工程建设。协助国家发展和改革委项目办完成数据在线汇集试验，分批整合完成的数据成果按需提供给主中心及分中心。

六、测绘成果提供情况

该中心全年对外提供各种比例尺地形图11505幅（12317张）。其中，1:5万地形图9489张，占77%；1:10万地形图2006张，占16.29%。主要应用在地矿、铁路、石油、交通运输、水利、科研教育、地震、航空航天等行业。提供DLG、DRG、DEM、DOM、影像数据189TB，主要服务对象是国防建设、水利部“全国第一次水利普查”工作、自然资源和地理空间基础信息库建设、数字城市、地理国情监测、1:5万数据库更新、“927”海岛（礁）测绘、地质矿产调查等工作，其中无偿提供占总量的99.76%。

科技创新与人才培养

【获奖情况】

2011年国家基础地理信息中心共获得各类科技奖10项。其中，“GIS数据库更新模型与方法研究及应用”和“地理信息标准体系研究”获2011年度地理信息科技进步奖一等奖；中心作为第一完成单位的“数据库驱动的地形图快速制图与集成管理系统研发”、“明长城测量”、“国家GNSS基准站处理分析技术研究及应用”和“全国测绘成果公共信息服务系统建设”获2011年中国测绘学会测绘科技进步奖二等奖。此外，“全球地表覆盖遥感制图与关键技术研究”项目，并启动”入选“2010年度中国遥感领域十大事件”。

【科技项目实施】

一、全球地表覆盖遥感制图与关键技术研究

2011年是该项目全面开展生产的第一年，国家基础地理信息中心组织开展科研工作和生产中试工作，多次组织召开国际研讨会、工作会与技术协调会，编制了《水体提取技术规定》、《湿地提取技术规定》等工程性技术文件。组织各生产单位生产中试，开展了全球生态地理分区、影像预处理、分类提取等方面的培训，选择8个中试试验区对分类策略与方法在全球范围的适用性进行验证，对总体技术方案进行修改与完善，完成了实验区的数据提取、精度评价与分析总结工作，为生产单位全面开展生产培养了一批技术骨干。

按项目总体计划，生产单位从4月全面开始水体的规模化生产工作，该中心负责技术管理。为快速响应和解决规模化生产中遇到的生产技术问题，项目组建立技术问题的快速响应机制，建立了各个生产单位随时联系和技术交流的技术共享平台，确保一般问题1天内回复，复杂问题1周内回复。年内，项目组共组织生产技术协调与方案咨询会6次，网络回复相关技术问题近200项，赴生产单位与作业人员沟通并现场解决问题7次，组织开发了元数据采集软件、Landsat 7条带插补等程序，发布项目办通知20多期，组织封闭技术实验1次。

二、中国重大自然灾害风险等级综合评估技术研究

该项目是国家科技支撑计划课题。国家基础地理信息中心承担孕险环境分析技术研究，建成了全国1:5万坡度数据库、集水区数据库；构建了包括统一空间基准数据库、基于行政单元的社会经济数据库和基于格网单元的社会经济数据库在内的重大自然灾害孕险经济社会数据产品；研制了重大自然灾害孕险社会经济因子分析的技术规范；完成了我国重点灾害地区人口、社会经济风险评估的系列概要图的编制；构建了包括气象因子、土壤侵蚀、土地利用等重大自然灾害在内的专题环境背景因子数据库，实现了地震及次生灾害、滑坡、泥石流灾害、干旱灾害等重大自然灾害孕险专题环境因子综合分析、评估和快速监测；研发了重大自然灾害多级格网时空分析与预警系统；构建了全国、区域和流域3个尺度的滑坡与泥石流灾害分区的评估模式；研发了重大自然灾害孕灾环境区划系统和重大自然灾害孕险综合分析与评价系统，并通过系统集成了灾害孕险环境的相关数据产品和评价模型。

课题已获得软件著作权3项，发表论文20篇，培养研究生11名。4月，该项目通过中期评估。

三、经济普查与基本单位统计遥感应用系统子课题

该课题是国家“863”计划项目课题，项目执行时间为2008年~2011年，由国家统计局组织，中

国科学院地理科学与资源研究所牵头，国家基础地理信息中心、国家统计局普查中心、超图公司参与实施。2011 年，国家基础地理信息中心完成子课题成果－经济普查图数据库规范、经济普查图图式、经济普查地名地址数据规范 3 个项目标准的编写，并通过了由科技部组织的项目标准规范类验收。6 月 11 日，项目通过科技部组织的项目验收。该项目发表学术论文 3 篇，培养研究生 2 人。

四、多尺度基础地理信息与综合灾情信息集成分析技术研究课题

该课题是国家科技支撑计划课题。2011 年，国家基础地理信息中心完成该课题的巨灾应急基础地理信息快速服务系统的在线服务提供，现场和后台两种环境下巨灾综合信息集成显示系统的在线二、三维联动及增量更新等功能的完善工作，开展了子系统间接口开发和子系统集成工作。

五、基于空间言语行为的意见冲突协调过程建模项目

该项目是国家自然科学基金项目。2011 年，国家基础地理信息中心研究了空间意见冲突的表达与言语行为的空间化方法、基于消息队列的实时 GIS 协同操作方法、面向服务契约的地理信息 Web 服务自适应集成方法、顾及上下文关系的地理信息服务动态组合方法，在国际国内会议、期刊上发表论文 3 篇。

六、主体功能区规划可视表达与优化整合技术研究课题

该课题是国家科技支撑计划课题。2011 年，国家基础地理信息中心完成在全国主体功能区划宏观层面上提取、整合、处理 1:100 万、1:25 万基础地理信息数据、DEM 数据、遥感影像数据，研究对多源数据整合、复合及其空间化方法，制作全国层面统一的基础地理底图、图式图例和符号库，设计主体功能区划基础地理信息多尺度空间数据模型，制作出一系列主体功能区规划专题图，其中一部分专题图用于国务院编制的《全国主体功能区规划》中。

七、“面向城区环境检测和地图更新的自动地物提取”项目

2011 年是该项目实施的第三年，按照项目任务书的要求，项目中方参与单位国家基础地理信息中心、北京天目创新科技有限公司结合已制定的总体技术路线和实施方案开展海量遥感影像快速纠正处理和基于遥感影像的快速变化监测 2 个方面的研究工作，对引进的加拿大 PCI 基础地理信息有限公司的 Geomatic X 开发模块进行开发试验。同时，国家基础地理信息中心结合下一步动态更新和地理国情监测的需要，将地形要素变化监测与变化标报方面的研究成果运用到工程项目中。研究了基于遥感影像的基础地理信息要素和地表覆盖要素的快速变化发现与监测等方面的算法和技术方案，设计了针对居民地、水系、道路、地表覆盖等不同地物的变化发现和变化监测方法。针对国产卫星影像的应用问题，研制了国产卫星影像定向几何模型。针对城区高分辨率影像匹配困难问题，研究了基于 SIFT 算子影像匹配和基于灰度匹配的组合方案，明显提高匹配的准确性和匹配点数。

【人才队伍建设】

国家基础地理信息中心严格按照干部选拔任用程序，组织完成 3 个部门副处级空缺岗位及 1 个部门正处级空缺岗位的民主推荐工作和任用工作。组织 2 次聘委会，完成了专业技术高、中、初级各空缺岗位共 42 人的聘用工作。2 人被增选为国家测绘地理信息局青年学术和技术带头人。按照年度招聘计划，完成 1 名博士毕业生、4 名硕士研究生、3 名本科生的录用工作。

对外合作与交流

【出访和接待来访】

2011 年，国家基础地理信息中心组织出访团组 24 个、43 人次。派员参加了国际摄影测量与遥感学会（ISPRS）、ISO/TC 211 、亚太地区地理系统基础设施常设委员会（PCGIAP）、国际科联（ICSU）的工作会议；选派技术人员参加了 FIG、ISRSE、IUGG、ICA、ESRI 用户大会、测绘科学前沿技术论坛、东南亚测量大会、亚洲遥感学会年会等国际学术会议。

该中心和美国乔治梅森大学签订技术合作协议，就相关项目技术合作交流及派员赴美进行技术培训等达成协议。3 月，首次组织中心和各项目合作单位共 17 人赴该校开展以“地球科学”为主题的专题培训，收效显著。组织技术人员赴境外开展地表覆盖野外样本采集工作及技术援助工作。与马里兰大学签订合作协议，在人员互派、资料共享、学术研讨、项目合作等方面达成共识。

年内，接待来华访问共9批23人次，主要包括香港地政总署、芬兰国家测绘局、芬兰大地测量研究所、乔治梅森大学、PCI公司、DG公司、汉诺威莱布尼茨大学等代表团。

【ISPRS秘书处日常工作】

国际摄影测量与遥感学会（ISPRS）秘书处运转顺利。2011年，协助ISPRS执行局和秘书长指导8个技术委员会完成日常管理工作。组织召开2次执行局会议和1次技术委员会联席会议；审批18个工作组会议；持续更新学会网站和数据库；编印散发学会各类出版物。批准1个国家会员和2个支持会员加入ISPRS。

管理制度建设

【完善内部组织结构】

经国家测绘地理信息局同意，国家基础地理信息中心成立了“地理信息监测部”、“天地图工作部”，并根据工作需要对2个部门人员进行了配备。

【保密工作】

2011年，国家基础地理信息中心机构和人员发生较大变动，根据保密工作需要，该中心对保密委员会成员予以调整和补充。组织完成了与各类人员的保密承诺书和密码管理人员责任书的签订。定期组织开展安全保密教育，组织全体职工观看警示教育片，并选派部分涉密成果管理人员参加国家测绘地理信息局举办的持证上岗培训，并取得证书。先后组织开展了2次保密检查。

该中心百胜村一号院涉密信息系统通过国家保密局测评中心测评。2007年~2011年，该中心对一号院进行了2次涉密局域网改造和涉密信息系统安全保密整改，部署了主机监控与审计、入侵防御、漏洞扫描、网络审计、计算机病毒防治、安全综合管理以及电磁屏蔽等安全保密软硬件设备，并完善了相关制度。

【制度建设】

2011年，国家基础地理信息中心共修制订规章制度12项，主要有《突发事件应急处置预案》、《钥匙及门禁卡管理办法》、《印章管理办法》、《保密要害部门部位管理规定》、《计算机房管理规定》、《（百胜村1号院）涉密信息系统运行与开发管理暂行规定》、《（百胜村1号院）涉密信息系统物理环境与安全设施管理暂行办法》、《安全管理制度》、《统计管理制度》、《公文处理办法》、《档案管理办法》、《宣传工作管理办法》等。在制度落实上建立了日常工作巡检和安全检查整改记录、保密定期审计记录、发现问题报告等制度落实机制。

党的建设与测绘地理信息文化建设

【党建工作】

国家基础地理信息中心通过深入学习，组织党员公开承诺，开展主题实践活动，挖掘和推动先进典型等工作，促进各党支部和党员在推动科技创新、促进事业发展中发挥模范带头作用。通过中心党委理论学习中心组集体学习、处以上党员干部参加“测绘大讲堂”，参与国家测绘地理信息局组织的建党90周年网上知识答题、唱红歌比赛等活动，进一步提高了领导班子和干部队伍的思想政治素质。

【文化建设】

国家基础地理信息中心组织2011年度消防演练，指导职工正确使用灭火器；举办干部职工首届“司南杯”摄影赛；组织百胜村1号院和莲花池28号院职工对抗赛；组织与北京市测绘设计研究院互访交流比赛，活跃职工文化生活，推动全民健身活动；参与国家测绘地理信息局举办的第二届“东方道迩杯”全国测绘系统乒乓球比赛，取得了团体并列第五、个人第四的成绩。开展“南、北极测绘及集邮”知识讲座；组织离退休老干部京郊休养、组织全体职工春游。通过上述活动，推进了中心文化建设，增强了内部凝聚力，调动职工为中心发展贡献力量的热情。

【获奖情况】

国家基础地理信息中心2人被选为国家测绘地理信息局青年学术与技术带头人；3人被国家测绘地理信息局评为成绩优异的高工；2人分别被授予国土资源部直属机关模范职工称号和优秀职工称号；1人获国土资源部“巾帼建功标兵”称号，1人获“五五”普法先进个人称号；2人获2010年度政府特殊津贴荣誉；1个党支部获中央国家机关先进基层党组织称号。该中心获“五五”普法先进单位称号，并再次获得“中央国家机关精神文明单位”称号。

【宣传工作】

国家基础地理信息中心配合国家测绘地理信息

局办公室和中国测绘宣传中心，积极做好“天地图”、1:5万数据库更新工程、应急服务等的宣传。印发《宣传工作管理办法》，明确部门职责、采访纪律、考核奖惩等，为促进宣传工作持续健康发展奠定了基础。

充分利用网站、专报、工作简报等载体，加强工作交流，及时、全面地反映中心的各项工作。该中心网站累计刊发各类信息130篇，国家测绘地理信息局门户网站采用50篇，《中国测绘报》刊用23篇；编辑中心工作简报29期。

国家测绘地理信息局卫星测绘应用中心

主要业务进展

【发展规划】

2011年，国家测绘地理信息局卫星测绘应用中心（以下简称卫星中心）承担国家测绘地理信息局组织的测绘卫星“十二五”规划编制工作，积极争取将资源三号卫星后续星、激光测高卫星、干涉雷达卫星列入国家《陆海观测卫星业务发展规划（2011－2020年）》，确保我国测绘卫星实现持续接替，并在国家空间基础设施建设中发挥重要作用。

编制并印发《国家测绘地理信息局卫星测绘应用中心“十二五”发展规划》，明确了卫星中心未来五年测绘卫星规划、卫星应用系统建设、地理国情监测、卫星测绘应急保障以及发展地理信息产业等技术业务工作的指导思想、基本原则、发展目标、重点任务和组织保障措施。

【资源三号卫星工程】

卫星中心积极推进资源三号卫星工程建设工作，密切配合国防科技工业局进行卫星工程大总体协调，认真做好卫星研制过程控制，主动协调卫星工程其他各系统、卫星运控部门间的关系，研究解决数据传输、卫星信号频率等技术管理问题，配合完成卫星、运载火箭、发射场、测控、地面接收和应用系统等6大系统发射前各项研制、测试和集成工作。11月11日卫星通过出厂评审，11月26日卫星转场，完成发射场总装、测试、评审等工作后，在中国太原卫星发射中心准备发射。

其间，卫星中心完成资源三号卫星应用系统可行性研究和方案设计，编制资源三号卫星应用系统可行性研究报告、资源三号卫星应用系统初步设计方案和预算，通过国家测绘地理信息局组织的论证后上报国家发展和改革委。9月，资源三号卫星应用系统初步设计预算经国家发展和改革委批复正式立项启动，项目总投资为28126万元，建设周期为30个月。在国家测绘地理信息局资源三号卫星应用系统建设项目领导小组领导下，卫星中心作为项目管理办公室常设机构，制定《资源三号卫星应用系统建设项目管理办法》，组织实施资源三号卫星应用系统的各项准备和建设工作，设立计划管理、技术管理、基建招标和质量监督4个工作组，负责应用系统计划进度、技术总体设计协调、基建招标与固定资产管理、技术质量与纪律监督等各项工作的组织实施。完成资源三号卫星应用系统建设总集成单位和监理单位的招标、总体技术流程和计划流程编制、首批野外检校装备招标采购、野外检校场选址与试验、数据传输光缆招标与建设、商用软件招标、资源三号卫星应用系统基本系统建设等工作，为资源三号卫星发射后影像数据的业务化生产处理奠定了组织、管理、技术和业务基础。

【地理国情监测】

卫星中心设立地理国情监测工作领导小组和专门的业务部门，负责编制卫星中心地理国情监测工作总体规划和试点方案、组织落实地理国情监测卫星测绘关键技术研究和工程实施工作。该中心结合卫星测绘的特点和优势，与测绘科研、教育、生产和行业单位开展技术合作，并作为牵头单位编制国家科技支撑计划项目“地理国情监测应用系统”建议书，组织完成项目建议书、可行性研究报告和预算编制工作并通过国家测绘地理信息局组织的专家评审。作为副组长单位，全程参与国家测绘地理信息局组织的国家“十二五”地理国情监测项目的总体设计和实施方案编制工作，完成地理国情监测影像服务平台和影像预处理技术方案设计。组织开展抚顺市矿山环境地理国情监测、浙江省滩涂与海岸带保护监测等试点工程建设。

【科技立项】

围绕卫星测绘关键技术和卫星影像应用推广，卫星中心积极开展科技研究与创新工作，完成来自科技部、国防科技工业局、国家测绘地理信息局等多个国家级科技项目的申请立项工作。其中，牵头承担国家科技支撑计划项目“资源三号卫星立体测图技术和应用示范”，国防科技工业局民用航天空间应用项目“资源三号卫星数据处理、应用及在轨测试关键技术研究”、高分专项（民用部分）项目“高分辨率对地观测系统测绘应用关键技术与示范先期攻关”和民用航天专业技术预先研究项目“基于在轨成像物理机理的国产卫星测绘精度分析模拟系统”等一系列重大科研项目；开展了“国产测绘卫星数据服务政策研究”、“光学成像卫星几何检校方法研究”、“卫星测绘影像档案管理制度研究”、“并行处理技术研究”、“小基高比航天摄影测量可行性研究”、“地理国情动态监测技术研究”等6项基础测绘科技项目研究工作。此外，卫星中心与澳大利亚工业组织（CISRO）合作承担科技部国际合作项目“洪水溃坝动态演进分析与灾害评估合作研究”，为基于遥感和流体力学的溃坝灾害模拟与监测进行了跨学科研究探索。

【组织机构建设】

2011年，经国家遥感中心报请科技部批准，卫星中心成为国家遥感中心卫星测绘部，作为国家遥感中心业务部之一，以卫星测绘部名义开展卫星测绘规划组织实施和遥感测绘卫星建设、研究等相关工作，在业务上接受国家遥感中心指导。

中国全球定位系统技术应用协会挂靠卫星中心。为满足发展需要，经国家测绘地理信息局批准，卫星中心增设了监测应用部，形成了具有2个职能部门、6个业务部门、1个挂靠单位的组织格局，并进一步调整和明确了各部门职责。此外，与南京大学、江苏省测绘地理信息局启动了卫星测绘技术与应用国家测绘地理信息局重点实验室组建工作，编写上报了重点实验室建设方案及计划任务书，并通过专家组评审。

科技创新与人才培养

【科研进展】

围绕资源三号卫星工程，卫星中心完成资源三号卫星影像模拟、卫星影像压缩和解压缩试验、星敏陀螺联合定姿试验、卫星几何检校与精密定轨试验、地面检校场试验等，研制并开发了星敏陀螺联合定姿软件、卫星精密定轨软件，建立了资源三号卫星严密成像模型和有理函数模型，为资源三号卫星工程顺利实施和资源三号卫星发射后的业务化生产奠定了科学基础。同时，通过科学研究、应用示范和提炼总结，形成了时空一体化动态数据库技术、影像控制点数据库技术、立体测图技术、三维时空数据动态可视化技术、基于在轨成像物理机理的国产卫星测绘精度分析模拟技术、高精度几何检校技术、溃坝模拟技术和红色地图系统等一批科技创新成果，为卫星测绘生产实践提供了技术保障。

卫星中心在完成测绘卫星民用航天发展规划编报工作基础上，进一步推动资源三号卫星后续星及激光测高卫星、干涉雷达卫星等系列测绘卫星的预研和立项工作，启动了高分测绘卫星的需求论证工作，完成了高分卫星测绘需求分析报告编制工作并通过了专家评审。

2011年，卫星中心发表论文8篇，其中国内EI论文5篇，国外EI论文1篇；国家发明专利申请受理1项，授权1项；科技成果转化2项；软件著作权6项；获省部级优秀科技成果奖1项；1人获国家测绘地理信息局“十一五”测绘地理信息科技杰出贡献奖；1人获国家测绘地理信息局“十一五”测绘地理信息优秀青年科技贡献奖；1人被增选为国家测绘地理信息局青年学术和技术带头人。

【人才队伍建设】

2011年，卫星中心组织实施“繁星计划人才工程”和首批“繁星带头人”的评选工作。开展首批中级专业技术职称认定和高级专业技术职务委托评审工作。至年底，1人入选国家千人人才计划、1人入选国家百千万人才工程、2人当选国家测绘地理信息局青年学术和技术带头人、4人评为“繁星带头人”。注重专业技术人才培养，鼓励职工参加学历教育和继续教育，全年共派出约180人次参加国内外技术业务培训。

卫星中心严格执行《党政领导干部选拔任用工

作条例》，按照民主推荐、组织考察、集体研究决定、任前公示等程序，完成首批5名处级领导干部的选聘工作；组织召开2011年度处级领导职务竞聘会，启动第二批4个处级领导干部岗位竞聘工作。

对外合作与交流

2011年，卫星中心因公出国（境）团组共11批26人次，主要参加国际测量师联合会工作周会议及FIG会员代表大会，第11届东南亚测量大会，第四届委内瑞拉国家地理大会，随工业和信息化部组团赴瑞士参加2011年国际电信联盟研究组会议，赴澳大利亚墨尔本CMIS计算建模实验室进行访问学习，赴荷兰特文特大学地理信息科学与对地观测学院（ITC）参加“防灾减灾中的地理信息技术应用与项目管理”短期培训，赴德国STI公司、法国Astrium公司进行访问和学术交流。

卫星中心接待委内瑞拉航天局、玻利维亚航天局、日本NEC公司、加拿大PCI公司代表团等来访5批17人次，聘请奥地利维也纳大学地理系沃夫冈·坎兹教授任中心特聘研究员。

管理制度建设

【ISO贯标工作】

8月，卫星中心通过ISO9001质量管理体系现场审核，获得ISO9001质量管理体系认证证书，标志着卫星中心工作全面步入制度化、科学化、规范化、高效化的运行轨道。

【制度建设】

卫星中心继续加大制度建设力度，先后制定《国家测绘局卫星测绘应用中心收入分配管理办法（试行）》、《国家测绘局卫星测绘应用中心职工教育培训管理办法（试行）》、《国家测绘局卫星测绘应用中心绩效考核管理办法（试行）》、《国家测绘地理信息局卫星测绘应用中心青年学术和技术带头人管理办法（试行）》、《国家测绘地理信息局卫星测绘应用中心项目管理暂行规定》、《国家测绘局卫星测绘应用中心科技创新奖励办法（试行）》等制度；修订了《国家测绘地理信息局卫星测绘应用中心货币资金管理办法（试行）》。该中心已先后发布实施29项规章制度，形成了较完善的规章制度体系。

【保密工作】

卫星中心高度重视保密工作，成立了保密工作领导小组，明确领导小组职责，该中心与各部门签订保密工作责任书，明确各部门保密人员及相关责任。

根据国家测绘地理信息局、国家保密局《关于开展涉密测绘成果保密检查的通知》要求，卫星中心全面开展涉密测绘成果保密检查工作。召开专题部署动员会，组织开展保密知识问答活动，组织观看涉密测绘成果管理宣传教育片；组织人员参加国家测绘地理信息局组织的涉密测绘成果保密培训，并通过统一考试，获得培训证书。

党建工作和文化建设

【党建工作】

卫星中心坚持制定和执行中心组理论学习年度计划，完成4次集中学习研讨，并召开党委务虚会。组织开好专题民主生活会，落实整改措施，设立“班子成员接待日”。开展党建研究和思想政治工作，向中国测绘职工思想政治工作研究会提交论文2篇。加强作风建设和反腐倡廉建设，开展警示教育、廉政风险排查点和廉政准则自查自纠工作。中心党委与各部门负责人签订党风廉政建设责任承诺书。做好党员大会的筹备工作；增设党支部，培养入党积极分子，发展新党员2名。

【创先争优活动】

卫星中心临时党委按照国家测绘地理信息局党组的总体部署和要求，带领全体党员深入开展“争当创业先锋，奉献卫星测绘”创先争优活动，组织开展以“五个一”（精读一段党史、组织一次参观、撰写一篇体会、回答一份问卷、提出一项成果（建议））为主要内容的“学习党的历史，岗位建功创业”专题系列活动。

临时党委组织党员点评工作，邀请分管局领导对中心整体情况进行点评，安排党员之间互相点评，提供平台供群众了解创先争优活动进展，并对党组织、党员点评。班子成员以领导和普通党员的双重身份参加点评。“七一”前夕，评选表彰中心首届“两优一先”人员。

【文化建设】

卫星中心注重文化建设，在国家测绘地理信息局组织的读书征文活动中多篇文章获奖，单位获得优秀组织奖；定期组织青年职工开展学术沙龙活动；充分发挥工会、共青团在文化建设中的主力军作用，先后开展庆祝“三八”妇女节游览参观活动、“读党史，忆传统，话发展”“五四”主题活动、参观学习英雄的335团学军活动、参观李大钊纪念馆党史教育活动等；组织全体员工参加国家测绘地理信息局组织的爱国歌曲演唱大会；设立各类文体活动兴趣小组，号召职工踊跃参与羽毛球、篮球、乒乓球等文体活动；举办卫星中心首届乒乓球比赛、首届职工趣味运动会；组织参加局系统乒乓球比赛，并荣获“体育道德风尚奖”。

【宣传工作】

卫星中心多次专题研究宣传工作，结合业务工作实际制定了年度宣传工作计划，修订完善新闻宣传管理办法，调整充实通讯员队伍，进一步完善中心网站建设。经批准，设立中国测绘报社卫星中心记者站。通过中心网站刊发信息150多篇，其中向国家测绘地理信息局门户网站提供稿件40多篇，向《中国测绘报》提供稿件3篇。配合相关部门，制定了资源三号卫星发射整体宣传预案。

中国测绘宣传中心（中国测绘报社）

主要业务进展

【联系主要媒体宣传报道】

2011年，中国测绘宣传中心（中国测绘报社）（以下简称宣传中心）围绕国家测绘地理信息局的中心工作和重点工作，选准把手，精心策划新闻选题、及时联络中央新闻媒体开展新闻宣传，为测绘地理信息事业更好更快发展营造了良好的舆论氛围。全年累计向中央媒体提供新闻素材约35万字。人民日报、新华社、光明日报、经济日报、中央人民广播电台等中央媒体刊（播）发新闻500多条，中央电视台播报测绘新闻23条，各地方媒体、网站刊（转）载近7500条，图片新闻100多幅。

1月，国务院新闻办公室举行新闻发布会，国家测绘地理信息局副局长闵宜仁公布“天地图”正式上线的消息。《人民日报》刊发《“天地图”正式上线 公众可免费使用》；新华社刊发《我国互联网地图服务网站“天地图”正式上线运行》等报道；《经济日报》刊发《国家测绘局：打造“天地图”优秀品牌》等报道；中央人民广播电台播发《“天地图”正式上线 处理后电子地图总瓦片数近30亿》；中央电视台《新闻联播》播发国内简讯《中国互联网地图服务网站“天地图”正式上线》，《新闻30分》播发《国家测绘局“天地图”上线 房屋树木清晰可见》等消息；中国新闻社刊发《中国自主互联网地图服务网站“天地图”正式版上线》等，该文刊发后，被台湾《中国时报》、中央社，以及香港《大公报》、《明报》、《商报》等5家媒体采用；《环球时报》刊发《日媒对中国“天地图”标注钓鱼岛位置不满》。中国网、中国政府网、人民网刊登大量消息。此外，凤凰网播出视频《中国地理信息上线“天地图”撼谷歌》。10月，我国自主的互联网地图服务网站“天地图”2011版和手机版正式推出，新华社、《经济日报》、《科技日报》均第一时间在显要位置刊发消息，中央电视台、中央人民广播电台在各档新闻栏目播报消息。

2月，我国组织利比亚撤侨，国家测绘地理信息局启动测绘应急保障服务预案，局领导紧急部署测绘应急保障服务工作，国家基础地理信息中心、中国地图出版集团等单位连夜赶制利比亚政区图、企业和人员分布图等为撤侨工作提供测绘保障，宣传中心及时将相关信息提供给中央各大媒体，新华网、人民网等第一时间发布有关新闻。

3月，向相关媒体提供国家测绘地理信息局统一为云南省盈江5.8级地震抗震救灾提供保障服务的新闻素材。同时，报道了国家测绘地理信息局和陕西省人民政府签订地理国情监测试点协议书，陕西省成为全国首个地理国情监测试点省份的消息。

8月，国家1:5万基础地理信息数据库更新工程及西部测图工程通过验收，宣传中心配合国家测绘地理信息局办公室，认真组织媒体吹风会、验收会、实地采访、新闻发布会等。人民日报、新华社、中央电视台、新华网、大公报等60多家新闻媒体给予支持，近30家新闻媒体连续在显著位置发表消息、长篇通讯、评论、图片等各类报道110多篇，文字约17万，图片70多幅。新浪、搜狐、凤凰网、中国网等各大门户网站及地方媒体转播转载近3000条。其中，中国网对新闻吹风会进行了网上直播；人民日报、新华社、中央电视台、香港大公报等20多家国内外新闻媒体的近30名记者赴新疆进行实地集体采访和个别采访；中国网、新华网、人民网对国务院新闻办公室举行新闻发布会进行了现场直播。

11月，国家地理信息科技产业园奠基一周年暨首批企业入园签约仪式举行。人民日报、新华社、中央人民广播电台、中国国际广播电台、中华英才、新华网、北京电视台、香港大公报等40多家中央及地方新闻媒体进行报道，共刊（播）发新闻14条，各地方媒体、网站转播转载量达120多条。

12月，全国测绘地理信息局长会议在北京召开。新华社、经济日报、中央人民广播电台、中央电视台、国土资源报、新华网等中央新闻媒体进行了集中报道。新华社连续刊发《测绘地信局：三个平台建设有效提升地理信息服务》、《我首颗民用测绘卫星"资源三号"将于明年1月发射》等报道；中央电视台播出《未来五年全面构建"数字中国"》；中央人民广播电台播报《我国地理信息产业年产值达到1500亿元》、《地理信息民族品牌"天地图"全球点击量近1.8亿次》、《我国建成一百多个数字城市并提供服务》等消息；中国新闻社发布多篇深度报道，其中《中国首颗民用立体测绘卫星资源三号明年1月发射》一文被新浪、搜狐、中国网等各大门户网站及地方新闻媒体转载；《国土资源报》在重要位置刊登了多篇相关报道；此外，新华网、光明网在会议当天连续发布多篇报道，被各大地方媒体和门户网站转载。

【测绘报刊宣传报道】

一、重大事件宣传报道

5月，李克强副总理到中国测绘创新基地视察调研，并宣布国家测绘局更名为国家测绘地理信息局。宣传中心领导班子高度重视这次宣传报道，组织起草了陈俊勇、刘先林和李德仁3位院士代表的发言稿，以及社论《站在走向灿烂辉煌的历史新起点》和侧记《肩负起测绘地理信息事业新使命——李克强副总理在中国测绘创新基地调研侧记》。《中国测绘报》先后刊发消息、社论、侧记及新华社图片，刊登消息《国家局党组转发〈李克强副总理在中国测绘创新基地座谈会上的讲话〉》、《我国测绘地理信息工作迎来全新发展机遇》，持续报道各地贯彻落实李克强副总理重要讲话精神的情况。开设《学习贯彻李克强副总理重要讲话精神》专栏，刊发各地测绘行政主管部门一把手署名文章，探讨研究贯彻李克强副总理重要讲话精神的思路和举措。

二、重大成果宣传报道

8月，国家1∶5万基础地理信息数据库更新工程及西部测图工程通过验收，宣传中心认真组织实施宣传报道，多次召开专题会议研究部署相关工作。8月16日～21日，实地采访阶段，中心主任带队，在全力做好中央媒体采访团各项服务工作的同时，圆满完成了《中国测绘报》的采写任务；整体宣传报道活动阶段，宣传中心编写、整理和印制26.5万字的新闻素材提供给中央媒体记者，并多次派员配合中央电视台实地拍摄，取得了丰富的影像资料。8月9日起，《中国测绘报》陆续推出消息《针对西部测图工程和1∶5万数据库更新工程国新办召开新闻吹风会》、《数字中国地理空间框架初步建成》，通讯《1∶5万更新工程项目部打造国际先进的数据库纪实》、《九万里风鹏正举——记西部测图工程取得重大技术突破》，评论《奠定坚实基础 实现跨越发展》，图片新闻《浓墨重彩绘雄图》及《国家1∶5万地理信息数据库更新工程边建设边应用纪实》、《李维森就西部测图和一比五万更新工程答记者问》等13篇重点报道，共4万多字。

由国家测绘地理信息局组织、中国测绘科学研究院牵头自主研制的国内首套具有自主知识产权的机载多波段多极化干涉SAR测图系统对外发布成果，《中国测绘报》刊登消息、通讯，引起较大反响。9月，国家地理信息应急监测车交付演示汇报及无人机应用现场会分别在北京和广西南宁举办，《中国测绘报》派记者采访，配发评论、图片，并开辟专版对监测应急车、无人机测绘系统应用情况等进行深入报道。

三、重大工程宣传报道

10月，国家测绘地理信息局举行"天地图"开通一周年暨新产品发布会，发布"天地图"2011版和手机版，展示"天地图"省市级节点互联互通试点成果。宣传中心派记者采访报道，并组织系列文章全面解读"天地图"的发展历程、成果应用和精彩画卷。刊发消息《"天地图"推出2011版和手机版》、《观舆图变迁 感华夏辉煌——赏“天地图”古地图频道“中华舆图”》、《走过风雨 收获金秋——“天地图”开通一周年探访》，并配发评论《开启地理信息服务新篇章》。

国家地理信息科技产业园一期工程竣工，国家测绘地理信息局举行意向入园企业座谈会。《中国测绘报》刊发消息《国家地理信息科技产业园意向入园企业座谈会举行》、《当年设计 当年施工 当年竣工 国家地理信息科技产业园一期正式封顶，22家地理信息企业签约入园》，以及徐德明局长感怀赋诗《置业新天地——热烈祝贺国家地理信息科技产业园一期主体工程竣工企业签约入园》，并配发图片。

宣传中心派骨干记者对北京苍穹数码、北京数字政通科技、吉威数源等公司进行深入采访，了解和透视我国地理信息产业所取得的成就，刊发长篇深度报道《地理信息产业在中国》等系列文章。同时，追踪报道数字城市建设进展和地理国情监测，先后刊发《夜测重庆机场 服务飞行安全》、《为铁路部门雪中送炭》、《陕西应急地理信息平台获得常务副省长娄勤俭充分肯定》等消息和图片，并刊登文章《关于开展地理国情监测工作的几点思考》。继续在《数字城市在建设中》栏目中刊载报道各地数字城市建设及其应用成效。

四、重要活动宣传报道

7月1日，国家测绘地理信息局举行系列活动庆祝中国共产党建党90周年。《中国测绘报》刊发消息《“两优一先”表彰大会暨爱国歌曲演唱会举行》，要闻版用整版图片报道国家测绘地理信息局纪念建党90周年爱国歌曲演唱会，综合新闻版大篇幅报道各地测绘地理信息部门热烈庆祝建党90周年。

为配合“8·29”全国测绘法宣传日活动，8月5日~30日，《中国测绘报》陆续刊登《国家局部署开展测绘法宣传日活动》、《各地积极部署测绘法宣传日活动》、《全国测绘法宣传日主场活动在沈阳隆重举行》系列消息和长篇通讯《不似春光胜似春光——全国测绘法宣传日沈阳主场侧记》，配发评论《使命 责任 挑战》，以及《全国测绘法宣传日活动剪影》等图片新闻，发挥了良好的舆论引导作用。

宣传中心密切关注国家测绘地理信息局“走出去”战略的实施，重点报道国家测绘地理信息局党组调研、局领导重要活动和工作会议。及时报道了徐德明局长率中国测绘地理信息代表团赴菲律宾、印度尼西亚考察访问，李朋德副局长率团出席在摩洛哥召开的国际测量师协会2011年工作周会议，国家测绘地理信息局与水利部举行第一次水利普查工作底图交接仪式，徐德明局长与广西壮族自治区副主席林念修会谈，全国测绘系统党风廉政建设工作会议，全国测绘系统法治工作会议，国家地理信息公共服务平台“天地图”建设工作会议，国家测绘地理信息局部署清理和规范庆典研讨会论坛活动和公务用车专项工作治理，全国测绘地理信息系统第二届乒乓球比赛等。深入报道局领导的调研活动，刊登《塞上江南展新图》、《大调研 大推动 大落实》等多篇长篇通讯，并配发图片。

五、应急测绘服务保障宣传报道

汶川地震三周年之际，《中国测绘报》整版刊发汶川灾后重建三周年测绘保障纪实报道，刊发以及反映测绘科技在汶川地震抗震救灾和灾后重建中发挥重要作用的长篇报道。用整版图文报道汶川震后新貌，同时配发评论员文章、纪念文章、李维森副局长的专访。此外，及时报道国家局紧急为我国撤离在利比亚人员提供地图服务，国家测绘地理信息局和云南省测绘局及时为云南盈江地震抗震救灾提供测绘服务，海南测绘地理信息局为金砖国家领导人第三次会晤及2011年博鳌亚洲论坛年会召开提供地理信息服务和测绘技术保障。深入采访和报道陕西测绘地理信息局利用无人飞艇对世界园艺博览会园区进行实时巡航监测的情况，并刊发消息和图片。

六、重要会议宣传报道

宣传中心认真组织全国测绘局长会议相关报道，《中国测绘报》开辟《学习全国测绘局长会议精神》专栏，编发《数字城市，让生活更美好》、《打造“天地图”民族优秀品牌》、《地理信息产业发展方兴未艾》等文章。

国家测绘地理信息局和总参测绘导航局首次召开军地测绘融合发展工作会议。《中国测绘报》刊发消息，配发图片及评论员文章，对会议进行全面深入的报道和解读。

我国举行首次注册测绘师资格考试，全国30个省区市及新疆生产建设兵团同时举行考试，3万多名测绘专业技术人员参加考试。《中国测绘报》刊发消息，配发图片及评论员文章，刊登国家测绘地理信息局负责人答记者问，对考试的情况和实行注册测绘师制度的意义进行解读。

宣传中心派记者到现场采访中国地理信息产业大会、中国地理信息产业协会成立大会，《中国测绘报》刊发《推动产业发展 促进广泛就业》、《异军突起 爆发增长》、《高德杯中国位置应用大赛揭晓》等消息，配发图片新闻，全面反映首届中国地理信息产业大会的盛况。

宣传中心派记者现场采访2011年全国测绘地理信息局长座谈会、全国测绘地理信息科技和人才工作会议等，《中国测绘报》刊发消息、通讯、评论等近10篇约万余字。评论《转变会风树新风》和通讯《沐浴延安精神的光芒》，受到局领导好评。

宣传中心派记者全程跟踪采访“中测新图杯”第二届全国测绘地理信息行业职业技能竞赛及复赛，《中国测绘报》刊发消息《打造技能精英 彰显行业魅力》，配发评论员文章和刊登图片新闻。

10月，国家测绘地理信息局在江苏南京召开全国数字城市建设工作会议，《中国测绘报》刊登消息，对数字城市建设的最新动态进行报道。

11月，国家测绘地理信息局、北京市委宣传部联合组织北京市新闻媒体“走基层看测绘”宣传活动，《中国测绘报》刊发《北京市领导参观考察中国测绘创新基地 对我国测绘地理信息事业发展成就给予高度评价》等消息。

此外，《中国测绘报》及时报道了山西、江苏、江西、湖北、湖南、广西、云南等省区政府领导在测绘地理信息工作方面的批示和活动。报道了国家测绘地理信息局开展创先争优活动、局党组学习贯彻党的十七届六中全会精神会议（扩大）、边远地区少数民族地区基础测绘专项补助经费工作成效等。

改革创新

【办报办刊】

2011年，宣传中心拓展《中国测绘报》的内涵和外延，增强测绘报刊的视角。开设了《理论与实践》、《人才时代》、《科技时空》、《地图世界》、《读书》、《经纬副刊》、《经纬画页》等版面和文化专刊，并根据国家测绘地理信息局党组不同时段的工作重点，开辟新专栏，发挥了更好的宣传效果。

开辟《学习全国测绘局长会议精神》专栏，刊载各地测绘地理信息行政主管部门、局直属单位等10多家单位一把手的署名文章。推出《监测地理国情大家谈》专栏，主动约稿，及时刊发专题文章30多篇。开设《学习贯彻李克强副总理重要讲话精神》专栏，刊发各地学习贯彻情况和部分省局、直属单位一把手的学习体会文章。开辟《地理信息产业在中国》专栏，报道我国测绘地理信息产业发展壮大的实践探索和成功典型。设立《抢占制高点——测绘发展战略研究》专栏，宣传“十二五”全国测绘地理信息“构建数字中国、监测地理国情，发展壮大产业、建设测绘强国”发展战略，刊登20多篇理论研究文章。

《中国测绘报》全年共出版99期，刊发社论、评论员文章等30多篇、6万多字，受到普遍好评，提升了报纸的公信力、影响力和权威性。此外，通过一、四版全彩色印刷，增加图片新闻数量等方法，使报纸获得更佳的视觉效果。

《中国测绘》杂志设立《深度报道》、《理论研究》、《测绘文化》和《海外动态》等栏目，组织专题文章，突出重点工作，强化热点问题，取得良好效果。

【测绘宣传和文化成果】

宣传中心与18个省局（院）合作拍摄《走向辉煌——各地测绘工作巡礼》电视宣传片并在中国测绘创新基地滚动播出，同时在国家测绘地理信息局门户网站开设相应专栏。为纪念国家测绘局更名为国家测绘地理信息局，设计制作了《站在新的历史起点上》纪念邮折，在全系统、全行业发行。编辑出版《经天纬地走天涯——新世纪中国测绘摄影精品集》大型画册和《中国地理国情监测探索与研究》、《学习贯彻李克强副总理对测绘地理信息工作的重要指示精神》、《记者看测绘》3本图书。

经济创收

宣传中心针对自收自支的单位性质，确立了“与市场接轨、与企业联姻、与社会媒体联合，以宣传带增收、以服务促创收，内部整合力量、外部拓展市场，多方位、多形式、多渠道、多元化”的经济创收思路。通过在影视制作、征订发行、组织广告、专版专题、企业宣传等方面的努力，偿还了部分欠债，全体职工收入也得到较大幅度的提高。同时，坚持开源节流，规范管理，制定了《财务和固定资产管理办法》等规章制度，使单位财务工作纳入制度化、规范化管理轨道。

队伍建设

【组织建设】

宣传中心通过党总支、党支部改选，完善党的组织机构，加强党组织的核心领导力。完成工会组织改选，开展各种文体活动，增加了队伍的凝聚力。

【思想建设】

宣传中心抓住庆祝中国共产党建党90周年的机遇，组织开展了一系列宣传教育活动。组织全体职工观看电影《建党伟业》，组织党员干部召开“我为党旗添光彩”座谈会，组织全体党员递交《承诺书》，组织党员干部集中收听收看胡锦涛总书记的七一重要讲话，并开展学习讨论，为单位各项工作顺利开展提供政治和思想保证。

【干部队伍建设】

宣传中心党总支按照干部选拔任用条例规定，在公开公正公平的原则下，按规定程序民主选聘3名青年处级干部。通过优化岗位职能和人员结构，调整部分干部职工的工作岗位，进一步调动了全体职工的工作热情，增强了队伍的凝聚力和战斗力。

文化建设

宣传中心以“讲党性、重品行、做表率”为重点，结合创先争优活动，以开展职工文化活动为载体，基本做到每月都有主题活动。年初，利用总结表彰会和春节团拜会的时机开展文娱活动；“三八”妇女节组织女职工开展春游健身活动；“五四”青年节组织职工开展素质拓展训练和登山运动；5月，组队参加全国测绘系统乒乓球比赛；6月，组织干部职工开展唱红歌活动；7月，组织全体职工赴辽宁抚顺接受革命传统教育；8月，组织全体职工赴北戴河学习培训；9月，组织部分团员青年与北京测绘设计研究院团员青年赴怀柔参加拓展训练和联谊活动。通过一系列的文体活动，增强全体职工的凝聚力和向心力，促进了单位精神文明建设。

2011年，宣传中心为创新基地各类活动拍摄图片约1.5万张，制做相册170本、刻录光盘400张、提供摄影服务85次，拍摄视频资料2100多分钟。

国家测绘地理信息局管理信息中心

主要业务进展

【政府网站建设工作】

一、网站宣传

2011年，国家测绘地理信息局管理信息中心（以下称管理信息中心）紧紧围绕国家测绘地理信息局中心工作，利用国家测绘地理信息局网站开展测绘宣传工作，为测绘事业发展营造良好的舆论环境。及时报道国家测绘地理信息局党组带领全国测绘地理信息行业贯彻落实党和国家领导人对测绘地理信息工作指示的决策部署和成效，多视角、全方位深入报道数字城市建设、“天地图”建设、地理国情监测、地理信息产业、测绘地理信息体制机制、测绘科技创新、测绘地理信息的应急保障、测绘文化等方面的建设进展，以大量鲜活的事件彰显了测绘地理信息在国民经济建设、社会发展、抢险救灾等方面做出的杰出贡献和发挥的不可或缺作用。截至年底，网站共刊登各类新闻稿件近7000篇。全年，各省级测绘地理信息行政主管部门和有关单位报送的稿件5200篇，实际采用3803篇，稿件采用率73%；转载中国测绘报170篇，转载新华网、人民网、中央电视台、中国广播网等主流媒体稿件近3000篇，回复网友留言咨询733条，处理局长信箱、网上投诉121条，通过意见征集栏目收集有关意见建议37条，审核通过网友对有关文章的评论654条，审核通过网友的论坛发帖44条，编发《互联网测绘信息简报》6期、《局网站整体运行情况简报》5期。2011年，中央政府门户网站登载源自国家测绘地理信息局网站的报道213篇。

管理信息中心紧紧围绕国家测绘地理信息局重点工作和社会关注热点建设专题专栏。制作26个专题专栏，全面体现国家测绘地理信息局2011年的三件大事和七大成就，宣传测绘地理信息工作取得的成效；围绕国家局“3+1”重点工程、测绘地理信息体制机制建设等开设相关专题，形式新颖，内容丰富全面，报道及时。其中，围绕建党90周年和测绘法宣传日活动，分别举办纪念中国共产党成立90周年党史知识竞答活动和“易图通杯”全国测绘地理信息法律知识网络竞赛，吸引了社会公众广泛参与，参与人数超过11万人，取得了良好效果。2011年，国家测绘地理信息局门户网站全年页面浏览总量近8500万次，较上年度上升102%；点击量达到3.2亿次，较上年度上升27%；平均每月独立IP访问数量为270，041个，较上年度上升67%，网站的社会影响力进一步增强。

二、网站改版

2011年，管理信息中心按照网站在测绘地理信息宣传、政务公开、在线服务、政民互动等方面的功能定位，对国家测绘地理信息局网站进行了全新改版。按照政务公开、公共服务、互动交流3大核心功能分区，重新设置栏目板块。政务公开分区整合了特色服务网站和专题网站，便于网民查阅专题测绘地理信息；增设新产品新技术创新应用栏目，深入介绍测绘地理信息新产品的技术、成果展示、典型应用等情况。公共服务分区中集中整合了国家测绘地理信息局行政许可事项及在线服务、业务管理、下载中心、信息查询、简报集萃、常用电话和公益信息等服务事项，便于社会公众查询，促进行政许可网上办理加快实现。公众参与分区更加突出、集中推进政民沟通，引导网上舆情，在及时解疑释惑等方面发挥重要作用。网站整合了相关链接，包括中国政府网、国务院各部委、省级政府、地方测绘部门、国外相关网站等，使用户一次登录就可获得政府、测绘多部门和单位的信息，体现了“门户”价值。

三、全国测绘地理信息系统网站评测

为进一步引导和规范全国测绘地理信息系统网站的健康良性发展，代国家测绘地理信息局起草《国家测绘局关于加强测绘系统网站建设的指导意见》。管理信息中心以吉林省测绘局网站为试点，依托国家测绘地理信息局现有网站平台技术，采用“统一标准、分工协作、集中部署、分级管理”的模式顺利完成吉林省测绘局新版网站的规划设计和部署上线工作，为下一步建立真正统一架构、运转高效的测绘地理信息网站群体系奠定了基础。2011年全国测绘地理信息部门网站绩效评估工作在2010年基础上扩大参评单位范围，将国家测绘地理信息局所属事业单位和有关测绘单位的网站纳入其中，参评网站数量由2010年的34个网站增至51个，并对评估指标设计做了相应的调整，根据是否具有行政管理职能，制定了两套不同的评估指标体系，使评估更具有针对性和引导性，评估结果在2011年召开的测绘地理信息系统网站建设会议上发布。召开网站建设暨业务培训会议，表彰了在2011年度测绘地理信息系统网站建设中表现突出的网站和优秀信息员，通报了国家测绘地理信息局网站内容保障统计情况，并交流研讨测绘地理信息系统网站建设、管理方面的工作经验和做法，部署了今后一个时期网站建设工作，为进一步提升测绘地理信息系统网站建设的整体水平和服务能力，推动测绘地理信息事业科学发展提供有力的平台支撑。

【网站应用系统建设情况】

一、建成网上中国测绘科技馆

2011年，受国家测绘地理信息局办公室委托，管理信息中心负责组织在国家测绘地理信息局网站建设网上中国测绘科技馆，实现中国测绘科技馆实体馆在互联网上的虚拟游览功能。在没有相关系统建设经验情况下，管理信息中心广泛调研、科学设计，创新了网上展示形式，采用三维实景照片、视频、Flash等技术手段，实现了对实体科技馆内的空间、展项提供逼真的网上体验展示，高标准完成了建设工作。使广大网友足不出户，就能近距离接触、直观感受以测绘为主题的国家级专门类展馆。这一成果成为实体馆的重要补充和延伸，进一步扩大了测绘地理信息事业的影响力，从7月1日上线以来到2011年底点击总量超过130万次。

二、开展软件正版化检查整改工作

根据《国务院办公厅关于进一步做好政府机关使用正版软件工作的通知》、《国务院办公厅关于印发打击侵犯知识产权和制售假冒伪劣商品专项行动方案的通知》等文件精神，按照国家测绘地理信息局领导要求，管理信息中心作为主要工作承担单位和技术支撑部门，参与完成了国家测绘地理信息局软件正版化检查整改工作。组织了对局机关本级软件情况摸底统计，细化了正版软件采购需求和预算，及时向国家测绘地理信息局请示、汇报有关事宜，并按照商务部、新闻出版总署、国务院机关事务管理局等有关部门要求完成了整改过程中的信息统计和上报工作，按要求在5月底前完成了正版软件的采购，并在局机关计算机日常巡检工作中完成近200套正版软件的安装调试。

三、坚持做好日常维护与巡检服务

继续坚持国家测绘地理信息局机关计算机日常巡检服务制度。为减少对机关工作人员办公时间的占用，2011年将局机关计算机日常巡检与网络保密检查工作结合起来同时开展，完成了对210台非涉密计算机、25台涉密计算机的常规检查、安全检查、保密检查等，集中解决了计算机问题故障，提高了计算机系统的安全性和可靠性，为局机关自动化办公提供了坚实的后台保障。同时，认真完成局机关网络设备、服务器的日常管理和维护工作，保障各网络畅通和各项应用系统的正常运行，做好机关计算机、打印机等终端设备的日常管理、维修工作及设备更新和耗材保障工作。

【重要信息系统等级保护安全建设整改工作】

为贯彻落实《信息安全等级保护管理办法》（公通字〔2007〕43号）、《关于开展信息安全等级保护安全建设整改工作的指导意见》（公信安〔2009〕1429号）等文件精神，管理信息中心根据2010年公安部给国家测绘地理信息局的监督检查反馈意见书要求，在局规划财务司和办公室的指导下，启动国家测绘地理信息局门户网站和内网办公的两个三级系统的安全建设整改工作，聘请第三方专业测评机构对两个系统的安全保护现状进行分析，从管理和技术两个方面确定这两个系统的安全建设整改需求，分析判断目前所采取的安全保护措施与等级保护标准要求之间的差距，并最终形成了两个系统的现状调研报告、风险评估报告、差距分析报告和安全建设整改设计方案，为后续安全建设整改工程实施提供了科学依据。同时，管理信息中心结合国家测绘地理信息局搬家后的实际情况，建立健全局机关网络和相关系统管理制度，制定了《国家测绘地理信息局机关网络信息系统安全管理暂行规定》（试行）、《国家测绘地理信息局互联网电子邮件系统管理暂行办法（试行）》，修订了《国家测绘地理信息局机关网络应急预案》、《国家测绘地理信息局机关重要信息系统应急保障预案》。

【统计组织管理工作】

一、年报编制和统计资料提供工作

2011年，管理信息中心组织完成测绘系统2010年各项专业统计年报的收集审核汇总工作；完成2010年测绘统计年报编制；完成2010年统计快报、2011年统计季报的汇编；发文布置2011年统计年报和2012年统计季报工作；按时完成向国家统计局（《中国统计摘要》、《中国统计年鉴》、《中国科技统计年鉴》、劳动统计年报、测绘服务财务状况统计表）报送有关测绘统计资料、向海淀区统计局报送局机关年度有关统计数据和向局有关部门提供测绘统计资料的任务。

二、统计分析工作

根据2010年测绘统计年报数据，从测绘行业发展、测绘系统经济运行、测绘成果提供与应用、测绘系统人员和收入等不同角度开展统计分析，编发统计分析报告，为各级领导和相关人员了解情况、掌握动态、科学决策提供数据支持和参考。积极开展“十一五”测绘发展统计分析工作，编写了《“十一五”测绘发展统计分析报告》。

三、专项调查工作

为了解我国地理信息产业发展现状，为研究制定地理信息产业发展政策提供科学依据，进一步促进我国地理信息产业发展，管理信息中心积极配合测绘发展研究中心开展甲乙级测绘资质单位专项调查，修改完善调查表，向各省级、计划单列市测绘行政主管部门发文布置该项工作，同时充分利用测绘统计网络直报系统，在直报系统中定制开发专项调查项目，并编写了直报系统操作指南方便填报单位参考。

四、完善统计网络直报系统

为确保统计网络直报系统的畅通高效和方便使用，管理信息中心与系统开发单位密切配合，根据使用中出现的问题和用户反馈的意见和建议，不断完善直报系统的各项功能。同时，按照修订后的《测绘统计报表制度》修改系统中的统计报表，调整部分功能和操作流程，针对用户类型编写了相应的操作指南。经与广东省国土资源厅统计机构充分沟通协商后，启动了国家测绘地理信息局统计网络直报系统省级（广东省）部署项目，编写了系统建设方案，经批准后正式立项，计划2012年建成投入使用。该项目的实施为直报系统省级部署工作奠定了基础。

五、统计工作会议及统计培训

组织召开测绘系统2011年度统计工作会议，交流经验，并就《测绘统计管理办法》和《测绘统计报表制度》的修订情况进行了通报和说明，对《测绘统计报表制度》进行了培训。为确保《测绘统计报表制度》的顺利执行，在对各单位综合统计人员进行集中培训的基础上，要求各单位自行组织对其他部门测绘统计人员进行培训，对于培训任务较重的单位管理信息中心统计处派人予以指导。各单位均能按照通知要求认真筹划，积极推进培训工作，收到预期效果。

【编鉴修史工作】

一、《中国测绘年鉴》(2011 年卷）编制出版

组织召开年鉴编制工作暨通讯编辑培训会议，总结5年来年鉴编制工作，表彰优秀供稿单位和优秀通讯编辑，对年鉴2011年卷的编制和发行工作提出具体要求，对年鉴通讯编辑进行了写作培训。认真开展年鉴组稿、编审、校对等工作，《中国测绘年鉴》(2011 年卷）于8月25日正式出版发行，成书142万字，整体质量较以往有一定提高。起草年鉴2012年卷框架结构和组稿细则征求意见稿，为年鉴2012年卷编制工作的顺利开展奠定了基础。

二、年鉴发行工作

2011 年，年鉴编制和发行工作被纳入省级测绘地理信息行政主管部门贯彻落实科学发展观年度考核指标体系，年鉴编辑部抓住这一良好契机，主动向各省级测绘地理信息行政主管部门宣传年鉴的功能和作用，进一步提高了各单位对年鉴的认知度，并通过评优奖励等形式，提高各单位征订工作的积极性和主动性，年鉴发行量大幅提高，在市县级管理机构和行业单位的普及率实现较大突破。此外，年鉴编辑部通过调研等方式，实地了解多个省（区）2010 卷、2011 卷征订工作情况，进一步查找问题，理清思路，确定目标发行量，促使年鉴发行覆盖全行业，真正使年鉴成为全国测绘地理信息系统自己的工具书，并发挥其应有的价值。

三、《中国测绘史》续编准备工作

按照测绘史志工作委员会工作安排，积极思考筹划续编《中国测绘史》相关工作，召开测绘史志工作委员会主任委员扩大会议，研究讨论续编《中国测绘史》可行性及必要性，拟定了《中国测绘史》(第三卷）框架结构，并经测绘史志工作委员会全体会议讨论后修改完善，为下一步启动续编测绘史奠定了基础。

四、配合其他部门编鉴修史工作

根据《中华人民共和国年鉴》、《中国经济年鉴》、《中国国土资源年鉴》的组稿供稿通知，完成了相关篇目测绘稿件的组稿、供稿工作；作为《汶川特大地震抗震救灾志》的承编单位，积极开展相关工作，向测绘系统有关单位下发组稿通知并及时督促指导，完成了《灾后重建志》等分卷测绘部分的资料长编和初稿编纂工作。

综合管理工作

【人才队伍建设】

2011 年，管理信息中心根据岗位设置方案及岗位竞聘实施方案，严格按照个人报名、演讲、民主评议等程序，组织完成8名职工岗位竞聘工作，下发聘任通知，重新签订聘任合同，按时兑现了工资待遇。2名处级人员积极参加局机关组织的岗位竞聘，均取得较好成绩。严格按照《国家测绘局事业单位公开招聘人员暂行办法》要求，完成2011年大学生招聘工作，共招聘2名硕士研究生。修改完善中心年度职工考核办法，进一步增强了考核评价的客观性、针对性和准确性，进一步激发了全体职工的工作热情。

【津补贴规范和清理工作】

根据《关于规范在京中央事业单位退休人员津贴补贴的通知》要求和局人事司工作安排，中心严格按照国家政策规定对退休人员津贴补贴进行了认真清理和规范，及时向退休人员补发了津贴补贴增长的部分，并及时申报了退休人员经费缺口。根据《关于开展全面清理核查事业单位津贴补贴工作的通知》要求，对2010年中心发放的津贴补贴进行了全面清理核查，并将有关情况书面报告局人事司。

【财务管理工作】

管理信息中心完成2010年住房改革支出决算、部门财务决算的编报，编写财务决算分析报告，编报2012年项目支出预算、住房改革支出预算和“一上”、“二上”细化预算。认真开展“小金库”专项治理全面复查工作，填写《“小金库”全面复查报告表》，并将工作情况书面报告局“小金库”专项治理工作领导小组办公室。根据局规划财务司《关于开展2010年部门预算项目支出绩效评价工作的通知》要求，按照《项目单位资料准备清单》收集整理项目绩效材料，开展自评，撰写项目绩效报告，在专家评审会上汇报和答辩，会议认为绩效目标明确、设计合理、绩效明显，项目绩效评价等级为“有效”。根据局纪检监察审计室的工作安排和要

求，由湖北中德秦会计师事务有限公司对管理信息中心2010年1月至2011年7月经费预算执行及财务收支情况进行审计，中心及时提供财务会计及其相关资料，并就有关情况进行说明，经多次沟通交换意见，最终确认审计报告。

【固定资产管理工作】

管理信息中心在认真做好年内固定资产登记建账的同时，对所属的固定资产进行认真清理，对已淘汰停用、无法继续使用的部分固定资产申请报废处理，同时对账务进行了调整，强化了固定资产的日常管理。完成了2010年度国有资产决算等工作。

党的建设与思想政治建设

【党建工作】

2011年，管理信息中心党支部积极开展创先争优活动，认真践行创先争优活动公开承诺书，并要求党员发挥先锋模范作用，用行动践行公开承诺。重视党员的经常性教育和党员发展工作，利用集中学习、座谈讨论、个别谈话等形式加强对党员的经常性教育，组织职工参加国家测绘地理信息局举办的政治理论培训班、党课、报告会、专题讲座等。积极向中国测绘职工思想政治研究会推荐论文6篇。2011年，2名预备党员按期转正，1名入党积极分子被批准为中共预备党员。

【政治理论学习】

组织职工认真学习李克强副总理在考察中国测绘创新基地时的重要讲话，收看学习胡锦涛总书记在庆祝建党90周年大会上的重要讲话，学习全国测绘地理信息系统局长座谈会精神及徐德明局长在座谈会上的重要讲话精神，并结合国家测绘地理信息局重点工作，联系中心2011年工作目标任务开展讨论，进一步理清了工作思路。学习中央纪委第六次全会精神，进一步坚定反对腐败、抵制腐败的信心和决心，从源头上筑牢拒腐防变的思想防线。学习十七届六中全会精神，积极贯彻全会提出的要发展健康向上的网络文化的要求，紧密结合中心工作职责，积极做好测绘地理信息网络文化服务。通过学习，提振了职工精神，坚定了职工做好测绘地理信息事业服务的信心和决心。

【党风廉政建设】

管理信息中心把学习《中国共产党党员领导干部廉洁从政若干准则》作为2011年干部职工理论学习的重要内容，组织中心全体职工认真学习，并组织处以上党员干部对该准则的“八个严禁”、“52个不准”进行深入的学习。根据国家测绘地理信息局要求，认真组织开展中心党风廉政风险点排查工作，从源头上有效预防腐败的发生。

国家测绘地理信息局地图技术审查中心

主要业务进展

【为行政许可提供保障】

2011年，国家测绘地理信息局地图技术审查中心（以下简称地图技术审查中心）共完成地图审查2203件，包括单张地图494幅、地图集（册）219册、书刊插图和登载展示地图51431幅、产品上附有的地图图形42幅、地球仪175件、电子地图262件，总量约4.7万幅。

【为重大活动和重点项目提供支持服务】

为“红色天地”和“伟业宏图——庆祝中国共产党建党90周年”2个地图网络平台以及《党中央在延安》、《红色地图系列宣传地图》等庆祝中国共产党建党90周年献礼地图提供支持，共审查地图700多幅，保证了红色地图按时上线发布。为“天地图”及部分省级公共地理信息服务平台和国家测绘地理信息局主办的西部测图工程新闻发布活动提供地图审查服务。年内，共审查涉及地图表示的宣传材料、视频文件20多件。

【互联网地图监督检查】

地图技术审查中心采取突出重点对象、重点内容的方式，加大对互联网地图的监督检查。对中央国家机关门户网站、气象系统网站、各省级测绘地理信息行政主管部门主办的地理信息公共服务平台、大型互联网地图服务网站等450个网站进行检查，发现存在“问题地图”的网站218个，约占检查网站总数的48%；对曾出现过“问题地图”的148个网站进行复查，57个网站的问题已经纠正；通过对搜索到的2000多个网站进行研判，判定从事互联网地理信息服务的网站500多个，为国家测绘地理信息局资质管理工作提供了信息支持。

【违法地图举报受理和地图市场调查】

地图技术审查中心全年共接收“问题地图”举报5件，其中涉及宣传品的3件、涉及网站的2件，经调查核实后将相关情况报国家测绘地理信息局。按照国家测绘地理信息局查处“三不”地图的工作部署和要求，对北京、西安、成都、哈尔滨、贵阳、昆明等地的地图市场进行调查，共检查地图出版物等地图产品900件。其中，未报送国家测绘地理信息局审核的130件，未按照要求履行备案的地图产品32件，无问题的738件。在未报送国家测绘地理信息局审核的130件中，地图内容存在严重问题的87件，未发现问题的43件。检查发现，共有64家出版单位的地图产品存在问题。

【备案地图管理】

2011年，地图技术审查中心共收到地图备案样图（书）261件。其中，2009年3件、2010年185件、2011年73件。对收到的备案样图（书）及时进行登记、整理、入库，并按比例抽查的90件中，33件存在问题。其中，未按照审查意见修改的10件，备案资料不完整的15件，与审核批准的地图内容不一致的2件，挪用审图号的6件。对此，地图技术审查中心均按有关规定作了处理。采取多种方式将《关于加强地图备案工作的通知》告知50多个相关地图审核申请单位，提醒、督促其在规定时间内报送备案地图。建立了地图技术审查中心门户网站定期发布地图备案情况的制度。编写《地图备案样图（书）归档移交工作程序》，与国家基础地理信息中心建立地图备案样图（书）归档移交工作机制，定期移交公开出版的备案地图资料。

【全国地图审核与安全审校人员培训班】

受国家测绘地理信息局委托，地图技术审查中心承办地图审核人员培训班一期，88人参训；承办全国互联网地图安全审校人员培训班4期，来自互联网地图服务单位、数字城市地理信息平台运营企业等600多家单位的1500多人参训。地图技术审查中心对培训教材《国家版图知识与地图管理》进行了第3次修订。

【网站建设】

地图技术审查中心网站新增“互联网地图安全审校培训”、“在线答疑”等栏目。其中，“互联网地图安全审校培训”栏目设置有在线报名、需求登记、成绩查询、新闻报道、课件下载等功能；“在线答疑”栏目设专人值守，通过互动的方式，及时解答有关地图内容表示方面的问题。“互联网地图安全审校培训”、“政策法规”、“地图知识”、“在线答疑”等栏目受到社会高度关注，网站点击率达到月均15.5万次。

【地图审查工作调查研究】

地图技术审查中心走访陕西测绘地理信息局、成都地图出版社、西安地图出版社、人民交通出版社等单位，与地方测绘地理信息主管部门所属地图内容审查机构开展业务交流，了解地图出版单位的生产情况，及时掌握地方测绘地理信息主管部门和地图出版单位对地图审查的实际需求，为进一步做好地图审查工作奠定了基础。

党的建设与测绘地理信息文化建设

【创先争优】

地图技术审查中心围绕“把好地图审核关，做好统一监管助手，争当测绘先锋，服务科学发展”的主题，组织开展“党员先锋岗”、“职工图书角”、“争当青年岗位能手”、“解难题送温暖”等活动。组织干部职工参加庆祝中国共产党建党90周年系列活动，参观李大钊故居，举行主题党日活动。开展提升业务素质和岗位争优活动，鼓舞职工发扬“快干好”的工作作风，推动创先争优活动向纵深发展。年终，地图技术审查中心党支部被评为国家测绘地理信息局直属机关先进党支部。

【政治理论学习】

地图技术审查中心组织职工参加“测绘大讲堂”学习，组织职工学习贯彻李克强副总理视察中国测绘创新基地时的讲话精神、《测绘地理信息发展“十二五”总体规划纲要》和全国测绘地理信息局长会议精神，提高了职工的政治理论水平。

国家测绘地理信息局测绘发展研究中心

主要业务进展

【地理国情监测理论研究】

国家测绘地理信息局测绘发展研究中心（以下简称测绘发展研究中心）成立地理国情监测研究项目组，收集整理了地理国情监测服务于经济社会发展的实例，明确地理国情监测的需求，研究了地理国情监测同传统测绘、构建数字中国、发展壮大产业、建设测绘强国的关系，调查了国内各部门开展地理国情监测相关工作现状，多次召开专题研讨会，致力构建地理国情监测理论体系。

【国家测绘地理信息生产队伍发展改革有关问题研究】

测绘发展研究中心在研究事业单位发展改革面临的形势和背景的基础上，通过实地调查和问卷调查等方式，对部分测绘单位的编外人员用工、财政收支管理、人才结构等方面进行了调查。在此基础上，研究了国家测绘生产单位改革的相关政策，分析了国家测绘生产单位面临的分类改革方向、路径以及机构调整与人才培养等问题，提出了适应新形势的国家测绘生产单位机构布局和调整方案，测算了适合当前国家测绘生产任务的人员规模与财政支持规模，分析提出了当前测绘生产人才队伍的需求和人才培养措施。

【“智慧中国”研究】

测绘发展研究中心积极探索测绘地理信息在“智慧中国”建设中的地位及作用，收集资料，并赴南京、无锡、苏州等地就“智慧中国”相关领域内容开展调研，形成了具有较高价值的调研报告；召开专家座谈会，就测绘地理信息在“智慧中国”建设中的作用和主要任务进行了交流，为进一步深入研究打下了基础。

【南海地图专项工作】

南海地图研究报告经多次修改、完善后正式印刷，以内部资料形式送有关部门，获得一致好评。在研究报告基础上，项目组开展了地图资料的筛选和整理，精选出100多幅具有重要意义和代表性地图形成《南海地图选编》。

【《中国地理信息产业发展报告（2011）》】

测绘发展研究中心开展地理信息产业最新摸底调查，对地理信息企业的财务、人员、技术、用户分布以及政策支持情况等方面进行全面了解；组织召开发展壮大地理信息产业暨测绘蓝皮书研讨会；编辑出版《中国地理信息产业发展报告（2011）》，有关专家和企业家撰文，对我国地理信息产业发展态势进行研究分析，介绍了国际地理信息产业发展状况。

【测绘发展战略研究后续工作】

测绘发展研究中心开展了测绘发展战略研究成果宣传工作，编写《测绘发展战略研究成果宣传计划》并在《中国测绘报》刊登10篇专题宣传材料；推进战略研究后续研究工作，编制《测绘发展战略研究实施纲要》，对测绘地理信息工作的转型发展进行深入研究；开展海洋经济发展测绘保障研究，为实施海洋测绘进行先期探索。

【参与军地测绘融合发展有关工作】

测绘发展研究中心参与组织军地测绘建设发展规划联合工作小组相关协调工作，参与起草《关于推进军地测绘融合发展的意见》，参与组织首次军地测绘融合发展工作会议；参与国家发展和改革委部分测绘地理信息重大项目建设方案的论证、评审。

【参与“十二五”测绘地理信息发展规划编制】

测绘发展研究中心参与了《测绘地理信息“十二五”总体规划》、《测绘地理信息人才“十二五”发展规划》、《测绘地理信息科技发展“十二五”规划》等规划的编制研究，为促进测绘地理信息事业全面、协调、可持续发展发挥了积极作用。

【重要文稿起草工作】

测绘发展研究中心配合国家测绘地理信息局，参与全国测绘地理信息局长会议、国家测绘地理信息局党组务虚会、全国基础测绘建设会议、全国测绘地理信息科技和人才工作会议、军地测绘融合发展工作会议、数字城市建设工作会议等会议的重要文稿起草工作；起草关于地理信息产业发展的相关主要材料，国务院有关领导对该材料作出重要批示；向中央政策研究室提供《地理信息产业发展现状及思考》、《国际地理信息产业发展趋势》等材料；参与国家测绘地理信息局部分重要文稿的起草工作。

【资料编发和网站建设】

测绘发展研究中心搜集整理美国、加拿大、英国、澳大利亚、日本、越南等国最新的测绘与地理信息战略规划，编译形成17万字的《国外最新测绘地理信息战略与规划》；《测绘发展研究动态》更名为《测绘地理信息发展动态》，全年共编辑发行14期，发行范围由原来的50家拓宽至180多家，发行数量由100多份提高到1000多份；试行编辑发行内部刊物《测绘地理信息调查　研究　建议》；对测绘地理信息发展研究网站及时进行维护更新和改版升级。

人才培养和制度建设

【教育培训与队伍建设】

2011年，测绘发展研究中心组织职工参加专业培训10人次；组织研究人员以座谈会、报告会、讲座等形式开展学术交流；组织全体职工参加“测绘大讲堂”；提拔一名副处级干部，1人取得副高级专业技术职务任职资格。

【调查研究】

测绘发展研究中心制定2011年调查研究和学习计划，先后派遣2人分别深入陕西测绘地理信息局和四川测绘地理信息局生产一线调研；多次组织有关人员围绕地理国情监测、国家测绘生产队伍发展改革和测绘发展转型升级等主题开展专题调研。

【制度建设】

测绘发展研究中心制定《国家测绘局测绘发展研究中心论文发表管理办法》；建立研究项目组长负责制，开展研究人员与研究项目的双向选择，规范了研究工作管理。

【获奖情况】

测绘发展研究中心获“十一五”测绘地理信息科技优秀团队奖，1人被评为国家测绘地理信息局“十一五”测绘科技工作先进个人，1人增选为国家测绘地理信息局青年学术和技术带头人。全年公开发表论文38篇，其中1篇在国际会议上发表。

国际交流

2011年，测绘发展研究中心派1人赴墨西哥和古巴参加国家空间基础设施建设与应用管理和技术交流，派4人分别参加国际测量师联合会（FIG）2011年工作周及第六届ONIGT国际会议、第11届东南亚测量大会（SEASC）暨第13届国际测量师大会（ISC）、第25届国际地图制图大会和“防灾减灾中的地理信息技术应用与项目管理”短期培训班。

党的建设与文化建设

【支部建设】

测绘发展研究中心党支部制定了支部2011年工作要点；确定领导班子民主生活会主题为“加强调查研究，服务测绘地理信息事业发展”，班子成员开展批评与自我批评，并制定了整改措施；开展党员发展工作，1人被确定为入党积极分子考察对象。

【创先争优】

测绘发展研究中心对创先争优活动进行了阶段总结，党支部和党员分别作出承诺。党支部开展以履行职责、兑现承诺、发挥作用为主要内容的党员承诺点评工作，开展“我为创新做贡献”主题党日实践活动，组织全体党员赴冉庄地道战遗址和周恩来邓颖超纪念馆接受爱国主义教育。继续开展“好书伴我行”系列活动，为职工购买《中国共产党历史》、《朱镕基讲话实录》、《看懂世界格局的第一本书》等书籍；编发《创先争优简报》13期，向《中国测绘报》投稿1篇，向国家测绘地理信息局政府网站投稿2篇，及时宣传创先争优活动成果。

【政治理论学习】

测绘发展研究中心制定的《测绘发展研究中心领导班子2011年理论学习计划》，设6个专题，对全年学习内容、学习时间、阅读书目、交流形式等做出具体安排；组织职工学习党的十七届六中全会精神，《中国共产党党员领导干部廉洁从政若干准则》以及胡锦涛总书记、温家宝总理一系列重要讲话精神；组织职工深入学习李克强副总理对测绘地理信息工作指示精神，努力从更高层次、更宽视野审视测绘地理信息事业发展，积极思考与谋划测绘地理信息发展。

【精神文明建设】

测绘发展研究中心注意解决职工实际工作生活困难，调整了职工子女医药费报销标准；参加国家测绘地理信息局组织的庆祝建党90周年文艺汇演；2人在“阅读·思考·进步”学习读书征文活动中获鼓励奖，1人获国家测绘地理信息局直属机关优秀工会积极分子称号。

国家测绘地理信息局职业技能鉴定指导中心

主要业务进展

【首次注册测绘师资格考试工作】

一、考试命题初、终审工作

2011年，国家测绘地理信息局职业技能鉴定指导中心（以下简称职业技能鉴定指导中心）在国家测绘地理信息局、人力资源和社会保障部的指导下，组织开展首次注册测绘师资格考试工作。职业技能鉴定指导中心结合考试命题工作环节多、行业关注高、保密要求严的特点，制定了科学的初、终审工作预案，并积极与人力资源和社会保障部人事考试中心沟通，按保密要求选定审核工作场地，对命题专家及涉密工作人员进行保密教育和业务培训。1月，在完成命题任务的基础上组织专家开展试题初审工作，形成初审稿。2月，组织专家对试题初审稿进行修改完善，对答案的准确性和唯一性进行确认，形成终审试题稿。2月15日，终审稿交付人力资源和社会保障部考试中心。

二、注册测绘师资格考试

4月16日～17日，首次全国注册测绘师资格考试开考，全国共32594人报名，24197人参加考试，标志着我国注册测绘师制度已进入实质性实施阶段。考试值班办公室设在职业技能鉴定指导中心，负责解答试卷内容方面可能出现的问题。职业技能鉴定指导中心制定了应急方案和值班工作方案，完成了考试值班任务。

三、阅卷工作

4月，职业技能鉴定指导中心在与人力资源和社会保障部人事考试中心沟通的基础上，明确了注册测绘师资格考试工作的备忘录内容及签订形式，按照保密要求，选定了评卷机构、评卷场地、评卷专家和评卷人员，调试了局域网评卷系统软、硬件设备。5月，启动考试主观题阅卷工作，组织87名评卷人员对23047份试卷进行评阅，历经完善评分标准、试评、正式评卷3个阶段，全面完成阅卷工作。

四、公布考试成绩、确定合格线

6月，各地首次注册测绘师资格考试成绩查询系统陆续开通。28日，国家测绘地理信息局公布注册测绘师资格考试合格分数线为每科目72分，3个科目全部合格者可获得注册测绘师资格证书。

五、考试成绩统计

7月，职业技能鉴定指导中心对考试成绩合格的3147名人员的年龄、职业、区域分布等信息进行统计分析，考试通过率为13.01%。8月，召开首次注册测绘师资格考试工作总结暨研讨会，对考试定位、命题质量等方面进行总结，为2012年考试工作提供参数。

【第二届全国测绘地理信息行业职业技能竞赛】

第二届全国测绘地理信息行业职业技能竞赛是经人力资源和社会保障部批准，由国家测绘地理信息局举办，职业技能鉴定指导中心与中国就业培训技术指导中心、中国能源化学工会全国委员会和共青团中央城市青年工作部联合主办，陕西测绘地理信息局和广西壮族自治区测绘地理信息局承办的国家级职业技能竞赛。竞赛10月11日在陕西西安开幕，11月3日在广西南宁闭幕，包括摄影测量和工程测量2个项目。

除西藏外共有31个省级测绘地理信息行政主管部门组队参赛。30名选手获得“全国测绘地理信息技术能手”荣誉称号。各地参与竞赛选拔与培训的人数超过2万人，参加选拔赛的单位近700家，参加省级选拔赛的人数近2000人，31支队伍124人参加全国决赛。广西、陕西、河南、河北、湖北等地参照国家测绘地理信息局的办赛模式，与当地人力资源社会保障部门、总工会、团委等机构联合办赛，向当地有关部门共申报8名省级“五一”劳动奖章，23名省级技术能手和9名省级青年岗位能手的称号。

中央电视台、人民日报、光明日报、新华网、人民网、光明网、中国政府网等中央主要媒体，人力资源和社会保障部、国土资源部、国家测绘地理信息局门户网站以及百度、搜狐等网站及时报道技能竞赛活动盛况，《中国测绘报》进行了深度报道。据统计，全国各类新闻媒体共刊登技能竞赛新闻稿件近170篇，约10万多字，刊登新闻图片300多幅。

【注册测绘师资格考试大纲（2012版）修订工作】

9月，职业技能鉴定指导中心启动《注册测绘师资格考试大纲》（2012版）修订工作。拟定了工作方案和大纲修订框架，组织召开考试大纲修订工作启动会议。11月完成初稿，12月在北京召开大纲审定会，经完善形成考试大纲报批稿。

【2012年注册测绘师资格考试辅导教材编写】

12月，职业技能鉴定指导中心召开注册测绘师资格考试辅导教材编写工作启动会，明确教材编写依据、定位、原则及分工，保证了考试教材作为考试辅导用书的指导性和权威性。

【注册测绘师管理系统建设】

3月，职业技能鉴定指导中心按照注册测绘师管理系统的业务流程、功能模块划分要求，编写了注册测绘师管理系统分析报告，为注册测绘师的注册申报、注册审核、注册审批管理系统建设做好准备。

【中国测绘学会执业资格工作委员会工作】

9月，职业技能鉴定指导中心组织召开注册测绘师执业资格工作委员会工作会议，来自各省、自治区、直辖市测绘行政主管部门和测绘行业相关单位的委员及代表40多人参加会议。会议对首次注册测绘师资格考试情况进行了分析总结，通报了2012年考试工作的整体方案和部署，并就注册测绘师管理、注册测绘师执业范围、注册测绘师定位等问题进行探讨和交流，极大地推进了注册测绘师制度体系建设进程。

【国家职业分类大典修订工作】

2011年，人力资源和社会保障部组织开展国家职业分类大典修订工作，职业技能鉴定指导中心协助国家测绘地理信息局承担测绘地理信息行业职业分类修订任务，成立专家委员会，编制《测绘地理信息职业行业分类修订信息采集阶段调研工作指南》，在全行业开展信息采集和问卷调查。

【测绘地理信息“十二五”技能人才发展规划和科学发展观考评】

职业技能鉴定指导中心协助国家测绘地理信息局总结“十一五”期间测绘技能人才工作取得的成就与经验，研究制订了《测绘地理信息“十二五”人才发展规划》。协助国家测绘地理信息局对各省级测绘地理信息行政主管部门测绘技能人才工作进行考核评分，作为年度科学发展观考核指标之一，考核内容包括鉴定站建设情况、鉴定人数情况、开展省级竞赛并参加国家级竞赛情况和获得“全国测绘行业技术能手”称号情况等4项。

【职业技能鉴定工作】

职业技能鉴定指导中心组织分布在全国29个省、自治区、直辖市的30个测绘地理信息行业特有职业技能鉴定站为24656人提供鉴定服务，22108人通过鉴定获得相应等级的国家职业资格证书，其中获得高级技能以上证书6017个。

【技师考评工作】

职业技能鉴定指导中心组织成立2011年测绘地理信息行业技师评审委员会，组织全国14个省级测绘地理信息行政主管部门所辖的15个职业技能鉴定站开展技师考评工作。10月，在湖北省召开评审会议，243人通过审定获得技师职业资格，其中9人获高级技师职业资格。截止年底，全国具有技师职业资格的达1539人。

【职业技能鉴定站质量管理评估工作】

根据人力资源和社会保障部《关于开展职业技能鉴定所（站）质量管理评估工作的通知》要求，职业技能鉴定指导中心协助国家测绘地理信息局开展全国测绘地理信息行业职业技能鉴定站质量管理评估工作。经自查自评、合格评估并报请国家测绘地理信息局核准，确定30个鉴定站的评估结果均为合格，江苏、吉林、江西、郑州测校等4个鉴定站被推荐参加人力资源和社会保障部组织的示范评估。

【职业技能鉴定站复审换证工作】

2月~3月，职业技能鉴定指导中心组织开展全国测绘地理信息行业职业技能鉴定站复审换证工作。

4月，人力资源和社会保障部核准后印发新证，职业技能鉴定指导中心在安徽举行颁证仪式，向各站颁发新的鉴定许可证，并与各站签订《测绘行业职业技能鉴定质量管理责任书》。

【职业技能鉴定人才队伍建设工作】

职业技能鉴定指导中心加强对职业技能鉴定人才队伍的培养与建设，先后在安徽和四川组织测绘地理信息行业职业技能鉴定管理人员培训班和考评人员培训班，聘请人力资源和社会保障部专家和行业专家授课，共培训管理人员62人、考评人员136人。

【职业资格证书查询】

职业技能鉴定指导中心在原职业资格证书查询系统中增加留言咨询栏目，并根据人力资源和社会保障部要求，开展证书信息查询全国联网工作，已上传第一批证书信息（2010年~2011年），实现了全国联网证书信息短信免费查询。

综合管理工作

【干部队伍建设】

2011年，职业技能鉴定指导中心通过民主推荐的形式选拔处长1人，通过公开竞聘方式，选拔副处长2人，充实了中层领导干部队伍。

【机构建设】

1月，经科技部批准，“国家遥感中心职业技能培训部”正式在职业技能鉴定指导中心挂牌。

6月，经国家测绘地理信息局批准，职业技能鉴定指导中心设立培训处，为该中心更好地履行培训职责提供组织保障。

【制度建设】

职业技能鉴定指导中心制定并印发《关于实施“三重一大”事项集体决策的有关规定》、《保密工作管理规定》、《安全生产管理规定》、《业务用车管理暂行办法》等管理制度，提高了单位规范化管理水平。

【财务管理】

职业技能鉴定指导中心对2010年发放的津贴补贴进行统计核查，如实报告相关情况；加强预算执行工作；做好“小金库”专项治理工作，确保不存在任何形式的“小金库”；按照要求完成财务交接，办理帐户变更手续；配合审计部门开展内部审计；加强固定资产管理，严格执行政府采购规定。

【网站建设】

2011年，职业技能鉴定指导中心对本单位网站进行了改版，完善页面布局、栏目设置，增加“留言咨询”栏目，搭建了交流平台，日均访问量增至改版前的3倍。在2011年测绘地理信息行业14家非行政职能单位网站建设年度评估中排名第四。

党的建设与测绘地理信息文化建设

【创先争优活动】

职业技能鉴定指导中心坚持领导班子中心组学习制度；组织职工参加“测绘大讲堂”，先后学习了十七届中纪委第六次全会精神、全国“两会”精神、胡锦涛总书记“七一”讲话精神、十七届六中全会精神、李克强副总理考察中国测绘创新基地时的讲话精神以及杨善洲同志的先进事迹。全年共组织各类集体学习11次。组织全体党员撰写2011年度公开承诺书，组织职工学习国家测绘地理信息局领导对职业技能鉴定指导中心开展创先争优活动的点评。向局创先争优活动领导小组办公室报送活动材料5篇。开展优秀党员评选工作，报送“两优一先”先进事迹材料，1人被评为优秀共产党员。

【支部建设】

职业技能鉴定指导中心认真做好党员培养、考察和发展工作，2名预备党员如期转正；按期进行支委会换届选举，产生了新一届支委会；配合国家测绘地理信息局党组巡视组开展巡视工作，制定方案，广泛征求职工意见和建议，开好民主生活会。

【文化建设】

职业技能鉴定指导中心依托团支部和工会小组广泛开展活动，通过地震知识讲座、参观博物馆、红歌会、“我要推荐一本书”主题读书交流等活动，丰富了职工的文化生活。

国家测绘产品质量检验测试中心

主要业务进展

【质检项目】

一、2011 年车载导航电子地图测评

2010 年 11 月～2011 年 5 月，国家测绘产品质量检验测试中心（以下简称质检中心）与中国全球定位系统技术应用协会联合开展 2011 年车载导航电子地图测评工作。测评工作覆盖全国 31 个省、自治区和直辖市，测评对象为已取得导航电子地图资质的单位，测评采取内业普查、外业抽查和用户调查相结合的方式，对导航电子地图的道路、背景、POI 和注记全要素进行测评。

二、国家 1:5 万基础地理信息数据库更新工程成果质量监督检查

质检中心和四川省测绘产品质量监督检查站共同承担国家 1:5 万基础地理信息数据库更新工程的质量监督检查任务。检查样本按生产承担单位、生产时间、生产方式（综合判调法、缩编更新法）、困难类别等因素，并根据地形类别特征和地物特征，兼顾经济发展状况，选择具有代表性的华北、华东、华中、华南、西南、西北等区域作为检验片区，实施分层随机抽样。

三、国家西部 1:5 万地形图空白区测图工程成果质量监督检查

质检中心与四川省测绘产品质量监督检查站共同承担国家西部 1:5 万地形图空白区测图工程的质量监督检查任务。检查样本按生产承担单位、成图区域、地形类别等因素，实施分层随机抽样。检查范围包括西部测图工程 2009 年～2010 年完成并通过验收的 DLG、地形图制图数据、DOM 和 DEM 成果。

四、2011 年度全国测绘成果质量监督检查

2011 年 3 月～12 月，质检中心组织开展 2011 年度全国测绘成果质量监督检查工作。检查对象为 2009 年 1 月～2010 年 12 月期间完成的 1:500、1:1000、1:2000、1:5000 测绘成果，主要包括地形图、DEM、DOM、DLG。监督检查涉及全国 21 个省、自治区、直辖市 35 家测绘资质单位的 35 个测绘项目，其中合格测绘项目 32 个，总体合格率 91.4%。

五、“927”一期工程测绘成果质量验收

质检中心承担“927”一期工程测绘成果质量验收工作，对“海岛（礁）测绘基准建设与精确定位”及“海岛测图与海岛（礁）系列地图编制”2 个单项工程中的 62 个子项目成果的数学精度、逻辑一致性、要素的完备性、现势性以及整饰质量、附件质量等内容进行质量验收。年内已完成部分大地控制点卫星定位观测成果、沿岸陆地大地控制点二等水准连测成果的检验工作。

六、“数字西城”三维模型成果委托质检

2011 年 6 月～9 月，受北京市规划委员会西城分局委托，质检中心承担“数字西城地理空间框架建设”任务中原西城区三维模型成果的检测工作，检测内容包括平面精度、高程精度、场景内容和相关资料文档质量。

七、“北京市优秀测绘工程”评优委托质检

2011 年 5 月～7 月，质检中心承担“北京市优秀测绘工程”申报工程成果质量审核工作，完成了对北京市 16 家测绘单位委托的 19 个项目成果的质检，成果涵盖 GPS 测量、电力线路测量、道路测量、地形图测绘、房产测量、工程竣工测量等各个领域，为评优工作提供了客观、可靠的依据，同时扩大了质检中心的社会认可度和影响力。

【科技工作】

一、测绘质量控制体系基础设施建设工程

为构建我国现代化测绘仪器检测体系和信息化测绘成果质量检验体系，质检中心与国家光电测距仪检测中心联合申请国家基础设施建设专项——“测绘质量控制体系基础设施建设工程”。2 月，完成项目立项建议书的编写。

二、地理空间数据获取新型传感器检校、软件及产品测试关键技术研究

质检中心联合中国测绘科学研究院、国家测绘

地理信息局卫星测绘应用中心和四川省测绘产品质量监督检验站等单位，共同申报了“863”计划项目——“地理空间数据获取新型传感器检校、软件和产品测试关键技术研究”。7月9日，项目组完成科技部组织的答辩。

三、地理信息产品质量认证关键技术研究

质检中心联合中国测绘科学研究院、二十一世纪空间技术应用股份有限公司等单位，针对地理信息产品质量良莠不齐、侵权盗版现象频发、地理信息企业核心竞争力不强等问题，组织专业技术人员开展地理信息产品质量认证关键技术研究的项目申报工作。8月24日，项目组完成了科技部组织的答辩。

【质量管理体系建设】

根据国家质量监督检验检疫总局有关质检机构资质认定的要求，质检中心成立质量管理办公室，负责体系建设与运行，并邀请专家对全体职工进行培训。年内完成1套《质量手册》、24项程序文件、21项质量管理规定的起草工作，为构建内部质量管理体系，加强质量管理工作奠定了基础。

【培训工作】

质检中心采用聘请专家授课、租借仪器、软件现场实习等方式，有针对性地对全体技术人员进行业务技术培训，包括大比例尺地形图数学精度检验专题讲座，精密水准测量数据检查软件应用技术培训，GPS数据检查软件应用技术培训，GPS RTK、全站仪、数字水准仪等专业设备的使用培训与户外实习，航摄内业大比例尺测图、空三加密与数据采集、DLG－CHECKER等培训。

机构设置和人才队伍建设

【机构设置】

质检中心按照“精简高效、职责清晰、按需设岗、唯才是用”的原则，经国家测绘地理信息局批准，设立办公室（财务处）、人事处（党办）、业务处（国有资产管理处、质量管理办公室）、质检一处、质检二处、质检三处和无锡办事处等内设机构，明确了各部门人员岗位设置和主要职责。成立党风廉政建设领导小组、突发公共事件应急处置领导小组、安全生产委员会等6个临时办事（议事）机构，初步建立了组织机构体系，为全面履职奠定了基础。

【人才队伍建设】

根据工作需要，质检中心通过组织选调和公开招聘，初步形成了平均年龄32岁、硕士以上学历人员占58%、涵盖测绘地理信息全部学科专业的质检人才队伍。

质检中心按规定程序完成办公室副主任、人事处副处长、质检一处副处长、质检三处处长等4个中层领导干部岗位选拔配备工作，明确了质检二处、无锡办事处、业务处、党委办公室等4个岗位临时负责人。

制度建设

质检中心研究制定《中共国家测绘产品质量检验测试中心委员会工作规则（试行）》、《国家测绘产品质量检验测试中心工作规则（试行）》等20多项规章制度，保障了工作有序高效运转。

党建工作和文化建设

【党支部组建】

质检中心临时党委组织召开党员支部大会，采用先差额预选，再等额选举的办法，选举产生质检中心两个支部委员会。

【创先争优】

质检中心临时党委组织实施“争当测绘先锋，服务科学发展”的创先争优活动，制定印发创先争优活动实施方案；组织开展2011年党员公开承诺、领导点评创先争优、向杨善洲同志学习、“追寻革命足迹，奉献测绘质检”创先争优主题党日实践活动，重温入党誓词，增强了党员意识。

【廉政建设】

质检中心临时党委印发《党风廉政建设工作要点》，开展《中国共产党党员领导干部廉洁从政若干准则》及其实施办法的学习活动，认真开展廉政风险点排查，增强党员领导干部自律意识，落实党风廉政建设责任制。

【文化建设】

针对单位组建初期青年职工较多的特点，质检中心组织开展为职工集体过生日、读书沙龙、春秋游、乒乓球赛、唱红歌、羽毛球赛等文体活动，营造良好工作氛围。在纪念建党90周年党史知识竞答活动和第二届“东方道迩杯”全国测绘系统乒乓球比赛中均获得优秀组织奖。

国家测绘地理信息局重庆测绘院

主要业务进展

【国家基础测绘】

一、国家1:5万数据库更新工程

2011年，国家测绘地理信息局重庆测绘院（以下简称重庆测绘院）承担的1:5万数据库更新工程任务包括地形数据综合判调更新、更新数据整合建库和制图数据生产，共完成地形数据综合判调更新89幅、综合判调更新外业检验44幅、总参测绘导航局数据转换125幅、更新数据整合建库1447幅，此外，地形图制图生产1444幅已进入成果上交阶段。

二、基础测绘技术试验

重庆测绘院开展信息化测绘数据获取及处理关键技术试验，完成面向信息化的遥感数据分布式集群处理系统平台建设，完成面向作业资料、生产成果和生产管理的综合信息数据库建设，完成面向信息化的测绘生产、技术、质量管理的生产管理系统开发。开展测绘成果档案管理与信息化建设，完成数据档案调查分析，制定了整理组卷技术方案，并开展数据档案整理工作。

【国家重大专项测绘】

一、国家西部1:5万地形图空白区测图工程

2011年，重庆测绘院主要完成青藏高原东部E、H区域64幅影像地形图报送验收和修改，青藏高原西部F1、B7区域131幅影像地形图、30幅图晕渲地形图报送验收和131幅地形图印刷，横断山脉B1、B2区域59幅图DLG、DOM、DEM、LC、制图数据、地形图印刷、入库数据等报送验收以及59幅影像地形图制作、59幅地形图印刷；完成横断山脉区域2幅机载雷达、2幅星载雷达影像DLG、LC、DEM、EPS数据制作；完成2幅机载雷达DOM数据制作、30幅星载雷达影像DOM数据制作。

二、“927”工程

根据“927”工程总体计划和“927”工程项目组安排，重庆测绘院完成海岛（礁）大地控制点B级观测11点。海岛（礁）1:5000测图48幅和海岛（礁）1:2000测图173幅按计划推进。

三、汶川地震灾后恢复重建测绘专项建设工程

重庆测绘院承担该工程2010年结转的66幅1:1万地形图外业调绘任务，测区位于四川省雅安地区，年内已全部完成。

【测绘保障与服务】

一、基础测绘服务

2011年，重庆测绘院主要完成长寿区农村宅基地发证测绘，巴南区、江津区、云阳县永久性基本农田划定测量，万州区、大足县1:500地形测量等项目，为重庆市经济社会建设提供测绘保障服务。

二、国土测绘服务

重庆测绘院在国土测绘服务领域开展的主要业务包括土地调查、征地测量、勘测定界及地籍测量等传统测量业务和测量审查、遥感监测、卫片执法监察、滑坡等地质灾害监测、土地整治规划设计、村级土地利用规划、农村建设用地复垦及城乡建设用地增减挂钩项目等。业务范围涉及重庆市江津区、巴南区等10多个区县，涉及项目近500个，为各区县制定国土测绘规划，完成耕地保护目标、建设用地增减挂钩指标及土地交易指标等工作提供技术支持和保障。

三、高速铁路测量

承担沪杭高铁重点区域沉降观测地段沉降监测、宁杭客运专线Ⅳ标轨道板精调测量等项目，为高铁专线的建设施工提供测绘技术支持。

四、其他测绘服务

年内，重庆测绘院相继开展遵义市规划区1:2000航测项目、福建新农村建设测绘保障服务、天津1:2000地形图修测、沪宁城际客运专线铁路沉降监测、东莞市石龙镇1:500数字化地形测量等测绘项目。

【获奖项目】

“三亚市农村宅基地确权登记发证地籍测量”、“基于3S技术的田坎系数测量”分别获2011年中国测绘学会优秀测绘工程奖银奖；“东莞市无人飞机

土地执法监察摄影航测项目”、“GIS 技术在重庆市黔江区土地整治项目方面的应用工程”分别获中国地理信息产业协会 2011 年中国地理信息产业优秀工程奖铜奖。

管理制度建设

【内设机构调整】

2011 年，国家测绘地理信息局确定重庆测绘院为正局级直属事业单位。根据工作需要，该院对内设组织机构进行重新调整，设立 5 个机关处室和 5 个生产单位，重新调整任命 17 位处级干部、47 位科级干部，改选新一届党委、纪委、工会和团委。

【规章制度建设】

重庆测绘院继续完善现行规章制度，修订印发《测绘生产经营支出管理暂行办法》、《财务管理办法》、《职工教育管理办法》等制度，逐步形成较为完善的规章制度体系。同时，改变沿袭多年的传统生产承包管理模式，实行以“工天制”管理为基础的收入分配管理模式，各生产单位领导班子成员的经济收入和考核指标与生产单位脱钩，职工分配更加注重激励机制。

【基础设施建设】

重庆测绘院对老办公楼进行装修改建，调整了综合楼办公布局；在两江新区重庆空港新城划拨 24 亩土地，规划建设近 2 万多平方米的信息化测绘地理信息服务和创新基地。

科技创新与人才培养

【科技项目实施】

年内，重庆测绘院编制完《2011 年院科技项目申报指南》；完成国家测绘地理信息局科技创新项目“面向信息化的遥感数据分布式集群处理研究”，并实现生产应用；完成院科技创新项目“数字南溪”项目；完成院科技创新项目“土地整理规划设计软件开发”，并在重庆市土地整理规划项目中使用。积极参与基于 GeoGLoble 和 NewMap 的地理信息公共服务试验平台搭建、黑龙江省位置服务平台部署、利用 GeoCityModeLing 软件进行三维建模等试验。通过开展地理信息公共服务平台建设、位置服务平台建设、日本数据生产、三维房屋建模、国家电网 GIS 平台数据采集等项目，拓宽测绘地理信息应用服务范围。年内获互联网地图服务甲级测绘资质。

【科研合作与交流】

重庆测绘院在与中国测绘科学研究院成功合作的基础上，与吉威数源、东方道迩、测绘遥感信息工程国家重点实验室、国家测绘地理信息局空间信息与数字技术重点实验室、中国南极测绘研究中心、武汉大学吉奥信息技术有限公司等单位开展了交流与合作。与测绘遥感信息工程国家重点实验室联合建立了“空间信息处理联合研发中心”，与武大吉奥信息技术有限公司成立了“中试基地”。

【测绘教育与人才培养】

年内，重庆测绘院引进博士和博士后（教授）各 1 名，接收高校应届硕士毕业生 30 人；选送 18 名技术人员参加在读硕士研究生学历教育；选送 1 名技术骨干公派出国留学，4 名中层干部出国考察学习；12 人获得注册测绘师证书；认定 4 名助理工程师，评审 7 名测绘工程师，报审 3 名高级工程师。

党建工作和测绘地理信息文化建设

【支部建设】

2011 年，重庆测绘院党委组织指导各中心和机关党支部通过选举成立了新的党支部（党小组），并完成成员分工，健全了党的基层组织。组织有关人员参加重庆市规划局党务干部培训 1 次，选送 15 人参加重庆市级机关党校入党积极分子培训班学习。发展新党员 4 名，预备党员转正 6 名。

【党风廉政建设】

按照全国测绘系统党风廉政建设工作会议要求，重庆测绘院将党风廉政建设工作认真部署，落实到部门和个人，结合实际对廉政工作开展情况进行督查和考核；贯彻落实“三重一大”决策程序，对照排查廉政风险点并完善相关监督措施，全年全院党员干部无违法违纪事件发生。

【精神文明建设】

重庆测绘院积极组织参加国家测绘地理信息局举办的乒乓球比赛等文体活动，开展定向越野、登山、羽毛球等比赛活动，举行“牢记党恩重温党史”知识竞赛、“学党史，强党性”知识竞赛和“立足岗位、率先垂范、争创业绩”“七一”主题活动，极大地促进了单位精神文明建设。

【宣传工作】

年内，重庆测绘院对本单位网站进行全面改版，在信息发布、政策法规公开、在线服务等方面取得较好的宣传效果。全年编发院刊《测绘人家》4 期，收录稿件 212 篇；国家测绘地理信息局门户网站采用该院稿件 46 篇，《中国测绘报》采用 26 篇。

国家测绘地理信息局机关服务中心

主要业务进展

【后勤服务保障】

一、接待工作

2011 年，国家测绘地理信息局机关服务中心（以下简称机关服务中心）配合局机关和有关单位承担各类会议服务 800 多次。接待活动 157 次，5500 人次。其中，有省部级领导参加的大型活动 61 次，副省部级以上领导 152 人次。主要活动包括 1 月 3 日中共中央政治局委员、中央军事委员会副主席徐才厚考察中国测绘创新基地，5 月 23 日中共中央政治局常委、国务院副总理李克强视察中国测绘创新基地，12 月 22 日中共中央书记处书记、中央纪委副书记何勇带队的中纪委理论学习组考察中国测绘创新基地以及全国测绘局长会议、“天地图”开通一周年暨新产品发布会等相关服务。

二、基地配套设施建设

机关服务中心及时组织对中国测绘创新基地（以下简称基地）内外各类设施设备进行维护保养，更新淘汰老旧设备，添置新的设备；筹措资金对办公大楼漏雨的大厅、多功能厅顶棚进行维修；对地下车库管理系统、2 台空调和大院 3 个出入口伸缩门进行维修；修缮卫生间 2 个，清掏院内化粪池，疏通了院外粪池管道；监督物业清查、调试和维修基地空调系统等设施设备，改造电梯通风设备，确保了基地空调系统、电梯系统的正常运行。

更换、补种、新增多种观赏花木，院落增添景观石、玉石等，对草木花色进行调整，使之更加美观。

三、职工食堂管理工作

为降低管理和运行成本，提高基地职工食堂餐饮质量和服务水平，经中国测绘创新基地管理委员会（以下简称管委会）同意，由机关服务中心直接管理食堂。完成食堂管理的交接工作，改进就餐刷卡、充值方式；增加食品种类，提供小吃及外卖食品；丰富食堂小卖部物品；建设冷库、加装监控，降低成本、强化节约，改进管理方式。

该中心采取“走出去、请进来”的办法，到国土资源部、住房城乡建设部、中华全国总工会等部委食堂参观学习，汲取先进经验，进一步提升后厨人员技艺和服务标准。

四、行政事务性工作

机关服务中心统筹安排领导工作用车、机关公务用车、会议及接待服务用车，全年出车 1.5 万多次，行驶里程约 40 万千米；根据不同的接待活动，提前制定应急预案，确保重大节假日及敏感时期的会议交通安全；维持美容美发、体育健身、洗浴等服务项目的正常运转；为机关职工量身定制工装；开展“向实行计划生育的贫困母亲献爱心”捐款活动和为甘肃省景泰县洪水镇贫困山区捐款的“三下乡”活动；参加樱花节计生义诊活动，被北京市卫生局评为计划生育先进单位。

【测绘创新基地管理】

一、履行管委会办公室职责

机关服务中心认真履行管委会办公室职责，全年组织召开管委会会议 4 次并形成会议纪要；起草、印发有关文件，协调基地各单位间工作联系。

核算基地全年运转费用支出情况并详细标注各单位水、电、气及热力的实际消耗量；依照相应比例，分摊费用至各单位并按季度及时收取。为倡导营造健康优美的工作环境，举办首届绿化优秀办公室评比活动，取得良好效果。

二、监管物业公司

机关服务中心加强对物业服务的监管力度，制定《物业管理督查办法》；更换物业公司，引导新物业公司做好相关服务工作；督促物业公司办理招投标手续，参加政府采购招投标；建立完善各项服务标准、制度，落实责任机制、督查机制及劳务人员供给机制，卫生保洁、会议、工程施工、设施设备维护等工作有序开展。

三、基地安全与秩序

9月，经国家测绘地理信息局党组批准，机关服务中心成立保卫处，重点加强基地安全与秩序管理。对基地的消防系统、重点区域、停车秩序开展多次专项检查和治理工作，针对火险隐患，在公共区域全面实行戒烟，张贴消防疏散标志，添置部分消防器材；全面进行消检、电检，确保基地消防安全；组织119消防安全日安全知识讲座、应急疏散和灭火演练，增强职工消防安全意识；部署节假日期间安保工作，在重大节日及重要活动前及时组织安全检查和宣传教育，落实领导带班制度。全年，基地内外未发生刑事案件，交通安全情况良好。

【财务管理】

机关服务中心在财务管理工作方面重点强化各单位物业费、运行费用的分摊核算，加强了收支项目、用途、数额等透明度，完成了基地物业费、运行费用的催缴；参照各单位收入比例，根据基地入驻单位人数的变化，及时调整基地物业费、运行费用收支分摊比例。该中心财务部被国务院机关事务管理局评为优秀单位并通报表扬。

【固定资产管理】

经国家测绘地理信息局党组批准，机关服务中心成立资产管理处，对局机关办公家具、电器设备等资产进行清理核查，为所有办公家具等资产张贴标签。依托固定资产管理信息系统，规范固定资产入库登记、报废审批等流程，有效避免了国有资产流失。

【公务用车治理】

在国家测绘地理信息局公务用车治理工作领导小组的领导下，机关服务中心组织开展公务用车治理工作。完成局机关和4个直属局机关公务用车的登记自查、回头看、督导检查、重新核编、违规处理等工作，起草了《国家测绘地理信息局机关公务用车管理办法》，在国务院机关事务管理局的公务用车治理工作检查中获得好评。

【节能减排工作】

机关服务中心组织开展节能宣传周和“低碳体验日”活动；制定节水、节电措施，降低能耗；向国务院机关事务管理局节能管理司争取节能改造项目，将基地所有水泵更换为丹麦进口格兰富变频水泵，同时争取到局机关、国家基础地理信息中心机房空调节能改造项目；严格执行公务用车配备标准，制定和完善节油措施；建立健全能耗统计报告制度，全年水、电、油耗费用支出合计数额均未超出国管局下达的指标。

【基建房改工作】

一、房产管理

机关服务中心为局机关调京干部及在京单位的5名职工办理了房屋入住手续；进一步完善局机关无房、调京干部及机关新录入公务员的住房档案；从中央国家机关住房资金管理中心申请使用售房款向局机关无房、级差职工、调京干部发放住房补贴共20人，金额89.12万元；为职工办理经济适用房房屋产权证4个。

二、机关职工宿舍区管理

对局机关单身宿舍居住人员的使用情况进行摸底、清查，办理了6名新录公务员及借调人员的宿舍入住手续，收缴职工宿舍租金3.4万元。

向中央国家机关房改办、住房资金管理中心申请使用住宅专项维修基金款项11.98万元；对集体宿舍、调京干部周转房进行装修与改造，完成车道沟家属楼采暖管道改造、家属楼门禁系统、测绘楼配电室改造以及更换立管、纱窗等工程，解决了多年暖气不暖、经常停电、不安全等遗留问题。

三、人防工作

机关服务中心与中央国家机关人防办、国家测绘地理信息局机关及在京直属单位签订了《2011年中央国家机关人防工作责任书》，制定了人防工程汛期应急预案，做好局机关及在京直属单位办公、宿舍区人防工程汛期的房屋安全检查工作。

四、土地登记

为进一步落实《在京中央国家机关用地土地登记办法》，机关服务中心建立国家测绘地理信息局用地数据库及用地权属档案，并将用地数据档案下发给各单位，汇总后及时上报国务院机关事务管理局。

管理制度建设

机关服务中心制定印发《国家测绘地理信息局机关服务中心通讯费用补贴管理规定》、《国家测绘地理信息局机关服务中心绩效工资分配管理规定》、《机关服务中心党风廉政建设（暂行）规定》。修订完《国家测绘地理信息局机关服务中心财务管理规定》。

党建和人事工作

【争先创优活动】

机关服务中心党支部组织学习习近平《关键在于落实》文章精神、杨善洲同志先进事迹、李克强副总理视察基地时的重要讲话精神、胡锦涛总书记“七一”重要讲话精神和《中共中央关于深化文化体制改革推动社会主义文化大发展大繁荣若干重大问题的决定》等文件精神，积极宣传创先争优活动成果，先后向国家测绘地理信息局门户网站投稿5篇。

【支部建设】

机关服务中心党支部根据人员变动情况，及时增补支部委员，调整委员分工；积极组织党员群众参加国家测绘地理信息局举办的报告会、专题讲座等学习；加大对入党积极分子的培养力度；按照党员发展程序，年内发展1名预备党员；积极参加庆祝中国共产党建党90周年红歌唱等系列活动。

【队伍建设】

机关服务中心根据事业单位岗位设置相关规定，调整内设机构，明确工作职责，确立岗位职数。调整后中心设办公室、行政处、资产管理处（国家测绘地理信息局基建房改办公室）、保卫处4个内设机构。选拔任用正处级干部3名；首次通过社会公开招聘，录用职工2名。

国家测绘地理信息局北戴河休养院

主要业务进展

【接待服务工作】

2011年，国家测绘地理信息局北戴河休养院（以下简称北戴河休养院）接待会议、培训班58个，主要有国家测绘地理信息局机关老干部理论学习培训班、中国测绘科学研究院老干部培训班、北京市测绘设计研究院干部培训班、河北省测绘学会培训班、第二届“东方道迩杯”全国测绘系统乒乓球比赛，共7000多人次。接待测绘职工休假、休养人员500多人。接待旅游团队33个、拓展培训班15期，包括散客共1500多人。全年共接待8000多人次，系统内人员占接待人数的90%以上。

【设施建设】

北戴河休养院利用冬春季休整期间，对餐厅和部分客房进行改造，增添设施设备，就餐环境和接待环境得到相应改善。

人才培养

北戴河休养院正、副院长参加国家安全监督管理局北戴河分局组织的安全教育培训班，2人参加地方政府有关部门举办的财务培训班，2人参加秦皇岛市人力资源和保障局组织的社保软件培训班。

制度建设

制定了《北戴河休养院廉政建设制度》、《休养院内部会计控制制度》和《部门工作职责》，各科室分别递交了《廉政自律承诺书》，加强了院制度建设。

文化建设

北戴河休养院始终坚持和不断完善理论学习制度，坚持贯彻民主集中制和党总支会、党支部会、院长办公会、院务会制度，深入开展创新争优活动。年内，北戴河休养院被秦皇岛市公安局评为治安先进单位，1人被评为北戴河治安先进个人。

地方测绘地理信息工作

北京市

规划与计划

【基础测绘年度计划】

2011 年，北京市市级基础测绘项目投入资金 6281.22 万元，其中财政拨款 5000.08 万元。

市级基础测绘计划项目主要包括四环范围内 1:500地形图二次更新，六环范围内 1:2000 地形图更新等项目；区（县）级基础测绘计划项目主要包括通州新城 1:500 地形图测绘 2000 幅，昌平新城和重点地区（科技商务区 TBD、未来科技城、沙河大学城等重要产业功能区）1:500 地形图测绘。

【测绘地理信息“十二五”规划】

12 月 29 日，北京市规划委员会与北京市发展和改革委联合召开新闻发布会，发布实施《北京市“十二五”时期测绘地理信息发展规划》。该规划明确北京市“十二五”时期测绘地理信息发展的指导思想和发展目标，提出未来五年北京市测绘地理信息工作重点任务及保障措施。

市场监管

【测绘资质行政许可】

2011 年，北京市规划委员会共受理测绘资质行政许可申请 198 项。其中，准予许可 94 项，主动办理撤件 88 项，未办结 16 项。全年新增测绘资质单位 50 家。截至年底，北京市共有测绘资质单位 300 家。其中，甲级 84 家、乙级 101 家、丙级 60 家、丁级 55 家。

【地理信息市场监管】

北京市规划委员会规定，完成测绘资质复审换证的单位可持新版测绘资质证书直接进行年度注册及换发测绘成果专用章、建设工程竣工测量成果专用章，简化了审批流程。全年，北京市规划委员会办理北京市测绘资质单位赴外地开展测绘工作备案手续 20 件；重点开展互联网地图服务规范工作，加快互联网地图服务资质的受理、审核和发证工作，66 家获得互联网地图服务资质；组织行业单位参加国家测绘地理信息局组织的地图审核与互联网地图安全审校人员培训，受训人员数百人。

地图管理

【地图审核】

截至年底，北京市规划委员会共受理地图行政许可申请 38 项。其中，准予许可 21 项，申请单位主动撤件 17 项。

【地图市场监管】

北京市规划委员会对网上地理信息和地图服务进行清查，对涉外测绘项目进行摸底排查。在对国家测绘地理信息局下发的 800 个静态、50 个动态网址进行排查的同时，还利用网上地理信息安全监控系统和主要互联网地图公司提供的信息，对网上地理信息和地图服务进行清查。共排查动态网址 200 多个，按要求填写检查记录，并及时上报国家测绘地理信息局。通过电话通知、召开座谈会等方式，对 190 多个网站提出处理意见；分两批曝光 23 家违规互联网地图服务网站。

成果管理

【涉密测绘成果审批】

2011 年，北京市规划委员会受理涉密基础测绘成果许可申请 139 件。其中，北京市基本比例尺地形图及数据申请 64 件，同意 56 件；北京市单位赴外埠申请涉密测绘成果证明函 72 件，开具 58 件；组织对外提供测绘成果联合审查 3 件。

【测绘成果汇交】

全年，北京市测绘行业单位汇交测绘成果副本 26634 份、目录 32536 条。

【保密检查】

北京市规划委员会根据国家测绘地理信息局和国家保密局的统一部署，联合北京市国家保密局开展涉密测绘成果保密检查工作。在各单位自查的基础上，组成 3 个检查组，对 50 家重点涉密单位进行抽查，对存在隐患的 13 家单位下发整改通知书，并及时组织复查。配合国家测绘地理信息局和国家保密局联合检查组，对中央驻京 39 家单位进行检查。

基础测绘

【基础控制测量】

北京市测绘设计研究院采用网络 RTK 加密复测城市一、二级导线 1560 点，完成城市一、二级导线四等水准复测约 1200 千米，玉渊潭水准原点监测网复测（一等水准）及东部沉降区水准观测工程（一、二等水准）1066 千米。

【基本比例尺地形图测绘及更新】

北京市测绘设计研究院完成四环范围内 1:500 地形图二次更新 8450 幅、六环范围内 1:2000 地形图更新 3376 幅、全市域 1:1 万地形图更新 457 幅。

【数据库建设】

全年，北京市测绘设计研究院完成更新的 1:500 地形图 8450 幅、1:2000 地形图 2580 幅、1:1 万地形图 933 幅的数据加工及入库工作。城市综合地下管网信息系统累计完成 3.75 万千米地下管线数据的建库工作。

【区县基础测绘】

北京市测绘设计研究院开展郊区新城基础测绘工作，完成通州区、昌平区、怀柔区、顺义区、房山区燕化周边等 5 个区域的 1:500 地形图测绘共 310 平方千米。

【地理国（市）情监测】

北京市规划委员会组织进行地理国（市）情监测试点工作，开展北京市东部地区沉降监测，年内已完成水准测量外业观测约 1050 千米；通过“北京市浅层地下水动态规律研究”课题，对地下水基本分布规律及其影响因素、水位回升影响条件等方面开展系统研究；对监测结果进行分析处理，向北京市政府相关部门提交测绘和岩土分析报告，为城市规划、建筑设计等提供科学依据。

【数字城市建设】

9 月 20 日，数字西城通过验收，西城区被授予“全国数字城市示范区”称号。数字西城建成了基础地理信息数据库，开通了数字西城地理信息公共平台，完成规划、应急、发展改革和公共服务 4 个典型应用系统开发，并在市政管线管理、教育用房加工改造、土地管理等方面拓展应用。

年底，数字通州建设完成；数字房山完成项目设计书评审；数字中关村完成项目设计书编制并开展建设；数字东城按计划推进；数字丰台、数字延庆、数字大兴、数字密云启动申请立项和前期调研工作。

质量监督

【质量监管】

北京市规划委员会在质量管理方面严格执行两级检查一级验收的质量管理制度，基础测绘产品合格率达 100%。开展行业单位测绘产品质量检查，针对重点测绘项目、民生工程开展专项检查，实现专项检查与日常抽查的有机结合。抽查测绘资质单位 2009 年 1 月～2010 年 12 月期间完成的测绘工程项目 54 项，对 4 家产品质量不合格单位下发限期整改通知书。在北京市规划委员会网站上公布检查结果，并把检查结果作为测绘单位资质升级、变更业务范围和年度注册的重要依据。制定《北京市测绘工程项目质量认可办法（试行）》，作为北京市测绘成果质量监督检查与质量认可工作的指导性文件。

【测绘工程评优】

2011 年，北京市规划委员会首次组织开展北京市优秀测绘工程评选活动。评优工作由北京测绘学会具体实施，33 个项目获奖。

重大工程测绘

2011 年，北京市测绘设计研究院完成首都第二机场选址测绘二期工程，北京市东部区域地面沉降检测网络的建设与应用项目年度测量任务，北京市地铁 6、7、8 号线等 6 条轨道交通测量项目及 15 个公交场站测绘项目，密涿高速公路（北京段）及南二环、西三环等城市道路的测量项目。

测绘地理信息合作共建

【合作协议】

3 月 31 日，北京市测绘设计研究院与北京市规划委员会石景山分局签订战略合作协议。在数据共享、数据制作、数据库建设、三维地理信息应用、系统开发以及测绘工程服务等方面建立稳定、长效合作机制。10 月 17 日，北京市规划委员会与中关村科技园区管理委员会签订《测绘地理信息战略合作协议书》；北京市测绘设计研究院与中关村科技园区管理委员会签订《合作备忘录》，“数字中关村地理空间框架”项目正式启动。12 月 11 日，北京市测绘设计研究院与北京市国土资源局签订战略合作协议，在数据共享、测绘业务合作、信息化建设、测绘技术服务和基础数据应用等方面建立长效合作机制。

【系统开发建设】

北京市测绘设计研究院按照合作协议规定，年内完成“北京市房屋全生命周期管理信息平台（二期）”、“北京市国土资源局海淀分局土地业务管理信息系统”、“北京市西城区月坛街道数字地理信息指挥应用平台”等项目的开发建设。

地图编制与出版

【公开地图】

2011 年，北京市各测绘单位编制出版北京市公开地图、地图集 31 种。其中，北京市测绘设计研究院完成《北京市全市及中心城土地利用规划、现状、影像挂图》、《东城区区划图》、《西城区区划图》、《海淀区区划图》的编制，以及《北京人文地理·延庆卷》的编制出版。

【北京市公众版地图编制】

由北京市勘察设计与测绘管理办公室立项、北京市测绘设计研究院具体承建的“基于国家 1:25 万公众版地图编制北京市公众版地图”项目，年内完成 9 级～18 级数据生产，增加大量公益性兴趣点，并利用该项目成果编制了《红色地图》。该项目的实施为“天地图·北京”节点建设奠定了基础。

测绘地理信息应用与服务

【“天地图·北京”建设】

根据国家测绘地理信息局要求，北京市规划委员会积极组织开展数据整理、设备完善、增加带宽等相关工作，开展“基于国家 1:25 万公开版地形图编制公众版地图”的生产，为“天地图·北京”节点建设做好数据基础。截至年底，“天地图·北京”节点的各项工作已基本完成。同时，北京市规划委员会积极推进“天地图”区（县）节点建设，西城区、通州区已基本具备接入“天地图”条件。

【基础地理信息数据服务】

2011 年，北京市新增基础地理信息数据用户 22 家，北京市有关测绘部门共向 276 家政府部门和社会用户提供了基础地理信息数据和技术服务。

【基本比例尺地形图服务】

2011 年，北京市测绘设计研究院向社会各界用户提供各种比例尺地形图 2.04 万幅，地形图数据 49491 幅，提供各类测绘资料借阅 2.2 万人次。

【支援边疆建设测绘服务】

4 月～6 月，北京市测绘设计研究院完成内蒙古乌兰察布市 60 条市政道路总长 184 千米的测绘任务。12 月，北京市测绘设计研究院完成新疆和田地区一市三县 1:1000 地形图 70 平方千米、1:2000 地形图 182 平方千米和正射影像图 500 平方千米的测绘任务。

【提供司法鉴定服务】

北京市测绘设计研究院积极承担北京市各级法院委托的土地、房屋方面司法鉴定测绘工作，取得良好社会效益。

【什邡地震工业遗址测绘】

6 月 29 日，北京市测绘设计研究院采用多方位航空摄影、三维激光扫描技术测制的什邡地震遗址公园真实三维数字场景成果通过验收。

科技创新与人才培养

【城市测量规范】

11月22日，住房和城乡建设部发布公告，由北京市测绘设计研究院主编，18个城市测绘单位参编的行业标准《城市测量规范》（CJJ/T8－2011）正式印发，自2012年6月1日起实施，原行业标准《城市测量规范》（CJJ8－99）同时废止。

【青年人才培养】

4月6日，北京市测绘设计研究院陈廷武被增选为国家测绘地理信息局青年学术和技术带头人。5月27日，北京市测绘设计研究院杨伯钢作为北京测绘行业科技工作者代表参加中国科学技术协会第八次全国代表大会。

党的建设与测绘地理信息文化建设

【党建工作】

2011年，北京市规划委员会按照制定的政治思想工作学习计划和中心组理论学习制度，每周组织一次学习讲座，提高全体干部职工的理论水平；开展建设学习型党团组织、学习型领导班子、学习型工作小组等活动，组织干部职工学习科学发展观理论、十七届六中全会精神；深入开展创先争优活动和党员作风建设等活动，组织干部职工深入企业和基层学习调研，切实转变干部作风，为企业和行业做好服务。

【测绘地理信息文化建设】

北京市测绘设计研究院被首都精神文明建设委员会授予“2010年度首都文明单位标兵”称号，这是该院连续6年被授予该称号。7月28日，北京市测绘设计研究院领导班子全体成员赴某部队慰问官兵，军地领导介绍了双方的发展和成就，并就如何更好地开展军地共建进行磋商。9月3日，北京市测绘设计研究院与中国测绘宣传中心共同组织团队意识拓展训练，丰富职工业余文化生活，进一步培养了职工的团队意识。

地方社团工作

【中国城市规划协会城市勘测专业委员会】

2月，中国城市规划协会城市勘测专业委员会在哈尔滨举办“城市勘测杯”全国测绘职工滑雪、徒步定向邀请赛。4月10日，《城市勘测》杂志社第一届理事会第一次会议暨第七届编委会第一次会议在武汉召开，会议修订了《城市勘测》杂志理事会章程。

5月28日，城市勘测专业委员会第四次会员代表大会在西安召开，会议选举出新一届领导班子，并通过新的工作规则。10月28日，城市勘测专业委员会四届一次常务理事扩大会在青岛召开，会议通过2011年度优秀城市勘测工程评选办法。11月，城市勘测专业委员会起草的《2011年度优秀城市勘测工程评选细则》获中国城市规划协会批准，并以中规协〔2011〕68号文件下发全国城市勘测单位。

【北京测绘学会】

在5月14日～20日第17届北京科技周期间，北京测绘学会组织“互联网地图服务”学术报告会等系列科普宣传活动，300多人次参加。6月～8月，组织开展2011年度北京测绘学会测绘科学技术奖首次评选活动和优秀测绘工程奖评选，22个项目分获北京测绘学会测绘科技进步奖一、二、三等奖，32个项目分获北京测绘学会优秀测绘工程奖一、二、三等奖。8月，受北京市人力资源和社会保障局委托，完成2011年度北京市工程技术系列（测绘）中级专业技术职务评审工作，171人取得任职资格。9月，受北京市住房和城乡建设委员会委托，举办2011年度北京市测量放线工培训班，培训高级技师5人、技师15人、验线员49人。9月，组团参加第七届京港澳测绘技术交流会。

10月20日，北京测绘学会和北京市测绘设计研究院共同承办的以“推进北京数字城市建设，探索首都智慧城市发展”为主题的北京数字城市发展论坛在中国测绘创新基地举行，210人参加论坛活动。

【中国城市规划协会地下管线专业委员会】

3月7日～9日，中国城市规划协会地下管线专业委员会协助香港管线专业学会在香港举办第二届管线管理与安全国际会议（ICUMAS），来自英国、美国、加拿大、澳大利亚、以色列、新加坡以及香港和中国大陆的近200名代表参加会议。6月26日～29日，该委员会在成都举办《城镇供水管网漏水探测技术规程》第一期培训班，60多人参加培训。11月7日～8日，在广州召开年会，300多人参加会议。

天津市

规划与计划

2011年，天津市规划局编制《天津市测绘地理信息发展“十二五”规划》，年内已上报天津市政府。

法制建设

天津市规划局制定《天津市测绘质量管理规定》，对测绘质量管理机构和执行机构、主管部门实施测绘产品质量监督检查的方式，测绘产品质量监督检查的依据、内容、结果判定和异议受理等作出规定；制定《天津市地下管线测量测绘管理规定》，对地下管线测量施工单位的资质、施工要求、成果汇交和入库要求、成果不合格的处理方法等作出规定。两个规定印发各有关单位，自4月1日起执行。

市场监管

【测绘资质审批】

2011年，天津市新获得互联网地图服务测绘资质单位2家（甲级1家、乙级1家）；新批准乙级测绘资质单位2家、丙级测绘资质单位2家。截至年底，天津市共有测绘资质单位100家。其中，甲级16家、乙级28家、丙级49家、丁级7家。

【测绘执法检查】

天津市规划局开展地理信息市场专项整治和“回头看”工作，检查涉及互联网地图服务的网站450家。查办的“问题地图”案件有：华尔街英语使用“问题地图”案件、天津市气象科技服务中心使用“问题地图”案件、天津市市政公路信息中心使用“问题地图”案件。天津市规划局会同天津市国家保密局开展全市测绘成果保密大检查，共抽查测绘成果使用单位和测绘资质单位21家，抽查率达20%。

【“8·29”测绘法宣传】

天津市规划局组织市、区县两级测绘行政主管部门和各测绘资质单位共500多人在天津市行政许可审批服务中心等宣传点开展以“推进数字城市建设，提升测绘公共服务水平”为主题的测绘法宣传活动，共制作展版200多块，发放各种宣传材料近万份，接待咨询群众5000多人。天津日报、天津电视台、人民网、中国测绘报等新闻媒体均作了专门报道。

测绘地理信息行政管理

【机构建设】

11月15日，经天津市机构编制委员会批准，天津市规划局测绘管理处更名为测绘地理信息处，其主要职责是：承担全市测绘地理信息管理工作；拟订测绘地理信息发展规划和计划，承担测绘地理信息成果管理和运用工作。天津市内六区规划分局增加测绘地理信息管理职能，设置专职或兼职工作人员。至此，天津完善了市区两级测绘行政管理体系，强化了区县测绘地理信息职能。

【测绘管理行政许可事项事权调整】

依据《关于调整测绘管理行政许可事项事权的通知》（规业字〔2011〕576号），天津市将基础测绘成果资料提供使用审批（市域和跨区县界以及涉及军事设施的国家基础测绘成果资料提供使用审批仍由市测绘地理信息行政主管部门办理）调整到区县测绘地理信息行政主管部门；将测绘作业证审核委托各区县测绘地理信息行政主管部门办理；地图编制审核、对外提供测绘成果审批、测绘资质（乙、丙、丁级）审批实现现场审批。

【测绘管理行政许可事项办理】

天津市规划局全年办理测绘行政许可事项80件。其中，国家基础测绘成果资料提供使用审批34件次，对外提供测绘成果审批21件次，测绘资质（乙、丙、丁级）审批4件次，测绘作业证审核5件次，地图编制审核16件次。出具国家秘密基础测绘成果资料使用证明函40件。

地图管理与成果提供

2011年，天津市有关测绘部门受理地图审核16件次，合格率100%。

天津市有关测绘单位对外提供1∶5万地形图3幅，1∶1万地形图259幅，1∶2000地形图66幅，1∶2000正射影像图1405幅，1∶500地形图14幅；提供1∶1万系统数据687幅，1∶2000系统数据452幅；提供水准点成果6个。

基础测绘

天津市测绘院完成天津市中心城区1∶500、1∶2000地形图实时更新；完成全市域1∶2000地形图更新维护；完成滨海新区、环外环地区258幅1∶1万地形图更新；完成全市域2550千米一等水准和5900千米二等水准的复测；完成全市197个C级GPS点和1134个水准点的调查，完成测量标志管理系统的更新维护。

【地理市情监测】

按照天津市地理市情监测实施方案，年内天津市测绘院基本完成了以城市建设监测、生态环境监测、土地利用监测、地表形变监测、地质市情监测、其他监测等6大类44个专题为监测内容的数据整合和数据整理工作。通过对上述监测内容进行空间分布特征分析、区域差异分析和变化趋势分析，完成了天津市地理市情监测数据库建设工作、2011年天津市地理市情监测报告和图集初稿的编制工作。

质量监督

天津市规划局印发《关于开展2010年度测绘产品质量检查的通知》，由测绘地理信息管理处和天津市测绘产品质量监督检验站共同承担2011年国家重点工程专项检查及天津市测绘产品质量监督常规检查工作。从全市符合条件的92家测绘资质单位中抽检192个项目。经检查，187件测绘产品质量合格，4件测绘产品质量不合格，合格率为97.9%。被检查的测绘单位，质量体系考核全部达标。

重大工程测绘

【市重点工程】

天津市测绘院跟踪天津市文化中心、西站、泰安道、梅江会展中心等180项重点项目建设情况，服务滨海新区开发开放，为于家堡、响螺湾等重点地区规划提供测绘服务；以文化中心建设为试点，编制完成“智慧小区”建设方案。

【地下管线测绘】

天津市测绘院完成张贵庄污水处理厂配电线改造、陈塘庄热电改造、泰安道地区5号院综合管线改造、中粮集团大悦城管线测量等1000多个项目。开发了汉沽区、高新技术园区管线管理系统，并通过专家论证。

测绘地理信息合作共建

天津市测绘院与天津市国土资源和房屋管理局规划研究中心、地籍管理中心、国土资源测绘和房屋测量中心等部门合作开展全市域城镇地籍测绘工作；参与农村宅基地地籍测绘工作，并在静海县西双塘镇进行试点。

地图编制与出版

2011年，天津市测绘院更新完成《天津市交通旅游图》、《天津市滨海交通旅游图》、《天津市南开区行政区划图》等地图产品。根据市场需要，开发编制了《天津市滨海新区行政区划系列图》、《天津五大道历史文化街区保护地图》、《天津－宫花园历史文化街区保护地图》、《滨海新区轻松出行地图》等地图产品。

测绘地理信息应用与服务

【“天地图·天津”建设】

年内，按照国家测绘地理信息局统一的技术标准，天津市规划局组织制定《“天地图”天津节点建设实施方案》，已完成天津地区服务平台基础建设、面向用户的二次开发接口，实现了平台的基本服务功能；按照国家测绘地理信息局的统一部署和技术标准，开展了数据组织和“天地图·天津”节点的软硬件升级改造。

【天津市基础地理信息综合服务平台推广应用】

天津市基础地理信息综合服务平台建设已完成平台软件开发及基础数据的建库工作，先后在宁夏电力设施数据采集平台、天津市公安局技防网布防信息系统、天津市东丽区土地整理地理信息系统等项目中得到应用。

科技创新与人才培养

【测绘科技成果】

天津市勘察院完成的“三维数字城市系统研建关键技术与特大城市信息化”项目被评为市科技进步奖一等奖。

【科技专家审查机制】

天津市规划局健全技术委员会工作制度，建立了技术审查专家库。年内共召开天津市规划局技委会8次，审查项目15个。

【测绘学历教育】

3月，天津市规划局组织测绘专业成人专科、本科学历班255人的注册开班，对134名在校人员实现动态管理。7月，完成武汉大学测绘专业工程硕士70多人的报名工作。

【人才培养】

天津市规划局制定专业技术带头人“一人一策”培养措施，组织专业管理领衔人培养对象集中培训，开展学术沙龙活动等，加快各类人才的培养。6月，组织机关专业管理领衔人培养对象和局属公务员单位业务骨干共25人赴新加坡参加短期培训。

天津市测绘院举办天津市涉密测绘成果管理人员岗位培训班和测绘产品质量管理人员培训班，全市各区县测绘行政主管部门和测绘资质单位相关工作人员共230多人参加；组织召开测绘统计年报部署暨培训会，会议对《测绘统计报表制度》和测绘统计网络直报系统操作方法做了系统讲解，全市各区县测管部门和各测绘资质单位负责统计的工作人员共110多人参加。

党的建设与测绘地理信息文化建设

天津市规划局系统深入开展创先争优活动。天津市城市规划设计研究院在重点建设项目中开展“我是党员，向我看齐”、“党员挂牌亮身份”活动，天津市建筑设计院开展创建“五好党支部”活动，天津市测绘院在党员领导干部中开展“解放思想、工作提速”大讨论活动，天津市勘察院开展“四创四做”主题实践活动，有效促进了各单位经济工作与党建工作双赢。同时，该局在全系统党员中开展“党员公开承诺践诺”活动和在窗口单位开展“创文明示范窗口，争优质服务标兵”、“亮标准、亮身份、亮承诺”活动，结合学习型党组织创建活动，形成“规划沙龙”、“业务大讲堂”、“黄金一小时”等一批优秀学习品牌。天津市规划局工委创先争优巡视组先后3次组织规划建设交通系统领导到市测绘院、市规划展览馆、局教育培训中心现场观摩，肯定了活动成效。在纪念建党90周年表彰大会上，局系统21个先进党组织、36名优秀共产党员、21名优秀领导干部，5名优秀党务工作者，7个最佳党性实践活动党组织受到表彰。

地方社团工作

【学会组织建设】

2011年，天津市测绘学会召开理事会2次，发展团体会员2个，个人会员73名。截至年底，学会共有个人会员1549名，团体会员48个。完善网络信息建设，召开会员单位信息联络员工作会议。整理全国各省测绘信息及文件，规范学会管理，完成2011年度年检工作、审计工作和《天津测绘》期刊的年检工作。

【协办中国科协年会】

9月21日~23日，天津市测绘学会作为中国测绘学会协办单位，承办中国科协13届年会第12测绘分会场（天津市测绘学会2011学术年会）研讨会。天津市各会员单位的80多名领导、技术人员和全国各省市36名会议代表参加大会，李德仁院士、李建成院士分别作《从数字地球到智慧地球》、《应急测绘技术》专题报告，张勤、薄万举等12位测绘专家分别作学术报告。大会向获2011年天津市测绘学会优秀测绘工程奖的单位和个人颁发了证书。

【天津市优秀测绘工程奖评选工作】

8月30日~9月1日，天津市测绘学会组织天津市2011年度优秀测绘工程奖评选，共有25家单位申报的66个测绘项目参评，经评审，评选出天津市2011年度优秀测绘工程奖47项。其中，一等奖5项、二等奖16项、三等奖26项，获奖率71%。该学会上报中国测绘学会的参选项目中，获测绘科技进步奖1项，优秀测绘工程奖金奖3项、银奖2项、铜奖4项。

【开展学术活动】

天津市测绘学会8个专业委员会全年共开展学术活动20场次，2136人次参加。9月28日，举办测绘新技术报告会，86人参加培训。

【出版《天津测绘》期刊】

《天津测绘》是天津市测绘学会主办的市级期刊，2011年出版2期，发表论文68篇，国内免费发行1100册。

河北省

规划与计划

【省级基础测绘“十二五”规划】

经河北省发展和改革委审核，报河北省政府审定和国家测绘地理信息局备案，《河北省省级基础测绘“十二五”规划》于2011年3月发布实施。该规划共6个方面34项内容，投资预算12.24亿元，从基础测绘服务能力、自然资源数据库建设、现代测绘基准建设、基础测绘设施建设、数字城市建设等方面明确“十二五”期间测绘地理信息发展目标和主要任务。

【测绘资质建设规划】

10月，河北省测绘局印发实施《河北省测绘资质建设规划（2011－2015)》，提出“十二五”期间测绘资质建设“坚持总量控制、区域平衡和退补平衡”基本原则，确定“十二五”期间测绘资质单位总量基本不增长的目标。建立测绘市场清除与退出机制，鼓励测绘单位采取合并、重组、参与股权分配等方式做大做强，鼓励创新型地理信息企业发展，逐步实现测绘大省向测绘强省转变。

【“十二五”测绘地理信息人才发展及教育培训规划】

11月，河北省测绘局印发《河北省测绘局“十二五”测绘地理信息人才发展及教育培训规划》，明确“十二五”期间测绘地理信息人才队伍建设的指导思想和基本原则、发展目标和主要任务、重点人才工作、完善人才发展机制、保障措施等内容。

【测绘地理信息法制宣传教育第六个五年规划】

11月，河北省测绘局印发《河北省测绘地理信息法制宣传教育第六个五年规划（2011－2015年)》，明确测绘地理信息“六五”普法工作的指导思想和基本原则，确立“六五”普法工作的主要目标和8个方面的主要任务。

【测绘地理信息文化建设规划】

12月，河北省测绘局印发《河北省测绘地理信息文化建设规划》，明确培育共同理想、构建民主和谐、树立外在形象、健全文化管理机构、壮大文化骨干队伍、构筑文化阵地体系、开展主题实践活动、强化组织领导等8个方面工作，规划用5年左右时间，全面提升该局测绘地理信息文化建设水平。

【基础测绘年度计划】

河北省测绘局积极争取省财政和国土资源部门投入；制定2011年基础测绘年度计划，加大基础地理信息数据采集、建库、数字航摄等专项的投入力度；科学编制年度1:1万数字线划图的生产和数据入库、数字城市、“天地图·河北”、省三维地理信息平台更新、《河北省地图集》等项目的任务量和完成时限。

法制建设

【制度建设】

《河北省测绘航空摄影管理规定》经河北省政府第96次省长常务会议审议通过，以11号省长令发布实布，自2012年1月1日起施行。河北省政府办公厅印发《河北省人民政府办公厅关于加强全省航空摄影和遥感资料统一管理的通知》（办字〔2011〕14号)、《河北省人民政府办公厅关于加快推进全省数字城市基础建设工作的通知》（办字〔2011〕74号）。经河北省政府法制办公室（以下简称省政府法制办）审查同意，河北省测绘局印发《河北省测绘市场信用信息管理办法》，自2011年10月起施行。河北省测绘局印发《关于加强测绘资质监督管理工作的通知》、《关于加强互联网地图管理工作的通知》、《关于加强无人飞行器航摄测绘资质管理工作的通知》、《关于印发加快推进测绘法制建设的实施意见的通知》、《关于印发河北省测绘资质建设规划的通知》等规范性文件。起草《河北省地理空间信息数据交换和共享管理办法》（草案）及起草说明（草案），按要求向省政府法制办报送2012年立法项目建议书。

河北省测绘局按照省政府法制办的要求，结合国家新颁布实施的行政法规和规章，梳理测绘地理信息行政执法职权和依据，对《河北省信息化条例》、《测绘市场信用信息管理暂行办法》等6件法规文件提出修改意见。

11月29日~12月1日，以河北省人大常委会常委张连德为组长，省人大常委会常委方慈、环保工委副主任白刚为副组长的调研组赴沧州、廊坊等地进行测绘法执法调研。调研组通过召开座谈会、走访测绘地理信息企业等方式，了解市、县测绘工作开展情况，提出加强和改进测绘地理信息工作的意见和建议。

【执法队伍建设】

河北省测绘局组织对河北省地理信息市场管理中心新配人员、局机关新调入人员进行测绘行政执法岗位培训和资格考试；举办2期测绘行政执法暨行政管理干部培训班，对300多名测绘行政执法人员进行培训考试，考试合格人员由国家测绘地理信息局颁发测绘行政执法证件；组织26名测绘地理信息行政执法人员参加省政府法制办组织的行政强制法培训和考试，全部考核合格；组织7名测绘地理信息行政执法人员参加全省行政执法知识培训，全部通过考核；全省各级测绘行政主管部门持有测绘行政执法证的执法人员达498人。

河北省测绘局按照国家测绘地理信息局和省政府法制办要求，对测绘行政执法人员、各市持有测绘行政执法证人员进行年度注册，对注册考核结果进行通报。196名测绘行政执法人员被依法注销执法资格；各市、县（市）国土资源局新增测绘行政执法人员共292人。

【依法行政】

年内，河北省测绘局制定《河北省测绘局规范性文件制定和管理实施细则》。全年共受理行政许可事项85项，受理非行政许可类审批事项843项，未发生投诉举报现象。其中，1项行政许可案卷被省政府法制办评为全省100项优秀行政许可案卷。按照省政府法制办的要求，对现行测绘地方性法规、规章和规范性文件进行清理，未发现有关测绘行政强制的内容。

【行政权力公开透明运行】

河北省积极推进测绘行政权力公开透明运行工作，凡涉及测绘行政处罚、行政许可等事项，严格执行处务会制度，并将处务会记录报纪检部门备案。积极接受省效能办的监督检查，针对发现的问题，认真进行整改，不断规范测绘行政许可程序，进一步规范行政许可事项的申请条件、受理依据、办理程序、结果公开等环节，不断完善行政许可事项网上审批工作。

据不完全统计，2011年全省各级测绘行政主管部门累计开展测绘地理信息执法检查734次，比2010年增长1.9倍；开展重大测绘专项执法活动64次，查处各类测绘地理信息违法案件21起，做出行政处罚7起，没收违法地图产品450多件。

【行政执法监督检查】

河北省测绘局到11个设区市、20多个县（市）和近100家测绘单位进行检查和指导，推进各级测绘行政主管部门履职尽责。2011年，秦皇岛市国土资源局等9个市级测绘行政主管部门被省测绘局评为"2011年度考评优秀单位"。

河北省测绘局印发《关于加强测绘资质监督管理工作的通知》，组织测绘行政执法人员深入邢台、保定、唐山、沧州、承德、廊坊、邯郸、承德等市巡查66家不同资质等级的测绘单位，发现涉嫌违法行为6起，责令写出书面检查5起，并责成有关单位认真整改。

【法制宣传教育】

3月，河北省测绘局印发《2011年全省测绘法制宣传教育工作要点》，部署全省测绘法制宣传教育工作；组织编制《测绘法律法规文件汇编》和《测绘行政执法手册》，免费发放到各市、县（市）测绘行政管理部门。

8月28日，河北省测绘法宣传日暨狼牙山地理信息数据发布仪式在河北易县狼牙山传统教育基地举行，国家测绘地理信息局副局长李朋德，河北省国土资源厅副厅长、省测绘局局长高献计，保定市常务副市长马誉峰等出席活动并讲话。国家测绘地理信息局、河北省测绘局机关、保定市国土资源局、易县政府、易县国土资源局、驻保定测绘单位的代表共150多人以及数百名游客参加宣传活动。活动期间发放测绘法宣传材料及国家版图宣传品1万多份。据不完全统计，宣传日当天全省共设立宣传站近200个，累计发放宣传品近15万份，制作宣传展牌400多块，悬挂宣传横幅800多幅（条），召开座谈会20多场次，在各类报刊、网站刊登宣传文章近30篇。

河北省测绘局组织参加测绘地理信息法律知识网络竞赛活动，5000多人参加竞赛答题，3人获三等奖，4人获鼓励奖，该局获优秀组织奖；组织参加全国百家网站中国特色社会主义法律体系知识竞赛活动；启动“六五”普法规划，举办测绘法规培训班，培训市国土资源局、甲乙级单位主要负责人140多人；组织20家甲级测绘单位负责人参加国家测绘地理信息局举办的相关培训班。

市场监管

【测绘地理信息统一监管】

2011年，河北省各级测绘地理信息行政主管部门累计受理测绘项目备案登记事项3717件，同比上升52.8%；河北省测绘局全年共办理测绘作业证件659本，各市国土资源局为1434人办理了测绘作业证注册手续；完善测绘作业证管理信息系统，测绘作业证件办理实现网上申请、审核和制作。组织完成甲、乙级测绘资质单位，丙级升乙级单位的测绘成果资料档案及保密管理的考核工作；为22家通过考核的甲、乙级测绘资质单位颁发考核合格证书。

按照《河北省人民政府办公厅关于加强全省航空摄影和遥感资料统一管理的通知》（办字〔2011〕14号）要求，加强对全省航空摄影和遥感资料的统一管理，提高了航空摄影、遥感资料的使用效率。

【地理信息市场专项整治“回头看”】

3月，河北省地理信息市场专项整治工作领导小组办公室印发《关于开展地理信息市场专项整治“回头看”行动的通知》，对地理信息市场专项整治“回头看”专项行动进行部署。4月，印发《全省地理信息市场专项整治“回头看”行动实施方案》。7月，召开省地理信息市场专项整治“回头看”工作座谈会，通报近年来省测绘局查处的10起典型测绘违法案件，与44家甲级测绘资质单位和部分乙级测绘资质单位签署《诚信测绘目标责任书》。

河北省测绘局组织人员到河北省科技厅、省外事办、省旅游局、省军区及有关测绘单位调查了解涉外测绘活动情况，未发现有关涉外测绘活动的行为。深入保定、石家庄、唐山、衡水、沧州、承德、廊坊等7个市进行监督检查，检查持证单位56家，排查出无证测绘单位11家，责令停止违法行为1家，要求写出书面检查4家，责令限期整改2家，发现涉嫌超越资质等级测绘案件2起。对排查出的无证测绘单位，批准8家单位申办测绘资质；对存在问题的单位，按照相关规定注销测绘资质。深入石家庄、保定、唐山等市开展房产测绘市场情况调研，通过召开座谈会、听取当地房产部门工作汇报等方式，较全面掌握河北省房产测绘市场情况并书面上报国家测绘地理信息局。

【测绘资质管理】

一、测绘资质复审换证

2011年，河北省各级测绘行政主管部门共受理测绘资质申请（含升级及增加业务）76家，通过56家。其中，审批互联网地图服务资质11家，资质升级及增加业务范围6家，新申请测绘资质39家。测绘资质单位较2010年环比增长1.1%。推荐上报国家测绘地理信息局审批的甲级测绘资质5家。注销测绘资质54家并在《河北日报》公告。全年办理测绘资质单位法人代表、名称、地址等变更事项共127项，办理省内测绘单位去省外从事测绘活动情况准入登记事项13项。

二、无人飞行器航空摄影资质管理

河北省测绘局印发《关于加强无人飞行器航摄测绘资质管理工作的通知》，开展无人飞行器航摄单位普查工作。对中国建筑材料工业地质勘查中心河北总队、中国石油集团东方地球物理勘探有限责任公司等有关单位的无人飞行器航摄测绘资质进行审核。

【测量标志管理】

2011年，河北省级财政落实资金130万元，按省级检查维护计划对测量标志进行维护，普查1980系Ⅰ、Ⅱ等三角点测量标志806个。依法制止危及测量标志使用效能事件4起，发布河北省红色旅游胜地易县狼牙山（五壮士跳崖处）重要地理信息数据。

地图管理

【国家版图意识宣传教育】

河北省测绘局印发《河北省国家版图意识宣传教育和地图市场监管 2011 年工作要点》。制作宣传展牌及地图宣传材料 10 万份，分别于“6·25”土地日和“8·29”测绘法宣传日当天向群众免费发放。此外，将国家版图意识宣传教育作为对地方测绘管理干部培训的一项重要内容。

【地图监管与审核】

河北省测绘局组织执法人员深入“石家庄（正定）国际小商品博览会”、“石家庄市台冀美食文化、奇石文化博览会”、“廊坊市‘5·18’国际博览会”，“西柏坡博物馆”等大型商品展销会、博览会、交易会进行执法检查，没收违法地图产品 20 多份。印发《关于加强互联网地图管理工作的通知》，明确从事互联网地图服务的基本要求；开设互联网地图服务资质办理绿色通道，集中审批乙级 5 家、推荐上报并经国家测绘地理信息局审批甲级 3 家；指导河北省地理信息市场管理中心对互联网地图服务网站进行排查，对检索出的 1300 多家网站中的 709 家地图网站进行研判，对 29 家网站下达整改通知书，责成 7 家网站办理互联网地图服务资质。全省互联网地图服务专项资质单位达 12 家。

坚持地图审核质量委托检验、地图审核结果网上公告、地图出版样本备案等一系列行政许可制度，全年共受理地图审核行政许可 31 项，地图备案率 80% 以上。

成果管理

【测绘成果应用】

2011 年，河北省各级测绘地理信息部门共完成测绘地理信息成果行政审批事项 673 项，提供各种比例尺地形图 2710 幅，航片 6062 张，各等级控制点成果 1319 个；提供基础地理信息数据 14245 幅，1159. 92GB。办理省内测绘单位使用省外测绘成果相关手续 145 项。

【测绘成果网络化分发服务系统建设】

河北省测绘局完成 25201 条元数据上网录入工作，并以数字城市建设为抓手，积极推进市县测绘成果目录服务系统建设。

【地理信息公共服务平台建设】

河北省测绘局大力推进河北省三维基础地理信息平台建设，并在此基础上分别为省发展和改革委、财政厅、水利厅、住房和城乡建设厅、国土资源厅、安监局和公安厅等部门研发应用示范平台。

【测绘成果保密管理】

河北省测绘局印发《河北省测绘局 2011 年保密工作要点》，完成局系统涉密生产网络升级改造。与省保密局联合印发《关于开展涉密测绘成果资料安全保密检查的通知》，对全省使用涉密测绘成果的单位进行全面检查，省保密检查领导小组在各单位自查的基础上，重点抽查 60 家单位，对存在失泄密隐患的单位提出限期整改意见，对 6 家单位下发整改通知书，对 1 家单位立案调查。配合省保密局查处测绘涉密案件 1 起，鉴定测绘成果 28 幅，配合省国家安全厅、保密局对省内某单位的失泄密事件进行查处。

基础测绘

【基础测绘项目】

河北省测绘部门完成覆盖河北省全地域的 1∶1 万 DLG、DOM 制作，以及覆盖整个山区丘陵地区的 1∶1 万DEM 制作。其中，新测制张家口南部和保定北部区域 1∶1 万 DLG、DOM、DEM 各 853 幅，更新廊坊、唐山、秦皇岛、沧州部分区域 1∶1 万 DLG 910 幅，更新 1∶1 万基础地理信息库。完成大地控制点 2000 国家大地坐标系的转换，在城市推广使用。

河北省财政安排资金 740 万元，购置全省范围的 5 米分辨率卫星影像数据，用于省国土资源系统土地执法检查等项目，影像资料使用率达 100%。

【数字城市建设】

5 月，河北省政府办公厅印发《河北省人民政府办公厅关于加快推进全省数字城市基础建设工作的通知》（办字〔2011〕74 号），部署全省数字城市建设工作。6 月，河北省数字城市基础建设工作正式启动；河北省测绘局印发《关于印发加快推进数字城市建设工作实施方案的通知》，明确全省数字城市建设的意义、任务、程序、计划等，编制《河北省全面推进数字城市建设工作材料汇编》，制定《河北省数字城市建设承建单位审核认定工作细则》并印发各设区市国土资源局及有关项目支撑单位；遴选、确定全省数字城市建设的承建资格单位。截至年底，邯郸、廊坊、衡水、保定、唐山、秦皇岛、邢台、张家口等市数字城市建设相继启动。12月13日，数字石家庄通过国家测绘地理信息局验收。石家庄栾城县被列为2011年度省内数字城市建设试点县。

质量监督

【基础测绘质量管理】

河北省测绘局委托省测绘产品质量监督检验站完成张家口、承德测区1:1万DOM、DEM、DLG验收2146幅和国家测绘地理信息局委托的1:5万数据库更新成果验收。对全省持证测绘单位质量管理情况和产品进行监督检查，抽检26个项目，22项合格。完成数字石家庄地理空间框架建设项目验收；完成廊坊三维建模、邯郸市控制测量和秦皇岛市1:1000 DOM等项目质量检验。

【测绘成果质量监督管理】

河北省测绘局制定全省2011年测绘成果质量监督检查方案，明确组织领导、监督检查对象、计划安排和被检项目等事宜。配合测绘资质复审换证工作，对全省甲、乙级测绘持证单位进行质量认可。

【测绘安全生产】

河北省测绘局将测绘生产与安全生产同部署、同落实，明确生产安全管理和交通安全管理的机构、职责、事故处理办法和年度安全生产考核依据。编写《安全生产手册图画版》，加强安全生产教育培训和监督检查，全年无重大安全生产事故发生。

重大工程测绘

【合作完成的重大项目】

河北省测绘局与66240部队合作完成河北省卫星定位综合服务系统二期工程建设，承担项目总体技术设计书编制、系统基准站观测墩土建及GNSS接收机、天线、防浪涌设备、机柜、UPS设备的安装调试等工作。受石家庄市国土资源局委托，河北省第一测绘院完成石家庄市卫星定位综合服务系统建设，可为不同行业提供全天候、全覆盖、高精度动态实时定位服务。5月，河北省测绘局组织编制的《河北省地图集》通过省发展和改革委、财政厅、国土资源厅、气象局等16个编委会成员单位专家的评审；12月，该图集印制完成。

【局属单位完成的重大项目】

2011年，河北省测绘局局属有关单位承担的"地质灾害监测预警系统"研制成功，进入试点应用阶段。"利用先进移动测量技术在不同类型地质灾害中的应用研究与示范"项目完成技术总体设计方案编制，利用移动测量激光扫描车对邢台地区4个不同类型的地质灾害点进行野外扫描，完成点云成果、影像成果、三维立体和应用分析成果等多种应用数据的收集处理，并提交省国土资源厅有关部门使用。"河北省三维城市建设"项目完成石家庄市135平方千米三维城市建设，邯郸市90平方千米的三维模型数据采集、外业纹理采集工作，开展了邢台市纹理采集工作。河北省三维基础地理信息平台升级改造，形成2000国家大地坐标系和1980西安坐标系两套坐标系的三维基础地理信息平台，满足不同部门的应用需要。

参与国家现代测绘基准体系建设工程的连续运行参考站建设项目，完成选点及建设方案设计；完成"927"工程项目5个海岛（礁）大地控制点B级GPS观测技术设计书编制，点位的前期踏勘、选址等工作；完成资源三号卫星几何检校前期试验辅助工作。

测绘地理信息合作共建

2月18日，河北省测绘局召开全省航空摄影与遥感资料统一监督管理研讨会，与省发展和改革委、财政厅、国土资源厅、气象局等19个省直部门和单位就推进共建共享合作进行商讨，达成一致意见。

3月16日，河北省测绘局与中科院对地观测与数字地球科学中心签署遥感数据专项共享服务协议。对地观测中心将免费向河北省测绘局提供中低分辨率的航天遥感数据，丰富河北省遥感数据的数据种类和来源。

6月8日，河北省测绘局与省公安厅签署基础地理信息公共服务平台与警用地理信息平台共建共享合作协议。

由河北省测绘局与河北省气象局、66240部队共同建设的"河北省卫星定位综合服务系统"，用户遍及全省11个设区市，覆盖测绘、土地管理、规划、交通等多个行业，并与周边省市和66240部队达成 CORS 站数据共享意向。截至 2011 年底，河北省测绘局已与省气象局、地震局、公安厅、国家安全厅等 20 多家单位和部门签订地理信息资源共建共享协议。

地图编制与出版

2011 年，河北省有关测绘部门编制出版《河北省地图集》、《河北省环首都经济圈示意图》、《石家庄西部山区影像图》等专题地图近 4000 幅（册），发行量较 2010 年有较大增长。编制发放《西柏坡，新中国从这里走来》红色专题图和石家庄、保定、廊坊等地测绘法宣传用图 2 万多张。河北省地图网建成并通过评审，上线运行。

测绘地理信息应用与服务

【“天地图·河北”建设】

制定“天地图·河北”总体设计方案，投资 1080 万元采购服务器 2 台、作业终端 10 台、磁盘阵列 1 套及网络交换机，组成数据预处理专网，并完成数据预处理。按“天地图”平台要求，完成全省 0.5 米分辨率数字正射影像、地名数据和境界数据的坐标系转换等工作，生产出满足“天地图”要求的 15 级到 17 级的数据。完成“天地图·河北”运行与支撑系统的调试和配置，“天地图·河北”平台集成测试、服务发布、门户网站开发和 3 个典型应用示范系统的开发等工作。12 月，“天地图·河北”上线试运行。

【测绘服务经济建设】

年内，河北省测绘局为保定市石家统村测制 1:500和 1:5000 地形图；启动“河北省新民居建设用地多维动态管理系统”项目，促进农村建设用地的合理使用；自主研发地质灾害监测预警系统，并进入试点应用阶段；研建白洋淀及衡水湖自然保护区地理信息系统；完成河北省卫星定位综合服务系统二期工程，提升国情监测能力；完成“全省 1:2000航空摄影正射影像图制作”、“全省矿山三维信息系统建设”、“北京铁路局铁路保护区测量”、“国家海域海岛地名普查和无名岛调查”等测绘任务。

【测绘服务国土资源工作】

河北省测绘局开展“利用无人机航摄技术构建河北省国土资源应急服务平台”、“利用现代遥感技术开展全省国土资源系统土地执法监察工作”、“省矿业权实地核查成果开发与应用”、“省大地测量垂直基准的建立”、“省电子地图公共服务平台建设”、“省卫星定位国土资源综合服务能力建设”、“测制环首都经济圈和沿海经济隆起带高分辨率国土资源数据”等工作，服务国土资源管理。完成“全省农村土地确权发证 1:2000 比例尺工作地图制作”、“河北省矿业权实地核查野外验收及成果验收”、“农村集体土地三权发证信息管理系统”等一批项目。

【测绘应急保障】

河北省测绘局完善测绘应急保障机制，调整应急保障组织领导机构，对相关部门进行应急演练；为胡锦涛总书记视察保定提供《保定市区图》、《保定市域图》、《河北交通图》等专题地图；为秦皇岛市抚宁县扑灭森林火灾紧急提供 8 幅专题地图；为省领导、省直部门提供工作用图 30 多次、1000 多幅（册）。

科技创新与人才培养

【测绘科技成果】

2011 年，河北省各测绘单位完成的 17 项成果获中国测绘学会相关奖项。其中，“秦皇岛市坐标系统和高程系统工程”项目获 2011 年中国测绘学会优秀测绘工程奖金奖，“苏州市高新区（狮山片区）地下管线探测工程”等 3 项成果分别获银奖，“第二次全国土地调查成果国家级核查”等 13 项成果分别获铜奖。2011 年度河北省优秀测绘地理信息工程奖评出一等奖 7 项、二等奖 20 项、三等奖 26 项；2011 年度河北省测绘学会科技进步奖评选出一等奖 6 项、二等奖 9 项、三等奖 12 项。

【人才培养】

河北省测绘局增选国家测绘地理信息局青年学术和技术带头人 1 名，省“三三三人才工程”第二层次人选 2 名，第三层次人选 5 名。全年培训各类人员 1100 多人，155 人通过注册测绘师考试，2272 人通过职业技能鉴定培训。与中国矿业大学联合举办工程硕士研究生班；与河北省人社厅、省总工会联合举办河北省第二届测绘行业职业技能竞赛活动；组队参加第二届全国测绘行业职业技能竞赛，2 名选手被国家测绘地理信息局授予“全国测绘地理信息技术能手”称号，河北省代表队获团体三等奖。

对外合作与交流

河北省测绘局积极开展对外技术合作与交流，继续拓宽测绘对外合作领域，加大与瑞典、俄罗斯、芬兰等国家的技术交流与合作。全年组团出访3批次16人，接待来访1批次2人。

“利用北欧投资银行贷款建立省级现代化测绘体系建设”项目获国家发展和改革委批复，被列入国家2011年外国政府贷款备选项目规划第二批计划。河北省测绘局编写了项目可研性报告，报河北省发展和改革委审批。

党的建设与测绘地理信息文化建设

【创先争优活动】

河北省测绘局制定《河北省测绘局关于创先争优第二阶段活动的安排意见》和《河北省测绘局关于深入开展窗口单位和服务行业“为民服务创先争优”活动的实施方案》，及时召开座谈会、督导调研会、领导点评会等，加大跟踪推动力度。局机关、局直属单位党委（支部）开展亮旗示范、争旗夺星、佩带党徽等活动，推动创先争优第二阶段活动开展。

【党建工作】

河北省测绘局印发《2011年度河北省测绘局直属机关党委工作要点》；严格党员发展工作，全年审批预备党员7名、党员转正9名。

召开局系统党风廉政建设工作会议，印发《河北省测绘局2011年党风廉政建设工作要点》；落实党风廉政建设责任制，逐级签订《党风廉政建设责任书》；加强干部队伍建设，举办纪检监察干部培训班；抓好机关效能建设和行政权力公开透明运行工作，规范行政许可事项的办理程序，建立处务会纪要制度；定期召开各级领导班子民主生活会；加强干部选拔任用工作监督，坚持干部任前谈话制度，促进全局各项工作的开展。

【测绘地理信息文化建设】

河北省测绘局认真抓好测绘地理信息文化建设，制定《河北省测绘局“十一五”测绘地理信息文化规划》，召开2010年度局系统总结表彰大会、“七一”党建表彰大会；开展精神文明创建活动，河北省制图院制图部党支部被评为“全国测绘地理信息系统创先争优活动先进基层党组织”，河北省第一测绘院凡春明被评为“全国测绘地理信息系统创先争优活动优秀党务工作者”。河北省第三测绘院遥感一部获省级“青年文明号”称号、遥感二部获河北省“巾帼文明岗”称号，河北省制图院连续10年被评为省级文明单位。

组队参加第二届“东方道迩杯”全国测绘系统乒乓球赛和省直乒乓球比赛、省直安康杯竞赛活动；开展一日捐、送温暖活动；重视离退休干部工作，认真落实离退休人员政治待遇和生活待遇，加强离退休党支部建设，组织离退休老同志参加各类文体活动。

地方社团工作

【测绘行业协会】

8月6日~8日，河北省测绘行业协会在北戴河承办内蒙古自治区测绘事业局与河北省测绘局直属单位交流联谊会，双方就基础测绘、数字城市、科技人才等工作进行交流。8月10日~11日，河北省测绘行业协会三届三次理事会暨河北省测绘行业2009-2010年度丙丁级“十佳单位”和“优秀测绘单位”表彰大会在北戴河召开，150多人参加。会议通报行业自律管理自查、测绘市场调查等工作情况，表彰“十佳单位”10家、优秀单位7家。

河北省测绘行业协会应台湾省测量技师公会邀请，组织3批共66名测绘科技人员赴台湾开展测绘科技交流。

【测绘学会工作】

4月7日，河北省测绘学会七届二次常务理事会议在石家庄召开。5月，河北省测绘学会受河北省测绘局委托，组织专家对河北省优秀测绘地理信息工程奖励办法进行修订，出台《河北省优秀测绘地理信息工程奖励办法》。完成河北省测绘地理信息行业评审专家数据库的建库工作，首批120名副高职以上测绘地理信息专业技术人才信息录入完毕。6月，河北省测绘学会房产测绘专业委员会在保定市召开房屋面积测算规定研讨会，石家庄石房房产测绘队、保定房屋测绘队等单位参加。7月，河北省测绘学会在北戴河举办房产测绘技术培训班，邀请省内外专家和学者，就房产面积测算规定、房产面积分摊计算、房产测绘综述等内容进行授课，行业单位100多人参加培训。11月17日，河北省测绘学会2011年学术年会在邯郸市召开，会议主题是"数字城市技术应用与发展"，学会理事、省测绘学科带头人及省测绘学会2011年度科学技术奖获奖代表共100多人参加会议。11月18日，河北省测绘学会七届三次理事会在邯郸市召开。

河北省测绘学会组织开展2011年河北省优秀测绘地理信息工程奖和河北省测绘学会科学技术奖评审工作，全省58个测绘项目申报河北省优秀测绘地理信息工程奖，32个测绘项目申报省测绘学会科学技术奖。经评审，评选出2011年度河北省优秀测绘地理信息工程奖53项，河北省测绘学会科学技术奖27项。河北省制图院完成的"西柏坡至阜平高速公路1:2000带状地形图航空摄影测量工程"、河北中色测绘有限公司完成的"第二次全国土地调查成果国家级核查"项目分别获河北省优秀测绘地理信息工程奖一等奖，河北省基础地理信息中心完成的"河北省三维基础地理信息平台"项目获河北省测绘学会科学技术奖一等奖。

2011年，河北省测绘学会与行业协会共同编辑出版《河北测绘》期刊4期，总发行量达到2800多册。按照省民政厅和省科学技术协会的有关要求，按时完成了学会年检工作。

山西省

规划与计划

山西省测绘地理信息局印发《山西省测绘事业发展"十二五"规划》，总结"十一五"全省测绘事业发展取得的主要成绩，分析"十二五"面临的形势与机遇，提出"十二五"测绘事业发展的指导思想、发展目标和基本原则。

该局加强对市级基础测绘"十二五"规划编制的指导，至年底，太原、临汾、晋城、阳泉、晋中、大同、吕梁、运城、长治已完成"十二五"基础测绘规划编制工作，其中临汾和晋城的规划已由市政府印发。该局编制完成《省级基础测绘1:1万基础地理信息采集与建库项目实施方案》，并于4月27日通过省发展和改革委组织的专家评审。

该局与山西省发展和改革委联合编制完成《山西省基础测绘发展"十二五"专项规划》，并于3月30日通过评审。

法制建设

【测绘立法】

山西省测绘地理信息局按时向山西省政府法制办公室（以下简称省政府法制办）报送2011年度立法计划建议项目，明确责任处室和工作任务，确保年度法规工作的重点任务和工作措施得到有效落实。配合省人大、省政府法制办完成测绘法规、规章的立、改、废工作，经清理，《山西省测绘管理条例》、《山西省测绘成果管理办法》予以保留，《山西省测量标志管理规定》于2011年1月18日修改完毕。组织开展地方性法规中有关行政强制规定的清理工作，并按时上报省人大。

【行政审批制度改革】

山西省测绘地理信息局按照省有关部门的要求，对局行政审批事项的审批流程进行修改完善。该局14项行政许可项目全部纳入省行政审批电子监察系统。该局门户网站开设政务大厅，行政许可的依据、条件、程序、时限、责任人、办理结果均向社会公开。

该局行政审批厅全年共接收各项行政许可申请602件。其中，测绘资质申请51件，测绘作业证申请17件，地图审核申请21件，基础测绘成果提供使用申请491件，测绘项目登记申请12件，永久性测量标志拆迁审批10件，年内全部办结。

【测绘普法】

山西省测绘地理信息局制定并印发《山西省测绘系统2011年普法依法治理工作要点》。完成"五五"普法总结，太原市国土资源局、晋中市国土资源局被评为全国测绘系统"五五"普法先进集体；4人被评为全国测绘系统"五五"普法先进个人。启动"六五"普法工作，制定并印发《山西省测绘地理信息法制宣传教育第六个五年规划（2011－2015年）》。普法经费列入年度经费预算并严格执行专款专用。组织开展“8·29”测绘法宣传日大型现场宣传活动；在《今日山西测绘》、局门户网站开辟宣传专版，创新普法宣传形式，扩大普法宣传的影响力。组织开展“易图通杯”2011年全国测绘地理信息法律知识网络竞赛活动，获优秀组织奖。

【依法行政】

山西省测绘地理信息局认真贯彻落实《国务院关于加强法治政府建设的意见》和国家测绘地理信息局《关于加强测绘地理信息法治建设的若干意见》，11月8日，制定印发《山西省加强测绘地理信息法治建设的实施意见》，调整依法行政工作领导组及办事机构人员。按照省政府法制办的部署，组织开展2011年度依法行政宣传月活动。完成测绘系统依法行政五年规划（2006－2010年）总结验收工作。山西省测绘地理信息局、晋城市国土资源局、长治县国土资源局被评为“全国测绘系统依法行政先进单位”。

该局深入推进行政执法责任制，修订完善《山西省测绘局行政执法责任制规定》，建立健全行政执法主体资格、法制培训教育、岗位责任、案卷评查、评议考核等有关制度；完善行政执法责任制领导组及办事机构，进一步明确了工作职责；对全省实施的测绘行政执法依据进行全面疏理，印发《山西省测绘局关于公布测绘行政执法依据的通知》。依法做好行政复议和行政应诉工作，修订完善《山西省测绘局行政复议和行政应诉办法》，规范行政复议程序和格式文书，健全行政复议委员会及办事机构。

【测绘执法培训】

山西省测绘地理信息局组织全省测绘行政执法人员进行测绘法律法规和测绘行政执法培训，共举办测绘行政执法人员培训班11期，培训1300多人；组织开展测绘行政执法证件注册工作。为局机关全体行政执法人员申领换发山西省行政执法证件，共申领换发行政执法证43人，申领换发行政执法监督证10人。组织参加国家测绘地理信息局举办的2期地方测绘管理干部培训班，共有11人参加培训。

【国家版图意识宣传教育】

12月23日，山西省测绘地理信息局在祁县举行“爱祖国、爱家乡”版图教育进校园试点活动。活动以初一学生为主，涉及25所学校、71个班级、3226名学生，活动的主要内容是“看图识疆域”国家版图知识教育、“看图识山西”省情知识教育、“看图识祁县”县情知识教育。

市场监管

【整顿和规范地理信息市场秩序】

按照全国地理信息市场专项整治工作领导小组的部署，山西省测绘地理信息局从1月开始，组织开展全省地理信息市场专项整治“回头看”行动。印发“回头看”行动工作要点和实施方案；选派地理信息市场专项整治工作动作大、成效突出的太原、朔州、晋城、运城等市的地理信息市场专项整治工作领导组成员参加全国地理信息市场专项整治“回头看”行动培训班；组织11个市开展网上地图检查和涉外测绘项目调查摸底工作，共检查涉及静态地图图片的网站440个，涉及动态地图服务的网站10个，发现存在严重问题的动态地图服务网站1个，并上报国家测绘地理信息局；组织各市测绘地理信息行政主管部门开展地理信息从业单位自查自纠和对其督查整改工作。

该局组织开展全省“问题地图”执法检查133次，查处违法案件3起，查封和没收违法违规地图产品176件；对752家测绘单位及成果使用单位进行成果保密检查，抽查304家，对125家下达整改通知。

为巩固全省地理信息市场专项整治和“回头看”行动工作成果，10月，山西省测绘地理信息局联合省军区、通信管理局、国家安全厅、工商局、新闻出版局、国家保密局共同印发《关于建立地理信息市场监管长效工作机制的意见》。

【测绘资质管理】

山西省测绘地理信息局按时完成全省测绘资质复审换证工作。全省应参加复审换证单位412家，通过复审换证单位379家，注销测绘资质单位33家，并将复审换证结果在《山西日报》及局门户网站公布。该省的测绘资质复审换证工作在全国测绘资质复审换证工作总结会上进行了经验交流。

年内为46家申请单位发放测绘资质证书，为42家单位办理测绘资质内容变更。截至年底，全省共有测绘资质单位462家。其中，甲级20家、乙级51

家、丙级120家、丁级271家。

【房产测绘管理】

山西省测绘地理信息局开展房产测绘市场调研并上报国家测绘地理信息局。配合媒体开展房产测绘知识宣传，引导百姓关心房产测绘，正确理解和把握房产测绘知识。继续办好局房产测绘咨询热线，接听咨询电话、接待来访、解答问题共70多人次。

地图管理与成果管理

【地图编制审查】

2011年，山西省测绘地理信息局完成《山西省近现代史地图集》、《朔州市城区三维地图》、《临汾市城区三维地图》等11项地图技术审查。

【涉密测绘成果管理保密培训】

山西省测绘地理信息局按照国家测绘地理信息局《涉密测绘成果管理人员岗位培训方案》，组织山西省涉密测绘成果管理人员岗位培训，对全省丙级测绘资质单位和有关涉密测绘成果使用单位的涉密测绘成果管理人员进行培训。

【地理信息公共服务平台项目】

按照“实用好用、方便快捷、惠及百姓”的要求，山西省地理信息公共服务平台（公众版）“天地图·山西”完成山西省行政区域内基于1:1万基础地理信息数据15级～17级在线数据集生产、发布及持续更新；完成门户网站及服务系统建设，实现主节点和市节点的互联；完成运行支持环境建设，并开展日常运行维护；指导市级节点的建设（太原市）及互联互通、协同服务，开展了基于“天地图”的应用与推广工作。

地理信息公共服务平台（政务版）已按国家出台的《地理信息公共服务平台建设指南》和相关标准的要求，完成对实体数据的生产更新和加工整理；完成门户网站及服务系统建设、服务管理及与主节点和市节点的互联；完成运行支持环境建设，实现与政府内网（千兆）和政府外网（200兆）联通。

【测绘成果管理】

山西省测绘地理信息局积极做好基础测绘成果的深加工，促进测绘成果应用。开发山西省矿产资源执法监察遥感动态监测系统和山西省国土资源、生态环境、地质灾害遥感动态监测系统，为地质灾害的防治、动态调查、预警预报等提供及时有效的地理信息支持。

【测量标志管理】

山西省测绘地理信息局全面推进测量标志管理数据库建设工作，积极协调推广各市县使用国家测绘地理信息局推荐的测量标志管理软件，3月，在太原举办软件使用培训班，130多名学员参加培训。12月9日，各市建成的测量标志管理数据库通过验收。依法办理太原市罕山三等三角点等8处测量标志迁建审批，完成运城市249座测量标志警示牌设立工作。

基础测绘

【省级基础测绘】

2011年，山西省财政投入2126万元、省发展和改革委投入1200万元用于基础测绘项目；山西省测绘地理信息局通过省国土资源厅争取到重点测绘项目经费6137万元。全年省级投入基础测绘和重点测绘项目经费共9463万元，比2010年增长8.3%。2011年测绘产值和服务值达到1.85亿元，同比增长16.7%。

年内，完成临汾、吕梁测区1:1万974幅“3D”生产及建库，运城、晋城测区833幅数字正射影像生产。

【县级基础测绘】

年内，怀仁、山阴、平鲁、阳城、沁水、平顺、陵川等7个县的基础测绘成果通过验收。山西省测绘地理信息局向右玉、广灵、河曲和吉县4个县移交了基础测绘成果。

汾西、安泽2个贫困县的基础测绘成果通过验收，按照“以奖代补”政策，落实每县奖励资金30万元。落实2011年度中央财政专项补助资金150万元，实施榆社县基础测绘项目。与省财政厅联合向国家测绘地理信息局、财政部申报2012年度贫困地区、革命老区基础测绘专项补助项目（数字昔阳），争取到中央财政200万元专项资金。

【数字城市建设】

数字太原完成平台软件升级和全市1:2000正射影像图数据、主城区1:2000和1:500线划图数据更新，成果应用成效突出。在最初5个应用示范系统基础上，又有9个部门完成应用系统建设、19个部门提出应用方案。数字太原物联网项目建设取得阶段性成效。数字晋城项目待国家测绘地理信息局验收。数字阳泉、数字晋中按计划推进。8月13日、

26日先后启动数字长治、数字朔州项目。截至年底，山西省已有6个地级市开展数字城市建设，临汾、运城、吕梁、忻州4个地级市已申报国家测绘地理信息局立项。

8月13日，数字长治县试点项目启动，数字介休、数字孝义、数字古交项目随后相继启动。12月8日，山西省测绘地理信息局和山西日报社联合举行“数字山西”第一乡静乐县段家寨乡建设启动仪式，首个数字乡镇试点项目正式启动。

质量监督

【质量管理】

山西省测绘地理信息局制定山西省2011年测绘成果质量监督检查工作方案和技术方案，5月~8月完成对全省甲、乙级测绘资质单位承作的1:500~1:5000地形图的抽查工作，共抽查8家测绘资质单位（甲级5家、乙级3家），并按期将检查结果报送国家测绘地理信息局。组织完成1:1万原平、晋北测区“3D”成果和吕梁测区控制成果的质量验收工作，一次验收合格率100%。

【标准管理】

山西省测绘地理信息局按照国家测绘与地理信息标准化总体要求，向各市国土资源局印发《山西省测绘与地理信息标准化工作“十二五”规划》，明确“十二五”期间测绘与地理信息标准化工作主要任务。与此同时，积极参与国家标准的制修订，完成《DEM质量检验技术规程》等10多项国家和行业标准征求意见反馈工作。

为满足1:1万基础地理信息全要素更新要求，山西省测绘地理信息局依照国家规范，编制完成《山西省1:10000基础地理信息矢量数据要素分类代码与属性表》。组织开发1:1万数据入库前检查软件。

山西省综合地理信息中心自主研发的“山西省基础地理信息数据质检系统”通过验收。

【基础测绘项目验收】

山西省测绘产品质量监督检验站完成多项测绘成果质检验收工作，包括吕梁测区1:1万基础测绘控制成果678幅；国家扶贫项目陵川基础测绘项目“3D”成果，1:2000地形图113幅；国家扶贫项目平顺基础测绘项目“3D”成果，1:500地形图6平方千米；阳泉、长治测区1:5万缩编项目37幅；临汾测区1:1万基础测绘项目372幅航摄、相片调绘、“3D”成果；省级扶贫项目河曲基础测绘项目DLG、DOM成果，1:2000 DLG 15平方千米，1:2000 DOM 288平方千米等。

此外，该站对山西省测绘工程院完成的寿阳、山阴、怀仁、平鲁、灵石5个县级基础测绘项目，山西煤田地质物探测绘院完成的吕梁市城区基础测绘项目，山西省勘察研究院完成的沁源乡镇基础测绘项目、山西省五台县南渠沟地形测量项目等项目进行了委托验收。

【测绘仪器检定】

4月，山西省测绘产品质量监督检验站通过法定计量检定机构的考核，取得机构授权证书。该站对新建的光电测距仪基线检定场、GPS接收机检定场进行了量值溯源检定，各标准场地数据稳定，精度高。5月，对太原长度基线场进行场地硬化维护工作，并聘请当地村民看护野外设备。在实验室配备必要的安全防护与环境监测等设施，保证检定设备运转良好，满足了计量量值的统一性、溯源性、社会性和法制性的要求。

该站全年共检定水准仪625台，经纬仪98台，全站仪712台，GPS接收机594台，手持测距仪116台，共2145台。检定出不合格仪器35台。

重大工程测绘

“山西省基础地理信息公共服务平台”项目工期3年（2009-2011），总经费2004.68万元，分为政务版和公众版。2011年，完成项目建设任务，经省科技厅鉴定，项目成果达到国际先进水平。

“山西省信息化航空摄影测量系统”项目工期2年（2010-2011），总经费1622.1万元，2011年12月28日项目通过验收。

“山西省高精度数字高程模型”项目工期3年（2009-2011），总经费5030.21万元，2011年项目全部完成。该项目成果可广泛应用于地质灾害监测预报、洪涝灾害预警及评估等生态环境治理与评估，同时可用于交通、水利等工程建设中的工程量计算以及电力选线、通讯网络建设等领域。

“山西省国土资源生态环境地质灾害卫星遥感动态监测系统”项目工期2年（2010-2011），总经费1782.19万元，2011年10月19日项目通过验收。项目成果是地理省情监测建设的重要内容，可为政府在土地开发、水土流失及地质灾害防治等方面的宏观决策、行政管理提供科学、可靠的支撑平台和现代化的管理手段。

“大同市、朔州市、运城市、晋城市的市、县地图编制”项目总经费432万元，共完成48幅市、县地图编制及印刷工作。

“测绘成果及档案的快速提供”项目工期3年(2010－2012)。2011年投入371.63万元，5月20日，项目总体设计方案通过专家评审，年内完成年度建设任务。

“专题地图数据库”项目工期3年（2010－2012)，2011年投入695.55万元。根据年度建设目标要求，已完成省级专题数据和太原市专题数据收集整理和录入工作。

“山西省突发公共事件地理信息应急服务系统”项目建设方案12月10日通过专家评审，2011年安排项目经费1073万元。12月15日，山西省政府应急管理办公室正式批复，将山西省测绘地理信息局纳入山西省政府应急平台体系建设工作领导组成员单位，“地理信息公共服务平台”纳入省政府应急平台体系，“突发事件地理应急信息服务平台”纳入省应急体系建设“十二五”规划重点建设项目。

“太原市7000平方千米1:2000数字航空摄影测量”项目通过验收。该项目是太原市首次一次性地获取覆盖全境域范围的大比例尺影像数据，项目成果丰富了太原市基础地理数据库内容，可为数字太原推广应用以及国土管理、城市建设提供重要的基础数据支撑。

测绘地理信息合作共建

山西省测绘地理信息局积极与省公安部门协调，签订《山西省测绘局山西省公安厅关于加强地理信息数据资源共享与警用地理信息共建合作协议书》。该局向省公安厅提供全省1:1万地理信息数据6300多幅。

地图编制与出版

【领导工作用图】

山西省地图集编纂委员会办公室编制了2011版《省领导工作用图》。全年为中央和国家领导人赴晋视察提供工作用图2600多幅，编制完成《泽州县领导工作用图》、《晋城市领导工作用图》，启动运城市、忻州市领导工作用图编制工作。

【红色地图】

根据《国家测绘局关于组织开展“庆祝中国共产党成立90周年”等专题地图编制和服务工作的通知》，山西省测绘地理信息局组织省地图院编制完成《红色山西》、《平型关伏击战（1937年9月25日)》、《百团大战（1940年8月20日－10月10日)》、《山西省抗日战争时期重要战事图（1937年－1945年)》、《山西省解放战争时期重要战事图(1945年－1949年)》、《解放临汾（1948年3月7日－5月17日)》、《解放太原（1949年4月20日－4月24日)》等红色地图并参加国家测绘地理信息局组织的纪念建党九十周年红色精品地图展。

【其他地图编制】

山西省综合地理信息中心完成《山西省交通图集（2011版)》设计和专家评审工作，完成《太原市中心城区触觉地图》、《山西铁路交通图》、《山西煤炭运销集团煤炭物流网络图》等10多种1000多幅专题地图的编绘印刷任务。

山西省地图院编制完成《太原市商贸图》、《晋城市地图》、《1:75万山西省旅游图》、《1:100万山西省旅游图》、《阳城县地图》、《晋城城区图》、《忻州市地图》、《临汾市地图》等；自主开发了丝绸版《1:75万山西省交通图》；为中国地图出版集团等单位编绘《东三省地图册》、《长三角公路畅行地图册》。

9月26日~28日，第六届中国中部投资贸易博览会在太原举行。山西省测绘地理信息局组织省地图院为中博会无偿编制1.6万多份中博会系列地图并如期交付使用，中博会组委会授予省地图院“第六届中国中部投资贸易博览会优秀服务奖”称号。

成果应用与服务

【涉密测绘成果保密检查】

根据国家测绘地理信息局和国家保密局《关于开展涉密测绘成果保密检查的通知》要求，山西省测绘地理信息局积极与省保密局协商，联合成立涉密测绘成果保密检查领导组，制定《山西省涉密测绘成果保密检查工作方案》，召开各市测绘地理信息管理部门和保密部门参加的涉密测绘成果保密检查工作会议，在全省开展涉密测绘成果保密检查工作。按照工作方案，使用涉密测绘成果的 752 家单位进行自查，根据反馈的自查报告和自查表对 304 家单位进行抽查。针对抽查中发现的问题，对 125 家单位下达整改通知书。

【测绘成果资料提供】

2011 年，山西省测绘资料档案馆对外提供各类地形图 3084 幅，大地控制点 1853 个，航摄资料 5479 片约 6TB。全年接待用户 190 多个计 549 人次。

【测绘成果服务】

山西省遥感中心充分利用已建成的山西省基础地理信息数据库，启动“山西省第二次全国土地调查省级数据库及管理系统建设”项目，年内该项目按计划进行。

【测绘成果应用】

山西省遥感中心完成“太原市区 1∶500 数字线划数据库建设”任务。该项目主要对太原市 370 平方千米（共 277 个街坊）范围内 1∶500 数字线划图数据进行整理建库，项目成果为数字太原、城市建设等提供了基础数据保障和支撑平台。

完成“晋中市、阳泉市、忻州市、运城市、临汾市警用地理信息系统基础地理信息数据库建设”任务。该项目按照公安部警用地理信息系统平台总体技术要求进行建设，仅用 3 个月的时间完成基础地理信息数据库及数字正射影像数据库建设任务，对全省公安警用地理信息系统顺利建成运行起到了保障作用。

【测绘服务保障】

山西省测绘地理信息局引进的无人机航测系统已成功进行 2 次试飞，并实施了试生产项目；利用 IP－S2 三维激光扫描系统开展了晋城市数字城市三维系统建设；利用 ADS40/80 航摄系统完成了晋城、运城等地区的基础测绘航空摄影任务；发挥山西省连续运行基准站及综合服务系统的设备技术优势，为测绘、电力等行业提供了快速、准确的空间定位基准服务。

科技创新与人才培养

【测绘科技与装备建设】

9 月，山西省测绘地理信息局出台《山西省测绘局测绘科学技术奖励实施细则》，对在测绘科技创新方面成绩突出的集体和个人给予奖励，奖项分为项目、论文、专利和专著。

山西省测绘地理信息局积极开展科技项目申报工作，通过积极争取，申请并承担了山西省科技厅科技基础条件平台项目“山西省测绘数字档案馆平台”；申请立项的“利用机载激光雷达系统采集 DEM 结合地面变形 GPS 观测网对太原盆地实施沉降监测”项目已经列入国土资源部 2012 年科技项目计划。

【科技奖励】

山西省测绘工程院参与完成的“测绘基准和空间信息快速获取关键技术及其在灾害应急测绘中的应用”项目获国家科技进步奖二等奖，完成的“山西省连续运行基准网及综合服务系统”项目获省科技进步奖二等奖。胡文元被授予第十届夏坚白测绘事业创业与科技创新奖，杨爱民当选国家测绘地理信息局青年学术和技术带头人，于颂获省“科技奉献奖”个人一等奖和“十一五”测绘地理信息优秀青年科技贡献奖，陈弘奕获“十一五”测绘地理信息科技贡献奖，王韬获“十一五”测绘地理信息科技管理贡献奖。

【测绘教育与人才培养】

山西省测绘地理信息局被列为武汉大学“国家遥感与航空摄影测量重点实验室”研究生实习基地。山西省测绘职业资格管理中心开展了专业技术人员学历教育和职工在职教育，78 人参加了专升本或本科第二学历教育，18 人进修硕士学位；举办了注册测绘师考前培训班，300 多人参加培训；全年共考核培训测绘三个工种 200 多人。

党的建设与测绘地理信息文化建设

【党的建设】

山西省测绘地理信息局设直属机关党委 1 个，局属党委 1 个、党总支部 2 个、党支部 33 个（其中直属党支部 16 个）。截至年底，全局共有党员 465 名（其中在职党员 267 名，离退休党员 198 名）。7 月 29 日，召开局第六次党代会，选举产生新一届机关党委、纪委；完成局属 1 个党委、2 个党总支部、31 个党支部的换届工作；在省测绘宣传中心新建党支部，加强了基层党组织建设。加强党员教育管理，坚持“一课三会”制度，重点组织好民主生活会和党员民主评议；建立并坚持党员帮扶制度，坚持对困难党员、老党员慰问制度；按规定收缴管理使用党费，保障党建工作和活动的专项经费；完成了全局党员信息库建立工作，整理录入全体党员的基本信息。

【创先争优活动】

山西省测绘地理信息局结合纪念建党90周年，组织开展创先争优公开承诺、领导点评、群众评议活动。4月，开展局创先争优活动领导集中点评活动；8月，配合国家测绘地理信息局机关党委完成创先争优活动在山西的调研工作；10月，印发全局深化创先争优活动指导意见。全年围绕创先争优如何为实现测绘发展“十二五”规划提供动力和保证课题开展研究，10月26日，召开研讨会，评选优秀论文12篇并编辑成册。

【党风廉政建设】

山西省测绘地理信息局召开全局党风廉政建设工作会议，总结2010年党风廉政建设和反腐败工作，印发《中共山西省测绘局党组关于2011年党风廉政建设和反腐败工作的实施意见》、《中共山西省测绘局党组关于2011年反腐倡廉工作任务的分工意见》，把2011年反腐倡廉各项工作任务按职能分解到分管领导和相关处室，明确分工，责任到人，局属单位制定了2011年反腐倡廉工作任务的分工意见。

该局制定了《山西省测绘局作风建设整改方案》，认真开展作风建设整改工作；根据省纪委的要求，12月，在全局深入开展纪律作风集中教育整顿月活动，成立了纪律作风集中教育整顿月活动领导组、办公室，制定了纪律作风集中教育整顿月活动实施方案；组织在职党员干部观看警示教育片，以支部为单位召开专题组织生活会，积极开展批评与自我批评；围绕“正风肃纪、创优环境”主题开展建言献策活动，共撰写文章20篇。

【文明和谐建设】

年初，山西省测绘地理信息局确定文明和谐创建规划，明确“创全国一流、争中部第一、建数字省区、推智能市域”的创建主题，并与机关处室、直属单位和各市测绘管理部门签订《工作目标责任书》，把文明创建具体指标纳入其中，实行目标管理。

开展以“个个关乎转型跨越、人人代表发展环境”为主题的公民道德教育实践活动；利用重大纪念日组织机关党员干部参观学习，“三八”妇女节组织机关女职工参观尹灵芝纪念馆、百团大战纪念馆，九九重阳节举办离退休职工联谊会等；组队参加全国测绘地理信息系统乒乓球比赛，获得组织奖；参加省直机关职工运动会，桥牌比赛获得较好成绩；发动机关干部职工开展助残扶贫、联企帮困、义务植树等志愿活动，履行社会责任。

11月28日，完成局机关2011年度文明和谐单位考核，并配合省直文明委考核了全局9个单位的文明创建工作。局机关连续五年获省直文明和谐单位标兵称号，局属单位中1个单位被评为省级文明和谐单位，2个单位被评为省直文明和谐单位标兵，6个单位被评为省直文明和谐单位。

【纪念建党90周年活动】

为纪念建党90周年，山西省测绘地理信息局年初制定活动方案，开展了一系列活动。4月12日，举办庆祝建党90周年“党在我心中”演讲比赛。5月，组织参加省直机关庆祝建党90周年党的知识竞赛以及国家测绘地理信息局党史知识竞赛网上答题活动；分2批组织局机关党员干部50多人赴井冈山学习参观；组织参加省直机关庆祝建党90周年理论征文比赛，共选送3篇参赛；选送图片作品参加庆祝建党90周年山西省直机关党建工作巡礼展；6月10日，组织全局在职党员开展重温入党誓词活动；作为《九十年的历程——纪念中国共产党建党90周年》大型画册的协办单位，认真做好画册的组稿宣传工作。7月，举办省测绘地理信息局与余晓兰生态绿化公司共建基地揭牌仪式活动、纪念建党90周年党史知识图片展、走访慰问建国前入党老党员活动以及开展“纪念中国共产党成立90周年”暨“创先争优”评比表彰活动，表彰9个先进基层党组织和26名优秀共产党员；2个先进基层党组织、1名优秀共产党员和2名优秀党务工作者受到省直工委和国家测绘地理信息局的表彰，局机关党委被省直工委评为“2011年度先进机关党委”。

地方社团工作

【测绘学会工作】

9月17日，山西省测绘学会参加以“节约能源资源、保护生态环境、保障安全健康、促进创新创造”为主题的山西省2011年全国科普日活动。此次活动共发放各类宣传资料3000份、最新版《太原市交通旅游图》以及其他地图共1000多张（册）。

【地理信息系统（GIS）协会工作】

11月18日，山西省地理信息系统协会成立大会在太原召开。山西省民间组织管理局局长吴建强，省国土资源厅副厅长、省测绘地理信息局局长、协会名誉会长牛来有，省测绘地理信息局副局长、协会会长于建刚出席会议并讲话。协会名誉会长、省测绘地理信息局副巡视员陈睿，副局长孔令礼，总工程师秦炎平出席会议。牛来有、吴建强、陈睿、于建刚为地理信息协会揭牌。局机关各处室、局属单位、各市国土资源局及甲、乙、丙级测绘资质单位共200多名代表参加会议。

内蒙古自治区

规划与计划

内蒙古自治区国土资源厅编制完成《内蒙古自治区基础测绘规划（2011－2020年）》，并于2011年3月30日经自治区人民政府批准实施。同时，该厅编制完成《内蒙古自治区测绘事业发展第十二个五年规划》。

测绘资质管理

内蒙古自治区国土资源厅完成全区481家测绘资质单位的复审换证工作，通过复审换证455家、缓期换证13家、注销资质13家。全年新审批测绘资质单位32家。

法制建设

内蒙古自治区国土资源厅认真开展“8·29”测绘法宣传日活动，印发《关于开展“8·29”测绘法宣传日宣传活动的通知》，在办公地点悬挂宣传横幅，张贴宣传画，利用通讯网络向市民发送公益宣传短信。

在宣传日活动主场，测绘专家和工作人员向市民发放地图，解答测绘地理信息问题，积极宣传《中华人民共和国测绘法》等法律法规。展出系列主题展板，内容涉及内蒙古数字城市建设、地图服务、公共服务平台建设以及无人机航摄知识等，介绍内蒙古测绘事业发展的新技术、取得的新成就，引起市民浓厚兴趣。同时，全区各地组织开展以“监测地理国情，服务科学发展”为主题的宣传活动。

测绘成果保密

2011年，内蒙古自治区开展涉密测绘成果保密检查工作。按计划，内蒙古自治区国土资源厅联合自治区保密局等有关部门检查互联网动态地图服务网站10个，互联网静态地图服务网站262个；内蒙古自治区测绘事业局对系统内测绘单位保密工作进行检查，对局域网、互联网实施物理隔离，安装涉密数据介质加密系统，有效防止测绘数据在生产、存储、使用和交换过程中失泄密事件的发生。

基础测绘

2011年，内蒙古自治区基础测绘项目经费投入8160万元。全年完成1:1万地形图测绘外业2148幅、内业1820幅；更新测绘外业64幅、内业320幅；三等水准测量1000千米；1:1万“3D”产品入库1479幅。截至年底，1:1万地形图覆盖自治区国土面积达46.3万平方千米，覆盖率为39.1%。

【数字城市建设】

2011年，内蒙古自治区完成了数字呼和浩特、数字乌海的1:1万、1:5万、1:25万地形图数据建库工作，以及数字鄂尔多斯、数字呼和浩特的立项和总体设计书审查等工作。新批准的5个数字城市地理空间框架建设推广项目有序推进组织机构建设、设计书编制、经费落实等工作。

质量监督

内蒙古自治区国土资源厅对呼和浩特、包头、巴彦淖尔、鄂尔多斯等市的10家测绘资质单位（乙级7家、丙级3家）2009年1月～2010年12月期间生产的1:500、1:1000、1:2000、1:5000地形图进行监督检查，批合格7家、批不合格3家。完成1:1万“3D”成果外业检验2043幅，“3D”成果内业检验1828幅。完成内蒙古电力设计院、地质测绘院等单位检验项目4项。

2011年，内蒙古自治区测绘产品质监站检定测绘仪器1023台。其中，GPS仪器382台、全站仪376台、水准仪205台、经纬仪60台。该站引进由国家测绘地理信息局第一测绘大队研制的多功能检测平台，为开展全站仪周期误差检定提供了硬件条件，并为申请手持测距仪、钢卷尺等检定项目提供了设备条件。

重大测绘地理信息工程

【参考站综合服务网项目】

利用国家边远、少数民族基础测绘项目补助经费建设的内蒙古自治区中部地区全球卫星导航定位系统（GNSS）连续运行参考站综合服务网项目，已按计划完成。2011年共建站12座。至年底，全区已建成并开通运行的参考站61座。

【内蒙古三维测绘基准研究与建立项目】

5月7日，该项目通过专家验收，成果开始向社会提供。该项目为各种比例尺测图和数字城市建设提供了精确的测绘基准。

【其他项目】

内蒙古自治区测绘事业局完成国家测绘地理信息局下达的23幅1:5万地形图数据的更新任务。积极为新农村、新牧区和城镇化建设提供测绘保障，完成新农村建设地形图测绘项目。

测绘地理信息合作共建

11月，内蒙古自治区测绘事业局与自治区防汛抗旱指挥部签署《关于基础地理信息数据共建共享与合作的协议书》。12月，与66240部队签署《关于基础地理信息数据共建共享与合作的协议书》。

地图编制与出版

内蒙古自治区国土资源厅严把地图审核关，全年发放审图号21个，与自治区党委宣传部联合下发《关于认真组织好内蒙古红色旅游地图编制发行工作的通知》。自治区测绘事业局编制完成的《内蒙古红色旅游地图》、《内蒙古高速公路服务区分布图》、《乌海市综合影像图集》、《中国移动10盟市地图》等，满足了社会各界对地图的需求。

测绘地理信息服务和应用

【“天地图·内蒙古”建设】

“天地图·内蒙古”——内蒙古地理信息公共服务平台（公众版），按计划实施。自治区财政投入建设资金1860万元，已完成设备招标采购和安装调试，展开了数据处理和数据脱密等工作。

【地图服务】

内蒙古自治区有关测绘部门为自治区各级党政部门提供精装挂图300多幅，各类地图集、地图册2000多册，为社会提供各种专题地图1万多幅、各种比例尺地形图1万多张、航摄像片扫描数据6000片、航摄相片7500片、各等级大地点成果1.5万个，提供数字测绘成果7855幅（数据26477MB）、专题数据库成果6841幅、卫星遥感资料3000MB。此外，完成自治区公安厅电子信息系统的升级更新和民政、环保、气象等部门现势资料的收集工作，为自治区党政领导制作了专用触摸屏电子地图。

科技创新与人才培养

【科技创新】

2011年，内蒙古自治区财政投入设备购置资金1750万元，引进“像素工厂”影像快速处理系统、IP－S2移动测量系统、无人机航空摄影系统和便携式野外数据采集系统等仪器装备。内蒙古自治区测绘事业局自筹资金560万元购置数码航空摄影相机，提升了地理信息数据获取与处理能力。

内蒙古自治区测绘事业局利用无人机航摄系统完成莫力达瓦达斡尔族自治旗民族园、尼尔基水库、玉泉区桃花乡南台什村、和林格尔县北岛拉板村共70多平方千米的航拍任务；利用数码航摄仪完成集宁市区、察右后旗城区、呼和浩特市区、多伦县城区和土地整理项目共2200多平方千米的高分辨率航空摄影任务；完成IP－S2移动测量系统使用的前期培训工作，并实地测量呼和浩特市呼伦贝尔北路路段街景，制作该路段的三维模型和数字线划图；对“像素工厂”影像快速处理系统的使用进行培训，并投入试生产。

【人才培养】

内蒙古自治区测绘事业局公开招聘20名大学本科以上学历的工作人员。其中，武汉大学毕业生9名（含5名硕士研究生）。组织完成第二届全国测绘地理信息行业职业技能竞赛的报名、培训、选拔和参赛等工作，4名选手代表自治区测绘系统参加比赛。

党的建设与测绘地理信息文化建设

【创先争优活动】

内蒙古自治区测绘事业局对2010年创先争优活动的开展情况进行“回头看”和领导点评，对创先争优活动进行梳理并组织新一轮承诺工作。“七一”期间，该局系统5个党支部被评为自治区国土资源厅先进党支部，5人被评为优秀党务工作者，6人被评为优秀共产党员。6月17日，该局召开创先争优活动表彰大会，表彰6个先进基层党组织、15名优秀共产党员和10名优秀党务工作者。内蒙古自治区测绘院李锁乐被评为国家测绘地理信息局优秀共产党员。

【扶贫工作】

内蒙古自治区测绘事业局按照自治区党委、政府的部署，完成帮扶任务，为兴安盟扎赉特旗巴达尔胡镇德发嘎查提供帮扶资金30万元，帮助20户农牧户修建了新房。内蒙古自治区测绘事业局被自治区党委、政府表彰为“定点帮扶兴安盟工作先进单位”。该局按期完成莫力达瓦达斡尔族自治旗社会主义新农村测绘保障示范项目建设。

【宣传工作】

截至年底，内蒙古自治区测绘事业局向《中国测绘报》投稿30多篇，向国土资源信息及其他报纸、刊物、网站投稿40多篇。参加“世界地球日”、“科普周”和“测绘法宣传日”等宣传活动。同时，完成《中国测绘年鉴》（2011卷）的组稿和《中国测绘报》记者站的年检工作。内蒙古自治区测绘事业局对其门户网站进行升级改版，充实网站内容，增加服务栏目。

地方社团工作

9月23日，内蒙古自治区测绘学会召开七届五次常务理事暨摄影测量与遥感专业委员会、大地测量专业委员会会议。会议审议通过学会七届四次常务理事会工作报告、学会2010年财务工作报告；审议通过增补的理事、常务理事、副理事长、副秘书长及人事调整等事项。

内蒙古自治区测绘学会完成2期《内蒙古测绘》期刊的编辑、出版和发送工作。组织各会员单位积极申报科技论文，出版《数字化测绘技术与应用》优秀论文集，收录测绘科技论文40多篇。该论文集收录的论文均被纳入自治区2011自然科学学术论文集。

6月，内蒙古自治区测绘学会与有关单位联合举办2011年全区大、中专院校学生“中海达杯”测量技能竞赛，全区开设测绘类专业的11所大、中专院校共185人参加竞赛。

7月，内蒙古自治区测绘学会教育、科普与仪器专业委员会组织会员单位参加全国测绘学科青年教师讲课技能竞赛，部分课程获二、三等奖。组队参加首届全国职业院校测绘类专业大学生技能大赛，内蒙古建筑职业技术学院获水准测量、导线测量、数字测量三等奖。组织自治区测绘工程专业学生参加“则泰杯”第三届全国高等学校测绘学科大学生科技论文大赛，1篇论文获三等奖。

辽宁省

规划与计划

2011年，辽宁省测绘地理信息局组织编制《辽宁省“十二五”测绘立法规划》，确立了“十二五”时期辽宁省地方测绘地理信息法规工作的思路、重点任务和具体措施。制定《辽宁省测绘局关于“十二五”依法行政工作规划》，明确了“十二五”依法行政工作的主要任务。

法制建设

【依法行政】

辽宁省测绘地理信息局按照《辽宁省人民政府办公厅关于做好行政强制规定专项清理工作的通知》要求，完成辽宁省测绘法规、规章和规范性文件的立、改、废工作。建立健全科学民主决策机制和行政监督、问责制度，制定了《辽宁省测绘局行政执法监督检查制度》、《辽宁省测绘行政错案追究制度》等内部管理规定。制定《辽宁省涉密测绘成果提供使用审批程序》、《辽宁省测绘局地图审核程序》、《辽宁省测绘局地图备案要求》、《辽宁省测量标志迁建程序》等规范性文件。与省建设厅共同制订《辽宁省房屋面积测量与计算细则》，确保房产测绘标准统一。支持市级测绘地理信息立法工作，多次组织有关人员参与《沈阳市测绘条例》的草案修订和论证工作。组织开展行政权力清查工作，查找廉政风险点，制定防范措施，对行政许可、行政审批、行政处罚等事项进行清理，初步确定行政权力66项。

【法制培训】

辽宁省测绘地理信息局组织编制《辽宁省测绘地理信息法制宣传教育第六个五年规划》，部署全省“六五”测绘地理信息法制宣传教育工作。6月，辽宁省政府法制办公室与辽宁省测绘地理信息局共同举办行政执法培训班，省测绘地理信息局29名行政管理人员参加培训并通过行政执法考试。组织开展“易图通杯”2011年全国测绘地理信息法律知识网络竞赛活动和行政复议理论研究征文活动。

【测绘法宣传】

7月，国家测绘地理信息局在辽宁沈阳举办“8·29”全国测绘法宣传日主场活动。辽宁省测绘地理信息局党组高度重视，机关干部全员参与，在制订方案、会议材料准备、广场活动筹备、“天地图”演示、会议接待等重点工作环节反复研究，多次演练，保证了宣传活动圆满成功，得到了国家测绘地理信息局领导的高度赞扬。

市场监管

【行业管理】

6月，辽宁省测绘地理信息局在鞍山市召开全省测绘地理信息行业管理工作会议，来自全省各市县（区）测绘地理信息行政主管部门的代表100多人参加会议。省测绘地理信息局局长吴景涛讲话，副局长柏惠印作2010年工作总结和2011年工作部署，与会代表对辽宁省测绘地理信息事业发展现状、问题等进行了研讨交流，提出了意见和建议。

【地理信息市场专项整治】

辽宁省测绘地理信息局制定印发《辽宁省地理信息市场专项整治工作回头看实施方案》。7月，组成2个检查小组，赴各市检查指导地图市场专项治理和国家秘密测绘成果管理使用等工作，实地检查了测绘单位以及书店、车站、广场等公共场所，对违法违规和存在问题的单位，提出整改要求或依法给予处罚。利用网络、广播等媒体，对地理信息市场专项整治工作开展宣传，加深公众对测绘地理信息工作的认识。

【测绘资质管理】

辽宁省测绘地理信息局认真开展全省第三次测绘资质复审换证工作。对复审换证单位的管理制度、质量保证体系、生产技术管理、保密管理、仪器设备及检定、购置发票等进行严格审核。全省通过复审换证的单位共590家。其中，甲级27家、乙级124家、丙级235家、丁级204家。

地图管理

6月2日，辽宁省测绘地理信息局在全省测绘行业管理工作会上动员部署“问题地图”治理工作，由省测绘地理信息局牵头，协调省工商局、新闻出版局、外经贸、外贸办公室、海关、教育厅等部门共同开展辽宁省地图市场专项治理活动。制定了《辽宁省2011年地图市场专项治理工作方案》，重点对“涉证”、“涉网”及“不按规定送审、不按审查意见修改、不按要求备案”的地图进行专项治理。结合专项治理活动，辽宁省测绘地理信息局在沈阳举办2期地图编制培训班，全省具有地图编制资质的单位全部派人参加，共400人参加培训。

各市测绘地理信息行政主管部门组织从事地图编制、互联网地图服务的单位认真开展自查，并对有关单位进行抽查。辽宁省测绘地理信息局组织召开联席会议，7部门联合开展地图市场执法检查，重点检查测绘资质单位、各市区主要街道、文化娱乐场所、车站、码头、机场、学校、书店、宾馆以及旅游景点、展览会等场所，发现互联网“问题地图”19幅。此外，对非法编制旅游图的阜新市旅游局、非法编制楼市分布地图的沈阳辽宁楼市广告公司等5家单位进行批评教育，销毁“问题地图”1万多份。2011年共审核《辽宁省地图》等各类地图71份，严格履行地图备案制度，备案率为85%。

成果管理

【涉密测绘成果管理】

辽宁省测绘地理信息局制定《辽宁省涉密测绘成果提供使用审批程序规定》，进一步细化辽宁省国家秘密测绘成果审批事项，减少审批环节，确保提供测绘成果的保密安全。

10月，该局在沈阳举办近300人参加的涉密测绘成果管理人员培训班，学习国家的有关法律法规及测绘成果保密工作的相关法规和文件，举办测绘成果保密及测绘成果管理使用专题讲座，并对参训人员进行测绘成果保密管理培训考试，合格率达99%，为考试合格人员颁发了辽宁省涉密测绘成果管理人员岗位培训证书。此外，该局还在大连、锦州、葫芦岛等市举办涉密测绘成果管理人员培训班。

【测绘成果保密检查】

辽宁省测绘地理信息局成立测绘成果保密检查工作机构，组织相关单位参加全国涉密测绘成果保密检查工作电视电话会议，按照国家测绘地理信息局的部署，加强涉密测绘成果的跟踪检查，重点检查2009年~2010年向省测绘地理信息局申请并获取涉密测绘成果的单位。各市测绘行政主管部门会同保密部门组织辖区内的测绘成果使用单位和生产单位进行自查。

8月，全省测绘成果保密检查领导小组派出2个检查组，分别对大连、鞍山、本溪、丹东、营口、盘锦等6个地级市进行检查，重点检查大宗用户和重点涉密单位。对检查中发现的隐患问题，认真分析原因，提出整改要求，限期整改。截至9月26日，全省各级检查组共检查用图单位410家，基本掌握了全省涉密测绘成果生产使用情况，对成果使用不规范、存在失泄密隐患的个别用户，已责令其限期整改。辽宁省测绘地理信息局协助吉林、黑龙江、福建省测绘地理信息局和国家基础测绘地理信息中心对30家使用涉密测绘成果的单位进行协查。

【测量标志管理】

辽宁省测绘地理信息局对测量标志普查维护成果进行综合统计，对测量标志普查维修的成果资料进行整理，制作了全省测量标志点位图；认真组织永久性测量标志的迁建工作，2011年受理测量标志迁建审批2件；完成丹东市22座测量标志警示牌设立和12座测量标志维修工作的验收；对全省测量标志保护管理数据库的运行进行了检查。

基础测绘和质量监督

【基础测绘】

辽宁省测绘地理信息局完成辽宁省新宾满族自治县和桓仁满族自治县125幅1:1万地形图DLG、DEM、DOM更新与建立数据库任务，作业成果经省测绘产品质量监督检验站检验全部合格。完成辽宁西部朝阳、葫芦岛、锦州和盘锦摄区6万平方千米的航空影像任务。开展辽宁省现代测绘基准体系建设实施方案的编制工作，主要形成了《辽宁省区域似大地水准面精化项目总体技术方案》、《辽宁连续运行卫星定位参考站网（LN－CORS）建设项目总体技术方案》等技术文件。

【地理国情监测】

国家测绘地理信息局确定辽宁省抚顺市为全国首批地理国情监测试点城市，并批准《抚顺市地理国情监测实施方案》。该项目的设计书已通过专家论证并进入实施阶段。

【数字城市建设】

按照国家测绘地理信息局的统一部署，辽宁省迅速确定了抚顺、本溪、阜新3个城市的数字城市试点工作。辽宁省测绘地理信息局作为组织单位，积极协调，扎实推进，至年底，数字抚顺工程全面完成，并通过国家测绘地理信息局的验收，抚顺市获得“全国数字城市建设示范市”和“天地图市级节点示范市”称号。数字本溪已完成省级验收前的全部工作。数字阜新按计划推进。沈阳市、大连市、锦州市、营口市、盘锦市数字城市建设项目已得到国家测绘地理信息局批准，葫芦岛市已报国家测绘地理信息局待批，鞍山市、丹东市、朝阳市、辽阳市、铁岭市数字城市建设项目均筹备申请立项。

【质量监督】

为确保测绘产品质量，辽宁省测绘产品质量监督检验站积极引入测绘监理机制，加大工程监理力度，在全省范围内开展了测绘成果质量大检查活动，全年检验各类测绘项目25项。检验1:1万地形图125幅、1:2000地形图178幅、1:1000地形图1118幅、1:500地形图3302幅以及GPS控制点88点，检定测绘计量仪器1382台（套），促进了测绘产品质量的提高。

重大工程测绘

辽宁省测绘地理信息局认真组织实施国家“927”工程项目，积极与辽宁省政府办公厅、沈阳军区、省军区协调联系，及时开展海岛（礁）测绘，安排24幅1:5000和11幅1:2000地形图测绘工作。先后完成为2013年全运会、锦州世博会测制沈阳、锦州、葫芦岛地区1:1000地形图任务，国家测绘地理信息局“十二五”规划项目——本溪市1:2000 DOM、DEM数字城市测绘工程，朝阳市、盘锦市摄区560平方千米大比例尺航测成图及朝阳、锦州、铁岭、赤峰等地区风电测绘项目。

测绘地理信息合作共建

辽宁省测绘地理信息局加快数字辽宁地理空间框架建设，编制了辽宁省地理信息共建共享目录。按照相互支持、优势互补、实现双赢的原则，先后和辽宁省国土资源厅、辽宁省林业调查规划院、辽宁省民政厅等部门草签了共享合作协议。

地图编制与出版

2011年，辽宁省测绘地理信息局投入300万元，为省委、省政府、省人大、省政协及省直有关部门制作《辽宁省领导工作用图》；以追寻中国共产党在辽宁地区的红色足迹为主题，联合省旅游局、民政厅等多家单位，编制《辽宁红色地图》；根据省政府部门的需要，编制了《辽宁省地图》、《辽宁省交通图》、《辽宁旅游图》、《辽宁地势图》、《辽宁水系工程图》等专用地图。

测绘地理信息应用与服务

【“天地图·辽宁”建设】

辽宁省测绘地理信息局把“天地图·辽宁”列为重点建设项目，积极与省财政厅等部门沟通协调，争取项目资金568万元，按时完成了“天地图·辽宁”建设并开通运行。9月，在全国“天地图”建设会议上，该局进行“天地图·辽宁”典型示范演示，得到好评。

【测绘地理信息服务】

辽宁省测绘地理信息局积极为辽宁沿海经济带开发、沈阳经济区建设、突破辽西北三大区域发展战略以及交通、高铁、石油等重点工程提供测绘服务保障。全年完成总产值6210.2万元，比2010年增加2879.2万元。人均完成产值达9.35万元，职工人均收入6.59万元，各项经济指标均有较大提高。

完成全省165平方千米批而未用的土地清查任务，为国土部门执法大检查提供了科学依据，得到省长和省国土资源厅领导的高度评价。

全年为社会提供各类比例尺地形图8828幅，控制点成果960点。审核地图91项，对外提供审批涉密基础测绘成果414件，出具辽宁省单位赴外埠申请测绘成果使用证明函55件，较好地满足社会需要。

【应急服务保障】

2011年，辽宁省有4家测绘单位使用无人机进行应急测绘。利用无人机开展辽河流域、浑河流域抚顺段航拍，完成“辽河保护区正射影像图及浏览系统”等项目，满足了水利、环保、规划、气象等部门的防灾减灾测绘应急保障需要。辽宁省测绘地理信息局成立了测绘应急保障领导小组，为沈阳军区和省军区防汛救灾提供紧急用图120多份，保障了抗洪抢险工作的需要。

科技创新与人才培养

【科技创新】

辽宁省测绘地理信息局编制了《辽宁省测绘局测绘科技发展“十二五”规划》，购置ADS80相机和无人机等高新技术设备。组织开展2011年度辽宁省测绘科技进步奖评审活动，评出一等奖25项、二等奖28项、三等奖14项。省摄影测量与遥感院的“盘锦市第二次土地调查”项目获2011年中国测绘学会优秀测绘工程奖银奖。“中测新图杯”第二届全国测绘地理信息行业职业技能竞赛中，辽宁省3位选手获“全国测绘地理信息技术能手”称号。

【人才队伍建设】

辽宁省测绘地理信息局坚持把能力建设作为人才资源开发的主题，把专业技术人才和技能人才的培养摆在各种人才培养的突出位置。局系统调整了2个直属单位领导班子，提拔9名处级以上干部；举办2期注册测绘师资格考试培训班，421人接受培训，121人通过考试；完成测绘专业职称评审工作，194人通过中高级职称评审；全年培训党政干部、专业技术人员、经营管理人员和技能人员1800人次，人才队伍建设得到全面加强。

党的建设与精神文明建设

【测绘地理信息宣传工作】

辽宁省测绘地理信息局出台《加强测绘地理信息新闻宣传工作的实施方案》，加强与省内主流媒体的沟通联系，通过辽宁电视台、辽宁日报等媒体向社会宣传展示测绘地理信息的地位、作用、成就和形象，增强了社会公众对测绘地理信息的认识和了解。积极推进政务公开和信息发布工作，全年在局网站发布政务工作信息556篇，向省政府门户网站、民心网、国家测绘地理信息局网站报送信息90篇。2011年，省测绘地理信息局网站获国家测绘地理信息局“网站建设突出进步奖”。

【创先争优活动】

辽宁省测绘地理信息局开展庆祝建党90周年活动，举办庆祝建党90周年文艺汇演，对局系统的先进党组织、优秀党员、优秀党务工作者进行表彰。开展形式多样的群众性精神文明创建活动和职工文化体育活动，提升了职工的精神风貌。

地方社团工作

辽宁省测绘学会组建了测绘志编撰工作办公室，启动第二轮《辽宁省测绘志》编辑工作，并在聘请人员、组织培训、协调市县测绘地理信息管理机构等方面做了大量工作。2011年，该学会连续第九年被辽宁省科协评为先进单位，学会秘书长药蔚获全国科协系统先进工作者称号。

吉林省

规划与计划

12月17日，吉林省测绘局、吉林省发展和改革委联合印发《吉林省测绘事业发展“十二五”规划》和《吉林省地理空间信息基础设施建设及应用“十二五”规划》。两个规划分别明确了“十二五”期间吉林省测绘事业发展的主要任务和吉林省“十二五”地理空间信息基础设施建设与应用的主要任务和保障措施。

法制建设与市场监管

【法制建设】

1月4日，吉林省测绘局印发《吉林省涉密测绘成果提供使用审批程序规定（试行）》，共16条，自2011年3月1日起施行。3月18日，《吉林省测绘项目招标投标管理办法》经吉林省政府第三次常务会议讨论通过，自2011年5月1日起施行。这是我国第一部以省政府规章形式出台的规范测绘招标投标活动的法规。4月7日，吉林省测绘局印发《吉林省测绘局测绘科技创新项目管理暂行办法》，为调动测绘科技人员的创造积极性，培养新型创新人才提供了发展平台。9月26日，该局印发《吉林省测绘地理信息项目登记备案管理办法》，进一步加强了测绘地理信息统一监管工作。

【法制宣传】

4月30日，吉林省测绘局局长张立民接受《吉林日报》记者采访，介绍《吉林省测绘项目招标投标管理办法》制定的背景、意义和作用、规范的重点等相关问题。8月29日，吉林省测绘局、长春市政府在长春举行测绘法宣传日吉林省主场活动。吉林省人大常委会副主任刘润濮视察主场宣传活动，吉林省政府有关部门负责人、长春市政府领导参加活动。吉林省移动公司向全省发送测绘法宣传公益短信数百万条，省内多家新闻媒体对宣传日活动进行宣传报道。同日，吉林省测绘局局长张立民在《吉林日报》发表题为《发挥支撑作用 推进社会管理创新》的署名文章。

【测绘执法监管】

5月，吉林省测绘局开设吉林省“问题地图”专项治理举报电话和电子信箱，由吉林省地图审核中心受理举报和监督。7月28日，吉林省测绘局出台《吉林省测绘局测绘违法案件办理程序规定（试行）》，对该局职责范围内的测绘违法案件办理程序进行明确规定。

【测绘资质管理】

吉林省测绘局组织全省各级测绘管理部门完成2011年度全省396家乙级以下（含乙级）测绘资质单位的注册工作。完成26家申报测绘资质单位（包括2家新申报互联网地图服务乙级测绘资质单位）的审查、发证工作。其中，新申报19家、增项1家、升级6家。截至年底，全省共有测绘资质单位415家。其中，甲级14家、乙级64家、丙级96家、丁级241家。全省测绘行业从业人员7036人，其中高级专业技术人员1039人。2011年全省测绘服务总值55亿元。

【机构建设】

吉林省进一步加强测绘管理机构建设，推动市（州）、县（市）测绘管理部门加挂测绘局牌子，加强对市（州）、县（市）测绘工作的指导。12月，安图县住房与城乡建设局加挂“安图县测绘地理信息局”牌子；乾安县住房与城乡建设局加挂“乾安县测绘地理信息局”牌子；公主岭市成立地理信息中心；长春市、长白山管委会等地也积极筹划挂牌事宜。

【行政审批】

吉林省政府政务大厅吉林省测绘局行政审批办公室综合窗口全年共受理办结业务696件。其中，涉密测绘成果审批490件，测绘资质审批与发证85件，编印、出版、展示地图及示意图审批29件，出具证明函92件。接待咨询50多人次。该综合窗口提前办结率和群众满意率均为100%，连续3个季度被评为优秀窗口。

【行政执法】

吉林省测绘局完成全省测绘资质监督检查专项治理工作，作出限期整改处理6家，注销测绘资质证书13家，对涉嫌违法从事测绘活动的单位依法进行查处，治理结果在吉林省测绘局门户网站公布。完成全省6个市（州）、县（市）的17个测绘行政主管部门管理人员测绘行政执法证注册工作，累计注册47人；向省政府法制办公室申报办理吉林省测绘局测绘行政执法证10个、行政执法督查证13个。

【整顿和规范地理信息市场秩序】

7月，吉林省测绘局依法查处中国铁路隧道建设集团公司不及时登记备案案件，依法查处延吉市112地质勘查大队、蛟河县地质勘查大队无资质测绘案件。9月，联合长春市规划局，对3家在长春市作业的省外测绘单位不登记备案的行为进行执法检查并做出相应处罚。11月，对吉林省勘察地球物理研究院非法提供涉密地形图案件进行调查取证，并依法作出行政处罚。

【地图市场监管】

吉林省测绘局下发《关于印发〈全省国家版图意识宣传教育和地图市场监管2011年工作要点〉的通知》和《2011年地图市场专项治理工作方案》，制定实施《关于进一步强化教材教辅中地图送审工作检查的方案》。5月，责成吉林省地图技术审核中心检查省内部分地区地图市场情况。使用互联网地理信息监管系统搜索出与吉林省有关的地图网站1552家，IP地址在吉林省境内的地图网站45家，并对1992个兴趣点进行研判。对20个动态地图网站和364张静态图片进行检查。对都市E网－吉林市地图网站、延边网络黄页等多家单位下达了限期整改通知，并对整改情况进行跟踪。7月，对延吉市某广告公司涉嫌违法编制《延边朝鲜族自治州旅游交通图》等地图违法案件进行查处。

【地理信息市场专项整治】

2月18日，吉林省测绘局组织召开吉林省地理信息市场专项整治工作领导小组办公室会议，制定并下发《吉林省地理信息市场专项整治工作“回头看”行动工作实施方案》，对全省地理信息市场专项整治“回头看”工作作出部署。

地图管理与成果管理

【地图管理】

2011年，吉林省测绘局受理审核各类地图168件（含5件电子地图），批准152件，未批准16件；审查地图6821幅。

【成果汇交与提供】

吉林省测绘局下发《吉林省测绘局关于汇交2010年度测绘成果目录（副本）的通知》，布置成果目录汇交工作。全年156家单位共汇交成果目录1508条，吉林省测绘局对全省各地区汇交情况及时予以通报。全年吉林省基础地理信息中心为社会各界提供各种比例尺地形图13391张、各类控制点4992个、普通地图7475幅、图册1674册、光盘102片、数字成果15588幅（数据量1458GB），接待用户1103人次。

【涉密测绘成果保密管理】

吉林省测绘局建立测绘成果用户电子档案，规范涉密测绘成果销毁工作，配合省国家保密局开展白山、通化、长春、延边、吉林、四平等地35家涉密测绘成果使用单位的抽查工作。对存在失泄密安全隐患的单位，通知限期整改，并要求当地测绘、保密行政主管部门督促、指导并检查整改工作，对4家问题严重的单位进行严肃处理。向国家测绘地理信息局上报《关于吉林省涉密测绘成果保密检查工作情况的报告》，与省国家保密局联合下发《关于涉密测绘成果保密检查情况的通报》。为参加全省第四期涉密测绘成果管理人员岗位培训班的学员发放岗位培训证书659个。

【测量标志管理】

吉林省测绘局责成省测量标志管理站完成双辽市、梨树县、公主岭市等地共357个三等以上水准标志点的巡查工作，累计培训地方测管人员150人次，建立起市、县、乡三级测量标志保护责任体系。4月14日，吉林省测绘局在长春市举办永久性测量标志管理软件培训班，全省各市（州）测绘管理办公室负责人参加培训。吉林省测绘局拨专款购买测量标志管理软件，免费提供全省各市（州）测绘管理部门使用。

基础测绘

【基础测绘项目】

辽源、白城、四平、珲春等市县积极推进基础测绘列入当地政府规划及财政预算，为市县经济建设和重点工程建设提供测绘服务保障。2011年，吉林省完成1:1万地形图1921幅约4.4万平方千米的数据更新。

吉林省测绘局无人机组完成吉林油田华侨农场200平方千米0.16米分辨率的航摄，并制作60平方千米1:2000正射影像图用于土地利用现状调查。该局配合“天地图”项目，完成全省范围内1:1万8492幅数据生产和电子地图制作。11月，吉林省三维基线检验测试基地一期工程竣工并投入使用。

【连续运行卫星定位参考站综合服务系统】

吉林省基础地理信息中心完成吉林省C级GPS控制网联测工作，以吉林省连续运行卫星定位参考站综合服务系统为基础框架，对281个二、三等水准点和23个B级GPS点实施联测。

12月27日，吉林省连续运行卫星定位参考站综合服务系统（JLCORS）建设项目完成全部建设工作，进入试运行阶段。

【支持少数民族地区经济建设】

吉林省测绘局积极为延边朝鲜族自治州申报基础测绘专项补助经费。该州的图们市、珲春市、敦化市、安图县、汪清县城区及周边区域1:1万地形图测绘项目获国家基础测绘专项补助经费支持。

吉林省测绘局积极筹措资金，加大对延边地区基础测绘的投入。至2011年底，完成该地区野外

1∶1 万地形图调绘 75 幅、数据采集 21 幅和数字线划图、数字高程模型数据入库工作。

【数字测绘档案馆】

吉林省测绘局实施吉林省“数字测绘档案馆”项目建设，完成冗余地形图处理工作，共整理下架 1974 年 ~ 2000 年出版的纸质地形图 7115 幅，约 94 万张；完成馆藏档案的整理、组卷、标引及著录工作，建立了档案数据库，并建成以分布式文件管理子库，开发了测绘档案管理系统。

【地理省情监测】

吉林省测绘局开展地理省情监测技术研究，与有关部门联合进行长白山火山地震预报监测、地质灾害防治监测预报试点。通过适时提供地理信息监测数据和综合技术分析，达到准确预警、减少灾害损失的目的。

【数字城市建设】

吉林省测绘局编制的《数字吉林地理空间框架数据中心建设实施方案》已报省发展和改革委，先期启动资金已经落实。通化、九台两个试点数字城市的建设项目进入验收阶段。长春、四平、辽源、松原、白山、白城等数字城市建设项目正在筹备和申报。

质量监督

1 月 5 日，吉林省测绘局召开全局质量工作会议，部署 2011 年 ~ 2012 年质量工作。4 月，开展 2011 年度吉林省测绘成果质量监督检查工作，下发《2011 年吉林省测绘成果质量监督检查实施方案》，成立领导小组和监督检查组。7 月 4 日 ~ 8 月 15 日，抽检 10 家测绘单位（含复检两家）2009 年 ~ 2011 年完成的省内测绘成果，其中甲级资质单位 4 家，乙级资质单位 6 家。11 月 15 日，长春市测绘院完成的“长春市 1∶500 地形图修测工程”、吉林省第一测绘院完成的“伊通城区 1∶500 地形图测量”项目成果通过国家测绘产品质量检验测试中心的监督检查。

重大工程测绘

【服务国土资源管理】

吉林省测绘局协助长春市国土资源局开展 2011 年长春市建成区补充地籍调查工作，完成控制测量、地籍和地物要素测量、地籍图和宗地图编绘等任务，并将基础地理要素、权属要素、地类要素、注记要素、土地权利人要素、土地登记要素以及房屋等附加信息数据录入数据库。

【服务重点工程】

吉林省测绘局印发《关于进一步做好服务“推进‘三化’，实施‘三动’战略”的通知》，要求各级测绘部门和单位为统筹推进工业化、城镇化、农业现代化提供服务保障。全年为长吉一体化等节点城镇规划建设、全省城镇体系规划及各地土地利用总体规划、西部土地整理和中东部农村土地整治示范项目等重点工程纪实提供地理信息数据、制作专题地图；完成了延吉至大蒲柴河、辽源至西丰的高速公路控制测量，通榆风电场、双辽井岗风电场的输电线路测量；为“八路安居”、“暖房子”等重点工程项目提供各类地形图共 3925 张，控制成果 3200 组，数据成果 18376 幅，数据量 1404GB。

【援建测绘项目】

4 月 5 日 ~ 5 月 17 日，受吉林省经济合作局委托，吉林省测绘局选派吉林省地理信息工程院 40 多名专业技术人员组成测绘队伍，赴朝鲜罗先市为中朝珲春——罗先跨境经济合作区项目测制 1∶1000 数字化地形图。

【服务水利普查工程】

9 月，吉林省第一次全省水利普查领导小组办公室向吉林省测绘局提出紧急供图需求，吉林省测绘局责成省基础地理信息中心承担该任务。该中心在 10 多天内完成了 8555 幅 1∶1 万地形图的喷绘工作，并及时提供给水利普查领导小组办公室。

测绘地理信息合作共建

2011 年，吉林省测绘局积极推进军地测绘合作，谋划和实施军地长期合作测绘项目，开展技术交流、航空摄影、测绘成果交换共享等合作。向解放军某部免费提供吉林省部分地域各专业门类的地理信息数据，双方就合作的目标、人员培训、责任与义务的划分、完成任务的方式等达成共识。

地图编制与出版

【地图编制】

2011 年，吉林省测绘局编制《长春百姓生活指南图集》、《长白山交通旅游图》，更新编制《吉林省9市（州）公开版城市地图》。为吉林省第十一届人民代表大会第四次会议、政协吉林省第十届委员会第四次会议代表编制专用地图1500多份。3月31日，吉林省测绘局责成吉林省基础地理信息中心牵头、吉林省地理信息工程院配合，共同完成全省9个市州的《乡镇卫生院院前急救体系网络分布图》的编制，并及时提供给省卫生厅。

【服务政府决策】

2011年，吉林省测绘局为省直相关部门编制《吉林省“十二五”服务业亿元以上重大项目分布图》、《吉林省现代服务业集聚区分布图》、《吉林省城镇化发展布局图》等专题地图。制作“吉林省主体功能区”、“吉林省铁路网规划”、“鸭绿江经济合作区”、“吉西－蒙东经济合作区”、“‘十二五’整村推进贫困村分布规划”、“吉林省乡镇医院院前急救体系网络分布”等专题地图。全年为省内有关单位和部门提供各种专题地图近20种3000多幅。

【编制红色旅游图】

6月，吉林省测绘局编制完成《吉林省红色旅游图》，并在吉林省测绘局门户网站登载，供社会各界免费浏览。全国近80多家网站、新闻媒体对此进行报道。

测绘地理信息应用与服务

【“天地图·吉林”建设】

11月30日，“天地图·吉林”开通试运行，通过吉林省政府门户网站、吉林省测绘局门户网站和国家测绘地理信息局“天地图”网站向社会公众提供免费的地理信息浏览查询等综合服务，并向企业提供增值开发标准窗口，形成“一站式”地理信息服务的共享平台，全面提升吉林省测绘地理信息服务保障水平。

【全国首个英文版城市地理信息服务平台开通】

8月19日，吉林省测绘局与长春市政府外事（侨务）办公室共同开发建设的长春市英文版地理信息服务平台（网站）正式开通。该平台集地理信息、政务信息、商务信息、旅游信息于一体，采用全英文的表达方式，为驻长春的外国专家、留学生、工作人士提供信息服务。

【为十二届冬运会提供地理信息数据】

12月，吉林省测绘局为第十二届全国冬季运动会赛场安保提供电子地图和三维影像地图，为组委会直观地了解南岭体育场和省文化活动中心两处的交通、基础设施提供帮助。

【公益性服务】

吉林省测绘局门户网站发布2010年网络版标准《吉林省地图》，供社会各界免费浏览、下载和使用。长春、辽源、延吉等地的测绘部门和单位以社区服务为切入点，整合政府各部门公共信息和社会信息，构建综合服务信息平台，实现社区管理及社区服务数字化，提高了城市管理的精细化水平。

【三维省情地理信息系统为省科技馆服务】

吉林省地理信息工程院采用三维技术，利用原有的地理信息资源，开发吉林省三维省情地理信息系统，满足吉林省科技馆的需求。

科技创新与人才培养

【科技创新】

2011年，吉林省测绘局编制了《吉林省测绘局测绘地理信息科技发展“十二五”规划》。4月，印发《吉林省测绘局科技创新项目管理办法》（试行），并组织各有关单位开展科技创新项目申报和评审工作。11月，首批科技创新项目正式启动，“吉林省主体功能区重点开发区域城镇化进程监测技术应用研究”等4个项目通过专家论证评审，省测绘局对每个科技创新项目提供5万元资金支持；由吉林省基础地理信息中心研发的“吉林省地理信息公共服务平台”项目被吉林省科技厅确认为省科技发展计划项目，并给予专项资金资助。

2月，吉林省基础地理信息中心王铮、刘振宇获吉林省熹光测绘科学技术鼓励奖。

【人才培养】

7月29日，吉林省测绘局印发《吉林省测绘局“十二五”测绘地理信息人才发展规划》。该局按照国家测绘地理信息局的有关要求，组织行业各单位推荐地理信息科技专家，28个单位推荐的95名专家中，有65名专家通过国家测绘地理信息局申报系统的初步审核。

【培训工作】

3月22日，吉林省测绘局举办科技项目立项、申报工作培训班，局相关处（室）和有关测绘资质单位科技负责人共56人参加培训。8月15日，召开有关数字城市建设研讨交流会，武汉中地数码集团总裁姜晓军等4名技术专家以“共享地理信息，创建智慧城市”为主题作了报告，40多人参加会议。会议还举办遥感与GIS技术应用、公共服务平台建设技术交流等研讨会。全年共128名科技人员参加培训。

【职业资格鉴定与管理】

1月21日，吉林省测绘职业资格管理中心举办吉林省首届注册测绘师考前培训班，全省测绘行业200多名考生参加培训。3月~4月，吉林省测绘职业资格管理中心在长春市举办长春地区第四期、第五期职业技能鉴定培训班，长春地区40多家行业单位268名从业人员参加培训。8月5日~7日，吉林省测绘局举办全国测绘行业职业技能竞赛吉林（赛区）选拔赛，全省测绘行业单位的15支参赛队伍30名选手参加比赛，选出长春市测绘院、吉林省地理信息工程院代表吉林省参赛，并于11月份参加“中测新图杯”第二届全国测绘地理信息行业职业技能竞赛，获得优秀组织奖。

对外合作交流

2011年，吉林省测绘局派出团组3个47人次。其中，参加国际性会议1人、参加国际项目培训1人、45名专业技术人员组团赴朝鲜执行测绘任务。

8月，派员随国家测绘地理信息局代表团参加在澳大利亚召开的第七届国际数字地球会议。9月，选派1人赴荷兰参加国家测绘地理信息局组织的防灾减灾中的地理信息技术应用与项目管理培训班。

党的建设与测绘地理信息文化建设

【组织建设】

吉林省测绘局分别为吉林省地理信息工程院、吉林省基础地理信息中心配专职党委书记，加强基层党的领导。

【创建学习型党组织】

2011年，吉林省测绘局制定下发《关于2011年全局干部理论学习的安排意见》和《中共吉林省测绘局党组中心组2011年理论学习计划》。召开理论学习中心组学习扩大会，学习贯彻《中国共产党和国家机关基层组织工作条例》，加深全局处级以上干部对条例内涵和精神实质的理解。组织机关干部集中学习十七届五中全会和吉林省委九届十一次全会精神。选派4名处级干部参加省直机关党工委组织的政治理论学习。举办全局专兼职党务干部培训班并参加了省直机关党务干部条例基本知识测试。

召开老干部支部全体党员大会，学习并推选优秀党员，选送2位老干部参加省里组织的理论学习。认真开展创先争优活动，召开党委（总支、支部）生活会，公开承诺并在工作中践行承诺；召开庆祝建党90周年暨“创先争优”表彰大会，组织新党员宣誓，老党员重温入党誓词，并对创先争优活动中涌现的10个先进基层党组织、49名优秀共产党员和10名优秀党务工作者进行表彰；局机关党委和直属事业单位党委（总支、支部）组织职工学习胡锦涛总书记“七一”讲话、党的十七届六中全会和李克强副总理的重要讲话精神，提高基层党员的理论修养和政治素质。

【扶贫帮困】

9月21日，吉林省测绘局组织有关人员到新农村建设对口帮扶村——东丰县那丹伯镇十八道杠子村调研。10月，为该村资助10万元建桥款。10月21日，省地理信息工程院出资10万元帮助新华村建设群众文化活动室，并捐赠10台电脑。全年吉林省测绘局多次组织慰问困难群众，赠送生活用品，并组织职工参与慈善捐款活动。

【测绘地理信息文化活动】

吉林省测绘局举办第十二届职工乒乓球赛、2011年春节联欢会；组织系统女职工参加省直机关庆“三八”净月登山行活动；承办吉林省省直机关职工羽毛球俱乐部第二届联赛。举办“红歌献给党”大合唱比赛，全局9个代表队、400多人参赛；组织离退休老干部参加局歌咏比赛和省委老干部局组织的征文活动；机关团委举办以“建党90周年有感”、“我身边的榜样”为主题的有奖征文活动；局直属机关工会组织以“同庆党的生日，共创测绘辉煌”为主题的有奖征文和书法绘画展。参加第二届“东方道迩杯”全国测绘系统乒乓球比赛，吉林省测绘局代表队获“体育道德风尚奖”；参加全国测绘职工书法绘画比赛，选送的绘画类作品《巍巍大中华，雄浑山河魂》获二等奖、《仕女抚琴》获优秀奖；书法类作品《徐德明诗·望远》获三等奖。

地方社团工作

【吉林省测绘学会】

2011 年，吉林省测绘学会积极组织推荐的“吉林省生态科技商务金融中心数字测绘”项目获 2011 年中国测绘学会优秀测绘工程奖铜奖，“吉林省政府应急平台地理信息系统”获中国地理信息科技进步奖三等奖。吉林省测绘学会组织评选出吉林省测绘科技进步奖 8 项。其中，一等奖 2 项，二、三等奖各 3 项。

4 月 22 日，吉林省测绘学会工程测量专业委员会学术信息交流会在长春召开。7 月 ~9 月，吉林省测绘学会开展测绘与地理信息优秀论文评选工作，共征集论文 31 篇。11 月 18 日，吉林省测绘学会地籍与房产测量专业委员会 2011 年新技术研讨会在长春召开。

【吉林省测绘与地理信息行业协会】

2011 年，中国地理信息产业协会将吉林省测绘与地理信息行业协会吸纳为常务理事单位。5 月 25 日，吉林省测绘与地理信息行业协会网站开通试运行。9 月 24 日 ~25 日，参与承办中国地理信息系统协会理论与方法专业委员会 2011 年学术研讨会暨 2011 中国吉林测绘与地理信息技术装备展示会，吉林省测绘与地理信息行业协会领导及成员单位代表、专家学者和专业技术人员共 200 多人参加会议。11 月 25 日，主办吉林省 2011 年优秀测绘地理信息工程评审会，依据《吉林省优秀测绘工程评选办法（试行）》的规定，评选出 18 个获奖项目，其中，一等奖 3 项、二等奖 5 项、三等奖 10 项。

黑龙江省

规划与计划

黑龙江省发展和改革委、黑龙江测绘地理信息局联合印发《黑龙江省基础测绘“十二五”规划》。该规划提出“十二五”时期全省基础测绘发展的主要任务和重点工程。

法制建设

【测绘立法】

黑龙江省采取多种形式同步启动《黑龙江省基础测绘管理办法》、《黑龙江省测量标志保护管理办法（修正案）》、《黑龙江省测绘任务登记办法》3 部政府规章的制定和修订工作，完成《黑龙江省基础测绘管理办法》的前期论证、征求意见和部门协调工作；《黑龙江省测量标志管理办法（修正案）》于 12 月 5 日经省政府第六十三次常务会议审议通过，自 2012 年 2 月 1 日起实施。制定出台《黑龙江省测绘地理信息“十二五”立法规划》、《黑龙江省测绘地理信息法治建设实施方案》、《黑龙江省测绘地理信息法制宣传教育第六个五年规划（2011 ~ 2015 年）》、《关于测绘地理信息资质审批有关问题补充的通知》、《关于加强项目备案的通知》、《黑龙江省测绘地理信息质量管理体系考核办法》、《黑龙江省测绘地理信息成果及档案管理考核办法》等规范性文件。哈尔滨、齐齐哈尔出台本地区关于加强测绘工作若干意见的规定，佳木斯市政府出台《佳木斯市测绘管理办法》和《数字佳木斯地理空间框架建设与应用暂行规定》，进一步完善地方测绘法制体系。

【法制宣传教育】

8 月 29 日，黑龙江省各市（地）测绘地理信息行政主管部门开展形式多样的测绘法宣传活动。哈尔滨市以“监测地理国情，服务科学发展”为主题，组织市域内的 40 多家甲、乙级测绘单位集中宣传，现场共发放各类宣传品近万份。佳木斯市借助测绘法宣传日活动，进一步宣传、推广应用数字佳木斯服务平台。鸡西市与当地电信部门合作，向广大市民发送测绘公益短信，主管测绘工作的副市长在《鸡西日报》发表题为《监测地理国情，服务科学发展》署名文章。齐齐哈尔、牡丹江、鹤岗、七台河、大庆、绥化、大兴安岭、伊春、双鸭山、黑河等市测绘地理信息行政主管部门设立多个宣传站并悬挂宣传条幅，同时组织辖区内各级测绘单位在办公楼前张贴宣传画、悬挂宣传条幅。

市场监管

【黑龙江省测绘工作会议】

4月，黑龙江省测绘工作会议在哈尔滨召开。会议表彰2010年度全省测绘管理工作先进集体、先进个人及全省测绘行业先进集体、先进工作者。黑龙江测绘地理信息局与黑龙江省军区、省委办公厅、省政府应急办公室签署合作协议，进一步为省领导科学决策提供测绘保障。

【地市考核】

黑龙江测绘地理信息局在全国测绘系统率先开展地市测绘管理部门贯彻落实科学发展观考评工作。出台考评办法、明确考评内容和评分细则，将考评与评选先进、表彰奖励挂钩，考评结果通报各地市政府。

【信用信息平台建设】

黑龙江测绘地理信息局积极推进测绘信用信息平台建设，开辟测绘信用信息发布专栏，对地图审核结果、资质单位名录、测绘专业人员名录、培训、质检等信息进行公开。起草《黑龙江省测绘地理信息信用信息管理细则（草稿）》，投入10万元开发测绘地理信息信用信息管理系统。全省各市地测绘地理信息行政主管部门配合完成全省500家资质单位测绘技术人员、仪器设备、承揽项目的现状摸底调查工作，为平台建设提供基础数据。

【测绘资质复审换证】

黑龙江测绘地理信息局完成全省495家测绘单位的资质复审换证工作，通过复审取得新证的单位453家（含升级14家），注销42家。

地图管理与成果管理

【地图监管】

黑龙江测绘地理信息局严把地图审核关，年内共审批核发地图审核号65个，退图3件。开展“问题地图”专项治理行动，纠正第21届全国图书博览会官方网站链接非法谷歌地图的错误，改用“天地图”服务；在第22届哈洽会主会场开展国家版图监管工作，为哈洽会制作大型宣传展板，发放国家版图意识宣传教育宣传品4000多份。现场指导机关、企业正确使用国家版图，并对发现的外省某企业宣传品使用“问题地图”事件提请其所在省测绘地理信息行政主管部门进行处理。哈尔滨市依法查处杭州阿拉丁公司《哈尔滨三维仿真城市地图》未经审核上线问题。

黑龙江测绘地理信息局对全省从事互联网地图服务的网站进行全面排查和整改，宣传互联网地图服务业务知识，完成从事互联网地图服务业务单位的甲级资质申请及乙级资质审查和发证工作。6月，对全省240个静态地图网站和10个动态地图网站进行检查，将存在问题的1个动态地图网站、5个静态地图网站交所在地测绘地理信息行政主管部门查处，要求撤销“问题地图”或从国家测绘地理信息局网站下载标准地图重新制作。

【涉密测绘成果管理】

黑龙江测绘地理信息局联合省保密局开展全省测绘成果保密检查，成立省级抽查小组及13个地市级普查小组，全面检查黑龙江省涉密测绘成果使用、生产、保管情况。组织全省400多家测绘资质单位及80多家大宗用户重点开展地理信息市场专项整治“回头看”、“问题地图”专项治理、测绘成果保密检查、互联网地图监管系统试用、测绘项目质量检查，测绘市场秩序得到有效规范。在测绘单位自查及各地市普查的基础上开展省级抽查工作，共抽查77家资质单位和11家大宗用户，对存在问题的单位提出整改意见，下达整改通知单，对问题严重的单位交当地测绘地理信息行政主管部门和保密部门处理。在全省范围内集中开展测绘成果资料销毁工作，截至年底，已销毁地图近16万幅。举办第四期涉密测绘成果管理人员岗位培训班，全省涉密测绘成果核心管理人员150多人参加培训。开展测绘成果汇交、核心涉密人员持证上岗培训、已申领涉密地形图销毁和测绘项目质量抽检等工作。

基础测绘与质量监督

【省级基础测绘】

2011年落实省级基础测绘经费5000万元，开展三江平原地区1:1万地形图测绘与更新和DOM制作工作。截至年底，已完成像控测量、DOM制作和外业调绘工作。

【测绘质量管理】

黑龙江测绘地理信息局在指令性任务实施过程

中，通过定期汇报、现场走访等形式了解质量状况，对发现的质量问题，通过召开技术与质量协调会议、约谈相关领导和技术质量负责人等形式制定解决措施，保证了质量问题的及时解决。根据指令性任务实施情况，合理排定检验计划，协调生产与质检单位开展成果质量检验工作，全年共下达指令性任务检验委托112批次。2月，围绕质量管理理论与务实、测绘生产项目质量管理技术等内容开展春季测绘生产集中培训。开展全省1∶500～1∶5000基础测绘项目质量监督检查，委托黑龙江省测绘产品质量监督检验站对16家测绘资质单位生产的16项测绘工程进行质量监督检验。

【安全生产管理】

黑龙江测绘地理信息局制定并印发《黑龙江测绘局2011年测绘安全生产实施方案》，开展"安全生产年"活动，加强日常安全生产管理和监督检查力度，防范安全生产责任事故。

重大测绘项目

【省级基础测绘项目】

黑龙江测绘地理信息局为黑龙江省"八大经济区"、"十大工程"等经济建设项目提供服务，开展哈大齐工业走廊等地区1∶1万地形图数据更新建库、省级基础测绘公共服务系统维护工作。2011年，完成哈尔滨、大庆、齐齐哈尔区域1∶1万地形图数据更新、数字正射影像图制作、地图制图数据制作，共896幅；完成绥化、伊春、佳木斯区域1∶1万数字化地形图入库整理2054幅。完成上述6个区域2950幅1∶1万数据入库、黑龙江省基础地理信息数据库改造、黑龙江省地理信息公共服务平台维护管理和公众服务系统完善等工作。

【黑河市航空航天遥感正射影像图项目】

黑河市航空航天遥感正射影像图制作项目主要包括项目区范围内重点林区航摄影像获取，边境地区或非重点林区卫星遥感影像获取；项目区内像控点测量；1∶1万数字正射影像图和影像调查底图数据制作。黑龙江测绘地理信息局采用数字航摄方式对工作区内约30786平方千米范围进行航摄，获取分辨率为0.3米航空数码影像，采用编程采购的方式获取工作区内约21209平方千米范围卫星遥感影像数据，包括0.5米分辨率WorldView－2影像。截至10月，完成边境地区或非重点林区卫星遥感影像获取，以及重点林区50%航摄影像获取。经检查，部分区域有云覆盖需要重新获取。完成已获取影像区域的控制点布设，并施测部分控制点；完成部分卫星影像的纠正工作。

地图编制与出版

2011年，哈尔滨地图出版社共出版图书336种，其中地图类图书173种。完成农村书屋项目图书改版任务《世界地图册》、《中国地图册》、《城乡交通旅游地图册》和《中国旅游地图册》4个品种。完成第21届全国图书交易博览会图书7个品种。其中，新版《黑龙江省旅游地图册》、《游玩哈尔滨》、《黑龙江省交通旅游图》、《第21届全国图书交易博览会专用图》4种，改版《黑龙江省地图册》、《哈尔滨市旅游地图册》2本，改造单张图《黑龙江省地图丝绸版》1张。《中国地图册》、《世界地图册》和《黑龙江省地图册》等十多种新版图书相继投放市场。承揽的"中国国界线画法标准样图的更新与服务"、"面向公开地图表示的地名服务系统及公众版地图服务"以及《中石化加油站分布图》等地图编制合作项目，委托方反响良好。

测绘地理信息成果应用与服务

【"天地图"省、市级节点建设】

6月，黑龙江测绘地理信息局以数字伊春地理信息公共服务平台作为市级节点示范，开展"天地图"省市节点互联互通试点工作。9月，全面完成省市级节点建设试点工作，在全国率先建成"天地图·黑龙江"、"天地图·伊春"，并实现与国家"天地图"的互联互通及服务聚合示范，实现与各级政府门户网站的有效链接及信息集成，为政府各部门提供公益性服务。同时，利用国家、省、市级节点地图服务接口，在黑龙江接入多节点地图服务，解决了地图服务跨区域、数据现势性等问题，形成可应用推广的位置服务平台系统标准和指南。12月，"天地图·黑龙江"与"天地图·伊春"正式申请接入国家主节点并通过测试审核，成为全国首批获准接入"天地图"主节点的省级和市级节点。

各市地测绘地理信息行政主管部门加大对"天地图"的宣传和推广应用力度。齐齐哈尔市测绘管理处将"天地图"的网站地址链接到市规划局网站及全市9个县（市）的网页上，并指导市县有关部门结合实际工作应用“天地图”建设成果；佳木斯将数字城市公共服务平台建设成果集成到“天地图·黑龙江”主站上，实现了数字城市公众特色服务，扩大了“天地图”的影响力。

【为政府部门服务】

黑龙江测绘地理信息局为省委、省政府领导决策编制黑龙江省农垦、森工分布图工作用图；加强与省委办公厅、省政府应急办、省军区、省地矿局、省气象局、省森林防火指挥部、腾讯公司等20多个部门和单位的合作，主动提供基础测绘地理信息保障服务；编制发行手绘《黑龙江省全图》，获得社会好评。

【黑龙江省水利防洪领导用图】

黑龙江测绘地理信息局与省防汛抗旱保障中心以省、地级市、市县、重点城市及重点区域为对象，制作完成197幅绸布质地的领导专用防洪指挥图，满足了省领导现场用图需要。

【黑龙江省森林防火电子沙盘指挥系统】

黑龙江测绘地理信息局对“黑龙江省森林防火电子沙盘指挥系统”进行升级，开发建设森工等部门的防火电子沙盘指挥系统，并安装100多台（套），基本实现省委、省政府提出的“建立全省上下标准统一、建设功能完善、数据详实的电子沙盘指挥系统”的要求。

【黑龙江移动通信数字测图工程】

黑龙江测绘地理信息局为中国移动通信集团黑龙江有限公司建设完成“黑龙江移动统一GIS平台工程数字地图（一期）”项目，成果包括省内54个市（县、区）建城区的数字地图，覆盖范围约7000平方千米。

【应急保障服务】

黑龙江测绘地理信息局与黑龙江省政府应急办公室在地理信息数据资源与相关资源合作方面签订共建共享协议，计划在“十二五”期间合作开发建设省政府应急管理地理信息服务平台，促进各种应急信息的共享和快速汇总，提升应对突发事件能力。2011年，黑龙江测绘地理信息局完成黑龙江省应急综合管理数据库的研发，并在全省森工、农垦及各厅局推广。与省应急办公室共同开展全省市（县、区）级150多家应急单位的培训工作，为全省应急地理信息服务平台建设奠定了基础。

【成果提供与收集】

2011年，黑龙江测绘地理信息局共受理测绘成果使用申请近600批次。为国土、矿产、规划、林业、水利等多个行业部门提供各类地形图9554张、基准成果7849点。国家测绘地理信息局黑龙江测绘资料档案馆收集“927”一期工程、国家1:5万基础地理信息数据库更新、国家西部1:5万地形图空白区测图工程、汶川地震灾后恢复重建、省级基础测绘等项目地形图254幅、控制点成果9193点、基础数据成果46391幅、遥感影像数据597景，总数据量达22TB；航摄底片、像片8214片。

科技创新与人才培养

【科技创新】

一、科技计划与项目管理

黑龙江测绘地理信息局组织确立了基于ADS80的测绘生产技术流程研究、黑龙江省地理省情监测研究等8个局级基金项目；申报2012国家测绘地理信息局科技项目4项，申报国家测绘地理信息局极地重点实验室开放基金项目7项；协助国家基础地理信息中心完成1:1万基础地理信息数据库更新技术方案设计与试验项目的总结工作。

二、科技交流与推广

黑龙江测绘地理信息局针对局属生产单位对空间数据库建设技术的需求，开展空间数据建库专题技术研讨；举办基于ArcGIS的制图技术与应用培训班；围绕优化生产工艺，提高生产效率和产品质量，在全局范围内开展科技成果推介，进一步促进了测绘科技成果的转化与应用。

三、科技成果获奖情况

黑龙江测绘地理信息局不断加强技术创新，多个研发成果受到表彰。“十一五”南极基础测绘项目获2011年中国测绘学会优秀测绘工程奖金奖，“数据库驱动的地形图快速制图与集成挂历系统研发”、“SAR 1:1万和1:5万地形图测图试验”分别获2011年中国测绘学会测绘科技进步奖二等奖，“黑龙江省森林防火电子沙盘指挥系统”获2011年中国测绘学会测绘科技进步奖三等奖；“数字黑瞎子岛地理信息共享服务平台”、“地理信息数据加工综合管理系统”分别获2011年中国地理信息科技进步奖二等奖，“鞍钢鲅鱼圈钢厂地理信息综合管理系统”获中国地理信息优秀工程奖银奖；黑龙江省位置服务平台获中国GPS应用协会卫星导航定位科学技术奖三等奖。

【人才培养】

2011 年，黑龙江测绘地理信息局新增国家测绘地理信息局青年学术和技术带头人 2 人，成绩优异高级工程师 9 人，局级青年学术和技术带头人 5 人，培养在职硕士 30 多人。面向全国公开招聘事业单位人员 25 人。其中，硕士研究生 6 人、本科生 19 人。与黑龙江省人事考试中心联合组织黑龙江省注册测绘师考试，1300 多人参加。继续加大测绘教育培训力度，选派优秀技术人员赴中国测绘创新基地、优秀测绘单位和企业进行研修、参观、学习；邀请高校名师进行沟通技巧、财务、信访、人事干部、测绘生产等专项培训。职工全年参加继续教育、学历教育人数累计近 5000 人次。其中，专业技术人员培训 4200 多人次。继续做好人才援疆工作，派遣援疆专家 2 人。组织第二届全国测绘地理信息行业职业技能竞赛黑龙江省选拔赛，选派 4 名队员参加摄影测量和工程测量的比赛，其中摄影测量比赛获第三名。

对外合作与交流

2 月，香港地政总署副署长黄仲衡率团访问黑龙江测绘地理信息局，双方就极地测绘、地理信息公共服务平台建设、航空摄影测量、国际交流与合作以及服务外包等方面进行交流。5 月，黑龙江测绘地理信息局派员参加在摩洛哥举办的国际测绘技术与装备展览会。11 月，作为“全球地表覆盖遥感制图与关键技术研究”项目参与单位，与中国林业科学研究院共同组团赴东南亚两国考察，获取了用于该项目的训练样地数据和分类结果精度评价的检验样本数据。

选派 1 名技术人员赴美国乔治梅森大学做访问学者，开展地理信息前沿技术研发工作，参与美国宇航局、美国地理信息数据委员会、美国环保局等资助的科研项目。

党的建设与测绘地理信息文化建设

【学习型党组织建设】

黑龙江测绘地理信息局适时推荐书目，增强干部职工的读书兴趣，全局形成重视学习、崇尚学习的氛围。开展局“阅读·思考·进步”学习读书征文和金秋读书月活动，组织 41 篇论文参加国家测绘地理信息局的读书征文活动，获优秀组织奖。将党史一、二卷等书籍发放到全局 64 个党支部，并组织党的知识有奖答题活动，参加省直工委征文、摄影展等活动。黑龙江测绘地理信息局获“黑龙江省直机关首批学习型党组织”称号。

【创先争优活动】

黑龙江测绘地理信息局积极开展创先争优活动，出台创先争优工作指导意见，通过公开承诺、民主评议、领导点评，扎实推进创先争优活动。评选表彰一批先进党组织和优秀共产党员、党务工作者。极地测绘工程中心被授予“全国工人先锋号”称号，黑龙江第二测绘工程院孙睿英被授予“全国五一劳动奖章”，黑龙江地理信息工程院被评为“省级文明标兵单位”，黑龙江基础地理信息中心被评为“省级文明单位”。

【党风廉政建设】

黑龙江测绘地理信息局开展《廉政准则》自查自纠工作，重新制定《局党风廉政建设责任制》。在机关涉及廉政风险点的职能处（室）开展廉政风险点排查工作，根据排查出的廉政风险点制订相应的防控措施，初步形成有效防控体系。组织局属单位 14 名纪检监察负责人参加国家测绘地理信息局纪检监察审计业务培训和中纪委监察部第 186 期纪检干部培训班。组织党员领导干部参观全国检察机关惩治和预防渎职侵权犯罪展览黑龙江巡展，观看反腐倡廉教育专题片，举办反腐倡廉专题讲座。对 15 名新任职干部开展廉政考察和廉政鉴定，并进行任前廉政谈话。针对局属 8 家单位法人代表变更情况，开展离任经济责任审计，针对审计中发现的问题，研究制定整改意见和后续整改办法，推动各单位固定资产管理、财务管理和经济合同管理工作的制度化、规范化，促进各单位内部防控体系建设。

【群团工作】

黑龙江测绘地理信息局全年慰问职工 34 人次，组织全局 500 名 40 岁以上职工进行体检。成立局青年联合会，为青年职工搭建成长成才和交流沟通的平台。进一步建立健全局各级团组织，通过组织青年活动观摩、青年之友联谊、青年志愿者注册等活动，增强团组织的活力和凝聚力，一批青年岗位能手、五四红旗团支部、优秀团员受到表彰。“五四”前夕，组织开展了以“为环保出一份力，让生活多一份美”为主题的青年志愿者义务劳动。

【测绘宣传与文化建设】

黑龙江测绘地理信息局出台宣传稿件考评奖励办法，进一步调动各部门、各单位宣传工作的主动性和积极性；加强宣传稿件审核管理，提高稿件质量；加强重大新闻宣传策划，做好测绘重大项目、重点工作和典型事件的宣传、报道，邀请省电视台新闻中心记者赴抚远、佳木斯测区采访，对测绘工作和测绘职工生活进行深度报道，节目播出后引起了社会广泛的关注。

开展多种形式文体活动，举办离退休人员大观园，全局职工猜灯谜、乒乓球和羽毛球比赛等活动；参加第二届“东方道迩杯”全国测绘系统乒乓球赛，获体育道德奖；参加省直机关“知识产权”春季徒步大赛活动，获优秀组织奖。“七一”前夕，全局组织文艺汇演庆祝建党90周年。

地方社团工作

4月~5月，黑龙江省测绘学会与黑龙江工程学院测绘工程学院共同主办第十七届测绘杯暨测绘科技活动月活动，全省6所高校代表队参加。4月~7月，开展2011年黑龙江省优秀测绘工程奖的评选工作，评出获奖项目54个。其中，金奖8个、银奖19个、铜奖27个。9月，召开教育与科普专业委员会成立大会，工程测量专业委员会组织召开技术交流会。与辽宁、吉林两省测绘学会在辽宁鞍山共同组织召开第十一届东北三省测绘学术交流会，200多名代表参加会议。黑龙江省测绘学会编辑出版的《地理信息世界》和《测绘与空间地理信息》全年发表测绘论文640篇。年内，《测绘与空间地理信息》被评为中国科技核心期刊。10月，黑龙江省新闻出版局批复同意《测绘与空间地理信息》从2012年起变更为月刊。此外，黑龙江省测绘学会以测绘与地理信息科技馆为依托，向社会开展测绘科学普及和宣传活动。

上海市

规划与计划

上海市测绘管理办公室（上海市测绘院）组织编制《上海市基础测绘“十二五”规划》，总结“十一五”期间基础测绘发展的4项主要成效和2个突出问题，确定指导思想和发展目标，明确构建动态高精度上海现代空间定位基准体系、建设完备的基础地理信息资源体系、建设高效便捷的基础地理信息服务体系等3项主要任务和8个重点项目，并提出3项保证措施。依据《上海市基础测绘“十二五”规划》，组织编制和实施2011年度测绘生产和测绘专项生产计划，并安排数字正射影像、数字地表模型、城市三维模型等重大专项，加强中间检查，督促年度生产计划全面完成。

法制建设与市场监管

【法规建设】

上海市测绘管理办公室制定《加强上海测绘地理信息法治建设的工作计划》，明确3年~5年的工作任务和目标，落实责任部门和工作程序，并将依法行政工作纳入干部和工作人员的年度考核内容。继续开展2010年~2011年法规及规范性文件清理工作，7月，公布清理结果目录。废止规范性文件《上海市测绘成果信息发布办法》，修订发布《上海市测绘成果资料档案管理体系考核标准》、《上海市测绘行政许可审批程序规定》、《上海市丙、丁级测绘资质标准》，明确《上海市测绘质量管理规定》等10项规范性文件继续有效。配合国家测绘地理信息局落实《中华人民共和国测绘法》实施情况调研，对《测绘行政执法案卷评查办法》、《优秀测绘行政执法案件评选及奖励办法》、《测绘地理信息市场信用信息管理暂行办法》、《国务院关于促进地理信息产业发展的意见（代拟稿）》等提出反馈意见。

【依法行政】

上海市测绘管理办公室完成行政审批《业务手册》和新编《办事指南》工作，明确审批事项的办理规范、依据、条件、程序、时限、责任部门、流程、结果和示范文本等，并主动向社会公开。

【测绘资质管理】

上海市测绘管理办公室按照《上海市测绘资质审批联审办法》，由行业管理、质量监督、成果管理等部门分工合作、联合审批，完成第三次测绘资质复审换证工作。全年新批或资质等级变动单位共24家。其中，甲级4家，乙级7家，丙级4家，丁级9家。截至年底，全市共有测绘资质单位157家(包括互联网地图和地理信息服务单位27家)。其中，甲级20家，乙级60家，丙级55家，丁级22家。

【行政执法】

上海市测绘管理办公室全年开展测绘行政执法检查20次，立案查处案件26件，发出整改通知书18份，没收违法地图产品2万份（册），对1家单位予以行政处罚，全年无行政诉讼和行政复议案件发生。在上海市地理信息市场专项整治领导小组领导下，开展互联网地图市场、地理信息（地图）市场、涉密测绘成果安全使用等专项执法检查。

【法制宣传】

7月，上海市测绘管理办公室向各区（县）测绘管理部门和测绘单位发出《关于集中开展2011年测绘法制宣传活动的通知》，明确集中宣传活动的时间、主题和5项重点宣传工作。在“8·29”测绘法宣传日期间，上海市测绘管理办公室在上海市委宣传部的支持下制作“关注测绘，依法测绘”公益广告，在上海电视台新闻综合频道和3.5万多个移动电视终端播出；与电信部门合作向30万市民发送公益短信；向市民发放包括测绘法律法规知识、上海市中心人民广场地区三维地图、上海轨道交通示意图的宣传资料2万多份。

上海市测绘管理办公室召开全市测绘单位负责人会议，对全市乙、丙、丁级测绘单位的骨干进行业务和法规培训。组织全市各区（县）测绘管理部门和测绘单位参加国家测绘地理信息局主办的“易图通杯”2011年全国测绘地理信息法律知识网络竞赛，获优秀组织奖。上海市测绘管理办公室获全国测绘系统依法行政先进单位和“五五”普法先进单位称号，4人获先进个人称号。

地图管理与成果管理

【地图管理】

2011年，上海市测绘管理办公室受理审核各类专题地图1342幅，地图册2册，网络地图2件，发放地图审图号163个。4月，上海市召开国家版图意识宣传教育和地图市场监管协调指导小组联络员工作例会和上海市地理信息市场专项整治工作领导小组联络员工作会议，对“问题地图”检查工作进行动员部署。各区（县）测绘管理部门对辖区内的行政管理部门和街道办事处、乡镇政府办公场所悬挂的行政政区挂图及其他用图进行全面检查。

上海市测绘管理办公室联合上海市文化执法总队、上海市公安文保分局和闸北区文化执法大队，对上海火车站进行市场执法检查，共检查销售点41个，没收19个销售点在售的盗版地图700多张、将盗版地图用于外包装的塑料袋400多件，有效维护了地图市场秩序。

上海市测绘管理办公室下发《2011年上海市地图（地理信息）市场检查工作计划》，加强对互联网地图服务网站测绘资质的发证和市场监管工作，组织相关人员参加地图审核、互联网地图安全审校培训。使用网上地理信息安全监管系统对840个静态地图网站和22个动态地图网站进行全面检查，经检查，95%的静态地图网站自觉纠正违规行为。对未主动纠正“问题地图”的14家单位发出整改通知书，对上海闵行网站、豪宅网、上海酷爱网、图钉网、地图小镇、领地网6家无资质从事互联网地图服务的网站进行通报，相关报道被《上海法制报》等多家报刊转载。

【成果管理】

上海市测绘管理办公室根据国家测绘地理信息局《关于汇交测绘成果目录和副本的实施办法》，制定发布上海测绘成果汇交办法、基础测绘成果目录，严格界定基础测绘成果范围。基础测绘成果实行市一级集中管理并做到100%汇交，非基础测绘成果目录在测绘资质年度注册中统一汇交。根据测绘成果管理规定，制作《涉密测绘成果提供使用告知单》，向公众公开审批办法和具体环节步骤。5月，举办上海市测绘地理信息从业人员保密知识培训，联合上海市保密局、上海市安全局建立涉密测绘成果使用情况保密检查工作机制，每年对上年度领用涉密测绘成果的单位以自查和抽查相结合的方式开展联合检查。2011年，涉密测绘成果专项检查首次覆盖地理信息系统工程和互联网地图服务测绘资质持证单位。加强测绘数字资料档案管理工作，扫描入库科技档案3429页，全拷贝检查、转存121

块硬盘（含影像数据），三维模型2187格网。

【测量标志管理】

7月~8月，上海市测绘管理办公室在全市范围紧急开展钢标控制点现状检查工作，对已出现安全隐患的钢标控制点采取有效的保护措施。召开区（县）护标员工作会议，做好测绘标志巡查、维护、保护和委托管理等工作。对浦东、黄浦和宝山三区的护标员共80多人进行测量标志法规知识培训，完成2个测量标志的维护工作，拆除2个测量标志，受理5个测量标志拆迁申请。全年未发生故意破坏测量标志或违法使用测量标志的案件。

基础测绘

【基础测绘项目】

上海市测绘管理办公室加强对基础测绘项目预算编制、项目实施进度控制、中间抽检等环节的管理，改进数据采集软件，组织落实各项年度测绘生产和专项计划。全年完成1:500数字地形图修测10289幅（一年二轮）；1:1000数字地形图修测13046幅；1:2000数字地形图修测2969幅；1:500数字地形图缩编1:2000数字地形图662幅；1:1000数字地形图缩编1:2000数字地形图2880幅；1:1万数字地形图更新162幅；1:5万数字地形图更新建库18幅；全市8000平方千米的航摄任务和1:2000数字正射影像图9500幅。组织完成五年一轮的上海全市高程控制网复测工作，调查水准点4101点，选点和埋石494点，水准观测7300千米。启动上海市GNSS连续运行参考站系统（SHCORS）改造，并纳入上海智慧城市建设的功能设施建设专项。建立国家2000大地坐标系和上海平面坐标系的高精度转换关系，实现坐标系统即时转换功能。

【地理国情监测】

3月，上海市测绘管理办公室组织制定《上海开展地理市情监测工作方案》，确定利用DSM技术开展城市地面形态变异监测、行政区域界线及陆域面积监测、土地现状分类监测等，并制订详细的实施方案。完成与上海市城市规划设计研究院合作的土地现状分类调查，用于城市规划修编等；完成与上海市民政局合作的上海市行政区域界线监测，成果已向社会公布，数据已分发给上海相关的委办局；利用DSM技术完成浦东康桥地区、漕河泾松江园区、嘉定新城等土地利用监测。

【数字城市建设】

上海采用市级统一、集中建设管理的模式推进上海数字城市地理空间框架建设，空间定位基准体系、地理信息资源体系、三维城市模型建设、地理信息公共服务平台建设得到完善，在地理空间信息快速获取、分级处理、应用服务等方面积累了经验。上海数字城市地理空间框架已在市规划和国土资源管理局、水务局、工商局、绿化和市容管理局等40多家委办局共享使用。按照《上海市推进智慧城市建设2011－2013年行动计划》，启动国家测绘地理信息局与上海市共建“上海智慧城市地理空间框架”合作事宜。

质量监督

4月，上海市测绘管理办公室召开全市测绘质量管理工作会议，委托上海市测绘产品质量监督检验站对30家测绘行业单位开展年度质量监督检查，经查有2家单位各有1件产品不合格。对具备地下管线测绘资质的47家测绘单位开展地下管线测绘专项检查，经查有4家单位各有1件产品不合格。全年共完成2253千米地下管线跟踪测量成果的检查入库工作。根据上海市测绘产品质量监督检验站对194件委托测绘成果的检验结果表明，上海测绘资质单位的测绘成果质量总体情况良好。

上海市测绘管理办公室组织上海市测绘产品质量监督检验站完成全年基础测绘质量验收工作；制定城市三维建模和数字地表模型（DSM）检验细则；全年完成各种比例尺数据、城市三维模型数据、区县挂图、精密水准复测等基础测绘成果的检验，成果的一次验收合格率达到100%，优良品率超过85%；完成松江基线场、GPS检定超短基线场等测绘计量基础设施的定期维护，购置的数显型钢卷尺鉴定台提高了普通水准尺和钢卷尺的校准能力。

重大工程测绘

【专项测绘服务】

上海市测绘院积极为第14届世界游泳锦标赛服务，完成比赛主场馆东方体育中心泳道和跳台精密测量、场馆建设测量等工作；为东方体育中心制作高精确度三维模型；编制第14届国际泳联世界锦标赛专题地图，为各国运动员、教练、政府官员、媒体记者和观众提供便捷指南。

【上海市第二次水资源普查】

上海市测绘院积极为第一次全国水利普查暨第二次上海市水资源普查服务，完成上海市黄浦区、闵行区、松江区、浦东新区和普陀区共1500多千米排水管网和80多个泵站的数据采集工作，为建立上海基础水信息平台奠定基础。

【上海申嘉湖高速公路特大型桥梁人工检测项目】

上海申嘉湖高速公路特大型桥梁人工检测项目中的闵浦大桥工程是该高速公路在闵行区跨越黄浦江的重要节点工程。上海市测绘院通过在桥主塔塔顶、边辅墩墩顶、拱肋顶部埋设棱镜，采用人工观测与自动观测相结合，多测回采集数据，采用信息系统技术建立检测数据管理系统，为判定桥梁安全程度提供准确、可靠的检测依据。

【轨道交通建设与维护测量】

上海市测绘院为轨道交通9、11、12、13号线提供测绘技术保障服务；完成宁杭高铁控制测量、青草沙陆上管线控制测量、浦东国际机场新跑道建设等多项重大项目测量任务。

测绘地理信息合作共建

上海市测绘管理办公室在华东六省一市测绘工作交流会上与南京军区作战部签订框架合作协议。协议明确，上海市测绘管理办公室为南京军区、上海警备区司令部、空军上海指挥所、武警8720部队、总政治部文化工作总站、普陀区公安消防支队等提供测绘保障服务。上海市测绘管理办公室与上海市水务信息中心、上海市科技信息中心、上海市民政局、上海市残疾人联合会信息中心等单位签订《地理信息资源共建共享合作框架协议书》，交换并共享上海全市的城市空间地理框架数据、河流分级属性、科研机构数据、行政区划数据、全市无障碍设施（固定式升降梯、移动式升降梯、无障碍电梯）专题点位等信息。

地图编制与出版

2011年，上海市测绘院新编《黄浦区地图》、《追寻红色足迹——上海市爱国主义教育基地分布图》、《上海市未成年人社会实践基地版图》、《in Shanghai · CITY GUIDE／上海海派风尚》、《上海青年文明号优质服务地图册》等各类实用地图40多种。按照年度计划，对《道路交通指南》、《上海市交通图》等地图（册）进行改版，免费编制、发放各类公益类地图共130张（册）。根据社会需求对上海市空间框架基础数据、上海市地名地址库进行完善，开发面向政府部门的《上海市政务地图》并在政务版平台上正式使用。完成“上海市应急避险和疏散安置场所信息管理系统”、《上海市无障碍设施分布图》、《长宁区规土局网站电子便民地图》等合作项目建设。

测绘地理信息应用与服务

【“天地图·上海”建设】

上海市测绘管理办公室按照《“天地图”省市级分节点建设方案》要求，制定《“天地图·上海”建设实施方案》，在分析原有建设情况的基础上，确立技术路线、建设依据、在线服务方案以及保障机制等。11月，完成“天地图·上海”的技术设计、数据生产、设备采购、软件部署与集成等工作，实现与“天地图”主节点的互联与服务聚合。根据市级统一集中建设和管理模式，上海各区（县）节点建设同步推进。按照国家电子地图标准，公众版地理信息服务平台设置1级～18级比例尺，包含150万条门址以及道路、水系、建筑物、绿化、居民小区等信息。

【成果应用】

上海市测绘院制定《上海市测绘成果目录发布制度》，建立全市测绘成果网络化信息发布系统。全年为100多家政府管理部门免费提供、维护和更新相关服务；为200多家区（县）政府管理部门提供优惠价和长期更新维护；为2万多家用户提供基础地理信息数据。为上海市发展和改革委、市城乡建设和交通委员会、市科学技术委员会等政府机关提供专项服务；配合上海市第二次全国地名普查试点，为上海市第六次人口普查提供测绘保障；为上海市第二次水利普查等工作提供服务；为上海城市网格化管理提供数据成果。

【市领导工作用图】

上海市测绘院全年为市委、市政府、市人大、市政协等部门编制提供《上海市全图》、《上海外环城区图》、《上海市市域轨道交通规划示意图》、《上海市中心城轨道交通规划示意图》、《浦东新区地图》、《长三角地图》等6种领导用图。

【为市政建设服务】

上海市测绘院对全市约8600条规划道路红线进行比对和梳理，使用2.82万多幅地形图。完成《奉贤区南桥大型居住区》、《闵行区闵行新城》、《嘉定区嘉定新城》等82件规划项目的规划控制要素上图并公开发布，涉及1:500数字地形图213幅，1:1000数字地形图1647幅，1:2000数字地形图349幅。完成三维管线数据提取、入库及管线竣工数据内业编绘工作，涉及1:500数字地形图1291幅，1:1000数字地形图1674幅，1:2000数字地形图540幅。

科技创新与人才培养

【科技项目】

上海市测绘院完善测绘科技创新激励机制及相关政策制度，保障各部门在科技研发、自主创新、技术革新或有关技术创新方面的意见、建议得到有效实施。编制和实施年度科研计划，包括“基于政务网的三维地理信息安全应用和管理”、“基础地理信息综合检索分析系统”、“城市2.5维地理信息制作与应用技术研究”、“上海市现代测绘基准服务体系建设”等项目。“GIS上海城市排水设施综合地理信息系统”项目获中国地理信息产业优秀工程奖银奖。“2010年上海世博会测绘工程”和“中国2010年上海世博会园区导览图”、“长江原水过江管工程贯通测量”分获2011年中国测绘学会优秀测绘工程奖银奖。

【人才培养】

2011年，上海市测绘院充实调整2名领导班子成员，选送8名干部到市党校或参加有关专题学习班，对基础地理信息中心主任等10个岗位干部进行调整。继续开展以“新知识、新技能、新信息”为主要内容的继续教育，完善学科带头人梯队建设制度，推进实施《岗位层级管理办法》和《导师带教和师徒结对》，加大对专业技术人员、经营管理人员和技能人员的培训。

上海市测绘管理办公室组织全国首次注册测绘师资格考试（上海地区）工作，全市报考742人，参加考试665人，考试合格128人。举办2011年上海市测绘职业技能竞赛暨第二届全国测绘行业职业技能竞赛上海赛区工程测量选拔赛，34名选手参赛，4名选手被选拔参加全国测绘地理信息行业职业技能竞赛，获得工程测量理论考试团体第1名、摄影测量理论考试团体第7名，参赛选手被授予“全国测绘地理信息行业优秀技能人才”称号，上海市测绘管理办公室获优秀组织奖。

上海市测绘职业技能培训中心认真组织技能培训和职业技能鉴定工作，全市从事检定校准业务的人员均获得国家测绘地理信息局计量检定员证。

党的建设与测绘地理信息文化建设

【党的建设】

上海市测绘管理办公室出台《实行党务公开的实施办法》，制定党务公开目录和党内事务依申请公开制度。上海市测绘院党委被上海市市级机关工作党委评为先进基层党组织。

上海市测绘管理办公室坚持每年两次的党风廉政建设大会，传达学习有关党风廉政建设和反腐败工作的最新精神，组织观看警示教育片，下发《反腐倡廉建设知识问答》，切实加强领导干部和广大干部职工的廉洁自律意识。开展廉政风险点排查和防范管理、制度廉洁性评估试点、专项整治违规收送礼金礼券购物卡等工作，确保实效。

【测绘地理信息文化建设】

上海市测绘院连续12年被评为上海市文明单位。12月，获“全国文明单位”称号，国土资源部副部长、国家测绘地理信息局局长徐德明为上海市测绘院“全国文明单位”揭牌，中国测绘报发表报道《上海院荣获全国文明单位称号 徐德明出席揭牌仪式并讲话》与评论员文章《文化的力量》。

8月，上海市测绘院作为文明单位代表，在上海市级机关系统精神文明建设推进大会作交流发言。11月，上海市文明办在上海市测绘院举办上海市文明单位文化建设研讨培训会。上海市测绘院注重软课题研究，《文明单位持续发展要素研究》和《测绘五字经（千字文）——上海市测绘院职工行为指南》分别获得中国测绘职工思想政治工作研究会重点课题优秀研究成果一、二等奖，《测绘五字经》还获中国建设职工政研会优秀论文一等奖。

上海市测绘院积极组织“一日捐”和“爱心捐助日”活动，累计捐款114020元。该院继续推进与上海市奉贤区四团镇龙尖村的城乡结对工作，派驻

2名团干部到当地参与新农村建设，落实3项实事工程，投入资金50万元，并为当地35户困难家庭与4名贫困学生提供资助。上海市测绘院工会连续21年获“上海市模范职工之家”称号，并获2007年~2011年市级机关文化建设“先进职工之家”称号。

【宣传工作】

上海市测绘管理办公室加强宣传队伍和宣传阵地建设，健全行业通讯员信息报送和发布机制，选派记者站通讯员参加2011年测绘宣传业务工作培训班。全年累计报道测绘新闻123条。其中，《中国测绘报》发表87条，上海市电视台、上海人民广播电台、解放日报、新民晚报、文汇报等上海媒体发表36条。12月，上海电视台、《新闻报道》、《新闻透视》、《夜线约见》等栏目对上海市测绘院推出的《大城区详图》进行深度报道。

地方社团工作

1月10日，上海市测绘文化研究会正式成立，聘任陆洁中为研究会理事长，张富根等5人为副理事长，上海岩土工程勘察设计研究院有限公司等18家测绘单位为理事单位。4月，上海市测绘文化研究会召开讨论和交流会。

1月，上海市测绘学会召开九届三次理事会，审议通过《2010年学会工作总结暨2011年工作计划》。组织开展2009年~2010年上海市优秀测绘工程奖评选工作，评出一等奖6项、二等奖10项、三等奖17项。6月，组织参加华东六省一市测绘学会第十三次学术交流会，推荐的10篇论文全部获奖。全年完成《上海测绘》期刊4期，并与近50家测绘期刊单位实行定期交换。

江苏省

规划与计划

【基础测绘规划】

2月14日，江苏省第十一届人民代表大会第四次会议通过《江苏省国民经济和社会发展第十二个五年规划纲要》，明确要求“加强基础测绘工作，缩短基础测绘更新周期，实现重点区域、薄弱环节的测绘工作”。

8月2日，江苏省政府办公厅向各市、县（市、区）人民政府，省各委办厅局，省各直属单位印发《江苏省“十二五”省级基础测绘规划》（苏政办发〔2011〕112号），要求各地各部门认真贯彻实施。该规划根据全省经济社会发展的需求，提出八项重点工程：测绘基准完善与维护工程，2000国家大地坐标系转换工程，基础航空航天遥感资料建设工程，基础地理信息更新工程，沿海滩涂及湖泊水下地形测量工程，基础测绘应急装备建设工程，省级地理信息公共服务平台建设工程，地图编制与印刷工程。

【测绘科技发展规划】

根据国家测绘地理信息局《测绘科技发展“十二五”规划》和《测绘标准化工作“十二五”规划》的发展目标，江苏省测绘局编制印发《江苏省“十二五”测绘科技发展规划》。该规划全面回顾总结江苏省“十一五”测绘科技发展成就及存在的问题，系统分析全省“十二五”测绘科技发展需求，提出发展目标和重点任务，明确保障措施。

法制建设

【测绘法规建设】

江苏省测绘局起草《江苏省测绘地理信息成果管理规定》，并通过江苏省政府法制部门审核。修订并发布《江苏省基础测绘管理办法》和《江苏省地图编制出版管理办法》。制定了《江苏省测绘项目备案管理办法》、《江苏省测绘基础设施费征收管理办法》、《江苏省测绘地理信息项目招标投标管理办法》、《江苏省测绘地理信息项目评标测绘专家管理办法》和《测绘监理工作规范（试行）》等规范性文件。南京市起草了《南京市测绘地理信息市场管理规定》，南通市制定了《地理信息市场管理制度》和《基础测绘成果更新制度》。

【测绘普法】

8月29日，江苏省测绘局与驻南京的省部属甲级测绘资质单位在南京联合开展主题为“监测地理国情、服务科学发展”的测绘法宣传日活动。省政府副秘书长于利中、省人大环资委主任陶陪荣到现场视察指导。活动现场摆放宣传展板30多块，发放印有《中华人民共和国测绘法》、《基础测绘条例》和《江苏省测绘条例》等内容的《江苏省交通旅游图》和《南京市交通旅游图》3500份，发放刊有江苏省测绘局局长刘聪署名文章《开展地理国情监测谱写测绘服务炫彩华章》的《江苏法制报》和《江苏科技报宣传专刊》1000份，发放各种测绘宣传册2000多份。活动现场开展测绘资质、房产测绘、测绘法律法规、测绘质检等咨询，进行测绘法律法规和测绘技术知识有奖答题。活动日当天，邀请《新华日报》、江苏电视台、江苏广播电台等近20家媒体的记者举行交流座谈。各市测绘行政主管部门结合本地实际，围绕宣传主题，采用多种形式开展宣传活动。

江苏省测绘局将《江苏省测绘市场管理规定》和项目备案、基础设施费征收管理办法等规章制度汇编成册，发放各级测绘地理信息行政主管部门，并组织开展市县测绘地理信息行政主管部门负责人参加的测绘法规培训。组织全省各级测绘地理信息行政主管部门和测绘单位积极参加国家测绘地理信息局举办的测绘地理信息网络法律知识竞赛，获“优秀组织奖”。

【依法行政】

2011年，江苏省测绘局获全国测绘依法行政先进单位、“五五”普法工作先进单位和省级机关政府法制工作优秀单位等荣誉。召开全省测绘系统法治工作会议，传达全国测绘系统法治工作会议精神，表彰2010年度获国家和省测绘依法行政、“五五”普法先进称号的单位和个人。为充分发挥基层执法的积极性，在宿迁、泗阳开展市县测绘行政执法试点，下移行政执法重心。全年累计备案测绘项目1448项，征收基础设施费250多万元。完成2006年以来省外测绘地理信息单位在江苏省开展测绘活动的调查，依法要求有关单位补办测绘项目备案手续，补缴测绘基础设施费122.4万元；对不履行法定义务的省外测绘地理信息单位依法进行处理。规范行政执法工作，组织测绘行政执法案卷评查，从执法主体、执法程序等方面考核。对泰州姜堰某单位无测绘资质从事沉降观测开展调查并依法处理，此案件被国家测绘地理信息局列为督办案件；召开全省测绘监理管理工作会议，推进测绘监理试点。

机构建设

江苏省测绘局向省编办上报《关于江苏省测绘局更名和重新确定“三定”的请示》。经徐州市政府批准，徐州市国土资源局加挂徐州市测绘与地理信息局牌子，设立徐州市基础地理信息中心。截至年底，全省除苏州、泰州市测绘管理和地籍管理合署办公外，其余各市测绘行政主管部门均内设独立的测绘管理处，各级测绘行政主管部门均配备专职或者兼职测绘管理工作人员。

市场监管

【测绘信用体系建设】

江苏省测绘局对获得2008年~2009年度“诚信测绘单位”称号的30家单位进行表彰；开展2010年~2011年度“诚信测绘单位”评选活动，并在江苏省测绘局门户网站和江苏省测绘信用信息网上公示；开展测绘项目招投标监管工作调研，听取基层测绘行政主管部门的意见、建议；将测绘地理信息项目评标专家管理信息系统纳入省测绘地理信息市场信用网，将评标测绘专家管理纳入信用管理范畴，测绘地理信息项目招标将逐步实现远程、网上抽取评标测绘专家。

【测绘资质管理】

江苏省测绘局调整了江苏省乙级互联网地图服务专业和丙级变形（沉降）、形变测量专业测绘资质标准，依法降低有关要求，鼓励符合条件的单位申请相应资质。全面完成2011年全省测绘资质复审换证工作，并在《新华日报》发布《江苏省通过测绘资质复审换证的测绘单位公告》。截至年底，江苏省共有测绘资质单位542家。其中，甲级33家、乙级82家、丙级241家、丁级186家。对互联网地图服务网站进行检查，在公开通报、限期整改后，关闭10家未申请测绘资质的互联网地图服务网站。

地图管理

【地图审核管理】

江苏省测绘局依法开展地图审核工作，建立地图编制单位送审、修改、备案情况登记制度，全年审核地图117份，所有地图均按规定送审、修改和备案。

【地理信息市场专项整治“回头看”】

按照国家测绘地理信息局统一部署，江苏省测绘局下发《关于印发江苏省地理信息市场专项整治“回头看”行动的通知》和《江苏省地理信息市场专项整治“回头看”行动工作要点》。召开全省地理信息市场专项整治“回头看”工作会议。各地组织开展网上地图和涉外测绘项目调查摸底以及从业单位自查自纠工作，全省共检查互联网地图服务网站862家。其中，静态地图网站820家、动态地图网站42家，曝光“问题地图”网站17家，发出整改通知76份，会同省通信管理局对拒不纠正的3家网站做出关闭处理。6月~7月，省相关部门组成苏南、苏中、苏北3个小组开展抽查验收，共抽查测绘单位和测绘成果大宗用户34家，针对存在的问题，制定整改方案和措施，出台相关文件，建立完善长效监管机制。

【“问题地图”专项治理】

江苏省测绘局下发《关于对全省地图市场开展专项治理工作的通知》，组织开展专项治理行动。全年共检查地图市场16次，检查场所500多处，查处“问题地图”20多份，查处非法编制地图单位6家（含2家非法编制互联网地图）。组织8个市开展“问题地图”市场抽查，抽查率达70%，收缴“问题地图”3000多种，对存在严重问题的中小学教辅用书出版单位发函要求整改。

【互联网地图和地理信息服务网站监管】

江苏省测绘局认真落实《关于加强互联网地图和地理信息服务网站监管工作的意见》，利用互联网地理信息安全监管系统，保持网上搜索常态化，对全省1200多家互联网地图网站保持动态监控和研判，发放13份整改通知书，“问题地图”网站均得到纠正。

【国家版图意识宣传教育】

4月，江苏省测绘局联合省教育厅在江苏教育学院附属小学举办“祖国在我心中——国家版图教育进课堂”活动启动仪式，邀请国家测绘地理信息局有关专家讲授国家版图知识。各市通过建立国家版图宣传教育示范基地，在中小学开展国家版图知识竞赛等活动，将国家版图意识宣传教育活动引向深入。

成果管理

【测量标志管理】

江苏省测绘局严格执行永久性测量标志拆建审批制度，全年办理17批次测量标志拆建申请；建立了以江苏省基础测绘保障中心为主要力量的测量标志常态化普查维护队伍，制定了测量标志常态化检查维修工作方案；开展测量标志保护宣传教育；加大景观型测量标志建设力度，全年建设景观型测量标志3个；依法查处两起破坏测量标志事件；指导宿迁市完成市级测量标志普查维护工作，协调理顺了苏州市测量标志管理职能。

【成果汇交】

江苏省测绘局认真落实测绘成果汇交制度，6月，完成全省2010年度汇交工作，共汇交测绘成果7800多份，并纳入成果系统对外发布。研发成功数字水印技术，为保护基础测绘成果知识产权和安全保密提供技术支撑。建立测绘成果目录发布制度，定期向社会发布测绘成果目录；已完成省级测绘目录服务系统建设，全省有8个市实现了互联互通，市县级成果目录服务系统建设按计划有序推进。

【成果提供使用】

江苏省测绘局严格执行测绘成果提供使用审批制度，全年为水利普查、林地调查和保护利用规划、地质调查等提供测绘成果172批次；对外提供GPS点191个，三角点136个，水准点3238个，各种比例尺模拟地形图98幅，喷绘地形图1620幅，“4D”产品数据10998幅，数据总量754474.5MB。审核对外国提供测绘成果7批次，向外省市转函84批次。

【保密检查】

江苏省测绘局联合省保密局开展全省涉密测绘成果生产、保管、使用情况的自查和省级抽查，做到人工和专用软件检查相结合，重点部位无遗漏。共抽查99家，对检查发现重大问题的单位现场发出整改通知，封存涉案设备。江苏省测绘局组织以计算机为主要对象的保密检查，局系统所有涉密和非涉密设备都建立了“一本通”台账，涉密计算机全部安装外网连接监控系统；局互联网出口采取了监控措施。

基础测绘

【国家基础测绘项目】

江苏省测绘局参与“927”项目及“863”科技支撑项目的研究工作，完成“927”工程项目8个海岛（礁）卫星定位大地控制点B级GPS观测。编制并上报“927”工程3个卫星定位连续运行站站点土建方案设计书，进行土建工程和工程监理招标工作。

【省级基础测绘】

江苏省测绘局组织编写江苏省“十二五”基础测绘DLG快速更新、数字航空摄影、沿海滩涂数据采集与更新、五大湖泊水下地形测量、2000国家大地坐标系启用、基础地理信息数据库维护及数据字典等12项技术设计书，完善基础测绘技术标准。实施江苏二等水准点和B、C级GPS点普查，全省大地水准面精化，常泰、苏通等测区航空摄影和“天地图·江苏”建设等工作。2011年，省级基础测绘项目全部采用2000国家大地坐标系。选择常州、扬中和宝应等市县进行1∶1万基础测绘数据更新方法试点。

【市（县）级基础测绘】

市（县）级基础测绘工作有序推进。镇江、南通、新沂等市“十二五”基础测绘规划通过专家评审，已经市政府批准实施。盐城、吴江等市开展了市县级测绘基准建设。江宁、海安、宝应、扬中、兴化、泗阳等市（县、区）和金坛市茅山风景区开展地形图测制。宿迁、江阴、浦口等市（区）进行地形图修、补测。新沂市结合城镇地籍测量开展地形图测制工作。淮安市和淮阴区、盱眙县、涟水县完成基础地理信息系统开发。

【地理国情监测】

江苏省测绘局将地理国情监测试点项目列入“十二五”省级基础测绘规划，召开地理国情监测专题工作会议，选择江阴、海安作为江苏省地理国情监测试点城市，与当地政府和部门签订合作协议。3月，监测日本M9.0地震对江苏区域地壳运动的影响，开展灾害监测方面的研究，解算出江苏境内CORS站点同震位移10厘米~30厘米，部分地区板块产生1厘米的永久性位移，并将该研究成果上报省政府。组织开展全省地面沉降综合分析，绘制江苏省的沉降等值线图，供各级政府部门决策参考。

【地理空间框架与数字区域建设】

江苏省测绘局组织开展江苏省地理空间信息基础框架项目的运行维护工作。对沿江管理信息系统进行沿江两岸野外地形修测及系统数据维护，对省测绘成果网络分发服务系统、省大地数据库等系统进行升级设计工作，对省遥感影像应用服务平台进行了完善。

3月11日，江苏省测绘局成立数字城市建设工作领导小组。出台《关于加快推进全省数字城市建设工作的意见》，编制《数字城市建设技术指南》，举办全省数字城市建设培训班，统一工程项目建设要求，按照“强化统一、整合资源、共建共享、服务大局”的原则推进数字城市建设。7月4日，召开全省数字城市建设工作会议，加大数字城市建设的推进力度。2011年，镇江、南通、宿迁、扬州、盐城和常州市被国家测绘地理信息局列入数字城市推广城市，南京、无锡市已正式向省测绘局申请建设数字城市。10月12日，数字泰州通过国家测绘地理信息局验收，并授予泰州市“全国数字城市建设示范市”称号。数字徐州通过省级预验收。12月5日，新沂市被列为江苏省首个数字城市地理空间框架建设县级试点城市。

质量监督

【测绘质量监督】

江苏省测绘局组织开展全省测绘成果质量监督检查工作，省级测绘成果抽查18项，其中4项不合格。各市按省测绘局统一部署，组织开展监督检查工作，徐州、南通、连云港、淮安、泰州等5个市专门成立了领导小组，加强对检查工作的领导；盐城市加大检查力度，将房产测绘项目列入检查范围。市级测绘成果共抽查109项，总体情况良好。江苏省测绘局依据《江苏省测绘单位质量管理体系考核办法》，对新申请或资质升级的12家测绘单位进行质量管理体系考核。举办全省测绘质量检查人员培训班，360多名质量检查人员参加培训并获得培训证书。组织2011年度江苏省优秀测绘工程奖评选，共受理申报项目79项，评出一等奖5项，二等奖16项，三等奖40项。2011年，江苏省测绘产品质量监督检验站进行测绘仪器计量检定7400多台（次）。

【测绘标准】

江苏省测绘局与北京天下图数据技术有限公司等企业合作，承担《倾斜数字航空摄影技术规定》、《倾斜数字航摄影像》2 项测绘行业标准的研制工作。组织开展江苏省市县级基础测绘数据标准的研制。江苏省测绘局批准建立“宿迁市独立坐标系”。

地理信息产业

江苏省测绘局组织编制《江苏省地理信息产业发展规划》，制定促进地理信息产业发展相关政策措施，积极引导全省地理信息产业健康、快速发展。江苏省基础测绘中心（地理信息产业园）已经省发展和改革委批准立项，概算建设经费 2.33 亿元。

测绘地理信息合作共建

2011 年，江苏省测绘局与南京军区作战部，省环境保护厅、卫生厅、住房和城乡建设厅、安全厅、广播电视局、统计局、人口和社会保障厅、粮食局、电力公司等单位签订共建共享协议，交换数据，合作研发环保“1831”项目技术平台、江苏省卫生管理地理信息系统、江苏省安全监督管理地理信息系统、江苏省电力线路三维系统、图行江苏、交通地理服务平台和江苏省粮食管理信息系统等 30 多个项目。江苏省测绘局组织召开长三角地区地理信息资源共享第九次联席会议，深化与上海、浙江、安徽等省市基础地理空间信息共享合作机制。南通、淮安、徐州、连云港、泰州、盐城等市测绘地理信息主管部门分别与本市相关部门签订基础地理信息共建共享协议。

地图编制

江苏省测绘局为省“两会”编制印刷《江苏行地图册》5000 册；制印 1:30 万、1:50 万、1:70 万、1:100 万系列江苏省政区图和“三沿三圈”地图（沿江、沿海、沿东陇海区域和南京、苏锡常、徐州都市圈）；编制印刷江苏省行政区划地图册、宿迁市影像地图集、江苏省干线公路系列图、1:85 万江苏省公路图、“红色江苏”地图以及徐州、镇江、南通等市（县、区）政区图、盐城市航道图及影像地图等专题地图（册）。

成果应用与测绘服务

【“天地图”省市节点建设】

2011 年，江苏省被国家测绘地理信息局列为“天地图”省级节点建设试点省份。江苏省测绘局成立了“天地图”省市节点建设领导小组，按照优于国家“天地图”建设方案的标准和要求，编制了《天地图省市节点建设方案》，开展业务培训，落实项目经费，组织数据生产，丰富数据资源，建设运行环境，搭建应用服务，完善服务功能，地名地址数据达到 70 万条。“天地图·江苏”通过国家测绘地理信息局的测试评估，11 月 30 上线运行。南京、镇江完成了市级节点建设工作。

【地理信息公共服务平台建设】

江苏省测绘局作为江苏省信息资源共享平台第一期参加单位的 13 个厅局之一，开展了相关供需信息的调查。江苏省测绘局编制了江苏省政务版地理信息公共服务平台建设实施方案和工作计划。建设南京市、江宁区、武进区等市县级地理信息公共服务平台，开展基于平台的土地年租金、企业税务管理、保障性住房建设等一批示范性工程建设。

【为政府决策服务】

2011 年，江苏省测绘局为省委、省政府、省政协领导更新各类挂图、地图（集）300 多份，并装配电子地图触摸屏。江苏省测绘系统为政府公共管理做好测绘保障服务，开发了江苏省太湖流域环境监测平台、江苏省文物地理信息系统和数据库、南京市民政基础地理信息系统、江苏省水利地理信息系统一期工程；完成江苏省警务地理信息系统升级及沭阳、海安、南通市警务地理信息平台数据加工整理与集成等项目；完成张家港市保税区、南丰镇、金港镇数字化城市管理系统数据采集与建库工作。为国土部门提供测绘保障服务，参与国土资源部“全国土地资源调查 2011 年度变更内业核查”和“土地资源动态遥感监测”等项目；承担连云港市区、灌南、海安、如东、宝应等土地利用总体规划数据库建设；完成建湖、阜宁、响水、大丰等 4 个县（市）1:1000 村庄地籍调查及建库工作，姜堰市城镇土地调查工程和泗洪县乡镇 1:500 地籍调查（地形测量）项目。配合省水利厅开展全国第一次水利普查江苏行政区域内的空间数据采集与处理工作。

【为重点工程建设服务】

江苏省测绘系统为南京机场建设、地铁二号线、南京南站、雨污分流、长江四桥等重点工程提供测绘保障服务；为宿迁、江宁、浦口、江阴、金坛、宝应、扬中、兴化、泗阳等市（县、区）城镇及风景区建设提供1∶1000～1∶2000数字地形图；为淮安市主城区、镇江金山寺及附近周边地区和盱眙街区实施三维精细建模，研建了三维城市展示系统及虚拟城市环境构建。

【为社会公众服务】

江苏省测绘局编制《红色江苏地图》（含电子版），作为爱国主义教育读物向全省6700多所大中学校免费赠阅1万份，并将《红色江苏地图》网络版刊载在江苏地图网上供公众查阅。与省旅游局合作，定期编制旅游信息地图并在江苏地图网上发布。

【防灾减灾与应急保障】

江苏省测绘局成立应急保障领导小组和办事机构，明确职责和人员分工，印发《江苏省测绘应急保障预案》，开展测绘应急保障平台建设的前期调研。组建省测绘应急快速反应队伍，省测绘工程院、省基础地理信息中心、省测绘资料档案馆等单位分别成立了应急机构和应急队伍。各市县也设立了相应组织，制定了应急保障预案。

2011年，江苏省测绘局针对上半年严重旱情，对南京石臼湖200多平方千米区域实施无人机旱情应急航摄监测，将最新航摄数据与2000年、2006年该区域影像数据进行对比分析，及时将分析成果上报江苏省政府和国家测绘地理信息局，为领导科学决策提供依据。参加江苏省军区“信联2011”江苏省军地联合应急指挥信息保障演练，利用无人机快速拍摄演练区域约30平方千米范围的影像，受到较高评价，江苏省测绘局被评为先进单位，2人被评为先进个人。

科技创新与人才培养

【科技创新】

江苏省测绘局继续加大测绘科技投入力度，修改完善《江苏省测绘科技进步奖奖励办法》，组织开展测绘科技发展和创新关键技术研究。2011年，20个测绘科研项目获准立项资助，12个测绘科研项目通过验收。该局与国家测绘地理信息局卫星测绘应用中心、南京大学共同承担国家科技支撑计划项目“地理国情监测服务系统”；与武汉大学共同承担国家科技支撑计划项目子课题“国产测图卫星在太湖流域生态环境监测与评价中应用示范”；承担国家基础测绘项目“地理省情动态监测与应用技术研究”、“市县级地理信息公共服务平台建设研究”以及江苏省国土资源厅“江苏省矿产资源开发利用遥感动态监测”等项目。积极推进合作型研发机构建设，与国家测绘地理信息局卫星测绘应用中心、南京大学联合建设卫星测绘技术国家测绘地理信息局重点实验室，建设方案已通过专家论证。

【科技成果】

2011年，江苏省多个项目获国家或省部级科技奖。其中，徐州市区基础测绘工程获2011年中国测绘学会优质测绘工程奖金奖；机载激光雷达测高应用于基础测绘的关键技术研究项目获2011年中国测绘学会测绘科技进步奖二等奖；江苏省海域管理信息系统获中国地理信息产业优秀工程奖银奖；江苏省基础地理信息系统获中国地理信息科技进步奖三等奖。

江苏省测绘局与江苏省科协共同组织2011年度江苏省测绘科技进步奖的申报与评选工作，共评选出“基于3S技术的历史南京城市空间格局数字复原研究——以明朝、清朝和民国老城为例”等获奖项目16项。其中，一等奖3项、二等奖5项、三等奖8项。

江苏省基础地理信息中心研发的“Quick Map网络地图服务平台”取得计算机软件著作权登记证书。

【人才队伍管理与教育培训】

2011年，江苏省测绘局从地方公开招录公务员2名。择优招聘15个岗位共26名地方应届毕业生。其中，本科生7名、硕士研究生18名、博士研究生1名。江苏省测绘局系统有4人入选江苏省第四期“333高层次人才培养工程”三层次培养对象，1人入选国家测绘地理信息局青年学术和技术带头人。江苏省测绘局创建了武汉大学测绘工程专业研究生实习实践基地，合作培养专业学位研究生。开展全省测绘系统杰出测绘技术人才评选工作，评出2009年～2010年全省测绘系统杰出技术人才5名。其中，局系统2名、市级测管部门1名、市级测绘系统单位2名。

2011年，江苏省测绘局举办各类培训班20个，行业内参加人员2245人次。全省有3000多人参加测绘行业特有工种职业技能鉴定。组织完成全省全国首次注册测绘师考前培训工作。组织第二届全国测绘地理信息行业职业技能竞赛江苏省选拔赛，21支队伍参赛，摄影测量和工程测量2支代表队在全国比赛中取得较好名次，2名参赛选手分别获“全国测绘地理信息技术能手”和“全国测绘地理信息行业优秀技能人才”称号。

对外交流与合作

江苏省测绘局组织全省测绘系统19名管理干部和技术骨干赴澳大利亚墨尔本大学开展为期21天的以“测绘与数字城市建设”为主题的培训。组织局系统15名青年技术骨干赴新加坡学习先进的管理理念。

党的建设与测绘地理信息文化建设

【党的建设】

江苏省测绘局深入推进学习型党组织建设，认真落实中心组学习制度，开展党员教育和党委干部培训，党员干部的思想理论素养不断提高。召开局直属机关第五次党代表大会，选举产生了新一届直属机关党委、纪委，明确了今后四年的指导思想、奋斗目标和主要任务。组织参加省委省级机关工委等4部门以及国家测绘地理信息局举办的党史知识竞赛。开展纪念建党90周年系列活动，组织“我为党旗增光彩、经天纬地创一流”主题活动，举办纪念建党90周年大会和文艺展演。创先争优活动成效明显，省测绘工程院党委获“全国测绘系统创先争优先进基层党组织”称号，省地理信息中心曹全龙获“全国测绘系统创先争优优秀共产党员”称号。局直属机关党委被授予“省级机关先进机关党委”称号；省测绘产品质量监督检验站党支部被评为省级机关先进党支部，局系统一名党员被评为省级机关优秀党员。召开共青团江苏省测绘局第九次代表大会，产生了共青团江苏省测绘局新一届委员会委员。省基础地理信息中心信息集成部团支部被评为省五四红旗团支部，局系统一名团员获“省级机关优秀团员”称号。

【作风和反腐倡廉建设】

江苏省测绘局深入开展“三解三促”、测绘服务推进年、领导干部下基层等活动，在省级机关《领导干部下基层“三解三促”活动情况专报》刊登调查报告一份。认真落实党风廉政建设责任制，重新修订《党风廉政建设责任制规定》，制定《江苏省测绘局2011年党风廉政建设工作责任分解意见》。深入贯彻落实省委《关于构建惩治和预防腐败体系“5+1”文件》，制订出台一系列反腐倡廉规章制度。根据国家测绘地理信息局工作部署，开展廉政风险点排查，确定风险点620个。选取盐城测区1:1万数据更新和江苏省地理信息公共服务平台建设项目，开展行政效能监察工作。

【精神文明建设】

江苏省测绘局深入开展精神文明建设，涌现出一批先进集体和先进个人。局机关工会被省总工会授予“模范职工之家”称号。省基础地理信息中心获“省文明单位”称号，1个部门被中华全国总工会表彰为“全国五一巾帼标兵岗”，1个作业组被省总工会等四部门联合表彰为“省企事业先进班组”。省测绘工程院被省总工会评为“‘十一五’劳动竞赛先进集体”，获江苏省五一劳动奖状。省测绘工程院摄影测量分院精测室、地籍测绘分院潘磊作业组、信息处理分院测图室，省基础地理信息中心数据采集部地形测量队、遥感影像部及省测绘产品质量监督检验站基础测绘检验室等6个部门被同时授予“江苏省工人先锋号”称号。省测绘工程院地籍测绘分院、国土测绘分院被省级机关授予“青年文明号”称号。顾宝永被省总工会评为“优秀工会工作者”。朱建军、戴亮亮分获“江苏省劳动竞赛优秀班组长”和江苏省五一劳动奖章。局机关王红春家庭被省级机关评为“五好文明家庭”。局系统2人被授予省级机关“巾帼建功标兵”称号。

【测绘地理信息文化建设】

江苏省测绘局认真贯彻落实国家测绘地理信息局《关于加强测绘文化建设的意见》，把测绘地理信息文化建设作为党的建设4项品牌工程之一，扎实推进并纳入党建质量体系。制定《全省测绘行业精神文明建设“十二五”规划》，对未来五年测绘地理信息文化建设作出部署。丰富测绘地理信息文化建设的内容和表现形式，编制了《经纬江淮——行为识别系统手册》和《经纬江淮——理念识别系统手册》；举办第九届“测绘杯”江苏省定向锦标赛暨江苏省第二届邀请赛；积极参加国家测绘地理信息局和省国土资源厅举办的读书征文、职工书画比赛和乒乓球比赛等系列活动，并取得佳绩。落实“送温暖、献爱心”和走访慰问制度，帮助困难职工解决实际问题。筹建江苏省测绘地理信息爱心助学基金，筹款5万多元捐助13名困难大学生。

地方社团工作

【测绘学会】

4月2日，江苏省测绘学会在泰州市召开九届六次常务理事会，发展团体会员1家、个人会员6人、增加理事1人。10月26日，在无锡市召开九届七次常务理事会，传达省科协青年人才座谈会精神，听取学会2011年工作汇报，发展个人会员31人，增加常务理事1人。11月5日，召开九届五次理事会，发展团体会员1家，讨论并通过年会优秀论文评选及2011年学术年会的会议议程。

6月10日~13日，在南京召开第十三次华东六省一市测绘学会学术交流会，华东地区各省、市测绘学会主要领导、专家、学者及测绘技术人员100多人以“地理信息与物联网”为主题开展学术交流，会议征集学术论文300多篇，评出一等奖14篇、二等奖21篇、三等奖36篇。9月27日，江苏省测绘学会GPS专业委员会、大地专业委员会在连云港市赣榆县召开学术研讨会，特邀领导、专家对GPS发展、CORS建设、大地测量等技术进行探讨和交流。11月16日，江苏省测绘学会召开2011年学术年会，邀请有关专家作地理国情监测方面的学术报告。

2011年，江苏省测绘学会与江苏省测绘行业协会、江苏省测绘科技信息站共同主办的《现代测绘》杂志共收到稿件1000多篇，正式出版6期，增刊2期，刊登学术论文380多篇。

【测绘行业协会】

6月24日，江苏省测绘行业协会召开二届十次常务理事会议，向30家全票通过的测绘会员单位颁发江苏省测绘行业2008年~2009年度诚信测绘单位奖牌。9月，组织会员代表25人赴重庆市、湖北省测绘部门考察学习。10月，组织参加在浙江召开的全国省（区）测绘行业协会年会，与到会的9个省（区）测绘行业协会进行交流。江苏省测绘行业协会全年审查并通过28家单位的入会申请。

【测绘职工思想政治工作研究会】

10月，江苏省测绘职工思想政治工作研究会召开一届十三次常务理事会，学习贯彻上级政治工作研究会精神，总结工作，部署任务。会议审议通过2011年以来部分常务理事和理事变更，发展了新会员，有关单位介绍工作经验。省政研会秘书长姚晨出席会议并讲话，50多名常务理事出席会议。

开展2011年度《政研课题》研究，组织参加江苏省国资委、江苏省总工会、江苏省思想政治工作研究会联合举办的“新起点 新举措 新成果——新形势下江苏思想政治工作创新案例征集”活动，向主办单位推荐23篇创新案例，其中2篇在《江苏工人报》上发表。编辑出版了省测绘行业思想政治工作者论文集《学习与思考》（2009~2010年度）。

浙江省

规划与计划

【“十二五”人才发展规划】

浙江省测绘与地理信息局编制并印发《浙江省测绘与地理信息局“十二五”人才发展规划》。该规划的总体目标是：2011年~2015年，加强全省测绘与地理信息人才工作，全面提高人才队伍素质，推进专业技术、党政、经营管理、技能人才队伍建设；加大各类人才引进力度，实现人才资源总量稳中有增；改善人才队伍结构，加强对高层次、领军型人才的引进和培养，优化人才队伍的职称、年龄和专业结构；完善人才工作机制，形成人才环境优越、工作机制健全、人才效益明显、充分激发人才创造力和内在动力的人才工作格局。

【法制宣传教育第六个五年规划】

浙江省测绘与地理信息局编制并印发《浙江省测绘与地理信息法制宣传教育第六个五年规划》。该规划的总体目标是：2011年~2015年，通过开展法制宣传教育，传播法治理念，普及法律法规，提高各级测绘地理信息管理部门依法行政的能力和水平，提高广大干部职工的法律素质，增强全社会测绘地理信息法治意识，形成自觉学法、用法、守法、护法的良好氛围。

法制建设

【测绘立法】

浙江省测绘与地理信息局完成《浙江省基础测绘管理办法》修订草案并报省政府。制定《浙江省海洋测绘安全生产管理规定》和《浙江省连续运行卫星定位综合服务系统使用管理暂行规定》2个规范性文件。

【依法行政】

7月~9月，浙江省人大常委会和浙江省测绘与地理信息局组成调研组，深入10个设区市、16个县（市、区）调研《浙江省测绘管理条例》执行情况，形成的调研报告经浙江省十一届人大常委会第二十八次会议审议通过后，提交省政府研究办理。

浙江省测绘与地理信息局完成《浙江省测绘成果管理办法》实施评估，制定行政许可格式文本和使用说明，开展全省测绘与地理信息系统行政许可、行政处罚案卷评查。根据《浙江省行政规范性文件管理办法》，对2010年9月1日~2011年9月31日期间颁布实施的行政规范性文件的制定、公布和备案情况以及设区市测绘与地理信息行政规范性文件的备案情况进行自查。举办市、县（市、区）测绘与地理信息新上岗管理人员法律法规培训班和县（市、区）测绘与地理信息局局长参加的专题研究班。

【管理体制建设】

浙江省测绘与地理信息局进一步落实市、县测绘与地理信息管理机构、人员编制和管理职能。至2011年底，全省11个设区市和已进行机构改革的县（市、区）测绘与地理信息管理部门均加挂“测绘与地理信息局”牌子，明确地理信息管理职责，部分部门增加了管理人员。

继续推进部分省级测绘与地理信息行政管理事权下放工作。在宁波市召开省级事权下放试点工作座谈会，总结和推广杭州市、宁波市部分省级测绘与地理信息行政管理事权下放试点工作经验。完成在全省所有市、县（市、区）下放7项省级测绘与地理信息行政管理事权的准备工作。考核设区市测绘与地理信息局年度工作，宁波市、绍兴市、温州市、杭州市、丽水市、金华市测绘与地理信息局被评为2011年度优秀单位。

市场监管

【测绘资质管理】

浙江省测绘与地理信息局组织完成2011年测绘资质复审换证工作，通过复审换证单位411家，注销测绘资质24家，新增33家。截至年底，全省测绘持证单位共464家。其中，甲级26家、乙级43家、丙级93家、丁级302家。

【测绘执法】

2011年，浙江省开展测绘执法检查235次，重大专项执法行动138项，发现违法行为879起，查处违法案件15件，作出行政处罚13件。没收、销毁违规地图产品19199份（只），罚款17470.08元。

地图管理与成果管理

2011年，浙江省测绘与地理信息局审核各类公开地图378批次，受国家测绘地理信息局委托审核各类地球仪图片106批次。针对网络地图、新型地图（集）等加强保密审核，处理测绘成果脱密210批次，数据总量达11TB。

完成全省地理信息市场专项整治“回头看”和地图市场专项治理工作，重点开展互联网地图和地理信息服务网站检查工作，逐一排查80个动态地图网站和1300个静态地图网站，曝光5家违规地图网站，责令存在问题网站及时整改。

全年向社会提供各类大地控制点2742个，各种比例尺地图及数字化产品108450幅（张），比2010年增长95.97%。

基础测绘

【省市县级基础测绘】

2011年，浙江省各级财政投入基础测绘经费34495万元。其中，省级基础测绘经费投入8555万元，市、县级基础测绘经费投入25940万元。省、市、县全面完成基础测绘年度计划。完成省级全球定位系统测量1651点、水准测量6545千米，组织航空摄影 41069 平方千米，获取卫星遥感影像 10.18 万平方千米。省、市、县测绘与地理信息管理部门组织完成各种比例尺地形图测绘 19655 幅。完成省级基础地理信息数据及其相关数据库的 2000 国家大地坐标系转换，实现在 2000 国家大地坐标系下的基础测绘生产。

2011 年，全省测绘行业单位完成服务总产值 25.1 亿元，全省测绘从业人员 11574 人，人均产值 21.69 万元。测绘行业单位主要设备包括 GPS 接收机 1426 台、全站仪器 1844 台、计算机 8502 台、服务器 375 台、数字摄影测量系统 145 台、水准仪 1053 台、测距仪 1177 台、测深仪 178 台。

【地理国情监测试点工作】

浙江省是国家地理国情监测工作首批试点省份之一，成立了以浙江省常务副省长陈敏尔、国家测绘地理信息局副局长李维森为组长，国家测绘地理信息局和浙江省政府相关部门领导参加的浙江省地理国情监测工作领导小组，办公室设在浙江省测绘与地理信息局。6 月，《浙江省地理国情监测试点总体实施方案》通过专家评审和领导小组批准。2011 年，浙江省完成全省大陆海岸线、滩涂资源、陆域面积的动态监测和湿地资源全面调查。以德清县作为试点区，实施了森林覆盖、平原绿化、城市建成区（包括宁波市区）、水资源等监测试点工作。开展主体功能区规划实施监测等基础研究工作。

【数字城市地理空间框架】

2011 年，宁波市、杭州市、金华市被国家测绘地理信息局列为数字城市地理空间框架建设试点城市；杭州市、宁波市、湖州市数字城市地理空间框架建设项目设计书通过国家测绘地理信息局组织的评审，并签订国家、省、市三方共建共享协议。温州市、丽水市、德清县数字城市地理空间框架建设项目通过国家测绘地理信息局验收；绍兴市、新昌县、洞头县数字城市地理空间框架建设项目通过浙江省测绘与地理信息局验收。浙江省测绘与地理信息局完成 15 个县（市、区）级数字城市地理空间框架建设试点的申报和立项批复。

质量监督

2011 年，浙江省测绘质量监督检验站受省测绘与地理信息局委托对中国水利水电第十二工程局有限公司等 33 家测绘单位完成的测绘项目实施监督检验，测绘成果质量合格率为 93.9%；实施市场委托检验 380 批次。浙江省测绘与地理信息局联合浙江省住房和城乡建设厅开展房产测绘质量专项监督检验，对全省 20 家房产测绘单位进行质量抽检，并与浙江省住房和城乡建设厅联合召开 2010 年房产测绘质量监督检查情况通报会。

重大测绘工程

【地理空间数据交换平台】

2011 年，浙江省地理空间数据交换和共享平台（以下简称省交换平台）基本建成。省交换平台形成了一系列技术标准规范，包括通用类、数据资源类、应用服务类、管理类、软件体系规范、运行支撑规范 6 大类，含 30 多类子标准；建成了覆盖全省的地理信息框架数据、各类分辨率遥感影像、兴趣点（POI）、地名、三维景观等数据库；初步整合集成了浙江省 32 个省级厅局、123 类、454 个图层的专业数据，整合地理信息要素 1824.11 万条；完成省交换平台软件系统开发集成，建立了一站式地理信息服务门户网站，构建了数据管理、数据交换、数据共享服务和运维等子系统，提供基于国家地理信息公共服务平台标准规范的地理信息服务和二次开发接口；支撑省财政项目预算管理、水利设施及台风雨水情综合信息管理等一系列示范应用。

【海洋测绘】

2 月 11 日，浙江省人民政府办公厅下发《关于切实做好全省海洋测绘工作的通知》（浙政办函〔2011〕11 号）。根据通知要求，浙江省测绘与地理信息局牵头建立由省级有关部门和沿海市、县政府指定的职能部门工作人员以及有关部队人员参加的联络员机制，负责全省海洋测绘联络协调工作。为加强海洋测绘管理工作，浙江省测绘与地理信息局制定了《浙江省海洋测绘安全生产管理规定》、《浙江省海洋测绘项目质量管理规定》、《浙江省测绘与地理信息局海洋测绘项目资金管理规定》、《浙江省海洋测绘项目保密工作管理规定》和《浙江省海洋测绘项目招投标规定》。

2011 年，浙江省海洋测绘共投入 10901 万元。其中，省财政投入 3901 万元，国家“927”工程投入 7000 万元。根据《浙江省海洋测绘实施方案》，完成 6 座连续运行基准站系统（CORS）基准站的基建、188 座 GPS 控制点选建、395 处水准路线普查及选埋等陆海三维测绘基准建设工作；完成温州市苍南县796平方千米的水下地形测量试生产，舟山市本岛以北海域3296平方千米的水下地形测量和深水岸线调查；完成嘉兴市、杭州湾600平方千米的滩涂地形测量试生产任务；完成浙江省海洋地理信息系统框架设计和水下地形数据入库标准制作工作。

【信息化测绘创新基地】

2011年，浙江省政府同意浙江省测绘与地理信息局建设浙江省信息化测绘创新基地（国家测绘地理信息局东海测绘基地）。该基地规划总建筑面积约73460平方米，项目总投资4.1亿元，建设工期3年。该基地建设用地位于杭州市余杭创新基地创意设计产业园区，项目选址论证已经杭州市规划局审核通过，建设项目用地预审和项目环境影响评估报告已审批通过。

地理信息产业

【政策引导】

浙江省测绘与地理信息局印发《关于进一步加强测绘资质审查工作的通知》，要求严把传统专业测绘资质的审查关；下发《关于调整乙级互联网地图服务测绘资质技术人员标准的通知》，依法适度放宽地理信息企业市场准入条件，推动传统测绘单位转型升级和地理信息产业发展。2011年，浙江省经兼并重组后晋升测绘资质等级的单位6家，新取得地理信息系统工程或互联网地图服务测绘资质的单位共8家。

【地理信息产业园建设】

浙江省测绘与地理信息局和德清县政府签署共建浙江省地理信息产业园合作框架协议，浙江省地理信息产业园（以下简称产业园）落户德清科技新城。为推动产业园建设，浙江省测绘与地理信息局制定《关于支持浙江省地理信息产业园企业发展的若干意见》，并会同德清县政府开展招商引资。截至年底，已有18家国内知名地理信息企业与德清科技新城管委会签订投资协议，投资总额超过60亿元。

【地理信息产业推介活动】

10月16日~17日，浙江省经济和信息化委员会、浙江省国土资源厅、浙江省测绘与地理信息局、德清县政府在杭州举办中国·浙江地理信息产业发展推介会。国家测绘地理信息局副局长宋超智、浙江省人大常委会副主任程渭山、浙江省副省长毛光烈、浙江省政协副主席陈艳华出席推介会开幕式，参观了中国·浙江地理信息产业发展成果展览。

测绘地理信息合作共建

2月21日，浙江省地理空间信息协调委员会召开第四次工作会议，调整、充实成员单位，研究部署进一步深化地理信息数据共建共享工作。9月15日，浙江省测绘与地理信息局和南京军区司令部作战部签订加强军地测绘合作共享协议。10月25日，浙江省测绘与地理信息局与浙江省公路管理局签订关于地理空间数据共建共享协议。

浙江省测绘与地理信息局积极探索地理信息数据分工采集新机制，与省电力公司共同编制兼容的数据标准，省电力公司负责采集35kV以上电力线路的电杆、铁塔及有关电力设施的空间坐标，测绘部门向电力部门无偿提供基础测绘成果，实现成果共享、持续更新、共同维护。

地图编制与出版

【地图编制】

2011年，浙江省有关测绘单位编制《中国海岛名录图集》、《舟山市海岛地图集》、《浙江省交通图册》、《浙江省公路里程图册》等地图集18册；编制旅游图、交通图、房产图、城区图、行政区划图等226幅；编制54个市、县的卫星影像挂图；为纪念建党90周年，编制“红色之旅”专题地图并提供在线服务；根据公众需求编制《杭州城市周边登山指南地图》、《浙江自驾车指南地图》、《浙江省摄影采风指南图》等户外运动系列地图。

【浙江古旧地图集】

6月10日，《浙江古旧地图集》正式出版发行，这是浙江省首部省级大型古旧地图集。《浙江古旧地图集》由浙江省测绘与地理信息局组织编制、中国地图出版社出版，分上、下两卷，收录了从南宋到民国期间的古旧地图共800多幅，为古代、近代浙江自然环境变异及社会文化、经济、政治变迁等提供了客观直接的证据，是相关学术研究的重要资料来源。

测绘地理信息应用与服务

【“天地图”省、市、县级节点建设】

浙江省测绘与地理信息局成立“天地图”省市级节点建设工作项目组，按照“天地图”建设技术标准与规范开展项目建设。截至8月20日，完成“天地图”浙江省省级节点建设和嘉兴市市级节点建设，发布相应层级的网络地图服务（WMTS）、地名地址服务（WFS-G）等内容，实现与“天地图”主节点的对接和省、市级节点之间的平滑链接，以及与“天地图”主节点的服务聚合和协同服务。浙江省测绘与地理信息局把“天地图”节点建设延伸到县（市），已建成“天地图·德清”和“天地图·新昌”，基本实现省、市、县级节点之间平滑链接。

【服务政府部门】

浙江省测绘与地理信息局及其直属单位为浙江省林业厅林地保护利用遥感监测、浙江省发展和改革委主体功能区规划编制、浙江省水文局水功能区数据库建设、浙江省武警总队和省警卫局的专题信息系统建设，以及海洋经济区规划、水利普查、地名普查、湿地资源调查等提供地理信息成果和技术支持。编制《浙江省领导工作用图》，供各级党委、政府领导管理决策使用。12月，浙江省政府召开全国第六次人口普查工作先进表彰大会，浙江省测绘与地理信息局有3人被评为先进个人。

【服务社会公众】

“天地图·浙江”网站发布浙江省、市、县标准样图，免费向用户提供。更新和完善浙江省导航电子地图，新的浙江省导航电子地图包括13大类、571小类、36万多个兴趣点（POI），提供各行各业的信息，正式版已上网供公众免费下载。浙江省连续运行基准站系统（ZJCORS）的应用服务覆盖全省，全年为系统用户提供在线网络RTK、RTD服务时间达489万分钟。浙江地图网丰富数据，完善功能，开通了矢量电子地图、影像电子地图、出版地图、省市县样图、三维地图5个地图服务频道。进一步完善省、市、县统一的测绘成果目录网络发布系统，做到三级测绘成果目录异地上线，统一发布。

【应急测绘】

浙江省测绘与地理信息局制定《浙江省应急地图数据库更新、运维方案》和《浙江省应急地图数据库应急出图操作手册》，开展应急地图数据库应急测绘保障出图演练。在全省推广浙江省应急管理地理信息平台，已安装到省公安厅、省卫生厅、省农业厅、省安监局等省级厅局和设区市政府。

浙江省第二测绘院成立应急测绘分院，加强队伍建设，配置无人机航摄系统等相应设施和装备。6月，浙江省钱塘江流域发生特大洪水，应急测绘分院及时组织无人机航测小组赴受洪涝灾害最严重的诸暨、兰溪等地，对40多平方千米的洪水淹没灾区实施低空航拍作业，并及时制作受灾地区的灾前、灾后高清影像图，提供给省委、省政府领导和省防汛抗旱指挥部等有关部门，为浙江省抗洪救灾和灾后重建等提供了有效的应急保障服务。

【服务新农村、国土资源管理】

浙江省各级测绘与地理信息局为751个村开展1:500、1:1000、1:2000的新农村建设地形图测绘；为磐安等3个县的新农村地理信息服务平台进行维护与升级；完成景宁县控制网精化和地理信息平台升级，并在全省推广应用。

为浙江省国土资源一张图三维展示系统、浙江省国土资源综合监管平台、浙江省地质灾害管理系统提供基础测绘成果和地理信息服务。主动服务浙江省土地动态遥感监测，免费提供2.5米卫星遥感影像28172平方千米、0.5米卫星遥感影像2114平方千米；提取年度新增用地监测图斑，为国土部门野外核实变化图斑提供技术支持。

【援川、援疆测绘】

浙江省测绘与地理信息局组织完成四川省青川县3座永久性CORS参考站观测墩的建设、27座C级GPS点的观测与计算、6座二等水准点选埋和水准联测，建成青川县大地控制网；邀请青川县测绘人员20人到杭州市培训。杭州市测绘与地理信息局完成阿克苏地区60平方千米1:500地形图测绘。

科技创新与人才培养

【科技创新】

浙江省测绘科学技术研究院（中国测绘科学研究院浙江分院）联合中国测绘科学研究院向国家科技部申报国家科技支撑计划课题——地理国情监测应用系统。该院研制的野外移动采集系统、基于遥感影像植被提取、信息化测绘生产信息和空间数据共享管理系统等应用软件取得国家计算机软件登记著作权。浙江省测绘与地理信息局有关直属单位参与国家“863”项目有关课题，以及国家测绘地理信息局“专题信息库多尺度矢量数据整合改造”等重大科技项目。浙江省测绘与地理信息局系统1人被评为浙江省优秀科技工作者。

【人才培养】

浙江省测绘与地理信息局编制《浙江省测绘与地理信息局“十二五”人才发展规划》，召开全局人才工作会议，大力推进“人才强测”战略，加强各类人才的培养、使用和引进工作。2011年，浙江省测绘与地理信息局招聘事业编制人员62名；在全省范围内选调公务员4名，公开招考公务员1名。浙江省测绘与地理信息局2人通过国家测绘地理信息局青年学术带头人考评，1人入选2011年度省“151人才工程”第三层次。组队参加“中测新图杯”第二届全国测绘地理信息行业职业技能竞赛，获工程测量比赛团体三等奖，2名选手获“全国测绘地理信息技术能手”称号。2011年，浙江省首次开展高级技师鉴定工作，经全国测绘地理信息行业技师评审委员会评审，1人获得高级技师资格。

对外合作与交流

2月15日~24日，浙江省测绘与地理信息局组团赴澳大利亚、新西兰，考察交流测绘与地理信息技术发展与应用工作。4月17日~5月7日，浙江省测绘与地理信息局派员随国家测绘地理信息局代表团赴澳大利亚，参加测绘科技与生产管理高级培训班。6月26日~7月3日，浙江省测绘与地理信息局派员随国家测绘地理信息局团组赴英国，参加世界测绘部门领导人剑桥会议和全球测图国际指导委员会会议，并访问瑞士有关测绘部门。11月23日~12月2日，浙江省测绘与地理信息局组团赴澳大利亚、新西兰，考察交流数字城市建设与地理信息系统开发应用工作。

党的建设与测绘地理信息文化建设

【创先争优活动】

浙江省测绘与地理信息局深入开展创先争优活动，包括献计献策、岗位比武、科技创新、优化服务等内容的“创一流业绩，为党旗添彩”创先争优主题实践活动。抓好创先争优活动领导点评、民主评议、党支部（党员）公开承诺、“送温暖”惠民大行动等环节。注重挖掘和宣传立足岗位敬业奉献的优秀党员和职工，1人被浙江省委创先争优活动领导小组评为全省月度“闪光言行”党员之星，2人获浙江省直机关创先争优“闪光言行”党员之星称号。浙江省测绘与地理信息局系统1个基层党支部、1名党务工作者被国家测绘地理信息局分别授予创先争优活动先进基层党组织、优秀党务工作者称号；2个党支部、5名党员和2名党务工作者被浙江省国土资源厅党组分别授予先进基层党组织、优秀共产党员和优秀党务工作者称号。

【基层党组织建设】

浙江省测绘与地理信息局选举产生第一届直属机关党委。全年组织4次中心组理论学习会和1次局党委务虚会。开展创建基层党建工作示范点活动，确定9个党支部为基层党建工作示范点，推荐其中3个党支部为省直机关基层党建工作示范点。制定《关于进一步深化服务型基层党组织建设的实施意见》，推进服务型基层党组织建设。加强党内民主建设，制定《局直属单位党组织实行党务公开实施细则》，组织和指导局直属单位全面实施党务公开工作。

【党风廉政建设】

浙江省测绘与地理信息局健全纪检监察机构，组建新一届局纪委，成立局监察室。认真贯彻落实党风廉政建设责任制，签订《2011年党风廉政建设责任书》，并组织开展督促检查。浙江省测绘与地理信息局纪检、监察部门加强对局系统重大项目的过程监督。开展廉政风险防控机制建设，对照《廉政准则》，认真查找廉政风险点，制定防控措施323条，实现廉政风险防控全覆盖。

【测绘地理信息文化建设】

浙江省测绘与地理信息局组织浙江省测绘职工纪念建党90周年文化作品展，举办红歌会，开展读书征文活动。组织参加中国测绘宣传中心举办的测绘摄影精品征集活动，选送550幅摄影作品；组队参加国家测绘地理信息局第二届“东方道迩杯”全国测绘系统乒乓球赛和省直机关运动会。全省行业测绘单位举办“测绘文化周”等综合性文化活动，成立摄影、文体等兴趣小组，丰富职工业余生活，推进测绘地理信息文化建设。

地方社团工作

【行业协会】

4月1日，浙江省测绘与地理信息行业协会召开五届三次会员大会，总结2010年协会工作，研究部署2011年主要工作，组织“改变生产增长方式，加快经济转型升级”经验交流。10月20日，在杭州承办全国省（区）测绘行业协会年会，来自河北、山东、吉林等10个省（区）测绘行业协会的会长、秘书长及其代表50多人参加。举办注册测绘师考前辅导、GPS RTK及2000坐标系统转换培训、测绘质量管理和检验技术培训、GIS应用技术与创新研讨、房屋建筑面积测算上岗培训、测绘专业技术培训考核等9期培训班，共1200多人参加培训。组织会员赴河北、四川、新疆等省（区）开展学习考察交流活动。11月6日，在上虞市举办浙江省第六届测绘职工业余乒乓球赛，18家测绘单位、100多名选手参加比赛。

【测绘学会】

4月22日，浙江省测绘学会九届四次常务理事会在杭州召开，会议调整了学会领导班子，通过了《浙江省优秀测绘与地理信息工程奖评选办法》；9月22日，在宁海县召开浙江省测绘学会工作座谈会；10月26日，在嘉兴市召开浙江省测绘学会九届五次常务理事会；12月21日，在杭州召开浙江省测绘学会学术年会暨会员代表大会。全年举办多期学术会议、论坛、考察交流与科普活动。编辑、出版4期《浙江测绘》，共发表论文100多篇。组织浙江省优秀测绘与地理信息工程奖申报工作，评选出2011年度浙江省优秀测绘与地理信息工程奖一等奖8个、二等奖13个、三等奖22个。全年发展个人会员125名，批准团体会员4家。

【思想政治工作研究会】

3月27日，浙江省测绘职工思想政治工作研究会成立浙江省测绘摄影协会，并组织会员开展摄影采风活动。12月2日，该研究会在舟山市召开五届理事会三次会议暨第十三次年会，选举产生新任会长，增选副会长和秘书长，交流政研成果和论文25篇。组织会员单位向国家测绘地理信息局政研会提交政研成果13项。

安徽省

规划与计划

安徽省测绘局编制印发《安徽省测绘地理信息事业发展“十二五”规划》，下达2011年度基础测绘生产计划，并积极做好组织实施工作。加强项目实施过程的跟踪管理和技术指导，局属各单位认真谋划做好生产。同时，及时做好2012年度基础测绘预算编制工作，并上报国家测绘地理信息局。

法制建设

2011年，安徽省国土资源厅向安徽省申报了《安徽省基础测绘管理办法》。

“8·29”测绘法宣传日，安徽省国土资源厅、安徽省测绘局、合肥市国土资源局联合在合肥市举办测绘法宣传日活动，活动现场摆放展板，发放宣传材料，解答房产测量、版图知识等群众比较关心的问题，取得了较好的社会效果。

市场监管

【资质管理】

2011年，安徽省国土资源厅加强测绘资质管理，采取材料审查与实地考核相结合的办法，对测绘资质单位的测绘质量保证体系和测绘资料档案管理及保密等进行考核，核销了40家单位的测绘资质。

【测绘市场管理】

安徽省国土资源厅印发《安徽省地理信息市场专项整治工作“回头看”行动实施方案》，全面开展互联网提供地理信息服务的网站和车站、码头、机场等经营地图的场所清查工作，对涉及“问题地图”的375家网站进行梳理排查，查处无资质从业单位5家，其中，责令申请互联网地图服务测绘资质单位4家、关闭1家。收缴“三无”地图3500多份，查处不合格地球仪38个，收缴违法地图宣传品150多件，查封有“问题地图”的产品、书刊、笔记本附图57件。会同有关部门制止外籍人员在黄山市祁门、休宁两县非法开展林业测绘活动，预防了违法涉外测绘泄密案件的发生。

成果管理

【测绘成果整理】

2011年，安徽省测绘档案资料馆接收黄山测区航片1469片、舒城测区航片660片、铜陵测区航片4539片、合肥新桥机场航片48片；接收长江、淮河流域卫星影像数据37景；完成淮北测区、合肥测区、铜陵测区航片整理共550盘。

【测绘成果保密】

安徽省测绘局建立健全测绘成果保密制度，在调研的基础上，清理相关保密制度；加强保密宣传和警示教育，组织领导干部和涉密人员参观全国窃密泄密案例警示教育展（安徽展区）。组织开展全省涉密测绘成果保密工作大检查，会同省国家保密局联合成立涉密测绘成果保密检查领导小组，检查442家测绘单位和26家重点涉密测绘成果使用单位，依法处理问题突出的单位和责任人员。

【测量标志维护】

安徽省完成芜湖、宣城两市的测量标志普查工作，启动宿州市、淮北市的测量标志普查工作；完成了省内A、B级GPS点和部分C级GPS点的普查工作。

基础测绘

【省级基础测绘】

2011年，安徽省完成1:1万DLG、DOM、DEM共2640幅。完成合肥市暨新桥机场摄区、黄山市和马鞍山市摄区的航空摄影项目。基本完成边远贫困地区——金寨、霍山县基础测绘工作，舒城测区的基础测绘工作进展顺利。

2011年，安徽省测绘局完成省级卫星定位综合服务系统建设的设备采购以及控制中心设备的验收、安装和调试；架设专线，构筑专用网络，搭建完成系统网络通信平台；完成53个基准站接收机及配套设备的安装、调试和防雷工程的建设、验收工作；实现63个站点的网络连接；联测85个国家级和44个省级高等级控制点；制定了系统联测故障处理的应急预案。

【数字城市建设】

2011年，合肥、黄山数字城市地理空间框架建设工作基本完成；数字马鞍山地理空间框架建设按计划推进；数字六安地理空间框架建设已启动。淮北、滁州2市完成数字城市地理空间框架建设工程设计，淮南、芜湖、池州、蚌埠、铜陵5市积极推进数字城市地理空间框架建设，启动前期各项准备工作。

【地理国情监测】

安徽省国土资源厅和省测绘局启动“皖江城市带承接产业转移示范区”和“皖北地区”地理国情监测试点项目，完成皖北城市带承接转移示范区航空摄影工作。采用无人机航摄技术，监测国土资源利用状况，开展违法用地定点监测。完成“地理国情监测示范工程”和“无人机国土监察执法保障”2个项目的立项工作。

质量监督

【测绘成果质量检查】

2011年，安徽省国土资源厅制定《全省测绘成果质量检查工作实施方案》，召开安徽省测绘成果质量监督检查工作暨技术培训会议，成立安徽省测绘成果质量检查领导小组，派出3个检查组对全省各测绘单位近3年的测绘成果进行检查，被检成果涉及水利工程、矿山工程、新农村建设、土地整理、城市规划建设等项目。通过监督检查，促进了全省测绘成果质量的提高。

【仪器检定】

2011年，安徽省测绘仪器计量检定站维修和检测常规仪器、全站仪、GPS接收机2300多台（套），保证了仪器仪表量值传递的准确性。

测绘地理信息合作共建

安徽省测绘局应邀参加长三角测绘主管部门领导人联席会议，共商推进区域基础地理空间信息共享平台建设；与南京军区司令部作战部签订《加强军地测绘合作共享协议书》，合作开展地理信息数据资源共建共享业务；与江西省测绘地理信息局签署省级基础测绘成果共享协议，合作更新跨省界的图幅和基础地理信息数据，共同开展省级 GPS 连续运行参考站网建设、大地水准面精化建设和省级基础测绘业务。

地图编制与出版

安徽省有关测绘地理信息部门编制《安徽省新图项目》、《合肥新图项目》、《安徽省领导工作用图》及新版《安徽省行政区划图》等地图；编制出版《安徽省地图集》和《安徽省卫星影像图》、《安徽红色旅游地图》、《金寨县地理信息图》等 30 种地图。

测绘地理信息应用与服务

【“天地图·安徽”建设】

安徽省测绘局制定《安徽省“天地图”省、市级节点建设实施方案》，购买覆盖安徽省 14 万平方千米的 5 米分辨率多光谱卫星遥感影像，完成全省卫星影像图的制作，基本完成“天地图·安徽”系统功能模块的研发。全年采集省内 16 个市“天地图·安徽”数据 25.7 万多条，完成省级节点与国家级节点的对接工作。更新安徽省地图网，完善了保密措施，增加了地图标注、地图纠错、网站运维等功能，满足“天地图”省级公共服务平台建设的需求。

【基础测绘成果提供】

全年，安徽省测绘地理信息部门为国土、地矿、规划、水利、公安等多个行业、部门提供各种比例尺地形图 6075 幅、“4D”数据 10989 幅、GPS 控制点 1256 个、水准点 1036 个。全年为省民政厅等部门制作多种专题图集，为省“两会”召开、巢湖市行政区划调整、防汛抗旱等提供地理信息服务保障。

【服务皖江城市带承接转移示范区规划建设】

安徽省测绘局根据皖江城市带承接转移示范区产业布局和现场调研结果，结合安徽省地理国情监测试点工作，初步拟定江南江北产业集中区三维地理信息管理系统的实施方案。

【服务安徽省第二次土地调查】

安徽省测绘局继续为安徽省第二次土地调查做好测绘服务保障。完成全省 105 个县（市、区）的 2010 年统一时点土地变更数据库的变更、检查和库体维护；制作 105 个县（市、区）2010 年卫星影像图。截至 11 月底，打印 2011 年度土地利用变更调查底图 5600 幅。

【服务对口援建地区】

安徽省测绘局积极做好对口援建地区测绘服务保障工作。向四川省松潘县提供城区正射影像图和多种类型的测绘成果；完成新疆维吾尔自治区皮山县城和开发区基础测绘及大比例尺地形图测绘工作；皮山全县 16 个乡镇和开发区所在地以及示范村基础控制测量、地形图测绘、地籍测绘和城镇地籍数据库建设工作进入收尾阶段。

科技创新与人才培养

【科技创新】

安徽省测绘局围绕数字城市地理信息公共服务平台建设开展技术攻关，完成电子地图数据制作与发布服务系统、黄山市旅游地理信息公众服务系统的设计与技术开发等工作；自主开发了“天地图·安徽”公众版地理信息公共平台。

【人才培养】

安徽省测绘局认真做好科技领军人才培养等工作，推进注册测绘师制度建设；继续开办与安徽农业大学合作的测绘专业专升本学历教育班、与武汉大学遥感信息工程学院合作的测绘工程硕士课程班；对全省参加第二届全国测绘地理信息行业职业技能竞赛的选手进行技能培训；面向社会公开招聘事业单位工作人员 14 人。

【党的建设】

安徽省测绘局召开“一先两优”评选表彰会，组织机关党员开展红色主题教育等庆祝建党 90 周年纪念活动；继续开展创先争优活动，完成对党委（支部）开展创先争优活动情况点评和各党支部的创先争优公开承诺工作。

制定印发《安徽省测绘局党风廉政建设和反腐败工作实施意见》；开展《中国共产党党员领导干部廉洁从政若干准则》贯彻执行情况专项检查，认真组织全局廉政风险防控管理排查工作。

2011 年，安徽省测绘局被省直精神文明委员会评为“2009—2010 年度省直文明单位”；组队参加省国土资源厅第二届乒乓球比赛，获优秀组织奖。

地方社团工作

2011年，安徽省测绘学会增补3家单位为常务理事单位，6家单位为理事单位。截至年底，团体会员单位达160多家，会员近2000人。

参加华东六省一市测绘学会第十三次学术交流会并提交论文，获一等奖2篇、二等奖3篇、三等奖5篇；参加中国测绘学会秘书长研讨会；举办“普及科技知识 展示测绘成果”科技周活动。

《安徽测绘》杂志通过年检，全年编辑印制3期，每期发行1200册，刊登各类论文共36篇。

福建省

规划与计划

【福建省“十二五”基础测绘专项规划】

7月16日，福建省政府向全省印发实施《福建省“十二五”基础测绘专项规划》。该规划明确“十二五”福建省测绘地理信息发展指导思想和目标，提出建设现代化测绘基准体系、构建基础地理信息快速更新体系、开展地理省情监测等7项任务，以及开展福建省连续运行卫星定位服务系统的建设与应用、航天航空遥感影像获取、地理信息公共服务平台建设等10大项目。9月14日，福建省政府印发《福建省“十二五”数字福建专项规划》，福建省测绘地理信息局承担空间地理信息综合服务平台、时空观测与位置服务平台、“3S”应用工程等重点项目。福建省测绘地理信息局编制完成《福建省测绘和地理信息发展“十二五”规划》以及人才、科技、标准化、法制等专项规划。

【市、县“十二五”基础测绘规划编制】

福建省测绘地理信息局加强对市、县“十二五”基础测绘规划的编制指导。截至年底，莆田、漳州、泉州、厦门、龙岩、福州、南平、宁德等市政府分别印发实施“十二五”基础测绘专项规划。漳州市12个县“十二五”基础测绘规划全部被批准实施。三明市完成规划编制工作，已上报当地政府待批准实施。

法制建设

【市、县机构建设】

福建省测绘地理信息局积极推动市、县国土资源局加挂测绘地理信息局牌子、内设测绘地理信息行政管理机构和设立基础地理信息中心等工作，向市、县国土资源局印发《关于在市、县（市）国土资源局加挂测绘地理信息局牌子完善体制建设的函》。该局领导带队到三明、南平等地就测绘地理信息管理体制机制建设等问题调研考察。福州市国土资源局成立福州市国土资源测绘分局，内设测绘管理科、基础测绘科2个科室。三明市政府明确市国土资源局增设测绘地理信息科，明溪县、宁化县成立测绘管理站。漳州市国土资源局印发《关于切实解决县级测绘管理机构及工作人员的意见》，要求各县（市）成立测绘管理办公室。

【法制建设】

根据福建省政府工作部署，福建省测绘地理信息局对1979年以来省政府印发的测绘地理信息规范性文件进行清理，废止4件，保留5件，下放或部分下放审批权限2项，保留8项。出台《福建省测绘资质日常监督管理办法》、《福建省测绘地理信息行政执法主体和执法依据》、《福建省测绘地理信息行政处罚自由裁量权实施办法（试行）》等规范性文件。

泉州市国土资源局印发《泉州市国土资源局规范行政自由裁量权实施方案》；三明、南平市政府分别印发实施《三明市测绘管理办法》、《南平市测绘管理规定》。《龙岩市测绘管理办法》已上报龙岩市政府。

【行政执法】

福建省测绘地理信息局对“十一五”福建省测绘地理信息行政执法工作进行总结，开展市、县测绘地理信息行政执法评议考核，启动福建省测绘地理信息局网上行政执法平台建设。制定下发《2011年福建省测绘系统普法依法治理工作要点》，部署2011年福建省测绘普法工作。

【法制宣传】

福建省测绘地理信息局制定《福建省测绘地理信息法制宣传教育第六个五年规划（2011～2015年)》，部署2011年法制宣传工作要点。“8·29”测绘法宣传日期间，福建省测绘地理信息局联合福州市国土资源局积极解答房产测量、地理信息更新等群众关心的问题，并向社会发放《图证福建光辉90年——纪念中国共产党成立90周年》、《福建省交通旅游图》、《福州市交通旅游图》等宣传材料2万多份，发送测绘宣传短信3万多条。厦门市国土资源与房产管理局向规划局、水利局、公安局等10部门征集地理信息典型案例，在《厦门晚报》“8·29”专版刊发。漳州市在主要街道巡回宣传，并邀请漳州电视台跟踪报道。泉州市通过电视节目，介绍数字泉州地理空间框架建设项目进展情况，宣传泉州市地图网和泉州市地理信息公共服务平台建设成果。三明市政府分管领导在《三明日报》上发表题为《加强测绘工作，服务科学发展》的署名文章。南平市印发《南平市测绘管理规定》5000多册，发放给全市主要单位。福建省测绘地理信息局组织参加“易图通杯”2011年全国测绘地理信息法律知识网络竞赛活动，获优秀组织奖，参赛人员获二等奖1名、鼓励奖8名。

市场监管

【资质管理】

福建省测绘地理信息局完成全省测绘资质单位复审换证工作。其中，资质升级27家、增加测绘业务范围45家、核减测绘业务范围30家、降低资质等级3家、注销测绘资质61家。启动互联网地图服务和无人机航空摄影测绘资质审批工作，批准互联网地图服务资质单位12家、无人机航空摄影资质单位1家。

截至年底，全省共有测绘资质单位375家。其中，甲级19家、乙级46家、丙级120家、丁级190家。

【测绘市场管理】

福建省测绘地理信息局开展全省地理信息市场专项整治“回头看”行动，制定实施方案，明确治理内容、办法及分工。检查涉外项目266项、涉军单位364家、互联网地图服务网站430个、涉密测绘成果使用单位1200家。“回头看”行动共组织行政执法检查16次；查处地图违法案件9起；依法处理“问题地图”网站36家；印发“问题地图”整改通知书29份；查封、收缴违法地图10188件，总价值8万多元；行政罚款5000元。

【地图市场监管】

福建省测绘地理信息局会同福州市国土资源局对“4·21”住交会、“4·28”车展会、“5·18”经贸会、“6·18”成交会进行展前检查，发现10个展区存在“问题地图”，及时督促改正。会同泉州市国土资源局对泉州商品博览会暨第十三届（晋江）国际鞋业博览会、第十四届海峡两岸纺织服装博览会用图进行重点检查，没收2家单位“问题地图”宣传册800多份。厦门市对“4·8”台交会、“9·8”投洽会用图进行检查，巡查1000多个展位，督促17家不规范使用中国地图的参展商进行整改。

地图管理与成果管理

【地图审查管理】

2011年，福建省受理地图审核137项，完成地图审核135项。其中，合格129项、不合格6项。

【涉密测绘成果管理】

福建省测绘地理信息局加强涉密测绘成果保管和使用工作，全年完成许可事项700项。组织开展测绘成果保密检查，联合省国家保密局成立领导小组，下发《关于开展全省涉密测绘成果保密检查的通知》。邀请有关专家对各设区市测绘、保密人员50多人进行培训，讲解涉密成果保密知识，进行涉密宣传教育。各地组织测绘成果使用单位和资质单位开展自查，及时发现问题并督促整改。

【成果汇交】

全年福建省基础地理信息中心接收地形图4942幅、图历簿534本、调绘片140幅、文档979本；接收数据资料30207幅，卫片影像23景，数据量为30886GB。档案组卷386卷，整理、录入编目信息2809条。

福州市成果目录汇交1405项。其中，工程测量907项、海洋测绘34项、航空摄影测量14项、地理信息47项、地籍测量284项、房产测绘119项。三明市加强城镇大比例尺测绘成果汇交，汇交地形图

6个县52个乡镇，面积共86平方千米。南平市汇交各县（市、区）城区1:500地形图61.8平方千米、武夷新区1:1000地形图98.8平方千米，其他各类测绘成果168幅、灾后重建测绘地形图130幅。泉州市制定《泉州市测绘成果汇交暂行规定（试行)》，汇交泉州市中心城区航测成图等测绘成果目录以及泉州市中心城区及台商投资区1:2000正射影像图、1:500地形图和影像挂图等。

【测量标志管理】

福建省测绘地理信息局升级改造测量标志管理系统，审批测量标志拆建申请2件。

2010年5月，福建省测绘地理信息局对全省测量标志普查维护工作进行部署，各设区市全面推进普查工作，至2011年底，三明、莆田、龙岩等市全面完成测量标志普查。5月18日，厦门市举行测量标志管护工作签约仪式，委托保管的永久性测量标志共170个，覆盖全市辖域。泉州市建立维护、保护永久性测量标志经费投入机制，每年拨付永久性测量标志维护、保管补贴费用5万多元。莆田市编制《莆田市测量标志普查维护工作实施方案》，投入资金约15万元，对全市2010年12月31日以前设置的国家、省、市四等及四等以上测量标志点约600座进行实地详查，接管“927”工程测量标志9座。

基础测绘

【国家及省级基础测绘】

2011年，福建省测绘地理信息局完成国家“927”工程项目的秀屿、三沙、北礵岛3个CORS站建设任务，参与建设陆地大地控制点11座、海岛大地控制点6座。完成平潭岛、福清部分区域及莆田以南沿海潮间带航摄及检验，测制1:5000地形图2600平方千米、更新1:1万基础地理信息8000平方千米。

【市县基础测绘】

福州市完成闽侯区域1:500地形图修测150平方千米，完成75条内河共165千米断面测绘。

厦门市完成170多个GPS和高程控制点的选点、埋石、联测、数据解算，建成厦门市现代测绘基准体系。施测4个中心城镇1:500地形图45平方千米，采购全市0.4米分辨率航摄影像2212平方千米。

漳州市完成城区桥南1:500地形测量10平方千米和漳州市国土三维管理系统建设。全市布设C级GPS控制点300个，水准网4000千米，实施全市似大地水准面精化。漳州龙海市分2期实施城市规划区1:1000地形测量147平方千米，云霄县组织实施滨海新区1:1000地形测量65平方千米。

泉州市完成城市总体规划区GPS控制点（其中，C级点406个、D级点533个）的布设、观测和数据处理；布设二等水准点319座，水准点联测4878千米；完成似大地水准面精化约2980平方千米，建立统一的测绘基准体系。开展中心城区航空摄影测量980平方千米，分步进行1:500地形图航测成图，完成城市中心区480平方千米1:2000数字正射影像图制作和1:500数字化地形图的航测及修测。

三明市完成1:500数字地形图测绘18平方千米、1:1000数字化地形图测绘6平方千米。三元区莘口镇、三明影视城、沙县金沙园区2期1:500数字地形图测绘、1:1000数字地形图测绘项目通过验收。清流县城区重新开展D、E级GPS控制测量项目，成果转换为1980西安坐标和2000国家大地坐标系统。

莆田市组织开展全市1:500数字测图约120平方千米，平海湾、兴化湾1:2000数字测图220平方千米。

南平市完成规划区1:1000航测成图70平方千米、1:2000航测成图150平方千米。

龙岩市完成规划区和高坎培区航测成图740平方千米，武平、连城县开展地籍测绘。永定县在全县范围建立高精度大地水准面，开展9个乡镇地籍测绘。

宁德市建立与2000国家大地坐标、1980西安坐标、1954北京坐标系统相联系的统一基准坐标框架体系和似大地水准面精化，对蕉城区D级GPS控制点加密，布点130个，四等水准观测350千米。

平潭综合实验区完成全岛高分辨率数码航拍392平方千米，制作三维展示系统。建立平潭GNSS卫星连续运行参考站和精化大地水准面，可以联网实时获取精确的空间三维坐标。布设覆盖平潭主岛和4个乡镇小岛的二等平面GPS控制网、二等水准控制网，建立全岛统一的平面和高程系统。完成全岛392平方千米的1:500、1:1000、1:2000、1:5000、1:1万地形图测绘，建立国内最先进的全岛地形数据库，完成旧城区地下管网普查和建库工作。

【福建省地理信息公共服务平台建设】

福建省测绘地理信息局完善地理信息公共平台标准规范，制定政务版电子地图规范，完善平台数据服务使用协议、平台管理规定，更新电子地图数据、实体数据、地名地址等数据，整合国土、水利、气象、环保等自然资源数据，完善修改平台功能，实现与莆田市、泉州市公共平台以及省交通厅公共平台的对接和互联互通。开展应用示范系统建设，开发省林业厅林业管理、自然资源与空间基础地理信息数据库展示、应急管理信息、主体功能区划展示等系统。

【数字城市地理空间框架建设】

福建省测绘地理信息局出台《福建省数字城市地理空间框架指导意见》，加强对市县数字城市建设申报和技术指导。11 月 23 日，数字莆田地理空间框架通过国家测绘地理信息局验收，莆田市被授予“全国数字城市建设示范市”称号；莆田市印发《数字莆田地理空间框架项目建设成果使用暂行管理办法》。数字泉州建设进展顺利，泉州市地图网建设基本完成，泉州地理信息公共服务平台建设快速推进，已对外提供相关服务。8 月，龙岩、三明数字城市建设获国家测绘地理信息局批准立项。南平数字城市建设通过立项。福州提出数字城市建设项目申请。厦门采用自建模式建设。龙岩永定县提出数字永定建设申请，福建省测绘地理信息局给以支持并要求做好县级典型示范应用。

【新农村地形图测绘】

福建省测绘地理信息局继续开展“千乡万村”新农村测图工程，中央财政投入 300 万元，福建省财政投入 1000 万元施测福州、三明等 8 个设区市 35 个县共 314 个行政村、2 个镇的新农村建设用图测绘任务（原中央苏区新农村测图 52 个村）。

7 月，福建省政府部署新农村建设规划编制工作，投入 1.5 亿元用于新农村测图，由福建省测绘地理信息局组织实施。整个项目涉及 8 个设区市 51 个县 4178 个村庄，每个村庄平均 0.8 平方千米测制 1:1000 地形图。8 月，12 家测绘资质单位分赴各地开展测图，经努力，按时提交 2000 多村庄的地形图供规划等部门使用。此外，泉州市惠安县自行投资约 1026 万元，开展全县城区及乡村 1:1000 数字化地形测图 341.7 平方千米。三明市自行组织完成 55 个新农村地形图测绘工作。

质量监督

【质量监督】

福建省测绘地理信息局加强测绘产品质量监督检验，完成全省 2000 多个村庄规划地形图测绘项目质量监督验收；承担武夷山测区的 1:5000、1:1 万数字线划图，龙岩、南平测区的航测成图 1:1000、1:2000数字正射影像图与数字高程模型，武夷山、浦城、长汀测区的 1:5000、1:1 万航测调绘，以及福建省公开版地图数据库、福建省位置服务中心系统、福建省地理信息公共服务平台等项目的检验工作；完成市场测绘产品检验 141 项；完成福建省似大地水准面外部精度检测；参与福州市地下管线数据库监理；完成房产测绘仲裁鉴定。

【计量检定】

全年，福建省测绘产品质量监督检验站检定各类仪器 3297 台（把、套）。其中，全站仪 1048 台，GPS 接收机 642 台（套），经纬仪 187 台，水准仪 926 台，手持式激光测距仪 422 台，钢卷尺 72 把。研发测绘仪器检定管理信息系统并通过专家鉴定。

重大工程测绘

福建省测绘院承担棉花滩水库的基础测绘工程航测成图项目，在棉花滩水库、水电站范围之内建设统一基准的测绘基础设施，完成库区及水电站周边 1:1000 航测成图和 1:1000 数字正射影像图 168 平方千米；完成福建省沿海验潮站周边三等水准标石埋设 24 个，二等水准标石埋设 10 个，施测三等水准 1256.8 千米，二等水准 719 千米，完成 9 座验潮站水尺零点检测。

三明市测量队完成泉三高速公路沿线附属设施地籍测绘 135 千米。福建省地质勘察院等单位完成温福高速铁路福建段 1:1000 地籍测绘任务。

测绘地理信息合作共建

【省部合作】

1 月 18 日，国家测绘地理信息局与福建省政府在福州签订《促进福建科学发展跨越发展测绘保障服务合作协议书》。4 月 8 日，国家测绘地理信息局致函福建省政府《关于落实福建科学发展跨越发展测绘保障服务合作协议的函》，明确在2011年~2013期间，加大对福建省测绘地理信息发展的支持力度，投入经费17280万元。福建省测绘地理信息局对该协议书按年度进行细化分解，拟定具体实施方案。2011年6月，福建省政府办公厅向全省转发《关于落实促进福建科学发展跨越发展测绘保障服务合作协议实施方案》。

【海峡西岸经济区绿色腹地建设测绘保障服务合作协议】

6月28日，福建省测绘地理信息局与南平市政府签署海峡西岸经济区绿色腹地建设测绘保障服务合作协议，双方根据南平经济发展对测绘工作的新需求，加大地理信息资源开发与利用力度，多个层面推进南平市基础测绘工作，提升测绘为海峡西岸经济区绿色腹地建设保障服务水平。

【共建共享】

福建省测绘地理信息局与南京军区司令部作战部队签订《关于加强军地测绘合作共享协议书》，建立军地测绘融合发展机制。泉州市国土资源局与市城乡规划信息中心、市房地产测绘队等单位签订地理信息数据资源共享与合作协议，建立长期稳定的数据交换和更新机制。三明市国土资源局与公安、水利、城管等7部门签订数据保密和项目合作协议，为"平安三明"和"数字城管"等信息系统提供地理信息数据。莆田市国土资源局和民政、公安、卫生等单位签订基础地理信息数据共建共享合作协议，推进基础地理信息的应用。

地图编制与出版

福建省测绘地理信息局加强地图编制个性化服务，为福州、南平、龙岩等市编制20多种行政区划调整方案图，编制《福建省高速公路交通图》、《铁路运输工作图》、《铁路运输保障图》、《福建省边防机构分布图》、《林相分布图》、《防火作战方案图》、《海防线示意图》、《福州房管处处置地用地示意图》。同时，积极服务民生，编制银行网点分布图、房产交易会楼市地图。

福建省地图出版社转企后，积极开拓销售渠道，增加网络销售平台。与福建师范大学旅游学院建立旅游图书创作基地，开发《迷失鼓浪屿》、《山海情武夷厦门悠闲游》等手绘地图。全年销售图书63万册（幅），销售码洋502万元，实洋275万元。

测绘地理信息应用与服务

【"天地图·福建"建设】

福建省测绘地理信息局加快"天地图·福建"项目建设，生产和更新全省7~17级及部分区域18~20级电子地图数据，生产全省境界、道路、水系、居民地等核心框架实体数据，完成全省地名地址以及POI数据的收集、标准化改造和更新工作。在福建省地图网的基础上，重新设计门户网站及相关版块，完成电子地图、专题应用、开发中心等模块建设，实现与国家主节点、莆田市级节点的联通。购置服务器负载均衡设备和安全设备。开发红色地图浏览、气象地图展示、新农村建设测绘保障工程、地质灾害查询、实时路况查询等5个应用示范系统，与基础测绘项目协同管理系统、测量标志管理系统对接。

【成果分发服务】

福建省测绘地理信息局对外提供系列比例尺地形图5579张、数字地图25721幅、卫片数据67景、大地点成果2471点、专题地理信息应用系统15套，专题图、专题数据等数据862GB，档案利用178卷334件，接待用户1961人次，签订基础地理信息数据使用许可协议188份。向省委、省政府、省"两会"代表和市、县政府部门提供领导工作用图累计9000多幅（册），联合福建省委宣传部、省党委研究室编制红色地图册《图证福建光辉90年——纪念中国共产党成立90周年》，为《福建省国民经济和社会发展第十二个五年规划纲要》编制专题图18幅。

【成果开发应用】

福建省测绘地理信息局开展各类应用项目157项。其中，地理信息数据深加工处理88项、应用系统开发45项、综合应用开发24项。完成QuickBird和WorldView2高分辨率卫星影像数据订购和处理5500多平方千米，为电力、海洋、地震等部门提供高分辨率遥感影像应用服务；完成覆盖全省域SPOT5影像数据处理；完成全省84个县（市、区）城区1:5000、1:1万框架数据更新。

科技创新与人才培养

【科技创新和科研开发】

福建省测绘地理信息局投资100万元，支持局5

个科技创新项目。承担“基于位置服务的应用技术研究”、“福建省地理信息公共服务平台数据体系研究”、“福建省地理信息资源共享应用模式研究”、“省级地理信息共享服务技术研究”等省部级科研项目。“福建省地理信息公共服务平台（一期)”、“福泉厦漳高速公路拓宽工程 1:1000 地形图测量”分别获 2011 年中国测绘学会优秀测绘工程奖金奖、银奖，“晋江市基础控制网与航测成图项目”、“福建省情地图集”获铜奖；“县级森林防火地理信息系统示范工程建设”获 2011 年中国地理信息产业协会优秀工程奖铜奖；“三维地理空间信息网络平台及应用示范关键技术研究”获福建省科协第三届紫金科技创新奖。

【人才队伍建设】

福建省测绘地理信息局制定《福建省测绘局贯彻落实 2010 ~ 2020 年中长期人才发展规划的意见》。做好青年学术和技术带头人考评与增选工作，2 人入选国家测绘地理信息局青年学术和技术带头人。举办 3 期测绘专业人员继续教育培训，864 人参加；举办 1 期涉密测绘成果培训班，77 人参加。聘任测绘专业教授级高级工程师 3 人，评审通过初、中、高级专业技术人员 356 人。

【高校科研合作】

6 月 24 日，福建省测绘地理信息局、省测绘学会与闽江学院签订《测绘合作协议书》。10 月 10 日，印发实施方案，三方决定共建科技创新平台，共同申请承担国际、国家和地方合作项目，共同开展“3S”技术研究，加强人才交流。10 月 20 日，福建省测绘工程技术研究中心在闽江学院挂牌。

对外合作与交流

4 月，台湾测量技师公会一行 15 人到福州参加闽台测绘技术交流研讨会预备会，就数字城市和智慧城市建设与发展、灾情预警与监测、测绘新技术应用等方面与福建测绘地理信息行业交流和探讨。福建省测绘院派员参加国家留学基金委荷兰互换奖学金留学项目，福建省基础地理信息中心派员赴荷兰特文特大学地理信息科学与对地观测学院进行为期 21 天的“防灾减灾中的地理信息技术应用与项目管理”培训。

党的建设与测绘地理信息文化建设

【党的建设】

福建省测绘地理信息局召开思想政治工作研究会，向中国测绘职工思想政治工作研究会报送论文 6 篇。深入开展创先争优活动，福建省测绘地理信息局和福建省基础地理信息中心获“福建省级文明单位”称号。积极开展向优秀共产党员学习活动，激励党员干部争当优秀共产党员。开展庆祝建党 90 周年演讲比赛；参加国家测绘地理信息局庆祝建党 90 周年党史知识竞答题，获组织优秀奖。1 个党支部获省直机关“先进基层党组织”称号、1 人获“全国测绘系统创先争优活动优秀党务工作者”称号。

【测绘地理信息文化建设】

福建省测绘地理信息局开展“在贯彻实施海西规划中创先争优建功立业”主题实践活动和“学厦航，打造优质软环境活动作表率”活动。组织参加省直机关合唱比赛和省国土资源系统庆祝建党 90 周年歌咏比赛，分获铜奖和第一名。参加第二届“东方道迩杯”全国测绘系统乒乓球比赛，获道德风尚奖。成立合唱、书画等兴趣小组，开展青年志愿者活动，抓好共建文明省城、文明社区活动，积极服务福州争办全国文明城市创建活动，推进与福州市温泉小学的共建工作。

福建省测绘地理信息局开展“一袋血、一片心、一份爱”无偿献血活动，被省红十字会授予“红十字人道荣誉奖”。福建省测绘产品质量监督检验站被省总工会授予“福建省工人先锋号”称号，福建省基础地理信息中心资料档案馆获“福建省直机关巾帼文明岗”称号，福建省制图院制作部获“福建省直机关青年文明号”称号。

地方社团工作

2011 年，福建省测绘学会获“2011 年省级学会之星”称号。6 月 10 日，该学会组织会员单位 15 名代表参加行业技术文化交流活动，10 篇论文分获一、二、三等奖。9 月 23 日 ~ 25 日，福建省测绘学会地籍与房产专业委员会第五届学术交流会在莆田召开，185 人参加。9 月 16 日，福建省测绘学会开展以“节约能源资源、保护生态环境、保障安全健康、促进创新创造”为主题的福建省

2011年全国科普日活动。11月23日～26日，福建省测绘学会协助中国测绘学会在福州召开2011年学术年会和第一届全国测绘地理信息技术装备展览会。

9月，福建省测绘与地理信息协会经营工作协调委员会，围绕“发展地理信息，构建数字海西”主题开展研讨，讨论《福建省测绘地理信息单位信用管理办法（征求意见稿）》、《福建省测绘地理信息行业服务质量标准》等行业管理文件。

江西省

规划与计划

【测绘事业发展“十二五”规划】

江西省测绘地理信息局编制完成《江西省测绘事业发展“十二五”规划》，上报国家测绘地理信息局和省政府。

【基础测绘规划】

江西省测绘地理信息局编制完成《江西省地理信息服务体系建设“十二五”规划》（报批稿）。该规划是省“十二五”规划体系的11个重大单项规划之一，是“十二五”期间省财政下拨基础测绘经费的依据。该局向省政府应急办编制报送《江西省应急体系建设“十二五”规划》中的重点工程——测绘应急服务体系建设实施方案。

江西省测绘地理信息局指导和督促市、县开展基础测绘规划编制工作。至年底，已有7个设区市完成“十二五”基础测绘规划编制，60%的县（市）开展规划编制工作。

【基础测绘计划】

江西省测绘地理信息局汇总各地基础测绘的需求，向国家测绘地理信息局、省发展和改革委上报了全省2011年度基础测绘计划。

法制建设

【法制建设】

江西省测绘地理信息局编制的《江西省地理信息公共服务管理办法》上报后，省政府法制办公室即启动对该办法的审查工作，并向各有关厅局、各设区市征求意见。

江西省测绘地理信息局制定印发《江西省测绘成果及资料档案和保密管理考核办法》，强化了省、市、县三级测绘地理信息行政主管部门的分级管理职责；细化了对测绘资质单位测绘成果资料档案和保密管理的考核要求。配合国家测绘地理信息局开展《中华人民共和国测绘法》实施情况的调研和《测绘地理信息市场信用信息管理暂行办法》的立法调研论证。

【法制宣传教育】

江西省测绘地理信息局编制完成《江西省测绘地理信息法制宣传教育第六个五年规划》。组织“8·29”测绘法宣传日活动，与鹰潭市政府联合举办测绘法宣传日江西主场活动。宣传活动当日，全省各市、县悬挂宣传横幅760多条，设置宣传展板150多块，发放宣传资料5.7万多份，接受咨询4000人次，发送宣传短信60多万条。积极组织参加“易图通杯”2011年全国测绘地理信息法律知识网络竞赛，6人获鼓励奖。购买《江西省2011年重点普及法律辅导》等学习资料，机关干部人手一册；选派人员参加省直机关工委组织的全省机关法制宣传和精神文明创建工作培训班。

市场监管

【测绘执法】

江西省测绘地理信息局完成110名执法人员的测绘行政执法证注册工作，审查测绘行政执法证申请25件。开展测绘地理信息行政执法工作调研，并向国家测绘地理信息局报送了调研报告。会同赣州市国土资源局对赣州市金辉矿业技术有限公司涉嫌无证测绘行为进行调查，初步查明该单位涉嫌无证测绘行为4起，违法所得5万元，已责成赣州市国土资源局对该案进行立案查处。

【测绘市场管理】

2011年，江西省测绘地理信息局按时完成测绘资质复审换证工作，注销33家单位的测绘资质证书，并在局网站进行公告。年内，江西省测绘地理信息局新批准测绘资质单位44家。其中，甲级2家、乙级6家、丙级5家、丁级31家。至年底，全省共有测绘资质单位351家。

12月12日~15日，江西省测绘地理信息局在南昌举办3期测绘资质年度注册暨测绘资质管理信息系统培训班，430人参加培训。

地图管理

【地图审核】

江西省测绘地理信息局全年审核地图47项，完成对外提供测绘成果保密技术处理5项。

【互联网地图监管】

江西省测绘地理信息局按照国家测绘地理信息局的统一部署，开展互联网地图专项整治活动。印发《关于推进互联网地图服务测绘资质申请审查工作的通知》和《关于加强互联网地图服务监管的通知》；组织有关人员参加国家测绘地理信息局举办的全国地理信息市场专项整治工作“回头看”行动培训班；组织专人对从事互联网地图服务的网站进行排查，发现存在“问题地图”的网站59个，其中江西省范围内的14家，依法进行了查处。在局门户网站依法曝光2家无资质从事互联网地图服务的网站。排查了10个互联网动态地图服务网站、440个互联网静态地图服务网站。依法查处南昌江西南道文化传媒有限公司、赣州华亿科技有限公司无资质从事互联网地图服务的行为。举办1期国家版图知识和地图管理学习班。

成果管理

【测绘成果管理】

2011年，江西省测绘地理信息局完成基础测绘成果提供使用行政审批556项。组织开展测绘成果分发服务系统建设，包括基础测绘成果管理及分发服务系统、测绘成果管理与审批系统、测绘成果元数据与目录发布系统、可视化库房管理系统等4个部分的建设。组织开展全省成果汇交工作，收到12家单位成果目录110条、副本25件。

【保密管理】

2011年上半年，江西省测绘地理信息局组织开展全省测绘成果保密检查，采取自查与抽查相结合的方式，在516家自查的基础上，省局抽查176家，发出整改通知书18份，查处案件6起，检查结果发文通报。下半年，按照国家测绘地理信息局统一安排，组织涉密测绘成果保密检查，将延续至2012年一季度。

【测量标志保护】

江西省测绘地理信息局组织开展测量标志保护工作。下拨经费2万元，在余干县瑞洪镇GPSA062测量标志附近建立景观带，达到了保护测量标志和宣传测量标志重要性的多重效果。开展测量标志保护经费的发放工作，为全省2090个测标管理员发放20.9万元。

基础测绘

【基础测绘经费】

2011年，江西省测绘地理信息局共落实省级基础测绘项目经费1993万元，保证了省级测绘项目的实施和年度计划的完成。落实国家财政资金150万元，用于井冈山测区1:1万数字地形图更新与建库项目。争取国家试点资金30万元，用于万安县新农村建设测绘保障服务试点。

【基础地理信息数据】

江西省测绘地理信息局组织完成省级基础测绘项目“全省第二代1:1万数字地形图”的验收、成果展及成果目录发布工作。组织完成1:1万地形图更新639幅，完成1:1万基础地理信息数据库数据制作1734幅，启动1:1万数字地形图的第三轮更新。开展全省新一轮航空摄影资料的获取工作，年内已完成上饶、吉安、井冈山测区航空摄影。申请到国家测绘地理信息局航空摄影项目，对吉安、上饶、赣州、南昌、九江、抚州等6个设区市大比例尺航空摄影4300平方千米。

【基础设施建设】

12月8日，江西省测绘地理信息产业创新基地开工建设。该项目是江西省《加强省级地理信息公共服务能力建设实施方案》中规划建设的7个重大项目之一，被省政府列为省重点建设项目，用地约2万平方米，建筑面积3.82万平方米，主楼高

21层。

【数字城市建设】

年内，全省8个设区市已开展数字城市建设。其中，宜春、萍乡、新余、吉安4个设区市被纳入国家测绘地理信息局数字城市建设试点，景德镇、鹰潭、上饶、赣州4个设区市成为数字城市推广城市。数字南昌已获南昌市政府批准，正组织申报材料，拟申请为国家试点城市。抚州、九江两市正在积极申报数字城市建设项目。井冈山市成为江西省首个开展数字城市建设的县级市。宜春市数字城市试点被国家测绘地理信息局授予“数字城市建设示范市”，萍乡、新余两市数字城市建设项目相继通过国家测绘地理信息局组织的验收。

【地理国情监测】

江西省测绘地理信息局开展鄱阳湖生态经济区核心区的地理国情监测，利用无人机对旱灾严重的新建县南矶乡和地质灾害严重的修水县黄龙乡进行监测，为抗旱救灾提供及时准确的地理信息服务。

质量监督

江西省测绘地理信息局组织开展2011年度测绘成果质量监督检查，主要检查省内从事工程测量、摄影测量与遥感专业的测绘资质持证单位的测绘成果质量。全年共完成11家甲级单位、28家乙级单位、37家丙级单位、78家丁级单位的检查工作，合格率为98%；抽取4家单位作为回访对象。

江西省测绘地理信息局在全国率先开展省级地理信息标准数据认定工作，制定《江西省省级基础地理信息标准数据认定实施方案》，对2009年以来测制的1:1万“3D”产品开展标准数据认定。组织召开全省测绘质量监督检查人员培训班，学习相关业务知识和规范，并进行统一考试。推行质量检验人员持证上岗制度。

重大工程测绘

2011年，江西省测绘地理信息局完成江西、安徽、江苏三省的全国第二次土地调查成果缩编工作。组织实施樟树市、万安县新农村建设测绘保障服务试点项目。认真做好全省农村集体土地确权登记发证调查底图生产相关工作，完成49708.21平方千米1:1万航空摄影分区划分、招标、合同签订等工作；组织生产全省1:5000 DOM 29165幅。组织局属单位与有关部门联合完成“江西省成品油管道二期工程”中线带状图测绘。组织完成庐山世界遗产地地图信息报送工作。

测绘地理信息合作共建

江西省测绘地理信息局与南京军区司令部作战部签订《关于加强测绘成果共享与合作协议书》。3月，该局作为全国军地融合工作突出的3个地方局之一，在全国军地测绘融合工作经验交流会上作典型发言。

地图编制与出版

江西省测绘地理信息局组织编制《江西省红色地图》、第七届泛珠三角区域合作与发展论坛暨经贸洽谈会精品地图，指导南昌市测绘地理信息部门编制第七届城市运动会地图。《江西省红色地图》标注江西160多个红色旅游景点，集中反映出安源、南昌、瑞金、井冈山四大“红色摇篮”在党的历史中的地位、作用和意义。泛珠地图等采用现代高科技制图手段，内容涵盖公交、旅游、行车、服务等多类信息，并提供方便快捷的查询功能。

测绘地理信息应用与服务

【测绘成果提供】

江西省测绘地理信息局全年提供1:1万地形图7719张，1:5万地形图737张、GPS点1144个、三角点891个、水准点292个。

【测绘保障服务】

江西省测绘地理信息局认真落实省政府与国家测绘地理信息局签署的《鄱阳湖生态经济区建设测绘保障服务合作协议书》，完成鄱阳湖基础地理测量工作并通过技术验收，受到省领导及有关部门的充分肯定。

【“天地图·江西”建设】

江西省测绘地理信息局按照国家测绘地理信息局的要求，积极开展“天地图·江西”省级节点建设，组织完成项目总体设计方案的编制和软硬件设备选型工作，完成数据生产、平台建设和应用系统建设。12月8日，“天地图·江西”省级节点与国家主节点顺利对接。

科技创新与人才培养

【科技创新】

江西省测绘地理信息局组织开展2011年度科技推先与科技创新项目的实施。经评审，批准立项科技推先与科技创新项目20项，局本级投入资金54万元用于奖励。召开第三期地理信息学术论坛，为测绘技术人员学术交流搭建平台。

【人才培养】

年内，江西省测绘地理信息局组织2次局属单位高层次人才和工作人员公开招聘工作，招聘博士研究生1名、硕士研究生4名、本科生8名，引进短缺人才1名。加强对测绘技术骨干的培养，开展江西省测绘地理信息局技术带头人的评选工作，首次评选出7名技术带头人。举办全局领导干部培训班，派员参加中央部委专题研究班、国家测绘地理信息局行政管理培训班等，进一步提高干部职工的素质。组织首次注册测绘师考试教务工作，协助中国测绘学会在南昌举办注册测绘师培训班。与武汉大学遥感信息工程学院联合举办2011级测绘工程领域工程硕士课程班。

党的建设与测绘地理信息文化建设

【基层党组织建设】

江西省测绘地理信息局直属单位进行生产结构调整后，该局党委多次研究加强基层党建工作，申请成立了局直属机关党委，省直机关工委批准省测绘资料档案馆、省测绘应急保障服务中心、省测绘产品质检中心3个基层党组织更名。举办党务干部培训班，提高党务干部的业务素质。

【创先争优活动】

江西省测绘地理信息局继续深入开展创先争优活动，坚持把建设鄱阳湖生态经济区作为创先争优活动的最大实践活动。在全局党员干部中开展“富民兴赣我先行”百万党员承诺活动，重点抓好党委、党支部、党员3级公开承诺，全局22个支部和306名党员全部作出并践行公开承诺。

【党风廉政建设】

江西省测绘地理信息局党委深入开展党风廉政教育；组织开展严格资金管理防范资金风险工作大检查；组织开展全局风险岗位廉能管理工作，共查找出岗位廉能风险点1337个，制定出防控措施745项；组织开展廉政准则贯彻执行情况专项检查。

【测绘地理信息文化建设】

江西省测绘地理信息局党委以庆祝建党90周年为载体，开展爱国主义教育。6月23日，召开庆祝中国共产党成立90周年大会，表彰先进基层党组织和先进党员。组织机关全体党员分赴延安、遵义接受革命传统教育。召开党委中心组学习扩大会议，邀请专家解读胡锦涛总书记在庆祝中国共产党成立90周年大会上的讲话精神。组织参加全省机关庆祝建党90周年文艺调演，选送的4个节目均获奖。组织职工参加“南方测绘杯”首届全国测绘职工书法绘画比赛，推荐的作品有5幅获奖。组织全局干部职工开展义务献血活动，共有60人参与献血；组织开展“工资一日捐”活动，共捐款30180元。

【文明单位创建】

江西省测绘地理信息局深入推进文明单位创建活动，局机关和7个局属单位均获“省直文明单位”称号，局机关还获得“全国文明单位”称号。

地方社团工作

江西省测绘学会开展2011年全省优秀测绘工程奖评审，从53个申报项目中评选出一等奖6个、二等奖11个、三等奖16个。组织召开江西省农村集体土地确权登记发证技术规定权属调查研讨会和江西省农村集体土地确权登记发证工作价格咨询会。对《江西测绘》进行全面改版，并建立作者、审稿者、编辑、读者四位一体的期刊队伍，不断提高刊物的编审质量。

山东省

规划与计划

【省级规划】

2011年，山东省国土资源厅编制完成《山东省“十二五”基础测绘规划》。该规划全面总结山东省基础测绘事业“十一五”以来的发展成就，提出“构建数字山东、监测地理省情、发展壮大产业、建设测绘强省”的战略目标，确定“十二五”期间完成的六大基础测绘任务。9月10日，山东省政府正式印发该规划。山东省国土资源厅下发《关于贯彻落实〈山东省“十二五”基础测绘规划〉的通知》，同时报送国家测绘地理信息局备案。

此外，编制2012年度基础测绘计划和财政预算，分别报送省发展改革和财政部门。

【市县基础测绘规划】

山东省国土资源厅进一步加强市县基础测绘规划与计划管理，督导市县级开展基础测绘规划编制工作；举办全省基础测绘规划编制培训班，邀请国家测绘地理信息局相关专家作专题讲座，对市县级基础规划的编制进行指导。至年底，青岛、济宁、菏泽3市已印发本级规划，另有10个市级基础测绘规划通过论证。部分县编制了本级规划，初步形成省市县测绘事业协调发展的规划体系。

体制与法制建设

【管理体制建设】

2011年，山东省测绘局正式更名为山东省测绘地理信息局。全省17个设区市和140个县（市、区）都设立了测绘管理科室，配备了专（兼）职管理人员。全国第一个市级地理信息局——滨州市地理信息局正式挂牌成立。潍坊、临沂、东营、莱芜、德州、泰安、枣庄等市相继成立测绘局或测绘地理信息局。

【法制建设】

山东省国土资源厅编制完成《山东省国土资源管理系统依法行政第五个五年规划》和《山东省国土资源管理系统法制宣传教育第六个五年规划》；印发《关于转发〈国土资源部关于加强规范性文件管理和法律应用解释工作的意见〉》，对加强规范性文件管理和法律应用解释工作提出明确要求；按照省人大和省法制办公室的要求，完成行政法规、规章和规范性文件的清理工作。

【依法行政】

山东省国土资源厅制定依法行政工作要点，对普法工作进行统一部署，进一步加强行政复议工作和执法队伍建设。指导各级完善行政复议应诉工作规程，畅通复议渠道，进一步完善行政复议意见书、建议书制度和责任追究制度。积极推行行政机关负责人行政诉讼案件出庭应诉制度，加强厅执法局和执法大队队伍建设，将测绘地理信息纳入国土资源统一执法，落实职责和工作经费，及时查处各类测绘地理信息违法案件，并按要求向国家测绘地理信息局备案及报送工作总结。

【法制宣传】

“8·29”测绘法宣传日活动期间，山东省国土资源厅围绕“监测地理国情，服务科学发展”的宣传主题，通过召开座谈会、印发宣传材料、悬挂横幅等多种形式宣传测绘地理信息法律法规。积极组织参加国家测绘地理信息局举办的“易图通杯”2011年全国测绘地理信息法律知识网络竞赛活动。与中国联通山东分公司合作，向全省公众发送测绘地理信息公益宣传短信。各级测绘地理信息行政主管部门结合地理信息市场专项整治“回头看”、“问题地图”专项治理、测绘成果保密检查等活动中发现的问题，以案说法，加大对国家版图意识、互联网地图服务政策、国家安全保密意识的宣传力度。山东省国土资源厅被中宣部、司法部表彰为“2006～2010年全国法制宣传教育先进单位”。

市场监管

【整顿和规范地理信息市场秩序】

山东省国土资源厅积极开展地理信息市场整治“回头看”行动，全面完成地理信息市场专项整治工作。联合省国家安全厅等6部门下发《关于开展地理信息市场专项整治工作“回头看”行动的通知》，组织有关部门对2009年以来的重大涉外合作项目进行全面清理，主要排查外国的组织或者个人来华从事非法测绘的行为。进一步加强军地协调，依法处理涉军非法测绘事件，规范地理信息产业从业单位的地理信息采集行为。开展测绘成果保密大检查，组织全省17地市对2009年以来领取涉密测绘成果的单位进行检查，对存在问题的单位责令限期整改，对问题严重的单位依法予以处理。严厉查处在互联网上传输涉密地理信息的行为，依法打击非法上传和标注涉密地理信息的行为。组织有关人员参加国家测绘地理信息局的专项整治工作培训班，17个地市培训相关人员1000多人次，增强了各级执法人员的业务素质。

【市场监管】

山东省国土资源厅组织对全省测绘市场和测绘资质单位进行拉网式检查，重点查处无资质测绘、超越资质范围测绘、借用测绘资质等违法行为。完成全省第三次测绘资质复审换证工作，依法注销40家单位测绘资质，并及时向国家测绘地理信息局提交总结报告。积极引导互联网地图服务、运营单位依法办理互联网地图服务资质，10家单位取得互联网地图服务资质。结合全省测绘地理信息市场发展情况，制定了《山东省测绘资质管理办法》、《山东省测绘资质管理成果及资料档案和质量保证体系考核细则》，依法批准40家单位测绘资质。完善测绘资质网上申报、在线审批、审批前公示等制度，实现测绘资质管理信息系统与国家系统的互联互通，提高了审批效率。完成了年度注册工作，缓期注册42家，缩减业务范围2家，降低资质等级1家，注销测绘资质5家，并及时通报测绘单位违法违规情况。

地图管理

【“问题地图”专项治理】

山东省国土资源厅结合地理信息市场专项整治工作，开展“问题地图”专项治理，印发实施方案，组织互联网地图服务网站自查和地图市场大检查。加大对违法违规地图的查处力度，对《济宁市交通旅游图》、《淄博楼市导购图》等侵权盗版地图进行清查，下发限期整改通知书15份，并对有关市的整改情况进行了抽查，“问题地图”整改率达100%。不定期召开有关部门联系会议，研究解决工作中遇到的问题；通过《国土资源导报》、厅门户网站等媒体宣传经验和工作进展，推动全省“问题地图”专项治理工作。

【审核备案】

山东省国土资源厅依法做好地图审核备案工作，转发国家测绘地理信息局《关于加强地图备案工作的通知》，共批准公开出版、展示、登载地图172项，地图备案率达100%。

【互联网地图管理】

山东省国土资源厅认真落实国家互联网地图服务资质管理政策，印发《关于加强互联网地图管理的通知》，规范互联网地图编制和服务。加强互联网地图服务网站的动态监管，加强对依法获取测绘资质和互联网出版服务资质单位的指导，并纳入法制化监管范围。充分利用网上地理信息安全监管系统，检索互联网地图服务网站839家，发现问题网站11家，并及时督促整改。组织参加国家测绘地理信息局举办的互联网地图安全审校培训100多人次，提高了各单位的地图安全审校能力。

成果管理

【测绘成果管理】

山东省国土资源厅指导省地理信息中心进行装修改造，完善安全保密防范措施和设备。围绕测绘成果网络化分发服务系统建设，培训测绘资质单位涉密测绘成果管理人员1400多人，核心涉密人员岗位培训达100%。通过保密检查、建立成果使用情况反馈制度等方式及时掌握涉密测绘成果生产保管和使用情况。

【涉密测绘成果保密检查】

山东省国土资源厅与省保密局联合下发《山东省涉密测绘成果保密检查工作方案》，成立保密检查领导小组，在全省开展涉密测绘成果保密检查。全省900多家涉密测绘成果使用单位和测绘资质单位开展自查，自查报告上报所在市局。各市及省保密检查领导小组对200多家单位进行抽查，督促有问题的单位整改，并对涉密测绘成果生产、保管、使用情况进行统计分析，及时将保密检查情况报国家测绘地理信息局。

完成435个网页和15个网站涉及地理信息成果部分的审查任务，共查处存在问题的网页、网站35个，将相关情况及时上报国家地理信息局。查处全省“问题地图”网站9个，全程监督整改过程，确保100%整改。向省水利厅、旅游局、教育厅、安全厅及山东大学等有关单位发送《关于协助调查涉外科研、工程建设测绘项目情况的函》，对2009年以来立项、承担、审批过的含有测绘内容的中外合资合作科学研究、工程建设等项目进行摸底和调查。截至年底，未发现含有测绘内容的中外合资合作科研项目和工程建设项目。

【涉密测绘成果提供】

山东省国土资源厅严格执行《山东省基础测绘成果提供使用管理暂行规定》，利用山东省测绘成果目录服务系统将审批流程、材料要求、管理规定、成果目录等进行公布，实现了申请资料的网上受理，审批进度网上查询，提高了审批效率。涉密测绘成果严格实行管用分开，由省国土资源厅国土测绘处统一受理和审批使用申请，省地理信息中心统一保管和提供。

【测绘成果汇交】

山东省国土资源厅制定《山东省测绘成果汇交暂行办法》，加大测绘成果汇交工作力度，将测绘单位执行成果汇交制度情况与资质升级、年度注册、成果评优、业绩考核等挂钩，结合地理信息市场专项整治“回头看”行动和测绘成果保密检查等行动，对测绘成果汇交情况进行专项检查，提高了成果汇交率。2011年，全省共汇交测绘成果副本、目录近6000项，并定期通过门户网站向社会发布测绘成果目录。

【测量标志管护】

山东省国土资源厅采取多种措施加强测量标志管护工作。完善测量标志管护体制，按照分级管理的原则，将测量标志管护职能落实到乡镇国土资源所，将测量标志完好率纳入年度工作目标考核。创新测量标志管理方式，建立分类管理维护制度，严格执行《测量标志普查维护技术规程》，规范测量标志的普查、维修和管护工作。2009年～2011年，省国土资源厅共投入经费近300万元，对列入一类保护对象的标志点逐点进行普查维修，并将点之记整理成册，更新管理数据库。严格永久性测量标志迁建审批手续，全年共受理审批迁建申请8项，其中7项已按要求进行迁建。加大测量标志宣传教育，依法查处破坏测量标志违法案件，全省测量标志完好率保持较高水平。

基础测绘

【基础测绘】

2011年，山东省国土资源厅健全基础测绘计划管理，落实年度基础测绘经费3000万元，及时编制年度计划和重点工作任务，下达生产单位。2月24日，山东省卫星定位连续运行综合应用服务系统（SDCORS）通过专家组验收，并网运行站点达101个，覆盖全省陆域范围。截至年底，入网用户700多个。4月2日，全省1:1万基础地理信息数据库采集更新与建库项目通过专家组验收。该项目首次实现了数字化基础地理信息数据对全省陆域的全覆盖。9月10日，《山东省1:10000基础地理信息数据库更新工程总体设计》通过专家评审，山东省正式启动全要素更新与框架要素更新相结合的新一轮省级基础地理信息数据库更新工程。

山东省国土资源厅完成省级基础地理信息数据库坐标系转换工作，在省市基础测绘规划中明确2000国家大地坐标系推广目标，积极推动市级启动转换工作；完成承担的国家1:5万基础地理信息数据更新任务，并通过国家级验收。

【影像获取和共享机制】

山东省国土资源厅认真落实影像获取计划管理制度，及时向国家测绘地理信息局报送全省影像获取需求，6个市被列入国家基础航空摄影计划。收集国家“927”工程获取的山东区域影像资料，用于全省1:1万基础地理信息数据库框架要素更新。向国家测绘地理信息局提交《关于汇交山东省1:10000基础地理信息数据采集更新与建库项目成果的请示》，拟汇交包括覆盖全省1:1万DOM数据在内的“3D”数据，积极探索国家、省地理信息资源共享模式。加强航摄管理，落实省厅航摄行政审批职能，实现省内航摄的有效管理，逐步推进遥感影像获取全省统筹，有效杜绝了重复航摄现象。

【地理省情监测】

《山东省“十二五”基础测绘规划》将地理省情监测作为山东省基础测绘事业发展的战略任务，

并将地理省情监测工程列入山东省“十二五”基础测绘十大工程。基于新一轮全省基础地理信息数据库更新工程开展部分不同时相变化要素发现技术试验。

【安全生产】

山东省国土资源厅及山东省国土测绘院认真贯彻落实安全生产有关规章制度，组织安全生产教育宣传活动，加大安全生产培训力度；强化安全生产设施建设，及时对装备进行检修。全年未发生安全生产事故。

【数字城市建设】

山东省国土资源厅印发《关于转发〈国家测绘局关于进一步加快推进数字城市建设的通知〉的通知》，对加快数字城市建设进行全面部署。数字威海、数字烟台、数字聊城、数字滨州通过国家测绘地理信息局验收，数字寿光省级试点项目通过山东省国土资源厅验收。已建成的数字城市项目成果在50多个政府部门和社会公共领域得到广泛应用。济宁、济南、淄博、泰安被列入国家数字城市试点或推广计划。2011年，全省有9个县级城市开展数字城市建设相关工作。其中，已完成4个、建设中4个、提交申请1个。

质量监督

山东省国土资源厅印发《关于开展2011年全省测绘成果质量监督检查的通知》，对测绘成果质量监督检查工作进行全面部署。强化基础测绘生产质量控制，完善质量过程控制体系，基础测绘成果一次验收合格率达100%。组织开展测绘成果质量监督检查，抽取10个项目进行重点检查，各市按要求开展辖区内测绘成果监督检查工作。启动2011年全省优秀测绘工程奖评选工作，全省166个项目参与申报。做好测绘计量基础设施维护工作，开展测绘仪器检定及检定人员资格认证工作。举办全省测绘资质单位专职质检员培训班，参训人员1200多人。

测绘地理信息合作共建

全省测绘地理信息部门推进地理信息资源共建共享机制建设，落实与交通、民政、气象、公安等部门及军区测绘部队、青岛市国土资源和房屋管理局的合作共建协议，及时开展数据交换和平台服务，承担林业、电力等部门林权改革、电力管理信息系统等项目的数据加工任务。

地图编制与出版

【图书出版】

2011年，山东省地图出版社共出版地图类图书100多种，印刷完成2.98万个色令，392万印张。

【红色地图编制】

山东省国土资源厅组织编制《见证革命历程 建设富饶山东——纪念中国共产党成立90周年地图册》，并参加全国“红色地图”发布会。济南等市也组织编制了市级“红色地图”。

【专题图编制】

山东省地图出版社编制山东半岛蓝色经济区等区域发展专题图，启动《山东省历史地图集》、《山东省非物质文化遗产图集》和《山东省城市街巷名录》等图集编纂工作，编制出版《枣庄市交通旅游图》、《烟台自驾旅游地图》、《东昌府区交通旅游图》、《济南市交通旅游图》、《潍坊市交通旅游图》等旅游专题地图。

【市地图集】

山东省地图出版社编制《青岛市地图集》、《威海市地图集》、《潍坊市地图集》、《淄博市地图集》、《昌邑市领导工作用图》等地市地图集，为青岛、济宁、聊城等地市编制全景地图、市区地图、测量标志地图、新农村建设图等系列挂图，承担全省各行业专题地图和17个设区市行政区划图、城区图等电子地图的编制工作。

成果应用与测绘地理信息服务

【山东省地理信息公共服务平台】

6月1日，山东省政务版地理信息公共服务平台在省政务专网正式上线运行，并为文物、住建等部门开展示范应用。山东省国土资源厅印发《关于加快推进测绘公共服务体系建设的通知》，要求年内实现省市政务版地理信息公共服务平台，“天地图”国家、省、市节点和省市测绘成果目录服务系统互联互通。

【测绘成果网络化分发服务系统】

1月21日，山东省省级测绘成果网络化分发服务系统通过专家验收。该系统实现了测绘成果分发业务的自动化、信息化管理，实现了国家、省、市测绘成果分发服务系统的目录信息互联互通。山东省国土资源厅编制印发《测绘成果网络化分发服务系统建设指导意见》，举办技术培训班，截至年底，完成13个市县的系统建设。

【服务重大规划战略】

山东省国土资源系统紧密围绕省委省政府中心工作，主动对接区域发展、城乡统筹、生态建设等重大战略工程需求，及时为山东半岛蓝色经济区、黄河三角洲高效生态经济区、国土资源执法等提供测绘专题成果资料和系统平台支持。山东省国土测绘院受山东省南水北调工程建设管理局委托，至年底完成南水北调东线两湖段、济东段与鲁北段共160多千米路线的勘测定界测量，并获得省南水北调工程建设管理局授予的“南水北调工程勘测定界先进单位”称号。

【服务国土资源管理】

山东省国土资源厅主动为省建设用地审批系统、地籍管理系统、综合监管平台等系统提供基础地理信息服务。利用“天地图·山东”数据，开展全省基本农田视频监控系统建设。利用SDCORS快速定位的优势，研发国土执法监察三级联网全程监管平台，为土地执法提供数据支持；完成全省土地增减挂钩项目动态管理信息系统多个功能的开发工作。积极参与全省土地利用动态监测，完成蒙阴县土地调查更新等工作。

山东省国土测绘院在全省矿业权核查工作中，充分发挥技术支撑职能，在全国率先开发核查数据管理系统，被国土资源部评为“全国矿业权核查先进单位”。

【服务新农村建设】

山东省国土资源厅完成国家新农村测绘保障试点“基于空间数据的村镇综合信息服务平台建设与示范”项目建设，并通过了国家级验收。在此基础上，数字乡镇地理信息综合支撑平台建设及应用示范项目被列入国家测绘地理信息局2011年度新农村建设测绘保障试点，山东省国土资源厅编制完成项目总体设计，并报经国家测绘地理信息局批复。

【日常测绘保障服务】

山东省国土测绘院启动测绘档案信息化建设，测绘成果网络系统已覆盖全省。全年该院向社会提供地形图3880张，数字产品11769幅，数据量1846GB。审核地图210件，检定测绘仪器4945台次。

【测绘应急保障】

山东省国土资源厅增强测绘应急主动响应能力，健全测绘应急保障管理机制，成立测绘应急保障工作领导小组。山东省国土测绘院组建测绘应急分队，配备了应急装备和车辆，明确了测绘应急保障的领导机构、办事机构、实施机构，编制印发《山东省测绘应急保障预案》，明确了测绘应急工作流程和演练制度。《山东省“十二五”基础测绘规划》将应急测绘保障体系建设列为十大重点工程之一，列支专项经费，保障测绘应急保障工作有效开展。

【援疆测绘】

2011年，山东省国土资源厅开展新一轮援疆测绘工作，为山东省对口援建的喀什地区疏勒、英吉沙、岳普湖、麦盖提4县提供测绘保障。山东省国土测绘院成立援疆测绘项目部，选派29名技术人员入疆，布测岳普湖、英吉沙、麦盖提3县城区D级基础大地控制网控制点24点，联测3县四等水准网130.4千米，测制3县产业园区26平方千米1:1000地形图167幅，制作3县城区及2个新农村富民安居工程乡镇74平方千米正射影像图364幅，采用无人机航测技术航摄高分辨率像片3316张。

【服务“4·18”济南森林山火扑救工作】

4月18日，济南市长清区万德镇境内突发山林火灾，山东省国土测绘院应急测绘分队赶赴灾区，启用固定翼无人机航摄系统，先后飞行2个架次，70平方千米，获取火灾现场航片500张，为省委、省政府和济南军区领导的科学决策提供现势资料支持。快速提供已有的最新1:1万基础测绘成果，赶制各种比例尺地形图4批321幅，为指挥灭火救灾、物资调用、各类飞机着陆点选址等提供地理信息支持。

【服务全省抗旱保苗工作】

山东省国土测绘院研发抗旱应急指挥三维辅助决策系统，部署在省防汛抗旱办公室，为省委、省政府及时掌握实情、科学决策和调整工作部署提供依据。

科技创新与人才培养

【科技奖励】

2011年，山东省测绘地理信息行业共获2011年中国测绘学会测绘科技进步奖3项，中国地理信息科技进步奖4项，卫星导航定位优秀工程和产品奖1项，省科技进步奖1项，省科技发明奖1项。获2011年中国测绘学会优秀测绘工程奖12项，包括金奖5项、银奖2项、铜奖5项。其中，省国土测绘院完成的“山东省卫星定位连续运行综合应用服务系统（SDCORS）”，山东正元地理信息工程有限责任公司完成的“昆明市主城区小区庭院排水管线普查探测项目”等项目获金奖；青岛市勘察测绘研究院完成的“青岛市电网普查测绘工程”，山东省地质测绘院完成的“日照市城区及镇驻地1:500地形图测绘工程”获银奖；山东省地质测绘院完成的“惠民县1:500数字化地形测量”，济南市房产测绘研究院完成的“济南市天桥区西工商河路13号重汽翡翠郡房产测绘”等获铜奖。

【人才培养】

山东省国土资源厅开展青年学术和技术带头人选拔培养工作，全省共有2人被评为国家测绘地理信息局青年学术和技术带头人。加强专业技术人才引进工作，引进高级人才2名、院校专业技术人才16名。建立测绘行业特有工种职业技能鉴定站，开展测绘从业人员职业技能培训，组织了3批次、3个等级、3个职业的技能鉴定，322人通过鉴定。选拔优秀选手组队参加“中测新图杯”第二届全国测绘地理信息行业职业技能竞赛，1人获摄影测量竞赛个人成绩第三名，并获个人二等奖，被授予“全国技术能手”、“全国青年岗位能手”、“全国测绘地理信息技术能手”称号；1人被授予“全国测绘地理信息行业优秀技能人才”称号。

【业务培训】

山东省国土资源厅组织参加国家测绘地理信息局举办的甲级测绘单位、市县测绘行政管理、测绘行政执法、地图审核和地图安全审校等各类培训班，累计300多人次参加学习。山东省国土资源厅与山东科技大学联合举办在职职工工程硕士班，提高各类人才的综合素质；组织基础测绘规划编制、SDCORS技术应用等各类专项培训；配合省人力资源和社会保障厅完成首次注册测绘师考试，全省共有2600多名测绘专业技术人员参加，通过率14%。

对外合作与交流

2011年，山东省国土资源厅选派3人次参加国家测绘地理信息局组织的出国考察学习活动。注重国际合作，与日本地质调查局形成稳定的交流合作机制，互访交流取得明显成效。

党的建设与测绘地理信息文化建设

【学习教育】

山东省国土资源厅组织学习贯彻国务院副总理李克强视察中国测绘创新基地时讲话精神、全国测绘地理信息局长座谈会精神，多次召开各市分管局长或测管科长参加的工作会议，及时传达部署国家测绘地理信息局的有关精神和工作安排。组织全体干部职工认真学习胡锦涛在庆祝中国共产党成立90周年大会上的重要讲话。在厅机关和直属事业单位广大党员中开展党史知识竞赛，党员参赛率97%以上。举行庆祝建党90周年大会暨红歌演唱会，厅党组书记、厅长徐景颜为全体党员上党课，表彰2009～2010年度先进基层党组织、优秀共产党员和优秀党务工作者。

【创先争优活动】

山东省国土资源厅制定下发《关于推进创先争优和省厅争创全国精神文明建设先进单位活动的意见》，对创先争优活动进行再动员、再部署。根据山东省国土资源部门实际，将国土资源政务大厅、信息公开、地质环境管理、信访、法律法规咨询、地质资料信息服务、12336举报电话、国土资源所等部门单位作为窗口服务单位，带头开展创先争优活动，并在《大众日报》作出三项公开承诺。山东省国土资源厅党组提出2011年争创全国精神文明建设先进单位的目标，制定下发《关于推进创先争优争创全国精神文明建设先进单位活动的意见》和《山东省国土资源厅关于开展创建全国精神文明建设先进单位活动的实施方案》，明确创建活动的指导思想、目标任务、标准要求、方法步骤和措施保障。

【党建工作】

山东省国土资源厅全面推行目标管理，推进党建工作的规范化、制度化和科学化建设。制定下发《2011年机关党建工作要点》，明确2011年机关党建工作的指导思想、目标任务和保障措施，召开全省国土资源系统机关党建工作会议暨党务干部培训班。根据工作需要，调整充实部分单位党委（总支、支部）领导班子；根据省委组织部、省委社会组织党工委的有关部署，省国土资源厅成立社会组织党委，组建了各学会、协会党支部，提高了党组织的覆盖面。坚持“三会一课”制度（定期召开支部大会、支委会、党小组会，定期上党课），落实领导班子民主生活会、党员领导干部双重组织生活制度。制定厅机关和直属事业单位党建工作目标管理考核办法和考评细则，设立了党务公开网站，加强监督检查。

【廉政建设】

山东省国土资源厅党组开展“两整治一改革”（土地和矿业权交易市场专项整治、整纪纠风，深化国土资源制度改革）专项行动，制定下发《“两整治一改革”专项行动实施方案》和《廉政风险防范管理工作实施意见》，召开“两整治一改革”专项行动暨廉政风险防控管理工作电视会议。2011年，全系统进行日常谈话、警示提醒谈话5327人次，领导干部任前廉政谈话673人次，领导干部述职述廉2024人次，领导干部报告个人有关事项1293人。全系统共巡视市局15个、厅直属事业单位1个，县（市、区）局、开发区分局和事业单位246个，基层所1011个。制定出台《关于在全省各级国土资源机关内部设立廉政监察员的实施办法》；完善党风廉政责任追究机制，严肃查处违纪违法案件。

【测绘地理信息文化建设】

山东省国土资源厅制定下发《2011年度厅工会工作要点》、《2011年度厅妇女工作要点》，组织工会干部、妇女干部培训，开展春游、慈善捐助、春节文艺联欢会等活动。举办第二届国土资源书画比赛及展览、读书心得评比、庆祝建党90周年红歌会、测绘职工运动会等文体活动。省国土资源厅被评为“省级文明机关”，山东省国土测绘院被评为“省级文明单位”。积极组织参加第二届“东方道迩杯”全国测绘系统乒乓球比赛，获团体第一名；在“易图通杯”2011年全国测绘地理信息法律知识网络竞赛中有9人获奖，省国土资源厅获“优秀组织奖”。参加中国测绘职工思想政治工作研究会论文征文活动，1人提交的论文获优秀奖。组织参加“南方测绘杯”首届全国测绘职工书法绘画比赛，上报参赛作品9件，获奖4件，《测绘新篇》获书法类一等奖，省国土资源厅获“优秀组织奖”。

地方社团工作

【组织建设】

山东省测绘学会召开七届一次常务理事会议，通报学会七届理事会各专业（工作）委员会组建情况，审议并通过61名新会员的入会请求。成立山东省测绘学会党支部，设支部书记1名，支部委员2名。

【学术交流】

6月11日~14日，山东省绘学会组织13人赴南京参加第十三届华东六省一市测绘学会学术交流会，向大会提交测绘科技论文10多篇。其中，获一等奖2篇、二等奖3篇、三等奖5篇。

8月11日~12日，山东省测绘学会在临沂召开数字城市建设及应用研讨会，全省36家测绘单位的106名测绘科技工作者参会。会议共收到论文78篇，其中74篇被《山东理工大学学报（自然科学版）》刊登。11月23日~26日，组织参加中国测绘学会2011年学术年会。

【培训及竞赛】

2月~3月，山东省测绘行业协会承办注册测绘师培训班，先后在济南、淄博、青岛、临沂开班，全省1502人参加培训。3月，举办3期SDCORS系统技术应用培训班，近900人参加培训。

7月24日~29日，山东省测绘学会选派6人参加2011年全国学生定向越野锦标赛暨“中国四维杯”第七届全国测绘职工定向越野赛。10月29日~30日，山东省测绘学会和山东省测绘行业协会主办“南方测绘杯”山东省第五届大学生测量技能比赛。

河南省

规划与计划

【规划编制】

2011年，河南省测绘局编制完成《河南省测绘地理信息发展“十二五”规划》、《河南省“十二五”应急体系建设测绘规划》，经河南省政府批准向全省印发实施。编制完成《河南省“十二五”测绘科技发展规划（初稿）》、《中原经济区国土“十二五”规划测绘子规划》、《河南省援疆基础测绘计划》，参与编制《河南省农村公路“十二五”规划》，完成全省1:60万农村公路“十二五”规划图初编工作。

郑州、南阳、安阳、信阳、平顶山、鹤壁、驻马店、洛阳等市编制完成《测绘暨地理信息产业发展“十二五”规划》；焦作、周口、济源等市编制完成《测绘暨地理信息产业发展“十二五”规划》初稿；三门峡市编制完成《三门峡市基础测绘“十二五”规划》。

【年度计划】

2011年，河南省测绘局基础测绘计划分两期下达。一期安排部分省辖市1:1万地形图第二轮更新任务、老少边穷县大比例尺基础测绘任务，启动数字城市区域1:1万地形图快速更新任务。二期安排无图区域1:1万地形图、重点成矿区1:5000地形图测绘及为省委、省政府测绘保障服务项目，搜集整理与1:1万基础测绘项目生产相关的航摄和遥感资料。

法制建设

【制度建设】

河南省测绘局出台《河南省测绘系统加强法治政府建设五年规划（2011－2015年）》、《测绘系统开展法制宣传教育的第六个五年规划（2011－2015年）》，修订《河南省测绘成果管理办法》，起草《2011年河南省测绘系统普法依法治理工作要点》、《河南省测绘市场信用信息管理暂行办法（征求意见稿）》、《河南省测绘科技进步奖管理办法》（初稿）。

【法律知识竞赛】

河南省测绘局组织全省测绘系统参加“易图通杯”2011年全国测绘地理信息法律知识网络竞赛，参与答题1万多人次，近1000人答题成功。河南省测绘局、河南省遥感测绘院、许昌市国土资源局获“优秀组织奖”。

【法制宣传】

“8·29”测绘法宣传日活动期间，河南省测绘局开展印发一幅地图，群发一批短信，举办一次展览的“三个一”活动。活动当日，150多家测绘单位参加宣传活动，展出展板300多块。全省各市悬挂宣传横幅1090条，制作宣传展板1500块，张贴宣传资料300多张，发放《红色旅游地图》等相关地图5350张、《国家版图意识教育宣传册》等材料5000多份，发送测绘公益短信13.36万条，设立咨询台176处，出动流动宣传车辆200多辆。

市场监管

【机构建设】

漯河市成立城市地理信息中心；信阳市国土资源局测绘科更名为测绘地理信息局；洛阳市测绘局更名为测绘地理信息局；濮阳市34个乡镇国土资源中心所明确了测绘管理职能；信阳市所辖8个县国土资源局设立了测绘股，2个区国土资源局设立地籍测绘股；许昌市所属各县（市）国土资源局全部设立测绘管理科（股）。

【市级测绘管理】

信阳市出台《信阳市国土资源局测绘行政执法重大事项急事即报制度》；安阳市出台《安阳市测绘任务备案暂行规定》；三门峡市编印《三门峡市测绘管理法律法规政策汇编》；开封市修订《开

封市测绘管理办法》、印发《开封市测绘主管部门年度责任目标考核办法》；商丘市成立地理信息市场专项整治工作领导小组，印发《关于进一步做好商丘市测绘任务备案工作的通知》；焦作市成立测绘成果保密检查领导小组，开展成果保密检查；济源市出台《济源市地理空间框架建设使用管理办法》，印发《关于推广应用“数字济源”地理空间信息公共平台的通知》；南阳市出台《进一步加强测绘工作的意见》、《南阳市2011年测绘工作要点》；许昌市印发《许昌市人民政府办公室关于调整市整顿和规范地理信息市场秩序工作领导小组的通知》、《关于开展许昌市测绘资质单位调查的通知》。

【资质管理】

河南省测绘局全年受理省级测绘任务备案76项，行政许可事项497起，办理测绘作业证270本。3月17日，河南省测绘局公布测绘资质复审换证结果，全省587家测绘资质单位参加复审换证，通过复审540家，缓期16家，注销测绘资质31家。全省全年批准测绘资质单位36家，批准互联网地图服务资质3家。

【培训情况】

9月，河南省测绘局举办2011年测绘行政管理干部培训班。11月，举办2011年乙、丙、丁级测绘资质单位负责人培训班。年内，举办2期测绘生产质量体系培训班，对全省500多家乙、丙、丁级测绘资质单位相关人员进行培训。平顶山市举办2期测绘法律法规为主要内容的讲座，培训测绘资质单位及测绘地理信息管理人员400多人次。三门峡市举办地理信息市场专项整治“回头看”行动培训班及涉密测绘成果培训班。焦作市举办测绘作业人员培训班，全市28家乙、丙、丁级测绘单位相关人员参加。

地图管理

【地图审核】

2011年，河南省测绘局审核通过地图27幅。其中，展登类地图7幅、公开类地图20幅。全年备案20幅（册）。完成河南省高速公路地图、河南省县（市）城区调绘（2009年度）、河南省红色旅游地图、登封市政区图、登封市交通图、河南省30县市挂图等地图的技术鉴定工作。

【地图市场监管】

河南省测绘局印发《河南省2011年地图市场专项治理工作方案》，组织开展全省地图市场检查。洛阳市年内开展2次对图书市场、火车站、长途汽车站等公共场所检查，收缴销毁违规、违法地图200多份。平顶山市开展地图市场检查12次、测绘市场大检查3次，没收各种违法地图1500多张，要求8家单位限期整改，组织1∶1万、1∶1000地形图保密检查，检查各种比例尺地图3300多张。信阳市开展地图市场检查，责令1家持有违规地图的旅游单位整改。南阳市查处各类违法地图制品229件和非法印制的地图872份。郑州、安阳、鹤壁、济源、焦作、漯河、商丘、濮阳、三门峡、信阳、许昌、周口等市在“春节”、“五一”、“十一”前对全市地图市场开展大检查。

【国家版图意识宣传教育】

河南省测绘局邀请郑州市黄河路第三小学学生到河南省地图院参观学习，开展国家版图意识宣传教育活动。平顶山市选派20多人次在10所中小学校分发宣传资料、讲解标准地图，展示违规地图，开展国家版图意识宣传教育活动。

【地理信息市场监管】

2月，河南省测绘局下发《关于开展地理信息市场专项整治工作“回头看”行动的通知》。4月，河南省整顿和规范地理信息市场秩序工作领导小组办公室印发《河南省地理信息市场专项整治“回头看”工作要点》。河南省测绘局利用互联网地理信息安全监管系统，对1125个网站进行鉴别归类管理。7月，组织检查全省435个静态互联网地图网站和15个动态互联网地图网站，查出错误静态地图3幅，违规互联网地图网页2个，错误互联网地图网页1个；关闭处理4家地图网站，对6家无资质从事互联网地图服务网站作出处理。联合省国家保密局对市县43家测绘涉密单位进行抽查，对15起违法案件涉及单位下达整改通知书。10月，河南省测绘局组织3个检查小组赴地市开展地理信息市场“回头看”检查和测绘成果保密检查。商丘市开展基础测绘检查，查处有关单位未经批准私自建立的CORS基准站6个。安阳市加强地图市场监管，查处1个非法登载电子地图的网站。三门峡市成立地理信息市场专项整治工作领导小组，对有关测绘单位在采集、加工、储存、处理、使用涉密测绘成果活动进行全面检查。

成果管理

【成果汇交与分发】

河南省测绘局完成年度测绘成果汇交整理编辑，向社会公布第18期《河南省测绘成果目录》。为交通、地矿、国土等行业提供测绘成果服务285次，提供纸质地形图3606张，提供大地成果点1097个，提供“4D”成果25137幅、数据量107GB，航片2725片，遥感影像172景。

【成果保密管理】

河南省测绘局开展全省测绘地理信息行政主管部门和省直测绘成果归口管理单位主管人员保密检查工作培训。应湖北省测绘局等单位要求，协查新乡等市有关用图单位使用保密测绘成果情况；致函河北、湖北等9省市，要求协查有关外省单位使用河南省测绘成果的情况。河南省测绘局、河南省国家保密局联合抽查15个地市、4个省直测绘单位和中央驻豫单位的保密测绘成果使用情况。

【云台山茱萸峰高程立碑】

9月，焦作市政府投入资金13万元在云台山茱萸峰设立高程标志和标志纪念碑。云台山茱萸峰高程为1297.6米。

【测量标志管理】

河南省测绘局制定测量标志普查方案，对全省测量标志分批普查，黄河以北的水准控制点普查工作已按方案开展。依法处理测量标志迁建等3件。新乡市完成邯郑线水准测量标志补测工作，并将7个新补测的测量标志建立档案。商丘市建立测量标志档案，巡查测量标志100个，完成2个被破坏的测量标志调查取证工作。平顶山市建立测量标志定期巡查和标志迁建上报制度，普查标志点200多个。许昌市对D级GPS控制网310个点位的测量标志普查和委托保管工作进行抽查。

基础测绘

【基础测绘项目】

河南省测绘局完成1:1万基础测绘任务第一期计划，第二期计划完成75%。开展1:1万基础测绘数据库向2000国家大地坐标系的转换工作。完成1:1万地形图外业调绘2136幅、内业1465幅。完成郑州、平顶山、漯河、许昌、南阳1:1万更新像片全要素调绘1042幅；完成国家1:5万基础地理信息数据库更新工程河南省1:5万地形数据库更新和1:5万数据库更新工程缩编任务79幅；完成1:1万基础地理信息数据库建库计划；完成数字平顶山、数字郑州1:10万DLG缩编任务及34个县市的1:1万第三轮快速更新任务。

【市级基础测绘】

平顶山市“平宝、平鲁、平叶一体化”连接区域地理空间框架建设项目通过验收。开封、周口、许昌、驻马店市的“D级GPS三维空间大地控制网建设”项目通过河南省测绘产品质量监督站验收。郑州市完成轨道交通5号线沿线1:1000数字地形图73幅，以及中心城区1010.3平方千米1:500、1:1000数字化图的建库工作。三门峡市完成D级GPS布测270点，施测四等水准2800千米；完成沿黄河景观带1:1000数字地形图887幅，1:1000数字高程模型866幅，1:2000正射影像图253幅。洛阳市完成吉利区1:1000数字化地形图9平方千米44幅。漯河市完成乡（镇）政府所在地1:500地形图测绘工作。信阳市完成建成区及规划区387平方千米彩色数码航空摄影，完成1:500、1:1000地形图更新，建立市级基础地理信息数据库，完成各县1:500、1:1000、1:2000地形图、影像图及数字化产品项目。鹤壁市完成“大陆构造网基准站”项目施工资料归档及验收、“陆态网CNSS站”项目测绘数据接收及仪器调试工作。驻马店、新乡市对境内国家一等水准点进行补建、补测。

【专项补助】

濮阳市台前县、范县获国家财政对老少边穷地区基础测绘经费补助65万元。商丘市数字睢县地理空间框架建设获老少边穷地区基础测绘补助经费约130万元。洛阳市老少边穷地区基础测绘项目获省财政补助经费100多万元。南阳市数字社旗地理空间框架建设获国家测绘地理信息局老少边穷地区基础测绘项目补助资金30万元，数字淅川地理空间框架建设被纳入国家财政部、国家测绘地理信息局老少边穷地区基础测绘扶助项目。

【地理信息公共服务平台】

6月27日，河南地图网开通“红色旅游地图”频道并提供免费下载服务；年内基本完成省、市、县三级政府门户网站和部分厅（局）网站与河南地图网的链接。河南省测绘局完成WEBMAP平台升级研发，并应用于舞钢市数字乡镇、商丘市公共地名服务和有关省直机关专题系统中。对省地理信息公共服务平台涉密版数据进行更新，将200多幅1:1万一轮更新数据进行入库处理，采用一轮DLG数据和二轮DLG数据相结合的方式重新配图。编写河南省政务版地理信息公共服务平台项目建议书。“天地图·河南”经过军方、保密部门及测绘部门三方论证安全上线运行。河南CORS站网正式开通运行，并开展通讯卡办理工作，办卡单位134家，办卡426张，建成基于河南移动公司的无线发布平台。平顶山市8座CORS基站完成与省CORS站网对接。

【数字城市建设】

2011年，河南省立项、建成、在建的数字城市达14个。河南省测绘局与郑州、南阳、许昌等市建立战略合作关系，使用机载激光扫描仪对数字城市框架数据进行后续更新。完成邓州、信阳、许昌市数字城市建设国家基础航空摄影资料的验收工作。

洛阳、许昌、南阳、濮阳、安阳、鹤壁、新乡等市被国家测绘地理信息局列入2011年数字城市试点或推广计划，鹤壁、濮阳、南阳、许昌等市启动项目建设。郑州、平顶山、济源、邓州等市数字城市建设进入验收阶段。漯河市数字城市建设按计划推进。

【数字河南省市县乡统筹联动建设】

河南省测绘局结合数字河南省市县乡统筹联动建设和“富民强省、三化协调”的发展战略，开展项目申报工作。申报的14个项目全部获批准，项目经费总投入1241万元（中央财政补助经费450万元，地方财政配套经费791万元）。开展数字县域建设10个，启动数字乡镇建设30多个。

【中原经济区郑汴一体化城市扩展与历史变迁地理国情监测试点】

10月15日，河南省测绘局完成的“中原经济区郑汴一体化城市扩展与历史变迁地理国情监测试点项目”通过评审。该项目由河南省测绘局投入资金60万元，河南省基础地理信息中心承担项目设计。

质量监督

【测绘质量监督】

河南省测绘局完成测绘成果质量监督抽查工作。全年测绘产品质量一次检验合格率为100%，测绘产品质量优良率达到95%以上。全年鉴定各类测绘仪器2790台。其中，全站仪810台、GPS接收机360台、水准仪1100台、经纬仪220台、手持测距仪300台。

【质量管理体系审核】

河南省测绘工程院、河南省遥感测绘院、河南省地图院、河南省基础地理信息中心通过GB/T19001－2008质量管理体系监督审核。

重大工程测绘

【河南省现代三维测绘基准建立】

4月7日，河南省测绘局召开“河南省现代三维测绘基准建立”项目成果发布会。该项目完成覆盖全省的D级GPS三维空间大地控制网建设，建立参考站56个，建立省级现代测绘基准体系与国家空间数据基准框架相一致的三维坐标框架。

【数字濮阳1:1000航空摄影测量数字化成果】

10月14日，“数字濮阳1:1000航空摄影测量数字化成果”项目通过河南省测绘产品质量监督站验收。该项目由河南省基础地理信息中心承担实施，完成1:1000数字化地形图660幅，航空摄影180平方千米，实地调绘160平方千米，加密E级控制点32个，施测四等水准145.5千米。

【驻马店市3区2县一体化新农村建设测绘保障服务示范】

9月，驻马店市“3区2县一体化新农村建设测绘保障服务示范”项目通过河南省测绘产品质量监督站验收。

【淳安县环湖公路上江埠大桥及接线工程S02合同段测绘】

中铁大桥局集团第一工程有限公司完成“淳安县环湖公路上江埠大桥及接线工程”S02合同段测绘项目，具体工作由测绘分公司承担。

地图编制与出版

河南省测绘局完成“河南省决策指挥多媒体电子地图”系统的制作，为省委、省政府制作《领导工作用图（2011版）》；编制完成《红色旅游地图》、《河南省十八省辖市市域图与城区图更新编绘》、《郑州市新农村建设分布图》等地图。

测绘地理信息应用与服务

【测绘地理信息应用】

3 月 12 日，科学管理和应急决策多媒体电子地图触摸系统在河南省省长和分管省长办公室安装。该系统由河南省基础地理信息中心和河南省地图院共同研发完成。4 月 26 日，河南省遥感测绘院为河南电视塔内的《锦绣中原》三维全景画申报吉尼斯世界纪录实地测量三维全景画 3012.365 平方米，为成功申报吉尼斯世界纪录作出贡献。

【测绘成果应用】

2011 年，河南省测绘局配合河南省水利厅开展全省水利普查工作，为水利普查提供 1:1 万 DOM 成果 950 幅。向河南省应急办应急指挥系统提供全省 1:1 万地形图切片图像 6056 幅；为“十二五”规划制作新农村公路演示系统；为河南省水土保持监督监测总站进行水利普查无偿提供 1:1 万地形图 968 幅、数据 753 幅，1:5 万地形图 26 幅，1:5 万 DLG 数据 67 幅；为全省林业二类调查提供地理信息保障和技术支持服务，联合开发森林资源管理信息系统；为南水北调渠首区地震安全科学探查项目提供1:5 万、1:25 万数据各 4 幅；为南阳市新区空间发展规划项目提供 1:1 万地形图喷绘纸图 19 幅；为汝州市住房与城乡建设局南水北调土地北调整理项目提供 1:1 万地形图 9 幅；为商丘市梁园区王楼乡整体规划项目提供 1:1 万地形图 4 幅。为济南军区某部、河南省军区等单位无偿提供水准点 113 个，GPS 点 179 个，1:1 万 DOM 数据 67 幅、数据量 1.64GB，航片 360 片。

商丘市为城乡建设项目规划、基本农田整治等重大项目工程提供 D 级控制点成果 48 个。焦作市、濮阳市为中南铁路、城区电力信息采集、大化输气管线等建设工程提供 D 级 GPS 控制点坐标，为南水北调支线工程换算坐标 45 个。平顶山市向城市规划、城市应急管理、地下管线普查等重要项目提供各种基本比例尺地形图 1000 多幅，向市城中村改造办公室提供 1:2000 影像图 100 多张。

【测绘应急保障服务】

3 月 24 日，河南省测绘局应河南省民政厅紧急求助，委派河南省地图院测绘专业技术人员随河南省政府督导组赴济源市进行越界非法采矿测绘界定，获取矿区 5 个井口的定位数据，为省督导组提供及时、准确的测绘应急保障服务。9 月 21 日，紧急制作陇海铁路《三门峡义马段观音堂至庙沟下行处 1:2000和 1:1000 遥感影像图》，为铁路部门疏散山体滑坡受灾群众、决策指挥提供测绘服务保障。此外，为商丘市政府紧急提供测绘成果，为省重点项目“商丘新区 198 平方千米建设总体规划”顺利实施提供测绘支持。

科技创新与人才培养

【测绘科技应用】

河南省测绘局基于 ADS40、ADS80 三线阵推扫式航空摄影技术开展大比例尺测绘项目的生产技术性研究，由河南省工程院数字化中心具体承担，并尝试边研究边应用。

【科技获奖情况】

河南省测绘局开展河南省优质测绘工程（成果）奖评选活动，评出 2011 年优质测绘工程（成果）奖 150 项。其中，一等奖 23 项、二等奖 74 项、三等奖 53 项。组织 2011 年度测绘科学技术进步奖评审工作，评出测绘科学技术进步奖一、二等奖共 17 项。

河南省基础地理信息中心完成的“南阳地理空间信息基础测绘工程”、中铁大桥局集团第一工程有限公司完成的“杭州湾大桥工程施工测量控制项目”均获 2011 年中国测绘学会优秀测绘工程奖金奖；黄河水文勘察测绘局完成的“2009 - 2010 年度河南黄河下游防洪工程堤防帮宽和堤防加固测量”、河南省地球物理工程勘察院等单位完成的“河南省周口市地下管线普查探测与信息系统建设工程”分别获银奖；河南省地图院完成的“河南省领导工作用图图集工程”、河南省地质测绘总院完成的“荥阳市城区地籍更新调查”、“铜陵市城镇地籍变更调查与测量”等项目分别获铜奖。河南省测绘局完成的“河南省现代三维测绘基准建立”项目获 2011 年中国测绘学会测绘科技进步奖三等奖，完成的“河南省 1:1 万基础地理信息数据‘人·县·年’快速更新技术规程”项目获河南省科学技术协会首届自然科学奖——河南省决策研究成果奖一等奖。

河南省测绘局获国家测绘地理信息局颁发的“十一五”科技项目执行团队奖，禄丰年获“十一五”科技项目组织管理贡献奖；河南省测绘工程院田耀永获国家测绘地理信息局颁发的“十一五”测绘地理信息优秀青年科技贡献奖。

【人才培养】

河南省测绘局制定《河南省测绘局副处级领导职位竞争上岗实施方案》，首次在全局范围内竞争选拔4名局属单位及机关副处级干部，完成3名处级干部轮岗交流，考察选拔处级干部2名。在局属事业单位推行中层干部竞争上岗制度，公开选拔任用中层干部11名。

河南省测绘局15人通过全省机关事业单位工人等级考试。其中，技师4人、高级工2人、中级工以下9人。完成全局2010年~2011年测绘青年技术带头人考核工作；进行全省测绘行业工勤技能岗位培训考核，涉及地籍测量、工程测量、大地测量、摄影测量和地图制图5个专业4个等级，297人参加培训考核。开展2011年度全省测绘行业特有工种职业技能鉴定，涉及房产测量、工程测量、地籍测量3个专业，鉴定1189人。其中，初级工79人、中级工926人、高级工人163人、工程测量技师21人。

9月4日，河南省测绘行业职业技能竞赛选拔赛在郑州举行，50名选手参加为期3天的比赛。河南省测绘局组织参加“中测新图杯”第二届全国测绘地理信息行业职业技能摄影测量竞赛，李华获个人成绩第一名，并获个人一等奖，被授予“全国五一劳动奖章”、“全国技术能手”、“全国测绘地理信息技术能手”称号；李淑琴获个人成绩第十三名，并获个人三等奖，被授予“全国测绘地理信息技术能手”称号；河南省测绘局获全国测绘地理信息行业职业技能竞赛摄影测量赛区团体二等奖。黄河水利职业技术学院测绘地理信息专业教授周建郑获教育部第六届“高等学校教学名师奖”。

对外合作与交流

河南省测绘局派员赴法国巴黎参加第25届国际制图会议、赴荷兰参加由国家测绘地理信息局与国家外国专家局联合组织的防灾减灾地理信息技术应用与项目管理培训。9月27日，河南省测绘局局长贾志伟会见瑞典测量公司总经理林杨一行。11月20日~28日，贾志伟带队赴瑞典、瑞士、丹麦等国家进行测绘地理信息考察和测绘技术交流。

党的建设与测绘地理信息文化建设

【党建工作】

河南省测绘局出台《关于2011年加强党风廉政建设工作意见》，印发《河南省测绘局2011年年度党风廉政建设责任目标》、《河南省测绘局基层党组织党务公开试行办法》，制定2011年度党委党风廉政建设责任目标，在直属机关基层党组织中开展“争创学习型党组织、争当学习型党员”活动。举行纪念中国共产党成立90周年大型合唱比赛、知识竞赛和“党在我心中”征文比赛活动，组织全局新党员宣誓、老党员重温入党誓词活动，召开优秀党员代表和先进党组织代表先进事迹报告会，慰问全局8名党龄在60年以上老党员。河南省测绘局党委组织党员创先争优“公开承诺”回头看活动；局党委领导到局属单位调研，并对局属单位创先争优工作进行点评。

河南省测绘局局属单位受到省委省直工委表彰，1家单位获“五好基层党组织”称号，1家单位获“先进基层党组织”称号，4人获“优秀共产党员”称号，1人获“优秀党务工作者”称号。1人被评为全国测绘地理信息系统“优秀党务工作者”。局党委授予4家单位“先进基层党组织”称号、20人“优秀共产党员”称号、2人“优秀党务工作者”称号。

【党风廉政建设】

2011年，河南省测绘局制定《河南省测绘局基层党组织党务公开实施办法》，组织机关全体人员和局属各单位领导班子成员48人到豫中监狱参观，组织局机关处级干部观看省纪委主办的“辉煌历程·浩然正气——河南省纪念中国共产党建党90周年反腐倡廉建设”大型展览，组织全局220名党员干部参加省纪委的“全国纪念建党90周年反腐倡廉知识竞赛”活动。

【网站建设】

5月，河南省测绘局改版后的门户网站正式上线运行，新增政务公开信息专栏1个、二级子版块23个、局长独立栏目3个、处室独立栏目6个、质检站独立栏目1个、航测遥感院子站1个。启动留言板、网上申报办理和电子邮件等功能，设置局长信箱及监督信箱，与局部分直属单位网站进行链接。

【文化建设】

河南省测绘局制定《河南省测绘局党委关于认

真学习贯彻党的十七届六中全会精神全面推进河南测绘文化建设的实施方案》。组织局机关和各直属单位90多名团员青年到河南省地质博物馆参观学习。组织30多位离退休老干部赴湖北省丹江大观苑南水北调中线工程纪念馆参观学习。组织离退休人员健康体检；组织24名离退休人员参加庆祝建党90周年文艺演出活动和“党在我心中”征文比赛。派员到信阳市新县田铺乡世友希望小学看望学生，并捐赠地图、学习用品及生活用品。河南省测绘局组织党员干部到江西省井冈山革命旧址参观学习。

组织参加国家测绘地理信息局组织的“阅读·思考·进步”学习读书征文活动，1篇征文作品获二等奖；在中国测绘职工思想政治工作研究会2010年度重点课题优秀研究成果评选中提交的1篇研究成果获二等奖、4篇研究成果获鼓励奖，河南省测绘局获优秀组织奖。开展机关处（室）2011年全局干部调研报告（论文）评选工作，为下属单位党组织订阅《党的生活》、《机关党建之窗》等杂志。河南省测绘局被省直工委评为省直机关学习型党组织建设先进单位。

河南省测绘局选送作品参加全国测绘系统摄影比赛、全国测绘职工书画比赛，参加全国测绘系统乒乓球比赛并获男单第5名，参加省国土资源厅组织的羽毛球比赛。在省直文明办组织的登山比赛活动中，河南省测绘局获优秀组织奖。组织部分干部职工参加省直文明办组织的春季义务植树活动。

【宣传工作】

3月2日，《聚焦中原》栏目以“数字城市改变生活”为题报道河南数字城市建设情况。7月，河南省测绘宣传工作会议在郑州召开。

2011年，河南省测绘局在各大新闻媒体网站发表新闻1000多篇。其中，在《中国测绘报》、《中国测绘》杂志发表97篇，在国家测绘地理信息局门户网站发表200多篇，在省内新闻媒体发表30多篇。印发《河南测绘简报》21期。完成《中国测绘年鉴》、《河南年鉴·测绘篇》、《河南国土资源年鉴·测绘篇》、《河南科技年鉴·测绘篇》、《河南测绘2010年大事记》供稿工作。

地方社团工作

3月18日～22日，河南省测绘学会与中国测绘学会在郑州联合举办注册测绘师资格考试培训班，200多人参加培训。4月，河南省测绘学会与河南省科协开展学术研究活动，组织专家学者调研“河南省1:1万基础地理信息‘人·县·年’快速更新机制”。5月27日～29日，河南省测绘学会教育专业委员会与河南省高等学校土木水利建筑测绘类教学指导委员会、河南省高等学校资源开发测绘安全类教学指导委员会联合承办首届河南省高等学校测绘学科青年教师教学技能竞赛，产生本科组一等奖2名、二等奖4名、三等奖9名、优秀奖6名；高职组一等奖2名、二等奖3名、三等奖6名、优秀奖2名；5所高校获优秀组织奖。7月8日，河南省测绘学会在郑州举办2011年度地理信息国（省）情监测新技术学术研讨会，200多人参加。7月8日，河南省测绘学会召开第七届五次理事会，学会理事及代表70多人参加会议。10月，组团赴台湾与台湾地籍测量学会、逢甲大学GIS中心开展学术交流。

全年编印4期《河南测绘》学术期刊。向中国测绘学会推荐测绘科技项目并有12项获奖，向省科协推荐测绘科技项目并有1项获奖，向中国地理信息产业协会推荐测绘科技项目并有3项获奖。组织专家完成河南省测绘科技进步奖和河南省优质测绘工程（成果）奖、2011年度测绘类专业职称的评审工作。

湖北省

规划与计划

2011年9月，湖北省政府印发《湖北省测绘地理信息发展"十二五"规划》。该规划明确了"十二五"期间湖北省测绘地理信息发展的指导思想、发展目标、主要任务及重点工程，提出保障规划实施的重点措施。"十二五"期间，全省拟投入14亿元用于测绘地理信息建设计划，比"十一五"期间增加90%。

法制建设

【测绘立法】

湖北省政府颁布《湖北省测绘项目登记管理办法》、《湖北省地理空间信息数据交换和共享管理暂行规定》。《湖北省测量标志管理办法》被列入省政府2011年立法计划，湖北省测绘局配合省政府法制办公室赴宜昌、仙桃等地开展立法调研；《湖北省基础测绘管理条例》被列入省人大2011年立法计划预备项目。湖北省测绘局向国家测绘地理信息局报送《湖北省关于〈中华人民共和国测绘法〉实施情况的报告》。

【行政许可】

湖北省测绘局对机关工作人员进行行政许可办理和省级行政审批系统使用培训；加强局行政许可办事服务大厅软件、硬件建设；调整行政审批管理主体和办事窗口，明确由湖北省基础地理信息中心具体负责，实现"一个窗口"、"一站式服务"；压缩行政审批事项40%，行政审批时限在法定时限基础上平均压缩25%以上；推广测绘资质网上审批；主动下放审批权限，行政审批零收费。全年接到行政审批事项申请514项，受理行政审批事项456件并全部办结，其中网上办理338件。

【法制宣传教育】

湖北省测绘局创新测绘法宣传日活动形式，"8·29"测绘法宣传日当天，局领导及有关处（室）人员赴各市、州指导巡视，并及时对测绘法宣传日活动中成效显著的单位进行表彰。"12·4"全国法制宣传日期间，按照省依法治省领导小组的安排，湖北省测绘局印发《关于开展2011年百家网站"五五"普法法律知识竞赛活动的通知》，组织全省测绘系统干部职工参与百家网站"五五"普法法律知识竞赛活动。

市场监督

【测绘资质管理】

2011年，湖北省测绘局完成第三次测绘资质复审换证工作，新申办测绘资质单位37家，测绘资质升级14家，注销测绘资质35家；实行测绘资质在线办理，实现与国家测绘地理信息局测绘资质管理信息系统互联互通。制定《新办测绘资质负责人谈话制度》，对新取得测绘资质单位的负责人进行约谈，要求其学习测绘法律法规和有关规定。截至11月23日，湖北省共有测绘资质单位539家。其中，甲级41家、乙级103家、丙级239家、丁级156家。2011年，为38家资质单位办理变更事项；办理测绘作业证407个；办理测绘作业证注册305个。

【地理信息市场专项整治】

湖北省测绘局对近两年"不按规定送审、不按审查意见修改、不按要求备案"地图以及上传、标注敏感和涉密地理信息等违法违规行为进行重点治理。开展地理信息市场专项整治工作"回头看"行动，对涉证、涉网、涉密、涉外、涉军的违法违规行为开展清查。根据国家测绘地理信息局的统一部署，对省内10个互联网地图服务网站和428个互联网地图网页进行检查，对问题网站进行专项治理，督促有关单位整改或办理互联网地图服务资质，关闭互联网地图服务网站4家。3月，按照湖北省行政执法责任制考核办法的要求，对2010年全省测绘系统行政执法工作进行评议考核。在各地自查的基础上，组成考评小组赴天门、仙桃等地实地核查。

通过评议考核，认定9个单位行政执法责任制评议考核等次为优秀。

该局协助湖北省国家安全厅对武汉海地测绘科技有限公司涉嫌采集涉密区域信息进行调查；对武汉东昌勘测评估咨询有限公司测绘技术人员重复申报情况进行核查和处理；指导宜昌市测绘局对葛洲坝集团检测有限公司无证测绘案进行查处；对武汉弘图数码科技有限公司无证测绘、恩施州佳信房产测绘公司违规测绘行为和大悟县破坏测量标志事件进行调查。

地图管理

【地图审核与网络地图监管】

湖北省测绘局联合武汉市测绘局等部门，督促武汉市存在“问题地图”的单位进行整改。分别与武汉市、黄石市测绘局对当地地图市场进行检查。加强对互联网地图和地理信息服务网站的监管，对市州基础测绘成果提供使用行为进行规范，有效促进地理信息资源的开发利用。举办全省地图管理与互联网地图安全审校人员培训班，强化国家版图意识。对武汉、黄石、荆州、宜昌等地涉密测绘成果保密管理与使用情况开展跟踪检查，消除失泄密隐患。2011年全省审核批准地图17件，审批基础测绘成果378项，出具涉密基础测绘成果准予使用决定书286项。

【国家版图意识宣传教育】

湖北省测绘局召开全省国家版图意识宣传教育和地图市场监管工作联席会议，部署2011年国家版图意识宣传教育和地图市场监管工作。5月，在武汉城区采用悬挂横幅、设展台、发放地图和宣传资料等形式，组织开展国家版图意识和地图市场专项治理宣传教育活动，发放地图及宣传资料1.3万多份，并向参观者进行宣传讲解。

成果管理

【成果汇交】

2011年，湖北省测绘局接收国家级测绘成果资料2次，接收局内生产单位上交的53个项目（测区）成果。

【保密管理】

湖北省测绘局下发《湖北省测绘局关于进一步做好保密工作的通知》；局领导与机关各处（室）、局属单位负责人签订《保密工作责任书》。8月，举办保密技术骨干培训班，局保密委办公室、局属单位保密办负责人及保密技术骨干共30多人参加培训。举办湖北省涉密测绘成果管理人员岗位培训班。开展保密宣传和保密知识竞赛，对过期保密资料进行销毁。为机关干部配发保密存储介质，在局机关和局属单位中开展保密检查，对领导干部保密工作责任制的落实情况、保密委员会建设及作用发挥等情况进行抽查，对存在问题的单位要求限期整改。局系统全年无失泄密事件发生。

【测量标志保护管理】

湖北省测绘局争取到湖北省财政400万元测量标志维护专项经费。举办测量标志维护规程培训班，对全省新确定的测量标志重点维护地区有关人员进行培训，并为测量标志保管员发放了津贴。组织开展A、B级及部分C级GPS点的普查及国家一、二等水准点和三角点维护工作。全年办理测量标志迁建申请5起。

基础测绘与质量监督

【基础测绘经费】

2011年，湖北省级基础测绘投入4000多万，市县基础测绘投入8000万。湖北省测绘局直属单位全年完成测绘服务总值1.5亿元，较2010年同比增长23.3%。

【1:1万基础地理信息数据采集与更新】

湖北省测绘局实施鄂州城乡一体化新农村测绘保障服务项目、仙洪试验区扩区测图项目，全省1:1万数字线划图等涉农测绘保障；全省1:1万数字线划图覆盖率达65.7%，比2010年增加15.6%。

【数字湖北】

2011年，湖北省政府将数字湖北地理空间框架建设列入省“十二五”发展规划和“十二五”重点项目。省“两会”期间，省长王国生在《省政府工作报告》中首次提出“加强基础测绘，提高服务保障能力，加快数字湖北建设，大力推进地理信息产业发展”。6月，湖北省政府决定成立数字湖北地理空间框架建设项目领导小组，由原省委常委、常务副省长李宪生担任组长，副省长段轮一担任副组长，省直有关部门领导为成员，领导小组办公室设在湖北省测绘局，局长张建仁兼任办公室主任。8月，数字湖北地理空间框架建设项目领导小组召开第一次会议。至年底，数字湖北2011年专项资金已全部落实，卫星定位服务系统建成并投入使用，完成省级数据库和公众服务网建设，加强了三峡库区综合信息空间集成平台的维护管理，扩大了平台应用范围。

【地理信息产业】

湖北省测绘局配合湖北省政府参事室开展地理信息产业发展调研，形成《关于进一步加快全省地理信息产业发展的建议》并上报湖北省政府。副省长段轮一等领导对该建议作出批示，并要求省政府督查室具体督促落实。

9月，湖北省政府印发《湖北省地理空间信息数据交换和共享管理暂行规定》，加强地理信息资源管理，规范地理空间数据交换和共享行为。11月，科技部火炬中心举办产业集群建设启动会，东湖高新区国家地球空间信息及应用服务创新型产业集群成为首批支持建设集群之一。

据不完全统计，2011年全省地理信息产业产值达60亿元，同比增长20%。

【地理国情监测】

湖北省测绘局充分发挥测绘技术装备和基础数据优势，加快推进地理国情监测工作。在基础测绘计划中安排重要地理信息采集项目，完成了大洪山、九宫山、大别山天堂寨、桐柏山太白顶等名山最高点坐标及高程测量，测定了湖北省东南西北四极行政村和陆地最高点、最低点坐标及高程。9月21日，湖北省政府新闻办公室召开“十一五”全省测绘发展成就及重要地理信息数据新闻发布会，国内30多家新闻媒体采访报道。

【数字城市建设】

截至年底，湖北省17个省辖市和直管市中已有15个城市开展数字城市建设，其中13个城市被列入全国数字城市地理空间框架建设试点或推广城市。3个城市通过国家测绘地理信息局组织的验收并被授予“全国数字城市建设示范市”称号。湖北省测绘局组织有关单位开展数字城市建设中、大比例尺数字线划图建库数据标准研发工作，颁发《数字城市地理空间框架建设1∶500、1∶1000、1∶2000数字线划图建库数据暂行规定》，并在全省组织专题学习培训。组织编写出版《数字城市建设指南》，推进全省数字城市建设工作。启动县级数字城市建设工作，将麻城市确定为全省首个县级数字城市建设试点城市。全国扶贫重点地区恩施自治州和神农架林区开展数字城市建设的前期准备工作。

【质量监督】

2011年，湖北省测绘产品质量管理实行分级管理监督抽查模式。全年完成8家甲级测绘单位、24家乙级测绘单位的测绘成果监督检查，并完成2010年监督检查3家不合格单位的复查工作。在调研和征求意见的基础上，形成市州测绘行政主管部门测绘产品监督抽查办法和标准。

重大测绘工程

湖北省连续运行卫星定位服务系统建成并正式运行。该系统向全社会提供精确定位、实时定位和移动目标导航等空间位置信息和其他数据信息，满足了测绘、现代气象服务、地壳运动研究等部门的需要。湖北省测绘地理信息发展大厦建成，将作为测绘科技创新基地投入使用。

测绘地理信息合作共建

8月1日，湖北省测绘局和广州军区某测绘大队在武汉签署《测绘地理信息融合发展合作协议》，共同探索军地测绘地理信息融合发展途径。8月5日，湖北省测绘局与黄冈市政府签署合作协议，共同推进大别山革命老区经济社会发展试验区建设测绘保障服务工作。10月17日，湖北省测绘局与中国测绘科学研究院在武汉签订战略合作协议，将在加强数字湖北地理空间框架建设、建立电子政务共享服务平台、加大科技项目创新协作力度、开展人才交流培养和学术交流合作、建立联合工作互访机制等5方面开展合作。此外，湖北省测绘局与省民政厅、省气象局、省地震局、省交通厅、省地质矿产勘察开发局、省公安厅等部门签署基础地理信息共建共享协议。

地图编制与出版

为庆祝中国共产党建党90周年，由湖北省测绘局组织，湖北省委组织部、湖北省委宣传部、湖北省委党史研究室、湖北省民政厅、湖北省旅游局监制，湖北省地图院编制完成《湖北红色地图》，并于6月24日出版发行。为庆祝辛亥革命·武昌首义100周年，湖北省委宣传部、湖北省测绘局、湖北省文物局、武汉市旅游局监制，湖北省地图院编制完成《纪念辛亥革命武昌首义100周年专版地图》，并于9月30日出版发行。11月11日，由湖北省政府办公厅、省发展和改革委、省测绘局共同编制的《鄂西生态文化旅游圈地图集》正式出版，该图集全面反映了圈域内自然、经济、社会状况的空间分布和地区特征。

成果应用与服务

【“天地图·湖北”建设】

湖北省测绘局编写了《“天地图”湖北省、市级节点建设实施方案》并上报国家测绘地理信息局。组织开展省级平台公众版门户网站的开发工作。为保证平台性能指标，“天地图·湖北”省级节点平台采用2套软件部署方案并上线运行，实现了“天地图·湖北”与国家节点的互联互通。加强全省市级节点建设，将完成公众版平台建设的城市作为“天地图”市级节点，与省级公众版平台实现互联互通。

【成果提供】

2011年，湖北省测绘局接待申请使用国家级、省级基础测绘成果用户约510多人次，档案查询用户120多人次；提供借阅各类测绘档案342件次。为规划、水利、交通等行业提供各种比例尺地形图2762幅，大地控制点2131点；提供DLG 3402幅、DRG 2108幅、DOM 1433幅、DEM 701幅，数据量104263 MB；提供航片扫描数据5621片，数据量2676000 MB，航摄相片4706片。

【领导决策服务】

湖北省2011年“两会”期间，湖北省测绘局为参会代表提供3000多份最新版《湖北省领导工作用图》。此外，为荆门市“两会”和十堰市“两会”编制专用地图。

【城市管理和新农村建设服务】

湖北省测绘局为武汉城市圈建设提供1:1万“4D”产品成果1920幅、控制点500个。为襄阳、荆州、鄂州、宜昌等地新农村建设提供基础测绘数字成果512幅，喷绘图150幅；为长阳、英山、赤壁等县市新农村建设提供1:1000地形图141幅。为数字黄冈、数字十堰、数字襄阳、数字仙桃等数字城市建设项目提供1:1万DLG 524幅；为数字十堰提供航片数据2912片、相片2912片；为数字黄冈提供航片数据1848片、相片1848片；为数字襄阳提供航片数据637片、相片637片。

【国家重大项目服务】

湖北省测绘局为“西气东输”建设项目提供1:1万DLG 85幅、DRG 22幅、DOM 229幅；为武汉新港建设提供1:1万DLG 102幅；为国家1:5万基础地理信息数据库更新工程提供1:1万DOM 58幅、DRG 52幅。为“水利普查”、“山洪防治非工程措施项目建设”、“河道整治”等水利项目提供1:5万DLG 133幅、1:1万DLG 15幅、1:5万喷绘图182幅、1:1万喷绘图1533幅。

【重点工程建设服务】

湖北省测绘局为武汉城市圈、鄂西生态文化旅游圈、武汉新港建设提供测绘保障。完成民政部《中华人民共和国省级行政区域界线详图集》28条省界线的编制项目并通过民政部验收。编制完成《三峡库区地图集》。研发完成《湖北电网特殊区域地理信息管理数字化平台》项目。与黄冈市、孝感市政府签署大别山革命老区经济社会发展试验区建设测绘保障服务合作协议。编制湖北省测绘局农村工作队四个驻点行政村的民情地图，为当地农村经济发展和规划提供服务。完成新疆博州连续运行卫星定位服务系统建设和博州市区大比例尺测绘任务。完成斐济群岛共和国乡村道路改造测量工程。

【社会经济发展服务】

湖北省测绘局为湖北省水上搜救应急管理系统一期工程建设提供1:1万DOM 80幅、DLG 130幅；为湖北省地震应急基础数据库更新提供1:1万DLG 741幅；为黄冈蕲春机场选址设计、十堰武当山机场、保康至神农架高速公路等项目提供1:1万DRG 545幅、喷绘图30幅；为湖北省电力公司主网建设、潘口电站500kV送出线路工程、湖北利川风场建设等项目提供1:1万数字成果161幅。

【军地测绘地理信息融合发展保障】

湖北省测绘局为湖北省军区提供1:25万DLG 5幅，1:5万DLG 70幅、DEM 70幅，1:1万DLG 296幅、DOM 993幅，为75719部队提供1:1万喷绘图4幅，保障了部队战备工作需要。

测绘应急保障

【抗旱救灾应急保障】

5月，湖北遭遇百年罕见的旱灾。湖北省测绘局启动应急预案，对湖北旱情进行及时的动态监测。应用最新仪器设备和无人机航摄等新技术，获取荆门区域、武汉府河区域、麻城举水区域、东荆河区域、洪湖地区最新航摄数据，与历史同期数据进行比对分析。编制湖北省多年平均降雨量等值线图、湖北省多年平均径流深等值线图、湖北省主要河流湖泊分布图等13类专题地图提供领导决策使用。将部分地区比对影像图在局门户网站发布，供社会各界查看使用。

【防汛抗洪紧急供图】

6月，湖北省咸宁市遭受特大暴雨袭击，通城、崇阳、赤壁三地受灾严重。6月13日，湖北省测绘局应咸宁市军分区请求，连夜赶制咸宁市防汛图、咸宁市行政区划图，咸安区、嘉鱼县、赤壁市、通城县、崇阳县、通山县等县市交通图和最新湖北省交通图及部分布质地图。6月14日，265份防汛救灾地图送至咸宁市军分区防汛抗旱指挥部，为当地组织防汛救灾工作提供保障。

【全国应急救援工作现场会测绘保障服务】

7月7日，公安部在赤壁市召开全国应急救援工作现场会，湖北省测绘局调用无人机航测完成演练区域及武广高铁沿线556平方千米1米分辨率数字正射影像图、136平方千米0.2米分辨率数字正射影像图，图像传送到演习现场指挥部用于救援指挥。

科技创新与人才培养

【科技创新】

湖北省测绘局完善青年学术技术带头人培养机制，在科技项目的立项、经费等方面给予优先保障。在全省测绘行业开展测绘科技进步奖评选活动，积极引进国内外先进技术与设备，不断提高服务保障能力。国家测绘地理信息局、湖北省政府、重庆市政府三方合作建设的“三峡库区综合信息空间集成平台”项目，获2011年中国测绘学会测绘科技进步奖一等奖，湖北省地图院完成的“湖北电网特殊区域地理信息管理数字化平台”项目获三等奖。湖北省地图院完成的“湖北省防汛抗旱地理信息服务工程”项目、湖北省测绘工程院承担的“安陆市第二次土地调查”项目均获2011年中国测绘学会优秀测绘工程奖银奖。

【人才培养】

湖北省测绘局下发关于制定机关工作人员能力席位标准的通知，指导机关各处（室）完成机关各职级岗位《能力席位书》（试行）的制定、审核、报备和下发执行。在省委组织部的领导下，组织完成1名副巡视员、2名副局长和1名纪检组组长的民主推荐工作。根据用人需求，局属单位向社会公开招聘10名一线工作人员。组织开展2011年全省测量专业技术人员高中级任职资格专业水平能力测试工作，调整上报测量专业高中级任职资格评委专家库信息。完成2011年全省测量专业高级工程师（正高、副高）评审材料审核及申报工作。全年全局共安排20人到省委党校、省直机关工委党校和华中师范大学党校学习培训。

对外合作与交流

9月15日~26日，湖北省测绘局派员赴法国、德国、意大利进行“测绘技术和地理信息发展与应用”考察学习；11月24日~12月15日，派员赴美国参加多级地理空间框架体系建设相关技术培训班。湖北省测绘学会被接纳为东南亚测绘协会会员。10月21日，湖北省测绘学会理事长张建仁参加东南亚测绘协会组团，考察泰国皇家测量部。

党的建设与测绘地理信息文化建设

【党的建设】

湖北省测绘局制定《中共湖北省测绘局党组中心组2011年理论学习安排意见》，全年局党组中心组进行7次集中学习。制定下发《湖北省测绘局2011年党建工作意见》；组织开展庆祝中国共产党建党90周年系列活动，在局门户网站开辟“庆祝中国共产党建党90周年”专栏；组织100多名党员参加党建知识竞赛答题活动；组织干部职工到党史教育基地延安、井冈山等地参观学习，开展重温入党申请书、重宣入党誓词活动；向全局老同志、老党员发出慰问信，局领导看望慰问部分老同志、老党员，给他们送去了党的关怀和温暖。

湖北省测绘工程院王卫鸣、湖北省测绘宣传中心何丽华分别被国家测绘地理信息局评为优秀共产党员、优秀党务工作者；湖北省测绘工程院王卫鸣被湖北省直机关工委评为“我身边的优秀共产党员”，其先进事迹被编入《省直机关“我身边的优秀共产党员”先进事迹》一书中；湖北省航测遥感院党委、湖北省测绘成果档案馆开发室党支部被湖北省直机关工委表彰为先进基层党组织；湖北地图院胡亦农、湖北省测绘宣传中心何丽华分别被湖北省直机关工委表彰为优秀共产党员、优秀党务工作者。湖北省测绘局召开庆祝中国共产党成立90周年纪念暨表彰大会，表彰局系统12个先进基层党组织、52名优秀党员、7名优秀党务工作者。

【创先争优活动】

湖北省测绘局党组下发《关于进一步做好创先争优活动的通知》，各级党组织和党员对照2010年的公开承诺，逐项梳理总结。组织实施2011年公开承诺工作，通过“党员提、组织审、会议定”的方式，结合职责任务和工作实际，进一步充实完善公开承诺。各基层党组织认真开展创先争优活动，并在全局认真开展群众评议创先争优活动工作。各级党组织广泛开展了创先争优活动群众满意度测评。

【党风廉政建设】

湖北省测绘局开展第十二个党风廉政建设宣传教育月活动，签订《党风廉政责任书》；组织收看《拒腐防变每日一课》系列教育片，参观武汉市洪山监狱警示教育基地，开展自查自纠专项检查活动，建立实施廉政档案制度。按照湖北省纪委“一年试点，两年推广，三年全面覆盖”的安排，组织全局副科级以上干部对局资金、人事、行政许可审批、制度机制等风险点进行排查，共查出一级风险点123个、二级风险点132个、三级风险点123个，并初步确定各个风险点的防控措施。全年该局无违纪案件发生。

【文化建设】

湖北省测绘局把文化活动专题纳入局党建工作重点，要求局属各单位拿出部分经费，用于开展文化活动，并将文体活动作为党建工作评比表彰的重要内容。5月26日~29日，湖北省测绘局组队参加第二届“东方道迩杯”全国测绘系统乒乓球比赛。6月3日，湖北省测绘局机关35人参加湖北省直机关在武汉市洪山体育馆举办的“歌颂共产党、万人大合唱”庆祝中国共产党成立90周年活动。湖北省测绘成果档案馆组织全体干部职工开展“凝聚力量鼓干劲、共创和谐促发展”主题健身活动。湖北省航测遥感院组织团员、青年到武汉市洪山施洋烈士陵园缅怀先烈。

地方社团工作

【湖北省测绘学会】

5月，湖北省测绘学会组织参加2011年湖北省科技活动周活动。围绕“提升创新能力，推进跨越发展”主题，向公众展示地图知识和数字城市等测绘相关新技术，发放宣传资料2000多份，被湖北省委宣传部、省科技厅、省科协授予“湖北省2011年科技活动周先进集体”称号。组织参加全国测绘科技信息网中南6省分网第24次学术交流会，推荐的《关于数字城市建设模式的探讨》论文代表湖北省获奖论文作学术交流。咨询委员会HBCORS课题研究组撰写的《HBCORS运营管理机制的思考》、《省内区域分中心建设研究》、《湖北省内已建CORS参考站整合问题的思考》3篇成果，经业内专家评审。湖北省测绘学会与湖北省测绘行业协会主办的科技期刊《地理空间信息》被评为科技创新源泉工程奖之优秀期刊奖。

为纪念辛亥革命武昌首义100周年，湖北省测绘学会向全省会员单位征集辛亥革命与湖北测绘纪念文章，在《地理空间信息》第四期开辟专栏，登载征集到的文章。10月17日，在武汉召开辛亥革命与湖北测绘研讨会，湖北省人大、国家测绘地理信息局、总参测绘局、中国测绘学会等单位有关领导参加会议。组织会员单位参加在四川南充举行的全国测绘职工定向越野大奖赛，湖北省测绘学会代表队获全国成年组团体第一名和优秀组织奖。

【湖北省测绘行业协会】

1月，湖北省测绘行业协会组织召开理事会，审议通过《湖北省优秀测绘工程奖评选办法》修订意见及部分理事变更、新补理事及吸收新申请入会会员等事项。进一步规范会员入会申请登记、信息建档管理，完善会员信息数据库。定期向495家会员单位免费赠阅《地理空间信息》。5月，按省民政厅《关于开展全省性社团2010年度检查工作的通知》要求进行自查，并报送《湖北省测绘行业协会2010年度检查报告书》和《财务审计报告》，完成年检工作。7月，主动申报湖北省民政厅开展的全省协会商会评估，完成材料准备，通过了现场检查。8月，组织为新疆捐赠价值20万元的测量仪器设备和办公设备。11月，组织会员单位参加第三届武汉国际地球空间信息技术与产业发展论坛暨展览会。

修订《湖北省优秀测绘工程奖评选暂行办法》，成立优秀测绘工程奖评审专家库，选任专家23名。向会员单位下发优秀测绘工程奖评选通知，114个项目参加申报，获一等奖59个、二等奖27个、三等奖28个。7月~9月，组织部分会员单位代表赴新疆、西藏、甘肃和青海等地学习考察。

湖南省

规划与计划

【规划编制】

湖南省政府批准《湖南省基础测绘“十二五”规划》。在湖南省信息化领导小组的指导下，湖南省国土资源厅编制完成《数字湖南地理空间框架建设规划》。

【计划管理】

湖南省国土资源厅编制2011年度基础测绘年度计划，落实全年基础测绘专项经费7500万元；更新1:1万地形图1088幅；提高基础地理信息现势性，规定1:1万地形图经济发达地区更新周期不超过5年，其他70%以上地区更新周期不超过10年。

法制建设

【法制建设】

湖南省国土资源厅对国土资源行政执法依据进行新一轮清理，积极开展立、改、废工作。其中，涉及测绘地理信息法律1部、法规4部、规章12部、规范性文件35件。制定印发《湖南省测绘资质管理实施细则》等规范性文件，加强测绘资质管理。积极配合国家测绘地理信息局做好测绘地理信息立法调研、论证、反馈工作。举办国土资源法规政策培训班，学习、贯彻、宣传测绘地理信息法律、法规和规章。

【法规宣传】

“8·29”测绘法宣传日当天，湖南省国土资源厅举办《中华人民共和国测绘法》宣传暨测绘地理信息工作成果展活动，省委副书记梅克保，省委常委、常务副省长于来山等领导到活动现场指导，社会各界近1000人参观成果展。全省各级测绘地理信息行政主管部门和测绘资质单位也开展了形式多样的宣传活动。此外，省政府召开以湖南测绘服务经济社会发展为主题的新闻发布会，取得良好的宣传效果。

市场监管

【资质管理】

2011年，湖南省国土资源厅依法批准测绘资质证书，以及资质升级、信息变更、资质降级、资质注销共104件，其中新办资质证书20个。

【质量管理】

湖南省国土资源厅组织开展测绘成果质量监督检查。抽查50个单位测绘项目成果质量，对不合格的5个单位分别作出注销、降级和整改复审处理。为规范土地开发项目测绘管理，下发《关于进一步加强市县土地开发项目测绘管理工作的通知》，明确土地开发项目的测绘单位资质、测绘内容和成果审核确认工作。

【测绘地理信息市场监管】

湖南省国土资源厅组织开展地理信息市场专项整治“回头看”和“问题地图”专项治理行动，对450家互联网地图网站进行检查，印发《关于互联网地图检查情况的通报》，公开曝光楼盘网等违规网站并责令限期整改，对未整改的网站，申请省通信管理局予以关闭。

地图管理与成果管理

【地图审核】

2011年，湖南省国土资源厅审核地图样图58件。其中，单张地图55幅、地图集（册）2册、电子地图1件。在认真审核、严格把关的同时，指导编制、出版单位执行相关法律法规，确保经审核出版的地图符合国家有关规定。

【测量标志保护】

湖南省国土资源厅组织完成全省 A、B、C 级 GPS 点和一、二、三等水准点普查工作，3038 个点完好。年内，测量标志管理信息系统基本建成。

【成果管理】

2011 年，湖南省国土资源厅共受理测绘行政许可事项 480 件，其中涉密基础测绘成果使用申请 412 件。所有行政许可事项均在规定时间内依法办理完结。全年向社会提供纸质地形图 13980 张，GPS 点 506 个，三角点 5 个，水准点 202 个，数据地形图 45023 幅、数据量 763155MB；全年汇交测绘成果副本 744 份，汇交目录 11 条。

地图编制与出版

2011 年，湖南省地图出版社有限责任公司和湖南省地图院完成应急地图保障服务任务，及时提供领导工作用图。全年为 3 个市（州）20 多个县（市）编制了工作挂图；编制全新版《湖南省地图》、《湖南省交通图》；完成《洞庭湖历史变迁地图集》的编制与印刷工作；与湖南省高速公路管理局合作编制《湖南省高速公路行车指南》；为庆祝建党 90 周年编制出版《湖南红色地图集》和《红色潇湘地图》。全年印制布质地图近 100 种，数量约 3 万份。

基础测绘

【基础测绘】

2011 年，湖南省国土资源厅组织完成高分辨率基础航空摄影 1320 平方千米，投入地形图更新资金 2000 多万元。全面推广 2000 国家大地坐标系，并在新开展的测绘项目中全面采用。首次采用 SWDC 数字航空摄影仪拍摄的影像数据更新地形图，成果精度优于预期目标。建成湖南省省级基础地理信息数据库，实现数字测绘产品的全省覆盖。

【数字城市建设】

湖南省全面推进数字城市地理空间框架建设。截至年底，11 个地级市州和 2 个县被纳入国家测绘地理信息局数字城市地理空间框架建设试点或推广项目。数字郴州、数字益阳项目已初步建成并在城市管理中发挥作用。

【地理信息公共服务平台】

湖南省地理信息公共服务平台建设工作有序推进，省级财政安排专项经费 5800 多万元。湖南省地理信息公共服务平台公众版“天地图 · 湖南”已上线运行，政务版已为省军区、省发展和改革委、省质监局等部门提供地理信息数据服务。

测绘地理信息合作共建

湖南省国土资源厅大力推进地理信息资源共建共享，与省民政厅签订基础地理信息共享协议，与省国家安全厅、广州军区作战部分别签订数据交换协议，与省气象局共建湖南省卫星定位连续运行基准站（HNCORS）综合应用服务系统，与 8 个市（州）签订了共建共享协议。

测绘地理信息应用与服务

【测绘保障服务】

湖南省各级测绘地理信息部门为林权改革、湘江流域重金属污染治理、环洞庭湖基本农田建设等重大工程提供地形图调绘、动态底图制作、地理信息数据库更新等地理信息服务。5 月，针对洞庭湖区特大旱灾，紧急出动无人机对桃江、南县等地进行航空摄影测量，对灾情进行分析和预测，并将结果提供有关部门抗旱救灾决策参考。

【HNCORS 综合应用服务系统】

截至年底，湖南省卫星定位连续运行基准站（HNCORS）综合应用服务系统通过专家组评审。该系统共建设基准站 93 个。其中，国家基准站 12 个，长株潭地区已建成的基准站 9 个，51 个站点加装了三要素气象仪。全网站点平均距离 53 千米，满足了全省大地测量、工程测量、气象预报等方面的地理信息需求，已为气象、测绘、国土等 100 多家单位近 400 个用户提供了信息服务。

科技创新与人才培养

【科技创新】

2011 年，湖南省国土资源厅投入 200 万元，厅直属各测绘单位投入 800 多万元，用于测绘科技创新项目。厅科技计划对测绘科技项目重点倾斜，鼓励和支持各测绘单位选拔和培养一批 40 岁以下青年科技创新人才、野外一线人才，资助开展科学技术研究。

湖南省测绘科技研究所承担国土资源部2011年公益性行业科研专项“基于二调成果的土地信息动态变更技术研究”，以及省级科技项目“无人机航摄系统在应急监测中的应用研究”。湖南省第三测绘院完成的1个项目获2011年中国测绘学会测绘科技进步奖三等奖。湖南省国土资源厅开展2011年省优秀测绘工程奖评选活动，“大唐华银南山风电场一期49.5Mw工程测量”等37个项目获奖。

【人才培养】

湖南省国土资源厅积极推进人才工程实施战略，向国家测绘地理信息局推荐5名青年学术和技术带头人选，入选1人；向湖南省推荐“新世纪121人才工程”人选，厅属测绘系统1人入选第三层次。组织测绘从业人员报考国家注册测绘师，全省1400人报名，通过资格审查872人，获得国家注册测绘师资格118人。

该厅组织全省测绘地理信息行业职业技能竞赛，选拔2组队员代表湖南省参加第二届全国测绘地理信息行业职业技能竞赛，获工程测量赛区团体第一名，湖南省第一测绘院廖志生、秦庆祚分获个人一、二等奖。廖志生被授予“全国技术能手”称号，并申报全国五一劳动奖章；秦庆祚被授予“全国技术能手”和“全国青年岗位能手”称号。

对外合作与交流

湖南省国土资源厅选派测绘科技人员参加摩洛哥国际测绘与地理信息学术会议和荷兰防灾减灾地理信息技术的应用及项目管理培训，自行组织2个测绘代表团共12人赴美国、加拿大开展测绘与地理信息技术考察。

党的建设与测绘地理信息文化建设

【党风廉政建设】

湖南省国土资源厅严格落实党风廉政建设责任制，认真组织全系统干部职工学习中共中央总书记胡锦涛在十七届中纪委六次全会上的讲话和国务院总理温家宝在国务院第四次廉政工作会议上的讲话，出台《关于进一步加强和改进全省国土资源系统纪检监察工作的通知》，修订了《湖南省国土资源厅红包礼金礼品登记上交管理办法》。印发《2011年湖南省国土资源系统党风廉政建设工作要点》，进一步明确了工作措施和要求。按照中纪委和省纪委的部署，8月~10月，组织开展《中国共产党党员领导干部廉洁从政若干准则》和《关于领导干部报告个人有关事项的规定》贯彻执行情况专项检查，全省测绘系统全体党员干部自觉遵守法律法规和廉政纪律，无违法乱纪行为。

【测绘地理信息文化建设】

湖南省国土资源厅党组组织全系统干部职工深入学习党的十七届五中、六中全会和胡锦涛在庆祝中国共产党成立90周年大会上的重要讲话，举办纪念建党90周年文艺汇演，开展“我身边的优秀共产党员”和全系统“十大杰出共产党员”评选活动，用身边优秀共产党员的先进事迹激励干部职工创先争优。11月，召开全省测绘系统思想政治工作和文化建设研讨会。

厅机关工会成立健身、棋牌、羽毛球、兵乓球等分会，各直属单位成立相应的活动小组，积极开展文体活动，丰富职工文化生活。

广东省

规划与计划

【规划编制】

广东省国土资源厅组织编制的《广东省基础测绘“十二五”规划》经省政府批准，于2011年4月正式印发实施。该厅开展“十一五”基础测绘规划实施评估工作，编制《广东省“十二五”基础测绘项目可行性研究报告》并向省发展和改革委申报立项。市级基础测绘“十二五”规划编制工作稳步推进，21个地级市中有17个完成规划编制。其中，11

个市经市政府批准印发实施，6个市已上报待审批。

【计划管理】

广东省国土资源厅会同省发展和改革委编制上报2012年广东省基础测绘计划，编制下达2011年省级基础测绘项目计划，完成2012年广东省基础航空摄影计划和广东省"十二五"基础航空摄影计划编制上报工作。

法制建设与市场监管

【法制建设】

广东省国土资源厅配合省政府法制办公室、省人大环资委、省人大法制委员会做好《广东省测绘管理条例》（修订草案）的审查、调研、论证和修改工作，7月，省人大常委会审议通过并更名为《广东省测绘条例》。组织制定《广东省省级优秀测绘工程评选办法》、《广东省汇交测绘成果目录和副本的实施办法》、《广东省GDCORS应用和管理办法》、《广东省测绘统计管理若干规定》。

【资质管理】

广东省国土资源厅大力推进测绘资质管理信息化建设，完善全省测绘资质管理系统，实现测绘资质在线申报、网上审批、网上监管，完成全省近600家测绘资质单位数据录入，实现国家、省、市三级在线互联，数据共享。组织参加全国首次注册测绘师资格考试，全省283人通过考试。加强测绘资质日常监管，办理测绘资质核准124家，来广东测绘单位验证备案43家，完成互联网地图服务网站测绘资质审查发证工作，新增互联网地图服务测绘资质单位42家。2011年，广东省共有测绘资质单位586家，比2010年增加80家。

【整顿和规范地理信息市场秩序】

广东省国土资源厅开展地理信息市场整顿和规范"回头看"工作，对2009年以来涉及测绘地理信息内容的中外合资合作科研、工程建设等653个项目进行摸底和排查，防范涉外测绘违法违规行为；组织检查互联网地图服务网站910家，查处"问题地图"网站405家，关闭地图网站131家。

地图管理与成果管理

【地图市场监管】

广东省国土资源厅利用互联网安全监管系统加强互联网地图安全监管，建立地图审核绿色通道，为世界大学生运动会等重大活动和重点项目提供快速审图服务。2011年，受理审核地图117件，通过审核108件；备案地图73件；技术审查地图100幅、电子地图10件；立案查处违法地图案件4宗。

【地图管理培训】

广东省国土资源厅组织全省地图管理人员和互联网地图服务单位安全审校人员参加国家测绘地理信息局举办的地图内容审核培训班，共4批244人参加培训。协助国家测绘地理信息局举办互联网地图管理和服务培训班，270多人参加培训。

【成果管理】

广东省国土资源厅全面推行测绘成果使用单位保密人员持证上岗制度，制定《广东省涉密测绘成果保密检查工作方案》，会同省国家保密局组织全省680多家涉密测绘成果使用单位和测绘资质单位开展自查，并抽查180家单位，查封违规使用的计算机13台、移动存储介质2个，查封违规使用的涉密地图166幅，处理责任人15名。全年受理使用基础测绘成果申请202件，依法批准145件。

【测量标志保护】

广东省国土资源厅组织开展全省测量标志普查，普查各等级GPS点、水准点、三角点等测量标志17516个。实行测量标志动态巡查制度，乡镇国土所定期巡查辖区内的测量标志，定期上报巡查统计情况。建立测量标志档案和数据库管理系统，实现动态更新和跟踪管理，并与涉密测绘成果申请提供使用相衔接。

基础测绘与质量监督

【基础测绘】

广东省国土资源厅配合国家测绘地理信息局完成广州、阳江等测区4.6万平方千米的航空摄影工作。经国家测绘地理信息局批准，梅州摄区和河源、汕尾、揭阳等3个数字城市共2.3万平方千米列入2011年国家基础航空摄影计划；测制更新1:1万数字线划地形图1879幅、数字高程模型1139幅、数字正射影像图和数字栅格地图各963幅，组织完成全省大比例尺地理信息数据采集5.6万多幅、GPS大地控制测量1574点、测量水准点2479点，完成浅海滩涂测量300平方千米、似大地水准面精化1460平方千米，完成全省大地控制网2000国家大地坐标系转换工作。组织开展广东省连续运行卫星定位服务系统（GDCORS）社会化应用技术研究，制定《广东省连续运行卫星定位服务系统应用管理暂行规定》。

【公共服务平台建设】

广东省国土资源厅按照广东省政府实施《珠江三角洲地区改革发展规划纲要》要求，实施珠江三角洲基础地理信息公共平台重大项目建设，开展省级和珠江三角洲9市地理信息数据保密处理，以及省级和珠江三角洲9市地理信息政务电子地图、公众电子地图编制工作，开展全省地名地址数据库、行政界线数据库建设，开通广东省公众版地理信息公共服务平台，并与“天地图”国家主节点进行联通，“天地图·广东”一期工程建设基本完成。数字广东地理空间框架建设列入2011年省政府工作要点，已完成技术方案编制并上报省政府。

【地理国情监测】

广东省国土资源厅部署开展地理国情监测工作，制定工作方案，开展省内外调研工作，形成《广东省开展地理国情监测工作调研报告》，开展监测服务和试点，实施土地利用、违法用地、“三旧”（旧城镇、旧厂房、旧村庄）改造地块和矿业权等监测工作。研究利用广东省连续运行卫星定位服务系统（GDCORS）与省地质环境监测总站联合开发GPS/CORS地质灾害远程动态监测系统，建立省地质灾害远程监测预警平台。

【数字城市建设】

广东省国土资源厅全面推进数字城市地理空间框架建设，全省21个地级市完成设计书评审，广州、惠州、佛山、深圳、茂名、韶关、清远、中山、东莞9个市完成建设并对外提供服务，江门、潮州、珠海、肇庆、梅州5个市基本完成建设，进入验收阶段。拓展数字城市建设深度和应用广度，全省建成120多个应用示范系统。

【质量监督】

广东省国土资源厅认真落实基础测绘成果强制检验制度和测绘单位测绘成果质量监督检查制度，开展全省各等级近600家测绘单位的测绘质量检查，并向社会公布检查结果。积极配合国家测绘地理信息局50多个重点检查项目的抽查工作。部署开展全省586家测绘资质单位和外省到广东测绘资质单位的测绘成果质量监督检查，并将检查结果与测绘资质和行业管理挂钩。2011年，完成省级基础测绘项目验收19项，包括基础地理信息数据库1:1万“4D”产品13588幅、1:1万浅海滩涂测量300平方千米、三等水准点364个。

测绘地理信息合作共建

广东省国土资源厅积极推进军地基础地理信息资源合作共建，与广州军区作战部联合转发《国家测绘地理信息局总参测绘局关于推进军地测绘融合发展的意见》，建立军地基础地理信息资源合作共建机制。

地图编制与出版

广东省国土资源厅全年编制出版广州、珠海、东莞、惠州、江门、揭阳、佛山、南海、顺德、湛江等地系列基础地图，包括工作挂图、地图集、灯箱地图、三维电子地图等；编制出版《中国·东莞清溪地图》、《寮步镇旅游图》等乡镇地图；为司法、公路、民政、学校、港口等部门编制专题工作用图，包括《广东省高速公路地图》、《广东省地质环境公报》插图、《中山大学校园地图》、《港口码头地图》等；修订、重印《广东历史》、《广东地理》、《东莞地理》、《顺德历史》、《顺德地理》等5种教材，完成《广东社会》的报审。全年出版公开版地图56种，测绘图书15种，总印数为1005万幅（册）。编制出版的《新编广东省地图》、《中国·广州地图》、《新编广州10区2市交通旅游图》被广东省书报刊发行业协会评为“2010年粤版优秀畅销书”。

成果应用与服务

2011年，广东省国土资源厅向社会和有关部门提供各种比例尺地形图和数字产品19380幅、各种控制点成果770点，向省领导和省直部门提供公开地图600多幅；市、县国土资源管理部门向社会和有关部门提供各种比例尺测绘地理信息成果6.42万幅、各种控制点成果3023点。积极推动全省1:25万公众版、1:1万政务版和公众版电子地图在数字城市建设中的应用，积极服务国土资源管理“一张图”工程、国土资源信息化建设和“三旧”改造等工作，主动做好交通能源、产业园区等重大建设工程的服务保障。增强测绘应急服务保障能力，设立广东省突发事件应急卫星定位与低空遥感技术研究中心，引进无人机航摄系统设备，加强局部地区地理信息数据的获取和处理能力。

科技创新与人才培养

【科技创新】

广东省连续运行卫星定位服务系统（GDCORS）实时位置社会化应用技术和方法取得突破，完成基于机载三维激光雷达点云数据融合高分辨率卫星影像进行1∶1万地形图快速成图技术研究，调整了地理信息数据保密处理技术和方法，完成无人机航摄系统试验，并形成生产力。广州市完成的“测绘基准和空间信息快速获取关键技术及其在灾害应急测绘中的应用”项目获2011年国家科技进步奖二等奖，深圳市完成的“开放式空间基础信息平台关键技术与数字城市实践”、“佛山市基础地理信息一体化建设”、“第16届广州亚运会地图网站建设及应用”项目分别获2011年中国测绘学会测绘科技进步奖一、二、三等奖，“数字惠州地理空间框架建设与应用”项目获2011年中国地理信息产业协会科技进步奖二等奖。

【人才队伍建设】

2011年，广东省国土资源厅机关新招录公务员9名，其中3名为测绘地理信息专业研究生；厅属测绘单位引进29名测绘地理信息专业博士和硕士研究生；各市国土资源局引进测绘地理信息专业硕士以上人才30多人。全年全省测绘行业新增教授级高工5人、高级工程师42人、工程师59人。

组织选手参加“中测新图杯”第二届全国测绘地理信息行业职业技能竞赛，广东省国土资源测绘院3位选手被授予“全国测绘地理信息行业优秀技能人才”称号。

【教育培训】

广东省国土资源厅举办测绘高新技术、测绘资质管理、地图管理、成果保密、测绘质量管理、测绘统计等培训班，全省测绘系统和测绘行业单位2500多人参加培训。组织4批28人参加国家测绘地理信息局举办的地方测绘管理干部培训班和甲级测绘单位负责人培训班。

对外合作与交流

广东省国土资源厅组团赴澳门参加第七届京港澳测绘技术交流活动，派员参加香港测量师学会2011年周年庆典。开展粤港澳三地测绘业务和技术交流合作，编制完成《深港地图集》、《珠澳地图集》、《澳门特别行政区及周边地区地图》。派员赴摩洛哥、美国、澳大利亚等国参加国际测量师联合会2011年工作周会议、GIS会议以及测绘系统局长培训班，加强对外学习交流。

党的建设和测绘地理信息文化建设

【党的建设】

广东省国土资源厅开展建党90周年纪念活动，邀请省委党校教授作党史专题讲座，举办专题组织生活会，组织党史党建知识测试。抓好组织建设，选举基层党委2个，预备党员转正5人。做好基层民主建设，该厅一名巡视员当选广州市天河区人大代表。做好党的十八大代表和省第十一次党代会候选人推荐提名、选举工作，开展省直机关党代表会议代表的推荐提名工作。加强学习型党组织建设，全年举办4期脱产学习培训班。推进党务公开，在厅电子政务系统增设“党务公开”专栏，对厅直属机关党费管理、党员发展、评选表彰等情况进行公示。抓好党员教育培训，组织党员干部观看相关视频和影片，参加省直机关工委组织的各类党务培训。开展扶贫点丰顺县仙龙村走访慰问活动，组织机关党组织和仙龙村党支部开展共建活动，安排机关党支部书记为仙龙村党员上党课，组织党员干部为扶贫点捐款20多万元；广东省国土资源厅在2010年度全省扶贫开发“双到”工作考评工作中获优秀等次，被评为“插红旗”单位。2011年，广东省国土资源厅1个先进基层党组织、3名优秀共产党员、1名优秀党务工作者受到省直机关工委表彰。

【创先争优活动】

广东省国土资源厅组织开展创先争优主题实践活动，在厅门户网站、《广东国土资源》杂志开设创先争优活动专栏，宣传和交流创先争优的经验和做法；组织学习广东省委创先争优活动领导小组印发的《优秀共产党员的具体标准》，引导党员对照标准自查、互评；开展学习杨善洲、韦寿增先进事迹活动；抓好全省国土资源（测绘）系统窗口单位为民服务创先争优活动。在全国测绘系统创先争优活动评选中，广东省地图院万飞获“优秀共产党员”称号。

【测绘地理信息文化建设】

广东省国土资源厅机关工会积极组织干部职工开展羽毛球、乒乓球、保龄球、网球、篮球等各种文体活动，参加国家测绘地理信息局举办的乒乓球比赛和省直机关举办的首届网球比赛。开展困难职工帮扶慰问活动，帮扶困难职工9人次共2.3万元。

【获奖情况】

2011年，广东省国土资源测绘院大地测量队被全国总工会授予“全国工人先锋号”称号，广东省国土资源技术中心被省总工会授予“广东省工人先锋号”称号，广东省国土资源厅机关王梦抒、广东省国土资源技术中心曾元武被省直机关工会工委分别评为“优秀工会积极分子”和“优秀工会之友”。厅机关罗娟被共青团广东省委授予“广东省优秀团干部”称号；省国土资源测绘院团委被省直机关团工委授予“五四红旗团委”称号；厅妇委会被省直机关妇工委授予广东省直属机关2008年~2010年“三八红旗集体（先进基层妇女组织）”称号；省国土资源技术中心黄奕晖被授予广东省直属机关2008年~2010年“三八红旗手（优秀基层妇女工作者）”称号。

地方社团工作

【广东省测绘学会】

一、组织管理

6月，广东省测绘学会召开学会分支机构和各市（区）测绘学会负责人会议，审定学会各分支机构2011年下半年的重要会议及活动计划，印发《2011年下半年学会工作计划安排表》、《广东省测绘行业诚信自律倡议书》，协调学会分支机构组织学术及科普活动，指导各市（区）学会开展增选换届、学术交流等工作。

二、学术交流

广东省测绘学会积极参加中国测绘学会年会以及中国科协、省科协举办的各项学术交流活动。5月，组织会员参加全国测绘科技信息网中南分网第二十五次学术信息交流会，提交论文36篇。7月，召开2011年度城市测量与测量工程学术经验交流会，收到论文63篇，10篇被评为优秀论文。邀请香港测量师学会负责人来广东交流两地注册测绘师工作情况，研究合作与交流事宜。组织参加2011年全国学生定向越野锦标赛暨“中国四维杯”第七届全国测绘职工定向越野赛。配合广东省国土资源厅开展优秀测绘工程奖评奖活动，做好测绘地理信息高层次人才入库专家信息采集、录入工作。

三、技术培训

2月，与中国测绘学会共同举办广东省注册测绘师资格考试考前培训班，439人参加培训。受广东省国土资源厅委托，广东省测绘学会举办广东省测绘高新技术研修班，各级测绘行政管理人员、注册测绘师和甲、乙级测绘资质单位有关负责人共342人参加学习。

【广东省遥感与地理信息系统学会】

一、学术交流

广东省遥感与地理信息系统学会组织参加广东省科协学术活动周活动，获优秀组织奖，《城镇用地扩张对城市热环境的影响》等2篇论文被评为第二届南粤科技创新优秀论文。11月，组织“GIS DAY”主题活动，广州中海达、南方数码、广州奥格等公司举行现场招聘和GIS技术成果展示会，200多人参加活动。协办2011四维世景QuickBird、WorldView-1和WorldView-2用户大会，100多人参加会议。

二、技术培训

7月，广东省遥感与地理信息系统学会、华南师范大学地理科学学院、Esri中国（北京）有限公司共同主办ENVI/IDL培训班，50多人参加培训。8月，广东省遥感与地理信息系统学会协办ERDAS遥感与摄影测量新技术培训班，30多人参加培训。

三、技术咨询服务

受佛山市国土资源局委托，广东省遥感与地理信息系统学会承担《佛山市基础测绘“十二五”规划》编制工作，1月，该项目通过专家组评审。11月，广东省遥感与地理信息系统学会参与茂名市规划区正射影像图制作及1:2000地形图航测项目的监理咨询服务工作。

广西壮族自治区

规划与计划

【“十二五”规划】

2011年11月，广西壮族自治区测绘地理信息局（以下简称广西测绘地理信息局）编制完成的《广西壮族自治区“十二五”基础测绘规划纲要》获广西壮族自治区发展和改革委归档备案，并同意印发实施。

【市、县基础测绘规划】

2011年，广西共有14个市级、16个县级基础测绘规划编制完成。

【年度计划】

2011年，广西安排自治区级基础测绘计划项目经费1300万元，实际完成2200万元（按成本费用定额计算）。

法制建设与市场监管

【法制建设】

7月，受国家测绘地理信息局委托，广西测绘地理信息局起草完成《测绘地理信息市场信用评价指标体系和分级评价标准》。

10月，广西测绘地理信息局颁布《广西测绘地理信息单位信用评定管理暂行办法》。该办法报国家测绘地理信息局和广西壮族自治区法制办公室备案，自12月1日起施行。为确保该办法的贯彻实施，11月，广西测绘地理信息局在柳州、南宁和桂林市，举办3期培训班，对全区14个市级测绘地理信息行政主管部门相关管理人员及418家持证测绘单位负责人进行培训，共培训590人。

【市场监管机制建设】

1月，广西壮族自治区地理信息市场专项整治工作领导小组召开成员单位联席会议，审议通过《关于建立地理信息市场监管长效工作机制的意见》，明确建立联席会议制度、跨部门联合执法、市场动态监管、市场日常监管预警等多项地理信息市场长效监管机制。截至年底，柳州、桂林、梧州等11个市已建立地理信息市场监管长效工作机制。

【行政管理】

广西测绘地理信息局首次开展市级测绘地理信息行政管理工作考评，进一步促进市县级测绘地理信息行政管理工作的开展。经考评，北海、柳州、贵港等9家市级测绘地理信息行政主管部门被确定为2011年度考评优秀单位，5家市级测绘地理信息行政主管部门为2011年度考评达标单位。

【地理信息市场专项整治】

3月，广西测绘地理信息局开展涉及测绘的涉外科研、工程建设项目排查工作，全区14个设区市测绘行政主管部门与地方安全、保密、军队、工商、科研、教育等部门，成立联合监管机构，对2009年以来涉外科学研究、工程建设等项目进行梳理排查。经检查，广西全区未发现有涉外测绘项目。12月，广西测绘地理信息局主持召开地理信息市场整治工作领导小组第三次联席会议，总结2011年地理信息市场专项整治工作情况，部署2012年工作。

【涉密测绘成果保密检查】

广西测绘地理信息局联合广西壮族自治区国家安全厅、自治区国家保密局开展全区涉密测绘成果保密检查，对全区2008年以来领用涉密测绘成果的单位进行保密检查。检查分单位自查、市级联合检查、区级联合抽查3个阶段，检查内容包括领用单位对涉密测绘成果的索取、使用、管理等情况以及涉密测绘成果使用管理人员保密知识培训情况等。9月底，市级联合检查工作已经全部完成，全区共检查测绘成果领用单位626家，下发限期整改通知118份。10月~11月，区级联合检查组对7个市的测绘成果领用单位进行抽查，对存在涉密隐患的单位责令限期整改。

【测量标志管理】

2011年，广西测绘地理信息局审批测量标志迁建申请4件，回收迁建费18112元。

【测绘资质管理】

广西测绘地理信息局全面建立测绘资质管理信息系统，使测绘资质审批、年度注册、信息变更、信息维护、测绘作业证核发等事项均实现了网上申请、受理和审批。受国家测绘地理信息局委托，广西测绘地理信息局对2家申请甲级测绘资质的单位进行初审，上报国家测绘地理信息局审核并获批准。全年，共受理（含初次申请和升级）49家单位的资质申请，批准测绘资质41家（乙级8家、丙级23家、丁级10家）；批准互联网地图服务资质8家。

2011年，广西通过测绘资质复审换证的单位315家。其中，甲级12家，乙级47家，丙级110家，丁级146家。增加业务范围32家，消减业务范围74家，降低资质等级3家。依法注销测绘资质单位45家。截至年底，广西共有测绘资质单位427家。其中，甲级16家，乙级60家，丙级160家，丁级191家。

全年共审核、发放测绘作业证492本，注册核准已到期测绘作业证392本。

地图管理与成果管理

【地图市场监管】

6月13日，广西壮族自治区国家版图意识宣传教育和地图市场监管工作领导小组（简称工作领导小组）召开联席会议，部署国家版图意识宣传教育和“问题地图”专项治理工作，出台《广西壮族自治区2011年地图市场专项治理工作方案》。6月21日，工作领导小组联合南宁市国土资源局开展“问题地图”专项治理行动，检查南宁火车站、南宁图书批发市场等重点公共场所。广西各市也开展“问题地图”检查工作。

全年广西全区共开展“问题地图”检查10次，下发“问题地图”整改通知书21份，查封、收缴违法违规地图产品32件。

【地图审核】

广西测绘地理信息局组织广西测绘行业单位52人次参加国家测绘地理信息局举办的地图审核与互联网地图安全审校人员培训，36人获国家测绘地理信息局颁发的合格证书。

全年共受理地图审核申请80件，发放审图号77个。审核的纸质地图折合16开本为2049幅；审核“天地图”（省级节点）、“红色地图”、数字城市、广西区划地名图等电子地图；审核网站登载地图420幅。地图备案率为95%。8月，受国家测绘地理信息局委托，广西测绘地理信息局审核行政区域范围内有关单位编制的涉及国界线的广西壮族自治区有关地图。

【互联网地图管理】

1月，广西测绘地理信息局召开全区互联网地图服务测绘资质申报工作会议、召集在广西从事互联网地图服务的单位集体约谈，传达国家对互联网地图服务的管理规定，督促从事互联网地图服务的单位尽快申报测绘资质。4月~6月，广西测绘地理信息局对区内48个网站、440个链接、15幅动态地图、218幅静态地图进行检查，督促存在问题的网站及时整改。经整治，全区5家网站被取消或关闭互联网地图服务功能，2家网站申报获得互联网地图服务资质。

【成果汇交】

广西测绘地理信息局全年共接收测绘生产单位汇交的测绘成果项目23个。汇交的各类测绘成果资料包括1:1万DLG 2004幅、DOM 560幅、航片14734张、1:5万数据库更新49幅、1:25万DLG 9幅及其他各类数据715幅，数据量共3202GB。

【成果管理】

广西测绘地理信息局全年共接收和收集基础测绘成果档案资料35批次。其中，外业控制成果2批次589幅，“4D”产品13批次2905幅86 GB，航空摄影数据5批次7949片1579.67 GB，遥感数据1批次36景33.9 GB。其他数据资料5批次15 GB，其他文件资料9批次。全年完成组卷归档管理464卷。其中，文书档案319卷，科技类档案145卷。

基础测绘与质量监管

【基础测绘】

2011年，广西完成的自治区级基础测绘项目包括中越边境地区卫星遥感立体影像IKONOS控制测量36景（160幅），梧州测区航测外业1:1万控制测量760幅，1:1万核心要素DLG生产732幅，百色田林测区1:1万DOM生产601幅，广西CORS基准站建设50座。

【国家1:5万基础地理信息数据库更新工程】

广西测绘地理信息局组织完成国家1:5万基础

地理信息数据库地形要素综合判调更新49幅（广西壮族自治区行政区域内）的验收任务；完成承担国家1:5万数据库更新工程项目总结、验收工作的材料收集和报送。

【数字城市建设】

数字北海通过国家测绘地理信息局验收，北海市获“全国数字城市建设示范市”称号。数字柳州通过省级预验收；数字百色和数字玉林的工程项目建设按计划推进。广西测绘地理信息局与钦州市政府签订《数字钦州地理空间框架建设与应用协议书》，已完成数字钦州地理空间框架建设工程设计书评审，并按专家意见修改完善后上报国家测绘地理信息局；数字来宾和数字贵港已被国家测绘地理信息局批准列入数字城市建设推广城市。

【质量监管】

2011年，广西壮族自治区测绘产品质量监督检验站（以下简称广西测绘产品质检站）共完成25项基础测绘项目和1项重大工程项目的验收，产品质量全部合格。其中，优级品12项、良级品3项、合格品10项。

广西测绘产品质检站对全区范围内的甲、乙、丙级测绘资质单位测绘项目进行年度监督检验，共检验15个测绘资质单位15个测绘项目。其中，地形测量12项，数字化“4D”产品3项。所检验产品质量全部合格。

【测绘仪器检定】

广西测绘产品质检站全年检定测绘仪器3214台。其中，GPS接收机683台、全站仪763台、手持测距仪709台、经纬仪278台、水准仪781台。

重大测绘工程

【广西CORS基础设施建设】

8月，广西卫星定位连续运行系统（CORS）建设项目技术设计书和初步选点方案通过专家评审。广西全面启动卫星定位连续运行系统（CORS）基础设施建设项目，采购CORS基准站设备76套、测试设备6套。至年底，已完成基准站专用设备采购。全年完成50座基准站的建设任务。

【广西城镇三维地籍数据库建设】

广西测绘地理信息局组织完成14个市城区部分航空摄影项目招投标工作、重点建筑物建模设计书的编写、重点建筑物建模任务下达和责任书签订、广西全区地表建模及14个地市和重点区域主要建筑物建模工作、14个地级城市航空摄影工作等任务。

【边远地区、少数民族地区基础测绘经费补助项目】

广西测绘地理信息局组织完成全州县基础地形图测绘与入库、梧州市长洲工业集中区地形图测绘与入库、贵港市港北新区地理信息采集、百色测区（Ⅱ期）1:1万航测相片控制点连测、河池市金城江区工业集中区地形测量等5个边远地区、少数民族地区基础测绘经费补助项目的申报材料编写和评审工作。

9月，组织完成数字贵港地理空间框架建设1:500基础地理信息数据采集项目、数字来宾地理空间框架建设、地理信息公共服务平台（公众版）广西省级节点建设等3个2012年度边远地区、少数民族地区基础测绘经费补助项目申报材料的编写和评审工作，3个项目均获国家测绘地理信息局批准和经费支持。

【国家海岛（礁）测绘一期工程】

广西测绘地理信息局配合国家基础地理信息中心完成海岛（礁）测绘一期工程卫星大地控制点资料的检查验收工作；完成海岛（礁）测绘二期工程的需求分析工作，并上报海岛（礁）测绘工程办公室；完成海岛（礁）测绘工程项目二期连续运行跟踪站建设踏勘报告审核工作，开始站点初步设计。

【“红色地图”编制】

广西测绘地理信息局组织完成广西“红色地图”编制工作。广西“红色地图”系列地图由总图、革命征程、建设成就3个主题共20幅专题地图组成，登载在国家测绘地理信息局“红色地图”网站上，供社会各界浏览阅读。

【广西新农村规划设计数字地图工程】

广西测绘地理信息局完成钦州、梧州、河池等8个市1504个乡镇、村的1:2000数字地图测制任务。

地图编制与出版

2011年，广西测绘地理信息局完成庆祝中国共产党成立90周年专题地图20幅及《广西壮族自治区交通旅游图》、《图行防城港》、《南宁楼市图》、

《广西北部湾经济区——防城港地图》、《南宁市就医指南》、《灵山县行政区划图》、《广西贫困地区分布图》、《柳州市交通图》、《中国东盟自由贸易区——玉林市地图》、《908 工程——广西重点港湾水深地形及沉积类型图册》等地图（图集、图册）的编制出版工作；完成山东省 1:5 万海洋数据缩编、辽宁省 1:5 万海洋数据缩编等工作。

成果应用与测绘服务

【“天地图·广西”建设】

广西测绘地理信息局完成“天地图·广西”省级节点建设项目立项、设计书和实施方案的编写；完成南宁市等 14 个地级城市在线数据集（DLG、DOM 数据）生产、发布上线；完成局门户网站服务系统、运行支持环境建设、与国家主节点的互联及标准体系建设。

【成果应用】

广西壮族自治区基础地理信息中心完成广西卫星定位连续运行系统（CORS）基准站的管理运行与维护，并实时为全区测绘、国土、城乡规划建设等部门提供服务。完成 CORS 系统帐号注册单位 45 家，注册帐号 236 个；提供高精度控制点解算 11 次；为 13 家单位采用广西似大地水准面成果转换 1985 高程 36 次，转换高程坐标约 12860 个。

【测绘服务】

广西测绘档案资料馆全年接待咨询和提供服务 800 多次；受理《行政办结通知书》850 份，办结 850 份；提供地形图 17072 幅，大地点成果 4577 点，点之记 3310 点，航摄底片 3131 片；完成大地成果技术换算 3766 点，借阅航测档案 2110 份，提供乡镇界数据 284 幅。服务面涵盖广西各市县以及北京、湖南、浙江等省市，涉及国土、测绘、水利等 20 多个行业或部门。

广西测绘地理信息局全年为城乡建设与规划、交通运输、水利等部门提供各类比例尺 DEM 293 幅、DLG 536 幅、DRG 860 幅。

科技创新与人才培养

【重大科技项目】

广西测绘地理信息局组织完成“广西北部湾国产遥感卫星集成综合应用与示范”项目申报的远程音频答辩，该项目是广西测绘地理信息局首次牵头申报的国家级科技项目。组织完成广西国土资源动态监测及应急测绘系统的立项，引进全国首台国家地理信息应急监测车，进行车载移动测量系统现场比试测绘工作；完成广西国土资源动态监测及应急测绘系统硬件采购工作。

【科技项目管理】

广西测绘地理信息局组织完成《广西测绘科技发展“十二五”规划》编写工作。组织全区测绘行业单位为《全国测绘与地理信息科技成果汇编》搜集和整理项目材料。组织完成 2010 年度 19 个国土资源科技项目的编报登记工作和 2 个国土资源科技成果登记工作。

【广西地球空间信息应用联合实验室工作】

为了更好地服务广西北部湾经济区建设，广西地球空间信息应用联合实验室制定了遥感应用推广计划。主要内容包括国防科工委“环境一号卫星数据应用研究项目”子课题“北部湾可持续发展综合服务系统设计”和“基于环境一号卫星的 1:25 万测绘能力评价”；广西壮族自治区科技厅自然科学基金项目“基于 GIS 技术的林地生产力分析、评价方法研究”；北部湾沿海大型工程进展监测，包括对防城港、企沙工业园区、红沙核电站、钦州保税港区和铁山港区的建设进展情况进行监测分析，提供监测报告；利用不同时期卫星遥感影像，对广西南宁市 1990 年以来城市发展规模、城市发展方向和城市用地等情况进行统计分析和分类展示。

【第二届全国和广西测绘行业职业技能竞赛】

9 月，由广西测绘地理信息局、区人力资源和社会保障厅、区总工会、区共青团广西区委等单位联合举办的第二届广西测绘行业职业技能竞赛暨第二届全国测绘行业职业技能竞赛选拔赛在南宁举行。来自全区 52 支测绘队伍的 104 名选手参赛。1 名选手获“广西五一劳动奖章”称号；3 名选手获“广西技术能手”称号；前 3 名且年龄在 35 岁以下的选手获“广西青年岗位能手”称号；25 名选手获“广西测绘技术能手”称号。

10 月，第二届全国测绘地理信息行业职业技能竞赛工程测量技能竞赛在南宁举行。广西测绘地理信息局获竞赛特别贡献奖。广西代表队获工程测量竞赛团体第二名和摄影测量竞赛团体第六名，2 人分获工程测量竞赛个人第 4 名、第 6 名，2 人获摄影测量竞赛个人第 8 名、第 17 名，3 人被国家测绘地理信息局授予“全国测绘地理信息技术能手”称号。

【“十二五”人才发展规划】

8月，广西测绘地理信息局召开2011年测绘科技和人才工作会议。会议全面总结“十一五”人才工作，制定并下发《自治区测绘地理信息局“十二五”人才发展规划》。

【注册测绘师考试】

广西测绘地理信息局认真做好首次注册测绘师考试准备工作。2月，组织考前辅导，举办2期考前培训班，374人参加培训。4月16日～17日组织注册测绘师考试，全区1140名专业技术人员参加考试，66人获得注册测绘师资格。

【人才培养】

广西测绘地理信息局认真开展两年一次的青年学术和技术带头人考评、增选工作。经考核，2009年～2010年广西测绘地理信息局青年学术和技术带头人9人中6人继续当选2011年～2012年广西测绘地理信息局青年学术和技术带头人，并新增选9人。廖超明增选为国家测绘地理信息局青年学术和技术带头人。10月，广西测绘地理信息局选派广西第一测绘院卢天乙到百色市国土资源局挂职任局长助理，任期一年。

【学历教育与技能培训】

广西测绘职业技术学校与武汉大学联合举办网络大专、函授本科、在职研究生班，开设测绘工程、地理信息系统等专业，在校学员共998人。积极培养测绘工程中等专业技能人才，在校学员294人。全年举办工程测量、房产测量、地籍测绘、大地测量等职业技能鉴定班13期，培训考核1024人；举办测绘新技术培训4期，共培训561人。3月，广西测绘职业技术学校组织6名学生参加广西壮族自治区中等职业教育技能建筑技术专业工程测量项目比赛，获三等奖3个。

党的建设与测绘地理信息文化建设

【党建工作】

2011年，广西测绘地理信息局制定下发《自治区测绘地理信息局2011年党组中心组理论学习实施方案》，局党组中心组组织4次共13.5天的集中学习和理论研讨，共220多人次参加学习，15人次结合工作实际作专题发言。选送20名专兼职党务干部参加区内外培训。组织800多人次收看革命传统等教育题材的电影和电视专题片。组织开展纪念中国共产党成立90周年理论征文和有奖征文活动，收到论文71篇。征集机关党建课题和测绘职工思想政治研究课题45个，5篇调研论文分别获广西机关党的建设研究会2011年度优秀调研成果二、三等奖；16篇论文报送国家测绘地理信息局参加中国测绘职工思想政治工作研究论文成果评比。

12月27日，广西测绘地理信息局召开直属机关第一届党代表大会，选举产生广西测绘地理信息局直属机关第一届委员会。局直属7个基层党委（支部）按期完成换届选举工作。全年该局系统发展新党员8名，表彰先进基层党组织3个、优秀共产党员10名、优秀党务工作者5名；10个单位、22人次受到国家测绘地理信息局、广西区直机关工委和局党组的表彰和奖励。组织开展党史知识竞赛、演讲比赛、板报展评等活动。

广西测绘地理信息局组织近200人到创先争优共建村——邕宁区蒲庙镇联团村修复水渠3000多米；捐助水泥30吨；赠送价值2万多元的电脑10台、捐赠一批航测地图。该局向南宁市青秀区捐赠植树造林款1万元，开展党员志愿者服务登记并向“爱心超市”、革命老区人民捐款，以及“关爱孤残儿童从你我做起”等党员志愿服务活动。

【党风廉政建设】

广西测绘地理信息局党组认真学习贯彻中共中央总书记胡锦涛在十七届中央纪委六次全会上的讲话精神。3月，召开2011年党风廉政建设暨反腐败工作会议，138人参加。5月和9月，分别举办全局纪检监察干部培训班，学习纪检监察有关业务知识。组织党员干部参观全国检察机关反腐倡廉建设成果展和广西反腐倡廉建设成果展；组织120名领导干部分别参加《中国共产党党员领导干部廉洁从政若干准则》学习考试和反腐倡廉建设知识竞赛活动；组织开展“以人为本、执政为民”反腐倡廉研讨活动，将调研成果编汇成《清廉务实、执政为民》论文集供各单位学习交流；开展“清廉务实，执政为民”主题教育活动。12月，在局党组中心组学习会上，局党组书记、局长陈仲怀作《领导干部要做清廉务实，执政为民的表率》专题教育报告。年内，局党组、局领导、局纪检监察部门分3次对全局科级以上领导干部进行集体谈话共130人次。全局62名处级以上干部与局党组签定了《2011年自治区测绘地理信息局党风廉政建设目标管理责任书》并报告个人有关事项。

【测绘地理信息文化建设】

广西测绘地理信息局举办局系统2011年春节晚会，组织参加广西区直“三八”妇女节、广西全区“国土之光”表彰大会文艺表演；积极参加广西全区国土资源系统第二届职工运动会、全国测绘系统第二届乒乓球赛、广西区直机关处级干部乒乓球赛和公务员运动会；组织开展2010年~2011年“五好文明户”评选活动，并获广西区直机关工委“先进组织协调单位”称号；组织推荐评选全区五一“巾帼标兵岗”、“巾帼标兵”活动；积极参加广西区直机关开展的“结对共建、扶贫帮困、和谐同行”活动和广西区直机关“百名优秀团干部”、“百名优秀团员”推选工作；筹款参加广西区直机关团员青年“绿满八桂 绿动青春”造林绿化大行动；举办广西测绘地理信息局团员青年重温入团誓词暨户外拓展活动；发动广大团员青年参与测绘青年论坛主题微博；组织团员青年为农民工子弟小学“同心书屋”捐赠课外读物和字典。

开展解难帮困走访慰问活动，累计发放慰问金和慰问品价值6.62万元；开展“双拥”共建活动，“八一”建军节期间走访慰问共建部队，送去慰问金和慰问品共计4.86万元。

地方社团工作

【广西测绘学会】

1月，广西测绘学会承办“走进广西”院士报告会，邀请中国工程院院士张祖勋作专题学术报告；召开九届二次全体理事会议暨2011年迎春座谈会；协助广西测绘地理信息局举办2011年迎春技术报告会。2月，协办广西首届注册测绘师资格考前培训班。4月，向广西区人民政府、自治区科协推荐罗满建、李占元两位教授级高级工程师作为测绘专业参事人选。5月，组织推荐上报中国测绘学会2011年测绘科技进步奖和优秀测绘工程奖项目。7月，协助广西测绘地理信息局完成“广西北部湾遥感卫星集成综合应用与示范”项目答辩材料和《风雨兼程半世纪——广西壮族自治区测绘局成立五十周年》图册编制工作。8月，主办刘经南院士专题学术报告会；组织报送2011年广西自然科学优秀论文11篇，获优秀论文三等奖2篇；协助广西测绘地理信息局在南宁市举办“8·29”测绘法宣传日活动。9月，协办第二届广西测绘行业职业技能竞赛暨第二届全国测绘行业职业技能竞赛选拔赛；协助国家测绘地理信息局举办无人飞机航摄系统推广应用现场会。10月，协办“中测新图标”第二届全国测绘地理信息行业职业技能竞赛。11月，组织召开2011年度广西测绘地理信息科学技术奖、广西优质测绘地理信息产品（工程）奖评审会，审议通过2011年广西测绘地理信息科学技术奖一等奖1项、二等奖2项、三等奖3项；广西优质测绘地理信息产品（工程）金奖2项、银奖7项、铜奖11项。12月，召开广西测绘学会九届三次全体理事会议；组织协调各专业（工作）委员会开展“会员日”活动，540名会员参加。全年编辑《广西测绘与遥感》2期，发表论文26篇，共印发2800册。

【广西遥感学会】

3月，广西遥感学会召开第二次理事会改选学会秘书长，广西地图院院长王龙波当选学会秘书长；11月，受广西发展和改革委国土办委托，制作完成《利用卫星、航空遥感数据编制典型区域高分辨遥感影像图》。

【广西测绘科技信息站】

3月，广西测绘科技信息站2011年工作会议在柳州市召开。4月，收集广西2001年~2010年获得省部级以上奖的测绘地理信息相关科技成果，共收集9个单位46个项目材料，上报国家测绘地理信息局、中国测绘学会科技信息网分会。5月，组队参加在湖南省张家界市召开的全国测绘科技信息网中南分网第二十五次学术信息交流会，选送的论文获优秀论文一等奖2篇、二等奖4篇。

海南省

规划与计划

【海南省基础测绘“十二五”规划】

3月25日，《海南省基础测绘“十二五”规划》通过论证。12月26日，经海南省政府批准，海南测绘地理信息局、省发展和改革委员会联合发布《海南省基础测绘“十二五”规划》。

【法制宣传教育第六个五年规划】

海南测绘地理信息局出台《海南省测绘地理信息系统开展法制宣传教育的第六个五年规划》，明确法制宣传教育的第六个五年规划的主要任务。

行政管理工作

【海南省测绘局更名】

4月9日，海南省机构编制委员会批准海南省测绘局更名为海南省测绘地理信息局，并增加对地理信息获取和应用、组织协调地理信息安全监管的职责。5月17日，海南省副省长李秀领为海南省测绘地理信息局揭牌。

【全省市县测绘局更名】

8月10日，海南省机构编制委员会办公室、省国土环境资源厅、省测绘地理信息局联合发出通知，要求各市、县测绘局更名为市、县测绘地理信息局，相应增加“监督管理地理信息获取和应用、组织协调地理信息安全监管”职责。

【会议培训】

1月18日，海南省首次召开全省测绘局长会议，传达全国测绘局长会议精神，总结2010年工作并部署2011年工作任务。全省市县测绘局局长参加会议。

5月24日～28日，海南省举办市县测绘局长培训班，培训采取集中授课和参观考察相结合方式进行，组织参会代表前往中国测绘创新基地参观测绘科技展览馆，到徐州等地考察数字城市建设。

【市县测绘地理信息管理工作考评】

海南测绘地理信息局制定《市县测绘地理信息管理工作考评内容及标准》，开展全省市县测绘地理信息局2011年度测绘地理信息管理工作考评。考核内容涉及贯彻落实省局各项工作部署、市县测绘管理机构建设、依法行政等方面，涵盖了市县级测绘地理信息行政管理职能、国家及省级测绘行政主管部门部署的各项工作。

法制建设与市场监管

【行政处罚自由裁量基准】

经海南省政府批准，海南测绘地理信息局发布《海南测绘地理信息局行政处罚自由裁量基准》。该基准对《中华人民共和国测绘法》、《中华人民共和国测量标志保护条例》、《中华人民共和国测绘成果管理条例》、《基础测绘条例》、《海南省地图审核管理规定》、《房产测绘管理办法》、《国家基础地理信息数据使用许可管理规定》等7个测绘法律法规的55项行政处罚条款进行细化，形成操作性更强的执法依据。

【依法行政培训班】

11月9日，海南测绘地理信息局与省政府法制办公室联合举办全省测绘地理信息执法人员依法行政培训班。省测绘地理信息局、市县测绘地理信息局共40多人参加培训。

【行政审批】

海南测绘地理信息局印发《海南省测绘资质审批程序规定》，明确测绘资质审批程序，规范行政审批行为。2011年，共审批12件测绘资质申请。开展互联网地图服务网站分类排查，批准3家为乙级互联网地图服务资质单位。至年底，海南省共有测绘资质单位118家。其中，甲级5家、乙级16家、丙级36家、丁级61家。

【资质管理】

海南测绘地理信息局印发《海南省测绘资质监督检查管理规定》，加强对测绘资质的监督管理。由各市县测绘地理信息局以抽查等方式对各自辖区内测绘单位开展测绘资质实地监督检查，并对违法从事测绘活动的单位及时通报和处理。

【市场监管】

海南测绘地理信息局制订《海南省地理信息市场专项整治“回头看”行动方案》，成立海南省专项整治工作“回头看”行动领导小组，部署地理信息市场专项整治“回头看”工作。开展互联网地图和涉外测绘项目调查摸底工作，查处无资质从事网上地图服务网站1家。开展地理信息产业从业单位自查自纠工作，向全省测绘资质单位及省外驻海南测绘单位发放自查表100多份，要求各单位进行自查，并对自查情况进行抽查。

【测绘法规宣传】

“8·29”测绘法宣传日前后，海南省各地开展多种形式的测绘法宣传活动。8月28日，海南测绘地理信息局、海口市测绘地理信息局联合在海口举办海南省测绘法宣传日主会场活动，邀请省人大环资工委有关领导出席活动，设立宣传展台，举办有奖竞答活动。活动期间，共发放测绘法律宣传品3万份、海南省旅游图及“红色地图”1万多份、发送测绘法宣传公益短信5万条。

地图管理与成果管理

【地图审核】

2011年，海南测绘地理信息局共审查送审地图66件，发放审图号65个，审图量比2010年增加22%。

【成果管理】

海南测绘地理信息局完成2010年测绘成果目录汇交工作，共96家测绘资质单位汇交测绘成果目录，汇交目录总数为1235项，比上年增加37%。举办测绘成果资料管理与保密培训班，重点培训各市县测绘地理信息局测绘成果管理岗位人员和保密管理人员。与省国家保密局联合开展全省测绘涉密成果保密检查，要求各市县成立检查工作领导机构，组织辖区内测绘资质单位和用户单位开展自查。

测绘地理信息应用与服务

【“天地图·海南”建设】

海南测绘地理信息局承担的“天地图·海南”项目已完成大部分已有测绘成果的数据集建设，“天地图·海南”节点的门户网站框架已建成，并于12月上线试运行。在应用示范建设方面，与海南省旅游委、省公安厅达成合作意向，通过“天地图·海南”为旅游、技侦指挥提供地理信息数据支撑。

【测绘成果应用】

海南测绘地理信息局为金砖国家领导人第三次会晤、2011年亚洲博鳌论坛年会提供测绘保障服务。编印《会务接待用图》、《来宾参观考察线路图》、《景区分布图》等工作用图，满足会务接待用图需求；编制海南省经济社会发展宣传系列图，向参加金砖国家领导人第三次会晤、2011年亚洲博鳌论坛年会的嘉宾介绍海南国际旅游岛建设重点开发旅游区，海南省“十二五”重点建设项目；与省公安厅沟通联系，开发金砖国家领导人第三次会晤、2011年亚洲博鳌论坛年会安保系统，并提供大量的三维仿真地图数据，服务大会安保工作。

为省政府更新一批工作挂图，采用现势性强的地理信息数据编制《海南省地图》、《海口市区地图》等图件，结合省政府领导的工作需要，详细标注海南省“十二五”规划期间的重点项目分布，突出海南省跨海铁路、西环铁路、博鳌及西部机场等重大项目的地理信息，为省政府领导科学决策提供地图保障。组织开发海南省领导工作用图系统IPAD版，以最新的1:1万、1:5万地形图为底图，加载海南省“十一五”建设成就与“十二五”规划布局的信息资料，以便省级领导工作。通过无人机航摄，获取海口新坡、江东地区180平方千米区域采集0.15米分辨率影像，27平方千米视频资料，航摄成果在国土规划部门取得良好的应用效果。

【测绘成果服务】

2011年，海南测绘地理信息局向社会提供各种比例尺地形图3341幅。其中，1:1万DLG 2591幅、DOM 397幅，1:5万DLG 301幅，其他比例尺地形图52幅。地形图提供总量比2010年增加134%。提供控制点成果103个；为政府有关部门开展村镇规划建设、水利普查、地质调查等重点项目提供大量基础地理信息数据。

【测绘应急保障】

海南测绘地理信息局印发《关于进一步加强海南省测绘应急保障工作的通知》，要求全省各市县测绘地理信息局履行测绘应急服务职能，为全省各级政府及有关部门应对突发事件提供高效有序的测绘地理信息保障服务。海南测绘地理信息局推动成立市（县）测绘应急保障领导机构并制定相应的应急保障预案。至年底，海口、三亚、儋州、琼海等市县成立了测绘应急保障领导机构，制定了测绘应急保障预案。

【海南国际旅游岛数字地理空间框架建设】

2011 年，海南国际旅游岛数字地理空间框架建设领导小组 2 次召开会议，指导项目建设。海南测绘地理信息局强化项目建设组织工作，取得阶段性的成果。其中，高分辨卫星影像获取任务完成过半，获取 0.2 米、0.1 米分辨率彩色数码航空影像共 1.88 万平方千米；完成项目所需 25 米、12.5 米格网数字高程模型数据生产；获取旅游购物、旅游饭店、旅游等公共场所典型设施不同时相的 360° 全景数据；基本完成空间基础地理底图数据生产与建库，制作完成不区分比例尺级别的全省地名数据。公众版平台基本完成，开发了地图浏览、兴趣点查询、三维漫游、标准服务等功能。

地图编制与出版

为纪念中国共产党建党 90 周年，国家测绘地理信息局海南基础地理信息中心编制完成《海南省红色旅游地图》。海南省测绘单位围绕重点工作，编制《海南省各市县加油站分布图》、《海南国际旅游岛房产图（2011 年版）》、《2011 年搜房地图》、《海南省口岸开放范围示意图》以及一批市县行政区划挂图，较好地满足了各行业和社会公众对地图产品的需求。

基础测绘

【少数民族地理卫星连续运行站】

海南测绘地理信息局组织完成覆盖海南省少数民族地区长达 650 千米二等水准 113 点的选埋。建成海南省少数民族地区连续运行卫星定位服务系统，由基准站、数据中心和用户系统组成，基准站点分布在白沙、乐东、屯昌、澄迈、新港、洋浦、崖城等海南岛中西部少数民族聚集地区。7 月，该系统开始试运行。

【地理省情监测】

结合海南国际旅游岛数字地理空间框架建设，海南测绘地理信息局初步确定海南地理省情监测内容为东部海岸线保护和开发利用状况监测、中部水资源地生态环境监测和东寨港红树林变化监测。向国家测绘地理信息局申请的“基于数字地理空间框架的城市化建设监测技术研究”项目已获批准。

【数字城市建设】

海南测绘地理信息局积极推进数字城市地理空间框架建设。海口市和三亚市的项目设计书通过国家测绘地理信息局评审，被列为试点城市并签订国家、省、市三方共建共享协议。经国家测绘地理信息局立项批准，澄迈县被列为数字城市地理空间框架推广城市。屯昌、昌江、陵水、保亭、定安等县正积极申报数字城市地理空间框架建设项目推广城市。数字城市建设已在全省铺开。

测绘质量监督

6 月 ~11 月，海南测绘地理信息局组织对海南省重点测绘工程质量监督检查。抽检的范围为丙级以上测绘资质单位 2009 年 1 月 ~2010 年 12 月完成的海南省内测绘工程项目，抽检 6 家单位的 6 个项目。经检验，6 个项目测绘成果质量均符合技术设计要求，批成果质量均判定为批合格。

科技创新与人才培养

【测绘科技工作】

海南测绘地理信息局认真做好海岛（礁）测绘技术国家测绘地理信息局重点实验室日常管理工作，组织科技人员申报实验室 2011 年开放基金课题。开展 2010 年局科技基金项目的验收与局科技进步奖评审，确定“车载三维测量系统在智能交通领域的应用研究”等 6 个项目获奖。各直属单位积极申报 2011 年局科技基金项目，10 个科技基金项目通过立项评审。该局 1 人获国家测绘地理信息局“十一五”科技项目组织管理贡献奖。

【人才队伍建设】

海南测绘地理信息局与省人力资源和社会保障厅共同做好海南省注册测绘师考务工作；与武汉大学联合举办全省注册测绘师考前培训班，120 多人参加培训。完成国家测绘地理信息局青年学术和技术带头人考评与增选人选推荐工作，国家测绘地理信息局第七地形测量队 1 人增选为国家测绘地理信息局青年学术和技术带头人。国家测绘地理信息局海南基础地理信息中心1人被国务院批准为享受政府特殊津贴专家，1人被评为成绩优异的高级工程师。

海南测绘地理信息局制定2011年教育培训计划，全局培训项目共54项。各部门及直属单位完成年度教育培训计划任务，全局共有1000多人次参加各类培训。

【职称评审和职业技能鉴定】

海南测绘地理信息局完成2011年度测绘专业技术职称评审工作；完成16名测绘专业高级工程师职称的初评，全部通过国家测绘地理信息局高级工程师评定委员会审批。全省共评定工程师29人，助理工程师85人，技术员36人。完成2011年度全省测绘行业工人技能鉴定考核工作，共评定工程测量、房产测绘和地图编绘3个工种的高级工6人，中级工19人，初级工11人。

对外合作与交流

4月3日~11日，海南测绘地理信息局派员随国家测绘地理信息局团组赴美国参加联合国全球地理空间信息协调机构筹备会议，并访问美国地质调查局；4月16日~5月5日，海南测绘地理信息局1人赴澳大利亚新南威尔士大学参加测绘科技和生产管理高级培训班；5月18日~22日，海南测绘地理信息局派员随国家测绘地理信息局组团赴摩洛哥马拉喀什市参加国际测量师联合会2011年工作周会议；6月21日~28日，国家测绘地理信息局海南基础地理信息中心1人赴马来西亚吉隆坡参加东南亚测量大会；8月21日~29日，国家测绘地理信息局海南测绘产品质量监督检验站1人随国家测绘地理信息局团组赴澳大利亚珀斯参加国际数字地球学会第七届数字地球国际研讨会；8月28日~9月17日，国家测绘地理信息局第七地形测量队1人赴荷兰特文特大学参加“防灾减灾中的地理信息技术应用与项目管理”培训班。3月24日~28日，芬兰国家测绘局2名技术专家赴海南测绘地理信息局讲学和开展合作研究。

测绘地理信息合作共建

5月12日，海南测绘地理信息局和省气象局签署关于加强海南省连续运行卫星定位服务系统资源共建与共享合作协议，确定双方共同建设运行卫星定位服务系统，共享运行卫星定位服务系统数据。

党的建设与测绘地理信息文化建设

【政治理论学习】

海南测绘地理信息局召开以“学习中共党史，努力创先争优，为实现海南测绘发展‘十二五’规划提供坚强的思想保障和精神动力”为主题的中心组理论学习会。开展十七届六中全会精神宣传教育活动，组织十七届六中全会专题辅导讲座。为纪念建党90周年，把学习《中国共产党历史》纳入建设学习型党组织和开展创先争优活动的内容中。

【党建工作】

海南测绘地理信息局制定《海南测绘局2011年党建工作目标管理考核办法》和《海南测绘局2011年党建工作目标管理内容和考核标准》，采取“听、谈、查、帮”的方式考核直属各单位党建工作。全年有10名预备党员按期转正，3人被吸收为中共预备党员，12名发展对象参加省直工委举办的入党积极分子培训班。

【党风廉政建设】

海南测绘地理信息局制定《关于贯彻落实“三重一大”决策制度的规定》，对“三重一大”事项的主要范围、决策基本程序以及“三重一大”事项的监督管理做出明细规定。该局党组书记、局长王保立与直属各单位主要负责人签订《党风廉政建设责任书》，机关各处室负责人向局党组做出2011年党风廉政建设承诺。

该局开展以“廉洁从政、勤政为民”为主题的反腐倡廉宣传教育月活动。各党支部认真学习贯彻中纪委十七届六次全会和省纪委五届六次全会精神，学习廉政准则等相关文件，进一步提高反腐倡廉意识。开展岗位廉政风险防控专项活动和作风专项整治活动，共查找廉政风险点37个，根据廉政风险的大小，确定等级较大风险点12个，一般18个，较低7个。

【创先争优活动】

海南测绘地理信息局开展以“承诺兑现”为主要内容的民主评议党员和表彰先进活动，评选先进党支部、优秀共产党员和党务工作者。召开专题组织生活会，相互评议，党支部书记对党员点评；以支部为单位，由分管局领导对党支部书记点评；支部和党员点评登记表通过上墙张贴的形式向群众公示。2011年，国家测绘地理信息局海南测绘资料信息中心地图编制部被评为海南省“三八”红旗集体，局系统1人被省政府记个人一等功公务员，1人被评为全国测绘地理信息系统优秀共产党员，2人被授予“省直机关优秀共产党员”称号，1人被评为“省直机关优秀党务工作者”。

【测绘地理信息文化建设】

海南测绘地理信息局组织干部职工参加省直机关纪念建党90周年“万人红歌颂党”演唱活动和“学理论、学党史、学‘十二五’规划，服务国际旅游岛建设”读书活动演讲比赛，组织全局党员赴琼中县白沙起义纪念园开展党史教育活动，通过参观红色纪念园区、重温入党誓词，加深党员对党史的认识和理解。开展“强学习提素质，讲文明树新风，建功国际旅游岛”为主题的“文明大行动”活动，推动和谐单位建设。

测绘学会工作

【组织建设】

11月22日，海南省测绘学会召开七届四次常务理事会议，增补常务理事2名，理事9名。

【学术交流活动】

海南省测绘学会组织部分学会理事和单位业务骨干共36人参加全国测绘科技信息网中南分网第二十五次学术交流会。选送论文22篇，12篇获奖。其中，一等奖2篇、二等奖4篇、三等奖6篇。

重庆市

规划与计划

2011年11月2日，重庆市政府办公厅印发实施《重庆市测绘事业发展暨地理信息基础设施建设第十二个五年专项规划》。该规划总结了“十一五”期间取得的主要成就和存在的不足，确定了“十二五“期间测绘地理信息事业发展的指导思想和总体目标，明确了数字重庆地理空间信息资源体系、地理信息应用服务、信息化测绘基础设施建设和测绘科技创新与标准化4个方面的主要建设项目，预算投资约8.5亿元，并提出了相应的保障措施。

法制建设

【重庆市地理信息公共服务管理办法】

3月1日，《重庆市地理信息公共服务管理办法》由重庆市政府发布施行。重庆市规划局积极做好宣传贯彻工作，编印释义解读和宣传册，举办面向测绘系统和专业应用部门单位的学习推广培训班。

【重庆市城市三维建模技术规范】

3月10日，《重庆市城市三维建模技术规范》公布实施。该规范由重庆市勘测院作为主编单位组织编制，对山地城市特色地形三维的制作标准给予了明确定义。

市场监管

【整顿和规范地理信息市场“回头看”行动】

重庆市规划局组织开展整顿和规范地理信息市场“回头看”行动，清理442家静态互联网地图服务网站，检查10家动态互联网地图服务网站，曝光3家无资质地图服务网站。积极规范互联网地图服务队伍，全市4家单位获得甲级互联网地图服务资质，5家获批乙级互联网地图服务资质。

【专项治理和日常监管】

重庆市规划局认真开展“问题地图”治理工作，制定实施方案，联合区县测绘管理部门查处违法编制地图案件7起，整改“问题地图”案件8起。组织15人次参加国家测绘地理信息局举办的互联网地图安全审校人员和地图审核人员培训班；加强测绘执法监管，为测绘执法支队添置设备、软件；开展互联网用户上传涉密地理信息标注监控工作。

地图管理

2011年，重庆市审核通过59项公开地图行政许可。主要包括《走遍重庆·城乡地图集》、“重庆印象”地图网站、“天地图·重庆”、《重庆市红色记忆地图》、数字长寿电子地图、数字永川电子地图、公交轨道交通站台指示地图等，地图品种进一步丰富。

成果管理

【测绘成果保密检查】

9月，重庆市规划局联合市国家保密局开展测绘成果保密检查工作，成立市级涉密测绘成果保密检查领导小组和办公室，制定工作方案，下发《关于开展涉密测绘成果保密检查的通知》，重点检查区县测绘地理信息管理部门和相关高校。组织48家涉密测绘成果单位开展自查，并抽查了21家单位，保证了涉密测绘成果安全。

【测绘成果档案管理】

重庆市规划局出台《区县测绘成果汇交管理办法》，规范全市29个区县测绘成果目录汇交工作，建立并完善了查询系统。全年分发成果297次，累计提供各类控制点成果849点，各类介质的各种比例尺地形图5062幅，DEM 868幅，DOM 234幅，像对56对，综合管线资料22千米，用户涉及全市测量标志保护、市公安局金盾工程、中石油重庆天然气勘探开发、全市1:5000更新等重大项目。启动电子档案数据管理和异地备份工作，完成异地备份场地初步调研与初选。

【重庆市城乡测绘成果综合信息管理平台】

重庆市规划局完成重庆市城乡测绘成果综合信息管理平台建设。该平台以地理信息技术和MIS技术为核心，制定了测绘成果数据标准体系和电子档案管理体系，设计了ERP系统工程归档数据和地形图等数据的接收、整理、归档、借用、分析、统计等常规测绘档案管理功能，实现了不同类型、不同比例尺的电子地图的校检、审核、入库、分发一体化，建立了数据发布平台，建设了公开版地图数据库。

基础测绘

【现代测绘基准改造】

2011年，重庆市现代测绘基准改造顺利完成，建成了连续运行卫星定位综合服务系统，包括基准参考站35座，平面控制网新建B级GPS点60个、C级GPS点105个，高程控制网新测二等水准1万千米、水准精化点228个。数据联测整理完成，数据处理和计算工作基本结束。

【遥感数据】

重庆市加强遥感影像资源建设，通过购买高分辨率卫星影像、利用低空无人机航摄，新获取长寿、垫江、丰都、綦江、南川、巫山、江津南部等区县1660平方千米城市影像，实现市域建成区4300平方千米高分辨率遥感影像的全覆盖。

【基础地理信息数据库】

重庆市规划局组织完成都市区约1300平方千米1:2000数字线划图和数字高程模型数据、300平方千米数字正射影像数据的采集工作，完成都市核心区范围内4900平方千米1:2000 DLG、DEM和数字正射影像数据库建库，缩编完成1:5万DOM 76幅，更新主城核心区、两江新区龙盛片区、大学城等片区1:500地形图306平方千米，更新管线数据282千米。

【专题地理信息数据库】

重庆市主城区建筑物地理信息数据库系统建设完成主城区建筑物普查，掌握了覆盖主城建成区约550平方千米范围内20多万栋建筑物名称、门牌地址、结构、年代、用途、楼层等信息，建成了主城区建筑物地理信息系统，实现了主城区建筑物的综合信息统一管理。

城乡规划管理建设数据库项目建成主城区现状数据库，收集整合了主城区行政区划、自然资源、城市土地使用、重大基础设施、公共服务设施、人口与经济、生态与环境、历史文化遗产、地质勘察与地震9大类综合现状信息；开展移动规划智能办公平台建设，满足规划管理日常业务；推动重庆综合交通信息平台试点工程，启动系统开发工作，完成试点区域基础地理信息数据建设；完成2010年城市建设用地遥感解译，形成了监测报告和分析报告；启动乡村基本信息调查与数据库建设，收集全市8000多个村的基本信息资料，开展空间定位、错误校正与数据建库工作；全面开展城乡规划监察执法信息系统培训和应用推广，提升城乡规划执法精细化、信息化管理水平。

【地理国情监测】

重庆市规划局积极开展地理国情监测工程试点建设，编制了《工程项目建议书》、《总体设计方案》和《项目建设方案》，取得了部分成果。城市建设用地动态监测工程对已建城市建设用地现状进行遥感解译分类，统计各类别用地量，进行用地情况分析，形成城市建设用地分析统计报告；区县城乡空间资源监测完成重庆市全部远郊区县资源能源、人口及城镇化、经济社会与产业发展等空间资源调查；主城区交通设施监测开展主城渝中区、江北区、北部新区基础交通设施调查，为交通规划和交通综合信息的查询提供数据支撑；缙云山、中梁山、铜锣山和明月山管制区森林资源遥感监测通过卫星影像获取、处理与信息提取，合理划定四山管制范围，形成四山森林分布图、四山森林资源统计表、四山管制区范围示意图（分镇）等成果。

【数字城市建设】

数字永川、数字长寿城市地理空间框架试点工程通过国家测绘地理信息局验收，获得“全国数字城市示范区”称号。黔江区成功申报为国家测绘地理信息局试点城市。重庆市规划局积极推进涪陵、黔江、万州等区域性中心城市数字城市地理空间框架建设纳入国家试点。数字永川和数字长寿建立了区县级地理信息公共服务平台和规划、应急、环保、公众等应用示范系统。其中，数字永川搭建了国内第一个基于数字城市建设的规划管理系统，促进了规划管理工作的信息化；数字长寿针对重化工企业危险源，建设完成重大危险源监测系统。

质量监督

重庆市规划局认真开展测绘成果质量监督检查，组建质检领导小组和专家组，制定《重庆市测绘成果质量监督检查工作方案》，部署全市131家持证测绘单位测绘项目成果自查工作，对11项测绘工程项目进行了抽样检查，成果质量批合格10项，抽样合格率为90.91%。完成测绘工程成果质量日常检验710项。其中，检验1∶500地形图509平方千米，地下管线1306千米，1∶2000 DLG 1134平方千米，1∶2000 DOM 251平方千米，DEM 1133平方千米，电力铁塔988座，数字城市管理部件普查面积44.8平方千米。

重大工程测绘

【主城区地下空间普查】

2011年，重庆市规划局启动主城建成区地下空间普查工作，组织编写《重庆市地下空间普查技术纲要》和《重庆市主城建成区地下空间普查实施方案》，建立了部门联席会议，收集了相关历史资料，完成渝北区地下空间普查试验，开展地下空间普查外业实测、建库等各项工作。

【城市三维模型工程】

重庆市规划局系统开展了多项城市三维模型建设工作，完成3000平方千米三维地形、核心区已建精细模型数据建库和网络发布，开发三维城市政务基础平台，为数字三维规划管理系统的应用奠定数据基础；渝中区三维地理信息平台建设整合了地下管网、地下空间、地表建筑等地理信息，建成渝中区三维地理信息数据库，为区属各部门提供三维地理信息服务；集景三维数字公共平台，针对三维数字城市建设中存在的问题，利用现代化的设备和高新技术探索三维仿真模型和二三维地理信息融合的新途径，实现了高仿真虚拟环境下地理空间信息的展示与分析应用。

地图编制与出版

【一镇（乡）一图】

2011年，重庆市规划局完成一镇（乡）一图工程，编制挂图1008幅，实现全市1012个镇、乡、街道地图全覆盖，填补了农村地区乡镇无挂图的空白。

【三峡库区地图集】

由重庆市规划局和湖北省测绘局共同承担的《三峡库区地图集》编制工作全面完成。该图集是三峡库区综合信息空间集成平台的后继项目，图集所涉及地理范围包括库区30个区县。该图集由三峡工程（序图）、人口资源、社会经济、区县详图4大部分组成。

【其他地图】

重庆市规划局组织编制出版《红色记忆地图》，印制5000套，赠送市级机关和部门，并在公共活动场所向群众发放；编制出版《走遍重庆·城乡地图集》，全面反映重庆市城乡自然人文、交通旅游、特产资源、风土人情及社会经济发展等成就。

成果应用与服务

【“天地图·重庆”建设】

重庆市规划局积极开展“天地图·重庆”建设，成立了以行政首长为组长的工程领导小组和以分管领导为组长的项目组，落实人员和经费，利用重庆市公共服务平台公众版开展“天地图·重庆”建设，完成方案设计、数据制作，开展了软件采购招标和100兆带宽网络租赁谈判工作。年底，“天地图·重庆”上线试运行。

【重庆市地理信息公共服务平台】

重庆市地理信息公共服务平台启动三维地理信息平台建设，推进地理信息应用从二维向二三维一体化转变；开展悦来生态示范城试点建设，构建面向地理信息系统的“真三维”数据模型，制定三维数据标准和三维服务规范，启动平台服务引擎原型系统开发；完成政务地理信息平台二期工程，提升了平台的服务能力和运营支撑能力；发布2011版政务电子地图和网络电子地图，更新地名信息464547多条，实现了5391平方千米高分辨率影像全覆盖。

【应急救灾服务】

重庆市规划局启动“应急一张图”建设，组织编制《重庆市应急救援地理信息服务队队伍建设规划（2011－2015年）》和《重庆市规划局测绘应急保障预案》；加强重庆市地理信息应急分队建设，投入专项资金，增强地理信息应急装备力量；完善低空遥感应急保障机制，5次参加应急救援演练，确保测绘地理信息应急救援快速联动；在8月永川区森林火灾和“9·20”嘉陵江洪峰过境应急保障等突发性应急工作中，从应急制图、地理信息提供等多方面开展工作，充分发挥应急保障作用。11月，在“渝动－2011”成都军区军地联合应急演练中，重庆市规划局获重庆市政府和成都军区的嘉奖。

【城乡规划应用服务】

2011年，重庆市规划局为城乡规划工作共提供1:1万地形图780多幅，1:2000地形图6013幅，三维分析图等相关图件1106幅，遥感影像累计覆盖15020平方千米；完成18个片区约251平方千米、12个大型聚居区约134平方千米、两江新区1200平方千米以及经济技术开发区、高新技术开发区等区域规划编制现状调查与分析报告，保障了两江新区总规划编制以及“二环时代”大型聚居区规划等重点工作顺利进行；开展主城区和远郊区县的建设用地遥感解译，为动态掌握重庆市用地现状及科学评估规划实施情况提供依据。

【共享应用】

重庆市规划局大力推进地理信息公共服务平台的共享应用，新增市地震局、重庆警备区等11家应用单位，为应急、防汛抗旱、卫生等20多个业务信息系统提供地理信息支撑，实现全市地理空间信息共享应用。积极为重点行业部门提供专题地理信息服务，在全国水利普查、第六次全国人口普查、数字城管部件普查（二期）和地震应急联动协同灾情数据库建设等工作中发挥基础地理信息保障作用。

科技创新与人才培养

【创新基地】

重庆市规划局推进工程技术研究中心建设，按照“以项目带研发”的运行模式，完成3项专利申请、3项软件著作权的申报，发表论文10多篇；以三大地理信息平台和GPS综合服务系统为基础，结合云计算实验平台、智能终端平台，有效整合市域范围内研发设备和软件，初步形成地理空间信息研发功能单元平台。局属事业单位获批成立国家遥感中心地理信息工程部和国家自然科学基金依托单位，建立了市级博士后科研工作站。

【新技术研发】

重庆市测绘地理信息行业完成国家发展和改革委“基于国产卫星遥感的城乡规划与管理监测评价高技术产业化示范工程”，形成了国产卫星遥感数据获取、处理及应用的技术流程；启动国家科技支撑计划项目“安全保障型城市的评价指标体系与评价系统研发”重庆子课题研究；完成市科技攻关项目“重庆市公共安全综合信息空间集成关键技术研究”、“基于高分辨率遥感影像的城市建筑容积率提取方法研究”、“重庆市二环时代主城区空间结构演变机理研究”；加大集景三维仿真基础平台V4.0版本的开发力度，实现三维仿真场景组织、集成和加载等基本应用功能；引入Riegl VZ 1000三维激光扫描仪，推动三维激光扫描技术在工程测量中应用；开发道路快速设计三维辅助系统和三维土石方平衡系统。

【重要科研成果】

重庆市测绘地理信息行业获国家发明专利2项，获国家行业级奖15项，省市级奖7项。“钻孔灌注桩加固桥梁墩台结构及构造方法”和“利用核Fisher分类与冗余小波变换的多聚焦图像融合方法”获国家发明专利，“三峡库区综合信息空间集成平台”获2011年中国测绘学会测绘科技进步奖一等奖，“重庆市渝中区三维地理信息平台”获2011年度中国地理信息优秀工程奖金奖；“重庆市1:1万基础空间信息数据库建设”获2011年中国测绘学会优秀测绘工程奖金奖；“基于三维激光扫描技术的两江新区中央公园工程验方测量”、“基于空间信息技术的辅助设计及施工可视化管理系统”2个项目获重庆市优秀工程勘察设计奖一等奖，“重庆市地理空间信息共享交换平台（一期）”获重庆市科技进步奖三等奖。

【人才培养】

重庆市规划局组织举办第二届重庆市测绘行业工程测量和航空摄影测量职业技能竞赛；组织参加“中测航图杯”第二届全国测绘地理信息行业职业技能竞赛，获工程测量竞赛团体二等奖、个人第二名和第五名，参赛队员分获“全国技术能手”、“全国青年岗位能手”、“全国测绘地理信息技术能手”称号；组织重庆市注册测绘师考前培训，全市近600人参加考试，通过率达19%；举办2000国家坐标系和测绘统计报表及网络直报系统测绘管理干部培训班，培训260人次；开展测绘职业技能工程测量考评培训，204人参加考评。

党的建设

【党建工作】

重庆市规划局深入贯彻落实十七届六中全会以及市委三届九次、十次全会精神，举办局党组中心组扩大学习会8次。以市管领导干部学习马克思列宁主义经典著作活动为契机，推荐经典阅读书目，制作《读点经典》学习视频，引导党员干部多读书、读好书。开展纪念建党90周年党史竞赛、征文比赛、书画摄影大赛等活动。积极参加全市庆祝中国共产党成立90周年原创新歌征集活动。深入开展创先争优活动，积极推进“人民好公仆”教育实践活动以及“三进三同”、“结穷亲”、“大下访”等活动。局宣传处获“全国巾帼文明岗”称号，市规划信息服务中心获“全国青年文明号”称号。

【党风廉政建设】

重庆市规划局制定公布《重庆市规划局行政处罚裁量基准》，规范规划行政自由裁量权；建立规划业务流程纵深度、宽范围的监督模式，强化岗位廉政风险排查防控；开展“规划业务流程环节过错问责”、“外部监督融入规划内部管理”等专题研讨活动；在全国住房城乡建设系统加强廉政风险防控规范权力运行现场会上作廉政风险交流发言，并在《中国纪检监察报》上刊发主题文章；出台基层党组织党务公开相关规定，听取群众意见，接受社会监督。

社团工作

重庆市测绘学会举办现代测绘科技与数字重庆建设科技论坛，邀请专家作学术报告；引进与开发三维激光扫描技术、刀片机系统、移动测量系统、无人机系统；开展优秀论文、优秀工程评选活动，评选出2009年~2010年优秀论文10篇、优秀测绘工程奖26项；全年出版《重庆勘测》4期，发表论文60多篇；会员在国内核心期刊发表论文10多篇。

四川省

规划与计划

【省级规划】

2011年6月12日，四川测绘地理信息局组织编制的《四川省“十二五”基础测绘发展规划》通过专家评审。8月5日，四川省副省长王宁等领导对该规划作出批示。按照省领导批示，省发展和改革委开展该规划专项评估相关工作后，上报省政府审议。

【市县规划】

四川省21个市州中11个市州基本完成基础测绘“十二五”或中长期规划编制工作，7个市州正在编制；19个市州落实了规划经费，共1.7亿元。

法制建设

【地方性配套法规制定工作】

四川测绘地理信息局明确2011年法制工作要

点，将各项工作目标落实到相关部门，并细化分解到个人，立法和普法经费列入年度经费预算。继续配合省政府法制办公室做好《四川省地图管理办法》的立法调研论证工作，推动该办法列入省政府立法计划；制定了《四川省测绘地理信息行政执法评议考核规定》。

【规范性文件清理】

四川测绘地理信息局制定《关于加强四川省测绘地理信息法治建设的实施意见》，明确四川省加强测绘地理信息法治建设的主要任务；加强行政审批制度建设，修订完善各项测绘行政许可办事指南，测绘行政许可全部纳入四川省人民政府政务服务中心统一受理，并将行政许可事项及办事指南在网上予以公布。

该局开展测绘地理信息规范性文件的立、改、废工作，梳理了测绘行政执法依据，明确执法主体，对执法职权按部门进行分解，并向社会公开。其中，行政许可8项、行政处罚47项、行政强制25项（1项由公安机关执行）。在梳理执法依据的基础上，对行使行政处罚涉及的自由裁量权的运用范围、行使条件、裁决幅度、实施种类以及时限等予以合理的细化和分解。

【法制宣传】

四川省各级测绘地理信息行政主管部门、甲级测绘资质单位积极组织开展“8·29”测绘法宣传日活动。8月29日，省人大常委会副主任张东升参加成都的测绘法宣传活动，成都各区（县）测绘地理信息行政主管部门开展巡回宣传、张贴宣传画报；巴中、泸州、遂宁、南充等地主要媒体报道了宣传日活动；安岳县通过广播电视、老年花鼓队等多种形式进行宣传。宣传日当天，全省设置近300个宣传点，宣传人员近2000人，悬挂宣传标语800多幅、宣传气球300多个，发放宣传资料15万多份，发送公益短信10万多条。

市场监管

【管理体制建设】

截至年底，四川省21个市（州）都明确了测绘地理信息行政管理部门。其中，13个地区在相关部门加挂“测绘管理办公室”牌子；资阳、凉山、自贡、广元、南充、广安、眉山、绵阳等8个市（州）在相关部门加挂“测绘局”或“测绘管理局”牌子，并成立专门的测绘管理内设机构，落实管理人员；全省除达州市、遂宁市、阿坝州以外，其余地区的县（市、区）都成立了测绘地理信息行政管理部门，落实了职责，并有专职或兼职人员负责测绘管理工作。

【资质管理】

四川测绘地理信息局制定《四川省测绘局关于贯彻〈测绘资质管理规定〉和〈测绘资质分级标准〉的实施意见》，确定对测绘资质单位的日常监督检查制度，实行年度注册与日常检查相结合的制度，加强对测绘单位的实地考核工作。在全省开展《测绘资质管理规定》和《测绘资质分级标准》业务培训；完成了全省660多家测绘资质单位的复审换证工作；完成全省测绘资质管理信息系统的推广使用工作，测绘资质申请、审批、年度注册及作业证管理均实现在线审批、办理，系统数据与国家测绘地理信息局资质管理系统数据可互联互通。

【执法检查】

四川测绘地理信息局建立行政执法评议考核制度，制定了《四川省测绘地理信息行政执法评议考核规定》；开展测绘成果质量、测绘成果保密等专项执法检查，依法查处涉及成果质量、成果保密、超资质测绘、伪造测绘成果等违法行为。

【执法队伍建设】

四川测绘地理信息局完善行政执法主体制度，加强测绘行政执法队伍建设，明确各项行政执法职能承担部门，执法经费列入局年度预算。年内，完成200多人的测绘行政执法岗位培训考核工作，并颁（换）发了行政执法证件。至年底，全省21个市（州）及各县（市、区）测绘行政主管部门已经建起650多人的测绘行政执法队伍。

地图及地理信息市场监管

【地图审批】

2011年，四川测绘地理信息局完成地图审核76项；对四川省基础地理信息中心制作的《数字攀枝花》、《数字广元》电子地图进行了审核。

【地图市场监管】

四川测绘地理信息局组织开展地理信息市场专项整治“回头看”行动，部署省内甲、乙级和从事地理信息加工服务的测绘资质单位开展自查，并组织成都、绵阳、眉山、广元4个市测绘地理信息行政主管部门的人员参加相关培训。开展四川省地图市场专项治理工作，制定实施方案，组织有关人员检查静态地图网页385个、动态地图网站10个。配合国家测绘地理信息局地图技术审查中心就地图管理及地图审查服务工作进行调研，并到成都市各大书店、图书批发市场、人口密集地区对地图市场进行调查。对《成都商报》2月14日刊登7幅未经审核“问题地图”的行为进行了查处，对四川威远奇伟壁画公司生产的“问题地图”瓷砖予以查处。

【国家版图意识宣传教育】

四川测绘地理信息局在成都市部分中小学校开展国家版图意识宣传教育活动，制定《国家版图意识宣传教育活动方案》，设计制作国家版图知识宣传展板10块，在桐梓林小学、高新区实验中学、天涯石小学等学校举办了为期3个月的国家版图知识展览，免费赠送图书、拼图6000多册。与资阳市测绘局及资阳市教育局联合开展版图知识宣传教育活动，共发放宣传图书2000多册。

【地理信息市场整顿和规范工作】

四川测绘地理信息局加大涉外、涉军、涉密、涉证、涉网领域检查力度。对各市（州）测绘地理信息行政主管部门和重点测绘资质单位进行涉外领域专项调查；开展测绘成果保密专项执法检查；对互联网地图服务网站进行清查，对无证从事互联网地图服务的单位要求其限期办理测绘资质，符合条件的颁发测绘资质证书，不符合条件的，要求其转变服务方式或关闭互联网地图服务网站；对超越测绘资质等级从事测绘活动的单位依法进行了查处。

【地理信息产业发展研讨】

四川测绘地理信息局成立地理信息产业调研组，对地理信息产业发展趋势，以及四川省地理信息发展现状、发展优势、面临的问题、发展模式和要求进行了较为全面的调研、分析，在此基础上代省政府起草了《四川省关于推进地理信息产业发展意见》。

成果管理

【成果保密管理】

四川测绘地理信息局成立四川省测绘成果保密检查领导小组以加强对此项工作的领导；会同省国家保密局制定印发《四川省涉密测绘成果保密检查实施方案》，对凉山州、攀枝花市57家使用和保管涉密测绘成果的单位及成都市20家甲级测绘资质单位进行检查，向10家单位发出整改通知书，向25家单位发出督查通知书；配合国家涉密测绘成果保密检查组完成对四川2家单位的抽查。会同省国家保密局对2010年四川省开展国家涉密测绘成果保密检查的情况在全省进行通报，给予7家单位通报批评并责令限期整改，其中5家单位并处行政罚款。

【成果审批】

四川测绘地理信息局全年共受理审批620多项使用涉密基础测绘成果的申请。对四川省基础地理信息中心、四川省建筑设计院、攀枝花市规划建设局、洪雅县政府对外提供测绘成果资料进行审批；对攀枝花市规划建设局、四川省地矿局化探队、川庆钻探工程有限公司地球物理勘探公司销毁国家涉密地形图进行了鉴定、审批。

【成果汇交】

2011年，四川测绘地理信息局共接收458家测绘单位汇交的7170项测绘成果目录。

【测量标志保护】

四川测绘地理信息局向各市（州）测绘地理信息行政主管部门印发《关于做好测量标志保护宣传画发放工作的通知》，发放测量标志保护宣传画1.2万张；检查验收了眉山市测量标志普查成果；部署泸州市合江县测绘管理办公室对本市区域内测量标志的普查工作；对遂宁市测绘管理办公室、宁南县畜牧局、泸定县卫生局、岷江航电犍为枢纽工程部申请拆迁国家水准测量标志事宜进行了审批。

基础测绘

【四川省地理空间基础框架建设】

2011年，四川省地理空间基础框架建设项目全面完成。9月，项目成果通过四川省发展和改革委组织的验收。项目完成大地控制基准建设：布设B级GPS点221个、C级GPS点600个，开展了新一期一、二等水准复测4417千米和三、四等水准网改造升级7882千米，解算出覆盖全省的精化大地水准面。遥感影像获取：航空摄影14.6万平方千米，卫星遥感影像116万平方千米。基础地理信息采集及更新：1:1万数字线划图、数字高程模型、数字栅格图各4282幅，1:1万数字正射影像图3414幅，1:1万地形图印刷3414幅（68.28万张），地名采集

100.3万条，任务区地理信息数据整体现势性提高了20年~30年。地理空间基础数据库建设：原始影像数据库、大地控制网数据库、DLG数据库等9个地理空间基础数据库和数据库管理系统建设。

此外，完成基础地理信息系统建设、局域网分发服务系统和互联网分发服务系统的开发与集成；完成四川省综合省情地理信息系统、数字德阳地理空间基础框架建设等应用示范工程建设。

【市县基础测绘】

四川省各市（州）、县积极做好基础测绘工作。成都市域航测项目全面完成，编制了天府新区影像地图；广元市投资1000多万元，开展2000国家大地坐标系建设、大比例尺测图等工作；南充市地形图测绘竣工120多项，并基本实现建成区地下管线勘测全覆盖；资阳市投资1200多万元，开展大比例尺测图、公路联网测绘等工作；乐山市除市级财政投资外，县级财政投资205万元开展测绘工作，并建成市中心城区“3D”数字城市地理信息系统；凉山州冕宁等4县编制了“十二五”基础测绘规划。

【少数民族地区、革命老区基础测绘项目】

2009年，甘孜、阿坝、凉山州及巴中市（以下简称“三州一市”）获得中央财政对少数民族地区、革命老区基础测绘专项支持，专项补助经费740万元。至2011年，三州边远地区及巴中革命老区财政转移支付基础测绘各个项目基本完成。建立和改造“三州一市”52个县（市、区）的城市基础控制网，研发四川省藏区牧民定居行动计划地理信息系统，解决了长期以来“三州一市”各县城镇坐标系统陈旧、不统一等问题，建立起与国家坐标系之间的转换关系。

【地理国情监测】

四川省积极围绕全省重大战略任务的实施开展地理省情监测工作，完成前期研究，明确了全省地理国情监测的思路、原则、目标和工作内容，将地理国情监测纳入《四川省“十二五”基础测绘发展规划》，明确了监测试点和全省重要省情监测经费投入，开展了全省基本省情监测和四川汶川地震核心灾区地理国情监测试点。

质量监督

【质量管理】

四川测绘地理信息局修订发布《四川省测绘单位技术质量管理体系考核办法》（试行）；印发《关于加强测绘资质单位质量监督管理工作的通知》，对市（州）测绘管理部门提出了新的质量管理要求；部署对甲、乙、丙级测绘资质单位每年开展测绘成果质量认可工作；组织局属各生产单位162名质量检查人员参加培训和考核；面向全省测绘单位开展测绘技术标准培训，269人参加。

【质量抽检】

四川测绘地理信息局完成60家测绘单位的测绘质量抽查工作，发现13家单位技术质量管理体系不合格，15家单位测绘成果质量不合格。向被检单位发出监督检查报告，对技术质量管理体系不合格的单位发出整改意见书，对成果不合格的单位，责令其补测或重测。四川测绘地理信息局与省质量技术监督局联合公布2011年测绘质量监督检查结果。四川测绘地理信息局完成2010年26家技术质量管理体系、21家测绘成果抽检不合格单位的复查工作。

【计量检定】

四川测绘地理信息局完成“成都金堂标准基线场关键技术研究”课题，组织对成都金堂标准基线场进行复测。成都金堂标准基线场新增测距仪周期误差检测，GNSS短基线、中长基线，RTK校准等检定校准功能，并通过了省质量技术监督局的现场考核，获得新的计量标准考核证书和计量授权证书。四川省测绘计量检定站全年共检定各类测绘仪器6322台。

【独立坐标系统审批】

四川测绘地理信息局对乐山、雅安、广元、广安等地的独立坐标系统申报进行业务指导；审批了乐山市、达州市建立城市独立坐标系统的申请。

重大工程测绘

四川省测绘地理信息部门围绕灾后恢复重建、西部综合交通枢纽建设、国土资源调查等重大战略和重大工程积极开展测绘保障服务，测制各种比例尺地形图、多种分辨率正射影像图，开展天然气管线测绘以及多个地理信息系统建设。完成灵宝市小秦岭金矿区矿山地质环境综合治理重点工程、四川省大渡河瀑布沟水电站移民安置场地工程安全监测、乐山至汉源高速公路内外业地形图数字化测图、新建铁路银川至西安线1:2000航测制图等一系列重大工程测绘项目。

测绘地理信息合作共建

四川测绘地理信息局和成都军区司令部作战部在基础地理信息数据资源共享、航空摄影空域审批等领域深化合作，建立了军地测绘工作定期会商制度。在“八一”建军节、春节期间召开座谈会，军地测绘地理信息工作主管部门就军地测绘生产、测绘技术装备、测绘科技进步、地理信息资源共建共享等方面进行会商交流，探索军地测绘合作发展途径。

地图编制与出版

2011 年，成都地图出版社出版图书 234 种。其中，新出版图书 61 种，再版（重印）173 种。上报选题 120 种，选题执行率 51%，再版（重印）率 74%。全年完成印刷 21200 千印张、16 万色令，图书发货码洋 1600 多万元，回款实洋 910 万元。

成都地图出版社启动《世界地图集》、《中国地图集》等大型综合性图书的设计和制作工作，推出了《中国汽车司机专用地图集》。配合四川省新闻出版局的中小学图书馆馆配图书工程，策划《图说三国》、《少儿书包地图》、《少儿地图册》等项目。配合四川省新闻出版局的感恩行动，编制出版《汶川地震灾害地图集》（英文版）、《新北川地图》等图书，其中《汶川地震灾害地图集》（英文版）获新闻出版总署出版基金资助 45 万元。《四川省地图集》获第十九届中国西部地区优秀科技图书三等奖，《成都市街道详图》、《四川省旅游交通图册》被评为“2011 年度全行业优秀畅销品种”。

成果应用与服务

【“天地图·四川”建设】

2011 年，四川测绘地理信息局启动“天地图·四川”市级节点建设，建成数据体系、服务体系、软硬件基础设施在内的在线服务平台，提供地图浏览、地名查询、最短路径分析、目录查询等地理信息服务，可以直接调用“天地图”主节点提供的地图浏览等服务以及全省已建成数字城市发布的地理信息服务。四川测绘地理信息局加大推广力度，“天地图·四川”已在规划、环保、民政等部门得到应用，“四川省文物普查地理信息系统”、“四川华油集团天然气管线巡线系统”及“四川省核辐射污染源监控地理信息系统”3 个应用示范项目的建设正在有序推进。该局成立四川智图信息技术有限公司，专门从事平台的推广应用与售前、售后服务。

【成果应用】

四川省测绘资料档案馆全年共接待社会各界用户 1077 人次，提供各种比例尺地形图 7486 张、GPS 点 76 点、三角点 2520 点、水准点 1443 点，提供 DLG 854 幅、DEM 216 幅、DRG 1409 幅、影像数据 839 景（处）。地图缩放、专题图制作等 235 幅。

【主动服务】

四川测绘地理信息局组织为国务院总理温家宝出访日本制作日本地震灾区专题图，为四川省委书记刘奇葆出访台湾制作《台湾地图》；为天府新区规划、省“十二五”规划、“五大经济区”规划、成渝经济区规划、天府新区规划测制 3000 平方千米 1:1 万地形图及提供 7000 平方千米 1:5 万地形图；为藏区维稳工作制作《阿坝县地图》、《阿坝县城影像图》，为省委省政府、省级各部门、各市（州）提供《四川省领导工作用图》和基础地理信息数据，为省委宣传部制作《三基地一窗口总图》等灾后重建宣传专题图；与省委宣传部共同编制、发布《回望历史、红色记忆》、《气壮山河、灾后重建》等 3 种红色地图；为天府新区、香格里拉、秦巴山区等区域的发展规划，为乐山、雅安、广元、成都等市城乡建设规划，以及省委省政府日常工作编制专题图 580 多幅；开展 2012 年版《领导工作用图》的研制工作。

【应急测绘】

四川测绘地理信息局初步建立起测绘应急保障体系，建成了应急影像快速获取以及快速纠正处理系统、地图数据快速更新系统、应急图件快速出图系统、数据快速传输及存储系统。完成低空无人机飞行 60 多架次获取航空影像 1500 多平方千米，为突发事件应急处置、抢险救援、川西草原防火指挥等提供了及时的基础地理信息保障服务和测绘技术支撑。

科技创新与人才培养

【测绘科技工作】

四川测绘地理信息局编制出台《四川省测绘科

技发展“十二五”规划》，积极推进产学研结合，加快推进与武汉大学共建数字制图与国土信息应用工程国家测绘地理信息局重点实验室相关工作。全年投入科研及新技术试验经费1407万元，达到全局总费用的5%；全局测绘专业技术人员904人，超过总人数的60%。承担2011年国家测绘地理信息局科研项目4项；组织申报2012年科研项目，立项1项；组织申报2011年度四川省科技计划项目3项；组织2项创新成果报送国家测绘地理信息局鉴定；组织局级科研项目申报评审，立项11项；完成2011年四川省测绘科技进步奖评选工作，评选获奖项目19个；征集优秀科技论文67篇，收集编制《四川省测绘地理信息科技成果汇编》。

【职称评审及技能鉴定工作】

四川测绘地理信息局组织开展2010年全省测绘初、中、高级专业技术职务任职资格评审工作，初级申报152人，评审通过148人；中级申报200人，评审通过171人；高级申报42人，评审通过35人。

【教育培训】

全省测绘地理信息系统认真开展专业技术人员的继续教育。四川测绘地理信息局共开展各类培训班13期，1763人次参加培训；与武汉大学资源与环境科学学院联合开展第四期研究生班教学，完成前期准备工作，23名学员报名参加学习。举办测绘技术管理干部培训班和测绘新技术培训班，全省190多名相关技术、管理人员参加培训。

对外合作与交流

四川测绘地理信息局全年派出17人出国（境）参加相关会议和交流。赴摩洛哥参加国际测量师联合会（FIG）2011年工作周会议；赴澳大利亚参加第七届国际数字地球会议；赴德国参加第63届法兰克福国际书展；11月16日~18日，接待日本地理信息代表团一行4人来访。

党的建设与测绘地理信息文化建设

【创先争优活动】

四川测绘地理信息局召开创先争优活动推进会，进行集中点评；以“喜迎建党九十年，创先争优做贡献”为主题，开展征文、知识竞赛、红歌演唱、红色地图编制发行等14项党群共建创先争优实践活动；扎实开展“为民服务创先争优”活动，不断深化政务公开，行政审批效率平均提速35%以上。召开庆祝建党90周年暨创先争优表彰大会，表彰先进基层党组织5个、优秀共产党员7名和优秀党务工作者5名。受国家测绘地理信息局表彰的优秀共产党员和优秀党务工作者各1人。

【“挂包帮”活动】

四川测绘地理信息局联系帮扶雅安市雨城区碧峰峡镇八家村，向碧峰峡镇志国博爱小学捐赠2500本学习用书。全年自筹经费30多万元，帮扶八家村推广花卉苗圃、有机茶种植和家禽养殖，开展供水站修建、沼气池修建、道路硬化等工作，筹建村活动室。“挂包帮”活动开展两年来，八家村特色产业发展取得突破，生产生活条件得到改善，全村2011年底人均收入上升至4853元，增幅达42.7%。

【学习型党组织建设】

四川测绘地理信息局认真学习党的十七届六中全会、中纪委十七届六次全会、国务院第四次廉政工作会议、省委九届九次全会、省纪委九届七次全会精神，以及中央和省委经济工作会议、全国测绘地理信息局长会议、“两会”精神和国务院副总理李克强视察测绘创新基地时的讲话和批示精神。局党组中心组被省委宣传部、省直机关工委评为理论学习先进单位。

【基层党组织建设】

四川测绘地理信息局完成直属机关党委委员调整，进一步完善了局机关党支部建设，重视和关心离退休党支部建设；加强党员队伍建设，全年发展新党员13名；开展党建和政研重点课题研究，推荐上报各类政研论文23篇。

【党风廉政建设】

四川测绘地理信息局各级党组织认真落实党风廉政建设责任制，制定了党风廉政建设和反腐败工作任务分工表；落实中央《建立健全惩治和预防腐败体系2008－2012年工作规划》，构建惩防框架体系。四川测绘地理信息局抓好廉政风险点排查工作，分析潜在的决策、行政、资金运作和监督缺位等风险，共梳理出4层22个廉政风险点；编制《四川测绘局党风廉政建设》文件汇编。开展廉政警句征集和廉政承诺活动，形成了廉政文化建设成果；开展以人为本、执政为民教育，通过组织参观预防职务犯罪图片展、开展革命传统教育等多种方式进行理想信念、党的宗旨和反腐倡廉教育；开好领导班子民主生活会，坚持领导干部述职述廉制度，坚持开展民主评议党员制度，坚持执行“三项谈话”制度，开展“小金库”和公务用车专项治理工作，组织政府采购情况检查和庆典会议办会情况清理。全年无一例违规事件发生。

【文化建设】

四川测绘地理信息局举办职工运动会、全民健身健步走活动、青年拓展运动会、“党旗辉映团旗红 创先争优做贡献”知识竞赛、红歌演唱、老年趣味运动会、钓鱼比赛等活动。全局4个直属单位在保持“省级文明单位”称号的基础上，四川省遥感信息测绘院被授予“省级最佳文明单位”称号，局机关被授予“省级文明单位”称号。四川省遥感信息测绘院被评为“全国模范职工之家”，四川省遥感信息测绘院遥感三室被授予“全国巾帼文明岗”称号。成都地图出版社职工闫晓军获“全国五一巾帼标兵”称号，四川省遥感信息测绘院职工黄悦康获“四川省五一劳动奖章”。

地方社团工作

四川省测绘学会加强组织建设，全年共发展新会员43名，新增理事1名，单位理事9个。抓好测绘科技学术交流和科普活动，全年开展学术交流12次。7月23日~29日，在南充市承办“中国四维杯”第七届全国测绘职工定向越野赛。与四川测绘地理信息局共同组织第三届全省测绘科技进步奖的评审工作，评出一等奖4项、二等奖6项、三等奖9项。做好《测绘》期刊的编辑、出版、发行工作，全年出版6期，发行1.5万册。

贵州省

规划与计划

【规划】

贵州省国土资源厅将“十二五”测绘事业发展规划纳入国土资源“八大规划”体系，并将测绘规划编制列入国土资源管理工作目标，签订目标责任书，组织考察组到浙江、广西等省（区）学习规划编制经验。5月9日，贵州省国土资源厅完成“十二五”测绘事业发展规划和基础测绘规划的编制评审工作。截至2011年底，9个市（州、地）、88个县（市、区）中，贵阳市已全面完成了测绘规划的编制、审定、报批工作，其他市（州、地）、县的绝大多数完成规划的编制工作。

【年度经费】

2011年，贵州省基础测绘经费2561万元。其中，国家测绘地理信息局2011年中央补助边远地区、少数民族地区基础测绘项目经费280万元，2011年数字城市地理空间框架建设项目配套经费100万元；省财政厅划拨省级基础测绘经费1245万元、贵州省万亩大坝耕地变化情况航摄监测工作经费536万元；省发展和改革委划拨省级基本建设项目（基础测绘）经费400万元。

法制建设

【依法行政】

贵州省继续推进测绘地理信息依法行政和法制建设工作，印发《贵州省国土资源厅关于转发〈省人民政府关于加强法制政府建设的意见〉的通知》和《关于加强地理信息法制建设的实施意见》。遵义市国土资源局印发《遵义市国土资源局关于加强测绘地理信息法制建设的实施意见》。贵州省国土资源厅开展政府规章和规范性文件清理，重新编制了《依法行政工作手册》。省人民政府2011年128号令、129号令对贵州省继续实施的测绘行政许可、非行政许可、取消的行政许可进行公告。继续实施的行政许可有乙、丙、丁级测绘资质审批、属于国家基础测绘成果的提供使用、永久性测量标志的迁建、独立坐标系统的建设审批等；地图审核调整为对地图的合法性进行审核，归并为非行政许可审批；取消省级测绘计量检定人员的考核认证。

【行政执法】

贵州省国土资源厅印发《关于开展地理信息市场专项整治“回头看”行动的通知》，制定《2011年贵州省“问题地图”专项整治、地理信息市场“回头看”行动工作方案》，会同贵州省国家安全厅、国家保密局、经济和信息化委员会、新闻出版局、工商行政管理局、省军区、通讯管理局等8家单位召开地理信息市场整理整顿“回头看”工作联席会议。12月7日，省直部门8家单位分2组对贵阳市进行专项检查，共收缴违法违规地图1200多份，拆除“问题地图”展示广告1幅，处理无证测绘单位1家。

据统计，全年贵州省各级测绘地理信息行政主管部门共开展测绘行政执法活动1775次，重大专项执法检查16次，发现问题16起。其中，市场准入类3起、测绘项目类5起、地图类5起、测绘成果类1起、涉外测绘类1起、测量标志类1起。

【法制教育】

贵州省国土资源厅利用地政、矿政、测绘行政管理三位一体的优势体制，统筹国土资源、测绘地理信息法律法规宣传教育工作，将地政、矿政、测绘法律法规的宣传教育工作一并部署落实，在“4·22”地球日，“6·25”土地日，“8·29”测绘法宣传日期间，广泛开展相关法律法规的宣传教育。“8·29”测绘法宣传日期间，举办测绘地理信息知识竞赛，各级国土资源部门、部分测绘单位通过举办培训班，到城镇中心设立宣传点、悬挂横幅、发放宣传资料等方式大范围开展测绘地理信息宣传活动。

体制建设

贵州省测绘行政管理体制进一步完善，9个市(州)中除黔南州、铜仁市外，全部经编制部门批准加挂测绘局的牌子。88个县、市、区国土资源部门全部设置测绘管理办公室。国家测绘局更名为国家测绘地理信息局后，贵州省国土资源厅由1名副厅长带队到浙江、山东等地进行调研，经研究，决定组建贵州省测绘地理信息局，年底已将相关材料报贵州省编制委员会办公室审批。

市场监管

2011年，贵州省向国家测绘地理信息局报送测绘单位由乙级升甲级资质申请3项，2项获批准；新审批测绘资质单位29家；注销测绘资质单位3家。对21家测绘单位的产品进行抽检，对绕开测绘行政主管部门违规招标的单位采取了相应处罚措施。进一步探索推进市场诚信体系建设，初步建立了测绘信用档案和“黑名单”制度。

地图管理

2011年，贵州省共发放审图号14个。贵州省国土资源厅对70多个省直机关、市（州、地）、县（市、区）政府门户网站“问题地图”进行检查，发现并处理不规范上传地图网站3个。

成果管理

【成果提供】

贵州省测绘资料档案馆全年共对外提供各种比例尺地形图12142幅，航测成果486片（5278平方千米），数字化成果3231幅，大地控制点成果3774点。

【保密管理】

贵州省国土资源厅邀请贵州省国家保密局副局长对甲、乙级测绘资质单位进行保密知识培训，并联合贵州省国家保密局对贵阳市部分测绘资质单位进行保密检查。

【测量标志保护】

贵州省财政厅、物价局进一步支持测量标志的有偿使用，将测量标志有偿使用收费的试行文件转为长期执行文件。全年共收测量标志使用费90.82万元，全部返还用于测量标志保护和典型地理信息标志建设工作。截至年底，典型地理信息标志建设工作已完成前期调研。

基础测绘

【GNSS站建设】

贵州省GNSS站建设全面启动，招标方案编制完成，野外勘察测试选点全面完成。

【地理国情监测】

贵州省国土资源厅建立地理国情监测体制、机制，强化厅直属事业单位对地理国情监测的支持功能；在新一轮“三定”方案中，贵州省第二测绘院增加地理国情监测支持服务职能，贵州省第三测绘院加挂贵州省国土资源监测中心牌子。贵州省国土资源厅推进国土资源管理工作的网上监管，将国土资源电子政务平台与基础地理信息公共服务平台整合形成国土资源基础地理信息服务监管平台，初步实现了地政、矿政管理和重大地质灾害的网上监管。利用无人机开展地理国情监测，监测地质灾害和万亩大坝，获取41个县、75个重大地质灾害隐患点，23个万亩大坝、915平方千米高分辨率正射影像及高精度地表三维数据，为地质灾害防治、土地管理提供了科学依据。

【数字城市建设】

遵义、贵阳、毕节3市被列入国家测绘地理信息局数字城市建设试点城市，与国家测绘地理信息局签订了战略合作协议，项目全面启动。遵义市的工作进展较好，通过招投标确定了项目建设单位，航摄任务和已有数据建库各完成80%。六盘水市被列入国家测绘地理信息局数字城市建设推广城市。安顺市、兴义市启动数字城市地理空间框架建设工作，项目设计书通过专家评审。贵州省国土资源厅向国家测绘地理信息局上报了安顺、兴义作为推广城市的立项申请。数字凯里建设已正式向贵州省国土资源厅上报申请。

质量监督

贵州省国土资源厅会同贵州省测绘产品质量监督检验站对全省测绘资质单位完成的测绘成果进行抽查，检查范围涉及测绘工程项目22项，被检项目涵盖房产、国土、矿产、建设、交通、水利、铁路等多个行业，涉及测绘单位22家（甲级1家、乙级4家、丙级11家、丁级6家）。经检验，22家被抽查单位的测绘成果质量均达到合格水平。

重大工程测绘

中铁五局（集团）有限公司完成了贵广（贵阳至广州）铁路客运专线局管段施工控制网的复测以及高兴隧道、岩山隧道、百旺一号等隧道的洞内控制测量，成绵乐（成都至绵阳至乐山）铁路客运专线ZQ－2标施工控制网（CPICPII网）复测及D3K60＋200～D3K62＋200段CPIII建网测量，兰新（兰州至新疆）第二双线局管段（DK192＋100～DK240＋430）施工控制网（CPICPII网）及加密控制网测量等高速铁路测量项目。

地图编制与出版

为纪念中国共产党建党90周年，贵州省国土资源厅在“七一”前夕编制出版《贵州红色文化地图》。《贵州红色文化地图》以1:75万地图为背景，以中国共产党早期模范代表人物纪念地、中国工农红军长征时期在贵州境内的主要活动线路、著名事件、战斗遗址等为主线，摘取140多处最具代表性的红色文化教育基地为主题，在一幅地图上集中展现了党的光辉历程。

测绘地理信息应用与服务

11月，贵州省国土资源厅完成“天地图·贵州”省级节点的平台软件建设，建成了包括全省1:5万数字成果、2.5米分辨率（2002年～2004年）影像地图、1:5万地名库、1:1万DEM在内的在线服务数据集等。在贵州省1:25万地理信息公共服务平台（公众版）建设的基础上，实现了在线服务的注册、管理、用户授权、发布、服务监控等功能，已通过“天地图”主节点初步接入测试。“天地图·贵州”已在省国土资源厅、省环保厅、省公安厅等政府部门开展典型服务应用。

科技创新与人才培养

【注册测绘师考试】

4月，贵州省国土资源厅会同贵州省人力资源和社会保障厅，开展贵州省首次注册测绘师考试，全省共有300多人参加考试，20多人通过考试获得注册测绘师资格。

【获奖情况】

贵州省国土资源厅、遵义市国土资源局、惠水县国土资源局被国家测绘地理信息局评为“全国测绘系统依法行政先进单位”。贵州省测绘资料档案馆、铜仁市国土资源局获“全国测绘系统‘五五’

普法先进单位”称号。贵州省第一测绘院罗笑、省国土资源厅安顺经济技术开发区国土资源分局肖雪峰、省黔西南州册亨县国土资源局覃国恒、遵义市凤冈县测绘管理办公室杨太龙等人获“全国测绘系统‘五五’普法先进个人”称号。

党的建设与测绘地理信息文化建设

6月29日，贵州省国土资源厅在贵阳召开庆祝建党90周年暨先进基层党组织、优秀党员、优秀党务工作者表彰大会。会议对厅直系统2009年~2011年先进基层党组织、优秀共产党员和优秀党务工作者进行表彰，并开展唱红歌活动。

地方社团工作

【贵州省测绘行业协会】

贵州省测绘行业协会组织2010年~2011年全省优秀测绘工程奖评选活动，31个项目参加评选，评选出优秀测绘工程奖26项。其中，一等奖6项、二等奖13项、三等奖7项。

【贵州省测绘学会】

3月，贵州省测绘学会会同贵州省测绘行业协会、南方测绘贵阳分公司在贵阳联合举办南方测绘2011年新产品新技术发布会，省内测绘单位300多人参加。

云南省

规划与计划

《云南省测绘地理信息发展“十二五”规划纲要》和《云南省基础测绘“十二五”规划》编制完成，经云南省人民政府批准印发至省16个州（市）人民政府及省直各委、办、厅、局。同时，测绘法制建设、测绘科技与测绘人才发展“十二五”规划编制工作也相继完成。

云南省各州（市）积极推进基础测绘发展规划编制工作。临沧市、保山市《基础测绘规划》通过专家评审。丽江市基本完成《基础测绘规划》编制工作。

测绘统一监管

【规范航摄审批事项】

经云南省政府同意，云南省测绘地理信息行政主管部门向16个州（市）人民政府印发《云南省测绘局关于进一步加强测绘航空摄影管理的通知》，测绘航空摄影审批事项正式纳入规范化管理。

【测绘法宣传】

“8·29”测绘法宣传日前后，云南省各级测绘地理信息行政主管部门围绕“监测地理国情，服务科学发展”主题，采取多种形式开展测绘法宣传日活动。活动期间，悬挂宣传横幅4536幅、发放各类宣传品123860份，并通过电台、电视、网络、短信平台等进行宣传，进一步增强了广大群众的测绘地理信息法制意识。

【测绘资质管理】

4月~5月，云南省测绘局组织完成2011年度全省测绘资质年度注册工作，符合规定的425家单位均参加了年度注册。

云南省测绘局全面推进测绘资质行政许可在线办理工作，举办2期测绘资质管理信息系统培训班，赴各州（市）开展调研指导，积极做好系统的推广应用。截至2011年底，完成在线办理的测绘资质单位446家，占全省测绘资质单位的67%，基本实现与国家测绘地理信息局测绘资质管理信息系统的互连互通。

【行政执法】

云南省测绘局加大对违法案件查处力度。全年做出行政处罚结案6件，做出撤销资质业务范围行政决定1件，移交云南省国家保密局查处已结案1件。对国家测绘地理信息局通报的西双版纳“中国十大边疆重镇”高峰论坛在《环球时报》刊登“问题地图”一案，责成西双版纳州国土资源局及时处理，取消论坛原计划使用的带有政治性问题的中国版图，避免了不良后果和影响的产生。

【机构建设】

为使测绘更好地服务于现代新昆明建设与发展，昆明市委、市政府研究决定成立昆明市测绘管理中心，11月4日，昆明市测绘管理中心正式挂牌成立。其主要职责是负责昆明市测绘项目管理、测绘项目立项审批、测绘成果管理、测绘地理信息公共服务平台建设和测绘地理信息社会化服务。红河州机构编制委员会同意红河州国土资源局加挂“红河州测绘地理信息局”牌子，该局成为云南省首家加挂测绘地理信息局牌子的单位，同时，红河州将“土地测绘管理服务中心”更名为“红河州测绘地理信息服务中心”，进一步理顺测绘管理机制，提升管理职能。临沧市、楚雄州、保山市、丽江市国土资源局增设测绘管理科，普洱市成立国土资源管理中心，玉溪市成立基础地理信息中心。

地图管理

云南省测绘局开展测绘地理信息市场专项整治“回头看”行动，对涉嫌非法提供互联网地图服务的144个网站进行检查，对其中14个省内网站，经与省通信管理局沟通决定关闭处理；督促5家从事互联网地图服务的网站按规定申办相应的测绘资质。

开展教材教辅“问题地图”执法检查。重点检查中小学教材教辅中使用的地图是否符合国家公开地图内容表示有关规定，是否存在“问题地图”，是否按规定送审。检查昆明市新闻路图书批发市场、新知图书城、各新华书店等大型图书零售、批发商城的教材教辅书籍，结果表明绝大多数教材教辅使用的地图基本符合国家规定，部分由省外出版单位出版的高中教辅书和导游教辅中使用的地图存在一些问题，主要是漏绘我国南海诸岛及归属范围线，漏绘我国钓鱼岛、赤尾屿，或没有按规定送审。云南省测绘局及时将检查情况向国家测绘地理信息局汇报。

开展旅游地图大检查，重点对大理、丽江的旅游地图市场进行摸底检查，对违法违规地图进行清理，对有关单位和个人加强宣传教育，并根据实际情况，提出规范和促进两地旅游地图市场发展的措施，指导地图编制单位编制适合两地旅游地图市场需要的高品质地图产品。

成果管理

云南省测绘地理信息行政主管部门全年共受理国家秘密基础测绘成果提供使用审批554起。

云南省测绘局联合云南省国家保密局开展全省涉密测绘成果保密检查，成立云南省测绘成果保密检查领导小组，印发《关于在全省开展涉密测绘成果保密检查的通知》，制定《云南省2011年涉密测绘成果保密检查工作实施方案》。全省检查涉及660家测绘资质单位和70家涉密测绘成果使用单位。省测绘成果保密检查领导小组对昆明、曲靖、玉溪3个市的中央驻云南单位、省级单位和市属有关单位共23家进行检查，下发19份《涉密测绘成果保密检查整改通知书》；各州（市）测绘成果保密检查领导小组对各自辖区内的测绘单位和涉密测绘成果使用单位进行抽查，下发《涉密测绘成果保密检查整改通知书》26份，要求被检单位限期整改，并做好整改情况反馈。

2011年，云南省级财政拨款52万元，安排文山州的马关县、麻栗坡县，保山市的施甸县，大理州的剑川县开展测量标志普查工作。玉溪市加大经费投入，完成8县1区测量标志普查工作。各州（市）认真履行测量标志保护职责，对辖区内测量标志受损情况主动汇报、积极督办。向家坝水电站、溪洛渡水电站建设工程范围涉及23个水准点，昭通市测绘行政主管部门区别情况，及时分别向有关部门提出保护要求、依法报批拆迁申请。

基础测绘

【基础图件测制】

2011年，云南省完成1:1万“3D”数字地图测制1448幅。红河州、昆明市卫星定位连续运行参考系统项目建成，文山州卫星定位连续运行参考系统建设项目有序推进，玉溪市、楚雄州卫星定位服务系统及似大地水准面精化建设项目实施方案开始编制。5月，全部完成国家西部1:5万地形图空白区测图工程云南横断山脉区域1:5万地形图25幅；国家边远地区、少数民族地区基础测绘补助项目红河州蒙自县1:500地形图测制项目完成，于6月通过验收；补助项目西双版纳州1:500地形图测制项目已开展控制测量和地形测图。

【经费投入】

2011年，云南省政府批准同意“十二五”期间云南省省级财政按每年不低于5000万安排基础测绘经费（之前是每年1500万）。云南省测绘局积极争取国家测绘地理信息局的支持，2011年共争取并落实测绘专项经费6973.56万元，相比2010年的2987.62万元增长2.33倍，创历史新高。

云南省各州（市）测绘地理信息行政主管部门积极争取政府投入。文山州、玉溪市分别争取到地方财政配套经费投入508.94万元和572万元，确保文山州、玉溪市卫星定位连续运行参考站系统项目的顺利进行。大理州基础测绘经费列入当地政府国民经济和社会发展年度计划，州市卫星定位连续运行参考站系统项目首期经费预算230万元。红河、玉溪、西双版纳等地在当地政府支持下，开展大比例尺测图，稳步推进基础测绘工作。

【数字城市建设】

云南省政府办公厅下发《云南省人民政府办公厅关于加快推进全省数字城市地理空间框架建设的通知》，要求各州（市）人民政府成立数字城市建设领导小组，加强对数字城市建设、运行、维护、应用等工作的组织领导；对16个州（市）数字城市的建设和验收认定工作规定了具体时限，要求数字安宁和数字玉溪2个试点项目建设必须于2012年3月前完成，昆明市、曲靖市、红河州、德宏州在2012年完成立项并启动建设，其他11个州（市）为国家测绘地理信息局统一建设项目，2015年前全部完成建设。

7月，启动怒江州（泸水县）、丽江市（古城区）、迪庆州（香格里拉县）、临沧市（临翔区）、普洱市（思茅区）、西双版纳州（景洪市）、文山州（文山市）、昭通市（昭阳区）、保山市（隆阳区）、大理州（大理市）、楚雄州（楚雄市）11个数字城市地理空间框架建设工作。云南省测绘局成立云南省数字城市地理空间框架建设领导小组，负责全省数字城市统建管理工作，召开专题会议，完成工作方案和技术方案的编写，截至年底，11个统建项目的数据处理及平台搭建工作已全部完成。

数字玉溪、数字安宁建设已完成三维建模、应用系统招投标和航空摄影任务。数字红河获得国家批准，被列为边远少数民族地区基础测绘专项经费补助项目。

质量监督

云南省测绘局制定《关于做好云南省测绘质量监督管理工作的通知》，下发至各州（市）测绘地理信息行政主管部门及有关测绘单位。5月~11月，开展2011年云南省测绘成果质量监督检查工作。检查重点为云南省甲、乙、丙级测绘资质单位，随机抽取2009年1月~2011年4月期间完成的20个测绘项目，其中，判定为批合格14项、批不合格6项，合格率为70%。

重大测绘工程

【重点测绘项目】

“中国（云南）－东盟自由贸易区－南亚区域合作联盟空间信息公共服务平台”正式在云南省政府内网上线运行，为云南实施桥头堡战略提供地理信息服务。“天地图·云南”省级节点建设主要工作已完成，与云南省国土资源厅合作完成“一张图管地管矿”三维影像数据库建设，云南省地理信息公共服务平台（政务版）进入收尾阶段。

【地理信息产业园建设】

云南省测绘局在充分调研的基础上，着手编制地理信息产业园项目建议书和概念规划，完成项目选址，与昆明市五华区政府签订战略合作框架协议，携手共建云南省地理信息产业园。引导国内外知名地理信息企业和省内地理信息企业到昆明泛亚科技新区积聚，促进产业规模化、集群化发展，提高云南省测绘地理信息科技自主创新能力。经过积极商洽，与北京东方道迩信息技术股份有限公司、广州南方测绘、北京苍穹数码测绘有限公司、天下图等国内知名地理信息企业达成入园意向。

地图编制与出版

云南省测绘地理信息行政主管部门全年共受理送审地图55幅（册），印刷发行各种地图500多万张。审查通过一批社会反映良好的专题地图，如《房地产楼市图》、《新昆明跨越式发展图》、旅游交通图、挂历地图等；审查通过一批为政府服务的专题地图，如《昆明市“十一五”期间重大项目分布系列地图》、《云南“十二五”规划图》等。

为庆祝建党90周年，云南省测绘局和云南省委党史研究室联合编制红色旅游专题地图《历史的回响——红色之旅》，首次印刷5000份，向省级党政机关、各州市党委政府赠阅。

测绘地理信息应用与服务

云南省测绘局发挥无人机航拍系统技术优势，为“兴地睦边”农田整治重大项目规划设计提供测绘技术支持，完成无人机航拍2850平方千米，编制1:2000地形图1330平方千米。盈江“3·10”地震后，云南省测绘局2次出动无人机快速获取灾区实时高分辨率影像，为抗震救灾指挥部和灾后重建提供测绘服务。及时向国家测绘地理信息局提供上湄公河地理信息数据，为国防部、公安部联合老挝、缅甸、泰国在湄公河开展联合巡逻执法提供测绘保障。

科技创新与人才培养

【科技奖励】

云南省测绘局完成《测绘科技与测绘人才发展“十二五”规划》编制；取得云南省科技奖励委员会授权，自2011年起组织云南省级测绘科技进步奖和优秀测绘工程奖的评审工作；向国家测绘地理信息局申报13个测绘自主创新产品；对全省申报专家库的人员进行审核，向国家测绘地理信息局推荐35名测绘地理信息专家。

【科技成果】

“小湾水电站饮水沟堆积体抢险加固工程安全监测成果分析及预警分析研究”获2011年中国测绘学会测绘科技进步奖三等奖。“昆明市主城区小区庭院排水管线普查探测”和“云南省省级大地控制网——云南省GPS C级网”项目获2011年中国测绘学会优秀测绘工程奖金奖；“德宏傣族景颇族自治州潞西、瑞丽、陇川1:5000测图”、“云南水富至麻柳湾高速公路基础控制与航测数字化成图工程”等4个项目获银奖；“基于LIDAR的真三维数字昆明数据库建设”项目和“上（海）瑞（丽）国道主干线云南保山至龙陵至瑞丽高速公路基础控制与航测数字化成图工程”项目分别获铜奖。

启动云南省测绘科学技术奖励首次评审工作，云南省测绘学会奖励委员会组织专家对申报测绘科技进步奖的13个项目和申报优秀测绘工程奖的36个项目进行评审，“中国（云南）－东盟自由贸易区－南亚区域合作联盟空间信息公共平台建设”等7个项目获2011年度云南省测绘科技进步奖，“思茅测区1:1万数字化测图”等26个项目获2011年度云南省优秀测绘工程奖。

【人才队伍建设】

云南省测绘局出台《云南省测绘局优秀测绘科技人才奖励（暂行）办法》，推荐1人享受云南省政府特殊津贴；认真组织注册测绘师资格考试工作，全省73人通过国家首次注册测绘师资格考试；3人获“全国测绘地理信息行业优秀技能人才”称号。加强人才队伍培训，继续开展公务员“忠诚教育”活动，组织领导干部参加云南省干部网络在线学习。全年，共举办测绘管理培训班5个，969人次参加；组织公务员培训396人次，处以上干部培训588人次。举办测绘专业技术人员培训班43个，956人次参加。组织开展测绘行业特有工种职业技能培训1期，91人通过职业技能鉴定。

对外合作与交流

2月，云南省测绘局局长耿弘带队，赴老挝国家地图局进行交流访问，向其赠送5000份经过更新编制的《老挝旅游图》；双方进一步商洽合作测制老挝地形图事宜，老挝国家地图局表示，希望中方帮助其测制北部9省1:5万地形图。中国驻老挝大使布建国对云南省测绘局与老挝国家地图局的合作及帮助其编制《老挝旅游图》给予充分肯定。

云南省测绘学会继续加强与东南亚测绘协会的联系，共组织5次出访交流活动。3月，派代表团参加东南亚测绘协会第41次理事会；6月，组团赴马来西亚参加第11届东南亚测量大会；10月，赴泰国和越南出席第44次东南亚测绘协会理事会议，确定2012年3月在昆明由云南省测绘学会主办第45次东南亚测绘协会理事会会议；应台湾中央大学邀请，派代表团赴台湾参加第32届亚洲遥感遥测学术会议；11月，派代表团参加在香港举办的第14届国际变形观测学术研讨会议。

党的建设与测绘地理信息文化建设

【党组织建设】

云南省测绘局完成全国测绘地理信息系统创先争优活动先进基层党组织、优秀共产党员和优秀党务工作者推荐工作，倪津被评为优秀共产党员，孙虎被评为优秀党务工作者，受到国家测绘地理信息局表彰。积极推进学习型党组织建设，为党员干部征订理论学习及干部培训教材等各类书籍286本（套）。组织党员和广大干部职工深入开展向杨善洲学习活动，争做优秀党员、优秀干部、优秀职工。

【党风廉政建设】

云南省测绘局向云南省纪委上报《关于增设纪检监察室的请示》。经省纪委研究，批准云南省测绘局增设纪检组与监察室，两个机构合署办公，属局内设机构。

云南省测绘局推进惩治和预防腐败体系建设暨党风廉政建设责任制工作通过省纪委监察厅考核。制定《中共云南省测绘局党组关于2011年度党风廉政建设和反腐败工作的实施意见》，与局属单位、机关各处（室）签订《云南省测绘局党风廉政建设责任书》开展群众评议机关作风活动。加大信访案件交办督办力度，健全网络举报和受理机制，发挥群众在惩治和预防腐败中的积极作用。

【精神文明建设】

云南省测绘工程院继续获“省级文明单位”称号，云南省航测遥感信息院和云南省地图院分别获“市级文明单位”称号。

云南省测绘局组织广大干部职工为盈江“3·10”地震灾区捐款224480元；组队参加国家测绘地理信息局举办的第二届“东方道迩杯”全国测绘系统乒乓球比赛，获体育道德风尚奖；开展庆祝建党90周年系列活动，组队参加云南省省直机关举办的歌咏比赛，获组织奖；举办云南省测绘局庆祝中国共产党成立90周年歌咏会，部署局属各单位分别组织红色之旅，参观革命旧址，接受革命传统教育。

地方社团工作

云南省测绘学会积极参加中国测绘学会、云南省科协组织的各项活动，获“2010年云南省省级优秀学会”称号。全年共召开常务理事会4次，批准曲靖市国土资源局等6个单位为会员单位，更换和增补理事4名、常务理事3名。办好《云南测绘》刊物，全年编辑出版6期，刊载78篇论文。积极搭建学术交流平台，举办云南省测绘学会2011年GIS技术成果与应用（论坛）大会，协助中国四维测绘有限技术总公司在昆明举行四维视景科技有限公司高分辨率卫星影像应用及用户大会。组织4名测绘专家在昆明冶金高等专科学校和云南省国土资源职业学院举办“现代测绘技术”科普讲座。

西藏自治区

规划与计划

为进一步贯彻落实《关于支持西藏经济社会发展若干政策和重大项目意见的通知》（国办函〔2010〕62号）文件精神，西藏自治区测绘局（以下简称西藏测绘局）积极与自治区发展和改革委、自治区财政厅沟通，争取西藏基础测绘“十二五”中央预算和国家财政投入。5月，《西藏自治区基础测绘“十二五”规划》经自治区人民政府第四次常务会议研究，原则通过。9月，《西藏自治区基础测绘“十二五”规划》正式实施。该规划明确了西藏未来五年基础测绘的基本任务和总体目标，是指导西藏自治区基础测绘工作的重要文件。

法制建设

【测绘立法】

1月1日，《西藏自治区测绘条例》正式施行。该条例共十一章，九十二条，内容涉及《中华人民共和国测绘法》、《中华人民共和国测量标志保护条例》、《中华人民共和国测绘成果管理条例》、《中华人民共和国地图编制出版管理条例》、《基础测绘条例》等法律法规以及《国务院关于加强测绘工作的意见》等规范性文件，是一部综合性地方法规。

【法制宣传教育】

西藏测绘局把学习、宣传《西藏自治区测绘条例》作为一项重要任务，通过报刊、广播、网络、移动通信等媒体进行广泛宣传，发送手机短信10万多条，印刷该条例单行本5000册，并赠送给有关部门和资质单位。

西藏测绘局积极开展“8·29”测绘法宣传日活动。宣传日当天，在拉萨设立固定宣传展位，发放测绘法制宣传材料2000多份，发放测量标志保护宣传画和地图产品330张。全区28家测绘资质单位在所在地悬挂宣传横幅、张贴宣传海报、摆放宣传展板，积极开展测绘法宣传日活动。

在“4·22”地球日、“5·12”防灾减灾日、“6·25”土地日、“12·4”法制宣传日活动期间，西藏测绘局组织相关人员，开展测绘法制宣传活动，累计向群众发放各类资料1500多份（册、本），收到良好的社会效果。

市场监管

【测绘资质管理】

西藏测绘局坚持把测绘服务与稳定市场相结合，认真落实国家有关政策，调整西藏自治区测绘资质分级标准，维护测绘市场秩序和行业整体利益。组织人员深入山南、日喀则、林芝等地区实地调研考核，促进行业单位提高对测绘地理信息事业发展的认识，指导各行业单位加强自身建设，协助各单位引进技术人才、购买仪器设备，制定管理制度。规范测绘资质管理，组织举办西藏首期测绘资质管理信息系统培训班，全区测绘资质单位共40多人接受培训，推进了测绘资质管理信息系在线审批办理工作，确保行业管理工作有序开展。

2011年，新审批测绘资质单位2家，扩大业务范围单位3家，注销测绘资质2家，整改10家。各测绘单位添置仪器设备30多台（套），人员增加约30人，各项制度得到完善。

【测绘市场监管】

西藏自治区人民政府办公厅印发《全区地理信息市场专项整治工作回头看行动工作方案的通知》，成立了以自治区副主席多吉泽仁为组长的工作领导小组。至年底，专项行动取得阶段性成果，全区地理信息市场秩序明显好转。

地图管理

【地图市场监管】

西藏测绘局加强国家版图意识宣传教育和地图市场监管，加大“问题地图”专项治理工作力度。全年开展联合执法检查10多次，涉及4个地区。对地图产品集中场所进行调查摸排，检查点超过50个，发现违法地图或地图产品10多种、查处登载“问题地图”案件3起，收缴违法违规地图及地图产品170多件，责令限期整改单位7家，现场作出处理6起。开展网上地图清查治理，重点检查动态地图网站5家，静态地图网站80家。检查结果为5家动态地图网站均无网站ICP备案号或电信业务经营许可证；80家静态地图网站均为省外ICP备案网站。

【地图审核】

西藏测绘局按照组织程序，依法完成西藏自治区领导机关工作用图和西藏交通旅游图的审批，核发审图号；受理西藏自治区气象局、测绘出版社的地图审核申请，并报送国家测绘地理信息局审核。全年共受理审核地图25件，受理测绘单位项目备案11件。

成果管理

【测绘成果管理】

西藏测绘局加强库藏资料的清查工作，完成所有库藏资料档案的检查整理和上架标识，录入数据12277条，确保电脑目录检索查询功能的正常使用。截至年底，西藏测绘局库藏测绘档案成果涵盖大地测量、航空遥感、纸质地图、工程测量、专题测量、测绘书籍等各类档案，包括西藏地区历史地图、50多万张涉密系列比例尺地形图、30多万件测绘档案（包括测图档案）、3080GB离线地理信息数据、全区各县（市）挂图与正射影像图、全区各类公开版地图等。

【测绘成果保密检查】

2011年，根据国家测绘地理信息局、国家保密局《关于开展涉密测绘成果保密检查的通知》要求，西藏测绘局与西藏自治区保密局联合成立西藏自治区涉密测绘成果保密检查领导小组。7月～11月，在全区范围内开展涉密测绘成果保密检查工作，共派出8人，对6地1市20多个县的62家涉密测绘成果使用单位进行了检查，共发出整改通知42张，封存电脑7台、扫描仪2台、无线鼠标1个。

【测绘资料索取】

2011年，西藏测绘局接收国家测绘地理信息局提供的国家西部1:5万地形图空白区测图工程测制的纸质地形图1617幅，共154310张；免费从国家基础地理信息中心索取西藏一江三河河谷地带8000平方千米的1:1万数字地图制作所需的卫星影像和部分航片、1:25万地形图数据和接边地形图数据、部分国家西部1:5万地形图空白区测图工程数据。

基础测绘

【基础测绘管理】

10月13日，西藏地理信息市场专项整治工作“回头看”行动联席会议召开，自治区副主席多吉泽仁在会上要求自治区国土资源厅、测绘局、安全厅、外办、工商局、新闻出版局、通信管理局、保密局等单位共同做好“回头看”行动，共同促进全区地理信息产业发展。

【基础测绘经费】

年内，西藏测绘局落实边远地区、少数民族地区基础测绘专项补贴经费200万元。

【基础测绘项目】

一、西藏重点地区C级GPS控制网及三等水准测量

西藏测绘局继续推进西藏重点地区C级GPS控制网及三等水准测量项目建设，完成拉萨至林芝段C级GPS测量和三等水准测量的补测工作，启动拉萨至唐古拉山段C级GPS控制网及三等水准测量。截至年底，完成拉萨至唐古拉山段C级GPS测量的踏勘、埋石工作。

二、西藏重点地区1:1万基础地理数据采集及成图

按照2011年西藏基础测绘规划，西藏测绘局稳步推进西藏重点地区1:1万基础地理信息采集及成图项目，完成西藏重点地区1:1万基础地理信息采集及成图一、二、三期工程，发布第一批606幅1:1万DLG、DOM和DEM成果，实现拉孜－仁布、拉萨河谷地带、八一镇－加查等重点开发区域的1:1万测绘资料覆盖。

【数字城市建设】

为推进欠发达地区数字城市地理空间框架建设，国家测绘地理信息局对地方投入困难的地区，以统一组织的方式启动数字城市建设，西藏6地1市被纳入统一建设城市。在国家测绘地理信息局的指导下，西藏6地1市数字城市地理信息框架基本建成。

【突发事件应急处置地理信息平台】

2011年，西藏自治区突发事件应急处置地理信息平台基础框架建成，5月27日，西藏自治区人民政府与国家测绘地理信息局共同对该平台进行验收并正式发布。该平台围绕西藏应急管理信息化的需要，利用国家西部1:5万地形图空白区测图工程成果和西藏已有的地理信息资源，集成各类突发事件处置指挥所需的专题信息。该平台已经在自治区应急办公室、信息化办公室、公安厅、水利厅等10家单位得到应用，为各部门决策和办公提供信息支撑。

8月29日，西藏自治区政府副主席多吉泽仁主持召开会议，专题研究西藏自治区突发事件应急处置地理信息平台后续建设及应用问题，要求相关部门继续做好平台后续建设工作，逐步建设统一的自治区突发事件处置指挥系统。

重大工程测绘

【农村宅基地确权登记】

西藏测绘局承担山南地区桑日县、乃东县、扎囊县、琼结县的农村宅基地确权登记测绘任务。截至年底，完成桑日县外业工作，转入内业；完成乃东县、扎囊县外业工作；琼结县控制测量已经完成，进入地形测绘阶段。

【那曲城镇改造测量】

西藏测绘局完成那曲地区那曲镇1:500地形图测绘、上下水管网测量、供暖工程厂址放样，为那曲地区的城市改造提供测绘保障服务。

【GNSS基准站】

西藏测绘局完成拉萨、日喀则全球导航定位系统（GNSS）基准站的日常维护工作。配合国际IGS服务局对数据的要求，向国家基础地理信息中心传输LHAS、LHAZ两点不同格式RINEX及原始数据，传输量达106380MB，其数据与国家地震局、国家气象局、总参测绘导航局、教育部等部门共享。此外，向国际IGS中心局和德国大地测量局WETTZELL站传输数据量达31206MB。拉萨GNSS基准站已被纳

入 IGS08 框架核心站。

地图编制与出版

为庆祝中国共产党建党 90 周年和西藏自治区和平解放 60 周年，推进西藏建成重要的旅游目的地，4 月 18 日，西藏测绘局编制出版 2011 新版西藏旅游交通地图。

2011 年，西藏测绘局按照国家测绘地理信息局要求，申请地方财政资金 65 万元，完成全区 6 地 1 市的《领导机关工作用图》编制印刷工作并交付使用。

成果应用与服务

【测绘成果提供】

2011 年，西藏测绘局积极为社会各界提供测绘服务，全年向社会有偿提供各种成果资料 141 人次，共计价值 75.7 万，同比增加 76%。其中，地形图 1151 幅 2648 张、电子数据 16 幅、三角点 219 个、水准点 120 个、公开图 68 幅、内部图 108 幅、GPS 点 24 个。此外，向自治区人民政府、各地行政公署、区发展和改革委等政府部门无偿提供各种成果资料 30 人次，内部图 532 幅、公开图 409 幅、电子数据 1290 幅 10320M，价值约 519 万元。

【提供服务保障】

6 月，西藏测绘局编制完成《领导机关工作用图》。《领导机关工作用图》以地区、市为独立地图制图单元编制，分为行政区划图和地形图两部分。7 月 11 日，西藏测绘局举行《领导机关工作用图》交接仪式，向区直相关部门及 6 地 1 市地区党委、行政公署赠送了首批 1400 副《领导机关工作用图》。

科技创新与人才培养

【新技术应用】

2011 年，西藏测绘局积极推进低空无人飞行器航测遥感系统建设，开展无人机实验性航测生产。4 月 5 日，西藏测绘局利用新购的 1 套无人机航摄系统对拉萨市堆龙德庆县工业园区进行航测，获取 6.5 平方千米 0.15 米分辨率航空影像数据，生产 1:2000地形图 14 幅，正射影像图 1 幅。

【人才引进】

2011 年，西藏测绘局机关调入工作人员 1 人；自治区测绘院招聘测绘专业应届毕业生 4 人，充实了自治区测绘人才队伍。

【人才培训】

国家测绘地理信息局安排专业人员进藏开展无人机航摄系统及 ERDAS 软件平台下 LPS 遥感影像处理软件的培训。经过培训，西藏自治区测绘系统有 6 人基本掌握利用航空影像生产 DOM 和 DEM 的操作流程，为西藏开展遥感数据处理新技术项目奠定了基础。

党的建设与测绘地理信息文化建设

【理论学习】

7 月 8 日，西藏测绘局邀请自治区党校有关专家，辅导学习胡锦涛总书记在庆祝中国共产党成立 90 周年大会上的讲话精神。西藏测绘局把学习贯彻李克强副总理视察中国测绘创新基地时的讲话精神作为重要的政治任务，积极组织全体干部职工认真学习，深刻领会讲话精神实质和内涵。

【党的建设】

根据《中国共产党章程》，西藏测绘局完成新一届局党总支换届选举，局机关党支部和测绘院党支部完成改选补选工作。成立退休职工党支部，实现退休人员自我教育、自我管理、自我服务。加强党员队伍建设，做好党员发展工作，转正党员 2 人、发展预备党员 1 人、确定入党积极分子 1 人。

【精神文明建设】

“七一”前夕，西藏测绘局举行 10 年测绘成就汇报会和歌唱活动，庆祝中国共产党成立 90 周年暨西藏和平解放 60 周年。开展“走进新农村 感受新变化”教育活动，让全体干部职工感受新农村建设带来的新气象。组织全体干部职工向亚东地震灾区捐款 9000 元，帮助灾区人民恢复重建。

地方社团工作

5 月 20 日，西藏自治区测绘学会在拉萨召开第五届二次理事工作会议，20 多名学会理事参加会议。会议传达学习《中国测绘学会 2011 年工作要点》和《西藏自治区科协 2011 年工作要点》，总结

2009 年 ~ 2010 年学会工作情况，部署下一步工作要点，讨论增选常务副理事、副理事长、秘书长等学会负责人，通报了学会两年来会费收支情况。西藏自治区测绘学会全年组织会员单位集中宣传活动 5 次，累计制作宣传展板 35 张，宣传条幅 100 多条，发放宣传材料 2 万多份。

陕西省

规划与计划

【全省测绘地理信息事业发展规划】

2011 年，陕西测绘地理信息局印发实施《陕西省测绘地理信息发展“十二五”规划纲要》，确定了“十二五”时期全省测绘地理信息事业发展的基本原则、总体发展目标和主要任务。

【省级基础测绘规划】

根据陕西省政府《关于全省国民经济和社会发展第十二个五年规划编制工作的意见》，《陕西省“十二五”基础测绘规划》被列入全省“十二五”国民经济和社会发展的 42 个专项规划。7 月，经陕西省政府批准，陕西测绘地理信息局与陕西省发展和改革委联合印发实施《陕西省“十二五”基础测绘规划》。

法制建设

【法规体系建设】

2011 年，陕西测绘地理信息局完成《陕西省测绘条例》、《陕西省测绘成果管理条例》、《陕西省测量标志保护管理规定》3 部地方性法规的清理工作。完成《陕西省测绘成果质量监督管理办法》、《测绘航空摄影管理办法》、《陕西省测绘地理信息共建共享管理办法》等规范性文件的起草工作。出台《2011 西安世界园艺博览会地图审核管理规定》，加强世界园艺博览会期间地图审核管理，完成该博览会 20 多件公开出版和展示地图的审核工作。开展规范全省测绘地理信息行政处罚自由裁量权工作，完成实施效果评估。

【管理机构建设】

经陕西省机构编制委员会办公室批准，陕西省测绘局更名为陕西省测绘地理信息局，相应增加地理信息资源的监管职能。国家测绘地理信息局陕西基础地理信息中心在全国首家加挂陕西省地理国情信息中心牌子，并增加相应职能。陕西测绘地理信息局基础测绘管理处加挂地理国情监测处牌子，更名成立地理信息与地图处。开展《全省市县测绘管理机构设置现状及对策》课题调查研究。汉中、延安、咸阳、商洛启动市级测绘地理信息局更名挂牌工作。铜川在市城乡建设规划局设立测绘、村镇与风景名胜区管理科，承担测绘行政管理职能。汉中南郑县设立测绘管理办公室，宝鸡凤翔县在县城乡规划管理站加挂县地理信息管理办公室牌子。

【法制宣传教育】

陕西测绘地理信息局安排部署各设区市测绘地理信息行政主管部门和甲、乙级测绘资质单位开展测绘法宣传活动。在“8 · 29”测绘法宣传日当天，陕西测绘地理信息局在西安繁华地带设立宣传站，宣传测绘地理信息法律法规、测绘文化和测绘精神，重点讲解贴近民生的房产测量、无人航摄飞机应用、GPS 定位服务、大雁塔沉降观测等内容，并发送测绘法宣传短信上万条。各设区市、杨凌示范区测绘地理信息行政主管部门分别组织辖区内测绘资质单位开展形式多样的宣传活动。全省累计发放各类宣传材料 3 万多份。

【年度工作考核】

1 月 20 日，陕西省测绘工作会议在西安召开。会议部署陕西省 2011 年测绘工作；公布了陕西省市级测绘地理信息管理部门 2010 年考核结果并签订 2011 年目标责任书，榆林市、汉中市、咸阳市、渭南市和商洛市 2010 年目标责任考核为优秀；12 家测绘单位和 20 名测绘工作者被陕西省人力资源和社会保障厅、陕西测绘地理信息局分别授予“全省测绘行业先进集体”和“全省测绘行业先进工作者”称号。

市场监管

【市场监督检查】

陕西测绘地理信息局制定下发《关于开展地理信息市场专项整治工作“回头看”活动的通知》和实施方案。完成省内地图网站服务资质办理和科技教育、工程建设领域涉外测绘项目排查阶段性工作。检查动态地图网站10个（含外省2个），静态地图网页140个。完成中华地图网、西安高新区地理信息系统公众服务系统、西安热线网、便民频道网实地抽查工作。开展测绘资质、地理信息市场、地图市场的专项检查活动，完成执法检查36次，测绘项目备案检查5次，巡查测绘资质单位28次。

【测绘资质管理】

陕西测绘地理信息局完成对汉中、延安等设区市及杨凌示范区资质管理与产业发展的检查、指导和调研工作。全年发展互联网地图服务资质单位6家，电子导航资质单位1家，无人飞行器测绘航空摄影单位2家。全年新增资质单位51家（其中乙级8家、丙级26家、丁级17家），资质升级5家，测绘资质单位数量年增长率达20%。

地图管理与成果管理

【地图管理】

陕西测绘地理信息局全年共受理审核、审批各种地图58件。开展陕西省内互联网地图和地理信息服务网站集中清查工作。印发《陕西省国家版图意识宣传教育和地图市场监管2011年工作要点》和《2011年陕西省地图市场专项治理工作实施方案》，部署全省地图市场专项治理工作。开展第十五届中国东西部合作与投资贸易洽谈会、2011年中国国内旅游交易会、中国杨凌农业高新科技成果博览会等大型展会的地图巡查、审核工作。举办“天润杯”国家版图知识答题竞赛活动，收到答卷和电子答题卡3300多份。举办陕西省国家版图知识和地图出版管理培训班，全省设区市管理机构和具有地图编制或互联网地图服务资质单位共67人参加培训。

【成果汇交和审批】

陕西测绘地理信息局开展全省2011年测绘成果目录统一汇交工作，宝鸡、咸阳、铜川、渭南、延安、榆林、汉中、商洛等市267家单位汇交测绘成果1659项。完成涉密测绘成果归口管理审批71家，涉密测绘成果提供使用行政审批1056项。其中，陕西省涉密测绘成果使用审批849项，省外涉密测绘成果转函审批207项。制作申请使用涉密基础测绘成果资料流程图及展板，在陕西省测绘资料档案馆受理窗口和陕西测绘地理信息局门户网站公示。

【保密管理】

陕西测绘地理信息局联合省国家保密局开展全省涉密测绘成果保密大检查活动，制定《陕西省涉密测绘成果保密检查工作方案》，部署全省376家测绘资质单位、测绘成果保管使用单位的保密自查工作。对78家单位进行现场保密检查，下达限期整改通知书24份，完成整改24家。查处涉密计算机或信息系统违规上网案件1宗。开展全省1700多家涉密测绘成果使用归口单位全面清理工作，建立归口单位综合信誉档案。联合省国家保密局组织全省测绘成果用户单位、测绘资质单位代表70多人参加全国测绘成果保密检查工作部署电视电话会议。举办陕西省第五期涉密测绘成果管理人员岗位培训班，5人取得国家测绘地理信息局涉密测绘成果管理人员岗位培训证书。5月，开展保密宣传月活动，学习贯彻新修订的《中华人民共和国保守国家秘密法》和《陕西省党政机关保密管理规定》，组织全省各测绘单位征订《保密知识读本》。

基础测绘

【基础测绘项目】

2011年，陕西省级财政投入1000万、各设区市投入3308万元开展基础测绘，满足关中－天水经济区、西咸国际化大都市以及宝鸡、铜川、渭南、汉中、安康等市重点区域规划建设对基础地理信息的需求。陕西测绘地理信息局开展商南地区航空影像获取、西咸新区1:5000地形图测制工作。完成商洛－渭南测区505幅1:1万正射影像数据生产和矢量地形要素数据更新、安康测区622幅1:1万控制测量及正射影像数据生产、咸阳测区153幅1:1万控制测量及正射影像数据生产。西安市开展秦岭北麓西安段基础测绘，咸阳市开展渭河咸阳段、咸阳北塬新城基础测绘成果采集工作，延安市为政府削山造地、建设新区提供测绘保障服务，汉中市开展基础测绘成果更新，宝鸡市建成三区四县3000平方千米GPS连续运行参考站。

【市场测绘项目】

2011 年，陕西测绘地理信息局各测绘生产单位承担中国大陆构造环境监测网络重力、黄韩铁路陕西段勘测定界测量、西气东输二线坐标转换技术服务、浙江省航空摄影等 100 多项市场测绘项目，服务地方经济建设。

质量监督

【测绘质量行政管理】

一、全省测绘成果质量监督检查

陕西测绘地理信息局对 2009 年以来未经国家、省级测绘地理信息行政主管部门监督检查的甲、乙、丙级测绘资质单位和资质升级或新取得资质的 40 家单位的测绘成果进行了监督检查。重点检查 2009 年～2010 年完成的全省范围内 1∶500、1∶1000、1∶2000、1∶5000 地形图和涉及公众利益、社会反映强烈的重点测绘项目。经检查，判定 5 家单位的测绘成果质量不合格，并作出 4 家延期换证、1 家注销资质的处理。

二、重点建设工程测量质量专项监督检查

陕西测绘地理信息局组织西安市地铁建设工程测量质量专项监督检查，对地铁一号线工程测量进行抽查，涉及被检单位 20 家。检查结果报陕西省委、省政府，并及时通报西安市委、市政府和相关部门。检查结果受到陕西省委书记赵乐际、省长赵正永高度重视，并作出专门批示。西安市政府成立专项调查组，对西安市地铁建设测绘工程进行调查、整改。

三、测绘成果评选及质检人员培训

陕西测绘地理信息局出台《陕西省优质测绘成果评选办法》试行，评选出 2010 年～2011 年陕西省测绘地理信息成果质量金奖 10 项、银奖 12 项，陕西省测绘地理信息行业优秀质量工作者 18 人。举办 2 期测绘成果质量检验人员培训班，共 166 人通过考核取得任职资格证书。根据国家测绘地理信息局要求，组织测绘计量检验员资格考试，2 人通过考核取得资格证书，20 人通过换证审核，延长了资格证有效期。

【测绘质量监管】

陕西测绘地理信息局对“927”一期工程、西部 1∶5 万地形图空白区测图工程、1∶5 万基础地理信息数据库更新、省基础测绘项目、陕西灾后恢复重建测绘保障等多个重点测绘项目进行质量管理。完成并上交西部 1∶5 万地形图空白区测图工程、1∶5 万基础地理信息数据库更新全部成果，成果质量符合要求。全年共检验完成 78 批次测绘成果。其中，陕西测绘地理信息局完成的基础项目成果优良级品率为 96.8%。

重大工程测绘

【西咸新区建设测绘保障】

陕西测绘地理信息局为陕西省发展和改革委、西咸新区管理委员会编制《西咸新区规划控制范围图》和《西咸新区影像图》，为陕西省政府实施西咸新区规划和建设提供服务。7 月，完成西咸新区规划用图紧急测绘工作，测制西咸新区 1∶5000 数字线划图、数字正射影像图各 185 幅，范围涉及泾河新城、空港新城、秦汉新城、沣西新城和沣东新城等 5 个新城区域，面积约 882 平方千米。

【延安市及安塞县基础地理信息系统】

为解决延安市、安塞县基础地理信息缺乏、难以支持当地发展和建设的问题，陕西测绘地理信息局、陕西省财政厅联合申请国家专项补助经费 740 万元，组织开展延安市基础地理信息系统和安塞县基础地理信息系统建设。2010 年 6 月～2011 年底，安塞县基础地理信息系统已获取 1∶1000、1∶1 万各类数字地形图约 2834.30 平方千米，开展了安塞县三维模型建立和基础地理信息系统建设，建设成果已在安塞县测绘地理信息发展、土地整理、流域治理和城市规划建设等方面广泛应用，为安塞县信息化建设提供了基础。

【应急地理信息平台建设】

陕西测绘地理信息局进一步完善陕西省应急地理信息平台建设，组织开展省应急地理信息平台专题应用系统建设，增强平台综合应急管理能力。在“7·5”略阳山体滑坡事故、“9·18”西安灞桥区山体滑坡事故、“10·16”铜川矿难、“11·14”闪爆事故等突发事件的处置与评估中发挥作用，为决策指挥和抢险救灾提供保障。

测绘地理信息合作共建

【合作共建机制建设】

陕西测绘地理信息局与陕西省水利厅签署《加

强地理信息资源共享暨开展第一次水利普查空间信息处理工作合作协议书》，向水利厅提供第一次水利普查所需的全省重点区域1:1万地形图1335幅、1:5万地形图152幅。与陕西省卫生厅签订《加强测绘地理信息与卫生资源共享工作协议书》。与陕西省工业和信息化厅共同开展省地理信息公共服务平台应用推广项目建设，组织编纂《陕西省工业地图集》。与陕西省文物局合作开展长城资源调查工作，合作建设陕西省文物资源保护数据库。与兰州军区司令部作战部签订《军地测绘融合发展合作意向书》，建立军地测绘合作机制，加强测绘航空摄影管理，强化应急测绘保障支持，积极开展测绘成果共享。

地图编制与出版

2011年，西安地图出版社出版图书226种。其中，新版图书174种，再版图书52种。主要包括《党中央在延安·红色地图集》、《陕西省自然保护区地图集》、《陕西省地图集》、《陕西省近现代史地图集》、《嘉峪关地图集》、《地球物理与核探测》等。西安地图出版社为2011西安世界园艺博览会专题宣传配套编制的5大系列27个品种地图按期出版，获得社会各界广泛认可与好评，并获世界园艺博览会筹办单位颁发的“2011西安世园会优秀参与单位”牌匾。

成果应用与服务

【“天地图·陕西”建设】

陕西测绘地理信息局按照国家测绘地理信息局“天地图”省级节点建设工作部署，编制《“天地图·陕西”省级节点建设方案》，实现“天地图·陕西”省级节点与“天地图”主节点的互联与服务聚合。开展西安市和榆林市“天地图”市级节点建设，实现省级节点与市级节点的互联互通和协同服务。

【成果查询与提供】

一、陕西省测绘成果网络化分发服务系统

陕西测绘地理信息局完成陕西省测绘成果网络化分发服务系统各地市数据、硬件及网络环境的摸底调查。采用集中部署、在线录入的方式实现地市级测绘成果网络化分发服务节点系统的建设，完成在线录入系统开发。

二、成果提供与应用

陕西测绘地理信息局向土地、规划、科教、环保、交通等30多个行业和部门提供“4D”数字产品20783幅，数据量405.4GB。其中，DEM 8784幅、数据量23.4GB，DLG 9209幅、数据量132.9GB，DOM 2388幅、数据量248.0GB，DRG 402幅、数据量1.1GB。提供各种比例尺地形图8147幅、13942张，航摄成果253片，大地成果2409点，发挥基础测绘成果的保障作用。

【测绘保障服务】

陕西测绘地理信息局联合省发展和改革委重新修编《陕西省领导用图》；为省委和省政府制作陕西省政区交通图、陕西省地势图、陕西省“十二五”交通规划图等三维立体图；为延安市委、市政府领导制作《延安市卫星影像图》、《长安区卫星影像规划图》等地图；为西咸新区管理委员会制作《西安－咸阳卫星遥感影像规划用图》；为陕西省地方志办公室编制并提供《陕西政区交通图》、《陕西省卫星影像图》、《陕西省国家级文物保护单位》、《陕西省重要文化遗产图》等地图。组织制作完成2011西安世界园艺博览会三维演示系统，实现三维场景的快速漫游和园区多媒体信息浏览功能，该系统已在国家测绘地理信息局数字地球大厅成功安装。

财务装备

【测绘统计】

陕西测绘地理信息局完成2011年全省10个设区市、杨凌示范区测绘地理信息行政主管部门及339家测绘资质单位统计年报上报工作。至年底，陕西省测绘资质单位共339家，年平均从业人员约1万人。完成2011年度政府采购统计、2010年国有资产决算。

【财务管理】

按照国家测绘地理信息局“小金库”专项治理工作的安排，陕西测绘地理信息局制定《陕西测绘局2011年“小金库”专项治理工作实施方案》，对局属各单位进行重点抽查，建立防治“小金库”长效机制。组织全局领导干部、纪检干部、财务人员参加《人民日报》等10家媒体举办的防治“小金库”知识有奖竞答活动，营造反腐倡廉的氛围。

【监察审计】

陕西测绘地理信息局对局内工程建设项目、大宗设备采购和国家西部1:5万地形图空白区测图工程、省内灾后重建等重大测绘工程项目进行专项审计，完成工程项目审计51项，专项审计4项；开展领导干部任职期内经济责任审计8人。

【测绘装备建设】

陕西测绘地理信息局按照国家测绘地理信息局部署，做好"天地图·陕西"运行支撑环境建设。国家、陕西省及有关单位共投入资金近400万元购置存储、安全防护等软硬件设备，保障"天地图·陕西"项目顺利上线。此外，引进 Leica ALS70 HP 型机载激光雷达系统、无人飞艇低空航测系统；与北京天下图数据技术有限公司联合研制应急监测车系统装备。

科技创新与人才培养

【科技创新项目】

2011年，陕西测绘地理信息局申报国家测绘地理信息局科技项目4项，参与申报国家科技支撑项目3项。组织开展"陆海大地水准面精化与无缝垂直基准构建技术（863计划）"、"全球地表覆盖总体技术研究——全球地表覆盖分类产品中试实验"、"全球地表覆盖遥感数据产品研制——美洲地表覆盖分类信息提取"等3项国家级科技项目；"基于 InSAR 技术及多种测量技术集成的地表沉降监测应用技术研究"、"用户行为模式及优化服务对策研究"、"基于智能图像处理的遥感正射影像缺陷检测技术与应用技术研究"等12项省部级科技项目；"基于 CQG2000 的长跨度工程建设高程获取方法研究"、"基于城市 CORS 站信息的精密单点定位（PPP）技术研究"、"1:5万地形图更新作业方法的研究"等20项局属各单位自立科技项目。"信息化测绘体系中遥感数据生产体系建设的研究"通过陕西测绘地理信息局中期评审；"高精度绝对重力仪关键技术的误差研究"、"区域似大地水准面拟合技术研究"、"地理信息公共服务关键技术研究"3项测绘地理信息科技创新项目通过国家测绘地理信息局的科技创新项目验收。全年，陕西测绘地理信息局在研科技项目经费总投入达到861.3万元。

【科技交流与合作】

陕西测绘地理信息局与长安大学签署全面合作协议，在人才培养、科学研究和技术开发等领域开展合作；与北京天下图数据技术有限公司签署战略合作协议。承办第一届全国高分辨率遥感数据处理与应用研讨会，并选出56篇论文汇编成论文集。联合武汉大学、长安大学向国家测绘地理信息局提交地理国情监测国家测绘地理信息局重点实验室的申请书。

【人才培养】

陕西测绘地理信息局开展全省测绘行业职业技能培训和鉴定工作，共鉴定9个批次、4个职业工种900多人，合格率88%；开展全省测绘专业技术职务评审认定，41人取得高级测绘专业技术职务任职资格，103人取得中级测绘专业技术职务任职资格，44人通过高级资格认定，90人通过中级资格认定。陕西测绘地理信息局代表队获第二届全国测绘地理信息行业职业技能竞赛摄影测量赛区团体一等奖，国家测绘地理信息局第一航测遥感院罗淑方、孟小梅获"全国测绘地理信息技术能手"称号。年内，国家测绘地理信息局测绘标准化研究所邓国庆、国家测绘地理信息局陕西基础地理信息中心张智当选国家测绘地理信息局青年学术和技术带头人。完成局属事业单位公开招聘工作，共招聘博士1人，硕士37人，本科生9人。陕西测绘地理信息局7名科级干部参加省行政学院提升公共服务能力专题培训班；3名新任处级干部参加省政府机关公务员任职培训班。

对外合作与交流

【对外交流】

2011年，陕西测绘地理信息局参加国家测绘地理信息局的因公出国（境）团组共9人次。派员赴摩洛哥参加国际测量师联合会（FIG）工作周会议及第34届代表大会，并展示自主创新的科研成果、中国地理信息公共服务、国产测绘与地理信息软件产品等。接待了美国天宝公司、Microsoft Vexcel 公司，新加坡 Imagemaps 公司人员的来访。

【国际测绘市场项目合作】

陕西测绘地理信息局与英国格拉斯格大学地理与地球科学学院合作开展"基于 InSAR 技术及多种测量技术集成的地表沉降监测应用技术研究"国际

合作项目；与日本上海爵特信息科技有限公司（NEC）合作开展“地理国情监测”国际合作项目。

党的建设与测绘地理信息文化建设

【党的建设】

陕西测绘地理信息局组织开展创先争优活动，建立活动领导机构，开展学习动员、公开承诺、树立典型、创争点评等活动，印发《创先争优简报》20期，表彰先进基层党组织10个、优秀共产党员24名和优秀党务工作者12名。完善局党组中心组学习制度，制定年度中心组学习计划和个人自学计划，深入学习十七届四中、五中全会精神。完成直属机关党委、机关党委、局工会、局团委换届选举工作。开展机关精神提炼和学习实践活动，确定“团结和谐、科学发展”为局机关精神。举办入党积极分子培训班。举办纪念建党90周年系列庆祝和教育活动，开展“庆祝中国共产党成立90周年”征文活动、知识竞赛和老干部、劳模座谈会；走访慰问了建国前入党的老党员、生活困难党员活动；开展理想信念和爱国主义教育，组织座谈讨论、主题实践、纪念征文、红歌比赛等活动，加深干部职工对党史的理解和认识。

【党风廉政建设】

陕西测绘地理信息局制定《陕西测绘地理信息局所属单位党政主要领导干部经济责任审计实施办法》；修订《中共陕西测绘地理信息局党组贯彻落实党风廉政建设责任制的实施办法》；开展局属单位执行党内各项监督制度情况专项检查工作；组织全局处级干部学习廉政法规制度；组织全局党员干部观看反腐倡廉警示教育片，参观陕西省反腐倡廉成果展、模范党员事迹展览；排查出廉政风险504个，全年未发生违纪违法案件。举办纪检监察干部政治、业务培训2次，培训人数51人次。

【测绘地理信息文化建设】

陕西测绘地理信息局深入开展测绘地理信息文化建设活动。组织正月十五闹元宵、金秋文化活动月等传统活动；开展纪念五四青年节活动，表彰优秀团员、优秀团干部、先进基层团组织；组织青年代表团赴北京学习、交流。举办测绘文化大讲堂2次，举办第二届全国测绘地理信息职业技能竞赛文艺演出。出版《测绘青年》杂志5期，共发行800本。

【宣传工作】

陕西测绘地理信息局出台《关于进一步加强和改进测绘地理信息宣传工作的意见》和《关于进一步加强和改进测绘地理信息宣传工作的实施办法》，对全省测绘地理信息宣传工作提出明确要求。组织多家媒体对陕西测绘地理信息局更名、地理国（省）情监测、《陕西省地图集》出版、西安世界园艺博览会测绘保障等工作进行宣传报道。据统计，中央级和省级媒体报道陕西测绘地理信息工作的稿件达80多篇，《中国测绘报》刊登稿件160多篇。完成陕西测绘地理信息局门户网站改版工作，通过网站发布信息628条，其中，报道201篇、被国家测绘地理信息局和陕西省政府网站采用政务信息60多条。

地方社团工作

2011年，陕西省测绘学会召开第九次会员代表大会，选举产生九届理事会。开展陕西省测绘学会科技奖的评审工作，评选出2010年度陕西省测绘学会测绘科技进步奖二等奖3项、三等奖5项；优秀测绘工程奖金奖2项、银奖4项、铜奖10项。组织会员单位申报中国测绘学会相关奖项，获2011年中国测绘学会测绘科技进步奖一等奖2项、二等奖4项、三等奖3项；2011年中国测绘学会优秀测绘工程奖金奖2项、银奖4项、铜奖4项。承办第一届全国高分辨率遥感数据处理与应用研讨会、测绘科技大讲堂、雷达干涉测量（INSAR）技术与科学研究等学术活动；协助测绘地理信息企业举办东方道迩2011新技术、新产品报告会，高分辨率卫星数据及应用报告会暨四维世景科技（北京）有限公司用户大会，新起点、新形象、新征程——中海达新产品发布暨上市答谢会等活动；举办矿山测量新技术应用等培训班，完成9期测绘技术工人职业技能鉴定工作，900多人参加培训。出版《测绘技术装备》期刊4期，印刷发行8000多册。2011年省测绘学会被陕西省科协评为“四星级先进学会”，并获“全省示范学会”称号。

甘肃省

规划与计划

【"十二五"规划编制】

2011年，甘肃省测绘局编制完成的《甘肃省"十二五"基础测绘规划》由甘肃省政府批准并下发实施。甘肃省测绘局按照《甘肃省测绘管理条例》的有关规定，围绕全省"十二五"时期经济社会发展规划的空间布局和重点项目要求，编制印发《甘肃省"十二五"测绘地理信息事业发展规划》。制定《甘肃省测绘局"十二五"人才发展规划》。

【省级基础测绘年度计划】

甘肃省测绘局围绕全省经济社会发展和灾后恢复重建、防灾减灾、国土资源等对测绘保障的实际需求，制定了兰州白银测区省级基础测绘、武威城区坐标系统改造省级基础测绘年度生产计划，安排了省级基础测绘和灾后恢复重建专项测绘，并签订《测绘生产项目任务书》22项，推进计划实施。

【市县基础测绘规划】

甘肃省市县基础测绘规划编制工作取得突破性进展。截至年底，全省14个市（州）和甘肃矿区的"十二五"基础测绘规划全部编制完成，除金昌、天水、定西和甘肃矿区报当地政府待批外，其他11个市（州）的规划全部通过当地政府的批准，进入实施阶段；全省86个县（市、区）的"十二五"基础测绘规划全部编制完成，当地政府批准率达93%。

法制建设

甘肃省测绘局完成《甘肃省基础测绘管理办法》的修订工作，并将《甘肃省基础测绘管理办法（草案）》上报省政府审批；制定印发《甘肃省测绘局关于加强测绘法制建设的意见》和《甘肃省测绘法制宣传教育第六个五年规划》；按要求上报征求《全国测绘系统加强法治政府建设五年规划（2011－2015）（征求意见稿）》、《测绘系统开展法制宣传教育的第六个五年计划规划（2011－2015）（征求意见稿）》、《测绘行政执法案卷评查办法》和《优秀测绘行政执法案件评选及奖励办法》、《测绘市场信用信息管理暂行办法（征求意见稿）》等文件意见的报告；对《中华人民共和国测绘法》实施情况进行深入调研，完成《甘肃省实施测绘法情况的报告》。

甘肃省政府行政审批制度改革工作领导小组办公室（简称"甘肃省审改办"）对行政执法机构主体及依据变动情况、行政执法人员变动情况、行政执法职权变动情况进行全面清理，明确甘肃省测绘局为法律法规授权组织的性质，确定行政许可事项9项，非行政许可事项1项，备案制管理事项3项，行政处罚29项。

市场监管

【测绘资质管理】

甘肃省测绘局完成测绘资质年度注册工作，全年共办理注册单位268家，新办资质18家，升级3家，降级1家，变更单位法定代表人或办公地址20多家，完成10家一年有效期资质单位的换证工作。配合国家测绘地理信息局完成对甘肃省26家甲、乙级测绘资质企业和54家房地产测绘单位的调查工作。完成省内无人飞行器测绘航空摄影情况调查，并办理该资质2家。建立测绘资质单位信用体系，将业绩优良单位和行为不良单位及时存入档案，并在网上公示。查处违法涉军测绘案件1起，配合有关部门查处涉外违法测绘案件2起。开展地理信息市场专项整治"回头看"行动，全省各级测绘地理信息行政主管部门会同有关部门开展无证测绘、地理信息市场、互联网地图服务网站和涉外、涉军违法测绘等方面的检查。

【测绘特有工种职业技能鉴定】

甘肃省测绘局进一步规范测绘行业特有工种职业技能鉴定工作，经省编制管理办公室批准成立甘肃省测绘技能鉴定指导中心（加挂测绘行业特有工种职业技能鉴定甘肃站牌子），落实事业编制10名，其中正县级领导职数1名。全年分6个批次对省内部分高等院校的学生进行职业技能鉴定，共鉴定1100多人。开展测绘从业人员职业技能鉴定，共鉴定190多人。

地图管理

【地图编制审核】

甘肃省测绘局全年共审核编制地图、地图册（集）32项，核发审图号32个。

【地图市场监管】

甘肃省测绘局与省直8部门联合执法，查处"问题地图"和违法制图案件，规范公开出版地图编制和展示、插绘等示意性地图的使用。围绕全省"十一五"科技成就展、庆祝建党90周年系列活动、纪念辛亥革命100周年系列活动、"兰洽会"等大型展会、活动，开展执法检查。共检查涉及甘肃省地图的网站3300多个，排查涉及"问题地图"的网站185个，并责令全部进行整改。

成果管理

【测绘成果汇交】

甘肃省测绘局完成2010年全省测绘成果目录汇交工作。全省252家测绘资质单位汇交测绘成果目录1437项，该局遴选602项在局门户网站公布，供社会查询。

【成果保密管理】

甘肃省测绘局加大涉密测绘成果的监管力度，联合省国家保密局开展全省涉密测绘成果保密检查。各市（州、县）测绘地理信息行政主管部门会同当地保密部门对辖区涉密测绘成果使用单位进行抽查，全省共抽查各种比例尺地形图近2000幅。

基础测绘

【省级基础测绘】

甘肃省测绘局按照《甘肃省"十二五"基础测绘规划》编制了2011年度计划并组织实施。完成兰州白银测区1:5000和1:1万基础测绘共1000幅2.5万平方千米，完成金昌武威测区省级基础测绘航空摄影4.2万平方千米，完成武威城区坐标系统改扩建项目。为实现《甘肃省国民经济和社会发展第十二个五年规划纲要》中提出的"加强基础测绘工作，实现省级基础测绘省域基本覆盖"的要求，省财政厅另核拨2000万元用于省级基础测绘。

【数字城市建设】

陇南市、甘南州、临夏州被列入国家测绘地理信息局支援西部少数民族等欠发达地区数字城市统一建设项目，由国家测绘地理信息局和甘肃省测绘局合作共建。陇南市、合作市、临夏市数字城市地理信息公共平台建设工作基本完成。兰州、天水、张掖、嘉峪关、金昌、庆阳等6市数字城市地理空间框架建设项目获国家测绘地理信息局批准立项，兰州、天水、张掖3市被列为数字城市试点城市，嘉峪关、金昌、庆阳3市被列为数字城市推广城市。数字金昌、数字庆阳建设项目已启动，兰州、天水、张掖、嘉峪关数字城市建设已完成项目设计工作。数字武威地理空间框架建设项目经省测绘局推荐，已由武威市人民政府申报2012年国家测绘地理信息局推广项目。

【地理国情监测】

甘肃省测绘局启动"甘肃省地理国（省）情监测实施方案研究"科技项目，针对流域提取、祁连山植被变化监测分析等关键技术进行研究。开展地理国情监测宣传及学习培训，加强考察和调研，结合甘肃省情制定了甘肃省地理省情监测实施方案。

【市县基础测绘】

全省各市（州）测绘地理信息行政主管部门结合市县经济建设对基础测绘的需求，加大基础测绘规划的实施力度。天水、武威、平凉、酒泉、定西、金昌、张掖、嘉峪关等市、州、县国土资源部门在"十二五"基础测绘规划的基础上，编制年度计划并积极实施。嘉峪关市完成360平方千米航空摄影；张掖市完成以城市规划区为中心的150平方千米航空摄影，以丹霞地质公园为中心的4200平方千米航空摄影和地形测绘；庆阳市完成乡镇大比例尺地形图测绘190平方千米。酒泉市各县共投入193万元用于2011年基础测绘，平凉市的灵台、泾川、崇信、华亭和静宁5个县2011年度基础测绘投入总经费298万元。

质量监督

甘肃省测绘局联合省质量技术监督局对25家测

绘资质单位进行测绘产品质量检查，并配合国家测绘产品质量检验测试中心对2家测绘单位的2个测绘项目进行测绘产品质量抽查。

重大工程测绘

【重点测绘项目验收】

6月1日，甘肃省政务地理信息平台通过国家测绘地理信息局和省政府组织的验收，并正式启用；6月2日，数字白银地理空间框架建设项目通过国家测绘地理信息局组织的竣工验收；2009年~2010年省级基础测绘成果通过省级验收；石羊河流域重点治理地理信息系统通过省级验收和成果鉴定；甘肃南部武都区地质灾害综合治理地理信息系统通过验收；甘南黄河补给与生态保护地理信息系统建设通过验收。

【国家西部1:5万地形图空白区测图工程】

2011年，甘肃省测绘局全面完成承担的国家西部1:5万地形图空白区测图工程，西部16个县城影像图制作项目、青藏高原西部B2区域影像地形图制作项目通过验收，实现了甘肃省1:5万地形图全覆盖。

【边远地区和少数民族地区基础测绘项目】

甘肃省测绘局组织完成张掖市肃南裕固族自治县基础测绘项目航空摄影及1:1万数字地形图生产150幅3900平方千米。完成庆阳市老区基础测绘项目302幅7700平方千米航空摄影、1:1万数字高程模型和数字正射影像图。对2006年~2011年甘肃省测绘局承担的6期边远少数民族项目进行检查，督查经费使用和项目实施等情况。

【舟曲灾后恢复重建测绘专项】

甘肃省测绘局按照甘肃省政府制定的舟曲灾后恢复重建规划，完成舟曲1:1万数字地形图生产4幅90平方千米、1:1000地形图测绘155幅25平方千米，建立了舟曲城区坐标系统，建成舟曲地理空间数据库，所有成果通过甘肃省测绘产品质量监督检验站的检验，并已申报省国土资源厅预验收。

测绘地理信息合作共建

【组织领导】

甘肃省测绘局按照“重大项目联合攻关、急难任务协作完成、现有资源互通共享”的原则，积极推进军地测绘资源共享和多领域合作。成立军地合作领导小组，定期分析军地融合形式、研究部署工作任务，确保各项工作落实。与兰州军区某测绘信息中心、某测绘大队建立共建协作关系，定期开展互通交流，构建抗震救灾、反恐维稳等应急联合协作机制。

【合作共建】

甘肃省测绘局积极为部队军事演习和其他军事行动提供最新的航天航空影像数据，为国防建设提供基础数据保障。为部队提供全省1:5万基础测绘数据1200幅，保障了中国武警指挥部甘肃森林灭火信息系统按期完成；赠阅专用地图集，建立军队用图急用急办机制，保证了军队对测绘地理信息的需求。甘肃省测绘局作为兰州军区信息工程科技创新工作站首批进站单位，整合军地双方人才资源，联合气象、通信等10多个行业，开展“基于3S的汶川地震甘肃重灾区地质灾害管理信息系统”、“西北地区重大自然灾害预警工程”等重大项目攻关，10多项成果在实践中得到广泛应用。

地图编制与出版

甘肃省测绘局为省领导编制、更新《甘肃省地势图》、甘肃省14个市（州）地图、甘肃省地图以及全省86个市、县、区地图；为省政府对外联络处提供全省及市（州）地图和对应的地图数据，方便其了解全省民族、宗教的分布，进行民族、宗教管理；依据《国务院办公厅关于进一步支持甘肃经济社会发展的若干意见》（国办发〔2010〕29号）内容编制参考地图集，将文字表述的内容图形化和具体化，提高文件执行的操作性。编制兰州城区航空影像图，为兰州城区规划、建设提供参考资料。编制庆祝中国共产党成立90周年“红色地图”，并在“天地图”网站和甘肃省测绘局、甘肃省委宣传部、甘肃省委党史研究室网站进行发布。为甘肃省大型展览“走向一九四九”编制提供专题挂图，并为甘肃日报等媒体提供地图形式的宣传供稿。

测绘地理信息应用与服务

【测绘成果应用和服务】

2011年，甘肃省测绘局累计为各行业、各部门提供各种比例尺地形图7760幅，大地成果2912点，数据地图4276幅。同时，全力保障全省大型项目的顺利实施，为全省水利普查提供994幅1:1万基础测绘数据，用于土壤侵蚀抽样调查工作；为甘肃省公安信息通信网运行服务管理平台编制省、市（州）、县（区）101个行政单元的基础图件116幅，包括行政区划、道路、水系、地名等要素，保障平台建设顺利开展。

【为省级领导提供专用地图】

甘肃省测绘局先后为省委书记王三运提供《甘肃省主体功能区规划图》、《甘肃省国家级循环经济示意图》、《甘肃省区域发展战略示意图》等地图170多张；为省长刘伟平提供《甘肃省秦巴山区连片特殊困难地区分布图》、《甘肃省六盘山山区连片特殊困难地区分布图》、《甘肃省连片特殊困难地区分布图》等专题地图20幅；为省委常委、常务副省长刘永富调研编制《黄河永靖刘家峡－景泰黄河石林段区域地图》，受到刘永富的高度评价；为副省长李建华提供甘肃省地图及分市（州）地图和地图册2套；为省委新任主要领导紧急提供《甘肃省主体功能区规划图》、《甘肃省国家级循环经济示意图》、《甘肃省区域发展战略示意图》、《甘肃省“十二五”高速公路网规划图》、《甘肃省“十二五”铁路机场规划图》等工作地图，为领导了解全省自然资源、社会经济、人文地理等基本省情，掌握甘肃发展现状提供依据。

【测绘为省直部门提供地图服务】

2011年，甘肃省测绘局向国土、建设、水利、能源及军队等部门提供各种比例尺地形图和成果数据7869幅约200万平方千米、地图集300本、各种控制点成果3146点，在全省各级政府科学管理和决策、各个部门“十二五”专业规划编制、基础设施建设等领域发挥重要作用。全年为省委办公厅、省政府办公厅、省发展和改革委、省国土资源厅等单位和部门提供专题地图近40个种类800多幅。

【“天地图·甘肃”建设】

甘肃省测绘局对“天地图·甘肃”节点建设高度重视，投入专项经费1247.9万元。“天地图·甘肃”数据整合省、市两级基础测绘成果，完成全省15级～17级矢量电子地图和影像电子地图、23个市县18级～20级线划电子地图和55个城市18级～20级影像电子地图的处理工作，加载27万多条地名数据和导航电子地图，形成了在线服务数据集。12月31日，“天地图·甘肃”正式上线运行。该事件入选“2011年甘肃省十大重大信息化事件”。

科技创新与人才培养

【测绘科技成果】

甘肃省测绘局承担的国家测绘地理信息局2010年科技项目“面向信息化测绘的省级基础地理信息服务体系研究与建设示范”课题通过专家评审。“县域地理空间信息平台建设应用技术研究”获2011年中国地理信息产业协会科技进步奖三等奖。

【事业单位改革与人才培养】

甘肃省测绘局深入推进事业单位人事制度改革，按照《甘肃省测绘局“十二五”人才发展规划》，选拔机关部分处（室）领导岗位和非领导岗位工作人员6人；调配一般工人、工程师、高级工程师、局属各单位班子领导14人。开展该局科技带头人遴选工作，选拔新一届科技带头人12名，其中2名当选国家测绘地理信息局青年学术和技术带头人；确定11人测绘工程师职务任职资格，完成3名副高级工程师和3名正高级工程师专业技术职务任职资格评审推荐工作。积极推行事业单位用人公开招考制度，招聘各类测绘专业技术人才16名。全局在职职工大学以上文化程度的人员达53%以上，形成了结构合理的高层次专业技术队伍。

党的建设与测绘地理信息文化建设

【创先争优活动】

甘肃省测绘局组织开展创先争优活动，全局贯彻落实科学发展观的自觉性、坚定性明显增强。启动科学发展主题培训，邀请知名学者、教授举办大型培训9期，参加人数达700多人次。全年编发创先争优简报46期。

【党的建设】

甘肃省测绘局结合创先争优活动，安排局领导和机关各处处长作专题报告，在全局产生强烈反响。举办“七一”表彰大会暨纪念建党90周年红歌演唱会，表彰4个优秀党支部、19名优秀共产党员。

【党风廉政建设】

甘肃省测绘局设立局纪检监察室，落实正县级编制1名，局属各单位设立纪检部门；组织各级领导干部认真学习《中国共产党党员领导干部廉洁从政若干准则》，传达省政府和国家测绘地理信息局党风廉政建设会议精神；印发《党风廉政建设责任制实施细则》、《党风廉政建设责任制考核办法》、《党风廉政建设责任追究办法》、《领导干部个人重大事项报告制度》等反腐倡廉制度，明确党委书记和局属各单位重要领导是党风廉政建设责任人；机关各处（室）负责人和局属各单位主要负责人向局党委递呈党风廉政建设承诺书；在全局开展廉政风险点排查；组织党员领导干部参加各类警示教育，制作廉政建设宣传栏。

【文化建设】

甘肃省测绘局组织开展全局精神文明建设活动。“三八”妇女节期间，组织开展全局女职工文艺联欢会；“五一”期间，组织植物园游园活动；“五四”青年节期间，举办“青年杯”拔河比赛、篮球比赛、乒乓球比赛；组队参加国家测绘地理信息局乒乓球比赛；在省直机关工委庆祝建党90周年大型主题红色经典歌曲演唱会中获优秀演出奖。甘肃省地图院第二项目部获“青年文明号”称号，1人被评为“甘肃省优秀共青团员”；甘肃省基础地理信息中心团支部被评为“2010年度省直机关五四红旗团组织”，1人被评为“2010年度省直机关青年岗位能手”。

【宣传工作】

甘肃省测绘局按照国家测绘地理信息局和省政府信息化工作办公室的要求，筹集资金对局门户网站进行改版，加强在线办事和公共服务功能，为社会提供地理信息服务平台。围绕重大事件，联合省电视台、甘肃日报等媒体进行深度报道，共在甘肃电视台、甘肃日报、中国测绘报、国家测绘地理信息局门户网站、甘肃地质矿产报等媒体发表信息300多条，向省委、省政府、省人大常委会、省政协报送《测绘专报》15期。利用测绘法宣传日，在兰州市和其他各市（州）设立宣传点，悬挂宣传横幅、张贴宣传画、摆放宣传展板、发放宣传资料，提供测绘科普知识咨询，发送公益短信10万多条，帮助社会公众了解测绘地理信息工作。9月，召开全省第一次测绘宣传暨业务培训会议，推进测绘宣传工作。

地方社团工作

2011年，甘肃省测绘学会召开了七届九次、十次理事会议和第八次会员代表大会暨八届一次理事会。选举产生了八届一次理事会常务理事、理事长、副理事长、秘书长和副秘书长以及各专业委员会主任、挂靠单位，选举缪树德担任甘肃省学会第八届理事会名誉理事长。大会对七届理事会评选的4个先进集体和14名先进个人进行表彰。

年内，该学会下发团体会员单位申请和理事人选推荐申报通知近300份，85家单位、90多人被单位推荐为学会理事候选人。积极开展个人会员的办理工作，新增会员近200个。完成甘肃省测绘学会收费许可证的换证工作

【甘肃省测绘学会科学技术奖评审工作】

甘肃省测绘学会进一步完善甘肃省测绘学会科学技术奖评选办法，规范评审程序，成立奖励委员会，对全省测绘单位申报的94项测绘成果（其中，申报测绘优秀工程（项目）奖49个，申报科技进步（应用技术开发）奖45个）进行评审。共评出测绘优秀工程（项目）奖金奖5项、银奖8项、铜奖8项，科学技术进步（应用技术）奖一等奖5项、二等奖5项、三等奖6项。积极参加甘肃省科学技术奖的评选活动，网上审查推荐甘肃省科技厅科技奖2项，功臣奖1项；完成省科协评选先进的推荐工作。

【学术交流】

甘肃测绘学会组织召开2011年测绘学会学术年会，邀请有关专家作学术报告。参加中国测绘学会2011年年会有奖征文活动，推荐论文近10篇，其中1篇论文获二等奖；向《地理空间信息》和《技术装备》推荐发表论文10多篇；向学会理事单位转发中国测绘学会年会文件及其专业委员会学术会议文件和省科协文件100多份。

青海省

规划与计划

2011年，青海省发展和改革委印发《青海省国民经济和社会发展第十二个五年规划纲要》，对基础测绘和地理信息工作提出明确要求。青海省国土资源厅编制《青海省国土资源“十二五”规划》时，把基础测绘工作作为一项重要内容写进规划，测绘投入总和将达10多亿元。

法制建设

【法制工作】

2011年，青海省测绘地理信息局调整了局普法依据治理工作领导小组，组织开展法律知识讲座。向国家测绘地理信息局反馈了对《中华人民共和国测绘法》的修订意见、建议，以及对《测绘地理信息市场信用信息管理暂行办法》的意见。按规定向省政府法制办公室进行《青海省测绘资质审批程序管理规定》、《关于规范使用地图的通知》、《关于加强测绘作业证规范管理工作的通知》备案。编制完成局“六五”普法工作规划。制定《青海省测绘行业2011年普法依法治理工作要点》，参加了国家测绘地理信息局举办的“易图通杯”全国测绘地理信息法律知识网络竞赛活动。

【法制奖项】

5月10日，在全国测绘系统法治工作会议上，青海省海东、海北测绘地理信息行政主管部门被国家测绘地理信息局评为“五五”普法先进单位，格尔木测绘地理信息行政主管部门被评为依法行政先进单位，另有4人获国家测绘地理信息局“五五”普法先进个人称号。

【法制宣传】

8月29日，青海省测绘地理信息局部署开展测绘法宣传日活动。发送宣传短信54万条，举办“省水电设计院杯”测绘法律法规知识有奖竞答活动，悬挂宣传横幅80多幅，散发、张贴宣传画报500张，分发宣传材料4000多份，进一步扩大测绘法律法规的社会影响力。此外，组织省内各单位参加国家测绘地理信息局举办的“易图通杯”2011年全国测绘地理信息法律知识网络竞赛。

市场监管

【地图管理】

青海省测绘地理信息局向各州、地、市测绘地理信息行政主管部门印发2011年国家版图意识宣传教育和地图市场监督管理工作安排，同时向省内各州、地、市测绘地理信息行政主管部门及政府各相关厅（局）印发《关于规范使用地图的通知》。省招商局在“青洽会”筹备阶段向省内各参展单位转发了该通知，对社会各界正确使用地图起到积极的作用。

【执业资格管理】

青海省测绘地理信息局印发《关于加强测绘作业证规范管理工作的通知》，要求各测绘资质单位按规定在《测绘作业证》注册到期的前一个月进行注册，以确保《测绘作业证》的规范使用。

【资质管理】

青海省测绘地理信息局完成青海省测绘资质单位复审换证的总结工作；利用国家测绘地理信息局开通全国测绘资质单位信息数据库的时机，加大对专业技术人员在不同单位重复任职的审核，进行材料补正，完成全省2011年63家测绘资质单位的年度注册工作。受理业务范围、法人等信息变更申请16家，受理资质升级申请3家，办理新申请测绘资质单位6家，缓期注册1家，注销测绘资质3家。

截至年底，青海省共有测绘资质单位88家。其中，甲级10家、乙级19家、丙级42家、丁级17家。

【地理信息市场专项整治】

青海省测绘地理信息局、省通信管理局、省国家安全厅、省工商行政管理局、省文化和新闻出版厅、省国家保密局和省军区7部门联合下发《青海省地理信息市场专项整治工作“回头看”行动实施方案》，成立青海省地理信息市场专项整治工作“回头看”行动领导小组和领导小组办公室。组织“回头看”联席会议4次，开展“涉证、涉网、涉密、涉外、涉军”等违法违规行为及“问题地图”专项治理等工作。发出责令改正通知书4份。查处违法编制、出版地图案件1起，涉及单位2家，对其中1家处以没收违法所得8000元，罚款1.6万元的行政处罚决定，另1家移交省文化和新闻出版厅处理。

5月16日起，由7部门组成的省地理信息市场专项整治工作“回头看”行动检查小组对西宁市、海东行署和海西州、格尔木市、德令哈市进行地理信息市场专项检查，共检查单位50家，涵盖了省、市、州、地、县所属各类单位；对检查中发现的问题，检查组及时提出改正意见，督促相关单位进行改正。对“青洽会”等大型展会和会议中的地图使用情况进行检查，责令有问题的单位进行整改。根据国家测绘地理信息局的工作安排，完成全省地理信息市场专项整治工作“回头看”的总结验收工作。

地图管理

2011年，青海省测绘地理信息局完成地图审核24幅，核发审图号9个。受理地图立项申请4件、地图再版申请2件。

成果管理

2011年，青海省测绘地理信息局共办理测绘成果使用申请412份，提供各种比例尺地形图4581幅（其中数字化成果1832幅），各类控制点1547个。积极完善测绘成果汇交程序，完成成果目录发布工作。全省测绘行业单位共汇交2010年测绘成果目录306个，测绘成果副本85个。

随着青海省经济发展及青海藏区重点工程项目的开展，对测绘成果的需求不断增加。青海省测绘地理信息局积极向国家测绘地理信息局申请使用已有成果，已申请获取青海省范围内国家西部1:5万地形图空白区测图工程DLG、DEM、DOM、LC成果数据、成图印刷数据、GPS控制点成果及青藏铁路沿线（格尔木唐古拉山段）1:1万DLG、DOM、DEM、LC数据；青海省部分区域内的1980西安坐标系三角点成果申请已获国家测绘地理信息局批复。

基础测绘

【基础测绘经费】

2011年，青海省测绘地理信息局1:1万基础测绘经费达到2000万元，是2010年的近三倍。省国土资源厅、省财政厅下达该局地勘设备采购经费800万元，购置了交通工具6辆、生产网络及测绘仪器设备40台（套）。

【基础测绘工作】

青海省测绘地理信息局党委制定出台《省级基础测绘项目管理办法》，加强基础测绘生产管理。清零完成以往基础测绘任务共912幅图，完成年度1:1万基础测绘任务300幅图。该局承担的国家西部1:5万地形图空白区测图工程三江源实验区D区，青藏高原东部F区、G区成果，青藏高原西部区域B3区共102幅图已全部通过验收。

【数字城市建设】

7月7日，西宁市综合地理信息系统建设与应用示范项目通过国家测绘地理信息局组织的专家组验收并正式启动，西宁市被授予“全国数字城市建设示范市”称号。

质量监督

11月24日，青海省测绘地理信息局将全省测绘产品质量监督抽查情况上报国家测绘地理信息局、青海省质量技术监督局，抽查的17家单位中有1家单位成果质量不合格。

全年完成1:1万基础测绘项目验收（含复检）外业验收2批次、内业5批次；完成国家西部1:5万地形图空白区测图工程部分测区的内业检验工作以及青海省1:5万地形要素更新外业验收56幅。全年校准（检定）各类仪器1320多台（套）。

测绘地理信息合作共建

国家测绘地理信息局与青海省人民政府共建共享地理空间信息系统，努力实现有关信息资源的综合开发利用，共同建设了“柴达木循环经济试验区地理信息系统”和“三江源地区生态环境遥感动态监测地理信息系统”。这是国家测绘地理信息局首次与省级政府联合开展生态环境动态监测，也是国家西部1:5万地形图空白区测图工程成果的首次应用。7月6日，国家测绘地理信息局和青海省人民政府在西宁召开“三江源区生态环境遥感动态监测地理信息系统”及“柴达木循环经济试验区地理信息系统”验收会，2个项目均通过专家组验收并正式开通。

地图编制与出版

2011年，青海省测绘地理信息局更新《青海省行政区划图》，编制《青海省矿产资源图》、《海北州交通及矿产资源分布图》、《海晏县交通及矿产资源分布图》、《1:10万木里矿区地形图》等。为省委、省政府等单位制作图板、挂图共106幅，为省发展和改革委编制“十二五”规划用图及宣传册、主体功能区规划编制的修改及图件制作。参与省政府三江源国家自然保护区功能区优化调整的相关工作，完成专题图制作，编制了沿黄河经济带组图，青海省祁连山水源涵养自然保护区插图，为省委编制“百企联百村”规划用图等。根据省政府办公厅要求，着手研发可供政府领导及机关工作人员浏览、下载的领导用电子地图网站。

测绘地理信息应用与服务

青海省测绘地理信息局按照省委、省政府的要求，组织测绘专业技术人员在玉树地震灾区连续超负荷工作，为各援建单位和决策部门提供测绘服务保障。截至年底，已为各援建单位施测道路纵横面89.05千米，第二次全国土地调查青海省补测450宗，测绘砂石场、砖厂123个，临时用地征地测量1500多亩，拆迁房屋面积量算15168宗，完成11个建委会所有建设项目的用地图、分布图、拆迁图制作，结古镇商业用房分布图制作，测制1:500地图64.43平方千米，受到了现场指挥部及相关部门的好评。10月，利用无人机在玉树结古镇完成航摄150平方千米。东部城市群、西宁市、玉树结古地区的航摄成果已在“天地图·青海”项目中得到应用。

3月，青海省测绘地理信息局与海东地区行政公署签订促进东部城市群（海东）建设测绘保障服务合作协议。按照协议，青海省测绘地理信息局将2011年1:1万基础测绘专项经费2000万元全部用于西宁和海东地区，测区面积达1万平方千米，实现了海东重点地区1:1万地形图全覆盖。在河湟谷地开展1800平方千米的1:500、1:1000地形图测绘。

科技创新与人才培养

【科技创新】

青海省测绘地理信息局利用先进的航摄系统，建立覆盖海东全域的全球卫星定位连续运行基准站、基准网和水准网，开展控制测量、外业调绘、内业编辑成图等工作。作为东部城市群（海东）建设测绘保障工程的基础——“全球卫星定位连续运行参考站网（CORS）建设”和“似大地水准面精化”2个项目通过专家组验收填补了青海省在此类测绘基准体系方面的空白。

【人才培养】

2011年，青海省测绘地理信息局面向社会公开招录本科以上学历事业单位工作人员29人，其中，研究生5人。共组织参加国家测绘地理信息局相关培训23人次；负责承办2011年第二期甲级测绘单位负责人培训班；开展1期测绘行业特有工种职业技能鉴定工作，32人参加培训并通过技能鉴定的理论考试和实际操作考试。局属各单位举办各项业务技能培训，参加培训人员1000多人次。

党的建设与测绘地理信息文化建设

【党的建设】

2011年，青海省测绘地理信息局共宣传先进典型24人，先进基层党组织6个。其中，受到省部级表彰先进基层组织5个，先进个人23人次；受到省国土资源厅表彰的先进基层党组织5个、先进个人12人；局本级表彰先进集体3个、先进个人20人。编发创先争优活动简报44期。对局属各单位基层党组织建设情况进行调查，开展第3个“基层组织建设年”活动，督促建立健全基层党组织机构。在全局广泛开展“学党史、知党情、跟党走”主题教育活动，保持和发展党的先进性。组织党员干部参观西路军纪念馆，观看警示教育宣传片，与西宁市城西区人民检察院协商，成立西宁市城西区人民检察院、青海省测绘地理信息局预防职务犯罪工作站。

【政务公开】

青海省测绘地理信息局按照青海省政务公开工作领导小组办公室要求，向社会公布了该局行政权力公开透明运行工作流程。

【测绘地理信息文化建设】

青海省测绘地理信息局承办青海省国土资源系统工程测量岗位技能技术大比武，局属省第二测绘院3名选手获前三名。参加“中测新图杯”第二届全国测绘地理信息行业职业技能竞赛，在全局开展了以“反腐倡廉、抵制歪风、爱岗敬业、奉献测绘”为主题的演讲比赛，“立足岗位，创先争优”论文研讨和“重温党的光辉历程见证90年辉煌成就”主题征文活动，组织青年职工参与国家测绘地理信息局开展的“信念·责任·青年力量”测绘青年论坛主题微博，在全局范围内组织干部职工爬山、跳舞，开展党史知识竞赛和红歌卡拉OK比赛活动，参加青海省国土资源系统“颂党伟业”暨迎新春职工文艺汇演（该局报送舞蹈《永远的天堂》获一等奖，《大展宏图》获优秀组织奖）活动等。

2011年，青海省测绘地理信息局落实“送温暖、献爱心”和走访慰问制度，全年共发放慰问金122600元。

为适应新时期测绘地理信息工作信息化、网络化的要求，修订完善《青海省测绘局宣传工作方案》，确立了“走出高原，走向全国”的宣传思路。全年全局向青海省测绘地理信息局门户网站、国家测绘地理信息局门户网站、中国测绘报等媒体报送稿件300多篇。

地方社团工作

青海省测绘学会积极组织会员单位参加测绘学术交流、技术合作等活动。完成2011年度省测绘学会优秀测绘科技奖、优秀测绘工程奖的评选工作，评选出优秀测绘科技奖一等奖1名、二等奖1名；优秀测绘工程奖一等奖1名、二等奖2名。青海省电力设计院完成的“750kV乌兰－格尔木输电线路工程（测量）”获2011年中国测绘学会优秀测绘工程奖金奖。

青海省测绘学会第十一届二次理事会授予5家单位“青海省测绘学会2011年度学会先进集体”称号，授予8人“青海省测绘学会2011年度学会先进个人”称号。

省测绘学会副理事长郗利华在青海省科学技术协会第九次代表大会上当选青海省科协第九届委员会委员。

全年编辑、发行《青海测绘》期刊4期，总发行量1800册。

宁夏回族自治区

测绘规划

12月13日，宁夏回族自治区发展和改革委、宁夏回族自治区国土资源厅（以下简称宁夏国土资源厅）联合印发《关于印发宁夏基础测绘“十二五”规划的通知》。该规划明确了宁夏回族自治区“十二五”期间基础测绘工作的指导思想和规划目标，并首次对市级基础测绘提出建设项目和指导意见。

法制建设

7月22日，宁夏国土资源厅印发《关于进一步推进依法行政加快国土资源（测绘）法治政府建设的实施意见》。编制《国土资源系统工作人员法律、规章应知应会手册》并向全区国土资源系统工作人员发放。

8月4日，宁夏国土资源厅印发《关于认真开展测绘法宣传日活动的通知》。29日，在银川组织开展测绘法宣传日活动，共发放传单、宣传画等各类材料近万份，宁夏电视台、宁夏日报等多家媒体对宣传活动进行了报道。

组织全区各市、县（区）国土资源局共15人参加了3期国家测绘地理信息局举办的地方测绘行政管理干部和行政执法人员培训班。

市场监管

【资质管理】

2011 年，宁夏国土资源厅共受理办结新申请测绘资质单位6家（丙级2家，丁级4家），为2家单位发放无人机航摄测绘资质证书。截至12月31日，全区共有测绘资质单位79家，其中甲级2家、乙级16家、丙级22家、丁级39家。

【地理信息市场专项整治】

2月～7月，宁夏国土资源厅开展了以查处“涉证、涉网、涉密、涉外、涉军”等违法违规行为为重点的全区地理信息市场专项整治“回头看”行动。2月，会同自治区经济和信息化委员会等8部门召开全区地理信息市场专项整治工作领导小组办公室会议，启动全区地理信息市场专项整治工作“回头看”行动。3月，组织银川等4市测绘地理信息行政管理人员参加国家测绘地理信息局举办的全国地理信息市场专项整治工作“回头看”行动培训班。6月，会同自治区经济和信息化委员会等8部门对重点领域和测绘资质单位进行集中检查，发现1家房产测绘单位存在伪造假证的违法行为，核实后吊销了该公司的丁级测绘资质。

【执业资格管理】

2011 年，宁夏国土资源厅为全区73家测绘资质单位共780人配发了测绘作业证。

成果管理

【测量标志管理】

宁夏国土资源厅开展全区测量标志普查维护管理工作。重点对一、二等三角点和水准点实施普查、维护，办理土地权属登记，落实保护责任制，开发并完善测量标志普查维护管理信息服务系统。印发《宁夏测量标志普查维护管理工作实施方案》，召开全区测量标志普查维护管理工作会议。6月，厅领导带队分别到银川等5市对该项工作进行调研。9月～10月，宁夏国土资源厅测绘行业管理处会同宁夏测绘产品质量监督检验站、宁夏国土资源地理信息中心深入全区15个市、县（区），对测量标志普查维护过程进行质量检查。

【涉密成果管理】

8月，宁夏国土资源厅开展全区涉密测绘成果保密大检查工作。会同区国家保密局印发《关于开展全区涉密测绘成果保密检查的通知》，成立涉密测绘成果保密检查领导小组。各用图单位全面自查，按时提交自查报告，自查率100%。自治区和5个地级市检查组在各单位自查基础上，对全区44家涉密测绘成果使用和保管单位进行抽查，并对存在问题的10家单位下发整改通知书。

地图管理

5月，宁夏国土资源厅组织对150个互联网地图服务网站和登载地图图片的其他网站进行逐项检查。

全年共处理6起违规登载地图案件；受理审核书刊插图、图集等各类地图19幅。

基础测绘

宁夏国土资源厅组织完成宁夏基础测绘1:1万地形图更新697幅，更新区域主要分布在固原市、贺兰山区和周边省相邻地区，数据的更新填补了贺兰山和边缘地区1:1万基础地理信息数据空白，首次实现全区1:1万数字地形图全覆盖。

开展国土资源连续运行跟踪站网（NXCORS）前期调研，制定初步方案，开展前期点位的初选工作。

质量监督

2011 年，宁夏测绘产品质量监督检验站完成国家基础地理信息中心下达的9幅1:5万地形图更新外业检查工作；完成宁夏基础测绘三期1:1万地形图更新共计697幅航测成果的内、外业检查工作；完成宁夏中北部土地开发整理重大工程23个项目区的测绘成果检查验收工作；完成数字吴忠项目1:500地形图36平方千米、1:2000地形图64平方千米的质检工作，三维模型建设10平方千米，吴忠市公共服务平台的开发；完成永宁县、西吉县测量标志普查维护试点工作的质量检验；完成全区15个市、县（区）测量标志普查维护工作的外业点位检查和内业资料检查工作。2月，按操作规程对基础测绘院提供的多台GPS接收机进行模拟检定。5月27日，GPS检定场和长度基线场的建设工作通过自治区质量技术监督局验收。截至12月31日，共检定GPS接收机142台。

重大测绘工程

1月18日，“影像宁夏——政务服务系统”通过自治区级验收。11月1日，宁夏国土资源厅印发《关于成立宁夏“天地图”建设领导小组的通知》，宁夏国土资源厅党组书记、厅长刘卉任组长。

宁夏国土资源厅完成宁夏重大项目中北部土地开发整理航摄约300平方千米，石嘴山市、吴忠市太阳山开发区地质灾害预防点航摄120平方千米，中卫市万亩果园建设项目航摄60平方千米。

测绘行政管理体系建设

12月5日，宁夏回族自治区机构编制委员会办公室印发《关于自治区国土资源厅（测绘局）更名等有关事项的通知》，同意将自治区国土资源厅（测绘局）更名为自治区国土资源厅（测绘地理信息局），增加监督管理地理信息获取、应用和安全监管的职能，在市、县（区）国土资源局加挂测绘地理信息局牌子。

测绘地理信息应用与服务

宁夏国土资源厅为宁夏第一次水利水文普查、生态移民规划、全区测量标志普查、电力、交通、建设等提供大地成果资料778个点、各类挂图15幅、航摄像片2208张、各种比例尺地形图4831幅。

4月26日，宁夏土地和矿业权网上交易系统正式上线运行。该系统由宁夏国土资源地理信息中心承建，是全国首个集土地和矿业权交易于一体的全区统一的交易平台。

宁夏国土资源厅组织完成国土资源“一张图”管理平台建设、框架搭建和已有国土资源数据的整合、集成工作；完成宁夏地理信息公共服务平台建设的软硬件基础设施建设和建设方案编写工作；完成“天地图·宁夏”节点项目实施方案及数据库建设方案的编制评审工作；完成区、市、县三级国土资源业务专网建设；完成宁夏测量标志信息服务管理系统建设。

地方社团工作

2011年，宁夏测绘学会完成换届工作并开展相关活动。4月，组织召开第六次会员代表大会，审议通过第五届理事会工作报告及财务报告，审议通过修改后的《宁夏回族自治区测绘学会章程》和《宁夏测绘学会会费缴纳规定》，选举产生第六届理事会理事。5月，向中国测绘学会推荐报送了优秀工程奖评选材料，1个项目获2011年中国测绘学会优秀测绘工程奖银奖。9月，向中国测绘学会推荐报送2011年学术年会论文，其中1项获优秀论文二等奖。12月，开展全区优秀测绘工程奖评选工作，共评选出2011年度全区优秀测绘工程奖金奖1项、银奖4项、铜奖5项。

新疆维吾尔自治区

规划与计划

【基础测绘“十二五”规划】

2011年，新疆维吾尔自治区测绘地理信息局（以下简称新疆测绘地理信息局）完成《新疆维吾尔自治区基础测绘“十二五”规划》、《新疆维吾尔自治区测绘地理信息发展第十二个五年规划》、《自治区测绘系统测绘地理信息法制宣传教育第六个五年规划（2011－2015）》、《新疆维吾尔自治区测绘地理信息人才发展、教育培训“十二五”规划》编制，其中，《新疆维吾尔自治区基础测绘“十二五”规划》经自治区政府批准印发。

【年度工作计划】

2011年，新疆测绘地理信息局制定《自治区测绘局2011年要点》，完成《2011年自治区测绘地理信息系统人才引进培训计划》、《自治区2012年度1:1万基础航摄及边境地区卫星影像计划》、《自治区科技兴测工作计划》。

法制建设

【制度建设】

8月10日，新疆维吾尔自治区人民政府以第170号令发布《新疆维吾尔自治区实施〈测绘成果管理条例〉办法》，自10月1日起实施。

9月6日，新疆测绘地理信息局向各地（州、市）测绘地理信息行政主管部门印发《自治区测绘系统测绘地理信息法制宣传教育第六个五年规划（2011－2015）》。10月20日，新疆测绘地理信息局下发《关于加强自治区测绘地理信息法治建设的若干意见》，提出2011年～2012年自治区测绘地理信息法治建设的立、改、废、编任务。年内完成《自治区测绘资质管理工作手册》汇编。

【法制宣传教育】

8月5日，新疆测绘地理信息局下发《关于开展测绘法宣传日活动的通知》；8月29日，在全疆开展以“监测地理国情，服务科学发展”为主题的测绘法宣传日活动，乌鲁木齐市设宣传主场地，15个地（州、市）共出动宣传车19辆，设立宣传咨询台70多个，展板200多块，散发测绘法宣传单6万多份，发放自治区地图和乌鲁木齐地图集（册）2000多册。各地（州、市）延长宣传活动时间，采取LED屏滚动播放、手机短信发送、利用“巴扎日”和“工休日”深入农牧区宣传。

5月10日，新疆测绘地理信息局在全国测绘系统法治工作会议上，被评为2010年度“全国测绘系统依法行政先进单位”，新疆4个地（州）国土资源局（测绘局）和6名先进工作者受到表彰。

行政统一管理

【机构建设】

在新疆维吾尔自治区新一轮机构改革中，自治区政府批准的地（州、市）“三定方案”中明确规定：在国土资源局加挂测绘局牌子。年内，已有2个地区、9个县市测绘局更名为测绘地理信息局。

市场监管

【信用体系建设】

新疆测绘地理信息局向各地（州、市）转发《关于征求〈测绘市场信用信息管理暂行办法〉（征求意见稿）》，制定《新疆测绘市场信用管理办法》，将培训、资质业务办理、复审换证、年度注册、测绘成果质量工作的执行度列入测绘单位信用体系建设考核。

【测绘行政执法】

5月10日，塔城地区测绘局依法查处的日本国某公民非法测绘案件，被评为2010年全国十大测绘违法典型案件，该案件是自治区第5例“全国十大测绘违法典型案件”。

2011年，自治区测绘行政主管部门共开展测绘执法检查198次，开展重大专项执法行动6项。发现涉嫌违法测绘行为12起，立案调查涉嫌违法案件6件，作出行政处罚案件4件。新疆测绘地理信息局完成《自治区测绘行政执法案例选编》的编纂工作。

【资质管理】

一、监督检查及审批

新疆测绘地理信息局完成245家测绘资质单位年度注册工作。其中，通报批评45家。审核注册测绘作业证450个，其中，核准注销40个，新增测绘作业证283个，换发测绘行政执法证48个。截至年底，全疆共有330家测绘资质单位，其中，甲级13家、乙级50家、丙级89家、丁级178家。

二、资质管理培训

新疆测绘地理信息局组织自治区6家甲级测绘资质单位的9位负责人参加国家测绘地理信息局在兰州、西宁举办的第一、二期甲级测绘单位负责人培训班。

9月～12月，新疆测绘地理信息局在乌鲁木齐市举办2期自治区测绘资质管理人员及乙、丙、丁级负责人培训班，学习《中华人民共和国测绘法》等法律法规，共350人次参加培训；举办2期测绘资质年度注册培训班，各地（州、市）测绘地理信息部门320人次参加培训。

三、资质在线办理

4月18日，自治区开通全疆测绘资质在线办理业务，与国家测绘资质管理信息系统互联互通。4月19日～21日，新疆测绘地理信息局在乌鲁木齐市举办测绘资质管理系统在线办理培训班，各地（州、市）测绘地理信息行政管理部门资质管理人员及乙、丙、丁级测绘单位320人参加培训。5月，开展全疆测绘单位资质业务在线办理问题自查自改。7月，向各地（州、市）下发《关于做好测绘资质在线办理工作的通知》，实现自治区测绘资质在线办理。

四、互联网地图服务资质审批

新疆测绘地理信息局转发《关于做好互联网地图服务测绘资质管理工作的通知》，批准自治区基础地理信息中心、新疆生产建设兵团勘测规划设计研究院、巴音郭楞蒙古自治州计算机信息网络中心3家单位乙级互联网地图服务测绘资质申请。

【地理信息市场专项整治】

新疆维吾尔自治区完成全国地理信息市场专项整治“回头看”工作。新疆测绘地理信息局在全疆检查静态互联网地图370个、动态互联网地图10个。其中，9家使用“问题地图”的静态网站被责令改正。

年内，新疆测绘地理信息局完成近年来涉外合资（合作）项目较多的新疆畜牧、科技、地震等11家厅局涉外科学研究、工程建设、一次性测绘等项目的梳理排查。

【测量标志保护】

新疆维吾尔自治区财政投入600万元，用于测量标志保护。新疆测绘地理信息局在14个地（州、市）开展测量标志保护巡查，阿克苏市、昭苏县、哈巴河县测绘地理信息行政主管部门查处当地破坏测量标志案件各1起。其中，昭苏一案当事人被处以3万元罚款，承担赔偿测量标志拆迁费8万元的行政处罚。

6月2日，新疆测绘地理信息局在塔城市召开自治区测量标志保护工作会议，总结2008年~2010年自治区测量标志保护工作，表彰6个测量标志保护先进集体和16名先进个人，并将他们的事迹编写入《留在大地的足迹》宣传册。

年内，新疆测绘地理信息局批准3件测量标志的拆迁申请。

地图管理

【地图市场监管】

9月1日~5日，新疆测绘地理信息局和乌鲁木齐市国土资源局联合对首届中国亚欧国际博览会参展的31个国家、港澳台地区、国内各省（市、区）、新疆生产建设兵团共3802个展位附有地图图形的产品说明书、宣传材料实施执法检查。乌鲁木齐市、克拉玛依市、昌吉回族自治州等13个地（州、市）的38家参展单位因宣传品中存在“问题地图”受到通报批评。行政执法人员监督清点及销毁“问题地图”宣传册（单）。

11月14日，新疆测绘地理信息局、教育厅、新闻出版局联合下发《关于进一步强化教材教辅中地图送审工作的通知》，规范自治区教材教辅编制出版物地图使用管理。

【中小学生版图意识教育】

6月7日，新疆测绘地理信息局和教育厅联合下发《关于在全区中小学开展“识版图、爱祖国”主题宣传教育活动的通知》，组织乌鲁木齐市第十三中学学生参观新疆科技馆地理信息厅，到生产单位观摩地图制作流程。新疆测绘地理信息局与音像出版社联合编制6000张《国家版图意识基本知识》多媒体光盘，订购6000张《国家版图知识图册》，拟赠送自治区各中小学。

成果管理

【涉密测绘成果保密检查】

新疆测绘地理信息局联合自治区保密局、新疆生产建设兵团保密局抽查喀什地区等6个地（州、市）的涉密测绘成果保密工作，向3家存在问题的单位下发整改通知书。全年编发工作简报5期，公布失泄密典型案件1起。

【成果整理归档】

新疆测绘地理信息局全年接收基础测绘27个测区3948幅地形图资料，其中，1:1万基础测绘资料21个测区2706幅；边远地区少数民族地区专项经费基础测绘项目资料851幅，其中，“伊犁霍尔果斯1:500比例尺测图项目”567幅、北屯新区1:500测图项目284幅；接收测绘地理信息数据总量25437.9 GB，备份13425 GB；接收国家西部1:5万地形图空白区测图工程新疆区域1:5万地形图印刷品1575幅（152090张）。

新疆测绘地理信息局全年整理成果资料414卷，其中，1:1万基础测绘20个测区325卷；大比例尺地形图资料14卷1557幅。按成果管理程序组织销毁1:1万、1:5万地形图1356幅、共8690张。

【成果汇交】

新疆测绘地理信息局完成12个地（州、市）、121家单位的测绘成果汇交工作。其中，项目1162条，凭证242条。汇交目录在新疆测绘地理信息局网站发布。

基础测绘

【测绘基准建设】

一、全球导航卫星系统

3月14日，自治区完成新疆区域全球导航卫星系统（GNSS）建设，并通过国家验收。新疆区域共31个基准网连续观测站，其中，新建站28个、升级改造站3个。站点分布在乌鲁木齐、克拉玛依等5个市及伊宁、乌恰、于阗等16个县，基准网连续观测和重力并置站分布在民丰县等4个县（市）。

二、新疆似大地水准面精化项目

3月28日，新疆测绘地理信息局与武汉大学测绘学院承建的“新疆似大地水准面精化”项目通过国家验收。1月～3月，该项目完成高精度GPS控制网数据处理、新疆似大地水准面模型建立、正常高高程计算软件编制等工作。该项目共布测高精度GPS水准点203个，最终获取CGCS2000、1980西安坐标系统数据。该项目获2011年新疆测绘行业协会测绘科技进步奖一等奖。

三、自治区导航卫星系统

5月，新疆测绘地理信息局和自治区气象局签订新疆维吾尔自治区连续运行卫星定位服务系统（XJ－CORS）共同建设合作协议并启动项目。9月～11月，完成北疆区域16个新站点勘选；勘察已有的CORS站点22个，一、二等水准点69个，A、B级GPS点31个。XJ－CORS是《新疆维吾尔自治区测绘和地理信息发展“十二五”规划》重点项目之一。年内，南方测绘公司、湖北省测绘局援建的“巴州连续运行卫星定位服务系统”、“博尔塔拉蒙古自治州连续运行卫星定位服务系统”投入使用。

四、相对独立平面坐标系统建立

新疆测绘地理信息局全年共召开10次相对独立平面坐标系统论证会，批准柯坪县、阿勒泰市、准东五彩湾煤电煤化工工业园区、伊宁县、英吉沙等28个地（州）自主建立的相对独立平面坐标系统。

自治区第一测绘院完成全疆40个未建县市相对独立平面坐标系统。截至年底，全疆共建立相对独立平面坐标系统84个，其中，40个相对独立平面坐标系统待审批。

【无人机航摄实验】

新疆测绘地理信息局开展2种型号6架无人机的航摄实验。4月，完成巴音郭楞蒙古自治州境内孔雀河大桥断裂测绘应急服务演练。6月，完成105团团部20平方千米的无人机航摄项目。10月，与中国测绘科学研究院合作完成奎屯市无人机航摄实验，正式投入正射影像图（DOM）的快速制作。

【基础测绘测图】

一、1:1万基础测绘

2011年，自治区下达当年1:1万基础测绘经费3000万元，新疆测绘地理信息局与伊犁哈萨克自治州等8个地（州、市）签订1:1万基础测绘协议并组织实施，覆盖面积3.9平方千米，共1560幅地形图。截至年底，完成全部外业工作，全疆1:1万基础测绘地形图累计1.52万幅，覆盖面积38万平方千米。

二、基础地理信息数据库建设

2011年，新疆测绘地理信息局完成1:1万基础测绘成果入库数据加工1500幅，其中，阿克苏地区497幅、阿勒泰地区1003幅，补充“新疆维吾尔自治区1:1万基础地理信息数据库建设”项目数据。

三、国家边少地区测绘项目

9月27日，“阿克苏地区温宿县规划区1:1000数字地形图测绘”项目通过自治区验收。该项目是2009年“国家边远地区少数民族地区专项补助经费项目”。10月，国家测绘地理信息局下拨“2011年边远地区少数民族地区基础测绘”专项补助经费300万元。11月，新疆测绘地理信息局启动“喀什特殊经济开发区1:500比例尺基础测绘”建设。

四、国家西部1:5万地形图空白区测图工程

12月，新疆测绘地理信息局完成承担的国家西部1:5万地形图空白区测图工程地形图50幅。年内，完成5年来承担的该项目252幅数字线划图、数字高程模型、数字正射影像、地表覆盖图入库数据的最终修改及成果汇交。该项目共完成新疆行政区域1:5万地形图空白区75万平方千米1896幅图的测制，首次实现新疆1:5万地形图完全覆盖。

五、大比例尺基础测绘

2011年，自治区财政安排经费5000万元，用于

1:500 基础测绘，涉及 12 个地（州、市）共 48 个测区。新疆测绘地理信息局组织完成航空摄影 1691 平方千米，开展测图 785.75 平方千米。年内，吉木乃县国家级边境经济合作区、乌恰县城、准东五彩湾煤电煤化工业规划区、沙湾县哈拉干德综合工业园区、布尔津县也拉曼定居兴牧系列工程测区成果通过验收。

【数字城市建设】

9 月 10 日，新疆测绘地理信息局研建的“奎屯市地理信息公共服务平台建设”项目通过国家测绘地理信息局验收并开通，这是新疆建成的首例数字城市国家试点项目。完成数字石河子项目基础地理信息系统、地理信息公共平台系统、地理信息公众服务系统及石河子市地理信息数据库的主体工程。启动“伊宁市数字城市地理空间框架建设工程”，11 月 3 日，该工程技术设计书通过自治区专家评审。完成国家数字城市试点项目“库尔勒市数字城市地理空间框架建设”基础地理信息平台建设。

【地理国情监测】

10 月 13 日，新疆测绘地理信息局成立地理国情监测领导小组。11 月，启动“奎屯城市绿地、城市建设变迁地理国情监测项目”试点，项目覆盖面积 37.31 平方千米，于 12 月底完成。

【三维数字社区】

7 月 ~11 月，新疆测绘地理信息局完成“昌吉市绿洲路街道办事处揽翠社区三维地理信息系统建设”并通过用户验收。

【测绘援疆情况】

4 月 13 日，北京天下图数据技术有限公司向新疆测绘地理信息局捐赠新疆 2 米分辨率遥感数据，共有标准分幅 1:5 万正射影像图 4446 幅，覆盖全疆，价值人民币 1000 多万元。全年，新疆测绘地理信息局收到全国援疆测绘援疆建设资金 860 多万元，计算机、全站仪、汽车、无人驾驶航摄飞机等设备 260 多台（套），物资已陆续发放到地州及各单位。

【安全生产】

8 月 4 日，新疆测绘地理信息局向局属事业单位、各地州市国土资源局（测绘局）转发国家测绘地理信息局《关于加强暑期测绘安全生产工作的紧急通知》。2011 年，安全生产在目标管理考核及评优选先中实行一票否决制，局党组与下属单位签订安全生产目标管理责任书，并定期安全检查。局系统安排资金增置灭火器等安全设施。

质量监督

8 月 15 日，新疆测绘地理信息局和自治区质量技术监督局在《新疆日报》发布《2010 年新疆维吾尔自治区测绘成果质量定期监督检验公告》，测绘成果定检合格单位 193 家，不合格 52 家。

新疆测绘地理信息局全年共完成自治区 1:1 万基础测绘验收 16 批次，其中，基础控制 4 批次、成果成图 12 批次；1:500 基础测绘验收 3 批次；委托检验 25 批次，复验 3 批次，复检 4 批次，定期检验 90 批次；检定各类仪器 1042 台（套）。

完成塔里木西、阿尔泰、喀喇昆仑山、青藏高原西部 DLG、DOM、DEM、EPS、LC 内外业成果共 514 幅图，包括 73 幅地形图印刷数据。

重大工程测绘

【自治区应急平台】

3 月，新疆测绘地理信息局承建的“新疆维吾尔自治区应急平台体系基础地理信息平台”项目通过国家测绘地理信息局验收。该平台主要用于辅助自治区政府处理公共安全事件、紧急救援、维护国家安全等。

【灾后重建测绘项目】

12 月 20 日，新疆测绘地理信息局启动“伊犁地震灾后重建 1:1000 地形图基础测绘”项目。测区分布在伊宁、尼勒克、新源、察布查尔、巩留、特克斯 6 县 230 个村庄，覆盖面积 350 平方千米。新疆测绘地理信息局组织区内外 21 家测绘单位 700 多名测量技术人员承担测图任务。年底，成立项目前线指挥部，下设项目技术、质检、后勤管理及宣传临时机构，完成测区踏勘、技术设计及实施方案编制，项目实施单位进驻测区。

【村庄和县城非建制镇地籍调查】

2011 年，自治区国土资源厅安排 1700 万元，用于自治区 1:1000“村庄和非县城建制镇地籍调查地图制作试点”项目。新疆测绘地理信息局组织队伍完成涉及 7 个县（市）的航空摄影 1 万多平方千米，完成乌鲁木齐、昌吉市等 5 个县（市）的地籍底图制作。

地图编制与出版

【地图编制】

新疆测绘地理信息局开展《新疆维吾尔自治区资源经济地图集》的编制，图集包括序图、自然资源、经济、区域经济、社会事业、兵团、发展蓝图专题地图112幅，截至年底，完成图集的主体工程。

此外，完成《新疆维吾尔自治区行政区划图》、《对口援疆领导工作用图》系列图册、《新疆红色经典旅游图》、维吾尔文版《新疆维吾尔自治区地图册》等25种地图编制。

【立体模型地图制作】

新疆测绘地理信息局制作完成《新疆兵团农六师105团现状与规划模型》、《尼勒克县国土资源模型》、《新源县国土资源模型》、《新疆生物资源沙盘模型》和《和田地区地形地貌模型》。

【地图审核】

新疆测绘地理信息局全年受理地图审核92批次535幅，编发地图审图号82个；受理测绘成果应用审批1531批次。

测绘地理信息应用与服务

【“天地图·新疆”建设】

新疆测绘地理信息局完成“天地图·新疆”自治区及地（州、市）级节点建设项目整体实施方案、专业技术设计书、自治区级节点项目实施方案，完成18个地（州）、县（市）300多幅电子地图制作。12月31日，完成系统上线、试运行。旅游、应急指挥和位置服务3个典型应用示范建设在实施中。

【基础地理信息应用系统建设】

一、成果分发服务系统

福建省测绘地理信息局援建的“新疆测绘成果分发服务系统建设”项目，完成技术设计、网络环境搭建、数据加工及系统开发等工作。12月，系统试运行。

二、新农村建设测绘保障服务系统

新疆首例社会主义新农村建设测绘保障服务示范项目“阜康市九运街镇和滋泥泉子镇农业综合服务基础地理信息平台”通过国家遥感中心空间信息系统软件测评中心评测。该平台由新疆测绘地理信息局和中国测绘科学研究院承建，总经费242.196万元，年内，验收资料上报国家测绘地理信息局。

【应用服务】

2011年，新疆测绘地理信息局向社会提供各种比例尺地形图18734幅（其中，纸质地形图12767幅）。地图集（册）127本，挂图1969幅，控制成果14221点。提供测绘成果数据总量20635 GB，包括基础测绘地形图4304幅，控制成果4331点，其他测绘成果数据4544幅。

全年为援疆建设无偿提供中小比例尺地形图1674幅，航空数字影像5157片，卫星影像2467景，地图集（册）36本等。折合人民币280多万元。

【服务总值】

新疆测绘地理信息局年内完成测绘服务总值14788.1万元，其中，测绘生产单位完成服务总值7851.6万元。

科技创新与人才培养

【教育与培训】

4月，新疆测绘地理信息局组织全疆845名技术人员参加注册测绘师考试，共59人通过考试，取得注册测绘师资格。全年，新疆测绘地理信息局举办各类培训班8期，1422人次参加培训。其中，继续教育学习班1期，300多人参加；自治区测绘行业及大中专院校在校生职业技能鉴定2期，266人参加，200人通过鉴定并获国家测绘地理信息局、人力资源和社会保障部颁发的职业资格证书。

该局系统1名教授级高工被评为“国务院2010年享受政府特殊津贴专家”，1名高级工程师当选国家测绘地理信息局青年学术和技术带头人，年内新当选5名新疆测绘地理信息局青年学术和技术带头人，7名技术人员参加国家测绘地理信息局与武汉大学联合举办的劳模学历班深造。

【科技创新立项】

新疆测绘地理信息局安排科技资金47.1万元，生产单位自筹资金401万元，用于科技创新管理、公开版地图研发、技术培训、科技奖励、软硬件购置。立项并完成《昌吉市旅游交通图》、《昌吉市绿洲路派出所辖区指挥图》、《资料馆测绘科技档案技术手册》、“新疆基础地理信息中心成立十周年图片展”、“空间坐标转换及成果管理系统的设计与实现”，“基于 Oracle Spatial 的 MapGIS 数据存储”、“利用电子政务地理信息平台实现专题数据的入库和发布”8个项目研发。

10月22日，新疆测绘地理信息局完成的“新疆地理信息产业发展人才现状调查及分析”课题通过专家鉴定。

【科技活动周】

5月15日~21日，新疆测绘地理信息局开展全疆“数字城市便利民生保障，测绘科技给力跨越发展”主题活动周。组织乌鲁木齐市150名中小学生参观自治区科技馆测绘与地理新展厅，向社区居民宣传测绘地理信息知识，利用媒体报道测绘科技在各领域的用途。

【专业技术竞赛】

10月，新疆测绘地理信息局选派4名技术人员参加“中测新图杯”第二届全国测绘地理信息行业职业技能竞赛摄影测量赛区和工程测量赛区比赛，4名选手获“全国测绘地理信息行业优秀技能人才”奖，新疆代表队获优秀组织奖。

【测绘科技奖】

2011年，新疆测绘地理信息局“新疆似大地水准面精化项目”、“基础地理信息数据在‘西煤东运’重大项目中的保障和应用”、“新疆概况多媒体4D演示光盘”分别获省部级奖项；“自治区应急平台体系基础地理信息平台建设”获首届新疆测绘行业科技进步奖一等奖，“新疆维吾尔自治区区划、地名、边界三合一管理系统”获二等奖；《新疆维吾尔自治区旅游图》获全疆第三届外宣品优秀奖。

党的建设与测绘地理信息文化建设

【党建工作】

4月12日，新疆测绘地理信息局召开局系统2011年党风廉政建设工作会议，局党组与局属各单位签订《自治区测绘局2011年党风廉政建设责任书》。

10月20日~26日，自治区召开中共自治区委员会第八次代表大会，局系统维吾尔族中共党员古扎丽·加马勒（女）当选为会议代表。

新疆测绘地理信息局举办2期处级干部培训班，集中学习党的十七届六中全会及自治区八次党代会精神。将新疆历史、民族发展史、宗教演变史（三史）列为党员必学内容。开展民族团结教育。在国家测绘地理信息局举办的纪念建党90周年党史知识竞赛中，自治区测绘行业11人获奖，新疆测绘地理信息局获优秀组织奖。

【干部队伍建设】

新疆测绘地理信息局组织20名地（州、市）测绘管理人员参加国家测绘地理信息局举办的3期培训班。选派2名处级干部分别到国家测绘地理信息局、福建省测绘地理信息局挂职，2名处级干部分别参加中央党校中青年干部培训班、自治区党校中青年干部培训班学习，2名处级、2名科级干部参加自治区秋季干部培训班学习，1名处级干部参加自治区党校无党派人士理论学习班。

年内，国家测绘地理信息局及其直属局，江苏省、山西省、浙江省、山东省省级测绘地理信息行政主管部门及天津市规划局落实人才智力援疆培训50人次，海南省测绘地理信息局完成新疆60名各级测绘管理人员援疆培训。

【文明单位创建】

4月，新疆测绘地理信息局调拨1辆卡车交付局帮扶点岳普湖县，为岳普湖县艾西曼镇中学调拨40台电脑，并派技术人员前去安装调试，为扶贫点岳普湖县艾西曼镇恰卡村捐助资金10万元修建防渗渠。古尔邦节期间，派专人前往岳普湖县艾西曼镇恰卡村，为30户贫困人家发放慰问金及粮油价值合计1.2万元。5月13日，新疆测绘地理信息局在全国第21个“助残日”组织局系统干部职工向新疆残疾人捐款5960元。年内，局机关3个支部轮流到友好新村东社区开展共建工作，走访解决社区居民生活困难。

新疆测绘地理信息局开展创先争优活动，连续第10年保持自治区级文明单位称号，先后获自治区及以上表彰15项，包括自治区第三轮部门包村定点扶贫工作先进集体、自治区国土资源系统纠风工作先进单位、全国测绘系统依法行政先进单位、自治区“五五”普法先进单位等。2011年，被评为全国省级测绘行政主管部门贯彻落实科学发展观2010年度优秀单位。1个基层党委、2名个人分别受到国家测绘地理信息局和自治区直属机关工作委员会的表彰。局所属基层单位1家创建、4家保持自治区级“青年文明岗”；3家保持自治区级“巾帼文明岗”，2家保持自治区直属机关“青年文明岗”。

【测绘地理信息文化】

新疆测绘地理信息局组织参加“南方测绘杯”首届全国测绘职工书法绘画比赛，2 幅书法作品获一等奖，1 幅获二等奖。1 幅书法作品在自治区科学界“塞外风情”首届书画摄影比赛中获书法类一等奖。5 月，新疆测绘地理信息局组队参加第二届“东方道迩”杯全国测绘系统乒乓球比赛。举办军地“七一”庆祝中国共产党成立 90 周年军民红歌演唱会。8 月，配合国家西部测图 1∶5 万地形图空白区工程记者团，在新疆南部 1∶5 万地形图空白区拍摄实景。

2011 年，新疆测绘地理信息局与新疆人民广播电台连续第 3 年联办《测绘之声》栏目，宣传测绘地理信息法规政策及成果应用。新疆测绘地理信息局全年共印发《新疆测绘简报》19 期。局系统在各种媒体发表新闻稿 575 篇，为自治区人民政府报送政务信息 90 条。

地方社团工作

2 月，新疆测绘学会通过自治区科学技术协会 A 类学会 2010 年的工作评估，当选为 2010 年度先进测绘学会。

3 月 18 日，新疆测绘学会、行业协会、北京东方道迩信息技术股份有限公司在乌鲁木齐市联合举办道迩行中国 2011 “新起点　新征程” 全国巡展，举办地理国情监测与实践及“3S”技术应用的主题报告会，全疆各地（州）340 多名专业技术人员参加。

2011 年，新疆测绘学会向中国测绘学会报送评奖的测绘项目中，获 2011 年中国测绘学会优秀测绘工程奖金奖、银奖各 1 项，铜奖 3 项；完成首届新疆测绘行业科学技术进步奖评选，评出一等奖 2 个、二等奖 3 个、三等奖 5 个。全年，组织测绘行业科技人员考察学习 35 人次。

新疆生产建设兵团

规划与计划

2011 年，新疆生产建设兵团国土资源局（以下简称兵团国土资源局）结合新疆生产建设兵团（以下简称兵团）实际，开展兵团基础测绘“十二五”规划编制工作，同时积极与兵团发展和改革委配合，制定兵团 2012 年基础测绘计划。

法制宣传

为进一步做好测绘地理信息法制宣传工作，兵团国土资源局召集兵团勘测规划设计研究院等相关部门召开会议研究宣传活动方案，及时下发《关于开展测绘法宣传日活动的通知》。8 月 29 日前后，兵、师、团与有关部门以及测绘单位共同开展测绘法宣传活动，经统计，全兵团共设立宣传站 14 处、制作宣传板报 348 块、悬挂宣传横幅 134 条、发放宣传材料 1.1 万多份，接受相关咨询 1100 多人次，发送公益短信 11 万多条，取得良好的宣传效果。

基础测绘

2011 年，兵团国土资源局共完成高程控制测量四等水准 1450 千米，平面控制测量 C、D 级 GPS 控制点 222 个；完成五家渠市 1∶1000 及 1∶500 地形图 75 平方千米和石河子市航空摄影 150 平方千米。

重大工程测绘

2010 年 1 月 ~2011 年 7 月，兵团国土资源局完成“兵团地名公共服务数据库建设”项目 14 个师的团级以上 10 大类共 58329 个地名词条的信息化及分类整合。2011 年 5 月 ~12 月，兵团相关测绘地理信息部门完成兵团地理空间基础设施工程基础测绘首级 GPS 控制网项目（二期），其中，C 级点 40 个、D 级点 96 个。6 月 ~10 月，完成石河子市南山新区 1∶1000 地形图测绘工程，共计测图面积 78 平方千米。9 月 ~11 月，完成宁夏同心县下马关高效节水灌溉改造测绘项目，其中，航空摄影 200 平方千米，

1:5000 测图 129 平方千米。

人才培养

2011 年，兵团勘测规划设计研究院测绘分院共派出 28 人次学习数据库建设、精化大地水准面技术及应用、低空遥感、三维城市建模等基础测绘业务；全年有 4 人取得互联网地图安全审校员资格，7 人取得注册测绘师资格。

根据国家测绘地理信息局《关于开展第二届全国测绘行业职业技能竞赛活动的通知》，10 月，兵团国土资源局分别从兵团勘测规划设计研究院测绘分院、石河子分院各选拔 2 名参赛选手代表兵团参加摄影测量竞赛和工程测量竞赛，在 30 多个参赛队伍中分别取得了团体第 20 名和第 18 名的成绩。

11 月，兵团勘测规划设计研究院管理体系通过审核，获得“质量、环境、职业健康安全”管理体系认证证书。

党的建设与精神文明建设

【党建与思想政治工作】

兵团国土资源局认真学习贯彻党的十七届五中、六中全会和兵团党委六届六次全委（扩大）会议精神，认真开展思想教育活动。为进一步加强对机关党建工作的领导，根据兵直党工委的要求，完成总支改选；制定《兵团国土资源局 2011 年党建工作计划》、《兵团国土资源局党总支 2011 年工作计划安排》及《兵团国土资源局党建工作考核办法》下发各支部，加强对所属支部工作的领导，规范了局机关党总支和各党支部组织生活制度。

11 月，3 人被评为兵团优秀党员，3 人被评为兵团优秀党务工作者，第四党支部、第二党支部当选兵团先进党支部。截至年底，兵团国土资源局共有党支部 4 个，党员 45 名；当年发展党员 1 名，确定入党培养对象 2 名。

【精神文明建设】

2011 年，兵团国土资源局继续在机关深入开展创建学习型机关活动，组织各类学习活动 28 次；继续在局机关和直属事业单位开展“文明处室创建活动”，经过综合评选，地籍管理处和土地利用处被评为 2011 年文明处室创建活动先进处室；6 月，参加兵团组织的庆祝建党 90 周年大型歌咏比赛，获三等奖；7 月，在全系统开展“沃土情怀”演讲比赛；建立新闻宣传报道组工作制度，全年在《中国国土资源报》发表文章 6 篇，在兵团《信息专报》发表文章 3 篇，接受兵团电视台节目专访 2 次。

【党风廉政建设】

兵团国土资源局深入开展党风廉政建设，制定印发《兵团国土资源局领导班子成员党风廉政建设责任制任务分解》；与各师国土资源局主要领导签订《兵团国土资源系统党风廉政建设责任书》；制定印发《兵团国土资源局对各师国土资源局党风廉政责任制考核办法》；开展廉政风险点排查工作，兵团国土资源系统共查找出廉政风险点 910 个，制定防控措施 1194 条，出台《兵团国土资源管理廉政风险防控机制》；通过组织专人授课、观看警示片、举办廉政漫画展览及职务犯罪人员现身说法等形式开展反腐倡廉教育，提高全局干部职工廉洁从政意识。

年初，兵团国土资源局党组下发《兵团国土资源局关于在全系统开展作风建设年活动的通知》，认真安排部署作风建设年各项活动。经兵团国土资源局作风建设年领导小组研究，将 3 月确定为“集中学习月”，4 月确定为“问题解决月”，根据统计，全系统共梳理出各类问题 165 个，解决问题 141 个，对于不能解决的 24 个问题，向群众进行了解释和说明。组织开展“万名机关干部下基层”活动，与共青团农场结为挂钩单位，从专项资金中拨出 200 万元改造 2 个贫困连队的田间道路和职工的生产和生活条件；12 名处级以上领导干部与共青团农场 12 户贫困职工结成对子，帮助解决实际困难和问题；7 月 7 日 ~10 日，组织局机关与事业单位干部职工共 41 人到共青团团场进行棉花打顶，获得了团场干部职工的好评。

青岛市

规划与计划

【青岛市“十二五”基础测绘规划】

2011年7月27日，《青岛市“十二五”基础测绘规划》经青岛市人民政府同意，正式发布实施。该规划总结了“十一五”期间全市基础测绘事业发展成就，分析了存在的主要问题，提出了“十二五”基础测绘事业宏观发展目标，确定了基础测绘发展重大任务和项目，对区、市（县）级基础测绘规划编制和基础测绘工作提出了总体要求。

【2012年基础测绘计划】

9月，青岛市发展与改革委会同青岛市国土资源和房屋管理局（以下简称青岛市国土房管局）编制青岛市2012年基础测绘计划，该计划确定完成数字青岛地理空间框架建设项目、县级系列比例尺地图测绘与更新534平方千米，全市拟投入资金2000多万元，其中市本级拟投入1300多万元。

法制建设与市场监管

【法制宣传教育】

青岛市国土房管局利用地理信息市场和涉密测绘成果检查的时机，进行测绘法制宣传；及时更新局门户网站测绘法律、法规，利用网站向社会进行依法行政宣传；印制《测绘行政执法依据和测绘行政执法职权分解》手册，购买新版《测绘管理文件选编》，下发给各区、市测绘管理部门和测绘单位，保证最新测绘管理文件的贯彻执行。

【测绘法宣传】

8月29日，青岛市国土房管局利用LED播放车等新颖手段，在青岛市繁华地段开展测绘法规宣传活动。共设立宣传点9个，摆放宣传展板43个，张贴宣传标语330多条，悬挂宣传横幅230幅，答疑解惑近1000人次，发放测绘法律法规宣传材料9700多份。

【地理信息市场专项整治】

青岛市国土房管局联合青岛市国家安全局、通信管理局、工商行政管理局等7部门开展青岛市地理信息市场专项整治“回头看”行动，建立起市场监测和预警长效机制。此次活动涉及80多家单位，检查涉密地形图4300多幅。

【保密检查】

9月~10月，青岛市国土房管局联合青岛市保密局组成测绘成果保密检查领导小组，对2009年以来获取涉密测绘成果单位的涉密测绘成果保密工作情况进行检查。此次检查共涉及103家单位，并抽查了其中33家。

【测绘资质管理】

2011年，青岛市需要进行年度注册的测绘单位共79家（不含3家甲级测绘单位）。其中，乙级13家、丙级20家、丁级46家。经山东省国土资源厅审核批准，70家测绘单位通过注册；8家单位经整改后符合年度注册条件，准予注册；1家单位不具备年度注册条件，予以注销。年内，全市有1家单位通过国家测绘地理信息局审批，取得互联网地图服务甲级测绘资质，1家单位由丙级升至乙级，2家单位由丁级升至丙级。截至年底，青岛市持证测绘单位共82家。

青岛市国土房管局完成青岛市测绘外业作业人员测绘作业证的审核工作，发放测绘作业证984个。

成果管理

【成果汇交】

青岛市国土房管局全年办理测绘成果汇交31项，包括大地测量、工程测量、房产测绘、海洋测绘等项目成果；测绘项目登记15项。

【测量标志管理】

青岛市市内4区测量标志保护管理工作由青岛市国土房管局委托青岛市勘察测绘研究院具体组织实施，并签订《青岛市测量标志保护管理责任状》。县级测量标志保护管理责任单位为各区、市国土资源（分）局，由市局与各区、市国土资源（分）局签订《青岛市测量标志保护管理责任状》，各区、市国土资源（分）局与辖区内国土资源所签订责任状，落实测量标志保护任务。

青岛市国土房管局对全市测量标志数据库进行更新，将新建16座一等水准点整理入库，对1140座测量标志点之记整理、装订，切实保护好国家基础设施。

基础测绘

【基础测绘完成情况】

2011年，青岛市基础测绘投资4826.26万元。其中，市本级投入4366万元，主要开展数字青岛地理信息空间框架建设和全市沿海1:5000水下地形图测量项目；县级投入460.26万元，具体实施项目包括坐标系统转换、1:2000地形图更新测量等。

【数字青岛地理信息空间框架建设】

11月，数字青岛地理信息公共服务平台项目升级为数字青岛地理空间框架建设项目，青岛市被国家测绘地理信息局列为数字城市试点城市。该项目的实施为城市发展和信息化建设提供了统一的基础平台，促进了城市信息资源按照地理空间位置的整合和共享。

质量监督

2011年，青岛市国土房管局开展测绘成果质量监督检查工作，主要检查2009年1月~2010年12月完成的测绘项目质量情况、测绘单位技术质量体系建设和执行情况等，检查形式以监督检验和各单位互相监督检查相结合。对监督检查中发现存在不符合测绘质量和档案管理规定等问题的11家单位，责成限期整改。

重大工程测绘

【青岛市轨道交通建设】

2011年，青岛市勘察测绘研究院受青岛市地下铁道公司委托，继续为青岛市轨道交通工程建设提供测绘保障。完成青岛市地铁一期工程3号线平面控制网检测、高程控制网检测、控制测量检测、贯通测量、土建竣工测量、铺轨控制基标检测、安装装修阶段施工测量检测等，测量精度满足地铁施工需求。

【青岛市重庆路测绘工程】

青岛市勘察测绘研究院受青岛市重庆路快速路工程开发建设指挥部办公室委托，承担青岛市重庆路快速路工程的测绘保障工作。实施了重庆路两侧约18平方千米的1:500和1:2000地形图测绘，重庆路沿线两侧各1000米范围内约46平方千米新规划用途的土地潜力调查及土地收益测算和313.234千米的综合管线探测。

【青岛高新区地理空间信息资源共享平台建设】

青岛市勘察测绘研究院受青岛市高新技术产业开发区管理委员会科技局委托，完成“青岛高新区地理空间信息资源共享平台规划设计及建设”项目，实现高新区1套标准、1套服务平台、1套数据库的“三个一”建设目标。在此基础上建设了2个业务系统、1个门户网站作为应用示范工程，实现了高新区各类专业信息或个性信息空间定位、集成应用和互联互通。

地图编制与出版

【地图出版】

2011年，山东省及青岛市有关测绘部门编制出版了《青岛市交通旅游图》、《青岛市搜房地图》、《青岛市楼市地图》、《青岛私家车地图》、《青岛地名图》和《青岛道路图》等各种图件20多种，为市民和游客提供方便。

【青岛市地图集】

青岛市国土房管局组织实施《青岛市地图集》的修编、再版工作。该图集为标准精装八开本，由青岛名片、序图图组、人口资源环境图组、经济社会图组、持续发展图组、青岛城区建设图组、区市分幅详图图组7部分组成，四色印刷，全国公开发行。

测绘地理信息应用与服务

【成果提供】

2011年，青岛市国土房管局为水利、地矿、交通、公安、规划等部门提供DLG、DEM、DRG、DOM共5832幅，各等级控制点成果52点；提供0.6米分辨率卫星影像数据7景，2.5米分辨率卫星影像数据 9 景。

【测绘地理信息服务】

青岛市国土房管局与市土地储备整理中心、住房保障中心、国土资源执法监察支队等部门建立基础测绘成果联动机制，为青岛市住房保障管理信息系统、土地卫片执法监察提供了大量基础测绘地理信息数据和遥感资料。

【编制成果目录册】

青岛市国土房管局组织编制了青岛市基础测绘成果目录册，对青岛市最新的控制测量成果、基本比例尺地形图成果、影像资料成果、数字高程模型成果、基础地理信息数据库、公开地图成果等进行汇总，并发送给青岛市各区、市政府和各委、办、局，供各单位在工作中参阅。

【测绘成果发布服务系统】

青岛市国土房管局完成青岛市测绘成果目录服务系统建设工作。该系统是测绘成果元数据和目录的网上发布平台，提供测绘成果目录服务及网上汇交接口，具备公布测绘成果使用审批信息和在线提供非涉密测绘成果等功能。

科技创新与人才培养

【获奖情况】

青岛市勘察测绘研究院实施的“青岛市电网普查测绘工程”获 2011 年中国测绘学会优秀测绘工程奖银奖；青岛市勘察测绘研究院开发的“基于 VRS 移动 GIS 平台”获第五届中国全球定位系统技术应用协会卫星导航定位科学技术奖三等奖。在山东省优秀测绘工程奖评选中，青岛市 22 家单位的 26 个项目获奖，其中，一等奖 3 项、二等奖 6 项、三等奖 17 项。

【业务培训】

青岛市国土房管局组织 172 人参加山东省国土资源厅举办的山东省测绘质量检验人员岗位业务培训班，并通过统一考核，取得山东省国土资源厅颁发的测绘质量检验人员岗位证书；组织 64 人参加山东省测绘行业协会举办的 SDCORS 系统技术应用培训。

党的建设

青岛市国土房管局不断加强党的思想、组织、作风和制度建设。做好廉政学习、反面警示教育和廉政文化教育，组织观看国土资源大课堂 5 次，举办反腐倡廉专题辅导讲座 1 次，组织观看全国检察机关惩治和预防渎职侵权犯罪展览青岛巡展、全市反腐倡廉共创和谐暨纪念中国共产党成立 90 周年漫画展，取得良好教育效果。

青岛市国土房管局在全市测绘行业单位中开展创先争优活动，制定了《青岛市优秀测绘单位考核评分细则》。通过对行业单位日常考核和检查，帮助测绘单位查找问题，完善措施。

大连市

规划与计划

2011 年 3 月，大连市规划局邀请国内专家对《大连市“十二五”基础测绘规划》进行咨询并征求市政府相关部门意见，4 月，上报市政府。

数字大连地理空间框架建设

大连市以“十一五”基础测绘成果为基础，启动数字大连地理空间框架建设“一网、一库、一平台和示范应用系统”项目。7 月，大连市规划局向大连市政府提交《关于向国家测绘地理信息局申报“数字大连”地理空间框架建设试点的请示》；8 月，市政府向辽宁省测绘地理信息局发出《关于申报“数字大连”地理空间框架建设试点的函》，省测绘地理信息局进行初审，上报国家测绘地理信息局。11 月，国家测绘地理信息局下发《关于数字大连地理空间框架建设试点项目立项的批复》，批准大连市列入数字城市地理空间框架建设试点城市。

法制建设与市场监管

【法制建设】

大连市规划局重视测绘行业规范性文件的制定工作，先后编制印发了《启用大连市独立坐标系统工作实施方案》、《大连市测绘标志保护管理实施方案》、《大连市基础测绘成果分发办理指南》及办事流程等，并将《大连市测绘项目备案登记通知书》、《大连市测绘资质审核登记书》、《大连市规划局国家秘密测绘成果提供使用出具〈证明函〉审核表》、《大连市基础测绘成果使用申请表》、《大连市基础测绘成果安全保密责任书》、《大连市基础测绘成果使用与保管协议》等制成标准化文书，在政务网站上公布，方便公众使用。

【测绘法规宣传】

大连市规划局积极向市委、市政府领导及各相关部门宣传测绘事业及法律法规，借助《中国测绘报》、大连市委《每日汇报》、《大连规划信息》、《大连规划局政务网站》和地方新闻媒体及时报导大连测绘事业发展情况及工作进程。8 月 29 日，在测绘法宣传日活动中，该局采取下发文件、检查抽查、落实责任等多种方式，组织各区、市（县）测绘地理信息行政主管部门和测绘单位在全市范围内开展测绘法宣传教育活动，提高了公众对测绘行业的认知度。

【地理信息市场专项整治“回头看”工作】

大连市规划局落实国家测绘地理信息局、省测绘地理信息局要求，完成地理信息市场整治“回头看”工作。与市工商行政管理局协作进行调查摸底，掌握全市从事地理信息产业单位的情况；与市国家安全局、保密局等部门联合执法，查处大连交通网违规发布敏感地理信息案件。

【地图市场管理】

大连市规划局与省通讯管理局沟通，定期检查互联网地图使用情况；与市工商行政管理局配合查封沈阳 1 家无出版资质单位印制的地图，对销售无出版号地球仪的 9 个摊位的摊主进行教育，督促其进行整改。

【测绘资质审核与项目备案】

2011 年，大连市规划局实行测绘资质审核制度，制定并在局域网上发布《大连市测绘资质审核登记表》，完成 10 家单位资质申请、升级、业务增项审核、转报工作。同时，制定并在局域网上发布《测绘项目备案登记表》，完成 3 家外地甲级测绘单位来大连测绘备案工作。

成果管理

【测量标志普查】

大连市规划局开展测量标志普查，完成市内 4 区及旅顺、金州新区、保税区 145 个（全市共 370 个）测量标志的普查和维护工作。启动大连市独立坐标系统转换工作。

【基础测绘成果目录公布】

5 月，大连市规划局对外公布《大连市“十一五”基础测绘成果目录》，印发《关于开展基础测绘成果使用审批与管理的通知》，并委托市测绘院（市基础地理信息中心）负责保管、维护大连市基础测绘成果。

基础测绘

大连市有关测绘地理信息部门完成普湾新区以南约 3500 平方千米的数码航空摄影，正在进行数字正射影像图等成果制作。大连市规划局组织相关部门对市区 20 平方千米 1:500 地形图和普湾以南地区 200 平方千米 1:2000 地形图进行更新，满足经济建设和社会发展需要。8 月，国家测绘地理信息局对“大连市地理空间信息数据库系统”进行验收，认为该项目符合设计要求，达到立项标准，具备数字城市建设雏形，建议尽快申请立项。

质量监督

大连市规划局完成丙、丁级测绘资质单位（4 项测绘成果）2011 年度测绘产品质量监督检查工作。

重大工程测绘

【大连市第二次地名普查】

8 月，大连市规划局与省民政厅、市民政局配合，开展大连市全市域地名普查工作，并建立大连市地名地址数据库。

【普湾新区 GPS 控制网测量】

为满足普湾新区经济发展及城市建设对基础控制的需求，9 月，大连市规划局以大连市“十一五”基础测绘期间建立的大连市连续运行基准站综合服务系统、B 级 GPS 框架网、一二等水准网、似大地水准面精化模型等为基础，利用 GPS 技术和水准测量技术，按照统一规划、整体设计的原则，扩大了大连市连续运行基准站综合服务系统的覆盖面，建立了集 GPS、水准于一体的普湾新区 GPS 控制网。

【大连市主城区道路网更新及系统维护】

3 月 ~6 月，大连市规划局组织实施城市路网数据修测。对 2006 年以来因大连市重点城区新建、扩建、改建而发生变化的道路网进行测量，并进行数据入库，完成大连市道路网数据更新和系统维护工作，为道路网规划、修编提供了准确依据。

测绘地理信息共建共享

【大连市公安智能卡点堵截指挥系统】

大连市规划局与市公安局协作开发大连市公安智能卡点堵截指挥系统。该系统基于大连市地理空间数据共享服务平台进行研发，充分利用市公安局现有的卡点和摄像头数据，实现卡点信息和其他公安警务信息在电子地图上的精确定位、综合查询和快速布控。

【大连市土地储备中心地理信息系统】

大连市规划局与市土地储备中心协作，开发大连市土地储备中心地理信息系统。该系统运行于电子政务外网，以大连市地理空间数据共享服务平台提供的基础政务底图数据为基础，对土地储备数据进行规范化管理，全面提高工作效率。

地图编制与出版

大连市规划局充分利用“十一五”基础测绘成果，以市测绘院（市基础地理信息中心）为技术支持单位，组织完成城区图、大连市地图、交通图、地势图等 18 种系列挂图和领导用图的编辑、送审、印刷等工作，并向社会提供使用。

成果应用与服务

大连市连续运行基准站综合服务系统（DL-CORS）正式运行并对外公布，该成果将大大提高测绘生产效率和成果质量，满足测绘及相关单位生产建设需要。

科技创新与人才培养

【获奖情况】

“大连市 B 级 GPS 框架网建设”和“大连市一、二等水准网建设”分获 2010 年 ~2011 年辽宁省测绘科学技术进步奖一等奖，“大连市花园口 1:500 数字线划图及空间三维数据入库”获 2010 年 ~2011 年辽宁省测绘科学技术进步奖二等奖。

【考试培训】

大连市规划局积极为测绘行业职业技能竞赛做准备，组织全市测绘单位技术人员参加辽宁省测绘地理信息局举办的专业理论和操作考试。加强保密知识宣传培训，与市国家安全局、保密局联合编制《保密知识问答题卷》和《保密知识答题参考材料》，开展测绘单位网上答题活动。组织全市 29 家甲、乙级测绘资质单位 60 人参加全省测绘保密岗位培训班。举办大连市测绘保密岗位培训班，全市 11 个区（市、县）测绘地理信息行政管理部门和 72 家丙、丁级测绘资质单位共 158 人参加培训和考试。

党的建设与测绘地理信息文化建设

【创先争优活动】

大连市规划局各级党组织和党员干部以创先争优为平台，结合实际，深入开展“三比三看三做”（党组织比学习看能力，做科学规划模范；党员比工作看效率，做服务群众先锋；党务工作者比党性看品行，做促进党建标兵）主题活动。结合建党 90 周年，组织开展党史报告会、国防教育等活动，通报表彰了一批先进支部、优秀共产党员和优秀党务工作者。

【主题讨论活动】

按照大连市委统一部署，大连市规划局干部职工认真开展“深入贯彻落实科学发展观、凝心聚力建设富庶美丽文明大连”主题大讨论活动，规定学习书目，召开民主和组织生活会，组织讨论，广泛征求群众意见建议。该局领导班子成员与群众座谈交流城乡规划、测绘管理工作，认真解答和解决群众提出的问题。全局副处级以上机关干部走访慰问困难群众 50 户，发放慰问金 2.3 万元。

【文艺汇演】

在大连市规划测绘系统文艺汇演中，大连市规划局测绘管理处表演的文艺节目获三等奖，市测绘院（市基础地理信息中心）表演的文艺节目获二等奖。

地方社团工作

2月，大连市测绘学会召开第九届会员代表大会，大连市规划局、辽宁省测绘学会、大连市民政局民间组织管理处有关负责人及测绘学会理事长、副理事长和各会员单位代表90多人参加。该学会顾问、大连市规划局副局长周安伟讲话，学会理事长孙义鹏作第八届会员代表大会工作报告，3家企业代表在会上做了新技术交流发言。会议选举产生第九届理事会成员，形成了新一届理事会。

宁波市

规划与计划

【《宁波市基础测绘“十二五”规划》】

2011年8月，宁波市政府印发了《宁波市基础测绘“十二五”规划》。该规划的基本内容包括五部分，第一、二部分是现实基础与时代背景、指导思想与发展目标；第三、四部分是主要任务、重大项目与重点工程；第五部分是保障措施。规划范围是宁波市域，包括陆域与海域。规划以海曙、江东、江北、鄞州、镇海和北仑区为核心区域，统筹慈溪、余姚、奉化市及宁海、象山县基础测绘发展。

【基础测绘年度计划】

根据《宁波市基础测绘“十二五”规划》，9月~10月，宁波市发展和改革委会同市规划局编制了《宁波市2012年度基础测绘计划》。该计划安排等级平面控制测量31点、等级高程控制测量1334千米、系列比例尺地形图测制与更新370平方千米、航空摄影700平方千米。全市拟投入资金8768万元，其中，市本级拟投入2440万元。

法制建设与市场监管

【健全管理机构】

宁波市规划局加挂宁波市测绘与地理信息局牌子，进一步优化完善了测绘地理信息管理职能，增加1名分管测绘地理信息工作的专职领导；各县（市）测绘管理部门也加挂了测绘与地理信息局牌子。

【完善测绘法规标准】

宁波市规划局修订《宁波市连续运行卫星定位系统使用管理规定》，规范该系统的管理、使用、申请、注册、维护等行为；起草《宁波市地理信息共享服务管理办法（初稿）》。

【行政审批】

2011年，宁波市规划局共受理、审核测绘资质申请20件；受理、审核地图样图30件；核发测绘项目竣工验收合格证12件；核发测绘项目备案280件；核发建设工程验线合格证98件；办理测量标志拆迁4件；核发测绘成果使用许可证1200多件，共提供地形图1.5万幅；对2家测绘单位进行行政处罚，并在宁波测绘网上公示。

【测绘法宣传】

8月29日，宁波市规划局开展测绘法宣传日活动，共摆放12块宣传展板，发放《浙江省交通旅游图》和《宁波市交通图》等宣传资料8000多份，接待市民2300多人次，提供咨询服务400多人次。8月25日~9月5日，市各级测绘地理信息管理部门和测绘地理信息单位在驻地开展测绘法宣传，共张贴宣传画200多张，悬挂宣传横幅460多条。

【测绘资质年度注册】

宁波市规划局在全市范围内开展丙、丁级测绘单位测绘资质年度注册工作。对报送合格材料的43家丙、丁级测绘单位进行审核。依据审核情况，同意注册40家，缓期注册3家。

【地理信息市场专项整治“回头看”行动】

2011年，宁波市规划局与市国家安全局、信息产业局、文化广电新闻出版局等部门联合开展地理信息市场专项整治工作“回头看”行动，进一步规范地理信息市场采集、加工、提供、使用等行为。

地图管理与成果管理

【地图市场监督检查】

宁波市规划局与市文化广电新闻出版局等部门联合成立检查小组，分别于6月和12月对市内主要书店、商场、批发市场等销售的地图集（册）、专题地图、挂图、拼图以及地球仪等地图产品进行检查，并对市内的车站、码头、机场和公交车站等公共场所进行检查，收缴各类盗版地图600多份。

【成果目录汇交】

宁波市规划局在全市范围内开展测绘成果目录整理和汇交工作，要求各县（市）规划局、各分局对辖区内已完成的基本地形图和控制测量测绘成果目录按统一格式进行全面整理，并及时汇交。

【成果保密检查及销毁】

7月～10月，宁波市规划局与市保密局联合成立保密检查领导小组，在全市范围内检查涉密测绘成果保密情况和已完成使用目的的涉密测绘成果工作。检查共发出自查通知242份，其中自查上报有测绘成果销毁的单位47家，并上交需销毁的测绘成果。此次检查共销毁了DLG和DOM数据1.5万多幅，发出整改告知单12份。

【测量标志保管】

宁波市规划局对全市测量标志进行检查，做好新增测量标志的委托保管工作，发放了市辖区二等和城区三、四等测量标志委托保管津贴共11万元。为使测量标志更好地为城市建设服务，该局及时更新测量标志管理信息系统，对新增测量标志和已破坏或拆迁的测量标志进行动态更新。

基础测绘与质量监督

【基础测绘】

2011年是《宁波市基础测绘“十二五”规划》实施的第一年，全市共完成等级高程控制测量3438千米、等级平面控制测量300点、系列比例尺地形图测制7884幅、三维数字地图测制150平方千米、卫星影像订购1100平方千米。全市完成基础测绘投资6000万元，其中市本级投入为2290万元，具体项目包括宁波市区地面沉降水准网监测（第十一期）、老三区1:500、1:2000地形图及地下管线动态更新、市基本高程控制网复测、市中心区域城市精细三维地理模型建设、《宁波市地图集》编制出版、海洋测绘、市基础地理信息数据库改造及维护等60多个。

【宁波市基本高程控制网复测】

宁波市规划局组织实施了全市基本高程控制网第4次复测。将原网的三等水准路线升级为二等，优化后控制网由28个二等水准闭合环组成，覆盖全市近1万平方千米；完成二等水准测量1989.21千米、三等水准测量297.52千米，优化高程基准网，及时获取了准确的高程基准数据。

【宁波市似大地水准面精化】

宁波市似大地水准面精化项目全部完成。9月30日，精化成果通过了省测绘质量监督检验站验收；12月10日，项目成果通过鉴定。

宁波市有关测绘部门围绕该项目进行了基于似大地水准面精化的GNSS高程应用研究，确定了采用GNSS高程测量代替各等级水准测量的技术指标。

【海洋测绘】

根据浙江省人民政府《关于切实做好全省海洋测绘工作的通知》要求，宁波市全面启动市域海洋测绘工作，全年共投入海洋测绘经费580万元，完成年度陆海统一的大地测量基准框架建设、水下地形测量、海岸带资源调查和滩涂航摄等项目。

【质量监督检查】

为加强测绘产品质量监督，宁波市要求所有使用财政资金的测绘项目必须委托测绘质检机构进行检验。2011年，全市共有控制测量、地形测量、三维数字地图、水下地形测量等50多批次测绘产品委托浙江省测绘产品质量监督检验站进行检查验收，报验产品均一次性通过验收。

宁波市规划局在全市范围开展测绘质量监督检查工作，主要检查2010年1月～12月完成的测绘项目的质量、标准及规范执行情况、质量管理体系运行情况及仪器、设备检定等内容。共实地抽查21家测绘单位，发出整改告知单6份。

重大工程测绘

【宁波市轨道交通工程】

宁波市测绘设计研究院受市轨道交通工程建设指挥部委托，继续为市轨道交通工程建设提供测绘保障。年内，完成地铁1号线一期工程、2号线一期工程基础控制网和施工控制网复测，实现了2条线路基础控制网的合网数据处理，覆盖市核心区的市轨道交通统一平面和高程控制网；1号线二期工程管线详查395.59千米，修测和新测1:500数字地形图共305幅，连续面积近5平方千米；应用磁梯度管线探测方法进行2号线一期工程多条道路深埋给水管道、深埋燃气管道的精确定位探测，使深埋金属管线定位中误差控制在±0.15m。

【宁波市南、北环线快速路工程】

宁波市测绘设计研究院受宁波市通途投资开发有限公司委托，成立宁波市环城南路快速路和北环快速路控制测量中心，完成该项目全线施工测量的测量监控工作。

【三江河道恢复性清淤工程】

受中交上海航道局航道建设有限公司委托，宁波上航测绘有限公司承担宁波市三江河道恢复性清淤工程的测量技术服务，为清淤工程提供全线的水下地形测量、河道断面测量、河道断面放样和清淤船只的定深测量。

【甬台温天然气输气工程】

2月，浙江省工程勘察院经招投标承接了甬台温天然气输气工程部分线路工程测量，按时提交了100多千米的线路工程测量资料，为该工程建设提供了测绘保障。

测绘地理信息共建共享

2011年，宁波市规划局与市工商行政管理局、质量技术监督局等部门签订共建共享协议。积极推进地理信息框架建设工作，完成基础地理信息动态更新；开展市自然资源和地理空间数据库建设，完成项目实施方案批复、软硬件招标等工作，初步搭建了市地理信息共享服务平台，并在市政府办公厅、发展和改革委、质量技术监督局进行试点应用；启动智慧位置公共服务平台建设，编制项目建议书和建设方案。

地图编制与出版

【地图出版】

宁波市有关测绘地理信息部门编制出版交通旅游图、假日生活地图、街巷地名图等各种图件20多种；不断丰富公益性地图网站内容，增加了三维地图、侧视地图、360°全景地图等新产品，更新了各类专题地图及百姓日常生活资讯数据，为市民和游客提供方便。

【宁波市地图集】

为了全面反映宁波市近年来人口、资源、环境、社会经济以及城市发展等方面的变化和成就，市规划局组织了《宁波市地图集》编制工作。成立地图集编撰委员会，邀请浙江大学进行策划，完成《宁波市地图集》资料收集、编制等工作，正在征求有关部门意见。

【红色地图】

宁波市委宣传部和市规划局组织编制《红色之旅——党的足迹》专题地图。6月29日，该地图在“四明丰碑”大型图片展上进行专题展览，并印制1万份向观众发放。7月1日，《宁波日报》建党专刊首页整版刊登该地图，受到读者的好评。

成果应用与服务

宁波市规划局为市政府及市发展和改革委等部门宏观决策和行政管理提供测绘服务；推动政府职能部门GIS应用和开发工作，为市国土资源局、市城管局、市民政局、市水利局和市自来水公司等部门和单位提供大量基础地理数据和遥感资料；为杭甬高铁、轨道交通（轻轨）、象山港大桥、北仑港码头等重大工程建设项目提供测绘保障；为城市建设项目提供基础测绘资料1760多人次，提供各种比例尺地形图1.5万多张，各级控制点800多点。

科技创新与人才培养

【科技创新】

一、无人机测量系统

宁波市测绘设计研究院购置无人机，配备专人从事无人机测量的应用研究工作。2011年，主要完成杭州湾新区和奉化市区、福建泉州滩涂测量、象山城区等地的无人机航飞工作。

二、车载三维立体影像采集系统

车载三维立体影像采集系统建设是宁波市测绘设计研究院实现测绘转型升级的代表性项目。至年底，已自主搭建高分辨率全景成像系统、IMU + GPS高精度定位系统、激光扫描系统、工控系统和车辆改装集成等硬件工作；软件平台已初具雏形，具有一定的海量数据处理能力。

三、三维技术应用

2011年，宁波市测绘设计研究院为市水利局研发了宁波市饮用水源保护区三维展示系统，为宁波市的饮用水质安全和生态市建设提供专业信息化保障。9月，该项目通过市水利局和市环保局的联合审查。

四、城市规划方案评审

宁波市测绘设计研究院自主研发三维数字城市规划方案评审信息平台，改变了传统规划方案审批模式，提高了宁波市规划局规划方案审批效率。

【人才培养】

2011年，宁波市规划局与武汉大学联合举办测绘工程研究生班，33名测绘技术人员参加学习。全市全年引进测绘专业研究生10名，本科生、专科生30多名。

宁波市规划局积极推荐测绘单位参加国家、省和市优秀测绘成果评选活动，2个测绘项目获2011年中国测绘学会测绘科技进步奖三等奖，2个测绘项目分别获2011年中国测绘学会优秀测绘工程奖银奖和铜奖，另有8个测绘项目分获省优秀测绘工程奖二、三等奖。

地方社团工作

2011年，宁波市测绘学会共发展团体会员1个，个人会员42名。举办注册测绘师考前辅导、测绘标准等培训班，230人次参加培训。举办3次学术专题交流活动，共220多人参加；出版2期《宁波测绘》，编印1本《论文集》；评选年度优秀论文23篇。10月15日，举办第一届测绘技能竞赛，全市150多名测绘人员参加比赛。

深圳市

规划与计划

【测绘发展“十二五”规划】

2011年9月，深圳市规划和国土资源委员会（以下简称深圳市规划国土委）完成《深圳市测绘发展“十二五”规划》征求意见稿。10月~11月，向市政府相关部门、测绘地理信息单位和社会公众征集意见，并根据反馈意见进行修改后送审。2011年底，该规划经市政府批准，印发实施。

【年度计划】

深圳市规划国土委完成2011年度计划编制工作，安排“2011－2013年度全市地形图和地下管线修补测”、“基于物联网技术的城市地理空间数据动态更新技术及应用示范”、“2011年度空间基础信息平台三维数据库信息更新（外业）”等26个项目。

法制建设

【测绘立法】

深圳市规划国土委对《深圳市测绘成果管理办法》进行修改完善。7月，启动《深圳测绘管理办法》的制定工作，至年底，完成该办法初稿及研究报告编制工作。

【法制宣传教育】

8月29日，深圳市举办全国第19个测绘法宣传日活动。采用悬挂横幅和彩旗、摆放展板、播放宣传短片等形式宣传测绘法和测绘基础知识；通过专业人员讲解以及GPS导航仪、电子地图、互联网地图等实物展示，邀请市民参与支持测绘签名活动，让市民对测绘地理信息工作有了更加直观的认识；向市民发送《深圳市交通旅游图》、测绘知识宣传册等资料和印有宣传口号的雨伞、环保袋等各种礼品近1万份，取得良好的宣传效果。

基础测绘

【测绘基准体系建设】

深圳市规划国土委完成上半年SZCORS系统的日常维护工作，保证了系统的正常运行。至年底，该系统用户已达120个。

深圳市规划国土委清查了全市范围四等以上平面点、水准点及重力点的控制点测量标志状况，统计测量标志分布情况，对深圳市历年来较高等级的平面控制测量和高程控制测量的工程资料进行清理，为全面开展维修、保护及增补测量控制网点工作奠定基础。

开展深圳市基础测绘成果向2000国家大地坐标系的转换工作，完成全市每月新供应用地的坐标转换和深圳市土地利用总体规划空间数据库整体坐标转换。启动2000国家大地坐标系的应用研究工作，开展外业测量、内业数据处理、坐标转换软件编制等工作。

【卫星遥感影像数据获取】

深圳市规划国土委开展深圳市辖区范围约2000平方千米航空遥感测绘工作，地面分辨率不低于20厘米，并制作了1:5000正射影像图和测区影像挂图。开展卫星遥感影像的购置和应用工作，采购全市非生态线范围内和生态线范围内不低于1米（包含1米）卫星遥感影像，用于违法建设行为的动态监测，并为国土规划工作提供基础影像数据。

【地形图测绘及地下管线修补测】

深圳市规划国土委承担宝安区域1:1000地形图及地下管线修补测工作，已完成116.143平方千米地形图和1194千米地下管线的修补测任务。

深圳市规划国土委承担内伶仃岛大比例尺测图及土地调查任务。完成内伶仃岛5.17平方千米控制网测量，其中数字化野外采集成图1.80平方千米，低空航测法成图3.37平方千米，测制1:1000地形图34幅；完成四等GPS首级控制点6个，一级GPS控制点25个，独立四等水准网27.356千米；完成土地利用现状调查5.17平方千米，基础设施部件调查380个，建筑普查150栋，并建立了数据库。

【数字深圳】

2011年，数字深圳空间基础信息平台建设共完成1:1000地形图修补测数据检查入库10批25次、涉及图幅693幅，地下管线检查6批7次、入库5216.93千米；完成电子地图、建筑物、公共设施等公共服务数据的年度更新；推出大运版电子地图和影像地图；建成并发布宝安和南山两区的三维模型，龙岗区三维模型建设任务过半。

数字深圳空间基础信息平台全年新增8个部门用户，并实现空间平台技术升级，促进各部门地理信息的深度应用。此外，提供基础测绘数据服务121批次，为国土规划发展研究、城市管理、住房建设管理、大运保障、应急指挥管理等工作提供保障。

地图编制与出版

2011年，深圳市有关测绘部门编制出版中英文版《深圳市交通旅游图》，并向深圳市大运会执行局赠送1万份。编制出版《深圳·香港地图集》，8月，深圳市政府召开图集出版新闻发布会。此外，完成《2011年度1:10000地形图》、《深圳市地图（1:5万）、深圳城市中心区地图（1:2.5万）》及《深圳市街道影像地图》等地图编制项目的公开招标和方案设计等工作。

重大测绘工程

2011年，深圳市启动“基于物联网技术的城市地理空间数据动态更新技术及应用示范”、“深圳市重力勘测地下地质结构”2项重大测绘工程，至年底，已完成招标采购和合同签订工作，成立了项目负责小组，该项目正按计划开展。

成果管理

【测绘档案管理】

2011年，深圳市规划国土房产信息中心接收日常同步归档文本档案490册，其中，地形文本65册、地下管线文本425册；图纸2270幅，其中，地形图纸1497幅、地下管线773幅；光盘数据22件，其中，地形光盘数据14件、管线光盘数据8件。整理历史文本档案9474册，其中，地形综合成果679册、地下管线文本8250册、控制成果545册；整理地形图纸19949幅、地下管线6796幅、航片成果11994幅、影像成果1008幅。全年提供地形图纸查询服务共45人次、224幅，其中，对内87幅、对外137幅。

【控制点调查】

2011年，深圳市规划国土委组织开展等级控制点普查，调查平面控制点757个，其中，点位保存完好的500个、点位破坏的254个，十字丝不清晰的3个；调查高程控制点494个，其中，点位保存完好的174个、点位破坏的320个；调查重力点25

个，其中，保存完好的13个、已破坏的12个。

测绘地理信息应用与服务

【测绘成果资料提供】

深圳市规划国土委为全市部门和企业提供有关测绘成果应用194次。其中，1:1000、1:2000地形图利用量为4.02万幅，重复利用率563%；1:5000地形图利用量为433幅，重复利用率117%；1:1万地形图利用量为214幅，重复利用率193%；地下管线数据利用量为7万千米，重复利用率281%；影像数据（1:5000）利用量为4294幅，重复利用率1112%；专题图利用量440幅。

【测绘保障服务】

深圳市规划国土委立项开展基础测绘应急方案机制建立和预演工作，计划用3年时间完成基础测绘应急方案的研究制订、应急机制的建立，并每年举行1次基础测绘应急预演。至年底，已初步完成基础测绘应急方案的编制工作。

市场监管

【测绘资质管理】

2011年，深圳市规划国土委完成深圳市3家单位测绘资质申请材料的初审工作。经统计，全市共有甲级测绘资质单位14家（其中，互联网地图服务单位5家），乙级21家（其中，互联网地图服务6家），丙级11家。完成深圳市甲、乙级测绘资质单位年度调查工作，开展全市测绘单位资质年度检查。

【测绘质量监督检查】

深圳市规划国土委成立测绘质量监督检查小组。9月~10月，配合广东省国土资源厅检查组对深圳市甲、乙级测绘资质单位进行检查。9月~12月，对深圳市14家丙、丁级测绘企业开展测绘产品质量监督检查工作，并对外省市测绘产品质量进行抽查。12月初，完成了测绘质量监督检查工作的资料整理、报告编制和总结工作。

【诚信体系建设】

深圳市规划国土委制定《深圳市测绘行业信用评价管理办法》，对测绘信用信息征集、处理、评价、使用和发布等内容进行规定，并建立评价考核标准。开展测绘诚信宣传和测绘诚信评价考核试点工作，进一步完善测绘信用管理系统平台及测绘企业信用信息数据库。

【涉密测绘成果保密检查】

6月，深圳市规划国土委邀请广东省国土资源厅和深圳市国家保密局有关专家，对全市测绘资质单位和测绘成果领取单位进行测绘成果保密培训与考核，提高了各单位的测绘成果保密管理水平。8月，与深圳市国家保密局协作，成立测绘成果保密检查组，制定《深圳市涉密测绘成果保密检查工作方案》，组织全市26家涉密测绘成果领取单位和45家测绘资质单位开展自查，并对13家单位进行现场抽查。

【地理信息市场专项整治】

深圳市规划国土委与市市场监督局、市国家安全局、市国家保密局等部门联合开展深圳市地理信息市场整顿和规范“回头看”行动，对全市存在“问题地图”的12家动态地图服务网站和6家静态地图网站进行查处并要求整改。针对整改中发现的问题，完善了相关法规和市场监管制度。

科技创新与人才培养

【科技奖项】

“开放式空间基础信息平台关键技术与数字城市实践”获2011年中国测绘学会测绘科技进步奖一等奖，“深圳市罗湖断裂带活动性变形监测及变化趋势预测分析研究”获三等奖；“深圳市龙岗区基础测绘（地形、管线）数字化动态更新工程”获2011年中国测绘学会优秀测绘工程奖金奖，“2008~2010年深圳市1:1000数字化地形图动态修补测”获银奖；“土地空间使用权管理关键技术及示范研究”获2011年中国地理信息科技进步奖一等奖；“深圳市第二次土地调查城乡一体化数据库建设”获2011年中国地理信息优秀工程奖金奖。

【人才培养】

7月，深圳市规划国土委派专人参加广东省国土资源厅举办的测绘监督检查培训班，学习测绘质量监督检查相关规程。11月14日~18日，选派测绘技术骨干参加广东省2011年测绘高新技术研修班学习，取得由广东省国土资源厅颁发的结业证书。

邀请陈俊勇院士和刘经南院士到深圳市开展讲座；组织注册测绘师考试培训、测绘地理信息新技术培训、保密培训、卫星定位技术培训及地形图地下管线修补测入库知识培训等，提升测绘地理信息队伍的综合业务素质。

党的建设与测绘地理信息文化

深圳市规划国土委深入开展创先争优活动，推进党支部班子建设、干部队伍建设、党风廉政建设、机关作风建设和工青妇建设。12月13日，举办“坚持社会主义文化道路，建设社会主义文化强国”知识竞赛，进一步贯彻落实党的十七届六中全会精神，推动干部职工深入理解党的方针和政策。8月，全面总结展示深圳市测绘系统“十一五”取得的成就，宣传“十二五”发展蓝图和目标任务。10月10日，在该规划委员会门户网站开展数字深圳空间基础信息平台在线访谈交流活动，回答网友提出的问题20个。

地方社团工作

6月，深圳市测绘学会邀请测绘界院士及国家保密局、广东省国土资源厅相关专家到深圳市开展卫星定位测量技术培训5次。9月17日，深圳市测绘学会召开第四届一次常务理事会，总结年度工作，通报2010年财务情况，审议并通过部分单位的入会申请，并就修改《深圳市测绘学会章程》等议程进行了讨论。11月11日，召开学会第四届二次常务理事会暨企业座谈会，就会员入会、会员代表选举、有关学会章程修改等事宜进行讨论，并达成共识。

厦门市

规划与计划

【厦门市测绘“十二五”发展规划】

2月15日，《厦门市测绘“十二五”发展规划》通过相关领域领导和专家评审团的评审。7月18日，厦门市人民政府印发厦府〔2011〕286号文件，批准实施《厦门市测绘“十二五”发展规划》。该规划对于提升厦门市基础测绘保障能力和公共服务水平，推动厦门市数字城市建设和地理信息产业的发展具有重要意义。

【基础测绘年度计划项目】

2011年，厦门市共投入基础测绘经费761万元。启动了厦门市数字城市地理信息公共服务平台建设项目（跨年项目）；大比例尺数字测图项目顺利推进；完成厦门市控制网改造及似大地水准面精化项目；采购高分辨率覆盖全市域的航空摄影影像数据；编制各类公益用图，满足领导决策、政务管理和公共服务需求。

法制建设与市场监管

【复审换证】

厦门市国土资源与房产管理局（以下简称厦门市国土房产局）完成辖区33家测绘资质单位的资质复审换证工作。组织市内资质单位参加福建省测绘地理信息局组织的复审换证培训班。对4家新申请测绘资质单位的材料进行现场审核，3家通过省测绘地理信息局审批。截至年底，厦门市共有测绘资质单位36家。其中，甲级8家、乙级7家、丙级13家、丁级8家。

【落实测量标志管护制度】

厦门市国土房产局组织各分局现场勘测核查测量标志的具体位置，并审核确认相应标志的保管员名单。5月18日，举办厦门市测量标志管护工作签约仪式，与测量标志保管员代表签订保管协议，发放测量标志管护工作证，落实管护制度。厦门电视台、厦门日报等4家媒体现场进行采访报道。此次委托保管的永久性测量标志共170个，覆盖全市辖域。建立并落实测量标志委托保管制度在福建省属于首例，厦门市国土房产局受到福建省测绘地理信息局表彰。全年共发现、处理5起疑似测量标志损坏案件，相关测量标志均恢复正常。

【地理信息市场整治】

厦门市国土房产局会同福建省测绘地理信息局查处6000张存在问题的旅游指示图。开展“4·8”台交会展会用图检查，参加“9·8”投洽会联合执法工作，督促17家不规范使用示意性中国地图的参展商予以整改。检查35家网站的地图，未发现重大问题。会同厦门市国家保密局开展测绘成果保密培训，收回涉密测绘成果保密检查情况记录表45份，现场检查8家单位，未发现失泄密情况。走访市双拥办，就涉军测绘通报机制达成共识。联合市工商行政管理局排查涉嫌无测绘资质经营企业4家，已有3家着手申请测绘资质；走访厦门市发展和改革委、市外商投资局，初步审查14个省级重点项目，其中，13个重点项目未领用测绘成果、1个项目领用的测绘成果未涉密。

【厦门市连续运行卫星定位服务综合系统使用管理规定】

厦门市国土房产局制定《厦门市连续运行卫星定位服务综合系统使用管理规定》，规范厦门市连续运行卫星定位参考站服务管理，确保系统的正常稳定运行。

【创新测绘地理信息宣传工作】

厦门市国土房产局围绕地理信息服务保障特区建设的宣传主题，征集厦门市规划局、水利局、公安局、交警支队等10个政府部门应用地理信息典型案例，经筛选编辑后以《测绘地理信息与信息城市建设案例集锦》专栏的形式在《厦门晚报》“8·29”专版刊发，提升了宣传效果，增强了测绘地理信息的影响力。

基础测绘和质量监督

【数字厦门地理信息空间框架】

8月17日，数字厦门基础地理信息公共服务平台建设项目完成采购工作，10月9日，召开项目启动会。至2011年底，已开展项目总体设计、详细设计、标准规范（初稿）编制、数据准备及数据脱密处理、门户网站页面设计等工作。

【厦门市现代测绘基准体系】

厦门市首级控制网改造及似大地水准面精化项目完成170多个GPS和高程控制点的选点、埋石、联测、数据解算等工作，顺利通过国家测绘产品质检中心质量监理检验，标志着厦门市现代测绘基准体系正式建设完成。

【1:500大比例尺数字测图项目】

2011年，1:500大比例尺数字测图项目继续向岛外新城区和新农村建设倾斜，施测区域为海沧区的东孚镇、同安区的五显镇和祥平街道、翔安区的新店镇，作业面积合计45.5平方千米。项目全部通过福建省测绘质量监督检验站的验收，其中同安标段被评为优质工程。

【获取2011年厦门市航摄影像】

武汉飞燕航空遥感技术有限公司承担厦门市高分辨率影像获取业务，10月，完成航飞，获取覆盖厦门全市及周边2012平方千米0.4米分辨率航空影像数据。

地图编制与出版

【地图编制】

厦门市国土房产局重新校编1:5万《厦门市地图》，搜集新建路桥等资料，经多轮修改、校对后印刷2000张，已分发各有关单位1300多张。为思明区消费者权益保护委员会等24家单位提供配套地图。厦门市公众服务电子地图已上线运行。

【厦门国土工作图册】

厦门市国土房产局续编《厦门市国土工作用图》第二版，收录2011年最新的海峡西岸经济区域图、厦门市（区）地图、基准地价图、土地利用现状图、基本农田保护区图、土地利用总体规划图和地质灾害分布图等12幅，共印刷1200本，已分发给厦门市人大代表和政协委员。

成果应用与服务

【增强重点工程测绘保障】

2011年，厦门市测绘与基础地理信息中心累计为市政务服务中心、国际会展中心三期、湖里万达广场、观音山营运中心等省市重点工程提供测绘保障102件（次）。累计完成拨地测量、建筑物放样、地籍坐标测量等日常工程测量业务2127件，建设工程竣工规划条件核实测量327件、建筑物1118栋，总建筑面积930万平方米。

【竣工规划验收测量】

厦门市测绘与基础地理信息中心会同市规划局，深入市政工程项目开发建设单位，开展市政工程项目测绘放样和竣工规划条件核实测绘调研。2011年，共组织完成黄厝H1地块市政道路、华林人行天桥、卧龙西路人行天桥、枋湖花园－龙湖花园市政配套道路等市政项目的竣工规划条件核实测绘。

【保障全市地理信息需求】

厦门市测绘与基础地理信息中心全年累计为政府职能部门及有关单位提供各种比例尺基础测绘数据19342幅，制作用地红线图、蓝线图等专题图件1838份。

【房产测绘管理】

厦门市测绘与基础地理信息中心全年累计完成房产测绘成果审核486件，权证配图29396宗，增容建筑面积确认82件。

【完善房产测绘成果数据库】

厦门市测绘与基础地理信息中心推进房产测绘成果历史档案整理工作，共完成1万幢房屋、5905万平方米建筑面积、40.7万产权单元的房产测绘成果数据整理入库工作，基本涵盖思明区、湖里区、集美区3个行政区2002年以来的所有房产测绘资料，完成海沧行政区划内所有房产测绘成果的逐项逐户入库工作，初步建立房产测绘成果管理信息系统，并应用于日常房产测绘管理及房屋权属配图中。

党的建设与精神文明建设

【创先争优活动】

2011年，厦门市国土房产局积极开展创先争优活动，《感动·厦门国土房产》被评为“厦门市机关党建十大品牌”。

【党风廉政建设和行风效能建设】

厦门市国土房产局加强党风廉政建设，组织观看警示教育录像片20多次；制定《廉政风险防范管理暂行规定》，初步建立教育防范、制度防控、权力制约、公开监督和预警提醒机制，被国土资源部评为“‘两整治一改革’工作先进单位”；开展“小金库”重点治理“回头看”工作，在局门户网站公开2011年部门预算经费的项目、金额及预算执行进度，接受社会各界的监督；继续深化政风行风建设，并在全省国土资源系统行评会议上进行交流。

【政府信息公开和电子政务工作】

厦门市国土房产局全年主动公开政府信息900多条，累计主动公开政府信息5598条；依法申请受理并办结政府信息公开11件。对局系统政府信息公开目录涉及的近200项办事指南目录进行梳理和调整，进一步规范和充实局门户网站办事指南栏目内容，并通过网站发布各类信息4650多条。厦门市国土房产局门户网站被省住房和城乡建设厅评为全省城乡住房建设系统房产类网站第一名；被市政府办公厅评为优秀政府部门网站，获“信息公开领先奖”。

【培训工作】

5月12日~15日，厦门市国土房产局组织全市91家开发建设单位268名从业人员参加房产测绘与房产测绘审核讲座，学习2011版《厦门市房产面积测算细则》。8月~9月，组织13家房产测绘单位140多名从业人员参加《厦门市房产面积测算细则》培训，并邀请专家对新版房产面积测算软件进行应用培训，开展上机操作实践与辅导答疑。

海南测绘地理信息局

海南国际旅游岛数字地理空间框架建设项目领导小组第一会议召开，时任副省长李秀领、国家测绘地理信息局副局长李维森出席会议

2011 年，海南测绘地理信息局围绕中心，服务大局，积极为海南国际旅游岛建设提供保障，受到海南省委、省政府及各部门的充分肯定。

为重大活动提供保障服务。在金砖国家领导人第三次会晤、2011 年亚洲博鳌论坛年会筹办期间，该局策划编印《会务接待用图》、《来宾参观考察线路图》、《景区分布图》等工作用图，满足会务接待用图的需求；策划编制海南省经济社会发展宣传系列图，向参会的嘉宾介绍海南国际旅游岛建设重点开发旅游区、海南省“十二五”重点建设项目；及时与省公安厅沟通联系，开发大会安保系统，并提供了大量的三维仿真地图数据，服务大会安保工作。

为领导机关决策提供保障服务。为省政府更新一批工作挂图，编制《海南省地图》、《海口市区地图》等图件，组织开发了海南省领导工作用图系统 IPAD 版；全年为省市政府及有关部门无偿提供工作用图和挂图 800 多幅。

国土资源部部长徐绍史视察海南测绘地理信息局

为经济建设和公众提供保障服务。配合海南省纪念中国共产党建党 90 周年活动，编制一批“红色地图”，直观、生动地表现海南省红色旅游地理信息。为海口市土地整治项目、海口城区植被普查等提供测绘数据成果；推进海南省少数民族地区连续运行卫星定位服务、自然资源和地理空间基础信息库建设、南方电网地理信息平台建设等地理信息系统应用；开展西沙永兴岛 1:1000 地形图测量、万宁日月湾水下测量等测绘工程。

为推进测绘地理信息成果共建共享机制。与省旅游委签订地理信息数据资源共建共享与合作协议书，就共同推进海南数字旅游网络平台建设达成一致意见。加强与省水务厅、省住房和城乡建设厅等部门的交流合作，深化地理信息资源共建共享。

全年累计向社会提供各类比例尺地形图 3341 张，测量控制点成果 103 个。其中，1:1 万 DLG 2591 幅、1:1 万 DOM 397 幅、1:5 万 DLG 301 幅、其他比例尺地形图 52 幅。地形图提供量比 2010 年增加 134%，公开版地图的审图数量比 2010 年增加 22%，体现了测绘地理信息在海南国际旅游岛建设中的重要作用。

召开培训会议

签署合作协议

举办局长培训班

陕西测绘地理信息局

国家测绘地理信息局局长徐德明听取陕西测绘地理信息局保障服务工作情况汇报

2011 年 9 月 15 日，国家测绘地理信息局副局长王春峰为陕西测绘地理信息局揭牌

2011 年，陕西测绘地理信息局积极推动测绘地理信息强省建设，圆满完成全年各项目标任务，受到国家测绘地理信息局和陕西省委、省政府的充分肯定。在全国省级测绘地理信息行政管理部门贯彻落实科学发展观年度工作考评中，陕西测绘地理信息局取得第三名的优异成绩。

地理国情监测率先试点。2011 年 3 月，陕西省政府与国家测绘地理信息局在北京签署《合作开展地理国（省）情监测试点协议书》，陕西省成为开展地理国情监测工作的首个试点省份。陕西测绘地理信息局以西安世界园艺博览会为切入点，开展地理国情监测工作，及时发布无人监测飞艇和多数据源的监测成果，受到社会广泛关注。此外，开展了陕西省基本地理省情、神府部分矿区地表形变、陕西北六县地表覆盖变化、陕西境内秦岭北麓开发活动、已知和疑似尾矿库、陕西省城镇化进程、渭河流域综合治理等地理国（省）情监测试点项目。经陕西省政府授权，编制《陕西基本地理省情白皮书（2011）》和《陕西基本地理省情蓝皮书（2011）》，公开发布获取的首批陕西省地理国（省）情信息。

数字城市建设取得突破。数字城市建设得到陕西省各设区市市委、

地理国（省）情监测试点协议签约仪式

现代化测绘技术装备建设——地理信息应急监测车

国家基础地理信息中心

国家1:5万基础地理信息是覆盖全国范围的精度最高、内容最丰富的基础测绘成果，是用途最广、使用频率最多的品种之一。2006年3月，国家测绘地理信息局启动国家1:5万基础地理信息数据库更新工程，并将其列为国家基础测绘重点项目、国家测绘地理信息局“十一五”重点工程。

2006年~2011年，该项目采取国测与军测、国家与地方合作共建的方式，由国家基础地理信息中心作为牵头单位，地方和军队的150多家单位、6000多名测绘地理信息工作者历时5年，更新了1:5万地形要素数据19150幅（约占全国陆地面积80%），数据内容从核心要素扩展到全要素，要素类从约100多类增加到400多类，数据内容增加1.2倍，更新了1米或2.5米分辨率正射影像数据19076幅，精化与更新了地形变化区域1:5万数字高程模型数据8963幅，建立了1:5万数据库管理、服务系统。更新后的数据库内容丰富，现势性达到2005-2010年，大幅提升了国家1:5万基础地理数据库内容的现势性和完整性，是数字中国地理空间框架建设的重大成果。

国家1:5万数据库更新工程的完成，为国家测绘地理信息局实现全国“一张图”目标做出了重大贡献，其成果将在国民经济建设、信息化建设、防灾减灾、电子政务、公共服务等方面得到广泛应用。该项目大幅度提升了我国地理信息资源建设与更新的能力与水平，为实施地理国情监测、完善“天地图”服务提供了重要数据基础与技术支撑，将有力地推动我国从测绘地理信息大国转变为测绘地理信息强国。

青海省测绘地理信息局

签字仪式

以城市的集群发展来带动区域经济社会的发展，是顺应全国区域经济一体化发展的大趋势，是青海省委、省政府具有全局性和前瞻性的重大举措。

东部城市群（海东）建设测绘保障工程项目是海东行署和青海省测绘地理信息局省地首次开展协作、开创共建共享的合作项目，也是青海省测绘地理信息局建局以来第一次为地方经济建设和社会发展提供大面积、大比例尺、大工作量的测绘服务项目。为进一步体现测绘在东部城市群建设中的服务保障作用，青海省测绘地理信息局积极调整生产布局，决定将2011年1:1万基础测绘专项经费2000万元全部投入到西宁和海东地区，测区面积达1万平方千米。同时，在河湟谷地开展2200平方千米的航空摄影测量。

该项目由青海省第一测绘院、省第二测绘院、省基础地理信息中心、省测绘产品质量监督检验站和省地矿测绘院共同承担，各单位抽调专业技术人员奔赴各测区开展工作，发扬“特别能吃苦、特别能忍耐、特别能战斗、特别能团结、特别能奉献”的青藏高原精神和“热爱祖国、忠诚事业、艰苦奋斗、无私奉献”的测绘精神，每天工作10多个小时，精心控制、调绘、测图，保证了各项任务按时完成。至年底，测制完成了海东和西宁市1:1万地形图1万平方千米，实现了海东重点地区和西宁1:1万地形图全覆盖；向海东地区提供1000平方千米的1:500地形图7200幅，1:1000地形图2400幅；完成的连续运行参考站和似大地水准面精化建设填补了青海省在此领域的空白，具有重要的现实意义和示范作用。

交流工作

航空测量

精益求精

质量检查

国家测绘地理信息局重庆测绘院

重庆市主城区 1:2000 比例尺农村土地调查项目

国家测绘地理信息局重庆测绘院始建于 1954 年，为国家测绘地理信息局直属事业单位，是首批获得甲级测绘资质和通过 ISO9001:2000 国际质量管理体系标准认证的单位。

近年来，该院认真履行职责，完成了国家 1:5 万基础地理信息数据库更新工程、国家西部 1:5 万地形图空白区测图工程、“927”工程、四川汶川地震灾后恢复重建等重大测绘工程，发挥了国家基础测绘地理信息队伍的作用。

该院坚持走科技兴测、人才强院的道路，引进和培养了一大批专业技术人才来院发展创业。全院现有员工 460 多人，高、中、初级技术人员占 74%，本科、硕士、博士毕业生占 36%。经过近 60 年的发展，已成为具有国际先进测绘技术水平的专业测绘机构，是国家重要的综合型信息化测绘地理信息生产基地，具有完善的地理信息数据获取、处理、应用及服务的能力。

该院积极发挥技术、人才、资源优势，围绕国土、规划、城建、水利、高铁等领域对测绘的旺盛需求，提供了优质的基础测绘服务；围绕交通建设、新农村建设、地质环境监测、区域经济建设等重大项目，提供了及时的专项测绘服务；对地理信息数据进行深度开发利用，在数字城市建设和地理区情监测等领域提供技术支撑。该院承担的多项国家和地方重大工程测绘成果获国家和省部级优秀工程奖。

在全体员工的共同努力下，国家测绘地理信息局重庆测绘院有力地促进了经济效益和社会效益的全面提升，在国民经济建设和社会发展的各个领域发挥了应有的作用，为经济社会发展提供了及时可靠的测绘服务保障。

为重庆市农村土地整治项目提供测绘技术支撑

徐德明局长视察重庆院并慰问外业一线职工

合作签约仪式

长江大桥监测项目

天津市勘察院

天津市勘察院成立于1979年，是以岩土工程勘察、工程测量、建筑与岩土工程设计和桩基施工、工程测试为主的专业化综合性生产科研单位，是全国大型综合勘察单位之一。拥有6大专业，14个专业生产公司，职工800多人。其中，国家勘察大师1人、享受国务院特殊津贴专家2人、高级工程师以上职称123人、各类注册资质人员100多人。

天津市勘察院测绘业务部门以工程测量为基础，以航空摄影、激光雷达、遥感技术为依托，集空间数据获取和加工、三维数字城市建设、精密工程测量与地理信息软件开发为一体，具有丰富的航空摄影、激光雷达扫描、城市规划与土地测绘、地下管线探测、空间数据加工与建库、地理信息系统开发经验。

天津市勘察院配置了加拿大 Optech 机载 ALTM Gemini、车载 Lynx 激光雷达扫描系统和德国站式 FARO Focus 3D 地面三维扫描设备，是国内首家采用激光雷达扫描技术进行大规模、高精细三维数字城市建设的单位。拥有自主知识产权的三维软件平台 VRStar 管理地上、地下、测绘、地质信息。

三维数字城市建设及成果发布会

与王顶堤社区开展合谐共建活动

开发的三维数字城市系统应用了机载、车载雷达

2011年优秀测绘工程奖

金 奖

中国测绘学会颁发
二〇一一年十一月

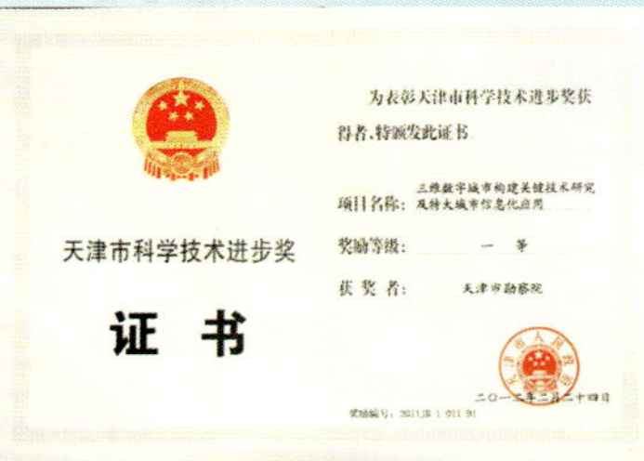
天津市科学技术进步奖

证 书

地址：天津市南开区红旗南路428号
邮编：300191
电话/传真：022-23679610
网址：www.tigis.com.cn

天津市国土资源测绘和房屋测量中心

天津市国土资源测绘和房屋测量中心是2010年9月成立的土地和房产测绘专业机构。该中心认真执行国家和天津市房地产测绘的法律、法规和规章，精准、优质、高效地承担了全市商品房面积预测算、房屋登记测量、各类土地勘测定界测绘、地籍测绘以及测绘成果监管等职责。2011年5月，经国家测绘地理信息局批准，该中心晋升为甲级测绘资质单位。

该中心加强软硬件建设，健全内部管理机制，顺利通过ISO9001:2008质量管理体系认证。配置GPS接收机18台、全站仪16台、大幅面扫描仪1台、绘图仪4台以及水准仪、激光测距仪等仪器设备，研发了房产面积测算、测绘业务管理、成果资料管理、权证自动圈红配图等一系列软件，实现了网络化办公管理。

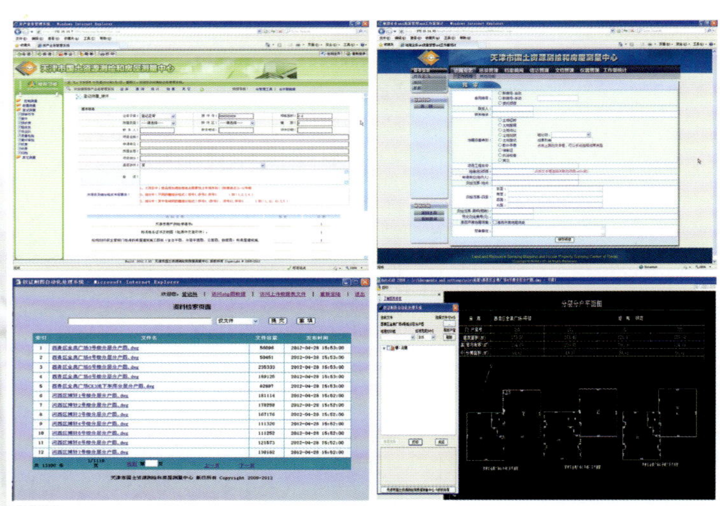

权证附图自动化处理系统

该中心积极引进和培养专业测绘技术人才，已建成一支拥有测绘技术人员105人、保障管理人员15人，平均年龄33.4岁的专业测绘队伍。其中，本科以上学历81人，占职工总数的68%；大专学历28人，占职工总数的23%；高级职称资格15人，占职工总数的13%；中级职称资格33人，占职工总数的28%。

该中心自成立以来，以保障性住房、滨海新区建设项目、京沪铁路、城市地铁等项目测绘为重点，优质高效地完成了房产测绘项目5000多个、1.3亿平方米；土地测绘项目700多个、宗地面积约9000万平方米。该中心所有出具成果均无质量事故，完成的测绘项目按时履约率100%、服务相对人满意率100%。该中心多个项目获天津市级优秀测绘工程奖，该中心被评为2011年度天津市国土房管系统住房保障和政风行风建设先进单位，23人受到天津市国土资源和房屋管理局表彰。

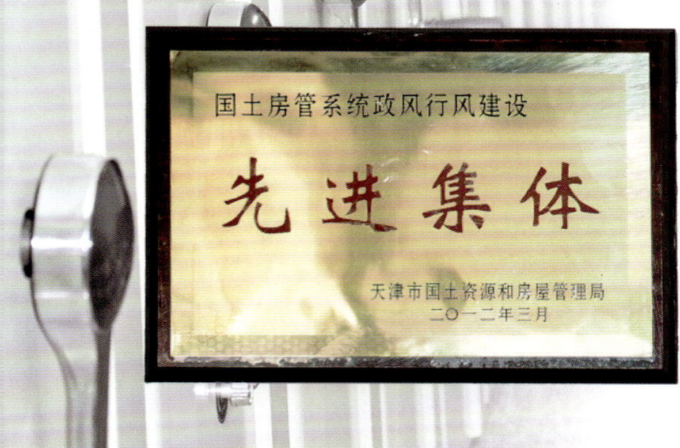

河北省基础地理信息中心

河北省基础地理信息中心是河北省测绘局直属事业单位。成立于1997年，2010年被国家测绘地理信息局授予甲级测绘资质。

▲山海关长城测量

◀天地图·河北

▼数字石家庄

河北省基础地理信息中心主要负责全省基础地理信息数据的存储和编辑，建立和更新全省基础地理信息系统，全省地理信息公共服务平台的建设运行和维护，全省数字城市建设的技术指导和维护；承担省级地理国情监测的研究与开发应用，地理信息技术的开发、推广和应用工作，国家测绘地理信息局重点试验室科研工作；为政府和社会提供基础地理信息服务。

河北省基础地理信息中心注重科技创新，曾获得河北省科技进步二等奖1项、三等奖2项，中国测绘学会测绘科技进步奖二等奖1项、中国测绘学会优秀测绘工程奖银奖1项，省内优秀测绘成果和测绘科技进步奖多项。被国家测绘地理信息局和人事部授予“全国测绘系统先进集体”称号，被国家测绘地理信息局授予“‘十五’测绘科技工作先进单位集体”称号，4次获“河北省直文明单位”称号。

河北省基础地理信息中心具有较高的科技水平和较强的服务能力，是河北省测绘系统产业结构调整、逐步走向地理信息化产业发展的重要支柱单位。

地址:石家庄市中山东路495号
邮编:050031
电话/传真:0311-85266131/33

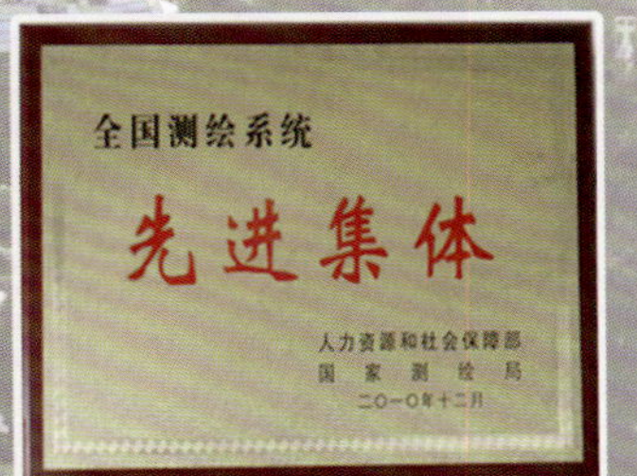

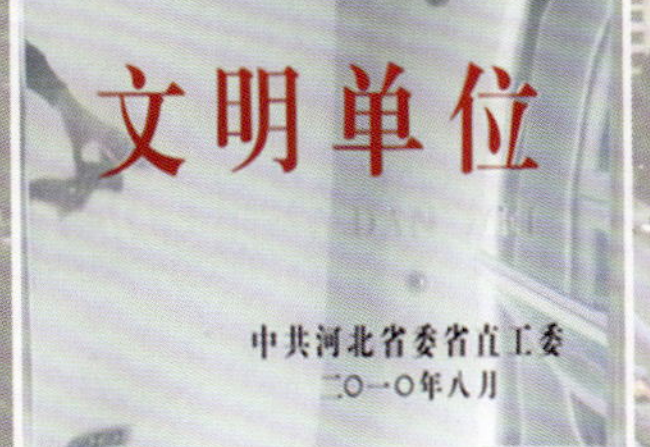

河北省地质矿产勘查开发局第四地质大队

河北省地质矿产勘查开发局第四地质大队成立于1958年，拥有国家测绘地理信息局颁发的甲级测绘资质和国土资源部颁发的地质灾害危险性评估、地质灾害治理工程设计、施工、勘查、监理甲级资质和固体矿产勘查、地质钻探甲级资质，是专门从事地质矿产勘查开发、水文地质、工程地质勘察施工、地理信息工程及饭店旅游等相关业务的事业单位。该队已通过ISO9001-2008质量体系认证，现有在职职工698人，其中，高级工程师30人、工程师80人、技师及高级技工人员198人。

队长：李健

建队50多年来，该队一直致力于承德市及周边地区的矿产勘查与开发等工作，为国家开发金、银、铜、铅、锌、铁、萤石、花岗岩等各类矿产地100多处，提供了大中型详查、勘探报告30份，潜在经济价值估算在100亿元以上，为地方经济发展做出了贡献。该队注重施工能力建设，购买了先进的仪器设备。拥有工程用车22辆、新型GPS接收机43台、全站仪75台、高精度水准仪16台、绘图仪3台、微机200多台，并拥有控制网平差、地形地籍测量、航空摄影测量及地理信息系统建设等相关软件。

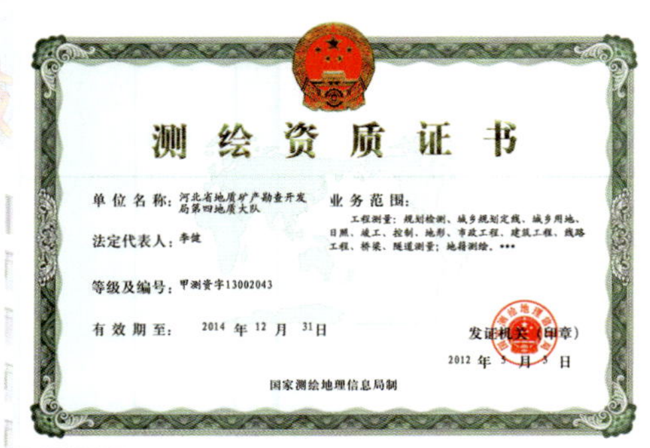

测绘资质证书

单位名称：河北省地质矿产勘查开发局第四地质大队

法定代表人：李健

等级及编号：甲测资字13002043

有效期至：2014年12月31日

业务范围：

工程测量：规划检测、城乡规划定线、城乡用地、日照、竣工、控制、地形、市政工程、建筑工程、线路工程、桥梁、隧道测量；地籍测绘、…

发证机关（印章）

2012年5月5日

国家测绘地理信息局制

甲级测绘资质

队属测绘研究院除承担地质测绘工程外，还面向社会承揽工程测量、大地测量、地籍测量、房产测绘、变形测量、行政区域界线测绘和地理信息系统工程等项目，拥有大地测量、工程测量、地图制图、计算机及其他专业技术人员200多人；拥有磁力仪、微机机电仪、原子吸收分光光度计、光栅光谱仪、岩芯钻机及配套等先进设备，能够独立承担各种黑色金属、多金属、煤、石油、油页岩、放射性等矿产的勘查与开发以及与此相关的系列施工工程。

河北省地质矿产勘查开发局第四地质大队连续多年实现安全生产，多次获河北省及承德市“重合同、守信用单位”称号和河北省优秀测绘成果一、二、三等奖，队长李健获“河北省劳动模范”称号。2006年获省地矿局“地质找矿先进单位”称号，2008年因地质找矿实现重大突破获“局长特别奖”，2009年获“全国五一劳动奖状”。

河北省地质矿产勘查开发局第四地质大队队长李健携全体职工，向社会各界人士致以真诚的敬意，愿与社会各界真诚合作，为繁荣地方经济做出新的贡献！

2009年获全国五一劳动奖状

我队实验室获“全国五一巾帼标兵岗”称号

承德市工人先锋号

山西省基础地理信息院

数字晋城地理空间框架建设竣工验收

山西省基础地理信息院是国家首批认证的甲级测绘资质单位和山西省实施基础测绘的骨干单位，是国家测绘地理信息局1997年认定的全国七个数字化生产基地之一，有一支技术先进、装备精良、管理规范、全工序、综合性的测绘队伍。该院主要承担省、市、县基础测绘和国内外重大测绘任务，生产经营项目有摄影测量与遥感、地理信息系统工程、工程测量、地籍测绘等。2003年取得了ISO质量认证资格，2009年与北京拓普康商贸有限公司联合成立了Topcon移动测量系统示范基地。

山西省基础地理信息院拥有在职职工200多人，专业技术人员150多人。其中，高级工程师10人、工程师73人。该院拥有现代化生产作业场地800多平方米；配备了TOPCON IP-S2车载移动测量系统和移动GIS测图系统、静态激光扫描仪TOPCON GLS-1500等现代化装备；共有GPS、全站仪等外业仪器70台（套），生产用计算机205台，全数字摄影测量系统100多套，摄影测量数据加密系统15套，绘图仪9台，扫描仪3台。

2011年6月，山西省基础地理信息院被省直机关工委评为“先进基层党组织”，被省文明委授予“2011年度省级文明和谐单位”称号。该院党委连续11年被省直工委、省测绘地理信息局评为“优秀基层党组织”和“廉正建设先进单位”。

部分荣誉

承担完成的国家对革命老区、贫困地区陵川县基础测绘补助经费项目验收

数字长治县地理空间框架建设项目共建共享合作协议签署仪式

TOPCON IP-S2 车载测量系统

山西省地图集编纂委员会办公室

山西省地图院

山西省地图集编纂委员会办公室（山西省地图院）是省内唯一具有甲级地图编制资质，并通过ISO9001国际质量体系认证的地图编制单位。该单位技术力量雄厚，拥有一支集地图开发设计和科研于一体的专业技术队伍。成立50多年来，一直承担着为中央和部委领导来晋视察、省领导调研考察编制所需各类地图以及编制全省多种普通和专题地图（集、册）的工作。

作为全省规模最大、技术力量最雄厚的地图编制单位，我单位一直坚持面向政府决策、面向经济建设、面向百姓生活、面向热点话题的服务方针，秉承务实诚信的优良传统、开拓创新的发展理念，先后编纂出版了山西省自然、能源、农业、经济、旅游、灾害、人口、环境保护、历史和近现代史等一系列具有较高学术价值和社会实用价值的大型地图集作品，为促进山西的经济发展、实现文化繁荣、推进社会进步，建设山川秀美的新山西提供了丰富、系统的基础地理信息依据。

面向政府决策

面向经济建设

面向百姓生活

面向热点话题

地址：太原市鱼池街9号　邮编：030002　电话：0351-3532815
网址：http://www.sxmap.com.cn　E-mail：sxditu@126.com

湖北省测绘工程院

湖北省测绘工程院（湖北省导航与位置服务中心）原名湖北省第一测绘院，成立于1975年，是湖北省测绘局直属事业、湖北省测绘行业协会会长单位。

HBCORS系统参考站点分布图

该院是全国首批甲级测绘资质单位，湖北省基础测绘和重大工程项目测绘任务的主要承担单位，省连续运行卫星定位服务系统（HB-CORS）的主要承建和管理单位，数字湖北和数字城市建设的核心单位，精密工程与工业测量国家测绘地理信息局重点实验室的共建单位，全国数字化测绘示范基地之一。该院现有职工200多人，其中硕士研究生等各类专业技术人员占65%，拥有多种现代化测绘仪器设备。在基础测绘、卫星定位服务、数字城市建设、精密工程测量等领域具有较强的实力。

多年来，该院紧紧围绕国家经济建设的需要，不断增强测绘保障服务能力，圆满完成了多项重大测绘任务，2003年获得“全国测绘系统先进集体”称号。该院承担的“湖北省GPS C级网及大地水准面精化”，“大畈核电厂陆域、水域地形测量“等项目获湖北省优秀测绘工程奖一等奖；“1:5万全国地名数据采集与地名数据库建设”项目获2005年中国测绘学会优秀测绘工程奖金奖；“长江流域1:1万DEM数据采集”项目被国家测绘地理信息局评为“优秀产品项目”。多年来，为国土、交通、能源、建设、水利等部门提供了优质的测绘技术支持，为湖北省测绘事业发展提供测绘保障服务，在测绘行业拥有较高的声誉。

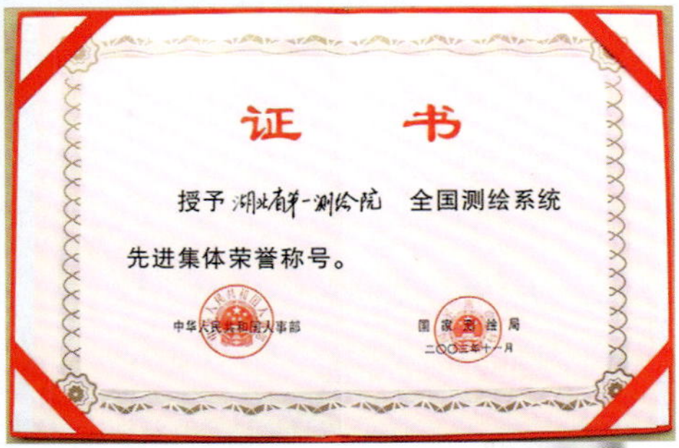

单位办公楼

外业作业照片

地址：武汉市东湖高新技术开发区民院路97号 邮编：430074
电话：87801413 87457393 87514750 传真：87801413 87457393 87514750
网址：www.hbchy.net 邮箱：ecyy2010@126.com

广东省国土资源档案馆

广东省国土资源档案馆的前身是1974年成立的广东省测绘局测绘资料中心，2000年9月，与广东省地质资料馆、国土资源厅机关综合档案室合并后更为现名，是正处级综合档案馆。主要职能为：拟定并实施省国土资源档案事业的发展规划、档案管理制度、办法；指导省国土资源系统档案管理工作，组织开展档案编研、信息化和开发利用工作；承担厅机关有关档案资料的接受、归档、管理和查询利用；承担全省成果地质资料、实物地质资料、测绘成果的汇交、保管和利用工作；承担建设项目压覆矿产资源查询工作；承担地质资料信息服务集群化、产业化工作；承担以往地质勘查工作程度核查工作；承担矿产资源勘查实施方案审查工作。

广东省国土资源档案馆下设机构6个，包括办公室、国土档案室、测绘档案室、地质档案室、数字档案室、实物地质资料室。定编30人，现有研究生以上学历6人，高级专业技术资格9人，中级专业技术资格8人。

广东省国土资源档案馆总建筑面积为2230平方米，其中档案库房建筑面积919平方米，技术用房和阅览、办公用房854平方米。全馆馆藏档案3个全宗，分别为综合文书档案、国土资源档案、测绘科技档案、地质资料档案、声像档案等。馆藏资料丰富、专业性极强。以测绘档案室为例：有大地测量档案、航空摄影测量档案、地图制图档案、各类基础地理信息数据档案共7321卷337871件；对外提供利用的测绘成果主要有大地测量成果33383点，国家基本比例尺地形图7270幅572228张，各类基础地理信息数据67112幅，航片44360幅，合计数据量为19TB；具有载体类型多样、历史沿革齐全、测绘档案品种丰富的特点。在第十二个五年规划到来之际，该馆将与时俱进、奋发创新，为建设一流的数字档案馆，为发展广东国土资源事业做出应有的贡献。

广东省国土资源档案馆
地址：广州市东风东路739号
电话：87768351
邮编：510080
法人代表 馆长：朱雷

广东省地质测绘院

广东省地质测绘院创建于1958年，是广东省地质行业唯一的基础性、公益性测绘事业单位，广东省科技服务业百强企业。拥有甲、乙级测绘资质和地质灾害危险性评估、地质灾害治理工程勘察、地质灾害治理工程设计、土地规划等资质，是广东省政府采购定点印刷单位，通过了ISO9001质量管理体系和CMA计量认证。

广东省地质测绘院主要从事工程测量、地籍测绘、房产测绘、海洋测绘、地理信息系统工程、摄影测量与遥感、地图编制、土地规划、互联网地图服务、地灾防治、激光照排、彩色印刷等，服务范围遍及全国各地。

近年先后完成重点测绘工程100多项，在各种比例尺地形图测绘、第二次全国土地调查、粤北岩溶石山及雷州半岛地区地下水资源勘查监测、珠三角应急水源地勘查、南岭和武夷成矿带1:2.5万地理底图编制、珠江三角洲及周边地区地面沉降地质灾害监测、高时空分辨率地面沉降监测体系及其在防灾减灾中的应用，以及潮汕机场、广州地铁、济广高速、广州亚运会等重大项目建设和数字航空摄影等工作中取得可喜成绩，产品合格率100%，10多项测绘成果获国家、省、局级优秀工程奖项。自主研发的广东省地质局报表管理信息系统、广州花都区国土资源分局农村宅基地发证信息系统、高明区明城镇国土资源管理信息系统、印刷ERP管理系统等深受用户的好评。

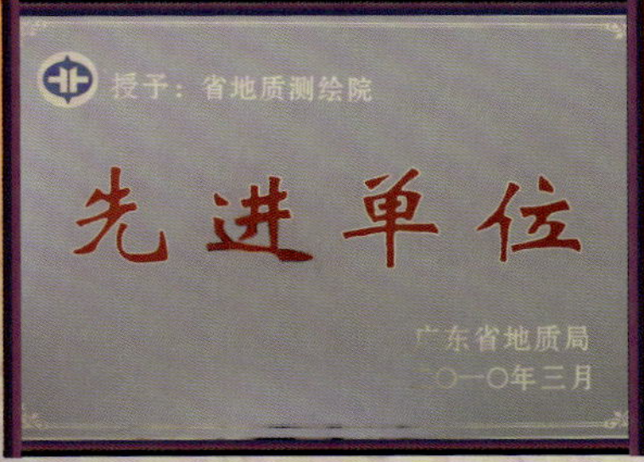

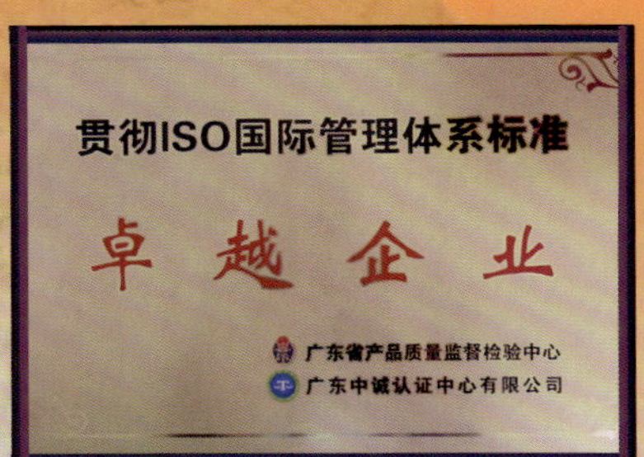

地址：广州市花都区新街大道50号
邮编：510800
电话：020-86863861 86862235 86862265
传真：020-86862286
邮箱：gdceh@163.com
网址：http://www.gddzch.com

国家测绘地理信息局海南测绘资料信息中心

国家测绘地理信息局海南测绘资料信息中心（国家测绘地理信息局海南测绘资料档案馆）成立于1990年7月31日，拥有甲级测绘资质，是海南省唯一的测绘资料档案馆。该中心现有全省境内各种等级的天文、三角、水准和长度等测量成果，各种比例尺地形图、地籍图件及技术数据与档案，世界、全国和海南省挂图、图集、图册，覆盖全岛的黑白、彩红外航摄资料，1:1万和1:5万正射影像图及各种内外业技术档案资料。

该中心拥有精干的测绘技术人员以及先进的仪器设备。主要负责全省测绘成果和测绘资料档案的接收、搜集、整理、保管、统计和分发服务工作，同时从事地理信息系统工程开发、地图编制等业务以及测绘数字化生产与办公自动化计算机网络系统的建设与管理、应急地图保障等职能工作。

国家测绘地理信息局海南测绘资料信息中心（国家测绘地理信息局海南测绘资料档案馆）正以全新的模式，与时俱进、开拓创新，加大服务力度、拓宽市场，为数字海南地理空间框架建设、海南国际旅游岛建设提供优质的测绘地理信息保障服务。

中心主任：赵书轩

数字海南地理空间框架三维平台

图集图册

各种旅游图

数字产品

负责人：赵书轩（主 任） 电话：0898-65330065
传真：0898-65360159
黄良奋（副主任） 电话：0898-65229105
地 址：海口市白龙南路53号测绘大厦6楼
邮 编：570203

海南地质综合勘察设计院

海南地质综合勘察设计院成立于1953年，为全民所有制技术密集型企业。现有职工198人，高级工程师54人（含教授级高级工程师3人），工程师86人。其中，测绘高级工程师3人、测绘工程师15人。拥有各类仪器设备420台（套）。

海南地质综合勘察设计院主要从事地质灾害危险性评估，地质灾害治理工程勘查、设计、施工，建筑桩基无损动测，工程测绘，安全评价，岩土工程勘察，土石方工程，钻井供水，电法找水，深井泵安装与维修等业务。

建院以来，海南地质综合勘察设计院先后有10多个项目获国家或省部级科技进步奖一、二、三等奖。自2002年以来，获海南省优秀工程勘察奖二等奖2项、三等奖3项。“中国热带农业科学院试验场1:2000及1:500比例尺地形图测绘”被评为2009年度海南省优秀测绘工程项目，2011年获海南省首届优秀测绘工程奖三等奖。

海南东环快速铁路测绘现场

海南地质综合勘察设计院具有完善的管理制度和组织机构，严格按照国际质量管理体系ISO9001:2008标准执行管理，被评为海南省商务信用“AAA”单位。本着“质量第一、信誉第一”的宗旨，竭诚为社会提供优质服务。

地址：海南省海口市南沙路88号 邮编：570206
电话：0898-66823136 传真：0898-66823508
http://www.hngeo.com

甲级测绘资质证书

海南省测绘学会理事单位

首届海南省优秀测绘工程奖三等奖

四川省煤田地质局一三七队

四川省煤田地质局一三七队成立于 1962 年，是四川省属事业法人单位。现有职工 1200 多人，总资产 1.87 亿元，配备各种先进的设备及仪器 700 台（套）。拥有测绘工程院、地质矿产研究院两个直属实体和四川煤田地质一三七总公司、四川蜀东地质勘察设计研究院、四川秦巴宏达印务有限责任公司、四川金穗矿业有限公司、四川钜锋钻探有限责任公司 5 个法人企业。业务涉及测绘地理信息、资源勘查、岩土勘察、地灾系列、机械、包装装潢、资产管理等领域。拥有测绘、固体矿产勘查等 10 个甲级资质，通过 ISO9001:2008 国际质量体系、GB/T28001-2001 职业健康安全管理体系、GB/T24001-2004/ISO14001:2004 环境管理体系认证。

办公楼

四川省煤田地质局一三七队全年测绘 1:500 地形图 400 平方千米、钻探进尺 30 万米、同时运行工程项目 50 个、年提交资源勘查地质报告 10 件、岩土勘察及地灾等其他地质报告 100 多件，年经营收入 2 亿元。完成青海多尔丰地区煤炭预查控制测量、重庆市矿业权核查和大竹县农村集体土地确权勘测等工程，体现了过硬的技术实力和快捷有序的组织能力。

外部质量监督

四川省煤田地质局一三七队获四川省年度省级“守合同重信用企业”、“优质工程示范先进单位”、“安全生产先进单位”、“西南抗旱找水打井先进集体”、“国土资源部系统北方四省抗旱找水打井先进集体”、“四川省支援山东应急抗旱找水打井工作先进集体”等荣誉，受到社会各界的肯定和支持。将秉承质量第一、信誉至上的经营理念推进各项事业不断发展！

垂询电话：0818-2685137、2658844（传真）

罗总茂县野外检查

国家测绘地理信息局文件

国测管发〔2012〕25号

关于批准四川省煤田地质局一三七队为甲级测绘资质单位的通知

四川测绘地理信息局：

依据《中华人民共和国测绘法》和《测绘资质管理规定》，经审核，批准四川省煤田地质局一三七队为甲级测绘资质单位，颁发甲级《测绘资质证书》。

业务范围：

工程测量：控制、地形、城乡规划定线、市政工程、精密工程、线路工程、矿山、变形（沉降）观测、形变、竣工测量。

二〇一二年五月三日

甲级测绘资质文件

测绘工程院召开 2012 年工作会

测绘资料

商洛市城乡建设规划局

局长赵绪春谈城镇规划和测绘管理工作

商洛市城乡建设规划局成立于2010年5月，主要承担城市（镇）规划的编制审核、城建项目的规划选址、定点、测绘、勘察设计、施工图审查和“一书三证”审查发放及规划执行监督管理等公共服务职能。负责勘察设计行业管理、测绘成果管理应用、测量标志保护及测绘单位资质管理等工作。

“8·29”测绘法宣传日活动

两年来，该局全面实施规划引领工程，完成了《商洛市城市总体规划（2010-2020）》修编工作，编制了《商洛市“十二五”城镇化规划》等20多个详细规划、专项规划和全市测绘工作“十二五”规划，严格执行“一书两证”制度，积极开展测绘法律法规宣传，全面落实涉密测绘成果保密检查和地图市场专项整治工作。2011年，在全市年度目标责任考核中获优秀等次、连续两年被市政府评为国土资源管理工先进集体，在全省测绘地理信息工作年度考核中连续两年获优秀等次。在庆祝建党90周年“三唱三颂”歌咏比赛中获二等奖，在第十五届西洽会“商洛城镇化建设馆”设计建设布展中获得全省“特等奖”。

庆祝建党90周年“三唱三颂”歌咏比赛获二等奖

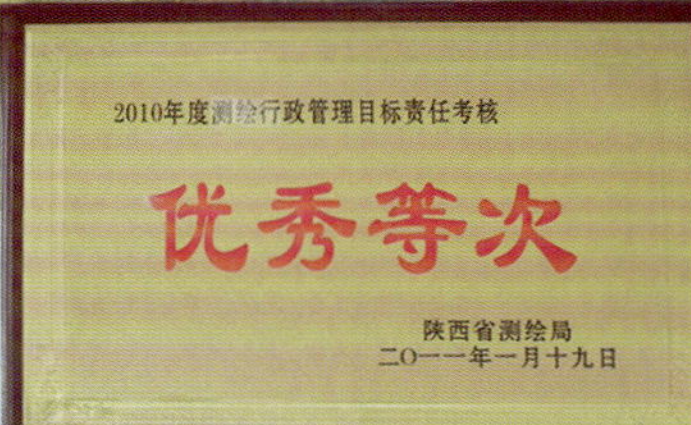

青海省核工业地质局

法人代表：赵世勇

青海省核工业地质局前身是核工业西北地勘局652大队，组建于1956年，1999年从原核工业西北地勘局划归到青海省国土资源厅管理，成为青海省内唯一的集铀矿和多金属矿及非金属矿为一体的综合地质勘查队伍。

青海省核工业地质局拥有甲级测绘资质、固体矿产勘查甲级资质、工程勘察综合甲级资质、地质灾害评估和施工甲级资质、环境综合治理乙级资质和对外（境外）承包工程经营许可证等。取得了国家级计量认证、国家级实验室认可和国防实验室认可，通过GB/T19001:2000质量管理体系认证。主要业务领域包括铀、钍及金、银、铁、铜、铅、锌、镍等矿产的国家专项地质调查、省财政专项资金地质勘查及矿产开发；测绘工程施工、地质灾害治理设计与施工、评估及监理；环境地质恢复治理、岩土工程勘察设计、钻探工程施工、检测试验分析及岩矿鉴定等。共有测绘工作人员59人。其中，高级工程师12人、工程师22人、助理工程师25人。拥有各类测绘仪器40多台（套）以及绘图仪、绘图软件及其他测绘器材。

近年来，青海省核工业地质局承担的主要业务包括老挝境内钾盐矿的普查与详查工作；5个县的第二次全国土地调查项目；青海省地质找矿和环境治理工作及青海省铀矿地质勘探设施“十二五”退役整治工程测绘地理信息保障服务；玉树州玉树县城1:2000地形图测绘，以及结古寺、当卡寺滑坡监测预警和泥石流沟的灾害治理监测工作等。

2010年，青海省核工业地质局完成的“老挝东泰钾盐矿区控制测量及地形图测绘”项目获青海省测绘学会优秀测绘工程奖二等奖。2011年，完成的“老挝甘蒙省龙湖矿区西段钾镁盐矿详查——勘探与测绘工程”获青海省科学技术厅颁发的青海省科技成果完成奖。

青海省核工业地质局

中科院大陆环境科学钻探第一钻：云南鹤庆环境钻探—央视记者现场报道

青海湖环境科学钻探

2010年玉树灾后重建测绘

2011年省国土资源厅测绘技术大比武

行业单位测绘地理信息工作

北京市

北京市房地产勘察测绘所

【概况】

北京市房地产勘察测绘所法人代表庞瑞敬，拥有甲级测绘资质，共有技术人员22人。业务范围包括地籍测绘；房产测绘；工程测量：控制、地形、变形（沉降）观测、形变、竣工测量等。

【业务】

2011年，北京市房地产勘察测绘所完成房产测绘380多万平方米，实现收入1200多万元。其中，房产测绘项目规模达到10万平方米以上重要测绘工程共有11项，包括首城国际中心C区，三嘉信苑，广阳家园C、D项目，三间房乡商业用地，大兴区黄村镇19号地，黄村镇新城北区10号地等。

【获奖情况】

北京市房地产勘察测绘所承担的“北京财富中心二期房产测绘工程”获2011年度北京市优秀测绘工程奖二等奖、2011年中国测绘学会优秀测绘工程奖铜奖。

北京市信息资源管理中心

【概况】

北京市信息资源管理中心成立于2001年，法人代表彭凯，拥有甲级测绘资质证书，共有测绘方面技术人员21人。业务范围主要是互联网地图服务。

【业务】

2011年，北京市信息资源管理中心研建了地理空间信息资源公众服务平台，为全市政府部门发布基于地理空间资源的公众服务网站，提供统一的地理空间资源接入服务，并通过“首都之窗”集中提供服务。组织北京市园林绿化局、市文化局等30多家单位及区县进行公众服务网站建设，发布240多个图层信息，提高了全市政府部门公众服务能力和水平。

易图通科技（北京）有限公司

【概况】

易图通科技（北京）有限公司成立于2004年，法人代表王志勋，拥有甲级测绘资质，通过ISO9001质量管理体系认证和ISO/TS16949国际汽车工业质量管理体系认证，共有技术人员320人。业务范围包括导航电子地图制作；互联网地图服务；地理信息系统工程；外业采集的地理信息数据处理、地图数字化、建立数据库、建立专业地理信息系统；地图编制：电子地图制作。

【业务】

截至2011年，易图通科技（北京）有限公司的车厂用户主要有上海大众、一汽大众、东风标致、东风裕隆、上海通用、克莱斯勒（吉普全系）、比亚迪汽车、东风标致、法拉利等；手持导航仪用户主要有车灵通、橡果国际、城际在线、上海文广SMG/点点通以及多普达、iPhone、三星等手机厂商；地图用户主要有工商银行、中国移动M2M运营中心、北京联通、浙江电信、福建电信、黑龙江联通等。2011年易图通导航电子地图正式进入东风裕隆、比亚迪汽车等前装导航市场。该公司研制的真三维导航电子地图在业界处于领先水平。

【获奖情况】

易图通科技（北京）有限公司开发的“全国交通旅游信息服务系统”项目获卫星导航定位优秀工程和产品奖。易图通导航电子地图获中国汽车产业信息化成果之车载导航系统大奖。

中科宇图天下科技有限公司

【概况】

中科宇图天下科技有限公司成立于2001年，法人代表姚新，拥有甲级测绘资质，共有技术人员130人。业务范围包括互联网地图服务；地理信息系统工程等。

【业务】

2011年，中科宇图天下科技有限公司完成全国16个省份1:2000行业地理信息数据制作，城区面积6万平方千米，郊区面积约220万平方千米，采集兴趣点约400万个，地址码信息约550万条。率先将“3S”技术与环境保护业务相结合，多次主持、参与了科技部和环境保护部组织的“973”计划、“863”计划、国家科技支撑计划、“国家环境保护标准”等课题及项目。

【获奖情况】

中科宇图天下科技有限公司完成的“唐山市环境监控与应急综合管理平台”项目获2011年中国地理信息产业协会地理信息科技进步奖三等奖；“空气质量预测预报集成系统”项目获中国质量评价协会“科技创新优秀产品奖”；编制《环境保护应用软件开发管理技术规范》已经批准为国家环境保护标准。年内，该公司获“科技创新优秀企业奖”，被评为清科·2011年中国最具投资价值企业50强。姚新获全国优秀环境科技实业家奖。

北京四维益友信息技术有限公司

【概况】

北京四维益友信息技术有限公司成立于2005年，法人代表林善红，拥有甲级测绘资质，共有技术人员50人。业务范围包括互联网地图服务（甲级）；地理信息系统工程；地图编制：真三维地图、电子地图等。

【业务】

2011年，北京四维益友信息技术有限公司承担“数字日照地理空间框架建设1:6000航空影像摄制及三维模型制作”项目；曲靖市中心城市三维仿真系统及数据库（一期）建设；数字邹平地理空间框架建设项目一期和二期工程；承接合肥应急与三维投影系统的建设，该系统拥有先进的设计和良好的展示效果，能够完全满足甚至超越用户的需求；承接安徽省公益性国土资源科技项目“基于GIS技术的池州市三维矿山地质环境管理信息系统”的建设。

【获奖情况】

北京四维益友信息技术有限公司完成的“北京市测绘资质管理信息系统——成果汇交、专项检查、专家档案管理模块开发项目”获2011年中国地理信息产业优秀工程奖铜奖；“基于SOA及二三维一体化Web3DGIS技术数字城市三维规划管理系统”获2011年中国测绘学会测绘科技进步奖三等奖；“山西省晋城市数字城市建模工程”、“湖北省鄂州市三维模型建设工程”分别获2011年中国测绘学会优秀测绘工程奖铜奖。

北京新兴华安测绘有限公司

【概况】

北京新兴华安测绘有限公司成立于1999年，法人代表瞿敏伟，拥有甲级测绘资质，共有技术人员110人。甲级业务范围包括房产测绘；地籍测绘；工程测量：控制、地形、市政工程、建筑工程、地下管线、变形（沉降）观测、形变、矿山测量、竣工测量。乙级业务范围包括地理信息系统工程、摄影测量与遥感。

【业务】

一、工程测量

2011年，北京新兴华安测绘有限公司完成工程测量项目200多项，包括丰台区南苑镇棚户区改造一期项目D1地块房产面积测绘、沉降观测及基坑第三方观测；门头沟区采空棚户区改造石门营A地块、B地块定向安置房工程沉降观测及基坑第三方观测等项目。

二、房产测量

该公司完成房产测量项目145个，面积约900万平方米。包括龙湖常营西区常楹天阶项目，占地面积17.5万平方米，建筑面积67万平方米；密云保利花园项目，占地面积20万平方米，建筑面积35万平方米；中海九号公馆项目，占地面积34.8万平方米，建筑面积28万平方米；绿城百合公寓测绘项目，占地面积568284平方米，建筑面积67万平方米。

三、地籍测量

该公司完成地籍类测绘项目147个，包括安徽省淮北市相山区、烈山区集体土地确权登记发证项目；江苏省徐州市徐庄镇、马坡镇农村宅基地土地调查项目；安徽省铜陵市铜陵县东联乡、西联乡农村宅基地调查项目。

四、地理信息系统工程

完成北京师范大学校园地理信息“一张图”工程公共平台建设，实现校园地理信息与“数字校园”的有机集成；完成数字清水地理信息公共平台的建设、基础地理信息建库、政务电子地图与专题地图数据生产，基于公共平台的应用系统集成。形成软件成果7项，申请软件著作权7项。

北京爱地地质勘察基础工程公司

【概况】

北京爱地地质勘察基础工程公司成立于1984年，法人代表韩国峰，拥有甲级测绘资质，共有技术人员157人。业务范围包括工程测量：控制、地形、变形（沉降）观测、形变、线路工程、矿山、建筑工程、市政工程、精密工程测量；岩土工程勘察、设计、水文地质勘察、工程测试、地基基础工程施工等。

【业务】

2011年，北京爱地地质勘察基础工程公司主要完成测量项目56项，其中大型及复杂测量项目25项。测绘成果质量优良，全年无质量事故发生。

该公司承担部分厂矿区平面、高程控制测量工作，如首钢鲁家山生物质能源项目GPS控制测量等。承担首钢长治钢铁有限公司、首钢京唐钢铁有限责任公司等单位新建、改建、扩建工程的勘察测量、施工测量、地形测量、线路工程测量等项目，放测、定测各类孔位、桩位、开挖边线，施测地物、地形点坐标高程，绘制纵横断面图、现状图等；承担多项建筑物沉降观测、建筑场地滑坡变形观测、边坡治理长期变形观测以及单独构筑物形变观测项目，包括中国动漫游戏城铸钢清理车间基坑护坡变形观测、津秦客运专线北戴河站站房基坑护坡变形观测等。

【获奖情况】

北京爱地地质勘察基础工程公司完成的“首钢京唐公司钢铁厂（一期）2250热轧工程钢卷库公辅系统等31项CFG桩工程”获2011年全国冶金行业优秀工程勘察奖一等奖，“首钢京唐钢铁联合有限公司一期主要建筑物及地面沉降观测工程”获二等奖。

北京华星勘查新技术公司

【概况】

北京华星勘查新技术公司成立于1993年，法人代表李峰，拥有甲级测绘资质，共有技术人员55人。业务范围包括工程测量：控制、地形、城乡用地、日照、市政工程、水利工程、建筑工程、精密工程、线路工程、地下管线、矿山、变形（沉降）观测、形变、竣工测量；地籍测绘；房产测绘等。

【业务】

2011年，北京华星勘查新技术公司共开展测绘项目100多项，包括北京通胡大街70号居住区房产预测项目、首都机场除冰坪工程测量项目，首都机场F滑南端地形测量项目、固安大卫城礼乐易园房产预测项目、朝阳区王四营住宅及配套预测项目、大厂孔雀城房产预测项目等。

【获奖情况】

北京华星勘查新技术公司完成的“北京新天地住宅小区沉降观测项目”获2011年度中国建材工程建设优秀工程勘察奖一等奖；“北京地铁10号线Ⅱ期GPS控制网复测项目”获北京市规划委员会颁发的2011年度北京市优秀测绘地理信息工程奖三等奖。

北京东方道迩信息技术股份有限公司

【概况】

北京东方道迩信息技术股份有限公司成立于2001年，法人代表孙冰，拥有甲级测绘资质，共有技术人员67人。业务范围包括摄影测量与遥感；互联网地图服务；地理信息系统工程：摄影测量数据处理、空间遥感地理信息数据处理、地图数字化、建立数据库等。

【业务】

2011年，北京东方道迩信息技术股份有限公司参与国家发展和改革委“卫星应用高技术产业化专项”——城市与风景名胜区遥感信息综合服务应用示范项目；参与环保部“国家环境空间信息服务技术及管理模式研究”课题；研建上海市城市三维场景展示系统、河南省国土资源空间数据三维展示系统；承担辽宁省测绘地理信息局“天地图”项目、吉林省测绘局“天地图”项目建设等工作。

【其他】

一、科技创新

北京东方道迩信息技术股份有限公司研建了智行者地理信息公共开发平台、智行者地理信息服务平台、智行者国土资源一张图管理与服务平台、规划一张图管理与三维辅助决策支持系统、国土资源三维综合展示与查询系统、电力工程勘测与辅助设计系统等。

二、获奖情况

该公司被评为中国地理信息产业公益服务特殊贡献单位，北京信息网络产业新业态创新企业30强，中国地理信息产业十年创新企业，获2011年度中国行业信息化突出贡献企业奖。

北京地星伟业数码科技有限公司

【概况】

北京地星伟业数码科技有限公司成立于2003年，法人代表张述升，拥有甲级测绘资质，共有技术人员100多人。业务范围包括地籍测量；工程测量：控制、地形测量；地理信息系统工程：空间遥感地理信息数据处理、地图数字化、建立数据库、建立专业地理信息系统。

【业务】

一、遥感信息数据处理

2011年，北京地星伟业数码科技有限公司主要承担了第二次全国土地调查核查成果数据缩编项目，全国土地变更调查监测与核查遥感监测项目，全国土地利用变更调查成果国家级核查项目等。

二、地籍测量与工程测量

该公司承担临沂南坊三维城镇地籍调查，海南省海口市澄迈县、文昌县农村宅基地确权登记发证项目，徐州市铜山区何桥镇等6个镇村庄地籍调查项目，三淅高速公路第三方检测项目等。

三、地理信息系统开发与建设

该公司承担集体土地建设用地管理系统、山西省第二次土地调查数据库管理系统等系统的研发工作。

四、土地规划设计

该公司承担唐县高昌镇、曲阳县东旺乡、望都县寺庄乡土地整治等项目。

五、其他软件工程

该公司承担城镇地籍调查数据汇总软件、土地登记系统等系统的研发，土地整治三维监管系统的设计与开发。全年完成软件成果12个，申请软件著作权6项。

【获奖情况】

北京地星伟业数码科技有限公司获国家测绘地理信息局颁发的“十一五”测绘地理信息科技优秀团队奖。

北京东方新星石化工程股份有限公司

【概况】

北京东方新星石化工程股份有限公司始建于1952年，法人代表陈会利，拥有甲级测绘资质，共有技术人员73人。业务范围包括工程测量（甲级）：控制、地形、市政工程、水利工程、建筑工程、精密工程、线路工程、地下管线、桥梁、隧道、变形（沉降）观测、形变、竣工测量；地理信息系统工程：摄影测量数据处理、空间遥感地理信息数据处理、地图数字化、建立数据库、建立专业地理信息系统、外业采集的地理信息数据处理、外业地理信息数据采集等。

【业务】

一、主要测绘业务

2011年，北京东方新星石化工程股份有限公司完成石油化工企业厂址规划的地形测量；摄影测量数据处理、空间遥感地理信息数据处理、地图数字化、建立数据库、建立专业地理信息系统、外业采集的地理信息数据处理、外业地理信息数据采集。

二、重大测绘工程

该公司完成的工程测绘项目包括湖南成品油管道项目测量工程，线路测量185千米；石家庄炼化分公司800万吨炼油新区方格网点测量14点；天津大港原油商业储备基地测量工程，测绘1:500地形图0.7平方千米；呼和浩特石化公司水管线带状地形图测量及管线探测测绘，测制1:500地形图0.8

平方千米，探测地下管线15.7千米；中原乙烯控制点测量GPS复测25点；某国家石油储备地下水封洞库地上工程施工测量控制网测量6点；海南成品油保税库区控制网测量11点；中国石油化工集团公司洛阳分公司1800万吨炼油扩能改造工程地形图测量，测绘1:500地形图7.3平方千米；中天合创鄂尔多斯煤化工项目长输水管线东胜段线路测量工程，线路测量29千米。

【其他】

一、科技创新

北京东方新星石化工程股份有限公司开发了“企业总图三维专题地理信息系统”。该系统是公司进行测绘信息化管理和辅助规划决策的重要平台，也是智慧工厂的数字化三维平台。该公司开发的“区域土方量精算软件”和“油罐装置三维定位拟合装置软件”获国家版权局颁发的计算机软件著作权。

二、获奖情况

该公司完成的“川气东送管道工程带状地形图测量”获2011年中国测绘学会优秀测绘工程奖铜奖；“普光气田天然气净化厂项目全厂沉降观测工程”获北京测绘学会测绘科技进步奖三等奖；“长岭-株洲成品油管道工程”获中国石油化工集团公司优质工程奖。

中国国土资源航空物探遥感中心

【概况】

中国国土资源航空物探遥感中心创建于1957年，法人代表王平，拥有甲级测绘资质，共有技术人员187人。业务范围包括测绘航空摄影：胶片航空摄影、数码航空摄影；摄影测量与遥感（内业）等。

【业务】

2011年，中国国土资源航空物探遥感中心主要完成“国家基础航空摄影铜陵摄区”、“国家基础航空摄影平湖海盐摄区”、“西安市基础航空摄影”、“广西城镇三维地籍数据库航空摄影”等项目。完成江苏省南部、上海市、青海省中部共103个县（市）的土地利用变更调查监测与核查遥感监测工作，总面积33.9万平方千米。

【获奖情况】

中国国土资源航空物探遥感中心参与的“青藏高原地质理论创新与找矿重大突破”集成成果获2011年度国家科技进步奖特等奖。

中测新图（北京）遥感技术有限责任公司

【概况】

中测新图（北京）遥感技术有限责任公司成立于2005年，法人代表马宗新，拥有甲级测绘资质，共有技术人员310人。业务范围包括测绘航空摄影：胶片航空摄影、数码航空摄影、机载激光扫描、机载SAR成像、无人飞行器航摄；互联网地图服务；地籍测绘；摄影测量与遥感；地理信息系统工程；大地测量：卫星定位、水准测量、大地测量数据处理；地图编制：地形图编制、省级及以下政区地图、电子地图、真三维地图、其他专用地图；工程测量：控制、地形、城乡规划定线、城乡用地、规划检测、日照、市政工程、建筑工程、线路工程、地下管线、桥梁、隧道、竣工测量等。

【业务】

一、国家基础航空摄影

2011年，中测新图（北京）遥感技术有限责任公司签定国家基础航空摄影项目4个，中标金额2362.5万元，完成摄区面积18.78万平方千米。

二、重大遥感应用工程

该公司完成2010年土地变更调查监测与核查遥感监测任务，涉及296个区县；承担2011年土地变更调查监测与核查遥感监测任务，涉及甘肃66个区县、云南26个县；承担2011年~2012年华东地区40个区县土地督察遥感监测和外业调查项目。

三、低空数码遥感测绘和技术服务

该公司完成16家省级测绘单位无人机航摄系统示范应用和技术服务；完成国家西部1:5万地形图空白区测图工程西藏、新疆、青海、四川等地共34个高海拔县城区域影像图制作；完成“927”重点工程实验。

【其他】

一、科技创新

中测新图（北京）遥感技术有限责任公司研制完成国内首台国家地理信息应急监测车；完成“863”重点项目“高精度轻小型航空遥感系统典型示范应用”及“远离大陆的海岛（礁）遥感识别与测图技术”课题研究；拓展了神州遨游三维仿真技

术平台服务领域；加快对倾斜航空摄影系统的研制；自主研制新型全自动航摄稳定平台与UDC/UCX系列航摄仪的装载挂接，并应用到工程项目；研制出适应于测绘无人机的双频GPS飞控系统；研制出长航时测绘无人机和视频监测型无人机，装备在国家地理信息应急监测车上。

二、获奖情况

该公司完成的“基于影像特征的三维地理信息管理与服务技术体系研究”获2011年中国地理信息科技进步奖一等奖；“低空应急测绘技术装备与服务保障体系建设”获2011年中国测绘学会测绘科技进步奖一等奖；“内蒙古宁城县国土调查及数字国土工程建设”获2011年中国地理信息优秀工程奖银奖；“第二次全国土地调查数字正射影像生产监理工程”和“吉林油田数字三维管理系统”分别获2011年中国测绘学会优秀测绘工程奖银奖。年内，该公司获“2011第二届中国地理信息产业最具成长力企业”、“2010年度中国地理信息产业最佳雇主”、2011年中国地理信息产业公益服务特殊贡献单位、中国地理信息产业装备创新示范单位等称号，被授予“十一五”测绘地理信息科技优秀团队奖。李英成被中国科协授予“全国优秀科技工作者”称号，被国家测绘地理信息局授予“十一五”测绘地理信息科技杰出贡献奖。

北京老虎宝典科技有限责任公司

【概况】

北京老虎宝典科技有限责任公司成立于2007年，法人代表卓日克，拥有甲级测绘资质证书，共有技术人员52人。业务范围主要是互联网地图服务。

【业务】

2011年，北京老虎宝典科技有限责任公司研发的智能POI生成系统解决了城市地址匹配与定位问题，能够快速、自动更新POI，确保POI准确率。

【获奖情况】

2011年，北京老虎宝典科技有限责任公司完成的老虎地图在移动互联网应用创新大赛中获“优秀作品奖”和“最佳人气奖”；老虎地图Android版与Bada版在开发者挑战赛星空大赛中获“跨平台奖”。年内，该公司在地理信息产业年度颁奖盛典暨第二届传递3S价值年会上获“十大新锐企业”称号。

中交宇科（北京）空间信息技术有限公司

【概况】

中交宇科（北京）空间信息技术有限公司成立于2008年，法人代表郭力，拥有甲级测绘资质，共有技术人员120人。业务范围包括工程测量：控制、地形、隧道、城乡规划定线、城乡用地、规划检测、日照、市政工程、建筑工程、精密工程、线路工程、桥梁、变形（沉降）观测、形变、竣工测量等。

【业务】

2011年，中交宇科（北京）空间信息技术有限公司完成重大工程项目4个，其中公路选线项目3个，国家基础航测项目1个。包括江西寻乌至信丰高速公路建设LiDAR数据采集与处理项目，测绘长度约149千米；广东潮州至惠州高速公路建设LiDAR数据采集与处理项目，测绘长度约338.4千米；包头至茂名高速公路建设LiDAR数据采集与处理项目，测绘长度约288.1千米；贵州省遵义市1∶2000和1∶1000基础航测项目，面积约600平方千米。全年共测绘面积约为2031平方千米。

该公司承担了河南电力数字绘图项目（约1万平方千米）；三路居地铁站建模、昆明地区2.5米遥感卫星影像数据处理等项目。在数据处理方面，自主研发一系列模块，实现了数据处理自动化，提高了效率。

【其他】

一、科技创新

中交宇科（北京）空间信息技术有限公司开展真三维道路设计、建设管理、路政管理及养护等系统的研发，经交通部专家鉴定达到国际领先水平，并取得“一种真三维道路勘察设计项目演示汇报系统”和“真三维道路智能设计方法及系统”2项专利。将机载LiDAR技术、地面LiDAR技术和大地水准面精化技术相结合，在高精度、高效率地形测绘方面取得突破。

二、获奖情况

该公司获中国公路学会特等奖1项，中国测绘学会优秀测绘工程奖金、银、铜奖各1项，2011年中国测绘学会测绘科技进步奖二等奖1项，北京市规划委员会优秀工程奖一、二、三等奖各1项，2011年中国地理信息产业协会优秀工程奖铜奖1项。

中国科学院遥感应用研究所

【概况】

中国科学院遥感应用研究所成立于1979年，法人代表顾行发，拥有甲级测绘资质，共有技术人员33人。业务范围主要是测绘航空摄影。

【业务】

中国科学院遥感应用研究所以遥感科学与技术创新为基础，以天空地一体化遥感系统论证、综合国情遥感监测与预警系统为支撑，以遥感科学与试验、遥感技术前沿与信息挖掘、遥感综合应用技术、遥感信息工程为主要科研方向，为国家安全、资源开发、防灾减灾、环境保护以及社会可持续发展提供科学决策依据，为国防现代化、信息化建设提供遥感应用技术支撑，为地方政府、重大工程、企业和公众用户提供空间信息服务。

【其他】

一、科技创新

2011年，中国科学院遥感应用研究所以地球系统科学中的遥感机理研究为方向，建立了大尺度非均匀复杂地表遥感辐射传输模型，发展了地表参数遥感反演与同化方法体系。研发的遥感图像模拟、大气监测等成果应用于环境与灾害监测预报小卫星、中巴资源卫星地面系统等建设，为国产卫星应用提供了理论支撑。

在硬件技术发展方面，发明了便携式并行计算装置、彩色数字相机系统等。研发的IRSA7.0、快速整编平台、SINCE2008等具有自主知识产权的遥感数据处理工程化软件平台在国内处于领先水平。

在综合应用方面，建成国土资源遥感监测、灾害遥感监测与预警等系统。年内，该单位在粮食安全、耕地保育、水旱灾害、生态环境监测、空气质量监测等方面发挥了重大作用。

二、获奖情况

2011年“多平台多波段对地观测信息处理技术与应用系统”作为第一完成单位获得国家科技进步二等奖；2011年新增国家科技进步二等奖3项，军队科技进步一等奖1项。

北京地拓科技发展有限公司

【概况】

北京地拓科技发展有限公司成立于1998年，法人代表王永利，拥有甲级测绘资质，共有技术人员49人。业务范围包括互联网地图服务、地理信息系统工程。

【业务】

2011年，北京地拓科技发展有限公司承担了水利部“全国水土保持监测网络和信息系统二期工程”、“国务院第一次全国水利普查”、“全国水土保持规划协作平台”、“北京市水土保持核心业务管理系统二期工程”等国家、省市级大型信息化项目。

【其他】

一、科技创新

公司的核心产品DTGIS地理信息服务平台，改变了传统地理信息系统数据组织、管理、应用、服务的模式。充分分析水利、农业、林业及环境行业的标准、行业特色和应用习惯，为建立大江大河与当地水贯通，库河湖相连，城乡统筹一体的数字化水网提供手段；为水利、农业、林业、环境等业务系统快速建立提供GIS开发平台；为水网基本特征分析提供服务功能；为专业模型集成提供标准化、专业化接口。为各行业各业务快速、全面、系统、科学、动态的规划设计、分级管理、预测预报、应急方案、效益评估、统筹决策提供支撑。

二、获奖情况

2011年，北京地拓科技发展有限公司被中国地理信息产业协会评选为“中国地理信息产业公益服务特殊贡献单位”，被中国水土保持学会规划设计专业委员会评选为“2010－2011年度先进单位”等。研发的“农业宏观决策支持系统”获北京市科学技术奖二等奖、2010年度中国农业信息化最佳解决方案奖。

北京合众思壮科技股份有限公司

【概况】

北京合众思壮科技股份有限公司成立于1994年，法人代表郭信平，拥有甲级测绘资质，共有技术人员120人。业务范围包括互联网地图服务（甲级）；地理信息系统工程：空间遥感地理信息数据处理；外业采集的地理信息数据处理；建立专业地理信息系统等。

【业务】

2011年，北京合众思壮科技股份有限公司承接了农业部渔业局“基于自主卫星影像的水产养殖水域资源遥感动态监测工程”，累计项目金额为750万。

该公司承接农业部渔业局“渔捞日志自动采集与分析系统”建设，一期项目资金980万，全国300台渔船已经安装运行该公司研制的渔捞日志采集仪。

7月，该公司研建的“中国位置”服务平台上线。该平台实现了天基卫星导航网、地基增强网、地基室内定位网、移动通信网、互联网五网合一；解决实时无缝定位，实时高精度定位，导航、时间服务以及深层位置信息服务三大产业问题，为服务对象提供4A（Anybody、Anything、Anytime、Anywhere）位置服务需求，是提供全方位导航与位置服务的系统平台。

北京威特空间科技有限公司

【概况】

北京威特空间科技有限公司成立于2006年，法人代表朱正荣，拥有乙级测绘资质，共有技术人员200多人。业务范围包括摄影测量与遥感、工程测量、地籍测量等。

【业务】

2011年，北京威特空间科技有限公司共开展工程100多项，其中大型及复杂测绘项目30多个，测绘成果质量优良，全年无质量事故发生。

该公司利用无人机摄影共完成风电场选址摄影测量项目70个，包括云南昭通市巧家县风电场1:2000航空摄影测量项目、山西静乐康家会1:2000风电场航测项目等。参与宁夏中北部土地整理项目8个，包括宁夏石嘴山市惠农区红果子镇勘测项目、宁夏地区土地整理无人机航空摄影中间进度核查项目等。参与城市规划类项目15个，包括长春北部城区1:500地形图测绘项目、贵州省赤水市1:500航测成图项目。水利建设项目3个，包括云南贡山马吉水电站、西藏雅鲁藏布江1:2000航空摄影测量项目等。参与宁夏西夏陵航空遥感考古项目。参与IMU+DGPS地面辅助测量类项目2个，包括威宁航空摄影地面辅助测量等。参与永定河重点治理区（河北省部分）水土流失动态监测、密云小流域规划治理无人机数字航空摄影测量等。

【获奖情况】

北京威特空间科技有限公司获中国地理信息产业协会2011中国应急管理信息化成果应用奖1项；2011年中国测绘学会优秀测绘工程奖铜奖1项；完成的“Vitbase企业运营管理平台系统”获2011年中国地理信息产业优秀工程奖铜奖。年内，该公司获国家新媒体产业基地颁发的创新进步奖。

北京粤富华测绘测量有限责任公司

【概况】

北京粤富华测绘测量有限责任公司成立于2004年，法人代表王福全，拥有乙级测绘资质，通过ISO9000质量管理体系和ISO18000职业健康安全管理体系的双重认证，共有技术人员43人。业务范围包括房产测绘、工程测量（建筑测量、市政工程测量）、地形测量、竣工测量（建设工程）、地籍测量、变形监测、形变测量、线路工程测量、水利工程测量等。

【业务】

2011年，北京粤富华测绘测量有限责任公司完成多项大型测量项目。测绘成果质量优良，全年无质量事故。

该公司承担北京市通州区台湖镇两站一街住宅搬迁工作中的房屋拆迁面积测量工作。承担北京市通州区轻轨L2线通州段两站一街定向安置房项目（南、北区）的规划验收测量以及南区房屋产权登记测绘工作。完成北京市邮政公司指挥调度中心、北京市通州区第三中学等项目的规划监督测量工作。

【获奖情况】

北京粤富华测绘测量有限责任公司完成的“GPSRTK观测数据管理软件的开发与应用”项目获北京测绘学会2011年测绘科技进步奖三等奖。

北京中建华海测绘科技有限公司

【概况】

北京中建华海测绘科技有限公司成立于2002年，法人代表卢德志，拥有乙级测绘资质，共有技术人员83人。业务范围包括控制测量、地形测量、市政工程测量、变形（沉降）观测、形变测量、桥梁测量、地下管线测量、竣工测量（建设工程）。

【业务】

2011年，北京中建华海测绘科技有限公司完成工程测量项目合同额约1600万元，重点项目包括国家网球中心新馆的市政道路及结构施工测量任务；深圳特大群体厂房第8.5代薄膜晶体管液晶显示器件项目结构施工测量任务；北京玉泉新城小区军队离退休干部住房雨、污水管线，北京世纪华侨城主题社区A区照明，北京海欣方舟房地产开发有限公司电缆工程等管线测量任务。

【获奖情况】

北京中建华海测绘科技有限公司完成的“超高钢结构建筑精密施工测量技术研究与实施”获2011年中国测绘学会测绘科技进步奖三等奖；总结的“超高层钢板剪力墙结构测量施工工法”被评为中建总公司省部级工法，“超长洁净厂房测量施工工法”获中建一局集团级工法。

北京中勘迈普科技有限公司

【概况】

北京中勘迈普科技有限公司成立于2009年，法人代表王福君，拥有乙级测绘资质，共有测绘技术人员33人。业务范围包括工程测量：控制测量、地形测量、市政工程测量、建筑工程测量；摄影测量与遥感；地理信息系统工程：摄影测量数据处理、空间遥感地理信息数据处理、建立数据库、建立专业地理信息系统等。

【业务】

2011年，北京中勘迈普科技有限公司完成资源能源勘探星载遥感超级实验场地面标志定位及制图、航空遥感与航空重力集成测试研究地面控制测量等项目；与上海航遥信息技术有限公司合作完成国家基础航空摄影东海岛摄区地面控制点测量项目；完成中国资源卫星应用中心委托的QB等遥感影像数据处理及数据加工技术服务等项目；承担青海省部分矿业权储量核查及数据入库工作，包括青海省23个盐湖（钾盐矿）矿区矿产资源利用现状调查数据整理及数据入库；完成“山东兖州地区地面沉降干涉雷达监测试验研究”项目，该项目采用干涉雷达技术监测采矿区地面沉降，具有较好的应用技术前景。

国信司南（北京）地理信息技术有限公司

【概况】

国信司南（北京）地理信息技术有限公司成立于2009年，法人代表朱武，拥有乙级测绘资质，共有技术人员81人。业务范围包括地理信息系统工程：摄影测量数据处理，空间遥感地理信息数据处理、外业采集的地理信息数据处理、地图数字化、建立数据库、建立基础地理信息系统、建立专业地理信息系统；互联网地图服务等。

【业务】

一、数据服务

2011年，国信司南（北京）地理信息技术有限公司完成数据服务类重点项目8个，包括水利专题地理数据处理及其相关应用软件系统开发、第一次全国水利普查工作底图打印、重点监视防御区地质专题数据处理与转换项目。

二、专题应用系统建设

该公司完成专题应用系统建设类重点项目7个，包括长城资源信息管理与公众服务系统研发项目、中国证监会互联网站行业机构电子地图导航建设技术咨询项目、界务热点会商咨询项目。研建了长城资源信息系统、长城资源信息应用子系统等。

【其他】

一、科技创新

由国家基础地理信息中心监制、国信司南（北京）地理信息技术有限公司研发的测绘成果保密检查软件“嗅探狗”通过定型评审。

二、获奖情况

该公司完成的“GIS数据库更新模型与方法研究及应用”项目获2011年中国地理信息系统协会地理信息科技进步奖一等奖，“数据库驱动的地形图快速制图与集成管理系统研发与明长城测量”获2011年中国测绘学会测绘科技进步奖二等奖。

中建市政建设有限公司

【概况】

中建市政建设有限公司成立于2008年，法人代表季加铭，公司拥有乙级测绘资质，共有测绘技术人员53人。业务范围包括工程测量：市政工程测量、变形（沉降）观测、线路工程测量、建筑工程测量、桥梁测量、隧道测量、形变测量。

【业务】

2011 年，中建市政建设有限公司实现测绘总产值约 2231 万元。承揽了地铁、桥梁、道路、隧道、站房等工程的控制测量、施工放样、变形监测。主要包括昆明地铁 1 号线、东莞市城市快速轨道交通 R2 线工程等；山西五盂高速公路路基、桥隧施工，307 复线水峪 - 娘子关一级公路等多个公路工程；太原南站站前西广场工程；其他站房、交通枢纽、河道治理改造工程项目等。

【获奖情况】

中建市政建设有限公司完成的“地铁盾构施工测量综合技术研究与应用”科技成果获 2011 年度中国建筑一局集团科学技术成果奖三等奖。

天津市

铁道第三勘察设计院集团有限公司

【概况】

铁道第三勘察设计院集团有限公司成立于 1953 年，法人代表王洪宇，拥有甲级测绘资质，共有技术人员 171 人。业务范围包括地理信息系统工程，摄影测量与遥感，大地测量，工程测量。

【业务】

2011 年，铁道第三勘察设计院集团有限公司完成铁路、地铁、公路、输气管道等测绘项目 100 多项，涉及地理信息系统、摄影测量与遥感、大地测量和工程测量等业务范围。具体包括天津地铁 2 号线调线调坡测量、京津城际延伸线天津至于家堡工程铁路精密测量控制网复测、京沪高速铁路（北京 - 徐州段）精密测量控制网复测、中缅天然气管道工程（国内段）隧道工程详勘、津秦铁路客运专线精密测量控制网建设期复测等。

【其他】

一、科研创新

铁道第三勘察设计院集团有限公司取得国家实用新型专利授权 3 项，取得软件著作权登记 3 项；完成的“超高阶重力场模型及 DTM 数据在 GPS 高程转换中的应用研究”等 6 项科研成果顺利结题；开展三维激光扫描雷达在既有铁路测量方面的应用研究；引进 DMC 数码航摄仪并在蒙西至华中铁路煤运通道工程中应用。

二、获奖情况

该公司完成的“哈齐客运专线精密工程控制测量”、“朔州至准格尔铁路六狼山、鹰鹞山和卧龙山隧道洞外控制测量”分别获 2011 年度天津市优秀测绘工程奖一、二等奖；“基于机载激光雷达的铁路勘测技术开发及应用”获 2011 年中国测绘学会测绘科技进步奖三等奖；“京津城际铁路运营监测”、“太中银铁路长大隧道精密工程控制测量”分别获 2011 年中国测绘学会优秀测绘工程奖金、银奖。该公司的“心翔”QC 小组获全国优秀质量管理小组称号，王长进获第七批全国工程勘察设计大师称号。

天津市水运工程勘察设计院

【概况】

天津市水运工程勘察设计院成立于 1993 年，法人代表戴明新，拥有甲级测绘资质，共有技术人员 140 人。甲级业务范围包括大地测量：卫星定位测量、三角测量、水准测量、大地测量数据处理；工程测量：控制测量、地形测量、市政工程测量、水利工程测量、建筑工程测量、精密工程测量、线路工程测量、地下管线测量、变形（沉降）观测、形变测量、竣工测量；海洋测绘：控制测量、水深测量、水文测量、扫海测量、海洋磁力测量、底质测量、浮泥测量、水下障碍物探测、浅地层剖面测量、水下管线测量、海岸滩涂地形测量、海域界线测量、内水航道图编制、港口与航道工程测量、海域使用面积测量。乙级业务范围包括地籍测绘：平面控制测量、界址测量、其他地籍要素调查与测量、地籍图测绘、面积量算；地理信息系统工程：外业采集的地理信息数据处理、地图数字化、建立数据库、建立基础地理信息系统、建立专业地理信息系统。

【业务】

2011 年，天津水运工程勘察设计院承担唐山港丰南港区起步区工程水下地形测量项目，完成总面积约 101.8 平方千米的勘测工作，其中陆域面积约 12.8 平方千米，水域面积约 89 平方千米。承担盘锦新港 25 万吨航道工程水深测量项目，2010 年 12 月～2011 年 6 月完成水深测量 405 平方千米，底质取样点 208 个。承担秦皇岛市莲花岛旅游综合项目的水文、水深、底质测量，完成大、小潮水文测验 2 个临时潮位观测站潮位观测、9 个站水文泥沙全潮观测、表层底质取样及其粒度分析等，及水下地形测量 39.3 平方千米。承担 1101 沉船打捞勘察测绘工程，完成了沉船打捞作业前的海洋勘察测绘工作，配合打捞单位成功完成沉船打捞工作。对甬舟高速公路金塘大桥基础冲刷初始状态进行全面检测，并根据调查结果提出建议，确保大桥安全。

【其他】

一、科技创新

天津水运工程勘察设计院申请的“吹填区地形测量综合处理装置”获得 1 项专利。

二、获奖情况

该院 2011 年获天津滨海高新区“十一五”百优科技型中小企业、天津市科委“天津市科技服务业示范企业”、塘沽海洋高新区区内“突出贡献企业”、“2001－2010 年度水运建设行业获得国家专利先进单位”、南港工业区“重合同、守信誉”先进单位等。完成的“丹东海洋红港区规划地形测量”和“唐山港曹妃甸港区锚地测量”项目分别获交通运输部 2011 年度水运交通优秀勘察奖二等奖、2010 年度水运交通工程优秀勘察奖三等奖；“丹东海洋红港区规划地形测量及冬季全潮水文测验”、“渤西油气田及埕北油田海底管线定期外部调查测量”分别获天津市优秀测绘工程奖一、二等奖。

天津市勘察院

【概况】

天津市勘察院成立于 1979 年，法人代表李文春，拥有甲级测绘资质，共有技术人员 74 人。甲级业务范围包括工程测量：控制测量、地形测量、城乡规划定线测量、城乡用地测量、规划检测测量、市政工程测量、水利工程测量、建筑工程测量、精密工程测量、线路工程测量、地下管线测量、变形（沉降）观测、形变测量、竣工测量。乙级业务范围包括大地测量：卫星定位测量、水准测量；摄影测量与遥感；地籍测绘：平面控制测量、界址测量、其他地籍要素调查与测量、地籍图测绘、面积量算；地理信息系统工程：摄影测量数据处理、空间遥感地理信息数据处理、外业采集的地理信息数据处理、地图数字化、建立数据库、建立基础地理信息系统、建立专业地理信息系统、外业地理信息数据采集；房产测绘：房产平面控制测量、房产面积预测算、房产面积测算、房产要素调查与测量、房产变更调查与测量、房产图测绘。

【业务】

一、主要测绘任务

2011 年，天津市勘察院完成测绘成果 832 项。包括武清汽车零部件产业园地形测绘与土地调查发证项目、天保置业航空产业区征地发证项目、蓟州新城新农村建设挂钩试点拆迁测绘与征地发证项目等重点工程。

二、重大测绘项目

该院承揽天津滨海国际机场二期扩建工程综合图测量项目，完成 1.7 平方千米范围新建航站区、飞行区的地形测量、断面测量等，以及桥墩位置、桥面高程、桥面车道布置、桥下车道布置、主引桥伸缩缝位置，东、西跑道中轴线的磁北、真北方向及跑道中心点和两端点的坐标，东、西跑道两端永久性标石点的坐值。

承揽天津钢铁集团有限公司铁厂东移项目地形与竣工测量项目，完成约 1.3 平方千米的地形与竣工测量，涉及竣工建（构）筑物 500 多栋，建筑面积约 90 万平方米。

承揽天津市宁河县芦台镇地下管线探测工程项目，完成 1:500 地形图测绘 4.2 平方千米，管线总长度 232 千米。

【其他】

一、科技创新

天津市勘察院三维数字城市构建及特大城市信息化应用的关键技术研究，将机载 LIDAR 航测和车载移动激光扫描测量技术集成应用于特大城市高精细建模，完成了天津市中心城区 338 平方千米建模，建立了时空数据库，研发了机载与车载激光雷达数据融合处理技术、基于车载移动激光扫描测量的城市部件智能化建模技术、三维高精细 LOD 模型自动构建技术和三维数字城市管理平台，实现了信息服务的时态化、可视化、智能化。

该院完成了三维数字技术在城市规划中的应用研究，制定了符合天津市城市建设管理的三维数字城市建模标准；为城市规划方案评审引入了风速、风压、温度等评价方法；提出三维数字城市网络运行模式，建立了三维数字规划系统的应用运行模式和数据更新维护体系，保障了三维数字技术在规划管理中的应用。

二、获奖情况

该院完成的基于激光雷达测量技术的“天津市中心城区三维数字城市建设”获 2011 年中国测绘学会优秀测绘工程奖金奖；“三维数字城市构建关键技术研究及特大城市信息化应用”课题获天津市科技进步奖一等奖；“陈塘庄热点厂三期工程勘察”获国家级优秀工程银质奖；20 个项目获省部级以上优秀工程奖。

天津海事局海测大队

【概况】

天津海事局海测大队成立于 1955 年，法人代表柴进柱，拥有甲级测绘资质，共有技术人员 50 人。业务范围包括海洋测绘：控制测量、水深测量、水文测量、扫海测量、海洋磁力测量、底质测量、浮泥测量、水下障碍物探测、浅地层剖面测量、水下管线测量、海岸滩涂地形测量、海域界线测量、海图（集、册）编制、内水航道图编制、港口与航道工程测量、海域使用面积测量。

【业务】

一、年度港口航道图测绘任务

天津海事局海测大队完成天津港等 8 个港口共 7498.84 平方千米测量任务，完成《天津港及附近》等 69 幅全要素港口航道图数据汇交任务，实现了北方海区海图全覆盖。测绘产品优良率达到 100%。

二、应急抢险测量

该单位完成天津港“瑞克”轮螺旋桨探测、唐山“皖寿县 0066”沉船扫测、天津港“顺源 68”沉船探测等 16 项应急抢险探测任务，探测到沉船 15 艘、船锚 2 只，应急测绘有效率为 100%。

三、港口航道图发行

该单位全年销售发行海图 39009 幅。完成 52 期中英文改正通告发布，改正通告编辑差错为零。

四、完善行业标准

该单位组织完成《S－100 通用海道测量数据模型》的编译出版，修订编写《沿海港口航道测量技术规定》、《海测水文站网建设标准指导意见》等技术标准。

【其他】

一、科技创新

天津海事局海测大队完成电子海图桌系统的升级开发，为海事管理、港航单位等用户新安装电子海图桌系统 56 套。探索遥感影像在海事测绘领域的应用，实现从遥感影像中提取地形等专题要素和遥感影像图的编制。开展北方海区潮汐性质和海图深度基准面研究。完成《天津港航图集》、《青岛港引航专用电子海图》等新产品的研发。

二、获奖情况

该单位完成的“大连港港口航道图测绘工程”项目获 2011 年中国测绘学会优秀测绘工程奖铜奖，“北方海区 GPS 控制网建设”项目和“应用无人机低空遥感技术更新东风港地形岸线测绘工程”项目分别获 2011 年度水运交通优秀勘察奖一、三等奖，“秦皇岛港港池、航道多波束扫测”项目和“岚山港区 HPD 网格化基本测量”项目分别获 2011 年度天津市优秀测绘工程奖一、二等奖，“天津港 HPD 网格化基本测量”项目和“盘锦海港区潮汐同步观测和潮汐性质分析”项目分别获 2011 年度天津市优秀测绘工程奖三等奖。

天津市市政工程设计研究院

【概况】

天津市市政工程设计研究院成立于 1949 年，法人代表赵建伟，拥有甲级测绘资质。业务范围包括工程测量：控制测量、地形测量、市政工程测量、水利工程测量、建筑工程测量、精密工程测量、线路工程测量、地下管线测量、桥梁测量、隧道测量、变形（沉降）观测、形变测量、竣工测量。

【业务】

2011 年，天津市市政工程设计研究院承揽天津市城市道路路井调查及建立数据库项目，对天津市中心城区 1100 多条道路和部分广场、绿地上的 32 万多个各类管线井盖的类别、具体养护管理单位和联系电话等进行详细调查和准确标注，建立功能齐全的城市道路管线井数据库管理监督系统。完成塘承高速公路二期工程的测宽400米1:1000地形图等初、定测阶段测绘任务。承担津宁高速公路工程的测宽400米1:1000地形图等初、定测阶段测绘任务。承担天津市文化中心地上综合配套工程越秀路第三方远程监测总控工作，通过信息化手段对自动化采集与各工点人工数据进行记录、对比、分析，及时了解现场真实情况，最大限度防止瞒报、漏报和谎报风险。承担津港高速公路二期工程的测宽400米1:1000地形图等初、定测阶段测绘任务。

【获奖情况】

天津市市政工程设计研究院完成的“威海－乌海公路天津西段工程测绘”、“津汕高速公路（天津段）工程测绘”项目分别获天津市“海河杯”优秀勘察设计奖二、三等奖；“天津市中心城区快速环路工程测绘”、“海滨大道高速公路（蛏头沽－涧河段）工程测绘”分别获2011年天津市测绘学会优秀测绘工程奖二等奖，“中新生态城基础设施工程测绘”、“解放北路道路改造工程测绘”项目分别获三等奖；“京沪高速公路天津段（二期）工程测绘”项目获2011年中国测绘学会优秀测绘工程奖铜奖；“京津高速公路（天津段）工程测绘”项目获2011年全国优秀勘察设计行业奖二等奖。

天津市测绘院

【概况】

天津市测绘院成立于1990年，法人代表马华山，拥有甲级测绘资质，共有技术人员310人。甲级业务范围包括大地测量：卫星定位测量、三角测量、水准测量、大地测量数据处理；摄影测量与遥感；工程测量：控制测量、地形测量、城乡规划定线测量、城乡用地测量、规划检测测量、市政工程测量、水利工程测量、建筑工程测量、精密工程测量、线路工程测量、地下管线测量、桥梁测量、矿山测量、隧道测量、变形（沉降）观测、形变测量、竣工测量；地籍测绘：平面控制测量、界址测量、其他地籍要素调查与测量、地籍图测绘、面积量算；行政区域界线测绘：界桩埋设、边界点测定、边界线及相关地形要素调绘、边界协议书附图标绘、边界点位置和边界线走向说明的编写、行政区域界线详图集的编纂；地理信息系统工程：摄影测量数据处理、空间遥感地理信息数据处理、外业采集的地理信息数据处理、地图数字化、建立数据库、建立基础地理信息系统、建立专业地理信息系统、外业地理信息数据采集；地图编制：地形图、省级及以下政区地图、电子地图、真三维地图、其他专用地图。乙级业务范围包括房产测绘：房产平面控制测量、房产面积预测算、房产面积测算、房产要素调查与测量、房产变更调查与测量、房产图测绘。

【业务】

一、重点工程

2011年，天津市测绘院跟踪天津市文化中心、梅江会展中心等180项重点项目建设情况，为滨海新区开发开放等项目提供测绘服务；推动“智慧城市”建设，编制完成利用地理信息技术和传感器等高新技术建设“智慧小区”的方案；推动区县经济发展，为各区县示范小城镇建设、京津合作园等项目建设提供服务。

二、项目

该院开展全市域城镇地籍测绘工作；参与农村宅基地地籍测绘工作，在静海县西双塘镇进行试点工作。

三、管线测绘

该院完成贵庄污水处理厂配电线改造、中粮集团大悦城管线测量等项目1000多个。开发了汉沽区、高新技术园区管线管理系统，并通过专家论证。

四、地理信息项目

该院利用与武汉大学合作开发的三维VRGIS平台，开发了滨海高新区地下管网三维规划管理系统和滨海旅游区三维管理系统。完成天津市环保局环保地理信息系统、华苑产业园区网站建设等10多个项目。承担的DMC数字航空摄影项目进展顺利，完成宁夏、渤海湾北部等地区航空摄影。

五、公开版地图

该院完成天津市新图（市区、市域）、滨海新区交通旅游图等地图更新；开发市领导专用图册；编制了天津市域、市区和滨海新区范围的丝绸地图、“十一五”城市建设规划图集等。

【其他】

一、科技创新

天津市测绘院修订并实施了《天津市测绘院科研项目管理规定》；完成“城市三维地理信息系统软件的研发”并通过专家验收，成果达到国际先进水平；完成“天津市GPS连续运行参考站网监测与动态维护的研究”项目并通过验收，成果处于国内领先水平。

二、获奖情况

该院完成的“引滦入津工程测量”、“天津市地铁一号线工程”、“新农村建设基础测绘”、“GPS 卫星综合服务系统研究”等 100 多个重点项目获省部级以上优秀成果奖。组织参加“天津市首届测绘行业职业技能竞赛暨全国测绘地理信息行业技能竞赛选拔赛”，获团体第二名，个人奖第一名。

天津市水利勘测设计院

【概况】

天津市水利勘测设计院成立于 1975 年，法人代表景金星，拥有甲级测绘资质，通过 ISO9001 质量管理体系和 ISO14000 环境管理体系认证，共有技术人员 57 人。业务范围包括工程测量：控制测量、地形测量、市政工程测量、水利工程测量、建筑工程测量、线路工程测量。

【业务】

2011 年，天津市水利勘测设计院参与的重大工程项目包括宁河潮白新河乐善橡胶坝上游河道蓄水工程、天津市南水北调中线滨海新区供水一期工程、海河二道闸下游北石林项目堤岸设计、大黄堡洼工程与安全建设可行性研究等。

【获奖情况】

天津市水利勘测设计院获“天津市企业教育培训工作先进集体”、“天津市企业人力资源管理工作先进集体”等称号。

中国地震局第一监测中心

【概况】

中国地震局第一监测中心成立于 1968 年，法人代表龚平，拥有甲级测绘资质，共有技术人员 106 人。甲级业务范围包括大地测量，工程测量：控制、地形、市政工程、建筑工程、精密工程、线路工程、地下管线、桥梁、隧道、变形（沉降）观测、形变、竣工测量；乙级业务范围包括地籍测绘：平面控制测量、界址测量、其他地籍要素调查与测量、地籍图测绘、面积量算；丙级业务范围包括地理信息系统工程：摄影测量数据处理、空间遥感地理信息数据处理、外业采集的地理信息数据处理、地图数字化、建立数据库、建立基础地理信息系统、建立专业地理信息系统、外业地理信息数据采集。

【业务】

2011 年，中国地震局第一监测中心完成“中国地震数字观测网络”、“奥运保障项目”等国家重点、地震行业重点工程科研项目；完成“长江三峡工程诱发地震监测系统 - 三峡库区垂直形变监测”、高速铁路轨道沉降监测等任务；完成津湾、津塔等大型标志性建筑的基坑沉降监测。

【获奖情况】

中国地震局第一监测中心完成的“晋冀蒙形变监测网建设与坐标测定”项目获 2011 年度天津市优秀测绘工程奖一等奖。该中心连续第 6 年被评为天津市精神文明建设单位。

山西省

山西省基础地理信息院

【概况】

山西省基础地理信息院成立于 1980 年，法人代表李晓红，拥有甲级测绘资质，通过 ISO90001:2008 质量管理体系认证，共有技术人员 150 多人。业务范围包括省级基础测绘航空摄影的内业数据采集、数字高程模型、数字栅格地图、数字正射影像图、数字划线地图等制作；承担数字山西地理空间框架项目基础工作；建立基础地理信息系统。

【业务】

2011 年，山西省基础地理信息院完成山西省吕梁测区 1:1 万基础地理信息数据更新 678 幅的 DLG、DOM 数据生产项目；完成晋城市城市规划区 60 平方千米航空摄影及60平方千米1:500地形图、1:500数字影像图生产；完成安泽县和汾西县建成区60平方千米数码航空摄影、60平方千米“3D”数据生产等工作；完成阳城县、沁水县重点区域150平方千米数码航空摄影及150平方千米1:2000地形图生产；完成数字晋城地理空间框架建设项目的基础地理信息数据库建设、基础地理信息平台建设等工作；完成信息化航空摄影系统建设项目硬件配置、软件系统开发及应用。

【其他】

一、科技创新

2011年，山西省基础地理信息院在“孝义市西辛庄镇矿山地质环境治理项目”中应用车载移动测量系统，提高了工作效率。运用车载移动测量系统对青岛市主干道两侧进行全景扫描，完成沿街广告牌信息数据的采集，为城市广告牌专项综合整治工作提供服务。8月～10月，完成无人机航空摄影、数字正射影像图及数字线划图试生产实验，提升了测绘技术水平。

二、获奖情况

该院被山西省直机关工委评为“先进基层党组织”，被山西省文明委评为“2011年度省级文明和谐单位”。

山西省交通规划勘察设计院

【概况】

山西省交通规划勘察设计院成立于1964年，法人代表聂承凯，拥有甲级测绘资质，共有技术人员58人。业务范围包括工程测量：控制、地形、城乡规划定线、城乡用地、规划检测、日照、市政工程、建筑工程、线路工程、桥梁、隧道、竣工测量。

【业务】

2011年，山西省交通规划勘察设计院承担完成龙白至城赵高速公路建设相关测量工作，共完成1:2000航摄数字化地形图测绘73.74平方千米，路线测量总里程108.614千米，导线点测量322个，水准测量89千米，路线中线测量108.614千米，横断面测量71.5千米，大中桥三轴测量9.25千米，小桥涵涵轴测量188处，互通服务区勘察10处，沿线设施测量40千米，临时工程测量10.8千米。

【获奖情况】

该院承担的汾离、太长、晋侯、得大、长晋、龙城等6个高速公路项目分别获国家级勘察设计一等奖2项、二等奖2项、三等奖3项，省级勘察设计一等奖3项、二等奖1项、三等奖1项。其中，“山西省榆次龙白至祁县城赵高速公路工程测量”获2011年中国测绘学会优秀测绘工程奖铜奖。

山西省地图集编纂委员会办公室

【概况】

山西省地图集编纂委员会办公室成立于1959年，法人代表姚志明，拥有甲级测绘资质，共有技术人员29人，主要工作职责是：承担国家大地图集编纂委员会中有关图集立项的协调和服务工作；承担山西省各种大型地图集规划立项和编纂出版工作；承担山西省地图集编纂委员会的日常工作。

【业务】

2011年，山西省地图集编纂委员会办公室开展《山西省农业地图集》编制工作，成立了编辑委员会工作机构，组织专家论证并完善选题目录。至年底，编制完成图幅60多幅。开展《山西省国土资源地图集》、《吕梁市领导干部用图手册》编制工作。召开审定会，组织技术人员到相关单位收集资料，完成《山西省近现代史地图集》的编制工作。

【获奖情况】

5月，山西省地图集编纂委员会办公室团支部获共青团山西省委、山西省青年联合会转型跨越“山西青年五四奖状”；6月，主任、党总支书记姚志明获省直机关“优秀党务工作者”称号；11月，该单位获第六届中国中部投资贸易博览会“优秀服务奖”。

山西省地图院

【概况】

山西省地图院成立于1984年，法人代表姚志明，拥有乙级测绘资质，共有技术人员28人。业务范围包括山西省领导工作用图，各类公开版地图和特种地图的编制。

【业务】

2011年，山西省地图院服务政府决策，编制了

2011版《省领导工作用图》、《泽州县领导工作用图》、《晋城市领导工作用图》。全年共为中央和国家领导人赴晋视察提供工作用图2600多幅，编制《山西省系列红色地图》、《太原市商贸图》、《阳城县地图》、《晋城城区图》、《临汾市地图》等。为第六届中国中部投资贸易博览会编制并无偿提供系列地图1.6万多份。

开发了山西省交通、商贸等专题地图，制作“晋中市交通地形模型”、“太旧高速公路模型”等，丰富了地图服务领域。

初步建成基于基础地理信息数据库的各专题数据架构，实现专题数据的快速成图。开展山西省县级行政区划地图配套多媒体光盘（电子地图）的研制工作。

对山西地图网进行了升级改建，新版网站已开通运行。

【获奖情况】

2004年~2010年，山西省地图院连续被省直文明委授予“文明和谐单位”称号。

辽宁省

大连九成测绘信息有限公司

【概况】

大连九成测绘信息有限公司成立于2004年，法人代表杜明成，拥有甲级测绘资质，共有技术人员700人。业务范围包括工程测量，海洋测绘，摄影测量与遥感，地籍测绘，地理信息系统工程，房产测绘，行政区域界线测绘。

【业务】

一、控制测量

2011年，大连九成测绘信息有限公司完成控制测量项目10多个，主要包括海城市CORS站网建立，阜新市城市C级GPS控制网测量，大连金州区城市C级GPS控制网测量等。

二、工程测量

该公司完成工程测量项目10多个，主要包括国电康平发电有限公司主体构筑物沉降观测，大连地铁一号线第三方测量，大连中石油国际储备库工程三期填方挡墙变形监测等。

三、地形图测绘

该公司采用全野外数据采集和航空摄影测量等方法，完成地形图测绘项目20多个，面积2000多平方千米。主要包括国电和风大庆让胡路星火区域风电场1:2000地形图测绘项目，阜新市120平方千米1:500主城区测图项目，海城市1:1000航测数字化成图项目等。

四、海洋测量

该公司完成海洋测量项目10多个，测量面积500多平方千米。主要包括大连临空产业园填海造地工程施工图阶段海域水深补充测量；庄河港总体规划水深测量；大连液化天然气项目码头工程港池、航道扫海测量等。

五、房产测量

该公司完成房产测量项目3个。包括大连花园口经济区房产测量17.73万平方米，大连长兴岛临港工业区房产测量101.08万平方米；庄河市房产测量160.88万平方米。

六、地下管网测量

该公司完成大连长兴岛临港工业区管网普查294.67千米，庄河市道路地下管网（雨水）测量10.83千米。

七、地理信息系统建设

该公司完成地理信息系统建设10多个。包括大连长兴岛临港工业区基础地理数据库更新项目，大连市邮政网点系统，庄河将军湖规划区三维城市建模等。

【获奖情况】

大连九成测绘信息有限公司完成的“大连市花园口基础地理信息数据加工软件研制与实践项目”获2011年度辽宁省测绘科学技术进步奖一等奖；“大连临空产业区填海造地工程海域水深测量”分别获2011年度辽宁省和大连市优秀工程勘察设计奖

二等奖、辽宁省测绘科学技术进步奖二等奖；“大连普湾新区地形图测绘项目”获2011年度辽宁省测绘科学技术进步奖二等奖；“庄河200万吨重焦沥青码头海域水深测量”获2011年度辽宁省测绘科学技术进步奖三等奖。

辽宁地质勘查局一〇一测绘队

【概况】

辽宁地质勘查局一〇一测绘队成立于1984年，法人代表吕鑫，拥有甲级测绘资质，共有技术人员57人。业务范围包括工程测量、地籍测绘、地理信息系统工程、房产测绘、行政区域界线测绘、海洋测绘、摄影测量与遥感。

【业务】

一、控制测量

2011年，辽宁地质勘查局一〇一测绘队完成的控制测量项目包括葫芦市青山水库输水管线控制测量、抚顺高新园区基础设施工程控制测量、沈阳三环高速公路控制测量等。共完成控制测量面积2000多平方千米，水准测量1000多千米。

二、地形图测绘

该队采用全野外数据采集和利用航空摄影测量资料等方法，完成地形图测绘项目30多个。主要包括抚顺拉古工业园测量50平方千米、葫芦岛市青山水库输水管线地形测量工程35平方千米、抚顺县疑似图斑测绘工程120平方千米等。

三、地籍测绘

该队采用全野外数字测绘方法完成的主要地籍测绘项目包括新宾县城镇地籍管理系统建设项目20平方千米，葫芦市青山水库二十年回水线测量工程50平方千米、抚顺县兰山新城施工放样及大乙烯界址点放样20平方千米等。

四、地理信息系统工程

该队利用高新技术建设城镇地籍管理系统，先后完成新宾县城镇地籍管理系统建设项目20平方千米、桓仁县城镇地籍管理系统建设项目35平方千米、新宾县第二次全国土地调查项目4200平方千米。

五、摄影测量与遥感

该队利用航空影像完成抚顺市经济开发区拉古乡1:500地形测量45平方千米，主要内容有立体测图、外业调绘与补测、图形编辑等。

六、行政区域界线测绘

该队在新宾县第二次全国土地调查项目中完成了新宾县与清原县、新宾县与抚顺县行政区域界线调绘共253千米。

【获奖情况】

辽宁地质勘查局一〇一测绘队获“中测新图杯”第二届全国测绘地理信息行业职业技能竞赛工程测量比赛团体第四名（三等奖）。

辽宁省地理信息院

【概况】

辽宁省地理信息院始建于1978年，法人代表张中凯，拥有甲级测绘资质，通过ISO9001－2000质量标准体系认证，共有专业技术人员190人。业务范围包括摄影测量与遥感、工程测量、地籍测绘、房产测绘、地理信息系统工程、地图制图。

【业务】

一、摄影测量与遥感

2011年，辽宁省地理信息院采用航空摄影测量及全野外数据采集方法完成DLG、DEM、DOM生产项目近20项，测量面积近2200平方千米。主要包括喀左1:500航测成图50平方千米，盘锦1:500、1:2000航测成图136平方千米，沈阳新民地区1:5000航测成图720平方千米等。

二、工程测量

该院完成工程测量项目16项，主要包括丹东市二等水准及D级GPS平面控制测量，康平三河下拉生态湿地地形图测绘及断面测量，昌图下二台子风场电力测量等。

三、地籍测绘

该院完成地籍测绘项目14项，主要包括辽河地籍测量、辽宁省卫片执法检查、辽宁省土地核查及三类用地调查等。

四、地理信息系统工程

该院完成地理信息系统工程项目共8项，主要包括葫芦岛市城区部分1:1万数字地形图数据整合，全省1:5万地形图数据更新、整合，辽宁省安全生产应急救援信息系统等。

五、地图制图

该院完成地图制图项目共25项，主要包括《辽宁省领导工作用图》、《辽宁省主体功能区规划图册》、明长城图册插图制作等。

【获奖情况】

辽宁省地理信息院完成的“长距离输油管道可视化信息集成工程”获辽宁省国土资源厅科学技术成果一等奖；“天津市全市域机载 LIDAR 3D 产品制作”、“数字抚顺 1:2000 入库数据及平台数据的生产研究”、“沈阳市安全生产监督管理系统”获辽宁省测绘科学技术进步奖一等奖；“基于 DES 和 RSA 算法的测绘数据加密研究”、《沈阳城区图》获辽宁省测绘科学技术进步奖二等奖。

辽宁省摄影测量与遥感院

【概况】

辽宁省摄影测量与遥感院成立于 1978 年（前身为辽宁省测绘科学技术研究所），法人代表谭吉学，拥有甲级测绘资质，共有技术人员 92 人。业务范围包括测绘航空摄影、摄影测量与遥感、工程测量、地籍测绘、地图编制、大地测量、房产测绘、行政区域界线测绘、国土测绘。

【业务】

一、地形图测绘

2011 年，辽宁省摄影测量与遥感院完成的项目主要包括鞍山市 124 平方千米 1:500 和 670 平方千米 1:2000 地形图测绘，北京市顺义、通州、昌平、延庆区 11 平方千米1:500地形图实测和 700 平方千米 1:2000 地形图修测，上海市北新泾镇 34.4 平方千米 1:500 地形图修实测等。

二、国土测绘

该院完成的国土测绘项目包括辽宁省国土资源厅关于抚顺、盘锦、铁岭、沈阳 4 市批而未供、供而未用土地调查，4 市违法用地卫片核查，四市三类地调查等。

三、其他测绘

该院完成通辽测区航空摄影 421 平方千米，鞍山市地下管线测量 448.72 千米，房产测绘 4 万平方米。

【获奖情况】

2011 年，辽宁省摄影测量与遥感院开发的“基于 AUTOCAD 下的航线自动设计系统”和“抚顺市地理信息公共服务平台三维漫游子系统”获辽宁省测绘科学技术进步奖一等奖；“鞍山市规划区域大比例尺‘3D’及 GIS 系统建设”，“Microstation 软件的二次开发与利用”，“盘锦市城镇地籍数据库系统建设”和“盘锦市、铁岭市、葫芦岛市土地利用调查数据库变更系统建设”4 个项目获辽宁省测绘科学技术进步奖二等奖；“鞍山市地下管网探测及 CAD－GIS 管网数据库建设”，“抚顺市城区影像图”，“国家 GNSS 连续运行基准站辽宁基站观测选址实施”3 个项目获辽宁省测绘科学技术进步奖三等奖；“盘锦市第二次土地调查”获 2011 年中国测绘学会优秀测绘工程奖银奖。

辽宁省基础测绘院

【概况】

辽宁省基础测绘院法人代表宋铁群，拥有甲级测绘资质，共有技术人员 185 人，通过ISO9001:2000质量管理体系认证。业务范围包括工程测量、航空摄影与遥感测绘、地籍测绘、房产测绘和行政区域界线测绘。

【主要业务】

2011 年，辽宁省基础测绘院承担完成本溪 1:2000 DOM、DEM 数字城市建设工程。对龙港地区进行外业地类调查、权属调查，以及内业数据采集、处理入库，并组织人员对相关资料进行了整理、汇交，成果已通过验收。配合做好省国土资源厅土地管理调查工作，参与违法用地清查、批而未用土地及新开工项目用地情况清查、土地占补平衡清查、三类土地调查及低丘缓坡土地清查 4 项调查任务，工作成绩得到省测绘地理信息局和省国土资源厅领导的肯定。受葫芦岛市龙湾中央商务区管理委员会委托，该院对 2013 年辽宁全运会分赛场——葫芦岛体育场施工过程中建筑物沉降进行了测量监测，为全运会的顺利召开提供保障。

【其他】

一、科技创新

辽宁省基础测绘院自主研发建设了 GPS 基线网数据处理系统、控制网平差系统、水准网平差系统、线路放样及纵横断面计算检查系统以及内业的数据采集、编辑、入库、检查系统等；编制了锦州市政府电子用图，在测绘科技创新方面做出积极探索。此外，该院在 2011 年的国家边远地区基本任务更新中全部利用 EPS 系统平台，极大地提高了作业效率，成果更加标准化。与广东南方数码科技有限公司合作研建测绘资料管理系统、办公自动化系统（简称 OA 系统），工作效率明显提高。

二、获奖情况

该院申报辽宁省测绘科学技术进步奖5项，其中3项获一等奖，2项获二等奖；此外，获辽宁省国土资源厅科技成果一等奖1项，三等奖1项。

辽宁省基础地理信息中心（辽宁省测绘科技资料馆）

【概况】

辽宁省基础地理信息中心（辽宁省测绘科技资料馆，以下简称辽宁省基础地理信息中心）成立于1991年，法人代表李恩宝，拥有甲级测绘资质，共有技术人员52人。业务范围包括地图编制、地理信息系统工程、互联网地图服务。

【业务】

一、“天地图·辽宁”建设

2011年，辽宁省基础地理信息中心更新了全省14个地级市、56个县区底图数据，全省路网路况数据、行政区划数据、城市路口定位数据、水系定位数据及海岛数据；增添了全省2.5米分辨率的卫星影像、14.5万个兴趣点数据；新增平台用户使用管理、全省三维地图、全省公路路况等功能，集成了全省天气预报和空气质量服务；与辽宁省交通厅、水利厅、教育厅、林业厅、辽宁工程技术大学等单位密切合作，开发5个典型示范应用系统。8月29日，组织了“天地图·辽宁”建设情况汇报演示会。

二、数字城市建设

该中心完成数字抚顺国家级验收、数字本溪省级验收、数字阜新启动的技术支持工作，为盘锦、绥中等城市编制了项目建议书和项目设计书，为全省10多个城市提供了数字城市建设咨询服务，并制作出版了数字城市推广专题片。

三、基础地理信息数据库建设

该中心完成2010年504幅1:1万基础地理信息入库数据检查及建库工作，2011年新宾区域老少边穷项目125幅1:1万基础地理信息入库数据检查和建库工作，1999年~2009年2063幅1:1万地形图涉军涉密内容专项检查修改工作。

四、政府测绘保障服务

该中心全年为省委、省政府、省人大及有关部门提供了1000多幅办公用各类地图。制作《辽宁省地图》、《辽宁省交通图》、《辽宁省旅游图》、《辽宁省地势图》、《辽宁省水系工程图》等领导用图。为庆祝中国共产党建党90周年，自主研发编制了《辽宁红色地图》网页，并在“天地图·辽宁”网站上发布，其中，《红色旅游景点》被《辽宁日报》采纳并登出。

五、测绘地理信息成果资料接收和提供

该中心全年接收数据成果14716幅，航片16780张；为社会各界提供各种比例尺地形图2018幅、数据2007幅、大地控制点960个；为辽宁省国土资源厅土地执法监察提供1:1万DOM数据1848幅；为低丘缓坡调查提供正射影像及1:1万DLG数据1402幅、DRG数据466幅、1:5万DEM数据471幅；为抚顺地区地理国情监测试点项目提供504幅1:1万DEM和DOM；为省民政厅提供辽宁省第二次地名普查项目全省范围1:5万DLG471幅，丹东、锦州、盘锦、营口等市1:1万DLG数据及纸图163幅。

【获奖情况】

辽宁省基础地理信息中心完成的“辽宁地图网——辽宁省公众版地理信息公共服务平台建设”、“基础地理信息数据库与制图一体化功能的实现”、“辽宁省专业级1:10000电子地图制作”等3项科技成果获2011年度辽宁省测绘科学技术进步奖一等奖；“抚顺市地理信息公共服务平台数据集成项目”、“利用第二次土地调查成果更新抚顺市1:1万地形图项目”2项科技成果获二等奖，“本溪市城区1:500比例尺地形图更新及建库项目”获三等奖。

吉林省

长春市测绘院

【概况】

长春市测绘院成立于1953年，法人代表沈阔，拥有甲级测绘资质，通过ISO2000质量管理体系认证，共有技术人员67人。甲级业务范围包括摄影测量与遥感；地籍测绘；行政区域界限测绘：地理信息系统工程；工程测量：地形、控制、竣工、隧道、桥梁、地下管线、线路工程、建筑工程、市政工程、规划检测、城乡用地、城乡规划定线、日照测量。乙级业务范围包括互联网地图服务：浏览、导航、搜索服务、定位服务、标注服务、连接服务、下载服务；地图编制；大地测量数据处理；大地测量：卫星定位测量、三角测量、水准测量。

【业务】

一、基础测绘

2011年，长春市测绘院完成的基础测绘项目包括长德新区航空摄影440平方千米，长春市北部新城1:2000地形图测绘二期工程航测外业调绘92平方千米，长春北部城区1:500地形图测绘工程项目201平方千米，净月经济开发区、二道经开区等1:500地形图实测41平方千米等。

二、基础控制测量

该院承担连续运行卫星参考站建设，完成与7个省站的并网工作。完成地铁一号线第一期基础控制测量工作。

三、信息化建设

该院协助长春市规划信息服务中心完成2011年宜居长春规划信息在线查询系统中的数据整理工作，完成“宜居长春规划信息在线查询系统项目”2010年数据整理工作。扩展与延伸长春市地理信息公共服务平台建设，增加棚户区改造、行政区划专题地图、加油站专题地图、长春市地名地址试验区数据，市域2万平方千米DEM数据，1:500地形图数据120平方公里，市域20571平方千米中巴资源卫星2.39米分辨率卫星影像。开展长春市“数字三维城市”建设，完成雕塑公园、新民大街等重点精品街路共12平方千米精细三维模型建模工作。完成地名地址库2平方千米的试验区工作，编写相应的设计文档及数据编码体系。

【其他】

一、科技创新

长春市测绘院完成数字长春地理空间框架的基础性工作，初步完成了“一库一平台”建设，为地理空间信息在政府、企业和公众的共享服务奠定基础。研究Lidar技术在三维城市建设中的大规模应用，完成方案设计及模型数据标准的编写。在开展数字长春建设的同时，积极对城市空间定位基准进行完善和补充，组织长春市卫星连续定位参考站验收，开展长春市似大地水准面精化工作。

二、获奖情况

由该院完成的“长春市城市雕塑三维信息管理平台”获2010年吉林省测绘科技进步奖二等奖。该院被评为吉林省机关档案工作规范化管理优秀单位、吉林省测绘协会2011年度先进会员单位、吉林省测绘与地理信息行业协会2011年度协会工作先进单位，获全国测绘行业职业技能竞赛吉林选拔赛工程测量竞赛一等奖、航空摄影测量竞赛二等奖。

长春市国土测绘院

【概况】

长春市国土测绘院前身为长春市土地测绘院，成立于1999年，法人代表裴毓铁，拥有甲级测绘资质，通过ISO9001:2008质量管理体系认证，共有技术人员53人。业务范围包括地籍测量、工程测量、航空摄影和遥感数据处理、地理信息系统开发与服务、三维影像制作、地图制印等工作。

【业务】

2011年，长春市国土测绘院承担并高质量完成土地变更调查任务，得到了市国土资源局及各城区分局的认可。完成长春市宽城区城市建设开发有限责任公司地形图测绘、长春鑫安房地产开发有限责任公司地形图测绘、净月开发区海尔文化创意小镇地形图测绘、长春净月经济开发区土地收购储备中心数字化测图等测绘项目，开展了长春市城区三维地籍数据库管理系统和长春市国土首级平面控制网建设等项目。

【其他】

一、教育培训

长春市国土测绘院开展多次业务培训，邀请专家讲解与业务相关的软件，提高作业人员的业务水平和业务技能，提高了市场竞争力。同时，加强职工思想道德教育，加强数据保密管理工作。

二、获奖情况

2011 年，该院完成的“吉林省生态科技商务金融中心数字测绘”项目获 2011 年中国测绘学会优秀测绘工程奖铜奖，“吉林省光电信息产业园二期”项目获 2011 年吉林省优秀测绘地理信息工程奖二等奖。

吉林省地矿测绘院

【概况】

吉林省地矿测绘院始建于 1958 年，法人代表史立强，拥有甲级测绘资质，通过 ISO9001:2000 质量管理体系认证，共有技术人员 73 人。甲级业务范围包括工程测量：控制、地形、线路工程、地下管线、矿山、隧道、变形观测、形变、水利工程、建筑工程测量；地籍测绘；摄影测量与遥感（外业）。乙级业务范围包括摄影测量与遥感（内业）；大地测量：卫星定位、三角、水准测量；地理信息系统工程。

【业务】

2011 年，吉林省地矿院测绘院完成的主要测绘项目共 30 项，包括天津市全市域 1:2000 地形图调绘及修测 2830 幅、400 平方千米；江西省资溪县土地灾毁治理地形测量 4800 亩；江苏省连云港市东海县勘界测绘 120 千米和二调维护 40 平方千米；福建省漳州市仙都县、角美县 1:500 地形测图 4.28 平方千米。完成地质调查项目 114 项。其中，地质灾害治理工程监理项目 4 项，矿山地质环境保护与治理恢复方案 47 项，地质灾害危险性评估报告 2 项，资源储量核查报告 20 项，动态储量监测报告 41 项。首次在西藏班戈县高海拔地区使用无人机航摄技术完成 1:1 万地形图测量任务 180 平方千米。

【其他】

一、教育培训

2011 年 3 月，吉林省地矿院测绘院总工办组织测绘专业技术人员参加不同坐标系下坐标成果转换业务培训；3 月 ~4 月，举办地质勘查（地质填图、槽探编录、岩性描述）讲座；3 月 ~6 月，聘请专家开展 CAD Lisp 程序编写和 MAPGIS 地图制图业务培训。为满足生产工作需要，参加部级和省内培训已达 94 人次。

二、获奖情况

该院完成的“新疆维吾尔族自治区若羌县白干湖钨锡矿田 1:2000、1:1 万地形图测绘”项目获 2011 年吉林省优秀测绘地理信息工程奖二等奖。该院被评为 2011 年国土资源部全国矿业权实地核查先进集体。

吉林省地理信息工程院

【概况】

吉林省地理信息工程院成立于 1973 年，法人代表杨宏伟，拥有甲级测绘资质，通过 IS09001 质量管理体系认证，共有技术人员 122 人。业务范围包括互联网地图服务，摄影测量与遥感，地理信息系统工程，地图数字化，空间遥感地理信息数据处理，地图编制，工程测量，地下管线测量，地籍测绘，数码航空摄影，机载激光扫描，无人飞行器航摄。

【业务】

一、基础测绘项目

2011 年，吉林省地理信息工程院完成长春测区 1:1 万 DLG、DOM 数据 864 幅，长岭测区 1:1 万基础测绘空三加密 785 幅；编制完成《吉林省地图册》、《长春百姓生活指南图集》、《吉林省地图集》电子版、《吉林省红色旅游图》、《吉林省东南部系列地图》、《鸭绿江经济合作区示意图》、《吉西 - 蒙东经济合作区示意图》、《吉林省志 · 测绘卷》插图等。

二、援建测绘项目

该院受吉林省政府、吉林省经济合作局委托，应朝鲜罗先市经济协作局邀请，组织人员赴朝鲜罗先市开展中朝珲春 - 罗先跨境经济合作区 1:1000 数字化地形图测绘，满足该区域整体规划的需求，得到吉林省政府、经济合作局以及朝鲜方面的好评。

三、其他测绘项目

该院完成《吉林省行政区划图册》编制工作；永春地籍测绘3.5平方千米项目；数字九台项目基本完成，已进入现场安装调试阶段；长春市三维国土数据库建设项目已完成总工作量的75%。

【其他】

一、教育培训

2011年，吉林省地理信息工程院努力提高人才能力与素质，共组织518人次参加培训学习。

二、获奖情况

该院完成的“吉林省1:5万数据库缩编更新工程”项目和“吉林市1:1000数字化地形图”项目分别获吉林省优秀测绘工程奖一等奖、三等奖。

吉林省第二测绘院

【概况】

吉林省第二测绘院始建于1979年，法人代表高佩华。该院原名吉林省第二测绘大队，1995年更名为吉林省第二测绘院。拥有甲级测绘资质，通过ISO9001:2008质量管理体系认证，共有技术人员86人。甲级业务范围包括摄影测量与遥感（外业）；工程测量：控制、地形、市政工程、线路工程、地下管线、水利工程、建筑工程测量；地籍测绘；房产测绘；行政区域界线测绘。乙级业务范围包括摄影测量与遥感、地理信息系统工程、地图编制。

【业务】

一、基础测绘项目

2011年，吉林省第二测绘院完成三等以上水准点普查300点的外业工作，二等水准观测813.28千米，以及野外调绘400幅等主要基础测绘工作。

二、专题测绘项目

该院完成全省道路信息数据GPS快速采集，完成全省省道约8000千米外业采集及内业编辑项目并申报验收。完成集安市1:500地形图测绘（临时项目）13千米。

三、其他测绘项目

该院完成上海、天津、沈阳市的相关测绘项目，以及吉林省地籍测绘、城镇规划测绘、风电测绘、公路测绘等项目。

【其他】

一、科技创新

2011年，吉林省第二测绘院积极推进信息化测绘生产基地建设。通过系统集成与合作创新的方式，充分利用原有技术装备、作业软件，优化改进传统内业生产作业流程，全面推进全院的信息化测绘体系建设。开展采编一体、内外业一体、航测内业生产信息化管理等项目研发，并向吉林省测绘局申报立项。

二、获奖情况

该院承担的“图们江测区1:10000基础地理信息更新”、“天津东站前后广场及联系通道项目竣工项目”分别获吉林省优秀测绘工程奖一、二等奖；与天津市勘察院合作完成的“新杨北公路初测、定测测量”项目获天津市优秀测绘工程奖三等奖。

吉林省第一测绘院

【概况】

吉林省第一测绘院成立于1956年，法人代表陈庆华，拥有甲级测绘资质，通过ISO9001:2000质量管理体系认证，共有技术人员96人。甲级业务范围包括地籍测绘、房产测绘、行政区域界线测绘、摄影测量与遥感、互联网地图服务、工程测量。乙级业务范围包括地图编制、地理信息系统工程、海洋测绘。

【业务】

一、基础测绘项目

2011年，吉林省第一测绘院完成白城测区1:1万，基础测绘数据更新144幅的地物要素采编和野外调绘并已通过验收；完成长岭测区385幅基础测绘数据数据更新地物要素采编并通过验收，野外调绘已完成；完成图们－二道白河国家二等水准联测及平差，并通过验收；完成道路信息数据GPS快速采集的外业工作和内业整理平差。

二、其他测绘项目

该院与吉林省文化厅合作，研发吉林省文物保护系统，完成古建筑三维制作22处。完成北京市通州区1:500地形图航测外业505幅，顺义区1:500航测地形图及1:500数字化地形图18.2平方千米；天津蓟县1:500测图6平方千米；梨树县城镇地籍调查7个乡镇7.6平方千米。参与天津、上海、东三省数字城市建设。启动辽源市、四平市数字城市建设，基础地理信息平台按计划进行。

【其他】

一、科技创新

吉林省第一测绘院与长白山管委会达成长白山

脉火山动态监测和森林防火监测，与白山市江源区达成矿山安全及地质监测等合作意向。开展 ArcGIS 业务培训，让一线作业人员熟悉和掌握各项业务流程。组织专业技术人员到北京市测绘设计研究院学习 PAT－B 加密软件，提高相关人员运用测绘高新技术的能力。

二、获奖情况

该院参与建设的“延吉市数字城管系统的建立”项目、独立完成的“桦甸第二次土地调查”和“延边州采矿权实地核查”项目分别获吉林省优秀测绘工程奖一、二、三等奖；与天津勘察院合作完成的“北京市监狱管理局清河分局地籍测绘”项目获天津市优秀测绘工程奖二等奖。

吉林省基础地理信息中心（吉林省测绘档案资料馆）

【概况】

吉林省基础地理信息中心（吉林省测绘档案资料馆，以下简称吉林省基础地理信息中心）成立于 2000 年，法人代表欧仁和，拥有甲级测绘资质，共有技术人员 44 人。甲级业务范围包括互联网地图服务、地理信息系统工程；地籍测绘；工程测量；竣工、隧道、地下管线、线路工程、建筑工程、市政工程、规划检测、城乡用地、城乡规划定线、地形测量；地籍测绘；行政区域界限测绘。乙级业务范围包括房产测绘、地图编制。

【业务】

一、基础测绘项目

2011 年，吉林省基础地理信息中心完成“吉林省坐标系整体转换系统”建设，全省 1980 西安坐标系与 2000 国家坐标系下基础地理信息数据转换，吉林省基础地理信息数据库更新项目 1 项，图们江测区 1:1 万地形图符号化 616 幅。

二、专题测绘项目

该中心重点做好吉林省连续运行卫星定位参考站综合服务系统（JLCORS）建设，完成整网联调、已知点联测、框架网数据集解算、网站建设、数据发布、系统测试等工作，CORS 网建设项目正式竣工。此外，完成道路信息数据 GPS 快速采集项目技术支持；完成吉林省九个市（州）公开版系列城市地图、长白山旅游图（大幅对开）10 幅。

三、其他测绘项目

该中心完成“天地图·吉林”建设、数字通化建设等项目，为吉林省水利普查提供测绘成果，承担“长春市外事办英文版地理信息服务平台开发”等项目。

四、成果提供及服务

2011 年，该中心提供各种比例尺地形图 13391 张；提供各类控制成果资料 4992 点；提供各类通用地图 7475 幅；图册 1674 册；提供光盘 102 片。

为吉林省测绘系统提供数据成果 102 人次，15588 幅，数据量 1458 GB；对外提供数据成果 26 人次，268 幅，数据量 7350 MB。

接收长春、吉林、通化测区“立体像对”数据 1530 GB；索取 2000 国家大地坐标成果及观测数据成果 222 个；接收基础测绘生产任务 37 项，共 1585 幅，数据量 1228 GB；接收长岭测区、白城测区、图们江测区 1:1 万地形图档案 2064 幅；接收吉林省似大地水准面精化二等水准线路 2 条。整理归档立卷 3427 卷。完成测绘成果目录汇交整理工作，共整理吉林省各县市 156 家测绘单位的测绘成果目录 1508 条；完成吉林省九市州城市系列地图入库共 2.7 万张，《吉林省地图集》光盘入库 1900 张，《长春市百姓生活指南》地图集入库 4700 册。

【其他】

一、科技创新

吉林省基础地理信息中心投入科研经费 20 多万元，用于“数字档案管理信息系统”等多个系统的开发。完成的全国第一个英文版电子地图网站于 8 月 19 日正式开通，长春市外事办公室举办了开通仪式。

二、获奖情况

吉林省基础地理信息中心承建的“吉林省政府应急平台地理信息系统”、“中国2000 似大地水准在吉林省西部地区基础测绘中应用研究”获吉林省科技进步奖一等奖，“吉林省政府应急平台地理信息系统”获中国地理信息产业协会地理信息科技进步奖三等奖。年内，该中心被省直机关团工委授予“青年文明号”称号；该中心党委被吉林省测绘局评为“先进基层党组织”；该中心团支部获“省直机关五四红旗团支部”称号；王铮、刘振宇获吉林省熹光测绘科技进步鼓励奖；王晓辉被吉林省总工会职工技术协会评为 2011 年度全省职工技协先进个人；杜娟获省直机关“优秀团员”称号。

吉林省交通规划设计院

【概况】

吉林省交通规划设计院前身为吉林省公路勘测设计院，成立于1953年。2011年正式更名为吉林省交通规划设计院，并于2011年8月通过ISO9001:2008质量管理体系再认证审核。法人代表胡珊，拥有甲级测绘资质，共有技术人员56人。业务范围包括工程测量：控制、地形、市政工程、建筑工程、线路工程、地下管线、桥梁、隧道、城乡规划定线、竣工测量。

【业务】

吉林省交通规划设计院完成嫩江至丹东高速公路坦途至黑水段C合同段两阶段勘察设计、长春经济圈环线高速公路九台至双阳段SJA合同段施工图勘察设计、河北省张承高速公路崇礼至张承界段勘察设计监理、青岛海湾大桥胶州连接线工程设计审查（咨询）。

【其他】

一、科技创新

吉林省交通规划设计院在辉南至白山高速公路初步勘察设计阶段，采用了机载LIDAR航测（摄影测量与遥感）方法进行地形图采集。

二、获奖情况

该院完成的“鹤岗至大连高速公路通化至新开岭段地形图测量”获吉林省优秀测绘工程奖三等奖；“同江至三亚国道主干线长春至珲春支线江密峰延吉高速公路设计”获全国优秀工程勘察设计奖银奖、交通运输部公路交通优秀设计奖一等奖、吉林省建设工程优秀设计奖一等奖；“快大茂至下排高速公路两阶段施工图设计”、“大庆至广州高速公路肇源至松原段一阶段施工图设计”分别获吉林省建设工程优秀设计奖二、三等奖；“环长白山旅游公路二道白河至漫江段设计”获公路交通优秀设计奖二等奖。

吉林省水利水电勘测设计研究院测绘院

【概况】

吉林省水利水电勘测设计研究院测绘院成立于1958年，拥有甲级测绘资质，通过质量管理体系认证，共有技术人员64人。业务范围包括工程测量：控制、地形、市政工程、线路工程、地下管线、变形观测、形变、水利工程、隧道、建筑工程、精密工程、桥梁；摄影测量与遥感；地理信息系统工程；地籍测绘；房产测绘；测绘工程咨询、监理，软件开发，测绘仪器检定、修理等。

【业务】

2011年，吉林省水利水电勘测设计研究院测绘院承担吉林省白城市月亮泡蓄滞洪区工程、吉林省柳河县大泊子水库工程、吉林省中西部旱区膜下滴灌工程2011年实施方案等43个项目。

【获奖情况】

吉林省水利水电勘测设计研究院测绘院承担的“哈达山水利枢纽工程一期”工程项目获全国优秀工程勘察设计奖二等奖、吉林省建设工程优秀勘察设计奖一等奖；“吉林省中部城市引松供水工程线路测绘”获吉林省建设工程优秀勘察设计奖二等奖。

中国电力工程顾问集团东北电力设计院

【概况】

中国电力工程顾问集团东北电力设计院成立于1950年，拥有甲级测绘资质，通过质量、职业健康安全和环境三标整合认证，共有技术人员50人。甲级业务范围包括工程测量：控制、地形、变形（沉降观测）、形变、线路工程、地下管线、建筑工程、市政工程测量；摄影测量与遥感（外业）。乙级业务范围包括地籍测绘；房产测绘；海洋测绘：水下地形测量。

【业务】

2011年，中国电力工程顾问集团东北电力设计院勘测分公司完成绥中发电厂二期2×1000Mw扩建工程、500kV徐辽送电线路灯塔市重大项目改造工程、桦南生物质热电联产项目等7项测绘项目，合同总金额830万元人民币。

【其他】

一、科技创新

中国电力工程顾问集团东北电力设计院勘测分公司在溪洛渡和安徽架空送电线路工程中，应用了航空摄影测量技术，降低了外业作业人员的工作强度，保证了工程质量。对《火力发电厂工程测量技术规程》进行修订。

二、获奖情况

中国电力工程顾问集团东北电力设计院被国家工程建设质量奖审定委员会授予国家优质工程金奖、

工程建设项目优秀设计成果一等奖，被中国电力建设企业协会授予中国电力优质工程奖。

中水东北勘测设计研究有限责任公司

【概况】

中水东北勘测设计研究有限责任公司原名东北勘测设计研究院，成立于1953年，法人代表金正浩，拥有甲级测绘资质，通过ISO9001:2000质量管理体系认证、环境和职业健康安全管理体系认证，共有技术人员64人。甲级业务范围包括工程测量：控制、地形、市政工程、线路工程、地下管线、变形观测、形变、精密工程、隧道、桥梁、水利工程、建筑工程测量。乙级业务范围包括地籍测绘；摄影测量与遥感（外业）。

【业务】

2011年，中水东北勘测设计研究有限责任公司工程测绘公司完成大藤峡水利枢纽工程可行性研究补充测量；荒沟抽水蓄能电站工程可研补充及招标阶段测量；黑龙江省海浪河开化、发河水电站工程预可行性研究测量等项任务。

【其他】

一、科技创新

中水东北勘测设计研究有限责任公司引进三维激光扫描仪，应用到辽河三江口地区省界堤防工程；使用低空摄影测量技术先后完成大藤峡库区1:2000地形图及文得根库区1:5000地形图测量工作。

二、获奖情况

2011年，中水东北勘测设计研究有限责任公司工程测绘公司承建的“双岭水利枢纽工程勘察”项目获中国勘察设计协会颁发的全国优秀工程勘察设计奖二等奖；“黄河刘家峡洮河口排沙洞工程岩塞测量”获吉林省测绘学会2010年度吉林省测绘科技进步奖二等奖。

中国建筑材料工业地质勘查中心吉林总队

【概况】

中国建筑材料工业地质勘查中心吉林总队成立于1961年，拥有甲级测绘资质，通过ISO9001:2000质量管理体系认证，共有技术人员53人。甲级业务范围包括工程测量：控制、地形、城乡规划定线、城乡用地、规划检测、市政工程、建筑工程、线路工程、桥梁、隧道、竣工；地籍测量：平面控制、界址、其他地籍要素调查与测量、地籍图测绘、面积量算。

【业务】

2011年，中国建筑材料工业地质勘查中心吉林总队测绘院完成河北省保定市涞源县地籍测量、亚泰集团图们水泥有限公司矿皮带廊测量、冀东水泥永吉有限公司4500t/d水泥熟料生产线测量等项目。

【获奖情况】

中国建筑材料工业地质勘查中心吉林总队测绘院完成的“吉林省通榆县乌兰花风电场地形测绘”、“白山地区矿业权实地核查测量”分别获吉林省优秀测绘工程奖三等奖。“四平市刘房子煤矿矿山地质环境治理”项目获2010年度优秀地质勘查成果三等奖。“吉林省磐石市烟筒砬子矿区水泥用灰岩矿勘探测绘”报告、“吉林省永吉县暖泉沟水泥用灰岩矿勘探测绘”报告分别获2010年度中国建材工程建设优秀工程勘察奖二、三等奖。

黑龙江省

哈尔滨市国土资源勘测规划院

【概况】

哈尔滨市国土资源勘测规划院成立于1988年，法人代表卞学哲，拥有甲级测绘资质，共有技术人员80人。业务范围包括工程测量：控制、地形、城乡规划定线、城乡用地、规划检测、日照、市政工程、线路工程、建筑工程、桥梁、隧道、竣工测量；地籍测绘；房产测绘等。

【业务】

2011年，哈尔滨市国土资源勘测规划院完成土地登记发证、转让、出让、划拨、违法用地等土地勘测工作2400多宗。完成2011年农用地转用预报项目，总面积2648公顷；单独选址项目，总面积188公顷；城镇批次项目，总面积354公顷；国家实施项目，总面积2067公顷。完成哈尔滨高开区等8个国家级、省级开发区的土地集约利用评价工作和哈尔滨市郊区高标准基本农田土地整治前期调查工作、2011年哈尔滨市土地利用实时变更试点工作、哈尔滨市地铁工程等建设项目的前期预审工作。完成地质灾害危险性评估、压覆矿产资源情况评估项目共31个；砂、石、砖瓦粘土矿山矿产资源储量检测核实与动态监测项目184个；砂、石、砖瓦粘土矿山矿产资源开发利用方案7个。

黑龙江省国土资源勘测规划院

【概况】

黑龙江省国土资源勘测规划院成立于1955年，法人代表刘群利，拥有甲级测绘资质，共有技术人员113人。业务范围包括摄影测量与遥感（外业）；地籍测绘；工程测量：控制、地形、城乡规划定线、城乡用地、市政工程、建筑工程测量等。

【业务】

2011年，黑龙江省国土资源勘测规划院承担全国土地利用变更调查监测与核查遥感监测、黑龙江省村庄地籍调查试点、2011年度黑龙江省城镇土地利用现状调查数据汇总、铁力至金山屯公路改扩建工程土地征收前期调查等工作。

【其他】

2011年，黑龙江省国土资源勘测规划院获国土资源部“十一五”科技先进集体称号。承担的“数字黑瞎子岛地理信息共享服务平台”获2011年中国地理信息科技进步奖三等奖。

哈尔滨地图出版社

【概况】

哈尔滨地图出版社成立于1985年，法人代表董学，拥有甲级测绘资质，共有技术人员154人。业务范围包括地图编制：地形图、世界政区地图、全国政区地图、省级及以下政区地图、电子地图、真三维地图、其他专用地图；地理信息系统工程：摄影测量数据处理、空间遥感地理信息数据处理、外业采集的地理信息数据处理、地图数字化、建立数据库、建立基础地理信息系统、建立专业地理信息系统等业务。

【业务】

一、地图出版工作

2011年，哈尔滨地图出版社共出版图书336种，包括地图类图书173种；再版图书34种，包括《世界地图册》、《中国地图册》等地图册，以及《哈尔滨交通指南图》、《哈尔滨市旅游地图》等单张图。编辑新版图书《黑龙江省旅游地图册》、《游玩哈尔滨》、《黑龙江省交通旅游图》；为第21届全国图书交易博览会编制《第21届全国图书交易博览会专用图》。出版的教辅类图书《中学地理复习考试地图册（完全版）》、《中学地理复习考试地图册（综合版）》在同类图书中发行量保持良好势头。

二、地图定制服务

该单位承揽《黑龙江垦区水利工程地图集》、《农行服务“三农”金融生态图谱》、《哈尔滨市城镇土地使用税土地等级示意图》和《中石化加油站分布图》系列图等多项地图编制合作项目，社会反响良好。

三、重大测绘工程

该单位承担国家1:5万基础地理信息数据库更新二期工程中1870幅地形图数据生产任务。参与西部1:5万地形图空白区测图工程的地图制印项目，共制印地图630幅，包括塔里木西部172幅、横断山脉114幅、青藏高原东部175幅及青藏高原西部169幅。

【获奖情况】

2011年，哈尔滨地图出版社完成的“数据库驱动的地形图快速制图与集成管理系统研发”项目获2011年中国测绘学会测绘科技进步奖二等奖。

国家测绘地理信息局第二大地测量队（黑龙江第一测绘工程院）

【概况】

国家测绘地理信息局第二大地测量队（黑龙江第一测绘工程院，以下简称国家测绘地理信息局第二大地测量队）成立于1975年，法人代表伊海波，拥有甲级测绘资质，共有技术人员134人。业务范围包括摄影测量与遥感；工程测量；地籍测绘；房产测绘；行政区域界线测绘；地理信息系统工程；大地测量：卫星定位、三角、水准、天文、大地测量数据处理；海洋测绘：海岸滩涂地形测量、港口与航道工程测量等。

【业务】

一、主要测绘项目

国家测绘地理信息局第二大地测量队完成“927”一期工程2011年海岛（礁）测绘基准建设与精确定位各项计划任务。具体包括沿岸陆地大地控制点卫星定位观测21点，观测海岛（礁）GPS B级点23点、C级点3点，完成海岛（礁）跨海高程传递9处，完成1:5000外业调绘约87幅，1:2000内业测图76幅、外业调绘29幅。

完成国家1:5万基础地理信息数据库更新二期工程山东、上海、江苏等地1:5万地形数据综合判调更新生产70幅。

承担部分省区一等水准路线踏勘及标石补埋任务，共普查一等水准路线44条，路线总长9716.6千米；普查一等水准点、GPS点2718座；补埋水准点381座；补埋A、B级GPS点8座；修补水准点数百座。经国家基础地理信息中心验收，质量评定为优。

完成黑龙江省1:1万基础测绘工程哈大齐测区132幅1:1万地形图数据编辑入库和制图数据生产。

二、重大测绘工程

国家测绘地理信息局第二大地测量队承担中国大陆环境监测网络2011年区域网GPS联测、中国地壳运动观测网络2011年区域网GPS联测任务。完成黑龙江、吉林东测区全部网点184座。经中国地震局地壳运动监测工程研究中心验收，成果质量评定为优。

承揽无碴轨道运营期控制网复测及构筑物变形监测工程，完成沪宁城际高铁控制网复测、变形监测314千米。承揽数字日照地理空间框架建设项目，完成1:2000DEM、DLG制作650平方千米。承揽邹平县数字城市地理空间框架建设项目，完成1:2000 DLG、DEM、DOM制作80平方千米。承揽地面沉降对轨道交通影响监测及GPS地面沉降测量项目，完成沉降测量3000千米。

完成天津全市域1:2000地形图修补测925.35平方千米；完成天津市南岗1:500地形图测量17平方千米；完成北京市沉降区高程复测及原点网监测项目一、二等水准测量713千米；完成上海市金山区集体土地所有权调查47平方千米。

【其他】

一、科技创新

国家测绘地理信息局第二大地测量队选派杨志刚参加第28次昆仑站度夏科考队。该队完成中山站至昆仑站内陆车队导航及沿线冰流速点加密复测、内陆冰穹A地区冰盖运动监测网（中国墙）加密和复测、昆仑站站区地形图测绘项目。积极开展长距离GPS基线解算、大型GPS网平差计算等及2000国家坐标系与参心坐标系转换模型、精度研究。开发基于ArcGIS的一体化编辑软件。承担黑龙江测绘地理信息局测绘科技发展基金项目“长距离三角高程测量技术方法研究及精度探讨”1项，计划于2012年6月完成。开展“高速铁路运营期沉降数据管理与分析研究”、“高速铁路CPIII控制网数据采集与平差系统”的开发及试验；开展成果资料管理系统和仪器设备管理系统等数据库建设工作。完成该队门户网站改版设计、搭建工作，6月正式开通，运行良好。

二、获奖情况

2011年，该队被黑龙江测绘地理信息局评为“加强基础管理工作先进单位”。该队承揽的大连市现代测绘基准体系（静态）建设外业项目获黑龙江省优秀测绘工程奖金奖；承揽的大连市1:500数字线划图（DLG）生产项目获黑龙江省优秀测绘工程奖银奖。

在黑龙江测绘地理信息局评选先优工作中，该队2个支部被评为先进党组织、2人被评为优秀共产党员、1人被评为优秀党务工作者。在国家测绘地理信息局组织的中国测绘职工政治思想工作研究会论文研讨、“阅读·思考·进步”学习读书征文和测绘法宣传口号征集活动中，该队有10人次获奖。

黑龙江省地质矿产局测绘院

【概况】

黑龙江省地质矿产局测绘院始建于1993年，法人代表单久库，拥有甲级测绘资质，共有技术人员110人。甲级业务范围包括地籍测绘；房产测绘；

工程测量：控制、地形、城乡规划定线、城乡用地、规划检测、日照、市政工程、建筑工程、精密工程、线路工程、地下管线、桥梁、矿山、隧道、变形（沉降）观测、形变、竣工测量。乙级业务范围包括大地测量：卫星定位测量（C级以下）、三角测量（三等以下）、水准测量（三等以下）；摄影测量与遥感；地理信息系统工程。

【业务】

2011年，黑龙江省地质矿产局测绘院完成海林市柴河、横道河子、长汀、山市、新安朝鲜族、二道河子镇1:500建制镇地籍调查；东宁县绥阳、三岔口、大肚川、道河、老黑山建制镇1:500地籍调查；穆棱市穆棱镇、兴源镇建制镇1:500地籍调查；大庆油田小型工程测量几十项；垦区土地整治示范项目勘测；黑龙江省1:20万地质图数据库建设。

【其它】

一、获奖情况

黑龙江省地质矿产局测绘院完成的“黑龙江省黑河市爱辉区第二次土地调查农村土地调查”、“黑龙江省矿业权实地核查项目”获2011年中国测绘学会优秀测绘工程奖三等奖。

二、测绘仪器设备

该院引进奥地利生产的RIEGL VZ－3000三维扫描仪和多台高精度全站仪、水准仪，提高了仪器装备水平。

佳木斯市勘察测绘研究院

【概况】

佳木斯市勘察测绘研究院成立于1992年，法人代表刘忠强，拥有甲级测绘资质，通过ISO9001：2008质量管理体系认证，共有技术人员60人。业务范围包括摄影测量与遥感；房产测绘；地理信息系统工程；地籍测绘；工程测量：控制、地形、城乡规划定线、城乡用地、规划检测、日照、市政工程、建筑工程、精密工程、线路工程、地下管线、桥梁、隧道、变形（沉降）观测、形变、竣工测量；大地测量：卫星定位测量、三角测量、水准测量、大地测量数据处理；地图编制：地形图编制、电子地图制作、真三维地图、其他专用地图；互联网地图服务：搜索、位置服务、地理信息标注服务。

【业务】

2011年，佳木斯市勘察测绘研究院完成佳木斯市辖区内建成区外1680平方千米1:2000数字线划图、数字正射影像图、数字高程模型的测绘和建库工作；完成建成区320平方千米1:500已有数字线划图的修测和数据库更新工作。完成市重点工程和开发项目测绘322项，测绘地形图156平方千米，其中，道路改造38项，棚户区改造46项，风貌规划22项，基础建设15项，园区建设8项，中心城镇区域规划6项，房地产开发187项。完成哈尔滨市44平方千米1:1000数字线划图航测内业工作。制作2010版佳木斯市正射影像挂图。完成沿江公园和长安西路2个试验区的三维数字城市地理信息系统建设。

该院承担的“数字佳木斯地理空间框架”项目通过黑龙江测绘地理信息局的竣工验收；鸡西市2000平方千米1:1000数字正射影像图和1000平方千米1:1000数字线划图测绘项目通过黑龙江省测绘产品质量监督检验站的验收；同江市街津口10.7平方千米1:1000地形图测绘项目通过黑龙江测绘地理信息局的监督检验。

黑龙江省煤田地质物测队

【概况】

黑龙江省煤田地质物测队成立于1952年，法人代表屈绍忠，拥有甲级测绘资质，共有技术人员125人。业务范围包括地籍测绘；工程测量：控制、地形、城乡用地、市政工程、矿山、建筑工程、变形（沉降）观测、形变、精密工程、桥梁、竣工测量等。

【业务】

2011年，黑龙江省煤田地质物测队完成“嘉荫县乌拉嘎镇城镇地籍调查”、“七台河市桃山区城镇地籍调查”等项目以及“新疆保利宝翔双峰山煤矿预查项目”、“新疆尼勒克煤田咔拉图拜煤炭资源勘探”、“黑龙江省依兰煤田预查”等煤田地质勘探项目的物探测量工作。全年，该单位完成产值2000万元。

哈尔滨市勘察测绘研究院

【概况】

哈尔滨市勘察测绘研究院成立于1953年，法人代表鲍希全，拥有甲级测绘资质，共有技术人员131人。业务范围包括摄影测量与遥感（外业）；地理信息系统工程；地籍测绘；工程测量：控制、地形、城乡规划定线、城乡用地、规划检测、日照、市政、建筑工程、精密工程、竣工、形变、变形（沉降）观测、隧道、桥梁、地下管线、线路工程测量；房产测绘；互联网地图服务：地图搜索、位置服务、地理信息标注服务；地图编制：地形图编制、电子地图制作、真三维地图、其他专用地图等。

【业务】

2011 年，哈尔滨市勘察测绘研究院完成 ADS80 仪器推扫式数码航空摄影 896 平方千米，制作完成 1:2000 正射影像图 896 平方千米和 1:1000 地形图测绘 204 平方千米，利用 0.61 米分辨率的 QuickBird 遥感影像制作 172 平方千米 1:2000 规划专题图。完成测绘工程 1817 项、勘察工程 120 项，实现全年勘测收入 1.16 亿元。

【获奖情况】

哈尔滨市勘察测绘研究院获黑龙江测绘地理信息局授予的“黑龙江省测绘行业先进集体”、哈尔滨市建设委员会授予的“建设工程质量管理先进单位”和哈尔滨市档案局授予的“哈尔滨市档案工作先进集体”等称号。完成的“哈尔滨市轨道交通一期工程精密导线测量”、“哈尔滨市基于 UCX 1:2000 正射影像图制作”分别获黑龙江省测绘学会 2011 年优秀测绘工程奖银、铜奖。

国家测绘地理信息局经济管理科学研究所（黑龙江省测绘科学研究所）

【概况】

国家测绘地理信息局经济管理科学研究所（黑龙江省测绘科学研究所，以下简称黑龙江省测绘科学研究所）成立于 1978 年，法人代表黄杨，拥有甲级测绘资质，通过 ISO9001:2008 质量管理体系认证，共有技术人员 49 人。甲级业务范围包括摄影测量与遥感；工程测量：市政测量、地形、控制、建筑工程、精密工程、形变、变形沉降观测测量。乙级业务范围包括地籍测绘，房产测绘，地理信息系统工程，大地测量，水准测量，行政区域界限测绘，地图编制：地形图编制、电子地图制作、真三维地图、其他专用地图。

【业务】

2011 年，黑龙江省测绘科学研究所主要完成了科技部基础性工作专项“中华舆图志编制及数字展示”；“863”计划项目“南北极环境遥感信息应用业务系统开发”；国家基础测绘项目“数字佳木斯地理空间框架建设”；省级基础测绘项目“基础地理信息数据库建设”、“数字龙江地理空间框架建设一期工程三江平原测区 1:1 万比例尺地图测绘与更新”；边境少数民族专项补助项目“黑瞎子岛基础测绘工程”、“抚远县基础测绘工程”、“嘉荫县基础测绘工程”；“漠河县新农村建设测绘保障服务示范”等项目。完成的“手绘黑龙江省全图”受到社会的广泛关注和喜爱。完成“中华舆图网站建设”项目，并以“天地图”古地图频道的形式在国家“天地图”网站正式开通运行。

【获奖情况】

黑龙江省测绘科学研究所完成的“鞍钢鲅鱼圈钢厂地理信息综合管理系统”获 2011 年中国地理信息产业优秀工程奖银奖。

黑龙江地理信息工程院

【概况】

黑龙江地理信息工程院成立于 1963 年，法人代表刘显涛，拥有甲级测绘资质，共有技术人员 246 人。业务范围包括摄影测量与遥感；地理信息系统工程；地籍测绘；房产测绘；工程测量：控制、地形、城乡规划定线、城乡用地、规划检测、日照、市政工程、水利工程、建筑工程、线路工程、地下管线、桥梁、矿山、隧道、竣工测量。地图编制：地形图编制、电子地图制作、真三维地图、其他专用地图；行政区域界线测绘等。

【业务】

2011 年，黑龙江地理信息工程院完成国家海岛（礁）测绘工程海岛（礁）测图与海岛系列地图编制，数据处理与基础地理空间数据库建设；国家 1:5 万基础地理信息数据库更新二期工程 1:5 万地形数据综合判调更新、缩编更新，总参测绘导航局数据转换，1:5 万更新数据整合建库，1:5 万正射影像数据生产；国家西部 1:5 万地形图空白区测图工程青藏高原东部区域、青藏高原西部区域测图等；南极地区重点区域基础测绘工程等国家任务。完成黑龙江省哈大齐工业走廊等地区 1:1 万地图数据更新建库，基础地理信息数据库建设等省级任务。完成中山市基础地理信息系统建设 1:2000 数据采集与成图采购项目（一期），泉州市规划区1:500航测成图工程等国内市场项目。完成日本、德国、匈牙利、比利时、荷兰、墨西哥、澳大利亚等国外市场项目，并定期进行互访、交流。

【其他】

黑龙江地理信息工程院开发升级了地理信息数据加工辅助管理系统、黑龙江测绘地理信息局机关工作管理系统（人事档案管理）、黑龙江测绘地理信息局机关工作管理系统（文书管理）等GIS应用系统。“地理信息数据加工综合管理系统”获2011年中国地理信息科技进步奖三等奖。

黑龙江省航道局

【概况】

黑龙江省航道局成立于1949年，法人代表段世忠，拥有甲级测绘资质，共有技术人员54人。业务范围包括海洋测绘（仅限内水测量）等。

【业务】

一、内河、界河航道养护工程及中国和俄罗斯航行例会测量项目

2011年，黑龙江省航道局完成松花江上游0－232千米河床地形图测绘；松花江下游285－243千米河床地形图测绘。完成黑龙江上游鸥浦浅滩448－443千米水深平面图测绘工程；乌苏里江大黑鱼泡岛浅滩21－26#航道水深测量。完成黑龙江上游尹家大炕浅滩464－457千米等9个区段的水深平面图测绘工程；黑龙江中游结雅河口浅滩995－980千米等3个区段的水深平面图测绘工程；乌苏里江新兴洞浅滩168－165#等3个区段的水深平面图测绘工程。

二、《松花江依兰至哈尔滨航标图》（内部使用）

该局编制《松花江依兰至哈尔滨航标图》（包括依兰段、通河段、木兰段、巴彦段和哈尔滨段），修正了因河道地形变化而产生的航道里程，标绘了最新的跨河建筑物。

三、黑龙江流域电子航道图（内部使用）

该局与大连海事大学合作制作黑龙江流域电子航道图。完成松花江哈尔滨至大顶子山航电枢纽库区70千米、黑河区段68千米的电子航道图制作。

【获奖情况】

黑龙江省航道局完成的“黑龙江省航道图编制”项目获黑龙江省水运科技进步奖二等奖；“电子航道图（母图）制作”项目获三等奖。

上海市

上海市地质调查研究院

【概况】

上海市地质调查研究院成立于1999年，法人代表魏子新，拥有甲级测绘资质，共有技术人员163人。业务范围包括工程测量，地籍测绘，房产测绘（乙级），海洋测绘（丙级）。

【业务】

一、地面沉降监测工作

2011年，上海市地质调查研究院完成地面沉降测量面积约900平方千米。完成水准测量一等路线共85条，二等路线共100条，路线总长度1490千米左右；完成一、二等观测水准点2264座。

二、轨道交通沉降监测基准网

该院建成上海市轨道交通沉降基准网，该基准网是由41个基岩点组成的轨道交通高程控制网，可满足上海市轨道交通11条运营线路和3条建设线路沉降测量工作的需要。

三、上海市一、二、三等精密水准复测工作

该院组织上海市一、二、三等精密水准五年复测工作，完成一、二、三等水准路线复测共1532千米。其中，一等水准测量线路共形成14个闭合环，采用了43座基岩标。

四、生命线工程沉降监测工作

该院完成轨道交通1051千米、城市高架230千米、高压天然气管网747千米的沉降监测工作。

五、其他

该院完成的《地面沉降测量规范》通过国土资源部的评审验收。

【获奖情况】

上海市地质调查研究院完成的“上海市海岸带地质环境监测”获2011年中国测绘学会优秀测绘工程奖银奖，“上海市天然气主干网长期沉降监测”、“上海长江大桥竣工动荷载试验变形监测”获上海市优秀测绘产品奖二、三等奖。

江苏省

苏州数字地图网络科技有限公司

【概况】

苏州数字地图网络科技有限公司成立于2005年，法人代表周为群，拥有甲级测绘资质，共有技术人员22人。业务范围包括互联网地图服务。

【业务】

2011年，苏州数字地图网络科技有限公司完成苏州市公安局PGIS综合地图服务项目、统一视频监控GIS系统项目、标准地址库系统项目和苏州消防支队FGIS战训指挥一体化信息系统建设；完成苏州市第二次全国地名普查完善项目；完成苏州交通局GIS综合地图服务项目、苏州市出租车管理系统GIS应用子系统项目；提供苏州地图网、苏州实时公交、苏州号码百事通指路等公共服务。

【其他】

一、科技创新

2011年，苏州数字地图网络科技有限公司开展科学技术部立项的“城市空间地理信息资源共享服务平台”项目研发和“863”计划“网格GIS软件及其重大应用项目”城市应用示范、“城市空间信息系统网格化集成和智能化服务技术”公众应用示范、“公共空间地理信息数据库的业务流程外包服务平台”等项目研究。开展苏州市科学技术局立项的“基于地理信息的实时公共交通出行网络服务平台关键技术应用”、“苏州市公共空间地理信息技术服务平台”等项目研究。

二、获奖情况

该中心完成的“苏州消防GIS智能指挥业务平台”获江苏省优秀测绘工程奖三等奖。

江苏省地质测绘院

【概况】

江苏省地质测绘院成立于1958年，法定代表人冒爱泉，拥有甲级测绘资质，共有技术人员181人。业务范围包括摄影测量与遥感；地理信息系统工程；地籍测绘；房产测绘；工程测量：控制、地形、城乡规划定线、城乡用地、规划检测、日照、市政工程、建筑工程、线路工程、桥梁、隧道、竣工、水利工程、精密工程、地下管线、变形（沉降）观测、形变测量；大地测量：卫星定位测量。

【业务】

2011年，江苏省地质测绘院完成江宁区1:1000 DLG生产75平方千米，DEM和DOM制作554平方千米。完成滨海、阜宁、武进、太仓等县市1:1000 DLG修测200多平方千米。完成徐州市贾旺区城镇地籍调查9.7平方千米、泗洪县双沟镇城镇地籍调查6平方千米，高邮市、铜山县、射阳县、响水县和安徽省铜陵县等测区村庄地籍调查18.8万宗。承担淮安至楚州公路、常嘉高速公路（昆山至吴江段）、高淳双望公路及张家港疏港公路控制测量及1:2000带状DLG生产，合计150千米。完成杭州市西溪花园等小区共168千米的地下管线测量，沪宁城际铁路（江苏段）200多千米的界址测量任务。

【其他】

一、科技创新

2011年，江苏省地质测绘院开展三维激光扫描技术引进和应用研究，完成大连普兰店市城子坦税务官吏派出所旧址的三维扫描建模。自主开发了地下管线数据处理系统。采用B/S架构和ASP技术，综合应用客户端相关技术，自主开发了印刷业务流程管理系统。

二、获奖情况

该院完成的“滁州市矿业权核查基础控制测量”、“射阳县第二次土地调查工程（城镇部分）”和“盐城市丘权号编制及房产调查”分别获江苏省地矿局优秀勘察报告奖一、二、三等奖。“溧水县2010年度1∶1000数字地形图测绘”、“通州市城镇土地调查及1∶500地形图测绘”分别获江苏省测绘学会优秀测绘工程奖二、三等奖。

南京市测绘勘察研究院有限公司

【概况】

南京市测绘勘察研究院有限公司原名南京市测绘勘察研究院，成立于1949年，法人代表侯兆泰，拥有甲级测绘资质，共有技术人员270人。业务范围包括摄影测量与遥感；工程测量：控制、地形、城乡规划定线、城乡用地、规划检测、日照、市政工程、水利工程、建筑工程、精密工程、线路工程、地下管线、桥梁、隧道、变形（沉降）观测、形变、竣工测量；地籍测绘；房产测绘；地理信息系统工程；大地测量：卫星定位、水准测量、大地测量数据处理；互联网地图服务；地图编制：其他专用地图、电子地图、地形图编制、真三维地图、省级及以下政区地图等。

【业务】

2011年，南京市测绘勘察研究院有限公司完成南京市江南8区基础地形图动态维护项目、南京市城建基础设施数据动态维护项目、江宁开发区地下管线普查测绘工程、赣榆县二次调查农村土地调查和小城镇土地调查（B标）项目以及姜堰市第二次土地调查工程。

【其他】

一、科技创新

南京市测绘勘察研究院有限公司研发了今迈土方计算程序软件和今迈农林水综合应急指挥系统。取得今迈南京市三维地下管线管理信息系统软件、今迈南京市市政普查数据入库系统软件、今迈科技档案管理信息系统软件、今迈基于EPSPM的南京市地下管线信息系统软件等著作权。

二、获奖情况

该公司完成的“南京市连续运行参考站网综合服务系统”获中国全球定位系统技术应用协会卫星导航定位科学技术奖（优秀工程和产品）三等奖；“昆明市主城区小区庭院排水管线普查探测项目”和“南京市江南八区基础地形图动态维护项目”分别获2011年中国测绘学会优秀测绘工程奖金奖；“重庆市主城区地下管线普查未覆盖区域地下管线普查”获江苏省勘察设计协会优秀工程勘察奖一等奖。

镇江市勘察测绘研究院

【概况】

镇江市勘察测绘研究院成立于1974年，法人代表李明，拥有甲级测绘资质，共有技术人员64人。业务范围包括摄影测量与遥感；工程测量：控制、地形、城乡规划定线、城乡用地、规划检测、日照、市政工程、建筑工程、精密工程、线路工程、地下管线、桥梁、隧道、变形（沉降）观测、形变、竣工测量；地籍测绘；房产测绘。

【业务】

2011年，镇江市勘察测绘研究院采用全数字摄影测量的方法完成十里长山及韦岗测区120平方千米的1∶1000基本图的测绘任务；完成镇江规划区内约300平方千米区域1∶1000地形图的更新修测；完成规划放线、验线、竣工测量等规划测绘任务1000多项。利用城市三维仿真平台辅助决策，完成城区220平方千米、镇江新区和官塘新城片区的主干道、沿街主要建筑、居住小区的三维仿真数据建设。

【获奖情况】

镇江市勘察测绘研究院完成的“城市规划方案三维辅助决策系统”获江苏省测绘科技进步奖二等奖；“西荷花塘片区规划方案三维辅助决策项目”获2011年江苏省城乡建设系统优秀勘察设计奖二等奖；“镇江市数字化城管系统部件调查”获2011年江苏省优秀测绘工程奖二等奖。

苏州工业园区测绘有限责任公司

【概况】

苏州工业园区测绘有限责任公司成立于1995年，法人代表人奚长元，拥有甲级测绘资质，共有技术人员63人。业务范围包括互联网地图服务；摄影测量与遥感；工程测量：控制、地形、城乡规划定线、城乡用地、规划检测、日照、市政工程、水利工程、建筑工程、精密工程、线路工程、地下管线、桥梁、隧道、变形（沉降）观测、形变、竣工测量；地籍测绘；房产测绘；地理信息系统工程。

【业务】

2011 年，苏州工业园区测绘有限责任公司完成的主要测绘业务包括苏州润华环球大厦等标志性建筑的房产测量，苏州评弹学校等校区楼群的建筑竣工测量；圆融星座沉降观测、中环高速测量项目、东方之门房产预算及 CBD 世纪广场地形测量等大型项目；湖西首区燃气管线改造工程、园区内固定广告牌调查与数据入库、园区地下管线探测项目（二期）工程监理、2011 年度三等水准网复测及正射影像制作等。

【获奖情况】

苏州工业园区测绘有限责任公司完成的“面向城市精细管理的地理信息公共服务平台研究与示范”获江苏省测绘科技进步奖二等奖；“基于层次访问控制模型的共享平台权限管理系统”在地理国（省）情监测论坛暨江苏省测绘学会 2011 年学术年会上被评为一等奖；“园区地下管线探测项目（一期）工程”获 2011 年中国测绘学会优秀测绘工程奖铜奖。

江苏苏州地质工程勘察院

【概况】

江苏苏州地质工程勘察院成立于 1986 年，法人代表王彬，拥有甲级测绘资质，共有技术人员 51 名。业务范围包括地籍测绘；工程测量：控制、地形、城乡规划定线、城乡用地、规划检测、市政工程、水利工程、建筑工程、精密工程、线路工程、地下管线、桥梁、隧道、变形（沉降）观测、形变、竣工测量。

【业务】

2011 年，江苏苏州地质工程勘察院完成苏州南环快速路西延、苏州东环快速路南延等测绘任务；苏州市区供电线路、苏州西山环岛公路等测绘任务；苏州沧浪新城、苏州金阊新城工程测量等；以及苏州轨道交通 2 号线隧道监测和基坑监测等。

【获奖情况】

江苏苏州地质工程勘察院完成的“苏州高新区有轨电车 1 号线控制测量”获 2011 年度江苏省优秀测绘工程奖三等奖；“太仓市太浏公路、陆嘉公路调查测量”获 2011 年度苏州市城乡建设系统优秀勘察设计奖一等奖和 2011 年度江苏省城乡建设系统优秀勘察设计奖三等奖；“吴江东太湖湖滨新城路网测量”获江苏省地质矿产勘查开发局优秀勘察报告奖三等奖。2011 年，该院获得江苏省测绘行业“诚信测绘单位”、江苏省“工程勘察与岩土行业诚信单位”和全国“工程勘察与岩土行业诚信单位”称号。

江苏省测绘工程院

【概况】

江苏省测绘工程院成立于 1976 年，法人代表徐地保，拥有甲级测绘资质，共有技术人员 233 人。业务范围包括互联网地图服务；影测量与遥感；工程测量；地籍测绘；房产测绘；行政区域界线测绘；地理信息系统工程；大地测量：卫星定位、三角、水准测量、大地测量数据处理等。

【业务】

2011 年，江苏省测绘工程完成 1∶1 万 DLG、DOM 生产 260 幅、1∶5 万 DOM340 幅、DEM 制作 3000 幅以及“927”项目等基础测绘项目。组织实施数字泰州、数字镇江项目；完成“天地图 · 镇江”上线公测；江苏省矿产资源开发利用遥感动态监测；江苏省粮食地理信息系统等政府 GIS 项目。完成江苏省海岛地名普查、无居民海岛使用调查、海岛整治与修复项目申报及实施方案和江阴市域地下管线 10886 千米测量等重点工程项目。

该院与国家测绘地理信息局卫星测绘应用中心、南京大学等 3 家单位联合申报卫星测绘技术与应用论证。参与编写国家行业标准《全球导航卫星系统连续运行基准站网运行维护技术规范》。参与“927”工程、国产遥感卫星正射影像服务高技术产业化示范工程、国防科工委项目——控制点库的建立、科技支撑项目——国产卫星立体影像服务工作。

【获奖情况】

完成的“机载激光雷达测高应用于基础测绘的关键技术研究”获 2011 年中国测绘学会测绘科技进步奖二等奖。“徐州市区基础测绘工程”获 2011 年中国测绘学会优质测绘工程奖金奖。“江苏省海域管理信息系统”获中国地理信息学会产业大会优质工程奖银奖。“全球导航卫星系统网络差分定位技术及应用”、“CORS终端实时监控平台”分别获江苏省测绘学会2011年科技进步奖一、三等奖。

江苏省基础地理信息中心

【概况】

江苏省基础地理信息中心成立于2000年，法人代表李明巨，拥有甲级测绘资质，共有技术人员102人。业务范围包括摄影测量与遥感；工程测量：控制、地形、地下管线、竣工测量；地籍测绘；地理信息系统工程；导航电子地图制作（外业）；地图编制：地形图、电子地图、省级及以下政区地图、真三维地图、其它专用地图。

【业务】

2011年，江苏省基础地理信息中心完成的基础测绘项目包括盐城、南京测区1∶1万DLG数据生产504幅、像控点入库780幅；盐城测区1∶1万DOM数据生产676幅；“省基础地理信息公共服务平台”项目南京测区104幅、宿迁测区509幅数据整理、配图；全省1∶1万DOM数据入库1066幅、DLG数据入库4277幅、DEM数据入库4110幅；盐城市区1∶500、1∶1000基础测绘二期工程。

完成的地图编制项目包括《江苏省地图册》5000册、《省情手册》13000册的编制；“江苏地图网”的验收和鉴定；《宿迁市影像地图集》、《省干线公路系列图》、《省行政区划地图册》等22种专题地图册（集）以及单张图的制印工作。

完成的重点工程项目包括“江苏省水利地理信息系统一期工程”建设、试运行和培训；沭阳、海安、南通市“警务地理信息平台”数据整理、集成；“区划地名信息系统”、“南京市民政基础地理信息系统”等项目建设。

【其他】

一、科技创新

江苏省基础地理信息中心研发的QuickMap网络地图服务平台取得国家版权局颁发的计算机软件著作权登记证书；和南京师范大学合作开展基于MMS的数据采集，开发了基于移动终端的导航电子地图系统；进行“IOS地图网络发布”、“开源GIS”等项目研究。

二、获奖情况

该中心被江苏省测绘行业协会授予“诚信测绘单位”称号；信息集成部被中华全国总工会评为全国“五一”巾帼标兵岗；遥感影像部、数据采集部地形测量队获得“江苏省工人先锋号”称号。该中心完成的江苏省基础地理信息系统获2011年中国地理信息产业协会地理信息科技进步奖三等奖；《中国文物图集江苏分册》获江苏省第十一届哲学社会科学优秀成果奖一等奖；“江苏省基础地理信息系统集成开发关键技术研究”获2011年江苏省测绘科技进步奖一等奖；“省水利地理信息系统一期工程”、“宿迁市城镇卫星影像图集”获2011年江苏省优秀测绘工程奖一等奖。

江苏省金威遥感数据工程有限公司

【概况】

江苏省金威遥感数据工程有限公司成立于2006年，法人代表徐地保，拥有甲级测绘资质，共有技术人员60多人。业务范围包括测绘航空摄影。

【业务】

2011年，江苏省金威遥感数据工程有限公司完成鹰潭、新余、景德镇等摄区1200平方千米、南京市江宁区1573平方千米、盐城市建湖县500平方千米基础航空摄影项目。完成江苏省基础测绘更新LIDAR高程数据的应用项目，以及城市规划、交通路网、电力系统、园林绿化、水利、地质、国土资源等部门的相关项目。

【获奖情况】

江苏省金威遥感数据工程有限公司完成的南京摄区、江阴摄区航空摄影分别获得2011年度江苏省优秀测绘工程奖二、三等奖。

南京市国土资源信息中心

【概况】

南京市国土资源信息中心成立于1990年，法人代表人丁华，拥有甲级测绘资质，共有技术人员45人。业务范围包括地籍测绘；地理信息系统工程：外业地理信息数据采集、建立专业地理信息系统、建立基础地理信息系统、建立数据库、地图数字化、外业采集的地理信息数据处理、空间遥感地理信息数据处理。

【业务】

2011 年，南京市国土资源信息中心完成南京市“一张图”监管平台建设，推进国土资源“一张图”数据库建设，开展电子政务、图形平台升级及信息服务系统建设工作。

完成重点工程建设用地保障工作，办结 286 个重点工程调查测绘案件，完成征、供地来案 524 个（约 5267 公顷），完成 251 家企事业单位 374 宗抵押融资来案的办理，涉及抵押金 243 亿元。办结五大融资平台 69 个来案（约 422.5 公顷）的调查登记工作，办结四大保障房片区 36 个来案（约 714 公顷）征供地调查测绘工作，为 11099 户保障房业主发放了土地证。开展全市集体土地确权登记工作，开发了集体土地所有权核查与登记发证系统。拓展地质环境管理服务工作，开展京沪高铁两侧露采矿山宕口调查工作，调查 40 多个矿山，获取 6 个重点矿山的三维成果；编制涉及全市重要区域的矿山分布图，提供 5 处地质灾害危险点的二调图件和影像数据。

该中心加强业务管理系统开发，协助开发了征地人口信息录入系统、“以地换保”人员信息管理系统，更新被征地农民信息 71551 条。建成 2010 年、2011 年违法用地跟踪管理系统。协助优化建设用地跟踪管理系统；开发了“存量闲置土地清理处置专项行动工作专栏”。加强基础数据加工、服务，为南京市公安局、南京市房产局等提供各类地籍信息数据，为局系统提供专题数据 260 多次。

【获奖情况】

南京市国土资源信息中心完成的“基于 GIS 的南京市征地补偿安置全程监管信息系统”获中国地理信息产业协会地理信息科技奖三等奖；“雨花经济开发区 1:500 地籍地形修补测工程”获江苏省优秀测绘工程奖三等奖。

南通市测绘院有限公司

【概况】

南通市测绘院有限公司成立于 1974 年，法人代表黄向阳，拥有甲级测绘资质，共有技术人员 56 人。业务范围包括大地测量：卫星定位测量、水准测量；互联网地图服务；地籍测绘；房产测绘；工程测量：控制、地形、城乡规划定线、城乡用地、规划检测、日照、市政工程、水利工程、建筑工程、精密工程、线路工程、地下管线、桥梁、变形（沉降）观测、形变、竣工测量。

【业务】

2011 年，南通市测绘院有限公司完成中新苏通科技产业园园区二期地块全数字地形测量、二期道路工程测量等多项大型工程；完成绿化竣工、道路竣工、管线竣工、土方测量、建筑放线等 350 多项测绘工程。开展地理信息服务，完成南通邮政数据信息 GIS 辅助决策系统和苏通综合管线系统的开发；做好崇川区规划 GIS 项目、港闸区管线 GIS 项目升级维护等服务工作。完成南通市城市规划数据采集和建库六期工程，面积约 72 平方千米。完成南通市通州区二等水准测量工程，共布设 149 个水准点，施测二等水准 551 千米；完成南通市三等水准网延伸工程，共布设 132 个水准点，施测三等水准 585.5 千米。自主开发完成“南通地图服务网”并上线。完成南通市地面沉降监测工程（第二次观测），覆盖南通辖区 6 县（市），面积约 8000 平方千米，施测一等水准 653.5 千米、二等水准 1353.1 千米，获得南通历史上首张通过水准测量方法而绘制地面沉降等值线图。完成古建筑测绘 117 个院落 286 幢。编制公开出版地图和各专题地图 19 版。

【获奖情况】

南通市测绘院有限公司完成“南通市地面沉降监测工程”、“南通市区三等水准网扩测、复测工程”分别获江苏省优秀测绘工程奖三等奖。

长江水利委员会水文局长江下游水文水资源勘测局

【概况】

长江水利委员会水文局长江下游水文水资源勘测局成立于 1952 年，法人代表刘开平，拥有甲级测绘资质，共有技术人员 70 多人。业务范围包括工程测量：控制、地形、市政工程、水利工程、建筑工程、线路工程、隧道、桥梁、竣工测量；海洋测绘：控制、海岸滩涂地形、扫海、水下障碍物探测、港口与航道工程测量。

【业务】

2011 年，长沙水利委员会水文局长江下游水文水资源勘测局完成长江干流宜昌－徐六泾及长江口水下地形图测量；长江南京河段八卦洲汊道河道整治工程地形测量；长江南京河段梅子洲安全区建设工程测量；南京长江隧道河床监测；南京热电厂码头工程水下地形监测；南京长江第三大桥附近河床及南岸边坡长期监测。完成连云港徐圩港区防波堤工程水域地形测量；苏北浅滩“怪潮”灾害监测预警关键技术研究及示范应用项目研究。

【获奖情况】

“台州港临海港区岸线规划研究原型观测系列项目”获2011年中国测绘学会优秀测绘工程奖铜奖；“长江南京河段八卦洲汊道河道整治工程地形测量”获江苏省优秀测绘工程奖二等奖。

江苏连云港地质工程勘察院（江苏省地质矿产局第六地质大队）

【概况】

江苏连云港地质工程勘察院（江苏省地质矿产局第六地质大队，以下简称江苏连云港地质工程勘察院）成立于1975年，法人代表王大志，拥有甲级测绘资质，共有技术人员159人。业务范围包括工程测量：控制、地形、市政工程、水利工程、线路工程、建筑工程、变形（沉降）观测、形变测量。

【业务】

2011年，江苏连云港地质工程勘察院完成的矿山测量业务包括连云港新浦磷矿危机矿山接替资源勘查、沭阳华冲地区磷矿调查、东海青龙山石榴子石矿普查、地质资料数据库及地质钻孔信息数据库建立。完成的高速公路测绘业务包括南太平洋斐济高速公路工程勘察、安徽滁州至马鞍山高速公路详勘、江苏扬州至安徽绩溪高速公路岩溶勘探、陕西宝汉高速公路工程勘察；京台高速福建境内建瓯至闽侯段控制点复测及施工图测量、安徽省滁州至马鞍山高速施工图测量、贵州瓮安至马场坪高速公路施工图测量、江西寻乌至全南高速施工图测量、四川绵阳至九寨沟高速公路初步设计等测量项目。

【获奖情况】

江苏连云港地质工程勘察院获“江苏省工程勘察设计行业诚信单位”称号。完成的“东盛名都广场工程勘察项目”获江苏省住房城乡建设厅优秀勘测报告奖三等奖；“龙腾化工矿权勘探项目”获江苏省地矿局优秀勘测报告三等奖；“咸阳至淳化高速公路勘察项目”获连云港市优秀勘测报告奖一等奖，“新基地岩土工程勘察项目”、“东成海岸工程勘察项目”分别获二等奖；“赣榆县堰水房石榴子石普查项目”获江苏省国土资源厅优秀质量奖。

浙江省

浙江华东建设工程有限公司

【概况】

浙江华东建设工程有限公司前身为中国水电顾问集团公司华东勘测设计研究院勘测公司，成立于1988年，2005改制为浙江华东建设工程有限公司。法人代表陈重喜。拥有甲级测绘资质，共有技术人员70人。业务范围包括地籍测绘；控制、地形、城乡规划定线、城乡用地、规划检测、日照、市政工程、水利工程、建筑工程、精密工程、线路工程、地下管线、桥梁、隧道、变形（沉降）观测、形变、竣工测量等工程测量。

【业务】

2011年，浙江华东建设工程有限公司完成测绘产值2700多万元。承担宁波穿山风电场施工控制网测绘、千岛湖至黄山高速公路淳安段无人机航测、中铁十七局集团杭甬客专工程指挥部二工区和四工区CRTSII型无轨道GRP及精调板测量工程、舟山蚂蚁岛造船基地变形监测等市场项目。完成白鹤滩水电站金江、恩子坪滑坡体监测，丹巴水电站干海子滑坡体监测，白鹤滩水电站移民调查及地类地形图测绘，竹寿水库除险扩容及调水工程测量等项目。完成云南牟定风电场测绘、江苏大丰二期风电场测绘、江苏海安协合风电场测绘、云南省西双版纳州勐海西定风电场测绘等风电项目。

【其他】

浙江华东建设工程有限公司完成的“江苏东台风电场特许权项目（一期）”获2011年度浙江省建设工程钱江杯（优秀勘察设计）一等奖，“杭州市冠山隧道工程”获三等奖；“云南省香格里拉下只恩水电站三等施工控制网”获2011年度杭州市建设工程西湖杯（优秀勘察设计）三等奖。

杭州阿拉丁信息科技股份有限公司

【概况】

杭州阿拉丁信息科技股份有限公司成立于2004年，法人代表葛龙川，拥有甲、乙级测绘资质，共有技术人员32名。业务范围包括互联网地图服务；地图编制：省级以下行政区域其他专用地图；地理信息系统工程：市级以下行政区域建立数据库、建立专业地理信息系统、外业地理信息数据采集。

【业务】

2011年，杭州阿拉丁信息科技股份有限公司营业收入近4000万，承担企事业单位服务类项目26项，数据销售类项目16项，开发类项目52项，代理加盟项目24项。完成浙江省内地图审查1件，外省地图审查8件。

【获奖情况】

2011年，杭州阿拉丁信息科技股份有限公司被杭州高新区总工会评为“2011年度杭州高新区创新和谐劳动关系达标单位”、“2011年度区级‘工人先锋号’”、“高新区（滨江）‘强保障、促和谐’活动示范单位”及“2011年度高新区规范化建设三星级达标单位”等。

浙江华东测绘有限公司

【概况】

浙江华东测绘有限公司成立于1954年，法人代表陈文华，拥有甲级测绘资质，共有技术人员107人。甲级业务范围包括工程测量；地籍测绘；房产测绘。乙级业务范围包括海洋测绘：控制测量、海岸滩涂地形测量、水下地形测量、港口与航道工程测量；地理信息系统工程：地图数字化、建立数据库、建立专业地理信息系统等。

【获奖情况】

浙江华东测绘有限公司获2011年“浙江省测绘与地理信息宣传工作先进集体”称号。完成的“武义县地籍调查（I标）”获2011年度浙江省优秀测绘与地理信息工程奖三等奖；“江西洪屏抽水蓄能电站二等施工控制网建设”获2011年浙江省建设工程钱江杯（优秀勘察设计）三等奖；“仙居抽水蓄能电站施工控制网”获2011年全国优秀水利水电工程勘测设计奖铜奖。

浙江省第一测绘院

【概况】

浙江省第一测绘院成立于1975年，法人代表陈陆军，拥有甲级测绘资质，共有技术人员247人。业务范围包括大地测量：卫星定位、三角、水准测量、大地测量数据处理；摄影测量与遥感；工程测量：控制、地形、城乡规划定线、城乡用地、规划检测、日照、市政工程、水利工程、建筑工程、精密工程、线路工程、地下管线、桥梁、隧道、变形（沉降）观测、形变、竣工测量；地籍测绘；房产测绘；行政区域界线测绘；地理信息系统工程；地图编制：地形图、省级及以下政区地图、电子地图、真三维地图、其他专用地图；导航电子地图制作（外业）；互联网地图服务等。

【业务】

2011年，浙江省第一测绘院承担了浙江省海洋测绘陆海三维基准建设、浙江省地理空间数据交换和共享平台数据工程及专题共享数据交换平台应用示范工程建设、浙江省卫星定位连续运行综合服务系统服务拓展、“青川县大地基准网”建设等重大测绘与地理信息任务。重点开展基础测绘生产、质检等系统直接采用2000国家大地坐标系的研发，导航数据标准化生产与应用研究开发等课题研究，开展了“天地图·浙江”省、市节点建设，完成“天地图·浙江”和“天地图·嘉兴”第一阶段研发；建成浙江省应急地图数据库和浙江省突发事件应急管理地理信息平台；完成浙江省导航电子地图生产；开发了浙江省户外运动系列地图等多种地理信息产品。

【获奖情况】

浙江省第一测绘院完成“景宁畲族自治县社

会主义新农村建设测绘保障服务示范工程”获2011年中国测绘学会优秀测绘工程奖金奖；“浙江省连续运行卫星定位综合系统”获中国全球定位系统技术应用协会卫星导航定位科学技术奖二等奖；“绍兴市地图集数据库建立与应用”项目获2011年中国地理信息产业优秀工程奖铜奖；“萧山瓜沥等12镇数字地籍调查”项目获2011年浙江省优秀测绘与地理信息工程奖一等奖。另有2个项目分别获2011年浙江省优秀测绘与地理信息工程奖二、三等奖。

浙江煤炭测绘院

【概况】

浙江煤炭测绘院成立于1970年，法人代表汤秋生，拥有甲级测绘资质，共有技术人员86人。甲级业务范围包括工程测量：控制、地形、城乡规划定线、城乡用地、规划检测、市政工程、水利工程、建筑工程、精密工程、线路工程、地下管线、桥梁、矿山、隧道、变形（沉降）观测、形变、竣工测量；地籍测绘；房产测绘。乙级业务范围包括摄影测量与遥感；行政区域界线测绘；地理信息系统工程：摄影测量数据处理、空间遥感地理信息数据处理、外业采集的地理信息数据处理、地图数字化、建立数据库、建立专业地理信息系统、外业地理信息数据采集；地图编制：地形图、省级及以下政区地图、电子地图、真三维地图、其他专用地图等。

【业务】

2011年，浙江煤炭测绘院完成的主要测绘项目包括龙泉市、嘉善县、武义县、遂昌县等4县（市）数字地籍调查与数据建库项目；嘉善县西北区1:500数字地形测绘、桐乡市临杭经济区地块1:500地形图测绘等地形测量项目；温州市商务旅游图、台州旅游交通图、湖州三县两区企业分布图等10个市（县、区）地图制图项目及其他测绘工程项目。

浙江有色测绘院

【概况】

浙江有色测绘院成立于1993年，法人代表张锦华，拥有甲级测绘资质，共有技术人员89人。业务范围包括工程测量、地籍测绘、房产测绘、大地测量、海洋测绘、地理信息系统工程、摄影测量与遥感、地图编制。

【业务】

2011年，浙江有色测绘院完成绍兴滨海、上虞经济开发区、上虞部分村镇、玉环坎门大麦屿等地1:500数字地形测绘96平方千米；丽水市区1:500数字地籍测绘40平方千米；绍兴、上虞共31平方千米土地勘测任务；嵊州市大地控制网改造，上虞乡镇控制网联测转换；绍兴开发区建筑放样、竣工测量、小面积测量项目95项；绍兴、兰溪部分水利工程测量；绍兴供水干管、曹娥江水厂、污水处理厂等沉降监测；上虞、绍兴县地下管线探测450千米；桐庐、绍兴县地名数据库建设；绍兴、上虞及各开发区卫星影像图制作；绍兴、余姚等市地图编制。

【获奖情况】

2011年，浙江有色测绘院完成的“绍兴市现代测绘基准体系建设”项目获2011年中国测绘学会优秀测绘工程奖银奖，“上虞市城区地下综合管线普查工程”项目获铜奖；“上虞市城区及乡镇建成区约47平方公里数字地籍调查项目（一标）项目”获中国有色金属建设协会优秀工程勘察奖二等奖，“浙江省诸暨市芙蓉山－铜岩山地区金铀铜铅锌矿普查（1:10000测网布设、1:2000剖面布设）项目”获三等奖；“上虞经济开发区四环路两侧地块1:500地形测绘项目”获绍兴市优秀测绘工程二等奖。

杭州市勘测设计研究院

【概况】

杭州市勘测设计研究院成立于1964年，法人代表周慈奉，拥有甲级测绘资质，共有技术人员84人。甲级业务范围包括工程测量：控制、地形、城乡规划定线、城乡用地、规划检测、日照、市政工程、建筑工程、精密工程、线路工程、地下管线、桥梁、隧道、变形（沉降）观测、形变、竣工测量；地籍测绘；房产测绘；地理信息系统工程。乙级业务范围包括大地测量：卫星定位测量、三角测量、水准测量、大地测量数据处理；摄影测量与遥感；地图编制：地形图、省级及以下政区地图、电子地图、真三维地图、其他专用地图等。

【其他】

一、科技创新

2011 年，杭州市勘测设计研究院完成“杭州市地下空间三维数据建设方案研究”课题；承担了杭州市地下空间三维空间数据建设的课题研究，对杭州市全面开展地下三维空间信息采集、数据库建设以及开发应用具有指导与示范作用。

二、获奖情况

该院获首届“杭州市十佳勘察设计企业”称号。完成的“杭锅保留厂房建筑测绘”项目获杭州市建设工程西湖杯（优秀勘察设计）二等奖，“《杭州经济技术开发区图志（1990－2007）》编纂”获三等奖；“杭氧保留厂房建筑测绘”项目获 2011 年度浙江省建设工程钱江杯（优秀勘察设计）二等奖。

温州市勘察测绘研究院

【概况】

温州市勘察测绘研究院成立于 1986 年，法人代表楼元仓，拥有甲级测绘资质，共有测绘及相关专业技术人员 117 人。业务范围包括甲级工程测量：控制、地形、城乡规划定线、城乡用地、规划检测、日照、市政工程、水利工程、建筑工程、精密工程、线路工程、地下管线、桥梁、隧道、变形（沉降）观测、形变、竣工测量；地籍测绘。乙级大地测量：卫星定位测量、三角测量、水准测量、大地测量数据处理；摄影测量与遥感（丙级）；房产测绘；地理信息系统工程：摄影测量数据处理、空间遥感地理信息数据处理、外业采集的地理信息数据处理、地图数字化、建立数据库、建立专业地理信息系统、外业地理信息数据采集；地图编制：地形图、省级及以下政区地图、电子地图、真三维地图、其他专用地图；海洋测绘（内水）；互联网地图服务等。

【业务】

2011 年，温州市勘察测绘研究院共完成项目 3000 多项，共创产值 8860.6 万元。完成温州市区第二次土地调查（城镇部分）暨 1:500 城镇数字地籍调查与数据入库 50 平方千米，温州市区二、三等水准网复测，苍南县域范围内二、三等平面高程控制网建设与改造等较大的基础测绘项目，完成文成县县城地下综合管线普查 183 千米以及温州市世贸中心大厦房产建筑面积测绘等工程测绘项目。完成了温州市防汛辅助决策系统建设、温州市和乐清市数字城管部件采集及建库等工作；完成数字温州项目建设、温州市 1:500 基础地理信息数据库更新（2011）等项目。编绘《市区转而未供土地项目分布图》、《市区保障性住房分布图》、《鹿城区文物专题图》等专题图 20 多幅，编制完成《温州市影像地图集》；为市委、市政府编制领导工作用图 10 多幅。

【获奖情况】

温州市勘察测绘研究院完成的“‘数字温州’社会公众服务系统项目”和“泰顺县基础控制网测量项目”分别获浙江省优秀测绘与地理信息工程奖二、三等奖。

浙江省河海测绘院

【概况】

浙江省河海测绘院成立于 1957 年，法人代表胡建炯，拥有甲级测绘资质，通过 ISO9001 质量管理体系认证、中国计量认证（CMA），共有技术人员 67 人。业务范围包括海洋测绘；工程测量、地理信息系统工程、水文、水资源调查。

【业务】

2011 年，浙江省河海测绘院完成项目项目共 108 项，出版技术总结、资料整编和图集共 113 份，出图 1180 多幅。完成公益性项目钱塘江及杭州湾水下地形测量 3 次，钱塘江防汛安全管理水下地形测量 4 次，面积共 5700 多平方千米。完成浙江省滩涂资源调查项目，调查海域面积约 6000 平方千米，同时协助浙江省测绘与地理信息局完成浙江省大陆海岸线监测和滩涂面积调查。完成浙江省海洋测绘试生产项目，组织编写浙江省海洋测绘水下地形及深水岸线调查专业技术设计书，完成 2011 年度浙江省海洋测绘水下地形测量及深水岸线调查 I 标项目，测量面积约 1200 平方千米。完成温州市飞鳌滩和瓯飞滩 2 项围涂（促淤）工程咨询项目的地形测量专题、水文测验专题以及波浪观测专题，施测水下地形测量面积 1640 平方千米。

【其他】

一、科技创新

2011 年，浙江省河海测绘院在“浙江省滩涂资源调查”项目中首次采用无人机航摄、DGPS 定位和网络 RTK 相结合的技术，并利用浙江省卫星定位连续运行综合服务系统（ZJCORS）已有数据和资源进行二次开发，建立基于应用的高程异常差值模型。开展 DWG 格式与 Geodatabase 格式转换研究，开发了水下地形数据交换平台，满足水下地形测绘采集数据无损转换的需求。开发的“河海测绘软件（SMap3.0）”取得计算机软件著作权。

二、获奖情况

该院完成的“甬－沪、宁进口原油管道工程杭州湾海底管线检测（2009 年度）”项目获 2011 年中国测绘学会优秀测绘工程奖铜奖；“温州市瓯飞滩围垦（促淤）工程海岸滩涂地形测量”项目荣获浙江省优秀测绘与地理信息工程奖一等奖，“温岭市湖漫水库疏浚水下地形测量”项目获三等奖。

浙江省水利水电勘测设计院

【概况】

浙江省水利水电勘测设计院成立于 1956 年，法人代表李月明，拥有甲级测绘资质，共有技术人员 70 多人。业务范围包括控制、地形、市政工程、变形观测、形变、精密工程、水利工程、隧道、桥梁、建筑工程测量、大地水准及三角测量、海岸滩涂及水下地形测量、港口与航道工程测量、房产测绘、地籍测绘、地理信息系统工程（建立数据库、建立专业地理信息系统）。

【业务】

2011 年，浙江省水利水电勘测设计院完成兰溪市钱塘江农防加固工程、舟山市大陆引水三期工程、赵山渡引水渠系沙门渡槽变形监测工程、柬埔寨发展项目灌溉工程、千岛湖引水工程及全省河道划界测量等 60 多项工程测量任务。

【其他】

一、科技创新

浙江省水利水电勘测设计院开展了基于 GIS 的水利水电工程三维可视化仿真方法与应用、山洪灾害监测预警平台建设、基于 Google 技术的水利水电 WEBGIS 研究。

二、获奖情况

该院取得全国水利水电勘测设计行业 AAA 等级信用证书，获全省先进基层党组织、全国文明单位及全国优秀勘察设计院等称号。该院完成的项目获各类科技奖共 25 项，其中国家级 2 项，省部级 13 项。

“曹娥江大闸枢纽工程”获中国建设工程鲁班奖金奖；“太湖流域浙江片水文站点水准校测”获浙江省优秀测绘与地理信息工程奖二等奖。

福建省

福建省地质测绘院

【概况】

福建省地质测绘院成立于 1958 年，法人代表林希，拥有甲级测绘资质，共有技术人员 169 人。业务范围包括摄影测量与遥感；工程测量：控制、地形、线路工程、地下管线、矿山、建筑工程、变形（沉降）观测、形变、竣工测量；地籍测绘；地理信息系统工程：摄影测量数据处理、地图数字化、建立数据库、建立专业地理信息系统；房产测绘等。

【业务】

一、主要测绘业务

2011 年，福建省地质测绘院完成厦门海沧1:500 地形图测绘 16.2 平方千米，云霄县滨海新城北片区 1:1000 数字化地形图测绘 29 平方千米，武平县十方镇等 5 个建制镇 1:500 地形图及地籍图测绘编绘 6 平方千米，建瓯、平和等 9 个县（市）2010 年土地变更调查建库及成果整改；福州市、厦门市房产测绘等项目。

二、重大测绘工程

该院完成龙海市城市及周边地区 1:1000 数字化地形测绘 87.7 平方千米及 1:2000、1:5000、1:1 万数据缩编，惠安县域 1:1000 地形图测绘 96.1 平方千米，宁德市、漳州市 500 个村庄规划编制项目 1:1000测量 400 平方千米，莆田市平海湾、兴化湾片区 1:2000 航测 118.3 平方千米及建库，石狮

1:1000、1:2000、1:5000、1:1万数据缩编160平方千米，泉州市洛江区D级GPS控制网布设292点，重庆至湄洲湾三明段1:2000高速公路测图，莆永高速公路图连接线测图，厦门1:5000航空正射影像制作等项目。

完成国土资源部“一张图”遥感监测项目——新疆土地利用遥感监测，并配合福建省土地规划院到云南、天津、河北等地开展遥感监测外业核查工作；承担福建省矿山卫片执法监测工作，完成全省84个县市的合法及违法图斑提取、数据库整理及成果图件。

【其他】

一、科技创新

福建省地质测绘院开展南安市石井无人机数据测图试验，完成尤溪国土三维地理信息系统、南平市建设局业务系统整合项目1期、矿业权核查数据无损转换系统等项目。

二、获奖情况

该院被福建省委、省政府授予第十一届（2009－2011年）省级文明单位称号；完成的“晋江市（晋南片A标段）1:500航测数字化测绘工程项目”和“厦门未来海岸·东屿花园、未来海岸·滨湖花园一期”房产测绘工程分别获2011年中国测绘学会度优秀测绘工程奖铜奖。

福建省测绘院

【概况】

福建省测绘院于2004年3月1日经福建省委编办批准由福建省第一测绘院和福建省第二测绘院合并组建。法人代表姜建慧，拥有甲级测绘资质，共有技术人员179人。业务范围包括摄影测量与遥感；地理信息系统工程；工程测量；地籍测绘；房产测绘；行政区域界线测绘；大地测量。拥有乙级测绘资质的业务范围包括：海洋测绘；互联网地图服务、无人飞行器测绘航空摄影。

【业务】

一、主要测绘业务

2011年，福建省测绘院完成1:1万数据更新161幅、1:5000数字线划图测制583幅等；完成新农村建设用图保障项目13个县119个行政村的1:1000数字地形图施测；全省革命老区2个县（市）18个行政村的1:1000地形图测制；完成村庄规划地形图测绘6个县304个行政村的测制；承担了福建省连续运行卫星定位服务系统（FJCORS）项目数据控制中心和各参考站点的维护工作，开展试运行服务工作；继续做好“927”一期工程项目测绘基准建设与精准定位大地控制网控制测量。

二、重大工程测绘

该院完成6个县304个行政村243.2平方千米的村庄规划地形图测绘工作。承担晋江市1:1000、1:5000共310幅的航测成图缩编项目。承担泉州总体规划区2980平方千米的测量控制网建设工程项目，完成C级GPS点406个，D级GPS点533个，二等水准测量4878千米，区域似大地水准面精化2980平方千米。完成南平市区航测成图项目1:1000 79平方千米，1:2000 171平方千米，以及DOM成果和数字化地形图成果250平方千米。承担“927”一期工程福建省区域内7个海岛（礁）卫星定位大地控制点的B级观测任务。承担棉花滩水库基础测绘工程航测成图项目，在棉花滩水库、水电站范围内建设统一基准的测绘基础设施，在库区及水电站周边168平方千米范围内测绘1:1000航测成图和1:1000数字正射影像图。

【其他】

一、科技创新

2011年，福建省测绘院完成了国家测绘地理信息局重点实验室开发研究基金资助项目“网络RTK在海岛（礁）测绘中的应用”的课题项目。开发了“1:5000、1:10000基础地理数据更新坐标转换软件”，实现了GeoWay数据格式DLG数据的自动坐标转换。开发了“AutoCAD平台的DWG格式文件、DEM和DOM的四参数坐标转换软件”、“房产测绘辅助软件”。

二、获奖情况

该院完成的“福泉厦漳高速公路拓宽工程1:1000地形图测量项目”获2011年中国测绘学会优秀测绘工程奖银奖，“晋江市基础控制网与航测成图项目”获2011年中国测绘学会优秀测绘工程奖铜奖，“1:5000、1:10000 DLG符号化软件”、“基于AutoCAD平台的航测外业绘图系统”分别获“十一五”福建省测绘地理信息局科技进步奖二、三等奖。参与的“福建省海洋灾害监测及预警报系统”获福建省科技进步奖二等奖。3人获“十一五”福建省测绘地理信息局先进科技工作者称号。

福州市勘测院

【概况】

福州市勘测院成立于1952年，法人代表高学珑，拥有甲级测绘资质，共有技术人员99人。业务范围包括互联网地图服务；摄影测量与遥感；地理信息系统工程；工程测量：线路工程、形变、竣工、隧道、桥梁、地下管线、变形（沉降）观测、市政工程、城乡规划定线、城乡用地、地形、控制、精密工程、日照、规划监督测量、建筑工程测量。

【业务】

2011年，福州市勘测院承担福州市规划区规划监督测量、新建项目的道路定线测量、基础测绘、航摄拆迁测量、市政工程测量、地下管线探测、GIS开发、地理信息系统工程建设等。同时承担平潭、福清基础测绘和规划监督测量等工作。

该院完成福州地铁2号线工程可行性阶段控制测量、地形测量、地下管线探测，闽侯县1:500基础地形图测绘约130平方千米，福建省村庄规划编制地形图测绘项目一期54个行政村、约45平方千米，福州市三环路东北段、平潭金井大道、坛东大道等市政工程测量约200千米，平潭幸福洋一期填海造地、金井湾盐场和金井湾填海造地工程监测等项目。

【获奖情况】

2011年，福州市勘测院取得5个软件著作权。完成的“福州市地址编码数据库”获2011年中国地理信息优秀工程奖银奖；“福州市1:500数字线划图（DLG）数据库建设”获2011年中国地理信息优秀工程奖银奖和2011年中国测绘学会优秀测绘工程奖铜奖；“数字城市地理编码关键技术研究”获2011年中国地理信息科技进步奖三等奖；“福州市轨道交通1号线工程平高控制测量及地下管线探测”获2011年中国测绘学会全国优秀测绘工程奖铜奖；“福州长乐国际机场高速公路二期工程（国货互通）”获2011年度全国优秀工程勘察设计行业奖三等奖；“福州市政桥梁地理信息系统”、“福州长乐国际机场高速公路二期工程（国货互通）”获2011年度福建省省级优秀工程勘察设计奖二等奖；“福建省人民医院病房门诊综合楼地下室基坑支护设计”获三等奖。

福建省交通规划设计院

【概况】

福建省交通规划设计院成立于1964年，法人代表寇军，拥有甲级测绘资质，共有技术人员420多人。业务范围包括工程测量：城乡规划定线、城乡用地、建筑工程、竣工、隧道、线路工程、桥梁、市政工程、地形、控制测量。

【业务】

2011年，福建省交通规划设计院完成厦沙高速公路、漳永高速公路网漳州至永安联络线漳平钱坂至永安段、京台高速公路建瓯至福州（闽侯）段宁德市境、南平至顺昌高速公路、湄渝高速、沈海复线宁德漳湾至连江浦口高速公路宁德段等项目的测设任务，包括C级GPS测量16个，D级GPS测量131个，E级GPS测量626个，水准测量约830千米，中桩放样271千米，断面测量25546条。

福建省港航管理局勘测中心

【概况】

福建省港航管理局勘测中心成立于1955年，法人代表曾昭辉，拥有甲级测绘资质，共有技术人员58人。业务范围包括地理信息系统工程，工程测量，地籍测绘，房产测绘等。

【业务】

一、重大测绘工程

2011年，福建省港航管理局勘测中心完成福建晋江市围头湾填海造地工程测量，福建大唐国际宁德综合储运中心2#、3#泊位工程地形水深测量，福州港江阴港区万业煤炭专用泊位工程水深地形测量，三沙湾航道工程水深测量，平潭海峡水深测量，以及平潭海峡风电、国电南浦电厂码头测量。

二、主要测绘业务

该中心完成福州土地发展中心三江口造地工程测量湄洲湾三期工程浅地层剖面探测工程、福建东港石化有限公司3万吨级码头进港支航道水深测量、大东石化码头水深补充测量、福建马尾造船股份有限公司码头前沿水深测量、福建正丰建材实业有限公司码头附近水域测量和福州港务集团公司全资码头港池水深测量等测绘任务。

厦门精图信息技术股份有限公司

【概况】

厦门精图信息技术股份有限公司成立于1999年，法人代表才泓冰，拥有甲级测绘资质，共有技术人员240多人。甲级业务范围包括互联网地图服务。乙级业务范围包括地理信息系统工程：地图数字化（市（地）级行政区域以下）、空间遥感地理信息数据处理（市（地）级行政区域以下）、外业采集的地理信息数据处理（市（地）级行政区域以下）、摄影测量数据处理（市（地）级行政区域以下）、建立数据库（市（地）级行政区域以下）、建立专业地理信息系统（市（地）级行政区域以下）。

【业务】

2011年，厦门精图信息技术股份有限公司承接黑龙江、西藏、海南、浙江、重庆等多个省（区、市）的地名工程建设；承接北京、广东、辽宁、河北、山东等省（市）的管线工程建设；承接广东、浙江、福建、内蒙古等省（区）的应急工程建设；承接北京、上海、广州、深圳、武汉、成都、沈阳等大中城市的实时交通信息服务项目，并在国土、城管、建设、公安、规划、港口等领域应用。

【其他】

厦门精图信息技术股份有限公司研发的“KINGMAP数字城市共享平台V4.0”等4项产品被评为“国家重点新产品”，“绍兴市地下管线普查工程”获浙江省优秀测绘与地理信息工程奖一等奖；“江门市地下管网信息系统”获江门市科技进步奖二等奖。

山东省

山东正元地理信息工程有限责任公司

【概况】

山东正元地理信息工程有限公司成立于1999年，法人代表郑明坤，拥有甲级测绘资质，共有技术人员218人。业务范围包括摄影测量与遥感；工程测量；地籍测绘；房产测绘；地理信息系统工程；互联网地图服务。

【业务】

一、地理信息工程

2011年，山东正元地理信息工程有限公司完成地理信息工程82项，包括全数字航空摄影测量、全野外数据采集的DLG生产等项目。

二、数字城市建设

该公司参与完成日照市数字城市地理空间框架建设与示范应用工程项目，完成了日照市地理实体、地名地址以及电子地图数据库建设，形成了全市统一的地理信息数据中心。承担完成的威海市地下管线信息共享交换平台建设项目通过验收。完成浙江临海市数字城市示范应用项目——地下管线信息管理系统建设。承担的胶南市数字城市地理空间框架建设及示范应用工程项目年内按计划实施。

【其他】

一、科技创新

组织开发的“无人机影像快速拼接系统”、“正射影像快速浏览系统”在无人机摄影测量工程中推广使用。“基于Android的城市移动应急智能指挥系统”等6个项目分别在山东省、济南市有关部门立项，获科技扶持资金150多万元。12项软件产品取得计算机软件著作权，发表专业技术论文43篇。

二、获奖情况

该公司获山东省第二批创新型试点企业、山东省优秀软件企业、山东省测绘行业先进集体称号。“石狮市建成区以外地形图测绘及3D数据入库”、“烟台市牟平区第二次城镇土地调查及信息系统建设”、“昆明市主城区小区庭院排水管线普查探测”分别获2011年中国测绘学会优秀测绘工程奖金奖；“中国石化齐鲁分公司地形图测量和总图管理信息系统完善升级”项目获中国地理信息产业优秀工程奖银奖；“山东省平度市1:500地形测量”项目获山东省测绘学会优秀测绘工程奖一等奖；“胶南市土地规划网格化管理系统”项目获山东省国土资源科学技术奖一等奖；“城市地下管线内外业一体化探测技术升级与应用”项目获中国地理信息产业协会科技进步奖三等奖。

山东省国土测绘院

【概况】

山东省国土测绘院成立于2001年，法人代表董同玉，拥有甲级测绘资质，共有技术人员218人。业务范围包括摄影测控与遥感；工程测量：控制、地形、城乡规划定线、城乡用地、规划检测、日照、市政工程、建筑工程、线路工程、桥梁、矿山、隧道、竣工测量；地籍测绘；房产测绘；行政区域界线测绘；地理信息系统工程；互联网地图服务。

【业务】

一、测绘保障服务

2011年，山东省国土测绘院共向社会各界提供地形图3880张，数字产品11769幅，数据量1846GB。审核地图210件，检定测绘仪器4945台次。对全省84家甲、乙级测绘单位进行监督抽检，并做好丙、丁级测绘资质单位送检项目检验复审换证工作。

开展新一轮援疆测绘工作，布设了岳普湖、麦盖提、英吉沙3县城区D级基础大地控制网控制点24点，联测3县四等水准网总长130.4千米，测绘3县产业园区26平方千米1:1000地形图167幅，制作3县城区及2个新农村富民安居工程乡镇74平方千米正射影像图364幅，获取高分辨率像片3316张。

研发了抗旱应急指挥三维辅助决策系统、核查数据管理系统。

二、主要测绘业务

该院完成的全省1:1万基础地理信息数据库采集更新与建库项目通过专家组验收；编制完成“山东省1:1万基础地理信息数据库更新工程总体设计”，启动全要素更新与框架要素更新相结合的新一轮省级基础地理信息数据库更新工程。

加快推进山东省省级地理信息公共服务平台建设，该平台政务版于2011年10月上线运行，完成与全省10个市（县）平台的互联互通；该平台公众版“天地图·山东”与国家“天地图”主节点实现连接，并与东营、临沂等市（县）实现互联互通。

研发东营市地理信息公共服务平台，由国土资源执法监察与卫片核查系统等8个典型示范应用系统组成，已在政府机关部门、各行业和公众用户中推广应用。

【获奖情况】

山东省国土测绘院完成的“山东省卫星定位连续运行综合应用服务系统”获2011年中国测绘学会优秀测绘工程奖金奖。

山东省地图出版社

【概况】

山东省地图出版社成立于1980年，法人代表刘奇志，拥有甲级测绘资质，共有技术人员54人。业务范围包括地图编制：地形图、全国政区地图、省级及以下政区地图、电子地图、真三维地图、其他专用地图；互联网地图服务。

【业务】

2011年，山东省地图出版社出版地图类图书167种，其中，单张及挂图类地图81种，图集（册）及含有地图类图书86种。编制内部专题类地图75种。印刷完成2.98万个色令，392万印张。完成政府服务项目80个；完成政府应急项目130多个。

一、地图集编制

山东省地图出版社完成青岛市系列行政图编制项目，包括《青岛市地图集》和青岛市系列挂图；《威海市地图集》项目，包括《威海市地图集》、《威海城区图》等；编制出版《淄博市地图集》、《昌邑市领导工作用图》、庆祝中国共产党成立90周年地图册——《见证光辉历程 建设美好山东》。

二、山东省地市国土资源局挂图项目

受各市县区国土资源局委托，该单位编制完成《济宁市地图》、《聊城市地图》等山东省各地市地图。

【获奖情况】

山东省地图出版社编制的《山东省地图集》获首届“山东省新闻出版奖图书奖”。

山东省地质测绘院

【概况】

山东省地质测绘院成立于1958年，法人代表赵玉祥，拥有甲级测绘资质，通过ISO9001:2000质量管理体系认证，共有技术人员160人。业务范围包括：互联网地图服务；摄影测量与遥感；地籍测绘；工程测量：控制、地形、市政工程、建筑工程、线路工程、地下管线、桥梁、隧道、矿山、变形（沉降）观测、形变测量；地理信息系统工程：摄影测量数据处理、外业采集的地理信息数据处理、地图数字化、建立数据库、建立专业地理信息系统。

【业务】

2011年，山东省地质测绘院完成测绘产值5588万元。主要项目包括青岛高新区地籍调查，菏泽市D级GPS控制网布设、联测和整体平差项目，惠民县1:500数字化地形图测绘，兖州市第二次城镇土地调查及信息系统建设更新测量，即墨市城镇地籍调查及建库，枣庄市城镇第二次地籍调查及建库等。实施的重大测绘项目有“中石化输油管道测绘工程”、“山东省配电设备数据采集”等。

【其他】

一、科技创新

山东省地质测绘院完成“矿产资源储量分析及三维可视化应用研究”、“输油管线管理信息系统研究”等科技项目的研发工作。

二、获奖情况

该院获山东省优秀测绘工程奖一等奖2项、二等奖1项；第六届山东省国土资源科学技术奖一等奖1项、二等奖1项；山东省地矿局科学技术进步奖一等奖1项；山东省地矿局“十一五”重大科技成果奖1项；2011年中国测绘学会优秀测绘工程奖金奖1项、银奖1项、铜奖2项。

湖北省

湖北省航测遥感院

【概况】

湖北省航测遥感院（原湖北省第二测绘院）法人代表王华，拥有甲级测绘资质。共有技术人员102人。业务范围包括摄影测量与遥感；地理信息系统工程；互联网地图服务；工程测量：控制测量（三等以下）；地形测量（1/500－30平方千米以下；1/1000－50平方千米以下；1/2000－80平方千米以下；1/5000－100平方千米以下；1/10000－200平方千米以下。）；市政工程测量（特大城市一般道路、大中等城市主干道路、一般立交桥工程测量）；线路工程测量（300千米以下）；地籍测绘；行政区域界线测绘；测绘航空摄影：无人飞行器航摄。

【业务】

2011年，湖北省航测遥感院利用无人机低空摄影技术，开展测绘应急保障、湖北旱情监测、地理国情监测等服务，飞行8个测区，40多架次，累计摄影面积825平方千米。完成公安部在赤壁市举行的全国应急救援实战演练，得到各级领导的好评。

开展武汉城市圈1:1万数字线划图采集与更新、襄阳测区1:1万地形图覆盖等项目。为湖北省委、省政府确定的重点工程、重点项目以及新农村建设、武陵山少数民族经济社会发展试验区项目等提供测绘保障服务。开展数字黄冈、数字黄石、数字十堰的工程建设项目。

【其他】

一、科技创新

湖北省航测遥感院完成“城市规划管理信息系统”、“航空影像质量检查系统”、“智能社区管理系统”、“开放式信息化测绘系统”、“招商引资信息系统”、“综合管网信息系统”等10多个应用系统建设。参与“十一五”研发“雷电灾害监测预警关键技术研究及系统研发”项目，取得明显成效。

二、获奖情况

该院完成的“湖北省‘百镇千村’测图工程仙洪新农村建设试验区城镇建成1/2000DLG”获湖北省优秀测绘工程奖一等奖，“‘武汉城市圈’1:1万基础地理信息数据采集与更新（咸宁、黄冈测区）”获二等奖，“谷竹高速公路基础控制测量及1:2000航空摄影测量”、“武汉大外环（黄石至咸宁）高速公路基础控制测量及1:2000航空摄影测量”、“宜都市航空摄影测量工程”、“大随高速公路基础控制测量及1:2000航空摄影测量”分别获三等奖。年内，该院组织参加湖北省第二届“天宝杯”测绘行业职业技能竞赛，分别获工程测量团体、摄影测量团体一等奖，多人获个人一、二、三等奖；组织参加“中测新图杯”第二届全国测绘地理信息行业职业技能竞赛，车风、曹金涛分别被国家测绘地理信息局授予“全国测绘地理信息技术能手”称号。

武汉科岛地理信息工程有限公司

【概况】

武汉科岛地理信息工程有限公司成立于2001年，法人代表杨占东，拥有甲级测绘资质，共有员工214人。业务范围包括地籍测绘；房产测绘；地理信息系统工程；工程测量：控制、地形、城乡规划定线、城乡用地、规划检测、市政工程、水利工程、建筑工程、精密工程、线路工程、地下管线、桥梁、矿山、隧道、变形（沉降）观测、形变、竣工测量；摄影测量与遥感：摄影测量与遥感（1/500—30平方千米以下；1/1000—60平方千米以下；1/2000—100平方千米以下；1/5000—200平方千米以下；1/10000—300平方千米以下）；地图编制：地形图编制（限省级及以下行政区域范围内）、电子地图制作、真三维地图（限省级及以下行政区域范围内）、其他专用地图（限省级及以下行政区域范围内）。

【业务】

2011年，武汉科岛地理信息工程有限公司完成“增城市第二次土地调查项目城镇村庄土地调查子项目”、“云梦县第二次土地调查”等6个第二次土地调查项目，“长春城市地下综合管线探测”、“荆州市城区地下综合管线探测及计算机管理系统建设项目”等5个城建项目，“沪昆高铁江西六标段沉降监测项目”等3个高铁项目。全年实现产值8500万元。

湖北省国土测绘院

【概况】

湖北省国土测绘院（原湖北省测绘队，曾更名为武汉测绘院）成立于1958年，法人代表丁少春，拥有甲级测绘资质，共有中高级专业技术职称人员120多人。业务范围包括地籍测绘；房产测绘；摄影测量与遥感；地理信息系统工程；工程测量：控制、地形、线路工程、地下管线、变形（沉降）观测、形变、矿山、建筑工程测量；测绘航空摄影：无人飞行器航摄（小于1000平方千米）；地图编制：地形图编制（限省级及以下行政区域范围内）；电子地图制作；真三维地图（限省级及以下行政区域范围内）；其他专用地图（限省级及以下行政区域范围内）。

【业务】

2011年，湖北省国土测绘院完成国内10多个省市及国外巴哈马的测绘任务；承揽了中山市基础地理信息系统建设（二期）、湖北省国土资源厅地籍三维信息管理研究等10多个数字国土测绘项目和全国矿产卫片执法等遥感业务任务；开展水下地形测量、地下管线测量等测绘业务，承揽东湖喻家湖水下地形测量、武汉市天然气管道测量等项目。

【获奖情况】

湖北省国土测绘院完成的“数字新洲国土地理信息库建设”项目获2011年中国测绘学会优秀测绘工程奖铜奖；“数字新洲国土地理信息库建设”、“刚果（布）黑角-布拉柴维尔公路整治及沥青铺设工程（1号公路）工程测量”和“2010年全国土地利用变更调查监测与核查项目遥感监测任务”分别获湖北省优秀测绘工程奖一等奖，“保康县第二次土地调查农村土地调查”项目和“土地利用更新调查成果在二次调查中的转换应用研究”项目分别获二、三等奖。该院组织参加湖北省第二届测绘行业职业技能竞赛，获工程测量团体三等奖。

武大吉奥信息技术有限公司

【概况】

武大吉奥信息技术有限公司成立于1999年，法人代表林江怀，拥有甲级测绘资质，共有技术人员375人。业务范围包括摄影测量与遥感；地理信息系统工程；地籍测绘；测绘航空摄影；工程测量：竣工、隧道、桥梁、线路工程、建筑工程、市政工程、日照、规划检测、城乡用地、城乡规划定线、地形、控制测量；互联网地图服务。

【业务】

2011年，武大吉奥信息技术有限公司共签订成功75个项目，包括国内项目68个，离岸项目7个。

全年投入研究开发的项目 10 项，如“天地图”浏览器开发、省级地图通和市级地图通的开发等。2011 年该公司总产值为 6595. 85 万元。

湖北省基础地理信息中心（湖北省测绘成果档案馆）

【概况】

湖北省基础地理信息中心（湖北省测绘成果档案馆，以下简称湖北省基础地理信息中心）成立于 1985 年，法人代表李兵，拥有甲级测绘资质，共有技术人员 38 人。业务范围包括地理信息系统工程、摄影测量数据处理、空间遥感地理信息数据处理、地图数字化、建立数据库、建立基础地理信息系统、建立专业地理信息系统；互联网地图服务；地图编制：真三维地图（限省级及以下行政区域范围内）、其他专用地图（限省级及以下行政区域范围内）、地形图编制（限省级及以下行政区域范围内）、省级及以下政区地图、电子地图制作；摄影测量与遥感（内业）等。

【业务】

2011 年，湖北省基础地理信息中心完成基础测绘项目 11 项，包括数字城市地理空间框架建设、数字湖北地理空间框架建设、湖北省基础地理信息数据库建设、测绘档案数字化工程等。

该单位推动数字城市建设，做好数字城市技术支撑与服务工作；建设“天地图・湖北”；组织研发湖北省干旱应急系统，建立旱情专题数据库，制作旱情电子地图和旱情地图册；组织编写《数字城市地理空间框架建设 1:500、1:1000、1:2000 数字线划图建库数据暂行规定》、《数字省区、数字城市地理空间框架建设地名地址服务标准》、《数字省区、数字城市地理空间框架建设元数据标准》。

【其他】

一、科技创新

湖北省基础地理信息中心研发的基于 IPAD 电子地图触摸屏；开展海量缓存瓦片库存储和管理的关键技术研究，实现海量缓存瓦片库存储和管理。

二、获奖情况

该单位参与建设的“三峡库区地理信息综合平台”项目获 2011 年中国测绘学会测绘科技进步奖一等奖。

湖北省地图院

【概况】

湖北省地图院成立于 1976 年，法人代表李永丰，拥有甲级测绘资质，共有技术人员 60 多人。主要业务范围包括：地理信息系统工程；地图编制：地形图、省级及以下政区地图、电子地图、真三维地图、其他专用地图；互联网地图服务；摄影测量与遥感；工程测量：控制测量、地形测量、城乡规划定线测量、城乡用地测量、规划检测测量、日照测量、市政工程测量、建筑工程测量、线路工程测量、桥梁测量、隧道测量、竣工测量等。

【业务】

2011 年，湖北省地图院实现测绘服务总值 2723 万元。

该院启动数字仙桃建设，完成基础控制测量、水利示范应用相关系统功能开发，开展了其他应用示范项目的开发工作。

完善湖北地图网，加强数据更新力度，实时跟踪最新的行业新闻和动态，增加网站功能。与湖北省水利厅合作完成湖北省水利信息化项目，推广湖北地图网应用模式。加快“天地图・湖北”建设，增加在线地图服务功能，建设网站后台保障服务系统，新增和完善武汉、鄂州等湖北地图网数字城市公众服务系统。

完成“湖北省防汛抗旱地理信息工程”，项目包括《湖北省分县（市、区）防洪形势图》（共 105 幅全开图）、《湖北省防汛抗旱图集》、“湖北省 1:10 万防汛抗旱数据库” 3 个子项目。为第二次土地调查提供地理信息监测数据。完成宜昌和荆门第二次土地调查市级数据库汇总工作，十堰白浪区《城镇地藉调查》等项目的建设任务。

全年承担完成 8 个基础测绘项目和 1 个科研项目，实现产值 850. 4 万元。主要包括《鄂西圈生态文化旅游圈地图集》、《湖北省地图集》、《三峡库区地图集》等地图编制，“襄樊随州测区 1:1 万数字线划图覆盖”、“部门应急工作用图编制与更新”、“湖北地图网维护与更新”等。

为领导和政府部门提供各类地图、地图集（册）3000 多份。为重大会议和重大活动提供《湖北省领导工作用图》、《湖北红色地图》等。为防灾减灾编制抗旱形势图和防洪专题图等。为地方经济建设和民生需求提供《工行中高端营业网点分布图》等40多项专题和公众版地图。

完成《中华人民共和国省级行政区域界线详图集》编制；完成“湖北省南水北调汉江沿线土地开发整理重大工程上津、槐树项目”、“湖北省电网数字规划平台（二期）”等项目。

【其他】

一、科技创新

湖北省地图院承担的“湖北省地图网在线服务系统后台保障功能开发与研究”项目完成系统框架与功能开发，并通过验收。围绕国家水利信息普查和湖北省水利信息化建设开展工作，研发水利资源信息管理与防洪预警系统。

二、获奖情况

该院完成的“湖北省防汛抗旱地理信息工程”项目获2011年中国测绘学会优秀测绘工程奖银奖；“湖北电网特殊区域地理信息管理数字化平台”项目获2011年中国测绘学会测绘科技进步奖三等奖。

湖北省测绘工程院（湖北省导航与位置服务中心）

【概况】

湖北省测绘工程院（湖北省导航与位置服务中心，以下简称湖北省测绘工程院）原名湖北省第一测绘院，成立于1975年，法人代表王波，拥有甲级测绘资质，共有技术人员130多人。业务范围包括摄影测量与遥感；地籍测绘；行政区域界线测绘；地理信息系统工程；房产测绘；大地测量：卫星定位、水准、三角测量；工程测量：控制、地形、市政工程、线路工程、地下管线、变形（沉降）观测、形变、精密工程、建筑工程测量；地图编制：地形图编制（限省级及以下行政区域范围内）、电子地图制作、真三维地图（限省级及以下行政区域范围内）等。

【业务】

2011年，湖北省测绘工程院共完成测绘服务总值4247万元（不含HBCORS项目），承担湖北省连续运行卫星定位服务系统（HBCORS）项目专项1122万元，全年测绘总产值5369万元。

一、基础测绘项目

该院加大1∶1万基础地理信息采集力度，完成襄阳、随州247幅1∶1万数字线划图覆盖项目和黄冈测区42幅1∶1万基础地理信息数据采集与更新等项目；开展地理国情监测工作，完成湖北省最低点测量、随州桐柏山高程测量等项目，并对采集的地理信息数据进行综合分析，在全省进行了信息发布。为新农村建设提供测绘保障服务，完成监利县朱河镇、通城县南林桥镇共21平方千米的1∶2000地形图和鄂州城乡一体化新农村测绘保障服务项目123平方千米的1∶2000地形图测绘任务。全年，完成湖北省测绘局下达的基础测绘任务834万元。

二、数字城市基础地理空间框架建设

该院完成数字荆门、数字随州项目建设的数据采集与整理工作，完成数字麻城项目建设航空摄影、基础控制及大部分数据采集工作。完成数字孝感、数字咸宁、数字荆州项目建设的工程设计书编写工作，启动基础控制与大地水准面精化工作。成立数字城市三维建模建设专班，启动了三维建模的工作。

三、测绘市场服务

该院完成1∶1000航测成图230多平方千米；1∶2000航测成图850多平方千米，全野外数字化成图90多平方千米，房产测绘450万多平方米；施测C级GPS点约90多个；二等水准测量1500多千米。

完成2011年援疆项目。为博州所辖区域建立5个卫星参考站和1个控制中心并投入运行；为博乐市城市规划区测绘1∶1000地形图30多平方千米；为博州提供测绘技术培训、技术与装备支持。

四、湖北省连续运行卫星定位服务系统（HBCORS）

该院做好HBCORS参考站建设与维护、数据服务中心运行维护、通信网络维护、应用推广等工作。

五、测绘质量管理

该院完成43个测绘项目的产品检查工作，组织产品过程检查和最终检查65次，长期跟踪检查项目7个。

【获奖情况】

湖北省测绘工程院王卫鸣获“全国测绘系统创先争优活动优秀共产党员”、省直机关工委“优秀共产党员”称号；三分院党支部和四分院党支部被湖北省测绘局评为“优秀基层党组织”，王天保等12人被评为“优秀共产党员”，谭春林被评为“优秀党务工作者”。

广东省

深圳市凯立德科技股份有限公司

【概况】

深圳市凯立德科技股份有限公司成立于1997年，法人代表张文星，拥有甲级测绘资质，共有技术人员108人。业务范围包括摄影测量数据处理、空间遥感地理信息数据处理、外业采集的地理信息数据处理、地图数字化、建立数据库、建立专业地理信息系统、外业地理信息数据采集等地理信息系统工程；导航电子地图制作；互联网地图服务。

【业务】

2011年，深圳市凯立德科技股份有限公司先后发布iPhone导航语音7.0版、iPhone导航语音8.0版、凯立德手机导航家园版V3.1、凯立德手机家园版V3.3、2011冬季版导航地图、2011秋季版导航地图、2011夏季版导航地图、2011春季版导航地图等产品。在升级方式上，为用户设计了更为便捷的在线升级渠道，使用2011年春季系列C－PND、C－Car等版本的用户可以登录凯立德家园直接下载，服务更加全面。

【获奖情况】

深圳市凯立德科技股份有限公司获2011中国软件和信息服务业最具影响力的行业品牌、2011年深圳市重点软件企业、2011年中国地理信息产业导航应用服务示范基地、2011年中国测绘学会优秀测绘工程奖铜奖、2011年度最具创新手机导航软件、2011最佳GPS地图服务商品牌奖等奖项。

广州市城市规划勘测设计研究院

【概况】

广州市城市规划勘测设计研究院成立于1953年，法人代表周方，拥有甲级测绘资质，共有技术人员430人。业务范围包括城市规划编制、测绘地理信息、建筑工程设计、建筑智能化工程设计、工程勘察、工程咨询、市政设计及旅游。

【业务】

2011年，广州市城市规划勘测设计研究院完成城市基本地形图动态更新、机载激光雷达地形图扫描测量、地下管线普查、广州市城市电子地图网站建设项目、广州市番禺区基础地形图测绘及房产测绘、广州市三维实景建设展示、城中村房屋地籍测量与地质环境质量评价等工作。

【其他】

广州市城市规划勘测设计研究院获全国优秀工程勘察设计奖一、二等奖各1项；2011年中国测绘学会测绘科技进步奖三等奖2项；中国地理信息科技进步奖三等奖1项；2011年中国测绘学会优秀测绘工程奖金奖1项、银奖2项、铜奖1项；中国地理信息优秀工程奖银奖1项；广东省优秀工程勘察设计奖一等奖2项、二等奖3项。经广州市科技和信息化局、广东省科学技术协会分别立项批准，成立广州市测绘与地理信息重点工程技术研究开发中心和广东省院士专家企业工作站。

深圳市勘察测绘院有限公司

【概况】

深圳市勘察测绘院有限公司成立于1981年，法人代表田玉山，拥有甲级测绘资质，共有技术人员76人。业务范围包括控制、地形、城乡规划定线、城乡用地、规划检测、日照、市政工程、水利工程、建筑工程、精密工程、线路工程、地下管线、桥梁、隧道、变形（沉降）观测、形变、竣工测量等工程测量；地籍测绘；房产测绘；地理信息系统工程；互联网地图服务。

【业务】

2011年，深圳市勘察测绘院有限公司完成深圳市宝安区和光明新区1:1000地形图及地下管线动态修补测、福州市轨道交通1号线工程第三方测量、2010年土地变更和新增建设用地调查工程A包（宝安－光明标段）外业调查、招商银行深圳分行大厦项目第三方监测、深圳市违法建筑违法用地测量（西片区）、深圳河治理定期测量（2010－2013）等280多个项目。

【其他】

一、获奖情况

深圳市勘察测绘院有限公司组织完成的“2008－2011年深圳市1:1000数字化地形图动态修补测”、“南山区南方科技大学选地址拆迁测绘”、“深圳市城市轨道交通11号线（A）标工程测量”等3个项目分别获2011年中国测绘学会优秀测绘工程奖银奖。年内，该公司获深圳市勘察设计行业“优秀企业”称号，王双龙被评为深圳市勘察设计行业“优秀单位负责人”，朱干章被评为深圳市勘察设计行业“优秀技术负责人”，吴光标被评为深圳市勘察设计行业“十佳青年工程师”。

二、人才培养

该公司积极引进专业技术人才，招聘测绘专业大中专毕业生8名，取得国家注册测绘师资格6人，组织人员参加培训180多人次。

广东省测绘技术公司

【概况】

广东省测绘技术公司成立于1981年，法人代表柳广杰，拥有甲级测绘资质，共有技术人员51人。业务范围包括地籍测绘；房产测绘；控制、地形、城乡规划定线、城乡用地、市政工程、建筑工程、线路工程、桥梁、隧道、变形（沉降）观测、形变、竣工测量等工程测量。

【业务】

2011年，广东省测绘技术公司承担潮惠高速公路大地控制测量和1:2000地形图测量、大广高速公路（新丰县境内）勘测定界测量、广东省云浮至阳江高速公路罗定至阳春段勘测定界测量、江门至罗定高速公路征地测量、广州市第二次土地调查等项目。

【其他】

一、获奖情况

广东省测绘技术公司承担的“萝岗区第二次土地调查城镇村庄地籍调查项目合同标段二（东区调查区）”项目获广州市第二次全国土地调查优质工程奖。

二、人才培养

该公司招聘测绘专业大中专毕业生15名，通过国家注册测绘师考试3人。

广州市房地产测绘院

【概况】

广州市房地产测绘院成立于1981年，法人代表袁国辉，拥有甲级测绘资质，共有技术人员101人。业务范围包括地籍测绘，房产测绘，大地测量，工程测量，地理信息系统工程，互联网地图服务。

【业务】

2011年，广州市房地产测绘院承担广州市中心城区用于权属登记的房产测绘工作，完成广州市历史遗留案件测量项目73宗，直管公房房角点测算任务132宗，政府经济适用房芳村花园等测绘项目25宗，完成广州国际金融中心、万菱广场、太古汇等特大型重点测绘项目，全市14000多宗地块的“三旧”改造标图建库；完成番禺区、白云区“三旧”改造项目完善历史用地勘测定界案件1003件，广州市630多平方千米第二次土地调查城镇村庄土地调查项目成果的检查验收，广州市中心城区地籍修补测成果数据检查及入库，完成珠江新城、螺涌围、金沙洲、大坦沙四个测区共约30平方千米的地籍地形测量、土地地类调查和数据整理入库，越秀区、海珠区等地的土地变更外业调查；开展广州市九大功能区500多平方千米经济测算土地房屋调查，广州市二等水准网建设工程监理工作等；完成国家住房和城乡建设部软科学研究项目“地下空间产权测绘技术规范研究”，并纳入广州市地方技术规范制定计划项目。

【获奖情况】

2011年，广州市连续运行卫星定位服务系统项目分别获2011年中国测绘学会测绘科技进步奖三等奖、2011年中国测绘学会优秀测绘工程奖铜奖、2011年卫星导航定位优秀产品，电子地图网络服务平台获2011年中国测绘学会优秀测绘工程奖铜奖。

广东省地质测绘院

【概况】

广东省地质测绘院成立于1958年，法人代表张杏清，拥有甲级测绘资质，共有技术人员57人。业务范围包括地籍测绘，房产测绘，地理信息系统工程，控制、地形、市政工程、线路工程、地下管线、变形（沉降）观测、形变、矿山、隧道、建筑等工程测量，控制、港口与航道工程测量等海洋测绘。

【业务】

2011年，广东省地质测绘院完成广东省南岭成矿带和武夷成矿带1:2.5万地质地理底图编制75幅；完成白云区、花都区、阳江市、肇庆市、蕉岭县、高明区、台山市等15个市县（区）年度土地变更调查，怀集县、揭东县D级GPS控制点的布设及1:500数字化测量2400平方千米，南海狮山、肇庆市端州区、阳春市城区1:500数字化地形修测125平方千米；完成阳春土地整理地形测绘，阳春市鱼皇石等4个片区的1:500数字化地形测量55平方千米等项目；承担花都区、清新县基本农田保护标志牌建设，高明区、花都区“三旧”改造项目项目；完成广东省地质局矿产地质报表上报信息系统，广州市国土资源和房屋管理局花都分局农村宅基地发证信息系统等建设；开展珠江三角洲及周边地区地面沉降地质灾害监测、高时空分辨率地面沉降监测体系在防灾减灾中的应用研究。

【获奖情况】

广东省地质测绘院获全国矿业权实地核查工作先进集体称号，并入围广东省科技服务业百强企业。该院完成的“广东省矿业权实地核查项目基础控制测量”、“佛山市三水区1:500全数字化地形测绘第三期”获广东省地质局优秀工程勘察奖一等奖，阳春市2009第三批利用园地山坡地开发补充耕地获二等奖，3个项目在2011年广东省测绘行业监督检查和国家测绘项目抽查中均获优秀。

广西壮族自治区

广西有色勘察设计研究院

【概况】

广西有色勘察设计研究院成立于1960年，法人代表徐初来，拥有甲级测绘资质，共有技术人员55名。业务范围包括控制、地形、地籍、线路工程、建筑工程、矿山、变形（沉降）观测、形变测量等。

【业务】

2011年，广西有色勘察设计研究院承揽了60多项工程测量任务，包括广西区内外的控制、地形、线路、矿山、变形、地籍、水下测量任务。

完成的重大测绘工程项目包括红水河岩滩水电站水库规划道路测量，合浦县城镇土地调查地籍测绘及权属调查，西津水利枢纽工程（工可阶段）测量，兴业县土地调查地籍测绘，崇左至靖西高速公路施工图测量等。

【其他】

一、科技创新

广西有色勘察设计研究院在工程测量中广泛运用GPSRTK技术、数字化测图技术、全站仪自动数据采集及计算机数据处理系统等技术，降低了劳动强度，提高了工作效率。加大科技创新力度，自主研发“易达Survey”测绘软件并在实践中应用，收到良好效果。

二、获奖情况

该院完成的“柳江航道整治工程工程测量”获广西壮族自治区住房与城乡建设厅优秀工程勘察测绘奖二等奖；“易达Survey综合测绘软件系统”获广西测绘地理信息科学技术奖三等奖。

南宁市勘察测绘地理信息院

【概况】

南宁市勘察测绘地理信息院原名南宁市勘测院，成立于1956年，法人代表黄炳强，拥有甲级测绘资质，共有技术人员162人。业务范围包括互联网地图服务；摄影测量与遥感；工程测量：控制、地形、城乡规划定线、城乡用地、规划检测、日照、市政工程、建筑工程、线路工程、桥梁、隧道、竣工测量；房产测绘；地图编制；地理信息系统工程。

【业务】

2011 年，南宁市勘察测绘地理信息院承揽摄影测量与遥感、工程测量和地理信息服务等方面的项目 2900 多项。完成的重大测绘工程项目包括南宁市轨道交通二号线地形图测量；南宁市 324 国道改扩建工程（坛洛段）带状地形图、断面及规划定线测量；桃花源经济适用房住宅小区（B 组团 ~ J 组团）竣工测量；南宁市五城区 148 个村屯规划地形图测量等。该院开发完成“城市智讯”南宁市地理信息共享服务平台，并面向公众进行发布。利用无人机航空摄影测量技术，完成 16.4 平方千米乡镇规划地形数据制作。

【其他】

一、科技创新

2011 年，南宁市勘察测绘地理信息院推进区域测绘基准体系现代化建设。集成 NNCORS、南宁市区域似大地水准面精化成果，探讨基于 2000 国家大地坐标系的城市平面坐标实现方法，开发了配套的应用软件，全天候提供测绘基准数据服务，并研究开发了基于图元的既往大比例尺 CAD 数字地形图转换与 2000 国家大地坐标系相互转换的通用软件，以推动 2000 国家大地坐标系推广应用。

二、获奖情况

该院完成的“广西贺州市基础地形图测绘”、“南宁市轨道交通一号线地形测量”分别获 2011 年中国测绘学会优秀测绘工程奖银、铜奖。“NNCORS 建设及区域测绘应用”获 2011 年中国测绘学会测绘科技进步奖三等奖，“南宁市测绘基准体系现代化建设和应用”获广西测绘地理信息局 2011 年度广西测绘科学技术奖三等奖。“南宁城市轨道交通一号线 1 期工程地面控制测量”、“南宁市数字影像地图集”获广西测绘学会广西优质测绘地理信息产品（工程）奖银、铜奖。“南宁市城市轨道交通 1、2 号线控制测量”获中国勘察设计协会全国优秀工程勘察设计三等奖、广西壮族自治区住房和城乡建设厅广西优秀工程勘察奖一等奖。“南宁市平乐大道地形图、纵横断面、控制测量”，“南宁市二坑溪环境综合整治工程地形图、纵横断面测量及地下管线探测”，“邕江水位提升对城区内涝影响分析评估”获广西壮族自治区住房和城乡建设厅广西优秀工程勘察奖二等奖；“南宁市 1:1000 大比例尺数字高程模型数据生产”获三等奖。

广西壮族自治区国土测绘院

【概况】

广西壮族自治区国土测绘院成立于 1958 年，法人代表贾伟民，拥有甲级测绘资质，共有专业技术人员 192 人。业务范围包括工程测量、地籍测绘、地理信息系统工程、房产测绘、大地测量、地图编制、摄影测量与遥感、海洋测绘（内水）、互联网地图服务。

【业务】

2011 年，广西壮族自治区国土测绘院承担的测绘业务主要包括崇左市江州区、凭祥市、宁明县、龙州县、扶绥县等 19 个县（市、区）的城镇土地调查和数据建库项目；桂中农村土地整治重大工程来宾市良江镇草凌村土地整治、灵山县佛子镇大芦村城乡风貌改造工程土地整治等一批土地整治项目的 1:1000 数字化地形测绘任务；柳州市 2011 年1:500 及 1:1000 地形测绘、柳州汽车城东风柳汽配套生产区 1:500 地形测绘、灵山县 1:500 地形测绘等一批数字化地形测绘项目；凭祥市和环江县农村宅基地发证测绘等。

【获奖情况】

广西壮族自治区国土测绘院被广西壮族自治区国土资源厅授予“广西国土资源系统先进集体”称号，获得“拓普康”杯第二届全区测绘行业工程测量职业技能竞赛团体二等奖。该院完成的柳州市 2008 年西鹅测区及部分农村居民点 1:500 数字化地形测绘项目获 2011 年中国测绘学会优秀测绘工程奖银奖，柳州市 2009 年 1:500 数字化地形图测绘（太阳村）项目获广西测绘学会广西优质测绘地理信息产品（工程）奖银奖。

广西航空遥感测绘院

【概况】

广西航空遥感测绘院成立于 1976 年，法人代表张俐萍，拥有甲级测绘资质，通过 ISO9001:2000 质量管理体系认证，共有技术人员 150 人。业务范围包括摄影测量与遥感、地理信息系统工程、互联网地图服务、工程测量、地籍测绘、房产测绘、地图编制、行政区域界线测绘、大地测量。

【业务】

2011 年，广西航空遥感测绘院完成的重大项目包括荔浦至玉林高速公路、柳州至武宣高速公路、崇左至靖西高速公路、河池至百色高速公路以及柳州至南宁高速公路扩建工程1:2000带状航测数字化地形图测绘；岑溪、苍梧、横县、浦北、合浦、巴马、西林、钦南、港南等市县区新农村规划建设1:2000基础地形图测绘；广西崇左市天等县水利普查；数字北海地理空间框架建设工程；河池市都安瑶族自治县第二次土地调查城镇地籍调查；广西城镇三维地籍数据库建筑物建模。

【其他】

一、科技创新

2011年，广西航空遥感测绘院开展了数字北海旅游应用示范系统、数字北海国土资源信息管理系统以及数字北海公众服务系统的开发研究，并通过国家级验收。

二、获奖情况

该院完成的数字北海地理空间框架建设工程1:2000 DEM、DOM生产项目获2011年中国测绘学会优秀测绘工程奖铜奖；数字化成果（“4D”产品及其他）集成管理与服务系统获广西测绘地理信息科学技术奖二等奖；来宾至马山高速公路1:2000地形图测绘获广西优质测绘地理信息产品（工程）奖银奖。

广西壮族自治区基础地理信息中心

【概况】

广西壮族自治区基础地理信息中心成立于1997年，法人代表廖超明，拥有甲级测绘资质，共有技术人员52人。业务范围包括地理信息系统工程、互联网地图服务、工程测量、地籍测绘、房产测绘、地图编制、行政区域界线测绘、大地测量。

【业务】

2011年，广西壮族自治区基础地理信息中心履行基础地理信息数据管理分发、网站管理职能，加强广西卫星定位连续运行系统基站的运行维护及应用服务。

完成的重大测绘工程项目包括“天地图·广西”省级节点建设立项工作、设计书和实施方案的编写及广西14个地级市的在线数据集生产、发布上线，门户网站服务系统、运行支持环境建设、与主节点互联和标准体系建设；数字钦州地理空间框架建设的前期立项工作，钦州431幅1:1万DLG、DEM数据入库；广西城镇三维地籍数据库建设的建筑物建模等相关项目设计书编写，广西全区430平方千米重点区域的地表建模，南宁市807栋建筑物精细建模、12万栋建筑物一般建模；广西新农村规划设计数字地图工程，桂平市、平南县、富川县共522个乡镇1:2000数字地形图的编制。

该中心接收广西第一测绘院、广西第二测绘院、广西航空遥感测绘院、广西地图院和广西壮族自治区测绘档案资料馆汇交的测绘成果项目共23个，18071幅（片、套），数据量3202GB。其中，1:1万DLG 2004幅、DOM 560幅，卫星影像45景，航片14734张，1:5万数据库更新项目49幅，1:25万DLG 9幅，外业数据2套。

【获奖情况】

广西壮族自治区基础地理信息中心完成的“广西大地测量基准成果管理与服务系统技术研究”项目获2011年中国测绘学会测绘科技进步奖二等奖、广西测绘地理信息科学技术奖一等奖。广西测绘政务网站在2011年全国测绘地理信息系统网站绩效评估中获测绘地理信息系统网站建设特色服务奖。

广西壮族自治区交通规划勘察设计研究院

【概况】

广西壮族自治区交通规划勘察设计研究院成立于1960年，法人代表朱坚和，拥有甲级测绘资质，共有技术人员68人。业务范围包括工程测量（控制、地形、精密工程、建筑工程、线路管道、市政工程、水利工程、矿山、隧道、桥梁测量）和地籍测绘。

【业务】

2011年，广西壮族自治区交通规划勘察设计研究院承接广西地区高速公路、港口码头、航运枢纽等工程项目的测绘工作。

完成的重大（大型）测绘工程项目包括广西靖西至龙邦高速公路工程，全长43千米；广西滨海公路犀牛脚至大风江段高速公路工程，全长11千米；广西沿海高速公路改扩建一期工程，全长49千米；广西沿海高速公路改扩建二期工程，全长35千米；广西梧州至柳州高速公路工程（第五合同），全长31千米；广西金川有色金属加工项目10万吨级配套码头工程；广西郁江老口航运枢纽工程；钦州港大榄坪9至11号10万吨级泊位工程。

【其他】

一、科技创新

2011年，广西壮族自治区交通规划勘察设计研究院在交通工程测量中广泛运用GPS定位技术、数字化成图技术、水下地形自动定位与测深技术、adcp测流技术等为工程建设服务，形成了具有行业特色的测绘技术体系。

二、获奖情况

该院完成的“南宁市外环高速公路1:2000专用地形图”项目获2011年中国测绘学会优秀测绘工程奖铜奖。

广西壮族自治区水利电力勘测设计研究院

【概况】

广西壮族自治区水利电力勘测设计研究院1984年恢复建院，法人代表陈发科，拥有甲级测绘资质，共有技术人员50人。业务范围包括地籍测绘和工程测量（控制、地形、市政工程、水利工程、建筑工程、线路工程、桥梁、隧道、竣工测量、变形观测）等。

【业务】

2011年，广西壮族自治区水利电力勘测设计研究院完成的主要工程包括桂中治旱乐滩水库引水灌区工程（一期、二期施工阶段）；桂林防洪及漓江补水枢纽工程小溶江水利枢纽、斧子口水利枢纽库区测绘；中越边境界河整治工程；驮英水电站、广西主要支流整治工程、广西重点水源工程和广西水利普查等。

【其他】

一、科技创新

广西壮族自治区水利电力勘测设计研究院研建了“基于3G手机的高程测量及其信息系统开发与应用”项目。该项目以3G移动手机作为软硬件平台和系统中枢，运用高级语言进行编程，配以测绘生产设备和计算机应用，可进行各等级高程测量的外业记录和内业计算，并增加避免粗差功能。同时利用3G手机定位功能可以实时获取测量点位置及动、静态图像信息，建立高程测量的多元化信息系统，并借助3G移动通讯以及Internet网络进行实时传送。

二、获奖情况

“基于3G手机的高程测量及其信息系统开发与应用”获2011年度全国优秀工程勘察设计优秀计算机软件奖二等奖、2010年中国测绘学会测绘科技进步奖三等奖。

广西电力工业勘察设计研究院

【概况】

广西电力工业勘察设计研究院成立于1958年，法人代表林国朝，拥有甲级测绘资质，通过ISO9001质量管理体系认证、质量、环境和职业健康安全管理体系认证，共有技术人员63名。业务范围包括地籍测绘；工程测量：竣工、形变、变形（沉降）观测、隧道、桥梁、地下管线、线路工程、精密工程、建筑工程、水利工程、市政工程、城乡用地、城乡规划定线、地形、控制测量。

【业务】

2011年，广西电力工业勘察设计研究院承担的主要测绘项目包括广西北部湾玉柴能源化工公司200万年重油制芳烃项目用地规划工程，大唐新能源广西富川龙头风电场一期工程，乐业百朗河水电规划工程，500kV北海输变电工程等。

【获奖情况】

广西电力工业勘察设计研究院完成的柳东变~桂林变500kV双回线路工程测量项目获2011年度广西优秀工程勘察奖一等奖，贵港电厂一期工程地形测量项目、华润电力（贺州）有限公司一期2×1000Mw级燃煤发电机组施工控制网项目分别获三等奖。

桂林市测绘研究院

【概况】

桂林市测绘研究院成立于1956年，法人代表谭波，拥有甲级测绘资质，共有技术人员77人。业务范围包括地籍测绘；摄影测量与遥感（外业）；工程测量：控制、地形、城乡规划定线、城乡用地、规划检测、日照、市政工程、建筑工程、精密工程、线路工程、桥梁、隧道、变形（沉降）观测、形变、竣工测量；房产测绘；地理信息系统工程。

【业务】

2011年，桂林市测绘研究院完成测绘任务570

项，全年实现总产值1626万元。为政府决策和重大项目前期规划及世界旅游城规划提供1:500数字化图45.97平方千米、1:1000数字化地形图416.6平方千米；修测面积12.3平方千米，提供新测地形图39.5平方千米；施放建筑桩点6282点，竣工测量建筑面积244.8万平方米，监测建筑总面积12万平方米；完成DWG数据格式转换成EDB数据格式的国际编码148.8平方千米，新修测数据转换60多平方千米。完成兴安、平乐、荔浦、龙胜及雁山、叠彩区等8个县区专题地图的编辑出版。

【其他】

一、科技创新

2011年，桂林市测绘研究院启动无人机低空航测数据采集与线划图生产，完成桂林电子科技大学花江校区6平方千米的线划图内业生产试验。积极推进三维建模技术研发，启动建筑工程竣工测量项目三维建模，完成主城区12平方千米精模三维数字城区建模试验与技术储备。

二、获奖情况

该院设计的连续运行参考站（GLCORS）获桂林市勘察设计协会优秀勘察设计奖二等奖、广西壮族自治区住房和城乡建设厅2011年度广西优秀工程勘察奖二等奖、广西测绘学会优秀测绘产品奖铜奖。该院参加广西第二届测绘行业工程测量职业技能竞赛获团体三等奖，潘梦清获技术能手称号。

柳州市勘察测绘研究院

【概况】

柳州市勘察测绘研究院成立于1951年，法人代表关键超，拥有甲级测绘资质，共有技术人员83人。业务范围包括地籍测绘；工程测量：控制、地形、城乡规划定线、城乡用地、规划检测、日照、市政工程、建筑工程、精密工程、线路工程、地下管线、桥梁、隧道、变形（沉降）观测、形变、竣工测量。

【业务】

2011年，柳州市勘察测绘研究院完成工程测量任务200多项。承揽柳州县区新农村建设、柳北区石碑坪镇大仙村土地整治等100多项1:200、1:500、1:1000地形图测量；完成柳州市政府重点工程城市快速公交（BIT）I号线、航鹰大道延长线道路、河东新区河东路以北片区路网等50多项道路勘测；开展在建建筑物规划条件核实测量56项；完成八一路口下穿工程艺术中心变形监测，双拥大桥、维义大桥、广雅大桥沉降观测，风情港明城墙变形监测，红桥馨城、柳州金沙角项目、东郡小区4#楼等10多项基坑和建筑物形变监测测量。

【获奖情况】

柳州市勘察测绘研究院完成的“滨江西路延长线财政局住宅楼边坡形变监测”、“柳州市2008年西流测区1:500数字化地形图测绘”分别获2011年度广西优质测绘地理信息产品（工程）奖银、铜奖。

钦州市测绘院

【概况】

钦州市测绘院成立于1995年，法人代表包华海，拥有甲级测绘资质，共有技术人员63人。业务范围包括地籍测绘；工程测量：控制、地形、城乡规划定线、城乡用地、规划检测、日照、市政工程、水利工程、建筑工程、精密工程、线路工程、地下管线、桥梁、隧道、变形（沉降）观测、形变、竣工测量。

【业务】

一、基础测绘

2011年，钦州市测绘院完成钦州市河东工业园、中马产业园等片区约35平方千米1:500地形图测制。

二、地籍调查

该院完成钦州市本级城镇地籍调查项目，完成钦州市百利华庭等小区共1500多宗地籍测量及权属调查工作，协助完成钦州市年度土地整治项目、卫片图斑执法检查和征地拆迁等项目的测绘工作。

三、建设用地报批

该院完成钦州市城市建设用地、钦南、钦北区镇建设用地等项目用地年度报批工作共33批次约1500公顷。

四、数字城市

该院与广西区基础地理信息中心共同承担数字钦州地理空间框架建设项目，8月31日，项目设计书通过国家测绘地理信息局评审，并签署数字钦州地理框架空间建设示范合作协议书。

【获奖情况】

钦州市测绘院获“全国矿业权实地核查工作优秀承担单位”称号；与超图公司合作开发的“钦州

市地籍管理信息系统支撑平台”获2010年中国地理信息产业优秀工程奖铜奖；完成的“钦州市矿业权实地核查”和“钦州港城镇地籍测量”项目分别获广西优质测绘地理信息产品（工程）奖铜奖。

广西第二测绘院

【概况】

广西第二测绘院成立于1975年，法人代表周炳达，拥有甲级测绘资质，通过ISO9001国际质量体系认证，共有技术人员193人。业务范围包括大地测量、数字城市建设、数字化地形地籍测绘、全数字化摄影测量、房产测绘、行政区域界线测绘、工程测量、GPS卫星定位测量、4D数字测绘产品生产、土地利用现状调查、测绘应用软件开发及地理信息系统工程开发。

【业务】

2011年，广西第二测绘院主要测绘任务是广西第二次全国土地调查（城镇部分），完成广西24个县（区）、154个镇的城镇土地调查2.8万平方千米。完成的重大测绘工程项目包括广西CORS基础设施建设项目（基准站建设部分），数字玉林地理空间框架数据采集、建库和系统建设项目，广西城镇三维地籍数据库全区基础地理信息数据使用，广西城镇三维地籍数据库建筑物建模。

【获奖情况】

广西第二测绘院完成的“基于航测法的基础地理数据快速更新系统开发与应用”获2010年广西科学技术进步奖三等奖，“广西北部湾经济区城市群似大地水准面优化技术研究”获2010年广西测绘学会广西测绘科学技术奖二等奖，柳城县新农村建设测绘保障示范工作获2011年中国测绘学会优秀测绘工程奖银奖。

广西第一测绘院

【概况】

广西第一测绘院成立于1975年，法人代表陈文森，拥有甲级测绘资质，通过ISO9001:2000质量管理体系认证，共有技术人员295人。业务范围包括大地测量：卫星定位测量、三角测量、水准测量、大地测量数据处理；摄影测量与遥感；工程测量；地籍测绘；房产测绘；行政区域界线测绘；地理信息系统工程；地图编制；海洋测绘；土地规划；航空摄影等。

【业务】

2011年，广西第一测绘院完成百色测区（田东、田阳）1:1万DLG生产128幅；广西CORS基准站观测墩建设33座；梧州测区1:1万像片控制测量380幅；中越边境ikonos卫星影像控制测量160幅；广西城镇三维地籍数据库航空摄影测量454.9平方千米；广西城镇三地籍数据库建筑物建模1820幢；贺州市基础地理空间框架建设，包含D级点72座、E级点65座、三等水准观测538千米、四等水准观测65千米；贵港市港北新区地理信息采集与入库项目，包含5平方千米1:500数字化地形图测量与入库；梧州市长洲工业集中区地形图测绘与数据库建设项目，包含8平方千米1:500数字化地形图测量与入库；巴马瑶族自治县盘阳河上游重点旅游开发区域基础地理信息采集与建库项目，包含6平方千米1:500数字化地形图测量与入库；数字百色地理空间框架建设1500平方千米的1:8000航空摄影测量和1500平方千米的1:2000 DOM生产；贵港市新农村无人机航空摄影及DLG成图187个村屯；广西北部湾海域填海竣工测量6.53平方千米，广西20个县（市或建制区）1:500地形地籍测量401.23平方千米、广东10个县（市或建制区）1:500地形地籍测量111多平方千米、广东房产工程测量等项目。

【获奖情况】

2011年，广西第一测绘院完成的“2008年江门市1:500城镇地籍测量（鹤山市）地形图测量”、“江门市新会区第二次土地调查服务项目（A标段）”和“柳州市2008年1:500数字化地形图测绘项目”分别获2011年中国测绘学会优秀测绘工程奖铜奖；“隆林各族自治县1:500城镇地籍地形图测量”项目获2011年广西优质测绘地理信息产品（工程）奖金奖。陆克、李区生代表广西参加“中测新图杯”第二届全国测绘地理信息行业职业技能竞赛工程测量比赛，获团体第二名，并分别获“全国测绘技术能手”称号。任建福、陈湘楠荣获广西国土资源系统十大先进人物称号。

广西地图院

【概况】

广西地图院成立于1976年，法人代表王龙波，拥有甲级测绘资质，通过了ISO9001:2000质量管理体系认证，共有专业技术人员55人。业务范围包括地图编制、地理信息系统工程、工程测量、地籍测绘、房产测绘、摄影测量与遥感、行政区域界线测绘、互联网地图服务。

【业务】

2011年，广西地图院完成广西壮族自治区基础测绘项目5项，为国防建设提供测绘服务保障13项。完成的重大测绘项目包括广西1:1万DLG数据生产465幅；广西城镇三维地籍数据库建模梧州、玉林、贵港3个城市；南宁市邕江防洪体系电控沙盘模型；山东省和辽宁省1:5万海洋数据缩编；《广西海洋功能区划图》、《重点港湾图册》、《广西近海环境与资源图集》编制；南宁市江南区农村宅基地地籍测量等。

【其它】

一、科技创新

2011年，广西地图院利用数控雕刻技术、PLC数控技术，实现了实体沙盘模型与电子沙盘模型之间的互动、联动，实体沙盘模型制作的自动化程度得到较大提高。采用无人机摄影测量技术、GPS定位技术、全数字摄影测量技术等开展农村土地承包经营权登记试点项目。通过二次开发软件工具辅助内、外业生产，降低了劳动强度，提高了生产效率。

二、获奖情况

2011年，广西地图院被评为全国矿业权实地核查工作先进集体，2人被评为全国矿业权实地核查工作先进个人。该院完成的“服务广西对外开放战略系列地图编制项目”获2011年中国测绘学会优秀测绘工程奖铜奖。

北海市国土资源信息中心

【概况】

北海市国土资源信息中心成立于1991年，法人代表洪兆河，拥有甲级测绘资质，通过ISO9001:2000质量管理体系认证，共有技术人员55人。业务范围包括互联网地图服务；地籍测绘；工程测量：控制、地形、城乡规划定线、城乡用地、日照、市政工程、建筑工程、线路工程、桥梁、隧道、竣工测量等。

【业务】

2011年，北海市国土资源信息中心完成的重大项目包括北海市第二次土地大调查城镇地籍调查约125平方千米，共涉及1:500标准图幅1982幅，36街区、287街坊63674宗地图；2000国家大地坐标系北海市框架网和二等水准网建设，包括C、D级GPS网控制点测量43点，二等水准网联测270千米；北海市中石化卫生防护区、千亿元电子产业园等重点项目用地勘测定界面积45286.82亩；国土资源数据中心“一张图”建设工作已建成影像数据库、农村二调数据库等多个专题数据库；“数字北海地理空间框架建设项目”建设完成基础地理信息建设、地理信息公共平台建设、国土和旅游两个应用示范系统建设，《数字北海地理空间框架建设与使用管理办法》的制定。9月1日，该项目通过国家级验收。

【其他】

一、科技创新

2011年，北海市国土资源信息中心采用双频双星GPS、水准测量仪器和先进测量技术进行2000国家大地坐标系北海市框架网和二等水准网建设，并联测了北海CORS系统，完成北海市测绘基准的建设；在北海市城镇第二次土地调查工作中，采用最新CORS-VRS测量及GIS方式数据采集、制图等技术，提高了工作效率；在数字北海项目建设中，合作开发了“数字化成果（4D产品及其它）集成管理与服务系统”；将土地卫星遥感监测、执法检查和土地年度变更调查相结合，缩短数据获取、更新周期。

二、获奖情况

2011年，该中心完成的“数字化成果（4D产品及其它）集成管理与服务系统”获广西测绘学会2011年度广西测绘地理信息科学技术奖二等奖；完成的“北海市工业园区、北海市银滩新建区1:500数字化地形图”分别获得广西测绘学会2011年度广西优质测绘地理信息产品（工程）奖银奖。该院被广西壮族自治区国土资源厅授予“全区国土系统先进集体”称号；洪兆河获全国测绘系统“测绘奖章”，被广西壮族自治区测绘局授予“十一五广西测绘系统先进工作者”称号。

南宁市国土资源信息中心

【概况】

南宁市国土资源信息中心成立于1998年，法人代表梁家庆，拥有甲级测绘资质，共有技术人员102人。业务范围包括工程测量、地籍测绘、房产测绘、行政区域界线测绘、地理信息系统工程以及地图编制。

【业务】

2011年，南宁市国土资源局组织完成的重大工程项目包括南宁市农村宅基地地籍调查及登记发证项目良庆区、邕宁区、江南区3个片区60平方千米范围的权属调查及1:500地形图测绘任务；南宁市城镇地籍变更调查项目青秀区埌东、柳沙半岛、津头及南湖片区20平方千米权属调查、1:500地形图测绘及1980西安坐标系的D、E级控制网布设任务。组织完成南宁市第二次土地调查城镇地籍调查项目，对南宁市中心城区202.73平方千米和周边60平方千米乡镇的数据进行整理，完成中心城范围内78个街坊和周边60平方千米范围内24个乡镇的土地变更调查数据库入库工作。组织开展国土资源"一张图"数据库建设项目中的南宁市历年建设用地报批数据和征地数据、2011年遥感监测影像及违法监察数据的建库工作。

【其他】

一、科技成果

南宁市国土资源信息中心开展南宁市基础地理空间框架建设，提出适应于数字地形图数据管理的时态GIS模型以及时态数据的动态更新策略，实现大比例尺地形图数据时空一体化动态管理。已建成大比例尺坐标基准转换模型，完成动态坐标转换系统软件的设计与开发，实现所有测绘成果在不同坐标系间坐标的动态转换。

二、获奖情况

该中心完成的"南宁市第二次城镇土地调查大比例尺坐标基准转换项目"获广西测绘地理信息科学技术奖。

海南省

国家测绘地理信息局第四航测遥感院

【概况】

国家测绘地理信息局第四航测遥感院成立于2000年，法人代表阳胜秋，拥有甲级测绘资质，共有技术人员53人。业务范围包括摄影测量与遥感测绘，地理信息系统工程，工程测量，国家数字地图制作，地籍测绘，行政区域界线测绘，地图编制，无人飞行器航空摄影。

【业务】

2011年，国家测绘地理信息局第四航测遥感院主要承担和完成的国家基础测绘项目包括国家1:5万地形要素数据库更新项目，涵盖广西、贵州、广东及海南测区；参与国家西部1:5万地形图空白区测图工程，完成青藏高原东部50幅影像地形图和11幅晕渲地形图，青藏高原西部1:5万DOM、DEM、DLG、地表覆盖图数据、制图数据、入库数据、影像地形图各104幅及4幅晕渲地形图；参与"927"工程项目，完成了东岛、西岛1:5000、1:2000的外业调绘工作。

该院采用无人机航摄技术参与的项目包括海口土地整治示范项目120平方千米航摄及1:2000正射影像图制作；海口新坡镇27平方千米高清摄像；海口江东地区57平方千米航摄及1:2000正射影像图制作；海南陵水县80平方千米海防林航摄及1:2000正射影像制作。

【获奖情况】

国家测绘地理信息局第四航测遥感院承担的"第二次全国土地调查1:1万比例尺航空遥感调查底图"、"海口市土地利用更新调查"分别获海南省优秀测绘工程奖一、二等奖。

国家测绘地理信息局海南测绘资料信息中心

【概况】

国家测绘地理信息局海南测绘资料信息中心成

立于 1990 年，法人代表赵书轩，拥有甲级测绘资质，共有技术人员 58 人。业务范围包括空间遥感地理信息数据处理、外业采集的地理信息数据处理、地图数字化、建立数据库、建立基础地理信息系统、外业地理信息数据采集等地理信息系统工程，地形图、省级及以下政区地图、真三维地图、其他专用地图等地图编制。

【业务】

2011 年，国家测绘地理信息局海南测绘资料信息中心主要参与“海南国际旅游岛数字地理空间框架建设项目”的实施工作。参与政务地理信息数据库系统建设，制作政务电子地图；负责公众地理信息数据库系统中的主要旅游景区三维景观建模和旅游设施室内三维场景建设示范。

做好领导工作用图与应急测绘保障工作，实施省图、市县舆图和城区图的更新工作；制作以 IPAD2 为平台的领导工作用图系统；为领导机关提供日常地图保障与应急地图保障，更新省政府机关的系列挂图；配发多媒体电子地图系统；编制金砖五国峰会和博鳌亚洲论坛会议领导工作用图、外事活动工作用图、海口市领导系列工作用图等。累计提供布质地图 458 幅，轻质板地图 43 幅，多尺度挂图 210 幅。

实施自然资源和地理空间基础信息库建设（测绘数据分中心）矢量数据整合项目，年内已完成 1:5 万数据整合共 581 幅。

继续做好市场项目工作，为重点工作和重大项目提供测绘地理信息保障，主要包括省经济和社会发展十二五规划专题图，国际旅游岛建设规划专题图；文昌卫星发射场、中线高速、西环高速铁路、昌江核电输配电、海洋功能区划、南海地图研究、境外游艇开放系列地图与监管平台、公安厅技侦业务系统地理信息平台、旅游委国际旅游岛门户网站系统、南方电网电子地图系统、海口市热带特色现代农业示范区总体规划等。

编制公开版地图，制作了《屯昌交通旅游图》、《三亚三维旅游图》、《2011 年搜房地图》、《万宁市旅游图》4 个对开版面地图；白沙、儋州、乐东、琼海、五指山 5 个市县年鉴插图；建设南方电网公司电子地图系统；为海南富力房地产开发公司、海南泛克实业有限公司、海南翰翔航空公司、中国石油化工海南公司制作地图；编制 3 幅企业专版宣传图，为《玩转海南》等书刊制作插图，年内送审公开版地图 14 幅，为市场客户打印挂图 150 多幅。

【获奖情况】

国家测绘地理信息局海南测绘资料信息中心地图编制部被海南省妇女联合会授予“海南省三八红旗集体”称号。

国家测绘地理信息局海南基础地理信息中心

【概况】

国家测绘地理信息局海南基础地理信息中心成立于 1996 年，法人代表金玉平，拥有甲级测绘资质，共有技术人员 56 人。业务范围包括航空摄影测量与遥感测绘；地理信息系统工程；地图编制：专题地图（集、册）；地籍测绘；工程测量；互联网地图服务等。

【业务】

2011 年，国家测绘地理信息局海南基础地理信息中心作为海南国际旅游岛数字地理空间框架建设项目实施单位，编写了《海南国际旅游岛数字地理空间框架建设项目总体设计方案》，3 月 13 日，该方案通过国家测绘地理信息局组织的专家评审，并通过项目领导小组第一次会议审定，用于指导 2011 年框架建设基础地理信息数据生产；完成空间基底库数据，0. 2 米分辨率数字正射影像 9873 平方千米，0. 1 米分辨率数字正射影像 587 平方千米，《海南国际旅游岛旅游图（双语系列)》，150 平方千米建筑物三维立体模型，数字高程模型，地名数据处理及地理信息公共平台建设。

完成定安县、东方市、屯昌县数字城市建设，文昌、琼中、五指山、万宁等 8 市县地名普查项目；屯昌县第二次土地调查项目、城镇地籍调查等；海南省县级行政界线详图集、海南省政区简册等 17 个制图项目。

【获奖情况】

国家测绘地理信息局海南基础地理信息中心完成的海南 1:1 万基础地理信息数据更新项目（琼海、屯昌测区）在局级验收中，被抽检的 12 幅图有 11 幅被评为优秀，1 幅被评为良好；金玉平被国务院授予政府特殊津贴，王小军被国家测绘地理信息局评为成绩优异的高级工程师。

国家测绘地理信息局第七地形测量队（海南省测绘院）

【概况】

国家测绘地理信息局第七地形测量队（海南省测绘院，以下简称国家测绘地理信息局第七地形测量队）成立于1990年，法人代表胡兴树，拥有甲级测绘资质，共有技术人员92人。业务范围包括摄影测量与遥感（外业）；地籍测绘；行政区域界线测绘；大地测量：卫星定位、三角、水准测量、大地测量数据处理；工程测量：控制、地形、城乡规划定线、城乡用地、规划检测、日照、市政工程、水利工程、建筑工程、线路工程、桥梁、隧道、竣工测量；海洋测绘；地理信息系统工程；地图编制；互联网地图服务。

【业务】

2011年，国家测绘地理信息局第七地形测量队主要承担和完成的重大测绘项目包括“927”一期工程（海南、广东、山东、浙江、福建测区）；海南国际旅游岛数字地理空间框架建设影像获取项目1:2000、1:1000正射影像像控点测量；海南省少数民族地区连续运行卫星定位服务系统建设项目；中国科学院海南发射场原点及定向标杆放样测量项目；湖南省高速公路电子地图测绘工程项目等。

【获奖情况】

国家测绘地理信息局第七地形测量队研发的“车载三维测量系统在智能交通领域的应用研究”、“基于SOA架构的RIA－WEB交通地图服务技术探讨”分别获海南测绘地理信息局2011年科技进步奖一、二等奖；麦照秋获全国测绘系统优秀共产党员称号。

海口市土地测绘院

【概况】

海口市土地测绘院成立于1992年，法人代表黄滨海，拥有甲级测绘资质，共有技术人员52人。业务范围包括地籍测绘；控制、地形、城乡规划定线、城乡用地、规划检测、日照、水利工程、市政工程、建筑工程、线路工程、变形观测、桥梁、隧道、竣工测量等工程测量；地形图、省级及以下政区地图、电子地图、其他专用地图等地图编制；航空摄影测量与遥感；地理信息系统工程；行政界线测绘。

【业务】

2011年，海口市土地测绘院主要完成海口市美兰区、龙华区集镇第二次全国土地调查地籍调查工作；三亚市、陵水县、临高县风暴潮高风险区增水淹没图和应急疏散路径图编制；南渡江流域土地整治重大工程1:2000地形图测绘工作；海口市城建基础数据共享平台1:1000地形图测量项目等。

【获奖情况】

海口市土地测绘院承办的“海口市二调项目秀英主城区西段数字化地形图测绘”、“临高县风暴潮高风险区增水淹没图和应急疏散路径图编制”分别获海南省2011年优秀测绘工程奖一、二等奖。

重庆市

重庆市地理信息中心（重庆市遥感中心）

【概况】

重庆市地理信息中心成立于2000年，法人代表罗灵军，拥有甲级测绘资质，共有技术人员94人。业务范围包括互联网地图服务；地理信息系统工程；地图编制：电子地图、真三维地图、其他专用地图。

【业务】

2011年，重庆市地理信息中心建成重庆主城区建筑物地理信息系统，推进主城区地下空间普查，进一步丰富完善了地理空间信息资源；完成数字永川、数字长寿国家测绘地理信息局试点项目，正式启动数字黔江建设；启动三维地理信息平台建设，完善重庆市地理信息公共服务平台，完成“天地图·重庆”省级节点接入建设；基本完成地理国情监测重庆示范工程；编制完成《三峡库区地图集》初稿，出版《走遍重庆·城乡地图集》；做好重庆市测绘质监站、重庆市测绘档案馆、重庆市应急救援地理信息服务队等日常工作。

【其他】

一、科技创新

重庆市地理信息中心建立了国家遥感中心地理信息工程部、国家自然科学基金依托单位。完成国家测绘地理信息局青年学术带头人科研课题1项，重庆市科委科技攻关项目1项、市规划局科技项目4项，申报国家高新领域计划项目、市社科基金、市自然科学基金、建设科技项目、规划科技项目15项。完成内部科技项目8项。

二、获奖情况

该中心承接国家级科技项目1项，省部级科技项目3项，局级科技项目6项。其中，“三峡库区综合信息空间集成平台”项目获2011年中国测绘学会测绘科技进步奖一等奖，“重庆市1:1万基础空间信息数据库建设”项目获2011年中国测绘学会优秀测绘工程奖金奖，“重庆市城乡规划监察执法信息系统”项目获中国地理信息科技进步奖二等奖，“重庆市地理空间信息共享交换平台”项目获重庆市科技进步奖三等奖。

重庆市勘测院（重庆市地图编制中心）

【概况】

重庆市勘测院（重庆市地图编制中心，以下简称重庆市勘测院）成立于1950年，法人代表陈翰新，拥有甲级测绘资质，共有技术人员约430人。业务范围包括摄影测量与遥感；大地测量；工程测量；地籍测绘；房产测绘；行政区域界线测绘；互联网地图服务；地理信息系统工程；地图编制：地形图、省级以下政区地图、电子地图、真三维地图、其它专用地图。

【其他】

重庆市勘测院有11个项目获得部市级立项，完成院级科研项目31项，发表论文75篇，11项产品获软件著作权登记证书，2项产品获高新技术产品认证，2项技术获国家发明专利。研发的集景三维仿真平台、吉信地理信息聚合服务平台、吉信三维连续实景影像地理信息系统技术已在广州、成都、福州、常州等城市得到广泛应用。

引进智能测量机器人、三维激光扫描仪、高精度惯性定向陀螺全站仪、固定翼弹射式无人机、像素工厂（PE）等高端软硬件，提高了重大项目工程测量数据快速获取、遥感影像快速处理和三维地理信息开发应用等能力。

云南省

国家林业局昆明勘察设计院

【概况】

国家林业局昆明勘察设计院成立于1965年，法人代表唐芳林，拥有甲级测绘资质，共有技术人员63人。业务范围包括地籍测绘；控制、地形、市政工程、建筑工程、线路工程、桥梁、隧道、竣工测量等工程测量。

【业务】

2011年，国家林业局昆明勘察设计院开展的测绘业务涉及林业、公路、市政、建筑等工程的测绘项目。

完成国家调整公路网纳雍至河口公路师宗至丘北至砚山项目147.38千米；镇雄凤翥至威信马蹄井二级公路项目60.7千米等测量任务。完成省道S221线鹤庆县鹤阳路一级公路改建工程14.0284千米；芒市机场至风平佛塔段道路工程1751.011米；云南省芒瑞大道工程80千米的测量任务。完成洱源西湖湿地保护项目3000亩，滇池湖滨及入湖口种植乔木一期工程3600亩，寻甸县低产林改造1万亩等测量任务。完成中国永胜边屯文化博览园项目3499.5亩；永胜工业园区项目7950亩；昆明经济技术开发区洛羊社区卫生服务中心约9.55亩；云南省国家和省级公益林生态效益补偿南华县项目101.69万亩等测量任务。

【获奖情况】

国家林业局昆明勘察设计院完成的“小湾水电站水库淹没凤庆县漭街渡大桥复建工程”获云南交通优秀勘察奖二等奖。

中国水电顾问集团昆明勘测设计研究院

【概况】

中国水电顾问集团昆明勘测设计研究院成立于1957年，法人代表冯峻林，拥有甲级测绘资质，共有技术人员108人。业务范围包括地籍测绘；摄影测量与遥感（外业）；控制、地形、市政工程、水利工程、建筑工程、精密工程、线路工程、地下管线、桥梁、隧道、变形（沉降）观测、形变、竣工测量等测绘业务。

【业务】

2011年，中国水电顾问集团昆明勘测设计研究院开展的测绘业务涉及水利水电、风电、太阳能光伏发电、市政工程、新能源项目开发、以及国外水利水电等项目。

完成国家重点工程澜沧江糯扎渡水电站库区移民安置点、水源点等地形图、10kV输电线路测绘等共约565平方千米，以及澜沧江古水水电站、黄登水电站等工程可行性研究阶段测绘项目约112平方千米。完成昆明牛栏江滇池补水工程控制性实验场地控制网复测，红河流域元江县城段防洪堤工程。完成泸西县东华风、东山、大坡顶等风电场，洱源县丰乐风电场，宁蒗县牦牛坪风电场等新能源项目工程测绘444平方千米。继续开展金沙江金安桥水电站库区树底滑坡体安全监测、昆明长水国际机场飞行区变形监测工作，以及文山马鹿塘电站二期工程枢纽建筑物运行期安全监测，南盘江糯租水电站、凤凰谷水电站运营期安全监测等工作。

承担老挝水电工程测绘项目，包括湄公河北本水电站、南乌江1~7级等梯级水电站可行性阶段测绘、南芒、南椰Ⅱ水电站测绘313平方千米。承担缅甸水电工程测绘项目，包括萨尔温江瑙帕水电站、育瓦迪水电站0.2米GSD数码航空摄影及1:2000地形图、一级支流楠马河曼栋水电站，伊洛瓦底江的迈立开江腊撒水电站等大型工程测量约1153平方千米。

【获奖情况】

中国水电顾问集团昆明勘测设计研究院完成的“小湾水电站饮水沟堆积体抢险加固工程安全监测成果分析及预警分析研究”获2011年中国测绘学会测绘科技进步奖三等奖；“水电站高精度外部变形监测网关键技术研究及实施”获2011年云南省测绘科技进步奖三等奖；“云南李仙江龙马水电站安全监测工程”、“景洪电厂水库淤积测量工程”分别获2011年云南省优秀测绘工程奖金、银奖；“提高航摄影像空中三角测量定向加密成果的质量”项目获2011年全国工程建设质量管理小组优秀奖。

昆明市测绘研究院（昆明市基础地理信息中心）

【概况】

昆明市测绘研究院（昆明市基础地理信息中心，以下简称昆明市测绘研究院）成立于1952年，法人代表侯至群，拥有甲级测绘资质，共有技术人员52人。业务范围包括地籍测绘；摄影测量与遥感（外业）；工程测量：控制、地形、城乡规划定线、城乡用地、市政工程、建筑工程、精密工程、线路工程、地下管线、隧道、变形（沉降）观测、形变、竣工测量。

【业务】

昆明市测绘研究院完成1987年昆明坐标系统与2000国家坐标系统的联测工程及昆明市主城区1:500地形图修测等测绘工程项目。完成市政管线446.7千米，管线跟踪测量191.8千米，庭院管线测量241.5千米，昆明长水机场管线测量700千米。完成规划放线测量248件，规划批后测绘402件，面积测量278件；完成电子政务办件580件；提供规划道路红线及审批地形图8400套，规划用地形图7460幅，专题地图和影像图220幅。

该院完成数字昆明地理信息平台建设项目昆明国家经济技术开发区154平方千米的三维地形和20平方千米的三维精细建模，开展昆广网络电子地图、昆明经济技术开发区三维地理信息系统建设等项目；完成红云、梁源社区三维地理信息系统进社区的试点工作；建立了昆明市公安局警用三维地理信息系统；采用数字昆明地理信息系统进行昆明市政府规划审批18次及政府报告会30次，完成三维规划辅助审批项目100多个。

该院完成西翥生态旅游实验区1:500地形图测量3.46平方千米、1:2000地形测量46平方千米；长坡、倘甸、海口工业园区规划1:500地形测量87.2平方千米；倘甸工业园区1:2000地形测量127平方千米。完成长水机场和空港经济区三等GPS控制测量3点、一级GPS控制测量296点、二等水准163.142千米、四等水准176.228千米。完成滇池1887.5米、1888米高程线的测绘工作，提供1:1万滇池盆地数字地面高程模型2017平方千米。

该院完成公开版、内部版专题地图14个项目，编制专题地图20幅和多媒体系统1套。为政府部门编制50多种专题工作用图。

为《昆明城市近期建设规划（2011－2015）》编制等项目提供卫星影像和地形图3000平方千米；为城中村改造提供地形图800平方千米；为昆明市公安局提供2.5米SPOT影像图3.1万平方千米；对外提供1:1万数字地形图6281平方千米，高分辨率卫星影像5440平方千米，中分辨率卫星影像3万平方千米等测绘基础地理信息资料。

【其他】

一、科技创新

昆明市测绘研究院在云南省率先将三维地理信息技术运用于城市规划审批，开发建立规划批后管理系统；通过建筑物普查工程、昆广网络电子地图工程等项目，实现基础地形图转换和升级；采用无人机航测遥感技术在昆明长水机场部分区域进行低空航摄，完成制作30平方千米的正射影像图；购置测量机器人，进行基坑监测、变形监测等精密工程测量。年内，该院提交了18篇论文在云南省测绘协会进行交流，其中《GPS定位技术在轨道交通精密导线测量中的应用》和《不同专业GPS测量技术要求的分析》获得优秀论文奖。

二、获奖情况

该院完成的“昆明市主城区小区庭院排水管线普查探测项目”、“基于LIDAR的真三维数字昆明数据库建设项目”分别获2011年中国测绘学会优秀测绘工程奖金、铜奖；《昆明·曼谷·万象·琅勃拉邦交通旅游图》、“昆明市轨道交通首期工程1、2号线C级卫星定位控制网；1、2号线D级施工控制网测量项目”、“昆明市主城区城市照明地下管线普查探测项目”分别获云南省优秀测绘工程奖银奖；参与完成的“利用IGS站和CORS技术进行GPS接收机校准研究”获云南省测绘科技进步奖二等奖。

云南省测绘工程院

【概况】

云南省测绘工程院成立于1975年，法人代表孙继祥，拥有甲级测绘资质，共有技术人员120人。业务范围包括摄影测量与遥感；地籍测绘；行政区域界线测绘；工程测量：控制、地形、日照、市政工程、建筑工程、精密工程、线路工程、地下管线、隧道、变形（沉降）观测、形变、竣工测量；大地测量：卫星定位、三角、水准测量、大地测量数据处理。

【业务】

2011年，云南省测绘工程院完成的主要测绘项目包括香格里拉测区1:1万“3D”数据生产480幅；保山测区1:1万“3D”数据外业像控点测量710幅、外业调绘580幅、内业“3D”数据生产300幅；红河哈尼族彝族自治州城市区域似大地水准面精化及地方坐标系建设项目；大理州、丽江市、德宏州、保山市、迪庆州、怒江州、临沧市共13个坝区1:2000航外控制测量等。编制公开版旅游图5种，再版大挂图4种，编制《云南省主要湿地分布图》、《五华区滇池流域图》、《新平彝族傣族自治县地图》等6种专题图。

【获奖情况】

云南省测绘工程院完成的“云南省省级大地控制网－云南省GPS C级网”获2011年中国测绘学会优秀测绘工程奖金奖，“云南省似大地水准面精化项目”获云南省测绘学会2011年优秀测绘工程奖金奖。

中国有色金属工业昆明勘察设计研究院

【概况】

中国有色金属工业昆明勘察设计研究院成立于1953年，法人代表陆增建，拥有甲级测绘资质，通过ISO9001质量管理体系认证，共有技术人员69人。业务范围包括工程测绘、工程检测，工程勘察，城市规划，建筑工程设计，冶金工程设计，地基与基础工程施工，地质矿产勘查，地质灾害评估和勘查、设计、施工，环境保护行业污染治理，金属非金属矿山安全标准化考评，土工试验等。

【业务】

2011 年，中国有色金属工业昆明勘察设计研究院测绘分院完成的测绘业务涉及数字化地形图测绘、公路测量、滑坡监测、沉降观测、地籍测绘、基坑综合监测等。

完成信息产业基地 27－3、26－8、66－1、66－2 地块项目工程控制测量及地形测绘；中铝云铜老挝琅勃拉邦国际酒店测量；富宁至滇桂边界（龙留）高速公路地形图测绘；老挝琅勃拉邦酒店项目补充测量等测绘任务。

该院完成贡山县独龙江公路改建工程高黎贡山隧道控制测量；金沙江溪洛渡水电站右岸淹没区 1∶2000地形地籍测绘等重大测绘工程。

【其他】

一、科技创新

2011 年，中国有色金属工业昆明勘察设计研究院研建的孔中激电可调测量电极距装置获专利。

二、获奖情况

该院完成的“昆明市顺城街商业休闲项目工程勘察”项目获云南省优秀勘察工程奖一等奖。“攀钢高炉渣高温碳化生产 26kt/a 碳化渣中试找”项目，“攀钢一期 3#、4#焦炉易地改造工程施工图设计阶段岩土工程勘察”项目分别获中国有色系统第 13 届优秀勘察工程奖一等奖；“昆明市工人文化宫迁建项目基坑及周边建筑物工程监测”项目，获二等奖。“建立 TC2003 在建筑基坑精密监测中的数据自动化处理模式”获有色工程勘察系统第二十三次（2011 年度）QC 成果二等奖；“云南省第二监狱职工经济适用住宅区边坡”工程，获 2011 年度优秀勘察工程奖二等奖。

西南有色昆明勘测设计（院）股份有限公司

【概况】

西南有色昆明勘测设计（院）股份有限公司成立于2000 年，法人代表李伟中。前身为成立于 1956 年的重工业部昆明地质勘探公司测绘队，1986 年 9 月更名为西南有色昆明勘测工程公司，1993 年 5 月更名为西南有色昆明勘测设计院。拥有甲级测绘资质，共有技术人员 76 人。业务范围包括工程测量、控制测量、地形测量、地籍测量、房产测量；勘测定界、市政工程、线路、管道、综合管网测量；精密工程、变形观测、水利工程、建筑工程 、矿山及城市规划测量等。

【业务】

2011 年，西南有色昆明勘测设计（院）股份有限公司承担各类项目 261 项，累计完成测绘产值 1877 万元。其中，土地测量 111 项，732 万元；工程测量 147 项，838 万元；土地整治项目 3 项，307 万元。

完成昆明滇池旅游度假区、昆明经济技术开发区、嵩明县勘测定界、地籍测量项目 45 平方千米；矿山恢复治理、地质勘查测绘项目 17 个，面积 6 平方千米；土地整理、复垦项目 3 个，1∶2000 地形测量 85 平方千米；建筑物沉降观测 13500 点（次）。

【获奖情况】

西南有色昆明勘测设计（院）股份有限公司承担的“缅甸蒙育瓦莱比塘铜矿测绘项目”获云南省 2011 年度优秀工程勘察奖二等奖。

云南省交通规划设计研究院

【概况】

云南省交通规划设计研究院成立于 1956 年，法人代表张发春，拥有甲级测绘资质，技术人员共 474 人。甲级业务范围包括控制、地形、市政工程、水利工程、建筑工程、精密工程、线路工程、地下管线、桥梁、隧道、变形（沉降）观测、形变、竣工测量等工程测量。乙级业务范围包括地图编制：其他专用地图。

【业务】

2011 年，云南省交通规划设计研究院完成“国家高速公路网 G85 渝昆高速公路麻柳湾至昭通段基础控制测量与航测成图”项目，四等 GPS 控制网 157 千米，四等水准高程控制网 181. 1 千米，全线像片调绘 102. 7 平方千米，1∶2000 航测数字化地形图采集、编辑 102. 7 平方千米，DEM 制作 102. 7 平方千米，完成 DOM 制作 102. 7 平方千米。

完成“嵩明（小铺）至昆明高速公路基础控制测量与航测成图”项目；全线像片调绘 49. 67 平方千米；1∶2000 航测数字化地形图采集、编辑 49. 67

平方千米；DEM 制作 49.67 平方千米；DOM 制作 49.67 平方千米。

该院承担“国家高速公路网 G56 杭州至瑞丽高速公路宣威至曲靖段基础控制测量与航测成图”项目。

在基础控制测量方面，完成全线基础控制测量埋石、平面及高程观测，数据处理等工作，全线像片调绘 122.53 平方千米，全野外数字化实测 10.99 平方千米。内业采集及编辑方面，完成 1∶2000 航测数字化地形图采集、编辑 122.53 平方千米，全野外数字化实测数据编辑 10.99 平方千米，DEM 制作 122.53 平方千米，DOM 制作 122.53 平方千米。

【获奖情况】

云南省交通规划设计研究院完成的“云南水富至麻柳湾高速公路基础控制与航测数字化成图工程”获 2011 年中国测绘学会优秀测绘工程奖银奖，“上（海）瑞（丽）国道主干线云南保山至龙陵至瑞丽高速公路基础控制与航测数字化成图工程”获铜奖。

云南省水利水电勘测设计研究院测绘分院

【概况】

云南省水利水电勘测设计研究院（简称云南院）成立于 1964 年，是国家甲级勘测设计单位。法人代表王建春，拥有甲级测绘资质，共有技术人员 120 人。业务范围包括工程测量：控制、地形、市政工程、水利工程、建筑工程、精密工程、线路工程、地下管线、桥梁、隧道、变形（沉降）观测、形变、竣工测量。

【业务】

一、大盈江丙汗大桥 - 虎跳石河段综合治理及开发规划项目

云南省水利水电勘测设计研究院测绘分院完成大盈江丙汗大桥 - 虎跳石河段综合治理及开发规划项目 C、D 级 GPS 点及 1∶2000 带状地形等测量工作。

7 月 ~9 月，受丘北县水务局委托，该院完成了清平水库扩建 C、D 级 GPS 网、V 等控制网、枢纽区 1∶500、料场 1∶2000 及渠道定线等测量工作。

3 月 ~5 月，受国电云南电力有限公司委托，该院完成了南太白江一级电站开发项目国家控制点联测、坝址 V 等控制、坝址 1∶500 地形及库区 1∶2000 地形等测量工作。此外，在大盈江河道治理测量中应用 GPS 动态 RTK 技术，降低了作业难度，提高了工作效率。

【获奖情况】

云南省水利水电勘测设计研究院测绘分院研建的“牛栏江—滇池补水工程施工控制网”获 2011 年中国测绘学会优秀测绘工程奖银奖；“德钦丹达河电站 III 等施工控制网”、“陇川麻栗坝水库渠道施工测量”、“文山德厚水库测绘工程”3 个项目分别获 2011 年云南省优秀测绘工程奖铜奖。

陕西省

中铁第一勘察设计院集团有限公司

【概况】

中铁第一勘察设计院集团有限公司成立于 1953 年，法人代表王争鸣，拥有甲级测绘资质，共有技术人员 117 人。业务范围包括摄影测量与遥感；控制、地形、市政工程、水利工程、建筑工程、精密工作、线路工程、桥梁、隧道、变形（沉降）观测、形变、竣工测量等工程测量；地籍测绘。

【业务】

2011 年，中铁第一勘察设计院集团有限公司完成乌鲁木齐地区货车外绕线，西安铁路枢纽西安站改扩建工程，银川至西安线、红柳河至淖毛湖等 4 个航测制图项目；完成库尔勒至格尔木、银川至西安线等 14 个遥感地质工作以及环境影响

评价专题图制作项目；完成西宝客专、哈大客专（沈阳至哈尔滨段）精密工程控制网复测及CPIII测量等9个精密控制测量项目；完成宁杭铁路客运专线等4个测量咨询评估以及构筑物沉降变形监测项目；采用LiDAR新技术进行深圳外环绕城高速公路航摄与制图，利用DMCⅡ230航空航摄仪开展湖南岳阳、常德2个航空摄影测量项目；完成阳安线、黔张常铁路等10个初测、定测及补充定测勘测项目。

【其他】

一、科技创新

中铁第一勘测设计院集团有限公司承担完成“超长高速铁路的法截面子午线椭球高斯投影”、“全站仪铁路复测一体化系统研究”、“航空LiDAR技术在铁路勘测设计中的应用研究”、“数字影像真三维遥感地质解译方法研究”等4个科研项目并通过评审。主持编制的《铁路工程卫星定位测量规范》（英文版）已颁布实施。

二、获奖情况

该公司完成的“超长高速铁路的法截面子午线椭球高斯投影”、“航空LiDAR技术在铁路勘察设计中的应用研究”2个科研项目获2011年度中国铁道建筑总公司科学技术奖二等奖；“数字影像真三维遥感地质解译方法研究”科研项目获2011年度中国铁道建筑总公司科学技术奖三等奖；“新建铁路张家口至集宁线精密工程控制测量”项目获陕西省优秀测绘地理信息成果质量奖金奖。

陕西天润科技有限责任公司

【概况】

陕西天润科技有限责任公司专业成立于1999年，法人代表陈利，拥有甲级测绘资质，共有技术人员136人。业务范围包括测绘航空摄影、摄影测量与遥感、工程测量、地籍测绘、房产测绘、地理信息系统工程、地图编制、互联网地图服务等测绘地理信息产业。

【业务】

2011年，陕西天润科技有限责任公司完成全国土地利用变更调查成果国家级内业核查项目、余杭区基础测绘Ⅲ标段1:500全野外数字地形图测绘项目、新疆克拉玛依市地理信息数据采集及建库项目、上海市1:2000航测数字综合法修测项目等。

【其他】

一、科技创新

陕西天润科技有限责任公司完成的“天润信息化摄影测量系统TR－IPS”、独立地图引擎软件“天润互联网地图引擎GeoCloud”、“天润空间数据库NaviLite”、“天润地理信息系统SinoGIS”、“城市路网管理信息系统”等多项自主研发成果取得软件著作权证书并在项目生产实践中得到应用，取得良好的经济效益和社会效益。

二、获奖情况

陕西天润科技有限责任公司获“陕西省2010－2011年度测绘地理信息明星企业”称号。完成的“天润信息化摄影测量系统TR－IPS”项目获2011年中国测绘学会测绘科技进步奖三等奖。“红山口－石人子沟遗址群考古与保护航测成图数据库建设”项目获2011中国地理信息科技进步奖三等奖、陕西省测绘成果质量奖金奖。“杭州市基础空间数据库建设五期”项目获2011年中国地理信息产业优秀工程奖银奖。“杭州市1:2000航测成图二标段”项目获2011年中国测绘学会优秀测绘工程奖铜奖。“辉县市1:1000航测成图”项目获河南省优秀测绘工程奖二等奖。

中国电力工程顾问集团西北电力设计院

【概况】

中国电力工程顾问集团西北电力设计院成立于1956年，法人代表董斌，拥有甲级测绘资质，共有技术人员66人。业务范围包括摄影测量与遥感（外业）；控制、地形、变形（沉降）观测、施工放样、精密测量、管线测量、电力工程等工程测量。

【业务】

2011年，中国电力工程顾问集团西北电力设计院测绘室共完成测绘产值1500多万元。完成徐矿集团阿克苏热电有限公司二期2×660Mw机组发电厂工程、中广核青海德林哈50Mw太阳能热发电示范项目、新疆金晖兆丰能源股份有限公司（4×350Mw）自备电站等多项测绘工程。

【获奖情况】

中国电力工程顾问集团西北电力设计院测绘室完成的“1000kV晋东南～南阳～荆门特高压交流试验示范工程输电线路工程测量”获电力行业工程优

秀设计奖一等奖；“750kV 官亭～兰州东Ⅱ回送电线路工程测量”获陕西省优秀勘察奖二等奖；“宁东～山东±660kV 直流输电线路工程测量”、“向家坝～上海±800kV 特高压直流输电线路工程测量”获电力行业优秀工程勘测奖一等奖，“750kV 乌鲁木齐～吐鲁番～哈密输电线路工程测量”获二等奖；“提高输电线路房屋成果的输出效率”获国家工程建设优秀 QC 小组奖、全国优秀 QC 小组奖、陕西省优秀 QC 小组一等奖。

陕西省煤田地质局物探测量队

【概况】

陕西省煤田地质局物探测量队成立于 1954 年，前身是西北煤田地质调查队，1971 年重新组建改为现用名。法人代表冯西会，拥有甲级测绘资质，共有技术人员 78 人。业务范围包括摄影测量与遥感；地籍测绘；控制、地形、线路工程、地下管线、隧道、桥梁、变形（沉降）观测、形变测量等工程测量。

【业务】

2011 年，陕西省煤田地质局物探测量队承担并完成福建省龙岩市规划区域 1:1000 航测数字化成图工程，三门峡市沿黄河景观 1:1000 数码航测成图，三峡测区航空摄影测量，广西贵港至合浦高速公路 S3 合同段定测放样测量技术服务，西藏 1:1 万基础测绘，渭河 1:5000 地形图航空摄影及测绘等 20 多个相关测绘市场项目。全年完成测绘项目总产值 2000 多万元。

【获奖情况】

陕西省煤田地质局物探测量队完成的“靖边县城区 1:1000、1:1 万地形图测绘项目”获 2011 年中国测绘学会优秀测绘工程奖铜奖。“大荔县 1:1000 航空摄影测量数字化成图工程”获 2011 年陕西测绘地理信息局颁发的成果质量银奖。年内，该单位获国家人事部、中国煤炭工业协会授予的“全国煤炭工业先进集体”称号。

机械工业勘察设计研究院

【概况】

机械工业勘察设计研究院成立于 1952 年，法人代表张炜，拥有甲级测绘资质，共有技术人员 50 人。业务范围包括控制、地形、市政工程、水利工程、建筑工程、精密工程、线路工程、地下管线、桥梁、隧道、变形观测、形变观测等工程测量。

【业务】

一、国外工程

2011 年，机械工业勘察设计研究院承担柬埔寨、老挝、刚果（布）等国家的工程测量项目。为安哥拉 5 个省 12 个地块 10 万套住房项目、国家旅游开发项目等测绘 1:500 地形图 44.8 平方千米、1:1000地形图 1.5 平方千米、1:2000 地形图 188.2 平方千米、1:2.5 万地形图 90 平方千米；完成柬埔寨达岱水电站、喀麦隆梅堪水电站施工测量，喀麦隆、肯尼亚、佛得角国家体育场、社会医院、总统府改造等项目初步设计测量，刚果（布）里角市供水输水管线选线；为喀麦隆温佳市污水处理项目、坦桑尼亚姆特拉瓦至辛吉达 300kV 直流输电项目、老挝 3626Mw 坝口电站项目、白俄罗斯维捷布斯克水电站项目、柬埔寨达岱水电站 230kV 输电线路项目、伊拉克 2630Mw 电站项目、塞纳利昂国际机场项目编制测量技术方案。

二、高速铁路工程

该院完成包兰线增建二线工程惠农至青草圈段长度为 44 千米的轨道控制网（CPⅢ）测量。继续对兰新铁路甘青（兰州－张掖）段 395 千米的路基、桥梁、隧道沉降观测进行评估及平行观测；完成西安－宝鸡客运专线，杨凌－宝鸡段 78 千米的线路沉降观测评估工作。

三、地铁工程

该院开展了对西安地铁一号线（后围寨至北大街段）、西安地铁三号线（辛家庙到国际港务区段）的第三方监测工作。

四、其他

该院在柬埔寨、老挝等 7 个亚非国家进行工程测量。在区域控制、竣工现状总图等方面完成工程测量项目 74 项，并向用户提交图纸和技术报告。

【获奖情况】

汉长安城遗址地形测量获 2011 年中国测绘学会优秀测绘工程奖铜奖、中国机械工业 2011 年优秀工程勘察设计奖一等奖。郑州至西安客运专线沉降平行观测及分析获中国机械工业 2011 年优秀工程勘察设计奖二等奖。西安城墙北门、南门、钟楼、宝庆寺塔变形测量、陕西省韩城市规划测量分别获陕西省第 14 届（2011 年）优秀工程勘察设计奖一、三等奖。

国家测绘地理信息局第二地形测量队（陕西省第三测绘工程院）

【概况】

国家测绘地理信息局第二地形测量队（陕西省第三测绘工程院，以下简称国家测绘地理信息局第二地形测量队）组建于1965年，法人代表刘云峰，拥有甲级测绘资质，共有技术人员82人。业务范围包括摄影测量与遥感、工程测量、地籍测绘、房产测绘、行政区域界线测绘、地理信息系统工程和地图编制等。

【业务】

一、国家基础测绘项目

2011年，国家测绘地理信息局第二地形测量队完成国家1:5万基础地理信息数据库更新工程四川测区内业生产、总参数据转换工作。在灾后重建专项中，完成四川南江测区，陕西宁略测区、陈仓测区1:1万地形图外业调绘工作，完成陈仓测区1:1万基础地理信息数据生产任务。

二、陕西省基础测绘项目

该单位开展陕西省商洛－渭南测区1:1万基础地理信息更新工作。订购最新卫星影像，完成《西咸新区规划控制范围图》、《西咸新区影像图》、西咸新区5个新城专题影像图、1:5000规划用图，为西咸新区规划和建设提供专项测绘地图产品。

三、“927”专项

该单位完成沿海二等水准测量，开展浙江平湖－海盐测区海岛测图登岛作业，完成像片控制、野外调绘工作及海岛稀少控制空三加密测量试验。

【其他】

一、科技创新

国家测绘地理信息局第二地形测量队研发SmartGIS城市部件调查软件系统，在石河子、青岛测区得到应用。开展低空航空摄影测量在高原地区生产实践，完成西藏甲玛矿区测图任务，填补了利用无人机影像测制高原地区1:5000地形图的空白。结合安塞县基础地理信息系统的建设，开展安塞县城三维建模数据生产，形成三维建模生产技术体系。研发陕西省三普文物地理信息系统，该系统作为陕西省第三次文物普查工作的两大亮点之一，在全国具有示范作用。引进高分辨率遥感影像数据一体化测图系统（PixelGrid），组织编制《测绘技术交流》内部刊物。

二、获奖情况

该单位获第一届陕西省测绘地理信息行业职业技能竞赛工程测量团体第一名；获陕西测绘地理信息局档案工作先进集体称号。

西安大地测绘工程有限责任公司

【概况】

西安大地测绘工程有限责任公司成立于1994年，法人代表王小平，拥有甲级测绘资质，技术人员共77人。甲级业务范围包括测绘航空摄影（无人飞行器测绘航空摄影），摄影测量与遥感（外业、内业），工程测量，地籍测绘。乙级业务范围包括房产测绘，地理信息系统工程，地图编制等。

【业务】

一、地籍调查

2011年，西安大地测绘工程有限责任公司完成广西第二次全国土地调查监理122平方千米、西安港务区城镇地籍调查以及拆迁摸底调查45平方千米、乐昌市乐成街道数据入库13平方千米、西安临潼区城镇地籍调查27平方千米、成都龙泉驿区农村土地调查2万户。

二、拆迁调查、土地变更及卫星遥感监测

该公司完成西安市土地利用现状及卫星遥感监测变更调查9区4县约1万平方千米、西安市地铁三号线拆迁摸底调查40千米、雁塔区城市道路拆迁摸底调查50千米、浐灞生态区变更调查及违法监测120平方千米。

三、微型无人机低空摄影测量技术推广应用

该公司完成芜湖核电三维测量15平方千米，陕西彬县1:1000正射影像图制作30平方千米，甘肃金塔厂址环境水文地质调查1:1万地形图测量100平方千米，浐灞生态区航摄130平方千米等项目。

四、其他测绘项目

该公司完成山西神河高速公路1:2000地形图测绘160平方千米，西安咸阳国际机场应急救援方格网图制作400平方千米，广西南宁1:500地形图测量10平方千米，山西正升煤矿1:2000无人机航测地形图24平方千米，湖南省常德市江北城区管线探测360千米，沣渭新区启航佳苑（安置小区）、金水园小区、曲江亮丽家园项目等130栋楼的沉降观测或基坑位移观测。

【其他】

一、科技创新

西安大地测绘工程有限责任公司研发了大地鹰D－Ⅲ型测绘无人机（智能测绘无人机）并应用于测绘业务。

二、获奖情况

该公司研建的“微型无人机低空摄影系统的研发与推广应用”项目获陕西省测绘科技进步奖二等奖，“应用无人机低空遥感技术更新东风港地形岸线测绘工程”获中国水运建设行业协会水运交通优秀勘察奖三等奖，“沣河综合测量项目”获陕西省2010年度优秀测绘工程奖铜奖。

宝鸡市勘察测绘院

【概况】

宝鸡市勘察测绘院成立于1958年，法人代表王海成，拥有甲级测绘资质，共有技术人员48人。业务范围包括城乡规划建设勘察服务；城市规划工程地质勘察；城市平面与高程控制测量；城市地形测量；城市定线拨地和地下管线竣工测量；城市地图绘制、地籍测量；精密工程测量、沉降观测；岩土工程、人工地基工程质量检测；城市空间基础数据生产与管理。

【业务】

2011年，宝鸡市勘察测绘院完成测绘总工作量131.48平方千米，工程地质勘察72813标米。完成拨地定线测绘任务132处（2783点）、建筑定线任务152处（4225点）、道路管线6处（61.8千米）。完成石坝河1:500电子地形图80幅、1:1000电子地形图23幅；八鱼镇1:1000电子地形图120幅、虢镇地区1:1000地形图修测53幅；柳林镇1:1万电子地形图6幅。完成市政府重点工程郑西客运专线宝鸡车站、东仁新城等勘察测绘任务；完成金台、渭滨、陈仓3区保障型住房用地测量200点，火车南站旭光、永清等8个村庄占地面积及居民用地测量800点。完成高新区20平方千米数字城管基础测绘数据处理集成工作。建立宝鸡市卫星定位连续运行基准站系统（BJCORS），该项目新建GPS基准站4个，数据处理中心1个，GPS点41个。

【获奖情况】

宝鸡市勘察测绘院完成的“宝鸡市数字城管基础地理信息系统”、“嘉隆国际商城岩土工程勘察”2个项目分别获陕西省第十四次优秀工程勘察评选二等奖。“凤县1:1000地形图全数字化测绘工程”获陕西省第十四次优秀工程勘察评选表扬奖。“宝鸡市蟠龙塬1:1000地形图全数字化测绘工程”获陕西测绘地理信息局2011年优秀测绘地理信息成果质量奖金奖。年内，该院获陕西省人力资源和社会保障厅、陕西测绘地理信息局授予的测绘行业先进单位、陕西省勘察设计协会先进会员单位称号，获“中测新图杯”第二届全国测绘地理信息行业职业技能竞赛三等奖、优秀组织奖。

陕西省水利电力勘测设计研究院

【概况】

陕西省水利电力勘测设计研究院成立于1956年，法人代表孙润民，拥有甲级测绘资质，共有技术人员40多人。业务范围包括控制、地形、水利工程、建筑工程、精密工程、隧道、桥梁、变形（沉降）观测、形变等工程测量。

【业务】

2011年，陕西省水利电力勘测设计研究院完成陕西省引汉济渭工程三河口水利枢纽测量、新疆塔什库尔干河巴戈泽子电站可行性研究阶段测量、榆林能源化工基地榆神工业区供水工程南线抬高输水线路测量、新疆叶尔羌河典型河段防洪工程测量等60多项测绘任务。投入80多万元引进天宝GPS－RTK（1＋3）、GPT3002LN免棱镜全站仪、Leica Ts06全站仪等新仪器设备，并完成测绘数据库建立。

【获奖情况】

陕西省水利电力勘测设计研究院完成的“西安市黑河引水工程输水暗渠建筑物安全监测”项目获2011年中国测绘学会优秀测绘工程奖铜奖。“靖边能源化工综合利用产业园供水工程可行性研究阶段测量”获陕西省第十四次优秀工程勘察奖二等奖。“西安市黑河复线工程测量”获陕西省第十四次优秀工程勘察奖三等奖。“西安市辋川河引水李家河水库输水工程渠道施工控制测量”获陕西测绘地理信息局2011年测绘地理信息成果优秀质量奖银奖。

国家测绘地理信息局第一航测遥感院（陕西省第五测绘工程院）

【概况】

国家测绘地理信息局第一航测遥感院（陕西省第五测绘工程院，以下简称国家测绘地理信息局第一航测遥感院）成立于1956年，法人代表赵力彬，拥有甲级测绘资质，共有技术人员255人。业务范围包括摄影测量与遥感，地籍测绘，地理信息系统工程，行政区域界线测绘。

【业务】

2011年，国家测绘地理信息局第一航测遥感院承担测绘生产项目33项。其中，基础测绘项目19个，专项测绘项目1个。承揽延安市1:500航测数字化成图、榆林1:1000航测数字化成图、青海省东部城市群1:500、1:1000矢量地形图数据生产等市场协作项目13项。

一、国家基础测绘项目

该院完成国家西部1:5万地形图空白区测图工程各种地形图共1371幅；国家1:5万基础地理信息数据库更新工程总参数据转换生产201幅；完成结转的2010年1:5万数据库更新综合判调生产、数字正射影像生产和地形图制图数据生产602幅。

二、省级基础测绘项目

该院完成杨陵测区1:1万基础地理信息数据生产206幅，秦岭北麓（一期）1:1万矢量地形要素数据生产119幅，泾惠渠测区1:1万基础地理信息数据更新生产154幅，秦岭测区1:1万数字正射影像数据生产749幅，数字榆林地理空间框架建设1788幅；安康测区1:1万数字正射影像数据生产622幅。

三、灾后恢复重建项目

完成陕西灾后恢复重建测绘保障宁略测区1:1万生产661幅；陕西灾后恢复重建测绘保障1:5万生产28幅；四川灾后恢复重建测绘保障南江测区1:1万基础地理信息数据生产157幅。

四、专项测绘项目

承担了陕西省地理国情监测试点项目，利用卫星、航空和低空多种手段获取的多级、多源、多时相的遥感影像数据，完成2011西安世界园艺博览会园区地理变化及建设进度监测。

【其他】

一、科技创新

国家测绘地理信息局第一航测遥感院完成国家基础测绘科技项目“信息化测绘体系中遥感数据生产体系建设的研究”和“基础测绘成果区域更新技术手段的研究”。参加国家“863”计划“全球地表覆盖遥感制图与关键技术研究”，承担了“全球地表覆盖遥感制图总体技术研究”课题的全球地表覆盖分类产品中试实验和“全球地表覆盖遥感数据产品研制”课题的美洲地表覆盖分类信息提取。

二、获奖情况

该院完成的“新农村测绘保障服务示范项目（西安临潼区）”获2011年中国测绘学会优秀测绘工程奖铜奖。

神华神东煤炭集团有限责任公司（地质勘探测量公司）

【概况】

神华神东煤炭集团有限责任公司（地质勘探测量公司）成立于1998年，法人代表翟桂武，拥有甲级测绘资质，共有技术人员53人。业务范围包括控制、地形、市政工程、建筑工程、精密工程、线路工程、地下管网、矿山、隧道、变形（沉降）观测、形变、竣工测量；地籍测绘。

【业务】

一、井下测量工作

2011年，神华神东煤炭集团有限责任公司（地质勘探测量公司）各驻矿地测站累计完成测量放线55.18万米，验收原煤产量18631.3万吨；完成贯通测量工程35项，其中万米以上贯通10项，完成井下陀螺定向边63条。

二、地面测量工程

该公司为神东下属的保德矿（山西）、补连塔矿（内蒙）等实测井田内GPS控制点共104个；承接集团公司第一批、第二批专项工程及基建部、神东设计院委托的各项测量工程数十项，其中，线路测量89.02千米，1:500地形图19.33平方千米，拨地定桩1963个。

【科技创新】

神华神东煤炭集团有限责任公司（地质勘探测量公司）参与中国矿业大学主持的“神东矿区现代化矿井水资源和生态建设研究”，为我国西部生态脆弱区现代煤炭开采技术下水资源保护和生态治理提供理论依据和技术支持。

国家测绘局地理信息局第一地形测量队(陕西省第二测绘工程院)

【概况】

国家测绘地理信息局第一地形测量队（陕西省第二测绘工程院，以下简称国家测绘地理信息局第一地形测量队）成立于1956年，法人代表王占宏，拥有甲级测绘资质，共有技术人员113人。业务范围包括地形图测绘、卫星遥感测绘、工程测量、行政区域界线测绘、摄影测量、地籍测绘、房产测绘、土地调查、地理信息系统工等。

【业务】

一、国家基础测绘项目

2011年，国家测绘地理信息局第一地形测量队完成宁略测区1:1万基础地图生产外业调绘151幅、1:5万DLG生产13幅、1:1万DEM和DLG生产224幅、军测数据转换297幅等任务。承担国家“927”工程一期山东省庙岛群岛摄区第18、19分区1:2000 15幅、1:5000 16幅的调绘、像片控制测量及内业测图任务；广东省南澳－阳江摄区第44分区1:2000 80幅、1:5000 14幅（1:2000测图范围内的1:5000）的调绘、像片控制测量及内业测图及数据入库任务，1:5000 75幅（1:2000测图外的1:5000）的调绘、像片控制测量任务。

二、省级基础测绘项目

该单位完成延安测区1:1万矢量地形要素数据更新生产115幅，安康测区1:1万数字正射数据生产622幅，西咸新区1:5000规划用图紧急测绘任务，1:5000航测数字化地形图生产132幅，延安市65平方千米的1:500航测成图外业控制和调绘任务。

【其他】

一、科技创新

国家测绘地理信息局第一地形测量队承揽的“IMU/DGPS、GPS辅助航空摄影的像控点布设方案研究”项目进展顺利。“地下矿产资源开发引起地表要素形变的监测”已被国家测绘地理信息局批准立项。

二、获奖情况

该单位被评为陕西省测绘行业先进集体，焦利国被评为陕西省测绘行业先进个人，段同林被授予国家测绘地理信息系统优秀党务工作者称号。年内，该单位获“华测·天润杯”首届陕西省测绘地理信息行业职业技能竞赛暨第二届全国测绘地理信息行业职业技能竞赛选拔赛工程测量组和摄影测量组团体第二名，秦先锋获“陕西省技术状元”称号。该单位完成的“新疆阿克苏西－五团场航空摄影测量”项目获陕西省优秀地理信息成果质量奖金奖，叶宝安被评为全省测绘地理信息行业优秀质量工作者。

陕西省交通规划设计研究院

【概况】

陕西省交通规划设计研究院（原名陕西省公路勘察设计院）成立于1958年，法人代表石飞荣，拥有甲级测绘资质，共有技术人员60人。业务范围包括控制、地形、城乡规划定线、市政工程、水利工程、建筑工程、线路工程、桥梁隧道、变形（沉降）观测、形变、竣工测量；地籍测绘、地理信息系统工程、建立专业地理信息系统、行政区域界线测绘、边界点位置和边界点走向说明编写、界桩埋设。

【业务】

2011年，陕西省交通规划设计研究院完成新疆乌鲁木齐绕城高速公路第三合同段控制测量30千米、地形测量25平方千米、中线测量和横断面测量30千米；枫林意树二期工程住宅区、办公区沉降变形观测；国道108汉中至勉县改扩建工程控制测量80千米、地形测量35平方千米、中线放线和横断面测绘50千米；南横线蓝田至周至二级公路控制测量120千米、地形测量72平方千米、界桩放线120千米等测绘工作。

【获奖情况】

陕西省交通规划设计研究院完成的“西安蓝田至商州第二通道高速公路控制测量”获陕西省测绘协会优质测绘工程奖铜奖。“包茂线陕西境延安至黄陵高速公路”获中国公路勘察设计协会优秀勘察奖二等奖。“西安咸阳国际机场专用公路”获中国勘察设计协会公路交通优秀设计奖一等奖。

西安煤航信息产业有限公司

【概况】

西安煤航信息产业有限公司成立于2003年，法人代表张文若，拥有甲级测绘资质、住房和城乡建设部甲级勘测设计证书，共有技术人员 721 人。业务范围包括航空摄影测量、工程测量、地籍测绘、“4D”产品生产。

【业务】

2011 年，西安煤航信息产业有限公司完成成都市市域全数字航空摄影测量 1:2000 DLG 及入库项目，面积 682 平方千米；云南 4 条公路1:2000航测成图项目，面积 601.65 平方千米；彬长矿区 1:2000 地形图测绘工程项目，面积 490.2 平方千米，澄合矿区航空摄影测量与基础控制测量项目，915 平方千米；榆林市地理空间框架建设项目中心城区地下综合管线普查等。

【其他】

一、科技创新

西安煤航信息产业有限公司研建的“MAS - Microstation V8 煤航制图系统延伸研究（MAS2.0）”科研项目获陕西省重大科技创新项目专项资金资助；“新一代航空摄影数据处理系统（Pixel Cube）”被纳入陕西省科技统筹创新工程计划项目；“融合 Lidar 数据与影像的 DLG 测图及三维重建系统研制”被列入国家高技术研究发展计划（即“863”计划）；完成国家高技术产业化专项“高分辨率卫星图像应用系统高技术产业化示范工程”项目；研究继续完善自主品牌的 E 鸟系列产品，成功推向了石油、电力、电信等行业。

【获奖情况】

2011，该公司与香港公司组织实施的“广深高速铁路（香港段）地形测量与航空测量工程”获 2011 年中国测绘学会优秀测绘工程奖金奖。该公司研建的“基于 RFID 的油气田源头数据采集系统”获中国地理信息产业协会科技进步奖三等奖；“专业信息系统成果出版可视化与一体化专题地图集出版技术”获 2011 年中国测绘学会测绘科技进步奖三等奖；“广深港高速铁路（香港段）地形测量与航空摄影测量工程”获 2011 年中国测绘学会优秀测绘工程奖金奖，“集宁至二连线扩能改造工程航测成图”项目、“新建正蓝旗至张家口铁路工程航测成图”项目、“第二次全国土地调查数字正射影像生产监理工程”获银奖，“平朔朔南矿区航测项目”、“‘数字郑州地理空间框架建设及应用示范项目’大比例尺数字化测绘项目”获铜奖。年内，该公司被评为中国煤炭地质总局科技创新先进单位。

陕西国土测绘工程院

【概况】

陕西国土测绘工程院成立于 1950 年，前身为西北地形测量队、陕西省地矿局测绘队、陕西省地质矿产勘查开发局测绘队，法人代表张福良，拥有甲级测绘资质，共有技术人员 93 人。业务范围包括工程测量、地籍测量、房产测绘、航空摄影测量与遥感、大地测量、地理信息系统工程测绘。

【业务】

2011 年，陕西国土测绘工程院承揽各类测绘项目 143 个，合同金额 3000 多万元。完成泸州市城市规划区农村土地确权颁证项目、泸州市城西和城北新城区 1:500 数字化地形图测绘项目、泸州市路灯管理系统数据库普查和路灯 GIS 地理信息系统建设项目、攀枝花宜宾技术支援咨询服务项目和新疆控制及地形图测绘项目等。

咸阳市勘察测绘院

【概况】

咸阳市勘察测绘院成立于 1956 年，法人代表王煜，拥有甲级测绘资质，共有技术人员 55 人。业务范围包括控制、地形、城乡规划定线、城乡用地、规划检测、市政工程、建筑工程、精密工程、线路工程、桥梁、隧道、变形（沉降）观测、形变、竣工测量等工程测量。

【业务】

2011 年，咸阳市勘察测绘院完成修测咸阳市区 1:1000 地形图 73 幅；完成汽车工业大道、高科五路等 16 条道路测量放线工作；完成 114 处拨地测量、557 栋建筑物放线测量；完成 GPS 控制点 183 个，水准控制点 141 个；开发天宝电子水准仪器数据处理及平差计算软件 。

【获奖情况】

咸阳市勘察测绘院研建的“丽彩天智大厦高层勘察”、“国润翠湖 1#、2#楼勘察”项目分别获陕西省第十四次优秀工程勘察奖二、三等奖，其中“丽彩天智大厦高层勘察”项目被评为 2011 年度全国优秀工程勘察设计行业奖三等奖；“60 万吨甲醇厂区控制网工程”项目获省级表扬奖；与西安市勘察测绘院合作的“大西安现代测绘基准体系建设”项目获 2011 年中国测绘学会优秀测绘工程奖金奖。

中煤西安设计工程有限责任公司

【概况】

中煤西安设计工程有限责任公司前身为煤炭部西安设计研究院，成立于1954年，法人代表朱杰利，拥有甲级测绘资质，共有技术人员57人。业务范围包括煤炭行业和非煤行业的岩土工程勘察、工程测绘、工程咨询、工程设计、环境影响评价、科研开发、设备设计、工程监理、工程总承包等。

【业务】

2011年，中煤西安设计工程有限责任公司完成山西王家岭煤矿公路工程测量、平朔新九台套大型露天采矿设备综合维修厂110kV输电线路测量、内蒙门客庆煤矿地面控制复测、鄂尔多斯龙王沟矿井及选煤厂地形测量等项目。完成测量成果目录汇交工作。

西安地图出版社（陕西省第六测绘工程院）

【概况】

西安地图出版社（陕西省第六测绘工程院，以下简称西安地图出版社）成立于1985年，法人代表陈向阳，拥有甲级测绘资质，共有技术人员102人。业务范围包括地图、地理、地学及相关的自然科学类图书编制、出版发行。

【业务】

2011年，西安地图出版社完成西部1∶5万地形图空白区测图工程地形图制图198幅；国家1∶5万基础地理信息数据库更新工程1200幅，云南测区地形要素数据缩编60幅；完成省级基础测绘项目《陕西省领导用图》修编、《陕西省及地级市标准地图》等大型地方测绘制图项目；完成1100幅地形图印刷生产任务；省级测绘产品质量检验中合格率100%。为陕西省政府部门制作完成仿玉石三维立体地图《陕西省地势图》、《陕西省政区交通图》、《陕西省“十二五”交通建设规划图》。为西安世界园艺博览会提供宣传配套专题地图服务，印发地图、图书100多万份。

中铁一局集团第四工程有限公司精密测量分公司

【概况】

中铁一局集团第四工程有限公司精密测量分公司前身是精密测量队，成立于1983年，法人代表安国勇，拥有甲级测绘资质，共有技术人员56人。业务范围包括工程测量：控制、地形、城乡用地、城乡规划定线、市政工程、建筑工程、线路工程、形变、精密工程、变形（沉降）观测、桥梁、隧道、竣工测量等。

【业务】

2011年，中铁一局四公司精密测量分公司完成西宝客专XBZQ－1标无碴轨道控制网CPⅢ测量、京福铁路客专闽赣Ⅴ标、新建铁路蒙河铁路Ⅰ标、新建铁路大理至瑞丽线大保段站前工程三标、云桂线（云南段）站前工程七标、中缅油气管道工程等控制测量复核测量及中铁铂丰·尚都城16幢高层的沉降观测等项目。

甘肃省

甘肃省地质矿产勘查开发局测绘勘查院

【概况】

甘肃省地质矿产勘查开发局测绘勘查院成立于1958年，法人代表张长江，拥有甲级测绘资质，共有技术人员84人。业务范围包括摄影测量与遥感；控制、地形、水利工程、建筑工程、线路工程、桥梁、矿山、隧道、变形（沉降）观测、形变测量、地下管线等工程测量；地籍测绘；地理信息系统工程；卫星定位、三角、水准等大地测量；房产测绘；地图编制等。

【业务】

2011年，甘肃省地质矿产勘查开发局测绘勘查院完成的测绘地理信息项目包括舟曲 26 处地质灾害遥感调查及空间信息集成，兰州市博物馆白衣寺扫描建模，白龙江流域典型地段滑坡、乡县滑坡、兰州市资环学院不稳定斜坡扫描建模；甘肃省典型矿山三维信息系统示范，内蒙古阿右旗雅布赖工业园区地理信息平台建设，白银市白银区、酒泉市肃州区、天水市秦州区、陇南市徽县、庆阳市合水等 3 个县基本农田定界及数据库建设；白银捡财塘风电场、庆城县、合水县乡镇地形测图等测绘任务。

【其他】

一、科技创新

2011 年，甘肃省地质矿产勘查开发局测绘勘查院完成甘肃省地质矿产勘查开发局科研项目“甘肃省典型矿山三维信息系统示范”的研究与开发，与长安大学联合完成基础地理信息与地图一体化新产品的开发与应用研究。

二、获奖情况

该院完成的“云南省兰坪县矿业权实地核查及数据库建设”项目获 2011 年中国测绘学会优秀测绘工程奖铜奖；“地质灾害可视化管理创新应用研究”项目获甘肃省第四届全省职工优秀技术创新成果奖三等奖；“地质灾害可视化管理应用研究”项目获甘肃省测绘科学技术（科技进步）奖三等奖；“靖远县城区 1:1000 数字化地形图测绘”项目荣获甘肃省测绘科学技术（优秀工程）奖铜奖；“甘肃省典型矿山三维信息系统示范”项目在甘肃省地矿局原始资料展评中获地质项目类三等奖；《白龙江流域地势图》在甘肃省地矿局原始资料展评中获野外图件类三等奖。

甘肃有色工程勘察设计研究院

【概况】

甘肃有色工程勘察设计研究院成立于 1985 年，法人代表魏余广，拥有甲级测绘资质，通过 ISO9001:2008 质量管理体系和职业健康安全管理体系认证，共有技术人员 60 多人。业务范围包括工程测量：控制、地形、建筑工程、线路工程、地下管线、桥梁、隧道、竣工测量。

【业务】

2011 年，甘肃有色工程勘察设计研究院完成的主要测量项目包括金川集团公司矿区控制地形测量工程、武都塘坝金矿控制地形测量工程、和政县牛津河治理工程地形测量、张家川陈家庙铁矿竖井定向测量、玉门市矿山环境恢复治理工程地形测量、白银平川土地整理地形测量工程、中石油石油管线地质灾害点地形测量、兰州市白塔山地质灾害综合治理工程测量等。

【获奖情况】

甘肃有色工程勘察设计研究院完成的“西藏达布铜钼矿矿区控制及地形测量”获 2010 年度甘肃省测绘科学技术（优秀工程）奖铜奖。

甘肃省水利水电勘测设计研究院（水利部兰州水利水电勘测设计研究院）

【概况】

甘肃省水利水电勘测设计研究院（水利部兰州水利水电勘测设计研究院，以下简称甘肃省水利水电勘测设计研究院）始建于 1958 年，法人代表王志强，拥有甲级测绘资质，共有技术人员 80 人。业务范围包括控制、地形、市政工程、水利工程、建筑工程、线路工程、桥梁、矿山、隧道、竣工测量等工程测量。

【业务】

2011 年，在水利水电测绘方面完成甘肃省靖会提灌工程泵站改造和甘沟干渠改扩建工程、甘肃省引洮供水一期工程会宁北部供水项目、甘肃省积石山县城区供水水源改扩建工程和引水线路工程、甘肃省正宁县烟草基地供水工程等测绘工作；在河道治理方面，完成甘肃省环县县城规划区环江改河工程、甘肃省临夏槐树关河道治理等工程的堤线定线测量和水文断面测量；在新能源开发项目中，完成甘肃省金塔光伏发电项目初步设计，甘肃省酒泉市当金山风电场、甘肃省金昌市西滩风电场项目的大比例尺地形图测绘和放样工作；完成敦煌大泉河莫高窟文物保护防洪工程的水文断面、水下地形测绘工作。

兰州市勘察测绘研究院

【概况】

兰州市勘察测绘研究院成立于 1952 年，法人代表魏忠邦，拥有甲级测绘资质，共有技术人员 85

人。甲级业务范围包括工程测量：控制、地形、城乡规划定线、城乡用地、规划检测、日照、市政工程、建筑工程、线路工程、地下管线、桥梁、隧道、竣工测量；地籍测绘。乙级业务范围包括地理信息系统工程；地图编绘：地形图、省级及以下政区地图、电子地图、真三维地图、其他专用地图。

【业务】

一、工程测量和地籍测绘

2011 年，兰州市勘察测绘研究院完成兰州市城市轨道交通 1 号线一期工程（陈官营－东岗）地面控制测量，兰州市和平地区 75 平方千米、河口南地区 21.3 平方千米、黄河两岸景观提升区域 38.1 平方千米、七里河区 18 平方千米 1:2000 数字地形图测绘，兰州市南山路 16 平方千米、兰阿公路 10.5 平方千米设计范围 1:1000 地形测绘，兰州新区 30 平方千米 1:500 地形测绘，兰州新区 1.58 平方千米北秦城市快速路建设用地勘测定界，以及其他城乡规划定线、城乡用地、规划检测、竣工测量和地籍测绘等 2200 项。

二、地理信息系统工程和地图编绘

该院完成兰州市地质灾害信息系统及应急指挥平台建设；基于 SOA 的数字兰州综合地理信息平台研制；兰州石化公司地上三维管线测量及建模；武威市规划局信息平台研制；规范化地理信息数据生产系统；兰州市榆中县数字城管部件及电子地图数据生产等工作；数字兰州项目获国家测绘地理信息局批准立项，并正式启动项目建设。

【其他】

兰州市勘察测绘研究院研制的“数字兰州地理空间框架—卫星定位连续运行参考站系统与似大地水准面精化研究”、“基于 WebGIS 的西站街道社区综合治理系统研制”项目分别获 2010 年度甘肃省测绘科学技术（科技进步）奖一、三等奖，“兰州市城关区地籍数据生产及数据库建设项目”获 2010 年度甘肃省测绘科学技术（优秀工程）奖银奖。

甘肃省基础地理信息中心

【概况】

甘肃省基础地理信息中心成立于 1984 年，法人代表王有玳，拥有甲级测绘资质，通过 ISO9001:2000 国际质量管理体系认证，共有技术人员 80 多人。业务范围包括摄影测量与遥感、地理信息系统工程、互联网地图服务等。

【业务】

2011 年，甘肃省基础地理信息中心完成的主要测绘业务包括甘肃南部测区 1:5 万地形图修测更新；庆阳老区地理空间数据库及平台建设；甘肃南部灾后恢复重建测绘专项数据整理整合；舟曲灾后恢复重建测绘专项地理信息数据库及平台建设；“天地图 · 甘肃”运行支持环境软硬件建设；甘肃红色革命专题地图、甘南藏族自治州地图（双语版）及“十二五”公路规划图册，陇南市、陇西县、高台县、阿克塞哈萨克族自治县行政区划图，腾格里沙漠风沙地貌图等地图编制；陇西县 1:1000 地形图测绘等项目。

【获奖情况】

2011 年，甘肃省基础地理信息中心完成的“甘肃省明长城资源调查和测量项目”获 2011 年度甘肃省科技进步奖三等奖；“县域地理空间信息平台建设应用技术研究”项目获 2011 年度中国地理信息产业协会地理信息科技进步奖三等奖；“县域地理空间信息平台建设应用技术研究”获 2011 年度甘肃省测绘科学技术（科技进步）奖一等奖；《定西市地图集》获 2011 年度甘肃省测绘科学技术（优秀工程）奖金奖。

甘肃煤田地质局综合普查队

【概况】

甘肃煤田地质局综合普查队成立于 1976 年，法人代表王文忠，拥有甲级测绘资质，共有技术人员 66 人。业务范围包括摄影测量与遥感；地籍测量；控制、地形、城乡规划定线、城乡用地、规划检测、市政工程、建筑工程、线路工程、桥梁、矿山、隧道、竣工测量等工程测量。

【业务】

一、工程测量

2011 年，甘肃煤田地质局综合普查队承担山西石楼煤层气二维地震勘探项目，完成 E 级 GPS 控制点 46 个，放样测线 321.5 千米；完成庆阳市西峰区乡镇基础测绘 1:500 测图 10 平方千米，一级控制点 121 个；承担青海娘姆作、唐莫日重力及电法勘探工程测量，完成 GPS 控制点 D 级 35 个、E 级 71 个，面积 1853 平方千米，测线 468 千米；灵台南矿区 1:1 万地形图修测项目，完成修测图 304 平方千米；承担甘肃省宁县和盛～泾川县荔堡、庆阳市河水西、庆城县石楼～合水县板桥等勘探区煤炭资源普查E级控制测量，完成E级控制点336个、四等水准404千米、二维地震勘探工程测量测线383千米；承担灵台南矿区唐家河井田工业广场1:500数字化测图项目，完成测图面积3平方千米。

二、摄影测量与遥感

该队承担完成贵阳小河区1:2000航测数字化地形图，完成E级控制点12个，像控、调绘84平方千米；承担张掖市平山湖煤矿北部1:1万数字化航空摄影测量成图项目，完成E级控制点25个、面积200平方千米，像控点15个、测图面积370平方千米。

三、地理信息

该队承担两当县永久性基本农田划定项目，完成10万亩永久性基本农田调查；承担西峰永久性基本农田划定项目，完成33万亩永久性基本农田调查；承担陇南市武都区农村集体土地确权登记发证项目，完成埋设D级GPS控制点80个。

【获奖情况】

甘肃煤田地质局综合普查队承担完成的“庆阳市城区第二次土地调查城镇地籍调查”获2010年度甘肃省测绘科学技术（优秀工程）奖铜奖。

青海省

青海煤炭地质局测绘工程院

【概况】

青海煤炭地质局测绘工程院成立于1996年，法人代表乔永利，拥有甲级测绘资质及乙级测绘资质，共有技术人员54名。甲级业务范围包括工程测量：控制、地形、市政工程、建筑工程、线路工程、桥梁、隧道、竣工测量。乙级业务范围包括地籍测绘：平面控制测量、界址测量、其他地籍要素调查与测量、地籍图测绘、面积量算；房产测绘：房产平面控制测量、房产面积预测算、房产面积测算、房产要素调查与测量、房产变更调查与测量、房产图测绘。

【业务】

2011年，青海煤炭地质局测绘工程院参与完成的公路航空摄影测量项目包括“青海省格尔木至成都高速公路大武至久治段1:2000带状航测地形图”项目航测成图约380千米、“青海省大武至河南县高速公路1:2000带状航测地形图”约165千米。独立完成的项目包括“锡铁山至北霍布逊1:2000铁路专用线控制及地形测量”约50千米等。完成的控制测量项目包括“青海省海北州黄鹿沟、牙马沟、羊胸子、大西沟、石级沟、呼达斯地区煤炭资源调查控制测量”约200平方千米、“青海省海西州大柴旦高泉及团鱼山地区煤炭资源调查控制测量”约180平方千米、“青海省海西州努力纳肯煤炭预查控制测量”约200平方千米、“青海省尕斯煤田金鸿山地区外围煤炭普查控制测量”约380平方千米、“青海省柴北缘赛什腾山地区煤炭预查控制测量”约1225平方千米。

青海省地矿测绘院

【概况】

青海省地矿测绘院成立于1958年，法人代表张启元，拥有甲级测绘资质，共有技术人员64名。甲级业务范围包括工程测量：控制、地形、线路工程、桥梁、隧道、竣工测量。乙级业务范围包括工程测量：城乡规划定线测量、城乡用地测量、规划检测测量、日照测量、市政工程测量、水利工程测量、建筑工程测量、精密工程测量、地下管线测量、矿山测量、变形（沉降）观测；地籍测绘：平面控制测量、界址测量、其他地籍要素调查与测量、地籍图测绘、面积量算；房产测绘：房产平面控制测量、房产面积预测算、房产面积测算、房产要素调查与测量、房产变更测量与调查、房产图测绘；摄影测量与遥感；地理信息系统工程：摄影测量数据处理、空间遥感地理信息数据处理、外业采集的地理信息数据处理、地图数字化、建立数据库、建立基础地理信息系统、建立专业地理信息系统、外业地理信息数据采集；地图编制：地形图编制、省级及以下政区地图、电子地图制作、真三维地图、其他专用地图。

【业务】

2011 年，青海省地矿测绘院参与东部城市群（海东）建设测绘保障工程。探索集体土地确权登记发证工作的新方法，研发城乡一体化地籍管理信息系统，在青海省率先完成德令哈市农村宅基地及集体土地确权登记发证工作。

青海省水利水电勘测设计研究院

【概况】

青海省水利水电勘测设计研究院成立于 1957 年，法人代表苏晓波，拥有甲级测绘资质，共有技术人员 60 名。业务范围包括工程测量：控制、地形、水利工程、建筑工程、精密工程、线路工程、地下管线、桥梁、矿山、隧道、变形（沉降）观测测量。

【业务】

2011 年，青海省水利水电勘测设计研究院完成电站、水库、灌区、新能源、人畜饮水、城镇防洪等项目的测绘任务 60 多个，包括玉树地震灾区结古镇沟道及移民安置点防洪工程，引大济湟北干渠一、二期工程，引大济湟西干渠可研阶段测绘任务，青海省东部黄河谷地百万亩土地开发整理重大项目（拉西瓦、积石峡片区）测绘任务，亚洲银行（李家峡灌区、公伯峡灌区）项目测绘等任务。

中国水利水电第四工程局有限公司

【概况】

中国水利水电第四工程局有限公司成立于 1958 年，法人代表王维斌，拥有甲级测绘资质，共有技术人员 67 名。甲级业务范围包括工程测量：控制、地形、市政工程、水利工程、建筑工程、精密工程、线路工程、桥梁、隧道、变形（沉降）观测、形变、竣工测量；地籍测绘。乙级业务范围包括大地测量：卫星定位测量、水准测量；摄影测量与遥感（外业）；工程测量：地下管线测量；海洋测绘：控制测量、水深测量、港口与航道工程测量。

【业务】

2011 年，中国水利水电第四工程局有限公司完成的主要测绘业务包括伊朗巴哈提亚瑞水电站原始地形测绘，水电四局在建工程项目施工测量和安全监测。承担由建设单位委托的水利水电工程的测绘管理工作，以及青海玉树水电建设集团援建项目的施工测量工作等。

【获奖情况】

中国水利水电第四工程局有限公司完成的项目获水电四局有限公司 2011 年度科技进步奖 4 项；“京沪高速铁路大汶河特大桥工程施工测量项目”获 2011 年度青海省测绘学会优秀测绘工程奖一等奖；“三角高程测量技术研究应用”获 2011 年度中国电力建设企业协会科学技术奖三等奖。该单位获“青海省测绘学会 2011 年度先进集体”称号。

青海省第一测绘院

【概况】

青海省第一测绘院成立于 1997 年，法人代表梅贵福，拥有甲级测绘资质，共有技术人员 114 名。业务范围包括大地测量：卫星定位、三角、水准测量、大地测量数据处理；摄影测量与遥感；工程测量：控制、地形、城乡规划定线、城乡用地、规划检测、精密工程、线路工程、地下管线、桥梁、矿山、隧道、变形（沉降）观测、形变测量；地籍测绘；房产测绘；行政区域界线测绘；地理信息系统工程：空间遥感地理信息数据处理、摄影测量数据处理、地图数字化、建立数据库、建立基础地理信息系统、建立专业地理信息系统、外业地理信息数据采集；地图编制：地形图、省级及以下政区地图、电子地图、真三维地图、其他专用地图。

【业务】

2011 年，青海省第一测绘院完成海东地区 5 县的航测调绘任务，包括 1∶500 地形图 1406 幅、1∶1000地形图 677 幅，施测面积 257 平方千米；与其他单位联合完成该项目 CORS 站建设、大地水准面精化等任务。完成基础测绘 1∶1 万测绘任务 151 幅并通过验收。完成国家西部 1∶5 万地形图空白区测图工程项目地形图测绘共 47 幅，数据成果已归档。完成果洛州大武机场选址 1∶2000 地形图测绘、“青藏铁路格尔木至开心岭段安全保护范围区域测绘项目”等工作。

【获奖情况】

青海省第一测绘院被国土资源部授予“优秀承担单位”称号，孙茂军被授予“先进个人”称号。

该院机关党支部被青海省国土资源厅党委评为“先进基层党组织”，孙剑峰、童成宝被评为“优秀共产党员”。

青海省第二测绘院

【概况】

青海省第二测绘院成立于1997年，法人代表卢晓平，拥有甲级测绘资质，共有技术人员125名。业务范围包括摄影测量与遥感；工程测量；行政区域界线测绘；地籍测绘；房产测绘；地理信息系统工程；地图编制：地形图、省级及以下政区地图、电子地图、真三维地图、其他专用地图。

【业务】

2011年，青海省第二测绘院承揽东部城市群建设测绘保障工程，提交地形图测绘6805幅，建成“似大地水准面精化”模型和7个连续运行参考站(CORS)，成果已通过验收。完成基础测绘1∶1万地形图1500平方千米，包括航空摄影，外业控制、调绘，内业DLG、DEM、DOM制作。承担青海海西、海北州德令哈至西海镇、西海镇至海东地区互助县加定镇、海北祁连县城至俄堡镇共800千米、近2000平方千米1∶1万、1∶2000航测成图任务。

青海省基础地理信息中心

【概况】

青海省基础地理信息中心成立于2000年，法人代表郗利华，拥有甲级测绘资质，共有技术人员110名。业务范围包括工程测量；地籍测绘；房产测绘；行政区域界线测绘；互联网地图服务；摄影测量与遥感；地理信息系统工程；地图编制：地形图、省级及以下政区地图、电子地图、真三维地图、其他专用地图。

【业务】

2011年，青海省基础地理信息中心完成“青海三江源国家级自然保护区范围和功能区优化调整”项目系列图、“青海省地图册”、“青海省虫草产区管理系统”、“青海交通便民出行服务系统”、青海省2011年度土地变更调查与遥感监测（果洛州、海南州）等项目；参与《青海省主体功能区规划》文本修订并完成相关图件制作，参与“东部城市群(海东）建设测绘保障工程”等项目。

【获奖情况】

青海省基础地理信息中心参与完成的“三江源区生态环境遥感动态监测地理信息系统”项目获2011年度青海省测绘协会优秀测绘科技奖一等奖；“柴达木循环经济试验区地理信息系统”项目获2011年度青海省测绘协会优秀测绘工程奖二等奖。

青海天域北斗数码测绘科技有限公司

【概况】

青海天域北斗数码测绘科技有限公司成立于2005年，法人代表朱伟，拥有甲级测绘资质，共有技术人员52名。甲级业务范围包括地籍测绘；工程测量：控制、地形测量；地图编制：省级及以下政区地图、电子地图、真三维地图、其他专用地图。乙级业务范围包括摄影测量与遥感。

【业务】

2011年，青海天域北斗数码测绘科技有限公司完成测绘工程任务5项，包括伊犁地震灾后重建基础测绘项目、察布查尔县1∶1000地籍底图制作等。完成地图编制项目6项40多个品种，码洋3000多万，包括中国、世界地理地图集系列，儿童百科地图系列，高考复习用中学地理图册地方版系列等。承担了为部分全国地理教材编制地图的任务。

西宁市测绘院

【概况】

西宁市测绘院成立于1984年，法人代表张志山，拥有甲级测绘资质，共有技术人员59名。甲级业务范围包括地籍测绘；工程测量：线路工程、建筑工程、市政工程、规划检测、城乡用地、城乡规划定线、地形、控制测量。乙级业务范围包括工程测量：地下管线测量；变形（沉降）观测；日照测量；水利工程测量；桥梁测量；矿山测量；竣工测量；行政区域界线测绘：边界协议书附图标绘；边界点位置和边界线走向说明的编写；行政区域界线详图集的编纂；边界点测定；边界线及相关地形要素调绘；地理信息系统工程：外业采集的地理信息数据处理；地图数字化；建立数据库；建立基础地理信息系统；外业地理信息数据采集；房产测绘：

房产平面控制测量、房产面积预测算、面积测算、房产要素调查与测量、变更调查与测量、房产图测绘。

【业务】

2011 年，西宁市测绘院为国土管理提供地形图 11.12 平方千米，提供了卫星图斑核查，西宁市 4 区 1:2.5 万土地利用现状图和 4 区 3 县 1:5 万土地利用现状图，建成并更新了西宁市 4 区基本农田数据库，编绘了西宁市土地利用总体规划图和湟源县土地利用总体规划图，编绘了湟中县、大通县 1:1 万标准分幅土地利用现状图，完成西宁市、湟源县第一批次报地用勘测定界 11162 亩。完成单位土地证年检、换证 130 多宗，住户年检 16799 户、补办 121 户、过户和初办 8759 户。为西宁市南川河综合开发项目管理委员会提供河道治理用 1:500 地形图 1.47 亩，勘测定界图 7787 亩；为湟水河管委会提供湟水河治理用 1:1000 地形图 7.2 平方千米、1:2000 地形图 22.48 平方千米，西区、中区、东区河道影像图、土地利用分布图；为海湖新区管委会提供用于规划、建设地形图 0.76 平方千米，宗地图 36 亩；为西宁市城乡规划局提供地形图 5.08 平方千米，完成城市规划修编用西宁市 2670 平方千米卫星遥感影像图；为西宁市房产集团经济适用房、廉租房建设提供放线 80 多宗；为西宁市建委提供建设用地形图 9.97 平方千米。为大通、湟源新农村规划、改造建设提供服务，测量两县 13 个乡（镇）共 30 个村 1:500、1:1000 地形图，施测总面积约 18.65 平方千米。

7 月，承担的“西宁市综合地理信息系统——基础地理信息公共平台”项目通过国家测绘地理信息局验收。

青海省核工业地质局

【概况】

青海省核工业地质局成立于 1956 年，法人代表赵世勇，拥有甲级测绘资质，共有技术人员 53 名。甲级业务范围包括工程测量：市政工程、竣工、控制、隧道、桥梁、建筑工程、规划检测、地下管线、变形（沉降）观测、线路工程、城乡规划定线、地形、城乡用地测量；地籍测绘。乙级业务范围包括工程测量：水利工程测量、矿山测量。

【业务】

2011 年，青海省核工业地质局完成敦德夏拉、黑山南坡等铀矿项目，牛鼻子梁普查等地质项目，海西德令哈地区环境治理项目，玉树当得隆等 5 条泥石流沟测绘工作；玉树灾区结石寺和当卡寺的变形监测等测绘任务。完成老挝甘蒙省农波县东泰矿区 1:5000 地形图测绘等工作。全年该局产值达 360 多万元。

【获奖情况】

青海省核工业地质局完成的“老挝甘蒙省龙湖矿区西段钾镁盐矿详查——勘探与测绘工程”获青海省科学技术厅颁发的青海省科技成果完成奖。

宁夏回族自治区

宁夏回族自治区基础测绘院

【概况】

宁夏回族自治区基础测绘院成立于 1975 年，法人代表孙武军，拥有甲级测绘资质，共有技术人员 70 人。业务范围包括地籍测绘；房产测绘；行政区域界线测绘；摄影测量与遥感（外业）；控制、地形、城乡规划定线、城乡用地、规划检测、日照、市政工程、建筑工程、精密工程、线路工程、桥梁、矿山、隧道、变形（沉降）观测、形变、竣工测量等工程测量。

【业务】

2011 年，宁夏回族自治区基础测绘院完成宁夏基础测绘 3 期 697 幅 1:1 万地形图的外业任务；完成宁夏中北部土地整理项目、中卫市农业节水灌溉示范区、隆德县城建成区等 600 多平方千米航摄工作；完成宁夏国土资源卫星导航基准站网前期的调研工作和 24 个基准站的实地踏勘选点工作；完成部分市、县（区）3266座测量标志普查工作；完成水利防洪抗涝苦水河流域治理90平方千米；完成贺兰县、原州区等5县（区）第二次土地调查土地利用现状调查工作；完成同心县和海原县的城镇地籍调查测量外业工作；完成11个生态移民安置点的外业实地核查工作；完成14个市、县（区）闲置土地调查工作。

在彭阳县组织的地质灾害应急演练中承担无人机即时监测任务，为开展地理国情监测、服务应急抢险积累经验。

宁夏回族自治区国土测绘院

【概况】

宁夏回族自治区国土测绘院成立于1976年，法人代表闫子忠，拥有甲级测绘资质，共有技术人员50人。业务范围包括互联网地图服务；摄影测量与遥感（内业）；地形图、省级以下政区地图、电子地图制作、真三维地图、其他专用地图等地图编制。

【业务】

2011年，宁夏回族自治区国土测绘院完成宁夏基础测绘3期697幅1∶1万地形图的内业工作；完成数字吴忠项目64平方千米1∶2000 DOM、DLG的制作，1∶2000基础地理信息数据建库，36平方千米1∶500地形数据入库，1∶500基础地理信息建库工作。完成彭阳县、泾源县、红寺堡区第二次城镇地籍调查及灵武市第二次城镇地籍调查的外业工作；完成《宁夏第二次土地调查地图集》编绘工作；完成《宁夏回族自治区领导工作用图》更新工作。

新疆维吾尔自治区

新疆维吾尔自治区基础地理信息中心（新疆维吾尔自治区测绘档案资料馆）

【概况】

新疆维吾尔自治区基础地理信息中心（新疆维吾尔自治区测绘档案资料馆，以下简称新疆基础地理信息中心）成立于1986年，法人代表刘斌，拥有甲级测绘资质，共有技术人员40人。业务范围包括摄影测量数据处理、空间遥感地理信息数据处理、外业采集的地理信息数据处理、地图数字化、建立数据库、建立基础地理信息系统、建立专业地理信息系统等地理信息系统工程；地形图、电子地图、其他专用地图等地图编制；地图搜索、位置服务、地理信息标注服务等互联网地图服务。

【业务】

一、主要测绘业务

2011年，新疆基础地理信息中心承担的“新疆维吾尔自治区应急平台体系基础地理信息平台”项目完成并通过验收。

开展“天地图·新疆”项目建设。编制项目整体实施方案、区级节点建设专业技术设计书、“天地图·新疆”自治区级节点项目实施方案，完成18个地（州）300多幅电子地图制作，于12月31日完成系统上线、试运行工作。

承担的数字石河子项目自2009年11月启动，截至2011年12月，已完成总体技术方案设计；石河子市基础地理信息系统、地理信息公众服务系统等的开发；石河子市现有数据的整理、集成、建库和入库；航空摄影、数据采集成图及建库；100平方千米1∶1000航测内业加密DEM、DOM数据生产、入库；石河子市地名地址库建设、信息化标准体系建设，石河子市三维数码城市产品制作、1∶1万DLG数据更新工作。

完成新疆1∶1万基础地理信息数据库建设项目1500幅（其中阿克苏地区497幅，阿勒泰地区1003幅）原始数据加工整理、部室质检工作。完成新疆测绘成果分发服务系统建设项目设计、网络环境搭建、数据加工、系统开发工作。启动省级基础地理信息数据转换项目。

二、测绘保障服务

2011 年，新疆基础地理信息中心为各行业提供地形图 18734 幅（其中纸质地形图 12767 幅、数据出图 5967 幅），控制成果 14221 点，图集图册 127 册，挂图 1969 幅。提供各类测绘成果数据总量为 20635 GB。

整理、组卷、归档科技档案，共组卷测绘科技档案 414 卷、大比例尺地形图 14 卷、地形图资料 1557 幅。组织销毁 1:1 万、1:5 万地形图旧图 1356 幅、8690 张。

【其他】

一、科技创新

新疆基础地理信息中心完成自主立项的“基于 Oracle Spatial 的 MapGIS 数据存储”、“利用电子政务地理信息平台实现专题数据的入库和发布”、《资料馆测绘科技档案技术手册》、“新疆基础地理信息中心成立十周年图片展”研发。

二、获奖情况

该中心制作的《新疆概况》多媒体“4D”演示光盘获全疆第三届外宣品评比电子音像制品奖三等奖。“新疆维吾尔自治区应急平台体系基础地理信息平台建设”项目获新疆测绘行业科学技术进步奖一等奖。刘斌获新疆科学技术协会授予的“新疆维吾尔自治区优秀科技工作者”称号。

新疆维吾尔自治区第一测绘院

【概况】

新疆维吾尔自治区第一测绘院成立于 1975 年，法人代表马洪斌，拥有甲级测绘资质，共有技术人员 121 人。业务范围包括摄影测量与遥感；地籍测绘；行政区域界线测绘；大地测量：卫星定位、三角、水准、大地测量数据处理；工程测量：控制、地形。城乡规划定线、城乡用地、规划检测。市政工程、建筑工程、线路工程、地下管线、桥梁、隧道、竣工测量。

【业务】

一、基础测绘

2011 年，新疆维吾尔自治区第一测绘院完成巴音郭楞蒙古自治州、阿勒泰地区 1:1 万地形图共 425 幅 10625 平方千米；完成伊犁哈萨克自治州等 16 个测区 1:500 地形图共 215.75 平方千米；完成新疆维吾尔自治区村庄和非县城建制镇地籍调查底图制作试点项目阜康测区 53.22 平方千米的外业生产工作；完成 2010 年伊犁哈萨克自治州、昌吉回族自治州 368 幅 1:1 万地形图基础测绘航测，2011 年巴音郭楞蒙古自治州轮台东测区 126 幅 1:1 万地形图基础测绘航测，新疆维吾尔自治区村庄和非县城建制镇地籍调查底图制作项目阜康测区 53.22 平方千米航测的内业生产工作。

二、重大工程测绘

该院与武汉大学测绘学院合作完成“新疆维吾尔自治区似大地水准面精化”项目高精度 GPS 控制网的数据处理、新疆似大地水准面模型建立、正常高高程计算软件的编制等工作。3 月 28 日，该项目通过国家测绘地理信息局的验收。

该院承担“新疆维吾尔自治区大地控制网建设”项目部分任务，完成 40 个县（市）相对独立坐标系的建立，9 月 ~ 11 月，完成选点踏勘工作，共踏勘新建站点 15 个，已建成站点 22 个，一、二等水准点 69 个，A、B 级 GPS 点 31 个。

此外，印刷出版了《新疆昌吉市旅游交通图》，为昌吉市党政机关及社会各界提供服务。

【其他】

一、科技创新

2011 年，新疆维吾尔自治区第一测绘院共投入 58.71 万元用于科技工作，占当年对外收入的 8.7%。向新疆维吾尔自治区地理信息局申报立项建议书 3 项，确立院级科技兴测项目 2 项。完成“昌吉市绿洲路街道办事处揽翠社区三维地理信息系统建设”、“基于流动单基站 CORS 技术建设”等项目。

二、获奖情况

新疆维吾尔自治区第一测绘院完成的“新疆似大地水准面精化项目”获 2011 年度新疆测绘行业协会测绘科技进步奖一等奖。该院党委获全国测绘地理信息系统创先争优活动先进基层党组织、新疆维吾尔自治区测绘地理信息局先进基层党组织、新疆昌吉回族自治州“五个好”基层党组织、昌吉回族自治州民族团结进步模范单位、昌吉市绿洲路街道社会治安综合治理先进单位等称号。郭保获“新疆维吾尔自治区直属机关工委优秀共产党员”和“新疆维吾尔自治区级青年岗位能手”称号；热合曼被授予开发建设新疆奖章；刘川被授予“新疆维吾尔自治区区直机关团工委优秀团员”称号；马洪斌获新疆昌吉市“2011 年度支持武装工作好领导”称号；吴博被评为昌吉州绿洲路街道社会治安综合治理先进个人。

新疆地矿测绘院

【概况】

新疆地矿测绘院成立于1956年，法人代表哈尔肯·阿力木汗，拥有甲级测绘资质，共有技术人员61人。业务范围包括摄影测量与遥感；大地测量：大地测量数据处理、卫星定位测量；工程测量：控制、地形、隧道、桥梁、线路工程、建筑工程、市政工程、日照、规划检测、城乡用地、城乡规划定线；地籍测绘。

【业务】

一、基础测绘项目

2011年，新疆地矿测绘院完成1:1万基础测绘项目于田测区128幅、民丰测区184幅。完成伊犁州1:500基础测绘项目，包括伊宁市城镇规划区58.5平方千米、伊宁县城镇规划区15平方千米、新源县城镇规划区22平方千米、霍城县城建成区10平方千米、霍尔果斯经济特区7平方千米、霍城县清水河经济技术开发区建成区2.5平方千米、察布查尔县建成区20平方千米、尼勒克县城镇规划区15平方千米。

二、主要测绘项目

该院完成新源县城1:1000地形图测绘、莎车县城大比例尺地形测绘（第一、三、五标段）、阿克苏地区温宿县规划区1:1000数字化地形图测绘等测绘任务。

完成布尔津县也拉曼村定居兴牧富民工程1:500地形图测绘等农村建设测绘工程。完成伽师县城市生活示范区职教园区树木迁移放样测绘、布尔津县冲乎尔镇供排水管线测绘工程等工程测量任务。完成新疆准东煤田奇台县大井矿区（潞安）四井田测量、哈密市大南湖西煤矿区普查控制测量等矿山勘查测量任务。完成和静县工业区砂石料矿区地质环境治理（二期）前期勘查项目，完成伊宁县伊东工业园南环路北侧砂石料矿地质环境治理项目法人设计编写工作。

【科技创新】

2011年，新疆地矿测绘院开发完成乌鲁木齐市土地交易中心土地登记档案整理系统、新疆地矿测绘院测量成果信息可视化管理系统。

乌鲁木齐市城市勘察测绘院

【概况】

乌鲁木齐市城市勘察测绘院成立于1993年，法人代表李群林，拥有甲级测绘资质，共有技术人员53人。业务范围包括工程测量：控制、地形、城乡规划定线、城乡用地、规划检测、市政工程、线路工程、地下管线、建筑工程测量。

【业务】

2011年，乌鲁木齐市城市勘察测绘院完成乌鲁木齐市市域内规划零星补图、坐标征地蓝线、坐标定验线、竣工测量等城市规划测量业务3350件，1:500地形图测绘55平方千米。4月～9月，该院完成乌鲁木齐市数字化城市管理系统数据库米东区、头屯河区的70平方千米市政设施的普查工作。4月～11月，该院完成规划区内1:1000地形图测绘180平方千米。

【获奖情况】

乌鲁木齐市城市勘察测绘院承担的“乌鲁木齐市城市绿地普查数据采集和数据库建设”获乌鲁木齐市2011年度科技进步奖二等奖、新疆测绘行业科学技术进步奖二等奖、2011年中国测绘学会优秀测绘工程奖三等奖。

水利部新疆维吾尔自治区水利水电勘测设计研究院

【概况】

水利部新疆维吾尔自治区水利水电勘测设计研究院（以下简称新疆水电勘测院）成立于1955年，法人代表张剑，拥有甲级测绘资质，通过ISO9001:2008质量管理体系认证，共有技术人员58人。甲级主要业务范围包括地籍测绘；工程测量：控制、地形、城乡规划定线、城乡用地、规划检测、日照、市政工程、水利工程、建筑工程、精密工程、线路工程、桥梁、隧道、变形（沉降）观测、形变、竣工测量。乙级业务范围包括行政区域界线测绘：界桩埋设、边界点测定、边界线及相关地形要素调绘、边界协议书附图标绘、边界点位置和边界线走向说明的编写、行政区域界线详图集的编纂。

【业务】

2011年，新疆水电勘测院承担新疆于田县吉音水利枢纽施工控制网测量项目，完成二等GPS

点 13 个，三等水准测量 13 千米。承担新疆尼勒克县尼勒克一级水电站施工控制网复测项目，完成 C 级 GPS 点 14 个，D 级 GPS 点 30 个；三等水准测量 67.5 千米，四等水准测量 94.4 千米。承担新疆塔西河石门子水库大坝变形监测项目，完成二等 GPS 点 20 个，五等 GPS 点 4 个；二等水准测量 7.1 千米，五等水准测量 16.8 千米；1∶2000 地形测量 1.92 平方千米。新疆鄯善县二塘沟水库进场道路及输变电线路测量项目，完成五等 GPS 点 16 个；公路定线纵断面测量 22 千米，输电线路纵断面测量 38 千米。承担新疆新源县城西侧 1∶500 数字地形图测绘项目，完成 D 级 GPS 点测量 5 个，E 级 GPS 点测量 12 个；四等水准测量约 45 千米，五等水准测量约 8.6 千米；1∶500 数字化地形图测量 20.2 平方千米。承担新疆引额济乌一期二步工程改扩建设计工程测量项目，完成图根点 321 个；渠道纵断面测量 278 千米。

【获奖情况】

新疆水电勘测院完成的“GPS RTK 技术与数字测深仪联合在水下地形测量中的应用技术”获首届新疆测绘行业科学技术进步奖三等奖。

新疆维吾尔自治区第二测绘院

【概况】

新疆维吾尔自治区第二测绘院成立于 1979 年，法人代表刘涛，拥有甲级测绘资质，共有专业技术人员 150 人。甲级业务范围包括地籍测绘、行政区域管线测绘、地理信息系统工程、摄影测量与遥感、工程测量、地图编制。乙级业务范围包括大地测量；三等以下三角测量、水准测量；相应于相述限额的大地测量数据处理、测绘航空摄影、机载激光扫描、机载 SAR 成像。

【业务】

一、主要测绘业务

2011 年，新疆维吾尔自治区第二测绘院完成了新和、精河南、哈密南、哈密西、托里－庙尔沟、且木－若羌、富蕴等测区 1∶10000 基础测绘共 1010 幅图的资料汇交工作；托克逊西测区 28 幅图、巴里坤测区 310 幅图内外业任务。承担 15 个测区 1∶500 基础测绘 254 平方千米的内外业任务。完成阿拉山口工业园区内外业工作并提交验收；完成湖北－精河工业园区、博乐市边境经济合作区和工业园区等测区的外业工作。

二、重大测绘工程

该院完成国家西部 1∶5 万地形图空白区测图工程塔里木东部 A4、A5 区域 90 幅入库数据整改工作，向国家基础地理信息中心汇交 100 幅图的资料；完成青藏高原西部 B5 区域 36 幅图任务；完成的阿尔泰区域 43 幅图任务已提交验收。完成乌鲁木齐第二次农村土地调查村级图 190 幅，以及第二次农村土地调查缩编项目。

建设的奎屯市地理信息公共服务平台正式开通，奎屯市成为新疆维吾尔自治区首个“数字城市”。参与了数字伊宁地理空间框架建设工作，组织编写的《数字伊宁地理空间框架建设工程设计书》通过评审。

利用无人机技术完成孔雀河大桥断裂情况测绘应急服务演练；完成 105 团团部 20 平方千米的无人机航摄项目；与中国测绘科学研究院合作完成奎屯市无人机航摄实验。

三、地图编制

该院编制了《新疆维吾尔自治区行政区划图》、《对口援疆领导工作用图》系列图册、《乌鲁木齐影像图》等 25 种地图产品。制作了“新疆生物资源沙盘模型”、“和田地区地形地貌模型”等。全年向党政机关各部门提供各类地图产品 13200 多幅（册、集）。

【获奖情况】

新疆维吾尔自治区第二测绘院完成的“基础地理信息数据在西煤东运重大项目中的保障和应用”获中国地理信息产业优秀工程奖银奖；“新疆维吾尔自治区区划、地名、边界三合一管理系统”获新疆测绘行业科技进步奖二等奖；《自治区旅游图》获全疆第三届外宣品纪念奖二等奖。

新疆第二测绘院连续第三次被评为“自治区级文明单位”、乌鲁木齐“市级平安单位”，并被评为天山区“民族团结先进集体”等。遥感分院、制图分院获自治区级“青年文明号”称号；航测分院、数字化分院继续保持区直机关工委“青年文明号”称号；制图分院、数字化分院、遥感分院继续保持自治区级“巾帼文明岗”称号。古扎丽努尔·加马勒当选为新疆维吾尔自治区第八次党代会代表，胡加布都拉·买买提明获国家测绘地理信息局授予的“优秀共产党员”称号，苗龙获新疆维吾尔自治区团委和人社厅授予的“青年岗位能手”

称号。

新疆石油勘察设计研究院(有限公司)

新疆石油勘察设计研究院（有限公司）成立于1958年，法人代表骆伟，拥有甲级测绘资质，共有技术人员57人。业务范围包括工程测量、地籍测绘、地理信息系统工程、摄影测量与遥感、地图编制。

【业务】

2011年，新疆石油勘察设计研究院（有限公司）完成测绘项目共400多项。其中，各类油田工程测量项目300多项。包括风城油田地面建设工程测量、呼图壁储气库工程测量等，共计完成各种比例尺地形测量120多平方千米，线路工程测量700多千米；完成克拉玛依市小拐乡基础测绘、2011年基础测绘年度计划、克白中部城镇远景规划基础测绘3个基础测绘项目共132平方千米、20061幅各种比例尺地形图的测绘与编绘工作；完成新疆油田公司油气田新区产能建设地面工程数字化（2011年）、克拉玛依石化园区地下管网普查与维护等数字化测绘任务；完成市政工程测量70多项，包括市政道路、电力线路等线路测量300多千米和地形测量10多平方千米；完成克拉玛依石化公司超稠油加工技术改造及油品质量升级项目地形图、系统管廊测绘、克拉玛依市早期人防工程测绘等特殊测绘项目，以及相关基础测绘航测内外业工作和遥感影像图制作。

【获奖情况】

新疆石油勘察设计研究院（有限公司）完成的“九区－风城油田输气管道工程测绘工程”获中国石油工程设计公司2011年度优秀勘察奖三等奖。该单位获“新疆维吾尔自治区工程勘察设计行业诚信单位”、“新疆维吾尔自治区文明单位”、中国石油天然气集团公司第一批“千队示范工程示范站队”等称号。

测绘地理信息社团工作

中国测绘学会

组织建设

【民主办会】

2011年，中国测绘学会继续加强组织建设，要求重大事项通过常务理事会、理事会讨论决定，共召开全体理事会议1次、理事长会议1次、常务理事会议3次、秘书长工作会议1次。

【秘书处建设】

中国测绘学会改革秘书处人事、财务制度，完善考核奖励机制，建立学会工作规章和工作流程，推进了学会组织管理的规范化。依托学会的组织网络优势和信息资源，建立学会互助工作平台，拓宽学会服务会员的渠道和途径，推动学会工作信息化。

【分支机构管理】

中国测绘学会秘书处在充分调研和座谈的基础上，起草了《中国测绘学会分支机构管理办法》，完善相应的管理制度和程序，健全联系通报机制。印发《中国测绘学会秘书处及分支机构2011年重要会议和活动计划》，协调分支机构组织学术及科普活动，指导省级学会开展增选换届、学术交流、科学普及等工作。完善学会领导联系省级学会的分工制度，及时了解学会及分支机构和省级学会的工作动态。

学术交流

【中国测绘学会年会】

11月，中国测绘学会在福州召开2011年学术年会，800多人参加。大会以“测绘科技创新与地理国情监测”为主题，举办特邀报告会、专题论坛、产品展览以及论文评选等活动，搭建测绘地理信息学术交流平台，展示测绘地理信息工作成果。

【中国科协第十三届年会分会场】

中国测绘学会与中国测绘科学研究院、天津市测绘院联合承办中国科协第十三届年会第12分会场——测绘服务灾害与应急管理，并完成各项组织实施工作。

【对外学术交流】

中国测绘学会组织测绘地理信息科技工作者参加第25届国际制图大会，推荐我国制图专家到国际制图协会担任副主席及专业委员会主席并成功当选，推动学会参与国际科技组织事务。

【《测绘学报》】

中国测绘学会指导《测绘学报》建立作者、审稿人、编辑、读者四位一体的期刊队伍，提高编委会和审稿人员的国际化比例。建立完善期刊数字平台，保持了科技期刊数据资料的完整性，增加了科技论文共享性，在便利和快捷论文检索等方面取得进展。

【分支机构学术活动】

教育工作委员会举办第二届中国测绘学科院长论坛暨宁津生院士从教五十五周年学术报告会，工程测量分会召开全国交通工程测量技术应用研讨交流会，大地测量专业委员会主办第六届全国大地测量研究生学术论坛，科技信息网分会举办首届测绘科技成果全国推介会——中国测绘科学研究院创新成果推介会，测绘仪器专业委员会举办学术年会并出版《测绘仪器装备学术文集（2011）》等。

科技普及和咨询

中国测绘学会主动服务测绘发展战略研究。各专业委员会有关院士、专家为测绘地理信息发展战略研究工作建言献策，确保研究成果的质量。

受国家测绘地理信息局委托，中国测绘学会组织专家对国家1:5万基础地理信息数据库更新工程和国家西部1:5万地形图空白区测图工程进行调查、研究和评估，完成项目中期、终期检查评估工作，为项目验收提供保障。

中国测绘学会主办2011年全国学生定向越野锦标赛暨“中国四维杯”第七届全国测绘职工定向越野大奖赛。确保全国科普教育基地——中国测绘科技馆的良好运行。开展测绘装备国产化专项工程研究，梳理测绘技术装备体系，摸清国内外测绘技术装备现状，提出国家支持现代化测绘技术装备国产化的发展对策和咨询建议。按照《中国科协高层次人才库建设实施方案》要求，做好测绘地理信息高层次人才入库专家信息采集、录入的组织工作。组织并协调有关省测绘学会开展注册测绘师考前培训和辅导工作。

科技奖励

中国测绘学会完善测绘科学技术奖励制度，调整中国测绘学会科技奖励委员会人员以及测绘科技进步奖、优秀测绘工程奖评审委员会人员，研究优秀测绘工程奖评选细则，并及时召开奖励委主任会议和奖励委工作会议研究测绘科技奖励工作。该学会在测绘科技奖励基金管理工作专项调研的基础上，加强与会员单位的沟通和协商，积极争取有关单位对测绘科学奖励工作的支持。2011年，中铁工程设计咨询集团有限公司向测绘科技进步奖捐赠奖励资金，为奖励工作的开展提供了资金保障。组织开展2011年中国测绘学会测绘科技进步奖和优秀测绘工程奖的评选工作，评选出测绘科技进步奖获奖项目75项，其中，一等奖8项、二等奖22项、三等奖45项；评选出优秀测绘工程奖项目260项，其中，金奖36项、银奖75项、铜奖149项。

该学会组织召开两院院士推荐提名工作会议，分别推荐3名专家为中国工程院、中国科学院院士候选人，其中武汉大学的龚健雅教授当选中国科学院院士。开展中国青年科技奖候选人、光华工程科技奖候选人、中国青年女科学家奖候选人的推荐工作。

行业服务

【会员服务】

2011年，中国测绘学会建立会员建议呈报制度等，完善会员联系、沟通和交流机制，积极主动听取会员意见和建议，加强与政府相关部门、企业和其他社会机构的沟通，建立健全会员对经济社会发展和重大科技问题的建言献策制度，及时准确反映会员意见和建议。

【测绘企业家座谈会】

为加强与测绘地理信息企业的联系，中国测绘学会承办测绘地理信息企业家座谈会，围绕企业如何在机遇期更好地发展进行广泛的研讨和交流。

【团体会员工作会议】

中国测绘学会召开团体会员工作会议，就搭建学术交流平台、促进科技进步、做好会员服务等方面与团体会员进行讨论，受到团体会员单位的欢迎。

【全国测绘地理信息技术装备展览会】

中国测绘学会举办全国测绘地理信息技术装备展览会，为国内外测绘地理信息仪器厂商提供交流平台，使行业单位及时了解国内外最新的测绘仪器产品和技术，并直接与厂商接触，促进我国测绘仪器的发展。中国测绘学会鼓励企业自主创新，营造激励自主创新的环境。协助中海达测绘仪器有限公司、拓普康（北京）科技发展有限公司等举办新产品发布暨上市答谢会、高层研讨会等活动。支持举办GIS技能大赛，召开2011’SuperMap GIS技术大会。

中国地理信息产业协会

产业大会

6月28日，民政部下发批复（民函〔2011〕179号），批准中国地理信息系统协会更名为中国地理信息产业协会。

10月25日~26日，首届中国地理信息产业大会暨中国地理信息产业协会成立大会在北京召开。全国政协副主席罗富和，全国政协教科文卫体委员会主任、中科院院士徐冠华，国土资源部副部长、国家测绘地理信息局党组书记、局长徐德明，国家税务总局副局长宋兰，总参测绘导航局副局长孙刚出席会议并共同为中国地理信息产业协会揭牌。全国政协常委、湖南省政协副主席杨维刚，国务院相关部门领导，以及周干峙、孙鸿烈、李德仁、许其凤、孙九林、魏子卿、刘先林等院士、专家出席大会。来自全国地理信息产业界、各相关领域，以及港澳台地区和瑞典的2000多人参加大会，近万人参观展览，参加论坛和就业招聘。

国土资源部副部长、国家测绘地理信息局局长徐德明在会上作题为《抓住机遇　奋力开拓　推动地理信息产业大发展大繁荣》的中国地理信息产业报告，并对中国地理信息产业协会更名成立表示祝贺。

徐冠华、徐德明担任协会名誉会长，国家测绘地理信息局党组成员、办公室主任吴兆琪任会长，从远东任常务副会长、秘书长。学会设名誉顾问28人，副会长67人。

大会表彰了2011年中国地理信息科技进步奖、2011年中国地理信息产业优秀工程奖、2011“苍穹杯”中国地理信息产业优秀论文、“高德杯”中国位置应用大赛特等奖、中国地理信息产业示范单位。

大会举办了中国地理信息产业领袖论坛、政府信息化论坛等10多个论坛，近100名专家、领导、专业技术人员在论坛发言；举办中国地理信息产业成就展，46家参展的地理信息企事业单位参展；举办大学生就业招聘会，70多家招聘单位共提供7000多个岗位；举办2011高德杯中国位置应用大赛颁奖典礼。

科技奖励

【地理信息科学技术进步奖】

2011年，申报地理信息科技进步奖项目共93项，评选出获奖项目65项。其中，一等奖8项，二等奖16项，三等奖41项。

【中国GIS优秀工程奖】

2月20日~10月20日，中国地理信息产业协会组织开展2011年中国GIS优秀工程奖评选活动，共评出金奖18项、银奖61项、铜奖21项。

【2011中国地理信息产业示范单位】

10月25日，中国地理信息产业协会表彰了一批在地理信息领域中取得优异成就和突出贡献的单位，命名山东省临沂市为中国地理信息产业体制创新示范市；江苏省江阴市为中国地理信息产业数字城市服务示范市；广东省防汛防旱防风总指挥部办公室为中国地理信息产业防汛防旱防风示范单位；北京苍穹数码测绘有限公司为中国地理信息产业自主创新示范单位；北京四维图新科技股份有限公司为中国地理信息产业导航技术创新示范单位；高德软件有限公司为中国地理信息产业位置应用示范单位；北京合众思壮科技股份有限公司为中国地理信息产业装备服务示范单位；北京数字政通科技股份有限公司为中国地理信息产业数字化城市管理建设示范单位；北京国遥新天地信息技术有限公司为中国地理信息产业航天三维地理信息服务示范单位；中测新图（北京）遥感技术有限责任公司为中国地理信息产业装备创新示范单位；中科宇图天下科技有限公司为中国地理信息产业环保服务示范单位；深圳市凯立德科技股份有限公司为中国地理信息产业导航应用服务示范基地；北京东方道迩信息技术股份有限公司为中国地理信息产业空间信息获取与应用示范基地。

【2011中国地理信息产业公益服务贡献单位】

1月8日，中国地理信息产业协会授予北京苍穹数码测绘有限公司等43家单位“2011中国地理信息产业公益服务特殊贡献单位”称号。

【优秀论文评选】

为鼓励科技创新，推动GIS技术普及，中国GIS协会开展2011中国地理信息产业“苍穹杯”优秀论文评选活动，评选出优秀论文7篇、青年优秀论文8篇。

分支机构工作

中国地理信息产业协会发挥分支机构作用，不断加强组织建设。协会公共安全工作委员会、政务信息工作委员会、城市工作委员会、教育工作委员会、理论与方法工作委员会分别在四川、新疆、天津、北京召开研讨会和年会，开展学术交流、成果展示、项目洽谈。教育工作委员会首次在天津师范大学开展全国青年GIS教师授课大赛，评选出一等奖3名、二等奖6名、三等奖9名。此类活动以后每两年举办一次，以推动GIS专业教学质量的提高。为推动应急救灾领域地理信息技术的应用、合作与交流，成立中国地理信息产业协会应急工作委员会，挂靠清华大学公共安全研究院。

产业发展

【产业发展概况】

我国的地理信息企业发展快速，从事地理信息产业教学、科研、生产的单位多达2万家。地理信息产业基地建设顺利进行，国家地理信息科技产业园一期工程年底建成，浙江、山东、云南等地积极筹划或建设地理信息产业园。

【上市企业】

截至年底，已有10家企业在国内外上市，50家地理信息企业通过整合资源、规范管理和资本运作，积极筹备上市。

【地理信息教育】

截至年底，全国近200所院校开设地理信息相关专业，每年地理信息专业毕业生超过1万人，就业率高达98.7%。

其他工作

【工作会议】

5月13日，中国地理信息产业协会工作会议在北京召开，协会各分支机构、直属机构以及有关单位负责人参加会议。与会人员围绕10月的协会换届工作和举办2011年中国地理信息产业论坛工作提出建设性的建议。

【国产空间信息系统软件测评】

5月16日~12月20日，中国地理信息产业协会受科技部委托，联合科技部遥感中心、中国环境遥感学会组织开展国产空间信息系统软件测评工作。参加测评的软件共32个，涉及20个研发单位，其中5个研发单位第一次参加测评。经专家现场测试，确定23个软件通过测评，其中13个软件被评为优秀软件。

【“高德杯”中国位置应用大赛】

5月18日~10月26日，国家测绘地理信息局指导，中国地理信息产业协会主办、高德软件有限公司承办了2011“高德杯”位置应用大赛，评选出特等奖1项，一等奖5项，专项奖5项，二等奖30项，三等奖120项。该活动在北京、广州、上海、武汉等地进行普及宣传和知识竞赛，网上和手机参与者近100万人。

【网站和报刊工作】

2011年，中国地理信息产业协会18个栏目共刊登新闻稿621篇，点击浏览约142万人次。《中国GIS快讯》共编发12期，集中反映地理信息产业的热点、难点和焦点问题，提供产业发展的重要资讯。4月，《地理信息世界》通过2010年报刊年度核验。

【扶植企业】

中国地理信息产业协会扶植支持企业开展有益于学术进步、技术推广、人才培养和产业发展的各类活动16次，走访、考察企业13次。召开会长会议、常务理事会议、秘书长会议7次，评审会11次。

【对外交流】

7月11日~20日，中国地理信息产业协会代表团应邀访问了美国、加拿大GIS协会和相关地理信息单位。10月24日~27日，瑞典GIS协会代表团参加2011中国地理信息产业大会，并在大会上作主题报告，展示地理信息成果。

【社团年检】

5月，中国地理信息产业协会向民政部民间组织管理局提交《中国地理信息系统协会2010年度工作报告书》，如期通过年检。

中国全球定位系统技术应用协会

主要业务工作

【导航电子地图测评工作】

为提升导航电子地图质量，引导企业走质量效益型道路，受国家测绘地理信息局委托，中国全球定位系统技术应用协会与国家测绘产品质量检验测试中心联合开展车载导航电子地图质量测评工作，成立联合工作组，制订测评工作方案和评定技术要求，并印发给导航电子地图测绘资质单位提出修改意见和建议。此次测评历时7个月，通过内外业检查及市场调查等方式进行综合评分，测评总结已上报国家测绘地理信息局。

【中国卫星导航定位产业基金】

9月30日，设立中国卫星导航定位产业基金签约仪式在北京举行，基金的创立探寻了产业和金融结合的创新模式，对推进卫星导航定位产业乃至地理信息产业发展具有重要意义。中国全球定位系统技术应用协会与相关金融企业协力合作，为其提供行业咨询和指导，同时整合产业链中的优势资源，为中国卫星导航定位企业解决资金难题。

【战略合作】

9月9日，中国全球定位系统技术应用协会会员中有代表性、分布在不同应用领域的10家会员单位集中与天地图有限公司签署战略合作协议。根据协议，双方将重点在技术交流、市场拓展、产品和服务等方面展开合作。

【2011中国全球导航卫星系统嵌入技术及应用交流会】

中国全球定位系统技术应用协会、芜湖市政府、芜湖国家高新技术产业开发区、奇瑞汽车股份有限公司在安徽省芜湖市联合举办2011中国全球导航卫星系统嵌入技术及应用交流会。参会代表共同分析卫星导航尤其是北斗导航的发展趋势，交流了在此领域中嵌入技术最新技术和应用成果。嵌入技术产品供应商、嵌入技术系统集成商和专业用户共100多人参加会议。

【物联网燃气领域位置服务应用研讨会】

10月29日，中国城市燃气协会、中国全球定位系统技术应用协会、中国土木工程学会燃气分会信息化专业委员会主办的物联网燃气领域位置服务应用专题研讨会在北京召开。来自物联网行业的专家、学者，以及燃气行政主管部门和燃气生产企业近100名代表参加。会议讨论了行业前沿信息化技术及城市燃气信息化发展趋势，促进了燃气行业对于物联网技术和位置服务应用的深层次理解。

【2011年卫星导航定位科学技术奖评选】

2011年，中国全球定位系统技术应用协会进一步完善卫星导航定位科学技术奖奖励办法等政策性文件，3月，启动评奖工作。11月8日，中国全球定位系统技术应用协会公布2011年卫星导航定位科学技术奖获奖情况，授予“多系统、多频率、多性能导航定位SoC芯片”及“自主知识产权的双频接收机”2个项目一等奖、“南方网络参考站系统”等8个项目二等奖、“基于网络的GNSS实时变形监测系统关键技术”等11个项目三等奖。

2011年卫星导航定位优秀工程和产品奖共20项。其中，“BD2 \ GPS \ GLONASS高性能多模兼容卫星导航芯片”为一等奖，“北斗应用服务通用平台”等8个项目为二等奖，“挖掘机工程机械车辆信息化与工业化融合工程”等11个项目为三等奖。

【第二届科学家企业家恳谈会】

7月20日~21日，第二届科学家企业家恳谈会在北京举行。主题是：卫星导航在战略新兴产业发展中的机遇与挑战。会议围绕“十二五”期间新一代技术产业化、高端设备制造产业和北斗产业化的规划及方向展开讨论。国家测绘地理信息局副局长闵宜仁在开幕式上讲话，中国工程院院士许其凤讲解北斗系统建设，中国科学院院士姚健铨就物联网技术应用于重大灾害监测、预警、应急救助及灾后评估面临的机遇与挑战作分析。

【第五届会员大会（2011 年会）暨北斗产业化与战略新兴产业发展论坛】

11 月 7 日 ~9 日，中国全球定位系统技术应用协会第五届会员大会（2011 年会）暨北斗产业化与战略新兴产业发展论坛在北京召开。大会的主题是“推动北斗导航社会化应用 促进战略新兴产业发展”。十届全国政协副主席李蒙，国土资源部副部长、国家测绘地理信息局局长徐德明，中国科学院院士徐冠华，两弹一星元勋、国家最高科学技术奖获得者、北斗卫星导航系统总设计师孙家栋院士，中国工程院院士刘经南，中国卫星导航系统管理办公室主任冉承其，国家遥感中心副主任景贵飞等领导和专家出席会议并讲话，与会代表达 600 多人。

会议宣布聘请徐德明、孙家栋为协会名誉会长，协会会长常志海代表四届常务理事会作工作报告，颁发 2011 年卫星导航定位科技进步奖、优秀工程和产品奖以及“中海达”杯优秀论文奖。

依据协会章程，大会选举产生了第五届理事会和常务理事会，选举国家测绘地理信息局党组成员、纪检组组长张荣久担任协会新一届会长，苗前军博士担任常务副会长兼秘书长，落实了 10 个新增专业委员会的挂靠单位和负责人。

【《卫星导航系统应用与繁荣》论文集】

中国全球定位系统技术应用协会在行业内广泛征集论文，涉及产业发展、关键技术、核心部件、产业政策、技术应用、市场推广等内容，聘请专家对 70 多篇论文进行评选，评选出一等奖 2 名、二等奖 5 名、三等奖 6 名，论文特别贡献奖 2 名。

4 月，中国全球定位系统技术应用协会就某企业申请“车联网”商标专有权问题致函国家工商管理总局商标局，说明“车联网”绝不具有商标属性，如果被个别企业抢注将造成相当危害，要求取消“车联网”商标注册。国家工商管理总局商标局已将此商标做异议处理，避免了一项信息化名称遭受垄断。

组织与建设

【专委会主任会议】

为充分发挥专委会在推进行业技术进步和产业发展中的作用，3 月 24 日，中国全球定位系统技术应用协会召开了专委会主任会议，交流了各专委会 2011 年拟开展的主要工作，落实各项工作任务。

【筹备北斗产业化专委会】

随着北斗系统建设体系的不断完善，北斗产业也逐步推进从高端应用领域进入社会化应用领域。9 月 7 日，中国全球定位系统技术应用协会召开北斗产业化专委会筹备会。北斗星通董事长周儒欣担任筹委会主任，他报告了专委会宗旨、职责、组织框架、沟通机制等相关事宜。

【协会年审】

中国全球定位系统技术应用协会按照民政部的要求进行自查自检，并请民政部认可的审计事务所进行审计，将详细报告上报民政部。协会顺利通过年审。

【“小金库”专项治理】

中国全球定位系统技术应用协会召开小金库治理工作领导委员会会议，决定结合协会年检审计工作，全面复查 2010 年“小金库”专项治理工作的情况，完善防治“小金库”长效机制。按要求填写了《“小金库”全面复查报告表》并已上报国家测绘地理信息局。

法律法规

法　　律

中华人民共和国测绘法

2002年8月29日第九届全国人民代表大会常务委员会第二十九次会议通过修订，自2002年12月1日起施行

第一章　总　则

第一条　为了加强测绘管理，促进测绘事业发展，保障测绘事业为国家经济建设、国防建设和社会发展服务，制定本法。

第二条　在中华人民共和国领域和管辖的其他海域从事测绘活动，应当遵守本法。

本法所称测绘，是指对自然地理要素或者地表人工设施的形状、大小、空间位置及其属性等进行测定、采集、表述以及对获取的数据、信息、成果进行处理和提供的活动。

第三条　测绘事业是经济建设、国防建设、社会发展的基础性事业。各级人民政府应当加强对测绘工作的领导。

第四条　国务院测绘行政主管部门负责全国测绘工作的统一监督管理。国务院其他有关部门按照国务院规定的职责分工，负责本部门有关的测绘工作。

县级以上地方人民政府负责管理测绘工作的行政部门（以下简称测绘行政主管部门）负责本行政区域测绘工作的统一监督管理。县级以上地方人民政府其他有关部门按照本级人民政府规定的职责分工，负责本部门有关的测绘工作。

军队测绘主管部门负责管理军事部门的测绘工作，并按照国务院、中央军事委员会规定的职责分工负责管理海洋基础测绘工作。

第五条　从事测绘活动，应当使用国家规定的测绘基准和测绘系统，执行国家规定的测绘技术规范和标准。

第六条　国家鼓励测绘科学技术的创新和进步，采用先进的技术和设备，提高测绘水平。

对在测绘科学技术进步中做出重要贡献的单位和个人，按照国家有关规定给予奖励。

第七条　外国的组织或者个人在中华人民共和国领域和管辖的其他海域从事测绘活动，必须经国务院测绘行政主管部门会同军队测绘主管部门批准，并遵守中华人民共和国的有关法律、行政法规的规定。

外国的组织或者个人在中华人民共和国领域从事测绘活动，必须与中华人民共和国有关部门或者单位依法采取合资、合作的形式进行，并不得涉及国家秘密和危害国家安全。

第二章　测绘基准和测绘系统

第八条　国家设立和采用全国统一的大地基准、高程基准、深度基准和重力基准，其数据由国务院测绘行政主管部门审核，并与国务院其他有关部门、军队测绘主管部门会商后，报国务院批准。

第九条　国家建立全国统一的大地坐标系统、平面坐标系统、高程系统、地心坐标系统和重力测量系统，确定国家大地测量等级和精度以及国家基本比例尺地图的系列和基本精度。具体规范和要求由国务院测绘行政主管部门会同国务院其他有关部门、军队测绘主管部门制定。

在不妨碍国家安全的情况下，确有必要采用国际坐标系统的，必须经国务院测绘行政主管部门会同军队测绘主管部门批准。

第十条　因建设、城市规划和科学研究的需要，大城市和国家重大工程项目确需建立相对独立的平面坐标系统的，由国务院测绘行政主管部门批准；其他确需建立相对独立的平面坐标系统的，由省、自治区、直辖市人民政府测绘行政主管部门批准。

建立相对独立的平面坐标系统，应当与国家坐标系统相联系。

第三章　基础测绘

第十一条　基础测绘是公益性事业。国家对基础测绘实行分级管理。

本法所称基础测绘，是指建立全国统一的测绘基准和测绘系统，进行基础航空摄影，获取基础地理信息的遥感资料，测制和更新国家基本比例尺地图、影像图和数字化产品，建立、更新基础地理信息系统。

第十二条　国务院测绘行政主管部门会同国务院其他有关部门、军队测绘主管部门组织编制全国基础测绘规划，报国务院批准后组织实施。

县级以上地方人民政府测绘行政主管部门会同本级人民政府其他有关部门根据国家和上一级人民政府的基础测绘规划和本行政区域内的实际情况，组织编制本行政区域的基础测绘规划，报本级人民政府批准，并报上一级测绘行政主管部门备案后组织实施。

第十三条　军队测绘主管部门负责编制军事测绘规划，按照国务院、中央军事委员会规定的职责分工负责编制海洋基础测绘规划，并组织实施。

第十四条　县级以上人民政府应当将基础测绘纳入本级国民经济和社会发展年度计划及财政预算。

国务院发展计划主管部门会同国务院测绘行政主管部门，根据全国基础测绘规划，编制全国基础测绘年度计划。

县级以上地方人民政府发展计划主管部门会同同级测绘行政主管部门，根据本行政区域的基础测绘规划，编制本行政区域的基础测绘年度计划，并分别报上一级主管部门备案。

国家对边远地区、少数民族地区的基础测绘给予财政支持。

第十五条　基础测绘成果应当定期进行更新，国民经济、国防建设和社会发展急需的基础测绘成果应当及时更新。

基础测绘成果的更新周期根据不同地区国民经济和社会发展的需要确定。

第四章　界线测绘和其他测绘

第十六条　中华人民共和国国界线的测绘，按照中华人民共和国与相邻国家缔结的边界条约或者协定执行。中华人民共和国地图的国界线标准样图，由外交部和国务院测绘行政主管部门拟订，报国务院批准后公布。

第十七条　行政区域界线的测绘，按照国务院有关规定执行。省、自治区、直辖市和自治州、县、自治县、市行政区域界线的标准画法图，由国务院民政部门和国务院测绘行政主管部门拟订，报国务院批准后公布。

第十八条　国务院测绘行政主管部门会同国务院土地行政主管部门编制全国地籍测绘规划。县级以上地方人民政府测绘行政主管部门会同同级土地行政主管部门编制本行政区域的地籍测绘规划。

县级以上人民政府测绘行政主管部门按照地籍测绘规划，组织管理地籍测绘。

第十九条　测量土地、建筑物、构筑物和地面其他附着物的权属界址线，应当按照县级以上人民政府确定的权属界线的界址点、界址线或者提供的有关登记资料和附图进行。权属界址线发生变化时，有关当事人应当及时进行变更测绘。

第二十条　城市建设领域的工程测量活动，与房屋产权、产籍相关的房屋面积的测量，应当执行由国务院建设行政主管部门、国务院测绘行政主管部门负责组织编制的测量技术规范。

水利、能源、交通、通信、资源开发和其他领域的工程测量活动，应当按照国家有关的工程测量技术规范进行。

第二十一条　建立地理信息系统，必须采用符合国家标准的基础地理信息数据。

第五章 测绘资质资格

第二十二条 国家对从事测绘活动的单位实行测绘资质管理制度。

从事测绘活动的单位应当具备下列条件，并依法取得相应等级的测绘资质证书后，方可从事测绘活动：

（一）有与其从事的测绘活动相适应的专业技术人员；

（二）有与其从事的测绘活动相适应的技术装备和设施；

（三）有健全的技术、质量保证体系和测绘成果及资料档案管理制度；

（四）具备国务院测绘行政主管部门规定的其他条件。

第二十三条 国务院测绘行政主管部门和省、自治区、直辖市人民政府测绘行政主管部门按照各自的职责负责测绘资质审查、发放资质证书，具体办法由国务院测绘行政主管部门商国务院其他有关部门规定。

军队测绘主管部门负责军事测绘单位的测绘资质审查。

第二十四条 测绘单位不得超越其资质等级许可的范围从事测绘活动或者以其他测绘单位的名义从事测绘活动，并不得允许其他单位以本单位的名义从事测绘活动。

测绘项目实行承发包的，测绘项目的发包单位不得向不具有相应测绘资质等级的单位发包或者迫使测绘单位以低于测绘成本承包。

测绘单位不得将承包的测绘项目转包。

第二十五条 从事测绘活动的专业技术人员应当具备相应的执业资格条件，具体办法由国务院测绘行政主管部门会同国务院人事行政主管部门规定。

第二十六条 测绘人员进行测绘活动时，应当持有测绘作业证件。

任何单位和个人不得妨碍、阻挠测绘人员依法进行测绘活动。

第二十七条 测绘单位的资质证书、测绘专业技术人员的执业证书和测绘人员的测绘作业证件的式样，由国务院测绘行政主管部门统一规定。

第六章 测绘成果

第二十八条 国家实行测绘成果汇交制度。

测绘项目完成后，测绘项目出资人或者承担国家投资的测绘项目的单位，应当向国务院测绘行政主管部门或者省、自治区、直辖市人民政府测绘行政主管部门汇交测绘成果资料。属于基础测绘项目的，应当汇交测绘成果副本；属于非基础测绘项目的，应当汇交测绘成果目录。负责接收测绘成果副本和目录的测绘行政主管部门应当出具测绘成果汇交凭证，并及时将测绘成果副本和目录移交给保管单位。测绘成果汇交的具体办法由国务院规定。

国务院测绘行政主管部门和省、自治区、直辖市人民政府测绘行政主管部门应当定期编制测绘成果目录，向社会公布。

第二十九条 测绘成果保管单位应当采取措施保障测绘成果的完整和安全，并按照国家有关规定向社会公开和提供利用。

测绘成果属于国家秘密的，适用国家保密法律、行政法规的规定；需要对外提供的，按照国务院和中央军事委员会规定的审批程序执行。

第三十条 使用财政资金的测绘项目和使用财政资金的建设工程测绘项目，有关部门在批准立项前应当征求本级人民政府测绘行政主管部门的意见，有适宜测绘成果的，应当充分利用已有的测绘成果，避免重复测绘。

第三十一条 基础测绘成果和国家投资完成的其他测绘成果，用于国家机关决策和社会公益性事业的，应当无偿提供。

前款规定之外的，依法实行有偿使用制度；但是，政府及其有关部门和军队因防灾、减灾、国防建设等公共利益的需要，可以无偿使用。

测绘成果使用的具体办法由国务院规定。

第三十二条 中华人民共和国领域和管辖的其他海域的位置、高程、深度、面积、长度等重要地理信息数据，由国务院测绘行政主管部门审核，并与国务院其他有关部门、军队测绘主管部门会商后，报国务院批准，由国务院或者国务院授权的部门公布。

第三十三条 各级人民政府应当加强对编制、印刷、出版、展示、登载地图的管理，保证地图质量，维护国家主权、安全和利益。具体办法由国务院规定。

各级人民政府应当加强对国家版图意识的宣传教育，增强公民的国家版图意识。

第三十四条 测绘单位应当对其完成的测绘成

果质量负责。县级以上人民政府测绘行政主管部门应当加强对测绘成果质量的监督管理。

第七章 测量标志保护

第三十五条 任何单位和个人不得损毁或者擅自移动永久性测量标志和正在使用中的临时性测量标志，不得侵占永久性测量标志用地，不得在永久性测量标志安全控制范围内从事危害测量标志安全和使用效能的活动。

本法所称永久性测量标志，是指各等级的三角点、基线点、导线点、军用控制点、重力点、天文点、水准点和卫星定位点的木质觇标、钢质觇标和标石标志，以及用于地形测图、工程测量和形变测量的固定标志和海底大地点设施。

第三十六条 永久性测量标志的建设单位应当对永久性测量标志设立明显标记，并委托当地有关单位指派专人负责保管。

第三十七条 进行工程建设，应当避开永久性测量标志；确实无法避开，需要拆迁永久性测量标志或者使永久性测量标志失去效能的，应当经国务院测绘行政主管部门或者省、自治区、直辖市人民政府测绘行政主管部门批准；涉及军用控制点的，应当征得军队测绘主管部门的同意。所需迁建费用由工程建设单位承担。

第三十八条 测绘人员使用永久性测量标志，必须持有测绘作业证件，并保证测量标志的完好。

保管测量标志的人员应当查验测量标志使用后的完好状况。

第三十九条 县级以上人民政府应当采取有效措施加强测量标志的保护工作。

县级以上人民政府测绘行政主管部门应当按照规定检查、维护永久性测量标志。

乡级人民政府应当做好本行政区域内的测量标志保护工作。

第八章 法律责任

第四十条 违反本法规定，有下列行为之一的，给予警告，责令改正，可以并处十万元以下的罚款；对负有直接责任的主管人员和其他直接责任人员，依法给予行政处分：

（一）未经批准，擅自建立相对独立的平面坐标系统的；

（二）建立地理信息系统，采用不符合国家标准的基础地理信息数据的。

第四十一条 违反本法规定，有下列行为之一的，给予警告，责令改正，可以并处十万元以下的罚款；构成犯罪的，依法追究刑事责任；尚不够刑事处罚的，对负有直接责任的主管人员和其他直接责任人员，依法给予行政处分：

（一）未经批准，在测绘活动中擅自采用国际坐标系统的；

（二）擅自发布中华人民共和国领域和管辖的其他海域的重要地理信息数据的。

第四十二条 违反本法规定，未取得测绘资质证书，擅自从事测绘活动的，责令停止违法行为，没收违法所得和测绘成果，并处测绘约定报酬一倍以上二倍以下的罚款。

以欺骗手段取得测绘资质证书从事测绘活动的，吊销测绘资质证书，没收违法所得和测绘成果，并处测绘约定报酬一倍以上二倍以下的罚款。

第四十三条 违反本法规定，测绘单位有下列行为之一的，责令停止违法行为，没收违法所得和测绘成果，处测绘约定报酬一倍以上二倍以下的罚款，并可以责令停业整顿或者降低资质等级；情节严重的，吊销测绘资质证书：

（一）超越资质等级许可的范围从事测绘活动的；

（二）以其他测绘单位的名义从事测绘活动的；

（三）允许其他单位以本单位的名义从事测绘活动的。

第四十四条 违反本法规定，测绘项目的发包单位将测绘项目发包给不具有相应资质等级的测绘单位或者迫使测绘单位以低于测绘成本承包的，责令改正，可以处测绘约定报酬二倍以下的罚款。发包单位的工作人员利用职务上的便利，索取他人财物或者非法收受他人财物，为他人谋取利益，构成犯罪的，依法追究刑事责任；尚不够刑事处罚的，依法给予行政处分。

第四十五条 违反本法规定，测绘单位将测绘项目转包的，责令改正，没收违法所得，处测绘约定报酬一倍以上二倍以下的罚款，并可以责令停业整顿或者降低资质等级；情节严重的，吊销测绘资质证书。

第四十六条 违反本法规定，未取得测绘执业资格，擅自从事测绘活动的，责令停止违法行为，没收违法所得，可以并处违法所得二倍以下的罚款；

造成损失的，依法承担赔偿责任。

第四十七条 违反本法规定，不汇交测绘成果资料的，责令限期汇交；逾期不汇交的，对测绘项目出资人处以重测所需费用一倍以上二倍以下的罚款；对承担国家投资的测绘项目的单位处一万元以上五万元以下的罚款，暂扣测绘资质证书，自暂扣测绘资质证书之日起六个月内仍不汇交测绘成果资料的，吊销测绘资质证书，并对负有直接责任的主管人员和其他直接责任人员依法给予行政处分。

第四十八条 违反本法规定，测绘成果质量不合格的，责令测绘单位补测或者重测；情节严重的，责令停业整顿，降低资质等级直至吊销测绘资质证书；给用户造成损失的，依法承担赔偿责任。

第四十九条 违反本法规定，编制、印刷、出版、展示、登载的地图发生错绘、漏绘、泄密，危害国家主权或者安全，损害国家利益，构成犯罪的，依法追究刑事责任；尚不够刑事处罚的，依法给予行政处罚或者行政处分。

第五十条 违反本法规定，有下列行为之一的，给予警告，责令改正，可以并处五万元以下的罚款；造成损失的，依法承担赔偿责任；构成犯罪的，依法追究刑事责任；尚不够刑事处罚的，对负有直接责任的主管人员和其他直接责任人员，依法给予行政处分：

（一）损毁或者擅自移动永久性测量标志和正在使用中的临时性测量标志的；

（二）侵占永久性测量标志用地的；

（三）在永久性测量标志安全控制范围内从事危害测量标志安全和使用效能的活动的；

（四）在测量标志占地范围内，建设影响测量标志使用效能的建筑物的；

（五）擅自拆除永久性测量标志或者使永久性测量标志失去使用效能，或者拒绝支付迁建费用的；

（六）违反操作规程使用永久性测量标志，造成永久性测量标志毁损的。

第五十一条 违反本法规定，有下列行为之一的，责令停止违法行为，没收测绘成果和测绘工具，并处一万元以上十万元以下的罚款；情节严重的，并处十万元以上五十万元以下的罚款，责令限期离境；所获取的测绘成果属于国家秘密，构成犯罪的，依法追究刑事责任：

（一）外国的组织或者个人未经批准，擅自在中华人民共和国领域和管辖的其他海域从事测绘活动的；

（二）外国的组织或者个人未与中华人民共和国有关部门或者单位合资、合作，擅自在中华人民共和国领域从事测绘活动的。

第五十二条 本法规定的降低资质等级、暂扣测绘资质证书、吊销测绘资质证书的行政处罚，由颁发资质证书的部门决定；其他行政处罚由县级以上人民政府测绘行政主管部门决定。

本法第五十一条规定的责令限期离境由公安机关决定。

第五十三条 违反本法规定，县级以上人民政府测绘行政主管部门工作人员利用职务上的便利收受他人财物、其他好处或者玩忽职守，对不符合法定条件的单位核发测绘资质证书，不依法履行监督管理职责，或者发现违法行为不予查处，造成严重后果，构成犯罪的，依法追究刑事责任；尚不够刑事处罚的，对负有直接责任的主管人员和其他直接责任人员，依法给予行政处分。

第九章 附 则

第五十四条 军事测绘管理办法由中央军事委员会根据本法规定。

第五十五条 本法自2002年12月1日起施行。

行政法规

基础测绘条例

2009年5月6日国务院第62次常务会议通过，2009年5月12日
中华人民共和国国务院令第556号公布，自2009年8月1日起施行

第一章 总 则

第一条 为了加强基础测绘管理，规范基础测绘活动，保障基础测绘事业为国家经济建设、国防建设和社会发展服务，根据《中华人民共和国测绘法》，制定本条例。

第二条 在中华人民共和国领域和中华人民共和国管辖的其他海域从事基础测绘活动，适用本条例。

本条例所称基础测绘，是指建立全国统一的测绘基准和测绘系统，进行基础航空摄影，获取基础地理信息的遥感资料，测制和更新国家基本比例尺地图、影像图和数字化产品，建立、更新基础地理信息系统。

在中华人民共和国领海、中华人民共和国领海基线向陆地一侧至海岸线的海域和中华人民共和国管辖的其他海域从事海洋基础测绘活动，按照国务院、中央军事委员会的有关规定执行。

第三条 基础测绘是公益性事业。

县级以上人民政府应当加强对基础测绘工作的领导，将基础测绘纳入本级国民经济和社会发展规划及年度计划，所需经费列入本级财政预算。

国家对边远地区和少数民族地区的基础测绘给予财政支持。具体办法由财政部门会同同级测绘行政主管部门制定。

第四条 基础测绘工作应当遵循统筹规划、分级管理、定期更新、保障安全的原则。

第五条 国务院测绘行政主管部门负责全国基础测绘工作的统一监督管理。

县级以上地方人民政府负责管理测绘工作的行政部门（以下简称测绘行政主管部门）负责本行政区域基础测绘工作的统一监督管理。

第六条 国家鼓励在基础测绘活动中采用先进科学技术和先进设备，加强基础研究和信息化测绘体系建设，建立统一的基础地理信息公共服务平台，实现基础地理信息资源共享，提高基础测绘保障服务能力。

第二章 基础测绘规划

第七条 国务院测绘行政主管部门会同国务院其他有关部门、军队测绘主管部门，组织编制全国基础测绘规划，报国务院批准后组织实施。

县级以上地方人民政府测绘行政主管部门会同本级人民政府其他有关部门，根据国家和上一级人民政府的基础测绘规划和本行政区域的实际情况，组织编制本行政区域的基础测绘规划，报本级人民政府批准，并报上一级测绘行政主管部门备案后组织实施。

第八条 基础测绘规划报送审批前，组织编制机关应当组织专家进行论证，并征求有关部门和单位的意见。其中，地方的基础测绘规划，涉及军事禁区、军事管理区或者作战工程的，还应当征求军事机关的意见。

基础测绘规划报送审批文件中应当附具意见采纳情况及理由。

第九条 组织编制机关应当依法公布经批准的基础测绘规划。

经批准的基础测绘规划是开展基础测绘工作的依据，未经法定程序不得修改；确需修改的，应当按照本条例规定的原审批程序报送审批。

第十条 国务院发展改革部门会同国务院测绘行政主管部门，编制全国基础测绘年度计划。

县级以上地方人民政府发展改革部门会同同级测绘行政主管部门，编制本行政区域的基础测绘年度计划，并分别报上一级主管部门备案。

第十一条 县级以上人民政府测绘行政主管部门应当根据应对自然灾害等突发事件的需要，制定相应的基础测绘应急保障预案。

基础测绘应急保障预案的内容应当包括：应急保障组织体系，应急装备和器材配备，应急响应，基础地理信息数据的应急测制和更新等应急保障措施。

第三章 基础测绘项目的组织实施

第十二条 下列基础测绘项目，由国务院测绘行政主管部门组织实施：

（一）建立全国统一的测绘基准和测绘系统；

（二）建立和更新国家基础地理信息系统；

（三）组织实施国家基础航空摄影；

（四）获取国家基础地理信息遥感资料；

（五）测制和更新全国1:100万至1:2.5万国家基本比例尺地图、影像图和数字化产品；

（六）国家急需的其他基础测绘项目。

第十三条 下列基础测绘项目，由省、自治区、直辖市人民政府测绘行政主管部门组织实施：

（一）建立本行政区域内与国家测绘系统相统一的大地控制网和高程控制网；

（二）建立和更新地方基础地理信息系统；

（三）组织实施地方基础航空摄影；

（四）获取地方基础地理信息遥感资料；

（五）测制和更新本行政区域1:1万至1:5000国家基本比例尺地图、影像图和数字化产品。

第十四条 设区的市、县级人民政府依法组织实施1:2000至1:500比例尺地图、影像图和数字化产品的测制和更新以及地方性法规、地方政府规章确定由其组织实施的基础测绘项目。

第十五条 组织实施基础测绘项目，应当依据基础测绘规划和基础测绘年度计划，依法确定基础测绘项目承担单位。

第十六条 基础测绘项目承担单位应当具有与所承担的基础测绘项目相应等级的测绘资质，并不得超越其资质等级许可的范围从事基础测绘活动。

基础测绘项目承担单位应当具备健全的保密制度和完善的保密设施，严格执行有关保守国家秘密法律、法规的规定。

第十七条 从事基础测绘活动，应当使用全国统一的大地基准、高程基准、深度基准、重力基准，以及全国统一的大地坐标系统、平面坐标系统、高程系统、地心坐标系统、重力测量系统，执行国家规定的测绘技术规范和标准。

因建设、城市规划和科学研究的需要，确需建立相对独立的平面坐标系统的，应当与国家坐标系统相联系。

第十八条 县级以上人民政府及其有关部门应当遵循科学规划、合理布局、有效利用、兼顾当前与长远需要的原则，加强基础测绘设施建设，避免重复投资。

国家安排基础测绘设施建设资金，应当优先考虑航空摄影测量、卫星遥感、数据传输以及基础测绘应急保障的需要。

第十九条 国家依法保护基础测绘设施。

任何单位和个人不得侵占、损毁、拆除或者擅自移动基础测绘设施。基础测绘设施遭受破坏的，县级以上地方人民政府测绘行政主管部门应当及时采取措施，组织力量修复，确保基础测绘活动正常进行。

第二十条 县级以上人民政府测绘行政主管部门应当加强基础航空摄影和用于测绘的高分辨率卫星影像获取与分发的统筹协调，做好基础测绘应急保障工作，配备相应的装备和器材，组织开展培训和演练，不断提高基础测绘应急保障服务能力。

自然灾害等突发事件发生后，县级以上人民政府测绘行政主管部门应当立即启动基础测绘应急保障预案，采取有效措施，开展基础地理信息数据的应急测制和更新工作。

第四章 基础测绘成果的更新与利用

第二十一条 国家实行基础测绘成果定期更新制度。

基础测绘成果更新周期应当根据不同地区国民经济和社会发展的需要、测绘科学技术水平和测绘生产能力、基础地理信息变化情况等因素确定。其中，1:100万至1:5000国家基本比例尺地图、影像图和数字化产品至少5年更新一次；自然灾害多发地区以及国民经济、国防建设和社会发展急需的基础测绘成果应当及时更新。

基础测绘成果更新周期确定的具体办法，由国务院测绘行政主管部门会同军队测绘主管部门和国务院其他有关部门制定。

第二十二条 县级以上人民政府测绘行政主管部门应当及时收集有关行政区域界线、地名、水系、交通、居民点、植被等地理信息的变化情况，定期更新基础测绘成果。

县级以上人民政府其他有关部门和单位应当对测绘行政主管部门的信息收集工作予以支持和配合。

第二十三条 按照国家规定需要有关部门批准或者核准的测绘项目，有关部门在批准或者核准前应当书面征求同级测绘行政主管部门的意见，有适宜基础测绘成果的，应当充分利用已有的基础测绘成果，避免重复测绘。

第二十四条 县级以上人民政府测绘行政主管部门应当采取措施，加强对基础地理信息测制、加工、处理、提供的监督管理，确保基础测绘成果质量。

第二十五条 基础测绘项目承担单位应当建立健全基础测绘成果质量管理制度，严格执行国家规定的测绘技术规范和标准，对其完成的基础测绘成果质量负责。

第二十六条 基础测绘成果的利用，按照国务院有关规定执行。

第五章 法律责任

第二十七条 违反本条例规定，县级以上人民政府测绘行政主管部门和其他有关主管部门将基础测绘项目确定由不具有测绘资质或者不具有相应等级测绘资质的单位承担的，责令限期改正，对负有直接责任的主管人员和其他直接责任人员，依法给予处分。

第二十八条 违反本条例规定，县级以上人民政府测绘行政主管部门和其他有关主管部门的工作人员利用职务上的便利收受他人财物、其他好处，或者玩忽职守，不依法履行监督管理职责，或者发现违法行为不予查处，造成严重后果，构成犯罪的，依法追究刑事责任；尚不构成犯罪的，依法给予处分。

第二十九条 违反本条例规定，未取得测绘资质证书从事基础测绘活动的，责令停止违法行为，没收违法所得和测绘成果，并处测绘约定报酬1倍以上2倍以下的罚款。

第三十条 违反本条例规定，基础测绘项目承担单位超越资质等级许可的范围从事基础测绘活动的，责令停止违法行为，没收违法所得和测绘成果，处测绘约定报酬1倍以上2倍以下的罚款，并可以责令停业整顿或者降低资质等级；情节严重的，吊销测绘资质证书。

第三十一条 违反本条例规定，实施基础测绘项目，不使用全国统一的测绘基准和测绘系统或者不执行国家规定的测绘技术规范和标准的，责令限期改正，给予警告，可以并处10万元以下罚款；对负有直接责任的主管人员和其他直接责任人员，依法给予处分。

第三十二条 违反本条例规定，侵占、损毁、拆除或者擅自移动基础测绘设施的，责令限期改正，给予警告，可以并处5万元以下罚款；造成损失的，依法承担赔偿责任；构成犯罪的，依法追究刑事责任；尚不构成犯罪的，对负有直接责任的主管人员和其他直接责任人员，依法给予处分。

第三十三条 违反本条例规定，基础测绘成果质量不合格的，责令基础测绘项目承担单位补测或者重测；情节严重的，责令停业整顿，降低资质等级直至吊销测绘资质证书；给用户造成损失的，依法承担赔偿责任。

第三十四条 本条例规定的降低资质等级、吊销测绘资质证书的行政处罚，由颁发资质证书的部门决定；其他行政处罚由县级以上人民政府测绘行政主管部门决定。

第六章 附 则

第三十五条 本条例自2009年8月1日起施行。

中华人民共和国测绘成果管理条例

2006年5月17日国务院第136次会议通过，2006年5月27日
中华人民共和国国务院第469号令公布，自2006年9月1日起实施

第一章 总 则

第一条 为了加强对测绘成果的管理，维护国家安全，促进测绘成果的利用，满足经济建设、国防建设和社会发展的需要，根据《中华人民共和国测绘法》，制定本条例。

第二条 测绘成果的汇交、保管、利用和重要地理信息数据的审核与公布，适用本条例。

本条例所称测绘成果，是指通过测绘形成的数据、信息、图件以及相关的技术资料。测绘成果分为基础测绘成果和非基础测绘成果。

第三条 国务院测绘行政主管部门负责全国测绘成果工作的统一监督管理。国务院其他有关部门按照职责分工，负责本部门有关的测绘成果工作。

县级以上地方人民政府负责管理测绘工作的部门（以下称测绘行政主管部门）负责本行政区域测绘成果工作的统一监督管理。县级以上地方人民政府其他有关部门按照职责分工，负责本部门有关的测绘成果工作。

第四条 汇交、保管、公布、利用、销毁测绘成果应当遵守有关保密法律、法规的规定，采取必要的保密措施，保障测绘成果的安全。

第五条 对在测绘成果管理工作中作出突出贡献的单位和个人，由有关人民政府或者部门给予表彰和奖励。

第二章 汇交与保管

第六条 中央财政投资完成的测绘项目，由承担测绘项目的单位向国务院测绘行政主管部门汇交测绘成果资料；地方财政投资完成的测绘项目，由承担测绘项目的单位向测绘项目所在地的省、自治区、直辖市人民政府测绘行政主管部门汇交测绘成果资料；使用其他资金完成的测绘项目，由测绘项目出资人向测绘项目所在地的省、自治区、直辖市人民政府测绘行政主管部门汇交测绘成果资料。

第七条 测绘成果属于基础测绘成果的，应当汇交副本；属于非基础测绘成果的，应当汇交目录。测绘成果的副本和目录实行无偿汇交。

下列测绘成果为基础测绘成果：

（一）为建立全国统一的测绘基准和测绘系统进行的天文测量、三角测量、水准测量、卫星大地测量、重力测量所获取的数据、图件；

（二）基础航空摄影所获取的数据、影像资料；

（三）遥感卫星和其他航天飞行器对地观测所获取的基础地理信息遥感资料；

（四）国家基本比例尺地图、影像图及其数字化产品；

（五）基础地理信息系统的数据、信息等。

第八条 外国的组织或者个人依法与中华人民共和国有关部门或者单位合资、合作，经批准在中华人民共和国领域内从事测绘活动的，测绘成果归中方部门或者单位所有，并由中方部门或者单位向国务院测绘行政主管部门汇交测绘成果副本。

外国的组织或者个人依法在中华人民共和国管辖的其他海域从事测绘活动的，由其按照国务院测绘行政主管部门的规定汇交测绘成果副本或者目录。

第九条 测绘项目出资人或者承担国家投资的测绘项目的单位应当自测绘项目验收完成之日起3个月内，向测绘行政主管部门汇交测绘成果副本或者目录。测绘行政主管部门应当在收到汇交的测绘成果副本或者目录后，出具汇交凭证。

汇交测绘成果资料的范围由国务院测绘行政主管部门商国务院有关部门制定并公布。

第十条 测绘行政主管部门自收到汇交的测绘成果副本或者目录之日起10个工作日内，应当将其移交给测绘成果保管单位。

国务院测绘行政主管部门和省、自治区、直辖市人民政府测绘行政主管部门应当定期编制测绘成果资料目录，向社会公布。

第十一条 测绘成果保管单位应当建立健全测

绘成果资料的保管制度，配备必要的设施，确保测绘成果资料的安全，并对基础测绘成果资料实行异地备份存放制度。

测绘成果资料的存放设施与条件，应当符合国家保密、消防及档案管理的有关规定和要求。

第十二条 测绘成果保管单位应当按照规定保管测绘成果资料，不得损毁、散失、转让。

第十三条 测绘项目的出资人或者承担测绘项目的单位，应当采取必要的措施，确保其获取的测绘成果的安全。

第三章 利 用

第十四条 县级以上人民政府测绘行政主管部门应当积极推进公众版测绘成果的加工和编制工作，并鼓励公众版测绘成果的开发利用，促进测绘成果的社会化应用。

第十五条 使用财政资金的测绘项目和使用财政资金的建设工程测绘项目，有关部门在批准立项前应当书面征求本级人民政府测绘行政主管部门的意见。测绘行政主管部门应当自收到征求意见材料之日起10日内，向征求意见的部门反馈意见。有适宜测绘成果的，应当充分利用已有的测绘成果，避免重复测绘。

第十六条 国家保密工作部门、国务院测绘行政主管部门应当商军队测绘主管部门，依照有关保密法律、行政法规的规定，确定测绘成果的秘密范围和秘密等级。

利用涉及国家秘密的测绘成果开发生产的产品，未经国务院测绘行政主管部门或者省、自治区、直辖市人民政府测绘行政主管部门进行保密技术处理的，其秘密等级不得低于所用测绘成果的秘密等级。

第十七条 法人或者其他组织需要利用属于国家秘密的基础测绘成果的，应当提出明确的利用目的和范围，报测绘成果所在地的测绘行政主管部门审批。

测绘行政主管部门审查同意的，应当以书面形式告知测绘成果的秘密等级、保密要求以及相关著作权保护要求。

第十八条 对外提供属于国家秘密的测绘成果，应当按照国务院和中央军事委员会规定的审批程序，报国务院测绘行政主管部门或者省、自治区、直辖市人民政府测绘行政主管部门审批；测绘行政主管部门在审批前，应当征求军队有关部门的意见。

第十九条 基础测绘成果和财政投资完成的其他测绘成果，用于国家机关决策和社会公益性事业的，应当无偿提供。

除前款规定外，测绘成果依法实行有偿使用制度。但是，各级人民政府及其有关部门和军队因防灾、减灾、国防建设等公共利益的需要，可以无偿使用测绘成果。

依法有偿使用测绘成果的，使用人与测绘项目出资人应当签订书面协议，明确双方的权利和义务。

第二十条 测绘成果涉及著作权保护和管理的，依照有关法律、行政法规的规定执行。

第二十一条 建立以地理信息数据为基础的信息系统，应当利用符合国家标准的基础地理信息数据。

第四章 重要地理信息数据的审核与公布

第二十二条 国家对重要地理信息数据实行统一审核与公布制度。

任何单位和个人不得擅自公布重要地理信息数据。

第二十三条 重要地理信息数据包括：

（一）国界、国家海岸线长度；

（二）领土、领海、毗连区、专属经济区面积；

（三）国家海岸滩涂面积、岛礁数量和面积；

（四）国家版图的重要特征点，地势、地貌分区位置；

（五）国务院测绘行政主管部门商国务院其他有关部门确定的其他重要自然和人文地理实体的位置、高程、深度、面积、长度等地理信息数据。

第二十四条 提出公布重要地理信息数据建议的单位或者个人，应当向国务院测绘行政主管部门或者省、自治区、直辖市人民政府测绘行政主管部门报送建议材料。

对需要公布的重要地理信息数据，国务院测绘行政主管部门应当提出审核意见，并与国务院其他有关部门、军队测绘主管部门会商后，报国务院批准。具体办法由国务院测绘行政主管部门制定。

第二十五条 国务院批准公布的重要地理信息数据，由国务院或者国务院授权的部门以公告形式公布。

在行政管理、新闻传播、对外交流、教学等对社会公众有影响的活动中，需要使用重要地理信息数据的，应当使用依法公布的重要地理信息数据。

第五章 法律责任

第二十六条 违反本条例规定，县级以上人民政府测绘行政主管部门有下列行为之一的，由本级人民政府或者上级人民政府测绘行政主管部门责令改正，通报批评；对直接负责的主管人员和其他直接责任人员，依法给予处分：

（一）接收汇交的测绘成果副本或者目录，未依法出具汇交凭证的；

（二）未及时向测绘成果保管单位移交测绘成果资料的；

（三）未依法编制和公布测绘成果资料目录的；

（四）发现违法行为或者接到对违法行为的举报后，不及时进行处理的；

（五）不依法履行监督管理职责的其他行为。

第二十七条 违反本条例规定，未汇交测绘成果资料的，依照《中华人民共和国测绘法》第四十七条的规定进行处罚。

第二十八条 违反本条例规定，测绘成果保管单位有下列行为之一的，由测绘行政主管部门给予警告，责令改正；有违法所得的，没收违法所得；造成损失的，依法承担赔偿责任；对直接负责的主管人员和其他直接责任人员，依法给予处分：

（一）未按照测绘成果资料的保管制度管理测绘成果资料，造成测绘成果资料损毁、散失的；

（二））擅自转让汇交的测绘成果资料的；

（三）未依法向测绘成果的使用人提供测绘成果资料的。

第二十九条 违反本条例规定，有下列行为之一的，由测绘行政主管部门或者其他有关部门依据职责责令改正，给予警告，可以处10万元以下的罚款；对直接负责的主管人员和其他直接责任人员，依法给予处分：

（一）建立以地理信息数据为基础的信息系统，利用不符合国家标准的基础地理信息数据的；

（二）擅自公布重要地理信息数据的；

（三）在对社会公众有影响的活动中使用未经依法公布的重要地理信息数据的。

第六章 附 则

第三十条 法律、行政法规对编制出版地图的管理另有规定的，从其规定。

第三十一条 军事测绘成果的管理，按照中央军事委员会的有关规定执行。

第三十二条 本条例自2006年9月1日起施行。1989年3月21日国务院发布的《中华人民共和国测绘成果管理规定》同时废止。

中华人民共和国地图编制出版管理条例

1995年7月10日中华人民共和国国务院令第180号发布，
自1995年10月1日起施行

第一章 总 则

第一条 为了加强地图编制出版管理，保证地图编制出版质量，维护国家的主权、安全和利益，为经济建设、社会发展和人民生活服务，制定本条例。

第二条 本条例适用于各种公开的普通地图和专题地图的编制和出版。

第三条 编制出版地图，必须遵守保密法律、法规。

公开地图不得表示任何国家秘密和内部事项。

第四条 国务院测绘行政主管部门主管全国的地图编制工作。国务院其他有关部门按照国务院规定的职责分工，负责管理本部门专题地图的编制工作。国务院出版行政管理部门商国务院测绘行政主管部门，负责管理全国的地图出版工作。

省、自治区、直辖市人民政府负责管理地图编制出版工作的部门及其职责，由省、自治区、直辖市人民政府规定。

军用地图和海图的编制管理，按照国务院、中央军事委员会的规定执行。

第二章　地图编制管理

第五条　编制普通地图的，依照《中华人民共和国测绘法》的规定，必须取得相应的测绘资格。

编制专题地图，需要直接进行测绘的，依照《中华人民共和国测绘法》的规定，必须取得相应的测绘资格。

第六条　在地图上绘制中华人民共和国国界、中国历史疆界、世界各国国界，应当遵守下列规定：

（一）中华人民共和国国界，按照中华人民共和国同有关邻国签订的边界条约、协定、议定书及其附图绘制；中华人民共和国尚未同有关邻国签订边界条约的界段，按照中华人民共和国地图的国界线标准样图绘制；

（二）中国历史疆界，1840 年至中华人民共和国成立期间的，按照中国历史疆界标准样图绘制；1840 年以前的，依据有关历史资料，按照实际历史疆界绘制。

（三）世界各国国界，按照世界各国间边界标准样图绘制；世界各国间的历史疆界，依据有关历史资料，按照实际历史疆界绘制。

中华人民共和国地图的国界线标准样图、中国历史疆界标准样图、世界各国间边界标准样图，由外交部和国务院测绘行政主管部门制定，报国务院批准发布。

第七条　在地图上绘制中华人民共和国省、自治区、直辖市行政区域界线，应当遵守下列规定：

（一）国务院已经划定界线的，或者相邻省、自治区、直辖市人民政府已经协商确定界线的，按照有关文件或者协议确定的界线画法绘制；

（二）相邻省、自治区、直辖市人民政府虽未就界线划分签订协议，但是双方地图上界线绘制一致，并且无争议的，按照双方地图上绘制一致的界线画法绘制；

（三）相邻省、自治区、直辖市人民政府对界线划分有争议，并且双方地图上界线绘制不一致的，按照国务院测绘行政主管部门和国务院民政部门制定并报国务院批准发布的省、自治区、直辖市行政区域界线标准画法图绘制。

第八条　编制地图，应当遵守国家有关地图内容表示的规定。

第九条　编制地图，应当符合下列要求：

（一）选用最新地图资料作为编制基础，并及时补充或者更改现势变化的内容；

（二）正确反映各要素的地理位置、形态、名称及相互关系；

（三）具备符合地图使用目的的有关数据和专业内容；

（四）地图的比例尺符合国家规定。

第三章　地图出版管理

第十条　普通地图应当由专门地图出版社出版，其他出版社不得出版。

设立专门地图出版社或者调整已设立的专门地图出版社的地图出版范围的，应当按照规定程序报国务院出版行政管理部门审批。国务院出版行政管理部门在办理审批手续前，应当征求国务院测绘行政主管部门的意见。

第十一条　中央级专门地图出版社，按照国务院出版行政管理部门批准的地图出版范围，可以出版各种地图。

地方专门地图出版社，按照国务院出版行政管理部门批准的地图出版范围，可以出版除世界性地图、全国性地图以外的各种地图。

第十二条　中央级专业出版社，具备出版地图的专业技术条件的，按照国务院出版行政管理部门批准的地图出版范围，可以出版本专业的专题地图。

地方专业出版社，具备出版地图的专业技术条件的，按照国务院出版行政管理部门批准的地图出版范围，可以出版本专业的地方性专题地图。

第十三条　专业出版社从事旅游图、交通图以及时事宣传图出版业务的，应当具备相应的地图编制专业技术人员、设备和技术条件，向所在地的省、自治区、直辖市人民政府出版行政管理部门提出地图出版申请，经审核同意，并报国务院出版行政管理部门审核批准，方可按照批准的地图出版范围出版。

省、自治区、直辖市人民政府出版行政管理部门在依照前款规定审核地图出版申请时，应当按照国家有关规定征求国务院测绘行政主管部门或者省、自治区、直辖市人民政府负责管理测绘工作的部门的意见。

第十四条　全国性中、小学教学地图，由国务院教育行政管理部门会同国务院测绘行政主管部门和外交部组织审定；地方性中、小学教学地图，可以由省、自治区、直辖市人民政府教育行政管理部门会同省、自治区、直辖市人民政府负责管理测绘工作的部门组织审定。

任何出版单位不得出版未经审定的中、小学教学地图。

第十五条 中、小学教学地图，由中央级专门地图出版社按照国务院出版行政管理部门批准的地图出版范围出版；其他中央级出版社出版中、小学教学地图，以及地方出版社出版地方性中、小学教学地图的，应当经国务院出版行政管理部门商国务院测绘行政主管部门审核批准，方可按照批准的地图出版范围出版。但是，中、小学教科书中的插附地图除外。

第十六条 各出版社、报社、杂志社可以根据需要，在图书、报刊中插附地图。

第十七条 出版或者展示未出版的绘有国界线或者省、自治区、直辖市行政区域界线地图（含图书、报刊插图、示意图）的，在地图印刷或者展示前，应当依照下列规定送审试制样图一式两份：

（一）绘有国界线的地图，跨省、自治区、直辖市行政区域的地图，以及台湾、香港、澳门地区地图，报国务院测绘行政主管部门审核；

（二）省、自治区、直辖市行政区域范围内的地方性地图，报有关省、自治区、直辖市人民政府负责管理测绘工作的部门或者国务院测绘行政主管部门审核；

（三）历史地图、世界地图和时事宣传图，报外交部和国务院测绘行政主管部门审核。

第十八条 出版或者展示未出版的全国性和地方性专题地图的，在地图印刷或者展示前，其试制样图的专业内容应当分别报国务院有关行政主管部门或者省、自治区、直辖市人民政府有关行政主管部门审核。

第十九条 依照本条例第十七条、第十八条的规定负责审核的部门，应当自收到试制样图之日起30日内，将审核决定通知送审单位；逾期未通知的，视为同意出版或者展示。

第二十条 保密地图和内部地图不得以任何形式公开出版、发行或者展示。

第二十一条 地图出版物发行前，有关的中央级出版社和地方出版社应当按照国家有关规定向有关部门和单位送交样本，并将样本一式两份报国务院测绘行政主管部门或者省、自治区、直辖市人民政府负责管理测绘工作的部门备案。

第二十二条 地图的著作权受法律保护。未经地图著作权人许可，任何单位和个人不得以复制、发行、改编、翻译、编辑等方式使用其地图；但是，著作权法律、行政法规另有规定的除外。

第二十三条 出版地图，应当注明地图上国界线画法的依据资料及其来源；广告、商标、宣传画、电影电视画面中的示意地图除外。

第四章 法律责任

第二十四条 违反本条例规定，未取得相应测绘资格，擅自编制地图的，由国务院测绘行政主管部门或者其授权的部门，或者省、自治区、直辖市人民政府负责管理测绘工作的部门或者其授权的部门，依据职责责令停止编制活动，没收违法所得，可以并处违法所得一倍以下的罚款。

第二十五条 违反本条例规定，有下列行为之一的，由国务院测绘行政主管部门或者省、自治区、直辖市人民政府负责管理测绘工作的部门责令停止发行、销售、展示，对有关地图出版社处以300元以上10000元以下的罚款；情节严重的，由出版行政管理部门注销有关地图出版社的地图出版资格：

（一）地图印刷或者展示前未按照规定将试制样图报送国务院测绘行政主管部门或者省、自治区、直辖市人民政府负责管理测绘工作的部门审核的；

（二）专题地图在印刷或者展示前未按照规定将试制样图报有关行政主管部门审核的；

（三）地图上国界线或者省、自治区、直辖市行政区域界线的绘制不符合国家有关规定而出版的；

（四）地图内容的表示不符合国家有关规定，造成严重错误的。

有前款第（三）项、第（四）项所列行为之一的，还应当没收全部地图及违法所得。

第二十六条 违反本条例规定，未经批准，擅自从事地图出版活动或者超越经批准的地图出版范围出版地图的，由出版行政管理部门责令停止违法活动，没收全部非法地图出版物和违法所得，可以并处违法所得5倍以上15倍以下的罚款。

第二十七条 侵犯地图著作权的，依照著作权法律、行政法规的规定处理。

第二十八条 违反本条例规定，公开地图泄露国家秘密，或者产生危害国家主权或者安全、损害国家利益的其他后果的，对负有直接责任的主管人员和其他直接责任人员依法给予行政处分；构成犯罪的，依法追究刑事责任。

第二十九条 地图编制、出版行政工作人员弄虚作假、玩忽职守、徇私舞弊，构成犯罪的，依法追究刑事责任；尚不构成犯罪的，依法给予行政处分。

第五章 附 则

第三十条 本条例自1995年10月1日起实行。

中华人民共和国测量标志保护条例

1996年9月4日中华人民共和国国务院令第203号发布，
自1997年1月1日起实施

第一条 为了加强测量标志的保护和管理，根据《中华人民共和国测绘法》，制定本条例。

第二条 本条例适用于在中华人民共和国领域内和中华人民共和国管辖的其他海域设置的测量标志。

第三条 测量标志属于国家所有，是国家经济建设和科学研究的基础设施。

第四条 本条例所称测量标志，是指：

（一）建设在地上、地下或者建筑物上的各种等级的三角点、基线点、导线点、军用控制点、重力点、天文点、水准点的木质觇标、钢质觇标和标石标志，全球卫星定位控制点，以及用于地形测图、工程测量和形变测量的固定标志和海底大地点设施等永久性测量标志；

（二）测量中正在使用的临时性测量标志。

第五条 国务院测绘行政主管部门主管全国的测量标志保护工作。国务院其他有关部门按照国务院规定的职责分工，负责管理本部门专用的测量标志保护工作。

县级以上地方人民政府管理测绘工作的部门负责本行政区域内的测量标志保护工作。

军队测绘主管部门负责管理军事部门测量标志保护工作，并按照国务院、中央军事委员会规定的职责分工负责管理海洋基础测量标志保护工作。

第六条 县级以上人民政府应当加强对测量标志保护工作的领导，增强公民依法保护测量标志的意识。

乡级人民政府应当做好本行政区域内的测量标志保护管理工作。

第七条 对在保护永久性测量标志工作中做出显著成绩的单位和个人，给予奖励。

第八条 建设永久性测量标志，应当符合下列要求：

（一）使用国家规定的测绘基准和测绘标准；

（二）选择有利于测量标志长期保护和管理的点位；

（三）符合法律、法规规定的其他要求。

第九条 设置永久性测量标志的，应当对永久性测量标志设立明显标记；设置基础性测量标志的，还应当设立由国务院测绘行政主管部门统一监制的专门标牌。

第十条 建设永久性测量标志需要占用土地的，地面标志占用土地的范围为36－100平方米，地下标志占用土地的范围为16－36平方米。

第十一条 设置永久性测量标志，需要依法使用土地或者在建筑物上建设永久性测量标志的，有关单位和个人不得干扰和阻挠。

第十二条 国家对测量标志实行义务保管制度。

设置永久性测量标志的部门应当将永久性测量标志委托测量标志设置地的有关单位或者人员负责保管，签订测量标志委托保管书，明确委托方和被委托方的权利和义务，并由委托方将委托保管书抄送乡级人民政府和县级以上人民政府管理测绘工作的部门备案。

第十三条 负责保管测量标志的单位和人员，应当对其所保管的测量标志经常进行检查；发现测量标志有被移动或者损毁的情况时，应当及时报告当地乡级人民政府，并由乡级人民政府报告县级以上地方人民政府管理测绘工作的部门。

第十四条 负责保管测量标志的单位和人员有

权制止、检举和控告移动、损毁、盗窃测量标志的行为，任何单位或者个人不得阻止和打击报复。

第十五条 国家对测量标志实行有偿使用；但是，使用测量标志从事军事测绘任务的除外。测量标志有偿使用的收入应当用于测量标志的维护、维修，不得挪作他用。具体办法由国务院测绘行政主管部门会同国务院物价行政主管部门规定。

第十六条 测绘人员使用永久性测量标志，应当持有测绘工作证件，并接受县级以上人民政府管理测绘工作的部门的监督和负责保管测量标志的单位和人员的查询，确保测量标志完好。

第十七条 测量标志保护工作应当执行维修规划和计划。

全国测量标志维修规划，由国务院测绘行政主管部门会同国务院其他有关部门制定。

省、自治区、直辖市人民政府管理测绘工作的部门应当组织同级有关部门，根据全国测量标志维修规划，制定本行政区域内的测量标志维修计划，并组织协调有关部门和单位统一实施。

第十八条 设置永久性测量标志的部门应当按照国家有关的测量标志维修规程，对永久性测量标志定期组织维修，保证测量标志正常使用。

第十九条 进行工程建设，应当避开永久性测量标志；确实无法避开，需要拆迁永久性测量标志或者使永久性测量标志失去使用效能的，工程建设单位应当履行下列批准手续：

（一）拆迁基础性测量标志或者使基础性测量标志失去使用效能的，由国务院测绘行政主管部门或者省、自治区、直辖市人民政府管理测绘工作的部门批准。

（二）拆迁部门专用的永久性测量标志或者使部门专用的永久性测量标志失去使用效能的，应当经设置测量标志的部门同意，并经省、自治区、直辖市人民政府管理测绘工作的部门批准。

拆迁永久性测量标志，还应当通知负责保管测量标志的有关单位和人员。

第二十条 经批准拆迁基础性测量标志或者使基础性测量标志失去使用效能的，工程建设单位应当按照国家有关规定向省、自治区、直辖市人民政府管理测绘工作的部门支付迁建费用。

经批准拆迁部门专用的测量标志或者使部门专用的测量标志失去使用效能的，工程建设单位应当按照国家有关规定向设置测量标志的部门支付迁建费用；设置部门专用的测量标志的部门查找不到的，工程建设单位应当按照国家有关规定向省、自治区、直辖市人民政府管理测绘工作的部门支付迁建费用。

第二十一条 永久性测量标志的重建工作，由收取测量标志迁建费用的部门组织实施。

第二十二条 测量标志受国家保护，禁止下列有损测量标志安全和使测量标志失去使用效能的行为：

（一）损毁或者擅自移动地下或者地上的永久性测量标志以及使用中的临时性测量标志的；

（二）在测量标志占地范围内烧荒、耕作、取土、挖沙或者侵占永久性测量标志用地的；

（三）在距永久性测量标志 50 米范围内采石、爆破、射击、架设高压电线的；

（四）在测量标志的占地范围内，建设影响测量标志使用效能的建筑物的；

（五）在测量标志上架设通讯设施、设置观望台、搭帐篷、拴牲畜或者设置其他有可能损毁测量标志的附着物的；

（六）擅自拆除设有测量标志的建筑物或者拆除建筑物上的测量标志的。

（七）其他有损测量标志安全和使用效能的。

第二十三条 有本条例第二十二条禁止的行为之一，或者有下列行为之一的，由县级以上人民政府管理测绘工作的部门责令限期改正，给予警告，并可以根据情节处以 5 万元以下的罚款；对负有直接责任的主管人员和其他直接责任人员，依法给予行政处分；造成损失的，应当依法承担赔偿责任：

（一）干扰或者阻挠测量标志建设单位依法使用土地或者在建筑物上建设永久性测量标志的；

（二）工程建设单位未经批准擅自拆迁永久性测量标志或者使永久性测量标志失去使用效能的，或者拒绝按照国家有关规定支付迁建费用的；

（三）违反测绘操作规程进行测绘，使永久性测量标志受到损坏的；

（四）无证使用永久性测量标志并且拒绝县级以上人民政府管理测绘工作的部门监督和负责保管测量标志的单位和人员查询的。

第二十四条 管理测绘工作的部门的工作人员玩忽职守、滥用职权、徇私舞弊的、依法给予行政处分。

第二十五条 违反本条例规定，应当给予治安管理处罚的，依照治安管理处罚条例的有关规定给予处罚；构成犯罪的，依法追究刑事责任。

第二十六条 本条例自 1997 年 1 月 1 日起施行。1984 年 1 月 7 日国务院发布的《测量标志保护条例》同时废止。

部门规章

外国的组织或者个人来华测绘管理暂行办法

2007 年 1 月 19 日中华人民共和国国土资源部令第 38 号公布，自 2007 年 3 月 1 日起施行；根据 2011 年 4 月 27 日国土资源部令第 52 号《国土资源部关于修改〈外国的组织或者个人来华测绘管理暂行办法〉的决定》修正

第一条 为加强对外国的组织或者个人在中华人民共和国领域和管辖的其他海域从事测绘活动的管理，维护国家安全和利益，促进中外经济、科技的交流与合作，根据《中华人民共和国测绘法》和其他有关法律、法规，制定本办法。

第二条 外国的组织或者个人在中华人民共和国领域和管辖的其他海域从事测绘活动（以下简称来华测绘），适用本办法。

第三条 来华测绘应当遵循以下原则：

（一）必须遵守中华人民共和国的法律、法规和国家有关规定；

（二）不得涉及中华人民共和国的国家秘密；

（三）不得危害中华人民共和国的国家安全。

第四条 国务院测绘行政主管部门会同军队测绘主管部门负责来华测绘的审批。

县级以上各级人民政府测绘行政主管部门依照法律、行政法规和规章的规定，对来华测绘履行监督管理职责。

第五条 来华测绘应当符合测绘管理工作国家秘密范围的规定。测绘活动中涉及国防和国家其他部门或者行业的国家秘密事项，从其主管部门的国家秘密范围规定。

第六条 外国的组织或者个人在中华人民共和国领域测绘，必须与中华人民共和国的有关部门或者单位依法采取合资、合作的形式（以下简称合资、合作测绘）。

前款所称合资、合作的形式，是指依照《中华人民共和国中外合资经营企业法》、《中华人民共和国中外合作经营企业法》的规定设立合资、合作企业。

经国务院及其有关部门或者省、自治区、直辖市人民政府批准，外国的组织或者个人来华开展科技、文化、体育等活动时，需要进行一次性测绘活动的（以下简称一次性测绘），可以不设立合资、合作企业，但是必须经国务院测绘行政主管部门会同军队测绘主管部门批准，并与中华人民共和国的有关部门和单位的测绘人员共同进行。

第七条 合资、合作测绘不得从事下列活动：

（一）大地测量；

（二）测绘航空摄影；

（三）行政区域界线测绘；

（四）海洋测绘；

（五）地形图、世界政务地图、全国政区地图、省级及以下政区地图、全国性教学地图、地方性教学地图和真三维地图的编制；

（六）导航电子地图编制；

（七）国务院测绘行政主管部门规定的其他测绘活动。

第八条 合资、合作测绘应当取得国务院测绘行政主管部门颁发的《测绘资质证书》。

合资、合作企业申请测绘资质应当具备下列条件：

（一）符合《中华人民共和国测绘法》以及外商投资的法律法规的有关规定；

（二）符合《测绘资质管理规定》的有关要求；

（三）合资、合作企业须中方控股。外国的组

织或者个人在中华人民共和国领域只申请互联网地图服务测绘资质的，必须依法设立合资企业，且外方投资者在合资企业中的出资比例，最终不得超过50%；

（四）已经依法进行企业登记，并取得中华人民共和国法人资格。

第九条 合资、合作企业申请测绘资质应当提供下列材料：

（一）《测绘资质管理规定》中要求提供的申请材料；

（二）中方控股的证明文件（只申请互联网地图服务测绘资质的，需提供外方投资者投资比例不超过50%的证明文件）；

（三）企业法人营业执照；

（四）国务院测绘行政主管部门规定应当提供的其他材料。

第十条 测绘资质许可依照下列程序办理：

（一）提交申请：合资、合作企业应当分别向国务院测绘行政主管部门和其所在地的省、自治区、直辖市人民政府测绘行政主管部门提交申请材料；

（二）初审：国务院测绘行政主管部门在收到申请材料后依法作出是否受理的决定。决定受理的，应当及时通知省、自治区、直辖市人民政府测绘行政主管部门进行初审。省、自治区、直辖市人民政府测绘行政主管部门应当在接到初审通知后20个工作日内提出初审意见，并报国务院测绘行政主管部门；

（三）审查：国务院测绘行政主管部门接到初审意见后5个工作日内送军队测绘主管部门会同审查，并在接到会同审查意见后8个工作日内作出审查决定；

（四）发放证书：审查合格的，由国务院测绘行政主管部门颁发相应等级的《测绘资质证书》；审查不合格的，由国务院测绘行政主管部门作出不予许可的决定。

第十一条 申请一次性测绘的，应当提交下列申请材料一式三份：

（一）申请表；

（二）国务院及其有关部门或者省、自治区、直辖市人民政府的批准文件；

（三）按照法律法规规定应当提交的有关部门的批准文件；

（四）外国的组织或者个人的身份证明和有关资信证明；

（五）测绘活动的范围、路线、测绘精度及测绘成果形式的说明；

（六）测绘活动时使用的测绘仪器、软件和设备的清单和情况说明；

（七）中华人民共和国现有测绘成果不能满足项目需要的说明。

第十二条 一次性测绘应当依照下列程序取得国务院测绘行政主管部门的批准文件：

（一）提交申请：经国务院及其有关部门批准，外国的组织或者个人来华开展科技、文化、体育等活动时，需要进行一次性测绘活动的，应当向国务院测绘行政主管部门提交申请材料。

经省、自治区、直辖市人民政府批准，外国的组织或者个人来华开展科技、文化、体育等活动时，需要进行一次性测绘活动的，应当向国务院测绘行政主管部门和省、自治区、直辖市人民政府测绘行政主管部门分别提交申请材料；

（二）初审：国务院测绘行政主管部门在收到申请材料后依法作出是否受理的决定。经省、自治区、直辖市人民政府批准，外国的组织或者个人来华开展科技、文化、体育等活动时，需要进行一次性测绘活动的，国务院测绘行政主管部门决定受理后，应当及时通知省、自治区、直辖市人民政府测绘行政主管部门进行初审。省、自治区、直辖市人民政府测绘行政主管部门应当在接到初审通知后20个工作日内提出初审意见，并报国务院测绘行政主管部门；

（三）审查：国务院测绘行政主管部门受理后或者接到初审意见后5个工作日内送军队测绘主管部门会同审查，并在接到会同审查意见后8个工作日内作出审查决定；

（四）批准：准予一次性测绘的，由国务院测绘行政主管部门依法向申请人送达批准文件，并抄送测绘活动所在地的省、自治区、直辖市人民政府测绘行政主管部门；不准予一次性测绘的，应当作出书面决定。

第十三条 依法需要听证、检验、检测、鉴定和专家评审的，所需时间不计算在规定的期限内，但是应当将所需时间书面告知申请人。

第十四条 合资、合作企业应当在《测绘资质证书》载明的业务范围内从事测绘活动。一次性测绘应当按照国务院测绘行政主管部门批准的内容进行。

合资、合作测绘或者一次性测绘的，应当保证中方测绘人员全程参与具体测绘活动。

第十五条 来华测绘成果的管理依照有关测绘成果管理法律法规的规定执行。

来华测绘成果归中方部门或者单位所有的，未经依法批准，不得以任何形式将测绘成果携带或者传输出境。

第十六条 县级以上地方人民政府测绘行政主管部门，应当加强对本行政区域内来华测绘的监督管理，定期对下列内容进行检查：

（一）是否涉及国家安全和秘密；

（二）是否在《测绘资质证书》载明的业务范围内进行；

（三）是否按照国务院测绘行政主管部门批准的内容进行；

（四）是否按照《中华人民共和国测绘成果管理条例》的有关规定汇交测绘成果副本或者目录；

（五）是否保证了中方测绘人员全程参与具体测绘活动。

第十七条 违反本办法规定，法律、法规已规定行政处罚的，从其规定。

违反本办法规定，来华测绘涉及中华人民共和国的国家秘密或者危害中华人民共和国的国家安全的行为的，依法追究其法律责任。

第十八条 违反本办法规定，有下列行为之一的，由国务院测绘行政主管部门撤销批准文件，责令停止测绘活动，处3万元以下罚款。有关部门对中方负有直接责任的主管人员和其他直接责任人员，依法给予行政处分；构成犯罪的，依法追究刑事责任。对形成的测绘成果依法予以收缴：

（一）以伪造证明文件、提供虚假材料等手段，骗取一次性测绘批准文件的；

（二）超出一次性测绘批准文件的内容从事测绘活动的。

第十九条 违反本办法规定，未经依法批准将测绘成果携带或者传输出境的，由国务院测绘行政主管部门处3万元以下罚款；构成犯罪的，依法追究刑事责任。

第二十条 来华测绘涉及其他法律法规规定的审批事项的，应当依法经相应主管部门批准。

第二十一条 香港特别行政区、澳门特别行政区、台湾地区的组织或者个人来内地从事测绘活动的，参照本办法进行管理。

第二十二条 本办法自2007年3月1日起施行。

重要规范性文件

关于印发《国家测绘局所属单位党政主要领导干部经济责任审计管理办法》的通知

国测审发〔2011〕1号 2011年2月16日

局所属各单位，机关各司（室）：

现将《国家测绘局所属单位党政主要领导干部经济责任审计管理办法》印发给你们，请遵照执行。

国家测绘局所属单位党政主要领导干部经济责任审计管理办法

第一章 总 则

第一条 为加强对所属单位党政主要领导干部的管理和监督，推进党风廉政建设，根据《中华人民共和国审计法》、《党政主要领导干部和国有企业领导人员经济责任审计规定》等有关法律法规，以及干部管理监督的有关规定，制定本办法。

第二条 局所属单位党政主要领导干部经济责任审计的对象包括：局所属单位的正职领导干部或者主持工作一年以上的副职领导干部；分管财务工作的副职领导干部；上级领导干部兼任部门、单位的正职领导干部，且不实际履行经济责任时，实际负责本部门、本单位常务工作的副职领导干部。

第三条 本办法所称领导干部经济责任，是指领导干部任职期间依法对其所在单位财务收支以及有关经济活动应当履行的职责和义务。

第四条 领导干部的经济责任审计依照干部管理权限确定。根据干部管理监督的需要，可以在领导干部任职期间进行任中经济责任审计，也可以在领导干部不再担任所任职务时进行离任经济责任审计。

第二章 审计组织与管理

第五条 人事部门会同审计部门年初负责提出经济责任审计工作计划，报经局党组批准后，以书面形式委托审计部门组织实施。

第六条 经济责任审计可以由审计部门直接实施，也可以由审计部门委托社会中介机构进行。

第七条 审计部门或社会中介机构在实施经济责任审计期间，依法享有独立审计监督权，任何单位和个人不得干涉。

第八条 审计过程中，审计人员须严格执行审计程序和相关规定，做到依法审计、忠于职守、客观公正、实事求是、廉洁奉公、保守秘密，并遵守回避制度。

第九条 实施经济责任审计应当与现行的财务收支审计相结合，避免重复审计。

第十条 开展经济责任审计工作所需经费应列入局年度财务预算。

第三章 审计内容

第十一条 领导干部经济责任审计的主要内容是：

（一）对其主管的经济活动依法履行管理责任的情况，包括有关法律法规的执行情况，单位内部控制制度的健全性和有效性，经费筹集、管理和使用的真实、合法、效益情况，资产管理、使用情况等；

（二）被审计领导干部及其所在单位贯彻执行国家重要经济政策和上级主管部门重要经济决策的情况；

（三）在管理职责范围内的单位经济活动业绩情况；

（四）被审计领导干部及其所在单位接收或产生的债权、债务情况，以及其他遗留或纠纷问题；

（五）领导干部本人遵守有关廉洁从政规定的情况等；

（六）对企业领导干部的经济责任审计，主要包括本企业财务收支的真实、合法和效益情况；有关内部控制制度的建立和执行情况；上级主管部门规定的各项经济指标完成情况；遵守有关廉洁从业规定的情况等；

（七）其他需要审计的事项。

第四章 审计实施

第十二条 审计部门根据经济责任审计计划，组成审计组并实施审计。

委托社会中介机构实施的经济责任审计，须由审计部门以书面形式委托承担审计任务的中介机构实施审计。

第十三条 审计部门或审计部门委托的中介机构成立审计组后，编制经济责任审计实施方案。

承担局经济责任审计任务的社会中介机构须将实施方案报局审计部门，审计部门复核同意后实施审计。

实施方案应明确审计目标、审计范围、审计重点、审计要求、审计组织、审计方式、延伸审计单位、其他审计事项等。

第十四条 审计部门应在实施经济责任审计3日前，向被审计领导干部及其所在单位或者原任职单位（以下简称所在单位）送达审计通知书。

第十五条 审计组在实施经济责任审计前，应当以适当方式公示审计对象、审计时间、审计组的联系方式等有关事项。

第十六条 审计组在进行经济责任审计时，被审计领导干部及其所在单位，以及其他有关单位应当及时、全面、如实地向审计组提供与领导干部任期经济责任审计相关的下列资料：

（一）领导干部的职责范围及任职期间所在单位的财务收支各项工作目标、任务完成情况；

（二）财务收支相关资料；

（三）工作计划、工作总结、会议记录、经济合同、统计资料、考核检查结果、业务档案等资料；

（四）被审计领导干部履行经济责任的述职报告；

（五）其他有关资料。

第十七条 被审计领导干部及其所在单位应当对所提供资料的真实性、完整性负责，并作出书面承诺。

第十八条 现场审计中，审计人员可以通过审查会计资料，审阅与审计事项有关的文件、资料等方式进行，也可以通过召开座谈会、个别谈话、发放问卷、盘点实物等方式进行，并形成审计证明材料。

除匿名调查问卷外，所有的审计证明材料均需经过审计组长复核后，交被审计单位有关部门签章或当事人签字。

第十九条 审计组实施审计后，应当将审计组的审计报告书面征求被审计领导干部及其所在单位的意见。被审计领导干部及其所在单位应当自接到审计组的审计报告之日起10日内提出书面意见，10日内未提出书面意见的，视同无异议。

第二十条 审计报告内容包括：

（一）审计依据及实施审计工作的基本情况；

（二）被审计领导干部的职责范围和所在单位财务收支工作各项目标、任务完成情况；

（三）审计发现的被审计领导干部及其所在单位违反国家财经法规和领导干部廉政规定的主要问题；

（四）对被审计领导干部及其所在单位存在的违反国家财经法规问题的处理、处罚意见和改进建议；

（五）需要反映的其他情况。

第二十一条 审计部门对审计组提交的审计报告进行审议，出具经济责任审计报告和审计结果报告。

第二十二条 审计部门应当将经济责任审计结果报告连同被审计领导干部及其所在单位的书面意见，送人事部门会签后，上报局党组。

第二十三条 审计部门对审计中查出的违反国家财经法规的问题，应在职责范围内下达审计整改通知，并抄送人事、纪检监察、财务部门。各部门根据职责分工督促被审计单位落实审计整改建议；审计部门负责对整改情况的回访，适时组织人员进行跟踪检查。

涉及领导干部个人违纪行为的问题，应移交纪检监察部门处理；构成犯罪的，应移送司法机关追究其刑事责任。

第五章 审计评价与结果运用

第二十四条 审计部门应当根据审计查证或者认定的事实，依照法律法规、国家有关规定和政策，以及责任考核目标，在法定职权范围内，对被审计领导干部履行经济责任情况作出客观公正、实事求是的评价。审计评价与审计内容相统一，评价结论应当有充分的审计证据支持。

第二十五条 审计部门对被审计领导干部履行经济责任过程中存在问题所应当承担的直接责任、主管责任和领导责任，应当区别不同情况作出界定。

第二十六条 本办法所称直接责任，是指领导干部对履行经济责任过程中的下列行为应当承担的责任：

（一）直接违反法律法规和国家其他有关规定、单位内部管理规定的行为；

（二）授意、指使、强令、纵容、包庇下属人员违反法律法规和国家其他有关规定、单位内部管理规定的行为；

（三）未经民主决策、相关会议讨论而直接决定、批准、组织实施重大经济事项，并造成重大经济损失浪费、国有资产流失等严重后果的行为；

（四）主持相关会议讨论或者以其他方式研究，但是在多数人不同意的情况下直接决定、批准、组织实施重大经济事项，由于决策不当或者决策失误造成重大经济损失浪费、国有资产流失等严重后果的行为；

（五）其他应当承担直接责任的行为。

第二十七条 本办法所称主管责任，是指领导干部对履行经济责任过程中的下列行为应当承担的责任：

（一）除直接责任外，领导干部对其直接分管的工作不履行或不正确履行经济责任的行为；

（二）主持相关会议讨论或者以其他方式研究，并且在多数人同意的情况下决定、批准、组织实施重大经济事项，由于决策不当或者决策失误造成重大经济损失浪费、国有资产流失等严重后果的行为。

第二十八条 本办法所称领导责任，是指除直接责任和主管责任外，领导干部对其不履行或者不正确履行经济责任的其他行为应当承担的责任。

第二十九条 审计部门提交的领导干部经济责任审计结果报告，作为被审计领导干部业绩考评和职务任免的参考依据；按照局党组的要求，根据审计结果与接受审计的领导干部进行谈话，通报审计情况；对经济责任履行得好的被审计领导干部给予奖励。

经济责任审计结果报告应当归入被审计领导干部本人档案。

第六章 附 则

第三十条 局所属单位可以根据本办法，制定所属单位主要领导干部经济责任审计制度；或参照本办法对所属单位党政主要领导干部进行经济责任审计。

第三十一条 本办法由国家测绘局审计、人事部门根据职责分工负责解释。

第三十二条 本办法自发布之日起施行。《国家测绘局直属单位行政主管领导离任经济责任审计工作规定》（国测计字〔1996〕7号）同时废止。

关于印发《国家测绘局科技领军人才科技资助专项资金管理暂行办法》的通知

国测人发〔2011〕15号 2011年4月12日

各省、自治区、直辖市、计划单列市测绘行政主管部门，新疆生产建设兵团测绘主管部门，局所属各单位，局机关各司（室）：

《国家测绘局科技领军人才科技资助专项资金管理暂行办法》已经局党组会议审议通过，现予印发，请认真贯彻执行。

国家测绘局科技领军人才科技资助专项资金管理暂行办法

第一条 为加强对国家测绘局科技领军人才科技资助专项资金（以下简称专项资金）的管理，根据《国家测绘局科技领军人才管理暂行办法》、《基础测绘经费管理办法》等规定，制定本办法。

第二条 专项资金是培养国家测绘局科技领军人才的补助经费，用于资助科技领军人才从事科技活动及团队建设。使用范围包括：

（一）开展创新性自主研究；

（二）重大科研或工程项目、关键技术选题研究；

（三）重大科研或工程项目产学研对接；

（四）组织申报国家级重大（重点）科研或工程项目；

（五）收集文献资料、发表学术论文、出版学术专著、申请知识产权等；

（六）组织或参加国内外学术交流、研讨、培训等形式的主题活动；

（七）科技领军人才自身医疗保健及其他与科研工作有关的事宜。

第三条 专项资金所需经费列入国家测绘局年度部门经费预算，资助周期为两年，原则上与科技领军人才考核周期一致。

经考核合格继续作为科技领军人才管理的，可再次提出资助申请。

第四条 专项资金资助须由国家测绘局科技领军人才按规定提出资助申请，经所在单位同意后，报国家测绘局人事司审核。

第五条 国家测绘局人事司组织专家对科技领军人才的专项资金申请进行评议，报国家测绘局人才工作领导小组审定。

第六条 科技领军人才资助申请获得批准后，所在单位应按照不低于1:1的比例提供配套经费。

第七条 专项资金原则上由科技领军人才所在单位管理，所在单位不得收取相关管理费用。

第八条 科技领军人才应严格按照本办法和有关财务制度，在规定范围内使用专项资金，做到专款专用。

第九条 对科技领军人才进行考核时，科技领军人才须同时报告专项资金使用情况。对违规使用专项资金的按规定追究责任。

第十条 本办法由国家测绘局人才工作领导小组办公室负责解释。

关于印发《全国测绘地理信息法制宣传教育第六个五年规划（2011－2015年）》的通知

国测法发〔2011〕1号 2011年6月9日

各省、自治区、直辖市、计划单列市测绘地理信息行政主管部门，新疆生产建设兵团测绘主管部门，局所属各单位，机关各司局：

为认真贯彻《中共中央 国务院转发〈中央宣传部、司法部关于在公民中开展法制宣传教育的第六个五年规划（2011－2015年）〉的通知》（中发〔2011〕6号）和《全国人民代表大会常务委员会关于进一步加强法制宣传教育的决议》（2011年4月22日第十一届全国人民代表大会常务委员会第二十次会议通过），结合测绘地理信息工作的实际情况，国家测绘地理信息局制定了《全国测绘地理信息法制宣传教育第六个五年规划（2011－2015年）》。现印发给你们，请结合本地区、本单位的具体情况，认真贯彻实施。

全国测绘地理信息法制宣传教育第六个五年规划（2011－2015年）

在中央宣传部、司法部的指导下，全国测绘地理信息系统第五个法制宣传教育规划已顺利实施完成，取得了显著成效。全系统紧紧围绕测绘地理信息工作大局，深入开展法制宣传教育活动，促使全社会测绘地理信息法律意识和法治观念明显增强，各级测绘行政主管部门的依法行政能力和水平进一步提升，为在“十二五”期间继续开展测绘地理信息法制宣传教育工作奠定了良好基础。

为做好“十二五”期间测绘地理信息法制宣传教育工作，国家测绘地理信息局根据《中共中央 国务院转发〈中央宣传部、司法部关于在公民中开展法制宣传教育的第六个五年规划（2011－2015年）〉的通知》（中发〔2011〕6号）和《全国人民代表大会常务委员会关于进一步加强法制宣传教育的决议》要求，结合“十二五”我国测绘地理信息发展需求，制定本规划。

一、指导思想、主要目标和工作原则

（一）指导思想：高举中国特色社会主义伟大旗帜，以邓小平理论和“三个代表”重要思想为指导，深入贯彻落实科学发展观，紧紧围绕测绘地理信息发展战略目标和主要任务，深入开展法制宣传教育，深入推进依法治理，大力弘扬社会主义法治精神，为促进我国测绘地理信息事业发展营造良好法治环境。

（二）主要目标：通过开展法制宣传教育，传播法治理念，普及法律法规，提高各级测绘行政主管部门依法行政的能力和水平，提高全系统广大干部职工的法律素质，增强全社会测绘地理信息法治意识，形成自觉学法、用法、守法、护法的良好氛围。

（三）工作原则：

——坚持围绕中心，服务大局。围绕“十二五”时期我国测绘地理信息发展战略需求，着力提升法制宣传教育的层次和水平，更好地服务于构建数字中国，服务于监测地理国情，服务于发展壮大产业，服务于建设测绘强国。

——坚持突出重点，分类施教。根据不同地区、不同普法对象的特点，因地制宜确定法制宣传教育的重点对象、重点内容和重要环节。重点抓好与测绘地理信息事业发展密切相关的法律法规的宣传教育，充分发挥普法工作在促进测绘地理信息事业发展中的作用。

——坚持开拓创新，务求实效。认真总结“五五”普法工作经验，探索“六五”普法新思路，主动占领新阵地、搭建新平台。创新法制宣传教育工作理念、工作机制和工作方法，确保法制宣传教育取得实效。

——坚持学用结合，普治并举。坚持将测绘地理信息法制宣传教育与法治实践相结合，学以致用，普治并举，寓法制宣传教育于依法治理的全过程，做到以普法工作促依法治理，提升测绘地理信息事业法治水平。

二、主要任务

（一）认真抓好以宪法为核心的国家基本法律的学习宣传。抓好宪法的学习宣传，进一步增强测绘地理信息从业人员的宪法意识、公民意识、爱国意识、国家安全统一意识和民主法制意识。加强宪法、民商法、行政法、经济法、社会法、刑法、诉讼与非诉讼程序法等方面法律的学习宣传，提高全行业广大干部职工的法治意识和法律素质。

（二）大力开展社会主义法治理念教育。组织各级测绘行政主管部门的干部职工认真学习社会主义法治理念，牢固树立依法治国、执法为民、公平正义理念，切实提高测绘行政主管部门行政管理人员的政治意识、大局意识和法治意识。积极推动社会主义法治理念和测绘地理信息法治意识进机关、进乡村、进社区、进学校、进企业、进单位，使法治理念和法治意识更加深入人心。

（三）突出抓好以测绘法为核心的法律法规的学习宣传。以“8·29”全国测绘法宣传日活动为契机，广泛宣传以测绘法为核心的测绘地理信息法律法规。开展丰富多彩的法治文化创建活动，增强全社会测绘地理信息法律意识。继续开展地方测绘行政主管部门行政管理人员、行政执法人员和测绘资质单位负责人法律法规培训工作，着力提升综合素质，积极搭建学习交流和服务平台，促进我国测绘地理信息事业改革创新发展。

（四）深入学习宣传维护国家安全、促进经济发展的法律法规。学习宣传保守国家秘密法、国家安全法、军事设施保护法、互联网管理等法律法规，提高全社会的测绘地理信息安全保密意识。学习宣传社会主义市场经济的有关法律法规，促进测绘地理信息发展转方式、增活力、上水平。宣传测绘地理信息在地理国情监测、数字城市建设、环境资源保护以及抢险救灾、防灾减灾等领域的重要作用，提高服务保障能力。学习宣传科技进步、自主创新、人才培养、知识产权保护等方面的法律法规，推动测绘地理信息系统科技创新、管理创新、人才创新。

（五）深入学习宣传规范行政行为的法律法规。学习宣传行政许可法、行政处罚法、行政复议法、国家赔偿法、政府信息公开条例等法律法规，进一步梳理和明确测绘行政主管部门的行政执法职责和执法依据，健全执法程序，规范执法行为，强化执法监督，完善执法责任制、执法公示制和过错责任追究制，不断提高各级测绘行政主管部门行政执法人员的执法水平。

（六）深入学习宣传社会管理和保障民生的法律法规。学习宣传维护社会稳定、解决劳动争议等相关法律法规，积极开展测绘行政主管部门依法行政示范单位、诚信守法单位创建活动，引导从业单位和人员依法表达利益诉求，提高协调解决社会矛盾与纠纷的能力。学习宣传劳动合同法、物权法、招标投标法、反不正当竞争法等法律法规，建立和谐稳定的劳动关系，提高测绘地理信息从业单位依法经营管理水平。

（七）深入推进测绘地理信息系统依法治理。围绕地理国情监测、数字城市建设、地理信息公共服务平台建设等重大项目的组织实施，集中开展有针对性的法制宣传教育活动，更好地促进测绘地理信息事业发展。坚持将法制宣传教育同地理信息市场秩序整治、互联网地图和地理信息服务监管、国家版图意识宣传教育和地理信息安全保密检查等工作相结合，适时通报、曝光测绘地理信息违法典型案件，加大面向全社会的测绘地理信息法制宣传教育的力度、广度和深度，不断提高依法治理水平。

三、工作要求

（一）坚持领导干部学法守法用法，提高依法执政能力。各级测绘行政主管部门的领导干部要带头学法守法用法，不断提高依法决策、依法行政的意识和能力。要健全和落实领导干部集体学法、法制讲座、法制培训等制度，推进学法经常化、制度化。要将依法行政工作纳入本单位、本部门中心工作，做到同部署、同检查、同考核。要把领导干部依法决策、依法管理、依法办事等情况作为干部综合考核评价的重要内容。

（二）推进公务员学法用法守法，提高依法行政能力。要加大公务员法律培训力度，每年举办至少一次法律法规培训活动，及时组织开展新颁布的测绘地理信息法规规章和重要规范性文件的专题培训和学习，不断提高公务员依法行政的能力。要落实培训机制和培训经费，鼓励公务员根据本职工作需要，合理安排时间，参加各类法律知识培训。

（三）引导测绘地理信息系统从业单位和人员学法用法守法，提高依法经营管理能力。积极引导测绘地理信息系统从业单位和人员学习测绘法及其配套法规规章、保守国家秘密法、劳动合同法、产品质量法及知识产权保护、企业生产经营管理等方面的法律法规，增强测绘成果安全保密意识、安全生产意识、依法经营意识、保护劳动者合法权益意识、知识产权保护意识等。

（四）积极开展青少年学法用法守法，培养法制观念。根据青少年的特点和接受能力，把测绘地理信息法制宣传教育与课堂教育、科普教育相结合，普及国家版图知识，培养青少年树立正确的国家版图意识，自觉维护国家主权、利益和民族尊严。

四、工作步骤

本规划从 2011 年开始实施，到 2015 年结束。共分为四个阶段：

（一）宣传发动阶段：2011 年上半年。各级测绘行政主管部门要按照本地区法制宣传教育工作的统一部署和本规划要求，结合实际情况制定本地区法制宣传教育规划，做好宣传、发动工作。各省级测绘行政主管部门制订的第六个法制宣传教育规划，应当及时报送国家测绘地理信息局备案。

（二）组织实施阶段：2011 年下半年至 2015 年上半年。各级测绘行政主管部门要按照规划的部署和要求，突出年度工作重点，制定年度计划，并认真组织实施，确保各项工作落到实处，取得实效。

（三）中期评估阶段：2013 年下半年。国家测绘地理信息局组织检查各地测绘地理信息法制宣传教育第六个五年规划的制定、组织实施、经费保障等情况，查找薄弱环节，改进各项工作，推动规划的贯彻落实。

（四）检查验收阶段：2015 年下半年开始。各级测绘行政主管部门要按照本规划确定的目标、任务和要求，对本地区法制宣传教育规划的实施情况进行检查。国家测绘地理信息局将对各地贯彻落实本规划的情况进行全面考核和验收，并总结经验，表彰先进。

五、组织领导

（一）加强领导，健全机构。各级测绘行政主管部门要充分认识测绘地理信息法制宣传教育工作的重要性，建立健全普法领导机构和办事机构，明确工作职责，确保普法工作顺利进行。国家测绘地理信息局将成立第六个法制宣传教育工作领导小组和办公室，组织指导各地的法制宣传教育工作。

（二）完善考评，强化监督。各级测绘行政主管部门要建立法制宣传教育工作考评和激励机制，加强监督检查，及时总结推广典型经验，表彰先进。国家测绘地理信息局将把普法工作纳入到对省级测绘行政主管部门贯彻落实科学发展观的考核工作中，开展年度考评。

（三）培养队伍，落实经费。各地要结合测绘地理信息工作实际，在系统内广泛建立普法联系点，加强法制宣传教育队伍建设，不断提高政治业务素质和组织指导能力。要认真落实测绘地理信息普法工作经费，将其纳入年度工作预算并专款专用，确保普法工作正常开展。

（四）整合资源，拓展阵地。各地要主动与相关部门密切配合，推动测绘地理信息法律“六进”活动取得实效。要充分利用广播、电视、报刊等媒体办好测绘地理信息普法节目和专栏，利用互联网、手机、移动多媒体等新兴手段开展法制宣传教育，将测绘地理信息法制宣传教育工作不断引向深入。

关于印发《测绘生产经费支出管理规定（试行）》的通知

国测财发〔2011〕7 号　2011 年 6 月 16 日

局所属有关单位：

为进一步加强测绘生产经费支出管理，根据国家预算管理要求和测绘事业单位财务、会计制度，我局制定了《测绘生产经费支出管理规定（试行）》，现印发给你们，请遵照执行。

测绘生产经费支出管理规定（试行）

第一章 总 则

第一条 为了进一步加强测绘生产经费支出的管理，确保生产经费支出的真实性、合法性，根据国家预算管理要求和测绘事业单位财务、会计制度，特制定本规定。

第二条 本规定适用于局所属测绘生产单位。

第三条 本规定所称测绘生产经费支出，是指由财政资金安排的，在生产组织与实施过程中发生的各项费用支出，主要包括：生产人员经费、材料费、运输费和其他直接费等。

第四条 测绘生产经费不得采用包干方式，人员经费可采用以工日核算为基础的管理方式。

第五条 测绘生产经费支出管理实行单位法定代表人负责制。

第二章 部门职责

第六条 测绘生产单位财务、生产、人事管理部门和生产作业部门应认真履行职责，加强沟通协调，建立和完善生产经费支出管理机制。

第七条 财务管理部门的主要职责

1. 组织编制生产经费支出预算；

2. 审核生产经费支出用款计划，支付生产经费；

3. 及时进行生产经费支出核算和编报生产经费支出决算；

4. 生产备用金的日常管理与监督；

5. 生产经费支出预算执行的监督和检查。

第八条 生产管理部门的主要职责

1. 编制生产工日计划和下达生产任务通知书；

2. 审核生产作业部门用款申请；

3. 统计实际工作量和生产工日报表（生产工日结算单）。

第九条 人事管理部门的主要职责

1. 汇总、编制生产人员经费支出预算；

2. 审核生产工日报表（生产工日结算单），编制人员经费支出发放表；

3. 检查生产作业部门人员经费发放情况。

第十条 生产作业部门的主要职责

1. 编制生产实施计划、用款计划；

2. 编报生产工日报表（生产工日结算单）；

3. 负责生产经费支出的报账，并对所提供的原始凭证的真实性、合法性负责。

第十一条 测绘生产单位可根据本单位部门设置的实际情况，对上述职责在部门间进行适当调整。

第三章 生产经费预算编制管理

第十二条 测绘生产单位依据生产计划，测算生产工日计划和计划工日值，编制生产经费支出预算。

计划工日值应以财政部和国家测绘局联合颁布的《测绘生产成本费用定额》为基础，结合本单位当前生产工艺水平等实际情况测算，并以文件的形式确定。

第十三条 生产人员经费支出预算应依据工日计划、工日值、国家工资标准和津补贴标准进行编制。

第十四条 材料费、运输费和其他直接费等生产经费支出细化预算，应按照下达的生产经费预算额度和相关规定编制。

第十五条 生产经费支出与生产人员经费支出预算须经财务管理部门审核，并经主管领导同意后执行。

第四章 生产经费支出管理

第十六条 生产人员经费支出由相关管理部门根据实际完成工作量，核算生产人员完成的工日数，按计划工日值进行结算。

人员经费发放表应依据生产人员考勤表、生产工日报表（生产工日结算单）等编制，按规定全额转入职工个人工资账户。

第十七条 材料费应按照生产经费支出预算进行控制。大宗材料应统一采购、配发，严格出入库手续，生产作业部门不得擅自扩大采购范围或违规采购。

第十八条 运输费应按照生产经费支出预算进行控制。在生产实施过程中临时租用的交通工具，应签订租用合同。

第十九条 委托业务支出应依据签订的合同支付。委托业务在事前应按有关规定组织评审，达到政府采购额度的应按照政府采购管理有关规定执行。

第二十条 临时雇用人员劳务费的发放应符合相关财务规定。

第二十一条 不可预测或突发事件的支出应由相关部门审核，报主管领导审批。

第二十二条 外业生产备用金的使用和管理按照国家测绘局《测绘外业生产备用金管理暂行办法》执行。

第二十三条 年度内生产任务完成后，应及时进行生产经费支出结算。间接费用和期间费用按一定的比例分摊。

第五章 监督和检查

第二十四条 测绘生产单位应建立测绘生产经费支出内部监督机制，明确监督职责。对不履行职责，造成生产经费支出违规的，应追究有关人员责任。

第二十五条 测绘生产单位应加强测绘生产经费支出的内部审计工作，对发现的问题应及时采取有效措施进行纠正和整改。

第六章 附 则

第二十六条 测绘生产单位应根据本规定，建立和完善本单位测绘生产经费支出管理制度。

第二十七条 本规定自下发之日起执行。

关于印发《测绘地理信息“十二五”人才发展规划》的通知

国测党发〔2011〕10号 2011年7月7日

各省、自治区、直辖市、计划单列市测绘地理信息行政主管部门，新疆生产建设兵团测绘地理信息主管部门，局所属各单位：

根据《国家中长期人才发展规划纲要（2010－2020年）》及《测绘地理信息发展“十二五”总体规划纲要》，结合测绘地理信息人才发展实际，我局组织编制了《测绘地理信息“十二五”人才发展规划》，现予印发，请结合本地区、本单位实际情况，认真组织实施。

测绘地理信息“十二五”人才发展规划

为加快推进测绘地理信息人才发展，根据《国家中长期人才发展规划纲要（2010－2020年）》以及《测绘地理信息发展“十二五”总体规划纲要》，结合测绘地理信息人才发展实际，制定本规划。

一、面临的形势

“十一五”期间，在党和国家关于加强人才工作的方针政策指导下，测绘地理信息人才工作取得重要进展。一是科学的人才观逐步确立，人才发展的政策和机制进一步完善，民主、公开、竞争、择优的用人机制已经形成。二是人才结构和布局趋于合理，优秀人才不断涌现，人才效能明显提高。三是教育培训力度不断加大，各类人才综合素质显著提升，开拓创新能力得到增强。

“十二五”期间，经济社会发展对测绘地理信息工作提出了更高要求，测绘地理信息发展面临难得的黄金战略机遇期。不断增强基础测绘保障服务能力、加快发展地理信息产业、推进完善测绘地理信息体制机制，需要强大的人才支撑。必须站在全局的高度，进一步加大高层次创新型人才培养力度，提升优秀青年人才数量和素质，壮大经营管理人才队伍，优化人才队伍专业知识结构、年龄结构和地区分布，完善激发人才创造力的机制，努力造就适应测绘地理信息跨越式发展的人才队伍。

二、指导方针和发展目标

（一）指导方针

高举中国特色社会主义伟大旗帜，以邓小平理论和“三个代表”重要思想为指导，深入贯彻落实科学发展观，牢固树立人才是第一资源、人才优先发展的思想，加快实施人才强测战略，统筹推进各类人才队伍建设，为实施“构建数字中国、监测地理国情，发展壮大产业、建设测绘强国”战略提供坚强的人才保障和智力支持。

服务发展。把服务测绘地理信息科学发展作为人才工作的出发点和落脚点，围绕测绘转型发展的各项重点工作确定人才队伍建设任务，制定人才政策措施，检验人才工作成效。

人才优先。将人才发展作为推动测绘地理信息科学发展的优先工作，做到人才资源优先开发、人才结构优先调整、人才投资优先保证、人才制度优先创新。

以用为本。把充分发挥各类人才的作用作为测绘地理信息人才工作的根本任务，在实践中培养人才。鼓励和支持人人都做贡献，人人都能成才，努力为各类人才干事创业和实现价值创造机会与条件。

创新机制。破除束缚人才发展的思想观念和机制障碍，为优秀测绘地理信息人才脱颖而出创造条件，大力选拔、培养优秀青年人才，最大限度地激发人才的创造活力。

高端引领。充分发挥高层次、创新型测绘地理信息人才的引领作用，统筹推进各类人才队伍建设。

（二）发展目标

到“十二五”末期，适应测绘地理信息科学发展的人才发展机制基本形成，人才成长环境进一步优化，人尽其才、人才辈出的良好局面不断呈现，培养造就一支结构合理、素质优良、作风扎实、善于创新的人才队伍，为实现《测绘地理信息发展“十二五”总体规划纲要》确定的奋斗目标奠定坚实的人才基础。

——形成一支政治坚定、勇于开拓、勤政廉洁、求真务实的党政人才队伍。具有大学本科以上学历人员比例达到90%以上，年龄结构、专业结构更加合理。

——形成一支适应现代测绘地理信息高新技术发展、创新能力强的专业技术人才队伍。高、中级专业技术人员比例达到60%以上，具有硕士研究生以上学历人员比例达到15%以上，年龄、知识结构进一步优化。培养造就一批创新能力突出的科技领军人才与青年学术和技术带头人，注册测绘师人数达到2.5万左右。

——形成一支数量充足、门类齐全、技艺精湛、素质优良的技能人才队伍。新增高技能人才2万人左右，高技能人才在技能人才中的比例达到25%以上，高级技师和技师占高技能人才的比例达到10%以上。

——形成一支适应地理信息产业快速发展，具有战略眼光、市场开拓精神、管理创新能力和社会责任感的经营管理人才队伍。

三、主要任务

（一）党政人才队伍建设

以提高科学领导水平为核心，加强党政人才队伍建设。坚持用中国特色社会主义理论体系武装干部头脑，使各级领导干部理想信念更加坚定，思想进一步解放，运用理论指导实践的能力进一步提高。统筹规划各级领导班子建设，优化年龄和专业结构，增强班子整体活力和创新能力，不断提升其适应测绘地理信息发展新形势和谋划发展、抢抓机遇、带好队伍的能力。加强后备干部队伍建设，打造数量充足、梯次鲜明的后备干部队伍。加大优秀青年人才的培养力度，选拔部分35岁左右的优秀青年干部进入后备干部队伍，量身制定培养计划。加强公务员队伍建设，不断提升其依法行政水平和测绘地理信息统一监管能力。坚持德才兼备、以德为先的用人标准和正确的用人导向，拓宽选人用人渠道，注重从基层选拔优秀人才充实各级干部队伍。加大各级领导干部跨部门、跨单位交流力度，增加多岗位和基层实践经历。更加重视女干部、少数民族干部、非中共党员干部的培养选拔工作。

（二）专业技术人才队伍建设

以提高核心技术水平、增强自主创新能力为核心，加强专业技术人才队伍建设。突出培养高层次、创新型人才，依托重大测绘地理信息工程和科研项目，加快培养对提升测绘地理信息技术水平和促进产业升级有引领作用的科技领军人才、核心技术研发人才和创新团队。加强产、学、研结合，不断提高专业技术人员实践能力，鼓励和支持把测绘技术与其他领域技术融合，不断拓展地理信息社会化应用新领域。加强专业技术人员继续教育，结合地理国情监测、数字城市建设、“天地图”地理信息公共服务平台建设等重点工作更新知识。进一步加大高层次人才引进力度，优先引进掌握测绘地理信息关键技术的高端人才。通过送教上门、举办面向西部地区的工程硕士班等，加强西部地区专业技术人才培养，进一步改善人才区域发展不平衡的状况。

（三）技能人才队伍建设

以提升职业素质和职业技能为核心，加强技能人才队伍建设。进一步完善以生产单位为主体、以职业院校为基础、学校教育与单位培养紧密联系的技能人才培养体系。结合测绘地理信息科技创新和新技术装备应用，加快培养技术技能型、知识技能型和复合技能型人才。大力开展岗位练兵和技能培训。加强职业技能鉴定工作，加大技师和高级技师的培养选拔工作力度，实现高、中、初级技能人才梯次发展。进一步健全和完善高技能人才评选表彰制度，营造尊重劳动、崇尚技能、鼓励创新的有利于高技能人才成长的社会氛围。

（四）经营管理人才队伍建设

以提高现代经营管理水平和竞争力为核心，加强经营管理人才队伍建设。选拔懂技术、会管理、善经营的复合型人才充实到经营管理岗位。加快推进经营管理人才职业化、市场化、专业化。配合实施测绘“走出去”战略需要，鼓励优秀经营管理人才带领企业开拓国际测绘地理信息市场，通过参与、承担国际项目，掌握先进经营理念、把握产业动态和市场变化方向。优化经营管理人才发展环境，表彰和奖励在推进地理信息产业发展中作出突出贡献的优秀企业家、职业经理人。进一步发挥测绘地理信息社团组织作用，为地理信息企业人才发展创造条件、做好服务。

四、创新机制

（一）人才培养机制

进一步加大对人才培养开发全过程的指导，注重在实践中发现、培养、造就人才。加强对有关院校测绘学科专业设置、教学内容的指导，以强化实践能力与创新能力为重点改革人才培养模式。建立有关高等院校与企事业单位联合培养人才的新机制，提高人才培养的针对性和实效性。支持用人单位与有关职业院校建立紧密联系，开展订单式技能人才培养。鼓励各类人才到基层单位建功立业，将基层工作经历作为提拔干部的重要依据。

（二）人才评价机制

建立健全以贡献和业绩为导向的人才评价机制。完善符合测绘地理信息工作实际、体现科学发展观和正确政绩观要求的领导干部考核指标体系，进一步扩大领导干部考核过程中群众参与程度。根据国家统一部署，稳步推进专业技术职称改革工作，落实用人单位在专业技术职务（岗位）聘任中的自主权。完善注册测绘师注册、执业、继续教育等规定，形成符合我国国情和测绘地理信息发展需要的注册测绘师管理制度体系，逐步发挥注册测绘师在行业管理和产品质量保证中的重要作用。完善技能人才评价机制，打破学历和身份限制，研究、制定高技能人才与工程技术人才职业发展贯通办法。制定充分体现经营效益、有别于党政领导干部的经营管理人才评价指标体系。

（三）人才选用机制

进一步完善各类人才选拔使用方式，促进人岗相适、用当其时、人尽其才，形成有利于各类人才脱颖而出、施展才能的选拔任用机制。加大竞争性选拔干部力度，扩大干部工作民主，引导干部依靠实干、实绩赢得群众信任，不断提高选人用人公信度。完善事业单位公开招聘和竞聘上岗工作。鼓励用人单位探索建立高技能人才带头人制度。建立和完善组织选拔与市场化相结合的经营管理人才产生机制。

（四）人才激励机制

建立健全与工作业绩紧密结合、有利于激发人才活力和创造力的人才激励机制。按照国家统一部署，稳步推进事业单位岗位绩效工资制度。探索高技能人才参照高层次专业技术人才确定待遇的有关办法，积极推荐贡献突出的高技能人才享受政府特殊津贴。探索知识、技术、管理、技能等生产要素参与分配的办法，研究建立经营管理人才年薪制和股权激励等制度。

五、重点人才工程

（一）科技领军人才工程

面向国内外选拔、培养和引进20名左右创新能力强、发展潜力大的科技领军人才，力争2－3人达到国内一流科学家的水平。依托重点科研机构、重点实验室、工程中心、博士后科研工作站和生产单位，为科技领军人才开展科研活动搭建平台。鼓励科技领军人才承担、参加重大测绘地理信息科研和工程项目，在选题立项、科研条件配备、参加国际学术交流、资金支持等方面给予必要倾斜。

（二）青年学术和技术带头人培养工程

完善青年学术和技术带头人培养制度，健全国家、省和基层单位共同推动的三级测绘地理信息专业技术骨干人才培养格局。国家测绘地理信息局选拔120名左右青年学术和技术带头人进行重点培养，力争在“十二五”期间有10人入选“新世纪百千万人才工程”国家级人选；每个省级测绘地理信息行政主管部门选拔培养10－20名省级青年学术和技术带头人；每个院（队）选拔培养5－10名院级青年学术和技术带头人。通过定期举办学术交流、资助科技活动、组织参加国（境）内外培训等措施，加强对青年学术和技术带头人的培养。

（三）卓越工程师培养计划

进一步密切测绘地理信息高等院校和用人单位的联系，促进学校教育与生产、科研有机结合，共同打造有创新能力、实践能力、竞争能力的人才队伍。国家测绘地理信息局与教育部联合制定测绘地理信息专业高等教育人才培养行业标准，指导有关高等院校按照标准调整教学内容、建设课程体系，引导有关企事业单位与高校共同确定培养目标、制定培养方案、实施人才培养。选择部分有条件的单位设立“工程实践教育中心”，承担对口高校测绘地理信息专业学生的实践学习任务，并在实践学习中发现和录用优秀人才。进一步加强对有关高校测绘地理信息人才培养的指导，充分发挥高等学校测绘学科教学指导委员会的作用，逐步在有关院校开展测绘学科专业认证工作。

（四）高技能人才发展计划

以职业技能鉴定为抓手，造就一大批具有精湛技艺的高技能人才。选择具备条件的企事业单位和测绘地理信息职业院校建立示范性高技能人才培训基地，开展高技能人才能力和素质提升培训。制定高技能人才定期培训制度，每年参加各种形式的研修培训时间不少于 7 天。每两年举办一次全国测绘地理信息行业技能竞赛，为高技能人才脱颖而出提供平台。努力为高技能人才在重大工程实施、重大技术革新和关键技术攻关中发挥更加重要作用创造条件。进一步健全和完善高技能人才工作体系，形成多方参与、密切配合、共同推动高技能人才工作的新格局。

（五）经营管理人才培养工程

着眼于提高现代化经营管理水平和竞争力，培养一批具有世界眼光、创新精神和经营能力的经营管理人才，推动地理信息新型服务业态发展壮大。大力开展以管理创新、服务创新为重点的专题培训和辅导，组织全国测绘资质单位主要负责人参加脱产培训，“十二五”期间轮训一遍。依托国家和地方地理信息产业园区，建立经营管理人才培养基地，选派有发展潜力的经营管理人员到地理信息产业园区和知名地理信息企业学习锻炼，为测绘地理信息企业引进优秀的经营管理者创造条件。搭建经营管理人才对外沟通交流平台，组织测绘地理信息企业高级经营管理人员赴有关国家（地区）研讨培训。依托国内外著名高校，举办面向测绘地理信息经营管理人才的硕士班或在职研究生课程班。

六、保障措施

（一）加强领导

坚持党管人才原则，健全各级人才工作领导机构，完善工作机制。建立和完善“一把手”抓“第一资源”的人才工作目标责任制，提高各级领导班子综合考核和省级测绘地理信息行政主管部门贯彻落实科学发展观年度考评指标体系中人才工作考核的权重。坚决惩治选人用人上的不正之风。

（二）加大投入力度

建立人才发展投入和测绘地理信息发展协调增长的机制。设立测绘地理信息人才工作专项资金，纳入财政预算，重点支持科技领军人才、青年学术和技术带头人以及各类急需人才的培养。进一步增加教育培训和专业技术人员知识更新的经费投入。加大对西部地区人才培养的经费支持力度。在测绘地理信息科研和生产项目中，用于项目培训、人才开发和培养的经费应据实列支，经费总额原则上不低于本年度全部科研和生产项目经费的3%。拓宽人才培养资金渠道，建立测绘地理信息人才培养奖励资金，鼓励和支持社会组织、项目合作单位和企业以多种形式加大人才开发投入力度。

（三）强化教育培训

按照按需施教、保证质量、注重能力、学以致用、改革创新的原则，开展高质量的人才教育培训工作。充分利用党校、行政学院、有关高等院校和国家测绘地理信息局继续教育中心、职业教育培训基地、职工培训中心等教育培训资源，根据测绘地理信息发展需要和人才成长需求，有针对性地开展教育培训。鼓励和支持各类人才通过继续教育更新知识、提高学历层次。探索建立网络教育、远程教育、电化教育平台。积极推动干部选学。继续开发国（境）外优质教育培训资源，完善管理制度，提高教育培训质量。

（四）营造良好环境

大力宣传党和国家人才工作的重大战略思想和方针政策，重点宣传一批优秀测绘地理信息人才的先进事迹，着力营造尊重知识、尊重人才、尊重劳动、尊重创造的氛围，形成人人渴望成才、人人努力成才的良好风尚。倡导追求真理、勇攀高峰，宽容失败、团结协作的创新精神，尊重人才的特殊禀赋和个性。进一步优化人才成长的环境，使各类人才创业有机会、干事有舞台、发展有空间。

（五）加强基础工作

遵循人才成长规律，立足当前，谋划长远，以改革创新精神推进测绘地理信息人才理论研究工作，注重研究成果的实践转化和应用。提高测绘地理信息人才工作信息化水平，建立各类高层次人才信息库，实现动态管理和开发运用。加强测绘地理信息人才统计工作，进一步完善符合实际、向行业和基层延伸的人才统计指标体系。加强对测绘地理信息人才统计数据的分析研究，探索适应测绘地理信息快速发展需要的各类人才需求预测工作。

（六）加强人才工作队伍建设

注重选派政治坚定、思想解放、业务精通、公道正派、作风过硬的干部充实到各级人才工作队伍中来。加大对人才工作队伍的培训力度，使其正确把握党和国家的人才工作方针政策，树立现代人才工作理念，不断提高学习能力、创新能力、沟通协调能力和主动服务意识，通过卓有成效的工作为测绘地理信息科学发展育好才、聚好才、用好才。

关于印发《政府采购代理机构管理使用（暂行）规定》的通知

国测财发〔2011〕18 号　2011 年 8 月 22 日

局所属在京各单位、机关各司局：

为进一步加强政府采购管理，规范政府采购代理程序，确保政府采购代理工作质量，根据《政府采购法》等法律法规及政府采购有关规定，我们制定了《政府采购代理机构管理使用（暂行）规定》，现印发给你们，请遵照执行。

政府采购代理机构管理使用（暂行）规定

根据《政府采购法》等法律法规及有关规定，按照国务院办公厅《关于印发中央预算单位 2011－2012 年政府集中采购目录及标准的通知》（国办发〔2010〕61 号）文件要求，为确保政府采购代理工作质量，规范政府采购代理机构管理，特规定如下：

一、代理机构的确定及有效期限

按照“机会均等、择优使用、严格考核、优胜劣汰”的原则，使用符合资质要求、经过优选且审查合格的政府采购代理机构。

代理机构入围后，代理有效期限为三年。

二、代理机构承担代理业务的单位范围

局本级及在京预算单位。

三、代理机构的选用要求

（一）采购人在使用代理机构时，应从我局优选入围的代理机构中选择。

（二）选中的代理机构需在局政府采购管理部门备案。

（三）采购代理机构选定后，由局政府采购管理部门负责通知代理机构。

（四）代理机构一经选取，无正当理由不得随意变更。特殊情况需变更的，由采购人形成书面报告，经局批准后方可变更。

四、对代理机构的工作要求

（一）代理机构因故不能代理的，应以书面申请报局政府采购管理部门批准后，再按要求重新选定。代理期限内代理机构因故达到 2 次不能代理政府采购业务的，取消其代理期内的代理资格。

（二）代理机构领取采购任务后，采购人与代理机构应及时签订委托代理协议（附件附后），明确各方权利义务。

（三）政府采购招标代理服务收费标准按照国家计委《招标代理服务收费管理暂行办法》（计价格〔2002〕1980 号）和国家发展改革委办公厅《关于招标代理服务收费有关问题的通知》（发改办价格〔2003〕857 号）确定的收费标准收取，但合同金额超过 1000 万（含）以上项目的代理费用，需按照国家规定收费标准优惠收取。

五、其他规定

（一）代理机构代理有效期满后，须对采购代理机构重新遴选。

（二）为确保代理机构参与代理的机会均等，由采购人从已确定的代理机构中随机选择确定，若采购事项多于代理机构，则代理机构的选择采取循环方式进行，同时一家代理机构代理同一采购项目不得超过一年。

（三）当年采购过程中代理机构出现重大失误或投诉、有串标、索贿等不良行为被举报，并经调查属实的，应立即停止其代理资格，并向上级主管部门反映，同时不得参加下次代理机构遴选。

附件：采购委托协议（略）

关于印发《国家测绘地理信息局机关网络信息系统安全管理暂行规定（试行）》、《国家测绘地理信息局互联网电子邮件系统管理暂行办法（试行）》的通知

测办〔2011〕25号　2011年9月13日

局所属有关单位、机关各司局：

为加强我局网络信息系统和互联网电子邮件系统的管理，进一步规范办公、政务信息的管理、使用与传递，完善规章制度，确保网络信息系统安全保密，根据《中华人民共和国保守国家秘密法》、《中华人民共和国计算机信息系统安全保护条例》等有关法律、法规，我局制定了《国家测绘地理信息局机关网络信息系统安全管理暂行规定（试行）》、《国家测绘地理信息局互联网电子邮件系统管理暂行办法（试行）》。现印发给你们，请认真贯彻执行。

国家测绘地理信息局机关网络信息系统安全管理暂行规定（试行）

第一章　总　则

第一条　为加强局机关网络信息系统的安全管理，确保局机关网络信息系统安全、有序、高效运行，根据《中华人民共和国保守国家秘密法》《中华人民共和国计算机信息系统安全保护条例》等有关法律、法规要求，制定本规定。

第二条　本规定所涉及的网络信息系统，是指由服务器、网络设备、软件、应用系统和计算机、打印机等终端设备组成，根据局行政管理、日常办公的需要，利用计算机、网络、软件等技术建立的用于采集、处理、存储和传输信息的系统。

第三条　局保密委员会指导局机关网络信息系统安全保密工作，局办公室负责局机关网络信息系统安全保密的管理工作，局管理信息中心负责局机关网络信息系统安全保密的技术实施和日常维护管理工作。

第四条　局机关各司局以及局机关网络信息系统的其他接入单位应遵守本规定。

第二章　局机关网络信息系统组成

第五条　根据功能和物理条件，局机关网络信息系统分为内网系统和外网系统，均为非涉密网。

第六条　内网系统主要用于内部办公信息的处理和应用，信息系统安全保护等级为第三级。

外网系统接入国际互联网，主要用于局各类信息的对外发布、电子邮件的收发以及互联网信息的浏览，信息系统安全保护等级为第一级。

第七条　内网系统和外网系统之间实行物理隔离。

第三章　局机关网络信息系统接入

第八条　各司局、单位的计算机需要接入局机关网络信息系统时，应当填写《国家测绘地理信息局机关网络信息系统接入申请表》，经本部门、单位领导签字后向局办公室提出申请。局办公室核批

后交局管理信息中心备案。局管理信息中心备案有关信息后，开通相应网络。

第九条 接入网络的计算机应当按要求统一设置网络标识（计算机名、所在域名、IP 地址等），安装网络版杀毒软件。

第十条 借调人员因工作需要使用局机关网络信息系统时，借调部门应当协助其办理临时入网申请手续，如需配置计算机的，在申请中注明。

第四章 局机关网络信息系统使用

第十一条 未经批准任何人不得擅自接入网络，网络内计算机实行专网专用，不得擅自更改接入其它网络信息系统。

第十二条 网络用户应当严格依据各自的权限进行网上活动，不得越权修改网络系统设置。

第十三条 任何人不得以任何手段窃取他人计算机帐号和口令，不得盗用他人的 MAC、IP 地址等信息登录网络。任何人不准窃取、修改或删除他人的计算机信息。

第十四条 任何单位和个人不得以任何形式发布、传播、下载有关危害社会治安、扰乱社会秩序和黄色淫秽的信息。

第十五条 任何人不得以任何方式对计算机网络实施攻击或做相关的试验，不得利用网络发布与工作无关或无益的言论。

第十六条 为保证局外网正常运行，防止非正常应用长时间占用网络带宽资源，禁止使用 P2P 类下载工具。

第十七条 外网原则上禁止使用无线路由器上网，严禁擅自接入无线路由设备。

第十八条 对外发布信息内容不得违反国家法律、法规和其他有关安全保密的规定。

第十九条 计算机使用人员（含借调人员）离岗离职时，本部门、单位应当及时通知局管理信息中心取消其计算机信息系统访问授权，收回计算机、移动存储介质等相关设备。

第五章 安全保密责任与罚则

第二十条 各司局、单位主要负责人是所在司局、单位网络信息系统安全保密监管的第一责任人。计算机使用人员（含借调人员）应当对其使用的计算机负责，确保非涉密计算机不存储、处理涉密信息。

第二十一条 违反本规定的，视情节轻重，给予批评教育、口头警告、取消上网资格等处理。

第二十二条 对违反国家法律、法规，造成国家秘密泄露的，按照有关规定给予行政或党纪处分，构成犯罪的，依法追究刑事责任。

第六章 附 则

第二十三条 本办法由局办公室负责解释。

第二十四条 本规定自发布之日起施行。

国家测绘地理信息局互联网电子邮件系统管理暂行办法（试行）

第一章 总 则

第一条 为适应电子政务发展的需要，规范办公、政务信息的管理、使用与传递，保证国家测绘地理信息局互联网电子邮件系统（以下简称“电子邮件系统”）安全、高效运行，根据有关法律、法规，结合我局工作实际，制定本办法。

第二条 电子邮件系统向局机关各司局、所属各单位开放使用，不对社会开放。

第三条 电子邮件系统从国家测绘地理信息局门户网站或网址 http：//mail. sbsm. gov. cn 进入。电子邮箱地址统一使用国家测绘地理信息局域名为后缀。

第四条 局办公室指导电子邮件系统的建设和管理工作，负责受理用户申请与注销，完善相关运行管理制度。局管理信息中心负责电子邮件系统日常运维的管理与技术保障，确保系统安全、稳定运行。

第二章 邮箱的申请

第五条 局机关、管理信息中心、地图技术审查中心、测绘发展研究中心、职业技能鉴定指导中心、机关服务中心、北戴河休养院在职正式工作人员可申请个人办公邮箱，局机关各司局、局所属各单位办公室等可依据工作需要申请部门邮箱。

第六条 凡因工作需要需申请电子邮箱的，应当由所在司局、单位向局办公室提出申请，填写《国家测绘地理信息局办公电子邮件系统使用申请表》（可在局门户网站下载中心栏目下载）。

第七条 电子邮件系统用户帐号一律采用实名制，开设帐号应当提交邮箱使用人（部门）的姓名、单位、部门、联系电话等真实信息。

第三章 邮箱的运行使用

第八条 用户可利用电子邮箱与系统内用户或国际互联网其他邮箱收发邮件。

第九条 各电子邮件系统使用司局、单位可将本司局、单位电子邮箱作为工作邮箱对外公布。

第十条 用户对收发的电子邮件信息要及时备份，避免因系统故障造成信息损失。

第十一条 如用户忘记密码，可凭本单位证明，到局管理信息中心办理密码重新设置手续。

第四章 安全保障

第十二条 用户应当在首次登录邮箱后立即修改密码，做到定期更新密码并妥善保管。密码应当保证8位以上长度，密码使用英文字母、阿拉伯数字、符号混合的形式，密码字符的组合应是无规律的并且是无特定含义的。

第十三条 用户应当保证邮箱密码不外泄，密码泄露造成邮件损失或系统受到破坏等一切后果，由电子邮箱用户负责并承担责任。

第十四条 用户使用电子邮件系统应自觉遵守国家有关政策法规，禁止利用电子邮件系统传播非法信息或其它不宜传播的信息。

第十五条 严禁使用电子邮箱传递密级文件和其它涉密信息。严禁利用电子邮件系统发送垃圾邮件和危害社会安全的邮件。

第十六条 不得随意公开邮箱，处理与办公无关的事宜，不要打开不熟悉的匿名电子邮件，不要打开可能存在不安全的内容（如：“黑客”程序、病毒程序等）的电子邮件。

第十七条 用户应及时向局管理信息中心举报电子邮箱被滥用或盗用情况，及时报告系统安全漏洞或其它不正常状况。

第十八条 电子邮件系统的部门邮箱用户应当指定专人负责本部门邮件的日常收发与管理，并对本部门的邮箱使用负责。

第十九条 电子邮件系统管理部门严禁对外透露邮箱用户的个人资料，严禁私设邮箱用户。

第五章 邮箱终止

第二十条 各司局、单位如发生电子邮件系统使用人员变动，应及时报告局办公室调整邮箱用户。

第二十一条 当用户调离原工作单位、部门时，其电子邮箱应由本单位负责部门向局办公室办理撤销手续。自登记办理撤销手续之日起，半年内保留其使用权。

第二十二条 凡违反本规定者，将终止其电子邮件系统的使用权，并追究其责任。

第六章 附 则

第二十三条 本办法由局办公室负责解释。

第二十四条 本规定自发布之日起施行。

关于印发《中共国家测绘地理信息局党组关于贯彻落实党风廉政建设责任制的实施办法》的通知

国测党发〔2011〕31号 2011年11月22日

局所属各单位，机关各司局：

现将《中共国家测绘地理信息局党组关于贯彻落实党风廉政建设责任制的实施办法》印发给你们，请认真贯彻落实。

中共国家测绘地理信息局党组关于贯彻落实党风廉政建设责任制的实施办法

第一章 总 则

第一条 为了加强党风廉政建设，明确我局及直属单位领导班子、领导干部在党风廉政建设中的责任，推动科学发展，促进社会和谐，提高党的执政能力，保持和发展党的先进性，保证党中央、国务院关于党风廉政建设的决策和部署的贯彻实施，根据中共中央、国务院《关于实行党风廉政建设责任制的规定》（中发〔2010〕19 号），结合实际，制定本办法。

第二条 本办法所称党风廉政建设责任制，是指国家测绘地理信息局（以下简称国家局）党组和机关各司局、局各直属单位领导班子、领导干部在党风廉政建设中应承担的责任的制度。

第三条 实行党风廉政建设责任制，要以邓小平理论和“三个代表”重要思想为指导，深入贯彻落实科学发展观，坚持党要管党、从严治党，坚持标本兼治、综合治理、惩防并举、注重预防，扎实推进惩治和预防腐败体系建设。

第四条 实行党风廉政建设责任制，必须坚持党组（党委）统一领导，党政齐抓共管，纪检组（纪委）组织协调，部门各负其责，依靠群众支持与参与。要把党风廉政建设作为党的建设的重要内容，纳入领导班子、领导干部目标管理，与业务工作和测绘文化建设紧密结合，一起部署，一起落实，一起检查，一起考核。要坚持集体领导与个人分工负责相结合，谁主管、谁负责，一级抓一级、层层抓落实。

第五条 领导班子对职责范围内的党风廉政建设负全面领导责任。领导班子主要负责人是职责范围内的党风廉政建设第一责任人，应当重要工作亲自部署、重大问题亲自过问、重点环节亲自协调、重要案件亲自督办。领导班子其他成员根据工作分工，对职责范围内的党风廉政建设负主要领导责任。

第二章 责任内容

第六条 国家局党组对国家局的党风廉政建设负全面领导责任。党组书记、局长是国家局党风廉政建设的第一责任人。党组成员及局领导根据分工，对职责范围内的党风廉政建设负主要领导责任。具体责任内容：

（一）贯彻落实党中央、国务院和中央纪委关于党风廉政建设的部署和要求，结合测绘地理信息部门的实际研究制定党风廉政建设工作计划、目标要求和具体措施，每年对党风廉政建设工作任务进行责任分解、明确分工、推进落实。

（二）开展党性党风党纪和廉洁从政教育，组织党员、干部学习党风廉政建设理论和法规制度，加强廉政文化建设。

（三）贯彻落实党风廉政法规制度，推进制度创新，深化体制机制改革，从源头上预防和治理腐败。

（四）强化权力制约和监督，建立健全决策权、执行权、监督权既相互制约又相互协调的权力结构和运行机制，推进权力运行程序化和公开透明。

（五）履行监督职责，对局机关和直属单位的党风廉政建设情况和下级领导班子、领导干部廉洁从政情况进行监督检查。

（六）严格按照规定选拔任用干部，防止和纠正选人用人上的不正之风。

（七）加强作风建设，纠正损害群众利益的不正之风，切实解决党风政风方面存在的突出问题。

（八）领导、组织并支持相关部门依纪依法履行职责，及时听取工作汇报，切实解决重大问题。

第七条 局机关各司局领导对本部门的党风廉政建设负全面领导责任。司局主要负责人是本部门党风廉政建设第一责任人。司局领导成员根据分工，对分管处（室）及其处（室）领导的党风廉政建设负主要领导责任。具体职责内容：

（一）贯彻落实党中央、国务院和中央纪委以及国家局党组关于党风廉政建设工作的部署、要求，及时召开党风廉政建设专题会议，进行具体研究和安排。

（二）组织党员、干部学习党风廉政建设和反腐败工作的重要文件，按照上级统一部署，并结合本部门的实际，抓好本部门党员、干部的党性、党风、党纪和廉政教育。

（三）根据本部门实际，从加强管理、健全各项规章制度、强化监督等方面进行综合治理，采取从源头上防范廉政风险的具体措施。

（四）履行监督职责，对职责范围内的党风廉政建设情况和领导干部廉洁自律情况进行监督检查。

（五）负责向分管局领导及纪检组报告本部门党风廉政建设情况和出现的问题，并根据分管领导及纪检组的要求进行调查处理。

（六）加强作风建设，纠正损害群众利益的不正之风，切实解决党风政风方面存在的突出问题。

第八条 局各直属单位领导班子对本单位职责范围内的党风廉政建设负全面领导责任。领导班子主要负责人是本单位职责范围内党风廉政建设第一责任人。领导班子成员根据分工，对分管部门、单位及其主要负责人的党风廉政建设负主要领导责任。具体职责内容：

（一）贯彻落实党中央、国务院和中央纪委以及国家局党组关于党风廉政建设工作的部署、要求，及时召开党风廉政建设专题会议，进行具体研究，做好工作部署和安排。

（二）组织党员、干部学习党风廉政建设和反腐败工作的重要文件，按照上级统一部署，并结合本单位的实际，抓好本单位党员、干部的党性、党风、党纪和廉政教育。

（三）根据本单位实际，从加强管理、健全各项规章制度、强化监督等方面进行综合治理，采取从源头上防范和治理腐败的具体措施。

（四）履行监督职责，对职责范围内的党风廉政建设情况、领导班子和领导干部廉洁自律情况进行监督检查，同职责范围内管理的干部进行廉政谈活。

（五）严格按照规定选拔任用干部，防止和纠正选人用人上的不正之风。

（六）领导、组织并支持相关部门依法依纪履行职责，及时解决其工作中遇到的困难和问题。

（七）负责向国家局联系本单位的领导及纪检组报告本单位党风廉政建设和反腐败工作情况和出现的问题，并根据国家局联系领导及纪检组的要求进行调查处理。

（八）加强作风建设，纠正损害群众利益的不正之风，切实解决党风政风方面存在的突出问题。

第三章 检查考核与监督

第九条 建立和完善党风廉政建设责任制的检查考核制度。

（一）各级党组（党委）要建立健全党风廉政建设责任制领导小组，负责对下一级领导班子、领导干部党风廉政建设责任制执行情况的检查考核。要制定检查考核的评价标准、指标体系，明确检查考核的内容、方法、程序。

（二）检查考核工作每年进行一次。检查考核工作可以与领导班子、领导干部年度考核等工作结合进行，具体由人事部门负责组织，纪检监察部门配合；也可以组织专门检查考核，具体由纪检监察部门负责组织，人事部门配合。检查考核情况应当及时向单位党组（党委）报告。

（三）各级党组（党委）要将检查考核情况在适当范围内通报。对检查考核中发现的问题，要及时研究解决，督促整改落实。要将检查考核结果作为对领导班子总体评价和领导干部业绩评定、奖励惩处、选拔任用的重要依据。

第十条 建立和完善执行党风廉政建设责任制情况报告制度。

（一）各直属单位党组（党委、总支、支部）每年要向国家局党组专题报告贯彻落实党风廉政建设责任制的情况。报告内容要全面、真实反映本单位党风廉政建设情况。

（二）各级领导干部要在专题民主生活会上和年度述职报告中，如实报告个人廉政情况和执行党风廉政建设责任制情况，并在本单位、本部门进行评议。

第十一条 国家局党组巡视组要依照巡视工作有关规定，加强对局各直属单位领导班子及其成员执行党风廉政建设责任制情况的巡视监督。

第四章 责任追究

第十二条 对不履行或者不正确履行党风廉政建设责任制的领导班子、领导干部应追究责任。实行责任追究，应严格按照干部管理权限及有关程序的规定办理，组织处理由人事部门办理，纪律处分由纪检监察部门办理。

第十三条 领导班子、领导干部违反或未能正确履行本办法第七、八条规定的职责，有下列情形之一的，应当追究责任：

（一）对党风廉政建设工作领导不力，以致职责范围内明令禁止的不正之风得不到有效治理，造成不良影响的。

（二）对上级领导机关交办的党风廉政建设责任范围内的事项不传达贯彻、不安排部署、不督促落实，或者拒不办理的。

（三）对本单位、本部门发现的严重违纪违法行为隐瞒不报、压案不查的。

（四）疏于监督管理，致使领导班子成员或者直接管辖的下属发生严重违纪违法问题的。

（五）违反规定选拔任用干部，或者用人失察、失误造成恶劣影响的。

（六）放任、包庇、纵容下属人员违反财政、金融、税务、审计、统计等法律法规，弄虚作假的。

（七）有其他违反党风廉政建设责任制行为的。

第十四条 领导班子有本办法第十三条所列情形，情节较轻的，责令做出书面检查；情节较重的，给予通报批评；情节严重的，进行调整处理。

第十五条 领导干部有本办法第十三条所列情形，情节较轻的，给予批评教育、诫勉谈话、责令做出书面检查；情节较重的，给予通报批评；情节严重的，给予党纪政纪处分，或者给予调整职务、责令辞职、免职和降职等组织处理。涉及犯罪的，移送司法机关依法处理。

以上责任追究方式可以单独使用，也可以合并使用。

第十六条 领导班子、领导干部具有本办法第十三条所列情形，并具有下列情节之一的，应当从重追究责任：

（一）对职责范围内发生的问题进行掩盖、袒护的。

（二）干扰、阻碍责任追究调查处理的。

第十七条 领导班子、领导干部具有本办法第十三条所列情形，并具有下列情节之一的，可以从轻或者减轻追究责任：

（一）对职责范围内发生的问题及时如实报告并主动查处和纠正，有效避免损失或者挽回影响的。

（二）认真整改，成效明显的。

第十八条 实施责任追究，要实事求是，分清集体责任和个人责任、主要领导责任和重要领导责任。

追究集体责任时，领导班子主要负责人和直接分管的领导班子成员承担主要领导责任，参与决策的班子其他成员承担重要领导责任。对错误决策提出明确反对意见而没有被采纳的，不承担领导责任。

错误决策由领导干部个人决定或者批准的，追究该领导干部个人的责任。

第十九条 实施责任追究不因领导干部工作岗位或者职务的变动而免予追究。已退休但按照本规定应当追究责任的，仍须进行相应的责任追究。

第二十条 受到责任追究的领导班子、领导干部，取消当年年度考核评优和评选各类先进的资格。

单独受到责令辞职、免职处理的领导干部，一年内不得重新担任与其原任职务相当的领导职务；受到降职处理的，两年内不得提升职务。同时受到党纪政纪处分和组织处理的，按影响期较长的执行。

第五章 附 则

第二十一条 各直属单位可根据本办法制定和完善本单位的《党风廉政建设责任制》以及相关的配套措施和规章制度。

第二十二条 本办法由国家局纪检监察部门负责解释。

第二十三条 本办法从下发之日起施行。《中共国家测绘局党组关于贯彻落实党风廉政建设责任制的实施办法》（国测党字〔2000〕16号）同时废止。

关于印发《遥感影像公开使用管理规定（试行）》的通知

国测成发〔2011〕9号 2011年11月29日

各省、自治区、直辖市、计划单列市测绘地理信息行政主管部门，新疆生产建设兵团测绘地理信息主管部门，局所属各单位：

为加强遥感影像公开使用的管理，维护国家安全和利益，促进遥感影像资源有序开发利用，根据《测绘法》、《测绘成果管理条例》和其他有关法律法规规定，我局组织制定了《遥感影像公开使用管理规定（试行）》，现予以印发。

遥感影像公开使用管理规定（试行）

第一条　为维护国家安全和利益，加强对遥感影像公开使用的管理，促进遥感影像资源有序开发利用，根据测绘法、测绘成果管理条例、地图审核管理规定和其他有关法律法规，制定本规定。

第二条　本规定所称遥感影像包括卫星遥感影像和航空遥感影像，以及采用测绘遥感技术方法加工处理形成的遥感影像图。

第三条　以公开出版、登载、展示和引进、销售、传播等方式公开使用遥感影像时，须遵守本规定。

第四条　公开使用的遥感影像空间位置精度不得高于50米；影像地面分辨率（以下简称分辨率）不得优于0.5米；不标注涉密信息、不处理建筑物、构筑物等固定设施。

第五条　在公开使用的遥感影像上标注地名、地址或者其他属性信息，应当符合下列要求：

（一）符合《基础地理信息公开表示内容的规定（试行）》；

（二）符合《公开地图内容表示若干规定》；

（三）符合《公开地图内容表示补充规定（试行）》；

（四）符合国家其他法规制度要求，不得标注、显示禁止公开的信息。

第六条　属于国家秘密且确需公开使用的遥感影像，公开使用前应当依法送省级以上测绘地理信息行政主管部门会同有关部门组织审查并进行保密技术处理。分辨率优于0.5米的遥感影像，公开使用前应当报送国家测绘地理信息局组织审查并进行保密技术处理。

第七条　向社会公开出版、传播、登载和展示遥感影像的，还应当报送省级以上测绘地理信息行政主管部门进行地图审核，并取得审图号。

第八条　从事遥感影像采集、加工处理、地名地物属性标注等活动，应当按规定取得相应的测绘资质。

第九条　国家测绘地理信息局负责监督管理全国遥感影像公开使用工作，县级以上测绘地理信息行政主管部门负责监督管理辖区内遥感影像公开使用工作。

从事提供或销售分辨率高于10米的卫星遥感影像活动的机构，应当建立客户登记制度，包括客户名称与性质、提供的影像覆盖范围和分辨率、用途、联系方式等内容。每半年一次向所在地省级以上测绘地理信息行政主管部门报送备案。

第十条　为应对重大突发事件应急抢险救灾急需，各级人民政府及其有关部门和军队，可以无偿使用遥感影像，各遥感影像保管单位、销售与提供机构应当无偿提供相关数据和资料。

第十一条　本规定由国家测绘地理信息局负责解释。

第十二条　本规定自发布之日起施行。与本规定不一致的，以本规定为准。

关于进一步贯彻落实测绘成果核心涉密人员保密管理制度的通知

国测成发〔2011〕11号　2011年12月13日

各省、自治区、直辖市、计划单列市测绘地理信息行政主管部门，新疆生产建设兵团测绘地理信息主管部门，局所属各单位，机关各司局：

近年来，各地各部门认真贯彻落实中央要求，积极组织开展涉密测绘成果保密宣传教育和检查，不断完善有关规章制度，涉密测绘成果保密管理工作取得新的成效，但是一些涉密成果使用单位和测绘地理信息单位在涉密测绘成果生产、存储、处理、使用、保管等方面仍然存在突出问题，安全隐患严重。为深入贯彻落实《中华人民共和国保守国家秘密法》、《中华人民共和国测绘成果管理条例》等法律法规，保障地理信息安全、合法、有序利用，现就进一步贯彻落实测绘成果核心涉密人员保密管理的有关要求通知如下：

一、进一步完善测绘成果核心涉密人员岗位管理制度

（一）明确测绘成果核心涉密人员工作职责。根据《中华人民共和国保守国家秘密法》的规定，凡从事涉密测绘成果生产、加工、保管、利用活动的单位（以下简称“涉密单位”）应当全面明确测绘成果核心涉密人员工作岗位，包括负责统一保管涉密测绘成果、负责管理涉密测绘成果数据库、负责涉密计算机或者涉密计算机信息系统安全管理等集中经管涉密单位涉密测绘成果的工作岗位。

（二）强化测绘成果核心涉密人员履职能力。测绘成果核心涉密人员应当具备良好的政治素质和品行，遵守国家保密法律法规，具有胜任测绘成果核心涉密岗位要求的工作能力，熟悉和掌握涉密测绘成果保密管理的业务知识、技能和基本法律知识，签订保密责任书，认真履行岗位职责，不得以任何方式泄露国家秘密。

（三）坚持测绘成果核心涉密人员持证上岗制度。涉密单位任用测绘成果核心涉密人员，必须坚持先培训后上岗的管理原则。测绘成果核心涉密人员必须参加省级（含）以上测绘地理信息行政主管部门组织的涉密测绘成果管理人员岗位培训，经考核成绩合格取得《涉密测绘成果管理人员岗位培训证书》（以下简称“岗位培训证书”）后，持岗位培训证书从事测绘成果核心涉密人员岗位工作。

二、进一步完善测绘成果核心涉密人员岗位培训机制

（四）加强岗位培训工作的组织领导。国家测绘地理信息局负责全国测绘成果核心涉密人员岗位培训的管理工作，负责统一编印、修订培训教材，建立考核试题库，指导省级测绘地理信息行政主管部门开展岗位培训工作。

各省、自治区、直辖市测绘地理信息行政主管部门负责本地区涉密测绘成果核心涉密人员岗位设置与培训的管理工作，全面掌握本地区测绘成果核心涉密人员岗位设置及其变动等有关情况，对辖区内测绘成果核心涉密人员进行登记备案，建立岗位设置与培训信息库，并通过门户网站及时公布岗位培训证书持证人员有关信息。

（五）明确岗位培训工作的职责分工。国家测绘地理信息局负责省级（含）以上测绘成果保管单位，甲级测绘资质单位，以及驻京中央级涉密测绘成果用户单位的测绘成果核心涉密人员岗位培训工作。

省、自治区、直辖市测绘地理信息行政主管部门负责辖区内省级以下测绘成果保管单位，乙级（含）以下测绘资质单位，以及驻省涉密测绘成果央直用户单位、本省涉密测绘成果用户单位的测绘成果核心涉密人员岗位培训工作。

（六）规范岗位培训证书的使用与管理。岗位培训证书由国家测绘地理信息局统一印制，省级以上测绘地理信息行政主管部门颁发。证书编号由省级以上测绘地理信息行政主管部门简称＋公元年份＋流水号顺序组成，并在个人照片处加盖培训机构钢印。

岗位培训证书有效期为五年。因离岗、离职（辞职、辞退、解聘、调离、退休）等原因不再从事测绘成果核心涉密岗位工作的，原持有的岗位培训证书自动失效。重新择业后仍从事测绘成果核心涉密岗位工作的，原持有的岗位培训证书在有效期内的仍继续有效至期满。

三、进一步加大测绘成果核心涉密人员保密管理力度

（七）严格审查测绘成果核心涉密人员任职资格。涉密单位任用测绘成果核心涉密人员，应当按照国家保密法规有关任职条件进行严格审查，并报所在地省级以上测绘地理信息行政主管部门备案。不得任用临时人员从事测绘成果核心涉密人员岗位工作。

（八）健全测绘成果核心涉密人员各项管理制度。涉密单位应当建立健全测绘成果核心涉密人员的资格审查、保密承诺、教育培训、绩效考核、监督检查、奖励处分、离岗离职等各项管理制度，依法保障测绘成果核心涉密人员的合法权益。

（九）切实落实测绘成果核心涉密人员监管要求。涉密单位在办理测绘资质申请、年度注册，申报涉密测绘成果使用申请，接受测绘成果保密检查等项工作中，应向审批或检查机构提交本单位测绘成果核心涉密人员岗位设定情况并出示其岗位培训证书复印件。审批或检查机构在有关工作中，应对涉密单位测绘成果核心涉密人员岗位设定、岗位证书持有等情况进行严格审批、检查。

对尚未全面明确测绘成果核心涉密人员工作岗位、尚未取得岗位培训证书的涉密单位，暂缓测绘

资质审查和涉密测绘成果提供审批，并督促其尽快改正。

进一步贯彻落实测绘成果核心涉密人员保密管理制度是维护国家安全和利益的一项重要举措，是加强涉密测绘成果保密管理的重要抓手。各省、自治区、直辖市、计划单列市测绘地理信息行政主管部门要高度重视，切实加强对此项工作的组织领导，要将本通知及时转发给辖区的测绘成果保管单位、测绘资质单位、涉密测绘成果用户单位，并要求以上单位认真贯彻落实本通知要求，确保涉密测绘成果的安全。

关于印发《测绘地理信息行政处罚案卷评查暂行办法》和《测绘地理信息行政处罚案卷评查标准》的通知

国测法发〔2011〕5号　2011年12月28日

各省、自治区、直辖市测绘地理信息行政主管部门：

为加强测绘地理信息行政执法监督，规范行政执法行为，提高行政执法水平，依据国务院《全面推进依法行政实施纲要》（国发〔2004〕10号）和《国务院关于加强法治政府建设的意见》（国发〔2010〕33号），国家测绘地理信息局研究制定了《测绘地理信息行政处罚案卷评查暂行办法》和《测绘地理信息行政处罚案卷评查标准》。现印发给你们，请按以下要求贯彻执行：

一、各级测绘地理信息行政主管部门要高度重视案卷评查工作，加强领导，认真组织学习，按照要求开展行政处罚案卷评查工作，以规范行政执法行为，推进层级监督，不断推动测绘地理信息行政执法工作迈上新台阶。

二、省级测绘地理信息行政主管部门要做好对市、县级测绘地理信息行政主管部门案卷评查工作的指导、监督和检查，并注意总结案卷评查工作经验，及时反馈执行中发现的问题和意见。

三、从2012年起，省级测绘地理信息行政主管部门原则上每年开展一次行政处罚案卷评查工作，并将评查结果报送国家测绘地理信息局。2012年案卷评查工作的具体要求将另行通知。

附件：1.《测绘地理信息行政处罚案卷评查暂行办法》

2.《测绘地理信息行政处罚案卷评查标准》

测绘地理信息行政处罚案卷评查暂行办法

第一条　为加强测绘地理信息行政执法监督，规范行政执法行为，提高行政执法水平，依据国务院《全面推进依法行政实施纲要》和《国务院关于加强法治政府建设的意见》，结合测绘地理信息行政执法工作实际，制定本办法。

第二条　本办法所称测绘地理信息行政处罚案卷，是指测绘地理信息行政主管部门或者经依法授权、依法委托承担测绘地理信息行政执法职权的组织（以下简称执法单位）已办结的行政处罚案件在案件办理过程中形成的检查记录、证据、执法文书等案卷材料。

本办法所称测绘地理信息行政处罚案卷评查，是指测绘地理信息行政主管部门对本部门所属行政执法单位和下级行政执法单位的行政处罚案卷，依照统一的评查内容和标准进行的评议考核活动。

第三条　国家测绘地理信息局负责组织、指导和监督全国测绘地理信息行政处罚案卷评查工作；负责制定测绘地理信息行政处罚案卷评查的具体内容和标准。

省、自治区、直辖市测绘地理信息行政主管部门负责组织实施本行政区域内的测绘地理信息行政处罚案卷评查工作。

第四条　测绘地理信息行政处罚案卷评查工作应当坚持公开、公平、公正的原则，统一评查内容和标准，严格评查程序，确保工作质量和效果。

第五条 评查机关开展测绘地理信息行政处罚案卷评查工作，应当遵守测绘地理信息、档案管理、保密管理等方面的法律法规，采取措施保证评查案卷的完整和安全。评查案卷涉及国家秘密、商业秘密和个人隐私的，评查人员负有保守秘密的义务。

第六条 评查机关参与同一行政处罚案卷评查的工作人员不得少于2人。

第七条 对行政执法主体的评查内容：

（一）执法单位是否具有行政执法职权；

（二）执法人员是否具有执法资格，是否取得行政执法证件；

（三）执法单位是否具有从事该执法行为的法定权限，是否有超越职权或滥用职权的行为；

（四）其他违反行政执法主体资格规定的情形。

第八条 对行政执法行为的评查内容：

（一）适用法律依据是否正确；

（二）认定事实是否清楚、证据是否充分并合法有效；

（三）行政处罚是否适度；

（四）行政处罚决定的执行情况；

（五）其他需要评查的内容。

第九条 对行政执法程序的评查内容：

（一）行政处罚前是否履行了告知义务，重大行政处罚前是否履行了听证告知义务；

（二）适用简易程序的行政处罚是否符合法定条件；

（三）适用一般程序的行政处罚是否有立案审批表、案件调查报告等相关法律手续；

（四）调查案件事实和收集违法行为的证据是否符合法定程序，证据的形式是否符合有关要求；

（五）情节复杂案件或者重大案件是否经过集体讨论；

（六）是否告知当事人有陈述、申辩的权利；

（七）行政处罚听证程序是否符合法律规定；

（八）行政处罚决定书等执法文书是否依法送达当事人；

（九）给予罚款、没收违法所得和非法财物的行政处罚是否有合法票据及物品清单，是否遵守罚缴分离、收支两条线制度；

（十）是否有违反行政处罚程序的其他行为。

第十条 行政执法案卷立卷质量的评查内容包括：

（一）是否做到一案一卷；

（二）卷宗封面是否按规定内容填写；

（三）卷宗目录填写是否规范；

（四）卷内材料排列顺序是否正确；

（五）卷内材料是否编有页码；

（六）其他有关立卷质量方面的情况。

第十一条 案卷评查工作原则上每年不少于一次。省级测绘地理信息行政主管部门应当于每年3月底前完成对上一年度行政处罚案卷的评查工作，并将评查情况报送国家测绘地理信息局。

第十二条 案卷评查工作可以采取重点评查、全面评查或随机抽查等方式，也可以组织测绘地理信息执法单位之间的相互评查或随机抽查。

第十三条 案卷评查以审查行政处罚案卷材料为主，必要时可听取有关测绘地理信息行政执法单位的工作汇报。行政处罚案卷评查工作可以与行政执法检查、行政执法考评及责任追究工作配合进行。

第十四条 已建立行政执法管理信息系统的，可以通过信息化手段开展行政处罚案卷评查工作。

第十五条 案卷评查应当一案一评，采用百分制计分方式。

第十六条 行政处罚案卷评查标准分为基本标准、一般标准。一般标准又分为案卷卷面标准和案卷内容标准。

基本标准任何一项存在问题，评查总分即为零分。一般标准中案卷卷面标准总分为20分，案卷内容标准总分为80分。

第十七条 案卷评查得分80－89分为合格案卷，得分90分以上为优秀案卷。评查得分以及扣分理由应当有书面记录，由评查人员签名后附于卷内。

第十八条 案卷经评查得分90分以上的，应当对执法单位给予通报表彰，对办案人员给予表扬和奖励。

评查得分在80分以下的，应当发出整改通知书，要求承办案件的执法单位进行整改，对办案人员进行业务培训。

连续两次评查得分低于70分的，由评查机关提出建议，取消直接责任人执法资格。

第十九条 执法单位接到行政处罚案卷评查机关整改通知书后，应当根据要求，立即采取措施进行整改，并将整改情况报告评查机关。

第二十条 执法单位对行政处罚案卷评查结果有异议的，可自收到评查结果10日内向评查机关书面申请复查，评查机关应当自收到复查申请之日起20日内做出复查决定。

第二十一条 案卷评查结果应当作为行政执法评议考核、依法行政考核、目标责任制考核的参考依据。

第二十二条 各省、自治区、直辖市测绘地理信息行政主管部门可根据本办法制定本地区测绘地理信息行政处罚案卷评查的实施办法。

第二十三条 本办法由国家测绘地理信息局负责解释。

第二十四条 本办法自发布之日起施行。

测绘地理信息行政处罚案卷评查标准

行政处罚案卷评查标准分为基本标准、案卷卷面标准和案卷内容标准。基本标准中任何一项存在问题，评查总分即为零分。案卷卷面标准为20分，案卷内容标准为80分，按照具体评查内容分别设定每项总分值及扣分标准，扣完为止，不计负分。各项得分的总和即为案卷评查总分。

一、基本标准

序号	评查内容	存在的问题	评分标准	评查结果
1	行政处罚实施主体是否合法	实施主体不合法	不合格卷	
2	执法人员是否具有执法资格	不具有执法资格	不合格卷	
3	案件应当移送其他机关	未移送其他机关	不合格卷	
4	证据是否充分	证据不充分	不合格卷	
5	违法事实认定是否清楚	事实不清	不合格卷	
6	对违法行为定性是否正确	对违法事实定性不准	不合格卷	
7	适用法律是否正确	适用法律不正确	不合格卷	
8	行政处罚程序是否合法	程序不合法	不合格卷	
9	执法人员不少于2人	少于2人	不合格卷	

二、案卷卷面标准（20分）

序号	评查内容	总分值	扣分标准	得分	评查结果（合计得分）
1	使用国家局制定的或经过备案的行政执法文书格式文本	2分	未使用规定的执法文书，扣2分		
2	按国家局制定的测绘地理信息行政执法文书规范填写	4分	漏项，内容不完整、表述不清楚、用语不规范等，每项扣1分		
3	一案一卷	2分	未按规定立卷，扣1分		
4	卷宗封面	1分	未使用统一的封面，扣1分		
5	卷内目录按顺序填写，页码正确	2分	未按顺序填写，页码有误，每项扣1分		

序号	评查内容	总分值	扣分标准	得分	评查结果（合计得分）
6	按照立案（受理）、调查取证、审查、决定、送达等顺序立卷	1分	未按顺序组卷，扣1分		
7	卷内材料应逐页编号，页号用阿拉伯数字，写在有文字页的右下角。案卷封面、卷内目录、备考表不编号	2分	未编页码号或页码号混乱，每项扣1分		
8	案卷装订应当整齐，纸张无破损，规格统一为A4纸	1分	案卷装订欠整齐，规格不统一，每项扣0.5分		
9	使用规定的记录文头纸	1分	未使用规定的文头纸，扣1分		
10	卷内文书使用规定的工具逐项书写，字迹清楚、整洁	2分	未使用规定的工具填写，字迹不清，每项扣1分		
11	签名处应当亲笔签名，端正清晰	2分	未签名，或字迹不清，每项扣1分		

三、案卷内容标准（80分）

序号	评查内容	总分值	扣分标准	得分	评查结果（合计得分）
1	卷宗页	1分	错一处扣0.5分		
2	目录页	1分	错一处扣0.5分		
3	立案审批表	3分	错一处扣1分		
4	案件移送审批表	2分	错一处扣1分		
5	案件移送书	2分	错一处扣0.5分		
6	督办函	1分	错一处扣0.5分		
7	询问（调查）通知书	3分	错一处扣1分		
8	询问（调查）笔录	3分	错一处扣0.5分		
9	现场检查（勘验）笔录	3分	错一处扣1分		
10	证据先行登记保存审批表	2分	错一处扣0.5分		
11	证据先行保存通知书	2分	错一处扣0.5分		
12	证据先行登记保存物品清单	1分	错一处扣0.5分		
13	抽样取证通知书	2分	错一处扣1分		
14	抽样取证物品清单	1分	错一处扣0.5分		

序号	评查内容	总分值	扣分标准	得分	评查结果（合计得分）
15	证据先行登记保存物品处理审批表	2分	错一处扣0.5分		
16	证据先行保存物品处理通知书	1分	错一处扣0.5分		
17	抽样取证物品处理通知书	2分	错一处扣0.5分		
18	鉴定委托书	2分	错一处扣0.5分		
19	行政处罚告知书	3分	错一处扣2分		
20	不予行政处罚决定书	3分	错一处扣0.5分		
21	行政处罚听证通知书	3分	错一处扣1分		
22	行政处罚听证意见书	3分	错一处扣1分		
23	行政处罚听证笔录	3分	错一处扣1分		
24	情节复杂（重大）案件合议记录	3分	错一处扣0.5分		
25	行政处罚决定审批表	2分	错一处扣0.5分		
26	行政处罚决定书	3分	错一处扣0.5分		
27	当场行政处罚决定书	3分	错一处扣1分		
28	责令停止违法行为通知书	3分	错一处扣1分		
29	送达回证	3分	错一处扣1分		
30	行政处分建议书	1分	错一处扣0.5分		
31	强制执行申请书	2分	错一处扣0.5分		
32	撤案审批表	2分	错一处扣0.5分		
33	备考表	1分	错一处扣0.5分		
34	文书编号	1分	错一处扣0.5分		
35	加盖印章	3分	错一处扣1分		
36	注明日期	1分	错一处扣1分		
37	附件	1分	错一处扣0.5分		
38	结案后应当及时备案	2分	错一处扣1分		
总 分					

关于印发《全国测绘地理信息行政执法依据》和《全国测绘地理信息行政执法职权分解》的通知

国测法发〔2011〕4号 2011年12月28日

各省、自治区、直辖市测绘地理信息行政主管部门：

为进一步落实各级测绘地理信息行政主管部门的行政执法职责，推行行政执法责任制，提高行政执法水平，根据国务院《全面推进依法行政实施纲要》、《国务院办公厅关于推行行政执法责任制的若干意见》以及2010年测绘地理信息法律、法规、规章和规范性文件清理结果，我局对2007年7月26日印发的《全国测绘行政执法依据》和《全国测绘行政执法职权分解》进行了重新梳理和修订，形成了《全国测绘地理信息行政执法依据》和《全国测绘地理信息行政执法职权分解》。现印发给你们，请遵照贯彻执行。

全国测绘地理信息行政执法依据

序号	名称	发布机关	生效时间
法律（1部）			
1	中华人民共和国测绘法	全国人大常委会	2002. 12. 1
行政法规、国务院文件（9件）			
2	中华人民共和国地图编制出版管理条例	国务院	1995. 10. 1
3	中华人民共和国测量标志保护条例	国务院	1997. 1. 1
4	中华人民共和国测绘成果管理条例	国务院	2006. 9. 1
5	基础测绘条例	国务院	2009. 8. 1
6	关于对外提供我国测绘资料的若干规定	国务院	1983. 12. 16
7	国务院对确需保留的行政审批项目设定行政许可的决定	国务院	2004. 7. 1
8	关于加强测绘工作的意见	国务院	2007. 9. 29
9	关于整顿和规范地理信息市场秩序的意见	国务院办公厅	2009. 1. 17
10	关于印发国家测绘局主要职责、内设机构和人员编制规定的通知	国务院办公厅	2009. 3. 5
部门规章（6件）			
11	测绘行政执法证管理规定	国家测绘局	2000. 1. 4
12	房产测绘管理办法	建设部国家测绘局	2001. 5. 1
13	重要地理信息数据审核公布管理规定	国土资源部	2003. 5. 1
14	地图审核管理规定	国土资源部	2006. 8. 1

序号	名称	发布机关	生效时间
15	测绘行政处罚程序规定	国土资源部	2010. 11. 30
16	外国的组织或者个人来华测绘管理暂行办法	国土资源部	2011. 4. 27
规范性文件（21 件）			
17	关于汇交测绘成果目录和副本的实施办法	国家测绘局	1993. 5. 18
18	航空摄影管理暂行办法	国家测绘局	1996. 3. 1
19	测绘计量管理暂行办法	国家测绘局	1996. 5. 22
20	测绘行业特有工种职业技能鉴定实施办法（试行）	国家测绘局	1997. 7. 1
21	测绘质量监督管理办法	国家技术监督局 国家测绘局	1997. 8. 6
22	测绘行业特有工种职业技能鉴定站管理办法	国家测绘局	1999. 7. 6
23	测绘作业证管理规定	国家测绘局	2004. 6. 1
24	建立相对独立的平面坐标系统管理办法	国家测绘局	2006. 4. 12
25	测绘计量检定人员资格认证办法	国家测绘局	2006. 4. 12
26	基础测绘成果提供使用管理暂行办法	国家测绘局	2006. 9. 25
27	注册测绘师制度暂行规定	人事部 国家测绘局	2007. 3. 1
28	基础测绘计划管理办法	国家发展和改革委员会 国家测绘局	2007. 3. 5
29	测绘行业技师考评管理办法（试行）	国家测绘局	2007. 8. 1
30	测绘行业职业技能鉴定质量督导管理办法	国家测绘局	2007. 8. 1
31	关于导航电子地图管理有关规定的通知	国家测绘局	2007. 11. 19
32	测绘标准化工作管理办法	国家测绘局	2008. 3. 10
33	测绘资质管理规定	国家测绘局	2009. 6. 1
34	测绘成果质量监督抽查管理办法	国家测绘局	2010. 3. 24
35	测绘市场管理暂行办法	国家工商行政管理总局 国家测绘局	2010. 12. 26
36	关于加强互联网地图和地理信息服务网站监管的意见	外交部 公安部 信息产业部 国家工商行政管理总局 新闻出版总署 国家测绘局	2008. 2. 25
37	关于加强互联网地图管理工作的通知	国家测绘局	2009. 12. 28

全国测绘地理信息行政执法职权分解

一、行政许可（共12项）

（一）测绘资质审批

1. 实施机关：国家测绘地理信息局、省级测绘地理信息行政主管部门

2. 法律依据：

（1）《中华人民共和国测绘法》第二十二条第一款“国家对从事测绘活动的单位实行测绘资质管理制度。”

（2）《中华人民共和国测绘法》第二十三条第一款“国务院测绘行政主管部门和省、自治区、直辖市人民政府测绘行政主管部门按照各自的职责负责测绘资质审查、发放资质证书，具体办法由国务院测绘行政主管部门商国务院其他有关部门规定。”

（二）地图审核

1. 实施机关：国家测绘地理信息局、省级测绘地理信息行政主管部门

2. 法律依据：

（1）《中华人民共和国测绘法》第三十三条第一款“各级人民政府应当加强对编制、印刷、出版、展示、登载地图的管理，保证地图质量，维护国家主权、安全和利益。具体办法由国务院规定。”

（2）《中华人民共和国地图编制出版管理条例》第十七条“出版或者展示未出版的绘有国界线或者省、自治区、直辖市行政区域界线地图（含图书、报刊插图、示意图）的，在地图印刷或者展示前，应当依照下列规定送审试制样图一式两份：

（一）绘有国界线的地图，跨省、自治区、直辖市行政区域的地图，以及台湾、香港、澳门地区地图，报国务院测绘行政主管部门审核；

（二）省、自治区、直辖市行政区域范围内的地方性地图，报有关省、自治区、直辖市人民政府负责管理测绘工作的部门或者国务院测绘行政主管部门审核；

（三）历史地图、世界地图和时事宣传图，报外交部和国务院测绘行政主管部门审核。”

（三）编制中小学教学地图审批

1. 实施机关：国家测绘地理信息局、省级测绘地理信息行政主管部门

2. 法律依据：

《中华人民共和国地图编制出版管理条例》第十四条“全国性中、小学教学地图，由国务院教育行政管理部门会同国务院测绘行政主管部门和外交部组织审定；地方性中、小学教学地图，可以由省、自治区、直辖市人民政府教育行政管理部门会同省、自治区、直辖市人民政府负责管理测绘工作的部门组织审定。

任何出版单位不得出版未经审定的中、小学教学地图。”

（四）建立相对独立的平面坐标系统审批

1. 实施机关：国家测绘地理信息局、省级测绘地理信息行政主管部门

2. 法律依据：

《中华人民共和国测绘法》第十条第一款“因建设、城市规划和科学研究的需要，大城市和国家重大工程项目确需建立相对独立的平面坐标系统的，由国务院测绘行政主管部门批准；其他确需建立相对独立的平面坐标系统的，由省、自治区、直辖市人民政府测绘行政主管部门批准。”

（五）采用国际坐标系统审批

1. 实施机关：国家测绘地理信息局

2. 法律依据：

《中华人民共和国测绘法》第九条第二款“在不妨碍国家安全的情况下，确有必要采用国际坐标系统的，必须经国务院测绘行政主管部门会同军队测绘主管部门批准。”

（六）国家永久性测量标志拆迁审批

1. 实施机关：国家测绘地理信息局、省级测绘地理信息行政主管部门

2. 法律依据：

《中华人民共和国测绘法》第三十七条“进行工程建设，应当避开永久性测量标志；确实无法避开，需要拆迁永久性测量标志或者使永久性测量标志失去效能的，应当经国务院测绘行政主管部门或者省、自治区、直辖市人民政府测绘行政主管部门批准；涉及军用控制点的，应当征得军队测绘主管部门的同意。所需迁建费用由工程建设单位承担。”

（七）外国的组织或者个人来华从事测绘活动审批

1. 实施机关：国家测绘地理信息局

2. 法律依据：

《中华人民共和国测绘法》第七条第一款“外国的组织或者个人在中华人民共和国领域和管辖的其他海域从事测绘活动，必须经国务院测绘行政主管部门会同军队测绘主管部门批准，并遵守中华人民共和国的有关法律、行政法规的规定。”

（八）对外提供我国涉密测绘成果资料审批

1. 实施机关：国家测绘地理信息局、省级测绘地理信息行政主管部门

2. 法律依据：

（1）《中华人民共和国测绘法》第二十九条第二款“测绘成果属于国家秘密的，适用国家保密法律、行政法规的规定；需要对外提供的，按照国务院和中央军事委员会规定的审批程序执行。”

（2）《中华人民共和国测绘成果管理条例》第十八条“对外提供属于国家秘密的测绘成果，应当按照国务院和中央军事委员会规定的审批程序，报国务院测绘行政主管部门或者省、自治区、直辖市人民政府测绘行政主管部门审批；测绘行政主管部门在审批前，应当征求军队有关部门的意见。”

（九）国家涉密基础测绘成果资料提供使用审批

1. 实施机关：县级以上测绘地理信息行政主管部门

2. 法律依据：

《中华人民共和国测绘成果管理条例》第十七条第一款“法人或者其他组织需要利用属于国家秘密的基础测绘成果的，应当提出明确的利用目的和范围，报测绘成果所在地的测绘行政主管部门审批。”

（十）测绘计量检定人员资格审批

1. 实施机关：县级以上测绘地理信息行政主管部门

2. 法律依据：

（1）《中华人民共和国计量法》第二十条“县级以上人民政府计量行政部门可以根据需要设置计量检定机构，或者授权其他单位的计量检定机构，执行强制检定和其他检定、测试任务。执行前款规定的检定、测试任务的人员，必须经考核合格。”

（2）《中华人民共和国计量法实施细则》第二十九条“国家法定计量检定机构的计量检定人员，必须经县级以上人民政府计量行政部门考核合格，并取得计量检定证件。其他单位的计量检定人员，由其主管部门考核发证。无计量检定证件的，不得从事计量检定工作。计量检定人员的技术职务系列，由国务院计量行政部门会同有关主管部门制定。”

（十一）测绘行业特有工种职业技能鉴定站审批

1. 实施机关：国家测绘地理信息局

2. 法律依据：

《国务院对确需保留的行政审批项目设定行政许可的决定》（国务院第412号令）第454项“测绘行业特有工种职业技能鉴定站审批”

（十二）测绘专业技术人员执业资格审批

1. 实施机关：国家测绘地理信息局

2. 法律依据：

《中华人民共和国测绘法》第二十五条“从事测绘活动的专业技术人员应当具备相应的执业资格条件，具体办法由国务院测绘行政主管部门会同国务院人事行政主管部门规定。”

二、非行政许可审批（共1项）

基础测绘规划备案

1. 实施机关：国家测绘地理信息局，省、市级测绘地理信息行政主管部门

2. 法律依据：

《中华人民共和国测绘法》第十二条“国务院测绘行政主管部门会同国务院其他有关部门、军队测绘主管部门组织编制全国基础测绘规划，报国务院批准后组织实施。

县级以上地方人民政府测绘行政主管部门会同本级人民政府其他有关部门根据国家和上一级人民政府的基础测绘规划和本行政区域内的实际情况，组织编制本行政区域的基础测绘规划，报本级人民政府批准，并报上一级测绘行政主管部门备案后组织实施。”

三、行政处罚（共51项）

（一）未经批准，擅自建立相对独立的平面坐标系统

1. 实施机关：县级以上测绘地理信息行政主管部门

2. 处罚种类：警告，责令改正，罚款

3. 法律依据：

《中华人民共和国测绘法》第四十条第一项“违反本法规定，有下列行为之一的，给予警告，责令改正，可以并处十万元以下的罚款；对负有直接

责任的主管人员和其他直接责任人员，依法给予行政处分：（一）未经批准，擅自建立相对独立的平面坐标系统的；”

（二）建立地理信息系统，采用不符合国家标准的基础地理信息数据

1. 实施机关：县级以上测绘地理信息行政主管部门

2. 处罚种类：警告，责令改正，罚款

3. 法律依据：

（1）《中华人民共和国测绘法》第四十条第二项“违反本法规定，有下列行为之一的，给予警告，责令改正，可以并处十万元以下的罚款；对负有直接责任的主管人员和其他直接责任人员，依法给予行政处分：（二）建立地理信息系统，采用不符合国家标准的基础地理信息数据的。”

（2）《中华人民共和国测绘成果管理条例》第二十九条第一项“违反本条例规定，有下列行为之一的，由测绘行政主管部门或者其他有关部门依据职责责令改正，给予警告，可以处10万元以下的罚款；对直接负责的主管人员和其他直接负责人员，依法给予处分：（一）建立以地理信息数据为基础的信息系统，利用不符合国家标准的基础地理信息数据的；”

（三）实施基础测绘项目，不使用全国统一的测绘基准和测绘系统或者不执行国家规定的测绘技术规范和标准

1. 实施机关：县级以上测绘地理信息行政主管部门

2. 处罚种类：警告，责令限期改正，罚款

3. 法律依据：

《基础测绘条例》第三十一条“违反本条例规定，实施基础测绘项目，不使用全国统一的测绘基准和测绘系统或者不执行国家规定的测绘技术规范和标准的，责令限期改正，给予警告，可以并处10万元以下罚款；对负有直接责任的主管人员和其他直接责任人员，依法给予处分。”

（四）未经批准，在测绘活动中擅自采用国际坐标系统

1. 实施机关：县级以上测绘地理信息行政主管部门

2. 处罚种类：警告，责令改正，罚款

3. 法律依据：

《中华人民共和国测绘法》第四十一条第一项“违反本法规定，有下列行为之一的，给予警告，责令改正，可以并处十万元以下的罚款；构成犯罪的，依法追究刑事责任；尚不够刑事处罚的，对负有直接责任的主管人员和其他直接责任人员，依法给予行政处分：（一）未经批准，在测绘活动中擅自采用国际坐标系统的；”

（五）擅自发布中华人民共和国领域和管辖的其他海域的重要地理信息数据

1. 实施机关：国家测绘地理信息局、省级测绘地理信息行政主管部门

2. 处罚种类：警告，责令改正，罚款

3. 法律依据：

（1）《中华人民共和国测绘法》第四十一条第二项“违反本法规定，有下列行为之一的，给予警告，责令改正，可以并处十万元以下的罚款；构成犯罪的，依法追究刑事责任；尚不够刑事处罚的，对负有直接责任的主管人员和其他直接责任人员，依法给予行政处分：（二）擅自发布中华人民共和国领域和管辖的其他海域的重要地理信息数据的。”

（2）《中华人民共和国测绘成果管理条例》第二十九条第二项“违反本条例规定，有下列行为之一的，由测绘行政主管部门或者其他有关部门依据职责责令改正，给予警告，可以处10万元以下的罚款；对直接负责的主管人员和其他直接负责人员，依法给予处分：（二）擅自公布重要地理信息数据的；”

（3）《重要地理信息数据审核公布管理规定》第十五条“国务院有关部门具有下列情形之一的，由国务院测绘行政主管部门依法给予警告，责令改正，可以并处十万元以下罚款；构成犯罪的，依法追究刑事责任；尚不够刑事处罚的，对负有直接责任的主管人员和其他直接责任人员，依法给予行政处分：（一）擅自发布已经国务院批准并授权国务院有关部门公布的重要地理信息数据的；（二）擅自发布未经国务院批准的重要地理信息数据的。”

（4）《重要地理信息数据审核公布管理规定》第十六条“单位和个人具有下列情形之一的，由省级测绘行政主管部门依法给予警告，责令改正，可以并处十万元以下罚款；构成犯罪的，依法追究刑事责任；尚不够刑事处罚的，对负有直接责任的主管人员和其他直接责任人员，依法给予行政处分：（一）擅自发布已经国务院批准并授权国务院有关部门公布的重要地理信息数据的；（二）擅自发布

未经国务院批准的重要地理信息数据的。”

（六）未取得测绘资质证书，擅自从事测绘活动

1. 实施机关：县级以上测绘地理信息行政主管部门

2. 处罚种类：责令停止违法行为，没收违法所得和测绘成果，罚款

3. 法律依据：

（1）《中华人民共和国测绘法》第四十二条第一款“违反本法规定，未取得测绘资质证书，擅自从事测绘活动的，责令停止违法行为，没收违法所得和测绘成果，并处测绘约定报酬一倍以上二倍以下的罚款。”

（2）《中华人民共和国地图编制出版管理条例》第二十四条“违反本条例规定，未取得相应测绘资格，擅自编制地图的，由国务院测绘行政主管部门或者其授权的部门，或者省、自治区、直辖市人民政府负责管理测绘工作的部门或者其授权的部门，依据职责责令停止编制活动，没收违法所得，可以并处违法所得一倍以下的罚款。”

（3）《基础测绘条例》第二十九条“违反本条例规定，未取得测绘资质证书从事基础测绘活动的，责令停止违法行为，没收违法所得和测绘成果，并处测绘约定报酬1倍以上2倍以下的罚款。”

（4）《房产测绘管理办法》第二十条“未取得载明房产测绘业务的《测绘资格证书》从事房产测绘业务以及承担房产测绘任务超出《测绘资格证书》所规定的房产测绘业务范围、作业限额的，依照《中华人民共和国测绘法》和《测绘资格审查认证管理规定》的规定处罚。”

（七）以欺骗手段取得测绘资质证书从事测绘活动

1. 实施机关：国家测绘地理信息局、省级测绘地理信息行政主管部门

2. 处罚种类：吊销测绘资质证书（发证机关决定），没收违法所得和测绘成果，罚款

3. 法律依据：

《中华人民共和国测绘法》第四十二条第二款“以欺骗手段取得测绘资质证书从事测绘活动的，吊销测绘资质证书，没收违法所得和测绘成果，并处测绘约定报酬一倍以上二倍以下的罚款。”

（八）超越资质等级许可的范围从事测绘活动

1. 实施机关：县级以上测绘地理信息行政主管部门

2. 处罚种类：责令停止违法行为，没收违法所得和测绘成果，罚款，责令停业整顿，[降低资质等级，吊销测绘资质证书]（发证机关决定）

3. 法律依据：

（1）《中华人民共和国测绘法》第四十三条第一项“违反本法规定，测绘单位有下列行为之一的，责令停止违法行为，没收违法所得和测绘成果，处测绘约定报酬一倍以上二倍以下的罚款，并可以责令停业整顿或者降低资质等级；情节严重的，吊销测绘资质证书：（一）超越资质等级许可的范围从事测绘活动的；”

（2）《基础测绘条例》第三十条“违反本条例规定，基础测绘项目承担单位超越资质等级许可的范围从事基础测绘活动的，责令停止违法行为，没收违法所得和测绘成果，处测绘约定报酬1倍以上2倍以下的罚款，并可以责令停业整顿或者降低资质等级；情节严重的，吊销测绘资质证书。”

（九）以其他测绘单位的名义从事测绘活动

1. 实施机关：县级以上测绘地理信息行政主管部门

2. 处罚种类：责令停止违法行为，没收违法所得和测绘成果，罚款，责令停业整顿，[降低资质等级，吊销测绘资质证书]（发证机关决定）

3. 法律依据：

《中华人民共和国测绘法》第四十三条第二项“违反本法规定，测绘单位有下列行为之一的，责令停止违法行为，没收违法所得和测绘成果，处测绘约定报酬一倍以上二倍以下的罚款，并可以责令停业整顿或者降低资质等级；情节严重的，吊销测绘资质证书：（二）以其他测绘单位的名义从事测绘活动的；”

（十）允许其他单位以本单位的名义从事测绘活动

1. 实施机关：县级以上测绘地理信息行政主管部门

2. 处罚种类：责令停止违法行为，没收违法所得和测绘成果，罚款，责令停业整顿，[降低资质等级，吊销测绘资质证书]（发证机关决定）

3. 法律依据：

《中华人民共和国测绘法》第四十三条第三项“违反本法规定，测绘单位有下列行为之一的，责令停止违法行为，没收违法所得和测绘成果，处测

绘约定报酬一倍以上二倍以下的罚款，并可以责令停业整顿或者降低资质等级；情节严重的，吊销测绘资质证书：（三）允许其他单位以本单位的名义从事测绘活动的。”

（十一）测绘项目的发包单位将测绘项目发包给不具有相应资质等级的测绘单位或者迫使测绘单位以低于测绘成本承包

1. 实施机关：县级以上测绘地理信息行政主管部门

2. 处罚种类：责令改正，罚款

3. 法律依据：

《中华人民共和国测绘法》第四十四条“违反本法规定，测绘项目的发包单位将测绘项目发包给不具有相应资质等级的测绘单位或者迫使测绘单位以低于测绘成本承包的，责令改正，可以处测绘约定报酬二倍以下的罚款。发包单位的工作人员利用职务上的便利，索取他人财物或者非法收受他人财物，为他人谋取利益，构成犯罪的，依法追究刑事责任；尚不够刑事处罚的，依法给予行政处分。”

（十二）测绘单位将测绘项目转包

1. 实施机关：县级以上测绘地理信息行政主管部门

2. 处罚种类：责令改正，没收违法所得，罚款，责令停业整顿，［降低资质等级，吊销测绘资质证书］（发证机关决定）

3. 法律依据：

《中华人民共和国测绘法》第四十五条“违反本法规定，测绘单位将测绘项目转包的，责令改正，没收违法所得，处测绘约定报酬一倍以上二倍以下的罚款，并可以责令停业整顿或者降低资质等级；情节严重的，吊销测绘资质证书。”

（十三）未取得测绘执业资格，擅自从事测绘活动

1. 实施机关：县级以上测绘地理信息行政主管部门

2. 处罚种类：责令停止违法行为，没收违法所得，罚款，承担赔偿责任

3. 法律依据：

《中华人民共和国测绘法》第四十六条“违反本法规定，未取得测绘执业资格，擅自从事测绘活动的，责令停止违法行为，没收违法所得，可以并处违法所得二倍以下的罚款；造成损失的，依法承担赔偿责任。”

（十四）不汇交测绘成果资料

1. 实施机关：县级以上测绘地理信息行政主管部门

2. 处罚种类：责令限期汇交，罚款，［暂扣测绘资质证书，吊销测绘资质证书］（发证机关决定）

3. 法律依据：

《中华人民共和国测绘法》第四十七条“违反本法规定，不汇交测绘成果资料的，责令限期汇交；逾期不汇交的，对测绘项目出资人处以重测所需费用一倍以上二倍以下的罚款；对承担国家投资的测绘项目的单位处一万元以上五万元以下的罚款，暂扣测绘资质证书，自暂扣测绘资质证书之日起六个月内仍不汇交测绘成果资料的，吊销测绘资质证书，并对负有直接责任的主管人员和其他直接责任人员依法给予行政处分。”

（十五）测绘成果质量不合格

1. 实施机关：县级以上测绘地理信息行政主管部门

2. 处罚种类：责令补测或者重测，责令停业整顿，［降低资质等级，吊销测绘资质证书］（发证机关决定），承担赔偿责任

3. 法律依据：

（1）《中华人民共和国测绘法》第四十八条“违反本法规定，测绘成果质量不合格的，责令测绘单位补测或者重测；情节严重的，责令停业整顿，降低资质等级直至吊销测绘资质证书；给用户造成损失的，依法承担赔偿责任。”

（2）《基础测绘条例》第三十三条“违反本条例规定，基础测绘成果质量不合格的，责令基础测绘项目承担单位补测或者重测；情节严重的，责令停业整顿，降低资质等级直至吊销测绘资质证书；给用户造成损失的，依法承担赔偿责任。”

（十六）未按照测绘成果资料的保管制度管理测绘成果资料，造成测绘成果资料损毁、散失

1. 实施机关：县级以上测绘地理信息行政主管部门

2. 处罚种类：警告，责令改正，没收违法所得，承担赔偿责任

3. 法律依据：

《中华人民共和国测绘成果管理条例》第二十八条第一项“违反本条例规定，测绘成果保管单位有下列行为之一的，由测绘行政主管部门给予警告，责令改正；有违法所得的，没收违法所得；造成损

失的，依法承担赔偿责任；对直接负责的主管人员和其他直接责任人员，依法给予处分：（一）未按照测绘成果资料的保管制度管理测绘成果资料，造成测绘成果资料损毁、散失的；”

（十七）擅自转让汇交的测绘成果资料

1. 实施机关：国家测绘地理信息局、省级测绘地理信息行政主管部门

2. 处罚种类：警告，责令改正，没收违法所得，承担赔偿责任

3. 法律依据：

《中华人民共和国测绘成果管理条例》第二十八条第二项“违反本条例规定，测绘成果保管单位有下列行为之一的，由测绘行政主管部门给予警告，责令改正；有违法所得的，没收违法所得；造成损失的，依法承担赔偿责任；对直接负责的主管人员和其他直接责任人员，依法给予处分：（二）擅自转让汇交的测绘成果资料的；”

（十八）未依法向测绘成果的使用人提供测绘成果资料

1. 实施机关：县级以上测绘地理信息行政主管部门

2. 处罚种类：警告，责令改正，没收违法所得，承担赔偿责任

3. 法律依据：

《中华人民共和国测绘成果管理条例》第二十八条第三项“违反本条例规定，测绘成果保管单位有下列行为之一的，由测绘行政主管部门给予警告，责令改正；有违法所得的，没收违法所得；造成损失的，依法承担赔偿责任；对直接负责的主管人员和其他直接责任人员，依法给予处分：（三）未依法向测绘成果的使用人提供测绘成果资料的。”

（十九）在对社会公众有影响的活动中使用未经依法公布的重要地理信息数据

1. 实施机关：县级以上测绘地理信息行政主管部门

2. 处罚种类：责令改正，警告，罚款

3. 法律依据：

《中华人民共和国测绘成果管理条例》第二十九条第三项“违反本条例规定，有下列行为之一的，由测绘行政主管部门或者其他有关部门依据职责责令改正，给予警告，可以处 10 万元以下的罚款；对直接负责的主管人员和其他直接负责人员，依法给予处分：（三）在对社会公众有影响的活动中使用未经依法公布的重要地理信息数据的。”

（二十）编制、印刷、出版、展示、登载的地图发生错绘、漏绘、泄密，危害国家主权或者安全，损害国家利益

1. 实施机关：国家测绘地理信息局、省级测绘地理信息行政主管部门

2. 处罚种类：责令停止发行、销售、展示，罚款，没收全部地图及违法所得

3. 法律依据：

（1）《中华人民共和国测绘法》第四十九条“违反本法规定，编制、印刷、出版、展示、登载的地图发生错绘、漏绘、泄密，危害国家主权或者安全，损害国家利益，构成犯罪的，依法追究刑事责任；尚不够刑事处罚的，依法给予行政处罚或者行政处分。”

（2）《中华人民共和国地图编制出版管理条例》第二十五条第一款第三项、第四项“违反本条例规定，有下列行为之一的，由国务院测绘行政主管部门或者省、自治区、直辖市人民政府负责管理测绘工作的部门责令停止发行、销售、展示，对有关地图出版社处以 300 元以上 10000 元以下的罚款；……（三）地图上国界线或者省、自治区、直辖市行政区域界线的绘制不符合国家有关规定而出版的；（四）地图内容的表示不符合国家有关规定，造成严重错误的。”

第二款“有前款第（三）项、第（四）项所列行为之一的，还应当没收全部地图及违法所得。”

（二十一）未按规定送审地图或者擅自使用未经审核批准的地图

1. 实施机关：国家测绘地理信息局、省级测绘地理信息行政主管部门

2. 处罚种类：责令停止发行、销售、展示，责令限期改正，警告，罚款

3. 法律依据：

（1）《中华人民共和国地图编制出版管理条例》第二十五条第一款第一项“违反本条例规定，有下列行为之一的，由国务院测绘行政主管部门或者省、自治区、直辖市人民政府负责管理测绘工作的部门责令停止发行、销售、展示，对有关地图出版社处以 300 元以上 10000 元以下的罚款；情节严重的，由出版行政管理部门注销有关地图出版社的地图出版资格：（一）地图印刷或者展示前未按照规定将试制样图报送国务院测绘行政主管部门或者省、自

治区、直辖市人民政府负责管理测绘工作的部门审核的；”

（2）《地图审核管理规定》第二十五条第一项“违反本规定，有下列行为之一的，由国务院测绘行政主管部门或者省级测绘行政主管部门责令限期改正，给予警告，并可以处五千元以上二万元以下的罚款：（一）未按规定送审地图的或者擅自使用未经审核批准的地图的；”

（二十二）专题地图在印刷或者展示前未按照规定将试制样图报有关行政主管部门审核

1. 实施机关：国家测绘地理信息局、省级测绘地理信息行政主管部门

2. 处罚种类：责令停止发行、销售、展示，罚款

3. 法律依据：

《中华人民共和国地图编制出版管理条例》第二十五条第一款第二项“违反本条例规定，有下列行为之一的，由国务院测绘行政主管部门或者省、自治区、直辖市人民政府负责管理测绘工作的部门责令停止发行、销售、展示，对有关地图出版社处以300元以上10000元以下的罚款；情节严重的，由出版行政管理部门注销有关地图出版社的地图出版资格：（二）专题地图在印刷或者展示前未按照规定将试制样图报有关行政主管部门审核的；”

（二十三）地图上国界线或者省、自治区、直辖市行政区域界线的绘制不符合国家有关规定而出版

1. 实施机关：国家测绘地理信息局、省级测绘地理信息行政主管部门

2. 处罚种类：责令停止发行、销售、展示，罚款，没收全部地图及违法所得

3. 法律依据：

《中华人民共和国地图编制出版管理条例》第二十五条第一款第三项“违反本条例规定，有下列行为之一的，由国务院测绘行政主管部门或者省、自治区、直辖市人民政府负责管理测绘工作的部门责令停止发行、销售、展示，对有关地图出版社处以300元以上10000元以下的罚款；情节严重的，由出版行政管理部门注销有关地图出版社的地图出版资格：（三）地图上国界线或者省、自治区、直辖市行政区域界线的绘制不符合国家有关规定而出版的；”

第二款“有前款第（三）项、第（四）项所列行为之一的，还应当没收全部地图及违法所得。”

（二十四）地图内容的表示不符合国家有关规定，造成严重错误

1. 实施机关：国家测绘地理信息局、省级测绘地理信息行政主管部门

2. 处罚种类：责令停止发行、销售、展示，罚款，没收全部地图及违法所得

3. 法律依据：

《中华人民共和国地图编制出版管理条例》第二十五条第一款第四项“违反本条例规定，有下列行为之一的，由国务院测绘行政主管部门或者省、自治区、直辖市人民政府负责管理测绘工作的部门责令停止发行、销售、展示，对有关地图出版社处以300元以上10000元以下的罚款；情节严重的，由出版行政管理部门注销有关地图出版社的地图出版资格：（四）地图内容的表示不符合国家有关规定，造成严重错误的。”

第二款“有前款第（三）项、第（四）项所列行为之一的，还应当没收全部地图及违法所得。”

（二十五）未在地图上载明依法核发的审图号

1. 实施机关：国家测绘地理信息局、省级测绘地理信息行政主管部门

2. 处罚种类：责令限期改正，警告，罚款

3. 法律依据：

《地图审核管理规定》第二十四条第一项“违反本规定，有下列行为之一的，由国务院测绘行政主管部门或者省级测绘行政主管部门责令限期改正，给予警告，并可以处三千元以上一万元以下的罚款。（一）未在地图上载明国务院测绘行政主管部门或者省级测绘行政主管部门核发的审图号的；”

（二十六）经审核批准的地图，未按规定报送备案样图

1. 实施机关：国家测绘地理信息局、省级测绘地理信息行政主管部门

2. 处罚种类：责令限期改正，警告，罚款

3. 法律依据：

《地图审核管理规定》第二十四条第二项“违反本规定，有下列行为之一的，由国务院测绘行政主管部门或者省级测绘行政主管部门责令限期改正，给予警告，并可以处三千元以上一万元以下的罚款。（二）经审核批准的地图，未按规定报送备案样图的。”

（二十七）经审核批准的地图，未按审查意见

修改

1. 实施机关：国家测绘地理信息局、省级测绘地理信息行政主管部门

2. 处罚种类：责令限期改正，警告，罚款

3. 法律依据：

《地图审核管理规定》第二十五条第二项“违反本规定，有下列行为之一的，由国务院测绘行政主管部门或者省级测绘行政主管部门责令限期改正，给予警告，并可以处五千元以上二万元以下的罚款：(二) 经审核批准的地图，未按审查意见修改的。”

（二十八）弄虚作假、伪造申请材料，骗取地图审核批准

1. 实施机关：国家测绘地理信息局、省级测绘地理信息行政主管部门

2. 处罚种类：警告，罚款

3. 法律依据：

《地图审核管理规定》第二十六条第一项“违反本规定，有下列行为之一的，由国务院测绘行政主管部门或者省级测绘行政主管部门给予警告，并处二万元以上三万元以下的罚款：（一）弄虚作假、伪造申请材料，骗取地图审核批准的；”

（二十九）伪造或者冒用地图审核批准文件和地图审图号

1. 实施机关：国家测绘地理信息局、省级测绘地理信息行政主管部门

2. 处罚种类：警告，罚款

3. 法律依据：

《地图审核管理规定》第二十六条第二项“违反本规定，有下列行为之一的，由国务院测绘行政主管部门或者省级测绘行政主管部门给予警告，并处二万元以上三万元以下的罚款：（二）伪造或者冒用地图审核批准文件和地图审图号的。”

（三十）损毁或者擅自移动永久性测量标志和正在使用中的临时性测量标志

1. 实施机关：县级以上测绘地理信息行政主管部门

2. 处罚种类：警告，责令改正，罚款，承担赔偿责任

3. 法律依据：

(1)《中华人民共和国测绘法》第五十条第一项“违反本法规定，有下列行为之一的，给予警告，责令改正，可以并处五万元以下的罚款；造成损失的，依法承担赔偿责任；构成犯罪的，依法追究刑事责任；尚不够刑事处罚的，对负有直接责任的主管人员和其他直接责任人员，依法给予行政处分：（一）损毁或者擅自移动永久性测量标志和正在使用中的临时性测量标志的；”

(2)《中华人民共和国测量标志保护条例》第二十二条第一项“测量标志受国家保护，禁止下列有损测量标志安全和使测量标志失去使用效能的行为：（一）损毁或者擅自移动地下或者地上的永久性测量标志以及使用中的临时性测量标志的；”

(3)《中华人民共和国测量标志保护条例》第二十三条“有本条例第二十二条禁止的行为之一，或者有下列行为之一的，由县级以上人民政府管理测绘工作的部门责令限期改正，给予警告，并可以根据情节处以5万元以下的罚款；对负有直接责任的主管人员和其他直接责任人员，依法给予行政处分；造成损失的，应当依法承担赔偿责任……。”

（三十一）侵占永久性测量标志用地

1. 实施机关：县级以上测绘地理信息行政主管部门

2. 处罚种类：警告，责令改正，罚款，承担赔偿责任

3. 法律依据：

《中华人民共和国测绘法》第五十条第二项“违反本法规定，有下列行为之一的，给予警告，责令改正，可以并处五万元以下的罚款；造成损失的，依法承担赔偿责任；构成犯罪的，依法追究刑事责任；尚不够刑事处罚的，对负有直接责任的主管人员和其他直接责任人员，依法给予行政处分：（二）侵占永久性测量标志用地的；”

（三十二）在永久性测量标志安全控制范围内从事危害测量标志安全和使用效能的活动

1. 实施机关：县级以上测绘地理信息行政主管部门

2. 处罚种类：警告，责令改正，罚款，承担赔偿责任

3. 法律依据：

《中华人民共和国测绘法》第五十条第三项“违反本法规定，有下列行为之一的，给予警告，责令改正，可以并处五万元以下的罚款；造成损失的，依法承担赔偿责任；构成犯罪的，依法追究刑事责任；尚不够刑事处罚的，对负有直接责任的主管人员和其他直接责任人员，依法给予行政处分：（三）在永久性测量标志安全控制范围内从事危害测量标

志安全和使用效能的活动的；”

（三十三）在测量标志占地范围内烧荒、耕作、取土、挖沙或者侵占永久性测量标志用地

1. 实施机关：县级以上测绘地理信息行政主管部门

2. 处罚种类：责令限期改正，警告，罚款，承担赔偿责任

3. 法律依据：

（1）《中华人民共和国测量标志保护条例》第二十二条第二项“测量标志受国家保护，禁止下列有损测量标志安全和使测量标志失去使用效能的行为：（二）在测量标志占地范围内烧荒、耕作、取土、挖沙或者侵占永久性测量标志用地的；”

（2）《中华人民共和国测量标志保护条例》第二十三条“有本条例第二十二条禁止的行为之一，或者有下列行为之一的，由县级以上人民政府管理测绘工作的部门责令限期改正，给予警告，并可以根据情节处以5万元以下的罚款；对负有直接责任的主管人员和其他直接责任人员，依法给予行政处分；造成损失的，应当依法承担赔偿责任……。”

（三十四）在距永久性测量标志50米范围内采石、爆破、射击、架设高压电线

1. 实施机关：县级以上测绘地理信息行政主管部门

2. 处罚种类：责令限期改正，警告，罚款，承担赔偿责任

3. 法律依据：

（1）《中华人民共和国测量标志保护条例》第二十二条第三项“测量标志受国家保护，禁止下列有损测量标志安全和使测量标志失去使用效能的行为：（三）在距永久性测量标志50米范围内采石、爆破、射击、架设高压电线的；”

（2）《中华人民共和国测量标志保护条例》第二十三条“有本条例第二十二条禁止的行为之一，或者有下列行为之一的，由县级以上人民政府管理测绘工作的部门责令限期改正，给予警告，并可以根据情节处以5万元以下的罚款；对负有直接责任的主管人员和其他直接责任人员，依法给予行政处分；造成损失的，应当依法承担赔偿责任……。”

（三十五）在测量标志占地范围内，建设影响测量标志使用效能的建筑物

1. 实施机关：县级以上测绘地理信息行政主管部门

2. 处罚种类：警告，责令改正，罚款，承担赔偿责任

3. 法律依据：

（1）《中华人民共和国测绘法》第五十条第四项“违反本法规定，有下列行为之一的，给予警告，责令改正，可以并处五万元以下的罚款；造成损失的，依法承担赔偿责任；构成犯罪的，依法追究刑事责任；尚不够刑事处罚的，对负有直接责任的主管人员和其他直接责任人员，依法给予行政处分：（四）在测量标志占地范围内，建设影响测量标志使用效能的建筑物的；”

（2）《中华人民共和国测量标志保护条例》第二十二条第四项“测量标志受国家保护，禁止下列有损测量标志安全和使测量标志失去使用效能的行为：（四）在测量标志的占地范围内，建设影响测量标志使用效能的建筑物的；”

（3）《中华人民共和国测量标志保护条例》第二十三条“有本条例第二十二条禁止的行为之一，或者有下列行为之一的，由县级以上人民政府管理测绘工作的部门责令限期改正，给予警告，并可以根据情节处以5万元以下的罚款；对负有直接责任的主管人员和其他直接责任人员，依法给予行政处分；造成损失的，应当依法承担赔偿责任……。”

（三十六）在测量标志上架设通讯设施、设置观望台、搭帐篷、拴牲畜或者设置其他有可能损毁测量标志的附着物

1. 实施机关：县级以上测绘地理信息行政主管部门

2. 处罚种类：责令限期改正，警告，罚款，承担赔偿责任

3. 法律依据：

（1）《中华人民共和国测量标志保护条例》第二十二条第五项“测量标志受国家保护，禁止下列有损测量标志安全和使测量标志失去使用效能的行为：（五）在测量标志上架设通讯设施、设置观望台、搭帐篷、拴牲畜或者设置其他有可能损毁测量标志的附着物的；”

（2）《中华人民共和国测量标志保护条例》第二十三条“有本条例第二十二条禁止的行为之一，或者有下列行为之一的，由县级以上人民政府管理测绘工作的部门责令限期改正，给予警告，并可以根据情节处以5万元以下的罚款；对负有直接责任的主管人员和其他直接责任人员，依法给予行政处

分；造成损失的，应当依法承担赔偿责任……。”

（三十七）擅自拆除设有测量标志的建筑物或者拆除建筑物上的测量标志

1. 实施机关：县级以上测绘地理信息行政主管部门

2. 处罚种类：责令限期改正，警告，罚款，承担赔偿责任

3. 法律依据：

（1）《中华人民共和国测量标志保护条例》第二十二条第六项“测量标志受国家保护，禁止下列有损测量标志安全和使测量标志失去使用效能的行为：（六）擅自拆除设有测量标志的建筑物或者拆除建筑物上的测量标志的；”

（2）《中华人民共和国测量标志保护条例》第二十三条“有本条例第二十二条禁止的行为之一，或者有下列行为之一的，由县级以上人民政府管理测绘工作的部门责令限期改正，给予警告，并可以根据情节处以5万元以下的罚款；对负有直接责任的主管人员和其他直接责任人员，依法给予行政处分；造成损失的，应当依法承担赔偿责任……。”

（三十八）其他有损测量标志安全和使用效能的行为

1. 实施机关：县级以上测绘地理信息行政主管部门

2. 处罚种类：责令限期改正，警告，罚款，承担赔偿责任

3. 法律依据：

（1）《中华人民共和国测量标志保护条例》第二十二条第七项“测量标志受国家保护，禁止下列有损测量标志安全和使测量标志失去使用效能的行为：（七）其他有损测量标志安全和使用效能的。”

（2）《中华人民共和国测量标志保护条例》第二十三条“有本条例第二十二条禁止的行为之一，或者有下列行为之一的，由县级以上人民政府管理测绘工作的部门责令限期改正，给予警告，并可以根据情节处以5万元以下的罚款；对负有直接责任的主管人员和其他直接责任人员，依法给予行政处分；造成损失的，应当依法承担赔偿责任……。”

（三十九）干扰或者阻挠测量标志建设单位依法使用土地或者在建筑物上建设永久性测量标志

1. 实施机关：县级以上测绘地理信息行政主管部门

2. 处罚种类：责令限期改正，警告，罚款，承担赔偿责任

3. 法律依据：

《中华人民共和国测量标志保护条例》第二十三条第一项“有本条例第二十二条禁止的行为之一，或者有下列行为之一的，由县级以上人民政府管理测绘工作的部门责令限期改正，给予警告，并可以根据情节处以5万元以下的罚款；对负有直接责任的主管人员和其他直接责任人员，依法给予行政处分；造成损失的，应当依法承担赔偿责任：（一）干扰或者阻挠测量标志建设单位依法使用土地或者在建筑物上建设永久性测量标志的；”

（四十）工程建设单位未经批准擅自拆迁永久性测量标志或者使永久性测量标志失去使用效能，或者拒绝按照国家有关规定支付迁建费用

1. 实施机关：县级以上测绘地理信息行政主管部门

2. 处罚种类：责令限期改正，警告，罚款，承担赔偿责任

3. 法律依据：

《中华人民共和国测量标志保护条例》第二十三条第二项“有本条例第二十二条禁止的行为之一，或者有下列行为之一的，由县级以上人民政府管理测绘工作的部门责令限期改正，给予警告，并可以根据情节处以5万元以下的罚款；对负有直接责任的主管人员和其他直接责任人员，依法给予行政处分；造成损失的，应当依法承担赔偿责任：（二）工程建设单位未经批准擅自拆迁永久性测量标志或者使永久性测量标志失去使用效能的，或者拒绝按照国家有关规定支付迁建费用的；”

（四十一）擅自拆除永久性测量标志或者使永久性测量标志失去使用效能，或者拒绝支付迁建费用

1. 实施机关：县级以上测绘地理信息行政主管部门

2. 处罚种类：警告，责令改正，罚款，承担赔偿责任

3. 法律依据：

（1）《中华人民共和国测绘法》第五十条第五项“违反本法规定，有下列行为之一的，给予警告，责令改正，可以并处五万元以下的罚款；造成损失的，依法承担赔偿责任；构成犯罪的，依法追究刑事责任；尚不够刑事处罚的，对负有直接责任的主管人员和其他直接责任人员，依法给予行政处分：

（五）擅自拆除永久性测量标志或者使永久性测量标志失去使用效能，或者拒绝支付迁建费用的；”

（2）《基础测绘条例》第三十二条“违反本条例规定，侵占、损毁、拆除或者擅自移动基础测绘设施的，责令限期改正，给予警告，可以并处5万元以下罚款；造成损失的，依法承担赔偿责任；构成犯罪的，依法追究刑事责任；尚不构成犯罪的，对负有直接责任的主管人员和其他直接责任人员，依法给予处分。”

（四十二）违反操作规程使用永久性测量标志，造成永久性测量标志损毁或损坏

1. 实施机关：县级以上测绘地理信息行政主管部门

2. 处罚种类：警告，责令改正，罚款，承担赔偿责任

3. 法律依据：

（1）《中华人民共和国测绘法》第五十条第六项“违反本法规定，有下列行为之一的，给予警告，责令改正，可以并处五万元以下的罚款；造成损失的，依法承担赔偿责任；构成犯罪的，依法追究刑事责任；尚不够刑事处罚的，对负有直接责任的主管人员和其他直接责任人员，依法给予行政处分：（六）违反操作规程使用永久性测量标志，造成永久性测量标志损毁的。”

（2）《中华人民共和国测量标志保护条例》第二十三条第三项“有本条例第二十二条禁止的行为之一，或者有下列行为之一的，由县级以上人民政府管理测绘工作的部门责令限期改正，给予警告，并可以根据情节处以5万元以下的罚款；对负有直接责任的主管人员和其他直接责任人员，依法给予行政处分；造成损失的，应当依法承担赔偿责任：（三）违反测绘操作规程进行测绘，使永久性测量标志受到损坏的；”

（四十三）无证使用永久性测量标志并且拒绝县级以上人民政府管理测绘工作的部门监督和负责保管测量标志的单位和个人查询

1. 实施机关：县级以上测绘地理信息行政主管部门

2. 处罚种类：责令限期改正，警告，罚款，承担赔偿责任

3. 法律依据：

《中华人民共和国测量标志保护条例》第二十三条第四项“有本条例第二十二条禁止的行为之一，或者有下列行为之一的，由县级以上人民政府管理测绘工作的部门责令限期改正，给予警告，并可以根据情节处以5万元以下的罚款；对负有直接责任的主管人员和其他直接责任人员，依法给予行政处分；造成损失的，应当依法承担赔偿责任：（四）无证使用永久性测量标志并且拒绝县级以上人民政府管理测绘工作的部门监督和负责保管测量标志的单位和个人查询的。”

（四十四）外国的组织或者个人以伪造证明文件、提供虚假材料等手段，骗取一次性测绘批准文件

1. 实施机关：国家测绘地理信息局

2. 处罚种类：撤销批准文件，责令停止测绘活动，罚款，收缴测绘成果

3. 法律依据：

《外国的组织或者个人来华测绘管理暂行办法》第十八条第一项“违反本办法规定，有下列行为之一的，由国务院测绘行政主管部门撤销批准文件，责令停止测绘活动，处3万元以下罚款。有关部门对中方负有直接责任的主管人员和其他直接责任人员，依法给予行政处分；构成犯罪的，依法追究刑事责任。对形成的测绘成果依法予以收缴：（一）以伪造证明文件、提供虚假材料等手段，骗取一次性测绘批准文件的；”

（四十五）外国的组织或者个人超出一次性测绘批准文件的内容从事测绘活动

1. 实施机关：国家测绘地理信息局

2. 处罚种类：撤销批准文件，责令停止测绘活动，罚款，收缴测绘成果

3. 法律依据：

《外国的组织或者个人来华测绘管理暂行办法》第十八条第二项“违反本办法规定，有下列行为之一的，由国务院测绘行政主管部门撤销批准文件，责令停止测绘活动，处3万元以下罚款。有关部门对中方负有直接责任的主管人员和其他直接责任人员，依法给予行政处分；构成犯罪的，依法追究刑事责任。对形成的测绘成果依法予以收缴：（二）超出一次性测绘批准文件的内容从事测绘活动的。”

（四十六）外国的组织或者个人未经批准，擅自在中华人民共和国领域和管辖的其他海域从事测绘活动

1. 实施机关：县级以上测绘地理信息行政主管部门

2. 处罚种类：责令停止违法行为，没收测绘成果和测绘工具，罚款，责令限期离境（公安机关决定）

3. 法律依据：

《中华人民共和国测绘法》第五十一条第一项“违反本法规定，有下列行为之一的，责令停止违法行为，没收测绘成果和测绘工具，并处一万元以上十万元以下的罚款；情节严重的，并处十万元以上五十万元以下的罚款，责令限期离境；所获取的测绘成果属于国家秘密，构成犯罪的，依法追究刑事责任：（一）外国的组织或者个人未经批准，擅自在中华人民共和国领域和管辖的其他海域从事测绘活动的；”

（四十七）外国的组织或者个人未与中华人民共和国有关部门或者单位合资、合作，擅自在中华人民共和国领域从事测绘活动

1. 实施机关：县级以上测绘地理信息行政主管部门

2. 处罚种类：责令停止违法行为，没收测绘成果和测绘工具，罚款，责令限期离境（公安机关决定）

3. 法律依据：

《中华人民共和国测绘法》第五十一条第二项“违反本法规定，有下列行为之一的，责令停止违法行为，没收测绘成果和测绘工具，并处一万元以上十万元以下的罚款；情节严重的，并处十万元以上五十万元以下的罚款，责令限期离境；所获取的测绘成果属于国家秘密，构成犯罪的，依法追究刑事责任：（二）外国的组织或者个人未与中华人民共和国有关部门或者单位合资、合作，擅自在中华人民共和国领域从事测绘活动的。”

（四十八）外国的组织或者个人未经依法批准将测绘成果携带或者传输出境

1. 实施机关：国家测绘地理信息局

2. 处罚种类：罚款

3. 法律依据：

《外国的组织或者个人来华测绘管理暂行办法》第十九条“违反本办法规定，未经依法批准将测绘成果携带或者传输出境的，由国务院测绘行政主管部门处3万元以下罚款；构成犯罪的，依法追究刑事责任。”

（四十九）在房产面积测算中不执行国家标准、规范和规定

1. 实施机关：国家测绘地理信息局、省级测绘地理信息行政主管部门

2. 处罚种类：降级或者取消房产测绘资格

3. 法律依据：

《房产测绘管理办法》第二十一条第一项“房产测绘单位有下列情形之一的，……情节严重的，由发证机关予以降级或者取消其房产测绘资格：（一）在房产面积测算中不执行国家标准、规范和规定的；”

（五十）在房产面积测算中弄虚作假、欺骗房屋权利人

1. 实施机关：国家测绘地理信息局、省级测绘地理信息行政主管部门

2. 处罚种类：降级或者取消房产测绘资格

3. 法律依据：

《房产测绘管理办法》第二十一条第二项“房产测绘单位有下列情形之一的，……情节严重的，由发证机关予以降级或者取消其房产测绘资格：（二）在房产面积测算中弄虚作假、欺骗房屋权利人的；”

（五十一）房产面积测算失误，造成重大损失

1. 实施机关：国家测绘地理信息局、省级测绘地理信息行政主管部门

2. 处罚种类：降级或者取消房产测绘资格

3. 法律依据：

《房产测绘管理办法》第二十一条第三项“房产测绘单位有下列情形之一的，……情节严重的，由发证机关予以降级或者取消其房产测绘资格：（三）房产面积测算失误，造成重大损失的。”

四、行政监督检查（共9项）

（一）对测绘成果质量的监督检查

1. 实施机关：县级以上测绘地理信息行政主管部门

2. 法律依据：

（1）《中华人民共和国测绘法》第三十四条“测绘单位应当对其完成的测绘成果质量负责。县级以上人民政府测绘行政主管部门应当加强对测绘成果质量的监督管理。”

（2）《测绘成果质量监督抽查管理办法》第三条“国家测绘局负责组织实施全国质量监督抽查工作。县级以上地方人民政府测绘行政主管部门负责组织实施本行政区域内质量监督抽查工作。”

（二）对基础测绘成果使用情况的监督检查

1. 实施机关：县级以上测绘地理信息行政主管部门

2. 法律依据：

《基础测绘成果提供使用管理暂行办法》第十六条第二款“测绘行政主管部门应当依法对基础测绘成果的使用情况进行跟踪检查。”

（三）对测绘资质的监督检查

1. 实施机关：县级以上测绘地理信息行政主管部门

2. 法律依据：

（1）《测绘资质管理规定》第三条“国家测绘局负责全国测绘资质的统一监督管理工作。

县级以上地方人民政府测绘行政主管部门负责本行政区域内测绘资质的监督管理工作。”

（2）《测绘资质管理规定》第二十四条“各级测绘行政主管部门履行测绘资质监督检查职责……。”

（四）对测绘市场的监督检查

1. 实施机关：县级以上测绘地理信息行政主管部门

2. 法律依据：

《测绘市场管理暂行办法》第三条“县级以上人民政府测绘主管部门和工商行政管理部门负责监督管理本行政区域内的测绘市场。”

（五）对测绘项目招、投标的监督检查

1. 实施机关：县级以上测绘地理信息行政主管部门

2. 法律依据：

《测绘市场管理暂行办法》第十六条第二款“测绘主管部门和工商行政管理部门负责测绘项目招、投标的监督管理。”

（六）对外国的组织或者个人来华测绘的监督检查

1. 实施机关：县级以上测绘地理信息行政主管部门

2. 法律依据：

《外国的组织或者个人来华测绘管理暂行办法》第十六条“县级以上地方人民政府测绘行政主管部门，应当加强对本行政区域内来华测绘的监督管理，定期对下列内容进行检查：（一）是否涉及国家安全和秘密；（二）是否在《测绘资质证书》载明的业务范围内进行；（三）是否按照国务院测绘行政主管部门批准的内容进行；（四）是否按照《中华人民共和国测绘成果管理条例》的有关规定汇交测绘成果副本或者目录；（五）是否保证了中方测绘人员全程参与具体测绘活动。”

（七）对互联网地图的监督管理

1. 实施机关：县级以上测绘地理信息行政主管部门

2. 法律依据：

《关于加强互联网地图管理工作的通知》第十二条“各省级测绘行政主管部门要按属地化（互联网信息服务许可证号或备案）管理原则，强化对互联网地图及其运行系统（平台）的日常监管和跟踪检查……。”

（八）对测绘标准实施情况的监督检查

1. 实施机关：县级以上测绘地理信息行政主管部门

2. 法律依据：

《测绘标准化工作管理办法》第二十四条“各级测绘行政主管部门应当加强对测绘标准实施的监督检查，对不执行强制性标准或强制性条款的单位和个人应当依法予以纠正和查处。”

（九）对测绘行业职业技能鉴定质量督导的管理和指导

1. 实施机关：国家测绘地理信息局、省级测绘地理信息行政主管部门

2. 法律依据：

《测绘行业职业技能鉴定质量督导管理办法》第四条“国家测绘局负责全国测绘行业职业技能鉴定质量督导的管理和指导工作，统筹规划本行业质量督导员资格培训、考核和认证工作；各省级测绘行政主管部门负责本地区测绘行业职业技能鉴定质量督导的管理和指导工作，负责本地区测绘行业职业技能鉴定质量督导员人选的推荐工作；”

五、其他行政执法行为（共36项）

（一）对职业技能鉴定站的管理

1. 实施机关：省级测绘地理信息行政主管部门

2. 法律依据：

《测绘行业特有工种职业技能鉴定站管理办法》第五条“鉴定站由所在省、自治区、直辖市测绘主管部门的劳动工资机构负责管理。”

（二）对测绘行业特有工种职业技能鉴定工作的管理

1. 实施机关：省级测绘地理信息行政主管部门

2. 法律依据：

《测绘行业特有工种职业技能鉴定实施办法》（试行）第四条“各省（自治区、直辖市）测绘局（办）的劳动工资部门负责管理本省范围内测绘行业特有工种职业技能鉴定工作……。”

（三）对测绘计量工作的管理

1. 实施机关：县级以上测绘地理信息行政主管部门

2. 法律依据：

《测绘计量管理暂行办法》第三条“各级测绘主管部门应协助政府计量行政主管部门管理本行政区内的测绘计量工作，将测绘计量器具纳入测绘资格审查认证考核和产品质量监督检验管理的范畴。”

（四）对计量检定员证的管理

1. 实施机关：国家测绘地理信息局、省级测绘地理信息行政主管部门

2. 法律依据：

《测绘计量检定人员资格认证办法》第三条第一款“测绘计量检定人员须经省级以上测绘行政主管部门考核认证，取得《计量检定员证》，方可从事测绘计量检定工作。省级测绘行政主管部门不具备条件的，由国家测绘局负责考核认证。”

（五）对测绘质量的管理

1. 实施机关：县级以上测绘地理信息行政主管部门

2. 法律依据：

《测绘质量监督管理办法》第三条“县级以上人民政府测绘主管部门和技术监督行政部门负责本行政区域内测绘质量的管理和监督工作。”

（六）对测绘标准化工作的管理

1. 实施机关：县级以上测绘地理信息行政主管部门

2. 法律依据：

《测绘标准化工作管理办法》第四条第一款“测绘标准化工作是测绘事业的重要组成部分，是测绘工作统一监管的重要内容。各级测绘行政主管部门应当将其纳入基础测绘规划和计划，并积极配合有关部门建立健全公共财政对测绘标准化工作的投入机制，保证必要的工作经费。”

（七）对测绘作业证的管理

1. 实施机关：国家测绘地理信息局、省级测绘地理信息行政主管部门

2. 法律依据：

《测绘作业证管理规定》第三条“国家测绘局负责测绘作业证的统一管理工作。

省、自治区、直辖市人民政府测绘行政主管部门负责本行政区域内测绘作业证的审核、发证和监督管理工作。

省、自治区、直辖市人民政府测绘行政主管部门，可将测绘作业证的受理、审核、发放、注册核准等工作委托市（地）级人民政府测绘行政主管部门承担。”

（八）对基础测绘规划编制与备案的管理

1. 实施机关：县级以上测绘地理信息行政主管部门

2. 法律依据：

《中华人民共和国测绘法》第十二条“国务院测绘行政主管部门会同国务院其他有关部门、军队测绘主管部门组织编制全国基础测绘规划，报国务院批准后组织实施。

县级以上地方人民政府测绘行政主管部门会同本级人民政府其他有关部门根据国家和上一级人民政府的基础测绘规划和本行政区域内的实际情况，组织编制本行政区域的基础测绘规划，报本级人民政府批准，并报上一级测绘行政主管部门备案后组织实施。”

（九）对市、县级基础测绘年度计划指标内容的管理

1. 实施机关：省级测绘地理信息行政主管部门

2. 法律依据：

《基础测绘计划管理办法》第二十一条“市、县级基础测绘年度计划的指标内容，由各省、自治区、直辖市发展改革主管部门会同同级测绘行政主管部门确定，并报国务院发展改革主管部门和测绘行政主管部门备案。”

（十）对市、县级基础测绘年度计划指标内容的备案管理

1. 实施机关：国家测绘地理信息局

2. 法律依据：

《基础测绘计划管理办法》第二十一条“市、县级基础测绘年度计划的指标内容，由各省、自治区、直辖市发展改革主管部门会同同级测绘行政主管部门确定，并报国务院发展改革主管部门和测绘行政主管部门备案。”

（十一）对基础测绘年度计划指标体系制定的管理

1. 实施机关：国家测绘地理信息局、省级测绘

地理信息行政主管部门

2. 法律依据：

《基础测绘计划管理办法》第二十三条“国家和省级基础测绘年度计划指标体系由国务院发展改革主管部门和测绘行政主管部门统一研究制定，市、县级基础测绘年度计划指标体系由省级发展改革部门和测绘行政主管部门研究制定后报国务院发展改革主管部门和测绘行政主管部门审查批准。”

（十二）对市、县级基础测绘年度计划指标体系的审查批准

1. 实施机关：国家测绘地理信息局

2. 法律依据：

《基础测绘计划管理办法》第二十三条“国家和省级基础测绘年度计划指标体系由国务院发展改革主管部门和测绘行政主管部门统一研究制定，市、县级基础测绘年度计划指标体系由省级发展改革部门和测绘行政主管部门研究制定后报国务院发展改革主管部门和测绘行政主管部门审查批准。

（十三）对基础测绘年度计划指标体系调整意见的批准

1. 实施机关：国家测绘地理信息局

2. 法律依据：

《基础测绘计划管理办法》第二十四条“根据测绘科学技术发展水平的实际要求，应当及时对基础测绘年度计划指标体系进行调整，其中国家和省级基础测绘年度计划指标体系由国务院发展改革主管部门和测绘行政主管部门统一调整，市、县级基础测绘年度计划指标体系由省级发展改革主管部门和测绘行政主管部门提出调整意见后报国务院发展改革主管部门和测绘行政主管部门批准。”

（十四）对国家基础航空摄影项目的管理

1. 实施机关：国家测绘地理信息局、省级测绘地理信息行政主管部门

2. 法律依据：

《航空摄影管理暂行办法》第六条第一条“国家基础航空摄影和国家测绘项目，由国家测绘局拟定航空摄影计划。各地区的测绘项目，由各省、自治区测绘局、直辖市测绘院，向国家测绘局提出航空摄影申请。”

（十五）对全国基础测绘成果提供使用的管理

1. 实施机关：县级以上测绘地理信息行政主管部门

2. 法律依据：

《基础测绘成果提供使用管理暂行办法》第三条“国家测绘局负责全国基础测绘成果提供、使用管理工作。县级以上地方人民政府测绘行政主管部门负责本行政区域内基础测绘成果提供、使用管理工作。”

（十六）对建立相对独立的平面坐标系统的审批管理

1. 实施机关：国家测绘地理信息局、省级测绘地理信息行政主管部门

2. 法律依据：

《建立相对独立的平面坐标系统管理办法》第三条“下列确需建立相对独立的平面坐标系统的，国家测绘局负责审批：

（一）50 万人口以上的城市；

（二）列入国家计划的国家重大工程项目；

（三）其他需要国家测绘局审批的。

下列确需建立相对独立的平面坐标系统的，由省、自治区、直辖市测绘行政主管部门（以下简称省级测绘行政主管部门）负责审批：

（一）50 万人口以下的城市；

（二）列入省级计划的大型工程项目；

（三）其他需要省级测绘行政主管部门审批的。”

（十七）对地籍测绘规划的管理

1. 实施机关：县级以上测绘地理信息行政主管部门

2. 法律依据：

《中华人民共和国测绘法》第十八条“国务院测绘行政主管部门会同国务院土地行政主管部门编制全国地籍测绘规划。县级以上地方人民政府测绘行政主管部门会同同级土地行政主管部门编制本行政区域的地籍测绘规划。

县级以上人民政府测绘行政主管部门按照地籍测绘规划，组织管理地籍测绘。”

（十八）对永久性测量标志保护的管理

1. 实施机关：县级以上测绘地理信息行政主管部门

2. 法律依据：

《中华人民共和国测绘法》第三十九条“县级以上人民政府应当采取有效措施加强测量标志的保护工作。

县级以上人民政府测绘行政主管部门应当按照规定检查、维护永久性测量标志。

乡级人民政府应当做好本行政区域内的测量标志保护工作。”

（十九）对互联网新增兴趣点的备案管理

1. 实施机关：国家测绘地理信息局、省级测绘地理信息行政主管部门

2. 法律依据：

《关于加强互联网地图管理工作的通知》第十条“互联网地图服务单位每6个月应将新增兴趣点送交审核批准互联网地图的测绘行政主管部门备案。”

（二十）对利用密级地理信息开发互联网地图服务的管理

1. 实施机关：国家测绘地理信息局、省级测绘地理信息行政主管部门

2. 法律依据：

《关于加强互联网地图和地理信息服务网站监管的意见》第二条“……利用涉及国家秘密的测绘成果开发生产互联网地图和提供地理信息服务，必须先经国务院测绘行政主管部门或者省、自治区、直辖市测绘行政主管部门进行保密技术处理。”

（二十一）对导航电子地图市场的监督管理

1. 实施机关：县级以上测绘地理信息行政主管部门

2. 法律依据：

《关于导航电子地图管理有关规定的通知》第十三条“各省、自治区、直辖市测绘行政主管部门要进一步加大导航电子地图市场的监管力度，严肃查处各种违法违规行为。”

（二十二）对未依法出具成果汇交凭证的管理

1. 实施机关：国家测绘地理信息局、省级测绘地理信息行政主管部门

2. 管理措施：责令改正，通报批评，给予处分

3. 法律依据：

《中华人民共和国测绘成果管理条例》第二十六条第一项“违反本条例规定，县级以上人民政府测绘行政主管部门有下列行为之一的，由本级人民政府或者上级人民政府测绘行政主管部门责令改正，通报批评；对直接负责的主管人员和其他直接责任人员，依法给予处分：（一）接收汇交的测绘成果副本或者目录，未依法出具汇交凭证的；”

（二十三）对未及时向测绘成果保管单位移交测绘成果资料的管理

1. 实施机关：国家测绘地理信息局、省级测绘地理信息行政主管部门

2. 管理措施：责令改正，通报批评，给予处分

3. 法律依据：

《中华人民共和国测绘成果管理条例》第二十六条第二项“违反本条例规定，县级以上人民政府测绘行政主管部门有下列行为之一的，由本级人民政府或者上级人民政府测绘行政主管部门责令改正，通报批评；对直接负责的主管人员和其他直接责任人员，依法给予处分：（二）未及时向测绘成果保管单位移交测绘成果资料的；”

（二十四）对未依法编制和公布测绘成果资料目录的管理

1. 实施机关：国家测绘地理信息局、省级测绘地理信息行政主管部门

2. 管理措施：责令改正，通报批评，给予处分

3. 法律依据：

《中华人民共和国测绘成果管理条例》第二十六条第三项“违反本条例规定，县级以上人民政府测绘行政主管部门有下列行为之一的，由本级人民政府或者上级人民政府测绘行政主管部门责令改正，通报批评；对直接负责的主管人员和其他直接责任人员，依法给予处分：（三）未依法编制和公布测绘成果资料目录的；”

（二十五）对不履行汇交测绘成果目录和副本的管理

1. 实施机关：国家测绘地理信息局、省级测绘地理信息行政主管部门

2. 管理措施：通报批评，限制测绘活动，停止供应国家基础测绘成果

3. 法律依据：

《关于汇交测绘成果目录和副本的实施办法》第十三条“对于不能履行汇交测绘成果目录和副本义务的组织或者个人，国务院测绘行政主管部门或省、自治区、直辖市人民政府管理测绘工作的部门可以给予其通报批评、酌情限制其测绘活动和停止供应国家基础测绘成果的行政处罚。”

（二十六）对公开地图失泄密的管理

1. 实施机关：县级以上测绘地理信息行政主管部门

2. 管理措施：行政处分

3. 法律依据：

《地图编制出版管理条例》第二十八条“违反本条例规定，公开地图泄露国家秘密，或者产生危

害国家主权或者安全、损害国家利益的其他后果的，对负有直接责任的主管人员和其他直接责任人员依法给予行政处分；构成犯罪的，依法追究刑事责任。”

（二十七）对申报技师弄虚作假的管理

1. 实施机关：国家测绘地理信息局

2. 管理措施：撤消技师职业资格，2 年内不得申报技师考评

3. 法律依据：

《测绘行业技师考评管理办法》（试行）第十一条“申报技师的人员违反本办法，弄虚作假的，2 年内不得申报技师考评；已经取得职业资格的，予以撤消。”

（二十八）对有《测绘资质管理规定》第二十二条规定行为的管理

1. 实施机关：国家测绘地理信息局、省级测绘地理信息行政主管部门

2. 管理措施：缓期注册

3. 法律依据：

《测绘资质管理规定》第二十二条“有下列行为之一的，予以缓期注册：（一）未按时报送年度注册材料或者年度注册材料不符合规定要求的；（二）《测绘资质证书》记载事项应当变更而未申请变更的；（三）测绘仪器未按期检定的；（四）未按照规定备案登记测绘项目的；（五）经监督检验发现有测绘成果质量批次不合格的；（六）未按照规定汇交测绘成果的；（七）测绘单位无正当理由未参加年度注册的；（八）单位信用不良经核查属实的。”

（二十九）对有《测绘资质管理规定》第二十九条规定行为的管理

1. 实施机关：国家测绘地理信息局、省级测绘地理信息行政主管部门

2. 管理措施：注销资质、降低资质等级、核减相应业务范围

3. 法律依据：

（1）《测绘资质管理规定》第二十九条“有下列情形之一的，测绘资质审批机关应当注销资质、降低资质等级或者核减相应业务范围：（一）测绘资质有效期满未延续的；（二）测绘单位依法终止的；（三）测绘资质审查决定依法被撤销、撤回的；（四）《测绘资质证书》依法被吊销的；（五）测绘单位在 2 年内未承担相应测绘项目的；（六）甲、乙级测绘单位在 3 年内未承担单项合同额分别为 100 万元以上和 50 万元以上测绘项目的；（七）测绘单位年度注册材料弄虚作假的；（八）测绘单位不符合相应测绘资质标准条件的；（九）缓期注册期间逾期未整改或者整改后仍不符合规定的；（十）测绘单位连续 2 次被缓期注册的。”

（三十）对有《测绘资质管理规定》第三十条规定行为的管理

1. 实施机关：国家测绘地理信息局、省级测绘地理信息行政主管部门

2. 管理措施：不予批准测绘资质升级和变更业务范围

3. 法律依据：

《测绘资质管理规定》第三十条“测绘单位在申请之日前 2 年内有下列行为之一的，不予批准测绘资质升级和变更业务范围：（一）采用不正当手段承接测绘项目的；（二）将承接的测绘项目转包或者违规分包的；（三）经监督检验发现有测绘成果质量批次不合格的；（四）涂改、倒卖、出租、出借或者以其他形式非法转让《测绘资质证书》的；（五）允许其他单位、个人以本单位名义承揽测绘项目的；（六）有其他违法违规行为的。”

（三十一）对泄露国家秘密被国家安全机关查处的管理

1. 实施机关：国家测绘地理信息局、省级测绘地理信息行政主管部门

2. 管理措施：注销资质

3. 法律依据：

《测绘资质管理规定》第三十二条“测绘单位在从事测绘活动中，因泄露国家秘密被国家安全机关查处的，测绘资质审批机关应当注销其《测绘资质证书》。”

（三十二）对有《测绘作业证管理规定》第十五条规定行为的管理

1. 实施机关：市、县级测绘地理信息行政主管部门

2. 管理措施：收回测绘作业证，行政处分

3. 法律依据：

《测绘作业证管理规定》第十五条“测绘人员有下列行为之一的，由所在单位收回其测绘作业证并及时交回发证机关，对情节严重者依法给予行政处分；构成犯罪的，依法追究刑事责任：（一）将测绘作业证转借他人的；（二）擅自涂改测绘作业

证的；（三）利用测绘作业证严重违反工作纪律、职业道德或者损害国家、集体或者他人利益的；（四）利用测绘作业证进行欺诈及其他违法活动的。”

（三十三）对测绘单位申请资料不真实，虚报冒领测绘作业证的管理

1. 实施机关：省级以上测绘地理信息行政主管部门

2. 管理措施：收回证件，通报批评

3. 法律依据：

《测绘作业证管理规定》第十六条“测绘单位申请资料不真实，虚报冒领测绘作业证的，由省、自治区、直辖市人民政府测绘行政主管部门收回冒领的证件，并根据情节给予通报批评。”

（三十四）对有《注册测绘师制度暂行规定》第二十二条情形的管理

1. 实施机关：国家测绘地理信息局

2. 管理措施：注销注册，收回注册证和执业印章

3. 法律依据：

《注册测绘师制度暂行规定》第二十二条“注册申请人有下列情形之一的，应由注册测绘师本人或者聘用单位及时向当地省、自治区、直辖市人民政府测绘行政主管部门提出申请，由国家测绘局审核批准后，办理注销手续，收回《中华人民共和国注册测绘师注册证》和执业印章：（一）不具有完全民事行为能力的；（二）申请注销注册的；（三）注册有效期满且未延续注册的；（四）被依法撤销注册的；（五）受到刑事处罚的；（六）与聘用单位解除劳动或者聘用关系的；（七）聘用单位被依法取消测绘资质证书的；（八）聘用单位被吊销营业执照的；（九）因本人过失造成利害关系人重大经济损失的；（十）应当注销注册的其他情形。”

（三十五）对有《注册测绘师制度暂行规定》第二十三条情形的管理

1. 实施机关：国家测绘地理信息局

2. 管理措施：不予注册

3. 法律依据：

《注册测绘师制度暂行规定》第二十三条“注册申请人有下列情形之一的，不予注册：（一）不具有完全民事行为能力的；（二）刑事处罚尚未执行完毕的；（三）因在测绘活动中受到刑事处罚，自刑事处罚执行完毕之日起至申请注册之日止不满3年的；（四）法律、法规规定不予注册的其他情形。”

（三十六）对有《注册测绘师制度暂行规定》第二十四条情形的管理

1. 实施机关：国家测绘地理信息局

2. 管理措施：撤消注册，3年内不得再申请注册

3. 法律依据：

《注册测绘师制度暂行规定》第二十四条“注册申请人以不正当手段取得注册的，应当予以撤消，并由国家测绘局依法给予行政处罚；当事人在3年内不得再次申请注册；构成犯罪的，依法追究刑事责任。”

关于印发《全国测绘地理信息优秀行政执法案件评选办法》的通知

国测法发〔2011〕6号 2011年12月28日

各省、自治区、直辖市测绘地理信息行政主管部门：

为健全测绘地理信息行政执法考评机制，提高行政执法案件办理质量，规范优秀行政执法案件评选工作，根据国务院《全面推进依法行政实施纲要》（国发〔2004〕10号）和《国务院关于加强法治政府建设的意见》（国发〔2010〕33号），我局结合测绘地理信息行政执法工作实际，研究制定了《全国测绘地理信息优秀行政执法案件评选办法》。现印发给你们，请遵照执行。

附件：《全国测绘地理信息优秀行政执法案件评选办法》

全国测绘地理信息优秀行政执法案件评选办法

第一条　为健全测绘地理信息行政执法考评机制，提高行政执法案件办理质量，规范优秀行政执法案件评选工作，根据国务院《全面推进依法行政实施纲要》和《国务院关于加强法治政府建设的意见》，制定本办法。

第二条　本办法所称测绘地理信息行政执法案件，是指测绘地理信息行政主管部门或者经依法授权、依法委托承担测绘地理信息行政执法职权的组织已办结的适用一般程序的行政处罚案件。

第三条　国家测绘地理信息局负责全国测绘地理信息优秀行政执法案件评选工作，制定评选标准并组织实施。

第四条　全国测绘地理信息优秀行政执法案件评选工作应当遵循公开、公平、公正的原则。

第五条　国家测绘地理信息局成立全国测绘地理信息优秀行政执法案件评审委员会（以下简称评审委员会），具体负责优秀行政执法案件评选工作。评审委员会由国家测绘地理信息局有关领导、相关司局负责人及专家组成。评审委员会下设办公室，具体负责申报材料的受理和形式审查、接受投诉及其他工作。办公室设在国家测绘地理信息局法规与行业管理司。

第六条　全国测绘地理信息优秀行政执法案件评选工作原则上每三年举行一次。

第七条　申报全国测绘地理信息优秀行政执法案件，应当同时具备以下条件：

（一）在行政处罚案卷评查中得分90分以上；

（二）案情典型、案值较高、影响较大；

（三）对行政执法工作具有指导意义；

（四）承办单位或个人在行政执法工作中没有违法违纪行为。

第八条　申报全国测绘地理信息优秀行政执法案件，应当提交以下材料：

（一）全国测绘地理信息优秀行政执法案件推荐表（见附件）；

（二）行政处罚决定书（复印件）；

（三）结案报告（包括案件查处过程、案件事实、处理结果及案件分析等）；

（四）案件卷宗；

（五）其它需要提交的材料。

第九条　全国测绘地理信息优秀行政执法案件评选工作按照初评申报、组织评审、社会公示和奖励等程序进行。

第十条　省级测绘地理信息行政主管部门负责本行政区域内全国测绘地理信息优秀行政执法案件的初评和申报工作。

经初评合格的行政执法案件，由省级测绘地理信息行政主管部门按要求将材料报送评审委员会办公室。

第十一条　评审委员会办公室对申报材料进行形式审查，符合评选标准的，提交评审委员会进行评审。评审一般采用会议形式进行。

第十二条　评审结束后，通过国家测绘地理信息局政府网站和有关报刊向社会公示评审结果。公示期为7日。

公示期间对参评案件或者评审结果有异议的，应当在10个工作日内以实名形式向评审委员会提出书面意见。评审委员会收到意见后，在20个工作日内完成调查处理工作。经查确实存在问题的案件予以退回，并说明理由。

第十三条　经公示无异议的案件，由国家测绘地理信息局对案件承办单位及办案人员进行通报表彰，颁发获奖证书，并给予适当的物质奖励。评选结果向社会公布。

第十四条　在评选工作中弄虚作假或违规违纪的，由国家测绘地理信息局给予通报批评；已经给予表彰的，收回获奖证书及奖励。

第十五条　本办法由国家测绘地理信息局负责解释。

第十六条　本办法自发布之日起施行。

附件：全国测绘地理信息优秀行政执法案件推荐表（略）

地方法规、规章

河北省测绘航空摄影管理规定

2011 年 11 月 9 日省政府第 96 次常务会议通过，2011 年 11 月 21 日
河北省人民政府令〔2011〕第 11 号公布，自 2012 年 1 月 1 日起施行

第一条 为加强测绘航空摄影管理，维护国家安全和社会公共利益，促进经济社会发展，根据《河北省实施〈中华人民共和国测绘法〉办法》等有关法律、法规的规定，结合本省实际，制定本规定。

第二条 在本省行政区域内从事测绘航空摄影活动，应当遵守本规定。

第三条 本规定所称测绘航空摄影，是指在飞机、飞艇等飞行器上搭载摄影设备，对地球表面进行以民用测绘为目的的摄影、扫描等获取地理信息数据的活动。

第四条 县级以上人民政府测绘行政主管部门负责本行政区域内测绘航空摄影的统一监督管理工作。

县级以上人民政府其他有关部门按规定的职责，负责做好测绘航空摄影的有关工作。

第五条 县级以上人民政府应当加强对测绘航空摄影工作的领导，组织有关部门建立测绘航空摄影成果共享机制，避免重复实施相关测绘项目。

第六条 测绘航空摄影包括基础航空摄影和非基础航空摄影。基础航空摄影项目由省人民政府测绘行政主管部门负责组织实施，非基础航空摄影项目由项目出资人或者其委托的单位负责组织实施。

第七条 基础航空摄影应当纳入全省基础测绘规划，相关预算应当尽量满足基础测绘工作急需，基础航空摄影所需经费从预算安排的基础测绘专项经费中统筹解决。

第八条 设区的市人民政府测绘行政主管部门和省人民政府有关部门应当根据本地、本部门工作需要，按规定向省人民政府测绘行政主管部门报送基础航空摄影项目建议。省人民政府测绘行政主管部门对报送的项目建议进行综合平衡后，编制全省基础航空摄影年度计划。

第九条 实施测绘航空摄影项目应当遵守《通用航空飞行管制条例》的有关规定。

第十条 在实施测绘航空摄影项目前，测绘单位应当向省人民政府测绘行政主管部门或者其委托的设区的市人民政府测绘行政主管部门进行登记。

凡登记的项目已有适宜测绘航空摄影成果的，测绘行政主管部门应当建议有关部门、单位利用已有的成果资料。

第十一条 测绘单位应当建立测绘航空摄影成果质量管理制度，严格执行国家规定的测绘航空摄影技术规范和标准，保证成果资料的质量。

第十二条 测绘航空摄影项目完成后，应当按国家有关规定将成果资料送军队有关部门进行军事保密审查。

第十三条 使用财政资金实施的测绘航空摄影项目完成后，测绘行政主管部门应当委托法定授权的测绘成果质量监督检验机构进行测绘成果质量检验；使用其他资金实施的测绘航空摄影项目完成后，项目出资人根据需要委托测绘成果质量监督检验机构进行测绘成果质量检验。

测绘航空摄影成果未经质量检验或者检验不合格的，不得提供他人使用。

第十四条 使用财政资金实施的测绘航空摄影项目，由测绘单位向省人民政府测绘行政主管部门汇交成果资料；使用其他资金实施的测绘航空摄影项目，由项目出资人向省人民政府测绘行政主管部门汇交成果资料目录。

第十五条 省人民政府测绘行政主管部门应当自收到汇交的测绘航空摄影成果资料之日起 10 个工作日内，将其移交给测绘成果保管单位保管，并定

期向社会公布成果资料目录，促进测绘航空摄影成果资料的社会化应用。

第十六条 测绘成果保管单位应当依法建立测绘航空摄影成果资料的归档保管和保密制度，配备必要的设施、设备，采取有效的防护措施，确保成果资料的完整和安全。

第十七条 基础航空摄影成果应当定期更新。城市规划区的基础航空摄影成果更新周期一般不超过3年，其他地区的基础航空摄影成果更新周期不超过5年。

用于突发事件预防和应急处置以及本省经济社会发展急需的基础航空摄影成果，应当及时更新。

第十八条 利用涉及国家秘密的测绘航空摄影成果开发生产的产品，未经国务院测绘行政主管部门或者省人民政府测绘行政主管部门进行保密技术处理的，其秘密等级不得低于所用测绘航空摄影成果的秘密等级。

第十九条 法人或者其他组织、个人需要利用测绘航空摄影成果资料中含有属于国家秘密的基础测绘成果的，在利用前应当提出明确的利用目的和范围，报省人民政府测绘行政主管部门审批。未经审批，任何单位和个人不得向其提供含有属于国家秘密的基础测绘成果的测绘航空摄影成果资料。

第二十条 向境外提供本省行政区域内属于国家秘密的测绘航空摄影成果的，应当按国家规定的审批程序，报国务院测绘行政主管部门或者省人民政府测绘行政主管部门审批。省人民政府测绘行政主管部门在审批前应当征求军队有关部门的意见。

第二十一条 使用财政资金完成的测绘航空摄影成果用于国家机关决策和社会公益性事业的，应当无偿提供。各级人民政府及其有关部门和军队因防灾、减灾、国防建设等公共利益的需要，可以无偿使用测绘航空摄影成果。

除前款规定外，测绘航空摄影成果依法实行有偿使用制度。利用财政资金完成的测绘航空摄影成果有偿使用取得的收入上缴同级财政，实行收支两条线管理。

第二十二条 县级以上人民政府测绘行政主管部门应当加强对测绘航空摄影活动的监督管理，建立测绘航空摄影成果提供、利用单位的信用档案，并及时向社会公布相关信息。

第二十三条 测绘行政主管部门及其工作人员有下列行为之一的，依法给予处分；构成犯罪的，依法追究刑事责任：

（一）收到汇交的测绘航空摄影成果资料后未按规定移交的；

（二）不依法办理有关行政许可的；

（三）对违反本规定的行为不及时、不依法查处的；

（四）其他玩忽职守、滥用职权、徇私舞弊的行为。

第二十四条 违反本规定第十一条、第十四条和第十六条规定的，依照《中华人民共和国测绘法》、《中华人民共和国测绘成果管理条例》、《基础测绘条例》等有关法律、法规的规定予以处罚。

违反本规定有关测绘航空摄影成果利用保密规定的，依照保密法律、法规的规定处理。

第二十五条 违反本规定第十条第一款、第十三条第二款和第十九条规定的，由测绘行政主管部门予以警告，责令改正，对有违法所得的，处以违法所得一倍以上三倍以下最高不超过三万元罚款；对没有违法所得的，处以五千元以上一万元以下罚款。

第二十六条 本规定自2012年1月1日起施行。

吉林省测绘项目招标投标管理办法

2011年3月18日省政府第3次常务会议讨论通过，吉林省人民政府令第220号公布

第一章 总 则

第一条 为了规范测绘项目招标投标及其管理活动，保护国家利益、社会公共利益和招标投标活动当事人的合法权益，根据《中华人民共和国招标投标法》、《中华人民共和国测绘法》和《吉林省测绘条例》等有关法律、法规的规定，结合本省实际，制定本办法。

第二条 本省行政区域内的测绘项目招标投标及其管理活动，适用本办法。

第三条 测绘项目招标投标活动应当遵循公开、公平、公正和诚实信用的原则。

第四条 县级以上人民政府测绘行政主管部门会同发展改革部门负责对本行政区域内测绘项目招标投标活动的监督管理。

县级以上人民政府住房和城乡建设、水利、交通运输、国土资源、农业、工业和信息化等有关部门按照各自职责做好测绘项目的招标投标管理工作。

第五条 招标投标活动不受测绘项目所在地区或者部门的限制。任何单位和个人不得限制或者排斥本地区、本系统以外的测绘单位参加投标。

第二章 招标和投标

第六条 招标人是指依照本办法规定提出招标项目、进行招标的法人或者其他组织。

投标人是指响应招标、参加投标竞争的法人或者其他组织。

第七条 招标人应当委托招标代理机构进行招标。招标人具备条件的，可以自行招标。

第八条 下列测绘项目应当进行公开招标：

（一）国有资金投资占50%以上，且单项合同估算价超过50万元人民币，或者国有资金投资占50%以上，且测绘面积超过10平方公里的测绘项目；

（二）关系社会公共利益、公众安全，单项合同估算价超过20万元人民币的测绘项目；

（三）使用国际组织或者外国政府贷款、援助资金的测绘项目。

第九条 下列测绘项目可以邀请招标：

（一）需要采用先进测绘技术或者专用测绘仪器设备，潜在投标人不超过5个的测绘项目；

（二）涉及知识产权保护的测绘项目；

（三）受环境条件限制普通测绘单位不适宜从事的测绘项目；

（四）法律、法规规定不宜公开招标的测绘项目。

第十条 任何单位和个人不得将应当进行招标的测绘项目化整为零或者以其他方式规避招标。

第十一条 涉及抢险救灾急需的测绘项目可以不进行招标。

第十二条 应当招标的测绘项目，在招标时要具备以下条件：

（一）按照有关规定已获得项目批准手续；

（二）项目所需的资金已经落实；

（三）项目所需的测绘基础资料已经收集完毕；

（四）法律、法规规定的其他条件。

第十三条 测绘项目涉及国家秘密的，按照国家和省有关规定执行。

第十四条 应当招标的测绘项目，在招标公告发布前不少于5日，由招标人将招标方案按照项目管理权限报县级以上测绘行政主管部门备案。

第十五条 采用公开招标的，招标人应当在省级公共信息网或者省级以上主要媒体上发布招标公告。

采用邀请招标的，招标人应根据测绘单位资质、业绩、技术实力等条件，邀请不少于3个测绘单位参加投标。

第十六条 招标公告或招标邀请书中应当载明下列内容：

（一）招标人的名称和地址；

（二）招标测绘项目的内容、规模、实施地点和工期；

（三）对投标人的测绘资质、信誉和业绩要求；

（四）招标项目资金来源、简要技术要求及审批、核准或备案机关名称；

（五）获取招标文件的时间、地点和收费标准。

（六）招标人或招标代理机构项目联系人的名称、地址、电话、传真、网址、开户银行及账号等。

第十七条 招标文件应当包括下列内容：

（一）投标人须知；

（二）经过批准的测绘项目任务书及有关文件；

（三）测绘项目说明书；

（四）投标人应当具备的测绘资质等级、业务范围和有关的资信证明文件；

（五）签订承包合同的主要条款；

（六）提交投标文件的方式、地点和截止时间；

（七）测绘项目涉及保密的，应当具备的保密条件；

（八）开标、评标、定标的日程和评标标准及方法；

（九）其他需要的投标辅助材料；

（十）招标公告或投标邀请书。

第十八条 招标人对已发出的招标文件进行澄清或修改的，应当在招标文件要求提交投标文件截止时间15日前，以书面形式通知所有招标文件收受人，该澄清或者修改文件的内容为招标文件的组成部分。

招标人在招标文件发出后，不得擅自终止招标。

第十九条 对公开招标的测绘项目，招标人可以对投标人的测绘资质、业绩、信誉等进行资格预审。资格预审的条件、标准、办法应当与招标公告一致，不得以不合理条件限制、排斥或者歧视投标人。

招标人根据测绘项目的具体情况，可以组织有投标意向的人踏勘测绘项目现场，向其介绍工程场地和有关情况。

第二十条 两个以上测绘单位可以组成一个联合体，以一个投标人的身份共同投标。

联合体各方均应当具备招标项目对投标人测绘资质的要求，联合体的资质等级按照组成联合体各单位中等级低的单位确定。

联合体各方应当签订共同投标协议，明确约定各方拟承担的工作和责任，并将共同投标协议连同投标文件一并提交招标人。

联合体中标的，联合体各方应当共同与招标人签订合同，就中标项目向招标人承担连带责任。

第二十一条 投标人中标后可以将中标项目中的非主体、非关键性部分分包，但分包量不得超过测绘项目总工程量的四分之一。接受分包的单位应当符合招标人关于测绘资质的要求，并不得再次分包。

第二十二条 投标文件应当对招标文件提出的实质性要求和条件做出响应。

投标文件的主要内容包括：

（一）投标函；

（二）投标总报价和分项报价；

（三）项目实施的进度安排；

（四）项目实施的技术力量、仪器设备等情况；

（五）商务条款和技术偏差表；

（六）招标文件要求的其他内容。

投标人中标后拟将中标项目分包的，应当在投标文件中载明分包的部位、工程量及接受分包单位的测绘资质。

第二十三条 投标人不得以他人名义投标，也不得利用伪造、转让、失效或者租借的测绘资质证书投标。

第三章 开标、评标和定标

第二十四条 开标应当采用公开方式，由招标人主持，邀请所有投标人和有关部门参加，按照法定程序进行。

第二十五条 评标工作由招标人依法组建的评标委员会负责。

评标委员会由招标人代表和有关专业技术、经济等方面的专家组成，成员人数为5人以上单数，其中测绘方面的专家不得少于三分之一。

第二十六条 省测绘行政主管部门应当按照有关规定组建全省测绘项目评标专家库，并纳入省政务大厅评标专家库管理，作为测绘项目评标专家候选人。

第二十七条 选聘的测绘项目评标专家，应当具备以下条件：

（一）注册测绘师或者具有高级职称的测绘专业技术人员；

（二）熟悉有关招标投标的法律、法规并具有相应的工作经验；

（三）能够认真、公正、诚实、廉洁地履行职责。

选聘的测绘项目评标专家由省测绘行政主管部门颁发聘任证书。

第二十八条 评标委员会中测绘方面的专家由招标人从测绘项目评标专家库中随机抽取。参与测绘项目评标的专家名单应当在中标结果确定前保密。

第二十九条 评标委员会成员有下列情形之一的，应当回避：

（一）投标人单位的员工；

（二）投标人主要负责人的近亲属；

（三）与投标人有经济或者其他利害关系，可能影响公正评标的；

（四）法律、法规规定应当回避的其他情形。

第三十条 评标委员会成员在评标前应当熟悉以下内容：

（一）招标项目的范围和性质；

（二）招标文件中规定的主要技术要求、标准和商务条款；

（三）招标文件规定的评标标准、评标方法和在评标过程中应当考虑的相关因素。

第三十一条 评标委员会应当按照下列要求和程序进行评标：

（一）按照招标文件确定的评标标准和方法对投标文件进行评审和比较；

（二）要求投标人对投标文件中含义不明确的内容做必要的书面澄清或者说明；

（三）审查投标文件是否对招标文件提出的所有实质性要求和条件做出响应，并逐项列出各投标文件的全部投标偏差；

（四）对符合招标文件实质性要求，但在个别地方存在遗漏或者提供的技术信息、数据等方面有细微偏差的投标文件，在不会对其他投标人造成不公平的前提下，要求投标人书面补正；

（五）招标文件设有标底的，应当参考标底；

（六）测绘项目评标采用综合评估法，按得分高低顺序，推荐1至3个中标候选人；

（七）向招标人提出书面评标报告；

（八）法律、法规规定的其他要求和程序。

第三十二条 投标文件有下列情形之一的，应当作为无效投标处理：

（一）逾期送达的；

（二）未响应招标文件的实质性要求和条件的；

（三）未按招标文件规定加盖单位公章或没有法定代表人（或其授权人）签字（或印鉴）的；

（四）以联合体形式投标，未提交共同投标协议的；

（五）投标文件未按要求密封的。

第三十三条 投标人有下列行为之一的，不得确定为中标候选人：

（一）未按规定在投标文件规定截止之日前缴纳投标保证金的；

（二）投标人拒不按照要求对投标文件进行澄清、说明或者补正的；

（三）投标人以他人的名义投标的；

（四）以行贿手段谋取中标或者以其他弄虚作假方式投标的；

（五）法律、法规规定的其他情形。

第三十四条 招标人应当从评标委员会推荐的中标候选人中确定得分排序第一的为中标人。

第三十五条 定标后招标人应当向中标人发出中标通知书，同时将中标结果通知其他全部投标人。

招标人和中标人应当自中标通知书发出之日起10日内，按照招标文件和中标人的投标文件签订书面合同；中标人逾期不签订合同的，由招标人按照评标得分高低顺序依次从中标候选人中确定新的中标人。

第三十六条 招标人应当自测绘项目合同签订之日起15日内，向项目立项批准部门的同级测绘行政主管部门提交测绘项目招标投标情况的书面报告。

第四章 监督管理

第三十七条 县级以上人民政府测绘行政主管部门通过检查、稽查、现场监督等方式对测绘项目招标投标活动进行监督。

测绘行政主管部门应当履行下列职责：

（一）对招标项目的招标投标活动全过程实施监督；

（二）检查招标投标活动执行法定程序和规则的情况；

（三）受理并查处招标投标活动中的投诉和举报；

（四）监督招标投标各方执行招标投标法律、法规和规章的情况。

第三十八条 投标人和其他利害关系人认为测绘项目招标投标活动不符合法律、法规和规章规定的，在开标后的5日内，可以向县级以上测绘行政主管部门投诉、举报。

负责受理投诉、举报的测绘行政主管部门应当自受理投诉、举报之日起30日内，对投诉、举报做出处理，并以书面形式通知投诉、举报人。

第三十九条 测绘行政主管部门应当建立测绘单位招标投标信用信息管理体系。对串通投标、中标后无正当理由拒绝签订合同、不履行投标承诺和合同约定等缺乏诚信的投标人，由测绘行政主管部门记入投标人的信用档案，并向社会公布。

第四十条 违反本办法规定，对应当招标的测绘项目不进行招标的，或者将应当进行招标的测绘项目化整为零或以其他方式规避招标的，由县级以上测绘行政主管部门责令改正，对属于非经营性行为的，可以并处1000元罚款；对属于经营性行为的，可以并处10000元以上30000元以下罚款。

第四十一条 违反本办法规定，测绘项目在招标公告发布前，招标人未将招标方案按照项目管理权限报测绘行政主管部门备案的，由县级以上测绘行政主管部门给予通报批评，对属于非经营性行为的，处1000元罚款；对属于经营性行为的，视情节处以5000元以上10000以下罚款。

第四十二条 违反本办法规定，在招标投标活动中有下列情形之一的，由县级以上测绘行政主管部门依据有关法律、法规和规章的规定给予处罚：

（一）测绘项目的招标单位将测绘项目发包给不具有相应资质等级的测绘单位；

（二）未取得测绘资格，或者超越其测绘资质等级许可的业务范围、限额，投标承揽测绘项目的；

（三）以其他测绘单位的名义，或者允许其他单位以本单位的名义投标承揽测绘项目的；

（四）测绘单位违反规定将中标的测绘项目转包的。

第四十三条 测绘行政主管部门和有关部门及其工作人员有下列情形之一的，由有关部门对直接负责的主管人员和其他直接责任人员依法给予行政处分；构成犯罪的，依法追究刑事责任：

（一）限制、排斥本地区、本系统以外的法人或者其他组织参加投标的；

（二）为招标人指定招标代理机构，或者强制具有自行招标能力的招标人委托招标代理机构办理招标事宜的；

（三）非法干涉招标人依法行使招标自主权的；

（四）非法干涉评标委员会评标活动的；

（五）违法向招标投标当事人、招标代理机构收取费用的；

（六）未依法对招标投标活动实施监督，以及有其他徇私舞弊、滥用职权、玩忽职守行为的。

第五章 附 则

第四十四条 本办法自2011年5月1日起施行。

黑龙江省测量标志保护管理办法

1989年9月26日黑龙江省人民政府令第22号公布，自1989年11月1日起施行；1997年12月31日黑龙江省人民政府令第26号修正公布；2011年12月9日黑龙江省人民政府令第11号修正公布，自2012年2月1日起施行

第一章 总 则

第一条 为加强我省测量标志的保护和管理，适应社会主义现代化建设的需要，根据法律、法规和国家有关规定，结合我省实际，制定本办法。

第二条 凡在我省境内的下列测量标志，均属于本办法保护范围：

（一）测绘单位建设的地上或地下永久性测量标志及其有关设施，包括各等级的三角点、水准点、卫星定位点、导线点、天文点、重力点、军用控制点的观测台墩、指示碑、地上木质或钢质觇标，地下标石标志；地形测量、地籍测量、工程测量、水文测量、形变测量、境界勘测及野外长度检定场的固定标志等。

（二）测绘单位正在使用的临时性测量标志。

第三条 各级人民政府应当加强对测量标志保护工作的领导，及时研究解决测量标志保护管理工作中的问题。

一切单位和个人都有责任保护测量标志，并有义务制止和检举损坏测量标志的行为。

第四条 省人民政府测绘行政主管部门负责监督全省测量标志保护管理工作，组织实施本办法。

行政公署和市、县人民政府指定的测绘管理机构（以下简称地（市）、县测绘管理机构）负责本行政区域内测量标志的保护管理工作。

市（行署）、县人民政府测绘主管部门负责本行政区域内测量标志的保护管理工作。

乡、镇人民政府和城市街道办事处应当做好本辖区内的测量标志保护管理工作。

第二章 测量标志的建造和拆迁

第五条 新建测量标志，应按照国家有关规定，避让电力、广播电视、通信等设施。新建微波站、雷达站、广播电视发射装置等大功率无线电发射源的建设，应当与永久性测量标志保持安全使用距离。

测量标志建造单位需在建筑物上建造测量标志时，有关单位和个人应当予以配合。

第六条 建造永久性测量标志所占用的土地，

建造单位按照有关土地管理的法律、法规的规定办理征用手续。

有觇标的永久性测量标志占地面积为三十六至一百平方米；仅有地下标志的为十六至三十六平方米。

建设永久性测量标志，应当设立警示牌。

第七条 各项建设工程应尽量避开永久性测量标志。必须拆迁永久性测量标志或者使其失去使用效能的，工程建设单位应当向测量标志所在地的测绘主管部门提出申请，经下列部门审核批准，并通知测量标志保管单位或者保管人员后，方可拆迁：

（一）国务院和省人民政府测绘行政主管部门设置的永久性测量标志，由省人民政府测绘行政主管部门批准或者转报国务院测绘行政主管部门批准；

（二）军队设置的永久性测量标志，由省人民政府测绘行政主管部门转报军队测绘管理部门批准；

（三）其他永久性测量标志，经设置测量标志的部门同意，由测量标志所在地的地（市）测绘主管部门批准，并报省人民政府测绘行政主管部门备案。

测量标志所在地的测绘管理机构和测量保管单位负责监督拆迁。

第八条 工程建设单位拆迁永久性测量标志，应向拆迁测量标志审批单位支付恢复测量标志所需费用。

迁建费收费标准按国家有关规定执行。

迁建永久性测量标志的重建，应当符合测绘科技发展和国家大地控制布局要求确定，由收取迁建费用的部门组织实施，并在省人民政府测绘行政主管部门规定的期限内完成。

第九条 设有永久性测量标志的建筑物，需要改建或者拆迁时，应当事先通知当地测绘管理机构和委托保管的测绘单位。

第十条 需要拆迁因自然损坏或已倒塌的永久性测量标志，由当地测绘管理机构按照本办法第七条第一款的规定办理。

第十一条 广播电视、邮电、气象、林业等部门需要在测量标志占地范围内建设通讯转播、气象探测台（站）或者瞭望台时，在不移动测量标志地下标石的前提下，经省人民政府测绘行政主管部门同意，有关部门可协商建成双方共用的设施。

第三章 测量标志的保管和维护

第十二条 测绘单位建造的永久性测量标志，应当按照建造地点就近委托有关单位或者人员负责保管。委托单位保管的，被委托的单位应当指定专人负责保管。

第十三条 委托保管永久性测量标志，委托方与被委托方应当签订《测量标志委托保管书》，并由委托方将委托保管书抄送有关乡、镇人民政府或者街道办事处，以及省、地（市）、县测绘主管部门。

一项工程（测区）的测量标志委托保管完毕后，委托保管的测绘单位应当汇总填写《测量标志委托保管登记表》，报省人民政府测绘行政主管部门和有关地（市）测绘管理机构备案。

受委托建造的测量标志，由委托建造单位填报《测量标志委托保管登记表》。

第十四条 测量标志保管单位和保管人员具有下列职责：

（一）负责测量标志的保管，制止和揭发损坏、移动、盗窃测量标志的行为；

（二）检查使用测量标志的测绘人员的证件，检查测量标志使用后的完好情况；

（三）监督测量标志的拆迁工作；

（四）发现保管的测量标志被损坏、移动和盗窃时，应当及时报告当地测绘管理机构或者省人民政府测绘行政主管部门，妥善保管现场标材，并协助有关部门查明情况。

第十五条 测量标志保管单位因机构变动等原因不能承担责任时，应当经委托保管的测绘单位同意，将所保管的测量标志移交有关单位继续保管。

测量标志保管人因调离等原因不能承担责任时，保管单位应当另行指定保管人。

保管单位、保管人变更，应当及时报当地测绘管理机构和省人民政府测绘行政主管部门备案。

第十六条 任何单位和个人不得有下列行为：

（一）损毁、擅自移动地下或者地上的永久性测量标志以及使用中的临时性测量标志；

（二）在测量标志占地范围内烧荒、耕作、取土、挖沙或者侵占永久性测量标志用地；

（三）在距永久性测量标志 50 米范围内采石、爆破、射击、架设高压电线；

（四）在测量标志的占地范围内，建设影响测量标志使用效能的建筑物；

（五）在测量标志上架设通讯设施、设置观望台、搭帐篷、拴牲畜或者设置其他有可能损毁测量标志的附着物；

（六）擅自拆除设有测量标志的建筑物或者拆除建筑物上的测量标志；

（七）其他有损测量标志安全和使用效能的行为。

第十七条 一、二等三角点、水准点、导线点、基线点和B级以上（含B级）卫星定位点的维修，由省人民政府测绘行政主管部门负责；三、四等三角点、水准点、导线点、基线点和B级以下（不含B级）卫星定位点的维修，由地（市）、县测绘管理机构负责。

第十八条 测量标志维修经费由该测量标志建造单位负责解决。

测绘单位使用测量标志而需维修时，维修经费由测量标志使用单位负责解决。

第十九条 测量标志维修后，维修单位应及时填报《测量标志卡片》并重新办理测量标志委托保管手续。

第四章 测量标志的使用和检查

第二十条 凡持有国务院测绘行政主管部门统一印制的《测绘工作证》的测绘人员，因工作需要均可使用测量标志。使用时应当事先通知测量标志保管单位，并接受保管单位或者保管人的检查。

第二十一条 测绘人员使用测量标志必须保持其完好无损，使用后应当按照规定整饰测量标志。

第二十二条 国家一、二、三、四等测量标志普查工作，由省人民政府测绘行政主管部门负责统一规划，地（市）、县测绘管理机构组织实施。

第二十三条 地（市）、县测绘管理机构对本行政区域的国家一、二、三、四等测量标志，应每年进行一次抽查，并将检查结果填入《测量标志汇总表》，逐级上报省人民政府测绘行政主管部门。

各专业测绘单位对为本专业需要而建造的测量标志检查工作，参照前款规定执行。

第二十四条 地（市）、县测绘管理机构普查、抽查测量标志所需经费，由同级财政拨款解决。

第五章 测量标志的建档和管理

第二十五条 省人民政府测绘行政主管部门和地（市）、县测绘管理机构应当对本行政区域内的永久性测量标志进行建档管理，并建立、健全相应的管理制度，负责搜集、整理和提供有关测量标志的资料。

各专业测绘单位应对为本专业需要建造的永久性测量标志进行建档管理。

第二十六条 永久性测量标志档案包括：

（一）国家和省发布的有关保护测量标志的法律、法规、规章和文件；

（二）《测量标志委托保管书》、《测量标志委托保管登记表》、《测量标志卡片》、《测量标志汇总表》以及标绘在1:10万地形图上的《测量标志分布图》；

（三）测量标志的维修、普查、检查资料，测量标志占地征用、事件处理等有关资料。

第二十七条 测量标志建造单位和保管单位，应当及时向所在地测绘管理机构报送测量标志建造、委托保管、维修、检查、拆迁、重建等情况资料。

第六章 罚 则

第二十八条 违反本办法第十六条规定的，由县以上测绘主管部门责令限期改正、给予警告，对于损坏的测量标志，能够修复的，应当予以修复；无法修复的，应当按照该测量标志的建造技术标准予以重建，并视下列情节分别处以罚款；对负有直接责任的主管人员和其他直接责任人员，依法给予行政处分；造成损失的，还应当承担赔偿责任：

（一）有损测量标志安全但尚未损毁测量标志的，处以五千元以下罚款；

（二）损毁测量标志使其部分失去使用效能的，处以二万元以下罚款；

（三）损毁测量标志使其完全失去使用效能的，处以二万元以上五万元以下罚款。

第二十九条 拒绝、阻碍测绘管理人员和测量标志保管人员依法执行职务的，由公安部门依照治安管理处罚法的有关规定予以处罚；构成犯罪的，由司法机关依法追究刑事责任。

第三十条 罚款全部上缴同级地方财政。

第七章 附 则

第三十一条 本办法自1989年11月1日起施行。1982年1月18日黑龙江省人民政府发布的《黑龙江省测量标志保护管理暂行办法》同时废止。

江苏省基础测绘管理办法（修订）

2001年10月18日省政府第183号令发布，根据2003年4月22日《江苏省人民政府关于修改〈江苏省基础测绘管理办法〉的决定》修订，2011年1月7日省政府令第68号第二次修订

第一章 总 则

第一条 为了加强我省基础测绘管理，促进和发展基础测绘事业，发挥基础测绘对国民经济和社会发展的保障作用，根据《中华人民共和国测绘法》及其他有关法律法规，制定本办法。

第二条 凡在本省行政区域内从事基础测绘活动的，必须遵守本办法。

第三条 基础测绘实行统一规划，分级管理和组织实施。省人民政府管理测绘工作的部门负责编制本省基础测绘规划，并管理全省基础测绘工作；市、县（市）人民政府管理测绘工作的部门负责管理本行政区域内的基础测绘工作。

县级以上人民政府的建设、规划、水利、交通等有关主管部门按照职责分工协助做好基础测绘工作，并负责管理本部门的专业测绘工作。

第四条 县级以上人民政府应当加强对基础测绘工作的领导，建立本行政区域内基础测绘定期更新机制，并保障基础测绘规划的实施。

第五条 基础测绘是指为国民经济和社会发展以及为国家各个部门和各项专业测绘提供基础地理信息而实施测绘的总称。

基础测绘成果应当共享。

第六条 基础测绘应当使用国家规定的测绘基准和测绘标准。

第七条 有关部门、单位和个人应当依法为基础测绘活动提供便利。

第二章 规划与实施

第八条 省级基础测绘更新周期为5至8年。设区的市级基础测绘更新周期为3至6年。

设区的市人民政府可以在规定范围内自行确定更新周期。

第九条 根据基础测绘规划和更新任务要求，县级以上地方人民政府发展改革部门会同测绘行政主管部门，编制本行政区域的基础测绘年度规划，并分别报上一级主管部门备案。

第十条 县级以上人民政府管理测绘工作的部门应当及时收集和整理基础测绘成果，建立方便、快捷的基础测绘成果提供制度，确保基础测绘成果共享。

因实施重大工程项目急需基础测绘成果而未具备的，必须按本办法分级管理的规定报有管辖权的人民政府管理测绘工作的部门登记审核，依照本办法第九条的规定纳入本地区基础测绘计划，由人民政府管理测绘工作的部门统一管理和组织实施。在可以满足技术要求的情况下，任何部门和单位不得拒绝利用已有的基础测绘成果而实施重复测绘。

第十一条 省人民政府管理测绘工作的部门负责组织实施本省行政区域内下列基础测绘项目：

1. 国家三、四等平面和高程控制网的建立和复测；

2. 国家1:5000、1:10000基本比例尺地形图的测制和更新；

3. 区域性基础地理信息系统的建立和更新；

4. 省级基础测绘设施建设；

5. 编制本省行政区域界线地图的标准样图。

第十二条 设区的市人民政府管理测绘工作的部门负责组织实施本市行政区域内下列基础测绘项目

1. 平面和高程控制网的加密和复测；

2. 国家1:500、1:1000、1:2000基本比例尺地形图的测制和更新；

3. 区域性基础地理信息系统的建立和更新。

第十三条 专业部门为本部门业务工作服务具有专业内容的包括1:500至1:5000比例尺地形图的

测制和更新等测绘项目属专业测绘。专业测绘应采用国家测绘技术标准或者行业测绘技术标准。

第十四条 基础测绘需建立与国家平面坐标系统相联系的相对独立的平面坐标系统的，应当报省人民政府管理测绘工作的部门登记审核，并报省人民政府批准。同一城市或局部地区只能建立一个相对独立的平面坐标系统。

建立独立平面坐标系统的登记送审，由项目单位负责。

第十五条 进入测绘市场的基础测绘项目应当依据有关法律、法规的规定以招标方式确定承揽方。

经委托方同意，承揽方可将其承揽的辅助性工作向其它具有相应资格的测绘单位分包，分包比例依照国家规定执行。总承揽方和分包单位就分包项目对委托方承担连带责任。禁止承揽方将其承揽的全部测绘项目转包给他人，禁止承揽方将其承包的测绘项目肢解后以分包的名义全部转包给他人，禁止总承揽方将测绘项目分包给不具备相应资质条件的单位。

第十六条 承揽省级基础测绘项目的单位必须具有甲级测绘资格，承揽市级基础测绘项目的单位必须具有乙级（含乙级）以上的测绘资格。

第十七条 外国的组织、个人在本省行政区域内单独或与国内的有关单位、个人合作承揽基础测绘项目的，按照国家有关法律、法规及有关规定执行。

香港、澳门特别行政区和台湾地区的组织或个人在本省境内从事基础测绘活动的，参照上款的规定办理。

第十八条 承揽市场基础测绘项目的单位，应当向组织实施该项目的测绘行政主管部门缴纳测绘基础设施费，用于测量标志维护。

第十九条 有关部门和单位应当向县级以上人民政府管理测绘工作的部门提供为实施基础测绘所需的本地区或本部门有关基础地理信息、数据和文件。

任何单位和个人应当依法为实施基础测绘的单位提供测量标志建设用地、通行等便利条件，不得妨碍和阻挠测绘人员依法进行基础测绘活动。

第三章 技术与质量管理

第二十条 基础测绘项目设计书应当经省测绘行政主管部门批准。基础测绘项目实施前，测绘单位应当办理项目技术设计书报批手续。

第二十一条 县级以上人民政府管理测绘工作的部门负责本行政区域内的基础测绘质量监督工作。

第二十二条 承揽基础测绘项目的单位，应当提高从业人员的素质，完善质量保证体系，加强测绘产品质量管理，确保基础测绘成果质量。

第二十三条 基础测绘成果必须经过检查验收合格后，方可提供使用。

省和设区的市人民政府管理测绘工作的部门应当按照国家有关规定对其组织实施的基础测绘的成果组织验收。基础测绘成果必须由法定的测绘产品质量监督检验机构检查验收并负责向组织实施的人民政府管理测绘工作的部门报送质量分析报告和质量检验结论。

省人民政府管理测绘工作的部门可以组织对省、市基础测绘成果进行监督检验，受检单位应当无偿提供检验样品及相关资料。

未经检查验收提供用户使用或拒绝接受监督检验的基础测绘成果视为不合格产品。

第四章 成果管理

第二十四条 县级以上人民政府管理测绘工作的部门负责本行政区域的基础测绘成果的管理和监督，并负责组织本行政区域内基础测绘成果的接受、搜集、整理、储存和提供使用。

第二十五条 基础测绘成果的目录或副本，按照有关法律、法规和规章的规定汇交。

第二十六条 县级以上人民政府管理测绘工作的部门应当在每年年初编制本行政区域内上年度完成的基础测绘成果目录，并将基础测绘成果目录向有关部门通报和向社会发布。

第二十七条 基础测绘成果实行有偿使用，但有下列情形之一的，应当无偿提供：

（一）县级以上政府因进行重大决策需使用基础测绘成果的；

（二）防汛、抢险救灾等需使用基础测绘成果的；

（三）社会公益性事业的建设项目需要使用基础测绘成果的；

（四）国务院测绘行政主管部门规定的其他需要无偿提供基础测绘成果的。

根据国务院测绘行政主管部门的规定可适用优惠价格使用基础测绘成果的，从其规定。

基础测绘成果有偿使用的收费标准按照国家规定执行。

第二十八条 基础测绘成果应当根据公开和未公开（含内部使用、保密）的不同性质，按照国家有关规定进行管理。

第二十九条 需要使用基础测绘成果的部门和单位，应当持本部门和本单位公函到所在地县级以上人民政府管理测绘工作的部门开具《索取测绘成果专用函》后，向基础测绘成果内容表现地的县级以上人民政府管理测绘工作的部门办理领用手续或转函手续。

军事部门需要领用基础测绘成果的依照有关法律法规执行。

第三十条 基础测绘成果归国家所有。

第五章 法律责任

第三十一条 违反本办法第十条第二款、第十四条规定的，县级以上人民政府管理测绘工作的部门可责令停止测绘。

第三十二条 违反本办法第十五条第二款规定的，依照国家有关规定给予处罚。

第三十三条 违反本办法第十六条规定的，由县级以上人民政府管理测绘工作的部门按照《中华人民共和国测绘法》第二十八条的规定给予处罚。

第三十四条 违反本办法第二十三条规定的，由县级以上人民政府管理测绘工作的部门给予警告，并可处以二千元以上三万元以下的罚款；情节严重的，取消其相应的测绘资格。

第三十五条 违反国家有关法规、规章，擅自使用、复制、转让、转借基础测绘成果或擅自将修改、转换后的基础地理信息数据向外发布和提供的，由县级以上人民政府管理测绘工作的部门给予通报批评，并可处以二千元以上三万元以下的罚款。

第三十六条 伪造身份或掩盖其对基础测绘成果的真实使用用途、骗取基础测绘成果及其地理数据的，依照国家有关规定给予处罚。

第六章 附 则

第三十七条 本办法于发布之日起施行。

重庆市地理信息公共服务管理办法

2011年1月24日市人民政府第92次常务会议通过，2011年1月30日重庆市人民政府令第248号公布，自2011年3月1日起施行

第一条 为推动地理信息资源的共享和应用，规范地理信息公共服务管理，促进地理信息产业发展，根据《中华人民共和国测绘法》、《中华人民共和国政府信息公开条例》和《重庆市测绘管理条例》等法律、法规的规定，结合本市实际，制定本办法。

第二条 本市行政区域内地理信息公共服务的规划建设、运行管理、维护更新、共享应用、安全保障等活动，适用本办法。

第三条 市测绘行政主管部门、相关行政管理部门、区县（自治县）人民政府应当根据经济社会发展需要和公众对地理信息的需求，通过重庆市地理信息公共服务平台（以下简称服务平台）和地理信息公共服务应用系统（以下简称应用系统），向社会提供地理信息公共产品和相关服务。

第四条 服务平台和应用系统的建设使用，应当遵守统一规划、分级负责、统筹建设、资源共享原则。

第五条 市测绘行政主管部门会同市信息化行政主管部门负责全市地理信息公共服务的指导、监督和协调。

市测绘行政主管部门和市信息化行政主管部门会同市标准化行政主管部门组织制定本市服务平台的数据、服务、应用开发等标准规范。

市测绘行政主管部门为服务平台的建设和管理单位，负责服务平台的建设管理和维护，组织服务平台中的公共地理框架数据建设、更新，负责组织服务平台共享交换系统的建设、维护。

市人民政府有关部门和区县（自治县）人民政府为应用系统的建设和管理单位，负责应用系统的

建设、维护和应用。

第六条 市测绘行政主管部门所属承担服务平台建设的机构（以下简称技术机构）具体负责服务平台的管理、运行、维护和其他相关技术服务工作，并为应用系统建设单位的专题地理信息数据处理和应用系统开发建设提供技术服务。

第七条 市测绘行政主管部门应当会同市人民政府有关部门制定服务平台发展规划，确定服务平台建设的总体框架、建设内容、建设模式以及建设周期。

应用系统建设单位应当会同市测绘行政主管部门和市信息化行政主管部门制定本区域、行业的应用系统发展规划，确定应用系统中的专题地理信息数据内容、建设周期。

第八条 使用财政性资金的应用系统建设项目，在立项前应当征求市测绘行政主管部门和市信息化行政主管部门意见；应用系统建设方案应当报市测绘行政主管部门和市信息化行政主管部门备案。

第九条 服务平台和应用系统的建设和维护应当遵守全市统一的标准规范，并与国家相关标准兼容。

第十条 服务平台和应用系统的规划建设、共享应用和维护更新等经费，由同级财政统筹安排。

第十一条 服务平台和应用系统建设单位应当在采集或者收到相关地理信息数据的 2 个月内，按照各自职责完成数据处理和集成工作，及时更新服务平台的公共地理框架数据和应用系统的专题地理信息数据。

第十二条 行政机关和法律、法规、规章授权和行政机关委托的具有管理公共事务职能的组织，在履行公共管理和公共服务职责过程中形成的地理信息，应当纳入服务平台和应用系统数据共享范围。共享数据内容目录按照本市相关标准执行。

共享涉及国家秘密、商业秘密、个人隐私的地理信息，应当遵守有关法律、法规的规定。

第十三条 技术机构应当在服务平台中及时公布共享地理信息目录、元数据和提供公共地理框架数据，并负责集成各区域、行业专题地理信息数据；应用系统建设单位应当每年向服务平台建设机构提供共享地理信息的目录和元数据清单，并及时向服务平台提供本区域、本行业专题地理信息数据。

第十四条 共享数据的现势性和准确性由提供者负责。

第十五条 应用系统建设单位可以根据系统建设需要，向服务平台建设单位提出共享接入申请，经审核同意后，由技术机构负责提供服务平台接入的技术实施。应用系统建设单位可以采用在线、准在线、离线和前置机服务等模式，共享服务平台中的各种地理信息服务。

第十六条 服务平台和应用系统的建设单位应当在符合保密规定的前提下，通过互联网无偿向社会公众提供及时的数字地图、信息查询等公共地理信息服务。

第十七条 服务平台建设单位应从政策、技术上鼓励和支持其他单位和个人基于服务平台开发建设专门的应用系统。

第十八条 依法应当予以保密的地理信息数据的采集、传输、处理、提供、利用和管理，按照有关法律、法规的规定执行。

第十九条 市测绘行政主管部门应当会同有关部门建立应急保障机制，根据处置突发事件的需要，及时提供地理信息和相应的技术服务。

第二十条 市测绘行政主管部门和市信息化行政主管部门应当加强服务平台和应用系统建设和共享情况的监督检查，定期对服务平台和应用系统运行情况进行分析评估。

第二十一条 技术机构及其工作人员违反本办法规定，有下列情形之一的，由测绘行政部门责令改正；情节严重的，对负有直接责任的主管人员和其他直接责任人员依法给予处分：

（一）未采取有效的安全措施，致使地理信息数据丢失、损坏的；

（二）未按规定完成地理信息数据处理、集成并更新的；

（三）未按规定公布信息、提供服务的；

（四）其他依法应当给予处分的情形。

第二十二条 应用系统建设单位及其工作人员有以下情形之一的，由市测绘行政主管部门责令限期改正，逾期仍不改正的，可以暂停向其提供共享服务；情节严重的，由有权机关对负有直接责任的主管人员和其他直接责任人员依法给予处分：

（一）未按全市统一的标准规范进行应用系统建设，应用系统无法共享的；

（二）使用财政性资金的应用系统建设项目，立项前未征求市测绘行政主管部门和市信息化行政主管部门意见的；

（三）使用财政性资金的应用系统建设方案未向市测绘行政主管部门和市信息化行政主管部门备案的；

（四）未按规定组织更新专题地理信息数据的。

第二十三条 相关行政主管部门和有关单位及其工作人员不依法履行监督管理职责，或者失密泄密，造成严重后果的，由有权机关对负有直接责任的主管人员和其他直接责任人员依法给予处分；涉嫌犯罪的，移送司法机关处理。

第二十四条 本办法所称地理信息，包括公共地理框架数据和专题地理信息。

本办法所称公共地理框架数据，是指针对经济社会信息空间化整合和在线阅览标注等网络化服务需求，依据统一技术标准和规范，对现有基础地理信息数据进行加工处理后形成的以面向地理实体、分层细化为重要特征的数据，包括影像、水系、房屋、交通、行政区划、地名、地形地貌等类型。公共地理框架数据是服务平台服务的数据主体，也是区域、行业专题地理信息数据的统一空间载体。

本办法所称专题地理信息，是指描述某区域或者某行业领域要素的地理空间分布及其属性规律的信息，包括自然资源、环境生态、灾难灾害、经济社会、基础设施等数据。

本办法所称服务平台是由统一的标准规范、公共地理框架数据和共享交换系统组成，全市唯一的公共性地理信息基础设施。

本办法所称应用系统是支持服务平台数据应用的区域性或行业性的专题地理信息系统。

本办法所称共享交换系统，是指为实现服务平台数据共享和功能服务而建立的软硬件系统。通过该系统，可以实现服务平台地理空间数据的跨部门、跨地区和跨行业的网络共享应用，操作便捷、内容丰富的网络地理分析在线服务，以及服务平台的管理监控。

第二十五条 本办法自 2011 年 3 月 1 日起施行。

新疆维吾尔自治区实施《测绘成果管理条例》办法

2011 年 7 月 26 日新疆维吾尔自治区第十一届人民政府第 24 次常务会议讨论通过，2011 年 8 月 10 日以新疆维吾尔自治区人民政府令第 170 号发布，自 2011 年 10 月 1 日起施行

第一条 根据国务院《测绘成果管理条例》，结合自治区实际，制定本办法。

第二条 在自治区行政区域内，测绘成果的汇交、保管、利用、保密管理和重要地理信息数据的审核与公布，适用本办法。

第三条 自治区测绘行政主管部门和州、市（地）、县（市）人民政府负责测绘行政管理的部门（以下统称测绘行政主管部门），依照本办法规定，负责测绘成果的监督管理。

县级以上人民政府其他有关行政管理部门按照职责分工，负责相关测绘成果管理工作。

第四条 测绘行政主管部门应当对国家秘密测绘成果的使用、管理情况依法进行监督检查，并将检查结果报上一级测绘行政主管部门和保密行政管理部门。

保密行政管理部门应当会同测绘行政主管部门加强对国家秘密测绘成果保密工作的指导，并组织实施保密工作监督检查。

第五条 测绘成果实行汇交制度。

使用财政投资完成的测绘项目，由承担测绘项目的单位向自治区测绘行政主管部门汇交测绘成果资料；使用其他资金完成的测绘项目，由测绘项目出资人向自治区测绘行政主管部门汇交测绘成果资料。

受自治区测绘行政主管部门委托，州、市（地）测绘行政主管部门接收汇交的测绘成果资料，应当及时移交自治区测绘行政主管部门。

第六条 自治区测绘行政主管部门应当定期编制全区测绘成果资料目录，并向社会公布。

第七条 外国组织或者个人依法与中方合资、合作完成的测绘项目，中方有关单位向国家测绘行政主管部门汇交测绘成果副本时，应当同时向自治

区测绘行政主管部门备案。

第八条　自治区测绘行政主管部门应当会同发展与改革、财政等有关行政管理部门编制测绘成果开发利用规划，组织加工、编制公众版测绘成果。

第九条　基础测绘成果和财政投资完成的其他测绘成果，用于下列事项的，由测绘行政主管部门无偿提供：

（一）国家机关决策和社会公益性事业；

（二）各级人民政府及其有关行政管理部门和军队因防灾减灾、国防建设等公共利益的需要；

（三）依法应当无偿提供的其他事项。

实施前款规定所发生的复制、制作等费用，县级以上人民政府应当列入本级财政预算。

第十条　自治区测绘行政主管部门应当建立统一的基础地理信息公共服务网络系统，所需资金列入财政预算。使用财政资金建立基于地理位置的其他专业信息系统，应当采用统一的基础地理信息公共服务网络系统或者与其相衔接，实行资源共享，并向社会提供服务。

自治区测绘行政主管部门应当及时更新基础地理信息数据库的相关数据；有关行政管理部门应当及时向自治区测绘行政主管部门提供地名、境界、交通、水系、地表覆盖等信息。

第十一条　申请使用属于国家秘密基础测绘成果的，应当按照国务院测绘行政主管部门的规定，提交县（市）以上测绘行政主管部门出具的国家秘密基础测绘成果使用证明函，并提交下列材料：

（一）国家秘密基础测绘成果使用申请表；

（二）法人或者其他组织有效身份证明材料；

（三）经办人有效身份证明。

第十二条　申请使用下列属于国家秘密基础测绘成果的，由自治区测绘行政主管部门审批：

（一）四等以上平面控制网、高程控制网以及D级以上空间定位网的成果；

（二）1:5000、1:10000国家基本比例尺地形图、影像图及其数字化产品；

（三）基础航空摄影所获取的数据、影像等资料，以及获取基础地理信息的遥感资料；

（四）自治区级基础地理信息数据；

（五）国务院测绘行政主管部门委托自治区测绘行政主管部门负责审批的测绘成果。

申请使用由州、市（地）、县（市）测绘行政主管部门负责审批的测绘成果，审批权限、程序、条件等，依照国务院测绘行政主管部门的规定执行。

第十三条　测绘行政主管部门应当自受理申请材料之日起15个工作日内作出是否准予使用的决定；不予批准使用的，应当以书面形式告知申请人，并说明理由。

第十四条　测绘行政主管部门应当与使用属于国家秘密基础测绘成果的法人或者其他组织，签订使用许可协议和保密责任书。

第十五条　经批准使用的属于国家秘密基础测绘成果资料，不得擅自复制、转让或者转借；不得擅自向外国组织、个人提供。

确需复制的，依照国家和自治区保密管理有关规定执行。

第十六条　法人或者其他组织使用属于国家秘密基础测绘成果的，应当建立健全保密制度，存储设施符合保密要求。

法人或者其他组织委托其他单位利用属于国家秘密基础测绘成果进行规划、设计、信息系统开发等活动的，应当与受委托单位签订保密协议；开发活动完成后，委托单位应当收回属于国家秘密基础测绘成果，受委托单位不得留存或者向第三方提供。

第十七条　销毁国家秘密测绘成果资料，应当进行登记造册，经单位主管负责人批准，在本级人民政府保密行政管理部门指定的地点实施。

第十八条　国家秘密测绘成果资料丢失或者发生泄密事件的单位，应当及时向事故发生地的测绘行政主管部门和保密行政管理部门报告，并采取应急处理措施。

第十九条　自治区重要地理信息数据实行统一审核与公布制度。

重要地理信息数据的公布由自治区测绘行政主管部门提出审核意见，与自治区有关部门会商后，报自治区人民政府批准，由自治区人民政府或者自治区人民政府授权的部门向社会公布。

公民、法人和其他组织可以建议公布自治区重要地理信息数据，具体办法按照国务院测绘行政主管部门的规定执行。

第二十条　自治区重要地理信息数据包括下列内容：

（一）地势、地貌分区位置；

（二）冠以“新疆”、“新疆维吾尔自治区”等字样的地理信息数据；

（三）主要河流的源头、长度，湖泊（水库）

面积、深度；

（四）重要山峰的高程；

（五）县以上行政区域面积；

（六）自治区测绘行政主管部门会商有关行政管理部门确定的其他重要自然和人文地理实体的位置、高程、深度、面积、长度等。

前款规定的重要地理信息数据同时属于国家重要地理信息数据的，依照国家有关规定执行。

第二十一条 行政管理、新闻传播、对外交流、教学科研等需要使用自治区重要地理信息数据的，应当使用依法公布的重要地理信息数据。

第二十二条 违反本办法规定，法人或者其他组织擅自将其使用的属于国家秘密基础测绘成果资料复制、转让或者转借的，由县（市）以上测绘行政主管部门责令限期改正，并处1万元以上2万元以下的罚款。

第二十三条 违反本办法规定，擅自向外国组织、个人提供属于国家秘密基础测绘成果资料的，由县（市）以上测绘行政主管部门责令限期改正，并处1万元以上3万元以下的罚款；构成犯罪的，依法追究刑事责任。

第二十四条 违反本办法规定的其他行为，应当承担法律责任的，依照国务院《测绘成果管理条例》和有关法律、法规的规定执行。

第二十五条 本办法自2011年10月1日起施行。

公 告

国家测绘局公告

国家测绘局公告

（第 1 号 2011 年 1 月 10 日）

按照《国务院办公厅关于做好规章清理工作有关问题的通知》（国办发〔2010〕28 号）的要求，国家测绘局对 2010 年 11 月 30 日前制定发布的规范性文件进行了全面清理。清理结果已经局务会议审议通过，现公布如下：

一、废止《颁发全国各省、自治区、地质局测量队执行测量工作的几项具体规定》等 106 件规范性文件（目录见附件 1）。

二、《关于恢复内蒙古自治区原有行政区划后有关省（区）界线画法、测绘生产计划及测绘资料交接的通知》等 36 件规范性文件失效（目录见附件 2）。

三、《关于颁发〈测绘成图、成果资料实行部分收费的试行办法〉的通知》等 202 件规范性文件继续有效（目录见附件 3）。

上述废止、失效的规范性文件，自本公告发布之日起不再执行。继续有效的规范性文件，有效期与本公告发布前连续计算。凡我局于 2010 年 11 月 30 日以前制定的规范性文件，未列入上述继续有效规范性文件目录的，原则上不再作为测绘管理的依据。

各级测绘行政主管部门要严格依法履行职责，认真执行继续有效的规范性文件，并对照有关规范性文件废止、失效的情况，切实做好本部门规范性文件清理的衔接工作。

特此公告。

附件：1. 废止的规范性文件目录

2. 失效的规范性文件目录

3. 继续有效的规范性文件目录

附件1：

废止的规范性文件目录

序号	名称及文号	备　注
1	颁发全国各省、自治区、地质局测量队执行测量工作的几项具体规定（国测鲁（58）659号）	
2	地图编绘制印基本工作规章（（61）国测鲁字第093号）	
3	关于测绘工作计划、统计、报告的几项规定（测李字（62）第406号）	
4	关于中央有关部门长驻省、区、直辖市直属单位领用测绘资料归口问题的通知（国测鲁字〔1963〕820号）	
5	《测绘工作安全生产管理暂行规定（草案）》（无文号1964.1.1）	
6	省、自治区、直辖市测绘管理工作暂行规定（试行）（国测鲁字〔1964〕229号）	
7	《测绘成果成图检查验收规定》（测白267号，1964年）	
8	《测绘成果成图检查验收规定（修订版）》（测李291号，1965年）	
9	关于对全国测绘资料保密等级的划分（1966-01-01）	
10	编制出版公开地图暂行规定（1968-1-1）	
11	颁发《测绘工作财务管理办法》和《测绘工作会计制度》的通知（测发字第264号〔1977〕）	
12	《测绘成果成图检查验收规定》（测发111号，1978年）	
13	关于颁发试行《测绘工人技术等级标准》的通知（（79）测发字第203号）	
14	关于各级政治中心在地图上表示的规定（（79）测发字第262号）	
15	关于在地图上钓鱼岛等岛名的标注方法和香港、澳门符号问题的通知（（79）测发字第343号）	
16	关于地图上省、市、自治区排列顺序请示报告的批复（（80）测发字第452号）	
17	《测绘队编制定员标准（试行草案）》（（82）测发字第331号）	
18	关于报送地图样图的通知（（82）测发字第416号）	
19	对《关于地图出版审查问题的通知》的意见（（83）测发字第023号）	
20	《全国测绘资料和测绘档案管理规定》（1984年4月）	
21	关于地图编制出版管理工作不宜分头负责的复函（（84）测生字第027号）	
22	《国家测绘局科技发展基金管理办法（试行）》（（85）国测发251号）	
23	《国家测绘局科学技术发展基金项目申请条例（试行）》（（85）国测发251号）	
24	关于省、自治区、直辖市测绘处职能问题的复函（（85）国测发字第254号）	

序号	名称及文号	备 注
25	关于公开地图上有关内容表示的通知（（85）国测发字第266号）	
26	《国家测绘局科技成果鉴定试行办法》（（85）国测发336号）	
27	《测绘科学技术进步奖励试行办法》（（85）国测发336号）	
28	《国家测绘局科技发展基金项目评审条例（试行）》（（85）国测发336号）	
29	《测绘科技基金项目合同》（（85）国测发336号）	
30	《测绘类专业教材评选和推荐出版暂行规定》（（85）国测发363号）	
31	关于加强测绘管理工作的通知（国测发〔1986〕42号）	
32	关于颁发《测绘许可证试行条例》的通知（国测发（1986）285号）	
33	关于印发《测绘生产年度计划编制办法》和《测绘生产统计报表规定》的通知（国测发〔1986〕433号）	
34	《国家测绘局工程技术人员聘任制度实施细则》（国测发（1986）第583号）	
35	国家测绘局印发关于加强和改革测绘教育工作等六个文件的通知（国测发（1987）第012号）	
36	关于颁发"测绘工作财务管理办法"的通知（国测发〔1987〕24号）	
37	国家测绘局关于《工程技术人员聘任制度实施细则》试行中若干问题的意见（国测发〔1987〕298号）	
38	关于颁发《测绘项目管理办法》的通知（国测发〔1987〕315号）	
39	关于印发《关于贯彻测绘许可证制度中若干问题的说明》的通知（国测发〔1987〕363号）	
40	《国家测绘局继续教育的暂行规定》（国测发〔1987〕第379号）	
41	《测绘教材评审和推荐出版暂行规定》（国测发（1987）402号）	
42	《测绘教材委员会关于收取和分配评审费的办法》（国测发（1987）402号）	
43	关于加强野外测绘队编制定员管理的意见（国测发〔1988〕5号）	
44	关于野外测绘队用工制度改革的意见（国测发〔1988〕5号）	
45	《测绘生产质量管理规定（试行）》（国测发〔1988〕70号）	
46	关于发布《测绘产品价格和收费管理暂行办法》的通知（国测发〔1988〕295号）	联合文件，已征求意见
47	《部级优质测绘产品评选办法（试行）》（国测发〔1988〕423号）	
48	关于印发《关于加强测绘系统政务信息工作的若干意见》（国测函〔1989〕253号）	
49	关于试行《测绘出版单位会计制度》的通知（国测发〔1989〕279号）	
50	《测绘产品质量监督抽检管理办法（试行）》（国测发〔1990〕037号）	

序号	名称及文号	备　注
51	《测绘教材评审和推荐出版工作实施办法》（国测发〔1990〕262 号）	
52	《关于测绘标准化成果申报测绘科技进步奖的补充规定（试行）》（国测发〔1990〕272 号）	
53	关于转发国家保密局发布的第 2 号、3 号令和关于认真贯彻两令通知的通知（国测发〔1990〕282 号）	
54	《关于测绘科技重点项目成果申报测绘科技进步奖的补充规定（试行）》（国测函〔1990〕452 号）	
55	《测绘产品质量监督抽检实施细则（试行）》（国测发〔1991〕107 号）	
56	《测绘单位全面质量管理规定》（国测发〔1991〕139 号）	
57	关于调整地图上表示香港、澳门地区有关技术规定的通知（国测发〔1991〕156 号）	
58	《国家测绘局测绘科技攻关项目管理的若干规定》（国测发〔1991〕250 号）	
59	关于世界地图上苏联政区及地名变化的处理意见（国测函〔1991〕361 号）	
60	《测绘软科学成果申报测绘科技进步奖的补充规定（试行）》（国测发〔1992〕39 号）	
61	《测绘单位全面质量管理达标验收细则（试行）》（国测发〔1992〕042 号）	
62	《测绘生产岗位规范（试行）》（国测发〔1992〕104 号）	
63	关于印发“航空摄影管理暂行办法”的通知（国测发〔1992〕194 号）	
64	关于颁发《关于领取、使用和保存测绘成果的保密管理规定》通知（国测发字第 222 号，1992 年）	联合文件，已征求意见
65	关于发布《国家测绘局行政复议和行政应诉办法》的通知（国测发〔1993〕11 号）	
66	关于加强测绘成果管理工作的若干规定（国测发〔1993〕023 号）	
67	关于颁发《测绘事业单位收入财务管理办法》的通知（国测发〔1993〕42 号）	
68	关于发布《测绘收费管理试行办法》和《测绘收费标准》的通知（国测发〔1993〕82 号）	
69	关于执行航空摄影管理办法中有关问题的通知（国测函〔1993〕222 号）	
70	关于发布《测绘收费标准》（修订本）补充说明和补充项目的通知（国测发〔1994〕3 号）	
71	《测绘队岗位津贴实施办法》（国测人字〔1994〕5 号）	
72	《测绘行业工人技术等级标准》（国测发〔1994〕6 号）	联合文件，已征求意见

序号	名称及文号	备 注
73	关于教学地图编制出版审批问题的紧急通知（国测体字〔1995〕8 号）	
74	关于发布《甲、乙级测绘资格证书分级标准》和《各等级测绘资格证书作业限额规定》的通知（国测体字〔1995〕14 号）	
75	关于强制执行 GB/T 15638 – 1995 等四项国家标准的通知（国测国字〔1995〕41 号）	
76	关于印发《国家测绘项目实施管理暂行办法》的通知（测生〔1996〕25 号）	
77	《国家测绘局大、中专毕业生就业及接收管理办法》（国测人字〔1997〕1 号）	
78	《鼓励和吸引优秀毕业生到测绘系统生产单位工作暂行办法》（国测人字〔1997〕1 号）	
79	关于进一步加强地图审核管理工作的通知（国测法字〔1997〕5 号）	
80	《国家测绘局测绘科学技术发展基金管理办法》（国测国字〔1997〕9 号文件）	
81	《测绘安全生产规程》（测办〔1997〕9 号）	
82	关于进一步贯彻执行《测绘市场管理暂行办法》的通知（国测法字〔1997〕10 号）	联合文件，已征求意见
83	《关于加强测绘质量工作的若干意见》（国测国字〔1997〕18 号）	
84	关于《中华人民共和国地图编制出版管理条例》有关条文解释问题的答复（测图〔1997〕57 号）	
85	《测绘科技专著出版基金管理办法》（国测国字〔1999〕10 号）	
86	关于加强外国人来华测绘管理的通知（国测法字〔1999〕15 号）	
87	关于印发《测绘系统政务信息网络工作规则》（试行）的通知（测办〔1999〕16 号）	
88	关于印发《国家测绘局因特网网站运行管理暂行办法》的通知（测办〔1999〕50 号）	
89	关于发布《测绘资格证书分级标准》的通知（国测管字〔2000〕10 号）	
90	关于发布《测绘行业贯彻 GB/T19000 – ISO9000 标准实施指南》的通知（国测国字〔2000〕27 号）	
91	《国家测绘局测绘科学技术发展基金项目验收管理暂行办法》（国测国字〔2000〕28 号）	
92	关于对地图产品进出口监管中遇到的有关问题的复函（测办〔2001〕32 号）	
93	关于发布《测绘单位贯彻 GB/T 19001 – ISO 9001:2000 标准实施指南》的通知（国测国字〔2002〕9 号）	

序号	名称及文号	备 注
94	关于印发《国家测绘局地图受理审核程序规定》的通知（国测法字〔2003〕5号）	
95	关于启用《国家测绘局地图受理审核表》的通知（测办〔2003〕12号）	
96	关于基础测绘概念及地图有关问题的复函（国测函〔2003〕39号）	
97	关于印发《测绘资质管理规定》和《测绘资质分级标准》的通知（国测法字〔2004〕4号）	
98	关于报送地图出版物样本备案的通知（测办〔2004〕28号）	
99	关于印发甲级测绘资质审批程序规定等10项测绘行政许可程序规定的通知（测办〔2004〕81号）	
100	关于导航电子地图出口问题的批复（测办〔2004〕104号）	
101	关于印发导航电子地图审查程序规定的通知（测办〔2004〕123号）	
102	关于印发《测绘资质监督检查办法》的通知（国测法字〔2005〕7号）	
103	关于印发《国家测绘局政府网站登载时政信息审核规定》的通知（测办〔2006〕45号）	
104	关于印发《国家测绘局地图审核程序规定（试行）》的通知（国测图字〔2007〕6号）	
105	《国家涉密基础测绘成果资料提供使用审批程序规定（试行）》（国测成字〔2007〕5号）	
106	关于印发甲级测绘资质审批程序规定的通知（测办〔2007〕26号）	

附件2：

失效的规范性文件目录

序号	名称及文号	理 由
1	关于恢复内蒙古自治区原有行政区划后有关省（区）界线画法、测绘生产计划及测绘资料交接的通知（（79）测发字第225号）	
2	关于颁发《基建、房地产管理暂行办法》的通知（测发字第406号〔1982〕）	
3	关于地图上停止使用《第二次汉字简化方案（草案）的通知》（测生发〔1986〕82号）	
4	关于重申专题地图出版权问题的函（测质发（1988）05号）	
5	关于印发《关于测绘系统各单位向国家测绘局报送文件的若干规定》的通知（国测发〔1989〕254号）	

序号	名称及文号	理 由
6	关于颁发《国家测绘局基本建设管理暂行办法》的通知（国测发〔1991〕008号）	
7	接收地形图和薄膜黑图的管理规定（国测发〔1991〕37号）	
8	关于做好1:5万比例尺地形图更新建档工作并及时移交国家测绘档案资料馆的通知（国测发〔1991〕265号）	
9	关于印发《测绘生产计划编制办法》《测绘生产统计编报办法》《测绘项目管理办法》的通知（国测发〔1992〕175号）	
10	关于《全国首届地图展览会》展品制作中有关审图事项的通知（测办发〔1993〕14号）	
11	关于开展地图市场执法检查的通知（国测法字〔1995〕2号）	
12	《国家测绘局跨世纪学术和技术带头人遴选培养及管理暂行办法》（国测人字〔1995〕18号）	
13	《国家测绘局跨世纪学术和技术带头人科技活动资助费管理办法》（国测人字〔1995〕22号）	
14	《国家测绘局跨世纪学术和技术带头人考核办法》（测专〔1995〕40号）	
15	关于测绘资格审查工作中几个政策性问题的规定（国测法〔1996〕7号）	
16	关于配发测绘工作证有关事宜的通知（测法〔1996〕20号）	
17	对《关于〈香港特别行政区地图〉地名等几项内容表示原则的请示》的批复（测生〔1996〕24号）	
18	关于印发《国家测绘局建设工程项目执法监察实施方案》的通知（国测计字〔1996〕29号）	
19	关于实施测绘系统跨世纪人才工程的意见（国测人〔1996〕30号）	
20	关于出版全国性地图有关问题的批复（测法〔1996〕39号）	
21	关于配发《测绘工作证》的补充通知（测管〔1997〕1号）	
22	关于《测绘工作证》有关具体问题的补充通知（测管〔1997〕8号）	
23	关于进一步发挥测绘系统办公信息计算机远程通信系统作用的通知（测办〔1997〕31号）	
24	对《关于明确竣工测量属于工程测量项目的请示》的答复（测管〔1998〕9号）	
25	关于加强地图审查工作的通知（国测办字〔1999〕9号）	
26	关于进一步加强地图审查工作的通知（国测法字〔1999〕14号）	
27	关于测绘主管部门对地图印刷企业进行资格证问题的批复（国测管字〔1999〕15号）	

序号	名称及文号	理　由
28	关于在澳门回归前不宜出版各种澳门地图的通知（国测国字〔1999〕19号）	
29	关于对不符合“一个中国”原则的地图产品进行专项检查的紧急通知（国测法字〔2000〕3号）	
30	关于印发《国家基础测绘设施项目竣工验收实施办法》的通知（国测财字〔2002〕32号）	
31	关于印发《国家基础测绘设施项目归档资料整理规范》的通知（测财函〔2003〕14号）	
32	关于印发《导航电子地图制作资质标准（试行）》的通知（国测法字〔2004〕13号）	
33	关于测绘资质管理工作有关问题的批复（测办〔2006〕86号）	
34	关于明确《测绘资质分级标准》中相关项目作业限额的批复（测办〔2006〕87号）	
35	关于测绘资质管理有关问题的批复（测办〔2008〕15号）	
36	关于报送中小学地理类教材出版物样本的通知（国测图发〔2009〕3号）	

附件3：

继续有效的规范性文件目录

序号	名称及文号	备　注
1	关于颁发《测绘成图、成果资料实行部分收费的试行办法》的通知（测发字第76号〔1980〕）	
2	关于测绘野外队老干部离休后是否继续发给野外工作津贴的复函（（85）测人字第134号）	
3	关于将野外测绘工人列为提前退休工种的通知（国测发〔1986〕251号）	
4	关于对保密地形图进行统一编号的规定（国测发〔1986〕298号）	
5	关于颁发《测绘产品收费标准》的通知（国测发〔1987〕473号）	
6	关于印发《测绘科学技术档案管理规定》的通知（国测发〔1988〕82号）	联合文件，已征求意见
7	关于印发《测量标志维修规程（试行）》的通知（国测发〔1988〕139号）	
8	《国家测绘局专利工作管理暂行办法》（国测发（1988）215号）	
9	关于颁布《测绘产品质量监督检验收费标准》的通知（国测发〔1988〕382号）	

序号	名称及文号	备 注
10	关于广东、海南两省间行政区域界线在地图上画法的通知（测办发〔1989〕23号）	
11	关于贯彻《关于土地登记收费及其管理办法》有关地籍测绘经费问题的几点意见（国测发〔1990〕185号）	
12	关于加强测绘计量器具鉴定工作的通知（国测函〔1991〕32号）	
13	关于编制台湾省地图注意事项的通知（国测函〔1991〕304号）	
14	关于转发外交部《关于原苏联境内各独立国家在地图上表示方法的通知》的通知（国测函〔1992〕046号）	
15	《国家测绘局职工个人防护用品标准及管理规定（试行）》（国测发（1992）第106号）	
16	关于测绘野外艰苦岗位职工实行浮动一级工资的通知（国测发〔1992〕197号）	
17	关于汇交测绘成果目录和副本的实施办法（国测发〔1993〕077号）	列入2011年修订立法计划
18	关于颁发《测绘科技档案建档工作管理规定》及有关技术标准的通知（国测发〔1993〕088号）	
19	关于贯彻《质量管理和质量保证》系列国家标准的通知（国测函〔1993〕201号）	
20	关于发布《测绘市场管理暂行办法》的通知（国测体字〔1995〕15号）	已经国测法发〔2010〕7号修订
21	关于印发《国家基础航空摄影资料管理暂行办法》的通知（国测国字〔1996〕6号）	
22	关于印发《航空摄影管理暂行办法》的通知（国测国字〔1996〕7号）	已经国测法发〔2010〕7号修订
23	国家测绘局关于贯彻实施《行政处罚法》的通知（国测法字〔1996〕11号）	
24	《测绘计量管理暂行办法》（国测国字〔1996〕24号）	列入2011年修订立法计划
25	《国家测绘局专业技术人员继续教育规定》（国测人字〔1996〕28号）	
26	《测绘科学技术进步奖励办法（修订稿）》（国测国字〔1996〕45号）	已列入今年立法计划，年底完成修订

序号	名称及文号	备　注
27	关于绘制《香港特别行政区区域图》有关问题及处理意见的函（测生〔1997〕6号）	
28	《测绘安全生产管理暂行规定》（国测人字〔1997〕8号）	
29	《测绘行业特有工种职业技能鉴定实施办法（试行）》（国测人字〔1997〕12号）	
30	《国家测绘局继续教育登记证书管理办法》（测教〔1997〕13号）	
31	《国家测绘局继续教育培训班管理办法》（测教〔1997〕12号）	
32	《测绘生产质量管理规定》（国测国字〔1997〕20号）	已列入今年立法计划，年底完成修订
33	《测绘质量监督管理办法》（国测国字〔1997〕28号）	已经国测法发〔2010〕7号修订
34	关于印发《国家基础航空摄影资料管理暂行办法》的补充规定的通知（国测国字〔1997〕44号）	
35	关于核定测绘事业单位专用基金提取比例的通知（国测计字〔1998〕61号）	
36	对陕西测绘局《关于受原国家测绘总局表彰的社会主义建设积极分子退休后可否相应提高退休费比例的请示》的批复（测人〔1998〕108号）	
37	关于进一步做好测绘系统维护稳定和安全保卫工作的通知（国测办字〔1999〕3号）	
38	《测绘行业特有工种职业技能鉴定站管理办法》（国测人字〔1999〕13号）	
39	《测绘行业特有工种职业技能鉴定考评人员管理办法》（国测人字〔1999〕14号）	
40	关于对宁夏回族自治区测绘局有关测量标志管理工作关系请示的函（测法〔1999〕27号）	
41	关于加强国家基础航空摄影测量底片安全保管工作的通知（测业〔1999〕96号）	
42	关于编制澳门特别行政区行政区域图意见的函（测业〔1999〕128号）	
43	关于测绘主管部门在商品房面积管理工作中职能分工的通知（国测法字〔2000〕1号）	
44	关于重新发布测绘合同示范文本的通知（国测法字〔2000〕2号）	联合文件，已征求意见
45	关于加强地图产品管理工作的通知（国测法字〔2000〕5号）	
46	关于城市测绘管理问题的批复（国测法字〔2000〕7号）	
47	《测绘行业特有工种职业资格证书管理办法》（测人〔2000〕42号）	

序号	名称及文号	备 注
48	《测绘行业特有工种职业技能鉴定考务管理办法》（测人〔2000〕41 号）	
49	《国家测绘局青年学术和技术带头人管理办法》（国测人字〔2000〕24 号）	
50	我国分米级精度大地水准面 CQG2000（公告〔2001〕1 号）	
51	国家第二期一等水准复测成果（公告〔2001〕2 号）	
52	国家高精度水准网动态平差成果（公告〔2001〕3 号）	
53	关于印发《国家基础测绘项目管理办法（试行）》的通知（国测国字〔2001〕7 号）	
54	关于加强测绘系统会计电算化工作的通知（测办〔2001〕94 号）	
55	关于印发《中国测绘网广域连网普通密码管理规定》的通知（国测密字〔2002〕2 号）	
56	关于在国家测绘局网站上公布地图审核结果的通知（国测法字〔2002〕2 号）	
57	关于印发《测绘工程产品价格》和《测绘工程产品困难类别细则》的通知（国测财字〔2002〕3 号）	
58	国家测绘局关于进一步加强安全生产工作的意见（国测办字〔2002〕7 号）	
59	关于工程测量管理问题的批复（测管函〔2002〕39 号）	
60	关于对工艺性宝石地球仪进行地图审核意见的函（测管函〔2002〕40 号）	
61	关于进一步加强公开版地图选题计划管理工作的通知（测办〔2002〕113 号）	
62	关于印发《公开地图内容表示若干规定》的通知（国测法字〔2003〕1 号）	
63	关于实施《中华人民共和国测绘法》的意见（国测法字〔2003〕3 号）	
64	关于城市测量有关问题请示的批复（国测法字〔2003〕4 号）	
65	关于对房产测绘与房产测量称谓请示的批复（国测法字〔2003〕8 号）	
66	关于进一步加强地图市场监督管理工作的意见（国测办字〔2003〕12 号）	联合文件，已征求意见
67	《测绘管理工作国家秘密范围的规定》（国测办字〔2003〕17 号）	联合文件，已征求意见
68	关于印发《测绘事业单位会计电算化内部管理制度》的通知（测办〔2003〕38 号）	
69	关于做好市县测绘行政管理职责落实工作的通知（测办〔2003〕65 号）	
70	关于印发《测绘作业证管理规定》的通知（国测法字〔2004〕5 号）	
71	关于海域使用测量资质管理工作的通知（国测管字〔2004〕13 号）	

序号	名称及文号	备　注
72	关于贯彻实施《中华人民共和国行政许可法》的通知（国测法字〔2004〕6号）	
73	关于贯彻落实《全面推进依法行政实施纲要》的通知（国测法字〔2004〕7号）	
74	关于对私营测绘企业测绘资质管理有关问题的批复（国测管字〔2004〕14号）	
75	关于进一步加强测绘市场监管的通知（国测管字〔2004〕21号）	
76	关于《测绘管理工作国家秘密范围的规定》有关问题的复函（国测办〔2004〕61号）	
77	关于印发《国家测绘局政府采购管理实施办法（试行）》的通知（国测财字〔2004〕63号）	
78	关于印发《国家测绘局项目支出预算管理办法（试行）》的通知（国测财字〔2004〕65号）	
79	关于配发测绘作业证工作的通知（测办〔2004〕76号）	
80	关于对提供独立坐标系与世界大地坐标系之间转换参数事的复函（国测函〔2005〕113号）	
81	关于对《测绘资质管理规定》和《测绘资质分级标准》有关具体问题的处理意见（测办〔2004〕118号）	
82	关于对工程建设中有关测绘资质问题的批复（测办〔2004〕119号）	
83	国家测绘局关于启用珠穆朗玛峰高程新数据的公告（公告〔2005〕2号）	
84	关于使用成都市平面坐标系统的批复（国测国字〔2005〕4号）	
85	关于加强网上地图管理的通知（国测办字〔2005〕5号）	联合文件，已征求意见
86	关于全面推进依法行政 进一步加强测绘行政管理工作的意见（国测法字〔2005〕8号）	
87	关于测绘资质申请材料有关问题的批复（测管函〔2005〕12号）	
88	关于测绘资质管理有关问题的批复（测办〔2005〕61号）	
89	关于加强测绘航空摄影监督管理工作的通知（国测管字〔2005〕56号）	
90	关于对永久性测量标志拆迁审批权限问题的批复（测办〔2005〕73号）	
91	关于长江航道局和长江水利委员会水文局下属分支机构申请增加测绘资质证书副本有关问题的通知（测办〔2005〕94号）	

序号	名称及文号	备 注
92	关于测绘资质业务范围审批有关问题的批复（国测管字〔2005〕116号）	
93	关于印发全国测绘系统推进依法行政五年规划（2006年－2010年）的通知（国测法字〔2006〕1号）	
94	关于进一步加强重要地理信息数据审核公布管理工作的通知（国测成字〔2006〕1号）	
95	关于塞尔维亚和黑山共和国在地图上表示方法的通知（国测图字〔2006〕1号）	
96	关于委托管理和提供使用1:50000基础地理信息数据的通知（国测成字〔2006〕2号）	
97	关于在公开地图上表示民用机场的通知（国测成字〔2006〕5号）	
98	《建立相对独立的平面坐标系统管理办法》（国测法字〔2006〕5号）	
99	《测绘计量检定人员资格认证办法》（国测法字〔2006〕6号）	已经国测法发〔2010〕7号修订
100	关于做好国家测绘局政府门户网站内容保障工作的通知（国测办字〔2006〕7号）	
101	关于贯彻落实《全国测绘系统推进依法行政五年规划（2006年－2010年）》的实施意见（国测法字〔2006〕7号）	
102	国家测绘局关于做好社会主义新农村建设测绘保障服务的意见（国测办字〔2006〕10号）	
103	关于测绘资质业务范围涵盖内容请示的批复（测管函〔2006〕11号）	
104	《基础测绘成果提供使用管理暂行办法》（国测法字〔2006〕13号）	
105	关于加强测绘质量管理工作的通知（国测国字〔2006〕15号）	
106	关于进一步做好行政执法责任制有关工作的通知（测办〔2006〕31号）	
107	关于加强外国的组织或者个人来华测绘管理工作的通知（国测管字〔2006〕36号）	联合文件，已征求意见
108	关于测绘持证单位的分支机构独立从事测绘活动请示的批复（测管函〔2006〕42号）	
109	关于建立测绘资质管理信息系统的通知（测办〔2006〕50号）	
110	关于实行测绘资质行政许可公示制度的通知（国测管字〔2006〕51号）	
111	关于印发《测绘信访规定》的通知（测办〔2006〕53号）	
112	《测绘科技专著出版基金管理办法》（测办〔2006〕95号）	
113	关于推广应用测绘资质管理信息系统的通知（测办〔2006〕123号）	

序号	名称及文号	备　注
114	关于对年检（审）事项有关问题的批复（测办〔2006〕126 号）	
115	关于印发《测绘项目中标准制修订管理工作程序（试行）》的通知（测国土函〔2006〕142 号）	
116	关于导航地图产品中增加部分民用机场设施的复函（成果函〔2006〕156 号）	
117	关于做好外国的组织或者个人来华测绘有关工作的通知（国测法字〔2007〕2 号）	联合文件，已征求意见
118	关于正确使用中国示意性地图的通知（国测图字〔2007〕3 号）	
119	关于对部分测绘行政许可实行集中受理的通知（国测法字〔2007〕5 号）	
120	关于实行地图审核委托工作的通知（国测图字〔2007〕5 号）	
121	关于导航电子地图管理有关规定的通知（国测图字〔2007〕7 号）	
122	关于外国的组织或者个人来华测绘有关审批工作的通知（国测法字〔2007〕9 号）	联合文件，已征求意见
123	关于竣工测量专业范围注释内容的批复（国测法字〔2007〕6 号）	
124	关于民用航空采用 WGS84 坐标系统的批复（国测国字〔2007〕7 号）	
125	关于印发《全国测绘行政执法依据》和《全国测绘行政执法职权分解》的通知（国测法字〔2007〕10 号）	
126	关于转发《国家西部 1:5 万地形图空白区测图工程专项经费管理办法》的通知（国测财字〔2007〕12 号）	
127	《国家测绘局重点实验室建设与管理办法（试行）》（国测国字〔2007〕12 号）	
128	《基础测绘成果应急提供办法》（国测法字〔2007〕13 号）	
129	关于进一步加强国家测绘局政府网站建设的意见（国测办字〔2007〕15 号）	
130	关于导航测试活动性质认定问题的批复（测办〔2007〕19 号）	
131	关于界定测绘活动及测量用 GPS 问题的复函（国测函〔2007〕23 号）	
132	《测绘行业技师考评管理办法（试行）》（国测人字〔2007〕30 号）	
133	《测绘行业职业技能鉴定质量督导管理办法》（国测人字〔2007〕31 号）	
134	关于外籍华人到中资测绘单位工作有关问题的批复（测管函〔2007〕34 号）	
135	关于测绘资质管理有关问题的批复（测办〔2007〕34 号）	
136	关于对使用太原市平面坐标系统的批复（国测国字〔2007〕41 号）	
137	关于测绘资质条件中独立法人问题的批复（测办〔2007〕109 号）	

序号	名称及文号	备 注
138	关于加强互联网地图和地理信息服务网站监管的意见（国测图字〔2008〕1号）	联合文件，已征求意见
139	关于我国启用2000国家大地坐标系的公告（公告〔2008〕2号）	
140	国家测绘局关于加强涉密测绘成果管理工作的通知（国测成字〔2008〕2号）	
141	关于印发《国家测绘局政府网站内容保障暂行办法》的通知（国测办字〔2008〕4号）	
142	关于印发《地图内容审查上岗证管理暂行办法》的通知（国测图字〔2008〕4号）	
143	关于印发《测绘标准化工作管理办法》的通知（国测国字〔2008〕6号）	
144	《关于加强测绘质量管理的若干意见》（国测国字〔2008〕8号）	
145	国家测绘局关于为国家扩大内需促进经济增长做好测绘保障服务的若干意见（国测办字〔2008〕11号）	
146	关于测绘成果管理有关问题的批复（国测法字〔2008〕11号）	
147	关于做好强制性国家标准《基础地理信息标准数据基本规定》实施工作的通知（国测国字〔2008〕14号）	
148	关于向港资企业提供国家秘密基础测绘成果有关问题的批复（测办函〔2008〕14号）	
149	关于采用2000国家大地坐标系相关保密问题的批复（国测保字〔2008〕15号）	
150	关于进一步加强测绘航空摄影监督管理工作的通知（国测国字〔2008〕16号）	
151	关于加强地理信息产业从业单位测绘资质管理工作的通知（测办〔2008〕23号）	
152	关于导航电子地图有关问题的批复（测办〔2008〕47号）	
153	关于对新疆维吾尔自治区测绘局有关人才援疆有关问题的批复（测办〔2008〕50号）	
154	关于实行测绘资质行政许可在线办理的通知（测办〔2008〕80号）	
155	关于中外合资（合作）企业使用保密测绘成果有关问题的批复（成果函〔2008〕87号）	
156	关于加强涉军测绘管理工作的紧急通知（测办〔2008〕94号）	

序号	名称及文号	备　注
157	关于印发测绘行政执法文书格式文本的通知（测办〔2008〕110 号）	
158	关于加快测绘市场信用体系建设的通知（国测管字〔2009〕1 号）	
159	《国家测绘局重点实验室评估规则（试行）》（国测科发〔2009〕1 号）	
160	关于进一步做好测绘应急保障工作的通知（国测信发〔2009〕1 号）	
161	关于加强涉密地理信息数据应用安全监管的通知（国测信发〔2009〕2 号）	
162	关于印发《公开地图内容表示补充规定（试行）》的通知（国测图字〔2009〕2 号）	
163	《测绘自主创新产品认定管理办法（试行）》（国测科发〔2009〕3 号）	
164	关于进一步加强涉密测绘成果管理工作的通知（国测成字〔2009〕3 号）	
165	关于委托浙江省测绘局代行部分地图审核职能的通知（国测图发〔2009〕4 号）	
166	《国家测绘应急保障预案》（国测成字〔2009〕4 号）	
167	关于委托广东省国土资源厅代行部分地图审核职能的通知（国测图发〔2009〕5 号）	
168	关于加强互联网地图管理工作的通知（国测图发〔2009〕6 号）	
169	关于印发《关于加强现代化测绘技术装备建设促进信息化测绘发展的指导意见》的通知（国测财字〔2009〕8 号）	
170	关于印发测绘新闻宣传工作管理办法的通知（国测办字〔2009〕11 号）	
171	关于印发《测绘资质管理规定》和《测绘资质分级标准》的通知（国测管〔2009〕13 号）	
172	《国家测绘局工程技术研究中心建设与管理办法（试行）》（国测国字〔2009〕16 号）	
173	关于土地调查是否属于地籍测绘的批复（测办〔2009〕18 号）	
174	关于加强地形图保密处理技术使用管理工作的通知（国测成字〔2009〕19 号）	
175	关于加强测量标志保护管理工作的通知（国测成发〔2009〕20 号）	
176	关于加强展会、户外展示地图监管的通知（测办〔2009〕24 号）	
177	关于印发测绘政务信息工作管理办法的通知（测办〔2009〕44 号）	
178	关于测绘资质专业范围有关问题的批复（测办〔2009〕45 号）	
179	关于开展测绘资质复审换证工作的通知（测办〔2009〕46 号）	
180	《国家测绘局科技领军人才管理暂行办法》（国测党发〔2009〕53 号）	
181	关于测绘资质管理有关问题的批复（测办〔2009〕73 号）	

序号	名称及文号	备 注
182	关于测绘资质管理有关问题的批复（测办〔2009〕89 号）	
183	关于测绘资质审查中有关中方控股问题的批复（测办〔2009〕91 号）	
184	关于土地勘测性质认定问题的批复（测办〔2009〕108 号）	
185	关于进一步加强国家基础测绘项目和测绘专项中标准制修订管理工作的通知（测办〔2009〕117 号）	
186	关于执行海洋测绘资质标准有关问题的批复（测办〔2009〕123 号）	
187	关于印发《测绘行政执法文书制作规范》的通知（测办〔2009〕125 号）	
188	关于启用 1:25 万公众版地图成果的公告（公告〔2010〕1 号）	
189	关于加强基础测绘和重大测绘工程标准化管理工作的通知（国测科发〔2010〕4 号）	
190	关于转发财政部《国家海岛（礁）测绘工程专项资金管理办法》的通知（国测海工办〔2010〕5 号）	
191	《国家测绘应急保障工作流程》（国测信发〔2010〕6 号）	
192	关于进一步做好应急测绘保障服务工作的通知（国测办发〔2010〕7 号）	
193	《测绘成果质量监督抽查管理办法》（国测国发〔2010〕9 号）	
194	关于进一步贯彻执行《测绘资质管理规定》和《测绘资质分级标准》的通知（测办〔2010〕24 号）	
195	关于加强地理信息市场监管工作的意见（国测管发〔2010〕15 号）	联合文件，已征求意见
196	关于印发互联网地图服务专业标准的通知（国测管发〔2010〕14 号）	
197	关于日照测量专业有关问题的批复（测办〔2010〕79 号）	
198	关于加强地图备案工作的通知（国测图发〔2010〕2 号）	
199	关于在公开地图上表示新增民用机场的通知（国测图发〔2010〕1 号）	
200	关于切实做好国家基础测绘项目成果档案归档工作的通知（国测成发〔2010〕5 号）	
201	国家测绘局关于进一步加强涉密测绘成果行政审批与使用管理工作的通知（国测成发〔2010〕6 号）	
202	关于印发《基础地理信息公开表示内容的规定》的通知（国测成发〔2010〕8 号）	

国家测绘地理信息局公告

国家测绘地理信息局公告

（第1号　2011年7月4日）

按照《关于开展测绘资质复审换证工作的通知》（测办〔2009〕46号）要求，国家测绘地理信息局自2009年6月至2011年3月组织开展了第三次全国测绘资质复审换证工作，其中有576家甲级测绘单位参加本次复审换证。经审查，其中565家单位通过复审换证，5家单位经合并重组后通过复审换证，6家单位未通过复审换证或被注销测绘资质。现将甲级测绘单位资质复审换证结果予以公告。

通过测绘资质复审换证的甲级测绘单位名单

1　北京爱地地质勘察基础工程公司
2　北京苍穹数码测绘有限公司
3　北京长地万方科技有限公司
4　北京城际高科信息技术有限公司
5　北京城建勘测设计研究院有限责任公司
6　北京地星伟业数码科技有限公司
7　北京东方道迩信息技术股份有限公司
8　北京东方新星石化工程股份有限公司
9　北京航天勘察设计研究院
10　北京华星勘查新技术公司
11　北京勘察技术工程有限公司
12　北京灵图软件技术有限公司
13　北京勤业测绘科技有限公司
14　北京时正兴测绘工程技术有限公司
15　北京世纪国源科技发展有限公司
16　北京市测绘设计研究院
17　北京市地质工程勘察院
18　北京市勘察设计研究院有限公司
19　北京数字空间科技有限公司
20　北京四维空间数码科技有限公司
21　北京四维图新科技股份有限公司
22　北京天下图数据技术有限公司
23　北京天元四维科技有限公司
24　北京同创达勘测有限公司
25　北京新兴华安测绘有限公司
26　北京星天地信息科技有限公司

27 地质出版社
28 高德软件有限公司
29 国家林业局调查规划设计院
30 建设综合勘察研究设计院有限公司
31 科菱航睿空间信息技术有限公司
32 易图通科技（北京）有限公司
33 中兵勘察设计研究院
34 中测新图（北京）遥感技术有限责任公司
35 中国国土资源航空物探遥感中心
36 中国科学院遥感应用研究所
37 中国科学院地理科学与资源研究所
38 中国石油集团工程设计有限责任公司
39 中国四维测绘技术总公司
40 中国土地勘测规划院
41 中航勘察设计研究院有限公司
42 中航四维（北京）航空遥感技术有限公司
43 中铁工程设计咨询集团有限公司
44 中国测绘科学研究院
45 中国地图出版社
46 国家基础地理信息中心
47 人民交通出版社
48 天津港湾水运工程有限公司
49 天津海事局海测大队
50 天津金宇信息技术有限公司
51 天津市测绘院
52 天津市地质工程勘察院
53 天津市勘察院
54 天津市市政工程设计研究院
55 天津市水利勘测设计院
56 天津水运工程勘察设计院
57 铁道第三勘察设计院集团有限公司
58 中国地震局第一监测中心
59 中交第一航务工程勘察设计院有限公司
60 中交天津港航勘察设计研究院有限公司
61 中水北方勘测设计研究有限责任公司
62 中铁隧道勘测设计院有限公司
63 保定金迪地下管线探测工程有限公司
64 承德华勘五一四测绘院
65 邯郸市博达地理信息工程有限公司
66 邯郸市恒达地理信息工程有限责任公司
67 河北冀东建设工程有限公司
68 河北建设勘察研究院有限公司
69 河北九华勘查测绘有限责任公司（华北地质勘查局五一九大队）

70　河北省保定地质工程勘查院
71　河北省地矿局石家庄综合地质大队
72　河北省地质测绘院（河北省欣航测绘院）
73　河北省第二测绘院
74　河北省第三测绘院
75　河北省第一测绘院
76　河北省基础地理信息中心
77　河北省煤田地质局物测地质队
78　河北省水利水电第二勘测设计研究院
79　河北省水利水电勘测设计研究院
80　河北省制图院
81　河北水文工程地质勘察院
82　河北天元地理信息科技工程有限公司（中国冶金地质勘查工程总局一局测绘大队）
83　河北中核岩土工程有限责任公司
84　河北中色测绘有限公司（北京中色测绘院有限公司）
85　核工业航测遥感中心
86　化学工业第一勘察设计院有限公司
87　秦皇岛市测绘大队
88　石家庄市勘察测绘设计研究院
89　唐山中地地质工程公司
90　中国兵器工业北方勘察设计研究院
91　中国建筑材料工业地质勘查中心河北总队
92　中国石油集团东方地球物理勘探有限责任公司
93　中国石油天然气管道工程有限公司
94　中勘冶金勘察设计研究院有限责任公司
95　中冶京唐建设有限公司
96　山西华晋岩土工程勘察有限公司
97　山西省测绘工程院
98　山西省地图集编纂委员会办公室
99　山西省地质测绘院（山西省地质勘查局测绘队）
100　山西省第二地质工程勘察院
101　山西省第六地质工程勘察院
102　山西省第三地质工程勘察院
103　山西省第五地质工程勘察院
104　山西省电力勘测设计院
105　山西省基础地理信息院
106　山西省交通规划勘察设计院
107　山西省勘察设计研究院
108　山西省煤炭地质公司
109　山西省煤炭地质物探测绘院
110　山西省水利水电勘测设计研究院
111　太原航空摄影有限公司
112　太原市勘察测绘研究院

113 阳泉新宇岩土工程有限责任公司
114 包钢勘察测绘研究院
115 包头市测绘院
116 核工业二〇八大队
117 呼和浩特市勘察测绘研究院
118 内蒙古交通设计研究院有限责任公司
119 内蒙古自治区测绘院
120 内蒙古自治区地图制印院
121 内蒙古自治区地质测绘院
122 内蒙古自治区电力勘测设计院
123 内蒙古自治区航空遥感测绘院
124 内蒙古自治区煤田地质局勘测队
125 内蒙古自治区水利水电勘测设计院
126 内蒙古自治区土地勘测规划院
127 鞍钢集团工程技术有限公司
128 大连九成测绘信息有限公司
129 大连市勘察测绘研究院有限公司
130 国家海洋环境监测中心
131 辽宁地矿测绘院
132 辽宁电力勘测设计院
133 辽宁经纬测绘规划建设有限公司
134 辽宁省城乡建设规划设计院
135 辽宁省地理信息院
136 辽宁省基础测绘院
137 辽宁省交通规划设计院
138 辽宁省摄影测量与遥感院
139 辽宁省水利水电勘测设计研究院
140 辽宁省冶金地质勘察局地质勘察研究院
141 辽宁有色勘察研究院
142 沈阳地球物理勘察院
143 沈阳市公路规划设计院
144 沈阳市勘察测绘研究院（沈阳市地理信息中心）
145 中国建筑材料工业地质勘查中心辽宁总队
146 中煤国际工程集团沈阳设计研究院
147 中冶沈勘工程技术有限公司
148 中油辽河工程有限公司
149 长春市测绘院
150 吉林省地矿测绘院
151 吉林省地理信息工程院
152 吉林省第二测绘院
153 吉林省第一测绘院
154 吉林省基础地理信息中心
155 吉林省交通规划设计院

156　吉林省水利水电勘测设计研究院
157　吉林市勘测设计院
158　四平市地勘测绘院
159　中国电力工程顾问集团东北电力设计院
160　中水东北勘测设计研究有限责任公司
161　大庆油田工程有限公司
162　国家测绘局第二大地测量队（黑龙江第一测绘工程院）
163　国家测绘局第三地形测量队（黑龙江第二测绘工程院）
164　国家测绘局第四地形测量队（黑龙江第三测绘工程院）
165　国家测绘局黑龙江基础地理信息中心（黑龙江省遥感信息中心）
166　哈尔滨测量高等专科学校测量工程公司
167　哈尔滨地图出版社
168　哈尔滨市勘察测绘研究院
169　黑龙江地理信息工程院
170　黑龙江龙飞航空摄影有限公司
171　黑龙江农垦勘测设计研究院
172　黑龙江省测绘科学研究所
173　黑龙江省地质矿产局测绘院
174　黑龙江省电力勘察设计研究院
175　黑龙江省国土资源勘测规划院
176　黑龙江省航道局
177　黑龙江省林业设计研究院
178　黑龙江省煤田地质物测队
179　黑龙江省水利水电勘测设计研究院
180　佳木斯市勘察测绘研究院
181　牡丹江市勘察测绘研究院
182　齐齐哈尔市国土资源勘测规划设计院有限公司
183　齐齐哈尔市勘察测绘研究院
184　齐齐哈尔市水利勘测设计研究院
185　上海达华测绘有限公司
186　上海东海海洋工程勘察设计研究院
187　上海东亚地球物理勘查有限公司
188　上海海事局海测大队
189　上海海洋石油局第一海洋地质调查大队
190　上海京海工程技术有限公司
191　上海市测绘院
192　上海市城市建设设计研究院
193　上海市地籍事务中心（上海市土地登记事务中心）
194　上海市地质调查研究院
195　上海市岩土工程检测中心
196　上海市政工程勘察设计有限公司
197　上海岩土工程勘察设计研究院有限公司
198　中船勘察设计研究院有限公司

199 中国电力工程顾问集团华东电力设计院
200 长江水利委员会长江下游水文水资源勘测局
201 常州市测绘院
202 华东有色测绘院
203 化学工业岩土工程有限公司
204 淮安市测绘勘察研究院有限公司
205 淮安市水利勘测设计研究院有限公司
206 江苏兰德数码科技有限公司
207 江苏连云港地质工程勘察院
208 江苏煤炭地质物测队
209 江苏省测绘工程院
210 江苏省地质测绘院
211 江苏省地质调查研究院
212 江苏省地质勘查技术院
213 江苏省电力设计院
214 江苏省工程勘测研究院有限责任公司
215 江苏省基础地理信息中心
216 江苏省金威测绘服务中心
217 江苏省金威遥感数据工程有限公司
218 江苏省水文地质工程地质勘察院
219 江苏苏州地质工程勘察院
220 南京北极测绘研究院有限公司
221 南京市测绘勘察研究院有限公司
222 南京市房屋产权监理处
223 南京市国土资源信息中心
224 南通市测绘院有限公司
225 苏州工业园区测绘有限责任公司
226 苏州市测绘院有限责任公司
227 苏州数字地图网络科技有限公司
228 无锡市测绘院有限责任公司
229 徐州市勘察测绘研究院
230 镇江市勘察测绘研究院
231 长江口水文水资源勘测局
232 国家海洋局第二海洋研究所
233 杭州市勘测设计研究院
234 核工业湖州工程勘察院
235 丽水市勘察测绘院
236 宁波市测绘设计研究院
237 宁波冶金勘察设计研究股份有限公司
238 温州市勘察测绘研究院
239 义乌市勘测设计研究院
240 浙江华东测绘有限公司
241 浙江建材测绘院

242　浙江煤炭测绘院
243　浙江省测绘大队
244　浙江省地理信息中心
245　浙江省第二测绘院
246　浙江省第十一地质大队
247　浙江省第一测绘院
248　浙江省第一地质大队
249　浙江省电力设计院
250　浙江省河海测绘院
251　浙江省水利水电勘测设计院
252　浙江有色测绘院
253　中国水利水电第十二工程局有限公司
254　安徽长江河道测绘研究院
255　安徽二水测绘院
256　安徽省地矿局安庆测绘技术院
257　安徽省地质测绘技术院
258　安徽省第二测绘院
259　安徽省第三测绘院
260　安徽省第四测绘院
261　安徽省第一测绘院
262　安徽省基础测绘信息中心（安徽省测绘档案资料馆）
263　安徽省建设工程勘察设计院
264　安徽省煤田地质局物探测量队
265　安徽省水利水电勘测设计院
266　蚌埠市勘测设计研究院
267　合肥市测绘设计研究院
268　芜湖市勘察测绘设计研究院
269　中水淮河规划设计研究有限公司
270　马鞍山测绘技术院
271　福建省测绘院
272　福建省地质测绘院
273　福建省港航管理局勘测中心
274　福建省国土测绘院
275　福建省基础地理信息中心
276　福建省交通规划设计院
277　福建省水利水电勘测设计研究院
278　福建省制图院
279　福州市勘测院
280　厦门地震勘测研究中心
281　厦门地质工程勘察院
282　厦门海洋工程勘察设计研究院
283　厦门闽矿测绘院
284　厦门市测绘与基础地理信息中心

285 厦门银据空间地理信息有限公司
286 漳州市测绘设计研究院
287 江西核工业测绘院
288 江西省地质矿产勘查开发局赣东北大队
289 江西省地质矿产勘查开发局赣西地质调查大队
290 江西省第二测绘院
291 江西省第三测绘院
292 江西省第一测绘院
293 江西省基础地理信息中心
294 江西省交通设计院
295 江西省煤田地质局测绘大队
296 江西省瑞华国土勘测规划工程有限公司
297 江西省水利规划设计院
298 江西有色地质测绘院
299 九江地质工程勘察院
300 江西省地矿测绘院
301 南昌市测绘勘察研究院
302 河南省测绘工程院
303 河南省地球物理工程勘察院
304 河南省地图院
305 河南省地质测绘总院
306 河南省电力勘测设计院
307 河南省基础地理信息中心
308 河南省交通规划勘察设计院有限责任公司
309 河南省科学院地理研究所
310 河南省煤田地质局物探测量队
311 河南省水利勘测有限公司
312 河南省遥感测绘院
313 河南省有色测绘有限公司
314 河南省中纬测绘规划信息工程有限公司
315 河南中化地质测绘院有限公司
316 黄河勘测规划设计有限公司
317 黄河水文勘察测绘局
318 小浪底工程咨询有限公司
319 信阳公路勘察设计院
320 郑州市规划勘测设计研究院
321 郑州市市政工程勘测设计研究院
322 中铁大桥局集团第一工程有限公司
323 济南市勘察测绘研究院
324 临沂市国土资源局测绘院
325 青岛海洋工程勘察设计研究院
326 青岛市勘察测绘研究院
327 青岛海大工程勘察设计开发院有限公司

328　山东海天地理信息工程有限公司
329　山东明嘉勘察测绘有限公司
330　山东省城乡建设勘察院
331　山东省地图出版社
332　山东省地质测绘院
333　山东省国土测绘院
334　山东省经纬工程测绘勘察院
335　山东省水利勘测设计院
336　山东省第四地质矿产勘查院
337　山东正元地理信息工程有限责任公司
338　山东中煤物探测量总公司
339　潍坊市勘察测绘研究院
340　中国石化集团胜利石油管理局
341　淄博市勘察测绘研究院有限公司
342　长江航道局
343　长江空间信息技术工程有限公司（武汉）
344　长江三峡勘测研究院有限公司（武汉）
345　长江水利委员会长江科学院
346　长江水利委员会长江中游水文水资源勘测局
347　长江水利委员会水文局
348　长江岩土工程总公司（武汉）
349　葛洲坝股份有限公司测绘工程院（中国葛洲坝水利水电工程集团有限公司测绘总队）
350　湖北省测绘工程院
351　湖北省地图院
352　湖北省电力勘测设计院
353　湖北省鄂东北地质大队
354　湖北省鄂东南地质大队
355　湖北省国土测绘院
356　湖北省航测遥感院
357　湖北省交通规划设计院
358　湖北省水利水电勘测设计院
359　立得空间信息技术股份有限公司
360　武大吉奥信息技术有限公司
361　武汉科岛地理信息工程有限公司
362　武汉市勘测设计研究院
363　武汉市政工程设计研究院有限责任公司
364　武汉中地数码科技有限公司
365　中工武大设计研究有限公司
366　中国长江三峡集团公司
367　中国地震局地震研究所
368　中国电力工程顾问集团中南电力设计院
369　中国科学院测量与地球物理研究所
370　中国石化集团江汉石油管理局地球物理勘探公司

371 中国石化集团江汉石油管理局勘察设计研究院
372 中机三勘岩土工程有限公司
373 中交第二公路勘察设计研究院有限公司
374 中交第二航务工程勘察设计院有限公司
375 中南勘察设计院（湖北）有限责任公司
376 中铁大桥勘测设计院有限公司
377 中铁第四勘察设计院集团有限公司
378 中冶集团武汉勘察研究院有限公司
379 长沙市国土资源测绘院
380 长沙市勘测设计研究院
381 核工业衡阳第二地质工程勘察院
382 衡阳市规划设计院
383 湖南地图出版社
384 湖南科创电力工程技术有限公司
385 湖南省地球物理地球化学勘查院
386 湖南省地质测绘院
387 湖南省第二测绘院
388 湖南省第三测绘院（湖南省基础地理信息中心）
389 湖南省第一测绘院
390 湖南省工程勘察院
391 湖南省交通规划勘察设计院
392 湖南省勘察测绘院
393 湖南省煤田地质局物探测量队
394 湖南省水利水电勘测设计研究总院
395 湖南省资源规划勘测院
396 湖南有色测绘院
397 湘潭市勘测设计院
398 中国石化集团西南石油局第五物探大队
399 中国水电顾问集团中南勘测设计研究院
400 中国水利水电第八工程局有限公司
401 中国有色金属长沙勘察设计研究院有限公司
402 株洲市勘测设计研究院
403 株洲中天高科技勘测工程有限公司
404 广东省测绘技术公司
405 广东省地图院
406 广东省地质测绘院
407 广东省电力设计研究院
408 广东省核工业地质局测绘院
409 广东省惠州七五六地质测绘工程公司
410 广东省水利电力勘测设计研究院
411 广州海洋地质调查局
412 广州市城市规划勘测设计研究院
413 广州市房地产测绘所

414　广州市四维城科信息工程有限公司
415　国家海洋局南海工程勘察中心
416　深圳地质建设工程公司
417　深圳市爱华勘测工程有限公司
418　深圳市长勘勘察设计有限公司
419　深圳市地籍测绘大队
420　深圳市凯立德科技股份有限公司
421　深圳市勘察测绘院有限公司
422　深圳市勘察研究院有限公司
423　深圳市蓝天鹤测绘有限公司
424　深圳市水务规划设计院
425　深圳市中正测绘科技有限公司
426　中华人民共和国广东海事局海测大队
427　中交第四航务工程勘察设计院有限公司
428　中交广州航道局有限公司
429　中水珠江规划勘测设计有限公司
430　广东省国土资源技术中心
431　广东省国土资源测绘院
432　广西地图院
433　广西第二测绘院
434　广西第一测绘院
435　广西电力工业勘察设计研究院
436　广西航空遥感测绘院
437　广西壮族自治区国土测绘院
438　广西壮族自治区基础地理信息中心
439　广西壮族自治区交通规划勘察设计研究院
440　广西壮族自治区水利电力勘测设计研究院
441　桂林市测绘研究院
442　柳州市勘察测绘研究院
443　钦州市测绘院
444　国家测绘局第七地形测量队
445　国家测绘局第四航测遥感院
446　国家测绘局海南测绘资料信息中心
447　国家测绘局海南基础地理信息中心
448　国家测绘局重庆测绘院
449　重庆市地理信息中心
450　重庆市勘测院
451　重庆市土地勘测规划院（重庆市房屋勘测院）
452　成都地图出版社
453　成都市国土规划地籍事务中心
454　成都市勘察测绘研究院
455　四川省地震局测绘工程院
456　四川省地质测绘院

457 四川省第三测绘工程院（国家测绘局地下管线勘测工程院）（国家测绘局第六地形测量队）
458 四川省第一测绘工程院（国家测绘局第三大地测量队）
459 四川省核工业地质调查院
460 四川省基础地理信息中心
461 四川省建筑设计院
462 四川省交通运输厅公路规划勘察设计研究院
463 四川省交通运输厅交通勘察设计研究院
464 四川省煤田测绘工程院
465 四川省水利水电勘测设计研究院
466 四川省遥感信息测绘院（国家测绘局第三航测遥感院）
467 四川省冶金地质勘查局测绘工程大队
468 四川中水成勘院测绘工程有限责任公司
469 中国电力工程顾问集团西南电力设计院
470 中国建筑材料工业地质勘查中心四川总队
471 中国建筑西南勘察设计研究院有限公司
472 中国石油集团川庆钻探工程有限公司地球物理勘探公司
473 中国水利水电第七工程局有限公司
474 中机工程勘察设计研究院
475 中铁二局集团有限公司
476 中铁二院工程集团有限责任公司
477 中冶成都勘察研究总院有限公司
478 贵阳市测绘院
479 贵州地矿测绘院
480 贵州黔美测绘工程院
481 贵州省第二测绘院
482 贵州省第三测绘院
483 贵州省第一测绘院
484 贵州省水利水电勘测设计研究院
485 贵州有色地质工程勘察公司
486 中国水电顾问集团贵阳勘测设计研究院
487 中铁五局（集团）有限公司
488 国家林业局昆明勘察设计院
489 昆明市测绘研究院（昆明市基础地理信息中心）
490 西南有色昆明勘测设计（院）股份有限公司
491 云南省测绘工程院
492 云南省地矿测绘院
493 云南省地图院
494 云南省地震局形变测量中心
495 云南省航测遥感信息院
496 云南省交通规划设计研究院
497 云南省水利水电勘测设计研究院
498 中国水电顾问集团昆明勘测设计研究院
499 中国水利水电第十四工程局有限公司

500　中国有色金属工业昆明勘察设计研究院
501　西藏自治区测绘院
502　甘肃省测绘工程院
503　甘肃省地图院
504　甘肃省地质矿产勘查开发局测绘勘查院
505　甘肃省基础地理信息中心
506　甘肃省交通规划勘察设计院有限责任公司
507　甘肃省水利水电勘测设计研究院
508　兰州市城市建设设计院
509　兰州市勘察测绘研究院
510　天水三和数码测绘院
511　中国水电顾问集团西北勘测设计研究院
512　甘肃有色工程勘察设计研究院
513　宝鸡市勘察测绘院
514　国家测绘局大地测量数据处理中心
515　国家测绘局第二地形测量队（陕西省第三测绘工程院）
516　国家测绘局第一大地测量队（陕西省第一测绘工程院）（国家测绘局精密工程测量院）
517　国家测绘局第一地形测量队（陕西省第二测绘工程院）
518　国家测绘局第一航测遥感院（陕西省第五测绘工程院）
519　国家测绘局陕西基础地理信息中心（国家测绘局陕西测绘资料档案馆）
520　机械工业勘察设计研究院
521　陕西省地质矿产勘查开发局测绘队（陕西国土测绘工程院）
522　陕西省煤田地质局物探测量队
523　陕西省水利电力勘测设计研究院
524　陕西天润科技有限责任公司
525　神华神东煤炭集团有限责任公司（地质勘探测量公司）
526　西安长庆科技工程有限责任公司
527　西安大地测绘工程有限责任公司
528　西安地图出版社（陕西省第六测绘工程院）
529　西安华测航摄遥感有限公司
530　西安建材地质工程勘察院
531　西安煤航信息产业有限公司（原煤航集团实业发展有限公司）
532　西安市勘察测绘院
533　西安中勘工程有限公司
534　西北有色金属测绘院
535　西北综合勘察设计研究院
536　咸阳市勘察测绘院
537　中国地震局第二监测中心
538　中国电力工程顾问集团西北电力设计院
539　中国水利水电第三工程局有限公司
540　中国有色金属工业西安勘察设计研究院
541　中交第一公路勘察设计研究院有限公司
542　中煤西安设计工程有限责任公司

543　中铁第一勘察设计院集团有限公司
544　中铁一局集团第五工程有限公司
545　陕西省公路勘察设计院
546　青海煤炭地质局测绘工程院
547　青海省地矿测绘院
548　青海省第二测绘院
549　青海省第一测绘院
550　青海省基础地理信息中心
551　青海天域北斗数码测绘科技有限公司
552　中国水利水电第四工程局有限公司
553　青海省水利水电勘测设计研究院
554　宁夏回族自治区国土测绘院
555　宁夏回族自治区基础测绘院
556　水利部新疆维吾尔自治区水利水电勘测设计研究院
557　乌鲁木齐市城市勘察测绘院
558　新疆地矿测绘院
559　新疆电力设计院
560　新疆公路规划勘察设计研究院
561　新疆国土资源规划研究院
562　新疆生产建设兵团勘测规划设计研究院
563　新疆维吾尔自治区第二测绘院
564　新疆维吾尔自治区第一测绘院
565　新疆油田勘察设计研究院（有限公司）

合并重组后通过测绘资质复审换证的甲级测绘单位名单

1　中国电力工程顾问集团华北电力设计院工程有限公司
2　中国水电顾问集团北京勘测设计研究院
3　浙江省工程勘察院
4　华东冶金地质勘查局测绘总队
5　中交第三航务工程勘察设计院有限公司

未通过复审换证或被注销资质的原甲级测绘单位名单

1　北京奇志通数据科技有限公司
2　辽河石油勘探局（地球物理勘探公司）
3　中国水利水电第六工程局
4　新疆地震测绘研究院
5　中国南极测绘研究中心
6　四维航空遥感有限公司（业务整合后注销资质）

国家测绘地理信息局公告

（第2号　2011年7月20日）

依据《中华人民共和国测绘法》、《测绘资质管理规定》和《测绘资质分级标准》，2011年1月至6月，国家测绘地理信息局审核批准了北京四维益友信息技术有限公司等44家单位为甲级测绘资质单位。

特此公告。

附件：2011年1月至6月审核批准的甲级测绘资质单位名单

附件：

2011年1月至6月审核批准的甲级测绘资质单位名单

序号	单位名称	资质证号	法定代表人	甲级专业范围
1	北京四维益友信息技术有限公司	甲测资字11002027	林善红	互联网地图服务。
2	北京世纪高通科技有限公司	甲测资字11002035	孙玉国	互联网地图服务。
3	中国水电顾问集团北京勘测设计研究院	甲测资字11002040	李志谦	工程测量：控制、地形、线路工程、变形（沉降）观测、形变、水利工程、桥梁、隧道、建筑工程、竣工测量。
4	北京掌城科技有限公司	甲测资字11002058	夏曙东	互联网地图服务。
5	北京老虎宝典科技有限责任公司	甲测资字11002059	卓日克	互联网地图服务。
6	北京协进科技发展有限公司	甲测资字11002060	白洁	互联网地图服务。
7	北京搜房科技发展有限公司	甲测资字11002061	莫天全	互联网地图服务。
8	北京腾瑞万里信息技术有限公司	甲测资字11002062	钱进	互联网地图服务。
9	中国移动通信集团公司	甲测资字11002063	王建宙	互联网地图服务。
10	北京中天路通工程勘测有限公司	甲测资字11002064	张钟声	房产测绘；地籍测绘；工程测量：控制、地形、精密工程、线路工程、桥梁、隧道、变形（沉降）观测、建筑工程、市政工程、形变测量。

序号	单位名称	资质证号	法定代表人	甲级专业范围
11	第一视频通信传媒有限公司	甲测资字11002065	张力军	互联网地图服务。
12	北京千橡网景科技发展有限公司	甲测资字11002066	杨静	互联网地图服务。
13	天地图有限公司	甲测资字11002067	李志刚	互联网地图服务。
14	中交宇科（北京）空间信息技术有限公司	甲测资字11002068	郭力	工程测量：控制、地形、隧道、城乡规划定线、城乡用地、规划检测、日照、市政工程、建筑工程、精密工程、线路工程、桥梁、变形（沉降）观测、形变、竣工测量。
15	北京汇通国力软件技术有限公司	甲测资字11002073	钱向东	互联网地图服务。
16	北京超图软件股份有限公司	甲测资字11002074	钟耳顺	互联网地图服务。
17	天津市国土资源测绘和房屋测量中心	甲测资字12002016	吴炳灏	地籍测绘；房产测绘；工程测量：控制、地形、市政工程、水利工程、建筑工程、精密工程、线路工程、桥梁、隧道、竣工测量。
18	河北恒华信息技术有限公司	甲测资字13002036	翟中原	互联网地图服务。
19	河北省地勘局秦皇岛资源环境勘查院	甲测资字13002037	杨玉山	地籍测绘；工程测量：控制、地形、城乡规划定线、城乡用地、市政工程、水利工程、建筑工程、精密工程、线路工程、桥梁、矿山、隧道、变形（沉降）观测、形变、竣工测量。
20	中国冶金地质总局第三地质勘查院	甲测资字14002020	张新利	地籍测绘；工程测量：控制、地形、城乡规划定线、城乡用地、市政工程、建筑工程、线路工程、地下管线、桥梁、矿山、隧道、变形（沉降）观测、形变、竣工测量。
21	辽宁省化工地质勘查院	甲测资字21002025	刘敬党	工程测量；地籍测绘；行政区域界线测绘。
22	辽宁达荣信息技术有限公司	甲测资字21002026	常威	摄影测量与遥感；地籍测绘；地理信息系统工程；行政区域界线测绘；工程测量：控制、地形、城乡规划定线、城乡用地、规划检测、建筑工程、市政工程、线路工程、桥梁、隧道、竣工测量。

序号	单位名称	资质证号	法定代表人	甲级专业范围
23	辽宁省基础地理信息中心	甲测资字21002027	谭吉学	互联网地图服务。
24	中交第三航务工程勘察设计院有限公司	甲测资字31002015	王祥	海洋测绘：控制、水深、水文、扫海、底质、水下障碍物探测、浅地层剖面、海岸滩涂地形、港口与航道工程、海域使用面积、海洋磁力测量。
25	上海吉图软件开发有限公司	甲测资字31002018	金吉东	互联网地图服务。
26	江苏省在这里数字科技有限公司	甲测资字32002034	许益存	互联网地图服务。
27	江苏天泽信息产业股份有限公司	甲测资字32002035	陈进	互联网地图服务。
28	苏州海客科技有限公司	甲测资字32002036	赵世界	互联网地图服务。
29	神州图骥地名信息技术股份有限公司	甲测资字32002037	王晓清	互联网地图服务。
30	南京城际在线信息技术有限公司	甲测资字32002038	李建平	互联网地图服务。
31	江苏科信岩土工程勘察有限公司	甲测资字32002039	张汪应	工程测量：控制、地形、线路工程、城乡规划定线、城乡用地、规划检测、日照、市政工程、建筑工程、桥梁、隧道、竣工测量。
32	江苏星月测绘有限公司	甲测资字32002040	季顺海	地籍测绘；互联网地图服务；工程测量：控制、地形、城乡规划定线、建筑工程、线路工程、地下管线、变形（沉降）观测、形变、竣工测量。
33	杭州阿拉丁信息科技股份有限公司	甲测资字33002003	庞小伟	互联网地图服务。
34	浙江省工程勘察院	甲测资字33002004	罗森尧	地籍测绘；行政区域界线测绘；工程测量：控制、地形、城乡规划定线、城乡用地、规划检测、日照、市政工程、水利工程、建筑工程、精密工程、线路工程、地下管线、桥梁、隧道、变形（沉降）观测、形变、竣工测量。
35	华东冶金地质勘查局测绘总队	甲测资字34002007	颜洁	工程测量：控制、地形、城乡规划定线、城乡用地、规划检测、日照、市政工程、建筑工程、精密工程、线路工程、地下管线、桥梁、隧道、变形（沉降）观测、形变、竣工测量。

序号	单位名称	资质证号	法定代表人	甲级专业范围
36	厦门精图信息技术股份有限公司	甲测资字35002017	才泓冰	互联网地图服务。
37	江西省国土资源测绘工程总院	甲测资字36002018	邢应太	工程测量；摄影测量与遥感；地籍测绘；房产测绘；地理信息系统工程。
38	中铁大桥局集团第五工程有限公司	甲测资字36002019	李明祥	工程测量：地形、线路工程、变形（沉降）观测、建筑工程、精密工程、形变、控制、隧道、桥梁、城乡规划定线、城乡用地、规划检测、日照、市政工程、竣工测量。
39	山东正元数字城市建设有限公司	甲测资字37002020	杨玉坤	工程测量；地籍测绘；地理信息系统工程；海洋测绘。
40	武汉市国土资源和规划信息中心（武汉市地理信息中心）	甲测资字42002041	李宗华	互联网地图服务。
41	深圳市车音网科技有限公司	甲测资字44002031	曲思霖	互联网地图服务。
42	北海市国土资源信息中心	甲测资字45002015	洪兆河	地籍测绘；工程测量：控制、地形、城乡规划定线、城乡用地、日照、市政工程、建筑工程、线路工程、桥梁、隧道、竣工测量。
43	甘肃煤田地质局综合普查队	甲测资字62002013	尹俊清	摄影测量与遥感（外业）；地籍测绘；工程测量：控制、地形、城乡规划定线、城乡用地、规划检测、市政工程、建筑工程、线路工程、桥梁、矿山、隧道、竣工测量。
44	西宁市测绘院	甲测资字63002009	刘世卿	地籍测绘；工程测量：线路工程、建筑工程、市政工程、规划检测、城乡用地、城乡规划定线、地形、控制测量。

国家测绘地理信息局公告

（第 3 号　2011 年 11 月 15 日）

根据《中华人民共和国标准化法》有关规定，现批准《数字航空摄影测量控制测量规范》等 14 项测绘地理信息行业标准发布实施。该 14 项测绘地理信息行业标准由我局测绘标准化研究所组织测绘出版社出版发行。

特此公告。

序号	行业标准编号	行业标准名称	代替标准号	实施日期
1	CH/T 3006－2011	数字航空摄影测量控制测量规范		2012－01－01
2	CH/T 3007. 1－2011	数字航空摄影测量测图规范第 1 部分：1:500 1:1000 1:2000 数字高程模型 数字正射影像图 数字线划图		2012－01－01
3	CH/T 3007. 2－2011	数字航空摄影测量测图规范第 2 部分：1:5000 1:10000 数字高程模型 数字正射影像图 数字线划图		2012－01－01
4	CH/T 3007. 3－2011	数字航空摄影测量测图规范第 3 部分：1:25000 1:50000 1:100000 数字高程模型 数字正射影像图 数字线划图		2012－01－01
5	CH/Z 9010－2011	地理信息公共服务平台 地理实体与地名地址数据规范		2012－01－01
6	CH/Z 9011－2011	地理信息公共服务平台 电子地图数据规范		2012－01－01
7	CH/T 2010－2011	海岛（礁）大地控制测量外业技术规程		2012－01－01
8	CH/T 8023－2011	机载激光雷达数据处理技术规范		2012－01－01
9	CH/T 8024－2011	机载激光雷达数据获取技术规范		2012－01－01
10	CH/T 1023－2011	1:5000 1:10000 1:25000 1:50000 1:100000 地形图质量检验技术规程		2012－01－01
11	CH/T 1024－2011	影像控制测量成果质量检验技术规程		2012－01－01
12	CH/T 1025－2011	数字线划图（DLG）质量检验技术规程		2012－01－01
13	CH/T 3008－2011	1:5000 1:10000 地形图航空摄影测量解析测图规范	CH/T 1006－2000	2012－01－01
14	CH/T 9012－2011	基础地理信息数字成果数据组织及文件命名规则	CH/T 1005－2000	2012－01－01

国家测绘地理信息局公告

（第 4 号 2011 年 12 月 28 日）

依据《中华人民共和国测绘法》、《测绘资质管理规定》和《测绘资质分级标准》，2011 年 7 月至 12 月，国家测绘地理信息局审核批准了中国电信股份有限公司等 50 家单位为甲级测绘资质单位。

特此公告。

2011 年 7 月至 12 月审核批准的甲级测绘资质单位名单

序号	单位名称	资质证号	法定代表人	甲级专业范围
1	中国电信股份有限公司	甲测资字 11002080	王晓初	互联网地图服务。
2	北京恒华伟业科技股份有限公司	甲测资字 11002079	方文	互联网地图服务。
3	伟景行科技股份有限公司	甲测资字 11002082	迟伟	互联网地图服务。
4	北京合众思壮科技股份有限公司	甲测资字 11002078	郭信平	互联网地图服务。
5	北京地拓科技发展有限公司	甲测资字 11002075	王永利	互联网地图服务。
6	北京网易有道计算机系统有限公司	甲测资字 11002084	丁磊	互联网地图服务。
7	北京捷泰科技有限公司	甲测资字 11002077	何宁	互联网地图服务。
8	北京中交兴路信息科技有限公司	甲测资字 11002076	夏曙东	互联网地图服务。
9	北京紫光百会科技有限公司	甲测资字 11002081	郃志强	互联网地图服务。
10	盘古文化传播有限公司	甲测资字 11002083	田舒斌	互联网地图服务。
11	北京帝测科技发展有限公司	甲测资字 11002085	张向前	互联网地图服务；地籍测绘；房产测绘；工程测量：地形、市政工程测量。

序号	单位名称	资质证号	法定代表人	甲级专业范围
12	中国二十二冶集团有限公司	甲测资字13002038	李玉龙	工程测量：控制、地形、市政工程、建筑工程、线路工程、桥梁、矿山、变形（沉降）观测、形变、竣工测量。
13	河北省地矿局第十一地质大队	甲测资字13002040	田文法	工程测量：控制、竣工、市政工程、形变、精密工程、日照、建筑工程、地下管线、变形（沉降）观测、线路工程、城乡规划定线、城乡用地、规划检测、地形、矿山、隧道、桥梁测量；地籍测绘。
14	邢台市勘察测绘院	甲测资字13002041	吴明杰	工程测量：控制、桥梁、隧道、竣工、市政工程、形变、精密工程、日照、建筑工程、规划检测、地下管线、变形（沉降）观测、线路工程、城乡规划定线、地形、城乡用地测量。
15	河北省北方勘测设计有限公司	甲测资字13002039	路璐	地籍测绘；房产测绘；工程测量：控制、地形、城乡规划定线、城乡用地、市政工程、建筑工程、线路工程、地下管线、变形（沉降）观测、形变、竣工测量。
16	内蒙古乔泰国土勘测技术有限公司	甲测资字15002014	李君	大地测量：水准测量、三角测量、卫星定位测量；工程测量：形变、变形（沉降）观测、建筑工程、线路工程、市政工程、城乡规划定线、地形、控制测量；地籍测绘：界址测量、其他地籍要素调查与测量、地籍图测绘、面积量算。
17	大连东软思维科技发展有限公司	甲测资字21002028	刘跃葵	互联网地图服务。
18	中国建筑材料工业地质勘查中心吉林总队	甲测资字22002047	林景胤	地籍测绘；工程测量：控制、地形、建筑工程、线路工程、桥梁、隧道、竣工、市政工程、规划检测、城乡规划定线、城乡用地测量。
19	黑龙江中海经测空间信息技术有限公司	甲测资字23002060	张建华	工程测量：控制、地形、城乡规划定线、城乡用地、规划检测、日照、市政工程、水利工程、建筑工程、线路工程、桥梁、隧道、竣工测量；海洋测绘：水深测量、扫海测量、浅地层剖面测量、内水航道图编制、海岸滩涂地形测量、港口与航道工程测量。
20	上海安吉星信息服务有限公司	甲测资字31002021	陈虹	互联网地图服务。

序号	单位名称	资质证号	法定代表人	甲级专业范围
21	号百信息服务有限公司	甲测资字31002020	王玮	互联网地图服务。
22	上海美斯恩网络通讯技术有限公司	甲测资字31002019	张曦东	互联网地图服务。
23	江苏中科博泰集成应用有限公司	甲测资字32002043	应臻恺	互联网地图服务。
24	福建绎天数字城市信息科技有限公司	甲测资字35002018	林向平	互联网地图服务。
25	福州开睿动力通信科技有限公司	甲测资字35002019	许章迅	互联网地图服务。
26	江西省电力设计院	甲测资字36002020	唐其练	工程测量：控制、地形、城乡规划定线、城乡用地、规划检测、市政工程、建筑工程、精密工程、线路工程、桥梁、隧道、变形（沉降）观测、形变、竣工测量。
27	济南市房产测绘研究院	甲测资字37002091	李少先	房产测绘。
28	山东省物化探勘查院	甲测资字37002089	宋印胜	地籍测绘；工程测量：控制、地形、城乡规划定线、城乡用地、规划检测、日照、市政工程、建筑工程、线路工程、矿山、变形（沉降）观测、形变、竣工测量。
29	青岛创想互动数字科技有限公司	甲测资字37002090	于峰	互联网地图服务。
30	河南省信阳工程地质勘察院	甲测资字41002022	徐友灵	地理信息系统工程。
31	北京华星勘查新技术公司信阳测绘院	甲测资字41002023	周鹏	地籍测绘；工程测量：控制、地形、城乡规划定线、城乡用地、市政工程、建筑工程、线路工程、地下管线、矿山、隧道、竣工测量。
32	武汉市国土资源和规划信息中心（武汉市地理信息中心）	甲测资字42002041	李宗华	地理信息系统工程：建立数据库、地图数字化、建立专业地理信息系统、空间遥感地理信息数据处理；互联网地图服务。
33	湖北同城一家网络科技有限责任公司	甲测资字42002040	薛云龙	互联网地图服务。

序号	单位名称	资质证号	法定代表人	甲级专业范围
34	武汉航天远景科技有限公司	甲测资字42002042		互联网地图服务。
35	湖南省地质研究所（湖南省国土资源规划院）	甲测资字43002028	赵亚辉	工程测量：控制、城乡用地、地形测量；地籍测绘；地理信息系统工程：建立专业地理信息系统、建立数据库、地图数字化、空间遥感地理信息数据处理、摄影测量数据处理；互联网地图服务：地理信息标注服务、地图搜索、位置服务。
36	湖南图维依动网络有限公司	甲测资字43002029	危兆勇	互联网地图服务：地图搜索、位置服务、地图下载、复制服务、地图发送、引用服务。
37	株洲市规划设计院	甲测资字43002030	李良	工程测量：竣工、形变、变形（沉降）观测、隧道、桥梁、地下管线、线路工程、建筑工程、水利工程、市政工程、日照、规划检测、城乡用地、城乡规划定线、地形、控制测量。
38	广州建通测绘技术开发有限公司	甲测资字44002036	刘志洪	摄影测量与遥感；地籍测绘；测绘航空摄影：机载SAR成像、机载激光扫描、数码航空摄影；工程测量：控制、地形、城乡规划定线、城乡用地、规划检测、市政工程、水利工程、建筑工程、线路工程、桥梁、隧道、变形（沉降）观测、形变、竣工测量。
39	广州奥格智能科技有限公司	甲测资字44002034	姜崇洲	工程测量：控制、地形、城乡用地、市政工程、水利工程、地下管线、竣工测量；地籍测绘；地理信息系统工程；互联网地图服务。
40	深圳市赛格导航科技股份有限公司	甲测资字44002033	张家同	互联网地图服务。
41	深圳市规划国土房产信息中心	甲测资字44002032	成建国	互联网地图服务；地理信息系统工程：空间遥感地理信息数据处理，地图数字化，建立数据库，建立基础地理信息系统，建立专业地理信息系统。
42	东莞市华业龙图信息技术有限公司	甲测资字44002035	陈曙光	互联网地图服务。
43	东莞市远峰科技有限公司	甲测资字44002037	余心远	互联网地图服务。

序号	单位名称	资质证号	法定代表人	甲级专业范围
44	南宁市国土资源信息中心	甲测资字45002016	陈朝晖	地籍测绘；地理信息系统工程；工程测量：控制、地形、城乡规划定线、城乡用地、规划检测、市政工程、建筑工程、线路工程、桥梁、隧道、竣工测量。
45	海口市土地测绘院	甲测资字46002005	符永好	地籍测绘；工程测量：控制、地形、城乡规划定线、城乡用地、规划检测、日照、市政工程、建筑工程、线路工程、桥梁、隧道、竣工测量。
46	贵州省地质矿产勘查开发局一〇六地质大队	甲测资字52002011	朱春孝	地籍测绘；工程测量：控制、地形、城乡规划定线、城乡用地、矿山、竣工、市政工程、建筑工程、线路工程测量；地理信息系统工程：空间遥感地理信息数据处理、外业采集的地理信息数据处理、地图数字化、建立数据库、建立基础地理信息系统、建立专业地理信息系统、外业地理信息数据采集。
47	中铁一局集团第四工程有限公司	甲测资字61002034	安国勇	工程测量：控制、地形、城乡用地、城乡规划定线、市政工程、建筑工程、线路工程、形变、精密工程、变形（沉降）观测、桥梁、隧道、竣工测量。
48	青海省核工业地质局	甲测资字63002010	赵世勇	工程测量：市政工程、竣工、控制、隧道、桥梁、建筑工程、规划检测、地下管线、变形（沉降）观测、线路工程、城乡规划定线、地形、城乡用地测量；地籍测绘。
49	塔城地区国土资源规划研究院	甲测资字65002013	于继胜	地籍测绘；工程测量：城乡用地、地形、城乡规划定线、日照、控制、线路工程、桥梁、建筑工程、规划检测测量。
50	北京超图软件股份有限公司	甲测资字11005064	钟耳顺	互联网地图服务；地理信息系统工程：建立专业地理信息系统。

重大测绘科技成果公告

项 目 名 称：测绘基准和空间信息快速获取关键技术及其在灾害应急测绘中的应用

项 目 编 号：J－252－2－11

获奖类别及等级：国家科学技术进步奖二等奖

完 成 单 位：武汉大学、国家基础地理信息中心、山西省测绘工程院、广州市国土资源和房屋管理局、四川省第一测绘工程院、武汉市勘测设计研究院、青海省测绘局

主 要 完 成 者：李建成 姜卫平 张 鹏 胡文元 李俊夫
李开君 闫 利 肖建华 李 强 杨庚印

一、项目简介

信息化时代的显著特点是：快速、精准、全球化、标准化，体现信息化科技水平，在很大程度上决定当今世界各领域竞争的成败，也是现代测绘信息科技创新的追求目标和发展方向。测绘信息化是信息化时代的显著标志之一。测绘信息是人类生存和进行社会、经济及安全活动所需的最基本地理空间信息，其构成系统和设施是国家发展的战略性基础设施之一，包括测绘基准建立、空间信息获取、产品生成和应用服务等系统。本项目旨在突破测绘基准建立和空间信息快速获取关键技术，解决传统测绘基准低精度、二维、参心、局域、静态、低效等问题以及空间信息快速获取难题，促使现行测绘基准体系建立和空间信息获取在技术理念、实现方式、服务领域等方面产生深刻变革，推进传统测绘基准体系向高精度、三维、地心、全球、动态、高效现代体系现代化转变，实现高精度、多类型、多分辨率数字影像数据的快速获取。

二、主要科技内容

1）针对测绘基准发展的现代化问题，提出了现代测绘基准建设的技术方案和实现方法，解决了亚厘米级似大地水准面确定和连续运行基准站系统（CORS）建立等多项关键技术，形成了一套示范技术标准；

2）针对像控点与海量影像数据导致传统航测作业效率低的难题，集成似大地水准面精化、精密单点定位、新一代数字摄影测量等技术，在国内首次建立了不依赖地面控制点的高精度快速摄影测量生产体系，实现了多尺度数字航空影像的快速获取及其高精度的快速处理，并成功推广应用于灾区应急测绘；

3）针对城市测绘信息化建设中要求测绘基准高精度和统一性难题，突破区域基准建立关键技术，率先在我国成功研制基于网络发布的基础测绘服务系统，在武汉和广州分别建立了起示范作用的现代测绘基准体系；

4）针对灾区应急测绘时间紧、要求高、实施难的问题，通过汶川和玉树灾区应急测绘实践，实现了基准建设和测图同步协调作业，首次在我国建立了应急测绘集成技术体系和测绘信息应急服务系统，为灾区快速重建提供了可靠的测绘技术服务与保障。

项目成功建立了示范性区域现代测绘基准，2′×2′似大地水准面精度优于±1.0cm，基准站坐标精度达±5mm；数字航空摄影测量快速生成的数字立体模型，1∶10000、1∶5000、1∶2000和1∶500比例尺坐标精度分别为±0.57m、±0.28m、±0.12m、和±0.11m。成果总体达到了国际先进水平，部分处于国际领先水平。

项目成果引领了测绘基准建设的革命性转变，促进了我国数字摄影测量技术的现代化发展，突显了我国测绘科技的跨越性进步，在全国多个城市、省级现代测绘基准建设和地理信息采集中得到了广泛应用，推广用于我国“西部测图”、“全国二次土地调查”等国家重大专项工程，大大提高了作业效率、减轻了劳动强度，取得了显著的社会经济效益。并且，成果在汶川、玉树和舟曲灾区得到成功应用，在灾区救援和重建中发挥了重要作用。

测绘地理信息标准公告

国家标准

2011 年 12 月 30 日，国家标准化管理委员会以国家标准批准发布公告（2011 年第 23 号）形式，发布了以下 3 项测绘地理信息国家标准，自 2012 年 2 月 1 日起实施。

1. GB/T 27918－2011《地理信息基于位置服务参考模型》；

2. GB/T 27919－2011《IMU/GPS 辅助航空摄影技术规范》；

3. GB/T 27920.1－2011《数字航空摄影规范第 1 部分：框幅式数字航空摄影》。

行业标准

2011 年 11 月 15 日，国家测绘地理信息局以国家测绘地理信息局公告（第 3 号）形式批准发布了以下 14 项测绘地理信息行业标准，自 2012 年 1 月 1 日起实施。

1. CH/T 3006－2011《数字航空摄影测量控制测量规范》；

2. CH/T 3007.1－2011《数字航空摄影测量测图规范第 1 部分：1:500 1:1000 1:2000 数字高程模型 数字正射影像图 数字线划图》；

3. CH/T 3007.2－2011《数字航空摄影测量测图规范第 2 部分：1:5000 1:10000 数字高程模型 数字正射影像图 数字线划图》；

4. CH/T 3007.3－2011《数字航空摄影测量测图规范第 3 部分：1:25000 1:50000 1:100000 数字高程模型 数字正射影像图 数字线划图》；

5. CH/Z 9010－2011《地理信息公共服务平台 地理实体与地名地址数据规范》；

6. CH/Z 9011－2011《地理信息公共服务平台 电子地图数据规范》；

7. CH/T 2010－2011《海岛（礁）大地控制测量外业技术规程》；

8. CH/T 8023－2011《机载激光雷达数据处理技术规范》；

9. CH/T 8024－2011《机载激光雷达数据获取技术规范》；

10. CH/T 1023－2011《1:5000 1:10000 1:25000 1:50000 1:100000 地形图质量检验技术规程》；

11. CH/T 1024－2011《影像控制测量成果质量检验技术规程》；

12. CH/T 1025－2011《数字线划图（DLG）质量检验技术规程》；

13. CH/T 3008－2011《1:5000 1:10000 地形图航空摄影测量解析测图规范》；

14. CH/T 9012－2011《基础地理信息数字成果数据组织及文件命名规则》。

大 事 记

一月

【4 日】 浙江省委常委、常务副省长陈敏尔对浙江省测绘与地理信息局 2010 年工作报告作出批示。

【4 日】 数字佛山地理空间框架建设试点项目通过国家测绘局组织的专家验收，佛山市被授予“全国数字城市建设示范市”称号。

【5 日】 河南省省长郭庚茂、副省长李克批复同意《河南省教育厅关于呈请省政府与国家测绘局共建郑州测绘学校的请示》。

【6 日】 江苏省测绘局被省政府法制办公室评选为省级机关政府法制工作优秀单位。

【6 日～8 日】 国土资源部副部长、国家测绘局局长徐德明，国家测绘局副局长王春峰、李维森、宋超智、闵宜仁，党组纪检组组长张荣久，党组成员、办公室主任吴兆琪出席全国国土资源工作会议。

【7 日】 甘肃省政府副秘书长马自学到甘肃省测绘局检查指导工作。

【12 日】 陕西省委书记、省人大常委会主任赵乐际约见陕西测绘局党组书记、局长武文忠，对陕西测绘工作作出重要指示。

【12 日】 国家测绘局完成《全国基础测绘“十二五”规划》（征求意见稿）的编写工作，并分别送国家发展和改革委、民政部、财政部等八部门征求意见。

【13 日】 国家测绘局党组中心组以认真贯彻党的十七届五中全会精神，进一步完善测绘发展“十二五”规划为专题进行集中学习研讨，举办测绘学习大讲堂第一讲。

【14 日】 国家测绘局举办新闻媒体迎新春座谈联谊会。人民日报社、新华社、光明日报社、经济日报社、中央人民广播电台、中央电视台、法制日报社、工人日报社、中国新闻社、国土资源报社、人民网、新华网、光明网等多家中央新闻单位有关负责人和记者参加。国土资源部副部长、国家测绘局局长徐德明，国家测绘局副局长宋超智出席。

【14 日】 国家测绘局推荐的“开放式虚拟地球集成共享平台及重大工程应用”和“时空数据挖掘关键技术与应用”两项科技项目获 2010 年度国家科技进步奖二等奖。

【17 日】 成都军区司令员李世明上将、参谋长艾虎生中将一行到军区驻云南某地图仓库视察。

【17 日】 江苏省测绘局、通信管理局、国家安全厅、工商行政管理局、新闻出版局、保密局和省军区司令部等七部门在南京召开地理信息市场监管工作联席会议。

【18 日】 国务院新闻办召开中国互联网地图服务网站“天地图”（www. tianditu. cn）正式上线新闻发布会。国家测绘局副局长宋超智、闵宜仁介绍“天地图”相关情况并答记者问。

【18 日】 国家测绘局与福建省政府签署促进福建科学发展跨越发展测绘保障服务协议。福建省委书记、省人大常委会主任孙春兰，国土资源部副部长、国家测绘局局长徐德明出席签字仪式并讲话。福建省副省长张志南、国家测绘局副局长李维森在协议书上签字。福建省委常委、省委秘书长杨岳，福建省政府副秘书长林依标，国家测绘局党组成员、办公室主任吴兆琪，国家测绘局总工程师胥燕婴出席签字仪式。

【18 日】 山西省政府副秘书长巨宪华带领省考核办第 11 考核组到山西省测绘局进行 2010 年度目标责任考核，并对近几年山西测绘事业快速发展所取得的成就给予肯定。

【18 日】 河南省测绘局召开 2011 年全省测绘工作会议。河南省测绘局局长贾志伟、副局长禄丰年出席会议并作工作报告，副局长王进福主持会议。

【18 日】 海南测绘局召开全省测绘局长会议，全省 18 个市县测绘局局长参加会议。

【18 日】 甘肃省委常委、常务副省长冯健身作

出批示，就贯彻落实李克强副总理对测绘工作的重要指示提出要求。

【19 日】 国家测绘局科学技术委员会 2010 年全体委员会议在福州召开。国土资源部副部长、国家测绘局局长徐德明，国家测绘局副局长李维森出席会议并讲话，福建省委常委、副省长张志南出席会议并致辞，福建省测绘局有关领导、国家测绘局科学技术委员会委员参加会议。

【19 日】 总参谋部副总参谋长侯树森中将在总参某部部长冷德贵少将、某部副部长阚立奎等陪同下，视察总参某地图仓库。

【19 日】 海军 2011 年航保工作会议在天津召开。

【19 日～20 日】 海军副司令员丁一平中将视察海军驻津某海洋测绘研究所和海军某出版社。

【20 日】 国家测绘局副局长闵宜仁在合肥会见安徽省副省长倪发科。

【20 日】 国家测绘局在湖北省咸宁市召开“三峡库区综合信息空间集成平台”项目科技成果鉴定会，该项目通过鉴定。

【20 日】 总参测绘局印发《军事测绘成果上报移交规定（试行）》。

【20 日】 云南省地图院获云南省“抗旱救灾先进集体”称号，受到云南省委、省政府表彰。

【20 日】 陕西省测绘工作会议在西安召开，陕西测绘局局长武文忠出席会议并作工作报告。

【20 日】 新版《陕西省地图集》正式面世。该图集是建国以来陕西省第一部公开出版的大型综合性地图集。

【21 日】 郑州测绘学校获河南省“2010 年度学校行风建设先进单位”称号。

【21 日】 教育部、国家测绘局联合成立测绘领域卓越工程师教育培养计划工作组和专家组，正式启动测绘领域卓越工程师教育培养计划。

【21 日】 安徽省第三测绘院总工程师罗辉被授予“全国土地资源系统先进个人”称号。

【22 日】 数字陕西、地理国（省）情监测等重点测绘工作项目被列入陕西省“十二五”发展规划纲要。

【23 日】 山西省测绘局组织召开全省测绘工作会议。山西省国土资源厅厅长李建功出席会议并讲话，省测绘局局长牛来有作工作报告。各市国土资源局分管测绘工作的副局长、测绘科长，省测绘局机关全体干部，局属各单位班子成员、办公室主任共 130 多人参加会议。

【24 日】 国家测绘局与总参测绘局签署推进军地测绘融合发展框架协议。

【25 日】 国家测绘局召开党外人士代表新春座谈会。

【26 日】 新疆自治区党委书记张春贤就做好新疆测绘工作做出指示。

【27 日】《安徽省地图集》正式出版发行。

【28 日】 国家测绘局、公安部签署数字城市建设与警用地理信息平台建设共建共享合作协议。

【28 日】 庆阳市政府出台《庆阳市测绘管理办法》，这是甘肃省第一个出台测绘管理办法的市。

【28 日】 中测新图（北京）遥感技术有限责任公司李英成获“全国优秀科技工作者”称号。

【31 日】 国务院任命李朋德为国家测绘局副局长。

▲《黑龙江省基础测绘“十二五”规划》首次被列入黑龙江省级专项规划序列。

▲江西省测绘局网站被评为 2010 年江西省优秀政府网站，在省政府所属单位排名第七。

▲湖北省测绘局印发《关于湖北省连续运行卫星定位服务系统试运行的通知》，标志着湖北省连续运行卫星定位服务系统（HBCORS）建设已基本完成，正式进入试运行。

▲中国地图出版集团获“中国地理信息产业公益服务特殊贡献单位”称号。

二月

【11 日】 浙江省政府办公厅下发《关于切实做好全省海洋测绘工作的通知》（浙政办函〔2011〕11 号）。

【12 日】 江西省发展和改革委正式批复同意“江西省测绘与地理信息创新基地建设项目”立项。

【14 日】 国土资源部副部长、国家测绘局局长徐德明在中国测绘创新基地会见香港地政总署代表团。

【14 日】 北京市测绘设计研究院定向越野代表队获“城市勘测杯”全国测绘职工滑雪、徒步定向邀请赛青年女子组个人和团体第一名、青年男子组个人和团体第一名。

【14 日～18 日】 香港地政总署副署长黄仲衡率团访问国家测绘局，考察内地测绘服务保障及航

空摄影技术装备情况。国土资源部副部长、国家测绘局局长徐德明会见代表团。

【16日】 总参某部通报表彰2010年度军事测绘重大工程建设奖获奖单位和2010年度全军测绘技术能手。4项工程获2010年度军事测绘重大工程建设奖，19个单位获奖。18人被表彰为2010年度全军测绘技术能手。

【17日】 委内瑞拉航天与测绘代表团访问国家测绘局，了解有关资源三号卫星及其应用系统建设情况。国家测绘局副局长李朋德会见代表团。

【18日】 总参测绘局会同总政干部部科技文职干部局联合下发《关于做好军队测绘人员参加注册测绘师资格考试有关问题的电话通知》，明确军队测绘人员参加考试的报考条件、考试时间与大纲、科目设置和报名办法等。

【21日】 科技部公布《关于表彰“十一五”国家科技计划工作先进集体和个人的决定》，中国测绘科学研究院获“‘十一五’国家科技计划执行优秀团队”，张继贤院长获“‘十一五’国家科技计划执行突出贡献奖”，由中国测绘科学研究院等6家单位组成的高精度高效能航空遥感系统研究团队被评为“‘十一五’国家科技计划执行优秀团队”。

【21日】 河北省政府办公厅印发《关于加强全省航空摄影和遥感资料统一管理的通知》，就加强全省航空摄影和遥感资料的购置、使用与管理等提出明确要求。

【22日】 国土资源部副部长、国家测绘局局长徐德明在海南会见海南省委常委、常务副省长蒋定之。

【22日】 江苏省测绘局在南京召开全省测绘工作会议。

【22日】 吉林省测绘局直属机关党委被评为吉林省直机关2010年度党的工作目标管理责任制先进单位。

【23日】 吉林省测绘局召开全省测绘工作会议。吉林省副省长陈晓光、国家测绘局副局长闵宜仁出席会议并讲话，吉林省政府副秘书长李建华主持会议，吉林省测绘局局长张立民作工作报告。会议对2010年度测绘行政管理工作3家标兵单位和13家先进单位进行了表彰。

【23日】 山东省国土资源厅联合省国家安全厅、保密局等六部门联合下发《关于开展地理信息市场专项整治工作“回头看”行动的通知》，就做好全省地理信息市场专项整治“回头看”行动进行全面部署。

【23日】 四川测绘局党组被四川省委宣传部、省直工委联合表彰为2010年度党组（党委）中心组学习先进单位。

【24日】 山东省卫星定位连续运行综合应用服务系统开通仪式在济南举行。

【24日】 国家测绘局紧急为利比亚撤侨提供测绘服务。

【24日】 江苏省副省长李小敏对江苏省测绘工作作出批示，肯定2010年全省测绘工作取得的成绩。

【24日】 吉林省测绘局直属机关工会被评为吉林省省直机关2010年度先进工会组织，吉林省地理信息工程院妇女委员会被评为吉林省省直机关先进妇女组织，吉林省第二测绘院孙亚丽被评为吉林省省直机关“三八”红旗手。

【24日~25日】 总参测绘局在北京组织召开第十五次全军测绘导航工作会议，审议通过《军队测绘导航建设“十二五”规划》。

【26日】 我国第一颗传输型立体测绘卫星成功拍摄高清卫星影像。

▲江苏省基础地理信息中心信息集成部被中华全国总工会评选为全国五一巾帼标兵岗。

三月

【1日】《求是》杂志发表国土资源部副部长、国家测绘局局长徐德明署名文章《提高测绘工作服务经济社会发展的水平》。

【1日】 河北省测绘局印发实施《河北省省级基础测绘“十二五”规划》。

【1日】 浙江省省长吕祖善对《浙江省测绘与地理信息局关于国家测绘局拟将我省作为国家地理国情监测试点省的报告》作出批示，同意在浙江省进行地理国情监测试点。

【1日】 湖北省测绘工作会议在武汉召开，湖北省人大副主任任世茂出席会议，国家测绘局副局长闵宜仁、湖北省副省长段轮一出席会议并讲话。湖北省测绘局局长张建仁作工作报告。

【2日】 吉林省测绘局闫晗被吉林省总工会评为优秀女职工干部。

【3日】 国家测绘局副局长李维森、云南省副省长刘平共同启动中国（云南）-东盟自由贸易区

-南亚区域合作联盟空间信息公共平台。

【3日~4日】云南省测绘局召开全省测绘工作会议，国家测绘局副局长李维森、云南省副省长刘平出席会议并讲话。

【4日】甘肃省测绘工作会议在兰州召开。甘肃省副省长石军发来书面讲话，省国土资源厅副厅长郭玉虎出席会议并讲话，省测绘局局长缪树德作工作报告。

【7日】国家测绘局、陕西省政府合作开展地理国（省）情监测试点协议书签字仪式在中国测绘创新基地举行。陕西省省长赵正永和国土资源部副部长、国家测绘局局长徐德明出席并讲话，国家测绘局副局长宋超智、陕西省副省长郑小明在协议书上签字，国家测绘局副局长闵宜仁主持，国家测绘局副局长李朋德、总工程师胥燕婴，陕西省政府副秘书长王红章出席。

【8日】国家基础地理信息中心总工程师陈军获"'十一五'国家科技计划执行突出贡献奖"。

【9日】国土资源部副部长、国家测绘局局长徐德明在中国测绘创新基地会见浙江省委常委、常务副省长陈敏尔。

【10日】国土资源部副部长、国家测绘局局长徐德明在中国测绘创新基地会见河北省副省长张杰辉。

【10日】云南盈江地震，国家基础地理信息中心启动测绘服务应急响应机制，紧急赶制灾区专题地图提供给抗震救灾指挥部门。

【11日】盈江地震发生后，云南省测绘局启用无人机对盈江县地震灾区进行航拍；利用0.6米分辨率卫星影像，紧急赶制盈江县"3·10"地震震前卫星影像图，并提交盈江抗震救灾指挥部使用。

【11日】海军政治委员刘晓江中将视察海军某海洋测绘研究所和海军某出版社。

【11日~20日】中国测绘科学研究院大地测量与地球动力学研究所相关人员赴巴基斯坦伊斯兰堡提供测绘科技援助，圆满完成任务。

【14日】海南国际旅游岛数字地理空间框架建设项目领导小组召开第一次会议。海南省副省长、海南国际旅游岛数字地理空间框架建设项目领导小组组长李秀领和国家测绘局副局长李维森出席会议。

【16日】江西省省长吴新雄对全省测绘工作作出批示。

【17日】江西省委书记苏荣对江西省测绘局的工作汇报和领导工作用图作出批示。

【18日】《吉林省测绘项目招标投标管理办法》经吉林省政府第三次常务会议讨论通过，自2011年5月1日起施行。

【20日】江西省测绘工作会议在南昌召开。国家测绘局副局长闵宜仁，江西省政府党组成员、省政协副主席胡幼桃，省国土资源厅厅长胡宪出席会议并讲话。

【22日】国家测绘局印发《关于开展2011年测绘成果质量监督检查的通知》，全国测绘成果质量监督检查工作正式启动。

【23日】广东省国土资源厅召开全省测绘工作会议，厅长陈耀光出席会议并讲话。

【24日】江苏省政协副主席、党组副书记张九汉，政协副主席周健民，政协副秘书长唐立鸣，政协人口资源环境保护委员会主任张肖敏等32名政协委员到江苏省测绘局视察指导工作。

【25日】全国测绘系统首届劳模班在武汉大学开班，国家测绘局副局长王春峰出席开班典礼并讲话，国家测绘局党组成员、党组纪检组组长张荣久主持开班典礼，武汉大学副校长李斐出席开班典礼并讲话，中国科学院院士、中国工程院院士李德仁出席开班典礼并致辞。

【25日】江西省测绘局、江西省工商行政管理局、南昌市城乡规划局、南昌市工商行政管理局联合开展南昌市地图市场检查。

【25日】《中国文物图集》（江苏分册）获江苏省第十一届哲学社会科学优秀成果一等奖。

【25日~29日】全国测绘学会秘书长会议在重庆召开。

【27日】总参测绘局在北京召开军事测绘导航科学技术委员会成立大会。

【29日】国家测绘局副局长李维森和新疆维吾尔自治区党委常委、常务副主席黄卫共同启动新疆维吾尔自治区应急平台体系基础地理信息平台。

【30日~31日】国家测绘局在珠海市举办全国地理信息市场专项整治"回头看"行动培训班。

【31日】国家测绘局与总参测绘局在北京联合召开军地测绘融合发展工作会议。国土资源部部长、国家土地总督察徐绍史，中国人民解放军副总参谋长魏凤和，国土资源部副部长、国家测绘局局长徐德明，总参测绘局局长袁树友出席会议并讲话。

【31日】《吉林省地理信息公共服务平台建设

实施方案》由吉林省政府办公厅印发至各市县政府、省政府各厅委办和各直属单位，吉林省地理信息公共服务平台建设正式实施。

▲国家测绘局海南测绘资料信息中心地图编制部被海南省妇女联合会授予“海南省三八红旗集体”称号。

▲中国地图出版集团工会被国土资源部直属机关工会评选为先进基层工会组织。

四月

【2日】 广东省政府印发实施《广东省基础测绘“十二五”规划》。

【3日~15日】 国家测绘局副局长李维森率团赴美国参加联合国全球地理信息管理专家委员会筹建工作会议，并访问美国地质调查局。两局签署了中美测绘科技合作议定书有效期延长协议。

【4日~8日】 河北省测绘局与省保密局联合开展全省涉密测绘成果资料安全保密检查。成立省、市两级保密检查工作领导小组，制定了工作方案，采取自查自纠、全面检查和重点抽查的方式进行检查。截至8月底，共抽查近60家单位，对6家单位发出整改通知书。

【6日】 陕西测绘局无人飞艇首次试飞对世界园艺博览会园区进行监测，试飞成功。

【7日】 国土资源部副部长、国家测绘局局长徐德明在新华社发表题为《监测地理国情·服务科学发展》署名文章。

【7日】 河南省测绘局完成的“河南省现代三维测绘基准建立项目”成果发布暨推广应用会在郑州召开。国家测绘局总工程师胥燕婴、河南省国土资源厅厅长张启生、河南省测绘局局长贾志伟，中国工程院院士宁津生、刘经南、王家耀、许其凤出席会议。

【7日】 西藏自治区政府副主席多吉泽仁到自治区测绘局调研。

【8日】 全国测绘系统党风廉政建设工作会议在北京召开。国土资源部副部长，国家测绘局党组书记、局长徐德明出席会议并讲话，审计署资源环保审计局局长李树廷出席会议，国家测绘局党组成员、纪检组组长张荣久作工作报告，局领导班子在京成员出席会议。

【8日】 兰州军区司令员王国生、政治委员李长才签署通令，给军区驻甘某测绘信息中心、驻疆某测绘大队分别记集体二等功一次。

【9日】 海南省机构编制委员会下发《关于海南省测绘局更名为海南省测绘地理信息局的通知》（琼编〔2011〕24号），同意海南省测绘局更名为海南省测绘地理信息局。

【10日】 国土资源部部长、国家土地总督察徐绍史到海南测绘局视察工作。

【11日】 上海市测绘院被授予“2009－2010年上海市文明单位”称号。

【11日】 济南军区司令员范长龙、政治委员杜恒岩签署通令，给军区某测绘大队大地测量队记集体一等功一次。

【12日】 福建省南平市政府发布实施《南平市测绘管理规定》。

【12日】 北京市测绘设计研究院与中国测绘科学研究院就建立战略合作伙伴关系会商，决定建立合作机制，在测绘科技研究、重大工程项目、人才交流培养方面进行合作并定期总结交流。

【12日】 江苏省测绘局与江苏省教育厅在江苏省教育学院附属小学联合举行“祖国在我心中——国家版图教育进课堂”启动仪式。

【12日】 国家测绘局印发《关于表彰全国测绘系统依法行政先进单位、“五五”普法先进单位和先进个人的决定》，授予北京市规划委员会等73个单位“全国测绘系统依法行政先进单位”称号，授予北京市勘察设计与测绘管理办公室等63个单位“全国测绘系统‘五五’普法先进单位”称号，授予郭志文等130名个人“全国测绘系统‘五五’普法先进个人”称号。

【14日~25日】 总参测绘局局长袁树友少将率中国军事测绘代表团访问塞尔维亚、德国军队测绘部门，考察瑞士徕卡测量仪器公司。

【15日~5月5日】 国家测绘局组织系统内局级干部赴澳大利亚新南威尔士大学参加测绘科技与生产管理高级培训班。

【16日】 国务院法制办公室副主任郜风涛、国家测绘局副局长闵宜仁率国务院法制办公室、国家测绘局联合组成的《中华人民共和国地图管理条例》立法调研组到山西进行立法调研。

【16日~17日】 首届全国注册测绘师资格考试举行，国土资源部副部长、国家测绘局局长徐德明，副局长宋超智赴北京考场巡视。

【18日】 国家测绘局副局长李朋德在北京会见

来访的荷兰国际地理信息科学与对地观测学院（ITC）院长威尔德坎普教授一行。

【21 日】 国家测绘局首次向地级市捐赠无人机航摄系统仪式在抚顺市举行，国家测绘局副局长李维森，辽宁省测绘局副局长柏惠印、李建国出席捐赠仪式。

【21 日～22 日】 四川省测绘工作会议在眉山市召开。

【22 日】 数字阜新地理空间框架建设共建共享合作签字仪式在阜新市举行。国家测绘局副局长李维森、阜新市市长齐继慧、辽宁省测绘局副局长柏惠印出席签字仪式并讲话。国家测绘局、辽宁省测绘局、阜新市政府代表三方签署协议书。

【22 日】《数字郑州地理空间框架建设项目设计书》通过评审，项目建设正式启动。

【23 日】 全国测绘职业教育教学指导委员会成立暨第一次全体委员会议在河南郑州召开。

【25 日】 常州市新北测绘勘察中心朱学明、江苏省测绘工程院朱士才分别被江苏省政府授予 2006 年～2010 年“江苏省先进工作者”称号。

【26 日】 吉林省第一测绘院江宏军获吉林省直机关“五一劳动奖章”。

【26 日】 陕西省政府印发《陕西省人民政府关于成立陕西省地理国（省）情监测工作领导小组的通知》（陕政字〔2011〕37 号），成立陕西省地理国（省）情监测工作领导小组。国家测绘局副局长李维森、陕西省政府副省长郑小明担任领导小组组长。

【28 日】 吉林省第二测绘院获“吉林省五一劳动奖状”。

【28 日】 数字宜春地理空间框架建设试点项目通过国家测绘局验收并正式开通使用。国家测绘局授予宜春市“全国数字城市建设示范市”称号，这是江西省首个通过国家级验收并成为建设示范的城市。

【28 日】 中国测绘科学研究院与中国煤炭地质总局航测遥感局签订战略合作框架协议。

▲黑龙江测绘局极地测绘工程中心被中华全国总工会授予“工人先锋号”称号，黑龙江第二测绘工程院孙睿英获“全国五一劳动奖章”。

▲江西省测绘局印发《江西省测绘成果及资料档案和保密管理考核办法》，自 5 月 1 日开始实施。

▲江西省第二测绘院万永红被评为“江西省五一巾帼标兵”。

五月

【1 日】 中央军委主席胡锦涛签署命令，任命总参某测绘研究所所长薛贵江为总参测绘局局长，免去袁树友总参测绘局局长职务。

【3 日】《汶川地震灾害地图集》（英文版）出版。

【5 日】 国家测绘局和水利部在中国测绘创新基地举行第一次全国水利普查工作底图交接仪式。国土资源部副部长、国家测绘局局长徐德明和水利部副部长、国务院水利普查办公室主任矫勇出席并讲话。

【5 日】 福建省测绘局印发《福建省测绘和地理信息发展“十二五”规划》。

【5 日～8 日】 由人民日报、新华社、经济日报、中央人民广播电台、中央电视台、科技日报、新华网、中国测绘报等 8 家媒体记者组成中央新闻媒体采访团对四川灾后重建测绘保障工作进行深入采访。

【10 日】 国家测绘局通报 2010 年十大测绘违法典型案件。

【11 日】 国土资源部副部长、国家测绘局局长徐德明在中国测绘创新基地与广西壮族自治区副主席林念修会谈。

【11 日】 山东省无棣县举办城镇大比例尺地形图和基础地理信息数据库成果新闻发布会，首次对外发布基础测绘成果。这是山东省第一个县级政府召开的基础测绘成果发布会。

【12 日】 北京市测绘设计研究院团委获 2010 年度“北京市直机关五四红旗团委”称号。第三测绘分院李刚获“北京市直机关优秀共青团员”称号。

【12 日】 广西全州县咸水乡洛江村发生泥石流灾害。广西壮族自治区测绘局立即启动应急预案，启用无人机对灾区航拍，获得分辨率为 0.1 米的影像，并快速制成影像图提供救灾指挥部，随后利用航拍影像数据，制作灾区三维地形图，进行监测和比对分析，为科学评估灾情、防控次生灾害提供科学依据。

【12 日】 海南测绘局和海南省气象局签署《关于加强运行卫星定位服务系统资源共建与共享合作的协议》，双方共同建设运行卫星定位服务

系统。

【13 日】 山西省测绘局、省公安厅在太原举行《关于加强地理信息数据资源共享与警用地理信息平台共建的合作协议书》签字仪式。

【13 日】 浙江省测绘与地理信息局、海宁市政府签订《关于海宁市航空摄影测量项目共建共享的协议》。

【13 日】 全国首套“机载多波段多极化干涉SAR测图系统”在北京通过国家测绘局组织的成果鉴定。

【14 日】 中国自主研发的“机载多波段多极化干涉合成孔径雷达测图系统”（简称机载SAR测图系统）通过专家验收。

【17 日】 海南省副省长李秀领到海南测绘局调研。

【18 日～22 日】 国家测绘局副局长李朋德率团赴摩洛哥参加国际测量师联合会（FIG）2011年工作周会议，出席在会议期间举办的中国测绘与地理信息论坛，并赴西班牙国家地理院访问。

【19 日】 陕西省地理国（省）情监测工作领导小组第一次全体会议在陕西召开，标志着省部合作机制的建立和陕西省地理国（省）情监测工作正式启动。会议讨论通过《陕西省地理国（省）情监测的工作方案》。

【20 日】 浙江省测绘与地理信息局、温州市规划局、乐清市政府共同签订《数字城市地理空间框架建设推广合作协议书》。

【22 日～29 日】 国家测绘局组团赴荷兰参加国际标准化组织地理信息标准化技术委员会第32次全体会议及工作组会议。

【23 日】 中共中央政治局常委、国务院副总理李克强考察中国测绘创新基地，看望测绘工作者并召开座谈会。全国政协副主席、科技部部长万钢陪同考察调研并参加座谈，国务院有关部门负责人参加上述活动。

【23 日】 经国务院批准，国务院办公厅印发文件，国家测绘局更名为国家测绘地理信息局。

【24 日】 国家测绘地理信息局开展纪念建党90周年党史知识有奖竞答活动，累计参与答题22158人，共评出组织奖12名，纪念奖200名。

【24 日】 江西省测绘局、省委宣传部、省外事侨务办、省教育厅、省通信管理局、省公安厅、省民政厅、省商务厅、南昌海关、省工商行政管理局、省新闻出版局、省政府新闻办公室、省国家保密局等13个部门召开江西省国家版图意识宣传教育和地图市场监管工作联席会议，审议通过江西省2011年地图市场管理工作要点和地图市场专项治理工作方案。

【24 日】 应河南省民政厅紧急求助，河南省测绘局委派河南省地图院测绘专业技术人员随河南省政府督导组赴河南省与山西省省界交汇处济源市进行越界非法采矿测绘界定，获取矿区5个井口的定位数据，为省领导决策提供依据。

【24 日～28 日】 海南省举办首次全省市县测绘局长培训班。

【26 日】 徐铁军任安徽省国土资源厅副巡视员职务，免去其省国土资源厅党组成员、省测绘总院（省测绘局）院长（局长）、党委书记职务。

【26 日】 蒋学军任安徽省国土资源厅党组成员、省测绘总院（省测绘局）院长（局长）、党委书记，免去其省国土资源厅副巡视员职务。

【26 日】 浙江省测绘与地理信息局、德清县政府签订《关于共建浙江省地理信息产业园合作框架协议》。

【26 日】 大连市规划局制定印发《关于公布大连市“十一五”基础测绘成果目录的通知》（大规发〔2011〕32号）。

【27 日】 中宣部、司法部联合表彰测绘地理信息法制宣传教育工作。

【27 日】 陕西省政协副主席、九三学社陕西省委主委周卫健带领省科学技术委员会委员到陕西测绘局调研，听取测绘工作汇报，

【27 日】 西藏自治区突发事件应急处置地理信息平台通过验收。

【27 日～29 日】 第二届“东方道迩杯”全国测绘系统乒乓球比赛在秦皇岛举办，国家测绘地理信息局党组成员、纪检组组长、直属机关党委书记张荣久出席比赛开、闭幕式，39支代表队、300多名教练员和运动员参加比赛。

【30 日】 国家测绘地理信息局对46家无资质从事互联网地图服务的网站进行通报。

【31 日】 中共中央组织部任命徐德明等7名同志职务。任命徐德明同志任国家测绘地理信息局党组书记，王春峰同志任国家测绘地理信息局党组副书记，李维森、宋超智、闵宜仁同志任国家测绘地理信息局党组成员，张荣久同志任国家测绘地理信

息局党组纪检组组长、党组成员，吴兆琪同志任国家测绘地理信息局党组成员。原国家测绘局党组书记、副书记、成员、纪检组组长职务自然免除。

▲江苏省测绘工程院被评为国家无居民海岛使用论证推荐单位。

▲江苏省基础地理信息中心信息集成部团支部被共青团江苏省委评为江苏省五四红旗团支部（总支）称号。

▲江西省测绘局积极做好鄱阳湖区域旱情监测测绘服务保障工作，受到国土资源部副部长、国家测绘地理信息局局长徐德明的肯定。

六月

【1 日】 国家测绘地理信息局党组贯彻落实中央领导同志关于做好地理国情监测的要求，指导湖北、湖南、江西、江苏等地测绘地理信息部门，调集测绘无人机赴灾区获取航空影像，组织技术力量加工处理数据，利用灾前灾后遥感影像和地理信息系统技术，及时对旱情进行综合分析研判，向国家有关部门和灾区地方政府提供地理国情信息，服务科学抗旱救灾。

【1 日】 中共中央总书记、国家主席、中央军委主席胡锦涛在武汉东湖高新技术开发区观看园区企业的科技创新产品。武大吉奥信息技术有限公司和武大卓越科技发展有限公司向胡锦涛总书记演示并汇报湖北省地理信息产业创新成果。

【1 日】 国家测绘地理信息局和甘肃省政府在兰州联合主持召开“甘肃省政务地理信息平台建设及应用”项目验收会，甘肃省政务地理信息平台通过专家验收并正式启动。

【4 日】 由甘肃省职业与成人教育协会、甘肃省测绘学会主办，甘肃省林业职业技术学院承办的“南方测绘杯”甘肃省高职高专院校第三届工程测量技能大赛在天水举办。

【5 日】 国务院任命徐德明为国家测绘地理信息局局长，王春峰、李维森、宋超智、闵宜仁、李朋德为国家测绘地理信息局副局长。原国家测绘局局长、副局长职务自然免除。

【8 日】 河北省召开全省测绘工作会议，国土资源部副部长、国家测绘地理信息局局长徐德明，河北省副省长张杰辉出席会议并讲话。国家测绘地理信息局党组成员、办公室主任吴兆琪，省政府办公厅巡视员于万魁等领导出席会议，省国土资源厅副厅长、省测绘局局长高献计作工作报告。

【8 日】 河北省启动全省数字城市基础建设工作。国土资源部副部长、国家测绘地理信息局局长徐德明，河北省副省长张杰辉，国家测绘地理信息局党组成员、办公室主任吴兆琪，省政府办公厅巡视员于万魁等领导出席启动仪式。

【8 日】 河北省测绘局、河北省公安厅举行基础地理信息公共服务平台与警用地理信息平台共建共享合作协议签字仪式。

【8 日】 河北省地理空间技术创新基地奠基仪式在石家庄举行，国土资源部副部长、国家测绘地理信息局局长徐德明，河北省副省长张杰辉出席奠基仪式。

【9 日】 国家测绘地理信息局举行挂牌仪式。国土资源部部长、国家土地总督察徐绍史，中央机构编制委员会办公室副主任王峰共同为国家测绘地理信息局揭牌。国土资源部副部长、国家测绘地理信息局局长徐德明致辞。

【9 日】 海南省副省长李秀领对海南测绘局学习贯彻李克强副总理重要讲话精神做出批示。

【9 日】 海南测绘局召开全省测绘工作会议暨纪念建局 20 周年会议。

【9 日】 国家测绘地理信息局印发《全国测绘地理信息法制宣传教育第六个五年规划（2011－2015 年）》。

【10 日】 中共福建省委机构编制委员会办公室印发《关于〈印发福建省测绘地理信息局主要职责内设机构和人员编制规定〉的通知》（闽委编〔2011〕2 号），福建省测绘局更名为福建省测绘地理信息局。更名后，福建省测绘地理信息局在履行原有职能基础上，新增加 10 项职能，增加 1 个内设机构，人员编制增加 6 人。

【10 日】 总参谋长助理戚建国中将视察总参某测绘信息技术总站。

【10 日】 浙江省首部省级大型古旧地图集——《浙江古旧地图集》首发式在杭州举行。

【10 日～13 日】 江苏省测绘学会在南京承办以“地理信息与物联网”为主题的第十三次华东六省一市测绘学会学术交流会。会议征集学术论文 300 多篇，评出一等奖 14 篇，二等奖 21 篇，三等奖 36 篇。

【14 日】 国家商务部副部长王超、黑龙江省副省长孙尧、哈尔滨市副市长丛国章一行 20 人到黑龙

江省地理信息产业园视察指导工作。

【14 日】 甘肃省测绘局组织编制完成甘肃红色革命专题地图，在国家测绘地理信息局“天地图”网站省市直通栏目和甘肃省测绘局网站发布。

【14 日】 中国测绘科学研究院地图学与地理信息系统研究所所长李成名被评为“中央国家机关优秀共产党员”。

【15 日】 福建省测绘地理信息局联合福建省委宣传部、省委党史研究室编制完成《图证福建光辉90 年——纪念中国共产党成立90 周年》地图册。

【16 日】 国家测绘地理信息局、浙江省测绘与地理信息局、宁波市政府共同签订《数字宁波地理空间框架建设项目合作协议书》。

【16 日】 陕西省省长赵正永听取陕西测绘局局长武文忠工作汇报，并对陕西测绘地理信息工作作出指示。

【16 日】 2011 年第一期甲级测绘单位负责人培训班在甘肃省兰州市正式开班。国家测绘地理信息局副局长宋超智出席培训班开班式并作专题辅导报告，来自全国各甲级测绘单位的 140 多人参加培训。

【16 日】 甘肃省测绘局举行甘肃省测绘技能鉴定指导中心成立揭牌仪式。国家测绘地理信息局副局长宋超智、甘肃省测绘局局长缪树德为甘肃省测绘技能鉴定指导中心揭牌。

【17 日】 国家测绘地理信息局副局长李朋德在北京会见美国乔治梅森大学副校长席勒女士一行。双方就合作开展测绘地理信息高级管理人员和技术人员培训达成共识。

【19 日】 陕西省省长赵正永对陕西省测绘地理信息工作作出批示。

【20 日】 辽宁省测绘局组织制作的“辽宁省红色地图”（《辽宁省红色记忆示意图》、《辽宁省烈士陵园示意图》和《辽宁省红色景点图》）在省地图网向社会公布。

【21 日】 江苏省测绘局直属机关党委被江苏省委省级机关工委授予“省级机关先进机关党委”称号，江苏省测绘产品质量监督检验站党支部被授予“省级机关先进党支部”称号，江苏省基础地理信息中心耿俊被授予“省级机关优秀共产党员”称号。

【21 日】 江西省 GPS 基准站网监测系统（JX-CORS）在南昌通过专家评审验收并正式运行开通。江西省政府副秘书长谢茂林出席开通仪式，并宣布系统正式开通。

【21 日 ~27 日】 国家测绘地理信息局总工程师胥燕婴率团赴马来西亚参加第 11 届东南亚测量大会，并出席在会议期间举办的中国测绘与地理信息论坛。

【22 日】 吉林省第二测绘院党委书记刘家臣被授予“省直机关优秀共产党员”称号；吉林省测绘局直属机关党委专职书记孙艳被授予“省直机关优秀党务工作者”称号。

【22 日】 国家基础地理信息中心第四党支部被中央国家机关工委授予“中央国家机关先进基层党组织”称号。

【22 日】“红色地图”新闻发布会在北京召开，会上集中展示全国 30 多家单位的“红色地图”成果。

【22 日 ~24 日】 国家测绘地理信息局副局长闵宜仁到浙江调研，与杭州市政府、绍兴市政府分别签订数字城市合作协议。

【23 日】 国家测绘地理信息局印发《测绘地理信息发展“十二五”总体规划纲要》。

【23 日】 江西省测绘局举行庆祝中国共产党成立 90 周年大会暨《江西省红色地图》发行仪式。

【23 日】 陕西测绘局组织研发的“红色革命在陕西电子地图系统”在陕西测绘局门户网站上线运行。

【23 日】 郑州测绘学校党委被河南省教育厅直属机关委员会表彰为先进基层党组织和“五好”基层党组织，校总务党支部、教学党支部被表彰为“五好”党支部。

【24 日】 湖北省地图院编制完成《湖北红色地图》。

【24 日 ~7 月 3 日】 国家测绘地理信息局党组成员、纪检组组长张荣久率团赴英国、瑞士访问，考察两国注册测量师制度。

【27 日】 河南地图网（www. hnditu. com）正式开通红色地图栏目。

【27 日 ~7 月 6 日】 国家测绘地理信息局组团赴澳大利亚参加第 25 届国际大地测量与地球物理联合会大会。

【28 日】 国家测绘地理信息局印发《全国测绘地理信息法制宣传教育第六个五年规划（2011 - 2015 年）》。

【28 日】 山东省国土资源厅编制完成《见证革命历程 建设富饶山东——纪念中国共产党成立90周年地图册》。

【28 日】 国家测绘地理信息局与人力资源和社会保障部研究，2011 年度注册测绘师资格考试合格标准确定为每科目 72 分，3 个科目全部合格者可获得注册测绘师资格证书。全国共 3147 人通过考试，通过率为参加考试总人数的 13.01%。

【29 日】 国家测绘地理信息局副局长宋超智在海口会见海南省副省长李秀领。

【29 日】 由中共陕西省委宣传部和陕西测绘局共同编制的《党中央在延安·红色地图集》正式出版发行。

【30 日】 国家测绘地理信息局纪念建党 90 周年“两优一先”表彰大会暨爱国歌曲演唱会在中国测绘创新基地举行。会上表彰全国测绘地理信息系统和局直属机关先进基层党组织、优秀共产党员和优秀党务工作者，局机关和在京所属单位 500 多人参加演唱会。

【30 日】 陕西测绘局、陕西省工业和信息化厅和陕西省工业经济联合会正式启动《陕西省工业地图集》编撰工作。

▲由吉林省文物局、吉林省测绘局合作共建的吉林省文物管理系统地理空间框架建设项目正式启动。

▲安徽红色旅游图《红色江淮》正式出版发行。

▲海南测绘局编制完成《海南省红色旅游地图》。

▲海南测绘局麦照秋、买小争获“海南省 2008－2011 年度省直机关优秀共产党员”称号，直属机关党办冯翠伟获“2008－2011 年度省直机关优秀党务工作者”称号。

七月

【1 日】 网上中国测绘科技馆上线试运行。

【1 日】 海南省少数民族地区连续运行卫星定位综合服务系统建成并开始试运行。

【1 日】 云南省测绘局和云南省委党史研究室联合编制完成红色旅游专题地图《历史的回响——红色之旅》。

【1 日】 国家测绘地理信息局、总参测绘局印发通知，废止《关于外国的组织或者个人来华测绘有关审批工作的通知》（国测法字〔2007〕9 号）。

【1 日】 青海省省长骆惠宁、副省长徐福顺对青海省测绘工作作出批示。

【2 日～11 日】 国家测绘地理信息局组团赴法国参加国际制图协会（ICA）第 25 届国际制图大会。

【6 日】 国家测绘地理信息局、青海省政府在西宁市共同举行三江源区生态环境遥感动态监测和柴达木循环经济试验区地理信息系统开通仪式。

【7 日】 国家测绘地理信息局、国家保密局召开全国测绘成果保密检查工作部署电视电话会议，对全国范围内开展测绘成果保密检查进行动员和部署。

【7 日】 国家测绘地理信息局党组印发《测绘地理信息“十二五”人才发展规划》。

【8 日】 总装备部发布《2011 年度第一批认可合格军用实验室名录》，中国人民解放军测绘导航软件测评中心被认可为合格军用实验室。

【9 日】 海军副司令员丁一平中将视察担负深圳第 26 届世界大学生运动会安保扫测任务的海军某海测船大队测量部队。

【9 日】 中国测绘科学研究院国家测绘工程技术研究中心与中国特种飞行器研究所在湖北荆门签订战略合作框架协议。

【10 日】 甘肃省测绘局首次参展第十七届中国兰州投资贸易洽谈会。

【11 日】 沈阳军区政治委员褚益民中将到军区某测绘大队视察工作。

【11 日】 北京市勘察设计测绘公共服务平台正式开通上线。

【11 日】 陕西省机构编制委员会批准同意陕西省测绘局更名为陕西省测绘地理信息局，并增加相应政府职能；同时，在所属国家测绘地理信息局陕西基础地理信息中心加挂陕西省地理国情信息中心牌子。

【12 日】 河南省测绘局、河南省保密局联合印发《关于开展涉密测绘成果保密检查的通知》。

【12 日～13 日】 总参测绘局在西安组织召开测绘导航科研工作会议。会议总结“十一五”科研工作情况，部署“十二五”科研工作任务，研究完善《关于改进完善“十二五”测绘导航科研工作机制的意见》。

【13 日】 全国测绘地理信息局长座谈会、全国

测绘地理信息科技和人才工作会议在延安市召开。国土资源部副部长、国家测绘地理信息局局长徐德明在会上讲话，国家测绘地理信息局副局长王春峰主持会议，局党组成员、纪检组组长张荣久，副局长李朋德分别作工作报告，副局长李维森、宋超智、闵宜仁，党组成员、办公室主任吴兆琪，总工程师胥燕婴出席会议。

【13日】 国土资源部副部长、国家测绘地理信息局局长徐德明在延安市会见陕西省省长赵正永。

【14日】 宁波市规划局加挂宁波市测绘与地理信息局牌子。

【15日】 国家发展和改革委印发《“十二五”支持西藏经济社会发展建设项目规划方案》，明确“十二五”期间中央财政资金及中央预算内资金投资1亿元用于西藏自治区基础测绘建设。

【16日】 福建省政府印发并实施《福建省“十二五”基础测绘专项规划》。

【17日～28日】 国家测绘地理信息局组织国内有关单位负责人赴英国、瑞士参加第三届中欧测绘技术与产业发展高级研讨班。

【18日】 总参谋长助理戚建国中将慰问担负深圳第26届世界大学生运动会安保扫测任务的海军测绘部队官兵。

【18日】 福建省测绘地理信息局举行挂牌仪式。

【18日】 厦门市政府印发并实施《厦门市测绘“十二五”发展规划》。

【19日】 江苏省副省长徐鸣在省政府副秘书长于利中、省国土资源厅厅长夏鸣、省发展和改革委副主任徐莹等陪同下到江苏省测绘局视察数字化生产基地，听取工作汇报并讲话。

【20日】 中共中央政治局常委、国务院副总理李克强就汶川灾后重建测绘保障工作作出批示。

【20日】 国家测绘地理信息局印发《关于加强测绘地理信息法治建设的若干意见》。

【20日～24日】 国家测绘地理信息局副局长李朋德赴蒙古出席亚太地理信息基础设施常设委员会（PCGIAP）第17次全会。

【21日】 全国高等学校测绘专业青年教师讲课竞赛在湖南科技大学举行，国家测绘地理信息局副局长王春峰出席开幕式并致辞。

【23日】 汶川地震灾后恢复重建测绘专项建设工程“测绘应急保障服务体系建设”项目在成都通过验收。国家测绘地理信息局副局长李维森出席验收会并讲话。

【23日】 数字攀枝花地理空间框架建设项目通过国家测绘地理信息局组织的验收，攀枝花市被授予“全国数字城市建设示范市”称号。

【23日】 国家发展和改革委批复国家海岛（礁）测绘工程基础设施部分初步设计方案和投资概算。

【23日～24日】 全国学生定向越野锦标赛暨“中国四维杯”第七届全国测绘职工定向越野大奖赛在四川省举办。

【25日】 陕西测绘局完成西咸新区1∶5000规划用图紧急测绘任务。

【26日】 国家测绘地理信息局、总参测绘局联合印发《关于推进军地测绘融合发展的意见》。

【26日】 陕西测绘局印发《陕西省测绘地理信息发展“十二五”规划纲要》。

【27日】 四川省副省长王宁到四川测绘局九兴基地调研。

【27日】《青岛市“十二五”基础测绘规划》发布实施。

【28日】 湖北省测绘局在咸宁市召开全省测绘局长座谈会。

【29日】 广东省第十一届人民代表大会常务委员会第二十七次会议审议通过修订后的《广东省测绘条例》。

▲安徽省测绘局和安徽省水利厅在合肥举行安徽省第一次全国水利普查水土保持情况普查工作底图交接仪式。

▲在第25届国际地图制图大会上，中国地图出版集团选送的《直径20厘米嫦娥一号月球仪》获金奖。

▲中国地图出版集团（中华地图学社）党支部被上海市新闻出版局党组评选为“先进基层党组织”。

八月

【1日】 全军测绘系统开始执行新版《军事测绘作业工天定额标准》。

【1日】 吉林省基础地理信息中心王晓辉被吉林省职工技术协会评为2011年度全省职工技术协会先进个人。

【1日】 吉林省测绘局印发《吉林省测绘局

“十二五”测绘地理信息科技发展规划》。

【1日】 湖北省测绘局和广州军区某测绘大队在武汉签署测绘地理信息融合发展合作协议。

【2日】 江苏省政府办公厅印发《江苏省“十二五”省级基础测绘规划》。

【2日】 陕西省省长赵正永到省应急指挥中心检查工作，查看由陕西测绘局承建的陕西省应急体系地理信息平台运行情况。

【2日】 青海省基础地理信息中心副主任王苑获国土资源部“十一五”科技工作先进个人荣誉称号。

【3日】 济南军区司令员范长龙上将、政治委员杜恒岩中将、参谋长赵宗岐中将一行到军区某测绘信息中心视察工作。

【4日】 河南省副省长张大卫对河南省测绘局编制完成的2011年版《河南省领导工作用图》作出批示。

【5日】 湖北省测绘局与黄冈市政府签署合作协议，共同推进大别山革命老区经济社会发展试验区建设测绘保障服务工作。

【6日】 四川省政府办公厅印发《关于四川省测绘局更名为四川省测绘地理信息局的通知》，明确四川省测绘局更名为四川省测绘地理信息局，并重新明确四川省测绘地理信息局的13项主要职责。

【7日】 山东省数字乡镇地理信息综合支撑平台建设及应用示范项目总体实施方案通过专家评审。

【8日】 国务院新闻办公室在北京召开国家西部1:5万地形图空白区测图工程、1:5万基础地理信息数据库更新工程新闻吹风会。国家测绘地理信息局副局长宋超智在会上介绍工程的相关情况。

【8日】 陕西省省长赵正永检查省应急体系地理信息平台。

【9日】《陕西省“十二五”基础测绘规划》经陕西省政府批准，正式向各设区市政府、省政府各工作部门、各直属机构等印发实施。

【10日】 辽宁省测绘局在营口召开东北三省测绘局长联席会，国家测绘地理信息局副局长宋超智出席会议。

【10日】 海南省机构编制委员会办公室、海南省国土环境资源厅、海南测绘局联合发出通知，要求各市、县测绘局更名为测绘地理信息局。

【10日】 甘肃省政府印发《甘肃省“十二五”基础测绘规划》。

【10日】 宁波市政府批准印发《宁波市基础测绘“十二五”规划》。

【10日～12日】 总参测绘局在兰州举办军用地图出版印刷质量监理现场会和2009～2010年度全军地图印刷质量检查评比活动。

【11日】 中共中央政治局常委、中央政法委书记周永康视察深圳第26届世界大学生运动会安保工作，并看望了执行水下扫测探摸任务的海军测绘部队官兵。

【11日】 广西壮族自治区人大常委会副主任覃瑞祥一行到自治区测绘局考察工作。

【11日】 中国测绘宣传中心在郑州市举办为期3天的全国测绘宣传业务培训班，中国测绘宣传中心副主任、中国测绘报社副社长雷德容与中国测绘宣传中心副主任、中国测绘报社总编辑陈兰芹作专题讲座，来自全国测绘系统各地记者站站长、专兼职记者、通讯员和部分地理信息产业单位代表80多人参加培训。

【11日】 国家1:5万基础地理信息数据库更新工程通过验收，国土资源部副部长、国家测绘地理信息局局长徐德明出席验收会并讲话。

【12日】 国家测绘地理信息局公布2011年全国测绘法宣传日主题口号、公益短信、主题宣传画有奖征集活动评选结果。从600多份应征稿件中评选出2011年全国测绘法宣传日主题口号10条，公益短信1条，主题宣传画1幅。

【15日】 陕西省委常委、延安市委书记姚引良到陕西测绘局考察工作。

【15日】 青海省政府决定从2012年起，省财政每年安排基础测绘投入4000万元。

【17日】 国家测绘地理信息局副局长李朋德会见玻利维亚国家航天局局长一行，并商谈相关合作事宜。

【17日～21日】 国务院新闻办公室、国家测绘地理信息局组织西部测图工程新闻采访团赴新疆深入采访。

【18日】 国家测绘地理信息局副局长李朋德在北京会见委内瑞拉国家航天局执行局长弗朗西斯科·瓦瑞拉一行，商谈双方在卫星测绘应用领域合作事宜。

【19日】 江苏省测绘局与江苏省国家保密局联合召开全省涉密测绘成果保密检查工作会议。

【19日】 陕西省测绘地理信息局举行挂牌仪

式，陕西省副省长郑小明为陕西省测绘地理信息局揭牌。

【19 日～21 日】 兰州军区驻甘某测绘信息中心“环保低碳夜光地图制作技术与生产工艺研究”项目获第 20 届全国发明展览会金奖。

【21 日～28 日】 国家测绘地理信息局组团赴澳大利亚参加国际数字地球学会第七届数字地球国际研讨会。

【22 日】 国家测绘地理信息局副局长李朋德在吉林省调研期间会见吉林省副省长王祖继。

【22 日】 中央机构编制委员会办公室研究同意，陕西测绘局、黑龙江测绘局、四川测绘局、海南测绘局更名为陕西测绘地理信息局、黑龙江测绘地理信息局、四川测绘地理信息局、海南测绘地理信息局。

【22 日】 2011 年全国地图编制工作业务研讨会在太原市举行。各省（自治区、直辖市）测绘部门、地图编制单位、地图出版社的主要领导和技术负责人共 150 多人参加会议。

【22 日】 国家测绘地理信息局举办的“易图通杯”2011 年全国测绘地理信息法律知识网络竞赛结束。共有 9 万多人次参与答题，其中 9 千多人答题成功。

【22 日】 山东省地图出版社编制出版的《山东省地图集》获首届“山东省新闻出版奖图书奖”。

【23 日】 首部地方测绘题材电视公益广告在上海东方明珠移动电视网络等 3.5 万多个终端滚动播放，并在上海电视台新闻综合频道播出。

【24 日】 国务院新闻办公室、国家测绘地理信息局在中国测绘创新基地举办中国国家基本图测绘有关情况采访活动，中外 50 多家媒体 70 多名记者参加采访。

【24 日】 河南省测绘局、郑州市政府签订数字郑州战略合作框架协议。河南省测绘局局长贾志伟，副局长禄丰年、王进福，郑州市委常委、常务副市长胡荃，副市长张建慧出席签订仪式。

【24 日】 全国首个县级地理信息局——成都市温江区地理信息局挂牌。

【24 日】 国家西部 1:5 万地形图空白区测图工程通过验收，国土资源部副部长、国家测绘地理信息局局长徐德明出席验收会并讲话。

【25 日】 国务院新闻办公室举办西部测图工程等情况新闻发布会。国家测绘地理信息局副局长李维森，中国测绘科学研究院院长、国家测绘地理信息局西部测图工程项目部主任、总工程师张继贤，国家 1:5 万基础地理信息数据库更新工程总工程师陈军出席发布会。新华社、中央电视台等多家媒体现场报道。

【25 日】 海军司令部在北京举行中国官方电子海图发布会，宣布正式在全球范围内发行提供中国海区电子海图。这是我国首次对外正式发布中国海区国际标准电子海图。

【25 日～26 日】 国家测绘地理信息局副局长闵宜仁在南京会见江苏省副省长徐鸣。

【26 日】 国家测绘地理信息局副局长宋超智在哈尔滨会见黑龙江省副省长于莎燕。

【28 日】 河北省测绘局、保定市政府、易县人民政府在易县狼牙山景区联合举办“河北省测绘法宣传日暨狼牙山地理信息标石数据发布仪式”。

【28 日～29 日】 河北省副省长张杰辉会见国家测绘地理信息局李朋德副局长，双方就加快推进测绘地理信息工作进行了交流。

【29 日】 全国测绘法宣传日主场活动在辽宁举行，国土资源部副部长、国家测绘地理信息局局长徐德明，辽宁省副省长陈超英出席。活动的主题是“监测地理国情，服务科学发展”。

【29 日】 “天地图·常州”上线试运行。

【29 日】 吉林省测绘局、长春市政府在长春市举行测绘法宣传日吉林省主场活动，省人大副主任刘润濮到活动现场视察。

【29 日】 四川省人大常委会副主任张东升参加四川省测绘法宣传日成都宣传点活动。

【30 日】 国家测绘地理信息局副局长李朋德会见上海市副市长沈骏。

【30 日】 吉林省成立地理信息公共服务平台建设领导小组，吉林省副省长王祖继任组长。

【30 日】 边远地区、少数民族地区基础测绘专项补助经费工作座谈会在北京召开。

【30 日】 国家测绘地理信息局副局长宋超智会见青海省委常委、常务副省长徐福顺。

【30 日～9 月 6 日】 “华测·天润杯”第一届陕西省测绘地理信息行业职业技能竞赛暨第二届全国测绘地理信息行业职业技能竞赛选拔赛在西安举行。

▲山西省测绘宣传中心被中共山西省直工委、山西省直机关劳动竞赛委员会授予“山西省直机关

五一劳动奖状”，张彩娟被授予“山西省直机关五一劳动奖章”。

▲数字镇江地理空间框架建设推广项目由国家测绘地理信息局批准立项，镇江市成为江苏省第一个国家数字城市推广建设市。

▲江苏省基础地理信息中心被江苏省委宣传部、省级机关工委、省司法厅联合表彰为2006－2010年省级机关法制宣传教育先进单位。

▲《婺源县基础测绘规划》通过专家组的评审，是江西省第一个通过评审的县级基础测绘规划。

▲云南省基础地理信息中心编制完成《天地图·云南省市级节点建设实施方案》，并上报国家测绘地理信息局，“天地图·云南”省市级节点建设工作正式启动。

▲藏文版《甘南藏族自治州地图》由甘肃省基础地理信息中心编制完成。该图填补了甘肃省藏文版地图的空白，是甘肃省测绘局加强边远少数民族区域测绘地理信息服务、推动当地经济发展和社会进步的重要成果。

▲国家测绘地理信息局完成边远地区、少数民族地区基础测绘专项补助经费项目的评审并向财政部报送项目预算建议，财政部批复并下达执行预算建议。

九月

【2日~7日】国家测绘地理信息局承办的第四期数字城市建设专题研究班在四川成都举办。

【6日】浙江省测绘与地理信息宣传工作会议在杭州召开。国家测绘地理信息局副局长宋超智、浙江省委宣传部常务副部长胡坚出席会议并讲话。

【6日】国家测绘地理信息局和四川省政府在成都举行合作开展四川汶川地震灾区发展振兴与防灾减灾测绘保障协议书签字仪式，四川省副省长王宁，国土资源部副部长、国家测绘地理信息局局长徐德明，国家测绘地理信息局副局长李维森，局党组成员、办公室主任吴兆琪和局有关司室负责人，省政府办公厅等省级部门负责人出席签字仪式。

【6日】2011年西南地区（6+1）测绘地理信息工作交流会在拉萨召开。

【8日】黄河水利职业技术学院工程测量技术专业教授周建郑获教育部第六届“高等学校教学名师奖”。

【8日】《陕西省地理国（省）情监测试点项目总体实施方案》正式实施。

【8日~9日】中央电视台、新华社、解放军报、科技日报、经济日报等30多家新闻媒体对总参驻津某测绘大队先进典型事迹进行宣传报道。

【9日】国家测绘地理信息局援建新疆六城市数字城市成果赠送仪式在乌鲁木齐举行。

【10日】山东省政府印发并实施《山东省“十二五”基础测绘规划》。

【13日】湖北省政府印发《湖北省测绘地理信息发展“十二五”规划》（鄂政发〔2011〕58号）。

【13日】冯先光任国家测绘地理信息局卫星测绘应用中心主任。

【13日】青海省机构编制委员会批复同意青海省测绘局更名为青海省测绘地理信息局，编制和领导职数保持不变，新增地理信息安全监管、地理信息获取和应用监督管理职责。

【13日】青海省机构编制委员会办公室下发《关于规范州（地、市）测绘地理信息机构设置的通知》。

【14日】福建省政府印发《福建省“十二五”数字福建专项规划》（闽政〔2011〕82号）。

【14日】陕西省省委常委、常务副省长娄勤俭检查陕西测绘地理信息局承建的“陕西省应急体系地理信息平台”。

【14日~15日】湖北省第二届“天宝杯”测绘地理信息行业职业技能竞赛在武汉举办。

【15日】国家测绘地理信息局在哈尔滨召开“天地图”省市级节点建设试点现场会暨技术交流会。

【15日】浙江省测绘与地理信息局和南京军区司令部作战部签订《加强军地测绘合作共享协议》。

【15日】陕西测绘地理信息局挂牌仪式在西安举行，国家测绘地理信息局副局长王春峰为陕西测绘地理信息局揭牌。

【15日】西北五省（区）测绘地理信息工作交流会在西安召开，国家测绘地理信息局副局长王春峰出席会议并讲话。

【15日】中共青海省委下发通知（青委〔2011〕244号），任命董永弘同志任青海省测绘局党委书记。

【19日】江苏省测绘局与镇江市政府签订《数字镇江地理空间框架建设》协议书。

【19日】浙江省发展和改革委印发《浙江省基础测绘“十二五”规划》。

【19日~27日】国土资源部副部长、国家测绘地理信息局局长徐德明率代表团访问菲律宾、印度尼西亚，考察两国测绘地理信息管理情况，同菲律宾国家测绘与资源信息局、印度尼西亚国家测绘局举行会谈，并出席中国－菲律宾、中国－印度尼西亚地理信息企业家座谈会。

【20日】北京市数字西城项目通过国家测绘地理信息局组织的专家验收，西城区被授予“全国数字城市示范区”称号。

【20日】国家发展和改革委批准资源三号卫星应用系统建设项目初步设计。

【20日】国务院批准《关于国家测绘地理信息局开展地理国情监测的请示》，由国家测绘地理信息局牵头开展地理国情监测工作。

【20日~24日】江西省测绘局组织编制完成一系列精品地图，保障第七届泛珠三角区域合作与发展论坛暨经贸洽谈会的成功举行。

【21日】陇海铁路部分路段发生山体滑坡，河南省遥感测绘院紧急制作陇海铁路《三门峡义马段观音堂至庙沟下行处1:2000和1:1000遥感影像图》，为铁路部门疏散群众、决策指挥和抢险救灾提供测绘服务保障。

【21日】湖北省政府新闻办公室在武汉召开“十一五”全省测绘发展成就及重要地理信息数据新闻发布会。

【21日】青海省人民政府下发通知（青政人〔2011〕17号），任命董永弘同志为青海省测绘局局长。

【23日】中央军委委员、国务委员兼国防部部长梁光烈上将在广州军区副政治委员田义功中将等陪同下，视察军区某测绘信息中心地图保管队。

【26日】吉林省测绘局为吉林省第一次全省水利普查工作领导小组办公室提供8555幅全省最新版1:1万地形图。

【26日】数字茂名地理空间框架建设试点项目通过广东省国土资源厅组织的专家验收，广东省国土资源厅李俊祥副厅长出席验收会。

【26日】国家测绘地理信息局在成都组织召开汶川地震灾后恢复重建测绘专项建设工程项目验收会，验收委员会一致同意该项目通过验收。

【27日】辽宁省测绘局在鞍山组织召开第十一届东北三省测绘学术与信息交流会。主题为“3D城市动起来”，会上东北三省就进一步推动数字城市建设，开展地理国情监测进行学术交流和探讨。

【28日】国家地理信息应急监测车交付仪式暨无人机航摄系统推广应用现场会在南宁举行。全国第一辆国家地理信息应急监测车装备到广西测绘地理信息部门。广西壮族自治区政府副主席林念修出席交接仪式并讲话，国土资源部副部长、国家测绘地理信息局局长徐德明向自治区国土资源厅厅长肖建刚交付应急监测车钥匙。

【29日】广西壮族自治区测绘地理信息局揭牌仪式在南宁举行，国土资源部副部长、国家测绘地理信息局局长徐德明和广西壮族自治区政府主席马飚出席仪式并为广西壮族自治区测绘地理信息局揭牌。

【30日】湖北省地图院编制完成《纪念辛亥革命武昌首义100周年专版地图》。

▲广东省国土资源测绘院大地测量队被全国总工会授予“全国工人先锋号”称号，广东省国土资源测绘院团委被广东省直机关团工委授予“五四红旗团委”称号。

十月

【3日】北京军区副司令员黄汉标中将到军区某测绘大队检查战备工作。

【8日】“天地图·山东”正式开通试运行。

【8日】三明市政府颁布实施《三明市测绘管理办法》。

【9日~30日】山东测绘学会和山东省测绘行业协会联合主办“南方测绘杯”山东省第五届大学生测量技能比赛。

【10日】黑龙江省机构编制委员会印发《关于黑龙江省测绘局更名的通知》（黑编〔2011〕68号），同意黑龙江省测绘局更名为黑龙江省测绘地理信息局，同时明确了相关政府职能。

【11日】国家测绘地理信息局在南京召开全国数字城市建设工作会议。国土资源部副部长、国家测绘地理信息局局长徐德明出席会议并讲话，江苏省副省长徐鸣出席会议并致辞。国家测绘地理信息局党组成员、副局长李维森主持会议，党组成员、办公室主任吴兆琪出席会议。

【11日】国家测绘地理信息局与江苏省政府在南京签署共同推进江苏测绘地理信息事业率先发展

合作协议。国土资源部副部长、国家测绘地理信息局局长徐德明，江苏省省长李学勇出席协议签字仪式并讲话。国家测绘地理信息局副局长李维森、江苏省副省长徐鸣在合作协议书上签字。

【11 日】“中测新图杯”第二届全国测绘地理信息行业职业技能竞赛摄影测量竞赛在西安开幕。国家测绘地理信息局副局长宋超智出席开幕式并讲话。陕西省副省长郑小明出席开幕式并宣布竞赛开幕。

【11 日】河南省测绘局、河南省国家保密局组成3个联合检查组在全省开展涉密测绘成果保密检查。

【11 日】河南省遥感测绘院、河南省地质测绘院制作完成国内首张比例尺为1∶2000的铁路用地图。

【12 日】江苏省测绘局在泰州召开数字泰州成果发布推广会。会上，泰州市被授予“全国数字城市建设示范市”称号。

【13 日】全国测绘地理信息质量工作会议在南京召开，国家测绘地理信息局副局长李维森，江苏省政府副秘书长于利中出席会议并讲话。

【13 日～14 日】全国测绘地理信息财务工作会议在重庆召开。国家测绘地理信息局副局长王春峰出席会议并作大会主题报告。财政部经济建设司有关领导出席会议并讲话。审计署资源环保审计局局长李树廷出席会议并作专题报告。

【14 日】国土资源部副部长、国家测绘地理信息局局长徐德明在中国测绘创新基地会见联合国副秘书长沙祖康一行。

【15 日】“中测新图杯”第二届全国测绘地理信息行业职业技能竞赛摄影测量竞赛在陕西西安闭幕，国家测绘地理信息局副局长宋超智、总工程师胥燕婴出席闭幕式并讲话。

【16 日～17 日】“中国·浙江地理信息产业发展推介会”、“中国·浙江地理信息产业发展成果展览”、“中国·浙江地理信息产业发展报告会”在杭州市举办。

【18 日】河南省测绘局评选出河南省测绘科学技术进步奖一等奖10个，二等奖7个。

【19 日】马赟任四川测绘地理信息局党组书记、局长。

【20 日】湖北省测绘学会正式成为东南亚测绘协会会员。

【20 日～25 日】国家测绘地理信息局青年学术和技术带头人培训班在安徽合肥举办，国家测绘地理信息局党组成员、纪检组组长张荣久出席开班式并讲话。

【21 日】国家测绘地理信息局召开“天地图”开通一周年暨新产品发布会，正式推出“天地图”2011版和手机版产品。

【22 日】山东省国土资源厅在寿光市召开“数字寿光地理信息公共服务平台”建设项目验收会，该项目通过验收。随后举行成果发布和推广仪式，向寿光市政府颁发“数字城市地理空间框架建设示范县（市）”奖牌，寿光市成为山东省首个建成并开通地理信息公共服务平台、首个获示范称号的县级市。

【22 日～28 日】国家测绘地理信息局副局长李朋德率团赴韩国出席首届联合国全球地理信息管理高层论坛及联合国全球地理信息管理专家委员会第一次会议。

【24 日】总参测绘局修订颁发《军事测绘重大工程建设奖评选规定》和《全军测绘技术能手评选规定》。

【24 日】国家基础地理信息中心牵头的“‘全球地表覆盖遥感制图与关键技术研究’项目启动”入选2010年度中国遥感领域十大事件。

【25 日】浙江省测绘与地理信息局、浙江省公路管理局签订《关于地理空间数据共建共享的协议》。

【25 日】首届中国地理信息产业大会暨中国地理信息产业协会成立大会在北京召开。全国政协副主席罗富和，全国政协教科文卫体委员会主任、中国科学院院士徐冠华，国土资源部副部长、国家测绘地理信息局局长徐德明，国家税务总局副局长宋兰，全国政协常委、湖南省政协副主席杨维刚，总参测绘局副局长孙刚以及周干峙、孙鸿烈、李德仁、许其凤、孙九林、魏子卿、刘先林等院士专家出席会议。

【26 日】中央军委委员、总参谋长陈炳德上将在中央军委委员、空军司令员许其亮上将和空军政治委员邓昌友上将陪同下，参观空军司令部创新实践成果展的测绘保障模式创新展区。

【28 日】海军司令部在北京召开民用海图工作会议。会议通报了国家民用海图的出版及发展情况，介绍海洋测绘综合能力与水平，明确海图出版发行

工作发展规划。海军副司令员丁一平中将出席会议并讲话。

【30 日 ~11 月 3 日】“中测新图杯”第二届全国测绘地理信息行业职业技能竞赛工程测量项目在南宁开赛，国家测绘地理信息局总工程师胥燕婴出席开幕式并讲话。来自全国各省、自治区、直辖市、新疆生产建设兵团等 31 支代表队的 62 名选手参加比赛。

▲江苏省测绘局与南京军区司令部作战部签订军地测绘合作共享协议书。

十一月

【1 日】上海市副市长沈骏到上海市测绘院调研测绘地理信息工作。

【1 日】云南省政府办公厅印发《云南省基础测绘“十二五”规划》及《云南省测绘地理信息发展“十二五”规划纲要》。

【1 日】国家测绘地理信息局批准青岛市为数字城市国家试点城市。

【2 日】国家测绘地理信息局副局长李朋德在武汉会见湖北省副省长郭生练、段轮一。

【3 日】“中测新图杯”第二届全国测绘地理信息行业职业技能竞赛工程测量竞赛在南宁闭幕。广西壮族自治区政府副主席林念修、国家测绘地理信息局副局长宋超智出席闭幕式。

【4 日】国家测绘地理信息局报送的 3 部作品入选中共中央组织部编辑的《全国党员教育电视片观摩交流活动优秀作品集萃》，其中 1 部被中共中央组织部评为“最佳作品”。

【4 日】云南省测绘局与昆明泛亚科技新区管理委员会签署战略合作框架协议，共同合作建设云南省地理信息产业园。

【4 日】国家测绘地理信息局副局长李朋德在北京会见来访的香港测量师学会副会长赖旭辉一行。双方就内地和香港的测绘专业人员资格认证、内地注册测绘师考试和培训等情况进行交流。

【7 日】河南省教育厅印发《关于认定 2011 年河南省中等职业教育省级重点专业点的通知》（教职成〔2011〕907 号），郑州测绘学校工程测量专业被确定为省级重点专业点。

【7 日 ~12 日】国家测绘地理信息局和亚太地理信息基础设施常设委员会在无锡共同主办地理空间信息与技术在灾害管理中应用国际培训班。

【8 日】黑龙江（省）测绘地理信息局两块牌匾挂牌仪式在哈尔滨举行。国家测绘地理信息局副局长王春峰、黑龙江省副省长于莎燕出席挂牌仪式并揭牌。

【8 日】总参谋部在北京举行总参驻津某测绘大队“英雄测绘大队”先进事迹报告会。副总参谋长章沁生上将、侯树森上将、魏凤和中将及总参谋长助理戚建国中将出席报告会并接见报告团全体成员。总参机关、直属部队官兵共 235 人参加大会。

【8 日】陕西测绘地理信息局、陕西省卫生厅共同签署《地理信息与卫生信息资源共享工作合作协议书》。

【8 日】河南省测绘局与华北水利水电学院合作项目华北水利水电学院科研教学基地和河南省测绘工程院信息实验室在郑州举行揭牌仪式。

【9 日】《河北省测绘航空摄影管理规定》经省政府第 96 次省长常务会议审议通过，自 2012 年 1 月 1 日起实施。

【9 日】《数字莆田地理空间框架建设与使用管理暂行办法》经莆田市政府第 28 次市长办公会议审议通过。该办法是福建省首个数字城市地理空间框架建设方面的政府规章。

【10 日】来自亚洲 11 个国家和地区的“地理空间信息与技术在灾害管理中的应用”国际培训班的学员到江苏省测绘局数字化生产基地参观学习。

【10 日】吉林省测绘局机关团委被授予省直机关“五四红旗团委”称号，吉林省基础地理信息中心团支部被授予省直机关“五四红旗团支部”称号，吉林省基础地理信息中心被授予“2010 年度省直机关青年文明号”称号，吉林省基础地理信息中心杜娟、省地理信息工程院张德鑫被授予“2010 年度省直机关优秀团员”称号。

【12 日 ~20 日】国家测绘地理信息局组团赴南非参加国际标准化组织地理信息标准化技术委员会第 33 次全体会议及工作组会议。

【14 日】江苏省测绘局与江苏省水利厅共同签订《江苏省全国第一次水利普查空间数据采集与处理合同》。

【14 日】陕西测绘地理信息局为西安“11 · 14”事故救援处置提供保障服务。

【15 日】国家测绘地理信息局、北京市委宣传部联合组织北京市新闻媒体到北京市测绘设计研究院开展“走基层看测绘”宣传活动。

【15 日】 全国基础测绘地理信息建设工作会议在海口召开。国家测绘地理信息局副局长李维森出席会议并讲话，海南省副省长李秀领出席会议并致辞，国家测绘地理信息局总工程师胥燕婴出席会议。

【15 日】 国家基础地理信息中心商瑶玲当选海淀区第十五届人民代表大会代表。

【15 日】 中日测绘地理信息科技合作第 9 次联合工作组会议在中国测绘创新基地举行。

【16 日】 浙江省测绘与地理信息局、杭州市规划局、萧山区政府共同签订《数字城市地理空间框架建设试点项目合作协议书》。

【16 日】 湖北省测绘局、孝感市政府在孝感市签订大别山革命老区经济社会发展试验区建设测绘保障服务合作协议。

【16 日】 全国测绘地理信息应急保障管理人员培训班在北京举行，各省、自治区、直辖市测绘地理信息行政主管部门领导、应急办公室主任及业务骨干 100 多人参加培训。

【17 日】 浙江省测绘与地理信息局、海盐县政府签订《基础测绘与数字海盐地理空间框架建设项目共建共享协议》。

【18 日】 国家测绘地理信息局召开局机关赴企业挂职锻炼干部座谈会。国土资源部副部长、国家测绘地理信息局局长徐德明出席会议。局党组研究决定，选派局机关首批 5 名年轻干部到北京的测绘地理信息企业挂职锻炼。

【18 日】 山西省地理信息系统协会成立大会在太原召开。

【20 日】 上海市测绘院获全国文明单位称号。

【21 日 ~22 日】 江西省测绘学会组织召开 2011 年全省优秀测绘工程评审会，对申报的 53 个项目进行评审，评选出一等奖 6 个、二等奖 11 个、三等奖 16 个。

【22 日】 山西省常务副省长李小鹏参观中国测绘创新基地，国土资源部副部长、国家测绘地理信息局局长徐德明，国家测绘地理信息局副局长宋超智陪同参观。

【22 日】 经中央军委批准，总参测绘局更名为总参测绘导航局。

【23 日】 辽宁省机构编制委员会印发《关于辽宁省测绘局更名为辽宁省测绘地理信息局的通知》（辽编发〔2011〕49 号），批准辽宁省测绘局更名为辽宁省测绘地理信息局，更名后其主要职责、内设机构和人员编制不变。

【23 日】 数字莆田项目通过国家测绘地理信息局验收，并授予莆田市“全国数字城市建设示范市”称号。

【23 日 ~26 日】 2011 年中国测绘学会学术年会在福州召开，福建省省委常委、福建省副省长张志南，国家测绘地理信息局副局长、中国测绘学会理事长李维森出席会议并讲话，总参测绘导航局副局长翟跃欢等领导，陈俊勇、李德仁、宁津生、刘先林、张祖勋、杨元喜、李建成等院士出席会议。

【23 日 ~26 日】 第一届全国测绘地理信息技术装备展览会在福州举行。

【24 日】 中国测绘学会第十届三次理事会会议召开，会议选举彭震中同志任中国测绘学会副理事长兼秘书长。

【24 日 ~26 日】 国家测量标志保护工作研讨暨项目评审会议在石家庄召开。

【26 日】 经海南省政府同意，海南测绘地理信息局、海南省发展和改革委联合发布《海南省基础测绘“十二五”规划》。

【26 日】 陕西测绘地理信息局召开首次全省优秀测绘工程质量奖评审会。

【28 日】 国家测绘地理信息局举行国家地理信息科技产业园奠基一周年暨首批入园企业签约仪式。国土资源部副部长、国家测绘地理信息局局长徐德明，北京市副市长苟仲文，国土资源部党组成员、总规划师胡存智出席会议。国家测绘地理信息局副局长王春峰出席会议并讲话，副局长宋超智出席会议并介绍国家地理信息科技产业园情况，局党组成员、办公室主任吴兆琪，顺义区委书记张延昆，顺义区委副书记、区长王刚，中稷产业集团常务副总裁智新富出席会议。

【28 日】 江苏省测绘局和南通市政府签订“数字南通地理空间框架建设”项目合作共建协议书。

【28 日】 经江西省政府批准，江西省测绘局更名为江西省测绘地理信息局，并增加三项职能：一是监督管理全省地理信息获取和应用，组织协调地理信息安全监管工作；二是组织开展测绘与地理信息公共服务和应急保障服务，负责全省地理国情监测工作；三是指导全省地理信息产业发展和地理信息应用服务。

【29 日】 国家测绘地理信息局批准大连市为

2011 年数字城市地理空间框架建设试点城市。

【30 日】“天地图·吉林”正式开通试运行。

【30 日】国家测绘地理信息局副局长宋超智、陕西省副省长郑小明看望从事国家海岛（礁）测绘工程的国家测绘地理信息局第一地形测量队（陕西省第二测绘工程院）职工。

▲“江西省测绘与地理信息创新基地项目”被列入 2011 年第二批江西省重点建设项目。

▲江西省第二测绘院任苗、江西省水利设计院闵志欢被省人力资源和社会保障厅授予“江西省技术能手”称号。

▲数字鄂州地理空间框架建设项目、数字武汉地理空间框架建设项目通过国家测绘地理信息局组织的验收。

▲国家测绘地理信息局开展边远地区、少数民族地区基础测绘专项补助经费项目检查工作，组织审计单位先后对云南、贵州、新疆、青海、甘肃等“专项补助经费”项目的实施情况进行检查。

十二月

【1 日】中共国家测绘地理信息局党组在北京召开务虚会。

【2 日】信阳市机构编制委员会批准信阳市国土资源局测绘科加挂信阳市测绘地理信息局牌子，这是河南省省辖市机构编制委员会批准的第二个市级测绘地理信息局。

【2 日】中国测绘科学研究院与河南理工大学在中国测绘创新基地签署战略合作协议。

【4 日 ~9 日】总参测绘导航局局长薛贵江率军事测绘代表团访问俄罗斯军队测绘部门，并与俄罗斯总参测绘局局长卡兹洛夫海军少将签署会谈纪要。

【5 日】国家测绘地理信息局发布 14 项测绘地理信息行业标准。

【5 日】江西省委书记苏荣对全省测绘地理信息工作作出批示。

【5 日 ~9 日】国家测绘地理信息局与英国诺丁汉大学在宁波合作举办提高测绘地理信息单位国际竞争力培训班。

【6 日】数字抚顺地理空间框架建设项目成果发布与推广会议在抚顺召开。国土资源部副部长、国家测绘地理信息局局长徐德明，辽宁省副省长邴志刚出席会议并讲话。

【6 日 ~9 日】山东省国土资源厅联合省保密局在全省开展涉密测绘成果保密抽查。

【7 日】“天地图·湖北”正式上线运行。

【8 日】江西省测绘地理信息局举行“天地图·江西”开通暨全省第二代 1∶1 万数字地形图成果发布、江西省测绘地理信息局揭牌、江西省测绘地理信息产业创新基地奠基等仪式。江西省政府副秘书长林彬杨宣读江西省委书记苏荣、代省长鹿心社对江西省测绘地理信息工作的批示。国家测绘地理信息局副局长闵宜仁，江西省政协副主席、省政府党组成员胡幼桃，省国土资源厅党组书记、厅长胡宪，省测绘地理信息局局长高振华出席仪式并讲话。

【8 日】福建省副省长洪捷序听取测绘地理信息工作汇报。

【8 日】陕西测绘地理信息局与中国飞行试验研究院签署合作协议，共同合作开展测绘航空影像获取和应急测绘保障支持工作。

【8 日】新疆维吾尔自治区机构编制委员会下发《关于自治区测绘局机构编制有关事宜的批复》（新机编〔2011〕24 号），同意新疆维吾尔自治区测绘局更名为新疆维吾尔自治区测绘地理信息局，主要领导职务高配，并增加相关单位职责。

【8 日】武汉大学测绘学院院长、国家测绘地理信息局首批科技领军人才李建成当选中国工程院院士。

【9 日】中国科学院对地观测与数字地球科学中心主任郭华东研究员和武汉大学测绘遥感信息工程国家重点实验室主任、国家测绘地理信息局首批科技领军人才龚健雅当选中国科学院院士。

【9 日】福建省测绘地理信息局与南平市政府在南平举行数字南平地理空间框架合作共建协议签署仪式并启动该项工作。

【12 日】国家测绘地理信息局等九部门联合印发《全国基础测绘“十二五”规划》。

【12 日】吉林省第二测绘院武立军、陈晓红、赵海刚被吉林省总工会授予 2011 年度“省职工自学成才者”称号。

【13 日】数字石家庄地理空间框架建设项目通过专家组验收，并被国家测绘地理信息局授予“全国数字城市建设示范市”称号。

【13 日】由中国测绘科学研究院与英国诺丁汉大学共建的中英地理空间信息联合研究中心在中国

测绘创新基地揭牌。国家测绘地理信息局副局长李朋德，科技部国际合作司副司长陈霖豪，中国科学院、中国工程院院士李德仁，中国测绘研究院院长张继贤，英国诺丁汉大学副校长克里斯鲁德共同为该中心揭牌。

【13 日～16 日】 总参测绘导航局派员参加在老挝万象举行的中老边界第一次联合检查委员会专家组第二次会议。

【14 日】 福建省副省长洪捷序在省政府副秘书长林依标、省国土资源厅厅长魏克良的陪同下到福建省测绘地理信息局调研。

【15 日】 国家测绘地理信息局在海口召开全国基础测绘地理信息建设工作会议。

【15 日】 江苏省测绘工程院被授予“江苏省五一劳动奖状”，江苏省基础地理信息中心戴亮亮被授予“江苏省五一劳动奖章”。

【15 日】 江苏省测绘局与江苏省国家安全厅签署地理信息共建共享合作协议。

【17 日】 中共中央政治局常委、国务院副总理李克强对进一步做好测绘地理信息工作作出重要批示。

【17 日】 吉林省测绘局与省发展和改革委联合印发《吉林省测绘事业发展“十二五”规划》和《吉林省地理空间信息基础设施建设及应用“十二五”规划》。

【19 日～20 日】 全国测绘地理信息局长会议在中国测绘创新基地召开。国土资源部部长、国家土地总督察徐绍史出席会议并讲话。国土资源部副部长、国家测绘地理信息局局长徐德明作工作报告。

【19 日～20 日】 青海省副省长徐福顺对青海省测绘地理信息工作作出批示。

【21 日】 国土资源部副部长、国家测绘地理信息局局长徐德明会见吉林省副省长王祖继。

【21 日～22 日】 国家测绘地理信息局党组召开 2011 年度民主生活会。

【22 日】 中央纪委监察部理论学习中心组到国家测绘地理信息局调研并召开座谈会。中共中央书记处书记、中央纪委副书记何勇参观考察中国测绘科技馆、测绘地理信息成果展示和党建工作基本情况，看望测绘地理信息一线职工并讲话。国土资源部副部长、党组成员，国家测绘地理信息局党组书记、局长徐德明作工作汇报。中央纪委副书记张惠新，中央纪委副书记、监察部部长、国家预防腐败局局长马馼，中央纪委副书记黄树贤、李玉赋、吴玉良，中央纪委秘书长崔少鹏等参加调研活动。国土资源部党组成员、中央纪委驻国土资源部纪检组组长王寿祥及国家测绘地理信息局党组全体成员、副局长、总工程师陪同调研。

【22 日】 河南省测绘局印发《河南省测绘地理信息发展“十二五”规划》的通知。

【23 日】 山西省“爱祖国、爱家乡”版图教育进校园试点工作启动仪式在祁县举行。

【27 日】 上海市测绘院举行全国文明单位揭牌仪式。国土资源部副部长、国家测绘地理信息局局长徐德明，上海市文明办主任陈振民共同为市测绘院“全国文明单位”揭牌。

【27 日】 吉林省连续运行卫星定位参考站综合服务系统（JLCORS）试运行发布会在长春召开。

【27 日】 浙江省测绘与地理信息局在杭州召开全省测绘与地理信息局长会议。

【27 日】 郑州测绘学校获河南省“2011 年度学校行风建设先进单位”称号。

【28 日】 国家测绘地理信息局表彰 2011 年度“五型机关”创建活动先进集体和先进个人。

【29 日】《北京市“十二五”时期测绘地理信息发展规划》发布实施。

【31 日】 广东省国家保密局、广东省国土资源厅联合下发《关于我省涉密测绘成果保密检查查处保密违法行为的情况通报》（粤密局〔2011〕65 号），通报全省涉密测绘成果保密检查情况。

【31 日】“天地图・甘肃”正式上线运行。

▲吉林省 1:1 万基础地理信息数据库建成。

▲山西省测绘地理信息局印发《山西省测绘事业发展“十二五”规划》。

▲福建省测绘地理信息局、福建省基础地理信息中心获福建省 2009 年～2011 年度“省级文明单位”称号。

▲福建省地理信息公共服务平台、“天地图・福建”建设完成并正式上线试运行。

▲江西省测绘地理信息局获“全国文明单位”称号。

▲中国地图出版集团出版的《嫦娥一号全月球影像图集》、《南北极地图集》获新闻出版总署“三个一百”原创出版工程奖。

易图通

中国领先的导航电子地图提供商

真三维导航地图
——体验式导航的奢侈巅峰

真三维导航地图可将道路及其两侧的真实场景三维数字化，同时标注引导箭头、进行直观流畅的路随车转的动态方向诱导，真正实现了“人、车、路、景”的自然结合。

产品技术优势

易图通作为国内较早开展三维导航地图研究的公司，已拥有一套较为成熟的三维导航地图制作流程与加工工艺。通过引进日本善邻公司具有国际先进技术水平的Garem动态三维导航引擎，可在普通配置的导航硬件上实现道路及其两侧真实场景的三维动态显示，可对三维模型进行任意的平移、放大、缩小、旋转等变换，解决了以前因为数据量过大而无法实现大范围高仿真的3D实境导航的问题，运行速度也更加流畅。易图通的真三维导航地图和善邻公司的Garem三维导航引擎的完美结合将把用户的导航体验提升到一个全新的境界。

客服热线：**400-610-0098**　电话：010-63715891　传真：010-63713831　E-mail: cust_service@emapgo.com.cn　**www.emapgo.com.cn**

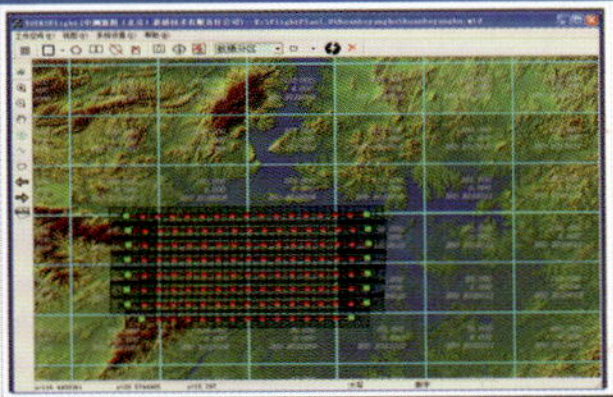

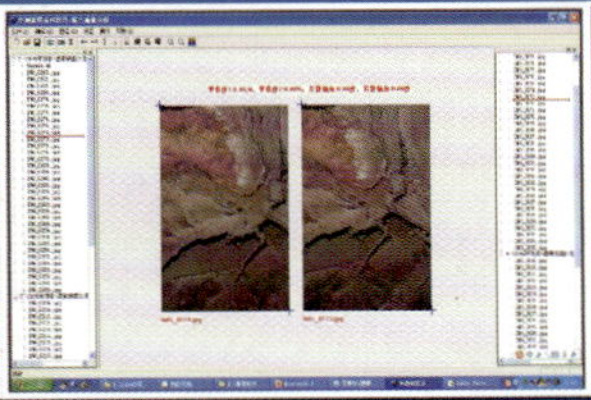

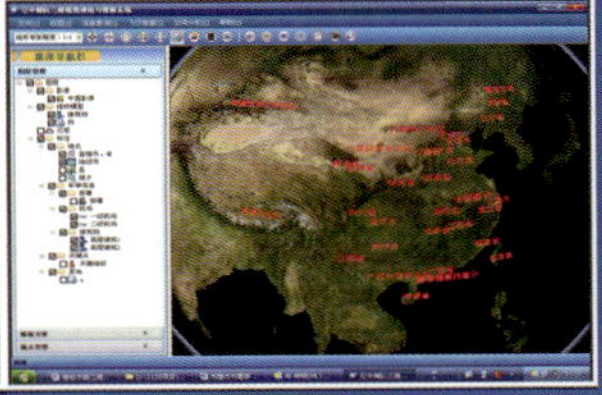

北京四维远见信息技术有限公司

北京四维远见信息技术有限公司（原中国四维测绘技术北京公司）创办于1989年3月，是注册在北京海淀高新技术区的高新技术企业和软件企业，注册资金1200万元，是隶属于中国测绘科学研究院的股份制企业。

企业精神：做产品的智者，服务的仁者。

企业宗旨：用户的需求，我们的追求。

董事长、中国工程院院士 刘先林

在董事长、中国工程院院士刘先林的带领下，北京四维远见信息技术有限公司聚集了一大批测绘行业一流的专家和高级专业技术人才。其中，有突出贡献中青年专家1名，享受政府特殊津贴专家8名。获国家科技进步奖一等奖2次、国家科技进步奖三等奖1次，具有雄厚的技术实力和经济实力。

1992年，获国家科技进步奖一等奖

2001年，获国家科技进步奖一等奖

北京四维远见信息技术有限公司产品包括SSW车载激光建模测量系统、高精度轻小型航空遥感系统、JX-4数字摄影测量工作站、Geolord-AT自动空中三角测量软件、SWDC数字航空摄影仪、超自然真三维地理信息系统软件、3DPT真三维可视化投影平台等。该公司研发的航空摄影测量产品已成为业内拥有用户最多，应用领域最广的技术平台之一，不仅满足了国内用户的需要，且在国际市场拥有一定的用户群。该公司正向以解决方案为先导、系统集成为手段、设备软件产品为后盾的经营模式转型。

3DPT 真三维可视化投影平台

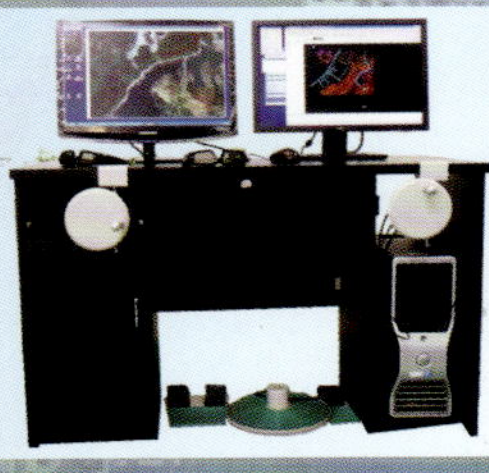

JX-4 数字摄影测量工作站

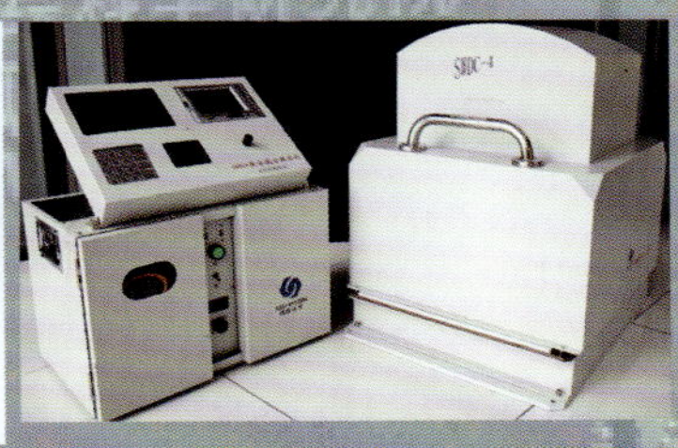

SWDC 数字航空摄影仪

SSW 车载激光建模测量系统

黑龙江诠维地理信息有限公司

总经理：刘儒

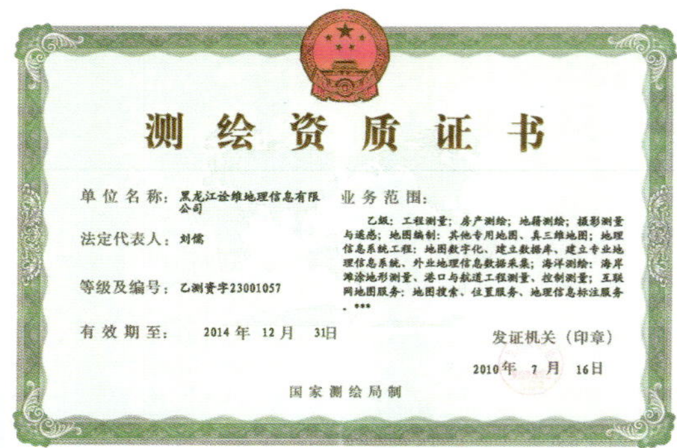

测绘资质证书

单位名称：黑龙江诠维地理信息有限公司

法定代表人：刘儒

等级及编号：乙测资字23001057

有效期至：2014年12月31日

业务范围：

乙级：工程测量；房产测绘；地籍测绘；摄影测量与遥感；地图编制：其他专用地图、真三维地图；地理信息系统工程：地图数字化、建立数据库、建立专业地理信息系统、外业地理信息数据采集；海洋测绘：海岸滩涂地形测量、港口与航道工程测量、控制测量；互联网地图服务：地图搜索、位置服务、地理信息标注服务。***

发证机关（印章）

2010年7月16日

国家测绘局制

黑龙江诠维地理信息有限公司成立于2001年（前身是黑龙江龙胜测绘有限责任公司），拥有乙级测绘资质，是一支富于开拓力、凝聚力和战斗力的团队，爱岗、敬业、精诚、上进是诠维人的精神，多年来一直保持良好的社会信誉。

黑龙江诠维地理信息有限公司致力于为社会各界提供广泛的应用技术服务，已形成包括地理信息系统工程、互联网地图服务、工程测绘、房产测绘、地籍测绘、海洋测绘、摄影测量与遥感、地图编制（专题地图编制、特种地图制作）、虚拟现实（GIS三维可视化）、软件开发等在内的技术服务体系。该公司本着“科学管理、专业高效、锐意进取、优质服务”的质量方针，不断扩展服务领域，与黑龙江省、上海市、天津市，哈尔滨松北新区、利民经济技术开发区等相关政府部门和企事业单位建立长期的业务合作与交流关系。

在测绘地理信息行业迅速发展、竞争日趋激烈的今天，黑龙江诠维地理信息有限公司愿与各界同仁交流合作，以一流的质量竭诚为社会提供全方位的地理信息服务，为构建数字企业、数字城市、数字中国贡献绵薄之力！

地址：哈尔滨市高新区科技创新城创新创业广场3号楼科技街399号C单元606

电话：0451-86346711　　传真：0451-86370585

网址：www.诠维.中国　　E-mail:quanwei168@vip.sina.com

苏州工业园区测绘地理信息有限公司

苏州工业园区测绘地理信息有限公司是中新苏州工业园区管委会国有直属企业，成立于1995年，拥有甲级测绘资质。该公司是苏州工业园区借鉴新加坡经验建立的，秉承“数字城市整体解决方案的提供者”和“行业的先行者”的发展理念，为中新苏州工业园区高起点规划、高标准建设以及高质量管理提供全过程、全方位的一站式地理信息服务。

多年来，作为中新苏州工业园区政府开发建设与城市运维管理方面权威、专业与唯一的地理信息服务保障单位，苏州工业园区测绘地理信息有限公司不断加大科研投入力度，通过对现代城市测绘地理信息技术的持续研发，形成了具有鲜明特色的城市建设管理全过程数据采集、整合建库、平台集成及持续深化应用的地理信息服务模式。构建的苏州CORS平台是苏州市权威的现代测绘基准服务平台，构建的苏州工业园区地理信息公共服务平台为16个部门、43个系统提供24小时在线地理信息共享服务。该公司承担国家火炬计划、省市级科研项目30多项，获省部级测绘科技进步奖20多项，并成立了江苏省测绘行业首家博士后工作站。

项目工程证书

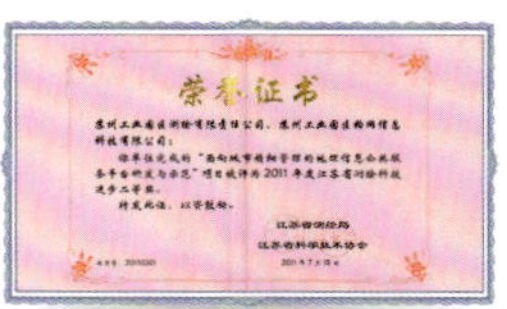

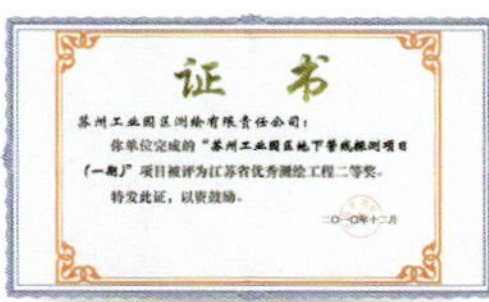

卓越的品质源于先进的创新理念、严格的质量管理及高素质的研发团队。面对中新苏州工业园区“国际化、现代化、信息化”城市建设要求，苏州工业园区测绘地理信息有限公司将在测绘地理信息服务的道路上不断前行，不断超越！

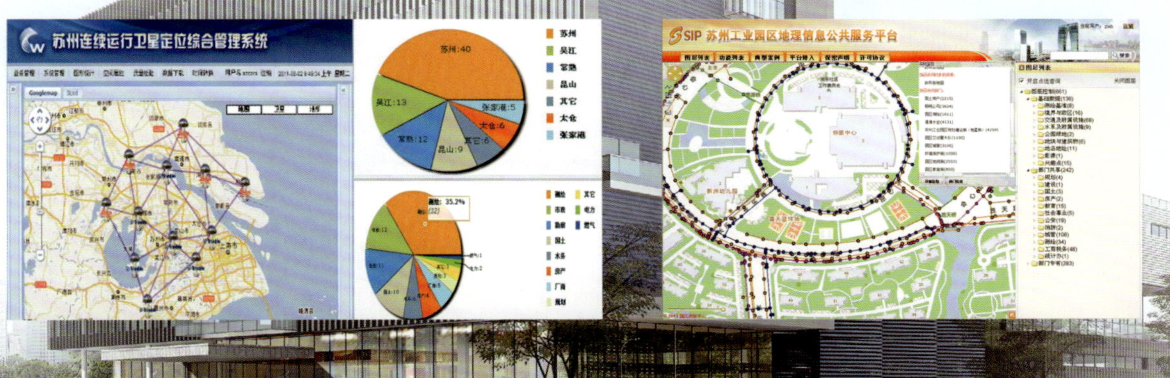

地址：苏州工业园区苏虹中路101号测绘地理信息大楼　　邮编：215027
电话：0512-67611188　　传真：0512-67611297
网址：www.dpark.com.cn

山东正元地理信息工程有限责任公司

山东正元地理信息工程有限责任公司（以下简称正元公司）成立于 1999 年 3 月，是中国冶金地质总局系统乃至山东省最早成立的专门从事地理信息产业的企业。正元公司是全国首批通过认证的甲级测绘资质单位，并拥有地球物理勘查、基础检测、地质灾害治理工程、计算机信息系统集成等各专业高等级资质，以及对外出口经营资格，通过了“三标一体”管理体系认证和 CMMI 认证。正元公司是 AAA 级资信企业和省级重合同守信用企业，先后被评为“高新技术企业”、“软件企业”、“山东省著名商标”、“山东省软件领军企业”、“国家火炬计划软件产业基地骨干企业”，2009 年获“中国地理信息产业十佳单位”称号，2010 年入选“中国软件业务收入前百家企业”。

公司现有员工 1000 多人，大中专学历以上人员占员工总数的 85% 以上。其中，教授级高工 9 人，注册测绘师 11 人，高级工程师 48 人，工程师 110 人。拥有各类专业仪器设备 1000 多台（套），从事软件开发人员近 100 人，形成了较强的生产、科研与开发能力。

2010 年 11 月 2 日，位于烟台高新开发区的正元地理信息产业园开工建设，计划建设周期不超过三年。园区建成后，将实现地理信息产业人才、技术、信息等综合智力优势的汇聚与融合，建立结构完整、互相依存的地理信息产业架构和产业链，充分发挥集聚带动效应。

正元地理信息产业园开工奠基仪式

正元公司以“致力于开发空间信息资源，为创建数字化生存新环境提供解决方案”为己任，积极为数字城市建设服务，开发了系列应用软件，主要包括地理信息共享服务平台、城市三维地理信息系统、税收网格化管理系统、土地规划网格化管理系统、地质矿产资源管理系统、城市地下管线信息管理系统、数字化城市管理平台、国土电子政务平台、公安高效指挥系统等。

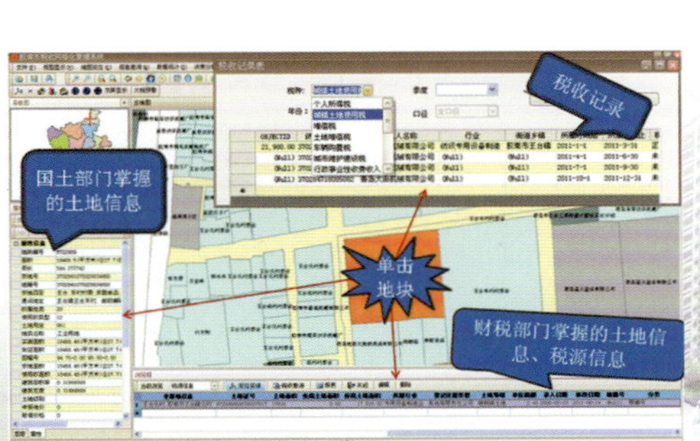

纳税土地信息对比

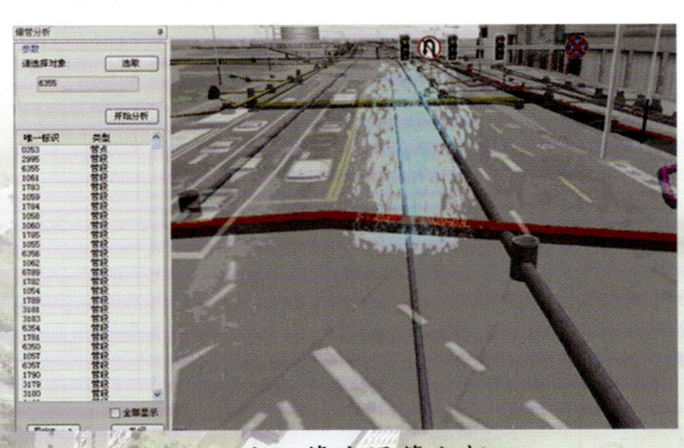
地下管线爆管分析

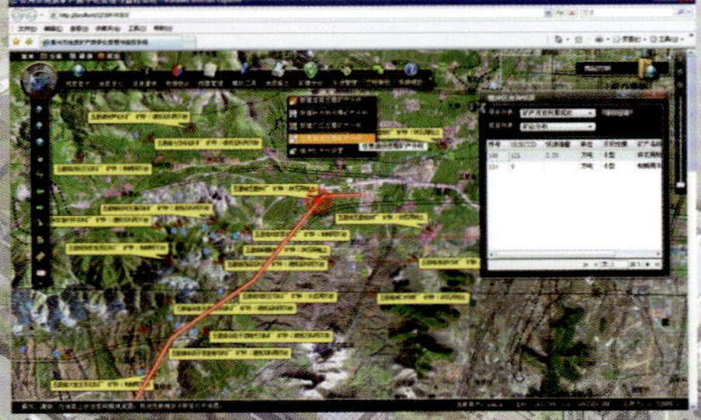
压覆矿产分析

城市三维日照分析

公司董事长：郑明坤　公司总经理：杨玉坤
联系电话：0531-66770708　客服电话：400-601-6696　传　真：0531-66770708
网　址：www.geniuses.com.cn

立得空间信息技术股份有限公司

立得空间信息技术股份有限公司拥有甲级测绘资质（导航电子地图资质、互联网地图服务资质），致力于向专业测绘用户提供实景三维影像数据产品，向政府及广大 GIS 行业用户提供实景三维可视化 GIS 数据解决方案，向军方、专业测绘机构等提供移动测量系统及相关技术开发。

该公司产品及数据工程业务已在全国 100 多个城市（城区）的城市管理、测绘、交通、铁路、安全应急等领域推广应用。在青藏铁路、2008 年北京奥运会、2009 年国庆阅兵典礼、2010 年广州亚运会等重大项目保障服务方面该公司发挥了积极作用。

该公司历年获得中国测绘学会多项测绘科技进步奖以及 2007 年湖北省优秀测绘工程奖一等奖。2011 年，该公司完成的“贵阳市数字化城市管理信息系统（一期）工程基础数据普查与测绘数据采集建库”项目分别获 2011 年中国测绘学会优秀测绘工程奖银奖和 2011 年中国 GIS 优秀工程奖银奖。

中铁八局集团有限公司测绘分公司

中铁八局集团有限公司测绘分公司创建于2007年，拥有甲级测绘资质。经过多年努力，承担的项目获四川省测绘科技进步奖一等奖、四川省测绘学会优秀测绘工程奖银奖、中国中铁科技进步奖二等奖等多项奖励，并得到同行业各级领导和专家的认可。公司现拥有多种精密测量仪器，包括Trimble GPS、全站仪：Leica TS30、2003、Trimble S8、电子水准仪：Leica DNA03、Trimble DINI；拥有自主知识产权的WZTCS无砟轨道控制网处理系统，CPIII控制处理系统、COSA、GPS处理系统、地面控制处理系统等软件。

公司业务范围包括工程测量、工程监测、测量咨询、工程勘察设计、测量技术系统集成、计算机软件开发。

中铁八局集团有限公司测绘分公司将秉承“勇于跨越、开拓创新、求真务实、诚实守信、团结奉献”的宗旨，积极为社会各行业提供优质的测绘地理信息保障服务。

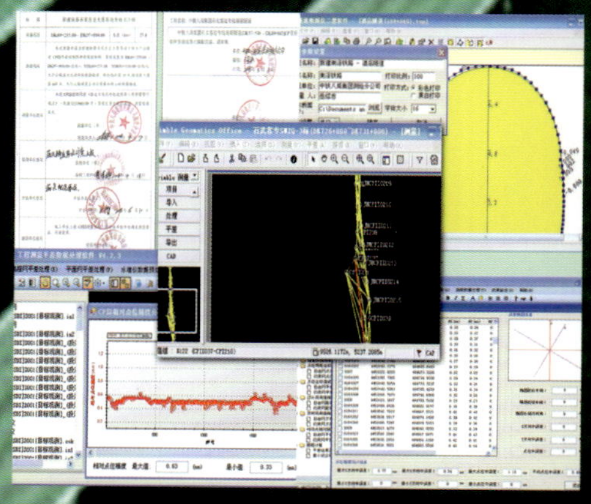

地　　址：四川省成都市金牛区一环路北二段100号
联系电话：028-83172818
传　　真：028-83172838
邮　　编：610081

中铁一局集团第四工程有限公司

中铁一局集团第四工程有限公司法人代表安国勇，拥有甲级测绘资质，下设专职管理公司测绘工作的精密测量分公司。精密测量分公司共有专业测绘技术人员 56 人，业务范围包括工程测量：控制、地形、城乡用地、城乡规划定线、市政工程、建筑工程、线路工程、形变、精密工程、变形（沉降）观测、桥梁、隧道、竣工测量等。

2011 年，中铁一局集团第四工程有限公司精密测量分公司完成西宝客专 XBZQ-1 标无碴轨道控制网 CP Ⅲ测量，京福铁路客专闽赣Ⅴ标、新建铁路蒙河铁路Ⅰ标、新建铁路大理至瑞丽线大保段站前工程三标、云桂线（云南段）站前工程七标、中缅油气管道工程等控制测量复核测量及中铁铂丰 · 尚都城 16 幢高层的沉降观测。

中铁一局四公司精密测量分公司完成的“新建铁路西安至宝鸡客运专线 XBZQ-1 标段控制测量复核测量工程”和“新建铁路大理至瑞丽线大保段站前工程三标施工控制网控制测量复核测量工程”分别获 2010 年度陕西省优秀测绘工程奖铜奖。

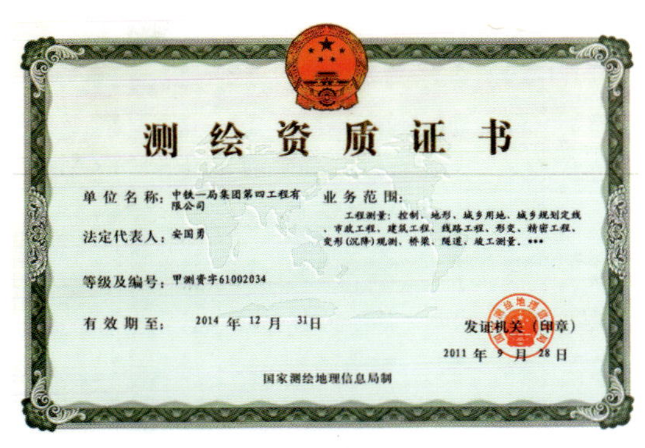

测 绘 资 质 证 书

单位名称：中铁一局集团第四工程有限公司

业务范围：

工程测量：控制、地形、城乡用地、城乡规划定线、市政工程、建筑工程、线路工程、形变、精密工程、变形（沉降）观测、桥梁、隧道、竣工测量、***

法定代表人：安国勇

等级及编号：甲测资字61002034

有效期至：2014 年 12 月 31日

发证机关（印章）

2011 年 9 月 28 日

国家测绘地理信息局制

甲级测绘资质证书

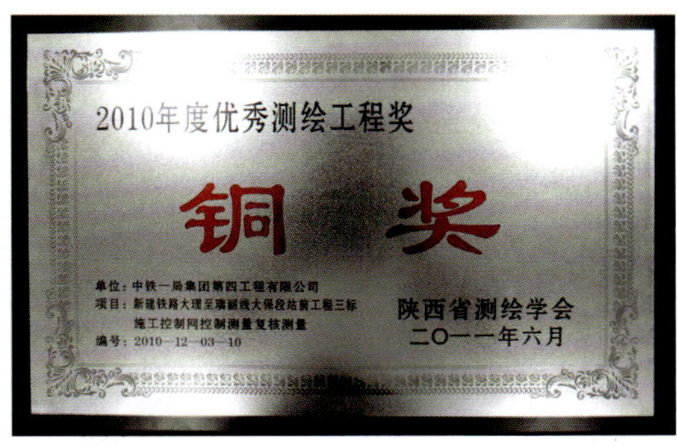

2010年度优秀测绘工程奖

铜奖

单位：中铁一局集团第四工程有限公司

项目：新建铁路大理至瑞丽线大保段站前工程三标施工控制网控制测量复核测量

编号：2010-12-03-10

陕西省测绘学会

二〇一一年六月

获陕西省优秀测绘工程奖铜奖

CPI、CPII 复测

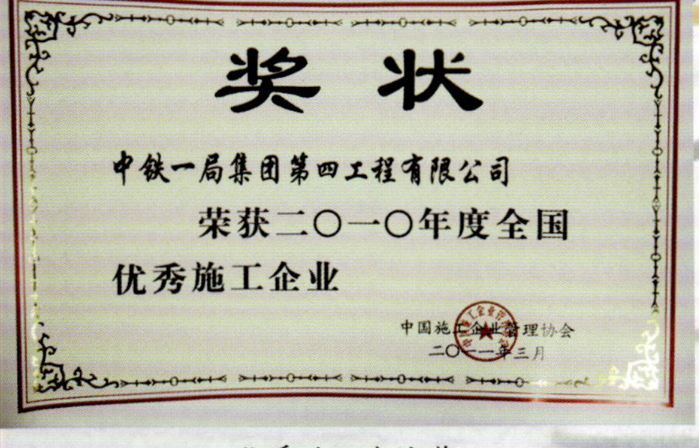

奖状

中铁一局集团第四工程有限公司

荣获二〇一〇年度全国优秀施工企业

中国施工企业管理协会

二〇一一年三月

优秀施工企业奖

获第七届中国土木工程詹天佑奖

西安中飞航空遥感技术有限公司

公司总经理：罗新

西安中飞航空遥感技术有限公司成立于2009年9月，拥有国家测绘地理信息局颁发的甲级测绘航空摄影资质，业务范围包括：胶片航空摄影、机载激光扫描、机载SAR雷达成像、数码航空摄影。

西安中飞航空遥感技术有限公司拥有DMC II 230、UCXp数码航摄仪各1台、RC-30、RC-20、RC-10胶片航摄仪各1台，POSTRACK定位定姿系统1部，以及CCNS4飞行控制系统、GPS全球定位系统等航空摄影辅助设备。公司大部分员工毕业于测绘院校，其中，高级工程师6人、工程师8人、初级专业技术人员11名。该公司的母公司中飞通用航空公司用于航空摄影的飞机有：奖状飞机2架、运十二飞机3架，执管运十二飞机1架、赛斯纳208飞机4架。为充分发挥技术、设备和生产优势，实现优势互补，提高测绘地理信息保障服务能力和水平，西安中飞航空遥感技术有限公司与陕西省第五测绘工程院签定战略合作协议，公司所在的中国飞行试验研究院与陕西省测绘地理信息局签定了战略合作协议。

多年来，西安中飞航空遥感技术有限公司秉承“技术领先，管理科学，持续改进，客户满意”的服务理念，完成了多项国家重大项目的航摄飞行任务，包括三峡大坝选址、青藏铁路选线、国家西部1:5万地形图空白区测图工程等；在国家应急救灾中，承担了汶川地震灾区数码航摄和玉树地震灾区航摄及SAR雷达数据获取任务，获得国务院和中央军委颁发的“全国抗震救灾英雄集体”证书；在国家基础航空摄影中，承担的固阳、吉兰泰航空摄影项目被内蒙古自治区测绘事业局评为优质工程项目，承担的武汉市、荆门市、仙桃市、铜仁市数字城市航摄项目综合质量被国家基础地理信息中心评定为优等。

通讯地址：西安市阎良区73-90信箱 邮编：710089
网址：www.cfgacrs.com E-mail:cfgacrs@163.com
联系人：程森
电话：029-86837408 传真：029-86839549

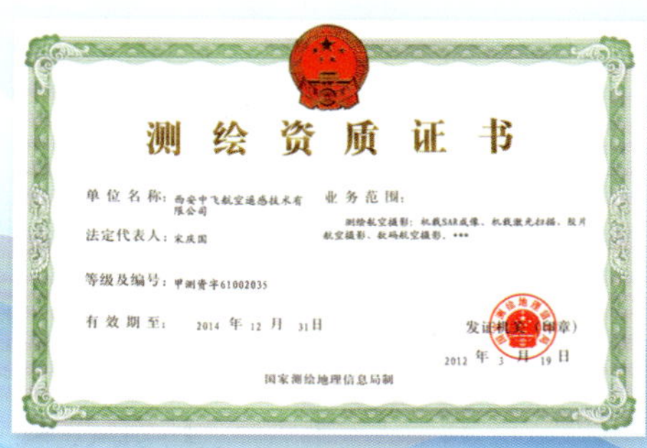

测绘资质证书

单位名称：西安中飞航空遥感技术有限公司

业务范围：测绘航空摄影：机载SAR成像、机载激光扫描、胶片航空摄影、数码航空摄影。***

法定代表人：宋庆国

等级及编号：甲测资字61002035

有效期至：2014年12月31日

发证机关（印章）

2012年3月19日

国家测绘地理信息局制

甲级测绘资质证书

战略合作协议签约仪式

授予 中国航空工业集团公司飞行试验研究院 玉树抗震救灾航测小组

全国抗震救灾英雄集体

中共中央 国务院 中央军委

2010年6月

全国抗震救灾英雄集体荣誉

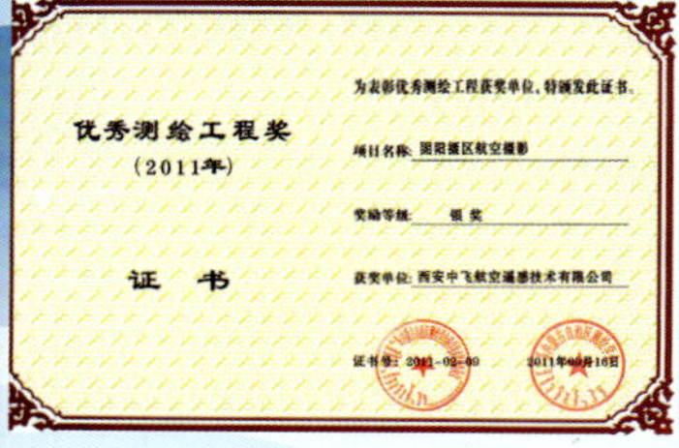

为表彰优秀测绘工程获奖单位，特颁发此证书。

优秀测绘工程奖（2011年）

证书

获奖单位：西安中飞航空遥感技术有限公司

获奖证书

统 计 资 料

一、综　　合

表1　2011年测绘服务总值

计量单位：万元

地　区	测绘服务总值			
	合　计	测绘资质单位[①]		测绘地理信息系统其它非资质单位[③]
			#测绘地理信息系统内[②]	
合　计	**4873596.4**	**4773423.5**	**547708.6**	**100172.9**
北　京	672082.9	656556.2	97137.8	15526.7
天　津	93627.9	93627.9	14766.2	
河　北	179712.1	176574.2	15527.9	3137.9
山　西	99021.7	98567.2	13445.7	454.5
内蒙古	102698.8	100444.4	9829.0	2254.4
辽　宁	186060.8	184394.7	8572.7	1666.1
吉　林	87853.7	84098.3	7680.7	3755.4
黑龙江	119301.4	110824.3	23847.7	8477.1
上　海	195983.5	194266.5	18542.8	1717.0
江　苏	229468.1	224972.4	16966.9	4495.7
浙　江	256815.5	252688.5	24382.0	4127.0
安　徽	109824.2	108266.5	11527.8	1557.7
福　建	119069.7	116396.7	12246.9	2673.0
江　西	68758.7	64966.1	8521.6	3792.6
山　东	215049.1	215049.1	21075.6	
河　南	158856.1	156020.1	12628.2	2836.0
湖　北	355726.2	351975.5	10657.9	3750.7
湖　南	158973.5	157877.5	18813.0	1096.0
广　东	286952.8	285563.1	35239.8	1389.7
广　西	112895.2	107241.6	17659.6	5653.6
海　南	48053.9	46937.2	6759.7	1116.7
重　庆	89022.7	89022.7	23422.0	
四　川	238963.0	234323.3	32039.6	4639.7
贵　州	78023.7	77627.0	18357.9	396.7
云　南	178034.8	172314.2	6912.8	5720.6
西　藏	6513.5	6196.9	259.2	316.6
陕　西	247623.8	238217.6	29665.3	9406.2
甘　肃	50614.6	48556.6	6419.3	2058.0
青　海	29424.7	28181.2	12717.1	1243.5
宁　夏	19871.0	19698.9	4039.5	172.1
新　疆	78718.8	71977.1	8046.4	6741.7

① 指全国具有测绘资质的单位，下同。

② 指测绘地理信息系统内具有测绘资质的单位，测绘地理信息系统指各省、自治区、直辖市、计划单列市测绘地理信息行政主管部门及其所属单位和国家测绘地理信息局及其所属单位，下同。

③ 指测绘地理信息系统内不具有测绘资质的所有单位，下同。

表 2　2011 年年末从业人员

计量单位：人

地 区	年末从业人员			
	合 计	测绘资质单位		测绘地理信息系统其它非资质单位
			#测绘地理信息系统内	
合 计	**294474**	**290648**	**22243**	**3826**
北 京	21920	21456	1875	464
天 津	4118	4113	659	5
河 北	13269	13122	534	147
山 西	9167	9043	594	124
内蒙古	9456	9400	656	56
辽 宁	12335	12259	678	76
吉 林	7163	7036	477	127
黑龙江	10323	10001	1781	322
上 海	6337	6300	372	37
江 苏	11660	11558	464	102
浙 江	11032	10744	853	288
安 徽	8934	8847	595	87
福 建	7438	7369	487	69
江 西	6348	6273	502	75
山 东	14111	13978	641	133
河 南	15730	15636	602	94
湖 北	17853	17771	405	82
湖 南	11747	11641	642	106
广 东	15054	14852	1239	202
广 西	9024	8909	1005	115
海 南	2185	2134	291	51
重 庆	4759	4744	1319	15
四 川	17237	17122	1417	115
贵 州	6727	6696	770	31
云 南	12606	12370	317	236
西 藏	517	490	25	27
陕 西	11815	11393	1596	422
甘 肃	5998	5930	378	68
青 海	2823	2781	353	42
宁 夏	1336	1305	206	31
新 疆	5452	5375	510	77

表3 2005－2011年测绘资质单位数量、从业人员和服务总值

地区	2005年			2006年			2007年			2008年		
	测绘服务总值（万元）	年末单位数量（个）	年末从业人员（人）	测绘服务总值（万元）	年末单位数量（个）	年末从业人员（人）	测绘服务总值（万元）	年末单位数量（个）	年末从业人员（人）	测绘服务总值（万元）	年末单位数量（个）	年末从业人员（人）
合计	**1209558**	**9096**	**219430**	**1451268**	**9917**	**223864**	**1850293**	**10952**	**244524**	**2206123**	**11269**	**260561**
北京	175141	149	8527	263683	180	10787	225365	192	12862	237264	201	15095
天津	55628	91	4751	66821	92	4569	98108	88	4499	114857	93	4582
河北	70186	432	12241	76929	451	9094	76014	582	14665	86172	602	18915
山西	21991	343	8075	27153	352	6377	30079	380	6269	40769	401	6888
内蒙古	14451	254	7747	29179	332	8045	28083	366	10429	43822	386	8371
辽宁	36792	479	10249	46618	537	10815	65374	564	10874	78709	590	12265
吉林	103128	345	11229	41735	359	8165	42483	393	6136	48797	398	6602
黑龙江	37466	372	6983	44945	425	8327	48361	450	9015	63545	464	9295
上海		102	4155		132	5171	66208	127	4403	78371	134	4925
江苏	76589	455	9189	85708	484	9857	111403	556	10392	120496	576	10696
浙江	78758	396	7324	91092	425	7741	98634	452	7796	114235	451	8682
安徽	38924	273	6806	42978	301	7017	56587	345	7684	62961	353	8566
福建	30437	281	5209	38014	327	5209	41892	348	5538	52630	364	5563
江西	21559	245	4315	21632	242	6082	29546	312	5253	35885	331	5478
山东	67579	622	12371	69850	650	10424	84915	665	12017	104396	648	12386
河南	31117	400	10145	46126	426	10261	56336	556	11193	91278	573	12866
湖北	3795	439	12980	4447	474	13699	138951	498	15703	143432	510	17615
湖南	54175	496	10024	62545	524	10714	84798	554	10415	89343	564	10796
广东	79786	474	6658	85461	500	7186	104367	543	10328	122169	576	11168
广西	29561	286	6411	46399	341	7599	37519	363	7426	45548	375	7606
海南	4711	61	990	5166	70	1192	6971	77	1291	10558	89	1372
重庆	23625	82	1946	22625	90	2032	27805	98	1946	28308	107	1966
四川	58295	420	9547	83226	472	12420	99591	544	15863	129561	593	14640
贵州	16685	252	5223	18681	268	5706	22290	348	5796	27281	299	6406
云南		520	10674	23635	569	8172	51124	597	11053	60004	616	11873
西藏	5319	21	1639	2631	30	765	1174	32	776	2570	33	791
陕西	27991	213	9575	53881	228	10938	56725	238	9918	95154	242	11271
甘肃	21325	231	6090	22358	264	6377	24815	276	6460	27763	291	5782
青海	5703	62	3490	5719	66	3547	8725	64	3099	13883	75	2310
宁夏	3869	65	1460	3323	63	1441	5189	81	1179	5780	73	1257
新疆	14971	235	3407	18709	243	4045	20863	263	4246	30584	261	4533

注：表中测绘服务总值数据，2005年上海、云南未报，辽宁、湖北所报数量不全；2006年上海未报，湖北所报数量不全。

2005－2011 年测绘资质单位数量、从业人员和服务总值（续）

地区	2009 年			2010 年			2011 年		
	测绘服务总值（万元）	年末单位数量（个）	年末从业人员（人）	测绘服务总值（万元）	年末单位数量（个）	年末从业人员（人）	测绘服务总值（万元）	年末单位数量（个）	年末从业人员（人）
合 计	**2969868**	**11657**	**265899**	**3286429**	**11595**	**267188**	**4773424**	**12512**	**290648**
北 京	396739	238	16558	452150	261	18839	656556	299	21456
天 津	135293	100	3961	135295	96	4002	93628	100	4113
河 北	108391	627	13155	129337	615	12622	176574	637	13122
山 西	55510	408	7321	62884	419	8062	98567	457	9043
内蒙古	51394	449	8447	60378	486	7511	100444	499	9400
辽 宁	101094	509	11151	163549	585	9631	184395	574	12259
吉 林	84338	391	7631	55514	385	6953	84098	415	7036
黑龙江	73541	489	9396	90449	499	10228	110824	490	10001
上 海	108379	133	5382	103811	124	4911	194267	161	6300
江 苏	121184	579	11541	130776	555	10915	224972	594	11558
浙 江	128316	473	9686	151316	455	10295	252689	464	10744
安 徽	68800	390	7975	79126	412	8386	108267	447	8847
福 建	56824	362	5708	80408	355	5761	116397	376	7369
江 西	45525	344	6008	48387	332	5645	64966	384	6273
山 东	122746	683	12614	136921	669	12937	215049	710	13978
河 南	106039	613	14213	109540	606	14257	156020	692	15636
湖 北	194691	525	17743	234468	537	17771	351976	536	17771
湖 南	132165	566	12019	131092	554	11422	157878	574	11641
广 东	140196	581	12819	178219	519	13163	285563	586	14852
广 西	59666	376	8636	68747	427	9124	107242	427	8909
海 南	15808	94	1669	15099	95	1563	46937	116	2134
重 庆	51626	117	3535	67969	117	4321	89023	133	4744
四 川	162184	594	14229	171909	606	14575	234323	658	17122
贵 州	52229	362	6158	55219	339	6787	77627	371	6696
云 南	96719	619	13851	84510	559	12870	172314	672	12370
西 藏	2826	31	830	2789	29	730	6197	28	490
陕 西	192306	267	9404	168130	263	9505	238218	339	11393
甘 肃	48210	286	5565	45681	273	5222	48557	292	5930
青 海	14722	82	2611	17847	85	2778	28181	88	2781
宁 夏	9477	82	1353	10505	68	1303	19699	76	1305
新 疆	32929	287	4730	44405	270	5099	71977	317	5375

表4 2004－2011年测绘地理信息系统服务总值和从业人员

单位	2004年		2005年		2006年		2007年	
	测绘服务总值（万元）	年末从业人员（人）	测绘服务总值（万元）	年末从业人员（人）	测绘服务总值（万元）	年末从业人员（人）	测绘服务总值（万元）	年末从业人员（人）
合计	**224789**	**22393**	**244631**	**22455**	**278516**	**23209**	**309284**	**23913**
北京	11000	825	11826	831	16000	856	20000	869
天津	10190	592	8437	502	8799	503	9408	530
河北	4001	676	4438	668	5635	662	6048	660
山西	3940	541	4468	529	4377	564	4805	615
内蒙古	1992	622	2588	625	4090	676	5280	678
辽宁	4576	787	5561	869	6404	847	4878	699
吉林	2568	695	4327	683	4153	728	5302	709
黑龙江	14008	2066	17461	2244	20277	2261	25018	2302
上海	6763	402	6998	399	10878	393	8931	388
江苏	4963	589	5660	585	7436	630	8296	559
浙江	5062	566	5485	498	6456	602	7063	674
安徽	2528	481	3115	502	4025	538	4110	553
福建	4623	524	4976	447	5264	541	5537	556
江西	2123	549	2638	537	3137	549	4406	524
山东	2235	679	4647	652	6657	651	10056	912
河南	3233	602	4445	526	5755	560	6391	626
湖北	3219	465	3795	469	4447	474	5852	467
湖南	5110	697	6120	738	7181	739	9748	845
广东	7261	919	6075	874	7843	898	7603	956
广西	5817	1021	7022	1113	7542	1111	9590	1091
海南	1633	226	1869	252	2179	261	2645	284
重庆	5960	258	6300	262	10830	258	10480	571
重庆测绘院					2507	304	3268	326
四川	12718	1632	14374	1707	13798	1596	16458	1585
贵州	1768	586	2096	616	3079	636	2952	543
云南	2818	438	3041	464	4320	480	4937	507
西藏	97	35	54	35	73	37	641	37
陕西	12276	1893	13447	1828	15975	1830	17974	1799
甘肃	1962	483	3118	486	3204	488	5169	498
青海	2258	474	2427	454	3948	410	5589	415
宁夏	350	261	680	262	400	261	812	263
新疆	2129	566	2435	579	2575	580	3332	594
青岛								
大连								
宁波								
深圳								
厦门								
中国地图出版集团	55295	499	63281	488	56030	514	44750	492
测绘研究院	6854	372	2844	352	6551	389	11167	385
地理信息中心	3595	165	4274	164	3252	144	4959	145
卫星应用中心								
质量检验中心								
国家局及其其他直属单位		207		215		238		256

2004－2011 年测绘地理信息系统服务总值和从业人员（续）

单　位	2008 年		2009 年		2010 年		2011 年	
	测绘服务总值（万元）	年末从业人员（人）	测绘服务总值（万元）	年末从业人员（人）	测绘服务总值（万元）	年末从业人员（人）	测绘服务总值（万元）	年末从业人员（人）
合　计	**367734**	**24521**	**450701**	**24726**	**507412**	**25076**	**647882**	**26069**
北　京	21967	860	24000	865	25200	919	28540	947
天　津	9607	559	16638	632	17470	647	14766	664
河　北	7652	660	10115	660	12975	651	18423	650
山　西	7906	625	12666	679	15853	704	13900	718
内蒙古	5979	672	10425	684	9031	704	12083	712
辽　宁	4638	697	3347	695	3331	695	9304	692
吉　林	6996	678	11474	655	17300	633	11436	604
黑龙江	28287	2246	25892	2202	26447	2235	32325	2103
上　海	12254	380	14006	373	15060	376	18543	372
江　苏	9799	576	11359	562	11904	562	21463	566
浙　江	9814	713	11914	751	16305	771	19430	799
安　徽	5533	552	6554	572	9427	590	13086	682
福　建	7255	539	8435	433	10351	417	12408	414
江　西	5638	531	6158	546	7781	570	12314	577
山　东	7239	782	10416	778	14173	778	21076	768
河　南	7041	849	8287	792	9022	708	15464	696
湖　北	8165	498	10198	505	12270	516	14409	487
湖　南	10270	820	12083	802	13400	768	19909	748
广　东	9071	1001	9773	1040	9179	1039	19415	1002
广　西	12650	1225	17721	1099	16986	1112	23313	1120
海　南	3905	309	4324	295	4548	317	7876	342
重　庆	13030	571	18711	743	20700	810	14906	899
重庆测绘院	4508	359	6009	360	6710	400	8516	435
四　川	18649	1702	22845	1575	25700	1577	36679	1532
贵　州	4497	705	10510	735	12047	811	18755	801
云　南	5585	518	7299	510	8915	525	12633	553
西　藏	455	42	1475	43	199	49	576	52
陕　西	21676	1813	27746	1983	25443	2031	39072	2018
甘　肃	6325	450	8854	468	7839	463	8477	446
青　海	6946	388	6221	485	9533	451	13961	395
宁　夏	1181	272	2087	255	2599	262	4212	237
新　疆	5112	607	5520	599	9412	579	14788	587
青　岛								6
大　连							935	62
宁　波							9079	342
深　圳							17215	439
厦　门							2512	142
中国地图出版集团	55241	521	63145	524	63083	548	44464	528
测绘研究院	13027	391	15250	401	21003	383	17962	382
地理信息中心	3375	149	6712	146	6961	144	10978	142
卫星应用中心					1473	42	2823	66
质量检验中心							584	33
国家局及其其他直属单位		261		279		289	9274	309

表5　1974－2011年测绘地理信息系统测绘成果提供

年　份	地形图（万张）	数字成果（GB）	测绘基准成果（万点）	航摄成果（万片）
1974	33.0		4.6	2.0
1975	71.7		10.4	5.9
1976	109.5		14.5	23.1
1977	108.3		35.4	47.1
1978	207.8		29.4	68.1
1979	349.4		35.8	122.8
1980	215.1		58.6	172.7
1981	189.6		73.2	142.7
1982	284.8		56.0	150.1
1983	238.7		86.6	134.4
1984	211.8		46.1	149.9
1985	165.9		32.1	84.4
1986	291.2		17.5	71.9
1987	131.7		15.6	71.6
1988	132.3		27.0	72.0
1989	120.2		10.2	59.4
1990	122.3		9.2	40.8
1991	118.1		9.0	40.7
1992	160.2		9.0	25.7
1993	130.1		5.4	6.8
1994	58.1		4.1	5.2
1995	58.3		3.9	6.9
1996	62.4		3.6	6.3
1997	62.4		4.5	10.1
1998	43.1		5.6	15.6
1999	69.2		4.7	10.1
2000	102.4		5.4	12.8
2001	80.7		5.4	37.2
2002	69.6		6.6	30.3
2003	69.4		14.8	44.7
2004	79.6		10.1	37.8
2005	65.9		7.1	35.2
2006	61.4	10404.0	15.2	52.5
2007	62.9	10252.6	15.3	36.2
2008	52.3	48357.8	17.8	46.1
2009	46.5	17082.5	28.3	70.4
2010	39.5	47969.6	26.0	63.2
2011	45.2	38147.5	17.8	51.4

注：1997、1998年航摄成果含像片图。

表6 1974－2011年测绘地理信息系统地图图书出版

年份	品种（种）	总印数（万幅/万册）	总定价（万元）
1974	47	3242	563
1975	65	4753	599
1976	76	2690	633
1977	75	2829	818
1978	80	5553	894
1979	117	5171	1566
1980	178	4373	1277
1981	256	4073	1748
1982	211	4069	1692
1983	189	4625	1946
1984	254	5957	3028
1985	262	7895	5274
1986	257	6450	3294
1987	269	8180	4143
1988	364	7877	5305
1989	369	7844	7038
1990	426	10655	9938
1991	611	12543	11119
1992	699	18340	19778
1993	936	16969	23209
1994	970	16712	26992
1995	1027	19793	41708
1996	1264	28718	62149
1997	1429	27602	66819
1998	1584	27914	84501
1999	1847	28604	87377
2000	1621	14800	62453
2001	1586	10818	57996
2002	1947	18432	68063
2003	2040	12587	70093
2004	2297	16241	84872
2005	2266	17657	93139
2006	2433	14963	79591
2007	2331	13199	67724
2008	2291	14297	70730
2009	2519	14626	85427
2010	2917	13762	84090
2011	3912	18356	230803

二、测绘资质单位

表7 2011年按类别分单位数量和服务总值

类别	资质单位数量（个）							测绘服务总值（万元）
	合计	按资质等级分				按单位性质分		
		甲级	乙级	丙级	丁级	事业单位	企业单位	
合计	**12512**	**691**	**2072**	**4037**	**5712**	**4327**	**8185**	**4773423.5**
测绘[①]	175	118	49	5	3	151	24	582746.8
国土资源	1958	103	340	635	880	1509	448	557145.3
城乡建设与规划	2578	77	250	690	1561	1520	1059	664308.0
铁道	72	14	40	13	5	2	70	173880.0
交通运输	282	37	96	97	52	140	142	189640.3
水利	613	58	158	222	175	449	164	288344.4
电力	123	20	31	40	32	12	111	127353.4
通讯	10	6	3		1		10	3173.6
石油	78	13	29	24	12	2	76	87983.2
煤炭	271	19	85	81	86	109	162	124069.5
有色	126	17	52	35	22	54	72	63205.1
农业	16	1	9	6		12	4	7198.8
林业	54	3	16	15	20	49	5	34676.6
地震	16	6	8	2		13	3	14370.6
海洋	55	6	6	18	25	45	10	20788.1
环保	5	1	1	2	1	3	2	2486.8
科教文卫	74	9	39	25	1	45	29	56138.0
航空航天	12	7	4	1		1	11	87652.7
冶金	106	14	42	26	24	21	85	85181.5
其他系统	967	73	234	269	391	190	777	339121.0
私营企业	4918	87	579	1831	2421	–	4918	1257183.5
合资合作企业	3	2	1			–	3	6776.3

① 包含测绘地理信息系统单位开办的测绘企业，下同。

表8 2011年按地区分单位数量和服务总值

地区	资质单位数量（个）							测绘服务总值（万元）
	合计	按资质等级分				按单位性质分		
		甲级	乙级	丙级	丁级	事业单位	企业单位	
合计	**12512**	**691**	**2072**	**4037**	**5712**	**4327**	**8185**	**4773423.5**
北京	299	85	100	59	55	41	258	656556.2
天津	100	16	28	49	7	29	71	93627.9
河北	637	40	84	160	353	204	433	176574.2
山西	457	20	50	122	265	150	307	98567.2
内蒙古	499	14	112	162	211	120	379	100444.4
辽宁	574	28	123	229	194	208	366	184394.7
#大连	98	5	23	54	16	14	84	51006.6
吉林	415	14	64	96	241	123	292	84098.3
黑龙江	490	27	66	179	218	136	354	110824.3
上海	161	20	62	57	22	20	141	194266.5
江苏	594	41	91	262	200	157	437	224972.4
浙江	464	26	43	93	302	123	341	252688.5
#宁波	59	3	9	11	36	20	39	45567.6
安徽	447	18	77	91	261	165	282	108266.5
福建	376	19	47	118	192	110	266	116396.7
#厦门	37	8	8	11	10	9	28	35167.6
江西	384	20	42	63	259	175	209	64966.1
山东	710	23	76	161	450	185	525	215049.1
#青岛	82	4	14	22	42	15	67	27932.7
河南	692	23	119	219	331	189	503	156020.1
湖北	536	42	101	237	156	285	251	351975.5
湖南	574	29	105	192	248	404	170	157877.5
广东	586	37	127	197	225	244	342	285563.1
#深圳	48	14	23	11		2	46	71368.4
广西	427	16	60	160	191	133	294	107241.6
海南	116	5	15	35	61	41	75	46937.2
重庆	133	4	25	86	18	37	96	89022.7
四川	658	26	93	236	303	185	473	234323.3
贵州	371	11	59	127	174	157	214	77627.0
云南	672	14	98	277	283	273	399	172314.2
西藏	28	1	9	12	6	15	13	6196.9
陕西	339	34	61	128	116	110	229	238217.6
甘肃	292	13	50	77	152	125	167	48556.6
青海	88	10	19	42	17	32	56	28181.2
宁夏	76	2	16	22	36	38	38	19698.9
新疆	317	13	50	89	165	113	204	71977.1

表 9 2011 年按类别分测绘从业人员

计量单位：人

类别	年末从业人员数						年平均从业人员数
	合计	#测绘作业证持证人数	#测绘专业技术人员数				
			小计	#高级	#中级	#初级	
合计	**290648**	**146076**	**190264**	**26762**	**68273**	**86488**	**272787**
测绘	23425	11533	14271	2315	4732	6184	23320
国土资源	40554	20758	28623	3841	10392	13489	38182
城乡建设与规划	44629	24388	31167	3912	11482	14393	41502
铁道	6388	3303	3659	688	1203	1663	6093
交通运输	12674	6719	7479	1603	2847	2442	10932
水利	19748	11676	13385	2617	5298	4907	18458
电力	4000	2498	2753	627	951	1078	3653
通讯	270	36	126	7	47	72	255
石油	3768	1942	1996	331	864	749	3611
煤炭	9867	4688	5952	812	1923	2502	9022
有色	4252	2304	2945	448	1135	1313	3963
农业	464	212	363	109	154	100	452
林业	2136	1110	1684	491	711	405	2952
地震	1128	681	673	200	222	247	839
海洋	1072	666	809	221	315	265	1008
环保	152	77	95	13	34	48	123
科教文卫	2467	842	1880	628	650	537	2227
航空航天	2660	794	518	89	151	264	2432
冶金	4951	3415	3116	488	1076	1437	4577
其他系统	24097	11870	15900	2340	5744	7268	22117
私营企业	81870	36544	52833	4980	18334	27098	76993
合资合作企业	76	20	37	2	8	27	76

表 10 2011 年按地区分测绘从业人员

计量单位：人

地 区	年末从业人员数						年平均从业人员数
	合 计	#测绘作业证持证人数	#测绘专业技术人员数				
			小计	#高级	#中级	#初级	
合 计	**290648**	**146076**	**190264**	**26762**	**68273**	**86488**	**272787**
北 京	21456	5276	9915	1680	3038	4654	18983
天 津	4113	2425	2582	512	923	1043	4022
河 北	13122	5881	9002	1167	3292	4310	12314
山 西	9043	4623	5502	616	2210	2368	8210
内蒙古	9400	4715	6751	1087	2622	2675	8544
辽 宁	12259	7634	8356	1318	3311	3429	12223
#大 连	2405	1454	1761	217	665	863	2198
吉 林	7036	4103	4865	1039	1830	1882	6359
黑龙江	10001	4418	6020	1100	2613	2187	9336
上 海	6300	2424	3872	685	1314	1772	5900
江 苏	11558	5981	7763	1029	2800	3685	10942
浙 江	10744	6490	7025	675	2490	3494	10093
#宁 波	1548	914	968	108	334	496	1469
安 徽	8847	4722	5691	735	2010	2700	8090
福 建	7369	3862	5002	571	1736	2441	6979
#厦 门	1574	639	861	94	244	451	1489
江 西	6273	3350	4023	498	1408	1970	5939
山 东	13978	8594	9618	1406	3350	4460	13735
#青 岛	1680	1249	1147	228	394	494	1575
河 南	15636	8841	10049	1192	3591	4824	14910
湖 北	17771	6695	14361	2722	5544	6095	17771
湖 南	11641	7346	7877	1102	3144	3293	11189
广 东	14852	5761	8564	1174	2842	4036	13462
#深 圳	3123	878	1626	222	459	731	2936
广 西	8909	4881	5622	562	1904	2748	8255
海 南	2134	991	1228	138	403	626	1935
重 庆	4744	3036	2619	371	843	1010	4574
四 川	17122	9170	12392	1083	3530	6779	14977
贵 州	6696	4011	4170	572	1600	1864	6643
云 南	12370	7387	8730	965	3350	3867	12010
西 藏	490	328	337	30	122	179	458
陕 西	11393	5518	7562	1151	2519	3277	10850
甘 肃	5930	2927	4010	708	1568	1510	5044
青 海	2781	1436	2157	200	692	1265	2763
宁 夏	1305	851	958	167	360	376	1218
新 疆	5375	2399	3641	507	1314	1669	5059

表 11 2011 年按类别分主要仪器设备

计量单位：台/套

类别	GPS 接收机	全站仪	经纬仪（含电子）	水准仪（含电子）	测深仪	地下管线探测仪	低空无人驾驶摄影飞机	航摄仪	全数字摄影测量系统
合计	**58351**	**47161**	**6507**	**34655**	**3708**	**2542**	**260**	**353**	**7414**
测绘	4235	3279	266	1469	74	294	74	47	2399
国土资源	9906	6982	707	4265	321	232	19	33	494
城乡建设与规划	5586	7066	1048	5409	169	387	16	14	564
铁道	1520	1513	59	1480	42	46		6	153
交通运输	1870	1500	259	1600	587	20	1	2	2
水利	3606	3237	646	3015	768	98	4	6	171
电力	1138	720	156	610	59	33	4	7	88
通讯	1	2		2		1			
石油	1693	490	50	306	67	43		4	73
煤炭	1839	1500	557	1104	44	34	3	13	318
有色	1305	776	153	502	65	139	6	4	57
农业	94	71	8	45	7	1	1	1	8
林业	1379	143	65	146	1	1			3
地震	206	147	25	164	5	7			5
海洋	336	91	39	162	189	2	2		2
环保	34	18	3	17		1			
科教文卫	702	805	628	872	50	28	5	21	180
航空航天	78	68	28	85	2	10	5	48	478
冶金	874	967	331	744	61	202	21	1	65
其他系统	5910	3929	524	2840	355	166	33	43	520
私营企业	16035	13852	955	9815	842	797	66	103	1834
合资合作企业	4	5		3					

2011 年按类别分主要仪器设备（续）

计量单位：台/套

类　别	遥感图像处理系统	图形编辑工作站	绘图仪	扫描仪	服务器	磁盘阵列	磁带库	交换机	手持测距仪
合　计	**3600**	**23642**	**15065**	**10016**	**14269**	**1910**	**977**	**10854**	**28466**
测　绘	676	3592	706	551	1684	426	91	991	1290
国土资源	419	3606	2864	1754	1777	241	108	1362	2983
城乡建设与规划	187	2740	2525	1425	2159	200	85	1588	7005
铁　道	20	277	197	117	92	11	9	116	142
交通运输	26	321	438	367	434	36	64	597	263
水　利	134	719	828	563	629	68	24	661	568
电　力	28	159	190	141	343	45	21	431	253
通　讯			2	1	24	1	2	7	
石　油	21	72	139	102	106	15	23	80	45
煤　炭	44	613	563	290	256	58	18	239	379
有　色	20	194	280	163	120	9	14	97	395
农　业	11	76	29	17	13	4	2	29	33
林　业	64	332	76	77	228	15	19	148	87
地　震		51	24	21	48	4	1	39	90
海　洋	14	54	69	88	129	31	7	72	16
环　保		1	7	2	1			3	1
科教文卫	133	410	125	109	400	91	19	260	173
航空航天	502	95	24	33	54	6	1	36	44
冶　金	20	227	220	122	87	18	15	153	298
其他系统	285	2380	1175	893	1028	150	207	757	2713
私营企业	996	7723	4583	3178	4496	477	243	3157	11688
合资合作企业			1	2	161	4	4	31	

表 12　2011 年按地区分主要仪器设备

计量单位：台/套

地　区	GPS接收机	全站仪	经纬仪（含电子）	水准仪（含电子）	测深仪	地下管线探测仪	低空无人驾驶摄影飞机	航摄仪	全数字摄影测量系统
合　计	**58351**	**47161**	**6507**	**34655**	**3708**	**2542**	**260**	**353**	**7414**
北　京	2233	1450	192	1246	41	168	29	86	1247
天　津	1004	613	49	644	165	67	6	11	96
河　北	3889	2622	354	1779	187	331	19	5	217
山　西	1765	1445	185	1082	30	24	6	34	232
内蒙古	2736	1628	243	1351	42	36	2	3	163
辽　宁	2558	1917	414	1519	248	147	20	16	511
#大　连	392	322	51	265	138	22	3	4	108
吉　林	1554	1210	141	906	32	29	14	13	120
黑龙江	2002	1590	160	1169	86	38	2	14	466
上　海	920	856	203	943	239	118		4	42
江　苏	2308	2152	189	1768	276	176	7	6	416
浙　江	1766	1882	117	1076	223	129	4		159
#宁　波	234	240	11	152	59	31	2		43
安　徽	1691	1660	370	1290	114	60	4	1	190
福　建	1435	1395	196	839	190	74	2	10	168
#厦　门	210	188	10	101	40	17		2	82
江　西	941	1041	153	769	52	20	5	7	122
山　东	2545	2332	219	1511	259	169	9	9	209
#青　岛	340	280	25	214	116	6	2		11
河　南	3070	2823	529	2185	109	148	10	9	402
湖　北	1931	1960		2013	247	58	10	16	
湖　南	2236	2109	390	1261	83	63	12	3	147
广　东	2439	2291	106	1412	571	224	17	12	214
#深　圳	413	285	20	180	59	82	1	2	20
广　西	1651	1473	141	986	145	69	5	8	113
海　南	598	415	28	316	62	9	2	3	71
重　庆	905	1082	167	442	29	91	7		166
四　川	3945	3006	273	1769	54	126	27	24	471
贵　州	1712	1259	242	767	33	15	5		121
云　南	3258	2114	513	1686	49	25	10	24	92
西　藏	102	97	18	62	1		2		
陕　西	3170	2135	371	1692	84	67	8	20	653
甘　肃	1485	1033	374	925	37	31	8	5	166
青　海	199	429		328	2	3			63
宁　夏	364	203	65	166	13	4	3		24
新　疆	1939	939	105	753	5	23	5	10	353

2011年按地区分主要仪器设备（续）

计量单位：台/套

类别	遥感图像处理系统	图形编辑工作站	绘图仪	扫描仪	服务器	磁盘阵列	磁带库	交换机	手持测距仪
合计	**3600**	**23642**	**15065**	**10016**	**14269**	**1910**	**977**	**10854**	**28466**
北京	857	3646	467	529	2467	328	152	1453	1125
天津	25	422	187	93	115	14	11	103	309
河北	85	598	762	393	341	45	135	294	1038
山西	60	509	493	314	234	32	16	157	650
内蒙古	103	732	549	338	396	32	12	206	681
辽宁	252	1293	675	465	434	90	31	456	1382
#大连	74	205	115	81	59	11	8	96	464
吉林	26	497	375	223	274	28	18	214	728
黑龙江	70	876	463	315	272	61	16	199	1211
上海	32	147	253	190	586	67	42	437	316
江苏	195	1991	716	416	606	95	45	458	2163
浙江	56	927	616	380	706	114	26	484	1278
#宁波	2	217	87	61	97	14	5	76	210
安徽	61	470	536	411	386	65	34	424	1380
福建	113	317	433	279	443	59	18	358	1460
#厦门	71	93	51	31	48	8	5	40	160
江西	60	463	308	242	216	29	21	163	760
山东	65	764	948	460	591	70	38	393	1193
#青岛	4	89	112	72	87	9	7	113	200
河南	172	1221	821	583	682	76	57	425	1592
湖北	326	513	869	322	433	50		447	892
湖南	67	656	777	585	655	85	35	520	814
广东	129	1616	837	584	860	130	62	558	2233
#深圳	19	386	85	68	281	32	16	108	427
广西	111	719	443	309	499	44	21	415	1198
海南	23	392	131	110	130	28	17	145	267
重庆	17	187	221	149	191	28	15	206	288
四川	114	905	791	513	536	102	55	593	1293
贵州	62	421	385	322	471	20	13	292	586
云南	106	771	699	583	588	46	20	494	1390
西藏		37	32	25	7	2	1	5	22
陕西	217	1295	477	372	468	87	34	435	1006
甘肃	103	389	317	233	335	33	18	192	388
青海		273	71	16	28	5	4	42	125
宁夏	10	91	73	56	87	4	4	35	79
新疆	83	504	340	206	232	41	6	251	619

三、测绘地理信息系统单位

（一）测绘服务总值

表 13 2011 年测绘服务总值和劳动生产率

单 位	测绘服务总值（万元）	全员劳动生产率（元/人）
合计/平均值	**647881.5**	**249224**
北 京	28540.3	306226
天 津	14766.2	225438
河 北	18422.6	281261
山 西	13900.2	193596
内蒙古	12083.4	169473
辽 宁	9303.8	134061
吉 林	11436.1	184751
黑龙江	32324.8	151617
上 海	18542.8	498462
江 苏	21462.6	382578
浙 江	19429.9	245948
安 徽	13085.5	193859
福 建	12408.2	303379
江 西	12314.2	205579
山 东	21075.6	274422
河 南	15464.2	226416
湖 北	14408.6	295258
湖 南	19909.0	268315
广 东	19414.7	197104
广 西	23313.2	207228
海 南	7876.4	233721
重 庆	14906.4	166738
重庆测绘院	8515.6	195761
四 川	36679.3	238023
贵 州	18754.6	235611
云 南	12633.4	230536
西 藏	575.8	110731
陕 西	39071.5	191527
甘 肃	8477.3	189649
青 海	13960.6	353433
宁 夏	4211.6	177705
新 疆	14788.1	249378
青 岛		
大 连	935.0	150806
宁 波	9079.1	324254
深 圳	17214.8	418852
厦 门	2511.7	176880
中国地图出版集团	44463.5	826459
测绘研究院	17962.2	470215
地理信息中心	10978.3	773120
卫星应用中心	2823.4	427788
质量检验中心	583.5	176818
国家局及其其他直属单位	9273.5	305049

（二）生 产

表14 2011年测绘基准建设

单 位	卫星定位连续运行基准站（座）	平面控制网（点）	高程控制网		重力基本网（点）	似大地水准面精化（平方千米）
			点数（点）	水准观测长度（千米）		
合 计	**354**	**22998**	**25503**	**106707**	**64**	**3332110**
北 京		1664		2162		16400
天 津	11			5517		
河 北	15	1750	2246	7854		
山 西		1939	1805	3244		
内蒙古		1093	1093	1357		
辽 宁		159	463	1635		
吉 林	45		57	1534		
黑龙江		843	4026	10403		
上 海	9		3290	7300		
江 苏	4	116		1102		
浙 江	6	1651	636	6545	5	1403
安 徽	2	831	3618	2964		
福 建	3	400	188	1507		2980
江 西	62	75	79	943		
山 东		138	130	520		
河 南		754	229	6584		
湖 北	3	1242	475	4935		2170
湖 南	66	211	211	981		300
广 东		207	501	5412		1460
广 西	50	3266	730	2361		
海 南	13	133	203	750		
重 庆		392	153	661		
重庆测绘院	4	913	225	4900		
四 川	31	402	346	6292		
贵 州		186	238	532		
云 南		136	98	1180		296
西 藏			94	103		
陕 西	6	1530	2665	8340	59	1684700
甘 肃		43	44	772		
青 海	7	308	298	658		12801
宁 夏						
新 疆		449	285	988		1600000
青 岛			16			
大 连	9	37	266	1830		
宁 波	8	2060	684	4280		9600
深 圳			1			
厦 门		70	101	560		
中国地图出版集团						
测绘研究院			9			
地理信息中心						
卫星应用中心						
质量检验中心						

表 15 2011 年航空航天遥感资料获取

计量单位：平方千米

单 位	基础航空摄影	卫星影像获取
合 计	**1281633.4**	**3586165.3**
北 京		
天 津		
河 北	25400.0	
山 西	22697.6	
内蒙古	2280.0	
辽 宁	770.5	
吉 林	20304.0	
黑龙江	28053.1	
上 海	7509.0	
江 苏	19449.0	25022.0
浙 江	41069.0	101800.0
安 徽		
福 建	2843.2	48.3
江 西	777.0	
山 东	2269.2	50653.0
河 南	14623.5	
湖 北	8545.0	500.0
湖 南	1320.0	
广 东	3980.0	
广 西	1726.0	13537.0
海 南	9940.1	
重 庆	2045.0	82820.0
重庆测绘院	113.0	2465.0
四 川	3000.0	149000.0
贵 州	32285.0	50000.0
云 南	2516.0	2161.0
西 藏		
陕 西	55777.2	208840.0
甘 肃	7750.0	
青 海	52.0	150480.0
宁 夏	44608.0	
新 疆	21687.0	
青 岛		12920.0
大 连	18500.0	
宁 波	3240.0	
深 圳		4000.0
厦 门		
中国地图出版集团		
测绘研究院	6046.0	36084.0
地理信息中心	870458.0	2695835.0
卫星应用中心		
质量检验中心		

表 16　2011 年地理信息数据生产（一）

计量单位：幅，平方千米

单位	数字线划地图（DLG）													
	合计		#1:5 万		#1:1 万		#1:5000		#1:2000		#1:1000		#1:500	
	图幅数	面积	图幅数	面积	图幅数	面积	图幅数	面积	图幅数	面积	图幅数	面积	图幅数	面积
合计	**365410**	**10941406**	**21837**	**9160183**	**56694**	**1481955**	**6557**	**36510**	**53059**	**64411**	**61042**	**14152**	**156345**	**9077**
北京	1246	93									202	40	1044	52
天津	10228	8448			258	6450			2000	1600			7970	398
河北	29161	76509			3035	66038	565	3521	5346	5244	2664	665	17551	1040
山西	5722	43597			1660	41500			2027	1960	20	5	2015	132
内蒙古	2720	67925			2720	67925								
辽宁	13364	7416			125	3125	350	1502	1649	1649	2365	591	8875	549
吉林	3649	47616			2041	47375			60	60	1548	181		
黑龙江	56798	7522284	17617	7208350	11351	280434	912	3737	10607	24722	2660	659	5360	335
上海	40213	15322	18	3240	162	3240			6511	5209	13046	2609	20476	1024
江苏	13939	18731			597	15980			1200	1200	4222	1056	7920	495
浙江	11935	79148			2831	73401	642	4130	1120	1120	202	50	7140	446
安徽	19404	29478			880	23606	348	2497	669	664	8719	2163	8788	548
福建	1024	22506			323	9342	583	3644						
江西	3104	28983	22	5020	817	22958			665	605	1600	400		
山东	10618	5994			78	1932	324	2025	764	764	3532	903	5920	370
河南	16269	132020	24	5050	4135	105840	177	805	642	584	8742	1997	2538	144
湖北	8833	44600			1510	41183	75	515	2220	2185	2148	537	2880	180
湖南	13485	233718			8311	232692			721	714	593	125	3860	187
广东	4679	75187			1879	75047							2800	140
广西	7785	39404			1328	37001	24	176	2079	1949	32	8	4322	270
海南	1058	66141	157	60210	293	5860			25	20	150	30	433	22
重庆	10894	3482							2990	2988			7904	494
重庆测绘院	657	817							627	627	23	90	7	100
四川	17176	1128999	2246	980488	5224	144104	45	313	3738	3310	2660	580	3263	204
贵州	7143	4218			128	3686			100	100			6915	432
云南	3290	49197	2	3700	1483	44005	4	26	1444	1444			357	22
西藏	36	126					22	120	14	6				
陕西	22565	980819	1494	791325	1843	39380	334	1989	3310	3256	1483	366	12645	552
甘肃	5059	131480	257	102800	1047	26175	80	500	1498	1498	1977	494	200	12
青海	1477	4172			151	3775			450	350			876	47
宁夏	771	17945			697	17871			74	74				
新疆	6925	20897			818	20450	1	6	14	14	244	61	5848	366
青岛	5352	21638			532	10654	2015	10654	165	165			2640	165
大连														
宁波	5713	11911			437	10925	56	350	330	330			4890	306
深圳	1983	496									1983	496		
厦门	1135	91									227	45	908	45
中国地图出版集团														
测绘研究院														
地理信息中心														
卫星应用中心														
质量检验中心														

2011 年地理信息数据生产（二）

计量单位：幅，平方千米

单位	数字高程模型（DEM）													
	合计		#1:5 万		#1:1 万		#1:5000		#1:2000		#1:1000		#1:500	
	图幅数	面积	图幅数	面积	图幅数	面积	图幅数	面积	图幅数	面积	图幅数	面积	图幅数	面积
合计	**83671**	**810229**	**128**	**51100**	**27271**	**709822**	**5062**	**18791**	**25021**	**26141**	**15117**	**3714**	**11072**	**661**
北京														
天津														
河北	941	23525			941	23525								
山西	10230	33280			982	24550			7213	8593	20	5	2015	132
内蒙古	2720	67925			2720	67925								
辽宁	9891	51733			2085	47225			4288	4288			3518	220
吉林														
黑龙江	3773	14448			443	11075	223	1344	1957	1957			1150	72
上海														
江苏	1601	42426			1601	42426								
浙江	3120	60583			2216	57694	369	2354	535	535				
安徽	4552	25145			880	23606	130	654			3542	885		
福建														
江西	659	22958	20	5000	639	17958								
山东	300	120							60	60	240	60		
河南	9764	2594							204	204	9560	2390		
湖北	378	5890			208	5720			170	170				
湖南	1970	17344			570	15944			1400	1400				
广东	1139	34064			1139	34064								
广西														
海南	540	82									540	82		
重庆	1673	1581							1588	1576			85	5
重庆测绘院														
四川	10804	164047			5693	158372	2146	2710	2965	2965				
贵州	3028	5676			188	5486			40	40			2800	150
云南	1450	46655	2	3700	1448	42955								
西藏	22	120					22	120						
陕西	2833	67409	106	42400	1122	24620	21	105			988	247	596	37
甘肃	1176	27900			1096	27400	80	500						
青海	151	3775			151	3775								
宁夏	797	17971			697	17871			100	100				
新疆	771	19275			771	19275								
青岛	2180	10819					2015	10654	165	165				
大连														
宁波	2723	13313			429	10725	56	350	2238	2238				
深圳														
厦门	1135	91									227	45	908	45
中国地图出版集团														
测绘研究院	3350	29480			1252	27630			2098	1850				
地理信息中心														
卫星应用中心														
质量检验中心														

2011 年地理信息数据生产（三）

计量单位：幅，平方千米

单 位	数字栅格地图（DRG）													
	合 计		#1:5 万		#1:1 万		#1:5000		#1:2000		#1:1000		#1:500	
	图幅数	面积	图幅数	面积	图幅数	面积	图幅数	面积	图幅数	面积	图幅数	面积	图幅数	面积
合 计	**8231**	**420537**	**16**	**9073**	**2509**	**67805**	**125**	**816**	**2231**	**2231**	**2297**	**562**	**986**	**50**
北 京														
天 津														
河 北														
山 西														
内蒙古														
辽 宁														
吉 林														
黑龙江	414	353698	14	5373	333	8325								
上 海														
江 苏														
浙 江														
安 徽	2070	517									2070	517		
福 建														
江 西	166	4714			166	4714								
山 东														
河 南														
湖 北														
湖 南														
广 东	963	28591			963	28591								
广 西														
海 南														
重 庆	78	4											78	4
重庆测绘院														
四 川														
贵 州														
云 南	636	4334	2	3700					634	634				
西 藏														
陕 西	306	340					6	40	300	300				
甘 肃	1127	26675			1047	26175	80	500						
青 海														
宁 夏														
新 疆														
青 岛														
大 连														
宁 波														
深 圳														
厦 门	1135	91									227	45	908	45
中国地图出版集团														
测绘研究院	1336	1573					39	276	1297	1297				
地理信息中心														
卫星应用中心														
质量检验中心														

2011 年地理信息数据生产（四）

计量单位：幅，平方千米

单位	数字正射影像（DOM）													
	合计		#1:5万		#1:1万		#1:5000		#1:2000		#1:1000		#1:500	
	图幅数	面积	图幅数	面积	图幅数	面积	图幅数	面积	图幅数	面积	图幅数	面积	图幅数	面积
合计	**333776**	**6539991**	**5302**	**2055460**	**68276**	**1797256**	**28631**	**169691**	**147390**	**143929**	**26904**	**6686**	**13847**	**871**
北京														
天津	15732	12586							15732	12586				
河北	91071	384754	600	190000	4347	108682			86124	86072				
山西	10006	25685			678	16950			7213	8593	20	5	2095	137
内蒙古	4500	83625			3300	82425			1200	1200				
辽宁	9112	8814			125	3125			5469	5469			3518	220
吉林	864	20304			864	20304								
黑龙江	17130	59018			1851	45194	183	1144	2112	2101	1199	217	1518	95
上海	9386	8000							9386	8000				
江苏	2725	119580	340	102600	595	16173			480	480	1310	328		
浙江	8368	281000	331	111384	6386	166114	351	2237	1254	1254	46	12		
安徽	7159	167755	394	140000	880	23606	292	1829	530	679	5062	1380		
福建														
江西	26284	171023			691	19330	25513	151672	80	20				
山东	8246	4852							1368	1368	3025	756	1200	75
河南	14450	110438			4300	107500	26	104	404	404	9720	2430		
湖北	1705	21095			780	20170			925	925				
湖南	2829	17910			574	16056			1720	1720	535	134		
广东	34193	931823			963	28593			3230	3230				
广西	2251	19259			601	17609			1650	1650				
海南	4807	4282			148	2280			1292	1213	3367	788		
重庆	1207	1396	1	132	4	32	6	36	1196	1196				
重庆测绘院	122	2282	4	1600			12	600	73	73	33	9		
四川	13476	376622	185	81400	10441	292372			2850	2850				
贵州	2928	105686			2928	105686								
云南	1816	51835	2	3700	1614	47935			200	200				
西藏	36	126					22	120	14	6				
陕西	5990	650530	1459	589675	2481	58270	131	795	625	625	988	247		
甘肃	5046	148312	300	120000	1096	27400	80	500			1010	252	2560	160
青海	198	1450000												
宁夏	697	17425			697	17425								
新疆	3937	19512			771	19275					210	52	2956	185
青岛	2180	10819					2015	10654	165	165				
大连														
宁波														
深圳	382	4000			381	2000								
厦门														
中国地图出版集团														
测绘研究院	24943	1249643	1686	714969	20780	532749			2098	1850	379	76		
地理信息中心														
卫星应用中心														
质量检验中心														

表 17 2011 年地图编制

单 位	地 形 图（幅）							专题地图（种）	地图集（种）	电子地图（种）
		#1:5 万	#1:1 万	#1:5000	#1:2000	#1:1000	#1:500			
合 计	**101720**	**6744**	**19593**	**3189**	**12688**	**7996**	**49884**	**30775**	**591**	**822**
北 京								21	5	9
天 津	258		258					3		
河 北								15	2	1
山 西	6690	199	339		2143	458	3551	91	3	34
内蒙古	458			21	45	392		17		
辽 宁	9863		33	347	933	1125	7425	21	1	22
吉 林	616		616					105		7
黑龙江	3035	1347	1386		49	253		158	14	
上 海	491				145	244	102	2	1	4
江 苏								12	2	
浙 江	9208		1173	292	489	114	7140	72	14	9
安 徽								26	85	2
福 建								111	11	
江 西	194	35			21	99		60		4
山 东								244	86	192
河 南	5580	24	2091	233	642	1786	804	5	2	
湖 北	1313		663		130	520			4	
湖 南	8330		7753			400	128	72	18	402
广 东	17423		1576		5335	320	10192	11	1	5
广 西	1609	17	77	20	313	221	960	48	1	9
海 南	1038	1038						201	36	8
重 庆	583	29	42		180		332	1289	40	15
重庆测绘院	1053	1053						1705		
四 川	3773	2247	981		45		500	115	79	
贵 州	2300		188	42	210		1860	14	1	
云 南	4076		571		514	23	2968	62	2	7
西 藏	35				14	8	13			
陕 西	11923	633	504	80	1248	1298	6704	105	42	4
甘 肃	59							18		
青 海	1982	47	151	138	67	735	844	50	8	6
宁 夏	2								1	
新 疆	4060		338	1			3721	16	2	1
青 岛	5352		532	2015	165		2640	1		
大 连										
宁 波	3	1						12	1	3
深 圳								1	1	1
厦 门										
中国地图出版集团	354	15	321					544	127	47
测绘研究院	59	59						192		
地理信息中心								25356	1	30
卫星应用中心										
质量检验中心										

表 18　2011 年界线测绘和工程测量

单　位	地籍测绘	房产测绘	行政区域界线测绘		工程测量（项）				
	面　积（平方千米）	面　积（万平方米）	测量长度（千米）	点数（点）	合　计	50 万以下	50 万（含）-200 万	200 万（含）-500 万	500 万及以上
合　计	**32927.9**	**16478.3**	**5193.7**	**85925**	**10299**	**9802**	**390**	**87**	**20**
北　京		60.0			1696	1641	41	12	2
天　津	313.0				430	401	22	7	
河　北	4862.6	1501.6			69	58	8	1	2
山　西	80.0				4	1	3		
内蒙古	33.0				18	6	12		
辽　宁	4353.4	4.0			15	10	5		
吉　林	493.2		138.0	13	56	47	8	1	
黑龙江	252.0	133.6	320.0	39000	36	18	8	8	2
上　海					2176	2122	50	4	
江　苏	749.8				34	34			
浙　江	436.8				87	87			
安　徽	854.5	200.0	332.4	12	27	25	2		
福　建	34.0	861.8			27	10	13	3	1
江　西	59.1				39	33	6		
山　东	185.0	0.02	28.4	72	49	42	5	2	
河　南	335.0				7	4		2	1
湖　北		410.0			1153	1150	3		
湖　南	306.0	1683.0			74	55	13	6	
广　东	203.3	260.0	141.0	22	27	16	6	4	1
广　西	622.9	521.9			30	23	6	1	
海　南	55.2	42.0	339.9		49	48	1		
重　庆		6894.5			2449	2408	33	5	3
重庆测绘院	200.0	25.0	1200.0	5000	302	279	14	6	3
四　川	1304.4	235.0			121	68	42	10	1
贵　州	352.2	30.0	499.0	40536	97	69	23	3	2
云　南	3.5	0.8			95	72	22	1	
西　藏	30.0				5	3	2		
陕　西	16491.1				17	8	6	2	1
甘　肃	7.8				7	4	3		
青　海	272.2	365.1	539.0	1201	40	29	11		
宁　夏	25.0				2		2		
新　疆	2.9		1656.0	69	11	9	1	1	
青　岛					8	1	2	4	1
大　连					96	96			
宁　波		250.0			822	807	11	4	
深　圳	10.0	3000.0			124	118	6		
厦　门									
中国地图出版集团									
测绘研究院									
地理信息中心									
卫星应用中心									
质量检验中心									

表 19 2011 年地理信息系统开发

单 位	系统开发数量（项）	系统开发经费（万元）	
		收费金额	免费金额
合 计	**340**	**25895.3**	**3225.4**
北 京	3	373.2	
天 津	3	240.0	
河 北	5	1231.9	300.0
山 西	4	1889.7	
内蒙古	1	401.5	
辽 宁	2	291.0	
吉 林	4	424.4	12.0
黑龙江	12	720.6	
上 海			
江 苏	17	1963.4	
浙 江	20	467.7	
安 徽	4	170.0	
福 建	22	1103.3	370.0
江 西	3	65.0	35.0
山 东	7	719.0	70.0
河 南	24	732.8	210.0
湖 北	12	895.4	65.0
湖 南	8	676.0	
广 东	16	475.0	
广 西	5	179.5	
海 南	8	1028.3	
重 庆	4	747.0	
重庆测绘院	14	184.5	18.0
四 川	12	731.2	20.0
贵 州	8	7.0	100.0
云 南	8	1160.9	10.0
西 藏			
陕 西	11	636.5	11.4
甘 肃	13	818.8	
青 海	9	2352.0	82.0
宁 夏			
新 疆	5	1104.8	
青 岛	1	547.0	
大 连			
宁 波	13	1014.4	
深 圳	6	178.9	120.0
厦 门			
中国地图出版集团			
测绘研究院	40	1593.1	662.0
地理信息中心	9	573.5	1100.0
卫星应用中心	7	198.0	40.0
质量检验中心			

（三）地图图书出版和地图审核

表 20 2011 年地图图书出版

出版单位	品种（种）						总印张（千印张）					
	纸质地图				电子地图	图书	纸质地图				电子地图	图书
		新版	重版	再版				新版	重版	再版		
合　计	**1763**	**673**	**785**	**305**	**45**	**2104**	**52398**	**17716**	**25908**	**8774**		**518651**
黑龙江	121	57	64			161	5644	2050	3593			1673
福　建	68	47	20	1		16	902	477	394	31		835
山　东	208	87		121		116	2782	818		1963		4076
湖　南	252	175	46	31		165	3556	1189	382	1984		3926
广　东	56	5	51			15	1103	59	1044			2444
四　川	115	31		84		79	1390	259		1130		5879
陕　西	129	67		62		99	4410	1010		3399		2302
中国地图出版集团	814	204	604	6	45	1453	32612	11853	20494	265		497517

2011 年地图图书出版（续）

出版单位	总印数/总复制数（万幅/万册，万张）						总　定　价　（万元）					
		纸质地图			电子地图	图书		纸质地图			电子地图	图书
		新版	重版	再版				新版	重版	再版		
合　计	**3189**	**748**	**1870**	**571**	**84**	**15083**	**38531**	**10512**	**12546**	**15473**	**104490**	**87782**
黑龙江	227	165	62			15	2149	1061	1088			482
福　建	44	19	22	2		8	632	204	393	35		286
山　东	346	78		268		106	2044	644		1399		2376
湖　南	196	124	48	25		135	1595	664	310	620		2206
广　东	957	5	952			48	898	52	846			518
四　川	153	26		126		133	1008	250		758		1405
陕　西	197	60		137		28	14009	1545		12463		951
中国地图出版集团	1069	270	786	12	84	14611	16198	6092	9909	197	104490	79560

表 21 2011 年地图审核

单位	受理审核地图数量（件）		地图内容审查					
		#通过审核	单张地图（幅）	地图集（册）	书刊插图、登载展示地图（幅）	产品上附有的地图图形（幅）	地球仪（个）	电子地图（件）
合 计	**5052**	**4626**	**5209**	**383**	**57949**	**49**	**282**	**426**
北 京	38	21	11	4	3			3
天 津	15	13	9	1	2			1
河 北	41	41	37	1	1			2
山 西	30	27	21	2	2			2
内蒙古	17	17	17					
辽 宁	91	91	97	5	177	1		
吉 林	168	127	552	4	5461			5
黑龙江	65	61	42	13	7	1		2
上 海	161	161	1395	1				2
江 苏	178	177	122	12	19			25
浙 江	491	491	168	25	167		106	25
安 徽	30	27	26	2				2
福 建	126	119	82	1	35			8
江 西	47	47	39	1	3			4
山 东	259	258	229	5	13	1		10
河 南	27	27	16	2	7			2
湖 北	47	47	36	5	1			5
湖 南	68	68	53	15				
广 东	117	108	90	4	9	1	1	10
广 西	77	77	76		325			2
海 南	75	74	32	3	38			2
重 庆	56	56	1061	2	10			
四 川	76	76	46	23	2			5
贵 州	14	14	10	1	2			1
云 南	56	56	46	2	12			1
西 藏	27	21	20	5	3			
陕 西	59	58	179	3	89	1		4
甘 肃	34	32	6	3		2		21
青 海	14	14	4	1	7			2
宁 夏	19	19	8		11			
新 疆	92	92	144	18	97			18
青 岛								
大 连								
宁 波	56	56	41		15			
深 圳								
厦 门								
国家测绘地理信息局	2381	2053	494	219	51431	42	175	262

（四）科 技

表 22 2011 年测绘地理信息系统科技研究

科技活动	研究项目数（项）		完成项目数（项）		经费投入（万元）				项目人员（人）	
		#新开项目数		#新开项目数		财政投入	自筹资金	其他资金	总数	#客座人员
合 计	**717**	**431**	**360**	**205**	**33358.4**	**24651.3**	**8285.1**	**422.0**	**3495**	**279**
按活动类型分：										
测绘基础研究	80	34	27	12	2120.9	1801.9	302.0	17.0	326	29
测绘应用研究	324	192	158	91	22763.3	16852.3	5604.1	307.0	2226	175
测绘技术开发	292	189	165	96	6607.5	4479.2	2031.3	97.0	816	74
测绘软科学研究	21	16	10	6	1866.7	1517.9	347.8	1.0	127	1
按计划类型分：										
国家计划	76	22	13	2	5473.8	4893.8	573.0	7.0	318	70
部门计划	116	60	34	13	3508.6	2991.1	489.5	28.0	598	58
#国家局计划	80	42	29	10	3019.1	2673.1	338.0	8.0	359	24
地方计划	123	56	67	21	13298.3	12394.3	712.0	192.0	764	46
单位计划	287	186	159	87	6781.7	1812.5	4877.2	92.0	1419	74
国际合作计划	2	1			94.0	94.0			20	
其他计划	113	106	87	82	4201.9	2465.5	1633.4	103.0	376	31

表 23 2011 年直属单位科技研究

科技活动	研究项目数（项）	#新开项目数	完成项目数（项）	#新开项目数	经费投入（万元）	财政投入	自筹资金	其他资金	项目人员（人）总数	#客座人员
合 计	**355**	**164**	**136**	**44**	**10600.9**	**8320.0**	**2255.9**	**25.0**	**1448**	**199**
按活动类型分：										
测绘基础研究	57	19	14	5	1105.6	1035.6	70.0		178	23
测绘应用研究	172	85	69	31	6823.2	4839.2	1962.0	22.0	968	114
测绘技术开发	123	59	51	8	2649.4	2423.3	223.1	3.0	286	61
测绘软科学研究	3	1	2		22.8	22.0	0.8		16	1
按计划类型分：										
国家计划	73	22	12	2	5343.8	4803.8	540.0		288	68
部门计划	88	38	27	10	2988.4	2711.4	257.0	20.0	358	52
#国家局计划	67	33	26	10	2753.2	2496.2	257.0		259	24
地方计划	61	25	28	8	409.3	297.3	109.0	3.0	167	26
单位计划	115	68	64	23	1615.8	336.5	1277.3	2.0	568	53
国际合作计划	2	1			94.0	94.0			20	
其他计划	16	10	5	1	149.6	77.0	72.6		47	

表24　2011年科技成果

指标名称	计量单位	测绘地理信息系统	
			#直属单位
完成成果	项	159	76
成果登记	项	49	21
已应用成果	项	117	48
发表论文	篇	1513	405
1. 国内	篇	1430	330
其中：SCI	篇	62	19
EI	篇	112	32
2. 国外	篇	83	75
其中：SCI	篇	13	13
EI	篇	51	51
出版科技著作	部	6	3
专利申请受理	项	23	20
其中：发明专利	项	16	14
专利授权	项	18	13
其中：发明专利	项	11	7
国外授权	项		
成果获奖	项	235	68
1. 国际科技奖	项		
2. 国家科技奖	项	3	2
3. 省部级科技奖	项	68	30
4. 省部级以下科技奖	项	69	20
5. 社会科技奖	项	82	19
6. 其他	项	16	
技术转让收入	万元	530	30
科技成果转化	项	27	19
其他科技产出	–		
1. 形成国家或行业标准数	项	23	18
2. 软件著作权数	项	27	8

（五）人力资源

表 25　2011 年直属单位人员

计量单位：人

直属单位	单位个数	从业人员年末人数						离开本单位仍保留劳动关系的职工人数
			#女 性	在岗职工			其他从业人员	
					长期职工	临时职工		
合　计	**68**	**7890**	**2556**	**7523**	**6242**	**1281**	**367**	**335**
陕　西	17	2018	718	1737	1500	237	281	173
黑龙江	16	2103	615	2103	1362	741		
四　川	11	1532	432	1532	1280	252		150
海　南	7	342	123	331	325	6	11	
重庆测绘院	1	435	94	435	435			
中国地图出版集团	3	528	245	524	512	12	4	
测绘研究院	1	382	122	311	311		71	12
地理信息中心	1	142	55	142	142			
卫星应用中心	1	66	23	66	66			
测绘宣传中心	1	38	22	38	38			
管理信息中心	1	20	10	20	20			
地图审查中心	1	21	12	21	21			
发展研究中心	1	18	9	18	18			
技能鉴定中心	1	20	11	20	20			
质量检验中心	1	33	13	33	33			
北戴河休养院	1	31	4	31	21	10		
测绘学会	1	16	4	16	13	3		
机关服务中心	1	41	10	41	21	20		
国家局机关	1	104	34	104	104			

2011 年直属单位人员（续）

计量单位：人

直属单位	从业人员年平均人数					年末累计离退休人员		
		在岗职工			其他从业人员	总数	离休人员	退休人员
			长期职工	临时职工				
合　计	**7950**	**7582**	**6238**	**1344**	**368**	**3796**	**172**	**3624**
陕　西	2040	1764	1502	262	276	1228	59	1169
黑龙江	2132	2132	1366	766		861	21	840
四　川	1541	1541	1279	262		756	28	728
海　南	337	326	320	6	11	25		25
重庆测绘院	435	435	435			185	4	181
中国地图出版集团	538	529	514	15	9	380	22	358
测绘研究院	382	311	311		71	189	15	174
地理信息中心	142	142	142			70	2	68
卫星应用中心	66	66	66					
测绘宣传中心	38	38	38			1		1
管理信息中心	21	20	20		1	2		2
地图审查中心	21	21	21					
发展研究中心	18	18	18					
技能鉴定中心	20	20	20			1		1
质量检验中心	33	33	33					
北戴河休养院	31	31	21	10		18		18
测绘学会	16	16	13	3		7		7
机关服务中心	41	41	21	20		1		1
国家局机关	98	98	98			72	21	51

表 26　2011 年地方单位人员

计量单位：人

地方单位	单位个数	从业人员年末人数						离开本单位仍保留劳动关系的职工人数
			#女　性	在岗职工			其他从业人员	
					长期职工	临时职工		
合　计	**186**	**18179**	**5104**	**18003**	**17059**	**944**	**176**	**40**
北　京	1	947	271	947	947			
天　津	1	664	167	664	448	216		
河　北	9	650	178	650	650			
山　西	13	718	294	718	718			
内蒙古	7	712	227	712	701	11		
辽　宁	8	692	288	692	692			
吉　林	12	604	156	604	604			
上　海	1	372	80	372	372			
江　苏	10	566	127	566	566			
浙　江	7	799	172	666	666		133	28
安　徽	11	682	175	682	494	188		
福　建	6	414	93	414	414			
江　西	8	577	180	577	577			
山　东	3	768	141	768	633	135		
河　南	10	696	226	696	696			
湖　北	8	487	174	487	487			
湖　南	8	748	194	740	649	91	8	
广　东	5	1002	232	999	999		3	12
广　西	10	1120	358	1119	1119		1	
重　庆	2	899	169	899	899			
贵　州	5	801	211	801	734	67		
云　南	10	553	188	536	536		17	
西　藏	2	52	11	52	48	4		
甘　肃	7	446	119	446	446			
青　海	5	395	153	395	358	37		
宁　夏	4	237	56	223	223		14	
新　疆	7	587	183	587	587			
青　岛		6	1	6	6			
大　连	1	62		62	62			
宁　波	2	342	92	342	322	20		
深　圳	2	439	188	439	264	175		
厦　门	1	142		142	142			

注：表中单位个数不包括北京、天津、内蒙古、安徽、山东、湖南、广东、重庆、贵州、宁夏、青岛、大连、宁波、深圳、厦门等测绘地理信息行政主管部门机关，从业人员中山东、广东包括机关全部人员，其余只包括机关测绘管理部门的工作人员，下同。

2011 年地方单位人员（续）

计量单位：人

地方单位	从业人员年平均人数					年末累计离退休人员		
		在岗职工			其他从业人员	总数	离休人员	退休人员
			长期职工	临时职工				
合　计	**18046**	**17841**	**16936**	**905**	**205**	**8286**	**260**	**8026**
北　京	932	891	891		41	555	11	544
天　津	655	655	449	206		316	1	315
河　北	655	655	655			349	19	330
山　西	718	718	718			385	10	375
内蒙古	713	713	702	11		373	16	357
辽　宁	694	694	694			393	23	370
吉　林	619	619	619			227	12	215
上　海	372	372	372			286	3	283
江　苏	561	561	561			363	17	346
浙　江	790	663	663		127	242	19	223
安　徽	675	675	490	185		193	5	188
福　建	409	409	409			395	7	388
江　西	599	599	599			162	5	157
山　东	768	768	633	135		364	12	352
河　南	683	683	683			333	11	322
湖　北	488	488	488			299	5	294
湖　南	742	738	647	91	4	417	4	413
广　东	985	985	985			474	24	450
广　西	1125	1124	1124		1	429	8	421
重　庆	894	894	894			101	1	100
贵　州	796	796	729	67		211	2	209
云　南	548	531	531		17	449	10	439
西　藏	52	52	48	4		13		13
甘　肃	447	446	446		1	291	15	276
青　海	395	395	358	37		367	7	360
宁　夏	237	223	223		14	17		17
新　疆	593	593	593			260	13	247
青　岛	6	6	6					
大　连	62	62	62					
宁　波	280	280	261	19		8		8
深　圳	411	411	261	150		14		14
厦　门	142	142	142					

表 27 2011 年直属单位从业人员增减变动

计量单位：人

直属单位	年末从业人员	增加从业人员数							减少从业人员数								
		合计	从农村招收人员	从城镇招收人员	录用毕业生	复员转业军人安置	调入	其他	合计	退休	退职	开除、除名、辞退	终止、解除合同	离开本单位仍保留劳动关系职工	死亡	调出	其他
合 计	**7890**	**459**	**43**	**40**	**180**	**4**	**91**	**101**	**535**	**123**	**8**	**34**	**217**	**22**	**7**	**105**	**19**
陕 西	2018	99	42		39	2	10	6	112	28	3		58	4	2	13	4
黑龙江	2103	76		12	19		14	31	208	28		34	83			62	1
四 川	1532	34		8	22	1	1	2	79	20			37	18	1	3	
海 南	342	46		5	30		3	8	21	1			16		1	3	
重庆测绘院	435	45			7		6	32	10	5			1		3	1	
中国地图出版集团	528	36			19		3	14	56	23			16			5	12
测绘研究院	382	17	1	6	8		2		18	9	5		2			2	
地理信息中心	142	8			6		2		10	3						7	
卫星应用中心	66	25			10		15		1							1	
测绘宣传中心	38	2			1		1		1	1							
管理信息中心	20	3			2		1		2							1	1
地图审查中心	21	1					1		1							1	
发展研究中心	18								2							1	1
技能鉴定中心	20	2					1	1	1	1							
质量检验中心	33	33			7	1	20	5									
北戴河休养院	31	1						1	1	1							
测绘学会	16	4					4		2							2	
机关服务中心	41	11		9			1	1	7	3			4				
国家局机关	104	16			10		6		3							3	

表 28　2011 年地方单位从业人员增减变动

计量单位：人

地方单位	年末从业人员	增加从业人员数							减少从业人员数								
		合计	从农村招收人员	从城镇招收人员	录用毕业生	复员转业军人安置	调入	其他	合计	退休	退职	开除、除名、辞退	终止、解除合同	离开本单位仍保留劳动关系职工	死亡	调出	其他
合　计	**18179**	**1547**	**32**	**177**	**526**	**32**	**329**	**451**	**1295**	**531**	**10**	**11**	**308**	**3**	**16**	**311**	**105**
北　京	947	85			24	1	60		61	21			39		1		
天　津	664	46			18		3	25	29	24			4		1		
河　北	650	28			20		8		29	21					2	5	1
山　西	718	28		1	18		9		14	5						9	
内蒙古	712	33		15	3	1	8	6	24	16						8	
辽　宁	692	9				1	8		12	6						6	
吉　林	604	26		8	9	1	8		55	43		1			1	10	
上　海	372	10			8		2		14	9			3		1	1	
江　苏	566	44			23	6	13	2	40	28						12	
浙　江	799	101	1	24	28	1	13	34	73	6			32			19	16
安　徽	682	105		13	14	4	3	71	28	20			3			5	
福　建	414	14			12		1	1	17	9	1		4		1	2	
江　西	577	156			12	3	122	19	149	7	7					135	
山　东	768	21			16		5		31	28						3	
河　南	696	39			35		4		51	37	1		7			6	
湖　北	487	14		4	6		3	1	43	17		1				4	21
湖　南	748	70	1	26	18	1	3	21	99	31			19		2	38	9
广　东	1002	112	28	41	19	2	21	1	100	40		3	43	3		11	
广　西	1120	153		35	107	1	3	7	145	69		2	59		3	4	8
重　庆	899	119		3	26		1	89	30		1						29
贵　州	801	31				4	1	26	41	23		2	10		1	2	3
云　南	553	41		1	17	3	5	15	13	4			5			4	
西　藏	52	5			4		1		2				2				
甘　肃	446	29			18	1	9	1	46	28					1	10	7
青　海	395	2			1	1			58	6			47		1	4	
宁　夏	237	3					3		28	15					1	4	8
新　疆	587	31		1	23		7		23	16		2				5	
青　岛	6	2				1	1		1							1	
大　连	62																
宁　波	342	50	2	3	42		3		13				10			3	
深　圳	439	135		2			1	132	26	2			21				3
厦　门	142	5			5												

表29 2011年直属单位年末从业人员分类

计量单位：人

直属单位	机关工作人员			事业单位工作人员				企业工作人员
		公务员及其它行政人员	工勤技能人员		管理人员	专业技术人员	工勤技能人员	
合　计	**292**	**291**	**1**	**7070**	**702**	**4472**	**1896**	**528**
陕　西	57	56	1	1961	184	1113	664	
黑龙江	46	46		2057	85	1468	504	
四　川	50	50		1482	152	768	562	
海　南	35	35		307	18	249	40	
重庆测绘院				435	39	348	48	
中国地图出版集团								528
测绘研究院				382	64	305	13	
地理信息中心				142	39	91	12	
卫星应用中心				66	16	50		
测绘宣传中心				38	14	15	9	
管理信息中心				20	10	10		
地图审查中心				21	6	15		
发展研究中心				18	6	12		
技能鉴定中心				20	9	10	1	
质量检验中心				33	15	16	2	
北戴河休养院				31	13		18	
测绘学会				16	14	2		
机关服务中心				41	18		23	
国家局机关	104	104						

表30　2011年地方单位年末从业人员分类

计量单位：人

地方单位	机关工作人员			事业单位工作人员				企业工作人员
		公务员及其它行政人员	工勤技能人员		管理人员	专业技术人员	工勤技能人员	
合　计	**1039**	**990**	**49**	**17105**	**1583**	**11000**	**4522**	**35**
北　京	5	5		942	120	391	431	
天　津	5	5		659	93	232	334	
河　北	52	45	7	598	44	355	199	
山　西	40	40		678	119	409	150	
内蒙古	5	5		707	48	434	225	
辽　宁	32	29	3	660	49	546	65	
吉　林	41	37	4	563	99	357	107	
上　海				372	42	238	92	
江　苏	61	58	3	505	38	357	110	
浙　江	47	43	4	752	52	504	196	
安　徽	42	38	4	640	76	363	201	
福　建	37	31	6	377	25	275	77	
江　西	36	36		541	71	352	118	
山　东	127	127		641	41	429	171	
河　南	34	30	4	662	29	476	157	
湖　北	47	46	1	440	68	287	85	
湖　南	22	22		726	78	480	168	
广　东	143	143		859	72	714	73	
广　西	30	30		1090	73	722	295	
重　庆	15	15		884	7	384	493	
贵　州	16	16		785	43	584	158	
云　南	33	33		485	44	408	33	35
西　藏	26	16	10	26		26		
甘　肃	36	36		410	39	282	89	
青　海	28	25	3	367	36	313	18	
宁　夏	19	19		218	58	118	42	
新　疆	46	46		541	47	379	115	
青　岛				6	2	4		
大　连				62		62		
宁　波	4	4		338	39	222	77	
深　圳	10	10		429	28	250	151	
厦　门				142	3	47	92	

（六）专业人才

表31　2011年测绘地理信息系统专业技术人员①

计量单位：人

类别＼年龄	合　计	30岁以下	30－40	41－50	51－60	60岁以上
总　数	**15710**	**5120**	**4892**	**3864**	**1824**	**10**
其中：女性	**4369**	1299	1442	1258	367	3
高　级	**2586**	11	748	1411	412	4
#教授、研究员	**285**		18	193	72	2
中　级	**5163**	600	2398	1426	738	1
初　级	**6163**	3303	1396	863	600	1
其　他	**1798**	1206	350	164	74	4

续表

类别＼学历	合　计	博　士研究生	硕　士研究生	大学本科	#获得博士、硕士学位	大学专科	中专及以下
总　数	**15710**	**153**	**1529**	**7453**	**361**	**3854**	**2721**
其中：女性	**4369**	24	498	2170	103	1141	536
高　级	**2586**	93	316	1855	156	286	36
#教授、研究员	**285**	35	42	192	23	14	2
中　级	**5163**	45	499	2551	126	1502	566
初　级	**6163**	2	489	2438	68	1647	1587
其　他	**1798**	13	225	609	11	419	532

①指单位年末从业人员中具有专业技术职务任职资格的人员和不具有专业技术职务任职资格但在专业技术岗位工作的人员，下同。

表 32 2011 年直属单位专业技术人员

计量单位：人

类别 \ 年龄	合 计	30 岁以下	30 – 40	41 – 50	51 – 60	60 岁以上
总 数	**4842**	**1320**	**1427**	**1435**	**655**	**5**
其中：女性	**1288**	307	398	443	138	2
高 级	**937**	2	244	537	150	4
#教授、研究员	**111**		10	75	24	2
中 级	**1670**	155	730	497	287	1
初 级	**1594**	770	316	314	194	
其 他	**641**	393	137	87	24	

续表

类别 \ 学历	合 计	博 士 研究生	硕 士 研究生	大学本科		大学专科	中专及以下
					#获得博士、硕士学位		
总 数	**4842**	**109**	**536**	**1953**	**102**	**1254**	**990**
其中：女性	**1288**	15	203	535	34	346	189
高 级	**937**	67	120	666	59	72	12
#教授、研究员	**111**	26	21	60	11	3	1
中 级	**1670**	35	168	699	28	548	220
初 级	**1594**		193	460	10	450	491
其 他	**641**	7	55	128	5	184	267

表 33　2011 年西部地区[①]专业技术人员

计量单位：人

类别＼年龄	合　计	30 岁以下	30 - 40	41 - 50	51 - 60	60 岁以上
总　数	**6206**	**1998**	**1806**	**1585**	**814**	**3**
其中：女性	**1578**	396	495	517	169	1
高　级	**848**	6	195	474	171	2
#教授、研究员	**89**		4	67	18	
中　级	**2024**	151	893	624	355	1
初　级	**2593**	1374	549	401	269	
其　他	**741**	467	169	86	19	

续表

类别＼学历	合　计	博　士 研究生	硕　士 研究生	大学本科		大学专科	中专及以下
					#获得博士、硕士学位		
总　数	**6206**	**22**	**503**	**2587**	**123**	**1763**	**1331**
其中：女性	**1578**	2	156	727	43	448	245
高　级	**848**	16	128	581	49	117	6
#教授、研究员	**89**	5	14	64	10	6	
中　级	**2024**	6	171	864	45	691	292
初　级	**2593**		175	937	29	744	737
其　他	**741**		29	205		211	296

①西部地区包括内蒙古自治区、广西壮族自治区、重庆市、四川省、贵州省、云南省、西藏自治区、陕西省、甘肃省、青海省、宁夏回族自治区、新疆维吾尔自治区 12 个省（区、市），下同。

表34 2011年测绘地理信息系统专家

计量单位：人

类别＼年龄	合 计	30岁以下	30－40	41－50	51－60	60岁以上
总人数	**293**	**1**	**57**	**71**	**27**	**137**
其中：女性	**37**		8	9	2	18
院 士	**2**					2
享受政府特殊津贴专家	**197**		5	35	20	137
其中：国务院	**187**		5	32	17	133
省级政府	**10**			3	3	4
有突出贡献专家	**17**		1	12	3	1
百千万人才工程专家	**14**		4	9	1	
省部级专家	**96**	1	54	35	6	
#国家局①	**88**	1	52	31	4	

续表

类别＼学历	合 计	博 士 研究生	硕 士 研究生	大学本科		大学专科	中专及以下
					#获得博士、硕士学位		
总人数	**293**	**35**	**58**	**177**	**17**	**11**	**12**
其中：女性	**37**	2	7	28	3		
院 士	**2**	1		1			
享受政府特殊津贴专家	**197**	17	23	135	6	10	12
其中：国务院	**187**	17	23	125	6	10	12
省级政府	**10**			10			
有突出贡献专家	**17**	8	5	4			
百千万人才工程专家	**14**	3	5	6	4		
省部级专家	**96**	20	38	37	8	1	
#国家局	**88**	18	36	33	7	1	

①指国家测绘地理信息局青年学术和技术带头人，下同。

表35 2011年直属单位专家

计量单位：人

类别 \ 年龄	合计	30岁以下	30－40	41－50	51－60	60岁以上
总人数	**206**	**1**	**22**	**45**	**12**	**126**
其中：女性	**29**		3	8	1	17
院　士	**2**					2
享受政府特殊津贴专家	**168**		5	28	9	126
其中：国务院	**166**		5	26	9	126
省级政府	**2**			2		
有突出贡献专家	**7**			5	1	1
百千万人才工程专家	**9**		1	7	1	
省部级专家	**46**	1	22	20	3	
#国家局	**43**	1	21	19	2	

续表

类别 \ 学历	合计	博士研究生	硕士研究生	大学本科		大学专科	中专及以下
					#获得博士、硕士学位		
总人数	**206**	**25**	**32**	**128**	**7**	**11**	**10**
其中：女性	**29**	2	5	22	1		
院　士	**2**	1		1			
享受政府特殊津贴专家	**168**	14	18	116	4	10	10
其中：国务院	**166**	14	18	114	4	10	10
省级政府	**2**			2			
有突出贡献专家	**7**	6	1				
百千万人才工程专家	**9**	3	3	3	1		
省部级专家	**46**	14	18	13	3	1	
#国家局	**43**	13	18	11	3	1	

表 36 2011 年西部地区专家

计量单位：人

类别 \ 年龄	合 计	30 岁以下	30 - 40	41 - 50	51 - 60	60 岁以上
总人数	**81**	**1**	**17**	**16**	**11**	**36**
其中：女性	**6**		2			4
院 士						
享受政府特殊津贴专家	**53**			9	8	36
其中：国务院	**48**			8	5	35
省级政府	**5**			1	3	1
有突出贡献专家						
百千万人才工程专家	**2**			2		
省部级专家	**29**	1	17	8	3	
#国家局	**25**	1	16	6	2	

续表

类别 \ 学历	合 计	博 士 研究生	硕 士 研究生	大学本科		大学专科	中专及以下
					#获得博士、硕士学位		
总人数	**81**	**9**	**9**	**51**	**6**	**6**	**6**
其中：女性	**6**		1	5	1		
院 士							
享受政府特殊津贴专家	**53**	3	2	37	4	5	6
其中：国务院	**48**	3	2	32	4	5	6
省级政府	**5**			5			
有突出贡献专家							
百千万人才工程专家	**2**	1	1				
省部级专家	**29**	6	8	14	2	1	
#国家局	**25**	5	7	12	2	1	

（七）测绘成果管理与应用

表 37 2011 年按类别分地形图、专题地图、地图集和电子地图提供

类 别	地形图（张）			专题地图（张）	地图集（册）	电子地图（MB）
	总 数	#1:1 万	#1:5 万			
合 计	**451513**	**151035**	**56911**	**61590**	**9279**	**158505**
一、按成果领用单位类型						
1. 党政机关	33015	21811	3629	31237	4511	10386
2. 事业单位	115257	69201	28594	25439	3113	142686
3. 企业	100034	56787	23213	1304	95	4740
#私营企业	27118	7164	3716	94	16	3020
#涉外企业						
4. 国（境）外组织机构				8		
5. 其他	8652	3152	1475	3602	1560	693
二、按成果应用领域						
1. 党政领导机关	6948	2490	1928	18999	3236	1798
#用于应急保障	2106	60		1840		311
2. 测绘	29342	10969	5893	739	1957	33657
3. 土地	7952	6792	830	6840	1010	3618
4. 地矿	23110	10862	9166	304	29	532
5. 城乡建设与规划	16368	3251	996	535	1016	67113
6. 铁道	8234	3740	3596	95	10	58
7. 交通运输	17025	10875	3441	1829	11	3127
8. 水利	59851	48306	8278	989	33	3253
9. 电力	13821	8798	4551	138	19	3600
10. 通讯	38	4	5	76	21	776
11. 石油	18208	13231	4373	30		40
12. 煤炭	3444	2148	989	352	5	26
13. 农业	6245	1135	2829	51	2	81
14. 林业	5811	4657	909	25	41	436
15. 气象	131	6	66	8		
16. 地震	685	118	322	55		102
17. 海洋	91	81	10	4		
18. 环保	3551	1913	1399	16		
19. 公安武警	571	84	394	315	5	31654
20. 烟草	2			1		
21. 科教文卫	3922	1037	773	108	16	3283
22. 出版				21403	1	255
23. 民政	12477	11098	959	273	123	618
24. 军队	1327	170	290	300	6	594
25. 航空航天	1627	929	444	24	6	
26. 其他	16177	8257	4470	8081	1732	3884
三、按成果使用方式						
1. 有偿使用	213194	114844	52943	38025	3325	79217
2. 无偿使用	43764	36107	3968	23565	5954	79288

注：地形图提供上海未按成果领用单位类型、成果应用领域、成果使用方式分类统计，以上地形图提供各分项均不包括上海数据。

表 38　2011 年按地区分地形图、专题地图、地图集和电子地图提供

地　区	地形图（张）			专题地图（张）	地图集（册）	电子地图（MB）
	总　数	#1:1 万	#1:5 万			
合　计	**451513**	**151035**	**56911**	**61590**	**9279**	**158505**
北　京	15292	193				
天　津	2					
河　北	2910	2505	344			
山　西	5116	4167	888	1751		
内蒙古	11470	2934	5770	270	156	
辽　宁	2724	2278	409	870		
吉　林	13880	12289	1301	7475	1674	102
黑龙江	9554	3638	5594			
上　海	194555	84				
江　苏	1868	1592	244		76	
浙　江	12216	11410	787			
安　徽	6075	5690	354	413		
福　建	5217	4266	757	273		4734
江　西	8320	7498	655			
山　东	4295	3619	498			
河　南	3606	3325	187	1686	553	
湖　北	2762	2464	292	2	1	1
湖　南	13980	12837	1123			
广　东	1174	951	169			
广　西	9688	8326	1325	690	38	
海　南	70	37		1197	33	380
重　庆	9396	8484	685	960	960	540
四　川	9765	6372	2482	26		140876
贵　州	12631	10454	1955			
云　南	10169	7744	1711	30595	2	7000
西　藏	3168	23	622	671	376	225
陕　西	13942	11877	1914			
甘　肃	8630	4118	3882	1016	243	
青　海	4992	361	3550	567	53	1012
宁　夏	3432	2735	624			
新　疆	20292	8102	9300	2392	114	3628
青　岛	3597	623		720		
大　连						
宁　波	13197	24		16		4
深　圳	234	15		10000	5000	3
厦　门	977					
地理信息中心	12317		9489			

表 39　2011 年按类别分数字测绘成果提供

计量单位：幅，GB

类别	数字线划地图（DLG）						数字高程模型（DEM）					
	合计		#1:1 万		#1:5 万		合计		#1:1 万		#1:5 万	
	图幅数	数据量	图幅数	数据量	图幅数	数据量	图幅数	数据量	图幅数	数据量	图幅数	数据量
合　计	**747374**	**3516.9**	**151690**	**1310.8**	**148921**	**1855.5**	**168191**	**794.3**	**41180**	**374.4**	**122213**	**394.7**
一、按成果领用单位类型												
1. 党政机关	312213	1229.1	34283	253.5	61778	815.1	29931	141.9	2577	46.6	26367	87.7
2. 事业单位	328178	1927.7	105938	783.7	84321	1012.8	136085	634.7	38127	314.9	95033	304.8
3. 企业	121470	198.9	14334	132.3	2095	11.1	2728	15.9	1699	12.9	143	0.4
#私营企业	39396	34.9	996	7.4	1056	1.5	43	0.1		0.0	43	0.1
#涉外企业	28	0.03										
4. 国（境）外组织机构												
5. 其他	8945	161.2	6402	141.4	1041	16.5	670	1.8			670	1.8
二、按成果应用领域												
1. 党政领导机关	78567	178.8	24871	116.1	1148	16.1	1253	25.1	1227	24.9		
#用于应急保障	12284	21.7	10090	14.5	173	1.3						
2. 测绘	221133	2006.3	73357	517.2	104107	1418.9	105337	493.0	37640	277.6	65702	204.3
3. 土地	15734	76.8	7416	60.4	498	5.3	3611	13.6	822	5.2	491	1.7
4. 地矿	5627	43.4	2164	18.9	1704	21.3	1775	9.6	683	3.3	1090	6.3
5. 城乡建设与规划	183152	133.3	7043	34.5	1083	11.1	1199	8.9	1068	8.6	131	0.4
6. 铁道	3973	5.9	318	1.1			127	0.4			127	0.4
7. 交通运输	6316	20.3	5361	18.8	555	1.0	21	0.1			21	0.1
8. 水利	75804	351.0	13028	77.1	20469	246.0	25095	104.3	4367	38.5	20712	65.9
9. 电力	2737	11.7	1663	9.5	325	1.2	146	0.7	141	0.7	5	0.01
10. 通讯	6818	36.9	406	2.5	4534	26.3						
11. 石油	479	1.8	441	1.7	22	0.1	4	0.01			4	0.01
12. 煤炭	647	2.2	597	2.0	29	0.2	10	0.1	10	0.1		
13. 农业	153	1.0	67	0.8	84	0.2	10	0.04	10	0.04		
14. 林业	34776	52.7	4346	42.8	80	0.9	107	0.3			107	0.3
15. 气象	154	0.7	120	0.7								
16. 地震	31001	25.9	796	0.9	1512	16.9	1464	5.1			1424	5.0
17. 海洋	1284	13.5	166	0.6	919	12.1	7	0.03			7	0.03
18. 环保	4928	17.2	4302	14.7	406	2.4						
19. 公安武警	43496	61.4	8212	16.7	4400	24.8	650	4.7	254	1.6		
20. 烟草												
21. 科教文卫	4251	22.1	1252	6.4	713	6.3	489	3.9	400	3.0	87	0.9
22. 出版	11714	103.4	11690	103.3								
23. 民政	9047	107.5	8719	106.3	53	0.1	471	4.1			471	4.1
24. 军队	16690	60.4	1762	17.8	3364	28.0	23907	85.6	9	0.04	23875	81.8
25. 航空航天	2962	7.9	157	3.3	2772	4.1	8809	31.6	868	7.9	7941	23.7
26. 其他	43480	174.7	10049	136.8	1528	12.4	346	3.0	328	3.0	18	0.03
三、按成果使用方式												
1. 有偿使用	371005	596.6	41014	258.1	26045	193.3	23027	115.5	10001	81.2	12957	33.9
2. 无偿使用	383635	2920.3	117217	1052.8	123377	1662.2	146123	678.8	32138	293.2	109256	360.8

2011 年按类别分数字测绘成果提供（续）

计量单位：幅，GB

类 别	数字栅格地图（DRG）						数字正射影像（DOM）					
	合计		#1:1 万		#1:5 万		合计		#1:1 万		#1:5 万	
	图幅数	数据量	图幅数	数据量	图幅数	数据量	图幅数	数据量	图幅数	数据量	图幅数	数据量
合 计	**75506**	**8577.7**	**36646**	**324.5**	**38319**	**8247.8**	**287227**	**25258.6**	**53082**	**7264.2**	**38085**	**9630.2**
一、按成果领用单位类型												
1. 党政机关	28994	502.8	10849	124.7	18038	376.2	129033	7460.9	12930	1612.9	1845	506.0
2. 事业单位	39585	8018.8	20054	158.5	19112	7857.3	133196	16655.1	41874	5515.2	36553	9096.6
3. 企业	6629	53.3	5532	39.4	1082	13.5	11789	240.2	1057	126.6	21	27.6
#私营企业	277	0.4	153	0.1	124	0.3	999	43.6	20	0.3	2	0.6
#涉外企业												
4. 国（境）外组织机构												
5. 其他	328	2.8	213	2.0	115	0.8	17910	902.5	1588	9.6		
二、按成果应用领域												
1. 党政领导机关	115	2.1	65	2.0			35769	925.6	3266	223.8	151	82.8
#用于应急保障	53	0.2	4	0.01			1328	40.4	1318	37.5		
2. 测绘	41705	8239.1	7162	41.1	34422	8197.5	62018	9080.8	32285	3264.6	18211	3490.2
3. 土地	9258	37.8	8556	33.7	692	4.1	30446	1321.2	7997	945.3	7	1.4
4. 地矿	896	11.3	507	6.9	290	4.2	391	13.2	328	12.8	63	0.4
5. 城乡建设与规划	728	5.3	388	3.7	320	1.4	48871	2614.9	3521	635.8	207	44.8
6. 铁道	663	6.0	390	2.5	273	3.5						
7. 交通运输	1340	19.9	898	8.4	416	11.2	294	37.2	240	24.5	54	12.7
8. 水利	6397	80.0	5966	70.3	260	8.7	32327	6569.8	3495	475.5	18813	5670.4
9. 电力	991	17.2	733	13.3	252	3.6	9934	101.7	224	64.5		
10. 通讯	4	0.01	4	0.01								
11. 石油	478	4.5	212	2.6	266	1.9						
12. 煤炭	109	4.6	17	0.4	92	4.2	233	5.1	233	5.1		
13. 农业	108	1.3	36	0.4	69	0.9	90	3.2	90	3.2		
14. 林业	747	14.0	745	14.0	2	0.02	10241	48.4	287	18.7	568	9.3
15. 气象												
16. 地震	4	0.02			4	0.02	73	29.4				
17. 海洋	2	0.02			2	0.02						
18. 环保	301	5.1	70	2.9	231	2.2						
19. 公安武警							30021	1273.3	146	30.3	334	70.4
20. 烟草												
21. 科教文卫	637	5.6	551	4.2	80	0.5	1064	196.3	630	52.6	413	142.5
22. 出版	64	0.2			64	0.2	110	29.0	110	29.0		
23. 民政	121	6.2	112	6.2	9	0.02						
24. 军队	10579	114.2	10004	109.8	548	3.0	34805	1771.2	7880	270.4	357	103.0
25. 航空航天	22	0.1	3	0.003	19	0.1						
26. 其他	304	2.9	227	2.3	75	0.7	4261	1238.2	4161	1208.1	10	2.5
三、按成果使用方式												
1. 有偿使用	30054	7997.2	11059	135.9	18751	7859.0	81064	4085.9	4180	615.4	5778	1180.2
2. 无偿使用	45452	580.4	25587	188.7	19568	388.8	208384	21172.7	50708	6648.8	32722	8450.0

表 40　2011 年按地区分数字测绘成果提供

计量单位：幅，GB

地　区	数字线划地图（DLG）						数字高程模型（DEM）					
	合计		#1:1 万		#1:5 万		合计		#1:1 万		#1:5 万	
	图幅数	数据量	图幅数	数据量	图幅数	数据量	图幅数	数据量	图幅数	数据量	图幅数	数据量
合　计	**747374**	**3516.9**	**151690**	**1310.8**	**148921**	**1855.5**	**168191**	**794.3**	**41180**	**374.4**	**122213**	**394.7**
北　京	2005	2.8	68	0.2								
天　津	10610	23.1	2114	13.4	3							
河　北	7687	101.2	5808	72.1	1861	29.0	1029	5.3	428	3.5	601	1.7
山　西	7418	30.0	6849	23.5	299	3.8	70	0.3	46	0.2	24	0.1
内蒙古	8600	26.8	1300	6.8	7005	18.8	355	2.5	330	2.4	17	0.0
辽　宁	1864	5.3	1149	2.3	715	3.1	2717	17.1	2246	12.9	471	4.1
吉　林	18885	142.5	18276	137.7	609	4.8	3969	14.6	3242	11.2	608	1.6
黑龙江	21384	107.8	8554	20.0	12830	87.7	10674	24.0			10674	24.0
上　海	380097	157.2	852	3.6	70	3.3						
江　苏	4579	18.0	4240	13.9	322	3.9	4110	36.1	4110	36.1		
浙　江	5452	161.7	4263	154.1	333	4.9	4600	118.8	4255	117.1	329	1.5
安　徽	6594	7.2	6228	6.1	90	0.7	1254	7.3	1194	7.0	4	0.0
福　建	14438	210.8	4611	173.5	342	13.7	134	1.3	134	1.3		
江　西	6452	61.8	5974	50.2	457	10.7	6158	86.4	5691	85.6	467	0.8
山　东	3362	22.4	3034	20.9	164	0.7	1167	8.4	1089	8.0		
河　南	19509	51.9	19394	51.3	87	0.3	922	4.3	892	4.1	30	0.1
湖　北	3438	3.4	2334	2.3	886	0.9	701	0.7	612	0.6	89	0.1
湖　南	20699	246.4	19926	241.8	168	1.9	2557	12.8	2163	9.0	74	0.2
广　东	1532	36.3	1532	36.3			532	9.1	518	9.0	14	0.0
广　西	1513	21.7	1352	17.5	134	3.8	220	1.1	220	1.1		
海　南	4702	10.7	4354	7.6	342	3.0						
重　庆	1758	5.9	1145	4.5	48	0.3	1126	9.5	1122	9.5	4	0.0
四　川	8563	27.9	5170	16.7	3350	11.2	219	1.5	178	1.0	41	0.5
贵　州	179	3.5	18	0.4	140	2.7	271	2.6	242	2.4	21	0.2
云　南	1875	17.1	157	0.7	1019	10.0	178	0.7			106	0.4
西　藏	1214	9.6			1108	8.8						
陕　西	9209	129.8	7277	95.1	1902	34.2	8784	22.8	8067	21.5	717	1.4
甘　肃	3118	68.5	1619	49.2	1470	18.9	1374	12.9	1098	7.5	276	5.4
青　海	527	11.5	282	7.9	228	3.4	33	1.8	31	1.7		
宁　夏	1426	1.4	1266	1.2	160	0.2						
新　疆	18154	140.6	11583	78.4	5838	57.0	3331	21.7	3272	21.5	53	0.1
青　岛	2974	8.7					3176	9.3				
大　连	559	0.3										
宁　波	2834	3.0	850	0.9								
深　圳	7402	36.4	111	0.7			418	6.5				
厦　门	14679	14.3					419	0.4				
地理信息中心	122083	1589.3			106941	1513.9	107693	354.7			107593	352.4

2011 年按地区分数字测绘成果提供（续）

计量单位：幅，GB

地区	数字栅格地图（DRG）						数字正射影像（DOM）					
	合计		#1:1万		#1:5万		合计		#1:1万		#1:5万	
	图幅数	数据量	图幅数	数据量	图幅数	数据量	图幅数	数据量	图幅数	数据量	图幅数	数据量
合　计	**75506**	**8577.7**	**36646**	**324.5**	**38319**	**8247.8**	**287227**	**25258.6**	**53082**	**7264.2**	**38085**	**9630.2**
北　京												
天　津							31206	1744.0				
河　北	37	0.5	37	0.5			1003	178.0	1003	178.0		
山　西							6355	230.3	6355	230.3		
内蒙古	134	0.4			134	0.4	39	3.7	31	0.8	8	2.9
辽　宁	3192	12.2	3162	12.1	30	0.2	4740	1281.7	4740	1281.7		
吉　林							1026	101.7	967	97.9	59	3.8
黑龙江	16011	7817.9			16011	7817.9	5302	983.8			5302	983.8
上　海							126842	3818.6				
江　苏							4436	1892.8	4086	1624.5	340	267.5
浙　江	1053	17.3	797	11.2	250	5.8	24182	2865.3	4144	2404.4	334	254.3
安　徽	810	9.5	545	6.5	246	2.9	2331	74.2	885	27.3	30	11.0
福　建	1	0.01	1	0.01			1222	69.2	857	32.1	13	5.7
江　西	411	13.9	258	8.0	153	5.9	9159	263.9	9159	263.9		
山　东	201	0.6			201	0.6	7315	1816.9	561	42.8	60	11.7
河　南	4	0.02			4	0.02	4702	48.9	4700	48.5	2	0.4
湖　北	2496	2.4	2268	2.2	228	0.2	1433	1.4	1433	1.4		
湖　南	19610	133.9	18416	126.1	1167	6.3	2157	352.3	1451	148.2		
广　东	2	0.01			2	0.01	876	48.9	864	48.1	12	0.8
广　西	7512	78.5	6904	72.5	589	5.8	807	33.6	807	33.6		
海　南							5374	391.1	1283	36.2	14	6.2
重　庆	172	0.5	155	0.5	8	0.03	234	6.0	234	6.0		
四　川	2438	8.1	1698	4.6	450	1.4	535	79.4	531	79.1	4	0.3
贵　州	433	37.8	371	36.2	58	1.1	12	2.3			12	2.3
云　南							733	46.1				
西　藏	17	0.1	1	0.01	8	0.1		0.0				
陕　西	402	1.1	370	1.0	32	0.1	2388	242.3	1586	53.6	802	188.6
甘　肃	1911	62.2	1314	38.5	458	23.3	799	41.3	728	37.7	54	0.3
青　海	251	4.5	193	4.2	58	0.2	37	4.2	37	4.2		
宁　夏	290	0.8	156	0.5	128	0.4						
新　疆	274	0.9			260	0.7	11129	774.3	6530	290.6	4599	483.7
青　岛							3176	9.3				
大　连												
宁　波												
深　圳							507	375.9	110	293.5	1	20.3
厦　门							511	0.5				
地理信息中心	17844	374.5			17844	374.5	26659	7477.0			26439	7386.6

表 41 2011 年按类别分测绘基准成果、航摄成果和卫星遥感资料提供

类 别	测绘基准成果（点）	航摄成果（片）	卫星遥感资料（平方千米）
合 计	**178232**	**514225**	**69729315**
一、按成果领用单位类型			
1. 党政机关	4397	2247	814501
2. 事业单位	122139	511055	68907603
3. 企业	42241	541	7211
#私营企业	19085	101	
#涉外企业			
4. 国（境）外组织机构			
5. 其他	9455	382	
二、按成果应用领域			
1. 党政领导机关	2163		313409
#用于应急保障	22		
2. 测绘	96738	505402	37933669
3. 土地	5522	2247	75302
4. 地矿	16311		
5. 城乡建设与规划	4026	6	44358
6. 铁道	2782	5029	
7. 交通运输	4328	119	
8. 水利	10431	389	151
9. 电力	4081	47	5729
10. 通讯	176		9600000
11. 石油	6996		
12. 煤炭	2088		26800
13. 农业	3089		
14. 林业	432	64	1513
15. 气象			
16. 地震	50		
17. 海洋	84		1863448
18. 环保	35		
19. 公安武警	107		10251656
20. 烟草			15
21. 科教文卫	718		8000
22. 出版			
23. 民政	2	540	474
24. 军队	7555	360	9603314
25. 航空航天	75		1000
26. 其他	10443	22	477
三、按成果使用方式			
1. 有偿使用	114155	201777	28302957
2. 无偿使用	64077	312448	41426358

表42　2011年按地区分测绘基准成果、航摄成果和卫星遥感资料提供

地　区	测绘基准成果（点）	航摄成果（片）	卫星遥感资料（平方千米）
合　计	**178232**	**514225**	**69729315**
北　京	13862		
天　津	206		
河　北	1396		
山　西	1994		
内蒙古	13948	7503	1188000
辽　宁	1170	431	
吉　林	4369		42903
黑龙江	7849	188527	28042701
上　海	4015		
江　苏	3630		
浙　江	2742		11600
安　徽	2622		60552
福　建	2518	9851	51606
江　西	3687	7994	
山　东	3309		
河　南	1097	2725	354796
湖　北	2133	4760	
湖　南	713	4684	
广　东	1276	23464	
广　西	5414	371	
海　南	475		
重　庆	849		20200
四　川	4556		333168
贵　州	3774	486	
云　南	31804	9677	12649
西　藏	456		
陕　西	2409	253	541530
甘　肃	3179		380000
青　海	4256		26800
宁　夏	1345	5029	
新　疆	15349		1767730
青　岛	61		
大　连			
宁　波	246		9365
深　圳	21		4528
厦　门			
地理信息中心	31502	248470	36881187

表 43 2011 年测绘成果汇交

地 区	汇交目录（条）	汇交副本（套）
合 计	**116067**	**2180**
北 京		
天 津	20	20
河 北	53	13
山 西		
内蒙古		
辽 宁		
吉 林	1509	2
黑龙江	3075	74
上 海		
江 苏	7169	
浙 江	44603	
安 徽		
福 建		45
江 西	108	25
山 东		892
河 南		
湖 北		22
湖 南	974	11
广 东	43949	24
广 西	5	
海 南	2121	
重 庆		
四 川	3063	
贵 州		
云 南		1
西 藏		
陕 西	493	5
甘 肃	1437	32
青 海	287	8
宁 夏		
新 疆	1162	12
青 岛	25	3
大 连		
宁 波	6014	991
深 圳		
厦 门		

表 44　2011 年测绘成果共享协议签订情况

计量单位：份

地　区	测绘成果共享协议累计签订数量	#本年签订数量
合　计	**142**	**20**
北　京		
天　津		
河　北	5	1
山　西		
内蒙古		
辽　宁		
吉　林	11	
黑龙江	12	4
上　海	4	2
江　苏	27	3
浙　江	17	
安　徽	10	3
福　建	10	
江　西	12	1
山　东		
河　南		
湖　北	6	1
湖　南	3	1
广　东		
广　西		
海　南		
重　庆		
四　川		
贵　州		
云　南	4	
西　藏		
陕　西		
甘　肃	4	
青　海		
宁　夏		
新　疆	2	1
青　岛	2	
大　连		
宁　波	9	
深　圳	4	3
厦　门		

（八）固定资产

表 45　2011 年主要固定资产投资

计量单位：万元

单位	房屋						设备			汽车		
	年末原值	本年增加原值	本年减少原值	建筑面积（平方米）	#办公用房	#业务用房	年末原值	本年增加原值	本年减少原值	年末原值	本年增加原值	本年减少原值
合计	**104471.1**	**9348.7**	**2563.5**	**997800.2**	**444379.8**	**159120.0**	**282091.2**	**47859.8**	**16617.1**	**46133.9**	**3876.2**	**1347.1**
北京	4177.7			79848.8			7695.3	567.6	2269.5	1619.8	77.1	
天津	1866.0			13931.0		8858.0	5234.0	525.2	333.5	1173.4	138.8	
河北	1044.6		115.7	20931.7	19278.0		6511.9	459.1	218.8	632.5	57.0	91.5
山西	3578.1	1694.6		16778.2	16778.2		17911.0	3316.6	191.9	926.7	33.9	
内蒙古	2129.7			17218.3	14178.1	2330.8	8911.5	2651.0	143.0	1500.3	48.0	28.2
辽宁	5134.8	308.1		39873.0	12442.1	26578.9	4904.9	1138.1	838.7	1027.8		107.0
吉林	256.0			11669.0	5300.0	6369.0	6846.5	2240.6	824.7	939.5	125.8	63.3
黑龙江	8094.7			162360.6	41233.5	372.1	17471.8	1288.6	1344.5	4190.8	61.2	227.6
上海	8485.1			30387.1	30387.1		8683.8	766.5	300.1	653.7	88.0	
江苏	566.0			17357.0	13804.0		8005.1	1126.2	1249.3	1058.3	63.3	
浙江	1174.2			24101.5	17117.1	19.4	9484.3	2680.9	162.6	1309.0	184.3	
安徽	564.4		778.9	16437.2	14577.5		4619.5	730.7	199.7	824.1	72.5	31.1
福建	932.4			3983.4	3983.4		5929.3	1428.1	270.0	877.2	161.6	40.5
江西	385.9			13118.4	13118.4		5511.8	2887.0	1365.8	779.9	200.9	
山东	4553.8	4344.2		20831.8	18023.3		5630.3	929.6	677.5	869.4	731.7	
河南	1095.3			19900.6	19900.6		8445.0	1131.6	342.5	1021.4		9.2
湖北	2146.0		79.5	17905.0	13933.0		4330.8	490.2	114.9	1105.0	100.7	16.5
湖南	2090.4			17443.5	10741.7	6701.8	8153.5	2139.4	975.1	694.1		
广东							6055.3	301.6	83.6	1110.0		37.8
广西	761.7			25070.4	5902.5		10210.8	2103.4	140.1	1425.3		53.8
海南	3444.8			24139.4	16000.0		6556.7	924.0	21.7	1387.3	177.1	21.7
重庆	4021.4	831.5		13125.0	175.8		5105.1	729.5	188.0	1075.6		
四川	5656.8	200.0		80042.5	28602.8	12152.8	19250.4	2381.0	1059.6	4177.0	428.5	236.4
贵州	718.2			18508.0			4345.6	429.2		1110.8	92.0	
云南	915.3			19081.7	10848.0		6494.0	756.4	26.0	1770.7	151.8	16.1
西藏	154.0			3300.0	870.0	2430.0	725.7	40.0		185.8		
陕西	10641.2		9.0	87463.8	66395.0	8295.3	22397.6	3703.6	530.8	4550.6	195.6	110.3
甘肃	1112.0			19072.1	12589.0	4200.0	5528.5	557.6	83.4	802.0	125.0	83.4
青海	68.6			4501.4	4501.4		4960.4	573.8	604.9	1033.4	103.6	66.5
宁夏							2045.1	459.2		158.1		
新疆	4151.6			20073.0	9160.0	8177.0	7119.2	919.0		1393.3		
青岛												
大连							666.5			23.5		
宁波	1248.8	816.0	5.4	2405.1	2170.0		2268.0	622.6	38.9	578.3	32.3	38.9
深圳	25.0			297.0	297.0		1485.7	134.9		88.6		
厦门							1235.3			130.0		
中国地图出版集团	6904.1		1575.0	10941.3	754.0	4035.8	3330.6	514.0	113.0	1265.3	225.5	67.4
重庆测绘院	2773.0	1154.3		27931.3		27931.3	3934.4	520.0		1043.9	199.8	
测绘研究院	2699.2			40513.0	11723.2	11302.3	9621.7	1140.8	192.6	712.0		
地理信息中心	5321.4			24474.3	9304.0	2749.7	9679.2	2918.8	1423.3	242.8		
卫星应用中心							746.3	243.1				
测绘宣传中心							789.4	3.0				
管理信息中心							287.9	1.7	9.2			
地图审查中心							59.5			14.2		
发展研究中心							128.6	20.2				
技能鉴定中心							89.8	6.4		23.7		
质量检验中心							112.0	112.0				
北戴河休养院	179.9			6169.0	291.0		279.2	1.9		70.8		
测绘学会							162.0	17.6				
机关服务中心							137.1	37.8		81.6		
国家局机关	5398.8			26615.7		26615.7	2003.1	1189.6	279.9	476.5		

注：广东省国土资源厅、宁夏国土资源厅房屋均由厅机关统一管理，未作统计。

表46 2011年主要设备数量

计量单位：台/套

设备名称	年末数量						本年增加数量	本年减少数量
	合计	按质量状况分			按存在状态分			
		完好	待修	待废	在用	闲置		
GPS接收机	**4434**	4188	10	236	4193	241	639	139
全站仪	**3278**	3148	10	120	3149	129	295	97
经纬仪	**370**	307	4	59	224	146	29	2
水准仪	**1468**	1429	3	36	1405	63	98	18
测深仪	**65**	63	1	1	62	3	16	
地下管线探测仪	**311**	287	16	8	302	9	61	20
低空无人驾驶摄影飞机	**56**	56			56		31	
航摄仪	**24**	24			24		2	
全数字摄影测量系统	**2214**	2202	3	9	2200	14	336	
遥感图像处理系统	**576**	576			576		34	4
图形编辑工作站	**2949**	2934	1	14	2934	15	383	36
绘图仪	**690**	665	4	21	669	21	73	14
扫描仪	**579**	552	7	20	556	23	63	13
服务器	**1774**	1752	4	18	1756	18	312	40
磁盘阵列	**423**	411	5	7	414	9	72	10
磁带库	**82**	78	1	3	79	3	7	2
交换机	**999**	975	3	21	975	24	126	76
台式计算机	**20783**	19406	104	1273	19471	1312	2368	1253
便携式计算机	**8041**	7628	33	380	7664	377	1172	275
手持测距仪	**1186**	1166	7	13	1171	15	183	20
重力仪	**8**	8			8		1	
雷达系统								
水平仪								
野外通讯系统	**2048**	1809	41	198	1808	240	158	127
卫星导航定位数据处理系统	**28**	28			28		5	
载货汽车	**116**	102	1	13	103	13	11	1
越野汽车	**593**	580	2	11	583	10	48	22
载客汽车	**548**	528	6	14	536	12	46	26
轿车	**650**	630	6	14	639	11	49	12

表 47 2011 年各单位主要设备数量

计量单位：台/套

单 位	GPS 接收机	全站仪	经纬仪	水准仪	测深仪	地下管线探测仪	低空无人驾驶摄影飞机	航摄仪	全数字摄影测量系统	遥感图像处理系统
合 计	**4434**	**3278**	**370**	**1468**	**65**	**311**	**56**	**24**	**2214**	**576**
北 京	64	115	17	86		20	2		25	
天 津	82	96	28	82	1	34	1		10	
河 北	176	220	19	78	2	1	2	1	79	47
山 西	90	58		33	1	1	1	6	97	14
内蒙古	194	70		39		4	2	3	86	56
辽 宁	116	115	1	52	2	13	1	4	66	1
吉 林	107	137		37		10	1	1	37	
黑龙江	390	208	3	119	9	7	1	4	229	2
上 海	120	106	1	59		28			3	
江 苏	115	46	2	51	15	15			43	23
浙 江	60	58	14	38	4	1	2		37	6
安 徽	79	67	2	56	2	1	3		86	4
福 建	81	54	83	18	5	2	2	1	15	20
江 西	131	84	5	39	1	1	2	1	73	13
山 东	53	51		9			1		50	3
河 南	98	143	12	37		5	2	1	81	2
湖 北	36	15		6			1		47	58
湖 南	88	105	14	24	2	2	3		77	13
广 东	61	160	3	27	4		2		36	2
广 西	171	161	1	37	3	7	2		68	97
海 南	97	86	4	42	1		1		55	4
重 庆	79	119		7	1	53	3		28	4
四 川	372	229	16	82		82	3		261	61
贵 州	99	86	1	18	1		5		65	36
云 南	154	71	16	18	1		2		52	49
西 藏	8	6		5			2			
陕 西	683	157	20	155	1	3	3		171	41
甘 肃	94	79	5	20		3	2	1	57	4
青 海	89	102	3	54		1			28	
宁 夏	52	30	40	14	1		1	1	11	3
新 疆	175	72	56	76		1			116	10
青 岛										
大 连	15	10		7					15	
宁 波	15	26		12	5	5	2		17	
深 圳	14	14	2	9		1				1
厦 门	12	14		6		1				
中国地图出版集团										
重庆测绘院	117	107		16	3	9	1		92	
测绘研究院	13		2							
地理信息中心	30	1							1	2
卫星应用中心										
测绘宣传中心										
管理信息中心										
地图审查中心	1									
发展研究中心										
技能鉴定中心										
质量检验中心	3									
北戴河休养院										
测绘学会										
机关服务中心										
国家局机关										

2011 年各单位主要设备数量（续一）

计量单位：台/套

单　位	图形编辑工作站	绘图仪	扫描仪	服务器	磁盘阵列	磁带库	交换机	台式计算机	便携式计算机	手持测距仪
合　计	**2949**	**690**	**579**	**1774**	**423**	**82**	**999**	**20783**	**8041**	**1186**
北　京	35	28	18	74	6	2	61	743	259	
天　津		31	13	32	8	1	19	449	195	19
河　北	29	22	13	24	4		9	617	141	20
山　西	112	15	18	51	12	5	20	273	65	21
内蒙古	100	22	12	11	8	1	7	317	219	
辽　宁	14	23	15	40	18	6	16	682	160	23
吉　林	84	22	8	17	9	2	6	280	94	16
黑龙江	362	47	42	76	23	1	43	1412	626	109
上　海	35	20	19	66	35	2	58	691	109	38
江　苏	139	11	12	63	14	2	52	718	485	118
浙　江	165	20	20	92	24	3	34	727	288	37
安　徽	79	28	15	17	13	2	17	438	134	53
福　建	35	16	12	51	7		22	457	204	76
江　西	132	18	21	28	11	5	22	179	36	55
山　东	83	14	7	19	3	3	4	378	151	6
河　南	104	28	16	43	14	3	29	808	297	75
湖　北	11	9	5	35	3	1	8	542	158	25
湖　南	63	20	38	43	9		32	775	236	32
广　东	59	9	12	45	12	2	26	650	199	41
广　西	25	34	19	59	15	5	39	1150	316	72
海　南	103	14	12	30	15	6	24	182	70	12
重　庆	13	20	3	54	8	5	29	157	56	24
四　川	125	44	23	63	26	2	39	1294	628	29
贵　州	123	15	12	23	4	2	29	612	115	29
云　南	92	12	25	35	6		11	289	212	15
西　藏										
陕　西	166	46	43	131	14	3	129	1852	740	100
甘　肃	43	15	7	48	11		19	410	252	11
青　海	48	8	4	24	2		3	277	98	7
宁　夏	5	7	5	5	2		7	151	76	12
新　疆	97	21	22	35	12	3	35	531	261	8
青　岛										
大　连	57	3	3	2		1	4			12
宁　波	37	12	5	23	4	3	19	128	16	20
深　圳	61	6	7	51	6	3	5	147	41	48
厦　门	2	5	1	3		1	3			17
中国地图出版集团	155	5	15	37			9	502	98	
重庆测绘院		8	4	23	6		11	190	114	
测绘研究院	143	5	30	144	30	2	62	816	508	4
地理信息中心	12	6	18	132	27	5	33	433	239	
卫星应用中心		1		10	1		4			
测绘宣传中心				4				70	19	
管理信息中心	1		1	6				37	6	
地图审查中心			2	2	1			29	14	
发展研究中心								26	15	
技能鉴定中心			1	2				21	12	
质量检验中心				1				58	19	2
北戴河休养院								8	4	
测绘学会								37	15	
机关服务中心			1					18	10	
国家局机关								222	31	

2011年各单位主要设备数量（续二）

计量单位：台/套

单　位	重力仪	雷达系统	水平仪	野外通讯系统	卫星导航定位数据处理系统	载货汽车	越野汽车	载客汽车	轿车
合　计	**8**			**2048**	**28**	**116**	**593**	**548**	**650**
北　京				13			7	54	23
天　津				64				45	21
河　北				52	1		3	1	21
山　西							2	1	9
内蒙古				3	4	6	17	7	8
辽　宁				40	2		5	22	19
吉　林							24	27	16
黑龙江				96	3	1	67	51	30
上　海				297			1	24	3
江　苏				4	8		17	9	23
浙　江				11		6	11	23	17
安　徽				24			13	15	11
福　建				57	1		10	7	14
江　西					1	5	7	3	65
山　东	1						19	8	12
河　南				51		12	15	16	17
湖　北				29			11	11	22
湖　南							11	11	15
广　东				3		32	11	9	9
广　西				112			26	21	12
海　南				4		2	11	3	22
重　庆				4		6	16	25	17
四　川				50	1	2	50	27	47
贵　州				10		2	34	4	11
云　南				101			34	10	14
西　藏							3	2	
陕　西	7			576	2	6	76	31	29
甘　肃				66			8	2	10
青　海				70		1	24	5	12
宁　夏					1	13	6	1	2
新　疆				216	4	15	20	4	12
青　岛									
大　连									
宁　波						2	2	24	13
深　圳						1	7	11	5
厦　门							1	4	
中国地图出版集团							1	14	32
重庆测绘院				27		4	17	9	9
测绘研究院				39			5	3	13
地理信息中心				6			1	2	4
卫星应用中心									
测绘宣传中心								1	5
管理信息中心									
地图审查中心									1
发展研究中心									
技能鉴定中心									1
质量检验中心				2					
北戴河休养院								1	2
测绘学会									
机关服务中心				21					3
国家局机关									19

（九）国际交流与合作

表48 2011年国际交流与合作

出访和接待情况

计量单位：项，人次

内 容	出 访		接 待	
	项目数	人次数	项目数	人次数
合 计	**228**	**796**	**68**	**276**
考察访问	37	113	43	155
国际会议	87	302	6	66
合作研究	36	69	13	25
培训进修	42	182	5	21
科技展览	15	92		
其 他	11	38	1	9

签订合作协议

计量单位：个

	合作议定书或备忘录	合作会谈纪要或工作计划
数 量	3	

（十）教育培训

表49 2011年教育培训

指标名称	计量单位	数量
一、参加教育培训人员	–	—
1. 人员数	人	14717
其中：学历教育	人	1078
（1）管理人员	人	3882
（2）专业技术人员	人	8630
（3）其他人员	人	2205
2. 人次数	人次	50296
其中：境外培训	人次	191
党校培训	人次	525
（1）政治理论培训	人次	8535
（2）业务培训	人次	35308
（3）其他培训	人次	6453
二、教育培训经费支出	万元	4552.8
1. 组织培训	万元	1244.5
2. 参加培训	万元	3308.3
三、组织教育培训	次	6058
1. 政治理论培训	次	1069
2. 业务培训	次	4527
3. 其他培训	次	462

（十一）立法执法

表 50　2011 年测绘法规

中央法规

计量单位：件

法律	行政法规	部门规章	
			#本年修订
1	**4**	**6**	**1**

地方法规

计量单位：件

单　位	地方性法规		地方政府规章	
		#本年修订		#本年新制定
合　计	**32**	**1**	**63**	**5**
北　京	1		1	
天　津	1		1	
河　北	1		6	1
山　西	1		2	
内蒙古	1		1	
辽　宁	1		1	
吉　林	1		4	1
黑龙江	1		4	
上　海	1		4	
江　苏	1		3	
浙　江	1		5	
安　徽	1		1	
福　建	1		2	
江　西	1		1	
山　东	1		1	
河　南	1			
湖　北	1		3	1
湖　南	1		2	
广　东	1	1		
广　西	1			
海　南	1		1	
重　庆	1		1	1
四　川	1		3	
贵　州	1		1	
云　南	1		3	
西　藏	1		1	
陕　西	2		1	
甘　肃	1		4	
青　海	1		1	
宁　夏	1		1	
新　疆	1		2	1
青　岛				
大　连				
宁　波			1	
深　圳				
厦　门			1	

表51 2011年测绘行政执法

类 别	开展执法检查（次）	开展重大专项执法行动（项）	发现涉嫌违法行为（起）	立案调查涉嫌违法案件（件）	做出行政处罚案件（件）
合 计	**3446**	**484**	**1558**	**190**	**95**
市场准入类	1158	59	148	30	18
测绘项目类	312	32	33	9	3
地图类	645	107	1109	93	38
测绘成果类	267	111	209	21	17
涉外测绘	57	38	4	2	
涉军测绘	23	20	1	1	
测量标志	435	30	26	11	2
其他	549	87	28	23	17

附　录

单位简介

国家测绘地理信息局

一、主要职责

（一）起草测绘法律法规和部门规章草案，拟定测绘事业发展规划，会同有关部门拟订全国基础测绘规划，拟订测绘行业管理政策、技术标准并监督实施。

（二）负责基础测绘、国界线测绘、行政区域界线测绘、地籍测绘和其他全国性或重大测绘项目的组织和管理工作，建立健全和管理国家测绘基准和测量控制系统。

（三）拟订地籍测绘规划、技术标准和规范，确认地籍测绘成果。

（四）承担规范测绘市场秩序的责任。负责测绘资质资格管理工作，监督管理测绘成果质量和地理信息获取与应用等测绘活动，组织协调地理信息安全监管工作，审批对外提供测绘成果和外国组织、个人来华测绘。组织查处全国性或重大测绘违法案件。

（五）承担组织提供测绘公共服务和应急保障的责任。组织、指导基础地理信息社会化服务，审核并根据授权公布重要地理信息数据。

（六）负责管理国家基础测绘成果，指导、监督各类测绘成果的管理和全国测量标志的保护，拟订测绘成果汇交制度并监督实施。

（七）承担地图管理的责任。监督管理地图市场，管理地图编制工作，审查向社会公开的地图，管理并核准地名在地图上的表示，与有关部门共同拟定中华人民共和国地图的国界线标准样图。

（八）负责测绘科技创新相关工作，指导测绘基础研究、重大测绘科技攻关以及科技推广和成果转化，开展测绘对外合作与交流。

（九）承办国务院及国土资源部交办的其他事项。

二、内设机构

办公室、规划财务司、国土测绘司、法规与行业管理司、地理信息与地图司（测绘成果管理司）、科技与国际合作司、人事司、直属机关党委（纪检监察审计室）、离退休干部办公室

三、所属单位

（一）直属局

陕西测绘地理信息局、黑龙江测绘地理信息局、四川测绘地理信息局、海南测绘地理信息局

（二）直属单位

中国地图出版集团、中国测绘科学研究院、国家基础地理信息中心、国家测绘地理信息局卫星测绘应用中心、中国测绘宣传中心（中国测绘报社）、国家测绘地理信息局管理信息中心、国家测绘地理信息局地图技术审查中心、国家测绘地理信息局测绘发展研究中心、国家测绘地理信息局职业技能鉴定指导中心、国家测绘产品质量检验测试中心、国家测绘地理信息局重庆测绘院、国家测绘地理信息局机关服务中心、国家测绘地理信息局三亚测绘技术开发服务培训中心、国家测绘地理信息局北戴河休养院

（三）归口管理的社团组织

中国测绘学会、中国测绘仪器专业协会、中国地理信息产业协会、中国全球定位系统技术应用协会

北京市规划委员会

一、主要职责（测绘）

（一）贯彻落实国家关于城乡规划、测绘、建设工程勘察与设计等方面的法律、法规、规章和政策；起草本市相关地方性法规草案、政府规章草案，拟订相关管理规范和技术标准，并组织实施和监督检查。

（二）负责本市城乡规划、测绘行政管理和工程勘察与设计行业管理；承担城乡规划编制、测绘、工程勘察与设计单位及其从业人员的资格管理；负责建设工程勘察与设计质量安全的监督管理以及有关招标投标的备案工作。

（三）承担本市空间与自然资源基础信息数据库以及城乡规划地理信息系统的规划、建设和管理工作；拟订城乡规划领域信息化建设发展规划，并组织实施；负责城乡建设档案的监督和管理工作。

二、直属单位（测绘）

北京市勘察设计与测绘管理办公室、北京市测绘设计研究院

北京市测绘设计研究院

一、主要职责

（一）承担北京市基础测绘任务，建立和维护基本控制网，设置和保护永久性测量标志，测绘和更新北京市基本比例尺地形图，获取基础测绘信息数据，建立北京市基础地理信息系统。

（二）保管北京市基础测绘和规划测量资料档案，负责全市基础地理信息数据的分发服务。

（三）编制北京市基础地理底图、普通地图和行政区划地图。

（四）实施规划监督测量、定线拨地测量、规划道路测量、行政区域界线测绘等具有行政管理职能的测绘工作。

（五）主编北京市地方性测绘技术系列标准。

（六）承担北京市重大工程测绘项目。

二、内设机构

宣传部、组织部（党办）、纪律检查委员会（加挂监察（审计）处牌子）、工会、团委、院办公室、生产经营处（统计办）、科技信息处、质量管理处、人事处、财务处、离退休干部管理处、第三产业办公室、劳动服务公司办公室、对外协作办公室、测绘产品质量检验中心、第一测绘分院、第二测绘分院、第三测绘分院、第四测绘分院、第五测绘分院、第六测绘分院、基础地理信息工程院、航测遥感中心、制图中心、北京九州宏图技术有限公司、后勤服务中心、汽车服务公司

三、直属单位

北京市地理信息中心（测绘资料档案室）、北京市测绘设计研究院职工学校

天津市规划局

一、主要职责（测绘）

负责全市城市测绘管理工作；制定城市测绘发展规划和计划，负责城市测绘成果的管理和运用；负责测绘单位的资质管理。

二、内设机构

办公室、业务处、总体规划处、详细规划处、建设项目管理处、市政基础设施处、保护规划处、科技处（市规划委员会办公室秘书处）、地名管理处（市地名委员会办公室）、测绘地理信息处、执法监察处（信访办公室）、政策法规研究处、人事处、财务处（审计处）、党组办公室、组织干部处（机关党委）、纪检组（监察室）、工会、老干部处

三、直属单位（局属测绘资质单位）

天津市测绘院、天津市勘察院、天津市建筑设计院

天津市测绘院

一、主要职责

承担整个天津地区的平面控制网、高程控制网的建立和维护，以及为城市规划和建设管理提供多种不同比例尺现势图，同时还承担工程测量、地籍测绘、城市地下综合管线探测、基础地理信息开发和制图等项工作。

二、内设机构

党委办公室、办公室、纪检监察室、工会、总工程师办公室、劳动人事处、业务处、基建设备处、质量检查处、财务处、服务中心、质量监督检验站

三、直属单位

天津市测绘院基础地理信息中心、天津市测绘院测绘一院、天津市测绘院测绘三院、天津市测绘院测绘四院、天津市测绘院测绘七院、天津市测绘院测绘八院、天津市测绘院基础测绘院、天津市测绘院遥感工程院、天津市测绘院滨海分院

河北省测绘局

一、主要职责

（一）拟订测绘地方性法规、政府规章草案及行业管理政策、技术标准。

（二）组织拟订全省测绘事业中长期发展规划；会同有关部门编制省级基础测绘规划和年度计划、航空摄影与遥感计划，并组织实施。

（三）负责省级基础测绘、行政区域界线测绘、地籍测绘和其他全省性或重大测绘项目、应急保障测绘项目的组织和管理工作；建立健全和管理全省测绘基准及测量控制系统。

（四）会同土地行政主管部门编制地籍测绘规划，按照规划组织管理地籍测绘，确认地籍测绘成果。

（五）承担规范测绘市场秩序的责任。负责测绘资质资格管理工作；监督管理测绘成果质量和地理信息获取与应用等测绘活动；组织协调地理信息安全监督管理工作；审核对外提供测绘成果；监督管理外国组织、个人来冀测绘；组织查处全省性或重大测绘违法案件。

（六）承担组织提供测绘公共服务和应急保障的责任。负责管理省级基础测绘成果，指导监督各类测绘成果的管理；组织、指导基础地理信息社会化服务；审核并根据授权公布省内重要地理信息数据；组织并监督测绘基础设施建设与维护，管理全省测量标志。

（七）承担地图管理的责任。监督管理地图市场，管理全省地图编制工作，按规定审查向社会公开的地图，管理并核准地名在地图上的表示。

（八）负责组织测绘科技创新工作。开展测绘高新技术应用研究、重大测绘科技攻关以及科技推广和成果转化；负责对外测绘合作与交流有关工作。

（九）指导全省测绘队伍建设。组织测绘行业职工技术岗位培训和知识更新；核准测绘计量检定人员资格；会同有关部门管理测绘职业资格。

（十）承办省政府和河北省国土资源厅交办的其他事项。

二、内设机构

办公室、人事处、国土测绘处（科技与国际合作处）、法规与行业管理处（监察处）、测绘成果管理处、遥感信息管理处（地理国情监测处）、财务处、机关党委、离退休干部处

三、直属单位

河北省第一测绘院、河北省第二测绘院、河北省第三测绘院（河北省航天航空遥感技术应用中心）、河北省制图院（河北省地理信息市场管理中心）、河北省测绘产品质量监督检验站（河北省测绘职业技能鉴定中心）、河北省基础地理信息中心、河北省测绘资料档案馆、河北省基础测绘设施技术保障中心

山西省测绘地理信息局

一、主要职责

（一）草拟全省测绘行政法规、规章，制定全省测绘事业中长期发展规划、测绘管理政策并依法监督实施。指导各地市、各专业部门的测绘工作。

（二）组织、管理和实施全省基础测绘（含空间数据基础设施建设）、行政区域界线测绘、地籍测绘、重点工程测绘和其他全省性或重大测绘项目、重大测绘科技项目，会同有关部门制定相应的测绘规划和技术标准。

（三）管理全省测绘单位资质的认证、审批和测绘任务登记。

（四）管理全省基础地理信息数据，组织指导基础地理信息的社会化服务。依法审核发布全省重要地理信息数据。办理全省中等以上城市和大型建设项目建立相对独立坐标系统的审批、备案。管理和保护本省范围内的测量标志。

（五）依法管理全省测绘市场。监督本省内重大测绘项目和重点工程测绘项目的招投标，依法查处全省性和重大测绘违法案件，负责行政复议和行政处罚。监督管理本省对外提供测绘成果和外国组织、个人来晋测绘。

（六）负责全省测绘成果的管理、确认和质量监督。依法管理本省地图编制工作，审查向社会出版、展示的地图，管理并审核地名在地图上的表示。

（七）组织全省测绘专业技术教育与培训，协助管理全省测绘专业技术职称评审和测绘技术工人等级考核工作。组织全省测绘对外合作交流。

（八）组织拟定全省卫星遥感与航空摄影计划，统一管理全省卫星遥感与航空摄影资料，协调数据的预处理与分发服务。审核报批本省行政区域内民用航空摄影项目和遥感项目，协调各专业遥感项目的实施。

（九）监督与管理全省测绘事业费和测绘专项资金，指导并监督直属单位的国有资产管理。

（十）承办省政府及省国土资源厅交办的其他工作。

二、内设机构

办公室、基础测绘处、测绘市场管理处、地图编制与测绘成果处、权属界线测绘处、计划财务处、人事教育处（机关党委）、离退休人员管理处

三、直属单位

山西省测绘工程院、山西省基础地理信息院、山西省地图院、山西省地图集编纂委员会办公室、山西省综合地理信息中心、山西省遥感中心、山西省测绘资料档案馆、山西省测绘产品质量监督检验站、山西省测绘职业资格管理中心、山西省测绘宣传中心、山西省基础测绘设施技术保障中心

内蒙古自治区国土资源厅

一、主要职责（测绘）

（一）贯彻执行国家关于测绘管理的方针、政策和法律、法规，研究拟定自治区有关法规、条例；依照规定负责有关行政复议；制订测绘管理的办法。

（二）组织编制和实施基础测绘规划和其他专项规划。

（三）组织编制自治区基础测绘和重大测绘项目规划，实施测绘行业管理，进行测绘资格审查。

（四）组织开展测绘技术的对外合作交流；推进科技进步，推广科技新成果。

二、内设机构

办公室、人事教育处、政策法规处、规划与科技处、财务处、地籍管理处、耕地保护处、土地利用管理处、矿产资源储量处、矿产开发管理处、地质勘查处、地质环境处、测绘管理处、执法监察局、机关党委

三、直属单位（测绘）

内蒙古自治区测绘事业局、内蒙古自治区测绘产品质量监督检验站

内蒙古自治区测绘事业局

一、主要职责

主要承担自治区境内基础测绘工作，工作范围包括基础测绘、重点测绘项目、地籍测绘、地理信息系统建设，编制出版自治区行政区域地图、地图集和其他专业性图集；向社会提供测绘成果，为各级政府及有关部门提供测绘保障服务。

二、内设机构

办公室、人事教育处、财务处、生产技术处

三、直属单位

内蒙古自治区测绘院、内蒙古自治区航空遥感测绘院、内蒙古自治区地图制印院、内蒙古自治区测绘科技档案资料馆、内蒙古自治区基础地理信息中心

辽宁省测绘地理信息局

一、历史沿革

辽宁省测绘地理信息局原名辽宁省测绘局，成立于1977年，事业单位，正厅级建制，人员编制35人。1983年改为副厅级建制，事业编制，隶属于辽宁省建设厅，内设机构为正县级规格，人员编制36人。1994年改为行政编制。2000年再次改为副厅级事业单位，隶属于辽宁省国土资源厅，人员编制调整为34人。2011年，辽宁省测绘局更名为辽宁省测绘地理信息局，局机关增加2个处，增加编制15人。

二、主要职责

（一）落实国家关于测绘工作的方针政策和法律、法规、规章；拟定全省测绘行政、经济、技术管理法规和技术标准；制订测绘事业发展规划、计划并组织实施；组织实施国家和省的基础测绘，国、省界线测绘、行政区域界线测绘、地籍测绘和全省性或重大测绘项目。

（二）拟定测绘单位资格审查认证管理实施办法和有关测绘资格证书分级标准；依法审定测绘单位资格，监督管理测绘市场；依法审查对外提供测绘成果和外国组织、个人来辽宁省测绘；依法查处全省性和重大的测绘违法案件，负责有关行政复议。

（三）建立全省基础地理信息系统，管理全省基础地理信息数据和空间数据基础设施，组织指导基础地理信息社会化服务；根据授权发布重要地理信息数据。

（四）制订地籍测绘规划、计划；审定地籍测绘资格，组织实施地籍测绘项目，确认地籍测绘成果。

（五）依法管理地图编制工作，审查国、省界线和向社会出版、展示的地图；组织编制全省行政区域（省、市、县）地图；管理并审核地名在地图上的表示；负责全省测量标志保护管理。

（六）指导监督全省测绘技术；管理测绘成果及全省测量控制系统；组织重大测绘科技项目攻关，

指导对外测绘科技合作交流。

（七）监督管理测绘事业费和有关专项资金。

（八）承办省政府及国土资源厅交办的其他事项

三、内设机构

办公室、计划财务处、国土测绘与科技处、法规与行业管理处、地理信息应用与开发处、测绘成果管理处、人事处、机关党委

四、直属单位

辽宁省基础测绘院、辽宁省地理信息院、辽宁省摄影测量与遥感院、辽宁省测绘产品质量监督检验站、辽宁省基础地理信息中心（辽宁省测绘科技资料馆）、辽宁省测绘局网络技术中心、辽宁省测绘基础设施管理中心

吉林省测绘局

一、主要职责

（一）贯彻执行国家有关测绘行政法规、规章；起草地方测绘行政法规、规章；研究拟定全省测绘事业发展规划、测绘行政管理政策、技术标准并依法监督实施。

（二）组织并管理全省基础测绘、行政区域界限测绘、地籍测绘和其它全省性重大测绘项目；会同有关部门拟定省级基础测绘规划和年度计划，指导县市实施基础测绘规划及年度计划。

（三）负责测绘资质、资格的管理；负责组织管理全省范围内测量标志的保护；根据授权审核发布全省重要地理信息数据；管理全省测绘基准和测量控制系统；组织查处重大测绘违法案件，负责有关行政复议。

（四）监督管理地图市场，管理全省地图编制工作；组织、指导地图市场的监督管理工作；审查省级行政区域的地图；审查向社会公开出版、展示的地图；管理并审核地名在地图上的表示；依据国界线标准样图，审批国界线画法。

（五）负责测绘公共服务和测绘应急保障；承担地理信息管理的职责，组织指导基础地理信息社会化服务，监督管理地理信息的获取与开发应用；审批测绘航空摄影和对外提供测绘成果；监督管理全省各类测绘成果安全、保密及质量工作。

（六）负责组织管理全省重大测绘科研项目及测绘科技创新工作，指导测绘科技攻关和测绘科技推广及成果转化应用，组织测绘对外合作与技术交流。

（七）拟定地籍测绘的规划和技术标准，并按规划组织管理地籍测绘，确认地籍测绘成果。

（八）负责管理全省测绘事业费和专项资金。

（九）承办省政府交办的其它事项。

二、内设机构

办公室、规划财务处、基础测绘处、法规与行业管理处（行政审批办公室）、地理信息管理与应用处（地图管理处）、科技与质量监督处、人事处、机关党委

三、直属单位

吉林省第一测绘院、吉林省第二测绘院、吉林省地理信息工程院、吉林省基础地理信息中心（吉林省测绘档案资料馆）、吉林省测绘局管理信息中心、吉林省测绘职业资格管理中心、吉林省地图技术审核中心、吉林省测量标志管理站、吉林省测绘产品质量监督检查站（吉林省测绘仪器计量检定站）、吉林省基础测绘基地管理中心（吉林省测绘仪器设备调配中心）、吉林省测绘局机关服务中心

黑龙江测绘地理信息局

一、主要职责

（一）承担并组织协调国家测绘地理信息局下达的国家基础测绘和其他全国性或重大测绘项目的实施，履行黑龙江省人民政府管理测绘工作的职责。

（二）贯彻执行党和国家有关测绘地理信息工作的方针政策、法律法规规章、依法拟定、组织实施黑龙江省测绘工作的政策法规规章，并配合有关部门对执行情况进行监督检查。

（三）负责起草测绘地理信息地方性法规、规章草案；拟订全省测绘地理信息发展规划、管理政策、技术标准，并监督实施。

（四）负责组织管理全省基础测绘、地理省情监测以及其他重大测绘地理信息项目的实施；负责会同有关部门编制全省基础测绘规划，并组织实施。会同省国土资源行政主管部门编制地籍测绘规划，并按规划组织管理地籍测绘。

（五）负责管理测绘地理信息市场秩序。负责测绘地理信息资质、资格管理；负责外省单位、外国组织或个人来本省测绘的监督管理，负责测绘地理信息项目备案；组织监督查处全省性或重大测绘地理信息违法案件；负责有关行政复议。

（六）负责管理全省测绘成果。管理测绘成果目录和副本汇交工作；监督管理地理信息获取与应用，对使用财政资金的测绘项目和建设工程测绘项目，省测绘行政主管部门在有关部门批准立项前提出成果利用意见，避免重复测绘。会同有关部门开展测绘地理信息安全监管工作；负责省级基础测绘成果提供和本省向境外组织、个人提供涉密测绘成果的审批。

（七）承担组织提供测绘公共服务和应急保障的责任。组织、指导基础地理信息社会化服务，审核并根据授权公布本省重要地理信息数据。

（八）承担本省地图管理工作责任。监督管理地图市场，管理地图编制工作，审查向社会公开的地图，管理并核准地名在地图上的表示。

（九）负责测绘地理信息科技创新相关工作，指导测绘基础研究、重大测绘地理信息科技攻关以及科技推广和成果转化，组织开展测绘地理信息对外合作与交流。

（十）负责指导全省测量标志保护工作；依法负责测绘地理信息标准、质量、计量和技术的管理工作；按规定程序审批本省行政区域内建立相对独立的平面坐标系统；负责永久性测量标志拆迁的审批。

（十一）研究拟订地理信息产业发展政策措施和相关规划，指导和组织协调地理信息产业发展工作。

（十二）组织制定并实施全省测绘地理信息人才规划、计划。组织全省测绘地理信息专业人才的培养，会同有关部门监督、管理全省注册测绘师制度的实施。

（十三）指导市（地）、县（市）测绘地理信息工作。

（十四）承办省政府及国家测绘地理信息局交办的其他事宜。

二、内设机构

办公室、财务处、基础测绘处（技术监督处、综合统计办公室）、成果应用处（资料处）、科技处（国际合作处）、行业管理处（政策法规处）、人事处、地图审查管理处（执法队）、国有资产管理处（基建装备处）、机关党委（局团委、局精神文明办公室、计划生育办公室）、局工会、信访办公室、纪检监察审计处

三、直属单位

哈尔滨地图出版社、国家测绘地理信息局第二大地测量队（黑龙江第一测绘工程院）、国家测绘地理信息局第三地形测量队（黑龙江第二测绘工程院）、国家测绘地理信息局第四地形测量队（黑龙江第三测绘工程院）、黑龙江地理信息工程院、国家测绘地理信息局黑龙江基础地理信息中心（国家测绘地理信息局黑龙江测绘资料档案馆、黑龙江省遥感信息中心）、国家测绘地理信息局第二航测遥感院（黑龙江省测绘航空遥感中心）、国家测绘地理信息局经济管理科学研究所（黑龙江省测绘科学研究所）、国家测绘地理信息局黑龙江测绘产品质量监督检验站（黑龙江省测绘产品质量监督检验站）、黑龙江测绘计量仪器检定站、黑龙江测绘局教育中心、黑龙江测绘局后勤管理中心、黑龙江测绘局劳动服务管理中心、极地测绘科学国家测绘地理信息局重点实验室

四、附属和挂靠单位

黑龙江测绘局离退休干部处、黑龙江测绘局产业发展处、黑龙江测绘局机关服务中心、黑龙江省测绘学会办公室

上海市测绘管理办公室（上海市测绘院）

一、主要职责

（一）组织编制基础测绘规划、参与编制基础测绘年度计划，并组织实施。

（二）负责会同土地行政主管部门编制地籍测绘规划并组织管理地籍测绘。

（三）负责国家测绘法律法规的贯彻执行，负责制订地方性法规和规章草案、政策并组织实施。

（四）负责国家规定权限内的测绘资质审查、发放资质证书和相对独立平面坐标系统的审批。

（五）负责测绘专业技术人员的执业资格管理和测绘作业证件的管理。

（六）负责基础测绘成果的管理。

（七）负责测绘成果质量的监督管理。

（八）负责对编制、印刷、出版、展示、登载地图的管理。

（九）负责组织测量标志的保护工作。

（十）负责市政府、市规划局交办的其他事项。

二、内设机构

办公室（党委办公室）、总工程师办公室（总工程师室）、组织人事处、宣传教育处、行业与法规处、计划业务处（基础测绘处）、质量监督处、地理信息管理与应用处、财务处

三、下属部门

浦东分院、第二分院、第三分院、第四分院、基础地理信息中心、测绘产品质量监督检验站、测绘职业技能培训中心、第164国家职业技能鉴定所、服务中心

江苏省测绘局

一、主要职责

（一）贯彻执行国家测绘工作的法律、法规和方针、政策，受委托起草全省测绘法规、规章，制定全省测绘事业发展规划，并依法监督实施。

（二）组织、管理全省基础测绘和重大测绘项目。

（三）指导、监督测绘成果管理。根据授权审核发布全省重要基础地理信息，组织指导基础地理信息社会化服务；管理并审核地名在地图上的表示。

（四）依法管理全省测绘市场。负责管理全省测绘单位的测绘资格；管理测绘任务登记；依法审批对外提供测绘成果和外国组织、个人来省测绘；依法查处重大违法测绘案件；负责测绘行政复议。

（五）组织、管理省内行政区域界线测绘，编制本省行政区域界线标准样图；审定行政区划面积、海岸线长度；管理全省地籍测绘工作，制定地籍测绘的规划并组织实施。

（六）管理全省测绘标准化工作，根据授权管理测绘计量工作；依法管理全省测绘产品质量；组织指导全省测绘专业技术人员继续教育。

（七）负责全省测绘航空摄影、航测遥感审核报批工作；协调全省航空摄影和卫星遥感资料的利用；组织省内测绘重大科技项目攻关和成果转化；归口管理省级测绘对外合作交流，审查测绘重点项目引进。

（八）负责监督、管理测绘事业费和专项资金的使用；负责直属单位的规划、建设和国有资产管理。

（九）承办省政府和省国土资源厅交办的其他事项。

二、内设机构

办公室、规划财务处、测绘管理处（政策法规处）、国土测绘处、测绘成果管理与应用处（地图管理处）、人事处、机关党委、纪检监察室、工会

三、直属单位

江苏省测绘工程院、江苏省基础地理信息中心、江苏省测绘产品质量监督检验站、江苏省测绘研究

所、江苏省测绘资料档案馆、江苏省测绘市场管理中心、江苏省测绘局职业技能鉴定中心、江苏省测绘局信息中心（江苏省测绘局后勤服务中心）、江苏省基础测绘设施技术保障中心

浙江省测绘与地理信息局

一、主要职责

（一）起草测绘与地理信息地方性法规、规章草案；拟订全省测绘与地理信息事业发展规划；拟订测绘与地理信息行业管理政策、技术标准并监督实施；会同省财政部门监督管理省级测绘与地理信息事业经费、专项资金。

（二）负责组织和管理全省基础测绘、海洋测绘、地籍测绘、行政区域界线测绘、城市测绘和其他重大测绘项目。会同有关部门编制相关的项目规划和年度计划，并组织实施；负责全省以开展测绘与地理信息活动为目的的航空摄影与遥感、卫星影像采购计划的审核工作，编制和实施省级基础航空摄影与遥感、卫星影像采购计划。

（三）承担规范测绘市场秩序的责任。按规定权限负责全省测绘与地理信息资质资格管理工作，监督管理地理信息获取与应用等测绘活动；负责测绘项目和外国组织、个人来本省从事测绘与地理信息活动的备案，监督管理全省测绘与地理信息项目招投标工作；组织查处全省性或重大的测绘与地理信息违法案件，负责有关行政复议工作。

（四）承担组织提供测绘与地理信息公共服务和应急保障的责任。组织、指导测绘与地理信息公共服务，编制突发公共事件处置应急测绘保障预案，并提供应急测绘保障；审核并根据授权公布重要地理信息数据；负责全省地理信息数据变化监测和综合统计分析工作。

（五）负责管理全省测绘成果与地理信息。指导、监督管理全省各类测绘成果与地理信息和全省测量标志的保护；管理测绘成果与地理信息目录和副本汇交工作；组织测绘与地理信息安全监管工作；负责省级基础测绘成果、基础地理信息数据提供和本省向境外组织、个人提供未公开的测绘成果与地理信息的审批。

（六）承担地图管理的责任。监督管理地图编制、地图产品制作、地图展示登载、境外地图引进和地图市场，按规定权限审批向社会公开的地图和地图产品；管理并核准地名在地图上的表示；会同省民政厅共同拟订浙江省地图的行政区域界线标准样图。

（七）负责全省地理空间数据交换和共享工作。会同有关部门制定全省地理空间数据交换和共享规划，建设、管理省地理空间数据交换和共享平台，审核有关部门报送的测绘与地理信息项目计划，指导市、县地理空间数据交换和共享平台建设。

（八）指导全省地理信息产业发展。拟订全省地理信息产业发展规划和产业发展政策，指导和组织协调地理信息资源开发利用和地理信息产业发展工作。

（九）负责全省测绘基准，测绘与地理信息标准、质量、计量和技术的监督管理工作。按规定权限审核、审批本省行政区域内建立相对独立的平面坐标系统；负责建立、完善和管理“数字浙江”地理空间框架，指导市、县（市）开展“数字城市”地理空间框架建设，并做好推广应用工作。

（十）负责全省测绘与地理信息科技创新和外事管理等相关工作。组织实施测绘与地理信息基础研究、重大测绘与地理信息科技攻关、科技成果鉴定以及科技推广和成果转化，组织测绘与地理信息对外合作与交流；组织制定并实施全省测绘与地理信息科技发展和人才规划、计划。

（十一）承办省政府及省国土资源厅交办的其他事项。

二、内设机构

办公室、政策法规与行业管理处、规划财务处、基础地理信息与科技处、测绘成果与地理信息管理处、地理信息开发利用处（地图管理处）、人事处、直属机关党委、监察室

三、直属单位

浙江省第一测绘院、浙江省第二测绘院、浙江省地理信息中心（浙江省遥感数据处理服务中心）、

浙江省测绘资料档案馆（浙江省地理空间数据交换中心）、浙江省测绘质量监督检验站（浙江省测绘器具检定站、浙江省房屋面积测绘成果质量鉴定中心、浙江省测绘技能鉴定站）、浙江省测绘科学技术研究院（中国测绘科学研究院浙江分院）

安徽省国土资源厅

一、主要职责（测绘）

（一）研究拟定有关土地、矿产资源和测绘管理的地方性法规和规章，拟定管理、保护与合理利用土地资源、矿产资源及测绘管理等政策；依法监督土地、矿产资源管理和测绘工作的技术标准、规程、规范和办法的执行，制定有关实施办法细则，并监督实施。

（二）组织编制和实施全省国土规划、土地利用总体规划和其他专项规划；参与报国务院、省政府审批的城市（镇）总体规划的审核；指导审核市、县（市）、乡（镇）土地利用总体规划；组织编制和实施矿产资源保护与合理利用规划、地质勘查、地质灾害防治和地质遗迹保护规划、计划；组织编制全省测绘事业发展规划，负责制定和实施本省基础测绘、地籍测绘和其他重大测绘项目的规划、计划。

（三）组织并管理全省基础测绘、行政区域界线测绘、地籍测绘和其他重大测绘项目；负责测绘单位资格审查发证、测绘任务登记、测绘产品质量监督和管理。

（四）管理全省测绘基准和测量控制系统；根据授权管理测绘行业的计量工作；指导全省测绘行业标准化工作；组织指导全省基础地理信息系统建设和基础地理信息社会化服务；依法管理全省地图编制工作，审查向社会出版、展示的地图，管理并审核地名在地图上的表示。

（五）安排并监督检查国家、省财政拨给的地勘、测绘、土地等事业经费和其他专项资金的使用；组织开展对外合作与交流。

（六）承办省政府交办的其他事项。

二、内设机构

办公室、政策法规处、调控监测处、规划处、财务处、征地管理处、地籍测绘管理处、土地利用管理处、耕地保护处、矿产开发管理处、矿产资源储量处、地质勘查处、地质环境处、资源恢复整治处、执法监察局、科技外事处、政治部、离退休工作处、机关党委、监察室

安徽省测绘局（安徽省测绘总院）

一、主要职责

（一）贯彻执行国家和省有关测绘工作的方针、政策及技术标准；监督检查直属单位测绘技术、质量、规程、规范、产品标准和测绘基准的执行。

（二）承担全省基础测绘、地籍测绘、行政区域界线测绘和其他重大测绘项目的实施工作，参与与测绘有关的重大质量事故、技术争议、技术纠纷的处理，负责测绘项目设计和专业设计审核工作。

（三）承担测绘产品质量监督检验和测绘仪器计量检定的具体事务工作。

（四）组织进行多层次的测绘科技攻关和技术开发工作，推动测绘科技进步和技术创新，促进传统测绘技术体系向数字化测绘高新技术体系的转变。

（五）承担“省级基础测绘设施项目”的实施和省级基础地理信息数据的维护、分发、开发应用及数据供后服务工作，承担省、市、县（市、区）政区图的有关内部图（册）编制工作。

（六）负责机关和直属单位的人事劳动、机构编制管理工作；负责测绘事业费、专项资金使用的监督和国有资产监管工作；负责测绘专业技术人员的岗位培训工作；承担全省测绘行业特有工种职业技能鉴定工作。

（七）承办省政府及省国土资源厅交办的其他事项。

二、内设机构

办公室、综合计划处（国土测绘处）、技术质量处、人事教育处、离退休工作处、机关党委、纪委（监察室）

三、直属单位

安徽省第一测绘院、安徽省第二测绘院、安徽省第三测绘院、安徽省第四测绘院、安徽省测绘档案资料馆（省基础测绘信息中心）、安徽省测绘产品质量监督检验站、安徽省测绘技术培训中心、安徽省测绘仪器计量检定站、安徽省测绘局机关服务中心

福建省测绘地理信息局

一、主要职责

（一）负责全省测绘工作的统一监督管理；起草测绘地方性法规规章草案；拟订并组织实施全省测绘行业管理政策、测绘事业发展规划；拟订并组织实施全省地理信息产业发展规划和产业发展政策；拟定并监督实施测绘技术规范和标准。

（二）负责全省基础测绘（含海洋基础测绘）、行政区域界线及界桩测绘、地籍测绘和其他重大测绘项目的组织和管理；会同有关部门编制相关的基础测绘规划和年度计划并组织实施；负责管理并审批全省以开展测绘为目的的航空摄影计划。

（三）负责全省测绘基准，测绘标准、测绘成果质量和技术的监督管理工作；按规定权限审核、审批本省行政区域内建立相对独立的平面坐标系统；负责组织推进全省数字区域地理空间框架建设。

（四）承担规范测绘市场秩序的责任。按规定权限负责全省测绘资质资格管理工作，监督管理基础地理信息获取与应用等测绘活动；负责监督管理外国组织、个人来本省从事测绘活动；会同发展改革部门监督管理全省测绘项目招投标工作；依法组织查处全省性或重大测绘违法案件。

（五）承担组织提供测绘公共服务和应急保障的责任。组织、指导测绘公共服务；编制并组织实施突发公共事件处置应急测绘保障预案；审核并根据授权公布全省重要地理信息数据；负责全省地理信息交换和公共服务平台建设；负责全省基础地理遥感影像集中采购和分发管理工作；负责全省地理信息要素变化监测和综合统计分析工作。

（六）监督管理全省各类测绘成果和全省测量标志的保护；管理测绘成果目录和副本汇交工作；会同有关部门组织测绘成果安全保密监管工作；按规定负责提供省级基础测绘成果和审批对外提供未公开的测绘成果。

（七）承担地图管理的责任。监督管理地图编制、地图产品制作、地图展示登载、境外地图引进和地图市场，按规定权限审批向社会公开的地图和地图产品；管理并核准地名在地图上的表示；会同有关部门按权限拟订本省地图的行政区域界线和际间海域区域界线的标准样图。

（八）组织实施测绘基础研究、重大测绘与地理信息科技攻关、科技成果鉴定以及科技推广和成果转化；组织测绘对外合作与交流；组织制定并实施全省测绘科技发展和人才规划、计划；组织指导全省测绘专业技术人员继续教育、全省测绘行业测绘专业技术职务资格的评审工作。

（九）承办省委、省政府交办的其他事项。

（十）承担履行所核定职责和事项的相应责任。

二、内设机构

办公室、规划财务处、测绘管理法规处、基础测绘处、地理信息开发利用与科技处、测绘成果和地图管理处、人事教育处（机关党委）

三、直属单位

福建省测绘院、福建省基础地理信息中心（福建省基础地理遥感影像应用中心）、福建省制图院、福建省测绘产品质量监督检验站、福建省测绘局地图审查中心

江西省测绘地理信息局

一、主要职责

贯彻执行国家和省制定的测绘法律、法规，拟订本省测绘地方法规、规章；组织制定全省测绘事业发展规划；组织并实施全省基础测绘、重点工程测绘、行政区域界线测绘、地籍测绘及测绘质量监督；主管全省测绘单位资质审批认证；依法审查外国的组织或个人来华测绘；管理全省基础地理信息数据和基础地理信息社会化服务；依法进行全省测绘行业管理、测绘市场管理、测绘成果管理、测绘技术标准管理；负责全省测量标志保护管理；依法管理地图编制工作，审核向社会出版、展示的地图、审核地名在地图上的表示；根据授权审核发布重要地理信息数据。监督管理全省地理信息获取和应用，组织协调地理信息安全监管工作；组织开展测绘与地理信息公共服务和应急保障服务；负责全省地理国情监测工作；指导全省地理信息产业发展和地理信息应用服务。

二、内设机构

办公室、国土测绘处、行业管理处、测绘成果管理处、财务处、人事处、党委办公室、监察室，另设机关后勤服务中心

三、直属单位

江西省第一测绘院、江西省第二测绘院、江西省测绘成果资料档案馆、江西省基础地理信息中心、江西省测绘成果质量监督检验测试中心、机关后勤服务中心、江西省测绘应急保障服务中心、江西省国土资源测绘工程总院

山东省国土资源厅（山东省测绘地理信息局）

一、主要职责（测绘）

（一）贯彻执行国家有关测绘工作的政策、法律、法规。

（二）拟定全省测绘管理的法规、章程并组织实施。

（三）拟定测绘行业管理的技术标准、规程、规范和办法并组织实施。

（四）监督检查全省各级测绘行政主管部门行政执法和测绘规划执行情况。

（五）组织查处重大违法测绘案件。

（六）负责测绘行政复议。

（七）组织编制和实施全省测绘事业发展规划和其他专项规划、计划。

（八）组织并管理全省基础测绘、省界线测绘、省内行政区域界线测绘、地籍测绘和其他全省性或重大测绘项目。

（九）负责全省测绘单位资质审查、测绘项目登记和地图编制出版工作。

（十）依法审查向社会出版、展示的地图，管理并审核地名在地图上的表示。

（十一）管理测绘基准和测量控制系统。

（十二）管理全省基础地理信息数据，组织指导基础地理信息社会化服务。

（十三）依法审批对外提供测绘成果和外国组织、个人来鲁测绘。

（十四）根据授权发布山东省重要地理信息数据。

（十五）指导、监督全省测量标志保护工作。

（十六）组织协调地理信息安全监管工作。

（十七）承担组织提供测绘公共服务和应急保障的责任。

（十八）拟定、监督实施测绘成果汇交制度。

（十九）监督管理国家和省财政拨给的测绘事业经费和其他专项资金。

（二十）组织开展测绘行业的对外合作与交流。

二、内设机构

办公室、调控与市场监测处、政策法规处、规划处、财务处、耕地保护处、地籍管理处、土地利

用管理处（集体土地管理处）、征地管理处、矿产开发管理处、矿产资源储量处、地质环境处、地质勘查处、国土测绘处、测绘行业管理处、地理信息与地图处、执法监督局、科技与外事处、人事处、机关党委、离退休处、纪检监察室

三、直属单位（测绘）

山东省国土测绘院、山东省地图出版社、山东省遥感技术应用中心

河南省测绘局

一、主要职责

（一）拟订全省测绘工作的行政法规和规章，制订测绘事业发展规划、测绘行业管理政策、技术标准，并依法监督实施。组织并管理基础测绘、省界线测绘、行政区域界线测绘、地籍测绘以及其他全省性测绘项目、重大测绘项目、重大测绘科技项目。

（二）负责全省各类测绘单位资格审查认证和测绘任务登记，负责外国组织和个人在本省区域进行测绘活动的审核工作；依法查处测绘违法案件，负责有关行政复议工作。

（三）管理全省基础地理信息数据，组织指导基础地理信息社会化服务，承担省经济建设和社会化发展信息化空间信息基础框架建设和基础测绘成果的应用；管理全省测绘基准和测量控制系统；根据授权审权审核发布重要地理信息数据；指导和管理全省测量标志和全省测绘成果的保护工作。

（四）制订并组织实施地籍测绘的规划和技术指标，监督管理地籍测量质量，确认地籍测绘成果；负责全省航空遥感计划的审批工作。

（五）审核限额以上测绘项目的立项和技术设计，依法管理全省地图编制工作，审查向社会出版、展示的地图，管理并审核地名在地图上的表示。

（六）负责全省测绘行业技术培训、质量管理、科技开发、对外合作交流工作。

（七）监督管理省测绘事业费和专项资金的使用。

（八）承办省人民政府和省国土资源厅交办的其他事项。

二、内设机构

办公室、测绘管理处、测绘成果与地图管理处、国土测绘处、规划财务处、人事教育处、直属机关党委

三、直属单位

河南省测绘工程院、河南省遥感测绘院、河南省地图院、河南省基础地理信息中心、河南省测绘职工中等专业学校、河南省测绘产品质量监督站、河南省测绘发展研究中心、河南省测绘资料档案馆、河南省测绘局机关后勤服务中心

湖北省测绘局

一、主要职责

（一）起草测绘地方性行政法规和政府规章草案，研究拟订本省测绘事业发展规划、测绘行业管理政策、技术标准并监督实施。

（二）负责组织和管理本省基础测绘、行政区域界线测绘、地籍测绘和其他全省性或重大测绘项目，建立健全和管理本省测绘基准和测量控制系统，负责组织实施“数字湖北”地理空间框架建设工作，拟订地籍测绘规划、技术标准和规范，并按规划组织管理地籍测绘，确认地籍测绘成果，会同有关部门拟订省级基础测绘规划和年度计划，指导本省各市县基础测绘规划及年度计划编制。

（三）承担规范测绘市场秩序的责任。负责测绘资质资格管理工作，负责本省测量标志的保护工

作，审核并根据授权发布本省重要地理信息数据，组织查处重大测绘违法案件，负责有关行政复议，监督管理测绘成果质量和地理信息获取与应用等测绘活动，组织协调地理信息安全监管工作，审批对外提供测绘成果和外国组织、个人在本省境内进行测绘。

（四）承担组织提供本省测绘公共服务和应急保障的责任。承担本省地理信息管理的职责，组织、指导基础地理信息社会化服务，监督管理地理信息的获取与开发应用，管理测绘航空摄影。

（五）负责组织本省重大测绘科研项目及测绘科技创新相关工作，指导、组织、开展测绘基础研究、重大测绘科技攻关、科技推广和成果转化，组织开展本省测绘对外合作与交流。

（六）负责本省各类测绘成果的管理，监督实施测绘成果的汇交、测绘成果资料的保密安全。

（七）承担本省地图管理的责任。监督管理本省地图市场，承办地图编制管理相关工作，审查向社会公开的地图、管理并审核地名在地图上的表示。

（八）负责管理本省省级测绘事业经费和专项资金。

（九）承办上级交办的其他事项。

二、内设机构

办公室、法规与行业管理处、规划财务处、基础测绘处、地理信息与地图处（测绘成果管理处）、人事处（离退休干部处）、机关党委、监察室

三、直属单位

湖北省测绘工程院（湖北省导航与位置服务中心）、湖北省航测遥感院、湖北省地图院、湖北省测绘成果档案馆、湖北省基础地理信息中心、湖北省测绘产品质量监督检验站（湖北省测绘仪器鉴定测所）、湖北省测绘宣传中心、湖北省测绘局测绘保障中心

湖南省国土资源厅（湖南省测绘局）

一、主要职责（测绘）

（一）组织起草有关测绘管理的法规、规章草案；协调有关部门和本厅有关测绘政策、法规工作，负责测绘普法宣传教育、履行推进测绘依法行政的有关职责；办理有关测绘行政复议事宜；调研和起草综合性测绘行业政策。

（二）组织编制和实施测绘事业发展规划及基础测绘规划；负责测绘综合统计工作等。

（三）负责基础测绘专项资金及国家财政和省财政拨给的测绘其他各项经费的监督管理；组织汇总、编制财务决算；负责厅直属单位经费的计划、分配和管理；对厅机关、直属单位的财务会计工作、国有资产和基本建设财务进行监督管理。

（四）编制上报和实施测绘事业发展规划和基础测绘年度计划；负责管理和组织全省基础地理信息系统、测量控制系统的建立和更新、使用；负责基础地理信息数据、成果的管理、分发、服务，按规定审核发布重要地理信息数据；组织实施基础测绘、地籍测绘、行政区域界线测绘和其他重大测绘项目；负责审定全省测绘技术标准、规程和规范；审核对外提供测绘成果。

（五）贯彻执行国家测绘法律、法规、规章和测绘行业政策；审核测绘单位等级资格；按照国家规定审核外国组织、个人来湘测绘；负责全省测绘成果和地理信息数据质量的监督管理，负责测量标志的管理和保护；管理地图编制工作，拟定本省各级行政区域界线标准样图，审核地名在地图上的表示，审核向社会出版、展示的地图。

（六）组织对执行和遵守国家、省测绘法律、法规、规章情况进行监督检查；拟定全省测绘执法监督和违法案件查处规定；依法查处测绘违法案件。

（七）编制测绘科技、对外合作与宣传工作规划；对测绘科技项目对外合作工作的实施情况进行监督检查；推进测绘科学技术进步，推广测绘科技新成果；组织开展测绘工作的对外合作与交流；组织安排重大的宣传活动。

二、内设机构（测绘）

办公室、政策法规处、综合研究处、规划处、财务处、基础测绘处、测绘行业管理处、科技与对外合作处、人事处、直属机关党委、纪检监察、执

法监察总队

三、直属单位（测绘）

湖南省第一测绘院、湖南省第二测绘院、湖南省第三测绘院（湖南省基础地理信息中心）、湖南地图出版社、湖南省地图院、湖南省测绘产品质量监督检验站、湖南省测绘科技研究所、湖南省国土资源厅测绘大院管理所

广东省国土资源厅

一、主要职责

（一）贯彻执行国家和省有关土地、矿产资源、测绘管理的方针政策和法律法规，组织起草有关地方性法规、规章草案和政策措施并组织实施。

（二）承担保护与合理利用土地、矿产资源的责任。负责编制、实施全省国土与矿产资源规划，参与涉及国土资源相关规划的审查、审核，指导和审核地级以上市、县级土地利用总体规划和矿产资源规划。

（三）承担规范国土资源管理秩序的责任。监督检查下级人民政府及其国土资源主管部门执行国土资源管理法律法规情况，依法保护土地、矿产资源所有者和使用者的合法权益，调查处理国土资源重大违法违规案件。

（四）承担耕地保护的责任。组织制定全省土地开发、整理、复垦和补充耕地政策并负责指导、监督落实，组织实施土地用途管制，承担耕地面积占补平衡和基本农田保护工作。

（五）负责组织开展节约集约利用土地工作。拟订节约集约用地政策并组织实施，拟订建设用地使用权流转、储备、供应等政策，指导基准地价、标定地价的制定与公布，规范土地市场秩序，承担上报国务院、省人民政府审批的各类用地审查、报批工作。

（六）负责拟订地籍管理办法并组织实施。负责提供土地利用各种数据，承担土地资源调查、地籍调查、土地统计和动态监测工作，负责土地确权、定级、登记和城乡地籍管理等工作，承担省人民政府调处重大土地权属纠纷工作。

（七）负责矿产资源勘查、开发管理工作。承担矿业权审批、矿业权市场监管、矿产资源储量监管和地质资料汇交管理工作，监督管理全省重要矿区、保护性特定矿种的勘查开采活动，承担调处重大矿业权纠纷和地质勘查行业管理工作。

（八）负责地质环境保护和地质灾害防治工作。组织编制并实施全省地质环境保护、地质灾害防治和地质遗迹保护规划，指导、监督古生物化石、地质遗迹等重要保护区的管理工作，监督管理水文地质、工程地质、环境地质等勘查和评价工作，监测、监督防止地下水过量开采引起的地面沉降与地下水污染造成的地质环境破坏，承担国土资源应急管理工作。

（九）负责基础测绘和测绘市场管理工作。组织制定本省测绘规划和公共技术标准，监督管理测绘行业，负责测绘成果、基础地理信息数据管理和公共服务提供。

（十）负责下一级国土资源主管部门领导干部双重管理主管方的工作。

（十一）承办省人民政府和国土资源部、国家测绘地理信息局交办的其他事项。

二、内设机构

办公室（与机关党委办公室合署）、规划处、耕地保护处、土地利用管理处、地籍管理处（加挂省人民政府调处土地纠纷办公室牌子）、矿产资源管理处、地质勘查处、地质环境处、基础测绘处、测绘管理处、执法监察局、政策法规处、财务处（审计室）、科技教育处、人事处（与离退休人员服务处合署）、省派驻厅监察室

三、直属测绘单位

广东省地图院、广东省国土资源测绘院、广东省测绘产品质量监督检验中心、广东省国土资源技术中心（广东省基础地理信息中心）、广东省国土资源档案馆、广东省测绘技术公司

广西壮族自治区测绘地理信息局

一、主要职责

（一）负责提出自治区测绘行政地方法规项目的建议，拟订测绘事业发展规划，会同有关部门拟订全区基础测绘规划，拟订自治区测绘行业管理政策并监督实施，指导市、县测绘管理工作。

（二）负责全区基础测绘、行政区域界线测绘、地籍测绘和其他全区性或重大测绘项目的组织和管理工作，建立健全和管理全区测绘基准和测量控制系统。

（三）拟订全区地籍测绘规划，确认地籍测绘成果。

（四）承担规范全区测绘市场秩序的责任。负责全区测绘资质资格管理工作，监督管理测绘成果质量和地理信息获取与应用等测绘活动，组织协调地理信息安全监管工作，审批对外提供测绘成果和监督管理外国组织、个人来我区测绘，审批提供使用涉密基础测绘成果，组织查处全区性或重大测绘违法案件，负责有关行政复议。

（五）承担组织提供测绘公共服务和应急保障的责任。组织、指导基础地理信息社会化服务。

（六）负责管理全区基础测绘成果，指导、监督各类测绘成果的管理和全区测量标志的保护，负责测绘成果汇交监督管理工作。

（七）承担全区地图管理的责任。监督管理地图市场，管理地图编制工作，审查自治区行政区域内各社会公开的地图，管理并核准地名在地图上的表示。

（八）负责全区测绘科技创新相关工作，指导测绘基础研究、重大测绘科技攻关以及科技推广和成果转化。

（九）承担自治区人民政府及自治区国土资源厅交办的其他事项。

二、内设机构

办公室（财务处）、国土测绘与科技处、法规与行业管理处（地理信息与地图处）、行政审批办公室、人事处、机关党委、纪检组、监察室

三、直属单位

广西第一测绘院、广西第二测绘院、广西航空遥感测绘院、广西地图院、广西壮族自治区测绘档案资料馆、广西壮族自治区测绘产品质量监督检验站、广西壮族自治区基础地理信息中心、广西测绘职业技术学校、广西基础测绘基地服务中心

海南测绘地理信息局

一、历史沿革

海南测绘局原名海南省测绘局，成立于 1990 年 6 月 30 日，1995 年 2 月更名为海南测绘局。海南测绘局实行国家测绘地理信息局与海南省人民政府双重领导，以国家测绘地理信息局为主的管理体制，是国家测绘地理信息局直属单位和海南省人民政府主管海南省测绘地理信息工作的职能部门。2011 年 4 月，海南省测绘局更名为海南省测绘地理信息局，相应增加“监督管理地理信息获取和应用、组织协调地理信息安全监管”职责。2011 年 8 月，经中央机构编制委员会批准，海南测绘局更名为海南测绘地理信息局。

二、主要职责

（一）贯彻执行党和国家有关测绘工作的方针政策、法律法规规章，依法拟定并组织实施本省测绘工作的政策法规规章和测绘事业发展规划计划及基础测绘规划。

（二）管理本省测绘行业的标准化工作，根据授权管理本行业的计量工作，检查监督测绘法律、法规的执行。

（三）承担并组织协调国家测绘地理信息局下达的国家基础测绘、地籍测绘和其他全国性或重大测绘项目的实施。

（四）监督管理地理信息获取和应用、组织协调地理信息安全监管。

（五）负责组织实施本省的测绘工作，配合省发展计划主管部门编制并实施本省的基础测绘年度计划；对有关部门使用财政资金的测绘项目和使用财政资金的建设工程测绘项目批准立项前提出意见，避免重复测绘。

（六）负责省内行政区域界线的测绘工作；会同土地行政主管部门编制本省地籍测绘工作规划并组织实施；负责本省地图编制、出版、展示、登载及地名在地图上的表示的审核工作。

（七）依法主管本省测绘单位的测绘资格审查、资质证书发放、外省驻琼测绘单位资格验证和测绘任务登记工作，监督管理本省测绘项目的招标、投标工作；依法管理全省测绘市场，依法查处重大违法测绘案件，负责测绘行政执法监察。

（八）负责全省测绘成果管理和指导监督测绘成果的质量管理、保密工作。按照测绘成果汇交制度，收集整理、储存测绘成果副本和目录，编制测绘成果目录并向社会公布。

（九）负责省级测绘基准的建立和监督执行。

（十）负责指导全省测量标志保护工作。

（十一）组织协调和管理全省基础地理信息系统建设，负责审核并根据授权发布省级重要地理信息数据，指导基础地理信息社会化服务。

（十二）制定本省测绘技术政策，组织省内重大测绘科技项目攻关和科技成果转化。

（十三）指导本省测绘专业技术人才的培养工作。组织实施全省测绘行业专业技术资格评审工作和测绘行业技术工人技能等级考核评定工作；组织指导全省测绘系统专业技术、岗位培训工作。

（十四）归口管理省级对外测绘技术和经济合作交流；依据有关规定负责对外提供本省测绘成果的审批。

（十五）管理和监督测绘事业费和有关专项基金的使用。

（十六）负责对所属事业单位贯彻执行党和国家的方针政策、法律法规规章的检查监督，协同有关部门监管其非经营性国有资产。

（十七）承办国家测绘地理信息局和省政府交办的其他工作，指导检查各市县测绘工作。

三、内设机构

办公室、国土测绘处、行业管理处、财务处（审计处）、测绘成果管理与应用处、人事处（机关党委办公室、纪检监察室）

四、直属单位

国家测绘地理信息局海南基础地理信息中心、国家测绘地理信息局海南测绘产品质量监督检验站（海南省测绘产品质量监督检验站）、国家测绘地理信息局第四航测遥感院、国家测绘地理信息局第七地形测量队、国家测绘地理信息局海南测绘资料信息中心（国家测绘地理信息局海南测绘资料档案馆）、文昌测绘职工培训基地

重庆市规划局

一、主要职责（测绘）

（一）贯彻执行测绘法律、法规、规章和方针政策；起草测绘地方性法规、规章。

（二）拟订测绘事业发展规划；组织编制基础测绘规划；负责基础测绘、行政区域界线测绘和其他重大测绘项目的组织和管理工作，组织指导地籍测绘工作，建立健全国家和地方测绘基准和测量控制系统，负责测量标志保护。

（三）承担组织提供测绘公共服务和应急保障的责任；指导地理信息应用服务，审核重要地理信息数据，管理地理信息成果，组织协调地理信息安全监管工作。

（四）承担规范测绘市场秩序的责任，管理和规范测绘市场；负责测绘单位资质管理；承担测绘成果质量的监督工作；承办地图审查工作；承办注册测绘师执业管理工作；承担测绘人员业务培训工作。

（五）组织、指导、协调测绘监督检查工作；

对区县（自治县）测绘管理部门的行政行为实施监督检查。

（六）负责测绘档案和信息工作；负责基础测绘成果管理，审批对外提供测绘成果；负责主城区内的测绘成果档案管理；制定测绘行业信息系统建设规划并组织实施。

（七）组织编制测绘科技发展规划；组织拟订测绘的技术规定、技术标准和地方规范；指导、协调测绘的科研、科技合作交流以及高新技术推广应用工作。

（八）承办市政府交办的其他事项。

二、内设机构（测绘）

办公室（应急管理办公室）、政策法规处、总工程师办公室、测绘管理处（重庆市测绘管理办公室）、组织人事处（离退休人员工作处）、宣传处、计划财务处、机关党委、市纪委派驻市规划局纪检组、市监察局派驻市规划局监察室

三、直属单位（测绘）

重庆市规划监察执法总队、重庆市规划信息服务中心（重庆市规划和测绘档案馆）、重庆市规划局机关后勤服务中心、重庆市地理信息中心（重庆市地理空间信息工程技术研究中心、重庆市遥感中心）、重庆市勘测院（重庆市地图编制中心）

四川测绘地理信息局

一、主要职责

（一）贯彻执行国家测绘地理信息法律法规和政策，会同有关部门对执行情况进行监督检查；研究拟订测绘地理信息相关的地方性法规、规章草案；负责全省测绘地理信息法制建设和法制宣传教育工作；负责全省测绘地理信息行政管理人员的行政执法培训和行政执法工作，提高本系统、本部门依法行政水平；依法查处权限范围内的各类测绘地理信息违法案件；组织开展行政执法监督、行政调解等工作，落实行政执法责任制，负责有关的行政复议工作。

（二）负责管理全省基础测绘工作，会同省政府有关部门编制全省基础测绘规划、重大测绘项目计划和年度计划并组织实施。

（三）负责全省中等以下城市和因建设、城市规划、科学研究确需建设相对独立的平面坐标系统的审批工作；负责组织拟订全省用于测绘的航空摄影与卫星遥感计划，统一管理全省航空摄影与卫星遥感资料，协调数据的预处理与分发服务；负责全省以测绘为目的的航空摄影与遥感的审查。

（四）依法管理全省测绘市场。监督管理地理信息获取与应用；负责全省从事测绘活动单位的测绘资质审查、发放资质证书；负责全省测绘从业人员测绘作业证的发放、管理；负责省外测绘单位、外国的组织或个人在四川省行政区域内从事测绘活动的验证、备案工作；负责监督省内重大测绘项目、重点测绘工程的招标投标。

（五）会同省政府土地行政主管部门编制全省地籍测绘规划，按照地籍测绘规划组织管理全省地籍测绘；按照国务院有关规定组织管理全省各级行政区域界线测绘工作，与省政府民政部门共同拟订省内乡级行政区域界线的标准画法图，报省政府批准后发布；监督管理全省房产测绘工作。

（六）负责管理全省地图编制出版工作，审核四川省行政区域内的公开地图、内部地图、保密地图和绘有中国图形的示意图；管理并审核地名在地图上的表示；依法监督管理全省地图市场。

（七）管理全省基础地理信息数据。组织提供测绘公共服务和应急测绘保障，组织指导全省基础地理信息社会化服务；建立健全四川省地理信息资源共建共享机制，构建和管理四川省基础地理信息公共平台；组织协调地理信息安全监管工作；审核发布四川省行政区域内的重要地理信息数据。

（八）组织全省测绘成果接收、收集、整理、储存并定期编制、公布测绘成果目录；负责测绘成果密级管理；负责审批涉及国家秘密基础测绘成果的提供使用和对外提供测绘成果的审批；负责管理全省测绘行业标准化工作和根据授权管理测绘行业的计量工作；负责全省测绘成果的质量监督，处理测绘成果质量争议。

（九）负责指导全省测量标志的管理和保护工作，审批永久性测量标志的拆迁。

（十）研究制定全省测绘技术政策。组织全省重大测绘科技项目攻关、科技成果转化，负责省测绘科技进步奖相关工作；归口管理省级对外测绘科技和经济合作交流；配合有关部门组织全省测绘专业技术职务任职资格的评审工作；会同有关部门按职责分工负责全省注册测绘师制度的实施与监督管理；负责组织全省测绘行业特有工种职业技能鉴定工作。

（十一）指导市（州）、县（市、区）和省直有关部门的测绘工作。

（十二）监督、管理全省测绘事业费和有关专项经费。

（十三）承办省政府和国家测绘地理信息局交办的其他工作。

二、内设机构

办公室（中国测绘报四川记者站）、基础测绘管理处（法定测绘管理处）、行业管理处（法规处）、测绘成果处、技术监督处、科技教育处、财务处（审计处）、基建装备处（国有资产管理办公室）、人事处、直属机关党委办公室（与纪检监察室、工会、团委合署办公）

三、直属单位

国家测绘地理信息局第三大地测量队（四川省第一测绘工程院）、国家测绘地理信息局第三地理信息制图院（四川省第二测绘地理信息工程院）、国家测绘地理信息局第六地形测量队（国家测绘地理信息局地下管线勘测工程院、四川省第三测绘工程院）、国家测绘地理信息局第三航测遥感院、成都测绘职工中等专业学校（西南测绘职工培训中心、武汉大学四川测绘局函授站）、国家测绘地理信息局四川测绘产品质量监督检验站（四川省测绘产品质量监督检验站）、国家测绘地理信息局四川基础地理信息中心（国家测绘地理信息局四川测绘资料档案馆）、四川测绘局测绘技术服务中心、四川测绘局机关后勤服务中心

四、附属和挂靠事业单位

离退休干部处、经济开发办公室、四川省测绘学会办公室、《四川测绘》编辑部

贵州省国土资源厅（贵州省测绘局）

一、主要职责（测绘）

（一）履行规范国土资源管理秩序的职责。贯彻执行国家有关国土资源管理、测绘行政管理的法律法规和方针、政策，拟订相关的地方性法规、规章草案和政策；拟订产业和区域的供地政策、矿权设置政策，统筹协调国土整治和矿业秩序治理整顿工作；负责有关土地、矿产、测绘的行政复议和应诉工作；负责对省以下人民政府及国土资源部门执行和遵守国土资源法律法规和方针政策情况进行监督检查，调查处理国土资源重大违法案件。

（二）履行优化配置国土资源的职责。编制和组织实施全省国土规划、土地利用总体规划、土地利用年度计划、土地整理复垦开发规划和其他专项规划、计划。编制和组织实施全省矿产资源、地质勘查、地质环境、地质灾害防治、矿山环境保护、基础测绘、测绘行业发展等专项规划。指导和审核地方土地利用规划、矿产资源规划并监督检查。承办报国务院和省人民政府审批的涉及土地、矿产规划的审核工作。

（三）履行全省测绘工作的统一监督管理职责。组织实施全省基础测绘和地籍测绘工作，负责测绘行业的管理、测绘资质资格管理工作，承担规范测绘市场秩序和地图管理职责，负责组织国家版图意识宣传教育；负责管理国家基础测绘成果，指导、监督各类测绘成果的管理和测量标志的保护。管理全省基础地理信息数据，指导地理信息社会化服务工作，审核发布重要地理信息；编制行政区域界线标准样图；监督国家测绘基准、测量控制系统的使用；承担航空、遥感测绘的报审工作。推进地理信息产业发展。

（四）组织开展有关土地、矿产和测绘工作的宣传、教育、科技推广及对外合作与交流工作，组织开展国土资源信息化建设，推进国土资源科技进步和文化建设。

（五）承办贵州省人民政府和国土资源部、国家测绘地理信息局交办的其他事项。

二、内设机构（测绘）

办公室、政策法规处、规划处、财务处、地籍管理处、测绘项目管理处、测绘行业管理处、科技宣传外事处、人事处

三、直属单位（测绘）

贵州省国土资源厅机关服务中心、贵州省国土资源执法监察总队（执法监察局）、贵州省国土资源厅电子政务中心、贵州省国土资源厅会计结算中心、贵州省国土资源技术信息中心、贵州省第一测绘院、贵州省第二测绘院、贵州省第三测绘院、贵州省测绘资料档案馆、贵州省测绘产品质量监督检验站

云南省测绘局

一、主要职责

（一）执行国家测绘法律、法规和规章，贯彻落实国家有关测绘工作的方针和政策，拟定省测绘行政法规和规章，制定全省测绘行业管理办法和测绘技术标准并依法监督实施。

（二）编制省测绘事业发展规划和年度计划；负责组织国家和省基础测绘、国界线测绘、行政区域界线测绘、地籍测绘、航空摄影和其他全省性或重大测绘项目的实施；管理全省重大测绘科技项目，组织对外测绘科技交流和重要测绘项目合作。

（三）依法审定测绘单位的测绘资格，依法审批对外提供测绘成果和外国组织、个人来滇测绘；组织测绘法制宣传和测绘执法检查，依法查处全省性或重大的测绘违法案件，负责有关行政复议。

（四）管理全省国家测绘基准和测量控制系统，组织建立和完善省级基础地理信息系统，管理全省基础地理信息数据，组织指导基础地理信息社会化服务，根据授权审核发布重要地理信息数据；指导监督测绘产品质量和各类测绘成果管理，依法管理全省测量标志。

（五）依法管理全省地图编制出版工作，审查向社会公开出版、展示的地图；与有关部门组织编制云南省行政区域界线标准样图，管理并审核地名在地图上的表示。

（六）负责制定省地籍测绘规划并组织实施，审查地籍测绘资格，确认地籍测绘成果。

（七）管理所属事业单位，监督管理测绘事业费和专项资金。

（八）承办云南省委、省政府和省国土资源厅及上级机关交办的其他事项。

二、内设机构

办公室、人事处、计划财务处、国土测绘与科技处、行业管理与政策法规处

三、直属单位

云南省测绘工程院、云南省航测遥感信息院、云南省地图院、云南省测绘资料档案馆（云南省基础地理信息中心）、云南省测绘产品检测站、云南省基础测绘技术中心（云南省测绘局信息中心）、云南省测绘局后勤服务中心、云南省测绘科技咨询服务中心

西藏自治区测绘局

一、主要职责

（一）贯彻执行国家测绘工作的法律、法规和方针、政策，根据国家测绘行政法规、规章、拟订地方性测绘法规、规章草案和实施细则，编制测绘事业发展规划；严格执行国家测绘行政管理政策、技术标准；组织和管理基础测绘、行政区域界线测绘、地籍测绘和其它全区性重大测绘项目。

（二）拟订和执行测绘单位资格审查认证管理

办法，审定和管理测绘单位的资格、任务登记，依法审批对外提供测绘成果和外国组织、个人来藏测绘；会同有关部门进行测绘成果保密检查；依法查处全区性重大测绘违规案件，负责有关行政复议。

（三）管理全区基础地理信息数据，组织指导基础地理信息社会化服务；管理在西藏境内的国家测绘基准和测量控制系统；严格监督检查和执行外交部、国家测绘地理信息局关于中华人民共和国地图的国界线标准图画法；根据授权审核发布重要地理信息数据；监督管理各类测绘成果和测量标志保护工作；依法管理地图编制工作，审查向社会公开出版、展示的地图，管理并审核地名在地图上的表示。

二、内设机构

办公室、计划财务科、行业管理法规科、国土测绘科、测绘资料档案馆、基础地理信息中心

三、直属单位

西藏自治区测绘院

陕西测绘地理信息局

一、主要职责

（一）监督检查测绘法律、法规的贯彻执行；起草地方测绘法规、政府规章草案。研究制定全省测绘工作的方针、政策和测绘事业发展中长期规划。

（二）编制全省基础测绘和其他重大测绘项目规划；组织协调全省基础测绘、地籍测绘及其他重大测绘项目的实施以及房产测绘单位的资格管理工作。会同省直有关部门组织和管理省内行政区域界限的测绘和定标工作。

（三）监督管理地理信息获取和应用、组织协调地理信息安全监管。

（四）管理全省测绘行业标准化工作；根据授权管理全省测绘行业的计量工作。

（五）负责组织全省测绘成果的汇交、储存、信息服务和监督管理工作。负责指导全省测量标志保护工作。

（六）负责地图审核工作和管理全省地图编制工作；协同省直有关部门管理全省地图出版工作。

（七）依法主管全省测绘单位的测绘资格审查和测绘任务登记工作，指导和监督全省测绘成果的质量管理。

（八）制定全省测绘技术政策、组织省内重大测绘科技项目攻关和科技成果转化。负责组织全省测绘专业技术职务任职资格的评审和测绘行业特有工种职业技能鉴定与工人技术等级考核评定。指导全省测绘专业人才的培养。

（九）管理本局系统测绘事业费、全省基础测绘经费，监督省政府及有关部门下达的有关测绘专项资金的使用。

（十）归口管理省级对外测绘科技和经济合作交流。依据有关规定负责对外提供本省测绘成果的审批。

（十一）承办省政府交办的其他事项。

二、内设机构

办公室、基础测绘管理处（地理国情监测处）、法规处（执法队）、财务处、技术质量监督处、科技与国际合作处、地理信息与地图处（测绘成果管理处）、计划装备处、人事处、监察审计处（纪检组办公室）、直属机关党委办公室（机关党委、工会、团委）

三、直属单位

国家测绘地理信息局第一大地测量队（陕西省第一测绘工程院，国家测绘地理信息局精密工程测量院）、国家测绘地理信息局第一地形测量队（陕西省第二测绘工程院）、国家测绘地理信息局第二地形测量队（陕西省第三测绘工程院）、国家测绘地理信息局大地测量数据处理中心（陕西省第四测绘工程院）、国家测绘地理信息局第一航测遥感院（陕西省第五测绘工程院）、西安地图出版社（陕西省第六测绘工程院）、国家测绘地理信息局陕西基础地理信息中心（国家测绘地理信息局陕西测绘资料档案馆，陕西省地理国情信息中心）、陕西测绘局测绘开发服务中心、国家测绘地理信息局陕西测绘产品质量监督检验站（陕西省测绘产品质量监督检验站）、陕西测绘仪器计量监督检定中心、西安测绘职工中等专业学校（西北测绘职工培训中心、

武汉大学陕西测绘局函授站)、国家测绘地理信息局测绘标准化研究所、陕西测绘局物资供应站(陕西卫星测绘应用中心)、陕西测绘局劳动就业服务中心、陕西测绘局后勤服务中心

四、附属和挂靠单位

离退休职工服务处、机关服务中心、陕西省测绘学会办公室

甘肃省测绘局

一、主要职责

(一)贯彻执行《中华人民共和国测绘法》、《甘肃省测绘管理条例》和配套法规以及国家测绘工作的方针政策,拟定全省测绘行政法规、规章和有关规定;研究制定测绘行业管理政策、技术政策和技术标准并依法监督实施;规范全省测绘市场行为。

(二)制订全省测绘事业发展中长期规划和年度计划;组织管理基础测绘、政区界线测绘、地籍测绘和全省性重大测绘项目、重大测绘科技项目;负责全省航空摄影的申报管理。

(三)依法管理全省测绘资格认证,组织年检,管理测绘任务登记;指导全省测绘仪器检定;管理测绘产品质量监督检验工作;协助国家测绘地理信息局审批对外提供测绘成果和国外组织、个人来甘测绘事项;开展测绘对外交流与合作;依法查处测绘违法案件,办理有关行政复议。

(四)组织实施“数字甘肃”业务工作,管理省级基础地理信息数据,负责建立和完善全省基础地理信息系统,组织指导基础地理信息社会化服务,根据省政府授权审定发布重要地理信息数据。

(五)依法管理全省各种地图的编制和更新工作,审查向社会出版、展示的地图,按照法定界线标准样图审定境界标绘,依据民政部门的地名资料审核地名在地图上的表示。

(六)建设和管理基础测绘设施,管理全省的国家统一测绘基准和测量控制系统;审批城镇和重大工程建设项目独立坐标系统的建立和变更,监督采用统一的国家高程基准;管理测绘成果,负责全省一、二等国家测量标志的保护工作,指导三、四等及城市测量标志的保护。

(七)管理测绘科技教育工作;负责全省测绘行业专业技术职务任职资格的评审;负责全省测绘行业特有技术工种职业技能鉴定工作。

(八)管理和监督测绘事业费、基础测绘专项经费和有关专项资金的使用。

(九)承办甘肃省政府、国土资源厅及国家测绘地理信息局交办的其它工作。

二、内设机构

办公室、国土测绘处、成果地图处、行业管理处、规划财务处、人事教育处、纪检监察室、机关党委

三、直属单位

甘肃省测绘工程院、甘肃省基础地理信息中心、甘肃省地图院、甘肃省测绘产品质量监督检验站、甘肃省测绘技能鉴定指导中心、甘肃省测绘局后勤服务中心

青海省测绘地理信息局

一、历史沿革

青海省测绘地理信息局原名青海省测绘局,成立于1973年。1994年,由县级局晋升为副厅级事业单位,隶属青海省建设厅领导。2000年,成建制划归省国土资源厅管理。2003年8月,青海省机构编制委员会明确青海省测绘局是国土资源厅管理的主管全省测绘工作的副厅级机构,为行政管理类事业单位。2011年9月,青海省机构编制委员会批复同意青海省测绘局更名为青海省测绘地理信息局。

二、主要职责

依据《青海省实施中华人民共和国测绘法办法》，履行政府测绘管理行政职能，研究制定全省测绘事业发展规划，贯彻执行测绘法律、法规，草拟地方性测绘法规、规章；管理全省测绘行业标准化工作，监督检查测绘法律、法规的执行情况；管理全省测绘市场，负责测绘资质管理、测绘从业资格、地图编制审核及涉外测绘经济技术合作；负责全省测绘科学技术研究工作，组织测绘产品开发和应用；负责行政区域界限的测绘，审定各种地图上行政区域界限的画法，负责管理全省地图编制出版工作；审查并管理全省基础地理信息数据资料，管理全省测绘成果档案，负责对外提供测绘成果的审查，指导监督测绘资料保密工作；负责测绘专业技术人才培训、培养及全省测绘行业职业技能鉴定工作；负责全省测量标志的保护和普查工作；指导州（市、地）、县测绘管理工作；负责地理信息安全监管工作；负责监督管理地理信息获取和应用；承办青海省政府及国土资源厅交办的其它工作。

三、内设机构

办公室（计划财务处）、测绘管理与政策法规处（测绘市场管理办公室）、基础测绘规划处、人事教育处（机关党委）

四、直属机构

青海省第一测绘院、青海省第二测绘院、青海省基础地理信息中心、青海省测绘产品质量监督检验站

宁夏回族自治区国土资源厅（宁夏回族自治区测绘地理信息局）

一、主要职责（测绘）

（一）依法监督实施测绘行政法规、规章以及测绘事业发展规划、测绘行业管理政策、技术标准；组织并管理基础测绘、区界线测绘、行政区域界线测绘、地籍测绘和其他全区性或重大测绘项目、重大测绘科技项目。

（二）负责全区测绘单位的测绘资格审查和测绘任务登记；依法查处全区性或重大的测绘违法案件，负责有关行政复议。

（三）管理全区基础地理信息数据，组织指导基础地理信息社会化服务；管理全区测绘基准和测量控制系统；根据授权审核发布自治区重要地理信息数据，负责组织全区测量标志的管理工作。

（四）制定并组织实施地籍测绘的规划和技术标准，管理审定地籍测绘资格，确认地籍测绘成果。

（五）依法管理全区地图编制工作，审查向社会出版、展示的地图，管理并审核地名在地图上的表示。

（六）监督管理自治区测绘事业费、专项资金。

（七）承办自治区人民政府和自治区国土资源厅交办的其他事项。

二、内设机构（测绘）

基础测绘处、测绘行业管理处

三、直属单位（测绘）

宁夏回族自治区基础测绘院、宁夏回族自治区国土测绘院、宁夏回族自治区国土资源地理信息中心、宁夏回族自治区测绘产品质量监督检验站

新疆维吾尔自治区测绘地理信息局

一、主要职责

（一）贯彻国家有关测绘工作的法律、法规、方针、政策，拟订全区地方性测绘法规。制定测绘行业管理政策，并依法监督实施；制定全区测绘事业发展规划，组织并管理基础测绘、行政区域界限测绘、地籍测绘和其他全区性或重大测绘项目、重大测绘科技项目。

（二）按规定负责测绘单位资格审查发证工作，

管理测绘任务登记；依法审核对外提供测绘成果、外国组织和个人来疆测绘，组织对外测绘合作交流；依法查处全区性或重大的测绘违法案件，负责有关行政复议。

（三）管理自治区的基础地理信息数据，组织指导全区基础地理信息社会化服务；管理国家测绘基准和测量控制系统；根据授权审核、发布自治区重要的地理信息数据，指导监督各类测绘成果的管理和全区测量标志的保护。

（四）制定基础测绘、地籍测绘的规划和年度计划并监督实施管理、确认测绘成果。

（五）依法管理地图编制工作，审查向社会出版和展示的地图，管理并审核地名在地图上的表示。

（六）依法监督实施测绘技术标准，指导监督测绘产品质量管理。

（七）组织并指导全区测绘技术人员培训及测绘专业技术职称工作；指导测绘行业职业技能鉴定、测绘行业技术工人技术等级考核。

（八）监督管理自治区测绘事业费和专项资金。

（九）承办自治区人民政府及国土资源厅交办的其他工作。

二、内设机构

办公室、国土测绘技术监督处、行业管理处（政策法规处）、地图管理处（自治区测绘执法办公室）、计划财务处、人事教育处、直属机关党委、监察室、老干部工作处

三、直属单位

新疆维吾尔自治区第一测绘院、新疆维吾尔自治区第二测绘院、新疆维吾尔自治区测绘技术中心、新疆维吾尔自治区测绘档案资料馆（新疆维吾尔自治区基础地理信息中心）、新疆维吾尔自治区测绘产品质量监督检验站、新疆维吾尔自治区测绘局机关服务中心

新疆生产建设兵团国土资源局

一、主要职责（测绘）

（一）编制和实施兵团测绘规划和其他专项规划。

（二）负责兵团地籍管理工作；负责兵团基础测绘的行政管理工作。

（三）加强对基础测绘成果提供使用的管理。

（四）负责局属事业单位的管理工作。

（五）承办兵团交办的其他事项。

二、内设机构

办公室（财务处、国土资源报社兵团记者站、兵直国土资源局）、政策法规处（科技处、行政复议办公室）、地籍管理处（兵团处理土地草场纠纷领导小组办公室、兵团土地确权勘界办公室）、规划处（耕地保护处）、土地利用管理处、组织人事处（纪检监察处）、矿产资源管理处（矿产资源储备处、地质环境处）、执法监察局

三、直属单位

兵团土地储备整理中心、兵团国土资源基础数据中心、地质勘查中心

青岛市国土资源和房屋管理局

一、主要职责（测绘）

（一）贯彻执行国家、省有关测绘的方针、政策和法律、法规，拟订有关地方性法规、政府规章草案和行业发展目标及相关政策，并组织实施和监督检查。

（二）负责全市测绘行业管理。制定行业发展规划，管理测绘市场；负责测绘单位资质审查、发证、验证工作；负责测绘成果的质量监督。

（三）负责全市测绘的监督检查工作；查处违反测绘法律、法规的行为。

（四）负责全市测量标志的保护工作。

（五）负责全市测绘的科技、信息、档案工作。负责勘察测绘行业的科研和宣传教育工作；负责测绘成果档案管理、测绘人员专业技术培训，指导下级管理部门的业务工作。

二、内设机构

办公室、政策法规处、规划处、权籍管理处、市场管理处、财务审计处、耕地保护处、土地利用管理处、地质矿产管理处、住房保障和房政管理处、科技信息处、组织人事处、纪委监察室、机关党委、勘察测绘管理处（事业性质）

三、直属单位

青岛市国土资源执法监察支队、青岛市土地储备整理中心、青岛市住房保障中心、青岛市房地产登记（交易）中心、青岛市房地产信息与交易资金监管中心、青岛市物业管理办公室、青岛市房屋修缮工程质量监督管理站、青岛市白蚁防治研究所

大连市规划局

一、主要职责（测绘）

（一）宣传贯彻测绘法律法规，拟定全市测绘管理法规，制定大连市测绘行业规章；

（二）依据相关法律法规赋予的职责与业务，公开测绘行政许可事项和行业管理工作职能；传达上级行业管理部门工作信息和有关文件内容；指导并协调各区市县测绘行政管理部门开展测绘管理工作；

（三）编制大连市基础测绘中长期规划；制定大连市测绘工作方案；编制大连市测绘工作年度计划并组织实施；

（四）完成国家测绘地理信息局、辽宁省测绘地理信息局委托的测绘行政管理事项（主要包括：测绘资质审查、地图编制审核、测绘产品质量检查等）；

（五）建立测绘行业顾客档案，详细记录顾客的基本信息及要求，按照行政许可的职能权限和工作“时限”，及时满足顾客需求；

（六）负责大连市测绘行业管理（主要包括测绘市场秩序管理，地图市场管理，测绘成果质量监管，涉密测绘成果的保密管理等）；

（七）负责大连市城市基础地理信息、数据保管和测绘信息资源共享应用；

（八）统计上报大连市测绘管理工作信息，反馈测绘类顾客需求信息；

（九）及时完成上级领导交办的各项临时性工作。

二、内设机构（测绘）

测绘管理处

三、直属单位（测绘）

大连市测绘院（大连市基础地理信息中心）、大连市城市规划设计研究院

宁波市规划局（宁波市测绘与地理信息局）

一、主要职责（测绘与地理信息）

（一）拟订全市测绘与地理信息发展规划、年度计划、法律法规和技术标准，并组织实施；

（二）负责全市测绘与地理信息行业管理，组织测绘资质、测绘市场、测绘质量的监督检查；

（三）负责市规划区内建设工程的测绘管理和保障工作；

（四）负责全市地理空间数据交换和共享服务平台的建设与管理工作；

（五）负责管理地图、测绘成果与地理信息、地理数据变化监测和综合统计分析工作，组织提供测绘公共服务和应急保障；

（六）负责航空航天遥感资料的管理及推广应用工作；

（七）负责地图审核、测绘与地理信息成果保密审查和对外提供测绘成果；

（八）负责测量标志的维护与管理、国家版图意识的宣传教育及地图市场的监管，配合查处测绘与地理信息违法行为；

（九）负责组织和管理全市海洋测绘工作。

二、内设机构

办公室、法规监督处（信访办公室）、行政审批处、总师办、规划编审处、综合管理处、市政工程管理处、区域规划管理处（风景名胜区规划管理处）、测绘管理处（地理信息管理处）、组织人事处

三、直属单位

宁波市城乡规划研究中心、宁波市规划设计研究院、宁波市测绘设计研究院、宁波市规划与地理信息中心

深圳市规划和国土资源委员会

一、主要职责（测绘）

承担测绘行业、测绘市场和测绘成果管理工作；组织开展基础测绘工作；承担地图的编制、出版管理工作。

二、内设机构

秘书处、人事处、监察效能处、计划财务处、政策法规处、科技信息处、总体规划处、地区规划处、土地利用处、地政地籍处、市政交通处、城市设计处、建筑设计处、地质资源处、房地产业处、测绘处、地名管理处

三、直属单位

深圳市规划土地监察支队、深圳市城市更新办公室、深圳市征地拆迁办公室、深圳市规划和国土资源委员会第一直属管理局、深圳市规划和国土资源委员会第二直属管理局、深圳市规划和国土资源委员会宝安管理局、深圳市规划和国土资源委员会龙岗管理局、深圳市规划和国土资源委员会滨海管理局、深圳市规划和国土资源委员会光明管理局、深圳市规划和国土资源委员会坪山管理局、深圳市城市规划发展研究中心、深圳市规划国土房产信息中心、深圳市公共艺术中心（深圳雕塑院）、深圳当代艺术馆与城市规划展览馆筹建办公室、深圳市轨道交通4号线拆迁办公室、深圳市土地房产交易中心、深圳市房地产权登记中心、深圳市国土房产评估发展中心、深圳市土地储备中心、深圳市地籍测绘大队

厦门市国土资源与房产管理局

一、主要职责（测绘）

（一）贯彻执行中央、省和市有关土地、房改、房产、矿产资源、征地拆迁和测绘管理的法律、法规、规章和政策，组织草拟地方性法规、规章和政策，并组织协调和实施。

（二）负责全市测绘行政管理工作；拟定基础测绘、工程测绘管理办法、技术标准并监督实施；组织全市基础测绘；管理大地测量控制系统和市基础地理信息系统，管理测量标志移动和占用的审批工作；负责地图的编制、出版审核；对测绘单位测绘资格进行审核和报批；受理测绘资料出境解密工作；负责测绘工程技术任务书的审查工作；受理测绘任务登记、外来测绘单位测绘资格证书认证和测绘成果、测绘资料管理；负责本系统的科技管理工作、单项规划和中、长期规划及年度计划；负责审核、协调局系统信息化建设技术方案；协助建立健全土地动态信息监测体系。

（三）负责国土资源、测绘和房地产市场信息的管理。

二、内设机构

办公室、政治处（机关党委）、计划财务处、政策法规处、规划保护处、土地利用管理处、征地

拆迁管理处、房地产权籍管理处（市地籍调查领导小组办公室）、房地产市场管理处、房政管理处、住房制度改革工作处、地质矿产管理处（市矿产资源管理办公室）、科技测绘管理处、执法监察处、老干部工作处、监察室

三、直属单位

厦门市公房管理中心、厦门市房地产交易权籍登记中心、厦门市住房公积金管理中心、厦门市测绘与基础地理信息中心、厦门市土地开发总公司、厦门市国土资源与房产测绘档案馆、厦门市房屋安全鉴定所、厦门市湖里国土资源管理所、厦门市思明国土资源管理所

中国地图出版集团

一、主要职责

中国地图出版集团是适应出版业改革发展的需要，经国家批准，于2010年组建的以出版地图、测绘类图书为主的大型出版发行机构。集团由5家子公司、5家出版分社和4家控股公司组成，以出版物的生产和销售为主业，是集各种介质出版物的出版和销售、版权贸易、测绘成果传播、印刷复制为一体的，经营多元化的出版企业集团。

二、内设机构

党群工作部、工会工作部、离退休工作部、综合部、人力资源部、业务管理中心、财务管理中心、经济管理中心、信息服务部

三、子公司、分社、控股公司

子公司：测绘出版社有限公司、中华地图学社有限公司、北京凯伦印刷设备公司、西安亚东地图有限公司、武汉亚新地学有限公司；分社：教材出版分社、教辅出版分社、数字出版分社、地图文化出版分社、大众出版分社；控股公司：中图北斗出版传媒有限公司、地理信息数据公司、发行公司、物业管理公司

中国测绘科学研究院

一、业务范围

中国测绘科学研究院主要从事测绘及相关学科的基础和应用研究，以及国家基础测绘、重大工程测绘和经济建设领域相关的地理信息工程技术的开发和研建。目前的重点研究方向为：现代大地测量与地球动力学、摄影测量与遥感、地图学与地理信息系统和空间信息决策支持系统，形成了独具特色的技术优势和整体实力，具备承担重大科研和生产项目的能力，是国内具有影响力的科研机构。

二、部门设置

（一）职能部门

办公室（保卫处）、财务审计处（国有资产管理处）、科技处（研究生管理处、外事办公室）、科技成果推广处、人事教育处（党委办公室）

（二）研究机构

大地测量与地球动力学研究所（房山人卫观测站）、摄影测量与遥感研究所（对地观测技术国家测绘地理信息局重点实验室）、地图学与地理信息系统研究所（国家测绘地理信息局地名研究所）、政府地理信息系统研究中心、地理空间信息工程国家测绘地理信息局重点实验室

（三）其他院属单位

中国测绘科学研究院工会、离退休人员服务中心、资产管理服务中心、人才交流服务中心、测绘科技信息中心、期刊编辑中心、中测国检（北京）测绘仪器检测中心、北京四维远见信息技术有限公司、中测新图（北京）遥感技术有限责任公司、北京四维空间数码科技有限公司、北京测科空间信息技术有限公司、北京莱赛测绘科技工程中心、北京翔达物业管理中心，国家测绘工程技术研究中心依托在中国测绘科学研究院

国家基础地理信息中心

一、主要职责

（一）负责管理全国测绘成果资料和档案资料。

（二）负责国家级基础地理信息系统建设、维护、更新、开发及有关研究工作，承担国家测绘地理信息局下达的专题数据库的建库工作。

（三）承办国家测绘地理信息局交办的基础测绘和重大测绘项目。

（四）负责航空摄影的组织实施。

二、组织机构

办公室（保卫处）、人事处（党委办公室）、离退休干部处、计划财务处（国有资产管理处）、业务处（应急服务办公室）、境界测绘处、标准质量处（全国地理信息标准化技术委员会秘书处、ISO/TC211 国内技术归口办公室）、科技与国际合作处（国家摄影测量与遥感学会秘书处）、行政服务部、数据库部（1:5 万数据库更新项目办公室）、天地图工作部、信息服务部、大地测量部、地理国情监测部、遥感与航空摄影处（927 工程部）、档案资料部、网络技术部

三、挂靠单位

中国地理信息产业协会办公室

国家测绘地理信息局卫星测绘应用中心

一、主要职责

受国家测绘地理信息局委托，承担测绘卫星、卫星测绘应用发展规划起草及卫星测绘相关数据政策和技术标准的拟订工作；负责卫星测绘应用系统的建设、管理、运行和保障及卫星测绘产品生产，组织完成测绘卫星在轨测试和业务测控工作；负责统筹建设并维护卫星地面检校场，开展卫星传感器几何和辐射标定等工作；负责卫星测绘产品的分发和技术服务，组织开展测绘卫星的推广应用；承担卫星测绘应用相关研究开发工作；开展卫星测绘领域国际合作与交流，推进测绘卫星数据、产品与相关技术的共建共享；承担卫星测绘应急保障相关工作，快速获取和处理应对突发公共事件所需地理信息并提供应急测绘服务；承办国家测绘地理信息局交办的其他工作。

二、内设机构

办公室（财务处、人事处、党委办公室）、业务处、运行管理部、数据处理部、分发服务部、基准检校部、研究开发部、监测应用部

三、挂靠单位

中国全球定位系统技术应用协会

中国测绘宣传中心（中国测绘报社）

一、主要职责

（一）面向社会和行业宣传党和国家关于测绘的方针、政策、法律法规。

（二）承办国家测绘地理信息局的新闻宣传和我国地理信息数据发布的具体事务。

（三）面向社会开展测绘知识、科技、文化宣传普及工作。

（四）承担原中国测绘报社职能。

（五）承担国家测绘地理信息局交办的其他事项。

二、内设机构

办公室、新闻宣传处（总编室）、科普宣传处（采编部）、影视宣传处、《中国测绘》编辑部、通联部、广告部、财务处

国家测绘地理信息局管理信息中心

一、主要职责

（一）承担测绘行业重要信息的收集、整理和分析工作，为测绘管理提供信息服务。

（二）承担国家测绘地理信息局统计工作的组织管理，负责综合统计和统计数据的分析。经批准，对外提供和发布测绘统计数据。

（三）承担国家测绘地理信息局政务信息化建设的实施、管理、维护与推广应用。

（四）承担国家测绘地理信息局机关计算机网络设备的采购、管理和维护。

（五）承担国家测绘地理信息局政府网站的建设、管理、维护和信息更新。

（六）承担《中国测绘年鉴》的编制工作。

（七）承办国家测绘地理信息局交办的其他工作。

二、内设机构

综合处（人事处、测绘年鉴编辑部）、统计处、网络应用管理处

国家测绘地理信息局地图技术审查中心

一、主要职责

（一）受国家测绘地理信息局委托受理送审地图，承担地图内容技术审查工作，并向局提出审查报告。

（二）承担网上系列国界线标准地图的发布，负责网上地图的监督检查，对违法违规地图向国家测绘地理信息局提出查处意见和建议。

（三）负责公开出版地图的备案工作，定期向国家测绘地理信息局报告备案情况。

（四）受国家测绘地理信息局委托承担涉密测绘成果的技术审查。

（五）承办重要地理信息数据的技术审查。

（六）受国家测绘地理信息局委托承办重大测绘违法、违规案件的调查和督办。

（七）承办国家测绘地理信息交办的其他工作。

二、内设机构

办公室（人事处）、审图一处、审图二处、调查处

国家测绘地理信息局测绘发展研究中心

一、主要职责

（一）负责组织实施测绘发展战略、改革等重大政策方面的研究工作。

（二）承担测绘事业发展中长期规划和重要专项规划制定的前期性工作。

（三）研究和整理国内外测绘及相关领域发展状况及重要信息，并提出意见和建议。

（四）受国家测绘地理信息局委托，承担基础设施建设项目和测绘工程项目立项建议、评估、咨询和可行性研究工作。

（五）承担有关重要文稿的起草工作。

（六）承办国家测绘地理信息局交办的其它工作。

三、内设机构

办公室（人事处）、战略与政策研究室、规划与项目研究室

国家测绘地理信息局职业技能鉴定指导中心

一、主要职责

（一）受国家测绘地理信息局委托，受理省级测绘行政主管部门提交的注册测绘师资格注册的申报材料和审查意见，并向国家测绘地理信息局提出审核建议。

（二）协助承担注册测绘师资格考试和继续教育等工作，承办注册管理的具体业务工作。

（三）受国家测绘地理信息局委托，受理测绘行业特有工种职业技能鉴定站的设立申请，并向国家测绘地理信息局提出审查建议。

（四）组织实施测绘行业特有工种职业技能鉴定工作。

（五）承担党政领导干部、机关公务员、测绘经营管理人员和技能人员的培训组织工作。

（六）开展测绘人力资源开发、教育培训的研究工作，为国家测绘地理信息局提供咨询服务。

（七）承办国家测绘地理信息局交办的其他工作。

二、内设机构

综合处（人事处）、执业资格处、职业技能处、培训处

国家测绘产品质量检验测试中心

一、主要职责

受国家测绘地理信息局委托，拟订测绘与地理信息成果质量监督检验测试相关政策规定；按照国家测绘地理信息局下达的全国测绘与地理信息产品质量监督检查计划，承担全国范围内的国家级质量监督检验工作；承担对国家重大测绘项目成果质量的监督检验工作；承担对省级测绘成果质量监督检验站的业务指导；承担测绘资质审查和《测绘资质证书》年度注册中有关测绘成果的质量认可工作；承担测绘与地理信息有关科研成果及新产品所需的质量检验、测试和查新工作；承担测绘与地理信息成果质量争议的仲裁检验；受用户的委托，承担测绘与地理信息成果质量的委托检验和技术咨询；承办国家测绘地理信息局交办的其他事项。

二、内设机构

办公室（财务处）、人事处（党委办公室）、业务处（国有资产管理处、质量管理办公室）、无锡办事处、质检一处、质检二处、质检三处

国家测绘地理信息局重庆测绘院

一、主要职责

承担国家基础测绘任务和重庆地方基础测绘任务。

二、内设机构

办公室、人事处、财务处、业务处、科技处、工程中心、信息中心、应用中心、国土测绘中心、测绘产品质量检验站

国家测绘地理信息局机关服务中心

一、主要职责

（一）负责局机关事务管理工作，起草国家测绘地理信息局机关行政后勤工作管理办法和后勤服务工作改革意见，拟定有关的规章制度并负责贯彻执行。与机关签订并履行服务结算合同。

（二）负责中国测绘创新基地（以下简称“基地”）的运转保障工作，承担基地管委会办公室职责，负责管委会日常事务及基地安全保卫工作，监管、指导基地各项服务保障及安全管理，管理基地保安队，落实日常安保、消防管理工作。

（三）拟定中心财务管理办法和成本核算制度。管理后勤服务经费，贯彻执行基地运转费用结算办法，对基地运转费用统一监管，做好收支管理。

（四）负责管理局机关及中心的国有资产，监管基地公共资产、设施、设备。

（五）负责组织实施有关基本建设项目。具体组织实施局机关职工住房制度改革，指导在京单位房改工作。负责局住房公积金管理中心的日常工作。负责就机关职工住房向上级主管部门提出申请。

（六）承担局社会治安综合治理、爱国卫生、交通安全、计划生育等事务性管理及节能减排工作。负责局机关职工宿舍自管区域的管理。

（七）承办局机关职工、离退休干部的医疗保健工作。负责机关和在京直属单位干部医疗证的管理工作。

（八）负责管理局机关车队，保证机关工作用车。承担机关职工交通安全教育和车辆的安全管理。

（九）承办国家测绘地理信息局机关及基地管委会交办的其他事项。

二、内设机构

办公室、行政处、资产管理处（国家测绘地理信息局基建房改办公室）、保卫处

国家测绘地理信息局北戴河休养院

一、主要职责

承办国家测绘地理信息局机关的会议接待和全国测绘系统的会议、培训班及职工休养。

二、内设机构

办公室、财务科、业务科、膳食科、总务科

中国测绘学会

一、主要职责

（一）开展测绘科技学术交流，组织召开学术年会和各种形式的研讨交流会议，组织对高新技术的考察活动，活跃学术思想，促进学科发展，推动自主创新。

（二）弘扬科学精神，普及科学知识，传播科学思想和科学方法。捍卫科学尊严，推广先进技术，开展青少年科学技术教育活动，提高全民科学素质。开展“定向越野竞赛”等开发青少年智力和普及测绘科技知识的有关活动。

（三）开展民间国际测绘科技交流活动，促进国际科学技术合作，发展同国外的科学技术团体和科学技术工作者的友好交往。作为国家会员，代表中国测绘界参加国际大地测量协会（IAG）、国际摄

影测量与遥感学会（ISPRS）、国际地图制图协会（ICA）、国际测量师联合会（FIG）等国际测绘学术团体。

（四）编辑、出版、发行《测绘学报》、《中国测绘学会会讯》、《中国测绘学科发展蓝皮书》、测绘科普读物、测绘论文集以及其它有关文献资料，组织摄制相关电子音像制品等，传播科学技术信息。

（五）反映会员和测绘科技工作者的建议、意见和诉求，维护会员和测绘科技工作者的合法权益，促进科学道德和学风建设。

（六）促进测绘科技成果的转化，促进产学研相结合，促进行业或产业科技进步。组织会员和测绘科技工作者为建立以企业为主体的技术创新体系，全面提升企业的自主创新能力作贡献。

（七）组织会员和测绘科技工作者对测绘科技政策、法规的制定提出建议。

（八）开展表彰奖励，设立“中国测绘学会科学技术奖”，组织评选测绘科技进步奖、优秀测绘工程奖、优秀地图作品奖等有关工作；评选和推荐测绘方面优秀的学术著作、科技论文、科普作品、专业软件，以及其它科技成果；表彰和奖励优秀测绘科技工作者及有突出成绩的学会专兼职人员。

（九）开展测绘继续教育和业务培训工作，帮助本会会员及测绘行业职工补充新知识，提高业务水平；通过开展各种形式的测绘学术活动，发现优秀测绘科技人才并向有关部门和单位举荐。

（十）开展测绘科技方面的论证、咨询服务，举办测绘科技展览，支持测绘科学研究；接受委托承担测绘项目评估、成果鉴定、技术评价，参与并承担测绘技术标准制定、专业技术资格评审和认证等工作。

（十一）兴办符合学会章程、有利于测绘科技发展的社会公益事业。依法创办符合本会章程宗旨的科技性质实体机构。

（十二）促进学会办事机构工作人员队伍建设，使其适应工作的需要和学会的发展。

二、内设机构

综合处、学术交流处（技术咨询与培训处）、科学技术普及处（国际联络处）

三、分支机构

中国测绘学会工程测量分会、中国测绘学会大地测量专业委员会、中国测绘学会摄影测量与遥感专业委员会、中国测绘学会地图学与地理信息系统专业委员会、中国测绘学会测绘仪器专业委员会、中国测绘学会海洋测绘专业委员会、中国测绘学会矿山测量专业委员会、中国测绘学会地籍与房产测绘专业委员会、中国测绘学会测绘经济与管理专业委员会、中国测绘学会科技信息网分会、中国测绘学会《测绘学报》编辑工作委员会、中国测绘学会科学普及工作委员会、中国测绘学会测绘教育工作委员会、中国测绘学会测绘史志工作委员会、中国测绘学会测绘学名词审定工作委员会、中国测绘学会咨询工作委员会、中国测绘学会遥感影像获取工作委员会、中国测绘学会注册测绘师工作委员会

中国地理信息产业协会

一、职责范围

（一）遵循国家赋予的职能，开展中国 GIS 行业“服务、自律、协调、维权”工作，培育健康有序的 GIS 产业市场；

（二）研究中国地理信息产业发展战略和有关方针政策，向政府决策机关提出建议；

（三）开展 GIS 建设、应用、发展及学术和管理交流活动，推广先进科技成果，推荐先进管理经验，表彰先进单位和先进个人；

（四）经中国国家奖励办、中国科学技术部授权，开展年度中国地理信息科学技术奖评奖表彰活动；

（五）受国家测绘地理信息局、中国科学技术部委托，开展年度中国 GIS 软件测评和认证工作；

（六）受国家测绘地理信息局、中国科学技术部委托，开展年度中国 GIS 优秀工程评选和典型推广工作；

（七）开展 GIS 技术服务，提供科技咨询，承担项目论证、成果鉴定、产品评优和技术职称资格评审工作，举办科技成果、成就展；

（八）开展就业服务，促进人才合理流动。对GIS技术人员和管理人员技术培训和上岗培训；

（九）开展GIS的标准化研究，制定GIS标准和审查工作，促进GIS数据共享机制的形成；

（十）领导协会各工作委员会（分会）、直属机构、办事机构开展工作，出版会刊《地理信息世界》、科普读物和有关GIS文献，开设中国GIS协会网站；

（十一）加强与国外GIS组织和团体的联系，开展国际GIS技术合作与交流活动；

（十二）完成中国国家业务主管部门交办的任务。

二、分支机构

理论与方法工作委员会、标准化与质量控制工作委员会、教育与科普工作委员会、政务信息系统工作委员会、空间数据工作委员会、软件产业分会、资源与环境系统工作委员会、市场工作委员会、城市信息系统工作委员会、工程应用工作委员会、公共安全工作委员会、应急救灾工作委员会

三、直属机构

《地理信息世界》会刊编辑部、中国GIS协会GIS所、中国GIS协会就业指导中心、中国GIS协会资环培训中心

中国全球定位系统技术应用协会

一、业务范围

（一）开展行业发展和产业政策等方面的调查研究，为政府加强宏观调控和管理提供咨询建议，向政府反映会员诉求和争取政策支持。

（二）接受委托参与相关法律法规、产业政策、行业标准、行业发展规划、行业准入条件的研究、制定与修订，承担科技项目论证、科技成果鉴定、新产品评优和技术职称资格评审。

（三）组织开展全球定位系统技术应用和发展方面的学术交流、成果推广、科学技术普及活动，宣传推介具有自主创新和产业化前景的技术与产品，为促进全球定位系统技术应用的科技进步和管理进步服务。

（四）推动全球定位系统的社会化应用和产业化发展，开展技术服务，提供科技咨询，举办科技成果和成就展览，组织行业产品的测评、认证和成果推广活动。

（五）协助政府有关部门协调组织跨行业重大全球定位系统科学研究、生产工程的计划实施。

（六）组织全球定位系统技术人员和管理人员的专业技术培训。

（七）加强自律性管理制度建设，制定并组织实施行业职业道德标准，推动行业诚信建设，协调会员关系，规范市场行为，维护公平竞争的市场环境。

（八）促进企业间的沟通、协调与合作。在维护国内产业利益的前提下，积极组织行业内的企业开拓国际市场，开展国内外经济技术交流与合作，建立与国外全球定位系统组织、企业和团体的联系，开展国际全球定位系统技术合作和交流。

（九）编辑出版会刊、科普读物、论文集及有关全球定位系统科技资料。

二、分支机构

中国全球定位系统技术应用协会空间定位专业委员会、中国全球定位系统技术应用协会导航应用专业委员会、中国全球定位系统技术应用协会授时与时间专业委员会、中国全球定位系统技术应用协会仪器设备专业委员会、中国全球定位系统技术应用协会教育与发展专业委员会、中国全球定位系统技术应用协会市场专业委员会、中国全球定位系统技术应用协会环境监测专业委员会

武汉大学

一、学科设置

武汉大学测绘类本科教育由测绘学院、遥感信息工程学院、资源与环境科学学院以及印刷与包装系承担，研究生学位教育由测绘学院、遥感信息工程学院、资源与环境科学学院、测绘遥感信息工程国家重点实验室、国家卫星导航定位工程研究中心、中国南极测绘研究中心承担。

二、学院设置

（一）测绘学院

测绘学院是集测绘工程（工程测量、大地测量、卫星应用工程、摄影测量与制图）、地球物理学于一体的理工科学院，拥有国家“信息化测绘人才培养模式创新试验区”，是我国测绘科技和教育事业的著名学府。学院是全国高等学校测绘学科教学指导委员会主任单位。

测绘学院现有教职员工119人，中国科学院院士1名、中国工程院院士3名，长江学者特聘教授2名，长江学者讲座教授1名，楚天学者特聘教授1名，珞珈学者特聘教授3名，珞珈青年学者2名，教授28人，博士生导师43人，副教授24人。现有在校博士生180人、硕士生691人（在职生429人）、本科生1727人，函授生3614人。

学院现有一级学科博士学位授权点2个（测绘科学与技术、地球物理学），二级学科博士学位授权点2个（大地测量学与测量工程、固体地球物理学），硕士学位授权点3个（大地测量学与测量工程、固体地球物理学、城市空间信息工程），设有博士后科研流动站。有部级重点实验室2个（地球空间环境与大地测量教育部重点实验室、精密工程与工业测量国家测绘地理信息局重点实验室）；还设有国际导航卫星服务系统（IGS）GNSS永久性卫星跟踪站、灾害监测与防治研究中心等科研机构。测绘学院下设测绘工程、卫星应用工程、地球物理3个系，5个研究所。测绘工程系由航空航天测绘研究所、空间信息工程研究所、测量工程研究所组成，卫星应用工程系由卫星应用工程研究所组成，地球物理系由地球物理大地测量研究所组成。测绘实验中心为国家级实验教学示范中心。

学院以物理大地测量学、卫星大地测量学、地球物理大地测量学、精密工程测量、工程形变与灾害预报、遥感信息学和图象工程学等7个主要研究领域为学科发展重点方向。

（二）遥感信息工程学院

遥感信息工程学院是集遥感、测绘、信息技术于一体的信息和工程类学院，已形成从学士、硕士、博士到博士后的完整人才培养体系。学院拥有全国高校首批国家重点学科、“211工程”重点建设学科——摄影测量与遥感，并成功地将摄影测量与遥感本科专业发展为遥感科学与技术本科专业，并跻身“211工程”重点建设学科。

学院拥有遥感科学与技术本科专业；拥有摄影测量与遥感、地图学与地理信息系统、模式识别与智能系统3个学术型硕士学位授权点和测绘工程领域专业硕士学位授权点；拥有摄影测量与遥感、地图制图学与地理信息工程2个博士学位授权点；设有测绘科学与技术博士后科研流动站。

学院在编教职工92人，其中，教授23人、副教授19人、讲师14人、实验技术人员18人、教辅职员18人。形成了以院士为学术带头人的教学科研梯队，拥有国家级教学团队1个，“985”创新平台1个，中国科学院院士2人，中国工程院院士2人，欧亚科学院院士2人，国家“千人计划”学者2人，“973”项目首席科学家2人，国家安全“973”项目首席科学家1人，青年“千人计划”学者1人，珞珈特聘教授2人，教育部“新世纪优秀人才计划”学者2人，全国优秀教师1人，全国优秀博士论文指导教师5人次，博士生导师18人。

（三）资源与环境科学学院

资源与环境科学学院横跨测绘科学与技术、地理学、环境科学与工程、公共管理4个一级学科，是一个多学科交叉的综合性学院。拥有2个国家级重点学科（地图学与地理信息系统、地图制图学与地理信息工程）；2个湖北省优势学科（地图学与地理信息系统、地图制图学与地理信息工程）；2个湖北省一级重点学科（地理学、环境科学与工程），1个湖北省二级重点学科（土地资源管理）；1个国家理科科学研究与人才培养基地（地理科学）；7个硕士点和7个博士点（地图学与地理信息系统、地图制图学与地理信息工程、环境科学、环境工程、土地资源管理、人文地理学、自然地理学）；拥有和共享4个一级学科博士点和博士后流动站；4个省部级重点实验室和工程研究中心。拥有2个湖北省教学实验示范中心——地理信息系统实验中心、环境科学与工程实验中心。

学院拥有教授30人（含博士生导师22人），其中包括中国科学院院士和中国工程院院士（外聘）2人、长江学者2人，国务院学科评议组成员1人，国家教学名师1人，国务院政府特殊津贴获得者8人，国家和省部级有突出贡献中青年专家6人。

（四）武汉大学印刷与包装系

武汉大学印刷与包装系是武汉大学的直属系，其前身为原武汉测绘科技大学印刷工程学院。现设有印刷工程研究室、包装工程研究室、图像传播科学与技术研究中心和多媒体实验中心等专业研究室、实验室和研究机构；开设有印刷工程、包装工程两个本科专业；同时开设有网络教育本、专科和工程硕士等多种办学形式。拥有制浆造纸工程、图像传播工程、包装与环境工程、轻工技术与工程4个硕士学位授予权和图像传播工程博士学位授予权。

印刷与包装系共有在职教职工40多人，其中教授6名，博士生导师5名，副教授（高级实验师）10名，讲师、实验师16名；同时聘请长期兼职教授、讲座教授、客座教授12名。

（五）测绘遥感信息工程国家重点实验室

测绘遥感信息工程国家重点实验室是依托在武汉大学下的我国测绘学科唯一的一所国家级重点实验室。1989年初以原武汉测绘科技大学国家重点学科摄影测量与遥感及大地测量学科有关实验室为基础筹建，并在当年由国家计委批准成立。

实验室主要研究方向有：遥感影像信息处理、空间信息系统、3S集成与网络通信、航空航天摄影测量。拥有固定人员97人，其中，研究人员87人。研究人员拥有院士4人，教授43人，副教授25人；博士学位82人；45岁以下中青年科技人员60人。

（六）武汉大学卫星导航定位技术研究中心

武汉大学卫星导航定位技术研究中心始建于1998年1月，以卫星定位导航及相关领域的基础理论研究、新技术的推广应用及“高精尖”人才培养为主，目标瞄准我国卫星导航系统应用与自主卫星导航系统建设的需求，充分利用武汉大学在卫星导航相关学科建设、人才培养、对外交流及基础和应用研究等方面的优势，研究与跟踪国际卫星导航系统、终端及应用服务等方面的前沿关键技术；形成发展我国自主卫星导航系统的新技术、新方法和新应用的探索、实验与开发基地；促进卫星导航技术与应用的高等教育，培养高素质卫星导航专业技术人才，建成具有世界一流水平的卫星导航定位技术的研发与创新平台。

机构设置包括国家卫星定位系统工程技术研究中心发展研究部、“卫星导航与定位”教育部重点实验室（B类）、“导航与位置服务”国家测绘地理信息局重点实验室，及教育部“卫星导航联合研究中心——系统技术分中心”和“中国大陆态构造环境监测网络联合研究中心——数据系统分中心”等研究基地，拥有国内一流的卫星导航软件、硬件研发平台。研究方向包括实时精密定位、卫星导航增强、卫星精密定轨、组合导航与室内定位、环境灾害监测、导航芯片与终端等。

（七）中国南极测绘研究中心

中国南极测绘研究中心是由国家南极考察委员会和国家测绘地理信息局联合发文批准，于1991年成立的极地测绘专业研究机构。主要任务是承担我国极地科学考察的测绘保障和极地测绘遥感信息科学研究工作，同时负责与国际南极研究科学委员会（SCAR）各成员国进行测绘信息资料交换以及学术交流等。设有办公室、南极动力大地测量研究室、极地环境遥感应用研究室、极地数字制图与GIS研究室。

中国南极测绘研究中心拥有教授11人（专职3人）、副教授3人、讲师5人，博士研究生5人、硕士研究生20多人。拥有一套具有每秒10万亿次浮点计算能力的计算平台和各类国际通用的野外生态环境光谱测量仪器。

郑州测绘学校

一、主要职责

面向测绘行业，培养具有较强实际操作能力，特别是具有现代化测绘技术应用能力的合格毕业生。目前，郑州测绘学校除承担全日制中专教育外，还挂有“两站一基地”三块牌子：

（一）“武汉大学郑州测绘学校函授站”。承担本科、专科函授教育，是武汉大学在全国最大的函授站。

（二）“测绘行业特有工种职业技能鉴定站”。按有关要求对毕业生进行测绘职业技能鉴定，通过鉴定的毕业生可获得中级测绘职业资格证书。

（三）“国家测绘地理信息局测绘职业技术教育培训基地”。承担全国测绘系统生产单位作业人员的专业技术培训及岗位培训、测绘职业技能鉴定培训工作。

二、专业设置

测量工程技术、航空摄影测量、地图制图与地理信息、房产测绘、国土资源调查与管理

三、部门设置

（一）管理、服务部门

党委办公室、校办公室、教务处、总务处、督导室、人事处、财务设备处、学生工作管理处

（二）教学部门

大地与工程测量教学部、地形与地籍测量教学部、航空摄影测量与遥感教学部、地图制图与地理信息教学部、基础课教学部、政治理论与体育教学部、综合实验室

（三）群众团体

工会、团委

四、直属单位

郑州四维测绘技术公司

全国测绘地理信息系统领导干部名录

国家测绘地理信息局机关司级以上领导干部名录

局领导

局　长、党组书记	徐德明
副局长、党组副书记	王春峰
副局长、党组成员	李维森　宋超智　闵宜仁
党组纪检组组长、党组成员	张荣久
副局长	李朋德
党组成员	吴兆琪

局总工程师　　胥燕婴

办公室

主　任	吴兆琪（兼）

副主任　周德军　周　星
副巡视员　蒋民龙

规划财务司
司　长　柏玉霜
副司长　刘勤胜　李劲松

国土测绘司
司　长　白贵霞
副司长　罗建军　刘大可

法规与行业管理司
司　长　叶银虎
副司长　张万峰　李维兵
副巡视员　李媛媛
张卫平（借调我国驻德国大使馆）

地理信息与地图司（测绘成果管理司）
司　长　易树柏
副司长　程　军　翟义青
副巡视员　徐心蕊

科技与国际合作司
司　长　张燕平
副司长　王　倩　吴　岚

人事司
司　长　李赤一
副司长　袁　宏　庞秋红

直属机关党委（纪检监察审计室）
专职副书记　李　烨
正司长级干部　李新权
直属机关工会主席　刘新英
副书记、纪委书记、纪检监察审计室主任　王咏梅

离退休干部办公室
主　任　涂　军

国家测绘地理信息局直属单位、挂靠单位领导班子成员名录

陕西测绘地理信息局

局　长、党组书记	武文忠
副局长、党组成员	成燕辉　肖　平　王晓国　岳建利
党组纪检组组长、党组成员	施仲刚
巡视员	臧克福
工会主席	路冠陆

黑龙江测绘地理信息局

局　长、党组书记	王宝民
副局长、党组成员	鲍英华　朱　杰　孙明晶　徐开明
党组纪检组组长、党组成员	裴宝军
巡视员	王英斌
副巡视员	郝科铭
工会主席	胡秀琴

四川测绘地理信息局

局　长、党组书记	马　赟
副局长、党组成员	余国珊　史同和　杨　升　谢维挺
党组纪检组组长、党组成员	周　社
巡视员	安英选

海南测绘地理信息局

局　长、党组书记	王保立
副局长、党组副书记	杨宏山
副局长、党组成员	藺　赞　许　裕
党组纪检组组长、党组成员	詹宏海
巡视员	黄世伟
工会主席	谭之明

中国地图出版集团

董事长、党委书记	赵晓明
副董事长、总经理、党委副书记	倪庆华
副董事长、党委副书记	杨俊岭
董事、副总经理	高锡瑞　杨树德　郭　宝　陈　平
董事、副总经理兼总编辑	徐根才
监事会主席、纪委书记、工会主席	盛京江

中国测绘科学研究院

院　长、党委副书记	张继贤
党委书记、副院长	李永春
副院长	程鹏飞　马宗新　刘纪平　燕　琴
纪委书记、工会主席	顾忠良

国家基础地理信息中心

主　任、党委副书记	李志刚
党委书记、副主任	李伟建
总工程师	陈　军
副主任	金舒平　王东华　刘若梅
工会主席	陈新湖

国家测绘地理信息局卫星测绘应用中心

主　任、临时党委副书记	冯先光
临时党委书记、副主任	刘小波
副主任	孙承志　黄　鹦　唐新明

中国测绘宣传中心（中国测绘报社）

主　任（社长）	周远波
副主任（副社长）	雷德容
副主任（总编辑）	陈兰芹

国家测绘地理信息局管理信息中心

主　任	辛少华
副主任	辛　英　刘天安

国家测绘地理信息局地图技术审查中心

主　任	张辉峰
副主任	赵　晖
	张文晖（挂职辽宁省抚顺市副市长）

国家测绘地理信息局测绘发展研究中心

主　任	柏玉霜（兼）
副主任	徐永清　陈常松

国家测绘地理信息局职业技能鉴定指导中心

主　任	赵继成
副主任	吴卫东　牛　黎

国家测绘产品质量检验测试中心

主　任	王　权
临时党委书记	王起民

副主任	雷 斌 丁明柱
总工程师	张 莉

国家测绘地理信息局重庆测绘院

院 长、党委书记	王冬滨
常务副院长	山 川
副院长	杨 洪（兼总工程师） 蒋世明
工会主席	方庆春

国家测绘地理信息局机关服务中心

主 任	吴 松

国家测绘地理信息局三亚测绘技术开发服务培训中心

主 任	王保立（兼）

国家测绘地理信息局北戴河休养院

院 长	张锡浩
副院长	林 强 刘春艳

中国测绘学会

理事长	李维森（兼）
副理事长、秘书长	彭震中
专职副秘书长	易杰军

中国地理信息产业协会

会 长	吴兆琪（兼）
常务副会长、秘书长	丛远东
专职副秘书长	汤 海

中国全球定位系统技术应用协会

会 长	张荣久（兼）
常务副会长、秘书长	苗前军

全国地理信息标准化委员会

秘书长	牛 靖

西安地图出版社

社长兼党委书记	陈向阳

哈尔滨地图出版社

社长兼党委书记	董 学

各省、自治区、直辖市、计划单列市 测绘地理信息行政主管部门及有关测绘地理信息单位，新疆生产建设兵团测绘地理信息主管部门领导班子成员名录

北京市规划委员会

主　任	黄　艳
副主任、党组书记	王英杰
副主任、党组成员	邱　跃　周楠森　刘玉民　王　飞　王　玮
党组成员、纪检组组长	周忠秀
总规划师、党组成员	施卫良
委　员	曹跃进　叶大华

北京市勘察设计与测绘管理办公室

主　任	叶大华（兼）
副主任	李节严　王金坡　叶　嘉

北京市测绘设计研究院

院　长、党委副书记	温宗勇
党委书记	郝赛英
党委副书记、纪委书记、工会主席	王瑞平
副院长	梁　贵　王继明　杨伯钢　程　祥
副院长、总工程师	陈品祥
总会计师	代　为（兼）
院长助理	王　磊

天津市规划局

局　长、党组书记	尹海林
党组副书记	战秋艳
常务副局长	李春梅
纪检组组长	曹慧泉
副局长	鲁承斌　郭凤平　郑嘉轩　沈　磊
总规划师	霍　兵
总建筑师	秦　川
副局级巡视员	诸　铭　刘　荣　侯学刚

天津市测绘院

党委书记、副院长	刘俊卫
院　长、党委副书记	马华山

党委副书记	王高运
纪委书记	仉　明
副院长	韩振镖　刘凤杰　黄　甡
总工程师	胡　珂
副院长	史廷玉　刘玉财
名誉院长	王以宏

河北省测绘局

河北省国土资源厅副厅长、党组成员	
河北省测绘局局长、分党组书记	高献计
副局长、分党组副书记	刘克亮
副局长、分党组成员	续铁枢　曹　立
总工程师	李爱生

山西省测绘地理信息局

山西省国土资源厅党组成员、副厅长	
山西省测绘地理信息局局长、党组书记	牛来有
副巡视员	陈　睿
副局长、党组成员	于建刚
纪检组组长、党组成员	王喜瑞
副局长、党组成员	孔令礼
总工程师、党组成员	秦炎平

内蒙古自治区国土资源厅

厅　长、党组书记	白　盾
副厅长、党组成员	孔燕燕　赵保胜　元重举
副厅长	杨仁选
副厅长、党组成员	王富友
纪检组组长、党组成员	孙建华
副巡视员	高　华　陈喜良

内蒙古自治区测绘事业局

局　长、党委书记	吴齐文
副局长、党委委员	赵新刚
副局长、党委委员、纪检书记	郭党师
党委委员	刘　秀　杨俊杰

辽宁省测绘地理信息局

辽宁省国土资源厅副厅长、党组成员	
辽宁省测绘地理信息局分党组书记、局长	吴景涛
分党组成员、副巡视员	金家奇
分党组成员、副局长	柏惠印　李建国

吉林省测绘局

局　长、党组书记　张立民
副局长、党组成员　郭　燕　张凤赞　李文忠
副局级巡视员　陈　勇
总工程师　张丽平

上海市测绘管理办公室（上海市测绘院）

党委书记　陆洁中
主　任　孙红春
党委副书记、纪委书记　徐顺福
副主任　陈德兵　季善标
常务副主任　朱　蓴
总工程师　郭容寰

江苏省测绘局

江苏省国土资源厅副厅长
江苏省测绘局局长　刘　聪
副局长、党组成员　史照良　谢建平　钱承新　王　祥
纪检组组长、党组成员　龚　琴
党组成员、直属机关党委书记　黄建东

浙江省测绘与地理信息局

局　长、党委书记　陈建国
副局长、党委委员　鲍伟民　马建平　周方根
纪委书记、党委委员　钱文华
党委委员、人事处处长　徐焕凤

安徽省国土资源厅

厅　长、党组书记　陈良纲
巡视员、党组成员　杨先静
副厅长、总工程师、党组成员　项怀顺
副厅长、党组成员　俞凤翔　张祖旺　李世蕴
党组成员、政治部主任　晏　飞
党组成员、省测绘局局长　蒋学军

安徽省测绘局（安徽省测绘总院）

安徽省国土资源厅党组成员
局　长、党委书记　蒋学军
党委副书记、纪委书记　董　宁
副局长　朱　平
总工程师　余建平
调研员　高承云

福建省测绘地理信息局

福建省国土资源厅党组成员
福建省测绘地理信息局党组书记　何清和
局　长、党组副书记　陈跃进
副局长、党组成员　陈智仁　林孝文
总工程师、党组成员　简灿良

江西省测绘地理信息局

江西省国土资源厅党组成员
江西省测绘地理信息局局长　高振华
党委书记　匡　猛
副局长　熊牛儒　钟永辉
纪委书记　敖颠根
总经济师　袁仁亮
总工程师　焦三梓

山东省国土资源厅（山东省测绘地理信息局）

厅　长、党组书记　徐景颜
巡视员　周莲英　柏贵生
副厅长、党组成员　张庆坤　宇向东
副厅长　王玉志
党组成员、纪检组组长、监察专员　徐家林
测绘地理信息局局长　吴玉海
副巡视员　宁廷河
测绘地理信息局副局长　曲伟刚　朱茂林

河南省测绘局

河南省国土资源厅党组成员
河南省测绘局党委书记、局长　贾志伟
副局长、党委成员　禄丰年　王进福

湖北省测绘局

局　长　张建仁
党组书记　陈文海
副局长、总工程师、党组成员　何保国
副局长、党组成员　李建国　柯美忠
纪检组组长、党组成员　王耀鸣
副巡视员、局直属机关党委书记　郑永益

湖南省国土资源厅

厅　长　方先知
副厅长　颜学毛　杨维刚　胡进安　易显奇　厉　坤　尹学朗

总工程师　彭　悦
总经济师　孙　敏
副巡视员　范荣华　龙服忠　张　瑛

广东省国土资源厅（广东省测绘局）

厅　长、党组书记　陈耀光
巡视员、党组成员　沈绍梅
副厅长、党组成员　黄奕锋　涂高坤　杨俊波　邢建江　李俊祥
纪检组组长、党组成员　叶伟龙
总工程师、党组成员　杨林安
执法监察局局长、党组成员　李　师
副巡视员　张超群　游启胜　蒋金波　麦镜儒　潘念礼

广西壮族自治区测绘地理信息局

局　长、党组书记　陈仲怀
副局长、党组成员　朱良毕　卢显泰

重庆市规划局

党组书记、副局长　张远林
局　长、党组副书记　扈万泰
副局长、党组成员　汪子发　邱建林　王　岳
纪检组组长、党组成员　彭晓麟
总规划师、党组成员　张　远
总建筑师　张　睿
局长助理、党组成员　桑东升

贵州省国土资源厅

党组书记、厅长　朱立军
党组成员、副厅长　周从启　王赤兵　赵震海　周　文
党组成员、总规划师　董晓峰
党组成员、总工程师　郭　强
党组成员、机关党委书记　杨真贵
党组成员、驻厅纪检组组长　闫海山
正厅级干部　安高智
副巡视员　沈可定

云南省测绘局

局　长、党组书记　耿　弘
副局长、党组成员　王陆忠　刘继元　邹亚光　王卫国

西藏自治区测绘局

党总支书记、局长　王维拉
党总支副书记、副局长　袁永明（援藏干部）

副局长	扎西多吉
副调研员	陈 萍

甘肃省测绘局

局 长、党委书记	缪树德
副局长、党委委员	苗天宝 陈 钢
纪委书记、党委委员	郭生亮
副局长、党委委员	牟应录

青海省测绘地理信息局

党委书记、局长	董永弘
党委副书记、纪委书记、副局长	唐千里
副局长	刘海平 关英良
总工程师	黄伟星

宁夏回族自治区国土资源厅

厅 长、党组书记	刘 卉
副厅长、党组副书记	李捍国
副厅长、党组成员	刘大钧 张玉英
总规划师、党组成员	韦晓龙
总工程师、党组成员	包 敏
副巡视员	戴涌江

新疆维吾尔自治区测绘地理信息局

新疆维吾尔自治区国土资源厅党组成员 新疆维吾尔自治区测绘地理信息局党组书记、副局长	刘戈青
党组副书记、局长	李全战
副巡视员、局党组成员、纪检组组长	艾买提·艾达洪
局党组成员、副局长	常戈军

新疆生产建设兵团国土资源局

局 长、党组书记	张新荣
副局长、党组成员	谢兴松 闫丽莉 张新安（挂职）
纪检组组长、党组成员	杜学明

青岛市国土资源和房屋管理局

局 长、党委书记	陈培新
副局长、党委委员	陈立新
副局长、巡视员、党委委员	李 平
纪委书记、党委委员	田忠源
副局长、党委委员	潘思晓
副局长	王咸宁
副局长、党委委员	赵富安 付荣云

大连市规划局

党委书记	丛志斌
党委副书记、局长	王　君
党委成员、副局长	唐东宁　刘东立　宋继先

宁波市规划局

党委书记、局长	李定邦
副局长	王丽萍
党委委员、副局长	郑声轩
党委委员、市纪委驻宁波市规划局纪检组组长	刘丽贤
党委委员、副局长	庄立峰
党委委员、总规划师	袁朝晖
副巡视员	陈鸣达　黄生良

深圳市国土资源和规划委员会

党组书记、主任	王　芃
党组成员、副主任	郭仁忠　许重光　黄　珽
党组成员、机关委员会专职书记	户从义
党组成员、副主任	薛　峰
党组成员、监察支队支队长	覃跃良

厦门市国土资源与房产管理局

局　长、党组书记	林长树
副局长、党组成员	王耀辉　郭俊胜　郭金炼
总规划师、党组成员	代　敏
副巡视员、党组成员	林建和

测绘地理信息人物

全国人大代表

李朋德

全国政协委员

徐德明　陈邦柱　杨维刚　李　莉

院　士

中国科学院

陈俊勇　许厚泽　李德仁　徐冠华　童庆禧　高　俊　李小文　杨元喜　吴一戎　郭华东　龚健雅

中国工程院

李德仁　刘先林　宁津生　魏子卿　王任享　刘经南　王家耀　张祖勋　许其凤　李建成

国际欧亚科学院

钱曾波

国家测绘地理信息局直属单位享受政府特殊津贴人员（1990 年～2011 年）

刘先林　陈俊勇　杨明辉　顾旦生　田伯键　夔中羽　刘永诺　陈　军　张清浦　杜祥明
毛可标　冯浩鉴　朱德愉　刘四宁　胡建国　田　成　穆宝菡　杨　可　叶泰棋　文沃根
邱志成　苗履丰　孙立业　左传惠　徐　善　周英武　徐道盈　楚良才　李炳亚　赵先恒
梁振英　林宗坚　徐国华　董鸿闻　徐伯清　王惠民　张书荣　许卓群　朱梅珍　薛　璋
王惠然　王福履　蔡金生　王满英　翟声柱　方　恒　华彬文　文湘北　麦柏楠　郑家声
林天冲　计伯仁　石奉天　陆用森　赵西林　张武冰　周忠谟　王增藩　张家庆　张伟兼
李道义　邱其宪　周祚域　周祚义　潘新诺　王鸿生　任维春　陈仁怒　刘肇德　何汉启
黄克明　蒋景瞳　杨春和　戴其潮　钱天久　谭建国　陈继良　姜翔鸾　张三省　赵一昌
张定兰　郁期青　席德昆　麻英暖　周光楹　周正谊　潘达忠　吴孟起　龙宗英　端木杰
刘明光　陈　潮　凌大夏　王淑华　金　符　陈振华　黄衍其　秦金泉　栾书俊　干福弟
黄武英　李　莉　李广源　张筱荣　刘凤德　杨　凯　冯孟华　姚绪荣　卢瑞虹　高文朗
沈安生　施品浩　林晓慧　余国珊　彭安仁　朱长盛　余文芳　周　良　姬恒炼　张学良
苏山舞　王谭强　吴郁芬　郭锡正　李左清　徐承天　李根洪　张燕平　关大任　丘金宏
张　骥　肖国雄　向宗藩　刘纪平　王东华　顾乃福　成燕辉　马林波　张安川　刘若梅
闵宜仁　李毓麟　刘宗杰　苗前军　李绍明　郭春喜　庞尚益　张开昶　王明善　肖学年
张继贤　李英成　孙晓生　万必文　程鹏飞　肖　平　李伟建　古一鸣　王　权　徐开明
蒋　捷　周　敏　杨　升　周　社　燕　琴　张江齐　徐根才　李成名　王晓国　商瑶玲
金玉平　周德军　金舒平

“新世纪百千万人才工程”国家级人选

张继贤　程鹏飞　郑卫萍　陈　军　刘若梅　王东华　蒋　捷　刘纪平　商瑶玲　徐开明
党亚民　张　力　唐新明　张　鹏

海外高层次人才引进计划人选

吴晓良　徐永龙　关鸿亮　单　杰　史文中

国家测绘地理信息局科技领军人才

卢秀山　陈　军　李成名　李建成　张继贤　郭春喜　龚健雅

全国新闻出版行业领军人才

徐根才　周　敏　芦仲进　倪庆华

国家测绘地理信息局青年学术和技术带头人名单（2011年～2013年）

张海涛　冯学兵　贾有良　黄　勇　赵英志　王　峰　王荣宝　王　铮　毛炜青　朱风云
刘　波　楼燕敏　曾文华　张耀波　袁存忠　何忠焕　张立国　相恒茂　宋新龙　邱儒琼
华亮春　罗灵军　金宝轩　曹建君　李克恭　李海祥　王　苑　刘　涛　罗和平　陆宇红
徐开明　殷福忠　袁晓宏　熊康军　麦照秋　陈现春　曾衍伟　李见阳　杨正银　甘　泉
陈向阳　曹建成　谢露蓉　王　斌　李兆雄　章传银　李成名　张　力　燕　琴　刘正军
商瑶玲　张　鹏　翟　永　廖安平　周　旭　常晓涛　芦仲进　司连法　陈廷武　王润峰
杨爱民　石建军　冯　琰　沈　飞　侯恩兵　余丽钰　欧立业　李国清　段志强　肖祥红
吴永静　廖超明　袁　超　刘　吉　杨爱玲　张洪文　欧小善　李　冲　陈中林　邓国庆
张　智　李海涛　张福浩　张永红　刘建军　孙占义　汪汇兵　余　凡　阮于洲

先进集体和先进个人名录

中央国家机关先进基层党组织

国家基础地理信息中心第四党支部

中央国家机关优秀共产党员

李成名　中国测绘科学研究院

测绘系统获中宣部、司法部联合表彰的 2006－2010 年全国法制宣传教育先进集体和先进个人

先进单位

国家测绘局法规与行业管理司

先进个人

高振华　江西省测绘局局长

陈　威　吉林省测绘局法规与行业管理处处长

先进工作者

程晓军　国家测绘局法规与行业管理司执法监督处主任科员

"十一五"测绘地理信息科技杰出贡献奖名单

陈俊勇　国家测绘地理信息局

李德仁　武汉大学

龚健雅　测绘遥感信息工程国家重点实验室（武汉大学）

李建成　地球物理大地测量国家测绘地理信息局重点实验室

张燕平　国家测绘地理信息局科技与国际合作司

张继贤　中国测绘科学研究院

李成名　中国测绘科学研究院地图学与地理信息系统研究所

郭春喜	国家测绘地理信息局大地测量数据处理中心
李志刚	国家基础地理信息中心
唐新明	国家测绘地理信息局卫星测绘应用中心
徐开明	黑龙江测绘地理信息局
刘耀林	数字制图与国土信息应用工程国家测绘地理信息局重点实验室
王晏民	现代城市测绘国家测绘地理信息局重点实验室
吴信才	中国地质大学（武汉）信息工程学院
李英成	中测新图（北京）遥感技术有限责任公司

“十一五”测绘地理信息科技贡献奖名单

张凤录	北京市测绘设计研究院
史廷玉	天津市测绘院
张月华	河北省第二测绘院
陈弘奕	山西省测绘工程院
康　明	上海市测绘院浦东分院
朱士才	江苏省测绘工程院
陈少勤	浙江省测绘科学技术研究院
阮红利	福建省基础地理信息中心档案馆
汪　冰	湖北省地图院生产经营科
曾广鸿	广州市国土资源和房屋管理局测绘管理处
向泽君	重庆市勘测院
程传录	国家测绘地理信息局大地测量数据处理中心
白建荣	甘肃省地图院
黄国满	中国测绘科学研究院摄影测量与遥感研究所
陈　军	国家基础地理信息中心
曹学礼	宁波市测绘设计研究院
彭子凤	深圳市规划国土房产信息中心
杜明义	北京建筑工程学院测绘学院
张新长	中山大学地理科学与规划学院
李满春	南京大学地理与海洋科学学院
汪云甲	中国矿业大学环境与测绘学院
刘修国	中国地质大学（武汉）信息工程学院
张　勤	长安大学地质工程与测绘学院
卢秀山	海岛（礁）测绘技术国家测绘地理信息局重点实验室
李　霖	数字制图与国土信息应用工程国家测绘地理信息局重点实验室
庞小平	极地测绘科学国家测绘地理信息局重点实验室
刘奕夫	武大吉奥信息技术有限公司

“十一五”测绘地理信息科技管理贡献奖名单

杨伯钢	北京市测绘设计研究院
王以宏	天津市测绘院
曹　立	河北省测绘局
王　韬	山西省测绘局基础测绘处
谭继强	黑龙江测绘地理信息局科技处
史照良	江苏省测绘局
楼燕敏	浙江省第二测绘院
简灿良	福建省基础地理信息中心
丁新华	山东省遥感技术应用中心
禄丰年	河南省测绘局
李　兵	湖北省基础地理信息中心
林良彬	广东省国土资源测绘院
麦照秋	海南测绘地理信息局国土测绘处
罗灵军	重庆市地理信息中心
杨　升	四川测绘地理信息局
贾广业	陕西测绘地理信息局科技与国际合作处
苗天宝	甘肃省测绘局
郗利华	青海省基础地理信息中心
燕　琴	中国测绘科学研究院
王东华	国家基础地理信息中心
陈为民	宁波市测绘设计研究院
刘九生	深圳市规划和国土资源委员会科技信息处
李泽多	长安大学科技处
肖建华	精密工程与工业测量国家测绘地理信息局重点实验室
杜清运	数字制图与国土信息应用工程国家测绘地理信息局重点实验室
马全明	北京城建勘测设计研究院有限责任公司
宋爱红	武大吉奥信息技术有限公司
徐文中	北京苍穹数码测绘有限公司
梁　军	北京超图软件股份有限公司
吴　岚	国家测绘地理信息局科技与国际合作司
王久辉	国家测绘地理信息局人事司教育人才处

“十一五”测绘地理信息优秀青年科技贡献奖名单

陈廷武	北京市测绘设计研究院 GPS 应用研究中心
黄　勇	天津市测绘院
王邵骞	河北省基础地理信息中心业务部

于　颂　　山西省遥感中心
林富明　　国家测绘地理信息局黑龙江基础地理信息中心系统开发部
毛炜青　　上海市测绘院信息中心
沈　飞　　江苏省测绘工程院 JSCORS 中心
毛卫华　　浙江省测绘科学技术研究院
吴　飞　　福建省基础地理信息中心技术开发部
田耀永　　河南省测绘工程院
徐之俊　　湖北省地图院航测遥感中心
余应刚　　佛山市顺德区地理信息中心
廖超明　　广西壮族自治区基础地理信息中心
袁　超　　重庆市地理信息中心
曹建成　　国家测绘地理信息局陕西基础地理信息中心
李克恭　　甘肃省基础地理信息中心
许长军　　青海省基础地理信息中心遥感部
李海涛　　中国测绘科学研究院地理空间信息工程国家测绘地理信息局重点实验室
张　鹏　　国家基础地理信息中心大地测量部
汪汇兵　　国家测绘地理信息局卫星测绘应用中心运行管理部
阮于洲　　国家测绘地理信息局测绘发展研究中心规划与项目研究室
张旭东　　宁波市测绘设计研究院基础测绘一所
唐岭军　　深圳市规划国土房产信息中心空间信息部
危双丰　　北京建筑工程学院测绘学院
张　勇　　武汉大学遥感信息工程学院
刘永学　　南京大学地理与海洋科学学院
徐世武　　中国地质大学（武汉）信息工程学院
阳凡林　　海岛（礁）测绘技术国家测绘地理信息局重点实验室
姚宜斌　　地球物理大地测量国家测绘地理信息局重点实验室
张胜凯　　极地测绘科学国家测绘地理信息局重点实验室
周松涛　　地理空间信息与数字技术国家测绘地理信息局工程研究中心
熊汉江　　测绘遥感信息工程国家重点实验室（武汉大学）
姜卫平　　导航与位置服务国家测绘地理信息局重点实验室
陈国良　　国土环境与灾害监测国家测绘地理信息局重点实验室
吴　亮　　武汉中地数码科技有限公司
陈大勇　　北京城建勘测设计研究院有限责任公司
谭成国　　武大吉奥信息技术有限公司
谭吉福　　北京苍穹数码测绘有限公司
孙良俊　　北京三正科技有限公司

“十一五”测绘地理信息科技优秀团队奖名单

北京市测绘设计研究院
国家测绘地理信息局黑龙江基础地理信息中心

山东省遥感技术应用中心
河南省测绘局
湖北省基础地理信息中心
广州市国土资源和房屋管理局
国家测绘地理信息局第七地形测量队
四川省第一测绘工程院
陕西测绘地理信息局
青海省基础地理信息中心
中国测绘科学研究院
国家基础地理信息中心
国家测绘地理信息局测绘发展研究中心
深圳市规划和国土资源委员会
北京建筑工程学院测绘与城市空间信息学院
长安大学地质工程与测绘学院
武汉大学遥感学院
南京大学地理与海洋科学学院
中国地质大学（武汉）信息工程学院
测绘遥感信息工程国家重点实验室（武汉大学）
极地测绘科学国家测绘地理信息局重点实验室
导航与位置服务国家测绘地理信息局重点实验室
精密工程与工业测量国家测绘地理信息局重点实验室
海岛（礁）测绘技术国家测绘地理信息局重点实验室
武汉中地数码科技有限公司
中测新图（北京）遥感技术有限责任公司
北京城建勘测设计研究院有限责任公司
武大吉奥信息技术有限公司
北京超图软件股份有限公司
北京地星伟业数码科技有限公司

全军测绘部队先进集体和先进个人

先进集体

集体一等功

济南军区某测绘大队一队

集体二等功

兰州军区驻疆某测绘大队
海军东海舰队某侦测船大队侦查渔船中队
海军南海舰队某海测船大队“李四光”船

全军资产管理先进单位

海军某海洋测绘研究所

全军装备技术基础工作先进集体

兰州军区驻甘某测绘信息中心

先进个人

2011 年度全军测绘导航技术能手

黄晓杰　沈阳军区
赵国青　北京军区
白建军　兰州军区
于清德　济南军区
施威恒　南京军区
高　峰　广州军区
文　武　成都军区
郑　虹　海　军
刘　翀　海　军
钱　广　空　军
郭建明　第二炮兵
彭胜林　第二炮兵
姚思远　总参谋部
焦　诚　总参谋部
徐苑君　总参谋部
刘　萍　总参谋部
张　利　总参谋部
姬洪亮　总装备部

全国三八红旗手

张燕燕　北京军区某测绘大队

全军优秀共产党员

王明孝　兰州军区驻甘某测绘信息中心

全军爱军精武标兵

刘兴科　兰州军区驻甘某测绘信息中心

全军先进档案工作者

丁丹丹　总参某测绘信息中心

全军作战部队优秀专业技术人才奖

史玉龙　兰州军区驻疆某测绘大队
段福楼　海军北海舰队某侦测船大队

军队院校育才奖

金奖

吕志平　解放军信息工程大学测绘学院

银奖

李珊珊　解放军信息工程大学测绘学院

刘　智　解放军信息工程大学测绘学院
秦志远　解放军信息工程大学测绘学院
郭　健　解放军信息工程大学测绘学院
谢　耕　解放军信息工程大学测绘学院
万　刚　解放军信息工程大学测绘学院
李建文　解放军信息工程大学测绘学院
暴景阳　海军大连舰艇学院

全国省级测绘地理信息行政主管部门贯彻落实科学发展观 2011 年度测绘地理信息工作考评优秀和达标单位

优秀单位

（按考评得分排序）

浙江省测绘与地理信息局
广西壮族自治区测绘地理信息局
陕西测绘地理信息局
山东省国土资源厅（测绘地理信息局）
河北省测绘局
江苏省测绘局
江西省测绘地理信息局
湖北省测绘局
海南测绘地理信息局
山西省测绘地理信息局
福建省测绘地理信息局
黑龙江测绘地理信息局
新疆维吾尔自治区测绘地理信息局
河南省测绘局
广东省国土资源厅（测绘局）
重庆市规划局
四川测绘地理信息局
湖南省国土资源厅（测绘局）
上海市测绘管理办公室
北京市规划委员会

达标单位

（按考评得分排序）

甘肃省测绘局
辽宁省测绘地理信息局
吉林省测绘局
天津市规划局
云南省测绘局

宁夏回族自治区国土资源厅（测绘局）
安徽省国土资源厅
贵州省国土资源厅（测绘局）
青海省测绘地理信息局
内蒙古自治区国土资源厅
西藏自治区测绘局

全国测绘地理信息技术能手

（按竞赛成绩排序）

一、摄影测量竞赛成绩第 1－15 名选手

李　华　河南省遥感测绘院
罗淑方　国家测绘地理信息局第一航测遥感院
郑伟安　山东省国土测绘院
李　卫　国家测绘地理信息局第三航测遥感院
王晓红　黑龙江地理信息工程院
高艳萍　河北省第三测绘院
车　风　湖北省航测遥感院
陈瑞波　广西航空遥感测绘院
孟小梅　国家测绘地理信息局第一航测遥感院
高伟智　黑龙江地理信息工程院
程　倩　河北省第三测绘院
李　蕾　辽宁省地理信息院
李淑琴　河南省遥感测绘院
杜金莉　安徽省第一测绘院
王训霞　江苏省测绘工程院

二、工程测量竞赛成绩第 1－15 名选手

廖志生　湖南省第一测绘院
郑跃骏　重庆市勘测院
秦庆祚　湖南省第一测绘院
陆　克　广西第一测绘院
陈公军　重庆市勘测院
李区生　广西第一测绘院
曹金涛　湖北省航测遥感院
刘　军　常州市测绘院
李兆丰　浙江省测绘质量监督检验站
孔令权　辽宁地质勘察局一〇一测绘队
隋正苏　辽宁地质勘察局一〇一测绘队
谈　嵘　常州市测绘院
柳华桥　天津市测绘院

范建军　舟山市建设测量队
刘　宁　北京市测绘设计研究院

全国测绘系统依法行政先进单位

北京市规划委员会
河北省测绘局
山西省测绘局
吉林省测绘局
黑龙江测绘局
上海市测绘管理办公室（测绘院）
江苏省测绘局
浙江省测绘与地理信息局
江西省测绘局
山东省国土资源厅
河南省测绘局
湖北省测绘局
湖南省国土资源厅
广东省国土资源厅
广西壮族自治区测绘局
海南测绘局
重庆市规划局
四川测绘局
贵州省国土资源厅
陕西测绘局
新疆维吾尔自治区测绘局
天津市宝坻区规划局
河北省秦皇岛市国土资源局
河北省任丘市国土资源局
山西省晋城市国土资源局
山西省长治县国土资源局
内蒙古自治区呼伦贝尔市国土资源局
内蒙古自治区二连浩特市国土资源局
辽宁省沈阳市规划和国土资源局
辽宁省大连市经济技术开发区规划建设局
吉林省辽源市住房和城乡建设局
吉林省临江市住房和城乡建设局
黑龙江省齐齐哈尔市测绘管理处
黑龙江省海林市规划局
江苏省南通市国土资源局
江苏省高邮市国土资源局

浙江省宁波市规划局
浙江省乐清市规划建设局
安徽省合肥市国土资源局
安徽省太湖县国土资源局
福建省三明市国土资源局
福建省福清市国土资源局
江西省景德镇市国土资源局
江西省婺源县国土资源局
山东省潍坊市国土资源局
山东省平邑县国土资源局
河南省洛阳市国土资源局
河南省舞钢市国土资源局
湖北省宜昌市测绘局
湖北省大冶市测绘局
湖南省永州市国土资源局
湖南省南县国土资源局
广东省佛山市国土资源局
广东省台山市国土资源局
广西壮族自治区北海市国土资源局
海南省澄迈县国土资源局
重庆市长寿区规划局
重庆市城口县城乡建设委员会
四川省宜宾市测绘管理办公室
四川省双流县测绘管理办公室
贵州省遵义市国土资源局
贵州省惠水县国土资源局
云南省德宏州国土资源局
云南省文山州丘北县国土资源局
陕西省咸阳市住房和城乡建设规划局
陕西省周至县测绘管理处
甘肃省庆阳市测绘管理办公室
甘肃省高台县国土资源局
青海省海西州格尔木市测绘管理局
宁夏回族自治区石嘴山市国土资源局
宁夏回族自治区中宁县国土资源局
新疆维吾尔自治区阿勒泰地区国土资源局（测绘局）
新疆维吾尔自治区伊宁市国土资源局

全国测绘系统“五五”普法先进单位

北京市勘察设计与测绘管理办公室

北京市规划委员会法制处
天津市测绘院
天津市勘察院
河北省测绘局
河北省衡水市国土资源局
山西省太原市国土资源局
山西省晋中市国土资源局
内蒙古自治区测绘事业局
内蒙古自治区阿拉善盟国土资源局
辽宁省测绘局
辽宁省抚顺市规划局
吉林省测绘局
吉林省松原市规划局
黑龙江哈尔滨市城乡规划局
黑龙江省佳木斯市城乡规划管理局
上海市测绘管理办公室
上海市浦东新区测绘管理办公室
江苏省测绘局
江苏省新沂市国土资源局
浙江省测绘与地理信息局
浙江省杭州市规划局
安徽省测绘局
安徽省合肥市国土资源局
福建省测绘局
福建省漳州市国土资源局
江西省测绘局
江西省鹰潭市国土资源局
山东省东营市国土资源局
山东省聊城市国土资源局
河南省测绘局
河南省平顶山市测绘局
湖北省测绘局
湖北省黄石市测绘局
湖南省第一测绘院
湖南省岳阳市国土资源局
广东省国土资源厅
广东省珠海市国土资源局
广西壮族自治区测绘局
广西壮族自治区柳州市国土资源局
海南测绘局
海南省陵水黎族自治县国土环境资源局
重庆市规划局
重庆市地理信息中心

四川测绘局
四川省德阳市测绘管理办公室
贵州省测绘资料档案馆
贵州省铜仁市国土资源局
云南省测绘局
云南省曲靖市国土资源局
西藏自治区测绘局
陕西省汉中市测绘管理处
陕西省咸阳市住房和城乡建设规划局
甘肃省地图院
甘肃省嘉峪关市测绘管理办公室
青海省海东地区测绘局
青海省海北藏族自治州国土资源局
宁夏回族自治区国土资源厅（测绘局）
宁夏回族自治区固原市国土资源局（测绘局）
新疆维吾尔自治区乌鲁木齐市国土资源局
新疆维吾尔自治区和田市国土资源局（测绘局）
新疆生产建设兵团农业建设第二师国土资源局
国家基础地理信息中心

全国测绘系统“五五”普法先进个人

郭志文　北京市规划委员会
徐雪蕾　北京市勘察设计与测绘管理办公室
杨　卓　北京市规划委员会西城分局
李兆平　北京市测绘设计研究院
侯　怡　天津市规划局
曹振明　天津市测绘院
田红霞　天津市蓟县规划局
李立臣　天津金拓测绘中心
石卫方　河北省测绘局
边海英　河北省石家庄市国土资源局
刘胜利　河北省沧州市国土资源局
张新国　河北省邢台市国土资源局
王淑敏　山西省晋城市国土资源局
徐小红　山西省朔州市国土资源局
尚红亮　山西省新绛县国土资源局
孟　琳　山西省侯马市国土资源局
傅　刚　内蒙古自治区测绘产品质量监督检验站
李学东　内蒙古自治区呼和浩特市国土资源局
韩　璇　内蒙古自治区准格尔旗国土资源局

张永福	内蒙古自治区二连浩特市国土资源局
俞 茜	辽宁省测绘局
关茂彬	辽宁省大连市规划局
李 兰	辽宁省抚顺市规划局
张晓菊	辽宁省盘锦市规划和国土资源局
肖德明	吉林省长春市规划局
董 奇	吉林省吉林市规划局
李 闯	吉林省白城市住房和城乡建设局
王维国	吉林省珲春市规划局
王志强	黑龙江省哈尔滨市城乡规划局
巩志伟	黑龙江省齐齐哈尔市测绘管理处
孟昭山	黑龙江省大庆市城乡规划局
李延鹏	黑龙江省牡丹江市规划局
李海涛	上海市测绘管理办公室
王怡蓓	上海市测绘管理办公室
杨 晨	上海市测绘院
严 竣	上海市浦东新区测绘管理办公室
姜龙飞	江苏省测绘局
周竹军	江苏省南通市国土资源局
张万军	江苏省盐城市国土资源监察支队
赵 棣	江苏省镇江市国土资源局
金利强	浙江省测绘与地理信息局
周宗甫	浙江省温州市规划局
黄鑫雄	浙江省绍兴市规划局
夏 明	浙江省嘉兴市测绘管理局
肖 力	安徽省测绘局
黄志宏	安徽省合肥市国土资源局
李 涛	安徽省涡阳县国土资源局
洪天宝	安徽省黄山市国土资源局
林良光	福建省测绘局
朱永红	福建省厦门市国土资源与房产管理局
范雪姬	福建省南平市国土资源局
姚国章	福建省莆田市国土资源局
钟永辉	江西省测绘局
贺建红	江西省测绘局
杨尚校	江西省鹰潭市国土资源局
金耀明	江西省上饶市国土资源局
姚继兰	山东省国土资源厅
杨 颖	山东省国土测绘院
杨桂杰	山东省招远市地理信息中心
王世祥	山东省滨州市国土资源局
赵海滨	河南省测绘局
李桂晓	河南省南阳市国土资源局

于海忠	河南省信阳市国土资源局
杨海彦	河南省洛阳市国土资源局
赵　楠	湖北省武汉市国土资源和规划局
蒋　涛	湖北省仙桃市测绘局
张建新	湖北省宜昌市测绘局
徐　斌	湖北省应城市测绘管理局
曾志祥	湖南省娄底市国土资源局
李　燕	湖南省衡阳市国土资源局
谌桃春	湖南省怀化市国土资源局
黄　颖	湖南省长沙市国土资源局
吴兴菊	广东省国土资源厅
曾广鸿	广东省广州市国土资源和房屋管理局
邓翠美	广东省惠州市国土资源局
陈小兵	广东省清远市国土资源局
满世斌	广西壮族自治区测绘局
卢宇汉	广西壮族自治区玉林市国土资源局
唐凤珍	广西壮族自治区北海市国土资源局
廖超永	广西壮族自治区柳州市国土资源局
王永太	海南测绘局
颜立宇	海南省定安县测绘局
郑林辉	海南省东方市测绘局
杨　鑫	重庆市规划局
黄正兴	重庆市垫江县规划局
冯美修	重庆市勘测院
丁洪富	重庆市土地勘测规划院
程　忠	四川测绘局
张惜杰	四川省广元市测绘局
段泽普	四川省凉山彝族自治州测绘局
何　渠	四川省巴中市测绘管理办公室
罗　笑	贵州省第一测绘院
肖雪峰	贵州省国土资源厅安顺经济技术开发区国土资源分局
覃国恒	贵州省黔西南州册亨县国土资源局
杨太龙	贵州省遵义市凤冈县测绘管理办公室
王陆忠	云南省测绘局
魏良钧	云南省航测遥感信息院
何知平	云南省文山壮族苗族自治州国土资源局
夏　天	云南省昆明市国土资源局
次松拉姆	西藏自治区测绘局
陈　萍	西藏自治区测绘局
吴元发	西藏自治区地质矿产勘查开发局地热地质大队
曹　林	西藏自治区地质矿产勘查开发局第六地质大队
谢　峰	陕西测绘局
刘建平	陕西省榆林市城乡建设规划局

张　进	陕西省汉中市测绘管理处
高胜荣	陕西省延安市测绘管理办公室
赵世玉	甘肃省测绘局
陈春玲	甘肃省地理信息中心
王圆钧	甘肃省陇南市测绘管理办公室
甘　森	甘肃省金昌市测绘管理办公室
姜惠林	青海省玉树藏族自治州玉树县国土资源局
尼　玛	青海省果洛藏族自治州国土资源局
曹明禄	青海省海南藏族自治州国土资源局
华周才让	青海省黄南藏族自治州同仁县国土资源局
马学葆	宁夏回族自治区国土资源厅（测绘局）
朱迎春	宁夏回族自治区基础测绘院
陶正叶	宁夏回族自治区吴忠市国土资源局
周金明	宁夏回族自治区西吉县国土资源局
孙彩莲	新疆维吾尔自治区昌吉回族自治州国土资源局（测绘局）
李新文	新疆维吾尔自治区克拉玛依市国土资源局（测绘局）
竺存良	新疆维吾尔自治区哈密地区测绘局
乌拉木江·卡斯木	新疆维吾尔自治区喀什地区国土资源局
王　勇	新疆生产建设兵团农四师国土资源局
崔　林	新疆生产建设兵团农业建设第九师国土资源局
张　伟	国家基础地理信息中心
柏华洁	国家测绘局卫星测绘应用中心
宁静慧	中国测绘宣传中心（中国测绘报社）
韩权卫	国家测绘局地图技术审查中心
杨永红	国家测绘局重庆测绘院

2009～2010年度国家测绘地理信息局直属机关先进党支部名单

（共16个）

国家测绘地理信息局机关办公室党支部
国家测绘地理信息局机关人事司党支部
国家测绘地理信息局机关离休党支部
国家测绘局管理信息中心党支部
国家测绘局地图技术审查中心党支部
中国地图出版集团第七党支部（中图地图编辑部、世图地图编辑部、特型地图部、广告部）
中国地图出版集团第八党支部（教材发展中心、教材开发部、教辅发展部）
中国地图出版集团测绘出版社第二党支部（图书开发部、地图开发部、信息技术发展部）
中国测绘科学研究院大地测量与地球动力学研究所党支部
中国测绘科学研究院摄影测量与遥感研究所党支部
中国测绘科学研究院中测新图（北京）遥感技术有限责任公司党支部
国家基础地理信息中心第三党支部

国家基础地理信息中心第四党支部
国家测绘局卫星测绘应用中心第二党支部
中国测绘宣传中心第二党支部
国家测绘局北戴河休养院第一党支部

2009～2010年度国家测绘地理信息局直属机关优秀党务工作者

（共24人）

国家测绘地理信息局机关	林振中　谢　敏
国家测绘局机关服务中心	支庆生
国家测绘局地图技术审查中心	张辉峰
中国地图出版集团	司连法　李　燕　余　凡　周　敏　郑自权　韩金好　赫建忠
中国测绘科学研究院	许佩区　金　澜　孟文利　赵园春　崔海铭　章传银
国家基础地理信息中心	陈新湖　武晓淦　周　良
国家测绘局卫星测绘应用中心	刘小波　蒯晓童
国家测绘产品质量检验测试中心	李　烨
中国测绘宣传中心	赵季青

2009～2010年度国家测绘地理信息局直属机关优秀共产党员

（共48人）

国家测绘地理信息局机关	王尔林　刘海岩　李　青　宫银勇　袁德法　寇京伟
国家测绘局机关服务中心	闫通锋
国家测绘局管理信息中心	张文婷
国家测绘局职业技能鉴定指导中心	孙维先
中国地图出版集团	马玉田　田　力　田　忠　刘海滨　孙　斌　杜秀荣　李国建 张　英　张国利　陆用森　陈卓宁　陈洪玲　周鼎源　梁建华 梁淑修
中国测绘科学研究院	王　亮　牛汝辰　毕　凯　刘　平　刘先林　李成名　李俊杰 李晓东　李道义　杨洪宾　张　力　张　莉　赵　荣　秘金钟
国家基础地理信息中心	孙占义　李志刚　赵　勇　黄　蔚　彭震中　蒋　捷
国家测绘局卫星测绘应用中心	王华斌
国家测绘产品质量检验测试中心	吉建培
中国测绘宣传中心	范俊劼
国家测绘局北戴河休养院	刘春艳

全国测绘地理信息系统创先争优活动先进基层党组织名单

（共15个）

北京市勘察设计与测绘管理办公室党支部
河北省制图院制图部党支部
山西省测绘工程院党总支
江苏省测绘工程院党委
浙江省第一测绘院航测遥感一分院党支部
江西省第一测绘院七分院党支部
山东省临沂市测绘地理信息局党支部
湖南省第三测绘院党委
重庆市勘测院党委
贵州省第一测绘院党委
国家测绘局第一大地测量队党委
青海省第二测绘院测绘技术应用研究中心党支部
新疆维吾尔自治区第一测绘院党委
深圳市地籍测绘大队党支部
厦门市测绘与基础地理信息中心党支部

全国测绘地理信息系统创先争优活动优秀党务工作者名单

（共20名）

谢建中	北京市测绘设计研究院
凡春明	河北省第一测绘院第五工程处
张彩娟（女）	山西省测绘局机关党委
白　云（女）	辽宁省摄影测量与遥感院
孙　艳（女）	吉林省测绘局直属机关党委
侯振荣	黑龙江第三测绘工程院
陆洁中	上海市测绘院
诸国璋	浙江省测绘与地理信息局
董　宁	安徽省测绘局
冯　忠	福建省测绘院
杨艳萍（女）	山东省国土测绘院第一测绘院
王云峰	河南省地图院
何丽华（女）	湖北省测绘宣传中心
甘发青	湖南省第三测绘院
黄发秋	广西地图院人事科长
廖才举	四川省第三测绘工程院机关第一党支部

孙　虎　　云南省测绘局直属机关党委
段同林　　国家测绘局第一地形测量队
张国森　　青海省第二测绘院
许怀成　　宁波市测绘设计研究院

全国测绘地理信息系统创先争优活动优秀共产党员名单

（共20名）

马华山　　天津市测绘院
李锁乐　　内蒙古自治区测绘院三分院
王　峰　　辽宁省基础地理信息中心
江宏军　　吉林省第一测绘院
张丽梅（女）　　黑龙江地理信息工程院数字化一室
冯　琰（女）　　上海市测绘院基础地理信息中心
曹全龙　　江苏省基础地理信息中心数据建设部
陈丽民（女）　　安徽省国土资源厅地籍测绘管理处
易明华　　江西省基础地理信息中心成果开发应用室
王卫鸣　　湖北省测绘工程院
万　飞　　广东省地图院
麦照秋　　国家测绘局第七地形测量队
阎凤霞（女）　　国家测绘局重庆测绘院
王世玉（女）　　成都地图出版社生产技术部
倪　津　　云南省测绘产品检测站
多　吉　　西藏自治区测绘院
段　兴　　甘肃省地图院信息部
史长斌　　宁夏回族自治区国土测绘院遥感中队
胡加布都拉·买买提明　　新疆维吾尔自治区第二测绘院测量一分院
冯艳玲（女）　　大连市规划局测绘管理处

国家测绘地理信息局2011年度 “五型机关”创建活动先进集体和先进个人名单

一、先进司局（3个）

办公室
国土测绘司
直属机关党委

二、先进处（室）（6个）

规划财务司规划投资处

法规与行业管理司行业管理处
地理信息与地图司（测绘成果管理司）成果管理处
科技与国际合作司外事处（港澳台事务处）
人事司事业处
离退休干部办公室

三、先进个人（26名）

办公室	李志霞 寇京伟 胡雪霁 孔 蓉
规划财务司	王大贺 徐 磊 周丽娜
国土测绘司	杨和平 陈 军 于德全
法规与行业管理司	宫银勇 杨忆兰 孙 超
地理信息与地图司	孔金辉 吴剑峰 李 瑛
科技与国际合作司	严荣华 顾 纳 张世柏
人事司	王尔林 田 青 杨 娉
直属机关党委（纪检监察审计室）	张桂侠 侯冬梅 柳 静
离退休干部办公室	涂 军

“南方测绘杯”首届全国测绘职工书法绘画比赛获奖名单

（书法类）

一等奖

鲁明东	甘肃省基础地理信息中心
于文国	日照市莒县村镇建设服务站
夏 荣	新疆维吾尔自治区测绘技术中心
王自忠	山西省测绘工程院
杨中平	新疆测绘局

二等奖

曹 振	成都地图出版社
范俊劼	中国测绘宣传中心
李荣方	云南省测绘局
田 超	国家测绘局第一航测遥感院
王仁锦	福建省测绘院
席行庆	新疆测绘局第二测绘院
刘宏林	甘肃省测绘局
娄权力	国家测绘局第二航测遥感院

三等奖

欧仁和	吉林省地理信息工程院
吕 露	甘肃省测绘工程院
郝永克	河北省测绘局

刘心宇 河北省测绘局
钱宗浚 杭州市勘测设计研究院
娄权力 国家测绘局第二航测遥感院
程家宏 江苏省测绘局
谌 晨 湖北省测绘职工中等专业学校
高国福 中铁大桥局集团第一工程有限公司
陈光忠 宁夏国土测绘院

（绘画类）

一等奖

覃 香 广西地图院
徐 攀 北京市测绘设计研究院
方 芳 中国地图出版社
荆 应 上海市测绘院
宋武松 郑州测绘学校

二等奖

李志强 山西省地图院
张 萌 中国地图出版社
高国福 中铁大桥局集团第一工程有限公司
张 虹 吉林省测绘产品质量监督检查站
王东方 北京市测绘设计研究院
李亚娜 陕西省测绘局幼儿园
安 利 河北省测绘局
牛 雅 云南省地图院

三等奖

刘静然 北京市测绘设计研究院
高 冲 北京市测绘设计研究院
江 瑞 浙江省第二测绘院
许 飞 浙江省测绘质量检查站
钱晓明 江西省水利规划设计测绘分院
任白羽 河北省测绘局
钱晓明 江西省水利规划设计测绘分院
黄 蔚 国家基础地理信息中心
姜 波 山东省德州市齐河县国土资源局
陈珠丽 哈尔滨出版社

第二届“东方道迩杯”全国测绘系统乒乓球比赛获奖名单

冠军 山东省国土资源厅
亚军 上海市测绘管理办公室（上海市测绘院）

季军　　　　　河北省测绘局
优秀组织奖　　　国家测绘产品质量检验测试中心　黑龙江测绘局　辽宁省测绘局
　　　　　　　中国测绘科学研究院
体育道德风尚奖　国家测绘局卫星测绘应用中心　云南省测绘局　吉林省测绘局　福建省测绘局

其他获省部级表彰的先进集体和先进个人

先进集体

国家测绘地理信息局在财政部2010部门决算考核评比中获决算编审先进工作单位二等奖
上海市测绘院被中央精神文明建设指导委员会评为“全国文明单位”
江西省测绘地理信息局机关被中央精神文明建设指导委员会授予“全国文明单位”称号
湖北省测绘局被中共湖北省委、湖北省人民政府表彰为“文明单位”
湖北省测绘局被湖北省人民政府表彰为“安排残疾人就业工作先进单位”
广西地图院被国土资源部授予“全国矿业权实地核查先进集体”称号
甘肃省测绘工程院被国土资源部授予“全国矿业权实地核查优秀承担单位”称号

先进个人

北京市测绘设计研究院张训虎被人力资源和社会保障部授予“第十届全国技术能手”称号
北京市测绘设计研究院刘增良被中共北京市委、市人民政府授予“北京市优秀青年知识分子”称号
河北省测绘局安丽静被中国科学技术协会评为全国科协系统先进工作者
安徽省第三测绘院总工程师罗辉被国土资源部授予“全国土地资源系统先进个人”称号
甘肃省测绘工程院程星海被国土资源部授予“全国矿业权实地核查工作先进个人”称号
广西地图院廖顺华、蒋发顺被国土资源部授予“全国矿业权实地核查先进个人”称号

科技奖励名单

获国家科技奖励项目

项　目　名　称：测绘基准和空间信息快速获取关键技术及其在灾害应急测绘中的应用
项　目　编　号：J－252－2－11
获奖类别及等级：国家科学技术进步奖二等奖
完　成　单　位：武汉大学、国家基础地理信息中心、山西省测绘工程院、广州市国土资源和房屋管理局、四川省第一测绘工程院、武汉市勘测设计研究院、青海省测绘局
主 要 完 成 者：李建成　姜卫平　张　鹏　胡文元　李俊夫　李开君　闫　利　肖建华　李　强　杨庚印

2011年中国测绘学会测绘科技进步奖获奖项目

一等奖（8项）

项 目 编 号：2011－01－01－01
项 目 名 称：开放式空间基础信息平台关键技术与数字城市实践
主要完成单位：深圳市规划和国土资源委员会、深圳市规划国土房产信息中心
主 要 完 成 人：郭仁忠　彭子凤　唐岭军　成建国　张曼平　艾廷华　陈学业　李春阳　张兴飞　任　福　阮依香　陈美云　刘江涛　刘　一　孙吉川

项 目 编 号：2011－01－01－02
项 目 名 称：利用重力位差技术实现跨海高程基准的精确传递
主要完成单位：中国科学院测量与地球物理研究所
主 要 完 成 人：许厚泽　鲍李峰　刘成恕　郭东美　陆　洋　高　鹏

项 目 编 号：2011－01－01－03
项 目 名 称：WJ－II地图工作站及1:25万公众版地图
主要完成单位：中国测绘科学研究院
主 要 完 成 人：李成名　印　洁　赵园春　黄　洁　刘　鸣　冯克忠　王　健　刘　新　殷　勇　王　柳　刘晓丽　丁圣陶　叶关根

项 目 编 号：2011－01－01－04
项 目 名 称：特大桥隧工程导向控制理论与应用
主要完成单位：同济大学、国家测绘局第一大地测量队
主 要 完 成 人：姚连璧　刘　春　王解先　沈云中　岳建利　肖学年　谢义林　吴杭彬　张庆涛　孙　昊　门茂林　陈素贞

项 目 编 号：2011－01－01－05
项 目 名 称：公共应急服务地理信息平台建设
主要完成单位：中国测绘科学研究院
主 要 完 成 人：刘纪平　张福浩　朱　翊　王　勇　仇阿根　王　亮　赵　荣　石丽红　谭　海　徐胜华　陶坤旺　刘晓东　孙立坚　栗　斌　董　春

项 目 编 号：2011－01－01－06
项 目 名 称：三峡库区综合信息空间集成平台
主要完成单位：重庆市地理信息中心、湖北省基础地理信息中心、中国测绘科学研究院
主 要 完 成 人：张　远　何保国　张泽烈　李　兵　李成名　罗灵军　邱儒琼　沈　涛　袁　超　张志艺　邓仕虎　段志强　方驰宇　王　斌　郑丽娜

项 目 编 号：2011－01－01－07
项 目 名 称：低空应急测绘技术装备与服务保障体系建设
主要完成单位：中国测绘科学研究院、中测新图（北京）遥感技术有限责任公司、北京天下图数据技术有限公司、四川测绘地理信息局
主 要 完 成 人：李英成 孙 杰 白瑞杰 丁晓波 张 力 毕 凯 蒋红兵 王桂敏 关鸿亮 罗祥勇 王 芳 刘晓龙 向 宇 滕长胜 叶冬梅

项 目 编 号：2011－01－01－08
项 目 名 称：地质灾害中 GPS 与 InSAR 高精度监测关键技术与应用
主要完成单位：长安大学
主 要 完 成 人：张 勤 赵超英 王 利 彭建兵 张双成 张永志 黄观文 瞿 伟 杨成生 刘万林 张菊清 张 静 朱 武 侯建国 成 伟

二等奖（22 项）

项 目 编 号：2011－01－02－01
项 目 名 称：EPS2008 地理信息工作站－大型信息化测绘数据生产与管理平台软件
主要完成单位：北京清华山维新技术开发有限公司、清华大学
主 要 完 成 人：杨德麟 杨树奎 白立舜 陈夏宫 唐中实 赵红蕊 谢征海 滕德贵 郭容寰 毛炜青

项 目 编 号：2011－01－02－02
项 目 名 称：精密多波束质量控制体系与数据处理关键技术研发及应用
主要完成单位：山东科技大学、国家海洋局第二海洋研究所
主 要 完 成 人：吴自银 阳凡林 李家彪 卢秀山 郑玉龙 高金耀 金肖兵 刘智敏 李守军 韩李涛

项 目 编 号：2011－01－02－03
项 目 名 称：海岛礁精确测量关键技术
主要完成单位：中国测绘科学研究院、武汉大学、国家基础地理信息中心、陕西测绘地理信息局、海南测绘地理信息局
主 要 完 成 人：党亚民 程鹏飞 章传银 李建成 唐新明 成英燕 薛艳丽 岳建利 麦照秋 张全德

项 目 编 号：2011－01－02－04
项 目 名 称：面向矿区资源开发与环境保护的空间信息决策支持技术与应用
主要完成单位：中国矿业大学
主 要 完 成 人：汪云甲 李永峰 张 华 王行风 杨 敏 连达军 张大超 陈国良 盛耀彬 朱长风

项 目 编 号：2011－01－02－05
项 目 名 称：面向服务的地理信息公共平台软件
主要完成单位：北京超图软件股份有限公司
主 要 完 成 人：钟耳顺 宋关福 梁 军 王尔琪 徐 旭 陈 正 欧长虹 韩振东 杨卫民 宋新伟

项 目 编 号：2011－01－02－06
项 目 名 称：陆海交界区域多源多分辨率重力数据的融合技术

主要完成单位：西安测绘研究所
主 要 完 成 人：孙中苗 翟振和 王兴涛 李迎春 肖 云 朱筱虹 王智明 张松堂 彭富清 姬剑锋

项 目 编 号：2011-01-02-07
项 目 名 称：数据库驱动的地形图快速制图与集成管理系统研发
主要完成单位：国家基础地理信息中心、北京捷泰科技有限公司、哈尔滨地图出版社、国信司南（北京）地理信息技术有限公司
主 要 完 成 人：王东华 商瑶玲 刘建军 顾学明 吴晨琛 王桂芝 王立新 张晓倩 刘剑炜 李 策

项 目 编 号：2011-01-02-08
项 目 名 称：明长城测量
主要完成单位：国家基础地理信息中心、中国文化遗产研究院、河北省测绘局、甘肃省测绘局、河北省古代建筑研究所、甘肃省文物局、国信司南（北京）地理信息技术有限公司
主 要 完 成 人：陈 军 赵有松 柴晓明 廖安平 金舒平 杨招君 许礼林 张宏伟 王臣立 刘文艳

项 目 编 号：2011-01-02-09
项 目 名 称：机载激光雷达测高应用于基础测绘的关键技术研究
主要完成单位：江苏省测绘工程院、东南大学
主 要 完 成 人：史照良 朱士才 胡伍生 徐地保 郑 斌 宋玉兵 许桃元 卢 刚 陆振兵 羌树华

项 目 编 号：2011-01-02-10
项 目 名 称：国家GNSS基准站处理分析技术研究及应用
主要完成单位：国家基础地理信息中心
主 要 完 成 人：张 鹏 蒋志浩 孙占义 李志才 武军郦 翟 勇 王永尚 陈 杰 陈 明 陈现军

项 目 编 号：2011-01-02-11
项 目 名 称：森林资源遥感监测定量化综合处理与业务运行系统
主要完成单位：国家林业局调查规划设计院、中国林业科学研究院资源信息研究所、浙江大学
主 要 完 成 人：张煜星 武红敢 庄越挺 韩爱惠 陈尔学 徐泽鸿 赵有贤 吴 飞 智长贵 白降丽

项 目 编 号：2011-01-02-12
项 目 名 称：SAR 1:10000和1:50000地形图测图试验
主要完成单位：中国测绘科学研究院、国家测绘局重庆测绘院、四川省遥感信息测绘院、陕西测绘局第五测绘工程院、黑龙江省地理信息工程院、云南省测绘工程院、中国矿业大学
主 要 完 成 人：辛少华 赵 争 郝科铭 杨书成 曹银璇 许 骥 陈 晔 赵礼剑 王铁军 王 洁

项 目 编 号：2011-01-02-13
项 目 名 称：制图数据与GIS数据一体化建库技术研究及其实现
主要完成单位：四川测绘地理信息局、武汉大学、四川省遥感信息测绘院、四川省基础地理信息中心
主 要 完 成 人：冯先光 杨 升 山 川 倪文辉 杨 军 蒋红兵 艾廷华 文学虎 甘 泉 黄青伦

项 目 编 号：2011-01-02-14
项 目 名 称：多源激光扫描数据在公路勘察设计中的集成技术研究及产业化应用

主要完成单位：中国公路工程咨询集团有限公司、中交宇科（北京）空间信息技术有限公司、武汉大学、中国科学院遥感应用研究所、江苏交通科学研究院
主 要 完 成 人：王国峰 郭 力 许振辉 孟庆昕 刘晓东 闫 利 李志刚 刘 玲 孙 伟 邓 非

项 目 编 号：2011－01－02－15
项 目 名 称：佛山市基础地理信息一体化建设
主要完成单位：佛山市国土资源和城乡规划局、中山大学
主 要 完 成 人：张新长 宗纪昌 李武龙 黄仲华 余应刚 孙 颖 康停军 童凤娇 曾建国 蔡庆生

项 目 编 号：2011－01－02－16
项 目 名 称：全国测绘成果公共信息服务系统建设
主要完成单位：国家基础地理信息中心
主 要 完 成 人：刘若梅 周 旭 查祝华 贾云鹏 路 平 张 伟 吴茜冰

项 目 编 号：2011－01－02－17
项 目 名 称：中国性别平等与妇女发展地图集编制设计研究
主要完成单位：武汉大学、青岛大学
主 要 完 成 人：于冬梅 黄仁涛 杜清运 俞连笙 王 涛 郭礼珍 马晨燕 朱 良 宋 鹰 迎 红

项 目 编 号：2011－01－02－18
项 目 名 称：SGJ－T－CEC－I 型客运专线轨道几何状态测量仪系统
主要完成单位：中铁工程设计咨询集团有限公司、西南交通大学
主 要 完 成 人：曾若飞 刘成龙 张金龙 马文静 袁 玫 谭奇志 杨友涛 刘艳芳 陈平萍 崔殿华

项 目 编 号：2011－01－02－19
项 目 名 称：长江电子航道图航标数据更新系统
主要完成单位：长江航道局、武汉大学
主 要 完 成 人：熊学斌 万晓霞 李国祥 魏志刚 万大斌 邓乾焕 张国平 刘怀汉 甘朝华 梁武南

项 目 编 号：2011－01－02－20
项 目 名 称：广西大地测量基准成果管理与服务系统技术研究
主要完成单位：广西壮族自治区基础地理信息中心
主 要 完 成 人：廖超明 王龙波 黄名华 黄日娟 蒋洪钢 黄永和 黄新军 姚茂华 卢干斌 王国波

项 目 编 号：2011－01－02－21
项 目 名 称：测绘科技信息服务保障系统
主要完成单位：西安测绘研究所、北京师范大学
主 要 完 成 人：刘杭生 吴 娟 张丽萍 袁 冰 朱筱虹 巨志斌 卜毅博 张浚哲

项 目 编 号：2011－01－02－22
项 目 名 称：多版本地形数据变化检测与增量信息提取关键技术研究
主要完成单位：武汉大学、国家基础地理信息中心
主 要 完 成 人：李 霖 刘万增 应 申 赵 勇 朱海红 万 远 于忠海 桂 胜 郑新燕

三等奖（45 项）

项 目 编 号：2011－01－03－01
项 目 名 称：全景地图系统设计与研究
主要完成单位：武汉市勘测设计研究院
主 要 完 成 人：肖建华　王厚之　李海亭　彭清山　王　闪　杨志敏　李　黎

项 目 编 号：2011－01－03－02
项 目 名 称：河南省现代三维测绘基准建立
主要完成单位：河南省测绘局、武汉大学、河南省地质矿产勘查开发局测绘队、河南省测绘工程院
主 要 完 成 人：禄丰年　李建成　周锦凤　程勉志　姜卫平　黄现明　宋新龙

项 目 编 号：2011－01－03－03
项 目 名 称：苏州市现代测绘基准体系建设
主要完成单位：苏州市规划局、武汉大学测绘学院、苏州市测绘院有限责任公司、苏州市城市规划编制中心、苏州科技学院
主 要 完 成 人：李建成　李新佳　王建辉　高苏新　袁　铭　姚宜斌　褚建春

项 目 编 号：2011－01－03－04
项 目 名 称：黑龙江省森林防火电子沙盘指挥系统
主要完成单位：国家测绘局黑龙江基础地理信息中心、黑龙江省人民政府森林草原防火指挥部办公室
主 要 完 成 人：徐开明　李树铭　林富明　张志军　董　卫　周　墨　郭昭滨

项 目 编 号：2011－01－03－05
项 目 名 称：基于机载激光雷达的铁路勘测技术开发及其应用
主要完成单位：铁道第三勘察设计院集团有限公司
主 要 完 成 人：王长进　韩祖杰　石德斌　赵　海　高文峰　孟宪军　刘　成

项 目 编 号：2011－01－03－06
项 目 名 称：双目视觉高精度坐标测量系统
主要完成单位：解放军信息工程大学测绘学院
主 要 完 成 人：贺　磊　王保丰　樊新华　李书玲　蒋理兴　钦桂勤　石　鑫

项 目 编 号：2011－01－03－07
项 目 名 称：南水北调中线工程总干渠沉降监测分析预报系统
主要完成单位：河北省水利水电勘测设计研究院
主 要 完 成 人：王　海　王海城　徐进军　侯英杰　刘晖娟　刘桂霞　霍航鹰

项 目 编 号：2011－01－03－08
项 目 名 称：北京市遥感影像数据库系统研究
主要完成单位：北京市测绘设计研究院
主 要 完 成 人：杨伯钢　虞　欣　张海涛　陈　倬　王　磊　贾光军　祝晓坤

项 目 编 号：2011－01－03－09
项 目 名 称：基于 WebGIS 技术的业务系统平台 WebBOS 及其在城市规划业务部门的综合应用
主要完成单位：南京大学
主 要 完 成 人：佘江峰 刘 波 肖鹏峰 冯学智 郑加柱 肖 凯 徐为雄

项 目 编 号：2011－01－03－10
项 目 名 称：虚拟现实技术在城市详细规划管理中的应用研究
主要完成单位：北京市测绘设计研究院
主 要 完 成 人：刘增良 李 扬 陈品祥 陈 倬 杨 军 冯学兵 贾光军

项 目 编 号：2011－01－03－11
项 目 名 称：超高钢结构建筑精密施工测量技术研究与实施
主要完成单位：中建一局集团建设发展有限公司、北京中建华海测绘科技有限公司
主 要 完 成 人：张胜良 高俊峰 焦俊娟 岳国辉 陆静文 卢德志 肖文凤

项 目 编 号：2011－01－03－12
项 目 名 称：卫星导航观测数据质量检测方法
主要完成单位：北京环球信息应用开发中心
主 要 完 成 人：陈刘成 刘 利 唐桂芬 谭红力 时 鑫 朱陵凤 郭 睿

项 目 编 号：2011－01－03－13
项 目 名 称：NNCORS 建设及区域测绘应用
主要完成单位：广西壮族自治区南宁市勘测院
主 要 完 成 人：曾祥新 冯槐南 陆向明 兰 度 谭清华 晏明星 陆志瑶

项 目 编 号：2011－01－03－14
项 目 名 称：高精度 GPS 技术在超长隧洞及大型水利工程中的应用
主要完成单位：长江岩土工程总公司（武汉）、武汉大学
主 要 完 成 人：田雪冬 郭际明 刘祖强 周命端 董向勇 贾进科 胡万兵

项 目 编 号：2011－01－03－15
项 目 名 称：“数字海洋”东海分局节点
主要完成单位：国家海洋局东海信息中心
主 要 完 成 人：苏 诚 谢文辉 刘志国 孙 杰 高静霞 郭伟其 裴军峰

项 目 编 号：2011－01－03－16
项 目 名 称：村镇规划基础信息获取关键技术研究
主要完成单位：北京师范大学、首都师范大学、东南大学、中国科学院遥感应用研究所、浙江大学
主 要 完 成 人：李 京 赵文吉 王 庆 刘纯波 李长春 吴嘉平 宫阿都

项 目 编 号：2011－01－03－17
项 目 名 称：苍穹国土资源管理系统
主要完成单位：北京苍穹数码测绘有限公司

主要完成人：徐文中　朱泉根　孙红星　宁志宇　谭吉福　朱　江　白　涛

项 目 编 号：2011－01－03－18
项 目 名 称："天润信息化摄影测量系统 TR－IPS"
主要完成单位：陕西天润科技有限责任公司
主要完成人：孙　健　高珊珊　贾　友　陈　利　李　俊　张尔严　赵　博

项 目 编 号：2011－01－03－19
项 目 名 称：第 16 届广州亚运会地图网站的建设及应用
主要完成单位：广州市城市规划勘测设计研究院
主要完成人：吴素芝　林　鸿　张鹏程　张　荣　陈　飞　杜剑光　何华贵

项 目 编 号：2011－01－03－20
项 目 名 称：南京市历史文化资源普查数字支撑技术研究
主要完成单位：南京市城市规划编制研究中心、南京市规划局、南京大学文化与自然遗产研究所
主要完成人：周　岚　叶　斌　王芙蓉　毛燕翎　赵　伟　迟有忠　贺云翱

项 目 编 号：2011－01－03－21
项 目 名 称：专业信息系统成果出版可视化与一体化专题地图集出版技术
主要完成单位：西安煤航信息产业有限公司、武汉大学
主要完成人：高晓梅　艾廷华　孙吉祥　程一曼　薛海红　苏春让　陈晓琪

项 目 编 号：2011－01－03－22
项 目 名 称：铁路工程精密控制网测量数据处理系统
主要完成单位：中铁第四勘察设计院集团有限公司
主要完成人：王玉泽　方国星　冯光东　郭良浩　曹成度　王　鹏　杨　希

项 目 编 号：2011－01－03－23
项 目 名 称：北斗标校机便携式测试系统
主要完成单位：北京环球信息应用开发中心、中国电子科技集团公司第五十四研究所
主要完成人：马　煦　蔚保国　乐四海　王　强　赵晓东　谢　欣　欧新颖

项 目 编 号：2011－01－03－24
项 目 名 称：卫星导航测距设备时延稳定性监测技术
主要完成单位：北京环球信息应用开发中心
主要完成人：桑怀胜　顾青涛　徐　赟　周　益　王金华　姚　刚　金国平

项 目 编 号：2011－01－03－25
项 目 名 称：框幅式数字航空摄影成果质量检验技术
主要完成单位：四川省测绘产品质量监督检验站、武汉大学
主要完成人：曾衍伟　易尧华　彭华沙　余长慧　李　倩　唐翼德　王　珊

项 目 编 号：2011－01－03－26
项 目 名 称：水下声学定位系统的研制与应用
主要完成单位：中石化胜利石油管理局地球物理勘探开发公司
主 要 完 成 人：刘志田 庞卫平 吴学兵 刘世海 许建村 程芳波 李秀芝

项 目 编 号：2011－01－03－27
项 目 名 称：无砟轨道 CPⅢ自由测站边角交会法有关技术标准和软件开发研究
主要完成单位：中铁二院工程集团有限责任公司、西南交通大学
主 要 完 成 人：卢建康 刘成龙 程 昂 王国祥 梅 熙 王国昌 袁成忠

项 目 编 号：2011－01－03－28
项 目 名 称：广州市连续运行卫星定位服务系统
主要完成单位：广州市房地产测绘所、广州市国土资源和房屋管理局
主 要 完 成 人：曾广鸿 袁国辉 朱建伟 胡 宁 吴云孙 杨堂堂 魏荣贵

项 目 编 号：2011－01－03－29
项 目 名 称：城市规划方案三维辅助决策系统
主要完成单位：镇江市勘察测绘研究院
主 要 完 成 人：马雪萍 黄丽杰 宋大明 李 明 刘桂生 杜 磊 谭慧君

项 目 编 号：2011－01－03－30
项 目 名 称：航空 LiDAR 扫描技术在公路勘测中的应用研究
主要完成单位：中交第一公路勘察设计研究院有限公司、长安大学、华北高速公路股份有限公司、北京星球数码科技有限公司
主 要 完 成 人：黄文元 隋立春 赵永国 党建军 郭腾峰 韦 刚 童海刚

项 目 编 号：2011－01－03－31
项 目 名 称：湖北电网特殊区域地理信息管理数字化平台
主要完成单位：湖北省地图院
主 要 完 成 人：姜殿惠 李永丰 汪 冰 刘秀坤 曾 真 徐汉卿 徐之俊

项 目 编 号：2011－01－03－32
项 目 名 称：深圳市罗湖断裂带活动性变形监测及变化趋势预测分析研究
主要完成单位：深圳市勘察研究院有限公司
主 要 完 成 人：方门福 余成华 张兴飞 陶 刚 陈加红 肖 兵 张 伟

项 目 编 号：2011－01－03－33
项 目 名 称：“智慧宁波”城市地理仿真平台建设
主要完成单位：宁波市测绘设计研究院、宁波市规划局
主 要 完 成 人：王丽萍 徐狄军 张希平 张荣华 曹学礼 朱礼俊 廖 佳

项 目 编 号：2011－01－03－34
项 目 名 称：重庆市城乡测绘成果综合信息管理平台

主要完成单位：重庆数字城市科技有限公司、重庆市勘测院
主 要 完 成 人：谢征海 向泽君 张 丁 何德平 朱 圣 王国牛 张 亚

项 目 编 号：2011－01－03－35
项 目 名 称：北京市规划道路数据管理系统
主要完成单位：北京市测绘设计研究院
主 要 完 成 人：杨伯钢 秦学秀 张保钢 李卫红 赵春香 刘 进 王 磊

项 目 编 号：2011－01－03－36
项 目 名 称：基于网络化测量模式的沉降变形监测平台研究
主要完成单位：武汉大学、广州市城市规划勘测设计研究院
主 要 完 成 人：郭际明 喻永平 杨 光 李长辉 秦亮军 丘广新 林 鸿

项 目 编 号：2011－01－03－37
项 目 名 称：精密测深方法研究及数据处理软件研制
主要完成单位：长江水利委员会水文局长江口水文水资源勘测局、武汉大学测绘学院
主 要 完 成 人：周丰年 赵建虎 王真祥 张美富 王胜平 刘大伟 薛剑锋

项 目 编 号：2011－01－03－38
项 目 名 称：小湾水电站饮水沟堆积体抢险加固工程安全监测成果分析及预警分析研究
主要完成单位：中国水电顾问集团昆明勘测设计研究院、中国水利水电科学研究院
主 要 完 成 人：李仕胜 柳志云 董泽荣 丁学智 艾永平 肖胜昌 姜云辉

项 目 编 号：2011－01－03－39
项 目 名 称：大连普湾新区 ADS80 航空摄影地形图测绘
主要完成单位：大连市勘察测绘研究院有限公司
主 要 完 成 人：尹水清 孙 颖 张 森 李中月 王贵明 李国忠 尹志强

项 目 编 号：2011－01－03－40
项 目 名 称：宁波市基于激光雷达的高压输电网电力资产管理信息系统建设
主要完成单位：宁波市测绘设计研究院、宁波电业局送电线路工区
主 要 完 成 人：施立群 张振龙 金颂伟 吴 敦 文学东 史秀保 林 昀

项 目 编 号：2011－01－03－41
项 目 名 称：四川华油公司龙泉驿天然气公司燃气管网巡检系统
主要完成单位：四川省基础地理信息中心
主 要 完 成 人：甘 泉 胡 北 孙敬杰 张 轶 刘建川 张 斌 雷庆竹

项 目 编 号：2011－01－03－42
项 目 名 称：基于 3S 技术的丘岗地作为建设用地评价研究
主要完成单位：湖南省第三测绘院（湖南省基础地理信息中心）
主 要 完 成 人：方先知 彭 悦 汪泽秋 刘智勇 华亮春 段 佳 徐 晓

项 目 编 号：2011 - 01 - 03 - 43
项 目 名 称：无人机低空摄影测量在电力工程中的应用研究
主要完成单位：中国电力工程顾问集团公司中南电力设计院
主 要 完 成 人：胡吉伦　徐　辉　王圣祖　高福山　周　勇　刘佳莹　易　祎

项 目 编 号：2011 - 01 - 03 - 44
项 目 名 称：基于 SOA 及二三维一体化 Web 3DGIS 技术数字城市三维规划管理系统
主要完成单位：北京四维益友信息技术有限公司
主 要 完 成 人：于　飞　周鹏旭　张晓辉　李文强　吴亚光　林善红　石江红

项 目 编 号：2011 - 01 - 03 - 45
项 目 名 称：临沂市国土资源数字执法信息系统
主要完成单位：临沂市国土资源局信息中心
主 要 完 成 人：李彦普　沈　华　朱茂波　唐永良　密长林　程　奔　孙景广

2011 年中国测绘学会优秀测绘工程奖获奖项目

金奖（36 项）

项 目 编 号：2011 - 03 - 01 - 01
项 目 名 称：基于激光雷达测量技术的天津市中心城区三维数字城市建设
工程承担单位：天津市勘察院、天津市星际空间地理信息工程有限公司
申 报 单 位：天津市勘察院、天津市星际空间地理信息工程有限公司

项 目 编 号：2011 - 03 - 01 - 02
项 目 名 称：武广高速铁路精密控制测量
工程承担单位：中铁第四勘察设计院集团有限公司
申 报 单 位：中铁第四勘察设计院集团有限公司

项 目 编 号：2011 - 03 - 01 - 03
项 目 名 称：海淀区城市管理基础数据普查及更新维护
工程承担单位：北京市测绘设计研究院
申 报 单 位：北京市测绘设计研究院

项 目 编 号：2011 - 03 - 01 - 04
项 目 名 称：福建省地理信息公共服务平台（一期）
工程承担单位：福建省基础地理信息中心
申 报 单 位：福建省基础地理信息中心

项 目 编 号：2011 - 03 - 01 - 05
项 目 名 称：山东省卫星定位连续运行综合应用服务系统（SDCORS）

工程承担单位：山东省国土测绘院
申　报　单　位：山东省国土测绘院

项　目　编　号：2011－03－01－06
项　目　名　称：秦皇岛市坐标系统和高程系统工程
工程承担单位：河北省第二测绘院、秦皇岛市测绘大队
申　报　单　位：秦皇岛市国土资源局

项　目　编　号：2011－03－01－07
项　目　名　称：昆明市主城区小区庭院排水管线普查探测项目
工程承担单位：山东正元地理信息工程有限责任公司、昆明市测绘研究院、煤航（集团）实业发展有限公司、沈阳地球物理勘察院、南京市测绘勘察研究院有限公司
申　报　单　位：昆明市城市地下管线探测管理办公室

项　目　编　号：2011－03－01－08
项　目　名　称：广州珠江新城西塔项目主塔楼工程第三方测量
工程承担单位：广州市城市规划勘测设计研究院、武汉大学（技术支持）
申　报　单　位：广州市城市规划勘测设计研究院、武汉大学

项　目　编　号：2011－03－01－09
项　目　名　称：广深港高速铁路（香港段）地形测量与航空摄影测量工程
工程承担单位：西安煤航信息产业有限公司、煤航（香港）有限公司
申　报　单　位：西安煤航信息产业有限公司

项　目　编　号：2011－03－01－10
项　目　名　称：大西安现代测绘基准体系建设
工程承担单位：西安市勘察测绘院、咸阳市勘察测绘院、武汉大学（技术支持）
申　报　单　位：西安市勘察测绘院

项　目　编　号：2011－03－01－11
项　目　名　称：徐州市区基础测绘工程项目
工程承担单位：江苏省测绘工程院
申　报　单　位：江苏省测绘工程院

项　目　编　号：2011－03－01－12
项　目　名　称：第29届奥运会及第13届残奥会赛事系列地图
工程承担单位：北京奇志通数据科技有限公司
申　报　单　位：北京奇志通数据科技有限公司

项　目　编　号：2011－03－01－13
项　目　名　称：四川汶川地震灾区应急测绘基准建设
工程承担单位：四川省第一测绘工程院、四川省第三测绘工程院、四川省测绘产品质量监督检验站
申　报　单　位：四川省第一测绘工程院

项 目 编 号：2011 - 03 - 01 - 14
项 目 名 称：云南省省级大地控制网——云南省 GPS C 级网
工程承担单位：云南省测绘工程院、国家测绘局大地测量数据处理中心
申 报 单 位：云南省测绘工程院

项 目 编 号：2011 - 03 - 01 - 15
项 目 名 称：南京市江南八区基础地形图动态维护项目
工程承担单位：南京市测绘勘察研究院有限公司
申 报 单 位：南京市测绘勘察研究院有限公司

项 目 编 号：2011 - 03 - 01 - 16
项 目 名 称：京津城际铁路运营监测
工程承担单位：铁道第三勘察设计院集团有限公司
申 报 单 位：铁道第三勘察设计院集团有限公司

项 目 编 号：2011 - 03 - 01 - 17
项 目 名 称：《中国森林资源图集》编制
工程承担单位：国家林业局调查规划设计院
申 报 单 位：国家林业局调查规划设计院

项 目 编 号：2011 - 03 - 01 - 18
项 目 名 称：“十一五”南极基础测绘项目
工程承担单位：黑龙江测绘局、武汉大学（技术支持）
申 报 单 位：黑龙江测绘局

项 目 编 号：2011 - 03 - 01 - 19
项 目 名 称：2010 年上海世博会测绘工程
工程承担单位：上海市测绘院
申 报 单 位：上海市测绘院

项 目 编 号：2011 - 03 - 01 - 20
项 目 名 称：天津市 1∶10000 地形图更新——1∶2000 地形图缩编
工程承担单位：天津市测绘院
申 报 单 位：天津市测绘院

项 目 编 号：2011 - 03 - 01 - 21
项 目 名 称：武钢金山店铁矿东区地表及深部岩体变形监测与预测预报研究
工程承担单位：中国科学院武汉岩土力学研究所
申 报 单 位：中国科学院武汉岩土力学研究所

项 目 编 号：2011 - 03 - 01 - 22
项 目 名 称：温州大门岛镍生产基地测绘工程（海洋测绘）
工程承担单位：浙江省测绘大队

申 报 单 位：浙江省测绘大队

项 目 编 号：2011－03－01－23
项 目 名 称：三亚市农村宅基地确权登记发证地籍测量
工程承担单位：国家测绘局重庆测绘院
申 报 单 位：国家测绘局重庆测绘院

项 目 编 号：2011－03－01－24
项 目 名 称：北京－乌鲁木齐高速公路新甘界－哈密段公路改建工程（测绘部分）
工程承担单位：新疆公路规划勘察设计研究院、中交宇科（北京）空间信息技术有限公司
申 报 单 位：新疆公路规划勘察设计研究院

项 目 编 号：2011－03－01－25
项 目 名 称：重庆市1:10000基础空间信息数据库建设
工程承担单位：重庆市地理信息中心
申 报 单 位：重庆市地理信息中心

项 目 编 号：2011－03－01－26
项 目 名 称：数字南阳地理空间信息基础测绘工程
工程承担单位：河南省基础地理信息中心
申 报 单 位：河南省基础地理信息中心

项 目 编 号：2011－03－01－27
项 目 名 称：深圳市龙岗区基础测绘（地形、管线）数字化动态更新工程
工程承担单位：深圳市勘察研究院有限公司
申 报 单 位：深圳市勘察研究院有限公司

项 目 编 号：2011－03－01－28
项 目 名 称：景宁畲族自治县社会主义新农村建设测绘保障服务示范工程
工程承担单位：浙江省第一测绘院
申 报 单 位：浙江省第一测绘院

项 目 编 号：2011－03－01－29
项 目 名 称：烟台市牟平区第二次城镇土地调查及信息系统建设项目
工程承担单位：山东正元数字城市建设有限公司
申 报 单 位：烟台市国土资源局牟平分局、山东正元数字城市建设有限公司

项 目 编 号：2011－03－01－30
项 目 名 称：杭州湾大桥工程施工测量控制项目
工程承担单位：中铁大桥局集团第一工程有限公司、中铁大桥局股份有限公司
申 报 单 位：中铁大桥局集团第一工程有限公司

项 目 编 号：2011－03－01－31
项 目 名 称：石狮市建成区以外地形图测绘及3D数据入库项目
工程承担单位：山东正元地理信息工程有限责任公司
申 报 单 位：山东正元地理信息工程有限责任公司

项 目 编 号：2011－03－01－32
项 目 名 称：750kV乌兰～格尔木输电线路工程（测量）
工程承担单位：青海省电力设计院、北京恒华伟业科技股份有限公司
申 报 单 位：青海省电力设计院、北京恒华伟业科技股份有限公司

项 目 编 号：2011－03－01－33
项 目 名 称：北苑东路下穿城铁顶进涵及城铁便线工程北京地铁13号线北苑～望京西区间第三方监测
工程承担单位：北京城建勘测设计研究院有限责任公司
申 报 单 位：北京城建勘测设计研究院有限责任公司

项 目 编 号：2011－03－01－34
项 目 名 称：西藏自治区林芝地区波密县扎木镇至墨脱县城公路测量工程
工程承担单位：中交第二公路勘察设计研究院有限责任公司
申 报 单 位：中交第二公路勘察设计研究院有限责任公司

项 目 编 号：2011－03－01－35
项 目 名 称：菏泽市城区地形、地籍测绘及信息系统建设
工程承担单位：山东省地质测绘院
申 报 单 位：山东省地质测绘院

项 目 编 号：2011－03－01－36
项 目 名 称：长沙县星沙新城350km^{2}地形图（1:1000）测量项目
工程承担单位：湖南省第一测绘院
申 报 单 位：湖南省第一测绘院

银奖（75项）

项 目 编 号：2011－03－02－01
项 目 名 称：2008～2010年深圳市1:1000数字化地形图动态修补测
工程承担单位：深圳市勘察测绘院有限公司
申 报 单 位：深圳市勘察测绘院有限公司

项 目 编 号：2011－03－02－02
项 目 名 称：德宏傣族景颇族自治州潞西、瑞丽、陇川1:5000测图
工程承担单位：云南省航测遥感信息院
申 报 单 位：云南省航测遥感信息院、德宏州国土资源局

项 目 编 号：2011 - 03 - 02 - 03
项 目 名 称：湖北省防汛抗旱地理信息工程
工程承担单位：湖北省地图院
申 报 单 位：湖北省地图院

项 目 编 号：2011 - 03 - 02 - 04
项 目 名 称：北京地铁 15 号线一期一段（望京西 - 后沙峪）工程测量
工程承担单位：北京城建勘测设计研究院有限责任公司
申 报 单 位：北京城建勘测设计研究院有限责任公司

项 目 编 号：2011 - 03 - 02 - 05
项 目 名 称：哈尔滨至大连客运专线（哈尔滨至沈阳段）精密工程控制测量
工程承担单位：中铁第一勘察设计院集团有限公司
申 报 单 位：中铁第一勘察设计院集团有限公司

项 目 编 号：2011 - 03 - 02 - 06
项 目 名 称：深圳河水下地形定期测量工程
工程承担单位：深圳市长勘勘察设计有限公司
申 报 单 位：深圳市长勘勘察设计有限公司

项 目 编 号：2011 - 03 - 02 - 07
项 目 名 称：中国 2010 年上海世博会园区导览图
工程承担单位：上海市测绘院
申 报 单 位：上海市测绘院

项 目 编 号：2011 - 03 - 02 - 08
项 目 名 称：石武客运专线（郑武段）精密控制测量
工程承担单位：中铁第四勘察设计院集团有限公司
申 报 单 位：中铁第四勘察设计院集团有限公司

项 目 编 号：2011 - 03 - 02 - 09
项 目 名 称：四川省遂宁市“十一五”城市基础测绘 1:2000 数字地形图及 DEM 数据成果
工程承担单位：四川中水成勘院测绘工程有限责任公司、遂宁市勘察测绘院
申 报 单 位：四川中水成勘院测绘工程有限责任公司、遂宁市勘察测绘院

项 目 编 号：2011 - 03 - 02 - 10
项 目 名 称：长江原水过江管工程贯通测量
工程承担单位：上海市测绘院
申 报 单 位：上海市测绘院

项 目 编 号：2011 - 03 - 02 - 11
项 目 名 称：广州地铁三号线施工控制、贯通测量和位移沉降监测标段二
工程承担单位：中铁隧道勘测设计院有限公司

申 报 单 位：中铁隧道勘测设计院有限公司

项 目 编 号：2011－03－02－12
项 目 名 称：青岛市电网普查测绘工程
工程承担单位：青岛市勘察测绘研究院
申 报 单 位：青岛市勘察测绘研究院

项 目 编 号：2011－03－02－13
项 目 名 称：深圳市城市轨道交通11号线（A标）工程测量
工程承担单位：深圳市勘察测绘院有限公司、深圳市市政设计研究院有限公司
申 报 单 位：深圳市勘察测绘院有限公司

项 目 编 号：2011－03－02－14
项 目 名 称：重庆市第二次土地调查田土坎系数测算A标段
工程承担单位：重庆市土地勘测规划院
申 报 单 位：重庆市土地勘测规划院

项 目 编 号：2011－03－02－15
项 目 名 称：黄骅发电厂沉降观测工程
工程承担单位：中国电力工程顾问集团华北电力设计院工程有限公司（北京国电华北电力工程有限公司）
申 报 单 位：中国电力工程顾问集团华北电力设计院工程有限公司

项 目 编 号：2011－03－02－16
项 目 名 称：开平市第二次土地调查
工程承担单位：深圳市勘察研究院有限公司
申 报 单 位：深圳市勘察研究院有限公司

项 目 编 号：2011－03－02－17
项 目 名 称：大渡河瀑布沟水电站地表变形监测网的建立及观测
工程承担单位：中国水电顾问集团贵阳勘测设计研究院
申 报 单 位：中国水电顾问集团贵阳勘测设计研究院

项 目 编 号：2011－03－02－18
项 目 名 称：北京轨道交通昌平线（S2线）一期工程测量
工程承担单位：北京城建勘测设计研究院有限责任公司
申 报 单 位：北京城建勘测设计研究院有限责任公司

项 目 编 号：2011－03－02－19
项 目 名 称：广西贺州市基础地形图测绘
工程承担单位：南宁市勘测院
申 报 单 位：南宁市勘测院

项 目 编 号：2011－03－02－20
项 目 名 称：南水北调中线水源丹江口大坝加高工程水文泥沙水质观测水道地形测量
工程承担单位：长江水利委员会水文局汉江水文水资源勘测局
申 报 单 位：长江水利委员会水文局汉江水文水资源勘测局

项 目 编 号：2011－03－02－21
项 目 名 称：集宁至二连线扩能改造工程航测成图项目、新建正蓝旗至张家口铁路工程航测成图项目
工程承担单位：西安煤航信息产业有限公司
申 报 单 位：西安煤航信息产业有限公司、内蒙古铁道勘察设计院有限公司

项 目 编 号：2011－03－02－22
项 目 名 称：上海市海岸带地质环境监测
工程承担单位：上海达华测绘有限公司、上海市地质调查研究院
申 报 单 位：上海达华测绘有限公司、上海市地质调查研究院

项 目 编 号：2011－03－02－23
项 目 名 称：日照市城区及镇驻地 1∶500 地形图测绘工程
工程承担单位：山东省地质测绘院
申 报 单 位：山东省地质测绘院

项 目 编 号：2011－03－02－24
项 目 名 称：深圳市地铁 9 号线控制测量及 1∶500 地形图测量工程
工程承担单位：深圳市长勘勘察设计有限公司
申 报 单 位：深圳市长勘勘察设计有限公司

项 目 编 号：2011－03－02－25
项 目 名 称：南昌市“数字城管”部件普查项目
工程承担单位：南昌市测绘勘察研究院
申 报 单 位：南昌市测绘勘察研究院

项 目 编 号：2011－03－02－26
项 目 名 称：基于 3S 技术的田坎系数测量
工程承担单位：国家测绘局重庆测绘院
申 报 单 位：国家测绘局重庆测绘院

项 目 编 号：2011－03－02－27
项 目 名 称：2009 年广州市地下管线普查项目（白鹅潭测区）
工程承担单位：广州市城市规划勘测设计研究院
申 报 单 位：广州市城市规划勘测设计研究院

项 目 编 号：2011－03－02－28
项 目 名 称：苏州市高新区（狮山片区）地下管线探测工程
工程承担单位：保定金迪地下管线探测工程有限公司

申 报 单 位：保定金迪地下管线探测工程有限公司

项 目 编 号：2011－03－02－29
项 目 名 称：江西电信企业级 GIS 平台
工程承担单位：武汉中地数码科技有限公司
申 报 单 位：中国电信股份有限公司江西省分公司、武汉中地数码科技有限公司

项 目 编 号：2011－03－02－30
项 目 名 称：新疆布尔津河乔巴特水利枢纽工程测量
工程承担单位：中水北方勘测设计研究有限责任公司
申 报 单 位：中水北方勘测设计研究有限责任公司

项 目 编 号：2011－03－02－31
项 目 名 称：2009－2010 年度河南黄河下游防洪工程堤防帮宽和堤防加固测量
工程承担单位：黄河水文勘察测绘局
申 报 单 位：黄河水文勘察测绘局

项 目 编 号：2011－03－02－32
项 目 名 称：昆明市主城四区 1:2000 第二次土地调查（农村部分）
工程承担单位：昆明市国土规划勘察测绘研究院
申 报 单 位：昆明市国土规划勘察测绘研究院

项 目 编 号：2011－03－02－33
项 目 名 称：盘锦市第二次土地调查
工程承担单位：辽宁省摄影测量与遥感院
申 报 单 位：辽宁省摄影测量与遥感院

项 目 编 号：2011－03－02－34
项 目 名 称：河南省周口市地下管线普查探测与信息系统建设工程
工程承担单位：河南省地球物理工程勘察院、河北天元地理信息科技工程有限公司、广州城市信息研究所有限公司、武汉中地数码科技有限公司、周口市规划建筑勘测设计院
申 报 单 位：河南省周口市规划局

项 目 编 号：2011－03－02－35
项 目 名 称：合肥市轨道交通 1 号线工程测量
工程承担单位：合肥市测绘设计研究院
申 报 单 位：合肥市测绘设计研究院

项 目 编 号：2011－03－02－36
项 目 名 称：苏州轨道交通 2 号线延伸线、4 号线及支线工程控制测量
工程承担单位：苏州市测绘院有限责任公司
申 报 单 位：苏州市测绘院有限责任公司

项 目 编 号：2011－03－02－37
项 目 名 称：四川省第二次全国土地调查地图生产（凉山州 SPOT5 卫星数据正射影像图制作项目）
工程承担单位：四川空间信息产业发展有限公司
申 报 单 位：四川空间信息产业发展有限公司

项 目 编 号：2011－03－02－38
项 目 名 称：乌鲁木齐市全球导航卫星连续运行参考站系统
工程承担单位：乌鲁木齐市国土资源勘测规划院
申 报 单 位：乌鲁木齐市国土资源勘测规划院

项 目 编 号：2011－03－02－39
项 目 名 称：第二次全国土地调查数字正射影像生产监理工程
工程承担单位：中测新图（北京）遥感技术有限公司、北京中色测绘院有限公司、西安煤航信息产业有限公司
申 报 单 位：中测新图（北京）遥感技术有限公司、北京中色测绘院有限公司、西安煤航信息产业有限公司

项 目 编 号：2011－03－02－40
项 目 名 称：天津市 1:2000 真彩色正射影像数据处理及建库
工程承担单位：天津市测绘院
申 报 单 位：天津市测绘院

项 目 编 号：2011－03－02－41
项 目 名 称：云南水富至麻柳湾高速公路基础控制与航测数字化成图工程
工程承担单位：云南省交通规划设计研究院（原云南省公路规划勘察设计院）
申 报 单 位：云南省交通规划设计研究院

项 目 编 号：2011－03－02－42
项 目 名 称：长吉城际铁路精密工程测量
工程承担单位：中铁工程设计咨询集团有限公司
申 报 单 位：中铁工程设计咨询集团有限公司

项 目 编 号：2011－03－02－43
项 目 名 称：成绵乐铁路客运专线震后精密控制网测量
工程承担单位：中铁二院工程集团有限责任公司
申 报 单 位：中铁二院工程集团有限责任公司

项 目 编 号：2011－03－02－44
项 目 名 称：牛栏江——滇池补水工程施工控制网
工程承担单位：云南省水利水电勘测设计研究院
申 报 单 位：云南省水利水电勘测设计研究院

项 目 编 号：2011－03－02－45
项 目 名 称：2008－2010 年深圳市特区内盐田区（05 测区）1:1000 数字化地形图动态修补测工程
工程承担单位：深圳市长勘勘察设计有限公司
申 报 单 位：深圳市长勘勘察设计有限公司

项 目 编 号：2011－03－02－46
项 目 名 称：贵阳市数字化城市管理信息系统（一期）工程基础数据普查与测绘数据采集建库项目
工程承担单位：立得空间信息技术股份有限公司
申 报 单 位：立得空间信息技术股份有限公司

项 目 编 号：2011－03－02－47
项 目 名 称：南山区南方科技大学选址拆迁安置测绘
工程承担单位：深圳市勘察测绘院有限公司
申 报 单 位：深圳市勘察测绘院有限公司

项 目 编 号：2011－03－02－48
项 目 名 称：柳州市 2008 年西鹅测区及部分农村居民点 1:500 数字化地形图测绘
工程承担单位：广西壮族自治区国土测绘院
申 报 单 位：广西壮族自治区国土测绘院

项 目 编 号：2011－03－02－49
项 目 名 称：宁波市轨道交通工程（1 号线一期、2 号线一期）基础测绘
工程承担单位：宁波市测绘设计研究院
申 报 单 位：宁波市测绘设计研究院、宁波市轨道交通工程建设指挥部

项 目 编 号：2011－03－02－50
项 目 名 称：湖北省二调示范工程——安陆二次土地调查
工程承担单位：湖北省测绘工程院
申 报 单 位：湖北省测绘工程院

项 目 编 号：2011－03－02－51
项 目 名 称：荣县县城区和重点乡镇地形地籍测量及数据库建设工程
工程承担单位：四川空间信息产业发展有限公司
申 报 单 位：四川空间信息产业发展有限公司

项 目 编 号：2011－03－02－52
项 目 名 称：温岭市城镇数字地籍调查及数据建库项目
工程承担单位：浙江省测绘大队
申 报 单 位：浙江省测绘大队

项 目 编 号：2011－03－02－53
项 目 名 称：绍兴市现代测绘基准体系建设
工程承担单位：绍兴市城市规划测绘院、浙江有色测绘院、武汉大学（技术支持）

申 报 单 位：绍兴市城市规划测绘院

项 目 编 号：2011－03－02－54
项 目 名 称：重庆市垫江县无人机航摄及三维空间数据库建设
工程承担单位：重庆市勘测院
申 报 单 位：重庆市勘测院

项 目 编 号：2011－03－02－55
项 目 名 称：南水北调总干渠下穿地铁1号线五棵松站工程第三方监测
工程承担单位：北京城建勘测设计研究院有限责任公司
申 报 单 位：北京城建勘测设计研究院有限责任公司

项 目 编 号：2011－03－02－56
项 目 名 称：沈哈客运专线CPⅡ精密控制测量
工程承担单位：中铁第一勘察设计院集团有限公司陕勘公司
申 报 单 位：陕西铁道工程勘察有限公司

项 目 编 号：2011－03－02－57
项 目 名 称：福泉厦漳高速公路拓宽工程1∶1000地形图测量项目
工程承担单位：福建省测绘院
申 报 单 位：福建省测绘院

项 目 编 号：2011－03－02－58
项 目 名 称：全球基础地理底图数据库的建立及数字地图产品编制
工程承担单位：国家基础地理信息中心、中国地图出版社
申 报 单 位：国家基础地理信息中心、中国地图出版社

项 目 编 号：2011－03－02－59
项 目 名 称：杭州湾新区国际商务休闲区（跨海大桥以西）1∶500数字地形测量及入库
工程承担单位：宁波市测绘设计研究院
申 报 单 位：宁波市测绘设计研究院、宁波杭州湾新区规划建设国土局

项 目 编 号：2011－03－02－60
项 目 名 称：四川省绵竹至茂县公路工程测量
工程承担单位：中交宇科（北京）空间信息技术有限公司
申 报 单 位：中交宇科（北京）空间信息技术有限公司

项 目 编 号：2011－03－02－61
项 目 名 称：罗甸县城规划区1∶500、1∶2000地形图测量工程
工程承担单位：贵州省第二测绘院
申 报 单 位：贵州省第二测绘院

项 目 编 号：2011－03－02－62
项 目 名 称：《安徽省地图集》编制
工程承担单位：安徽省第四测绘院
申 报 单 位：安徽省第四测绘院

项 目 编 号：2011－03－02－63
项 目 名 称：京沪高速铁路（徐州至上海段）精密控制测量工程
工程承担单位：中铁第四勘察设计院集团有限公司
申 报 单 位：中铁第四勘察设计院集团有限公司

项 目 编 号：2011－03－02－64
项 目 名 称：金沙江溪洛渡、向家坝水库控制与地形和固断测量
工程承担单位：长江水利委员会水文局长江上游水文水资源勘测局
申 报 单 位：长江水利委员会水文局长江上游水文水资源勘测局

项 目 编 号：2011－03－02－65
项 目 名 称：都江堰市地下管线探测工程
工程承担单位：四川省第三测绘工程院（国家测绘局地下管线勘测工程院）
申 报 单 位：四川省第三测绘工程院

项 目 编 号：2011－03－02－66
项 目 名 称：太中银铁路长大隧道精密工程控制测量
工程承担单位：铁道第三勘察设计院集团有限公司
申 报 单 位：铁道第三勘察设计院集团有限公司

项 目 编 号：2011－03－02－67
项 目 名 称：银川市市辖区第二次土地调查（城镇部分）
工程承担单位：银川市勘察测绘院
申 报 单 位：银川市勘察测绘院

项 目 编 号：2011－03－02－68
项 目 名 称：吉林油田数字三维管理系统
工程承担单位：中测新图（北京）遥感技术有限公司
申 报 单 位：中测新图（北京）遥感技术有限公司

项 目 编 号：2011－03－02－69
项 目 名 称：怀化市基础测绘项目
工程承担单位：湖南省第二测绘院
申 报 单 位：湖南省第二测绘院

项 目 编 号：2011－03－02－70
项 目 名 称：兰新第二双线新建铁路勘测及张掖至嘉峪关段精密控制测量
工程承担单位：中冶地集团西北岩土工程有限公司酒泉测绘分公司

申 报 单 位：中冶地集团西北岩土工程有限公司

项 目 编 号：2011－03－02－71
项 目 名 称：廊坊市城市部件调查
工程承担单位：河北省地质测绘院（河北省欣航测绘院）
申 报 单 位：河北省地质测绘院

项 目 编 号：2011－03－02－72
项 目 名 称：城市系列比例尺地形图综合缩编——广州市 1:2000 1:5000 比例尺地形图编绘及数据入库
工程承担单位：广州市城市规划勘测设计研究院、北京清华山维新技术开发有限公司
申 报 单 位：广州市城市规划勘测设计研究院、北京清华山维新技术开发有限公司

项 目 编 号：2011－03－02－73
项 目 名 称：北京市怀柔区集体土地地籍调查
工程承担单位：北京苍穹数码测绘有限公司
申 报 单 位：北京苍穹数码测绘有限公司

项 目 编 号：2011－03－02－74
项 目 名 称：广东省高程基准改造粤东地区三等水准测量
工程承担单位：广东省国土资源测绘院
申 报 单 位：广东省国土资源测绘院

项 目 编 号：2011－03－02－75
项 目 名 称：柳城县新农村建设测绘保障服务示范工作
工程承担单位：广西第二测绘院
申 报 单 位：广西第二测绘院

铜奖（149）
项 目 编 号：2011－03－03－01
项 目 名 称：太原市区第二次土地调查（城镇部分）Ⅱ标段
工程承担单位：山西华晋岩土工程勘察有限公司
申 报 单 位：山西华晋岩土工程勘察有限公司

项 目 编 号：2011－03－03－02
项 目 名 称：晋江市基础控制网与航测成图项目
工程承担单位：福建省测绘院
申 报 单 位：福建省测绘院

项 目 编 号：2011－03－03－03
项 目 名 称：宁波市中心区域三维数字地图建设与建库
工程承担单位：宁波市测绘设计研究院
申 报 单 位：宁波市测绘设计研究院

项 目 编 号：2011－03－03－04
项 目 名 称：湖北省武汉市矿业权实地核查项目
工程承担单位：武汉市房产测绘中心（原武汉市国土房产测绘中心）
申 报 单 位：武汉市房产测绘中心

项 目 编 号：2011－03－03－05
项 目 名 称：新疆库车至阿克苏高速公路测量项目
工程承担单位：中交宇科（北京）空间信息技术有限公司
申 报 单 位：中交宇科（北京）空间信息技术有限公司

项 目 编 号：2011－03－03－06
项 目 名 称：广州市连续运行卫星定位服务系统
工程承担单位：广州市房地产测绘所、武汉大学（技术支持）
申 报 单 位：广州市房地产测绘所

项 目 编 号：2011－03－03－07
项 目 名 称：安阳市数字化城市管理建设空间数据生产项目
工程承担单位：建设综合勘察研究设计院有限公司
申 报 单 位：建设综合勘察研究设计院有限公司

项 目 编 号：2011－03－03－08
项 目 名 称：西安市黑河引水工程输水暗渠建筑物安全监测项目（首期观测）
工程承担单位：陕西省水利电力勘测设计研究院
申 报 单 位：陕西省水利电力勘测设计研究院

项 目 编 号：2011－03－03－09
项 目 名 称：云南省兰坪县矿业权实地核查及数据库建设
工程承担单位：甘肃省地质矿产勘查开发局测绘勘查院
申 报 单 位：甘肃省地质矿产勘查开发局测绘勘查院

项 目 编 号：2011－03－03－10
项 目 名 称：河南省领导工作用图图集工程
工程承担单位：河南省地图院
申 报 单 位：河南省地图院

项 目 编 号：2011－03－03－11
项 目 名 称：广州市政府地图网站服务平台
工程承担单位：广州市房地产测绘所
申 报 单 位：广州市房地产测绘所

项 目 编 号：2011－03－03－12
项 目 名 称：乌鲁木齐市城市绿地普查数据采集和数据库建设及应用研究
工程承担单位：乌鲁木齐市城市勘察测绘院

申 报 单 位：乌鲁木齐市城市勘察测绘院

项 目 编 号：2011－03－03－13
项 目 名 称：《福建省情地图集》编制
工程承担单位：福建省制图院（原福建省地图出版社）
申 报 单 位：福建省制图院

项 目 编 号：2011－03－03－14
项 目 名 称：黑龙江省黑河市爱辉区第二次土地调查农村土地调查（地类调查及数据库建设）
工程承担单位：黑龙江省地质矿产局测绘院
申 报 单 位：黑龙江省地质矿产局测绘院

项 目 编 号：2011－03－03－15
项 目 名 称：西藏南路越江隧道工程测量
工程承担单位：上海市城市建设设计研究院
申 报 单 位：上海市城市建设设计研究院

项 目 编 号：2011－03－03－16
项 目 名 称：深圳市东部过境高速公路测量
工程承担单位：深圳地质建设工程公司
申 报 单 位：深圳地质建设工程公司

项 目 编 号：2011－03－03－17
项 目 名 称：2009 年厦门市 1:2000 比例尺地形图测绘及空间数据库建设Ⅱ期 C 标段
工程承担单位：四川省第三测绘工程院
申 报 单 位：四川省第三测绘工程院、厦门市国土资源与房产管理局

项 目 编 号：2011－03－03－18
项 目 名 称：服务广西对外开放战略系列地图编制
工程承担单位：广西地图院
申 报 单 位：广西地图院

项 目 编 号：2011－03－03－19
项 目 名 称：绍兴市地图集
工程承担单位：绍兴市土地勘测规划院、浙江省第一测绘院
申 报 单 位：绍兴市土地勘测规划院

项 目 编 号：2011－03－03－20
项 目 名 称：第二次全国土地调查成果国家级核查
工程承担单位：河北中色测绘有限公司
申 报 单 位：河北中色测绘有限公司

项 目 编 号：2011－03－03－21
项 目 名 称：湖北省鄂州市三维模型建设工程
工程承担单位：北京四维益友信息技术有限公司
申 报 单 位：北京四维益友信息技术有限公司

项 目 编 号：2011－03－03－22
项 目 名 称：2008 年江门市 1:500 城镇地籍测量（鹤山市）地形图测量
工程承担单位：广西第一测绘院
申 报 单 位：广西第一测绘院

项 目 编 号：2011－03－03－23
项 目 名 称：广州市特殊用地土地调查项目
工程承担单位：广东省国土资源测绘院
申 报 单 位：广东省国土资源测绘院

项 目 编 号：2011－03－03－24
项 目 名 称：重庆菜园坝长江大桥变形监测
工程承担单位：重庆市勘测院
申 报 单 位：重庆市勘测院

项 目 编 号：2011－03－03－25
项 目 名 称：黑龙江省矿业权实地核查项目（第十五标段）
工程承担单位：黑龙江省地质矿产局测绘院
申 报 单 位：黑龙江省地质矿产局测绘院

项 目 编 号：2011－03－03－26
项 目 名 称：淮北大堤加固工程测量
工程承担单位：安徽省水利水电勘测设计院
申 报 单 位：安徽省水利水电勘测设计院

项 目 编 号：2011－03－03－27
项 目 名 称：深圳市 2007 年建筑普查外业调查（宝安区）
工程承担单位：深圳市蓝天鹤测绘有限公司
申 报 单 位：深圳市蓝天鹤测绘有限公司

项 目 编 号：2011－03－03－28
项 目 名 称：余姚市朗霞街道数字地籍调查项目
工程承担单位：深圳市爱华勘测工程有限公司
申 报 单 位：深圳市爱华勘测工程有限公司

项 目 编 号：2011－03－03－29
项 目 名 称：京沪高铁天津西站站房工程上跨地铁 1 号线监测
工程承担单位：深圳市爱华勘测工程有限公司

申 报 单 位：深圳市爱华勘测工程有限公司

项 目 编 号：2011－03－03－30
项 目 名 称：甬－沪、宁进口原油管道工程杭州湾海底检测（2009 年度）
工程承担单位：浙江省河海测绘院
申 报 单 位：浙江省河海测绘院

项 目 编 号：2011－03－03－31
项 目 名 称：望（江）东（至）长江公路大桥基础控制网测量
工程承担单位：安徽省地矿局安庆测绘技术院
申 报 单 位：安徽省地矿局安庆测绘技术院

项 目 编 号：2011－03－03－32
项 目 名 称：武清区新城地形图测绘及数据库建设
工程承担单位：天津市星际空间地理信息工程有限公司
申 报 单 位：天津市勘察院

项 目 编 号：2011－03－03－33
项 目 名 称：福州市 1:500 数字线划图（DLG）数据库建设
工程承担单位：福州市勘测院
申 报 单 位：福州市勘测院

项 目 编 号：2011－03－03－34
项 目 名 称：唐山市海港经济开发区城镇地籍调查
工程承担单位：承德华勘五一四测绘院
申 报 单 位：承德华勘五一四测绘院

项 目 编 号：2011－03－03－35
项 目 名 称：华发新城 3、4、5 期建设工程竣工规划验收测量
工程承担单位：珠海市测绘院
申 报 单 位：珠海市测绘院

项 目 编 号：2011－03－03－36
项 目 名 称：京沪高速公路天津段二期工程测绘
工程承担单位：天津市市政工程设计研究院
申 报 单 位：天津市市政工程设计研究院

项 目 编 号：2011－03－03－37
项 目 名 称：荥阳市城区地籍更新调查
工程承担单位：河南省地质测绘总院
申 报 单 位：河南省地质测绘总院

项 目 编 号：2011－03－03－38
项 目 名 称：三峡工程库区首段野猫面滑坡变形监测
工程承担单位：长江三峡勘测研究院有限公司（武汉）
申 报 单 位：长江三峡勘测研究院有限公司（武汉）

项 目 编 号：2011－03－03－39
项 目 名 称：贵阳筑房网三维仿真地图
工程承担单位：广州都市圈网络科技有限公司
申 报 单 位：广州都市圈网络科技有限公司

项 目 编 号：2011－03－03－40
项 目 名 称：西藏自治区三维警用地理信息系统平台（二期）
工程承担单位：北京数字空间科技有限公司
申 报 单 位：北京数字空间科技有限公司

项 目 编 号：2011－03－03－41
项 目 名 称：西藏自治区第二次土地调查堆龙德庆等拉萨市7县城镇土地调查
工程承担单位：河南中化地质测绘院有限公司
申 报 单 位：河南中化地质测绘院有限公司

项 目 编 号：2011－03－03－42
项 目 名 称：武汉市三环线北段（额头湾～平安铺）道路工程
工程承担单位：武汉市政工程设计研究院有限责任公司
申 报 单 位：武汉市政工程设计研究院有限责任公司

项 目 编 号：2011－03－03－43
项 目 名 称：唐山市城市基础控制网更新改造工程
工程承担单位：河北省第一测绘院
申 报 单 位：河北省第一测绘院

项 目 编 号：2011－03－03－44
项 目 名 称：2007－2010年度深圳河水下地形定期测量
工程承担单位：深圳市水务规划设计院
申 报 单 位：深圳市水务规划设计院

项 目 编 号：2011－03－03－45
项 目 名 称：巩义市城镇地籍更新调查
工程承担单位：河北中色测绘有限公司、北京中色测绘院有限公司
申 报 单 位：河北中色测绘有限公司、北京中色测绘院有限公司

项 目 编 号：2011－03－03－46
项 目 名 称：沂沭泗河洪水东调南下新沂河整治工程测量
工程承担单位：江苏省工程勘测研究院有限责任公司

申 报 单 位：江苏省工程勘测研究院有限责任公司

项 目 编 号：2011－03－03－47
项 目 名 称：九江长江公路大桥跨江控制测量
工程承担单位：江西省交通设计院
申 报 单 位：江西省交通设计院

项 目 编 号：2011－03－03－48
项 目 名 称：承德县高等级控制网建立和城区 1∶500 比例尺地形图测绘
工程承担单位：河北省第二测绘院
申 报 单 位：河北省第二测绘院

项 目 编 号：2011－03－03－49
项 目 名 称：新农村建设测绘保障服务示范项目（西安市临潼区）
工程承担单位：国家测绘局第一航测遥感院（陕西省第五测绘工程院）
申 报 单 位：国家测绘局第一航测遥感院

项 目 编 号：2011－03－03－50
项 目 名 称：永嘉县 1∶2000 数字化航测成图工程（DLG、DOM）
工程承担单位：浙江省第二测绘院
申 报 单 位：浙江省第二测绘院

项 目 编 号：2011－03－03－51
项 目 名 称：灾后恢复重建宜宾测区 1∶10000 地形图生产
工程承担单位：四川省遥感信息测绘院
申 报 单 位：四川省遥感信息测绘院

项 目 编 号：2011－03－03－52
项 目 名 称：重庆市主城区街道立面改造工程测量
工程承担单位：重庆市勘测院
申 报 单 位：重庆市勘测院

项 目 编 号：2011－03－03－53
项 目 名 称：港珠澳大桥主体工程首次控制网第一次复测
工程承担单位：中铁大桥勘测设计院有限公司
申 报 单 位：中铁大桥勘测设计院有限公司

项 目 编 号：2011－03－03－54
项 目 名 称：广州市轨道交通 2015 年规划线网建设线路首级精密控制网测量
工程承担单位：广州市城市规划勘测设计研究院
申 报 单 位：广州市城市规划勘测设计研究院

项 目 编 号：2011 - 03 - 03 - 55
项 目 名 称：山西省榆次龙白至祁县城赵高速公路工程测量
工程承担单位：山西省交通规划勘察设计院
申 报 单 位：山西省交通规划勘察设计院

项 目 编 号：2011 - 03 - 03 - 56
项 目 名 称：苏州工业园区地下管线探测项目（一期）
工程承担单位：苏州工业园区测绘有限责任公司
申 报 单 位：苏州工业园区测绘有限责任公司

项 目 编 号：2011 - 03 - 03 - 57
项 目 名 称：静宁县第二次全国农村土地调查
工程承担单位：天水三和数码测绘院
申 报 单 位：天水三和数码测绘院

项 目 编 号：2011 - 03 - 03 - 58
项 目 名 称：深圳市宝安区政府综合管理信息系统（一期）工程
工程承担单位：深圳市凯立德科技股份有限公司、深圳市宝安区信息中心
申 报 单 位：深圳市凯立德科技股份有限公司、深圳市宝安区信息中心

项 目 编 号：2011 - 03 - 03 - 59
项 目 名 称：铜陵市城镇地籍变更调查与测量
工程承担单位：河南省地质测绘总院
申 报 单 位：河南省地质测绘总院

项 目 编 号：2011 - 03 - 03 - 60
项 目 名 称：北京未来科技城 1:500 地形测量
工程承担单位：北京京昌工程测绘技术有限公司
申 报 单 位：北京京昌工程测绘技术有限公司

项 目 编 号：2011 - 03 - 03 - 61
项 目 名 称：慈溪市庵东值城镇数字地籍调查工程
工程承担单位：江西核工业测绘院
申 报 单 位：江西核工业测绘院

项 目 编 号：2011 - 03 - 03 - 62
项 目 名 称：基于 LIDAR 的真三维数字昆明数据库建设
工程承担单位：昆明市测绘研究院
申 报 单 位：昆明市测绘研究院

项 目 编 号：2011 - 03 - 03 - 63
项 目 名 称：江西省第二次土地调查底图生产
工程承担单位：江西省第二测绘院

申 报 单 位：江西省第二测绘院

项 目 编 号：2011－03－03－64
项 目 名 称：江西省井冈山（东）测区1:1万数字航空摄影测量项目
工程承担单位：四川省遥感信息测绘院
申 报 单 位：四川省遥感信息测绘院

项 目 编 号：2011－03－03－65
项 目 名 称：晋江市（晋南片）1:500航测数字化测绘工程
工程承担单位：福建省地质测绘院
申 报 单 位：福建省地质测绘院

项 目 编 号：2011－03－03－66
项 目 名 称：泸州市城区1:500全解析数字化地形图修测项目
工程承担单位：陕西国土测绘工程院
申 报 单 位：陕西国土测绘工程院

项 目 编 号：2011－03－03－67
项 目 名 称：平朔朔南矿区航测项目
工程承担单位：西安煤航信息产业有限公司
申 报 单 位：西安煤航信息产业有限公司

项 目 编 号：2011－03－03－68
项 目 名 称：沁阳市数字航摄城镇地籍与公开查询系统建设
工程承担单位：河南省中纬测绘规划信息工程有限公司
申 报 单 位：河南省中纬测绘规划信息工程有限公司

项 目 编 号：2011－03－03－69
项 目 名 称：上（海）瑞（丽）国道主干线云南保山至龙陵至瑞丽高速公路基础控制与航测数字化成图工程
工程承担单位：云南省交通规划设计研究院（原云南省公路规划勘察设计院）
申 报 单 位：云南省交通规划设计研究院

项 目 编 号：2011－03－03－70
项 目 名 称：望城县1:1000数字化成图
工程承担单位：湖南省第三测绘院
申 报 单 位：湖南省第三测绘院

项 目 编 号：2011－03－03－71
项 目 名 称：深圳市第二次土地调查外业部分（宝安片区）
工程承担单位：深圳市蓝天鹤测绘有限公司
申 报 单 位：深圳市蓝天鹤测绘有限公司

项 目 编 号：2011－03－03－72
项 目 名 称：宁波鄞州工业园控制测量项目
工程承担单位：宁波市鄞州区测绘院
申 报 单 位：宁波市鄞州区测绘院

项 目 编 号：2011－03－03－73
项 目 名 称：汉长安城遗址地形测量
工程承担单位：机械工业勘察设计研究院
申 报 单 位：机械工业勘察设计研究院

项 目 编 号：2011－03－03－74
项 目 名 称：淮北市东部新城测绘项目
工程承担单位：安徽省煤田地质局物探测量队
申 报 单 位：安徽省煤田地质局物探测量队

项 目 编 号：2011－03－03－75
项 目 名 称：寮步镇8米以上道路地下管线普查工程（一期）
工程承担单位：深圳市蓝天鹤测绘有限公司
申 报 单 位：深圳市蓝天鹤测绘有限公司

项 目 编 号：2011－03－03－76
项 目 名 称：上海市长宁区地下管线普查
工程承担单位：武汉科岛地理信息工程有限公司
申 报 单 位：武汉科岛地理信息工程有限公司

项 目 编 号：2011－03－03－77
项 目 名 称：惠民县1:500数字化地形测量
工程承担单位：山东省地质测绘院
申 报 单 位：山东省地质测绘院

项 目 编 号：2011－03－03－78
项 目 名 称：深圳市精细化工产业园区拆迁测绘工程
工程承担单位：深圳市勘察研究院有限公司
申 报 单 位：深圳市勘察研究院有限公司

项 目 编 号：2011－03－03－79
项 目 名 称："数字郑州地理空间框架建设及应用示范项目"大比例尺数字化测绘项目
工程承担单位：西安煤航信息产业有限公司
申 报 单 位：西安煤航信息产业有限公司

项 目 编 号：2011－03－03－80
项 目 名 称：2008年度1:1万主比例尺数据库建设
工程承担单位：河北中色测绘有限公司、北京中色测绘院有限公司

申 报 单 位：河北中色测绘有限公司、北京中色测绘院有限公司

项 目 编 号：2011 - 03 - 03 - 81
项 目 名 称：茶陵县第二次土地调查项目
工程承担单位：湖南省勘察测绘院
申 报 单 位：湖南省勘察测绘院、茶陵县国土资源局

项 目 编 号：2011 - 03 - 03 - 82
项 目 名 称：武安市城镇地籍测量及数据库建设项目
工程承担单位：邯郸市博达地理信息工程有限公司
申 报 单 位：邯郸市博达地理信息工程有限公司

项 目 编 号：2011 - 03 - 03 - 83
项 目 名 称：江门市新会区第二次土地调查服务项目（A 标段）
工程承担单位：广西第一测绘院
申 报 单 位：广西第一测绘院

项 目 编 号：2011 - 03 - 03 - 84
项 目 名 称：2007 - 2010 年嘉兴市地面沉降监测
工程承担单位：浙江省测绘大队
申 报 单 位：浙江省测绘大队、嘉兴市国土资源局

项 目 编 号：2011 - 03 - 03 - 85
项 目 名 称：济南市天桥区西工商河路 13 号重汽翡翠郡房产测绘
工程承担单位：济南市房产测绘研究院
申 报 单 位：济南市房产测绘研究院

项 目 编 号：2011 - 03 - 03 - 86
项 目 名 称：莫桑比克 5000T/D 水泥熟料工程地形图测绘
工程承担单位：山西华晋岩土工程勘察有限公司
申 报 单 位：山西华晋岩土工程勘察有限公司

项 目 编 号：2011 - 03 - 03 - 87
项 目 名 称：邢台市区地籍调查项目（桥东、高开区部分）
工程承担单位：河北省地矿局第十一地质大队
申 报 单 位：河北省地矿局第十一地质大队

项 目 编 号：2011 - 03 - 03 - 88
项 目 名 称：阳原县第二次土地调查
工程承担单位：河北省保定地质工程勘查院
申 报 单 位：河北省保定地质工程勘查院

项 目 编 号：2011－03－03－89
项 目 名 称：2007 年深圳市 1:1000 数字地形图动态修补测（04 片区）
工程承担单位：深圳市蓝天鹤测绘有限公司
申 报 单 位：深圳市蓝天鹤测绘有限公司

项 目 编 号：2011－03－03－90
项 目 名 称：合肥市滨湖新区 1:1000 地形图测绘
工程承担单位：合肥市测绘设计研究院
申 报 单 位：合肥市测绘设计研究院

项 目 编 号：2011－03－03－91
项 目 名 称：珠江口门水下地形测量
工程承担单位：中水珠江规划勘测设计有限公司
申 报 单 位：中水珠江规划勘测设计有限公司

项 目 编 号：2011－03－03－92
项 目 名 称：柳州市 2008 年 1:500 数字化地形图测绘项目
工程承担单位：广西第一测绘院
申 报 单 位：广西第一测绘院

项 目 编 号：2011－03－03－93
项 目 名 称：南宁市轨道交通一号线地形测量
工程承担单位：南宁市勘测院
申 报 单 位：南宁市勘测院

项 目 编 号：2011－03－03－94
项 目 名 称：盘县鸡场坪——首钢盘县“煤（焦、化）－钢－电”一体化用地范围 1:500 野外采集地形测量
工程承担单位：贵州省第二测绘院
申 报 单 位：贵州省第二测绘院

项 目 编 号：2011－03－03－95
项 目 名 称：吴起采油一厂 DFXC 地面建设测绘工程
工程承担单位：西安长庆科技工程有限责任公司
申 报 单 位：西安长庆科技工程有限责任公司

项 目 编 号：2011－03－03－96
项 目 名 称：新疆克孜河塔日勒噶、夏特、八村三电站工程
工程承担单位：湖南省水利水电勘测设计研究总院
申 报 单 位：湖南省水利水电勘测设计研究总院

项 目 编 号：2011－03－03－97
项 目 名 称：“数字新洲”国土地理信息库建设

工程承担单位：湖北省国土测绘院、武汉市新洲区国土资源和规划勘测队
申 报 单 位：湖北省国土测绘院、武汉市新洲区国土资源和规划勘测队

项 目 编 号：2011－03－03－98
项 目 名 称：川气东送管道工程带状地形图测量
工程承担单位：北京东方新星石化工程股份有限公司
申 报 单 位：北京东方新星石化工程股份有限公司

项 目 编 号：2011－03－03－99
项 目 名 称：河北省南水北调配套工程沧州市工程选线测量
工程承担单位：沧州市水利勘测设计院
申 报 单 位：沧州市水利勘测设计院

项 目 编 号：2011－03－03－100
项 目 名 称：杭州市 1:2000 航测成图二标段
工程承担单位：陕西天润科技有限责任公司
申 报 单 位：陕西天润科技有限责任公司

项 目 编 号：2011－03－03－101
项 目 名 称：吉林省生态科技商务金融中心数字测绘
工程承担单位：长春市国土测绘院
申 报 单 位：长春市国土测绘院

项 目 编 号：2011－03－03－102
项 目 名 称：未来海岸滨湖花园一期、东屿花园项目房产测绘工程
工程承担单位：福建省地质测绘院
申 报 单 位：福建省地质测绘院

项 目 编 号：2011－03－03－103
项 目 名 称：山西省晋城市数字城市建模工程
工程承担单位：北京四维益友信息技术有限公司
申 报 单 位：北京四维益友信息技术有限公司

项 目 编 号：2011－03－03－104
项 目 名 称：淮安市淮阴区第二次土地调查城镇地籍、地形测绘及数据库建设
工程承担单位：山东省地质测绘院
申 报 单 位：山东省地质测绘院

项 目 编 号：2011－03－03－105
项 目 名 称：自贡市中心城区地形地籍测量及数据库建设项目控制测量
工程承担单位：四川省煤田测绘工程院
申 报 单 位：四川省煤田测绘工程院

项 目 编 号：2011 - 03 - 03 - 106
项 目 名 称：龙岩市区 1:500 地形图及地籍图测绘编绘二期工程
工程承担单位：河北天元地理信息科技工程有限公司
申 报 单 位：河北天元地理信息科技工程有限公司

项 目 编 号：2011 - 03 - 03 - 107
项 目 名 称："数字北海"地理空间框架建设工程 1:2000 DEM、DOM 生产
工程承担单位：广西航空遥感测绘院
申 报 单 位：广西航空遥感测绘院

项 目 编 号：2011 - 03 - 03 - 108
项 目 名 称：大连港港口航道图测绘工程
工程承担单位：天津海事局海测大队
申 报 单 位：天津海事局海测大队

项 目 编 号：2011 - 03 - 03 - 109
项 目 名 称：天津港 25 万吨级航道疏浚工程测量
工程承担单位：中交天津港航勘察设计研究院有限公司
申 报 单 位：中交天津港航勘察设计研究院有限公司

项 目 编 号：2011 - 03 - 03 - 110
项 目 名 称：锦屏一级电站——西昌换流站 500kV 送电线路工程
工程承担单位：中国电力工程顾问集团中南电力设计院
申 报 单 位：中国电力工程顾问集团中南电力设计院

项 目 编 号：2011 - 03 - 03 - 111
项 目 名 称：上虞市城区地下综合管线普查工程
工程承担单位：浙江有色测绘院
申 报 单 位：浙江有色测绘院

项 目 编 号：2011 - 03 - 03 - 112
项 目 名 称：绍兴市地下管线探测工程 4 标
工程承担单位：河北九华勘查测绘有限责任公司（华北地质勘查局五一九大队）
申 报 单 位：河北九华勘查测绘有限责任公司

项 目 编 号：2011 - 03 - 03 - 113
项 目 名 称：2007 年宝安区 1:1000 数字化地形图动态修补测（福永、石岩测区）
工程承担单位：深圳地质建设工程公司
申 报 单 位：深圳地质建设工程公司

项 目 编 号：2011 - 03 - 03 - 114
项 目 名 称：厦深铁路漳州南站 1:500 航测数字化图测绘工程
工程承担单位：漳州市测绘设计研究院

申 报 单 位：漳州市测绘设计研究院

项 目 编 号：2011－03－03－115
项 目 名 称：成都市青白江区地籍调查地籍数据库建设工程
工程承担单位：四川省核工业地质调查院
申 报 单 位：四川省核工业地质调查院

项 目 编 号：2011－03－03－116
项 目 名 称：220kV 金鹿－莎车送电线工程
工程承担单位：新疆电力设计院
申 报 单 位：新疆电力设计院

项 目 编 号：2011－03－03－117
项 目 名 称：北京财富中心二期房产测绘工程
工程承担单位：北京市房地产勘察测绘所
申 报 单 位：北京市房地产勘察测绘所

项 目 编 号：2011－03－03－118
项 目 名 称：台州港临海港区岸线规划研究原型观测系列项目
工程承担单位：长江水利委员会水文局长江下游水文水资源勘测局
申 报 单 位：长江水利委员会水文局长江下游水文水资源勘测局

项 目 编 号：2011－03－03－119
项 目 名 称：四川汶川地震灾后恢复重建测绘专项建设工程 1:2000 地形图广元市元坝、德阳市孝泉测区
工程承担单位：四川省煤田测绘工程院
申 报 单 位：四川省煤田测绘工程院

项 目 编 号：2011－03－03－120
项 目 名 称：郑州航空港港区 1:1000 数字化地形图测量
工程承担单位：黄河水文勘察测绘局
申 报 单 位：黄河水文勘察测绘局

项 目 编 号：2011－03－03－121
项 目 名 称：韶关基础控制网坐标体系改造
工程承担单位：广东省核工业地质局测绘院
申 报 单 位：广东省核工业地质局测绘院

项 目 编 号：2011－03－03－122
项 目 名 称：潍坊市第二次土地调查城镇地籍调查控制测量
工程承担单位：潍坊市勘察测绘研究院
申 报 单 位：潍坊市勘察测绘研究院

项 目 编 号：2011－03－03－123
项 目 名 称：长沙新奥燃气地下管线（庭院Ⅰ期）工程
工程承担单位：武汉科岛地理信息工程有限公司
申 报 单 位：武汉科岛地理信息工程有限公司

项 目 编 号：2011－03－03－124
项 目 名 称：长治市城市地下管线普查工程
工程承担单位：中国冶金地质总局第三地质勘查院
申 报 单 位：中国冶金地质总局第三地质勘查院

项 目 编 号：2011－03－03－125
项 目 名 称：大岗山水电站施工测量控制网（2007 年度复测）
工程承担单位：四川中水成勘院测绘工程有限责任公司
申 报 单 位：四川中水成勘院测绘工程有限责任公司

项 目 编 号：2011－03－03－126
项 目 名 称：稷山变～吕梁变 500kV 紧凑型输电线路工程
工程承担单位：山西省电力勘测设计院
申 报 单 位：山西省电力勘测设计院

项 目 编 号：2011－03－03－127
项 目 名 称：深圳市城市轨道交通 7 号线工程初测
工程承担单位：深圳市华韵测绘科技有限公司、深圳市市政设计研究院有限公司
申 报 单 位：深圳市华韵测绘科技有限公司、深圳市市政设计研究院有限公司

项 目 编 号：2011－03－03－128
项 目 名 称：汤旺河干流梯级电站一期工程可研工程测量
工程承担单位：黑龙江省水利水电勘测设计研究院
申 报 单 位：黑龙江省水利水电勘测设计研究院

项 目 编 号：2011－03－03－129
项 目 名 称：攀钢西昌钒钛钢新基地建设工程 1:500 地形图测绘
工程承担单位：攀枝花攀钢集团设计研究院有限公司
申 报 单 位：攀枝花攀钢集团设计研究院有限公司

项 目 编 号：2011－03－03－130
项 目 名 称：余杭区 2009 年基础测绘第Ⅲ标段 1:500 地形图测量
工程承担单位：安徽省地矿局安庆测绘技术院
申 报 单 位：安徽省地矿局安庆测绘技术院

项 目 编 号：2011－03－03－131
项 目 名 称：漳州市龙文区 1:500 航测数字化图测绘工程
工程承担单位：漳州市测绘设计研究院

申 报 单 位：漳州市测绘设计研究院

项 目 编 号：2011－03－03－132
项 目 名 称：安徽省矿业权核查控制测量
工程承担单位：安徽省地质测绘技术院
申 报 单 位：安徽省地质测绘技术院

项 目 编 号：2011－03－03－133
项 目 名 称：林－皇 220kV 送电线路工程
工程承担单位：新疆电力设计院
申 报 单 位：新疆电力设计院

项 目 编 号：2011－03－03－134
项 目 名 称：淄博市矿业权实地核查测量项目
工程承担单位：山东明嘉勘察测绘有限公司
申 报 单 位：山东明嘉勘察测绘有限公司

项 目 编 号：2011－03－03－135
项 目 名 称：城区 2010 年架空线入地工程
工程承担单位：北京中地环宇勘测技术有限公司
申 报 单 位：北京中地环宇勘测技术有限公司

项 目 编 号：2011－03－03－136
项 目 名 称：贵州省遵义市习水县杨家园水电站
工程承担单位：遵义水利水电勘测设计研究院
申 报 单 位：遵义水利水电勘测设计研究院

项 目 编 号：2011－03－03－137
项 目 名 称：2008－2010 年度深圳市 1:1000 数字化地形图动态修补测（04 片区）
工程承担单位：深圳市科地测绘科技有限公司
申 报 单 位：深圳市科地测绘科技有限公司

项 目 编 号：2011－03－03－138
项 目 名 称：南阳市 D 级 GPS 三维空间大地控制网
工程承担单位：河南省测绘工程院
申 报 单 位：河南省测绘工程院

项 目 编 号：2011－03－03－139
项 目 名 称：前门大街及东片保护整治项目房产面积测绘
工程承担单位：北京富地勘察测绘有限公司
申 报 单 位：北京富地勘察测绘有限公司

项 目 编 号：2011－03－03－140
项 目 名 称：福州市轨道交通1号线工程平高控制测量及地下管线探测
工程承担单位：福州市勘测院
申 报 单 位：福州市勘测院

项 目 编 号：2011－03－03－141
项 目 名 称：靖边县城区1:1000、1:10000地形图测绘
工程承担单位：陕西省煤田地质局物探测量队
申 报 单 位：陕西省煤田地质局物探测量队

项 目 编 号：2011－03－03－142
项 目 名 称：河北省承德县矿业权实地核查
工程承担单位：河北省地球物理勘查院
申 报 单 位：河北省地球物理勘查院

项 目 编 号：2011－03－03－143
项 目 名 称：大理清水郎风电场地形图航空摄影测量
工程承担单位：北京威特空间科技有限公司
申 报 单 位：北京威特空间科技有限公司

项 目 编 号：2011－03－03－144
项 目 名 称：南宁市外环高速公路1:2000专用地形图
工程承担单位：广西壮族自治区交通规划勘察设计研究院、广西壮族自治区航空遥感测绘院
申 报 单 位：广西壮族自治区交通规划勘察设计研究院

项 目 编 号：2011－03－03－145
项 目 名 称：2007年宝安区地下管线动态修补测（福永、石岩测区）
工程承担单位：深圳地质建设工程公司
申 报 单 位：深圳地质建设工程公司

项 目 编 号：2011－03－03－146
项 目 名 称：龙岗区布吉、平湖片区排水管网调查、勘测
工程承担单位：深圳市水务规划设计院
申 报 单 位：深圳市水务规划设计院

项 目 编 号：2011－03－03－147
项 目 名 称：新县第二次土地调查项目
工程承担单位：河北天元地理信息科技工程有限公司
申 报 单 位：河北天元地理信息科技工程有限公司

项 目 编 号：2011－03－03－148
项 目 名 称：港珠澳大桥桥区水域水下结构物扫海调查
工程承担单位：中华人民共和国广东海事局海测大队

申 报 单 位：中华人民共和国广东海事局海测大队

项 目 编 号：2011－03－03－149
项 目 名 称：盘锦市 C 级 GPS 控制网测量
工程承担单位：辽宁水程测绘有限公司
申 报 单 位：辽宁水程测绘有限公司

中国地理信息产业协会 2011 年地理信息科技进步奖获奖项目

一等奖（8 项）

项 目 编 号：2011－01－01
项 目 名 称：GIS 数据库更新模型与方法研究及应用
主要完成单位：国家基础地理信息中心、武汉大学、中南大学、国信司南（北京）地理信息技术有限公司
主要完成人：陈　军　刘万增　赵仁亮　潘　励　艾廷华　周晓光　胡翔云　胡云岗　张宏伟　何超英　朱华吉　王育红　许礼林　曾联斌　杨　继

项 目 编 号：2011－01－02
项 目 名 称：土地空间使用权管理关键技术及规范研究
主要完成单位：深圳市规划国土发展研究中心、武汉大学
主要完成人：郭仁忠　李　霖　罗　平　姜仁荣　贺　彪　应　申　王伟玺　赵志刚　陈小祥　万　远　夏　俊　邱俊武　黄　童　史云飞　杨　明

项 目 编 号：2011－01－03
项 目 名 称：基于影像特征的三维地理信息管理与服务技术体系研究
主要完成单位：中国测绘科学研究院、中测新图（北京）遥感技术有限责任公司
主要完成人：李英成　肖金城　王恩泉　胡特彧　冯　琅　冯　亮　王　均　郭童英　薛艳丽　李道远　敖　楠　郭彦甫　王广亮　耿中元　胡晨希

项 目 编 号：2011－01－04
项 目 名 称：全国矿业权实地核查数据采集与信息系统开发建设
主要完成单位：中国地质调查局发展研究中心、中国煤炭地质总局航测遥感局、吉林大学
主要完成人：谭永杰　李景朝　王永志　林　燕　郭　佳　易继宁　徐仁勇　焦殿阳　路玉林　陈　洁　吴　轩　胡智锋　杨建锋　付晶泽　康高峰

项 目 编 号：2011－01－05
项 目 名 称：高保真数字高程模型构建及应用技术研究
主要完成单位：南京师范大学
主要完成人：汤国安　刘学军　王　春　陶　旸　江　岭　贾敦新　晏实江　赵卫东　石志宽　董有福　杨　昕　李发源　祝士杰　朱雪坚　高毅平

项 目 编 号：2011－01－06
项 目 名 称：北京市房屋全生命周期管理信息平台开发与基础数据建设
主要完成单位：北京市测绘设计研究院
主 要 完 成 人：温宗勇 杨伯钢 任海英 唐晓旭 陈品祥 刘 光 郑 源 冯学兵 裴莲莲 王 磊 晁春浩 秦学秀 隋志堃 龙家恒 刘红霞

项 目 编 号：2011－01－07
项 目 名 称：地理信息标准体系研究
主要完成单位：国家基础地理信息中心、中国测绘科学研究院、武汉大学
主 要 完 成 人：李 莉 杜道生 苏山舞 朱秀丽 高文秀 殷红梅 张 坤 郭建坤 邓跃进 于荣花 王春卿 张秋义 田 娟 陈艳红 向隆刚

项 目 编 号：2011－01－08
项 目 名 称：多节点协同地理信息公共平台及临沂示范
主要完成单位：临沂市国土资源局测绘院、中国测绘科学研究院
主 要 完 成 人：李彦普 李成名 李景波 张成成 刘士令 方驰宇 胡传合 焦孟凯 王公友 孙隆祥 尹学刚 范新成 黄 伟 蔡振锋 季 鹏

二等奖（16 项）

项 目 编 号：2011－02－01
项 目 名 称：国土资源“一张图”软件支撑平台
主要完成单位：北京苍穹数码测绘有限公司
主 要 完 成 人：徐文中 朱泉根 孙红星 谭吉福 宁志宇 刘 旭 朱 江 蒋善龙 白 涛 密长林 段德亮 王 宁

项 目 编 号：2011－02－02
项 目 名 称：武汉市三维数字地图系统建设与应用示范
主要完成单位：武汉市国土资源和规划局、武汉市国土资源和规划信息中心、武汉市规划设计研究院、武汉市勘测设计研究院
主 要 完 成 人：张文彤 盛洪涛 李宗华 赵中元 王 洋 孙 钊 肖建华 黄 新 江丕文 林苏靖 高 山 赵 萍

项 目 编 号：2011－02－03
项 目 名 称：3S 技术支持下的三峡库区高切坡监测预警信息系统建设关键技术研究
主要完成单位：清华大学
主 要 完 成 人：唐中实 辛 宇 谭玉敏 罗元华 王彦佐 吴奋陟 周伟强 周 斌 王海葳 杨 华 赵红蕊 戴 悦

项 目 编 号：2011－02－04
项 目 名 称：奥格商业网点管理与智能配送平台软件及工程应用
主要完成单位：广州奥格智能科技有限公司
主 要 完 成 人：陈顺清 彭进双 曾文华 郑彩霞 韩启明 陈 琼 申辉军 周 品 王 政 倪超鹏

谭　俊

项 目 编 号：2011－02－05
项 目 名 称：POI 网络化收集关键技术研究及产业化应用
主要完成单位：北京四维图新科技股份有限公司
主要完成人：孙玉国　程　鹏　邹兴中　杨卫君　罗丽俊　许佐荣　陶海超　冯　昶　王　鹏

项 目 编 号：2011－02－06
项 目 名 称：大型开放式三维空间信息平台 EV－Globe
主要完成单位：北京国遥新天地信息技术有限公司
主要完成人：吴秋华　牛玉刚　梁长青　肖　剑　冯新宇　明瑞中　张俊峰　王春生　梁剑鸣　齐文杰　谢舒莹　王　威

项 目 编 号：2011－02－07
项 目 名 称：全景地图系统设计与研究
主要完成单位：武汉市勘测设计研究院
主要完成人：肖建华　王厚之　李海亭　彭清山　王　闪　杨志敏　李　黎　荆志强　李　琪　向　祎　张　淼　陈红英

项 目 编 号：2011－02－08
项 目 名 称：面向城市政务应用的土地基础数据库建设与服务开发关键技术研究
主要完成单位：广州市国土资源和房屋管理局、增城市国土资源和房屋管理局、广州海维空间信息系统技术有限公司
主要完成人：李俊夫　曾广鸿　向俊波　刘明秀　胡大国　宋志明　彭　剑　谢森辉　何叔权　郑友淼　魏荣贵　许文彬

项 目 编 号：2011－02－09
项 目 名 称：集景三维数字城市公共平台研究与应用
主要完成单位：重庆市勘测院
主要完成人：向泽君　谢征海　陈良超　薛　梅　梁建国　胡开全　王昌翰　李　响　李　锋　何兴富　王俊勇　张　燕

项 目 编 号：2011－02－10
项 目 名 称：重庆市城乡规划监察执法信息系统
主要完成单位：重庆市地理信息中心
主要完成人：罗灵军　张泽烈　袁　超　邓仕虎　朱俊丰　徐文卓　贾敦新　李　莉　余　静　李　静　蒲德祥　陈甲全

项 目 编 号：2011－02－11
项 目 名 称：南京市政务版电子地图集成与共享
主要完成单位：南京市规划局、南京市城市规划编制研究中心、武大吉奥信息技术有限公司、南京师范大学虚拟地理环境教育部重点实验室、武汉圆周率软件科技有限公司
主要完成人：叶　斌　王芙蓉　诸敏秋　周　卫　王国良　姚　炬　迟有忠　胡　祺　贺路远　谢士杰

郑晓华 郭丙轩

项 目 编 号：2011-02-12
项 目 名 称：智能电网信息资源管理与应用系统
主要完成单位：北京恒华伟业科技股份有限公司
主 要 完 成 人：罗新伟 杨志鹏 陈显龙 陈晓龙 肖 成 曹铁孩 牛仁义 胡宝良 李国勇 孙敏杰 付 俭 陈宝珍

项 目 编 号：2011-02-13
项 目 名 称：广东省农作物病虫害动态监测系统研制与应用
主要完成单位：华南农业大学、广东省植物保护总站、广东友元国土信息工程有限公司
主 要 完 成 人：胡月明 谢健文 钟宝玉 王长委 黄德超 吴小芳 陈玉托 叶 云 包世泰 李 晴 杨 漾

项 目 编 号：2011-02-14
项 目 名 称：地表参数提取、空间模型重建与可视化分析的方法
主要完成单位：北京师范大学、中国地质大学（北京）、中科院对地观测与数字地球科学中心
主 要 完 成 人：张立强 康志忠 韩春明 彭军还 肖志强 张吴明 于文洋

项 目 编 号：2011-02-15
项 目 名 称：数字苏州公共服务平台研究与应用
主要完成单位：苏州市城市规划编制（信息）中心
主 要 完 成 人：高苏新 蒙立坤 李林燕 李 宏 宋 斌 江华斌 陈继山 潘 吉

项 目 编 号：2011-02-16
项 目 名 称：数字惠州地理空间框架建设与应用
主要完成单位：惠州市国土资源局、北京三正科技有限公司、惠州市国土资源信息中心
主 要 完 成 人：邓 力 麦镜儒 孙良俊 邓翠美 郑 磊 曹红杰 黄加旺 莫银峰 肖 俊 雷林辉 赵爱爱 崔汉望

三等奖（41 项）

项 目 编 号：2011-03-01
项 目 名 称：GT Plan 城乡规划空间信息服务平台
主要完成单位：天津中科遥感信息技术有限公司、天津市规划信息中心
主 要 完 成 人：彭 玲 侯学钢 池天河 才 睿 郑桂香 俞 斌 杨玉琴 殷响林

项 目 编 号：2011-03-02
项 目 名 称：水污染事故水质时空模拟与可视化动态调控仿真研究
主要完成单位：环境保护部信息中心、北京超图软件股份有限公司、聚光科技（杭州）股份有限公司
主 要 完 成 人：张 波 徐富春 黄明祥 张尚飞 裘 立 李国良 秦 宇 孙 强

项 目 编 号：2011-03-03
项 目 名 称：北京市基础地理信息共享服务平台建设
主要完成单位：北京市测绘设计研究院

主要完成人：陈品祥　顾　娟　陈　倬　白晓辉　刘清丽　冯学兵　孔令彦　罗晓燕

项目编号：2011－03－04
项目名称：基于GIS、GPS的防震减灾公益服务短信技术平台
主要完成单位：中国地震台网中心
主要完成人：帅向华　姜立新　杨天青　侯建盛　刘　钦　米宏亮　刘兴苗　谭劲先

项目编号：2011－03－05
项目名称：西部测图工程1:50000地形图新产品技术研究与应用
主要完成单位：中国测绘科学研究院、成都地图出版社
主要完成人：苏山舞　于荣花　李维庆　陈　棉　殷红梅　陈代蓉　燕　琴　谢兴田

项目编号：2011－03－06
项目名称：中地MAPGIS综治信访维稳（大综管）信息管理系统开发项目
主要完成单位：深圳市中地软件工程有限公司
主要完成人：吴信才　陈明娥　付华杰　于海燕　马万申　简　曼　张　显　左　洪

项目编号：2011－03－07
项目名称：山东省省级地籍管理信息系统
主要完成单位：山东省国土资源信息中心、济南中地时代科技有限公司
主要完成人：李　军　史　辉　王　芳　冯永玉　张春霞　林茂山　柏建群　密长林

项目编号：2011－03－08
项目名称：科技统计地理信息可视化系统
主要完成单位：中国测绘科学研究院、北京科学学研究中心
主要完成人：王　亮　黄　刚　陈　棉　苏德国　刘晓东　李玉祥　吕　鑫　刘新飞

项目编号：2011－03－09
项目名称：城市岩土工程信息系统
主要完成单位：河北建设勘察研究院有限公司
主要完成人：聂庆科　梁金国　袁淑芳　杨海朋　王　林　张龙起　刘洪涛　王英辉

项目编号：2011－03－10
项目名称：辽宁省公安厅警用地理信息系统
主要完成单位：辽宁省公安厅、北京山海经纬信息技术有限公司
主要完成人：韩大器　田振宇　周大良　郑　军　于景龙　张　臻　常　宏

项目编号：2011－03－11
项目名称：基于RFID的油气田源头数据采集系统
主要完成单位：西安煤航信息产业有限公司
主要完成人：赵　军　张继忠　雷国锋　孙作勇　吴良超　吴军荣　于子华　彭　轲

项 目 编 号：2011－03－12
项 目 名 称：江苏省基础地理信息系统
主要完成单位：江苏省基础地理信息中心
主 要 完 成 人：钱郭锋 丁龙远 曹全龙 王会娜 聂时贵 金 琳 张 璐 顾 竹

项 目 编 号：2011－03－13
项 目 名 称：《公共地理信息通用地图符号》标准研制
主要完成单位：中国测绘科学研究院、中国地图出版社
主 要 完 成 人：黄 洁 王桂敏 安真臻 宫晋平 周 荣 王 红 刘 燕 张桂兰

项 目 编 号：2011－03－14
项 目 名 称：市县地震快速反应系统示范建设
主要完成单位：福建省地震局、龙岩市地震局、漳州市地震局、涵江区地震办公室
主 要 完 成 人：蔡宗文 危福泉 陈德津 方宏芳 谢鹤飞 陈 琳 蔡辉腾 刘景忠

项 目 编 号：2011－03－15
项 目 名 称：通过真正射影像快速构建三维建筑物场景的方法
主要完成单位：北京天下图数据技术有限公司、北京海澄华图科技有限公司
主 要 完 成 人：关鸿亮 曹天景 秦 春 江恒彪

项 目 编 号：2011－03－16
项 目 名 称：唐山市环境监控与应急综合管理平台
主要完成单位：中科宇图天下科技有限公司
主 要 完 成 人：姚 新 孙世友 顾伟伟 曹世凯 杨 献 谢 涛 刘 俊 屈宝锋

项 目 编 号：2011－03－17
项 目 名 称：数字黑瞎子岛地理信息共享服务平台
主要完成单位：黑龙江省国土资源勘测规划院、国家测绘局黑龙江基础地理信息中心
主 要 完 成 人：刘群利 徐开明 马龙泉 王 军 关国锋 孙丽梅 韩德文 王 芳

项 目 编 号：2011－03－18
项 目 名 称：流行病学调查、趋势分析和预警项目
主要完成单位：上海市疾病预防控制中心、上海城市地理信息系统发展有限公司
主 要 完 成 人：李燕婷 任 宏 袁政安 庄雅平 汪浩渊 于 江 顾卓然 向 华

项 目 编 号：2011－03－19
项 目 名 称：3S技术在广东水利的研究及应用示范
主要完成单位：广州地理研究所
主 要 完 成 人：钟凯文 刘旭拢 彭龙军 刘万侠 黄建明 李晓军 庄剑顺 孙彩歌

项 目 编 号：2011－03－20
项 目 名 称：基于RFID和GIS的矿井安全监测信息管理系统研发
主要完成单位：江西省煤田地质局测绘大队

主要完成人：饶四强　聂　飞　王荣辉　朱小花　陈　伟　周建华　于贵军　徐　强

项目编号：2011－03－21
项目名称：数字城市地理编码关键技术研究
主要完成单位：福州市勘测院、福建省空间信息工程研究中心
主要完成人：陈瑞霖　张林曼　姚　路　肖春明　江文浦　兰志武　高昭良　陈传彬

项目编号：2011－03－22
项目名称：东莞市城市扩张与生态环境变化遥感动态监测研究
主要完成单位：东莞市地理信息与规划编制研究中心、中山大学地理科学与规划学院
主要完成人：欧阳南江　裴志武　陈明辉　黎　夏　黎海波　李少英　艾　彬　刘小平

项目编号：2011－03－23
项目名称：重庆市地方标准《城市三维建模技术规范》研究与制订
主要完成单位：重庆市勘测院
主要完成人：张　远　谢征海　陈良超　陈翰新　向泽君　郑持辉　梁建国　陈华刚

项目编号：2011－03－24
项目名称：四川省灾情监测与评估地理信息系统
主要完成单位：四川省测绘局基础地理信息中心、重庆数字城市科技有限公司、重庆市勘测院
主要完成人：张　斌　甘　泉　袁　轶　张　丁　刘建川　曹向健　张　法　罗朝明

项目编号：2011－03－25
项目名称：防洪减灾应急指挥决策支持整体解决方案－无人机技术、像素工厂与三维 GIS 平台的综合应用
主要完成单位：北京天下图数据技术有限公司、北京朗天博泰科技有限公司
主要完成人：关鸿亮　秦　春　白瑞杰　单　文　陈　铭

项目编号：2011－03－26
项目名称：红山口－石人子沟遗址群考古与保护航测成图与数据库建设项目
主要完成单位：陕西天润科技有限责任公司、西北大学文化遗产学院
主要完成人：贾　友　陈　利　王建新　马　健　赵　博　张尔严　李　俊　胡俊勇

项目编号：2011－03－27
项目名称：县域地理空间信息平台建设应用技术研究
主要完成单位：甘肃省基础地理信息中心
主要完成人：李克恭　吴文魁　胡晓娟　管应善　宋慧莲　张江霞　李振林　景红霞

项目编号：2011－03－28
项目名称：内蒙古自治区第二次土地调查 航空航天遥感影像数据加工和数字正射影像制作
主要完成单位：北京四维空间数码科技有限公司
主要完成人：徐保龙　李学友　杨兰英　丁　勇　刘苏凤　王小选　吴士杰　焦雪磊

项 目 编 号：2011－03－29
项 目 名 称：广东省县级土地利用规划数据库标准
主要完成单位：广东省土地调查规划院
主要完成人：史京文　沈　明　梁宇哲　罗宏明　徐晓绵　余雪飞　刘禹麒　吴永静

项 目 编 号：2011－03－30
项 目 名 称：城市地下管线内外业一体化探测技术升级与应用
主要完成单位：山东正元地理信息工程有限责任公司
主要完成人：李学军　杨玉坤　王　勇　刘志华　任宝宏　吕长广　李卫东　曲海涛

项 目 编 号：2011－03－31
项 目 名 称：南方易维 EAVR2.0
主要完成单位：广东南方数码科技有限公司
主要完成人：唐青原　郑　旭　黎博豪　招润焯

项 目 编 号：2011－03－32
项 目 名 称：地理信息数据加工综合管理系统
主要完成单位：黑龙江地理信息工程院
主要完成人：徐剑平　阳　俊　苏光日　张学之　陈　云　张　禹　李振龙　周博飞

项 目 编 号：2011－03－33
项 目 名 称：城市基础空间数据重构与整理入库关键技术研究
主要完成单位：广州市城市规划勘测设计研究院
主要完成人：黎树禧　王　磊　张　荣　李长辉　杨　光　肖海威　胡耀峰　宋　杨

项 目 编 号：2011－03－34
项 目 名 称：基于 GIS 的南京市征地补偿安置全程监管信息系统
主要完成单位：南京市国土资源信息中心
主要完成人：王　军　赵小华　徐士洲　马　刚　孙兆金　唐　华　徐苏维　柯红军

项 目 编 号：2011－03－35
项 目 名 称：乌鲁木齐规划预警信息平台
主要完成单位：乌鲁木齐市规划信息中心
主要完成人：张卫民　李鸿祥　陈　俊　赵志轩　吕　鑫　马良刚

项 目 编 号：2011－03－36
项 目 名 称：吉林省政府应急平台地理信息系统
主要完成单位：吉林省基础地理信息中心
主要完成人：王　铮　刘旭辉　吴多朋　盛　宇　于　晶　杨　帆　张　平　孙雪菲

项 目 编 号：2011－03－37
项 目 名 称：土地利用规划管理系统
主要完成单位：北京苍穹数码测绘有限公司

主要完成人：徐文中　朱泉根　孙红星　宁志宇　谭吉福　朱　江　密长林　苏望发

项目编号：2011－03－38
项目名称：城市燃气管网智慧管理 GIS 门户平台
主要完成单位：辽宁省基础地理信息中心、东北大学、沈阳金建数字城市软件有限公司
主要完成人：高铁军　谭吉学　尚剑红　郭甲腾　王春艳　付艳华　赵　丹　杨晓丽

项目编号：2011－03－39
项目名称：地图数据库建设与应用的关键技术研究
主要完成单位：重庆市勘测院
主要完成人：向泽君　白轶多　郑运松　颜　宇　胡　颖　刘　湘　夏　君　王正强

项目编号：2011－03－40
项目名称：青岛市崂山区空间地理信息公共共享平台
主要完成单位：青岛市崂山区电子政务办公室、青岛市勘察测绘研究院
主要完成人：刘　青　郑生春　宋　珉　胡振彪　王海银　耿秀秀　赵　维　赵永胜

项目编号：2011－03－41
项目名称：黄河三门峡以下基础地理信息系统
主要完成单位：黄河勘测规划设计有限公司、黄河水利委员会规划计划局
主要完成人：高庆方　刘豪杰　张俊峰　曹常胜　曹天一　王新福　李　辉　姜成桢

中国地理信息产业协会 2011 年
中国地理信息产业优秀工程奖获奖项目

金奖（18 项）

工程名称：数字西安地理空间框架建设示范项目
业主单位：西安市工业和信息化委员会
承建单位：北京超图软件股份有限公司

工程名称：淮安市公安局地理信息平台—基于 GIS 城市智能防控指挥调度综合平台
业主单位：淮安市公安局
承建单位：武汉中地数码科技有限公司

工程名称：江阴市自然资源和空间地理数据库及共享平台
业主单位：江阴市规划局
承建单位：江阴市城市规划信息咨询中心、北京超图软件股份有限公司

工程名称：“嫦娥二号”三维可视化测控指挥系统
业主单位：北京航天飞行控制中心

承建单位：北京国遥新天地信息技术有限公司

工程名称：广东省三防指挥系统二期工程决策支持业务应用系统
业主单位：广东省三防指挥系统工程项目建设办公室
承建单位：中国水利水电科学研究院、北京星球数码科技有限公司

工程名称：数字烟台地理空间信息公共平台
业主单位：烟台市地理信息中心
承建单位：广州城市信息研究所有限公司

工程名称：湖北省第二次土地调查省级数据库及管理系统建设
业主单位：湖北省第二次土地调查领导小组办公室
承建单位：北京苍穹数码测绘有限公司

工程名称：烟台市房产管理综合信息系统
业主单位：烟台市房产交易中心
承建单位：广东南方数码科技有限公司

工程名称：深圳市第二次土地调查城乡一体化数据库建设
业主单位：深圳市规划和国土资源委员会
承建单位：深圳市勘察研究院有限公司

工程名称：重庆市南川区矿政监督管理信息系统
业主单位：重庆市南川区国土资源和房屋管理局、中国地质调查局发展研究中心
承建单位：北京超图软件股份有限公司、重庆市南桐工程勘察有限公司、中国煤炭地质总局航测遥感局

工程名称：广州市第二次土地调查项目农村土地调查数据建库与管理系统研发项目
业主单位：广州市国土资源和房屋管理局
承建单位：广州海维空间信息系统技术有限公司

工程名称：台州市基础地理信息系统
业主单位：台州市建设规划局
承建单位：浙江省地理信息中心、台州市测绘管理办公室、台州市地理信息中心、台州市地理信息测绘中心

工程名称：重庆市渝中区三维地理信息平台
业主单位：重庆市渝中区规划分局
承建单位：重庆市勘测院

工程名称：沈阳市数字化城市管理信息系统
业主单位：沈阳市数字化城市管理监督指挥中心
承建单位：沈阳市勘察测绘研究院

工程名称：北京市经济普查地理信息系统
业主单位：北京市统计局
承建单位：北京超图软件股份有限公司

工程名称：黄河基础地理信息平台
业主单位：黄河洪水管理亚行贷款项目办公室
承建单位：黄河勘测规划设计有限公司测绘信息工程院、黄河水利委员会规划计划局

工程名称：四川省应急地理信息服务平台
业主单位：四川测绘局
承建单位：四川省基础地理信息中心

工程名称：北京市京津风沙源治理工程综合管理平台
业主单位：北京市园林绿化局防沙治沙办公室
承建单位：二十一世纪空间技术应用股份有限公司

银奖（61 项）

工程名称：重庆市动物卫生监督指挥调度平台
业主单位：重庆市动物卫生监督所
承建单位：重庆数字城市科技有限公司、重庆市地理信息中心

工程名称：石家庄市公安局警用地理信息系统
业主单位：石家庄市公安局
承建单位：北京山海经纬信息技术有限公司

工程名称：基于 GIS 的南京市交通市政工程数字报建规划管理系统
业主单位：南京市规划局
承建单位：南京市城市规划编制研究中心、南京市测绘勘察研究院有限公司、武大吉奥信息技术有限公司

工程名称：南通市规划一张图动态管理与分析评价系统研究与应用
业主单位：南通市规划编制研究中心、南通市规划管理信息中心
承建单位：上海数慧系统技术有限公司

工程名称：北京市统计遥感业务运行系统研建
业主单位：北京市统计局、国家统计局北京调查总队
承建单位：二十一世纪空间技术应用股份有限公司、北京师范大学

工程名称：南宁市政务地理信息共享服务平台
业主单位：南宁市城乡数字化建设办公室
承建单位：北京山海经纬信息技术有限公司

工程名称：芜湖市数字化城市管理信息系统
业主单位：芜湖市市容管理局
承建单位：北京超图软件股份有限公司

工程名称：深圳市房屋普查及数据处理项目
业主单位：深圳市流动人口和出租屋综合管理办公室
承建单位：深圳市中地软件工程有限公司

工程名称：龙岗区大综管（综治信访维稳）信息管理系统
业主单位：中共深圳市龙岗区委政法委员会
承建单位：深圳市中地软件工程有限公司

工程名称：温州公安警用地理信息应用平台
业主单位：温州市公安局
承建单位：北京山海经纬信息技术有限公司

工程名称：第16届亚运会组委会基于GIS的场馆与公共信息资源系统
业主单位：第16届亚运会组委会
承建单位：广东蓝图信息技术有限公司

工程名称：惠州市区治安视频监控后端警用地理信息系统
业主单位：广东省惠州市公安局
承建单位：广州奥格智能科技有限公司

工程名称：双流县城市规划综合地理信息平台项目
业主单位：成都双流县规划管理局
承建单位：广州城市信息研究所有限公司

工程名称：鞍钢鲅鱼圈钢厂地理信息综合管理系统
业主单位：鞍钢集团工程技术有限公司
承建单位：黑龙江省测绘科学研究所

工程名称：郴州市数字城市地理信息公共平台
业主单位：郴州市国土资源局
承建单位：武汉中地数码科技有限公司

工程名称：无锡华润燃气三维场站建设
业主单位：无锡华润燃气有限公司
承建单位：北京灵图软件技术有限公司

工程名称：市政连续实景影像GIS系统
业主单位：重庆市市政管理委员会
承建单位：重庆市勘测院、重庆数字城市科技有限公司

工程名称：浦东新区街镇社区网格化管理信息系统
业主单位：上海市浦东新区城市网格化管理监督中心
承建单位：北京数字政通科技股份有限公司

工程名称：广州市智能交通管理指挥系统交通地理信息及交通设施数据建库子项目
业主单位：广州市公安局交通警察支队
承建单位：广州市城市规划勘测设计研究院

工程名称：珠海市城市规划空间信息数据库建设
业主单位：珠海市住房和城乡规划建设局
承建单位：珠海市规划研究与信息中心、广州城市信息研究所有限公司

工程名称：湖北省矿政管理信息化系统
业主单位：湖北省国土资源厅
承建单位：湖北省土地规划勘测院、湖北省国土资源厅信息中心、中国地质调查局发展研究中心、福州特力惠电子有限公司

工程名称：武汉市第二次土地调查农村土地调查数据库建设
业主单位：武汉市国土资源和规划局
承建单位：武汉市国土资源和规划信息中心

工程名称：天津市供水管网地理信息系统
业主单位：天津市自来水集团有限公司
承建单位：东北大学、沈阳金建数字城市软件有限公司

工程名称：武汉市城市建设地理信息平台
业主单位：武汉市建设信息中心
承建单位：武汉市勘测设计研究院

工程名称：北京市新农村规划数字化体系建设
业主单位：北京市农业工作委员会、北京市规划委员会
承建单位：北京市测绘设计研究院

工程名称：新疆维吾尔自治区国土资源数据中心
业主单位：新疆维吾尔自治区国土资源信息中心
承建单位：武汉中地数码科技有限公司

工程名称：宝鸡至汉中天然气输气管道数字化管网系统
业主单位：陕西省天然气股份有限公司
承建单位：西安煤航信息产业有限公司

工程名称：宜兴市土地执法动态监管系统
业主单位：宜兴市国土资源局

承建单位：北京中天博地科技有限公司

工程名称：浙江省馆藏资料数字化暨测绘资料档案综合管理系统
业主单位：浙江省测绘与地理信息局
承建单位：浙江省测绘资料档案馆、武大吉奥信息技术有限公司

工程名称：福州市地址编码数据库
业主单位：福州市“数字福州”建设领导小组办公室
承建单位：福州市勘测院

工程名称：武汉市环境信息集成平台
业主单位：武汉市环境信息中心
承建单位：武汉市勘测设计研究院

工程名称：广州市白云山风景名胜区管理局白云山数字展示系统
业主单位：广州市白云山风景名胜区管理局
承建单位：广州城市信息研究所有限公司

工程名称：江西电信企业级 GIS 平台
业主单位：中国电信股份有限公司江西省电信分公司
承建单位：武汉中地数码科技有限公司

工程名称：北京市朝阳区统一 GIS 平台
业主单位：北京市朝阳区信息化工作办公室
承建单位：北京超图软件股份有限公司

工程名称：泰山三维 GIS 景区综合管理系统
业主单位：泰安市泰山风景名胜区管理委员会
承建单位：北京伟景行数字城市科技有限公司

工程名称：韶关市数字三维国土资源辅助决策系统
业主单位：韶关市国土资源局
承建单位：韶关市国土资源信息中心、广东省国土资源测绘院

工程名称：“数字宜兴”数字三维仿真及规划辅助决策系统项目
业主单位：宜兴市规划局
承建单位：北京伟景行数字城市科技有限公司

工程名称：青川县灾后重建三维影像辅助决策系统
业主单位：青川县规划和建设局
承建单位：浙江省地理信息中心

工程名称：西南电力设计院可视化电力系统规划集成平台开发项目
业主单位：中国电力工程顾问集团西南电力设计院
承建单位：武汉中地数码科技有限公司、中国电力工程顾问集团西南电力设计院

工程名称：全息南沙（一期）建设项目
业主单位：广州市南沙区经贸科技和信息化局
承建单位：广州奥格智能科技有限公司

工程名称：基于网络视频的建设工程监管系统
业主单位：重庆市建设信息中心
承建单位：重庆市勘测院、重庆数字城市科技有限公司

工程名称：天津市地名管理信息系统
业主单位：天津市规划信息中心
承建单位：天津中科遥感信息技术有限公司

工程名称：武汉地税电子税源管理系统
业主单位：武汉市地方税务局计算机中心
承建单位：武汉中地数码科技有限公司

工程名称：广州市土地权属资料整理与登记规范化研究改造项目
业主单位：广州市国土资源和房屋管理局
承建单位：广州海维空间信息系统技术有限公司

工程名称：深圳市龙岗区数字化城市和社会综合管理系统信息普查及空间数据库建设
业主单位：深圳市龙岗区信息中心
承建单位：深圳市勘察研究院有限公司

工程名称：北京市国土资源局基本农田和耕地后备资源管理信息系统
业主单位：北京市国土资源局
承建单位：北京苍穹数码测绘有限公司

工程名称：东莞市土地利用规划管理信息系统
业主单位：东莞市国土资源局
承建单位：广东省土地调查规划院、广州市阿尔法软件信息技术有限公司

工程名称：基础地理信息数据在“西煤东运”重大项目中的保障和应用
业主单位：哈密地区国土资源局
承建单位：新疆维吾尔自治区第二测绘院

工程名称：广州市南沙国土信息化建设项目一期工程
业主单位：广州市国土资源和房屋管理局南沙开发区分局
承建单位：广州奥格智能科技有限公司

工程名称：上海城市排水设施综合地理信息系统
业主单位：上海市城市排水有限公司
承建单位：上海市测绘院

工程名称：杭州市国土资源局市土地调查数据中心建设项目
业主单位：杭州市国土资源局
承建单位：上海数慧系统技术有限公司

工程名称：福州市 1:500 数字线划图〈DLG〉数据库建设
业主单位：福州市“数字福州”建设领导小组办公室
承建单位：福州市勘测院

工程名称：上海市环境应急管理与决策软件
业主单位：上海市环境科学研究院
承建单位：上海数慧系统技术有限公司

工程名称：河南省森林资源数据库及应用系统建设
业主单位：河南省森林航空消防站
承建单位：北京苍穹数码测绘有限公司

工程名称：杭州市基础空间数据库建设五期
业主单位：杭州市规划局
承建单位：陕西天润科技有限责任公司、杭州市城市规划信息中心

工程名称：绍兴市排水管理有限公司排水管网信息管理系统
业主单位：绍兴市排水管理有限公司
承建单位：武汉中地数码科技有限公司

工程名称：贵阳市数字化城市管理信息系统（一期）工程基础数据普查与测绘数据采集建库项目
业主单位：贵阳市城市管理局
承建单位：立得空间信息技术股份有限公司

工程名称：内蒙古宁城县国土调查及数字国土工程建设
业主单位：宁城县国土资源局
承建单位：中测新图（北京）遥感技术有限责任公司

工程名称：江苏省海域管理信息系统
业主单位：江苏省海洋与渔业信息中心
承建单位：江苏省测绘工程院

工程名称：廊坊市土地储备管理信息系统建设项目
业主单位：廊坊土地储备交易中心
承建单位：武汉瑞得信息工程有限责任公司

工程名称：齐鲁分公司地形图测量和总图管理信息系统完善升级项目
业主单位：中国石油化工股份有限公司齐鲁分公司
承建单位：山东正元地理信息工程有限责任公司

铜奖（21 项）

工程名称：山东移动位置通
业主单位：中国移动通信集团山东有限公司
承建单位：北京图盟科技有限公司

工程名称：中国民主党派历史陈列馆信息类建设工程
业主单位：重庆红岩联线文化发展管理中心
承建单位：重庆市勘测院、重庆数字城市科技有限公司

工程名称：绍兴市地图集数据库建立与应用
业主单位：绍兴市土地勘测规划院
承建单位：浙江省第一测绘院

工程名称：国家奥体中心地下管网管理信息系统
业主单位：国家奥林匹克体育中心
承建单位：北京苍穹数码测绘有限公司

工程名称：县级森林防火地理信息系统示范工程建设
业主单位：福建省森林防火指挥部办公室
承建单位：福建省基础地理信息中心

工程名称：广州市环境监察综合数据管理平台建设
业主单位：广州市环境监察支队
承建单位：广州城市信息研究所有限公司

工程名称：GIS 技术在重庆市黔江区土地整治项目方面的应用工程
业主单位：重庆市黔江区土地开发整理中心
承建单位：国家测绘局重庆测绘院

工程名称：湖北省荆州市血吸虫病防治信息综合管理平台
业主单位：湖北省荆州市疾病预防控制中心
承建单位：北京博思科空间信息技术有限公司

工程名称：北京市测绘资质管理信息系统——成果汇交、专项检查、专家档案管理模块开发项目
业主单位：北京市勘察设计与测绘管理办公室
承建单位：北京四维益友信息技术有限公司

工程名称：北京联通楼宇信息管理系统
业主单位：中国联通北京市分公司
承建单位：北京灵图软件技术有限公司、北京华胜鸣天科技有限公司

工程名称：2009 年度土地卫片执法检查专项技术服务
业主单位：深圳市规划土地监察支队
承建单位：深圳市勘察测绘院有限公司

工程名称：武汉市实有人口实有房屋信息共享平台建设
业主单位：武汉市实有人口实有房屋管理工作领导小组办公室
承建单位：武汉市国土资源和规划信息中心

工程名称：番禺区沙湾水道饮用水源保护区三维仿真地图管理系统
业主单位：广州市番禺区环境科学研究所
承建单位：广州都市圈网络科技有限公司

工程名称：东莞市无人飞机土地执法监察摄影航测项目
业主单位：东莞市国土资源局
承建单位：国家测绘局重庆测绘院、东莞市国土资源局土地执法监察大队

工程名称：长沙市基于 GIS 技术的城市交通预测系统研究与开发
业主单位：长沙市城乡规划局
承建单位：长沙市规划信息服务中心

工程名称：天津市达沃斯车队移动监控系统
业主单位：天津市公安警卫局
承建单位：天津市测绘院

工程名称：寿光市规划管理系统
业主单位：寿光市规划局
承建单位：北京伟景行数字城市科技有限公司

工程名称：金山区基础地理信息共享交换平台
业主单位：金山区科学技术委员会
承建单位：上海城市地理信息系统发展有限公司

工程名称：广州市北二环高速公路路政网络集成管理系统
业主单位：广州市北二环高速公路有限公司
承建单位：中交宇科（北京）空间信息技术有限公司

工程名称：Vitbase 信息资源管理系统
业主单位：北京威特空间科技有限公司
承建单位：北京威特空间科技有限公司

工程名称：田湾核电站近海岸温排水航空遥感调查项目
业主单位：核工业航测遥感中心
承建单位：上海航遥信息技术有限公司

中国地理信息产业协会2011年度国产空间信息系统软件表彰名单

道路交通运输监管系统（厦门雅迅网络股份有限公司）
超图地理信息系统服务器软件6R（北京超图软件股份有限公司）
土地利用规划管理信息系统（广东南方数码科技有限公司）
苍穹土地利用地图综合与制图系统V1.0（北京苍穹数码测绘有限公司）
苍穹数字成图系统V1.0（北京苍穹数码测绘有限公司）
苍穹基本农田管理信息系统V1.0（北京苍穹数码测绘有限公司）
正元地理信息公共服务平台（山东正元地理信息工程有限责任公司）
山海易绘地理空间信息公共服务平台（北京山海经纬信息技术有限公司）
警用综合地理信息系统V6.1（北京山海经纬信息技术有限公司）
AnGeo三维空间地下管理系统（高德软件有限公司）
吉奥地理信息服务平台软件4.5（武大吉奥信息技术有限公司）
地网GeoBeans（北京中遥地网信息技术有限公司）
环境空气质量卫星遥感监测系统（中国科学院遥感应用研究所）

中国地理信息产业协会命名表彰中国地理信息产业示范单位

山东省临沂市为“中国地理信息产业体制创新示范市”
江苏省江阴市为“中国地理信息产业数字城市服务示范市”
广东省防汛防旱防风总指挥部办公室为“中国地理信息产业防汛防旱防风示范单位”
北京苍穹数码测绘有限公司为“中国地理信息产业自主创新示范单位”
北京四维图新科技股份有限公司为“中国地理信息产业导航技术创新示范单位”
高德软件有限公司为“中国地理信息产业位置应用示范单位”
北京合众思壮科技股份有限公司为“中国地理信息产业装备服务示范单位”
北京数字政通科技股份有限公司为“中国地理信息产业数字化城市管理建设示范单位”
北京国遥新天地信息技术有限公司为“中国地理信息产业航天三维地理信息服务示范单位”
中测新图（北京）遥感技术有限责任公司为“中国地理信息产业装备创新示范单位”
中科宇图天下科技有限公司为“中国地理信息产业环保服务示范单位”
深圳市凯立德科技股份有限公司为“中国地理信息产业导航应用服务示范基地”
北京东方道迩信息技术股份有限公司为“中国地理信息产业空间信息获取与应用示范基地”

其他省部级科技获奖项目

北京（2 项）

项　目　名　称：测绘信息化关键技术及生态环境应用
获奖类别及等级：北京市科学技术进步奖一等奖
完　成　单　位：北京市测绘设计研究院

项　目　名　称：《建筑变形测量规范》（JCJ8－2007）
获奖类别及等级：华夏建设科学技术奖励委员会 2010 年“中国建研院 CABR 杯”华夏建设科学技术奖二等奖
完　成　单　位：北京市测绘设计研究院

甘肃省（1 项）

项　目　名　称：现代测绘技术在长城资源调查中的应用技术研究
获奖类别及等级：甘肃省科学技术进步三等奖
完　成　单　位：甘肃省基础地理信息中心

甲级测绘资质单位名录

北京市（85 家）

北京市房地产勘察测绘所
中国地图出版社
北京同创达勘测有限公司
高德软件有限公司
中国石油集团工程设计有限责任公司
北京苍穹数码测绘有限公司
北京数字空间科技有限公司
地质出版社
北京市勘察设计研究院有限公司
北京四维图新科技股份有限公司
北京市信息资源管理中心

北京天下图数据技术有限公司
北京世纪国源科技发展有限公司
北京搜狗信息服务有限公司
北京图为先科技有限公司
北京图盟科技有限公司
北京百度网讯科技有限公司
诺基亚联新互联网服务有限公司
北京新浪互联信息服务有限公司
北京天元四维科技有限公司
人民交通出版社
北京长地万方科技有限公司
易图通科技（北京）有限公司
中科宇图天下科技有限公司
北京京昌工程测绘技术有限公司
中航四维（北京）航空遥感技术有限公司
北京四维益友信息技术有限公司
北京市测绘设计研究院
北京灵图软件技术有限公司
科菱航睿空间信息技术有限公司
中铁工程设计咨询集团有限公司
建设综合勘察研究设计院有限公司
北京新兴华安测绘有限公司
北京爱地地质勘察基础工程公司
北京世纪高通科技有限公司
北京城际高科信息技术有限公司
北京勘察技术工程有限公司
北京四维空间数码科技有限公司
北京星天地信息科技有限公司
中国水电顾问集团北京勘测设计研究院
北京市地质工程勘察院
北京勤业测绘科技有限公司
北京华星勘查新技术公司
北京东方道迩信息技术股份有限公司
中兵勘察设计研究院
中国电力工程顾问集团华北电力设计院工程有限公司
北京航天勘察设计研究院
中航勘察设计研究院有限公司
北京地星伟业数码科技有限公司
北京东方新星石化工程股份有限公司
中国四维测绘技术有限公司
中国国土资源航空物探遥感中心
北京城建勘测设计研究院有限责任公司
中国土地勘测规划院

国家林业局调查规划设计院
中测新图（北京）遥感技术有限责任公司
北京时正兴测绘工程技术有限公司
北京掌城科技有限公司
北京老虎宝典科技有限责任公司
北京协进科技发展有限公司
北京搜房科技发展有限公司
北京腾瑞万里信息技术有限公司
中国移动通信集团公司
北京中天路通工程勘测有限公司
第一视频通信传媒有限公司
北京千橡网景科技发展有限公司
中交宇科（北京）空间信息技术有限公司
中国测绘科学研究院
中国科学院遥感应用研究所
国家基础地理信息中心
中国科学院地理科学与资源研究所
北京汇通国力软件技术有限公司
北京超图软件股份有限公司
北京地拓科技发展有限公司
北京中交兴路信息科技有限公司
北京捷泰科技有限公司
北京合众思壮科技股份有限公司
北京恒华伟业科技股份有限公司
中国电信股份有限公司
北京紫光百会科技有限公司
伟景行科技股份有限公司
盘古文化传播有限公司
北京网易有道计算机系统有限公司
北京帝测科技发展有限公司
天地图有限公司

天津市（16家）

中铁隧道勘测设计院有限公司
铁道第三勘察设计院集团有限公司
天津水运工程勘察设计院
天津港湾水运工程有限公司
天津市地质工程勘察院
天津市勘察院
天津海事局海测大队
天津市市政工程设计研究院
中交天津港航勘察设计研究院有限公司

天津市测绘院
天津金宇信息技术有限公司
天津市水利勘测设计院
中国地震局第一监测中心
中交第一航务工程勘察设计院有限公司
中水北方勘测设计研究有限责任公司
天津市国土资源测绘和房屋测量中心

河北省（40 家）

河北省基础地理信息中心
河北格瑞空间信息技术有限公司
河北省保定地质工程勘查院
河北建设勘察研究院有限公司
中冀兵北工程勘察设计有限公司
中国建筑材料工业地质勘查中心河北总队
河北博翔地理信息技术有限责任公司
邯郸市恒达地理信息工程有限责任公司
河北九华勘查测绘有限责任公司（华北地质勘查局五一九大队）
河北水文工程地质勘察院
河北中核岩土工程有限责任公司
唐山中地地质工程公司
河北省水利水电第二勘测设计研究院
河北省水利水电勘测设计研究院
中国石油天然气管道工程有限公司
河北冀东建设工程有限公司
河北省第一测绘院
河北省第二测绘院
中国石油集团东方地球物理勘探有限责任公司
河北中色测绘有限公司（北京中色测绘院有限公司）
河北省制图院
河北省煤田地质局物测地质队
化学工业第一勘察设计院有限公司
承德华勘五一四测绘有限公司
保定金迪地下管线探测工程有限公司
中国兵器工业北方勘察设计研究院
河北天元地理信息科技工程有限公司（中国冶金地质勘查工程总局一局测绘大队）
河北省第三测绘院
河北省地质测绘院（河北省欣航测绘院）
河北省地矿局石家庄综合地质大队
石家庄市勘察测绘设计研究院
核工业航测遥感中心
秦皇岛市测绘大队

中勘冶金勘察设计研究院有限责任公司
河北恒华信息技术有限公司
河北省地矿局秦皇岛资源环境勘查院
中国二十二冶集团有限公司
河北省北方勘测设计有限公司
河北省地矿局第十一地质大队
邢台市勘察测绘院

山西省（20 家）

山西省第五地质工程勘察院
太原市勘察测绘研究院
中铁十二局集团有限公司
山西省地质测绘院（山西省地质勘查局测绘队）
山西华晋岩土工程勘察有限公司
山西省第二地质工程勘察院
山西省第六地质工程勘察院
山西省电力勘测设计院
山西省交通规划勘察设计院
山西省勘察设计研究院
山西省煤炭地质公司
山西省煤炭地质物探测绘院
山西省水利水电勘测设计研究院
阳泉新宇岩土工程有限责任公司
山西省第三地质工程勘察院
太原航空摄影有限公司
山西省测绘工程院
山西省基础地理信息院
山西省地图集编纂委员会办公室
中国冶金地质总局第三地质勘查院

内蒙古自治区（14 家）

内蒙古自治区煤田地质局勘测队
内蒙古交通设计研究院有限责任公司
包钢勘察测绘研究院
包头市测绘院
呼和浩特市勘察测绘研究院
内蒙古自治区测绘院
内蒙古自治区地质测绘院（内蒙古地质测绘有限责任公司）
内蒙古电力勘测设计院
内蒙古自治区航空遥感测绘院
内蒙古自治区水利水电勘测设计院

内蒙古自治区土地勘测规划院
核工业二〇八大队
内蒙古自治区地图制印院
内蒙古乔泰国土勘测技术有限公司

辽宁省（28 家）

大连九成测绘信息有限公司
辽宁地质海上工程勘察院
辽宁地质勘查局一〇一测绘队
辽宁省交通规划设计院
辽宁地矿测绘院
辽宁省水利水电勘测设计研究院
辽宁省冶金地质勘察局地质勘察研究院
辽宁有色勘察研究院
辽宁省地理信息院
辽宁省摄影测量与遥感院
鞍钢集团工程技术有限公司
大连市勘察测绘研究院有限公司
中煤国际工程集团沈阳设计研究院
中冶沈勘工程技术有限公司
沈阳地球物理勘察院
沈阳市公路规划设计院
中国建筑材料工业地质勘查中心辽宁总队
辽宁电力勘测设计院
沈阳市勘察测绘研究院（沈阳市地理信息中心）
中油辽河工程有限公司
国家海洋环境监测中心
辽宁经纬测绘规划建设有限公司
辽宁省基础测绘院
辽宁省城乡建设规划设计院
辽宁省化工地质勘查院
辽宁达荣信息技术有限公司
辽宁省基础地理信息中心
大连东软思维科技发展有限公司

吉林省（14 家）

长春市国土测绘院
吉林省第一测绘院
吉林省水利水电勘测设计研究院
吉林省第二测绘院
中水东北勘测设计研究有限责任公司

吉林省地矿测绘院
吉林省交通规划设计院
四平市地勘测绘院
长春市测绘院
中国电力工程顾问集团东北电力设计院
吉林省基础地理信息中心
吉林省地理信息工程院
吉林市勘测设计院
中国建筑材料工业地质勘查中心吉林总队

黑龙江省（27 家）

齐齐哈尔市国土资源勘测规划设计院有限公司
双鸭山市国土资源勘测规划院
哈尔滨市国土资源勘测规划院
国家测绘局第四地形测量队（黑龙江第三测绘工程院）
国家测绘局黑龙江基础地理信息中心（黑龙江省遥感信息中心）
黑龙江省国土资源勘测规划院
哈尔滨地图出版社
齐齐哈尔市勘察测绘研究院
国家测绘局第二大地测量队（黑龙江第一测绘工程院）
黑龙江省地质矿产局测绘院
齐齐哈尔市水利勘测设计研究院
佳木斯市勘察测绘研究院
黑龙江省电力勘察设计研究院
大庆油田工程有限公司
黑龙江龙飞航空摄影有限公司
黑龙江省煤田地质物测队
哈尔滨市勘察测绘研究院
黑龙江省林业设计研究院
黑龙江农垦勘测设计研究院
黑龙江省水利水电勘测设计研究院
国家测绘局第三地形测量队（黑龙江第二测绘工程院）
牡丹江市勘察测绘研究院
黑龙江省测绘科学研究所
黑龙江地理信息工程院
黑龙江省航道局
哈尔滨测量高等专科学校测量工程公司
黑龙江中海经测空间信息技术有限公司

上海市（20 家）

上海市地籍事务中心（上海市土地登记事务中心）

上海市测绘院
上海东亚地球物理勘查有限公司
中船勘察设计研究院有限公司
上海东海海洋工程勘察设计研究院
上海达华测绘有限公司
上海京海工程技术有限公司
上海市城市建设设计研究总院
上海市岩土工程检测中心
上海市政工程勘察设计有限公司
中国电力工程顾问集团华东电力设计院
上海岩土工程勘察设计研究院有限公司
上海海洋石油局第一海洋地质调查大队
中交第三航务工程勘察设计院有限公司
上海海事局海测大队
上海吉图软件开发有限公司
上海美斯恩网络通讯技术有限公司
号百信息服务有限公司
上海安吉星信息服务有限公司
上海市地质调查研究院

江苏省（41家）

苏州数字地图网络科技有限公司
江苏省地质测绘院
南京市测绘勘察研究院有限公司
镇江市勘察测绘研究院
江苏省电力设计院
江苏连云港地质工程勘察院
常州市测绘院
苏州工业园区测绘有限责任公司
江苏省地质勘查技术院
江苏苏州地质工程勘察院
苏州市测绘院有限责任公司
无锡市测绘院有限责任公司
江苏省地质调查研究院
江苏省金威测绘服务中心
化学工业岩土工程有限公司
江苏煤炭地质物测队
江苏省测绘工程院
江苏省基础地理信息中心
长江口水文水资源勘测局
江苏省工程勘测研究院有限责任公司
江苏省金威遥感数据工程有限公司

江苏省水文地质工程地质勘察院
南京市国土资源信息中心
南通市测绘院有限公司
长江水利委员会长江下游水文水资源勘测局
淮安市测绘勘察研究院有限公司
徐州市勘察测绘研究院
华东有色测绘院
淮安市水利勘测设计研究院有限公司
江苏兰德数码科技有限公司
江苏易图地理信息工程有限公司
南京市房屋产权监理处
南京北极测绘研究院有限公司
江苏省在这里数字科技有限公司
天泽信息产业股份有限公司
苏州海客科技有限公司
神州图骥地名信息技术股份有限公司
南京城际在线信息技术有限公司
江苏科信岩土工程勘察有限公司
江苏星月测绘有限公司
江苏中科博泰集成应用有限公司

浙江省（26 家）

浙江华东建设工程有限公司
阿里云计算有限公司
杭州阿拉丁信息科技股份有限公司
浙江省工程勘察院
浙江华东测绘有限公司
浙江省第一测绘院
丽水市勘察测绘院
浙江煤炭测绘院
浙江省地理信息中心
浙江省第二测绘院
浙江有色测绘院
宁波冶金勘察设计研究股份有限公司
杭州市勘测设计研究院
温州市勘察测绘研究院
宁波市测绘设计研究院
浙江省电力设计院
浙江省第十一地质大队
浙江省第一地质大队
浙江省河海测绘院
国家海洋局第二海洋研究所

浙江省水利水电勘测设计院
中国水利水电第十二工程局有限公司
核工业湖州工程勘察院
浙江建材测绘院
义乌市勘测设计研究院
浙江省测绘大队

安徽省（18家）

马鞍山测绘技术院
安徽省煤田地质局物探测量队
安徽省第二测绘院
芜湖市勘察测绘设计研究院
安徽省地质测绘技术院
安徽二水测绘院
华东冶金地质勘查局测绘总队
安徽省地矿局安庆测绘技术院
安徽省第三测绘院
安徽省建设工程勘察设计院
安徽省基础测绘信息中心（安徽省测绘档案资料馆）
安徽省第四测绘院
安徽省第一测绘院
安徽省水利水电勘测设计院
合肥市测绘设计研究院
中水淮河规划设计研究有限公司
安徽长江河道测绘研究院
蚌埠市勘测设计研究院

福建省（19家）

福建省地质测绘院
厦门银据空间地理信息有限公司
福建省基础地理信息中心
厦门地质工程勘察院
厦门闽矿测绘院
福建省测绘院
福建省国土测绘院
福州市勘测院
漳州市测绘设计研究院
福建省水利水电勘测设计研究院
厦门海洋工程勘察设计研究院
福建省交通规划设计院
福建省港航管理局勘测中心

厦门地震勘测研究中心
厦门市测绘与基础地理信息中心
福建省制图院
厦门精图信息技术股份有限公司
福建绎天数字城市信息科技有限公司
福州开睿动力通信科技有限公司

江西省（20 家）

江西有色地质测绘院
江西天久测绘院
江西省第一测绘院
江西省第二测绘院
江西省地矿测绘院
江西省煤田地质局测绘大队
江西省水利规划设计院
江西省地质矿产勘查开发局赣西地质调查大队
江西核工业测绘院
江西省交通设计院
江西南方测绘院
江西省测绘应急保障服务中心
江西省瑞华国土勘测规划工程有限公司
南昌市测绘勘察研究院
江西省基础地理信息中心
九江地质工程勘察院
江西省地质矿产勘查开发局赣东北大队
江西省国土资源测绘工程总院
中铁大桥局集团第五工程有限公司
江西省电力设计院

山东省（23 家）

青岛市勘察测绘研究院（青岛市基础地理信息与遥感中心）
山东正元地理信息工程有限责任公司
山东省国土测绘院
济南市勘察测绘研究院
临沂市国土资源局测绘院
山东省地图出版社
山东省第四地质矿产勘查院
山东明嘉勘察测绘有限公司
山东中煤物探测量总公司
山东省水利勘测设计院
潍坊市勘察测绘研究院

青岛海洋工程勘察设计研究院
淄博市勘察测绘研究院有限公司
山东省地质测绘院
山东海天地理信息工程有限公司
山东省城乡建设勘察院
中国石化集团胜利石油管理局
青岛海大工程勘察设计开发院有限公司
山东正元数字城市建设有限公司
山东省物化探勘查院
青岛创想互动数字科技有限公司
济南市房产测绘研究院
山东省经纬工程测绘勘察院

河南省（23家）

河南省有色测绘有限公司
郑州市市政工程勘测设计研究院
河南省地图院
河南省煤田地质局物探测量队
黄河水文勘察测绘局
中铁大桥局集团第一工程有限公司
河南省遥感测绘院
河南省测绘工程院
河南省基础地理信息中心
河南省地质测绘总院
河南省水利勘测有限公司
郑州市规划勘测设计研究院
信阳公路勘察设计院
河南省交通规划勘察设计院有限责任公司
河南省科学院地理研究所
河南省中纬测绘规划信息工程有限公司
河南省地球物理工程勘察院
小浪底工程咨询有限公司
黄河勘测规划设计有限公司
河南省电力勘测设计院
河南中化地质测绘院有限公司
河南省信阳工程地质勘察院
北京华星勘查新技术公司信阳测绘院

湖北省（42家）

立得空间信息技术股份有限公司
武汉中地数码科技有限公司

长江水利委员会长江科学院
中冶集团武汉勘察研究院有限公司
湖北省航测遥感院
湖北省神龙地质工程勘察院
武汉科岛地理信息工程有限公司
长江航道局
湖北省国土测绘院
武大吉奥信息技术有限公司
长江岩土工程总公司（武汉）
湖北省鄂东北地质大队
湖北省鄂东南地质大队
中交第二航务工程勘察设计院有限公司
中铁第四勘察设计院集团有限公司
湖北省基础地理信息中心（湖北省测绘成果档案馆）
湖北省地图院
湖北省电力勘测设计院
湖北省交通规划设计院
湖北省水利水电勘测设计院
中南勘察设计院（湖北）有限责任公司
长江空间信息技术工程有限公司（武汉）
中国电力工程顾问集团中南电力设计院
长江三峡勘测研究院有限公司（武汉）
长江水利委员会水文局
武汉市政工程设计研究院有限责任公司
中机三勘岩土工程有限公司
中铁大桥勘测设计院集团有限公司
中国长江三峡集团公司
湖北省测绘工程院
武汉市勘测设计研究院
长江水利委员会长江中游水文水资源勘测局
葛洲坝股份有限公司测绘工程院（中国葛洲坝水利水电工程集团有限公司测绘总队）
中工武大设计研究有限公司
中国石化集团江汉石油管理局地球物理勘探公司
中国石化集团江汉石油管理局勘察设计研究院
中交第二公路勘察设计研究院有限公司
中国地震局地震研究所
中国科学院测量与地球物理研究所
湖北同城一家网络科技有限责任公司
武汉市国土资源和规划信息中心（武汉市地理信息中心）
武汉航天远景科技有限公司

湖南省（29 家）

湖南省勘测设计院
长沙市国土资源测绘院
常德市国土资源规划测绘院
湖南省勘察测绘院
湖南省第三测绘院（湖南省基础地理信息中心）
湘潭市勘测设计院
株洲中天高科技勘测工程有限公司
中国有色金属长沙勘察设计研究院有限公司
湖南省工程勘察院
中国水电顾问集团中南勘测设计研究院
湖南省地质测绘院
湖南省煤田地质局物探测量队
湖南省地球物理地球化学勘查院
长沙市勘测设计研究院
湖南科创电力工程技术有限公司
湖南省第一测绘院
湖南省第二测绘院
湖南省交通规划勘察设计院
中国水利水电第八工程局有限公司
核工业衡阳第二地质工程勘察院
衡阳市规划设计院
湖南省水利水电勘测设计研究总院
中国石化集团西南石油局第五物探大队
湖南省资源规划勘测院
湖南有色测绘院
湖南地图出版社
湖南省地质研究所（湖南省国土资源规划院）
湖南图维依动网络有限公司
株洲市规划设计院

广东省（37 家）

深圳市凯立德科技股份有限公司
深圳市腾讯计算机系统有限公司
广州市城市规划勘测设计研究院
广东省国土资源测绘院
深圳市勘察研究院有限公司
深圳市勘察测绘院有限公司
广东省核工业地质局测绘院
广东省惠州七五六地质测绘工程公司

广东省电力设计研究院
广东省测绘技术公司
中交广州航道局有限公司
中交第四航务工程勘察设计院有限公司
中水珠江规划勘测设计有限公司
国家海洋局南海工程勘察中心
深圳市长勘勘察设计有限公司
深圳地质建设工程公司
深圳市地籍测绘大队
深圳市蓝天鹤测绘有限公司
深圳市水务规划设计院
广东省国土资源技术中心
深圳市中正测绘科技有限公司
珠海市测绘院
广州市房地产测绘院
广州市四维城科信息工程有限公司
广东省水利电力勘测设计研究院
广东省地图院
中华人民共和国广东海事局海测大队
广州海洋地质调查局
广东省地质测绘院
深圳市爱华勘测工程有限公司
深圳市车音网科技有限公司
深圳市规划国土房产信息中心
深圳市赛格导航科技股份有限公司
广州奥格智能科技有限公司
东莞市华业龙图信息技术有限公司
广州建通测绘技术开发有限公司
东莞市远峰科技有限公司

广西壮族自治区（16 家）

广西有色勘察设计研究院
南宁市勘测院
广西壮族自治区国土测绘院
广西航空遥感测绘院
广西壮族自治区基础地理信息中心
广西壮族自治区交通规划勘察设计研究院
广西壮族自治区水利电力勘测设计研究院
广西电力工业勘察设计研究院
桂林市测绘研究院
柳州市勘察测绘研究院
钦州市测绘院

广西第二测绘院
广西第一测绘院
广西地图院
北海市国土资源信息中心
南宁市国土资源信息中心

海南省（5家）

国家测绘局第四航测遥感院
国家测绘局海南测绘资料信息中心
国家测绘局海南基础地理信息中心
国家测绘局第七地形测量队
海口市土地测绘院

重庆市（4家）

重庆市地理信息中心
重庆市国土资源和房屋勘测规划院
国家测绘局重庆测绘院
重庆市勘测院

四川省（26家）

四川省基础地理信息中心
中国石油集团川庆钻探工程有限公司地球物理勘探公司
四川省核工业地质调查院
成都市国土规划地籍事务中心
中国建筑材料工业地质勘查中心四川总队
中铁二院工程集团有限责任公司
中铁二局集团有限公司
中节能建设工程设计院有限公司
四川省遥感信息测绘院（国家测绘局第三航测遥感院）
四川省第一测绘工程院（国家测绘局第三大地测量队）
四川省地震局测绘工程院
四川省第三测绘工程院（国家测绘局地下管线勘测工程院）（国家测绘局第六地形测量队）
中国电力工程顾问集团西南电力设计院
四川省煤田测绘工程院
四川省水利水电勘测设计研究院
四川省地质测绘院
中国建筑西南勘察设计研究院有限公司
四川省建筑设计院
四川中水成勘院测绘工程有限责任公司
中冶成都勘察研究总院有限公司

四川省交通运输厅公路规划勘察设计研究院
成都地图出版社
成都市勘察测绘研究院
四川省交通运输厅交通勘察设计研究院
四川省冶金地质勘查局测绘工程大队
中国水利水电第七工程局有限公司

贵州省（11 家）

贵州省第一测绘院
贵州省第二测绘院
贵州地矿测绘院
贵州省水利水电勘测设计研究院
中国水电顾问集团贵阳勘测设计研究院
贵阳市测绘院
贵州黔美测绘工程院
贵州有色地质工程勘察公司
中铁五局（集团）有限公司
贵州省第三测绘院
贵州省地质矿产勘查开发局一〇六地质大队

云南省（14 家）

昆明市国土规划勘察测绘研究院
云南省航测遥感信息院
国家林业局昆明勘察设计院
中国水电顾问集团昆明勘测设计研究院
昆明市测绘研究院（昆明市基础地理信息中心）
云南省测绘工程院
中国水利水电第十四工程局有限公司
云南省地矿测绘院
中国有色金属工业昆明勘察设计研究院
西南有色昆明勘测设计（院）股份有限公司
云南省交通规划设计研究院
云南省水利水电勘测设计研究院
云南省地震局形变测量中心
云南省地图院

西藏自治区（1 家）

西藏自治区测绘院

陕西省（34 家）

国家测绘局大地测量数据处理中心
中铁第一勘察设计院集团有限公司
陕西天润科技有限责任公司
中国电力工程顾问集团西北电力设计院
中铁一局集团第五工程有限公司
陕西省煤田地质局物探测量队
西北综合勘察设计研究院
西安市勘察测绘院
机械工业勘察设计研究院
国家测绘局第一大地测量队（陕西省第一测绘工程院）（国家测绘局精密工程测量院）
国家测绘局第二地形测量队（陕西省第三测绘工程院）
西安长庆科技工程有限责任公司
西安大地测绘工程有限责任公司
西北有色金属测绘院
中国有色金属工业西安勘察设计研究院
宝鸡市勘察测绘院
陕西省水利电力勘测设计研究院
西安建材地质工程勘察院
国家测绘局第一航测遥感院（陕西省第五测绘工程院）
神华神东煤炭集团有限责任公司（地质勘探测量公司）
国家测绘局第一地形测量队（陕西省第二测绘工程院）
陕西省交通规划设计研究院
西安中勘工程有限公司
中国水利水电第三工程局有限公司
国家测绘局陕西基础地理信息中心（国家测绘局陕西测绘资料档案馆）
西安煤航信息产业有限公司（原煤航集团实业发展有限公司）
陕西省地质矿产勘查开发局测绘队（陕西国土测绘工程院）
西安华测航摄遥感有限公司
咸阳市勘察测绘院
中煤西安设计工程有限责任公司
中国地震局第二监测中心
西安地图出版社（陕西省第六测绘工程院）
中交第一公路勘察设计研究院有限公司
中铁一局集团第四工程有限公司

甘肃省（13 家）

甘肃省测绘工程院
甘肃省地质矿产勘查开发局测绘勘查院
兰州市城市建设设计院

甘肃有色工程勘察设计研究院
甘肃省水利水电勘测设计研究院
中国水电顾问集团西北勘测设计研究院
兰州市勘察测绘研究院
天水三和数码测绘院
甘肃省基础地理信息中心
甘肃省交通规划勘察设计院有限责任公司
甘肃省地图院
甘肃省国土资源规划研究院
甘肃煤田地质局综合普查队

青海省（10 家）

青海煤炭地质局测绘工程院
青海省地矿测绘院
青海省水利水电勘测设计研究院
中国水利水电第四工程局有限公司
青海省第一测绘院
青海省第二测绘院
青海省基础地理信息中心
青海天域北斗数码测绘科技有限公司
西宁市测绘院
青海省核工业地质局

宁夏回族自治区（2 家）

宁夏回族自治区基础测绘院
宁夏回族自治区国土测绘院

新疆维吾尔自治区（13 家）

新疆维吾尔自治区基础地理信息中心
乌鲁木齐市国土资源勘测规划院
新疆维吾尔自治区第一测绘院
新疆地矿测绘院
乌鲁木齐市城市勘察测绘院
水利部新疆维吾尔自治区水利水电勘测设计研究院
新疆维吾尔自治区交通规划勘察设计研究院
新疆国土资源规划研究院
新疆电力设计院
新疆生产建设兵团勘测规划设计研究院
新疆维吾尔自治区第二测绘院
新疆石油勘察设计研究院（有限公司）
塔城地区国土资源规划研究院

图书在版编目（CIP）数据

中国测绘地理信息年鉴．2012 / 国家测绘地理信息局编．—北京：测绘出版社，2012.8
ISBN 978-7-5030-2676-8

I. ①中… II. ①国… III. ①测绘学－中国－2012－年鉴
IV. ① P2-54

中国版本图书馆 CIP 数据核字（2012）第 160350号

责任编辑 贾晓林 马驰原 张文婷 程立海 **封面设计** 陈小雨 **责任校对** 杨利娜 **责任印制** 王超

出版发行	测绘出版社		
地　　址	北京市西城区三里河路 50 号	电　　话	010-68531609 68512386（门市部）
邮政编码	100045		010-63881627（年鉴编辑部）
电子邮箱	smp@sinomaps.com	网　　址	www.chinasmp.com
印　　刷	北京华联印刷有限公司	经　　销	新华书店
成品规格	185mm × 260mm	彩　　插	76页
印　　张	52.75	字　　数	159万字
版　　次	2012 年 8 月第 1 版	印　　次	2012 年 8 月第 1 次印刷
印　　数	0001—4500	定　　价	278.00 元

书　　号 ISBN 978-7-5030-2676-8/P·601
审 图 号 GS（2012）812号